跟王乐义学种大棚菜

GENWANGLEYI XUEZHONG DAPENGCAI

主审　王乐义
主编　刘永辉

山东科学技术出版社

《跟王乐义学种大棚菜》编纂委员会

主　任　孙明亮　朱兰玺

成　员　刘永辉　李群成　李秉桦　韩迎祥　国世发
周杰三　孙德华　杨维田　吕学森　薛彦斌
刘道三　陈永智　许美荣

主　审　王乐义

主　编　刘永辉

副主编　李群成　马　健　王志亮

编　者　（按姓氏笔画排序）

丁加刚　于建义　王石磊　王光水　王仲春
王来芳　王欣英　王学军　王继成　方来护
刘大江　刘文波　刘立功　刘春香　许美荣
孙志刚　孙丽英　孙智英　李玉华　杨盛孝
肖万里　张立娟　张砚祥　张锡玉　张　璇
范立国　国家进　岳　军　赵允忠　胡云生
胡永军　祝海燕　袁志永　柴立平　徐国华
徐彩君　殷镜堂　梁　弘　隋申利　董　甜
程木明　魏家鹏

王乐义简介

王乐义　山东省寿光市三元朱村党支部书记，1941年11月出生，1965年加入中国共产党，1978年9月开始担任村党支部书记。为了带领群众致富，他先后到中国农业大学、山东农业大学拜师学艺，并带上干粮三赴东北取经，经过数百次试验，带领乡亲们发明了冬暖式大棚蔬菜生产技术。这一创举在全国掀起了轰轰烈烈的绿色革命，不仅改变了我国北方冬季吃不上新鲜蔬菜的历史，也让数以亿计的农民走上增收致富的道路。

为了让更多农民群众走上致富道路，他拖着患了癌症的身体，先后到全国11个省(区、市)无偿传授大棚蔬菜生产技术，行程达几十万千米，并在西北五省(区)建立了培训基地，聘请专家授课，为当地5 000多名农民送去了致富“钥匙”。20年来，三元朱村无偿接待前来参观学习的农民超过120万人次，4 000多名农民技术员在王乐义的带领下，把大棚蔬菜种植技术传遍全国26个省(区、市)。王乐义先后被授予中国改革功勋、全国优秀共产党员、全国劳动模范、全国十佳优秀人才、全国农村优秀人才、全国农业科技推广先进工作者、全国农村学习“三个代表”重要思想基层干部标兵，被确定为“三个代表”在基层重大典型和全国保持共产党员先进性、建设社会主义新农村的重大典型，全国十大诚实守信模范，先后当选为党的第十五、十六、十七次全国代表大会代表。2004年王乐义作为全国“农民增收致富奔小康”先进事迹报告团成员，作了巡回报告。2006年2月，“王乐义同志先进事迹报告会”在北京人民大会堂隆重举行。新华社、人民日报、光明日报、经济日报、中央人民广播电台、中央电视台等中央新闻媒体对他的先进事迹进行了深入报道，引起了良好的社会反响。

序

农业科普图书《跟王乐义学种大棚菜》出版了，这是一件令人高兴的事。冬暖式大棚蔬菜种植技术，是一项来自于基层、推广于全国的农业重大先进实用技术，是群众智慧的真实体现。它不仅结束了我国北方冬季吃新鲜蔬菜难的历史，而且帮助亿万农民群众走上了发家致富的道路，在我国农业现代化建设进程中发挥着重要作用。作为冬暖式蔬菜大棚的发明者，王乐义同志始终坚持党的为人民服务宗旨，勇于开拓、不懈创新，认真钻研大棚蔬菜种植技术并将其无私推广到全国各地，不仅为我国蔬菜产业化、标准化走出一条新路，也引领了亿万农民增收致富的潮流，充分体现了共产党人的高尚品质和时代精神。

农业发展的根本出路在科技进步。党的十七届三中全会强调要加快农业科技创新，加强农业技术推广普及，培育有文化、懂技术、会经营的新型农民。我相信，广大农民朋友和农业科技工作者不仅能从这本书中学到先进技术，结合各地实际，积极付诸实践，共同推进中国特色农业现代化建设，更能像王乐义同志那样积极进取，不懈奋斗，在发展现代农业、促进农民增收致富的道路上大展身手，为建设社会主义新农村、全面建设小康社会做出应有的贡献！

农业部部长 孙政才

2009年3月23日

目 录

第一章　寿光大棚蔬菜概览

山东省寿光市是胡锦涛总书记先进性教育联系点，是国务院命名的“中国蔬菜之乡”，被中央确定为全国改革开放30年18个典型地区之一。寿光大棚蔬菜以产业化水平高、科技含量高、效益高、产量高、面积大、品质优、品种全、无公害而闻名全国，寿光也因此成为重要的蔬菜集散中心、价格形成中心和信息交流中心。

一、寿光市基本情况

寿光市位于山东半岛北部，渤海莱州湾南岸，总面积2 072千米^2，人口102万，海岸线长56千米，辖14处镇(街道)、975个行政村，耕地141万亩①，蔬菜种植面积80多万亩。先后被山东省和国家确定为粮食、蔬菜、果品、畜牧、水产、棉花综合商品基地县(市)，连续九届进入“中国农村综合实力百强县(市)”行列。先后被评为中国优秀旅游城市、国家园林城市、国家卫生城市、国家环保模范城市、全国创建文明村镇工作先进市、全国科技进步市、全国科普示范市和山东省首批文明城市。

寿光市历史悠久、文化灿烂、人杰地灵。公元前148年汉景帝时置县，1993年8月撤县设市，有2 100多年的置县历史。现境内已发现北辛、大汶口、龙山等文化遗址150多处。据史书记载，寿光是夏代斟灌国、西周纪国的建都之地。史传，汉字鼻祖仓颉在此创造了象形文字，秦皇嬴政在此筑台观海，汉武帝曾躬耕于巨淀湖畔；汉武帝时的丞相公孙弘，东汉建安七子之一的徐干，北魏农学家、世界上第一部农学巨著《齐民要术》的作者贾思勰等，都是诞生在这片土地上的贤达代表。

寿光跨东经118°32′～119°10′，北纬36°41′～37°19′，属暖温带季风大陆性气候区，受冷暖气流的交替影响，冬冷夏热，四季分明，形成了“春季干旱少雨、夏季炎热多雨、秋季凉爽有旱、冬季干冷少雪”的气候特点。年平均气温12.6℃，极端最高气温41℃，极端最低气温－22.3℃，年平均相对湿度为66%，无霜期为195天，年0℃以上积温4 737.5℃，年10℃以上积温4 248℃。日照时数2 540小时，太阳辐射总量520千焦/厘米^2，年平均降雨量590毫米，光热资源能满足粮食、蔬菜、果树等多种作物生长发育。

寿光属黄河下游黄河冲积平原，地势平坦，最高海拔点49.5米，最低海拔点1米，自南向北缓慢降低。南部地下淡水资源丰沛，土质肥沃，发展蔬菜生产具有得天独厚的优势；中部是半盐

① 为阅读方便，本书面积单位多用“亩”，1公顷＝15亩。

碱地带;北部是盐碱地,地下卤水资源储量40亿米^3,宜盐面积24万亩,被列为全国3个重点盐业开发区之一;西北部石油和天然气储量丰富,沿海滩涂达45万亩,主要经济鱼类20多种。

多年来,寿光市始终把科普工作放在重要位置,建立健全了农村科普网络和农业科技推广体系,狠抓技术培训,大力推广普及蔬菜优良品种和新技术,有力地促进了蔬菜产业的快速发展,形成了种植区域化、生产专业化、产销一体化的产业化经营体系。2008年,全市蔬菜面积已发展到85万亩,蔬菜大棚48万个,蔬菜总产55亿千克,总收入48亿元,蔬菜畅销全国30多个省(市、区),并出口日本、韩国、俄罗斯等10多个国家和地区。一业兴、百业旺,蔬菜产业的快速发展带动了寿光经济的全面发展。2008年,全市生产总值达到400.6亿元,财政总收入40.5亿元,其中地方财政收入21亿元,各类储蓄余额达到264.8亿元,农民人均纯收入达7 716元,农民收入的70%以上来自蔬菜。

寿光蔬菜的持续发展吸引了全国各地的目光,到寿光参观、考察、学习的人员络绎不绝,全市每年接待200多万人次,仅2008年第九届中国(寿光)国际蔬菜科技博览会(4月20日～5月20日)到寿光参观考察者就达156万多人。党和国家领导人胡锦涛等都到寿光视察指导工作,并对寿光蔬菜产业的发展给予了高度评价。2005年4月7日,胡锦涛总书记视察寿光市蔬菜高科技示范园时指出:"农业的希望在科技。"

二、农业区域化推进农业产业化起步

寿光市充分发挥人才优势、技术优势和资源优势,因地制宜发展农业生产,壮大农村经济。早在20世纪80年代中期,当时的寿光县委、县政府就制定实施了"强化寿南,开发寿北,提高中间,进军海洋"的农业区域化发展战略。"强化寿南"就是在寿光南部,充分利用土质比较肥沃、水利条件比较好、农民有悠久种菜历史的技术优势,重点发展反季节蔬菜生产,蔬菜种植效益不断提高,农民靠种植蔬菜走上了致富之路。目前,南部8个镇的蔬菜种植面积达到了耕地的80%以上,形成了规模化种植、集约化生产的蔬菜产业新格局。"开发寿北"就是面对寿光北部是重盐碱地区,不能种植农作物的实际,充分发挥地下卤水资源丰富的优势,主要发展盐业生产和海水养殖。目前,海水养殖达15万亩,发展盐场20.3万亩,年产食盐280万吨,占全国食盐总产量的1/8,成为全国最大的盐及盐化工生产基地。"提高中间"就是根据中部是半盐碱地区地下水含盐量较高、种植蔬菜缺少淡水的实际,主要发展粮食、果树和棉花生产,充分利用引黄济青季节性送水的时机进行良田灌溉,使粮食、果树、棉花生产取得了突破性进展。目前,寿光中部已成为"大粮仓",小麦、玉米两季亩产均突破了500千克,实现了吨粮田。"进军海洋"就是重点发展远洋捕捞,至2008年年底发展大马力远洋捕捞渔船220对,海产品捕捞量达38万吨,位居山东省第二位。经过20多年的持续发展,寿光农业区域化发展战略结下累累硕果,农业产业化基本实现。

三、从产业结构调整到农业产业化的形成

党的十一届三中全会以后,寿光市很快就推行了联产承包责任制,引导农民由单独的粮食生产转向发展经济农作物,通过全面及时的科技培训,农民的科技素质不断提高,农业科技迅速转化为实实在在的生产力,有效地促进了农业产业结构的优化调整。概括起来说,寿光农业

产业结构调整走出了"三大步"，即"要发家种棉花，要致富种果树，要发财种蔬菜"。经过三步调整，寿光经粮作物之比超过了7∶3，形成了85万亩蔬菜、8万亩果树、5万亩棉花的产业格局。其中，蔬菜大棚48万个，大拱棚8万个，小拱棚12万亩。

"要发家种棉花"。1979年以前，寿光市是山东省第二粮食生产大县（第一是桓台县），但也是全省闻名的"高产穷县"。1978年10月，王乐泉任寿光县委书记，12月，党的十一届三中全会召开。1979年，寿光就实现了联产承包责任制，县委、县政府引导农民由单纯的粮食生产发展经济作物，调整结构走出的第一步就是发展棉花生产。1980年，寿光耕地共有150万亩，棉花面积就很快发展到50万亩，占总耕地的1/3。1亩棉花当时收入在100～160元之间，农民高兴地说："要发家种棉花。"

"要致富种果树"。自1983年开始，寿光市启动了第二步农业产业结构调整，调整的重点是发展果树，主要品种是苹果、梨、桃和葡萄，3年发展到26万亩。当时农民说："要致富种果树。"但种上果树后效益来得比较慢，如苹果三年见果，四年才有一定的产量，第五年才进入丰产期。所以在1983年发展果树的同时，农民就已在果树行间开始发展露天蔬菜。当时，大面积种植的蔬菜品种主要有"三大"，即大葱、大白菜和大萝卜。

"要发财种蔬菜"。寿光蔬菜种植历史悠久，在明清时期寿光韭黄、寿光大葱就是皇宫贡品，全国著名的山东大葱、山东大白菜当时主要产区就在寿光。自1986年开始第三步农业结构调整时，寿光才真正把调整方向瞄准到蔬菜上。那时，蔬菜大棚高2.6米、长40～50米、宽6～7米，墙体比较薄（50～60厘米），保温性能差，不能越冬，深冬蔬菜不能上市，只能进行蔬菜"早春茬"栽培和"秋延迟"种植。早春茬种植就是提前火炕育苗，春节后进大棚种植，蔬菜提早上市。秋延迟种植，如大棚茄子在7月份育苗，8月份定植，10月份摘除门茄后，就不再摘茄子，到12月份气温降低，茄子虽不开花坐果，但每株茄子上早保留了8～10个茄果，照样进行正常管理，直到春节前上市，茄子增值十几倍，本来不到2角钱1千克的茄子，一下子卖到了2元多钱。农民高兴得说："蔬菜大棚是个宝，农民致富离不了。"还有的农民说："一亩园十亩田，一年四季都挣钱。"但不用加温始终解决不了蔬菜深冬上市的难题。

1988年腊月，三元朱村党支部书记王乐义了解到大连瓦房店桃村建设的蔬菜大棚保温效果好，深冬不用加温就能生产黄瓜。1989年春节后，王乐义便三赴东北，几经周折，找到了瓦房店桃村农民韩永山，费尽口舌，软缠硬磨，学到了大棚建造和黄瓜嫁接技术。1989年8月，三元朱村17名党员干部带头搞起了冬暖式大棚试验，在汲取瓦房店大棚建造及种植技术的同时，结合寿光老式大棚建造和种植经验进行技术改造，包括土墙加厚增加保温效果，改窄棚为宽棚增加热容量，改聚乙烯薄膜为无滴膜改善透光性，改黄瓜实生苗为嫁接苗种植提高适应性，改平地栽培为起高垄栽培提高地温等。经过艰苦探索，终于试验成功了"寿光式冬暖型大棚"，并总结出一整套冬暖式大棚深冬生产黄瓜栽培技术，解决了深冬不用任何加温措施就能生产各种喜温性蔬菜的技术难题，创造了我国北方深冬生产蔬菜的奇迹。这一年，三元朱村试验了17个大棚，种植的黄瓜全部获得成功，到第二年"五一"，每个大棚平均收入2.7万元，三元朱村出现17个双万元户。

三元朱村冬暖式蔬菜大棚生产技术的研究成功，不但丰富了冬天的"菜篮子"，而且使寿光蔬菜生产步入快车道。1990年，县委、县政府将这项技术开始向全县推广。当时，主要采取了两种行政手段和措施：一是层层分任务下指标，签订责任状，确保完成大棚建设任务。1990年2月，全县召开建设冬暖式大棚会议，分配建设大棚任务5 000个，落实到南部24个乡镇（当时寿光 34 个乡镇)，并确定每个乡镇一个示范村，每个村一个示范户。二是经济手段，制定了发展冬暖式大棚的扶持政策，村委有三条，县乡两级三条。村委的三条是：土地由村委统一规划安排，3 年不收费；建棚种菜所在场地，村委做到水、电、路三通，无水的打井，无电的架线，无路的修路；建一个棚或种 1 亩韭菜，村委提供 2 000～4 000 元的无息贷款，3 年还清。县乡两级三条：一是包技术指导。县里办技术培训班，乡镇办、村里办，技术员无偿授课，现场指导。每 5 天到种植户指导一次，每 10 天召开一次全县性的现场技术指导会，这样一抓就是 10 个月。1990 年，全县实际建棚 5 218 个，超额完成了建棚任务，大棚蔬菜种植深冬上市全部获得成功。二是包建棚材料和生产资料供应。建棚种菜所用的肥、油、药、膜、种等物料，县乡两级确定专门部门负责供应到村到户，谁供应谁负责，杜绝了假冒伪劣产品。三是包蔬菜销售。农民尽力大胆种菜，销的问题，县乡两级包了。以上六条政策，对寿光蔬菜的起步发展起到重要的推动作用。1990 年，全县发展的 5 218 个大棚平均收入超过 2 万元。农民种植大棚蔬菜积极性一下调动起来，"要想富得快，抓紧种蔬菜"成为最为流行的顺口溜。1991 年以后，寿光虽取消了发展蔬菜大棚的优惠政策，但农民自愿建大棚的热情一直没有减少，就是 1996 年开始征收大棚蔬菜特产税(2003 年取消)，农民投资建大棚也没有受到任何影响。

1991 年以前，寿光农民在大棚里仅仅是种植蔬菜，之后他们不断探索新技术、新品种，在大棚里开始种植葡萄、香椿、西瓜、甜瓜、桃、樱桃、食用菌及大棚养鱼、养鸭等。如 1991 年，马店乡韩家村农民韩更起试验成功了大棚香椿，亩收入达到 13 万元。同年，寿光五台镇黄家村黄荣名大棚葡萄试验成功，亩收入达到 12 万元。1993 年，张建桥乡南马范村农民寇孟军试验成功了大棚丝瓜，一个 560 米^2 的大棚收入 8.6 万元；同年，田马镇西丰亭村农民王荣福大棚洋香瓜试验成功，580 米^2 的一个大棚收入达到 8.5 万元。1994 年，稻田镇杨营村农民李云成大棚种植甜油桃试验成功，4 月 20 日上市，每千克油桃售价 80 元，每亩收入达到 12.6 万元。1994 年，田柳镇李家村大棚种植绿色大豆芽试验成功，每亩纯收入超过 18 万元。1997 年，五台镇仉东村农民方奎祥大棚黄瓜 0.7 亩地产量 2 万多千克，折合亩产 3.2 万千克，黄瓜产量成为中国之最。1999 年，寒桥镇牟城村肖安华大棚杏种植试验成功，900 米^2 的一个大棚，亩收入 22 万元，为寿光大棚种植历史上收入最高的一个大棚。以上典型在寿光举不胜举。目前，寿光农民在冬暖式大棚里不仅种植蔬菜、果树、食用菌等，而且还搞养殖业，如大棚养鱼、养鸭、养鸡等。

面对竞争日益激烈的市场，寿光市委、市政府始终坚持"到位"而不"越位"，对种大棚做到以市场调节为主，政府服务为辅，为引进、试验、推广蔬菜新技术、新品种，投资建起 46 个农业高科技示范园，对蔬菜、花卉、食用菌、果品等进行试验示范，引导农民创新大棚生产技术。还建成了国内一流的蔬菜工厂化育苗室、组培室、穴播室，发明了大棚浮膜保温技术、大棚内膜暗灌技术、大棚地膜全覆盖技术、蔬菜叶面施肥技术、悬挂式二氧化碳气体发生器施肥技术、越夏波菜栽培技术等 24 类 300 多项蔬菜生产新技术，引进推广了绿色食品蔬菜、脱毒组培、立体栽培、病虫害生物防治等 200 多项国内外先进技术。同时，还先后引进了 23 个国家和地区的 9 大类 3 400 多个效益好、科技含量高的蔬菜新品种。如荷兰和以色列的彩椒良种黄太极、白公主、紫贵人、红罗丹、世纪红以及台湾地区的丽菲星等，保加利亚的长羊角(即寿光的黄羊角)；荷兰、瑞士、以色列的无刺长条形黄瓜长卡，无刺短瓜型、味道好的戴多星 454、拉迪特等；番茄主要有以色列、瑞士、美国和荷兰的耐贮运、肉多汁少、高产质优的中型果尼瑞萨(1420)、阿乃兹(189)、加茜亚、倍盈、欧盾、佩坦赞，小型长果樱桃西红柿圣女、圆形味甜的 139、超甜、黄洋梨、红洋梨、芭比、樱花、千禧、红罗曼、黄罗曼等新品种；适用大棚深冬上市栽培的礼品瓜特小凤、万福来、金蜜童、黄金极早生为主的西瓜新品种；以金皮、果大、味甜、畅销的荷兰金田，美国的超甜，台湾地区的蜜天下，以色列的阿瑞娃，日本的红光、彩云等为主的甜瓜新品种；以长条、紫皮、高产、耐低温的韩国产汉城早熟、大龙，荷兰的布里塔、765，瑞士的卢卡斯，美国产灯泡形美引长茄等为主的茄子新品种；以金色、果大、长条、高产的美国金浪，瑞士玉帅、黑乌鸦、金珊瑚，以色列高迪金皮西葫芦，美国的白皮西葫芦，中国绿色皮早青1号为主的西葫芦新品种。

寿光市因地制宜发展特色蔬菜生产，形成了“一镇一品”成片发展的种植模式，实现了大棚菜、出口创汇大田菜“三菜并举，分期上市、常年有菜”的种植格局。中南部镇、村根据其地理、技术方面优势，有计划地建起了各类瓜菜生产基地，即以黄瓜、辣椒、芹菜、韭菜等为主的大棚、阳畦菜生产基地，以香菜、花椰菜、大白菜、大葱、冬瓜等为主的大路菜生产基地，以蘑菇、香椿为主的稀有菜生产基地，以莴苣、菠菜、胡萝卜为主的出口创汇菜生产基地，以纪台万亩大拱棚西瓜、蔬菜多茬栽培为重点，建立弥河两岸大拱棚西瓜、早熟甜瓜生产基地；以留吕万亩早春长茄为中心，建立留吕、五台、稻田冬春茄子生产基地；以古城万亩番茄为中心的优质番茄生产基地；以留吕万亩脱毒马铃薯为样板，在中部乡镇建立优质、早上市马铃薯生产基地；以田马、洛城、纪台为主，建立伊丽莎白等品种的甜瓜冬暖式大棚和大拱棚生产基地；以赵庙万亩芹菜为样板，建立了桂河两岸冬贮秋芹菜生产基地；以文家、台头、化龙为主，建立了10万亩韭菜生产基地及胡萝卜生产基地。

为确保寿光蔬菜在全国的领先优势，寿光市委、市政府投资5.2亿元兴建了占地1万亩的蔬菜高科技示范园，建设了农业高科技走廊。1998年进京聘请了13位专家担任科技顾问，薛彦斌、尹田夫等在国内外有影响的专家到寿光安家落户，先后与全国27所大学、46家省级以上科研单位建立了合作关系，引进科技成果110多项，并创造了一大批亩纯收入过10万元、20万元的高效典型。在各类示范基地的带动下，寿光市又开始了绿色食品蔬菜生产的探索，应用推广了微机自控滴灌系统、CO_2气体施肥、农艺钠灯等先进设备，采用了气肥、光肥、声肥、生物肥、遮阳网、防虫网无土栽培等70多项配套技术，全市绿色食品生产基地已占蔬菜生产总面积的70%～80%，有20类120多个蔬菜品种获得“绿色食品”证书。

总结寿光蔬菜产业化发展的主要做法，主要有以下几点：一是坚持科学规划，正确把握方向重点。既有长远规划，又有近期目标，保证了生产规模与消费规模、品种结构与消费结构的统一，把基地建设纳入了科学发展的轨道。二是坚持适度调整，实行规模生产。正确处理稳定与发展的路子，对蔬菜责任田实行连片大面积承包，发展规模生产，解决了插花田、零星棚现象；正确处理粮、菜比例关系。三是坚持对农民进行技术培训，及时引进、试验、示范、推广新品种、新技术，不断提高农民的科技素质和无公害蔬菜生产水平。四是实现蔬菜标准化、国际化生产。制定了寿光蔬菜生产规划，研究编制了《无公害蔬菜生产技术规程》，严禁使用剧毒、高残农药，禁止工业废水、废渣、废气污染，限量使用化肥。投资1 300多万元建成了寿光农产品质量检测中心和29处镇村蔬菜速测室，定期对全县蔬菜生产进行产前、产中、产后全程检测。成立了寿光市农业标准化生产稽查大队，对农药、化肥等生产资料进行检查。五是健全服务体系，促进基地建设水平不断提高，包括科普服务体系、信息服务体系和生产资料供应服务体系。构建起了市、镇、村三级科普服务网络，市科协和《山东科技报》创办了《寿光蔬菜》科普周刊，指导农民蔬菜生产，蔬菜信息每天都上中国寿光蔬菜网站，并与全国200多个大中城市建立了信息网络，定期把市场趋势、价格反馈给乡镇、村、菜农。

寿光蔬菜产业发展的主要经验可以用“三动”加以概括，即科技推动、市场拉动、示范带动。

实施科技推动是基础。一是先后聘请了中国科学院、中国农业科学院等全国科研单位、大专院校的46位专家、教授担任蔬菜种植、花卉栽培、水产养殖、园艺管理、生态农业及生物工程等领域的技术顾问，其中院士13位。人才保证使寿光蔬菜始终站在全国蔬菜产业的制高点。在他们的具体指导下，全市农业科技工作者和广大菜农，积极探索，不断创新，总结出了大棚绿豆瓣、大棚密植香椿，大棚油桃、葡萄，大棚蔬菜立体种植等40多项大棚优质、高产、高效种植新模式、新技术，出现了年亩产值10万元以上的高效典型和亩产黄瓜3万多千克的高产典型。二是市财政加大农业科技的投入，每年用于农业新品种、新技术、新产品的推广经费达6 000多万元。三是加强对农民的技术培训。每年举办8～10次全市大型蔬菜技术骨干培训班，镇、村都根据农时季节举办蔬菜实用技术培训班，培养了一大批“有文化、懂技术、会经营”的新型农民，达到了“培训一个人、致富一个户、带动一个村、示范一大片”的目的。三是吸引国内外大专院校、科研单位在寿光市建立了不同国家、不同规模的蔬菜示范基地，不出国门就能引进世界上最先进的蔬菜品种，如瑞士先正达种子公司、以色列海泽拉种子公司、荷兰瑞克斯旺种子公司、西班牙西方种子公司及中国农业大学寿光种子研究院、国家蔬菜工程研究中心示范园等，寿光被誉为“蔬菜生产的联合国”。

坚持市场拉动是关键。1983年，寿光县采取行政措施发展蔬菜15万亩，其中种植大白菜8万亩，秋后出现了卖菜难。当时，尽管县委、县政府采取了一系列推销措施，但还是眼看着许多大白菜烂在地里，倒在沟里。“大白菜”事件使寿光决策者清醒地认识到，“抓生产，不抓流通不行”。从教训中得出的经验是“抓生产必须抓流通，抓流通必须建市场”。1984年3月，县委、县政府在九巷村建设一处占地10亩的蔬菜批发市场，就是现在的“寿光蔬菜批发市场”。蔬菜批发市场的建设解决了农民卖菜难的问题，促进了寿光蔬菜生产的发展，蔬菜生产的发展又促进了市场的发育升级和不断扩大建设。市场设施齐全，服务周到，有良好的交易秩序。信息系统与农业部信息中心、国家商务部信息中心及全国30多个大中城市农副产品批发市场联网，电视监控系统昼夜为客户和菜农服务，市场上市量大，品种齐全，常年上市的蔬菜品种有380多个，现在该市场已由产地输出型拓展为中转集散型市场，外地菜占市场总量的35%左右。可以说，在这个市场上“没有买不到的菜，也没有卖不了的菜”。经过20多年的发展，市场已发展到占地680亩，2008年交易量已经达到40亿千克，交易额50亿元，成为全国较大的蔬菜批发市场、十大农贸市场之一和重要的蔬菜集散中心、价格形成中心和信息交流中心。寿光市政府累计投资2.8亿，寿光的经验是“政府培育市场，市场引导生产”。还在乡(镇)建立了9处蔬菜专业批发市场、36处农贸市场和星罗棋布的田间村头市场，形成了市、镇、村三级市场网络和市场体系。1995年，开通了寿光至北京的“绿色通道”，这是全国首条农产品运输“绿色通道”，此后，相继开通了寿光至海南、寿光至哈尔滨的“绿色通道”。

坚持示范带动是根本。寿光蔬菜发展是一个单纯的靠行政命令转为引导、指导、倡导的过程。除了市里投资建起寿光市蔬菜高科技示范园外，每个镇都建有一处以上蔬菜示范园，每个村都有3～5户蔬菜示范户，形成了市、镇、村三级科普示范推广网络和农业科技推广体系。蔬菜新品种、新技术引进后，在市、镇两级先试验再示范，成功后再推广，避免让农民搞试验带来的风险，“把风险留给政府，把实惠送给农民”。在推广新品种、新技术、新产品时，由镇、村组织农民到示范园参观、考察，由技术人员介绍，农民看了自愿选择。农民选准新品种后，再提供良种、提供技术，进行指导服务。产品出现卖难时，再帮助农民推销产品，真正做到“做给农民看、领着农民干、帮着农民办”，达到了“典型引路、示范带动、以点带面、全面发展”的目的。

（吕学森）

第二章　寿光大棚蔬菜先进典型

一、当代播火者王乐义

希腊神话中的普罗米修斯把火偷来送给人类，在人们心中燃起真理的火、知识的火、理想的火。王乐义，就是这样一位执著的当代播火者。

他研究成功冬暖式大棚蔬菜种植技术，并无私传播到中国北方大地。

他从未停息创新的脚步，一直引领蔬菜产业的绿色革命。

他以一名共产党人的崇高责任感，把三元朱村建设成为名扬九州的"全国小康示范村"。

苍天厚土作证：王乐义燃起的，是一团熊熊的光明之火。

亿万农民作证：王乐义播下的，是一团不熄的希望之火！

1. 1941 年，王乐义降生在寿光这块战乱频仍、满目疮痍的土地上。小小年纪，他便帮父母下地干活，早早体验到了生活的重压。吃不饱和吃不好的酸楚与苦涩，成为他孩提时最深的记忆。

生存是人的第一需要。身处困境，人会本能地表现为抗争。王乐义最强烈的愿望，就是长大了能过上城里人的生活。而要实现这一愿望，只能是好好读书。

在小学，他发奋学习，功课门门都是"优"，很得老师青睐。可是，困顿的家境使他不得不选择了辍学，不得不离开生于斯长于斯的故土，用稚弱的肩头早早挑起了挣钱养家的重担。

在东北的大森林里，17 岁的王乐义和成人们一起上山伐木，忙到天色全黑才收工，天天累成一摊泥。更要命的是，深秋以后，带上山的饭极易冻成冰疙瘩。所谓吃饭，和啃石头没有什么两样。也就是从那时起，王乐义得了胃病，并落下难治的病根，多年之后仍然备受折磨。

那时，林业工人的工资是每月 62.5 元。尝尽饥寒的王乐义掂得出这些钱的分量。他细心收藏着，只留下一点儿生活费。第二个月的工资发放后，便连跑带颠到邮局，寄回家 100 元钱。

为省路费，去东北的第一个春节，王乐义放弃了回家的打算。在给父母的信中，他尽量把生活往好里讲，什么"好听的伐木号子"、"暖和的大皮帽子"，什么"可口的狍子肉"、"撒着姜丝和葱花的热汤面"……而受的苦与累、辛和酸，一点儿也没透露——为什么要说给千里之外的亲人听呢？难道就为了换取父母、弟妹更多的牵挂和担忧吗？

1962 年，王乐义结束闯关东，回到了故乡。因为朴实能干，他被选为三元朱村第一生产队队长。1965 年 12 月，他光荣地加入中国共产党，迈出了人生中最关键的一步。

1978 年，命运多舛的王乐义患了直肠癌。经手术切除，命是保住了。然而，他原本红亮的脸庞被暗青色笼罩，因肛门改道，腰间挂上一个排便袋，造成了终生行动不便。这年秋，三元朱村党支部改选，全体党员异口同声，非要拖着病身子的王乐义出任支部书记不可。

党员的心是热的，群众的眼睛是雪亮的，大家对王乐义寄予厚望。公社党委书记也上门做工作："乐义啊，不是我狠心不顾你的身体，乡亲们需要你，你就挑起这个担子吧。"王乐义的母亲和妻子本不同意，最后也都点了头。老人对儿子说："人活到这个份上，寿长寿短都值了。"

此时的三元朱村穷得丁当响：两辆破马车，10 头瘦牲口，年人均收入仅 101 元，集体积累一分钱也没有……

这些，难不住王乐义。

回首自己走过的路，哪一步不是从一穷二白开始的？

"咬紧牙关，拔掉三元朱的穷根！"王乐义决心如铁。

三元朱村有三个土岭，土质瘠薄，种菜菜不长，种粮粮不收，一直是村经济发展的最大"坠脚"。那么，种果树行不行？

王乐义一上任，就跑到山东农业大学讨教。得到专家的首肯后，便拿出全部热情改造土岭，他要用果子换票子，换来乡亲们的好日子。他们挖了 4 万方土，打出两眼深井，栽下 400 多亩果树。到 1986 年，最多的户年收入5 000多元。荒岭变成聚宝盆，人们心里乐开了花。

可是，王乐义仍时常紧锁眉头。这位村支书盘算的是：吃饱穿暖后，怎样才能让乡亲们真正富裕起来呢？

2. 1989 年春节前，来自东北的几根鲜黄瓜让王乐义好一阵心跳：天寒地冻的，这可是稀罕物啊！要是咱也能种出来，不知该挣多少钱呢！

刚过完年，顾不得身体羸弱，他带上人马，顶风冒雪直奔大连瓦房店，去考察那依山向阳、不用烧煤的蔬菜大棚。

谁知，人家的技术说啥也不外传。

一趟不行，两趟；两趟还不行，王乐义三赴东北。

精诚所至，金石为开。对方终于被王乐义为民谋富的精神打动，把藏着掖着的技术传给了他。

寿光乃"农圣"贾思勰故里，有种植蔬菜的传统。用塑料棚子种反季节菜，也有好几年了。但老式菜棚保温效果差、成本高，一冬烧五六吨煤也只能产些叶菜，不能产果菜。如今，妙招在手，王乐义说不出有多欢喜！

回到家，他借鉴人家的经验，针对三元朱村实际，对原有大棚进行了多项改革：

原来的大小土棚，墙体普遍太薄，厚度一般在 60～70 厘米，冬季气温急剧下降时，棚温难以保证。一入冬，种菜户就要支起火炉，温度却仍然掌握不好，蔬菜产量、质量始终提不上去。

经过细细研究，王乐义提出，墙体厚度不能小于 1 米。只有这样，冷气才攻不进来，热量才散发不出去，从而确保应有的温度与湿度。他们在墙体内外遍抹泥浆，做到严密无隙。墙后又加上一层呈 45°角的保温板，再覆以玉米秸，进一步阻挡了寒风入侵。

在此基础上，模仿凸透镜原理，将两个山墙直线型的斜坡改为中间起高的拱形，让大棚薄膜中间往外凸起，前后坡度从 25°增加到 45°，增大了采光面。同时，采用无滴膜，使透光率由 45%提高到 85%……

几个月操心受累，王乐义瘦了整整一圈。当他觉得技术成熟了，兴冲冲动员村民建棚时，多数人却不买账，连个别党员干部也顾虑重重："大冬天烧煤都产不出黄瓜，靠太阳能晒出来？""建一个棚要六七千元，万一搞砸了谁赔……"

"党员是干啥的？党员就是带头的！致富有风险，咱们不担谁来担？"王乐义在党员会上拍了桌子。

在他带领下，17名党员干部，顶着巨大压力，砍掉刚刚灌浆的36亩玉米。

就在那片玉米地里，17座大棚，17座真正意义上的冬暖式蔬菜大棚，艰难地站起来了！

化蛹成蝶，必然有挣扎，有阵痛。而每一次挣扎和阵痛，都意味着一次突破，一次新生。

1989年12月24日，顶花带刺的黄瓜在三元朱村一出棚，就卖了个"天价"：每千克20元！

入夏算账，棚均收入2.7万元，小村庄一下子冒出17个"双万元户"！

三元朱人第一次尝到了"暴富"的滋味。

当年，安徽省凤阳县小岗村农民在一张旧毛边纸上冒险摁下18个手印、率先搞起"大包干"时，他们万万没想到，此举揭开了中国农村改革的序幕；而今，三元朱村的17名党员，也绝对不会意识到，他们的17个大棚，将会掀起中国农业史上一场波澜壮阔的新革命！

3.一只成熟的果子，胜过一千个预言的花朵。有"金棚"、"银棚"作示范，1990年，三元朱村一气儿上了181个大棚。

一传十，十传百，越来越多的人找上门来，要求学棚菜技术。

"把技术传出去，不等于自个儿的饽饽分给别人吃吗？"乡亲们急了，纷纷去找王乐义，"这个宝贝技术起码'捂'三年，等咱们发大了再说！"

王乐义理解乡亲们的心思。

他也有私心，他不愿给大伙儿扣什么"自私"、"狭隘"、"小农意识"之类的帽子。老少爷儿们还未从穷坑里拔出腿来，正指望"秘方"发家呢，怎舍得拱手相让？

可是，饱尝取经之难的他更懂得求技者的心情，更能体谅他们的不易。他想，自己并不是一个普通农民，而是农民中的共产党员。共产党员还分哪村哪镇？怎能把致富经验封锁在一个小村子里？一村富了不叫富，农民兄弟都富才是富啊！

瑞雪飞扬。国务委员、国家科委主任宋健踏雪赶来了。他满怀兴致地参观了七八座蔬菜大棚，对王乐义说："能不能向全国推广你的经验？北方好多地区吃菜困难呢！"

王乐义当场承诺：把技术传播出去，让更多的人受益！

为了让乡亲们理解，他耐心讲道理：天下农民是一家，咱们的目光不能那么短浅。再说，这技术又不是无字天书，捂着盖着顶多不过一年半载的事儿。与其这样，倒不如抖搂出来亮个真底。人家挣蔬菜钱，咱们可以当老师挣技术钱，这不是两好合一好的事吗？技术推广以后，咱还可以开发新技术、新品种，将大棚蔬菜发展得更好。

这一年，寿光县成立冬暖式大棚推广领导小组，王乐义负技术总责。最紧张的时候，他一天能跑10余个乡（镇）30多个村。晚上回到家，浑身酸痛，上床都费劲，早晨起来脚肿得穿不上鞋子，妻子一边帮他穿鞋一边掉泪。

一年间，王乐义坐着县里配的吉普车，足足跑了4万千米。累病交加，他再也支撑不住，大年初一被送进县人民医院，数天后才恢复过来。令他欣慰的是，全县共建起5 130个大棚，增收6 000多万元。

至此，寿光农业开始显现其鲜明特色：大规模的露天生产转移进一个个“车间”，一年四季，风雪无阻；高投入，高产出；果菜兼收，一棚致富……

随着媒体的宣传，到三元朱村参观学习者越来越多。最忙的一天，王乐义接待了六省的3 000多名客人。

冬暖式大棚内外温差很大，王乐义陪同来访者进进出出，一会儿热，一会儿冷，身体吃不消，时常感冒发烧。最初吃几片药就好，后来药片不灵了，只要一感冒，非输液不可。一天，北京的一个考察团来三元朱村参观，指名要他介绍情况。王乐义当时烧得很厉害，口干舌燥，头重脚轻，妻子说啥也不同意他去。可王乐义提前打完吊针，裹紧大衣，悄悄地出了门。结果，半小时的接待完成后，他是被大伙架着回的家。

为传授技术，王乐义踏遍长城内外，村里的技术员也派出去一批又一批。从吉林到河北，从山西到安徽，从河南到江苏……滴滴汗水化甘露，滋润着片片新绿。

4.在王乐义的传技人生中，播绿新疆无疑是浓墨重彩的一笔。

未去新疆前，他早就听说，那儿一年中有大半年气温偏低，蔬菜无法生长。从四川等地运去的新鲜菜，价格高得离谱。每到秋天，家家户户窖藏白菜、萝卜和洋芋(土豆)，人称“老三样”。曾有人自南方贩运韭菜，由于路途远，保鲜技术差，一车皮韭菜全被捂坏了。菜贩子经受不住打击，在乌鲁木齐乌拉泊货运站用一根绳子结束了性命。

王乐义多想亲赴新疆，推广蔬菜大棚，让边疆人民一年四季都吃上家门口生长的新鲜菜!

然而，那块土地，既是他的最念，又是他心头最脆弱、最敏感的地带。他小心翼翼，不敢轻易触碰。

他慎之又慎：在那儿种菜是否可行？他渴望进一步了解新疆。

事有凑巧。在为解放军某部传授技术后，部队要付给优厚报酬，王乐义坚辞不收。无意中，他发现这支部队有一套30年来的中国气象资料，便提出借阅。

资料对新疆各地气象情况都记载得很翔实，王乐义认真研究，又找来地图对照分析，心中渐渐有了谱。

1993年6月，他正筹划去新疆的事呢，新疆维吾尔自治区党委书记宋汉良在北京开完会后，专程赶到了三元朱村。

“慕名已久啊!”这是他对王乐义说的头一句话，“您的事迹传遍了全国，我一定要来看看!”

一座座蔬菜大棚，一片片花红果绿，让宋汉良深感振奋：“果然名不虚传!”

人在寿光，心向新疆。宋汉良心中的新疆，是一方充满希望的宝地，但新疆又是欠发达地区，工农业生产相对滞后，脱贫致富的任务较重。如果能引进棚菜种植技术，那将给老百姓带来多大福气，给农业发展注入多少活力!

不等参观完毕，这位“封疆大吏”竟以兄弟相称了：“老哥呀，新疆百姓一年有8个月吃不上鲜菜，我想请您去解决这个问题，您可不要推辞啊!”

“好，我去!”王乐义二话没说。

言辞之铿锵，语气之坚决，仿佛是要赴一个郑重的千年之约!

惊世骇俗的绿色长征，就这样开始了。

从此，漫漫古丝路，活跃着一个山东老农不倦的身影。

从此，春风飞度玉门关，天山南北的菜篮子日渐丰盈。

从此，关中平原，延河两岸，嘉峪关下，雪域高原……在共和国广袤的西部，亘古荒漠佳蔬葱茏，寂寞心田绿意萌动，一座座村镇、一道道田埂，传来的是朗朗笑语阵阵欢声……

5. 1993年7月9日，瓜乡哈密迎来了“中国菜王”王乐义。

这是王乐义进疆的第一站。他要从“西域咽喉”哈密入手，打开冬暖式大棚“东风西渐”的突破口。

在哈密市二堡乡，他带领6名同来的技术员，克服重重困难，建起26个蔬菜大棚。对于种菜，当地农民尤其是少数民族群众起初普遍很反感，像生产队社员一样，能敷衍则敷衍，甚至对着干。有时候苦口婆心讲一阵子，他们当面答应，可背后照样我行我素，有人还把乡里发下去的肥料偷偷扔到野地里。咋办？只有以更务实的工作，逐步去感化他们。

为了一炮打响，王乐义带领技术员，与干部群众一起，铺下身子，没白没黑地干，天天一身汗水一身泥，工作强度一点儿不亚于二堡乡的人。对他们来说，搞这26个大棚，难度不比当年建三元朱村那17个大棚小。当初之难，是难在破天荒；而在不习惯种反季节菜的新疆，建棚种菜同样是开风气之先。

回到寿光后，王乐义天天念叨哈密那边播种的日子，以此推算黄瓜出棚的时间。而他的工作日记上，每一次通话问到的情况，都记得清清楚楚。直到12月15日晚，他听到了一个让他兴奋不已的消息。

“王书记，我们的大棚黄瓜今天上市了，30块钱1公斤！”通过长途电话，哈密地委书记黄昌元难以自抑的喜悦急切传来。

王乐义激动得一夜未眠……

天山无语，披满历史风霜，阅尽人间春色。春色无边，离不开一位山东老农才情洋溢的涂抹。

在王乐义和三元朱村技术员连年支持下，越来越多的哈密农民开始挣脱传统观念的枷锁，愉快地接受一种叫做设施农业的崭新生产方式。

飞红滴翠的大棚，到底产生了多大效益？菜有知，果有知，哈密农民的钱匣子有知。

“大棚蔬菜是旱涝保收的‘铁杆庄稼’！”菜农达吾来提赞叹。他还自编了一段“大棚颂歌”：“会种菜，就是强，骑摩托，住新房，坐沙发，睡软床，看彩电，听音响，大把票子存银行。”

到2008年，哈密市菜棚达到1.2万亩，年产值9 000多万元，占农业经济总收入的8%。每逢寒凝大地，鲜瓜鲜菜就透过薄薄的棚膜向外飘香。这原本想都不敢想的事，不但给新疆各族人民送去了口腹之乐，也为当地农民开掘了滚滚财源。哈密市农业局负责人接受采访时言辞恳切：“哈密是个多民族聚居的地方，少数民族占有很大的比例。王乐义在哈密推开大棚菜，对整个新疆农业都具有划时代的意义！”

红日初升，其道大光；河出伏流，一泻汪洋。哈密大棚蔬菜的成功，只是王乐义在全疆大规模推广设施农业的开始。

步出绿意荡漾的哈密，他以更大的勇气、更高的热情、更充足的信心，不断向着更广阔的新疆腹地挺进。

6. 设施农业，一旦扎根于新疆各族兄弟心中，其蓬勃之势谁能小觑？

喀什地区英吉沙县原来只有100多座低档次的土温室，冬天必须点火升温，产量低，效益差，连当地居民有限的吃菜需求都满足不了。借助王乐义的支持，寿光市援疆干部发挥菜乡优势，建设了一座集试验、示范、推广为一体的蔬菜科技示范园。示范园占地 60 亩，是山东省迄今在喀什援建的最大规模的农业项目，现拥有 20 多座无立柱高温大棚和拱棚。依靠示范园带动，英吉沙县冬暖式蔬菜大棚从无到有，迅速发展到 2 600 多座，年产值 1 700 多万元。英吉沙县委常委石德胜说，英吉沙菜农虽没有阿里巴巴那句“芝麻开门”的魔咒，但他们已找到了一把打开梦想之门的钥匙。

塔克拉玛干沙漠南缘的和田地区有 170 多万农业人口，贫困面相当大。王乐义连续多年到和田指导大棚建设，还派去了最好的技术人员。近几年和田大棚以每年两万亩的速度递增，目前近 10 万座。建一座大棚，最低可收入 2 000～3 000 元，贫困户当年就能脱贫。设施农业，已成为和田农村最具潜力的阳光产业。2006 年春天，种菜致富的和田人民专门从昆仑山深处采来一块“东陵白”，雇用大卡车，万里迢迢送抵三元朱，一表感激之意。

吐鲁番地区经过王乐义和三元朱村技术员的悉心指导，设施农业总面积已超过 7 万亩，亩均产值 5 000 元以上，跃升为继葡萄产业之后的第二大产业。他们的“十一五”目标直指 20 万亩，决心把吐鲁番建成全疆重要的设施农业基地，从效益上再造一个新绿洲。

伊犁州察布查尔县建起大小菜棚 1 万多座，各种叶菜果菜几乎无所不产，菜农收入年年创新高。“多亏了王乐义，多亏了三元朱村技术员！”县菜篮子办公室主任杨民山倾吐着肺腑之言。他说，“王乐义”、“三元朱”、“寿光市”这几个概念，已经在全国唯一的锡伯族自治县农民心中深深扎下了根。现在，只要是来自寿光的产品，无论农药、农膜，还是种子、化肥，人们用起来都是一百个放心。

阿克苏地区农业局 2004 年组织全地区八县一市共 137 人到三元朱村学习。王乐义为他们设置了 16 个学习专题。每个专题结束，都安排几天的实习。从育苗、移栽直至摘果、卖菜，全过程培训，丝丝入扣，一点不落。4 个月下来，学员个个成了明白人。两年时间，仅库车县大棚菜就发展到 9 800 亩，亩均效益 4 000 多元。干部群众普遍由不愿种、不会种，到敢种、会种、抢着种，把蔬菜生产当成了四季增收的重要手段。

“是一个普通农民，一个农民中的共产党员，结束了新疆人民冬春吃菜靠供应的历史！”新疆农业厅负责人盛赞。他说，自王乐义传艺新疆以来，从塔克拉玛干沙漠边缘到准噶尔盆地周边，从自治区腹地的乌鲁木齐到戈壁油城克拉玛依，从中哈边境的博尔塔拉蒙古自治州到帕米尔高原的克孜勒苏柯尔克孜自治州，各地都将设施农业当作重头戏来唱。

眼下，天山南北 20 万亩蔬菜大棚，星罗棋布，煞是壮观。

这是多么浩大的“菜篮子工程”！

这又岂止是一项“菜篮子工程”！

这是共产党员用智慧、用汗水，在边疆大地描绘出的最新最美的画卷！

7. 年年复年年，一程又一程。进伊犁河谷，赴昆仑山麓，上黄土高原……王乐义就像一架不知疲倦的“播绿机”，无论走到哪里，都营造出一片“冬天里的春天”。

很少有人知道，王乐义每次出发，旅行箱里除洗刷用具、常备药品和换洗衣物外，总装着一摞特制的腰间挂的塑料袋。

“我这个人，出趟门比女人还麻烦！”他有些自嘲地说。

直肠切除之后，这些袋子便成了他的生活必需品。

就是这样一位身有痼疾的老农，为了传播大棚蔬菜技术，马不停蹄穿梭于新疆、陕西、甘肃等近 20 个省(市、区),足迹遍布大半个中国。

在他关心帮助下,革命圣地延安确定了“以菜为主,以畜为辅,菜畜富民”的农业发展思路,发展蔬菜大棚 7 万座,年产量 30 多万吨。千百年来靠酸白菜苦度冬春的延安老百姓,如今一年到头鲜菜不断。

人称“关中白菜心”的陕西省高陵县,经王乐义和三元朱村技术员帮扶,建起冬暖式大棚 1 万多座,成为名扬西北的蔬菜之乡。县委书记张民生说:“王乐义跟别的典型人物不一样,他可亲、可近、可学,任何农民哪怕手无寸铁、家无寸银,也完全可以把他的技术学到手。”

甘肃省武威市凉州区张义镇农民跟王乐义学到棚菜技术后,建起冬暖式大棚,种植西红柿,每亩最高收入超过两万元。走马凉州,一棚棚瓜菜流丹溢翠,展现出干旱荒漠化农区人与自然和谐发展的光明前景。

经过三元朱村技术员 3 年的援助,西藏自治区南木林县大棚蔬菜已实现自给自足,还供应日喀则、拉萨等地,“雪域净菜”享誉藏区。大棚蔬菜种植,使部分农牧民率先走上了致富路。他们说,有援藏菜农的帮助,只要好好干,香巴拉(世外桃源)并不遥远。

“漫卷的云海告诉我,你理想远大胸怀广阔;奔腾的江河告诉我,你饱含激情播种欢乐;圣洁的雪莲告诉我,你清廉为官永葆本色;浩瀚的沙漠告诉我,你一腔热血绽开花朵……”人们用滚烫的诗情歌颂恩人王乐义。

在祖国北方和西部的山山水水,冬暖式大棚创造了数以百万、千万计的财富,为丰富淡季供应、增加农民收入、推动农业发展、促进社会和谐做出了历史性的贡献。

当然,我们不能把所有大棚都说成是王乐义的功劳。但是,不得不认可的是,他就像一支火把,以燃烧自己的悲壮,将大棚科技的星星之火播撒在广袤土地上,照亮了人民群众原本暗淡的餐桌,照亮了千万农民喜悦的面庞,也照亮了农业和农村经济发展的蓬蓬勃勃的新气象!

8. 贡献大,荣誉就多。头顶“全国优秀共产党员”、“全国劳动模范”等无数耀眼的光环,连续当选党的十五大、十六大、十七大代表,多次受到党和国家领导人接见,频频现身荧屏报端,先后走进电视剧、京剧、吕剧、广播剧,登上专题邮票,辑入小学课本,编为独唱歌曲,拍成 DVD,走上宽银幕,绘作连环画,亮相广告牌,更有贴着其头像的优质蔬菜畅行国内外……

这就是王乐义,一名官不入品的小支书,一位蜚声华夏的大明星!

多年来,他每到一处,几乎都有鲜花与掌声簇拥,镜头和笑脸相迎。要求采访的、合影的、签名的、请教问题的、表达谢意的,难以计数。至于每天来电来函热情相邀或是直接登门求见的,就更是数不胜数。

这很让那些苦苦做着明星梦却始终“明”不起来的人们羡慕又嫉妒:一个黑脸老汉,怎么就红极若此?

而对王乐义来说,这名气,这荣誉,都不是他所追求的。

当他拖着病残之躯挑起村支书重担时,当他顶着重重阻力砍玉米建大棚时,当他累倒在传授技术的讲台上时……他是绝对没想当什么明星的。

然而,他成名了。就在带民脱贫、为民谋富的征途上,不知不觉地成了“红星”一颗。

王乐义名气大、荣誉高、见识广,很有些“资本”了。但他不居功,不自傲,脸上总带着诚意的微笑,给人以“邻家大叔”的感觉。

王乐义有句家训:“勤勤恳恳做事,踏踏实实为人”。从孩子记事起,他就以自己的行动教会他们，什么是艰苦朴素，什么是负重奋进，什么是扎实做人。成名之后，他更不忘叮嘱子女："你们是庄户人家的孩子，跟别人家的没什么两样，一定要放平自己。"

现在，王乐义的子女都已成家立业，老两口应该无忧无虑、坐享清福了。但是，60多岁的老伴梁文荣仍种着6亩樱桃。她只有一个目的，就是让子女永远不忘劳动的重要性。每逢周末，王乐义都要求大家到果园里干活。

王乐义在村里辈分低，60多岁的人了，甭管是遇见20来岁的小伙儿，还是30多岁的小媳妇，依然是"小叔"、"婶子"亲亲热热地叫。乡亲们也是喊"二哥"、叫"乐义"的，都跟他挺近乎。来了客人，甭管什么身份，他只要在家，都是亲自接待。上至大领导，下到小菜农，该端茶端茶，该递烟递烟，该下楼相送就下楼相送，一样的和蔼热情，从不敷衍。

"绚烂之极归于平淡"。熟知王乐义的新疆维吾尔自治区人大农业与农村委员会主任李磊说："王乐义是一个朴实的人，说话、穿衣甚至喝酒，都是典型的农民来头。但他又不是一般意义上的老实巴交，他身上既有中国农民的传统美德，又有中国共产党人的优秀品质，是二者的集大成者。他不想成为圣人、完人，但他在不断追求完美——事业的完美、人格的完美、生命的完美。他做事是有目的的，但他的目的不是小目的，而是大目的——为全国农民谋幸福……"

9.有人说，袁隆平鼓起了中国人民的"米袋子"，王乐义丰富了中国人民的"菜篮子"。在王乐义指导和影响下，全国建起了多少大棚，产生了多大效益，给人民生活带来了多大改善？或许，谁也说不清楚。

岁月如歌，当仰天长笑。他完全可以躺在功劳簿上，含饴弄孙，安享晚年。可这位年近古稀的村官，仍然风里来、雨里去，目光炯炯，行色匆匆……

奉献没有休止符，而奉献是需要"资本"的。王乐义的"资本"就是：与时俱进，不断创新。

冬暖式蔬菜大棚技术，本是王乐义和乡亲们的"独门绝技"，但他们没有"吃独食"，而是慷慨分羹于他人。短短几年，各地大棚蔬菜风起云涌。有人断言，三元朱村势必被自己掀起的绿色浪潮所吞没。难能可贵的是，三元朱人让阳光变成财富后，"科技"二字便深印在他们心中，创新之路从小小村庄不断延展。

1990年腊月廿三，国务院副总理田纪云视察三元朱时，对王乐义有一番嘱托："你们靠科技取得了很好的效益，要在这个基础上，向无公害蔬菜发展。"

啥叫无公害蔬菜？王乐义不懂。但不懂不是他王乐义！

他跑济南，去西安，奔走半个月，最终找到北京农林科学院教授王宪彬。

老教授被深深感动了："我的研究成果搞出来已有6年，一直没得到推广，想不到第一个来找我的是个农民……"在王教授指导下，无公害蔬菜当年就问世三元朱，又在全国叫了"独份儿"！

1996年，三元朱村试验成功集大棚滴灌、模板护墙、电动卷帘、钢架支撑、微机控制于一体的高标准蔬菜大棚。

5年后，"乐义"商标面世，三元朱村成为国内首批"无农药残毒放心菜生产基地"，蔬菜摆进北京的大型超市，不到两天便销售一空。

同年，经王乐义提议，蔬菜大棚开始搞多种经营：上层架苦瓜，下层种辣椒，绿长红短，错落有致；水池里，先是育蟹苗，然后养鲶鱼；池边的水泥台上，奇花异草，清香缕缕……

王乐义没有多少文化，更不是什么诗人、艺术家，按说与罗曼蒂克不沾边，但他天生就是个思维活跃的人，从来不乏想象的激情和创造的渴望。

他时常打开思想的窗子，把明亮的阳光与和风细雨邀进来，让各种色彩斑斓的信息飘进来，将自己遐想的鸽子放飞出去。三元朱村的干部说，王书记的好多想法，都是在谈笑间甚至是睡觉时突然“冒”出来的。

刚开始种大棚黄瓜，人们普遍用竹竿做支架。一个大棚的竹竿并排起来，约能遮阴17米，天长日久，很影响黄瓜生长。怎样解决这个问题呢？一天午睡时，王乐义灵感一闪，猛地从床上跳起来，撒腿就往大棚里跑。他尝试用塑料绳代替竹竿，不仅不遮阴，还节约。一毛二分钱一根的竹竿只能架一棵黄瓜，而一分钱的塑料包装皮能架两棵黄瓜……

棚菜试验成功以后，有位北京来的老教授绕着大棚转了好几圈，问王乐义：“你们的大棚方位不对吧？”专家面前，王乐义照样底气十足：我已经连续观测两年了。寿光的冬天，上午10点到下午3点光照最强，只有方位朝西一点，才能更好地接受光照。所以，我们把大棚的方位由正南方改为朝南偏西5°。老教授握着王乐义的手，好久不肯放开。他对同行者说：“这是一位土专家，可比起咱这些啃书本的，一点儿也不差！”

凭着充溢头脑的智慧和勤学善思的精神，王乐义搞了数不清的小发明、小革新，最终成为蔬菜业的技术权威。作为一名地地道道的农民，他与9位专家同台领取了首届“中华农业英才奖”。颁奖者说，这是对科研型农民的最高奖赏！

10.早在1958年，农业部一位专家就育出了温室西瓜，但成本太高，根本无法普及。20世纪80年代，我国从荷兰、以色列引进高档温室，每亩需投资30万元以上，农民还是建不起。王乐义首创的冬暖式蔬菜大棚，造价不及国外温室1/10，以其对中国国情的最大适应，在北方地区大面积推开。联合国农业官员赞曰：“王乐义的最大贡献，就是让没有多少资本的中国农民迅速富起来！”

王乐义不但富裕了广大菜农，而且把原本“土气”的蔬菜业做成了“时髦”产业，他自己也在追逐时尚的过程中成为一名专家，屡屡走上大学讲堂，这在中国农村恐怕又是一个奇迹。

王乐义的事业是个奇迹，王乐义的生命也是个奇迹。

医生曾明明白白告诉他，做过癌症切除手术的人，存活期一般只有五六年。

对此，他只是报以淡淡的一笑。

自从走下手术台，他就把一分一秒都利用起来了。他不允许自己有半点懈怠，不允许自己有半点苟安。

他像一匹重任在身的老马，明知疲惫不堪，明知夕阳已短，就是无悔无怨！

“是公社党委出钱给我做的手术，党给了我第二次生命！”这个恩情王乐义始终不敢忘，“我活一天就干一天，活一年就干一年，只要百姓需要我！”

这些年，他拼了命地奔走于山沟沟、地头头，帮助那么多人发了财，却始终是“捧着一颗心来，不带半根草去”。许多受惠单位提出送钱赠物，有的直接把劳务费送到面前，他的回答都是一样的：“我是三元朱村的党支部书记，工资已由村上给发了，不能再从这里领赏。”

“现在搞市场经济，人人都谈效益。况且，你拖着病身子，跑了这村到那村，出了这棚进那棚，多么辛苦！不拿报酬怎么行？”有人劝道。

“钱这东西，看重了是命，看轻了是纸。我推广蔬菜技术，是为了帮农民发家致富，不是为挣钱来的。”

对熟知王乐义的人来说，他拒钱拒物乃至拒官的事儿早已不是新闻。

当年，冬暖式蔬菜大棚在寿光铺开之后，县委决定让王乐义当县蔬菜办公室主任——一顶看得见摸得着的实实在在的“乌纱帽”就在眼前招手，他只要一点头，仕途之门便会从此大开。

在黄土地上操劳半生，就此抽身而出，改弦易张，岂不是最理想的时机、最合适的阶梯？而晋升许多人一辈子都难以企及的“正科级”，又是件多么荣光的事啊！

但是，他拒绝了领导的美意：“搞技术推广是我的责任，不是要名要利的招牌。再说，我也离不开三元朱村，这个主任我就不当了吧。”

后来，县里按政策奖励他两万元钱，送奖金的人去了3次，也没把这笔钱放下。

这几年，以他名字注册的“乐义”商标，被很多人看好。专家们估算，品牌价值已经过亿元。有的企业提出搞合作，多的给20%的股份，少的也不低于10%。按这个比例分红，用不了几年，他就能变成千万富翁。

有人眼红：“王乐义这回可发大财了！”

“分红的钱全部交给村集体，我一分不要。”他明确表态：“‘乐义’品牌是乡亲们共同培育的，理应属于整个三元朱！”

在搬进村里统一规划的新楼房之前，王乐义多年居住在一所旧宅院里。乍进去的人，无不惊叹其简陋：不大的院落，种着腊梅、樱桃，养了鸡、鸭、猫、狗，很有几分拥挤，在附近村民的新宅前更显破旧。屋里不见像样的家具，更没有高档电器，只有墙上悬挂的王乐义与各级领导的大合影，才显出主人身份的不一般。能过上如此“富裕”的生活，老两口已经很知足了。

人为什么活着？应该怎样活着？有多少人，就有多少种解释与活法。但有一点是可以肯定的，为一种高尚的精神活着，为一种坚定的信念活着，为一种美好的理想活着，特别是为了他人的幸福而活着，胸怀就会开阔和大气得多。人生因付出而富足，人生因奉献而快乐！

2005年4月7日，一个令王乐义终生难忘的日子。

中共中央总书记、国家主席、中央军委主席胡锦涛来到了三元朱村！

对于三元朱村，对于这片掀起绿色革命的黄土地，胡锦涛显然并不陌生：“乐义同志，你的事迹了不起，你是带领农民致富的功臣啊！”

听着总书记的夸奖，王乐义黝黑的面颊有些泛红。他谦虚地说：“哪里，关键是听党的话，跟党走。”

在详细了解三元朱村发展大棚蔬菜的经过后，胡锦涛紧紧握住王乐义的手：“你这个头带得好！农村基层党员的先进性就是要体现在带领群众致富上。”

进大棚，察苗情，问收入，胡锦涛兴致勃勃，频频颔首。

末了，他又一次拉过王乐义的手，语重心长地嘱咐：“你们要一如既往推广大棚蔬菜技术，让贫困地区的农民都达到小康！”

铭记总书记重托，绿色长征路上的王乐义更加斗志昂扬。

仅向西部地区，他就新派出三十几批蔬菜技术员，并在西北五省(区)各设了一处农技推广基地。同时，戮力打造三元朱国际农业科技培训中心，他要让学员举步之间就能掌握最实用、最全面的现代农业知识。他还特别强调：凡是农民自掏腰包来学习的，一律不收费……

（马　健）

二、茄子高效栽培经验

1. 寿光市纪台镇吴庙村赵玉江:越冬茄子巧种植

赵玉江,寿光市纪台镇吴庙村人,是该村出名的种植高人。2007 年,他种的越冬茄子更是以产量高而被人们称赞,在茄子进入采摘期后,他 52.5 米长、10.6 米宽的棚平均每次采摘茄子 650 千克左右,最多的一次摘了 850 千克。

然而,记者与其交流时发现,赵玉江种茄子仅仅才两年的时间,算是种茄子的新手,但这个新手却成了大家眼里的高人,比那些"老手"们更胜一筹。

他的秘诀在哪里呢?"在于细,在于按照茄子的生物学特性种植。"

(1)两开两闭,通风控温:冬季外界气温低,温度是决定茄子生长的关键因素。在开花结果期内,若一次性将放风口拉开过大,很可能造成闪苗,影响茄子的正常生长。在管理上赵玉江总是分两次拉开放风口。当棚内温度达到 32℃时,将放风口拉开 10 厘米;当中午前后棚温达到 33～34℃再拉大放风口,使放风口拉开 18 厘米,使棚内温度不超过 30℃。下午,在棚内气温降低到 22℃时将通风口关小,第一次关闭 10 厘米;在棚内气温降低到 18℃时将通风口完全关闭。

这种"两开两闭"的通风方式能更好地调节温度,较之"一开一闭"的模式更有利于茄子的生长。更重要的是上午能使二氧化碳早进棚,延长了光合作用时间。

当前,很多棚室茄子坐果少,其中很主要的一个原因就是夜温过高。要使茄子正常坐果,就要控制闭风和放棚时间,勿使夜间棚内温度过高。一般情况下,以早上拉开棚后棚温 12～15℃为宜,切不要超过 18℃,以免夜温过高,花芽分化不良。

(2)主次分明,调整植株:整枝是茄子管理的重要内容,它与茄子的产量和品质直接相关。

定植后,植株长到 50～60 厘米时选定两个长势一致、健壮的枝条作为主枝,其他的枝条全部去掉。后将两个主枝吊起,促其生长。当主枝长至 170 厘米左右、接近吊蔓所用钢丝时,对主枝进行摘心处理,促使下部侧枝发育。每个侧枝萌发后都会有一个花芽,茄子坐住后,保留果实上面 2～3 片叶摘心,保证其需要的光合产物向果实供应,防止田间郁蔽。

(3)抓好水肥,促根攻果:茄子产量高,需肥量大。在定植前要使用足够的鸡粪和复合肥作基肥,一般亩施腐熟好的鸡粪肥 20 $米^3$ 和复合肥 100 千克。

在结果过程中也要加强肥水管理。浇水时,不能一次浇水过多,特别是在低温季节更应注意,以免浇水过大伤害根系。随水冲肥时,应用生物菌肥配合化学肥料进行冲施,以起到促进生根、补充营养的作用。

(4)预防为主,综合防治:病害要早发现早治疗。一旦染病,在喷药之前要注意天气变化。阴天转晴后第一天要逐渐让植株适应光照,草帘要分批拉开,避免突然见光提温闪棚。

一般应保证每月至少两次的药剂预防病害,平时茄子防治病害的主药是百菌清 600 倍液、甲霜铜 500 倍液,可混用或交替使用。灌根和喷药时都可加入甲壳素增强抗性,提高防效。

2. 寿光市纪台镇三官庙村张连群:把好茄子嫁接关

长茄嫁接可以防治枯、黄萎病和根结线虫病,这已是菜农耳熟能详的事情了,但在嫁接技术日益成熟的今天,嫁接成苗率低和嫁接苗死棵的问题却时有发生,成为影响棚室茄子夺取高产高效的重要障碍,那么三官庙村人是如何进行嫁接的呢?

“规范的嫁接和嫁接后科学的管理是长茄成苗率高和嫁接苗死棵少的关键所在。”所谓规范的嫁接，主要指的是在嫁接技术日益熟练的今天，人们往往会忽视嫁接前砧木苗和接穗苗的杀菌处理以及嫁接所用工具的消毒处理工作，增加了嫁接苗染病的可能。近年来，在嫁接茄子上发生的从嫁接口向上接穗木质部变色、腐烂、坏死，是由于茄子嫁接前后的杀菌消毒工作不到位和嫁接后管理不当，镰刀菌或细菌侵染嫁接口，导致了枯萎病或细菌病。三官庙村人就是在这种严格的嫁接操作规程的实施下进行嫁接的，并且嫁接后的管理更是非常细致，因而三官庙村的嫁接茄子发生死棵的很少。

“嫁接后，前 7 天的管理是保证嫁接苗成活率的关键。”

7 天是嫁接苗成活的关键时期，7 天内温度、湿度的不合适不仅造成了嫁接成苗率低，而且为病菌侵染创造了有利的环境条件。三官庙村人多是自己育苗，采用的是在苗床小拱棚薄膜上打孔，通过孔的大小控温控湿的“扩孔”管理法。

嫁接一般宜在晴天下午进行，嫁接完成后，将苗子摆放在预先建好的苗床(苗床一般长 8 米、宽 1.5 米)内，苗床浇透水，支撑小拱棚覆盖薄膜，大棚覆盖草苫，开始进入嫁接后的管理。

第 1 天：以保湿为主，促进嫁接伤口愈合，原则上全棚密闭，不通风。但棚内气温若超过 35℃，可在中午于小拱棚顶端每隔 2 米打一直径为 6～8 厘米的小孔，防止高温高湿造成“蒸苗”。

第 2 天：开始通风，防止苗床湿度过大影响嫁接口的愈合。可将每个孔的直径扩大为 10～12 厘米。

第 3 天：加大通风，并开始让嫁接苗见弱光。将孔径加大到 15～18 厘米。同时在早上和晚上揭去棚上草苫，让嫁接苗见弱光。

第 4 天：继续加大通风，并延长见光时间。此时嫁接伤口基本愈合，为促进砧木生根，提高嫁接苗的成活率，可将孔径扩大到 20 厘米，并且揭去草苫的时间应适当加长。发现苗子有萎蔫时，再及时将草苫盖上。

第 5 天：撤去棚膜，草苫也只在中午前后高温强光时覆盖，进行炼苗。

第 6 天：同第 5 天。

第 7 天：嫁接苗成活，撤去草苫，进入常规管理阶段。傍晚轻浇一水，以利于嫁接苗的正常生长。

第 8 天：可喷施一次保护性杀菌剂，预防病害发生。

第 9 天后即可进行定植。

3. 寿光市纪台镇三官庙村赵可勇：茄子施肥有诀窍

施足底肥：一大茬嫁接茄子生育期长，足够的营养供养是茄子获得高产的保障，施足底肥是关键。底肥以充分腐熟的有机肥为主，足量的有机肥可起到增强土壤透气、利于根系生长、平衡供应营养、延长茄子生育期的作用。鸡粪营养全、后劲足，是种植一大茬茄子不可缺少的有机肥。大量施用鸡粪还能很好地起到补充冬季棚室中二氧化碳供应不足的问题。因此，底肥要以鸡粪为主，亩施 20 米^3 左右，再配以复合肥 50～75 千克及适量的微量元素。

大量的鸡粪若不腐熟，不仅会造成烧根、熏苗等问题，而且容易诱发病虫草害，可通过早施肥、早整地和浇水，使鸡粪充分腐熟。将鸡粪撒入棚地后，先用旋耕机旋打 3 次，将鸡粪打细并与土充分混匀；在整好畦后再深翻土壤 25 厘米左右，将地表大量的鸡粪翻入深层耕作层。后大水漫灌，高温闷棚 15～20 天即可。

若休棚时间短，也可通过定植后的 4 天两大水加速鸡粪腐熟，防止烧根、熏苗发生。这两水过后 4～5 天，若土壤过干，还应轻浇一水，以防止土壤板结、裂缝，不利于根系呼吸，并结合土壤见干后的及时划锄松土，保墒促根，将鸡粪腐熟产生的氨气排除。

另外，使用活性菌剂激抗菌"968 肥力高"是快速腐熟鸡粪的好方法。将鸡粪撒入棚地后，亩用"肥力高"2～2.5 千克均匀喷洒于鸡粪表面后进行整地，5～7 天鸡粪即可腐熟；茄子定植时结合浇定植水再冲施肥力高 2～2.5 千克，在保证鸡粪充分腐熟的同时还增加了土壤中有益菌的数量，增强了茄子的抗病能力。

合理追肥是保证。随着温度变化进行追肥，一般"三茄"坐住后开始追肥。此时天气也变凉了，追肥应以促根的生物菌肥(如瑞神、大源、三忠等)为主，并配以少量的钾肥。一般每亩使用生物菌肥 40 千克，加 10 千克高钾复合肥(如爱普牌荷兰高钾复合肥)。随着低温季节的到来，应根据植株的长势，适当延长浇水时间，并不再使用化学肥料，以免伤根，影响茄子的生长。春节后，随着气温的升高，茄子进入盛果期，此时应重施肥料拿高产。可用生物菌肥 50 千克加优质复合肥 20 千克进行冲施，直至拉秧拔园。

4. 一大茬长茄的整枝

长茄一般都采用双主枝整枝法，即茄子从门茄处分杈时，选留两个生长势一致的枝条为主枝的整枝方法。整枝的原则是春节前以主枝结茄为主，春节后培养侧枝以侧枝结茄为主。但是，长茄又有紫萼和绿萼之分，品种不同，整枝方法也有些差异。目前，寿光已形成了以布利塔为主的绿萼长茄和以大龙为主的紫萼长茄两种不同的整枝技术。

(1)布利塔整枝技术：当植株长到 50～60 厘米高时，结合吊蔓进行侧枝处理，门茄下面的侧枝全部摘除；门茄上面的侧枝，当其长到 15 厘米左右时留下一片叶剪除，作为明年的结果枝。需注意的是，门茄上面的侧枝不能剪除过早，因为剪除过早会使后期该部位侧芽萌发速度缓慢，而不利于春节后产量的提高。侧枝上留下一个叶片的目的，是为了明年侧枝结茄时供给茄子生长所需的光合产物。由于顶端优势的作用，这片叶春节前生长缓慢，不会因这片叶的存在造成田间郁蔽，因此，这片叶子一定要留用，不能摘除。

若为茄子嫁接苗，在定植时先应将砧木上的侧芽和叶片全部摘除。当二茄采摘时进行摘叶处理，将二茄以下的叶片全部摘除，上面的叶片不可摘除；摘三茄时再将三茄下面的叶片摘除，上面的保留。此后的摘叶以此类推，向上进行。需注意的是，摘叶不可过多、过早，否则容易造成光合产物供应不足，出现"污皮"、"果小"等果实营养不良症状。

当主枝长至 180 厘米左右、接近大棚吊蔓用的钢丝时主枝摘心，保留主枝上的叶片不剪除。

(2)大龙整枝技术：大龙长茄整枝方式与布利塔大致相同，但因为大龙长茄生长势比布利塔旺，所以在整枝管理上大龙长茄应充分利用生长旺的特点进行整枝，而不能与布利塔的整枝一样。

侧枝处理的差异。大龙在侧枝处理时，不要待侧枝长到 15 厘米左右时才剪除，应在侧枝长到 3 厘米左右时进行侧枝剪除，摘除侧枝时不必在侧枝上留下一片叶。需要注意的是，剪除侧枝时是用手"掐"掉，而不是"掰"掉。掐是保留侧枝 0.5 厘米左右将其去除，这样利于该部位后期侧芽的萌发；而掰去了侧芽，常会造成较大的伤口，使该部位侧芽后期不出芽或出芽慢。

摘叶处理的差异。春节前，主枝摘叶的处理与布利塔相同，但在春节后大龙长茄在主枝摘心的同时，将主枝上的大叶摘去 3/4～4/5，仅留少量大叶即可。若留叶过多，不仅容易造成田间郁蔽，有利于病害发生，而且还会争夺营养，不利于侧枝果实的发育。其原因就是大龙茄子生长速度快，摘心摘叶后主枝上会萌生大量的小叶，这些小叶制造的营养就可以满足茄子果实的发育。

（王光水）

三、丝瓜高效栽培经验

1. 寿光市洛城街道后李村李德平：丝瓜巧管理，黄花变绿花

丝瓜花在商品丝瓜中起着至关重要的作用，带花的丝瓜比不带花的丝瓜相比每千克价格一般能高出1元左右，有时甚至能高出2元多。在带花的丝瓜中，丝瓜花瓣为绿色的又比黄色的每千克高出0.4元左右。因为绿色花瓣的花瓣厚、耐贮运，不容易坏掉或腐烂。

(1)蘸花药的配比及浓度：9.2千克水中加入10毫升坐瓜灵、8毫升2,4-D、5毫升5%萘乙酸，作为蘸花药的主药。另外，再加入10毫升生物春（生物春为营养液，加入后促使花瓣新鲜）、2克腐烂灵（防止丝瓜烂花的杀菌药）、15毫升绿之源（绿之源内含植物转绿因子，加入后花瓣会变绿变厚）。

(2)蘸花时间的改变：一般都习惯在下午3时后蘸花，蘸花太晚会使花瓣开得太大、花瓣太薄，易使花受病菌侵染而染病。改下午3时后蘸花为上午10时后蘸花，可使花瓣小、花瓣厚，增强花的抗病能力，也就是菜农所说的“蘸小花”。这样就为花瓣变绿变厚打下了基础。

(3)花期喷施含锌、含铁叶肥：寿光土壤中缺锌、缺铁，在锌、铁供应不足的情况下蔬菜容易出现植株黄化的情况。同样，在缺乏锌肥、铁肥的情况下，丝瓜花也会黄化，因而叶面喷施绿得快（螯合铁肥）和硫酸锌，可使丝瓜花变绿。

2. 李向明：依据品种特性巧整枝

每个品种都有每个品种的特性，不同的品种有不同的整枝方法。后李村人在十多年的丝瓜种植中根据丝瓜品种长势的不同，摸索出了充分发挥品种优势的不同整枝方法。“黄皮”和“黑筋”是后李村种植丝瓜的两大品种。黄皮营养生长弱而生殖生长强，黑筋营养生长强而生殖生长弱，根据品种的不同特性，后李村人形成了以“黄皮”和“黑筋”为主栽品种的两种整枝法。

(1)坐瓜前的管理：以培养壮蔓为目的。当植株生长至4～5片叶、株高达50厘米左右时进行吊蔓，此时应浇一遍提苗水，并随水冲施一定量的肥料，以提苗促棵。这里所说的吊蔓指的是春、秋两茬丝瓜的前期管理。若越夏种植，因温度高、昼夜温差小，过早吊蔓丝瓜易徒长，不利于开花坐瓜，所以在越夏丝瓜前期主蔓管理中应使丝瓜主蔓在地面匍匐生长，以抑制营养生长，促进生殖生长，待雌花开放时再进行吊蔓管理。

吊蔓后的管理以促棵壮秧为主，及时将主蔓上萌发的侧枝和花摘除，减少养分的消耗，培育健壮主蔓。

(2)坐瓜期管理：当主蔓长到13～15片叶、株高达150厘米左右时开始留瓜，可留瓜两个，防止“蹦瓜”。待蘸花后、瓜把落下时，视植株长势决定是否要摘除一个瓜。若长势弱可摘除一个，若长势旺可两个都留下。所谓蹦瓜是指瓜条从瓜把部位脱落，蹦瓜主要发生在第一批丝瓜上，并且多发生在蘸花后2～3天，瓜把还未垂下之前。留两个瓜不留一个瓜的目的就在于若蹦掉一个瓜，还留一个瓜，以防止营养生长过旺。

(3)摘心:黑筋丝瓜因生长势强,可待瓜纽坐住、长约 1.5 厘米时打头,留顶端叶片下萌发的侧蔓作结瓜主枝。侧蔓 3 片叶留一个瓜再进行打头促杈管理。后按照 3 片叶留一个瓜的方式进行连续留瓜、打头、促杈管理。其间,每次打头都要结合着落蔓管理,落蔓后使植株垂直高达 150 厘米左右即可。

(4)打头:黄皮丝瓜因生长势弱,不宜过早打头,打头过早会影响侧蔓发育。适宜的打头时间应在瓜条收获前 4～5 天。瓜条收获后侧蔓迅速生长,侧蔓 3～4 片叶留一个瓜,待瓜收获前 4～5 天再进行打头、促杈管理。后按照 3～4 片叶留一个瓜的方式进行连续促杈、留瓜、打头管理。每次打头也要结合进行落蔓管理。

3. 李向明:深冬丝瓜培育壮蔓三方法

深冬季节,低温、寡照、高湿的环境常造成丝瓜植株长势减弱,生长缓慢。若茎蔓细弱,不仅不利于丝瓜的正常坐瓜,而且还容易出现坠住棵子返头慢的情况发生,使丝瓜陷入低产的困境。因而,壮蔓是越冬丝瓜获取高产高效的关键,养蔓贯彻于越冬丝瓜种植的始末。

(1)晚留瓜、促壮蔓,先养蔓、后留瓜:培育壮蔓最有效的措施就是晚留瓜,这样便可促进营养集中供应茎蔓,从而达到壮蔓的目的。深冬季节,植株生长缓慢,若留瓜过早,则容易坠住棵子,不利于后期产量提高。为保证结瓜期营养生长与生殖生长的平衡,头茬丝瓜应在植株长到 22～24 片叶时留瓜为宜。若仍按照春、秋茬丝瓜的管理方法在 13～15 片叶急于促花促瓜,势必造成营养分配失衡,茎蔓得不到充足的营养而细弱、生长缓慢,植株早衰,降低产量。

在丝瓜进入结瓜期后,为保证营养生长与生殖生长的协调进行,也应改 3 片叶留一个瓜为 4～5 片叶留一个瓜,这样可保证茎蔓得到足够的营养而不会出现早衰现象。若在丝瓜结瓜期内出现营养生长偏弱,植株生育缓慢的情况时,应及时将幼瓜全部疏除,先促蔓生长,再看情况决定留瓜。

(2)合理浇水施肥养护根系:根系发达是保证茎蔓健壮的前提。特别是丝瓜进入结瓜中后期时,正常的根功能是保证丝瓜中后期产量的关键。

尽管丝瓜根系发达,但在冬季地温偏低时,根系生长速度慢,若一次性水肥过大,很容易造成伤根,影响根系发育,进而造成茎蔓生长瘦弱。因而,在浇水施肥时,水量要尽量小,切不可大水漫灌,并且要采用膜浇小沟的方式进行。冲肥可选用生物菌肥(如瑞神、大源等),以促进生根。若茎蔓生长细弱,应酌情追施少量硝态氮肥,以促进营养生长。

冬季连阴天多,浇水的时机也是保证根系正常生长的环节。生产中,很多菜农都是因为浇水时机不当造成根系受害、植株生长发育不良的。冬季浇水时应特别注意天气变化。在决定浇水时,若天气预报至少有两天晴好天气,方可进行浇水,且应在上午进行,浇后要闭棚升温,提高地温。

(3)及时防治病害,保证茎叶健壮:疫病、灰霉病、菌核病和细菌性软腐病等是深冬季节危害丝瓜生长的主要病害。在管理上,应树立"预防为主,综合防治"的植保观念,确保茎叶免受病菌危害。

天气晴好时,可喷洒普力克 600 倍液防疫病、霜霉病等,喷洒嘧霉胺 800 倍液混加多氧霉素 500 倍液防灰霉病、菌核病,喷洒 DT500 倍液混加链霉素 3 000 倍液防细菌性病害。阴雨雪天时,可熏烟剂防病,如每亩用菌核净 200 克防灰霉病、菌核病等。同时,叶面喷施 300 倍的磷酸二氢钾、500 倍的氨基酸液肥等叶面肥混加 6 000 倍的爱多收,也是保护叶片的重要手段。

4. 李德平：根据温度变化巧蘸花

丝瓜花在商品丝瓜中起着至关重要的作用，带鲜花的丝瓜比不带花的丝瓜相比每千克价格一般能高出1元，有时甚至能高出2元多。怎么才能保证丝瓜带鲜花呢？

（1）蘸花药浓度的改变：温度低时，蘸花药配方为：1.9千克水、2包坐瓜灵（5毫升/包）、2支5%萘乙酸（10毫升/支）、8毫升2，4-D为主药，再配加1支花蕾保、2支生物春（5毫升/支）、15毫升绿之源。

随着温度的升高，进入高温季节后应调整蘸花药的浓度，确保丝瓜花的质量和丝瓜的产量。把1.9千克水加到2千克，其中的2，4-D由原来的8毫升减至6毫升，降低浓度，减少激素中毒发生；萘乙酸由原来的2支减为1支；而绿之源使用后可使花瓣变厚、变小、变绿，所以应加至20毫升。

（2）蘸花时间的改变：一般都习惯在下午3时后蘸花，蘸花太晚会使花瓣开得太大、花瓣太薄，易使花受病菌侵染而染病。改下午3时后蘸花为上午10时后蘸花，可使花瓣小、花瓣厚，增强花的抗病能力，也就是菜农所说的“蘸小花”。因为这时花朵小，所以蘸出的花瓣既小且厚，花抗病性强。

（3）蘸花方法的改变：蘸花时，很多菜农喜欢把整个幼瓜都浸入药液中，这样会使药液大量附着在幼瓜上，有时还会使药液顺着幼瓜流到瓜蔓上，容易造成激素中毒。大量试验证明，浸幼瓜时只浸幼瓜的2/3或1/2，结出的丝瓜一样好，还不会发生激素中毒。这样既节省了农药，也减轻了激素中毒的危害，且丝瓜的质量不变。若有花漏蘸，应在当天下午或第二天上午用同样浓度的蘸花药在瓜条正反两面涂抹两道，并涂抹整个花萼，也可以保证丝瓜带鲜花，但是花有些偏大、花色发白。

5. 李德平：对症用药防烂花

丝瓜的烂花主要有花柱发黑、花上生黑霉、花上长白毛、花上长灰毛、水烂有臭味、干边等。

花柱发黑多由缺硼所致，应在丝瓜开花前及时喷施600倍液的硼砂或1 500倍液的速乐硼加以解决。花上生黑霉多是煤污病，可用甲基托布津500倍液或多霉清800倍液喷治。花上长白毛有两种情况：白毛浓密的为菌核病，可用施佳乐800～1 200倍液或扑海因1 500倍液喷治；白毛稀薄的为绵腐病，可用普力克600倍液或安克800倍液喷治。花上长灰毛的是灰霉，药剂防治同菌核病。水烂有臭味应为细菌性软腐病，可用DT500倍液混加链霉素3 000倍液喷治。花干边且有小黑点应为蔓枯病，可用百菌清600倍液或百可得1 200倍液喷治。

丝瓜花一旦出现烂花情况，势必影响丝瓜的商品性。因此，保证丝瓜带鲜花，做好预防工作是最重要的。

第一步：蘸花药中配加300倍液的扑海因和600倍液的链霉素防治灰霉病、菌核病和细菌病，预防病菌侵染花朵。

第二步：熏烟法防烂花。蘸花后3～4天是烂花发生的关键时期，同时也是熏烟防治烂花的最佳时机。可用腐霉利烟剂与百菌清烟剂交替防治，也可熏用菌核净进行防治，但菌核净的用量不宜过大，以免引起药害，影响植株和果实的发育。一般每亩熏施菌核净200克即可，且熏烟最好控制在8小时以内。另外，进入冬季后，在浇水的当天晚上或在连阴天的第一天晚上，由于此时棚内湿度很大，容易诱发多种病害的发生，特别容易造成丝瓜发生烂花，因此，该晚熏一次烟剂可起到事半功倍之效。

第三步：合理用药，防止药害伤花。丝瓜花“娇贵”，喷药不当容易发生药害而导致花受损，出现透明状的小白点，降低丝瓜出售的价格。因此，在花期喷药时一定要注意选用安全的药剂（如百菌清、普力克、扑海因、DT 等），且喷药浓度要按照说明书使用，不要随意加大用药浓度，以免发生药害。另外，喷药最好选在下午 3 时左右，以免上午棚内湿度过大，降低药效。

（王光水）

四、辣椒高效栽培经验

1. 寿光市洛城街道后李村李尚洪：辣椒间作苦瓜

越冬茬辣椒一般于 9 月初定植，12 月中旬第一批辣椒开始采收，1 月中旬前后第一批辣椒采收结束，后辣椒进入返秧空茬期，有 30～40 天没有产量。而苦瓜春季价格高，且随着春季气温的升高，其生长势强，产量高，正可利用辣椒返秧期使苦瓜获得高产高效。苦瓜喜温、喜光，在温度低、光照弱的冬季生长缓慢，可利用辣椒生长期内培育苦瓜壮棵，为第二年春天苦瓜获得高产打下基础。寿光市洛城街道办事处后李村的李尚洪在充分考虑了辣椒与苦瓜的生长特性与市场形势后，辣椒间作苦瓜，一地生产二宝，获得了高效益。

（1）辣椒与苦瓜株行距的安排：辣椒与苦瓜同时种植。辣椒按行距 80 厘米、株距 40 厘米进行定植；苦瓜蔓生，分枝多，可按行距 80 厘米、株距 250 厘米间作。

（2）辣椒与苦瓜的管理：辣椒与苦瓜定植后，为辣椒、苦瓜同时生长时期。此期温度高，辣椒、苦瓜都易徒长，在管理上应加强通风，降低棚内温度，培育壮苗。随着辣椒进入开花结果期，管理上以辣椒为重点，促进辣椒开花结果，提高辣椒产量。随着辣椒采摘，在辣椒采收结束前提起苦瓜头，使苦瓜迅速生长。当苦瓜爬满架开始结果时，辣椒也基本采收结束，将辣椒植株拔除，进入苦瓜管理阶段。

（3）辣椒管理的重点：促进多开花、多坐果。因为辣椒生产完一批即要拔园，因而要使这批辣椒尽可能多坐果，以获得最大的经济效益。但时，辣椒定植期正值高温，植株易徒长，花芽分化易不良，因此，在管理上要加大通风降温，确保辣椒能够正常开花结果。同时，还要喷施 30 毫克/千克萘乙酸混加 750 倍液助壮素，促使营养生长向生殖生长转化，防止落花落果，促进坐花坐果。

（4）苦瓜管理的重点：与辣椒共生期，要采取扭蔓措施和盘蔓措施，将其生长点控制在辣椒植株下面。当辣椒拔园后，苦瓜进入迅速生长期，此时应加强肥水管理，促进苦瓜获得优质高产。苦瓜分枝性强，易产生蔓叶过密，通风透光不良，空耗养分，影响产量及其商品性，要加强整枝。及时将下部萌发的侧蔓盘到主蔓上，使其向上生长，以免其在下部盘绕，郁蔽遮阴，影响田间的透光。后期若上部茎蔓过多，则应进行抽蔓处理，抽掉部分茎蔓，以利于营养的集中供应，生产出优质苦瓜。

2. 刘学丰：秋冬茬甜椒种植抓关键

甜椒冬季生产与黄瓜、番茄相比，较耐弱光，但开花坐果期需要保证 15℃以上的温度，这又成为冬季甜椒生产的劣势。秋冬茬甜椒苗期正处在 9 月份高温季节，培育壮棵又成为生产上的一大障碍，同时高温又使病毒病、白粉虱、茶黄螨等病虫害严重发生，也是制约甜椒生产的大难题。面对秋冬茬甜椒生产的种种困难，刘学丰抓住了生产中的几个关键环节，解决了上述各种矛盾，成功收获了该茬甜椒。

（1）水是定植至坐果期的关键：从甜椒 5 叶 1 心定植到结果初期，正是高温、强光季节，棚内气温高、蒸发量大，一旦缺乏水分，就会影响前期发棵。这段时期对幼苗的促控：宁可幼苗有徒长趋势，也不能使甜椒缺水。因高温加上控水，会诱发病毒病，造成减产，甚至绝产。因此，必须及时浇水，以满足甜椒生长所需的水分，同时还能起到降低地温的作用。一旦发生病毒病，应及时喷洒宁南霉素300倍液混加病毒A500倍液防治。甜椒根系较弱，若大水漫灌、田间积水，势必造成根系窒息受伤，影响植株的生长。并且，土壤湿度过大还容易诱发土传病害。因此，浇水时要浇小水，畦内一次性浇水不能没过甜椒的根基部。

(2)开花前后要防治好茶黄螨：定植后到坐果初期，是茶黄螨危害最严重的时期。如果防治不及时，受害叶片变硬、变脆，呈现油质光泽或油浸状。当叶片背面呈灰褐或黄褐色，叶片边缘向下卷曲，嫩茎、嫩枝、花蕾变为黄褐色、木质化，顶部干枯时，危害已相当严重，会造成大幅度减产。可用哒螨灵2 000倍液混加阿维菌素3 000倍液喷治，喷雾时以叶背面为主，注意喷头朝下喷生长点的危害部位。5～7天一次，连喷3次。

(3)开花坐果期前后要严格掌握好夜温：秋冬茬甜椒开花坐果期处于冬季低温时期，若温度低于13℃，甜椒开花坐果不良，低于10℃植株生长基本停止。因此，坐果后到采收阶段，管理的重点是保温。可通过晚拉早盖草苫，保持甜椒生长的适宜夜温(14～16℃)。

甜椒坐果后，需及时浇水施肥，以促进植株和果实的生长发育，但在浇水施肥时，一定要注意天气变化，以免浇水过后遇到连阴天气造成落花落果。

3. 曼迪的栽培与管理

曼迪是荷兰瑞克斯旺种子公司推出的一个优秀的彩椒品种，该品种以皮厚、硬度大、商品性好而被菜农朋友广泛种植。然而近两年来，有人反映曼迪果小、产量偏低，这主要是栽培管理不当引起的。

每个品种都有每个品种的特性，每个品种都有每个品种的管理方法。定植时，曼迪以行距75厘米、株距50厘米为宜。定植后到结果前以促根壮秧为主，及时摘掉门椒和对椒，这样不仅可以增强植株生长势，还能多坐果、坐好果，提高第一批彩椒的产量和商品性。当“四门斗”位置以上的果实坐住、长至核桃大小时，应及时疏除次果、病果、畸形果，选留四心室、大小一致的优质果，一般每株留果6～8个为宜。因为曼迪最适宜红果采收，因此管理上不要留绿果，这样既能提高商品果率，又可减少植株的营养消耗，促进植株的发育，提高植株的连续坐果能力。

如果是半季栽培，每株可多留枝，一般情况下留4～5枝为宜。等果实坐住后再摘除生长点，以促进果实的发育。如此操作的好处是多留枝多坐果，利于提高产量；摘除生长点，可集中营养的供应，促进果实的发育，利于精品果的生产。

如果是周年栽培，即一大茬栽培，每株可选留长势一致的3～4个枝条作为结果主枝。当植株“四门斗”位置以上的果实坐住，果实直径长至5厘米左右时，及时摘去果实下部老叶和无效枝，以减少营养的消耗，对于果实上部的侧枝原则上全部摘除，以主枝结果为主。摘除上部侧枝时分两步进行：第一步应在果实坐住后留2片叶摘心，以保证有机营养的充足供应，避免一次性摘叶过狠影响果实膨大；第二步是果实膨大后、转色前再将这2片叶摘除，以增强田间透光性，提高果实的商品性。如果主枝坐果少，可在侧枝留果、果上留2片叶摘心。

果实坐住如核桃大小时开始冲肥，之后每次浇水都要带肥，以促进营养生长与生殖生长的平衡。需要提醒菜农朋友的是，彩椒需钾量大，约为氮肥的2.5倍，因此，在冲肥时应重视钾肥的应用。可用鄂中硫酸钾复合肥或华丰高钾复合肥进行冲施，每亩每次30～40千克即可。氮肥量大而钾肥不足，容易出现果皮薄、产量低的情况，从而影响彩椒的效益。

4. 李汉仁：甜椒生产三要点

（1）深翻土壤：使用旋耕机翻地是节省劳动力、提高劳动效率的一项措施，然而勤劳的李汉仁很少使用旋耕机翻地，而多是采用人工用锨翻地。因为他知道增强土壤的透气性，是促进根系发达、保证植株旺盛的保障。

用旋耕机翻地仅能翻15～20厘米深，且连年使用容易造成15～20厘米之下的土壤耕作层硬化，不仅不利于根系的生长，而且还容易导致沤根或伤根，降低一大茬彩椒的产量和质量。用锨翻地可深翻土壤40厘米左右，疏松的土壤为根系生长提供了一个良好的环境，减轻或避免了沤根、烧根问题。

（2）增施腐熟的有机肥：有机肥可以改良土壤，增强土壤的透气性，长期供应蔬菜所需养分，增进土壤肥力，培养有益微生物，提高蔬菜抗病性能，是彩椒获取优质高产的重要保障。每年每次施入充分腐熟的有机肥40～50米^{3}是彩椒高产优质的关键。

前茬彩椒拉秧后，及时清洁田园、整地施肥。一般每亩棚室使用稻壳、鸡粪40～50米^3，结合翻地均匀施入土壤耕作层中。然后，利用夏季高温天气，大水漫灌棚室，全棚密闭进行高温闷棚20天左右，腐熟有机肥和进行土壤消毒灭菌。

另外，使用激抗菌968肥力高也是腐熟有机肥的重要措施。该法比高温闷棚腐熟有机肥要快，一般情况5～7天即可将有机肥充分腐熟，非常适用于空棚时间短的棚室。方法是：将有机肥撒入棚室后，亩用激抗菌968肥力高3～4千克，均匀地混施到有机肥中，后翻地闷棚5～7天即可。

（3）预防死棵：死棵是近年来造成甜椒减产减收的重大问题，令众多菜农倍感头疼，然而连续6年来，李汉仁的彩椒从未因为死棵造成大面积减产的情况发生。在栽培管理上，他注重了以下几点：

①平畦栽培，扶土成垄。一大茬彩椒的定植时间为8月10日前后，此时气温高、地温高，若采用垄栽常因地温过高或根系吸水不足造成高温危害，根系受伤，进而发生萎蔫死棵，畦栽可避免地温过高或根系吸水不足的问题。但每次浇水后，都必须进行中耕划锄，以防土壤积水造成根系缺氧而受伤。随着植株的生长，彩椒坐果前要扶土成垄，其目的是避免冬季浇水过大造成伤根。

②穴施药剂，预防土传病害。土传病害是造成彩椒大面积死棵的重要原因，一定要做好预防工作。可在彩椒定植时按千株千克的用量穴施乙膦铝和DT，即每定植穴施入1克乙膦铝加1克DT；也可在定植时穴施激抗菌968壮苗棵不死或落地生根抗死棵等生物菌肥，亩用量80～120千克。该类菌肥还有刺激彩椒根系生长，促进根系发达的功效，是目前预防蔬菜死棵最为理想的一种方法。

③灌施药剂，巩固防效。彩椒定植缓苗后再用1 000倍液的甲基立枯磷，混加600倍液的普力克和1 500倍液的生根，灌根2次，基本上可避免死棵发生。但要注意，在穴施生物菌肥防死棵后，不能再采用杀菌剂或其他的生物菌进行灌根处理，以防杀灭有益菌或抑制有益菌的功效。

④喷灌结合，防治死棵。彩椒一旦发生死棵，应及时防治。如因疫霉根腐病造成的死棵，可用普力克600倍液混加DT500倍液进行灌根和喷雾；如因腐皮镰孢根腐病造成的死棵应用恶霉灵3 000倍液混加甲基立枯磷1 000倍液进行灌根；如因细菌性病害造成的死棵，应用DT500倍液混加链霉素3 000倍液进行灌根。

5. 邢子宝：生产一大茬高效彩椒"三步曲"

彩椒是寿光5年前兴起的一种高效大棚蔬菜，稻田镇稻庄村邢子宝种植已有5年了。他所种植的品种与所有种植彩椒户一样，主要以种植红、黄两种颜色的甜椒为主。不同的是邢子宝是围绕市场需求、根据品种特性有计划地种植，由此他成为了该村种植彩椒的高手，年年创高效。5年来，从彩椒比例的安排到巧妙整枝再到精品彩椒的生产，邢子宝形成了他种植彩椒创高效的"三步曲"。

(1)二比一，将红椒主栽、将黄椒作为辅助品种，合理安排红、黄椒比例，迈出彩椒生产的第一步。欲种彩椒必先搞清市场需求，合理安排红、黄椒比例。红椒市场需求量大、客户多，黄椒市场需求量小、客户少，并且红椒销售有层次，可分高、中、低三个档次，市场价格相对稳定；而黄椒销售只有精品和次品之分，价格起伏大、不稳定。又因为黄椒不适宜做青椒销售，并且产量低于红椒，所以在栽种彩椒时，合理安排红、黄椒比例，将红椒作为"主力军"，而将黄椒作为"奇兵"，才是高效种植之道。

二比一，即栽植红椒的数量为黄椒的2倍。因为这样安排就能应对瞬息万变的市场行情，做到稳中求胜。而很多菜农看到别人种黄椒卖高价、获高效就大比例或整棚种植，栽了跟头。

(2)四主枝变三主枝，春节前主枝拿精品、春节后侧枝夺产量，适时整枝，迈出高效彩椒生产的第二步，奠定彩椒高效益的基础。一大茬彩椒一般于8月底至9月初定植，春节前每株生产1.5～2.5千克精品彩椒。此时植株展开度相对较小，不会造成棚室郁蔽的环境，但考虑到营养与坐果的关系，四主枝整枝最为适宜。这样在适时除去门椒、对椒的情况下，可保证每个主枝坐果3～4个，即整枝挂果12～16个最为适宜。

整枝一般从果实坐住如核桃大小时开始，采用随着植株生长逐步疏除侧枝的方法进行。注意侧枝不宜过早疏除，防止光合产物供应不足影响果实的发育。果实下面的侧枝在果实坐住后及时全部摘除，以集中营养供应果实；对于果实上部的侧枝应适当疏除，因为这些侧枝还担负着春节后夺高产的重任。若侧枝过多，植株群体郁蔽，可适当摘除果实上部长势弱的内膛侧枝，以增加通风透光性，为精品彩椒的生产打下基础。随着第一批彩椒的采收，植株不断生长，主枝展开度不断加大，田间会逐渐郁蔽，需去除一根主枝，改四主枝为三主枝。可以充分利用侧枝坐果多，发挥果型正的优势提高产量和效益。侧枝坐果后，及时摘心。

(3)浇小水，促生根，重钾肥，保证果实正常发育，完成高效彩椒生产的第三步。彩椒根弱，水大易伤根；肥多易烧根，特别是氮肥过多还会出现旺了棵子不坐椒的现象。因此，肥水管理是否恰当是彩椒果实发育期的关键。

彩椒结椒期应小水勤浇，以防棚内过干过湿使彩椒上出现细小的裂口。施肥不仅是促进植株生长、延缓植株衰老的措施，它还能促进果实的发育、提高果实的商品性。在彩椒结果期适量追施优质钾肥(如荷兰爱普高钾复合肥、鄂中硫酸钾复合肥)的同时，适量施生物冲施肥能提高果实表面光洁度，利于彩椒卖高价。邢子宝用的是激抗菌968冲施肥，该肥料促进生根、利于膨果、促进变色等功效非常突出。

6. 寿光市化龙镇李家村李金鑫：冬春茬甜椒巧定植

冬春茬甜椒生育前期处于深冬季节，低温寡照、连阴天多等不利因素严重地制约着甜椒的生长。抓好甜椒定植前后的管理，是提高苗子的成活率、避免僵苗、防止空秧的关键。

寿光市化龙镇李家村李金鑫是该村出名的种植高手。连续种植冬春茬甜椒3年来，他摸索出了一套冬春茬甜椒生产的经验，他认为定植前后甜椒秧苗的管理是深冬季节生产甜椒的关键。

(1)定植前烤棚、炼苗：

①烤棚。整地后扣棚，封严棚膜，关闭风口，密闭大棚15～20天进行闷棚，即通常所说的“烤棚”。烤棚既可以杀死棚中的病原菌，减轻病虫害的发生；又可以提高地温，促进缓苗。

②炼苗。定植前7～10天，逐渐加大苗床通风量，并将夜温降到10℃进行低温炼苗，促进秧苗茎秆粗壮、根系发达，以提高植株的抗寒能力。

③定植。选晴天浇穴定植。当秧苗高约15厘米、5～6片真叶，选晴天定植，以利于缓苗。切忌在阴雨天气下定植，以防晴天后“闪苗”死秧。定植时先灌穴，待水渗下后，将苗子放入穴内，轻轻向下摁，并露出部分根系。苗子定植后，再向穴内浇水一次，以防大水漫灌降低地温，不利于缓苗。穴内浇小水定植，不仅有利于根系下扎，而且地温提升快，利于缓苗，大大提高了成活率。

(2)定植后提温缓苗、低温炼苗：

①提温缓苗。定植后不放风，提高温度，保持白天温度25～30℃，夜间15～18℃，加快缓苗，促进生根。若温度过低，则缓苗期长，不利于根系下扎，有利于形成“僵苗”而影响植株的正常发育。要注意闭棚提温缓苗的时间不宜过长，一般以2～3天为宜。闭棚时间过长，棚内高温、高湿易引起植株徒长，进而使营养生长过旺，消耗很多养分，而生殖生长受到抑制，不能坐果或坐果很少，出现“空秧”。

②低温炼苗。定植4～5天后，看见定植穴中有白色根系生出，说明已经缓苗，此时应放风炼苗，促进壮棵形成。缓苗后要及时通风，使棚温降至25℃左右进行炼苗。以后每当棚温高于28℃时则应放风。否则，由于棚室温度高，水分蒸发快，门椒坐不住，养分不能集中供应果实，而是流向枝条和叶片，使植株不能及时地由以营养生长为主转变为以生殖生长为主，导致营养生长过旺，形成“空秧”。缓苗后，棚温最初保持25～28℃，以后逐渐降温，到开花坐果期保持20～25℃。在适宜的温度和较大的昼夜温差下，植株生长健壮，节间短，利于坐果。

定植15～20天后，穴内根系长满一半时，培土扶垄，覆盖地膜，并选晴天膜下小沟浇水，洇透垄背，以促进秧苗的生长。

7. 寿光市稻田镇官路村宋春明：秋冬茬甜椒剪枝更新获高效

大棚秋冬茬甜椒结果后期易受到长期低温、寡照、高湿环境的影响，造成植株生长缓慢、开花结果不良、果实畸形等问题，给菜农造成很大损失。宋春明采用剪枝再生更新植株的方法管理，则改变了这种状况，使秋冬茬甜椒在枝条更新后长出第二批结果枝，结出第二批优质果，不用再育苗就获得高产高效。

(1)剪枝更新技术的优势：

①能培养壮株，结果早。甜椒采用剪枝更新技术后，因为植株生长不需再经过苗期一步步管理，促生的新侧枝带有花蕾，直接开花结果，比定植椒苗结果要早得多。

②更新后初期结果量大、效益高。

③植株不容易徒长、易管理。

(2)剪枝再生技术的操作：

①适宜品种。大棚秋冬茬甜椒更新采用的品种应具备耐低温、生长势强、结果率高的特性，如纳塔利、威丽等。

②更新部位。将甜椒“四门斗”部位以上枝条全部剪除，剪口在分枝以上1厘米处。

③更新时间。一般在2月下旬至3月上旬为宜。如果天气转暖快，地温高，就在2月中下旬进行；如果天气阴冷，地温低，室内温度低于20℃，就在3月上旬进行。

④施肥整地。修剪后立即进行施肥整地。起垄栽培的辣椒在垄沟内每亩施腐熟优质有机肥2米³，并掺入过磷酸钙30千克、尿素15千克、硫酸钾10千克，撒匀后翻地深15～20厘米，垄背不要翻动，以免伤根太多。施肥整地后，重新覆盖地膜，以保证有机肥的利用和地温的升高。如果土壤过于干燥，可覆膜后膜下灌次小水。

⑤田间管理。更新后白天温度控制在28℃以上，夜间控制在12℃以上。在新枝出现以前，晚拉早盖草苫以保持较高的温度，长出新枝2～3厘米后要在保证温度的适宜条件下力求多见光。

更新侧枝出现后，易出现一芽多枝或枝条出现过多、过密现象，此时要根据甜椒植株的生长情况和天气情况留足枝，一般在新枝长至8～10厘米时，开始分2～3批把多余的枝抹掉，留7个左右侧枝为宜，以集中营养，避免过多的消耗。后进入正常管理。

（王光水）

五、豆类高效栽培经验

1. 寿光市田柳镇南袁村袁福增：种植早春拱棚油豆用好“四膜”

早春拱棚油豆，为赶早上市，袁福增采用四膜覆盖，即大棚膜、二膜、小拱棚膜和地膜。

他说：“拱棚种植早春油豆成败的关键是保温、增温。而保温、增温的措施就是多膜覆盖，即四膜覆盖。解决了温度难题，提早种植、提前上市就有了保障。”

二膜和小拱棚膜是四膜覆盖的难点。二膜要在油豆定植前覆盖上。其具体操作是：在距棚膜下端30厘米左右，利用立柱按照拱棚的弧度架设铁丝，后在铁丝上盖上薄膜，两边底端用土盖严，每幅薄膜的相连处重叠10厘米左右，利于封严。二膜是可以活动的，通风口与大棚的通风口相对应。若夜间平均温度低于15℃，二膜就不撤，以防止夜温过低影响油豆的正常生长。

正常天气下，油豆进入开花期后，上午当棚温达到20℃时就应该将二膜放风口拉开，与大棚膜放风口保持大小一致，将温度控制在26～28℃，以防止温度过高造成油豆落花落荚；下午当棚温达到22℃时将大棚放风口关闭，当棚温达到20℃时，将二膜放风口关闭。若天气特别晴朗，棚内温度急剧上升，应将二膜的放风口拉大，以防止高温烤棚。待夜间平均气温稳定在15℃以上时，将二膜及时撤除，以免影响油豆的正常生长。

小拱棚仅在油豆苗期使用，因为早春油豆定植期正处深冬季节，棚内温度过低，不宜于缓苗，不利于油豆生长，因此在油豆种植行间加设小拱棚进行保温。若此时温度过低，夜间还应在小拱棚上面覆盖草苫保温。在正常天气下，小拱棚膜夜间覆盖，白天揭开。后随着温度的升高，油豆进入伸蔓期后需要及时将小拱棚撤去，以防影响油豆的正常生长。

2. 寿光市田柳镇薛家村陈树良：管理春茬芸豆的3个问题

陈树良，寿光市田柳镇薛家村人，种植芸豆6年来，年年创高产、获高效，是该村出名的种植高手。

陈树良说：“在春茬芸豆的栽培管理中，3个问题最为关键，即合理施用肥水，防止落花落荚，防治病害。”

(1)合理施用肥水：芸豆定植后以促棵壮秧为主，一般不进行浇水施肥，防止棵子旺长或形成弱苗。当棵子长到 1 米高时，可浇一次清水，以促进蔓子的生长。后直至坐住荚前不再浇水施肥。当荚大都坐住，长到 7～8 厘米时开始浇水施肥，以补充芸豆荚生长所需的水分和养分，防止因水分和养分供应不足造成落花落荚。

(2)提高开花坐荚率：

①合理使用激素。可用助壮素进行控制，其浓度随着芸豆的长势而定，一般在苗期可用 1 000～1 500 倍液，在植株生长旺盛期可用 750～1 000 倍液。

②严格调控温度。芸豆授粉的温度范围较窄，一般白天温度控制在 23～25℃，不能超过 25℃，夜间温度控制在 13～14℃，以促进花芽分化正常，保证芸豆正常坐荚。

③及时整蔓。及时将植株下部萌发的侧蔓缠绕到主蔓上，防止侧蔓杂乱影响通风透光而不利于坐荚。

在芸豆花期，若遇阴天，在阴天的前一天应喷施一些促花保荚的调节剂如硕丰 481 等，保花保荚。

(3)防治病害：芸豆不耐药，在病害防治上要遵循以防为主、综合防治的原则。要严格药剂的使用浓度，不要随意加大用量，以免产生药害。

这段时期，主要是防治灰霉病。防治灰霉病可通过以下措施：一是及时拾花，减少灰霉病菌侵染的几率；二是喷药预防，可用扑海因或速克灵 1 500 倍液等药剂 10～15 天喷防一次；三是一旦发病，掌握在发病初期用药，喷、熏结合，全面防治。

3. 寿光市古城街道周家村周兴刚：防治春茬芸豆病害的 3 个方法

芸豆是古城街道周家村主要种植作物。多年来芸豆死棵、落花、烂荚，严重困扰着菜农朋友。如何越过这三大障碍，使春茬芸豆获得丰产丰收成了周兴刚天天琢磨的问题。周兴刚针对芸豆死棵、落花和烂荚情况采取了 3 种方法，取得了非常理想的效果。

方法一：穴施或沟施菌肥，抑制土传病害的侵染，促进生新根能力，防止死棵。

炭疽病、疫霉根腐病是造成芸豆死棵的主要原因。生产中，菜农朋友往往注重药剂防治，且在病害发生后才开始用药防治，不能做好病害预防、不能及时准确用药是导致芸豆死棵的关键因素；另一方面，虽然菜农偏面注重药剂防治，但在选药和用药方面存在着弊端，死棵现象仍然不能很好控制。

合理使用菌肥是最为理想的防治方法。定植前每亩棚田可穴施或沟施激抗菌 968 壮苗棵不死 40～60 千克。利用以菌抑菌的道理预防根部病害，可起到事半功倍的防治效果，有益菌在繁殖过程中产生的代谢产物还能促进根系生长。因而，以此防治芸豆死棵效果好，并且还能调节生长，提高产量。

方法二：合理调控棚室温度，确保芸豆正常坐荚。

花期棚温过高是造成春茬芸豆落花的主要原因。根据芸豆的生物学特性，芸豆定植后的温度管理可分三段进行，即开花前可控制棚温白天在 23～28℃，保持较高的温度，促进茎蔓发育；开花期可控制棚温白天在 20～24℃，不能超过 24℃，以防止温度过高造成芸豆落花；结荚期可提高棚温，白天控制在 25～30℃，以利于果实和茎蔓的发育。

方法三：及时拾花，调节湿度，喷、熏结合防治灰霉病。

灰霉病是造成春茬芸豆烂荚的最主要病害。灰霉病多从残花开始侵染，因此在芸豆坐住后要及时将花摘除,防止残花感染灰霉病菌而烂花烂荚。灰霉病在湿度大的情况下易发生发展,因此在春季气温升高后要加强通风排湿,创造利于芸豆生长不利于病害发生的环境。灰霉病一旦发生,因其孢子量大,单纯喷药难以喷严、喷透,所以要采用熏烟与喷雾结合的方法防治。

(王光水)

六、番茄高效栽培经验

1. 寿光市古城街道北冯村郭光生:FA-189 的高产之路

6 年前,FA-189 番茄以其颜色好、硬度大而深受广大菜农朋友喜爱;6 年后的今天,有人说 FA-189 产量低,已面临淘汰。FA-189 的产量真的低吗? 连续种植 FA-189 已有 6 年的郭光生回答说:“不低。我种棚发家靠的就是 FA-189,它不仅商品性好,而且产量很高,在去年秋延茬番茄种植中,我每棵留了 7 穗果,平均每棵产了 5 千克果实,你能说 FA-189 的产量低吗?”管理不当是造成 FA-189 产量低的根本原因。一个品种有一个品种的特性,如果将 FA-189 按照其他大红番茄管理的思路进行管理,那肯定不会获得高产。6 年来,郭光生就认准了 FA-189,也弄懂了 FA-189 高产的栽培方法。

(1)育苗时间:7 月 20 日左右育苗是 FA-189 最佳育苗时间。若播种育苗时间过早,则前期高温,易造成植株徒长,棵子细弱,培育不了壮棵,产量自然就低。若播种育苗时间过晚,后期光照时间少,日积温少,果实发育小,产量低。7 月 20 日左右播种育苗,此时最适宜它生长,棵子粗、长势旺,为高产奠定基础。

(2)重施有机肥:据了解,郭光生 65 米长、8.5 米宽的棚在定植前结合深翻土壤使用鸡粪等农家肥 14 米^3 左右,且充分腐熟。有机肥能改良土壤,增强土壤的透气性,为根系生产提供良好的环境,同时有机肥是一种长期肥,可均衡地供应作物生长所需的养分,不使作物出现脱肥早衰现象。若有机肥施用不足,土壤透气性差,后期脱肥,就不可能获得高产。

同时,进入结果期后,冲施肥要以钾肥为主,可每次冲施钾宝 12.5 千克左右,避免冲施含氮量过高的肥料,以保证 FA-189 商品性高的优势,防止出现黄皮、青皮等现象。

(3)定植后的前三水:定植后的前三水,是决定 FA-189 高产与否的关键所在。番茄耐旱、喜水但不耐涝,若水过多则不利于根系生长,不利于培育壮棵。8 月 10 日左右,正处高温季节,土壤干湿变化快,一定不要 3 天一小水、5 天一大水地进行浇水,以防根系不深扎而集中于地表。在定植水过后,若天气高温干燥可 4～5 天后再浇一水,以促进缓苗,后进行控水,间隔 20 天后再浇第三水。同时,每次浇水过后都要及时划锄,以保证土壤墒情,改善土壤透气性,利于根系下扎,增强作物的抗旱能力,且在第二水后的划锄一定要深划锄。若此间浇水过勤,不仅不利于根系下扎,而且容易造成土传病害的侵染。第三水过后,植株茎秆粗壮,生长旺盛,自然而然就能获得高产了。

2. 寿光市古城街道周家村周华三:抢时巧种早春串番茄

串番茄即成串采收的番茄。“五一”过后,随着边贸客户的减收或停收,串番茄价格大幅度下降,使得串收番茄种植户深深体会到市场行情与科学管理的重要性。

5 月 13 日,记者来到古城街道周家村,与周华三谈及种植串番茄的体会时,周华三告诉记者说:“我是第一年种植串番茄,30 米长、9 米宽的棚已采收了 5～6 穗果(留了 6～7 穗果),共计收入了 8 000 多元,论效益还算不错。但是,随着该茬番茄的结束,我觉得种植串番茄还很有潜力可挖,在效益上还能更上一层楼。”

(1)根据市场需求,抢时赶早种植:“今年我的串番茄是在 4 月初开始采摘的,前二穗果就卖了 6 000 多元,后 3～4 穗果总共才卖了不到 2 000 元。如果我是 3 月份开始采摘,那么到现在的话恐怕收入要接近 2 万元了。从这点来看,种植这种稀特蔬菜就应跟紧市场节奏,按照客户需求早种早收。”

每年的“五一”过后,边贸客户对串番茄的需求量减少,因此在时间安排上就应把“五一”作为采摘末期。由此向上推算,定植时间应在 12 月初,育苗时间就应安排在 10 月底。

(2)巧施生物菌肥,增强植株长势,提高产量:产量永远是效益的保障,若产量没有保障,效益也就成了空谈。“在今年的串番茄生产中,不少种植户每穗果仅留果 7～8 个,若留多了就会坠住头,但我的串番茄每穗留果 12 个左右,而且茎秆粗壮,植株生长旺盛。原因是我穴施了激抗菌 968 壮苗棵不死。”

激抗菌 968 壮苗棵不死是一种微生物菌肥,使用后可以预防死棵现象发生,可以刺激根系的生长,调节植株的长势,提高植株的抗病抗逆能力,为高产打下基础。“今年我的串番茄能卖到 8 000 元,与施用激抗菌 968 壮苗棵不死有着直接关系。”

(3)注重菌肥与钾肥的应用,提高果实品质:品质是价格的保证,只有好的品质才会有高的价格。单果的大小、果实的硬度和口感是客户衡量串番茄的标准。单果的大小,种植户多能掌握,但往往果实软、口感差是制约番茄品质的关键因素。

据了解,偏施氮肥和使用乙烯利催熟是造成果实软和口感差的两大原因,在管理上应根据番茄需钾量高的特点,适量追施高钾复合肥,如荷兰爱普高钾复合肥、华丰高钾复合肥等,避免氮肥过量造成果皮软、口感差的情况发生。同时根据菌肥能提高果实商品性的特点,增施优质菌肥,如激抗菌 968、瑞神、大源等。然后,在合理安排种植茬口的前提下,让其自然成熟,从而保证果实的品质。

3. 寿光市古城街道赵家村赵修明:巧留果是提高番茄品质的关键措施

赵修明的番茄之所以出名,番茄商品性强是其关键所在。在留果与保果方面,赵修明严格按照精品果的要求进行生产,这是他管理大红番茄的一大秘诀。

(1)摘除第一穗果:摘除第一穗果的目的有三:一是留住第一穗果容易坠住棵子,不利于番茄的高产;二是因为育苗期温度高,该穗果往往花芽分化不良,所结出的果也多为畸形果,商品性差;三是试验点花药的浓度,以利于后期点花,试验好后将其摘除。

(2)每穗花的第一个花不点:每穗花的第一个花一般要比其他的花早开放 1～2 天,点住该花后容易造成营养集中供应该果而减少第一个花后面其他花果的营养供应,因而容易造成果实大小不一的情况,影响果实的商品率。同时,第一个花形成的果也常因营养供应充足而形成畸形果,因此每穗花的第一个花不点。

(3)多点花:每穗第一个花开放后,后面将会有 3～4 个花一起生长,此时应掌握在花开放前进行点花。点花药的浓度可用第一穗花调试好的点花药浓度(0.5 千克水中加入 10 毫升 2,4-D、15 克防落素、2～3 滴赤霉素和 1 粒保丰灵胶囊)。以后随着温度的变化还应及时调整点花药的浓度,以防点花药浓度过大或过小,影响果实的发育。

在每穗花第一次点花后 2～3 天,后面将会又有 4～5 个花出现,点住。每穗点花 8 个以下,以利于下一步精品果的选留。

(4)少留果，留精果：当幼果坐住后根据需要选留4～6个大小一致、果形相近且无病虫害的果实，然后将其余的果实摘掉，这样可很好地提高番茄的精品果率。

(5)保果：番茄进入结果期后，应间隔10～15天用雷多米乐600倍液混加DT500倍液喷洒一次，预防早疫病、晚疫病、细菌性溃疡病等多种危害果实的病害。在用药时，特别是在使用铜制剂、咪唑类药剂或抑制剂时一定要注意使用浓度，以免浓度过大影响果实的膨大或造成药害，降低果实的商品性。

4. 寿光市稻田镇兴隆村刘瑞强：冬茬番茄剪枝再生二次结果

番茄二次结果，就是在番茄结果后期，在主茎上选留健壮侧枝，使其再次开花结果，延长生长期，增加产量。一般主茎果实收完后20天，侧枝结的果开始收获，生育期延长40～50天，产量大幅度提高，而且侧枝结的果果实圆正、商品性更好。

(1)适时选留侧枝：当主枝第三穗果开始转色，第四穗果成幼果时开始选留侧枝。选留侧枝有两种方法：可从主枝基部选留一健壮侧枝，除去主枝老叶及其余侧枝，留三穗果打顶。也可在主枝上部选留两条健壮侧枝，打去其余侧枝，每条侧枝留两穗果打顶。

(2)及时整枝：当主枝果实收完后要及时整枝。主枝基部留侧枝的，要把侧枝以上的主枝全部剪掉；主枝上部留侧枝的，要打去主枝老叶，小心下放茎蔓。茎蔓下放前要控制浇水，降低茎蔓组织中的水分含量，增加韧性。茎蔓下放后要适当提高棚温2～3℃，促进伤口愈合。下放的茎蔓上发生侧枝后，要及时打掉，减少养分消耗。

(3)加强管理：主枝结果中后期正是侧枝结果前期，因此管理上不能放松，病害防治要及时，肥水要跟上，这是保证两次结果成功的关键。春季棚内湿度大，重点要防好细菌病、灰霉病、晚疫病、叶霉病等。细菌病可用DT500倍液或可杀得600倍液等药剂喷雾防治；灰霉病可用扑海因1 500倍液或嘧霉胺800倍液等喷雾防治；晚疫病可用普力克600倍液或安克800倍液等药剂喷雾防治；叶霉病可用世高2 000倍液或加瑞农600倍液等药剂喷雾防治。

施肥时要注重生物菌肥的应用，因为随着植株的不断生长，一些根系逐渐老化死亡，而使用生物菌肥可以起到促进生新根的作用。因此，在施肥时最好应用生物菌肥(如激抗菌968、瑞神等)结合优质复合肥(如华丰复合肥、鄂中硫酸钾复合肥等)进行冲施为宜。

(4)搞好二次结果：

①选择好品种。选择适应性强、后期耐热的品种，如百利、1420、红德宝等。

②控制前期徒长，培育发达根系。如果前期徒长，根系不发达，到生长中期，随着气温升高、产量增加、蒸腾量加大，会因根系负担过重而导致植株早衰。

③基肥要施足。如果基肥不足，则到第二次结果时会因供肥量不足，导致植株早衰，影响二次结果。

④整枝留果要合理。如果只注重前期产量，第一次结果留的果穗数多，或单穗留的果数太多，到第二次结果时因营养缺乏而失败。

⑤及时防治病害。为了搞好二次结果，一定要重视防病工作，不给病菌以可乘之机。如果不重视防病，而在发病后再进行防治，会导致功能叶叶面积减少，光合功能降低。尤其生长后期浇水量大，病害蔓延快，很难控制，这是导致二次结果失败的主要原因。

5. 寿光市田柳镇阇黎院唐兴军：越夏番茄巧育苗

越夏拱棚番茄是田柳镇黎院村的主茬蔬菜，进入4月中旬后，越夏番茄开始育苗。“越夏番茄效益高，但种植难。要想获得高产高效，培育壮苗是其关键的第一步。”多年的种植，使得唐兴军对越夏番茄的管理深有体会。他说："越夏番茄育苗过程中，出苗不齐、秧苗徒长、病虫害严重是出现较多的问题，也是制约越夏番茄种植成功的重要问题，解决了壮苗问题，就向越夏番茄的种植成功迈出了一大步。"

(1)严防出苗不齐：出苗不齐使得幼苗长势参差不齐，不利于后期管理。出苗不齐主要有两种：一种是采用穴盘或营养钵育苗的出苗时间不一致，早出的大苗和迟出的苗相差几天。对已出土的秧苗须增加光照，降低苗床温度和湿度，防止徒长。对未出土的秧苗，还需保持较高的温度和湿度，以促进出苗。这样在苗床管理上就会出现顾此失彼，而且以后在同一苗床内秧苗大小不一致，温湿度管理非常困难。另一种情况是采用苗床育苗的整个苗床内，秧苗的分布不均匀，有的地方出苗过多，造成拥挤；有的地方出苗很少，造成苗床浪费。

出苗时间不一致的原因主要是种子成熟度不一致，一部分不饱满的种子发芽率低，出苗缓慢或者由于新陈种子混合，新种子发芽势强、出苗快，陈种子生命力弱、发芽迟缓。或者由于种子催芽时温、湿度和空气不均匀，各粒种子的发芽程度不一致。另外，覆土的多少也是出苗时间不一致的主要原因。造成同一苗床中出苗疏密不匀的原因，一是苗床不平，床内各点湿度不一致；二是播种技术不过关，种子播得不匀；三是床内环境条件不一致。一般苗床的中部温度较高、出苗早、成活率高，相反，苗床的周边位置出苗较迟。克服出苗不整齐，可以根据上述几条原因，采用发芽率高、发芽势强的种子。播种前将种子晾晒1～2个中午，使种子的含水量保持一致，以便提高发芽势。播种要均匀，覆土不宜过深过浅，湿度尽量一致。

(2)严防秧苗徒长：徒长苗茎间细弱，抗病抗逆性差，花芽分化不良。秧苗徒长是高温季节育苗最易发生的一种症状。徒长苗的特征是：茎纤细，叶薄色淡，组织柔嫩，根系小。发生徒长的原因有：苗床内温度过高，特别是夜温过高，秧苗的呼吸作用增强，消耗的养分多，氮肥偏多，水分偏多，湿度过大，光照不足。

防止秧苗徒长的措施主要是增加光照和降低温度。若发现苗子徒长时，则应通风降温，控制浇水，降低湿度，并采用1 500倍液的矮壮素或750倍液的助壮素进行喷施控制旺长。也可从2片真叶展开后使用助壮素，第3片真叶长出后喷第二次，提前喷药，控制旺长，利于壮苗形成，促进花芽分化。

(3)防治好苗期病害：苗期病害主要是立枯病和猝倒病，可通过在营养土加拌生物菌剂(如激抗菌968、瑞神等)预防病害发生，在子叶长出后喷施普力克800倍液加甲基立枯磷1 200倍液喷防。

随着温度的升高，应重视虫害的防治，特别是白粉虱、蚜虫等传播病毒病的害虫，更应严加防范。若有上述害虫潜入，可在设置防虫网的前提下，用啶虫咪、吡虫啉等药剂喷雾防治。

(王光水)

七、黄瓜高效栽培经验

1. 寿光市化龙镇李家村李金鑫：秋茬黄瓜的种植经验

秋茬黄瓜生育前期处于高温多雨季节，而后期急剧降温，在一定程度上加重了秋茬黄瓜的管理难度。目前，化龙镇李家村李金鑫的秋茬黄瓜已处于生长中后期，针对今秋的天气情况，李金鑫告诉记者说："应从秋黄瓜品种的生物学特性入手，加强棚室环境的调控，加强植株调控和病害防治。"

(1)合理调控棚温:

①高温期。从播种到9月上中旬,黄瓜正处在幼苗期至根瓜共长阶段。此时,高温多雨,除棚顶扣膜外,应将大棚顶部放风口和前端放风口全部拉开加大通风,起到凉棚降温防雨作用,下雨时可将顶部放风口放下来,雨停后立即打开,并注意及时排水防涝,防止畦内积水,造成根系窒息而死。

②适温期。从9月上旬至10月上旬,是秋延后大棚黄瓜生长旺盛时期。白天要加强通风换气,棚内温度白天控制在25~30℃,夜间控制在15~18℃,外界气温15℃以上时不能关通风口。

③低温期:进入10月中旬后,外界气温逐渐降低,此时随着气候的变化,逐渐减少放风量。白天保持25℃左右;夜间维持在15℃左右,低于13℃时,夜间不留风口,封闭大棚,保证足够的温度,满足黄瓜生长的需要,尽量延长生长期是管理的关键。特别要注意初霜的侵袭。外界最低气温降到5℃左右时要及时扣棚保温。

(2)协调瓜秧生长:秋棚黄瓜生长期短,结瓜期只有60天左右。早期以促秧为主,培育壮苗,多分化花芽。为增加黄瓜生长前期雌花的数量,可采用乙烯利处理植株。一般在幼苗长至1叶1心时,用浓度为100毫克/千克的乙烯利喷黄瓜植株,隔2天喷一次,共喷3次。但要注意浓度大小,浓度过高出现花打顶,生长缓慢;浓度过低效果不明显。另外要在早晨使用,避免中午高温喷洒产生药害。为矮化茎蔓,延长黄瓜结果时间,在不能将蔓落于地面而造成烂蔓的情况下,可采用"诳蔓",即折叠式落蔓。

(3)及时防治病虫害:蔓枯病、霜霉病、褐斑病以及细菌性病害是秋黄瓜的主要病害。蔓枯病主要发生在植株生长点,造成生长点叶片卷曲、烂头,可用百菌清700倍液、阿米妙收1 000倍液、咪鲜胺1 500倍液等药剂喷雾防治。褐斑病多发生在中部叶片上,呈现圆形黄色带黄晕的小黄点,可用甲基托布津500倍液、农利灵1 000倍液等药剂进行防治。白粉虱是秋黄瓜的主要虫害,可用啶虫脒混加扑虱灵防治,也可用烯啶虫胺防治。

2. 寿光市洛城街道阎家村栾志忠:黄瓜生产中几个容易被忽视的问题

(1)不打杈,不摘弱小瓜:黄瓜幼苗期不抹芽,利于生长毛细根。到结瓜期就应抹掉幼芽和幼瓜,集中营养长黄瓜,不少黄瓜植株1米多高了,下部侧芽还多达5~6个,长达10~15厘米也不摘除,想让植株上、下同时长瓜,反而会分散营养,黄瓜长得慢、瓜不正、产量低,采收期延后。

解决办法:待根瓜开始进入膨大期,将侧芽及早抹去,以免消耗营养。每棵植株在生长点以下1.3米处留足2~3个瓜,其余弱小瓜全部疏掉,集中营养促使优势瓜生长,生长快、瓜形正、产量高。

(2)无头秧不摘叶:虫伤、冻害、机械损伤、肥害或缺硼、钙,都会造成黄瓜秧失去生长点。很多菜农在管理上任其生长,结果原叶肥厚僵化,新叶长期萌生不出来,错过了与其他株同伍齐长的机会,缺苗断垄,产量下降。

解决办法:在养好根系的前提下,将原叶全部摘掉,7~10天可萌生新生长点。摘叶后喷施一次400倍液的云大120混加8 000倍液的甲壳素,促长新枝。

(3)摘瓜迟产量高:按正常生长规律,植株上的黄瓜应是"中青幼"结合,而不是"老中青"结合。有些人认为,大瓜生长比率大。其实大瓜长到一定程度,瓜条变粗了,内含水分降低了,并且影响幼瓜生长。

解决办法:在保证瓜条商品性的情况下,越早摘除越好。根瓜、畸形瓜长不大、长不好,应早摘。幼瓜超过 4 个,应及早疏瓜。

(4)植株旺产量高:水足、温高、氮肥足,叶蔓生长旺,植株长势好,着瓜生长快,瓜条壮。其实,这种外强内虚的植株态势,远不如矮化、生长稳健的植株总产量高,即俗话说的"旺了棵子不坐瓜"。

解决办法:苗期控水蹲苗促长深根。栽后控温、控水、控氮、控蔓促长瓜。植株旺长后喷施 750 倍液的助壮素或 1 500 倍液的矮壮素,控制营养生长,促进生殖生长。

3. 马金友:冬、春二茬黄瓜效益高

冬、春二茬黄瓜是马寨菜农当前普遍采用的一种种植模式,该模式的采用显著提高了大棚黄瓜的效益。马金友说:"与越冬一大茬黄瓜相比,100 米长、9 米宽的大棚每年要多收入 2 万元左右,也就是说如果一大茬黄瓜能收入 5 万元,那么冬、春二茬黄瓜就要收入 7 万元左右。与一大茬黄瓜相比,二茬黄瓜不仅要多投入生产成本,而且黄瓜还有 1 个多月的营养生长时期不结瓜,为何还能多收入 2 万元呢? 产量和品质的对比是种植冬、春二茬黄瓜效益高的最有力证明。"

从黄瓜品质上分析,大家都知道越冬一大茬黄瓜进入生长中后期后,随着根系老化和茎蔓的增长,黄瓜会出现瓜条变短、畸形瓜增多等问题,大大降低了黄瓜的商品性,因而效益降低。将一大茬黄瓜改为冬、春二茬,利用新蔓结瓜,保证了黄瓜瓜条的品质,相对而言就提高了黄瓜的商品性。

从黄瓜产量上分析,二茬种植并不是缩短了采摘期,而是延长了采摘期。一般情况下,越冬一大茬黄瓜多在 6 月上旬拉秧,而改冬、春二茬黄瓜后其拉秧时间要推迟到 7 月下旬,延长黄瓜采摘期近 2 个月,产量可提高 6 000 千克左右。同时换茬时 1 个多月的空产期与一大茬黄瓜返秧期的时间差不多,因此改二茬种植显著提高了黄瓜产量。

按照今春精品黄瓜平均价格 2.6 元/千克计算,6 000 千克黄瓜就能多卖 1.56 万元,再算上与普通黄瓜的差价,二茬种植比一大茬种植多收入 2 万元。

冬、春二茬黄瓜茬口安排的关键就是在冬茬黄瓜拉秧后的 1～2 天内将春茬黄瓜定植上,以免空产时间过长而降低产量和效益。

一般冬茬黄瓜为嫁接黄瓜,8 月下旬播种育苗,9 月下旬定植,翌年 1 月底 2 月初拉秧;春茬黄瓜采用实生苗,12 月下旬育苗,1 月底 2 月初定植,7 月下旬拉秧。

施底肥数量要少,可结合翻地施入 1 吨充分腐熟的禽畜粪或成品有机肥。如果来不及施用也可不施,但前提是必须在冬茬黄瓜定植前施足底肥,方能确保春茬黄瓜优质高产,不早衰。

马金友在冬茬黄瓜定植前普施鸡粪 15 $米^3$、鸭粪 10 $米^3$、复合肥 150 千克;后再包沟施用鹌鹑粪 1.5 吨和 1 吨饼肥,并且有机肥都要充分腐熟。

4. 马百友:提高黄瓜商品性的几项措施

马百友是马寨村公认的黄瓜种植高手,他的黄瓜总是以市场最高价出售。平时卖到 1.6～1.8 元/千克的黄瓜就是商品性好的黄瓜了,而马百友的黄瓜却卖到了 1.9 元/千克。

走进马百友的大棚,我们看到生长期已近 5 个月的黄瓜植株长势旺盛,仍像刚刚进入初瓜期的植株一样。

他说:"蘸花使黄瓜带鲜花是提高黄瓜商品性的最关键措施,这点大家都已清楚,就是使用鲜花王蘸花,这些我不作详谈,但需要提醒大家的是,随着温度的升高应将在低温时 2 千克加水10毫升鲜花王的用量改为2.5千克水加10毫升鲜花王，以免蘸花药浓度过高出现大头瓜等畸形瓜而降低黄瓜的商品性。”他还用以下四项措施提高黄瓜商品性：

措施一：定植时穴施激抗菌968生物菌肥，预防土传病害，促根生长。

根好，叶好，瓜才好。发达的根系，可保证营养的充分供应，保证植株健壮生长，保证瓜条的商品性。若根部染病或根量少，则营养供应失调，不利于提高黄瓜瓜条的商品性。激抗菌968不仅可以菌抑菌预防土传病害，而且还能促根生长，有利于提高黄瓜瓜条的商品性。

措施二：及时疏瓜，不要留瓜过密或过多，以免影响瓜条和茎蔓的发育。

留瓜过密或过多，不仅容易造成营养供应不足出现瓜条短、发育慢的情况，而且还容易坠住棵子影响黄瓜的产量。因此，要及时疏瓜，一般以3片叶留一个瓜为宜，目的是保证营养集中供应，促进瓜条和茎蔓的发育，从而确保瓜条的商品性。

措施三：一次性落蔓不要过低，以免造成有效叶片过少，光合产物供应不足，影响瓜条发育。一般每次落蔓以0.5米左右为宜，保证植株功能叶片12片以上。

措施四：及时摘瓜，避免瓜条过粗。

商品性好的黄瓜一般要求瓜条长约35厘米，直径2.5厘米。若摘瓜时间过晚，则瓜条膨大变粗影响其价格，因此一定要及时摘瓜。一般蘸花后7～8天即能长成商品瓜，就应采摘。若8天后甚至更晚再采摘则瓜条变粗，商品性降低。

5. 马丽华：大棚黄瓜防好病

“黄瓜病害多，用药勤，特别是连续种植多年黄瓜的大棚，病害防治更是大棚黄瓜管理的重点。因此，防治病害要严格贯彻‘预防为主，综合防治’的植保方针。”连续种植11年黄瓜的马丽华深有感触地说。

夏季大棚休闲期熏施溴甲烷，消灭土传病害和根结线虫病的危害。近年来，土传病害和根结线虫病日渐严重，导致黄瓜减产甚至绝产的现象屡见不鲜。单靠定植时穴施药剂或定植后灌根防病难以将其全部控制，而利用夏季大棚休闲期进行土壤消毒是预防土传病害和根结线虫病的最好方法。

熏施溴甲烷可将棚室土壤中的病虫草害一举消灭，从而起到彻底净化大棚土壤的作用。但在熏蒸前要求土壤疏松，见干见湿；熏蒸时要求土壤处于密闭的状态下，才能最大限度地发挥熏蒸剂的作用；熏蒸4～5天后放风30天左右方可进行生产。

黄瓜定植后到坐瓜前10～15天喷一遍药，预防病害发生。可用百菌清700倍液和甲霜铜500倍液，轮流或混配喷用预防病害发生。

黄瓜结瓜后，在调控好棚室环境，特别是棚内湿度的前提下，可7～10天用百菌清和甲霜铜喷防一次；若遇阴雨天气，可用百速烟剂熏烟预防，亩用药量400克左右。

病害发生后，掌握在发病初期及时防治。如霜霉病可用普力克600倍液、烯酰吗啉1 000倍液等药剂喷治；细菌性角斑病可用DT500倍液、可杀得600倍液等药剂喷治。需要强调的是，一定要对症用药，以免误诊误治，耽误了最佳防病时机而造成严重危害。

6. 寿光市稻田镇赵家村方学龙：越冬黄瓜巧施肥

方学龙，寿光市稻田镇赵家村人，能够科学合理地按照黄瓜的生长需求进行合理施肥，不仅节省了用肥成本，而且提高了黄瓜的产量和品质，增加了大棚收益，是该村施肥的“专家”。“庄稼一枝花，全靠肥当家。”大棚黄瓜生育期长，产量高，因而需肥量大，但若施肥不合理，特别是在越冬黄瓜生产中，很容易造成植株长势差、产量低、品质差等。

目前，大多数棚室黄瓜都表现出了植株生长慢、产量低等情况，严重的甚至出现了花打顶或瓜打顶。但在方学龙的越冬黄瓜棚里，记者看到他的黄瓜长势正常，瓜码较密。方学龙说："除去保温方面我做得到位外，还与合理施肥有很大关系。"

(1)施足充分腐熟的有机肥：有机肥是长效肥，施入后可起到均衡供应营养的作用。若施用不足，将会造成植株早衰，产量降低。鸡粪是很好的有机肥，是其他商品有机肥难以代替的。因此，在越冬黄瓜种植前一定要施足有机肥。有机肥可分两次使用，结合整地亩施入鸡粪等有机肥 20 米^3，在做畦定植前畦施生物有机肥 150～250 千克。

使用鸡粪等有机肥时必须经充分腐熟后才使用，以免烧根或熏苗，影响黄瓜生长。方学龙说："一般单纯利用堆积发酵的方法腐熟鸡粪难以充分彻底，我是用生物菌剂激抗菌 968 肥力高助其发酵腐熟的。将鸡粪撒入棚地后喷施 4 瓶肥力高，再在整地做畦时灌施 6 瓶，这样在温度较高的时期 3～5 天即可将鸡粪充分腐熟。若温度较低，腐熟时间还要加长 5～7 天。"

畦施生物有机肥的目的有三：一是集中施肥，利于充分供应黄瓜所需要的营养；二是利用生物菌剂的作用，以菌抑菌抑制土传病害的发生。三是活化土壤，促进根系发育。"三忠微生物肥、大源生物肥或激抗菌 968 壮苗棵不死等都是很好的生物有机肥，可因地制宜地选用。"

(2)改大水大肥为小水小肥：水并不是越大越促长，肥并不是多用多丰产。若一次性施肥过量，则很容易造成肥害形成烧根；若再是大水冲肥则在冬季就很容易造成沤根或伤根，危及植株的生长。黄瓜长势差的很重要的原因就是根系受伤导致的，是水肥使用不当的缘故。

改变大水大肥的冲肥习惯，进行小水小肥、多次冲施的做法是冬季黄瓜正常生产的重要保障。所谓小水小肥是指膜下浇水，浇小沟、浇小水、少施肥。改变一大水冲几袋或几百元钱肥料的做法为每亩每次冲施优质化肥 25 千克。

(3)生物菌肥与化学肥料配合使用：生物菌肥含有多种有益菌，具有活化土壤、促进根系生长、提高蔬菜品质的作用。在冬季黄瓜生产中，可利用生物菌肥的这些优点促根壮棵，提高产量和效益。但是近年来，市场上的生物菌肥假冒伪劣产品很多，冲过后短时间内看到植株生长迅速，但是长时间观察，发现植株提前衰弱，大大降低了蔬菜产量，于是很多菜农朋友对于生物菌肥望而却步，不敢使用。

多年来，方学龙在使用生物菌肥时用的都是激抗菌 968 冲施肥。他认为该肥不仅能够促根壮棵，还能增加黄瓜的光亮度，是增加大棚效益的一种好肥料。但是，单用生物菌肥也不行，因为生物菌肥的作用较慢，不能及时充分地供应黄瓜生长所需的营养，因此，要与化肥配合施用。在冬季，可每亩每次冲施生物菌肥 40 千克配合 20 千克化肥。

根据黄瓜需肥规律，按氮磷钾 3∶1∶4 的比例科学施肥，不能过量冲施氮肥，特别是在闭棚时间长的低温季节，也是黄瓜获取高产高效的重要施肥方法。

（王光水）

第三章　寿光大棚蔬菜营销与采后处理

随着农业经济国际化和农产品贸易自由化进程加快，作为劳动密集型和技术密集型的蔬菜产业，已经进入全球化大市场、大流通时代，蔬菜贸易量逐年增加，商战不断升级，市场竞争日趋激烈。做好深入细致的调查研究，全面掌握国内外蔬菜产业市场营销动态和经营策略，以他山之石攻玉，对做大做强蔬菜产业具有重要的现实意义。

近十年来，全国蔬菜面积、产量持续增长，蔬菜消费地域差异逐步缩小，市场建设步伐加快，出口贸易持续增加，蔬菜营销环境得到进一步改善。从蔬菜播种面积和产量看，全国蔬菜面积占种植业总面积的13.5%，产值占种植业总产值的37%，已经成为我国种植业中第二大优势产业；从产业现状看，我国蔬菜生产呈现结构性、区域性、季节性过剩趋势，制约着蔬菜产业的进一步发展。但从蔬菜国际贸易发展看，我国蔬菜贮藏保鲜率约25%，加工率不足13%，出口率只有1.4%；而发达国家一般蔬菜贮藏保鲜率达90%，加工率达70%，世界蔬菜平均出口率为5.4%～5.6%。因此，我国蔬菜在采后处理、贮藏加工、扩大出口等方面仍有巨大的增值空间。

据统计，全国蔬菜批发市场有5 000多家，产地批发市场有近3 000家。其中，农业部定点批发市场已有201家，基本形成了蔬菜产品批发的网络体系，成为营销流通的主导力量。市场建设逐步向区域中心城市转移，规模越来越大，功能日臻完善，经营主体的组织化程度逐步提高，并培育造就了一支开拓国内外市场的专业营销队伍。蔬菜批发市场逐步向企业化过渡并逐渐向远期交易和远程交易发展，已在深圳、山东等地大型蔬菜批发市场开展拍卖制试点。

一、寿光蔬菜营销的基本模式

寿光蔬菜营销伴随着蔬菜产业的发展呈现出专业性越来越强、分工越来越细、规模越来越大的发展趋势。特别是近年来，随着市场开放程度的不断加大，寿光逐渐构建以现代营销理念为基础，面向全国的大型综合物流中心，在产前、产中、产后各个环节建立起多种特色营销模式。

1. 龙头企业横向一体化营销

这种营销模式往往是有一个较大的蔬菜专营企业与分散的蔬菜生产农户签订合同，由公司提供种苗、技术等服务并按合同保护价收购产品，蔬菜则按合同生产。整个营销过程中，从生产、加工、运输、销售、服务各个环节都表现出企业主体的特点，责、权、利清晰，系统的运营协调能力强。但这种模式要求龙头企业拥有较大资金、技术、销售实力。目前许多地区盲目效仿,用贷款资金等催生的企业甚至在一夜之间消失,仅仅成为政府政绩的一现昙花。只有通过政府扶持或现代资本运营的长期培育,这种蔬菜产业的“航空母舰”才能正常启航,因而短期内只在我国局部地区具可操作性。

2. 配套企业纵向一体化营销

这种营销模式的运作过程是,通过菜农的专业化和标准化生产,由独立加工企业加工,再交给专业运输单位向流通大户或批发零售单位送货,最后到达消费者手中。每一个生产环节由独立的企业或个人经营,流通环节多,利润分享者多,流通速度相对较慢。但是,在这种模式下,每一个生产环节的企业资金压力相对小,资源配置较优。由于各个生产环节的独立企业不是依据市场需求确定规模,某个相对稀缺环节的企业规模就成为纵向一体化营销规模效益的“瓶颈”。这种模式主要靠信誉约束,风险较多,利润分配以流通大户为主,一旦流通户违约,农民损失不可避免。但该模式构筑简单、见效快,对解决目前市场上“卖难”问题立竿见影。在现有产业发展初期会在全国范围内普遍存在,并很快使流通大户积累原始资金,对产业规模扩大有一定作用。

3. 传统型向深度营销的转化

传统蔬菜营销模式是菜农→批发商→零售商,无论任何一方发生问题,都直接影响到产品效益的实现。而发展以价值链的重新分配或实现更大产品增值为基础的多种营销模式,来应对日益激烈的市场竞争对原有客户的重新分配,是深度营销模式的主要思路。它从每一个可能的价值增值点出发,用利益增长作为激励,使产业链的不同生产环节找到共同利益增长点,从而结合得更加紧密。发展深度营销适用于在行业内有一定口碑的、有一定规模和经营历史的企业,不仅仅是横向一体化的龙头企业,同样也包括纵向一体化中专业化的中小企业(如珠江三角洲许多专做香港物流配送的货柜企业兼职绿色蔬菜农业经纪人,为菜农打开香港市场提供便利,同时也提高了自身收益),是一种营销模式更高层次的发展。

4. 细分型的特色营销

从理论上分析,每一个细分市场对应唯一一条专门适用的营销渠道,也就是说没有哪一条渠道可同时适用于一个以上的细分市场,原因是消费者对产品需求存在具体差异。由于蔬菜的品种、质地、生产周期和口感等千差万别,就形成了不同的细分市场。如通过网络、酒店等渠道可实现绿色蔬菜高端市场的销售,通过超市、专业市场、连锁店等渠道可实现低端市场的销售,通过净菜加工、专业配送可实现中端市场的销售等。这种模式要求根据市场细分确定目标市场,结合自身条件组织独具特色的营销方式,针对特定需求层次的消费群体,在提高产品内涵的同时,采用创新的特色营销模式,保持稳定的消费导向和持续扩大的市场份额。

5. 组织创新型营销

组织创新型营销就是对现有市场存在的销售空白,分析其发展潜力,利用或传统或现代的多种手段实现灵活多变的营销。要求企业管理强,眼光准。如深圳市布吉农副产品批发市场就是利用农贸市场的企业管理空白,创造出调控供求、反馈信息、服务客户的“布吉模式”。通过企业办市场的不断创新,吸引全国各地用户加入。它所组建的深圳市农产品股份有限公司现已发展成为一个集农产品生产、加工、包装、储藏、运输以及现货批发、拍卖、直销、配送、期货、进出口贸易等多功能纵向一体化的运营体系。目前,这一市场已与寿光蔬菜批发市场实现强强联合,初步构建起了功能完善、辐射全国的蔬菜营销网络。

蔬菜销售是一项系统工程,各地还应结合自身资源优势,系统分析现有的营销模式,选择并做出相应改造和创新，才能促进我国蔬菜产业的长足发展。

二、寿光蔬菜销售渠道

1. 专业市场销售

专业市场销售即通过建立影响力大、辐射能力强的蔬菜专业批发市场来集中销售蔬菜。专业市场销售以其具有的诸多优势越来越受到各地的重视。寿光蔬菜批发市场成为带动蔬菜产业发展的强力引擎，年成交蔬菜 40 亿千克，交易额 56 亿元。以此为龙头，遍布全市，还形成了 10 多处专业批发市场，成为大市场的有力补充。这种专业市场销售方式具有以下优点：

第一，销售集中、销量大。对于分散性和季节性强的蔬菜而言，这种销售方式无疑是一个很好的选择。寿光农民主要就是通过蔬菜专业批发市场把优质蔬菜销往全国各地。

第二，对信息反应快，为及时、集中分析、处理市场信息，做出正确决策提供了条件。

第三，能够在一定程度上实现快速、集中运输，妥善储藏、加工及保鲜。解决蔬菜生产的分散性、地区性、季节性和蔬菜消费集中性、全国性、常年性的矛盾。

但在现实运作中专业市场还存在以下问题：一是市场管理矛盾突出，市场体系不健全。在专业销售市场中，市场销售主体——农民经纪人在从事购销经营活动中，一手压低收购价，一手抬高销售价，不仅农民利益受损，而且往往造成当地市场价格信号失真，管理混乱。二是信息传递途径落后，对市场信息分析处理能力差。在有些专业销售中，市场信息传递很大程度上仍依赖于口头传递和电话交流，缺乏网络等交互性强的覆盖范围大的工具，对市场信息不能实现集中处理。三是市场配套服务设施不健全，不能有效实现市场功能延伸。

针对以上问题，在建设专业市场过程中可采取以下改善措施：第一，注重对市场经营者的资格审定，培养合格的蔬菜经纪人，并进行后续培训指导。第二，建立统一高效的市场管理体系，分清政府、管理者和经营者的职权和关系。第三，健全信息体系。建议由政府建立信息交互平台，构建蔬菜销售网站，选拔优秀经纪人为网站搜集资料，同时注意对市场信息进行集中处理，做好市场预测。第四，在蔬菜批发市场建设过程中，注重市场功能的完善和多种服务设施的配套。

2. 销售公司销售

销售公司销售即通过区域性蔬菜销售公司，先从农户手中收购产品，然后外销。农户和公司之间的关系可以由契约界定，也可以是单纯的买卖关系，这种销售方式在一定程度上解决了“小农户”与“大市场”之间的矛盾。在蔬菜产业发展过程中，寿光依托各镇的区域和产业优势，大力发展各类销售公司，引领带动了农户很快进入蔬菜产业化经营体系。从实践来看，通过销售公司销售蔬菜具有以下优点：

第一，有效缓解“小农户”与“大市场”之间的矛盾。农户可以专心搞好生产，销售公司则专职从事销售，销售公司能够集中精力做好销售工作，对市场信息进行有效分析、预测。

第二，销售公司具有集中蔬菜的能力，这就使得对蔬菜进行保鲜和加工等增值服务成为可能，为农村产业化的发展打下良好基础。

但从实际运作过程来看，通过销售公司销售蔬菜主要还存在以下问题：一是风险高。特别是就通过契约和合同来确立农户与公司关系的模式而言，由于组织结构相对复杂和契约约束性弱等原因，使得这种模式具有较大风险。比如当蔬菜供大于求，合同价格大于市场价格时，公司不按合同价格收购契约户蔬菜。反过来当蔬菜供不应求时，市场价格高于合同价格，农户不按合同向签约公司交售产品，导致公司利益受到损失。二是销售公司和农户之间缺乏有效的法律规范。

可以采取以下办法解决上述问题：第一，探索新的组织模式。如试行"公司＋合作社＋农户"或"公司＋大户＋农户"等模式，寻找有效规避风险的途径。同时公司和农户之间也可以通过专用性资产投资，相互参股经营，成本预付或收益预付等方式提高双方毁约的成本。第二，转变政府职能。政府应主要通过税收、信贷等杠杆调节经济问题，减少直接行政干预。同时应通过"助强扶优"和政策倾斜扶植一批有影响力的龙头企业，促进本地资源优化，加快农业发展。

3. 合作组织销售

合作组织销售即通过综合性或区域性的社区合作组织，如流通联合体、贩运合作社、专业协会等合作组织销售蔬菜。购销合作组织为农民销售蔬菜一般不采取买断再销售的方式，而是主要采取委托销售的方式。所需费用，通过提取佣金和手续费解决。在寿光有燎原蔬菜产业合作社、蔬菜协会、韭菜协会等100多个民间组织，起到很好的组织引导作用。

购销合作组织和农民之间是利益均沾和风险共担的关系，这种销售渠道的优点在于：既有利于解决"小农户"和"大市场"之间的矛盾，又有利于减小风险。购销组织也能够把分散的蔬菜集中起来，为蔬菜的再加工、实现增值提供可能，为产业化发展打下基础。

从现实运作情况来看，通过合作组织销售蔬菜主要存在以下问题：一是合作组织普遍缺乏作为市场主体的有效法律身份，不利于解决销售过程中出现的法律纠纷。二是农民参加合作组织的自愿、自主意识不强。各类合作组织的形成动因主要是行政力量的撮合。三是由于合作组织普遍缺乏资金，很难有效开拓市场。四是合作组织缺乏动力，决策风险较高。

针对以上问题可以采取以下措施加以改善：完善农村经济法规，确立合作组织的明确身份。对农民进行引导，引导其加入合作组织，在引导过程中不能采取强制性措施，应主要通过示范作用促使其自愿加入。政府对有发展潜力的，在资金和人力方面给合作组织以支持和帮助。同时合作组织自身也应该注意资金的积累，引入竞争机制。比如成立多于一个的同类合作组织，促使合作组织之间竞争，更好开展工作。合作组织在决策过程中决策层应与成员进行必要的协调与沟通，以减少决策风险。

4. 销售大户销售

在改革开放大潮中，在农村涌现了许多靠贩运和销售蔬菜发家致富的"能人"，把蔬菜收购集中，然后源源销往各地，也有的是联系外地客商前来蔬菜生产地直接收购。

从实践来看，这种销售渠道具有适应性强、稳定性好的特点。具体来说，能够适应各种蔬菜的销售，集中把当地蔬菜销往各地。由于销售大户的收益直接取决于其销量，这就充分调动了"大户"们的积极性，他们会想尽各种办法，如定点销售与零售商利润分成等方式来稳定销量。

但作为个体蔬菜销售主体，在市场操作过程中往往遇到以下问题：一是信息不畅。由农户转化而来的销售大户，很难在市场信息瞬息万变的今天，对市场信息进行有效地搜集、分析、处理作好市场预测。二是风险较高。对于进行蔬菜外运的大户来说，会遇到诸多困难，如天气、运输、行情等。三是"大户"对市场经济知识缺乏较深了解，销售能力有限。

针对实际存在的问题可以采取以下措施加以改善：一是政府完善信息体系，对大户进行必要的信息指导。二是引导大户进行商业投保。即"大户"交纳一定的保险费给保险公司，保险公司根据实际情况进行保险。三是采取聘请专家指导、举办培训班、定期召开经验交流会等办法提高销售大户的销售能力。

5. 农户直接销售

农户直接销售即蔬菜生产农户通过自家人力、物力把蔬菜销往周边地区。近年来河南瓜农在售瓜过程中，较多采取了这种销售渠道销售，取得了很好的效果。

这种方式作为其他销售方式的有效补充，具有以下优点：第一，销售灵活。农户可以根据本地区销售情况和周边地区市场行情，自行组织销售。这样既有利于本地区蔬菜及时售出，又有利于满足周边地区人民生活需要。第二，农民获得的利益大。农户自行销售避免了经纪人、中间商、零售商的盘剥，能使农民朋友获得实实在在的利益。

但这种销售渠道的不足在于：一是销量小。农户主要依靠自家力量销售蔬菜，很难形成规模。二是销量不稳定。尽管从长期来看可以避免"一窝蜂"现象，但在短期，很可能出现某地区供大于求、价格下跌的状况，损害农民利益。三是一些农民法律意识、卫生意识较差，容易受到城市社区排斥。

针对以上问题可以采取一些措施加以弥补：一是设立蔬菜直销点。农户也应该学习一定的市场销售技巧，通过成立直销点以及与零售商建立良好关系来保证稳定的销量。二是加强对农户的教育，帮助他们树立法律意识、环保意识、市场意识。

6. 网络销售和促销

网络销售即通过计算机互联网络进行销售。这种销售方式作为一种新兴的销售方式，取得了一定的效果。随着互联网络的普及，可以预见这种销售渠道会显得越发重要。2006 年，寿光已建起全国首家蔬菜电子交易市场，蔬菜(品种较少)通过网络销往全国乃至世界各地，2007 年成交额完成 216 亿元，已成为全球最大的网上蔬菜交易市场。

现阶段来看，这种销售渠道具有以下优点：一是宣传范围广。可以使更多的客商了解蔬菜生产地区的蔬菜供给情况，这样通过适当的宣传、组织，为大幅提高销售量提供了可能。二是信息传递量大、信息交互性强。通过互联网可以使各地客商充分了解本地区蔬菜信息，促使其购销行为发生。三是节约交易费用。一方面客商不必为了解行情，来到蔬菜产地，为其节约费用；另一方面，各销售主体也不必为搜集信息东奔西跑，节约销售成本。四是降低菜农及客商的风险。菜农可根据网上交易订单，先将产品卖出后，再开始种植，实现了菜农由原先的"被市场牵着走"到现在的"牵着市场走"，大大降低了市场风险。

但从大范围来看，在现阶段网络销售还有以下困难：第一，网络基础薄弱。至今很多地区没有一家具有影响力的蔬菜信息网站。第二，网络知识普及率低。在一些地区很多农民经纪人根本就没见过电脑。第三，我国电子商务和网络销售处于起步阶段，缺乏完善的法律、法规来约束和规范网上交易行为。同时在很多县区缺乏有良好信誉的销售主体。

就以上问题应该采取以下措施加以改善：政府在政策、资金及人力上对网络发展给予支持。同时各地应抓住农业信息网建设的机遇，在较短的时间里，建立具有区域性影响力的蔬菜销售网站。加大信息化宣传力度，积极普及网络知识，增强广大干部、群众的网络意识和信息意识。政府在政策上给网络销售主体以支持，帮助其树立知名度，解决货物发送等问题。

三、寿光蔬菜批发市场的发展历程

寿光蔬菜批发市场始建于1984年3月，是首批151家"农业产业化国家重点龙头企业"、"全国农副产品综合批发市场五十强"、"全国蔬菜批发市场十强"、"农业部首批定点鲜活农副产品中心批发市场"之一，是全国农产品市场协会副会长单位，全国城市农贸中心联合会常务理事单位。公司注册资本1.1亿元，是银行系统"AAA"级信用企业。2003年7月份与深圳市农产品股份有限公司合资成为农产品控股企业，注册资本11 028万元，现有职工300多人。市场规划占地面积600亩，常年上市蔬菜品种300多个，吸引了全国20多个省(市、区)的蔬菜来此大量交易，是全国重要的蔬菜集散中心、价格形成中心、信息交流中心和物流配送中心。

1. 加快硬件设施建设，培育壮大市场龙头

为确保蔬菜批发市场健康发展，市场依靠当地丰富的蔬菜资源，坚持"服务、创新、求实、奉献"的服务宗旨，落实措施，积极拓宽市场交易范围。通过狠抓市场硬件、软件设施建设，与全国各大中城市蔬菜市场联网，开拓电子信息服务，加强了市场环境治理，为外地客商提供了优惠便利的条件。吸引了大批外省、市的名、优、稀、特菜果涌入寿光市场，年上市蔬菜品种达200多个，交易量40多亿千克，蔬菜市场也由最初的产地市场成为中转集散型市场，并呈现出淡季不淡、品种齐全、南果北菜、四季常鲜的繁荣景象，目前外来菜果占市场年上市量的70%以上。同时，随着蔬菜种植面积的迅速扩大和交易量的增加，十几年来，寿光市政府先后对市场进行了十次扩建，累计投资2亿多元，建成了40 000米^{2}蔬菜交易大厅、30 000米^{2}拍卖配菜大厅、6 000米^{2}交易棚及5 000米^{2}配菜交易大厅。所有交易流程实现了"一卡通"电子化交易结算，并成功启动运营了国内首家蔬菜电子拍卖市场，引领了国内蔬菜流通领域交易方式的新变革。电子拍卖实行"质量等级化，重量标准化，包装规格化，客户会员化，交易现代化"五化管理，不仅克服了传统交易方式中存在的"割头"、"扒皮"等弊端，而且进一步促进市场上档升级，还可以实行优质优价，提高菜农无公害、高标准蔬菜生产经营积极性，带动全市效益农业和标准农业健康发展。

2. 加大市场信息服务和上市蔬菜质量检测力度，增强服务功能

近几年来，为进一步与国际接轨，市场不断加大信息服务力度，利用信息拉动市场交易，提高了市场的综合服务能力。经过精心设计，在互联网进行了国际顶级域名注册，建立了市场网页，并在搜狐、网易等十几家知名网络作了站点链接，设立了20多个电子信箱，用中英文随时发布招商项目、产品介绍、蔬菜价格行情和市场发展动态。与农业部信息中心、寿光日报社、寿光电视台等新闻媒介作了电子联网，使寿光蔬菜市场的价格信息和市场行情，能及时向全国各地传送。通过开发利用信息网络资源，积极向广大菜农和客商提供蔬菜种植信息及供求信息，便于菜农及时调整种植结构和品种，指导了菜农种菜，加大了市场的信息服务力度。随着经济发展和人民生活质量的不断提高，城乡居民的环保、保健意识日益增强，对农产品质量的要求越来越高，为确保寿光蔬菜长盛不衰，进一步推动市场上档升级，增强竞争力，市政府设立了无公害生产基地，获得了国家绿色食品标志使用权，以大量的宣传工作倡导菜农生产无农药残留放心菜，以国际有机食品标准的执行与国际市场接轨，参与国际竞争。在国家发改委国债项目资金的支持下，投资50多万元启动运营了自己的农产品质量安全检测中心。为提高检测水平，获得国家级检验标准，通过多方努力申请国家蔬菜质量监督检验中心在寿光蔬菜批发市场设立检测站。该检测中心按国家有关标准建设，采用国际上先进的88通道速测仪器，对所有上市交易的蔬菜进行快速抽检，日可检测菜果样品800多个，保证了上市蔬菜的安全放心。

3. 创新经营机制，搞活市场流通

为加强对市场交易的规范化管理，搞活市场流通，市场经省公安厅批准，成立了护卫中队，会同市场公安分局、工商分局昼夜在市场执勤、巡逻，严厉打击强行帮忙、割头扒皮的不法分子，维持市场交易秩序。制定出台了市场管理的有关制度和标准，严格对工作人员的教育培训，严肃处理市场交易中的吃拿卡要行为，提高了市场管理服务水平。同时，注重发展壮大流通服务组织，搞好对购销经纪人的管理、教育。目前，蔬菜市场联结着80家蔬菜购销公司，经纪人队伍已发展到8 000多人，与全国20多个省(市、区)及10多个国家和地区的客商保持着长年业务联系，他们依靠自身经营灵活的优势，搞活了市场流通，拓宽了交易范围。圣城街道九巷村就是一个靠经纪服务致富的专业村，全村60%以上的人从事蔬菜经纪、市场服务、房屋出租、运输等与市场相关的工作，其中仅蔬菜运输车辆就有200多部。该村有70%以上的农户建起了楼房。

4. 强化市场带动功能，促进农村经济发展

近几年，充分把握市场带动作用，走市场带基地、基地联农户的路子，建立了相对稳定的蔬菜生产基地，促进了产业化全面升级。一是强化了产业带动功能，促进了农村产业结构的调整。目前全国蔬菜产业发展迅猛、竞争十分激烈，寿光蔬菜批发市场龙头作用的充分发挥，进一步带动了农村产业结构调整，扩大名优稀特蔬菜的种植面积，增强竞争能力，提高农民种菜积极性。同时蔬菜电子拍卖模式的启动，要求菜农自觉生产标准化蔬菜，适应新的交易形式，大大带动了蔬菜标准化种植大发展和产业结构调整。在市场的带动下，寿光市逐步形成了以市区周围和南部乡(镇)为重点的8万亩韭菜基地，中南部乡(镇)35万亩大棚蔬菜基地，南部和北部乡(镇)的6万亩食用菌基地和20万亩露天蔬菜生产基地等十几个成方连片的蔬菜生产基地和百华里蔬菜大棚生产带。目前，全市粮经比例调整到2∶8，蔬菜种植面积达到84万亩，总产量近40亿千克，带动了寿光21万户菜农脱贫致富，农民人均纯收入的70%都来自蔬菜生产。二是带动了相关产业的发展。寿光蔬菜批发市场的繁荣和发展，不仅带动了全市蔬菜生产的发展，而且还拉动了冷藏、仓储、装卸、运输、制冰以及生产资料、加工和餐饮娱乐业的发展。目前，全市仅蒜薹储存恒温库就有120多处，储量达到5万多吨，占全国蒜薹仓储量的三分之一。三是强化了创造就业机会的功能，促进了就业。目前市场在场使用劳务人员6 000多人，交易高峰时期超过1万人。

四、蔬菜的采后处理与加工

蔬菜的采后处理与产前栽培同等重要，一般蔬菜在离开菜园后，经简单采后处理，再到市场，价格可提高3倍。若出口国外，价格会更高。例如，我国山药的收购价与出口价格有3～4倍的差距。由此可见，采后处理比产前栽培所创的经济效益要高得多。寿光蔬菜的采后处理工作主要在收购部门或加工厂进行。农民在蔬菜采收后24小时内交到收购部门，蔬菜在田间和农民手中损失并不严重，而在采后处理过程中蔬菜损失较大。在发达国家，采后腐烂浪费率为5%～20%，我国浪费率则为20%～50%。由此看来，了解蔬菜采后的生理，采取良好的增值措施是至关重要的。寿光作为最大的蔬菜集散地之一，更应该重视蔬菜的采后处理与加工。

1. 影响蔬菜采后品质和贮藏性能的因素

(1)影响蔬菜消费的因素：寿光蔬菜向国际和国内供应，因此，必须了解各地人们的口味和需求。发达国家的人们重视蔬菜的风味、新鲜度、外观的状况，不太计较营养价值和价格，要求热能不太多，以免引起脂肪积累。这与我国等发展中国家的要求截然不同，我们重视的是营养价值和价格。我国出口蔬菜完全出口到发达国家，一切采后处理应能保持蔬菜的风味、增加美观、保持新鲜和营养价值，这就是采后处理的原则。只要坚持这项原则，蔬菜在国际市场上就会受欢迎，就会有较高的经济价值，但损失浪费也会大大增加。

(2)采后蔬菜损失的原因：

①动物及昆虫的危害。蔬菜采收后，在流通过程中易遭受老鼠的啃食，一些食库害虫和蔬菜带入的田间害虫也会继续危害，致使降低蔬菜的品质，甚至失去商品价值，造成损失。

②微生物的侵染。侵染蔬菜的微生物主要有真菌和细菌，这些微生物有的是蔬菜田间带来的，如萝卜黑腐病、胡萝卜菌核病、马铃薯晚疫病等。在田间发病后，带病产品在贮藏期均可继续蔓延危害。有的微生物是在贮藏和运输中才开始危害蔬菜产品，这些微生物多为霉菌和腐败细菌。由于微生物的侵染，致使蔬菜长霉、腐烂、变臭，造成损失。

③机械伤害。蔬菜多为鲜脆产品，在装卸、运输过程中受到挤压和碰撞时，就会发生破碎、擦伤、挤伤断裂、刺伤等。受伤害重的蔬菜不能成为商品，甚至失去食用价值。受轻伤的蔬菜也易受到病菌的侵染，造成腐烂。

④生理生化反应。蔬菜采收后，其营养源被切断了，但仍然是有生命的，仍在进行着呼吸作用和其他一系列的生命活动。呼吸作用成为新陈代谢的主导过程，呼吸与各种生理生化过程有着密切的联系，并制约着这些过程，从而影响到蔬菜在贮藏过程中的品质变化。蔬菜采后的呼吸作用有两种类型，即有氧呼吸和无氧呼吸。有氧呼吸为主要的呼吸类型，在缺少氧气的条件下才进行无氧呼吸。无氧呼吸消耗的养分多而产生的热能少，生成的乙醛、乙醇等过多的积累，会对蔬菜细胞产生毒害作用。在贮藏过程中应尽量避免产生无氧呼吸。有氧呼吸要消耗蔬菜体内大量的有机化合物，这是蔬菜在贮藏中发生失重、自然损耗、变味的重要原因。从这一角度看，呼吸作用是消极的、不利的生理活动。所以，蔬菜采收后要尽量降低其呼吸强度，以保持其优良的品质。但是，呼吸作用还有其积极的一面，停止呼吸作用就等于停止生命，生命的停止就意味着其丧失了抗病力，就易被病菌所侵染，造成腐烂损耗。

蔬菜呼吸强度的高低与蔬菜衰老过程有密切的关系。呼吸强度过高，会导致蔬菜过早的衰老，抗病能力下降，容易受微生物的侵染而腐烂。

有些果实如番茄，进行成熟阶段呼吸强度突然升高，称为呼吸跃变现象，这一时期叫呼吸跃变期。呼吸强度上升前叫跃变前期，上升后叫跃变后期，呼吸强度达到最大值时叫呼吸高峰。一般跃变高峰标志着蔬菜果实衰败的开始。过了呼吸跃变期，果实的耐藏性和抗病性便急速衰退。对这类蔬菜必须尽量推延跃变高峰，才能延长贮藏期。有的蔬菜没有跃变期，称为非跃变型蔬菜，呼吸强度一直缓慢地下降，直至衰老死亡。

除了呼吸作用外，环境条件的不适(如冷害、高浓度的二氧化碳等)均会使蔬菜产生生理失调现象，造成损失。块茎、块根类蔬菜的发芽、生根也会使蔬菜的品质下降，失去商品价值，造成损失。

⑤蒸发作用。新鲜的蔬菜一般含水量为70%～95%，水是蔬菜体内新陈代谢的媒介，是生命活动不可缺少的物质。在采收前，蔬菜生长发育所利用的水和蒸发失去的水可从土壤中

得到补充。采收后蒸发失水得不到进一步的补充,致使细胞膨压下降,组织形态萎蔫,失去新鲜饱满状态和脆嫩的品质,最终破坏水果蔬菜正常的生理活动,使耐贮性和抗病性下降,失去商品价值。

蒸发作用引起的蔬菜脱水主要表现为失重和失鲜。失重是自然损耗,主要指失水,是重量上的损失,直接影响经济效益;失鲜是形态、结构、感观、色彩、光泽、质地、风味等方面发生的不良变化,是指品质方面的损失,直接影响食用品质和商品品质。

⑥衰老。蔬菜经过一系列的生长发育过程,达到了可食用状态,即成熟。通常表现为着色、变软、变甜、酸涩味减少、香味产生等,这些表现在果菜中较明显,以番茄最有代表性。根据不同蔬菜发生上述变化的时期不同,又将成熟分为初熟、适熟和过熟。按用途分为采收成熟、食用成熟和生理成熟,不同的蔬菜划分的标准不尽相同,如番茄的采收成熟期是变色期,食用成熟在坚熟期,生理成熟在完熟期。黄瓜的采收成熟和食用成熟时期相同,从落花7～10天后,一直到瓜皮纯绿、种子可嫩食前。生理成熟是在瓜皮发黄种子成熟时。蔬菜的采收一般在食用成熟期或稍前时进行,采收后在贮藏期中,蔬菜所含的许多化学物质在组织或器官之间转移和再分配,这对蔬菜的品质有很大影响,往往造成蔬菜的品质下降,甚至失去商品价值。

蔬菜采后的衰老往往表现为库源转移,即食用部分的营养贮藏器官(库)转移到非食用部分的生长点(源)。如蒜薹刚收时薹梗鲜嫩翠绿、薹苞小,在贮藏中逐渐黄化、纤维化、糠心,营养转入薹苞,茎苞膨大开裂,最后生成气生鳞茎。黄瓜在贮藏中逐渐由绿变黄,梗端果肉组织萎缩发糠,花端部分膨大,内部种子成熟老化。原来两端均匀的黄瓜变成了棒槌形,使食用品质和商品价值大大降低。

蔬菜的衰老过程,除了物质的转移外,形态结构也会发生各种变化,如各种细胞壁、细胞器及表皮保护层等也有不同的变化。

(3)采前因素对蔬菜采后品质的影响:采前因素指的是蔬菜采收前已经存在、影响其耐藏性和品质的因素,主要指蔬菜的种类、品种、采收成熟度、采收季节、在一天内的采收时间、生产过程中的自然环境及农业技术措施等。这些因素都直接或间接地影响着蔬菜的采后特性,即贮藏特性。在一定条件下,蔬菜的耐贮藏性是由其本身的各种物理的、机械的、化学的、生理的特性综合决定的。这些综合和个别的形状以及发展变化,都决定于蔬菜的新陈代谢的方式与过程,既受遗传性的控制,又受其个体发育环境条件总体的制约。

不同的蔬菜其器官不同,有根、茎、叶等。这些器官的生物学特性差异很大,耐贮性有很大的不同。一般植物的营养器官不耐贮藏,而养分贮藏器官较耐贮藏。植物的叶是新陈代谢最活跃的营养器官,采收后其旺盛的呼吸作用、蒸发作用很快使其萎蔫、黄化直至变质腐败,因而一般绿叶蔬菜如菠菜、芹菜等较难贮藏;叶菜类中的结球大白菜、结球甘蓝,叶球已变态为养分贮藏器官,新陈代谢强度已明显降低,所以就较耐贮藏。同一种类的蔬菜中,不同品种的耐藏性往往也有很大的差异。如不同品种的黄瓜、番茄,一般含水量少的比含水量大的耐贮藏,晚熟的比早熟的耐贮藏。

生长在不同地理条件与气候因素下的同一种作物,结构、成分、生理特性常表现出各种差异。这也是我国许多名特产蔬菜(如榨菜、香椿等)都有其特定的产地,不宜异地任意发展的主要原因。其中耐藏性也随之发生改变。环境因素是错综复杂的,包括土质、温度、湿度、雨量、光照等多种因素。这些因素经常多变、相互作用交织在一起,共同影响蔬菜采后的贮藏性能。一般在偏酸性的土壤上生长的蔬菜,对钙、磷、钾吸收与积累较高,品质表现为抗逆性强、耐贮藏。在温度高、雨水多的地区蔬菜生长快，组织柔嫩，可溶性固形物含量低，水分含量高，营养积累少，不耐贮藏。

施肥、灌溉、田间病虫害防治等田间管理措施，也会影响蔬菜采后的品质。如栽培中缺少钙素供应，番茄易产生脐腐病、辣椒易产生蒂腐病，均会降低耐贮性。生长期氮肥施用过多，蔬菜生长过速，组织柔嫩，含水过多，也会降低其耐贮性。采收前浇水太迟或雨后立即收获，均会影响贮藏性能。

蔬菜采收的成熟度不同，组织中营养物质的积累就不同，衰老、败坏的速度也不同，耐藏性就显著不同。如绿熟期的番茄组织较坚实，还未开始衰老，较耐贮藏；全红期的番茄组织变软，已经开始衰老，则不耐贮藏。一般蔬菜的果实从幼小到成熟，耐贮性不断增强，达到一定的成熟度后开始进入衰老阶段，耐藏性又急速下降。蔬菜的品质和耐藏性在很大程度上是受采前因素所控制的。因此，对于贮藏蔬菜，在采收前应充分给予适宜的条件，而单纯讲究贮藏条件和设备，则是事倍功半的做法。

蔬菜收获后到贮藏运输前，根据种类、贮藏时间、运输方式及销售目的，还要进行各种预备处理，也称采后处理。包括整理、挑选、分级、预冷、愈伤、晾晒及化学药剂处理。通过处理，使作为商品的蔬菜既改善了外观，又降低了蔬菜的生命活动，对保持蔬菜的新鲜度、延长蔬菜的贮藏寿命会起到很大的作用。采后处理越及时，贮藏保鲜的效果就越好。

2. 整理分级

蔬菜采收后，首先要进行整理分级，应根据不同种类的特点，及时将非食用部分和从田间采收时带来的残枝败叶、泥土等清除掉。如叶菜类的根和枯黄的外叶，根茎类菜的地上叶部分，花菜多余的短缩茎和外叶等。

对于以贮藏为目的的蔬菜，整理更重要。在整理后，可将附着在外层的残叶或黄叶上的病菌及孢子都清理掉，以减少贮藏中病害的传播源。如果把这些残枝败叶带到贮藏环境中去，遇到较高湿度等不利的环境，极易发霉腐烂，同时也不利于蔬菜在贮藏中的通风，会造成很大的损失。

分级不仅可以贯彻优质优价的政策，而且可以推动蔬菜栽培管理技术的发展和提高。通过挑选分级、剔除病虫害和机械伤果，既可使产品按大小分级后便于包装标准化，又可减少在贮运中的损失，减轻一些危险病虫害的传播，并将这些残次产品及时销售或加工处理，以降低成本和减少浪费。总之，蔬菜的分级是果蔬商品化生产中的一个重要环节，应引起高度的重视。

(1)分级标准：蔬菜分级在国外有国际标准、国家标准、协会标准和企业标准。水果的国际标准是 1954 年制定的，许多标准已经过重新修订，目的是为了促进经济合作和发展。目前已有 37 种产品有了国际标准，这些标准和要求在欧共体国家水果和蔬菜进出口是强制性的。国际标准一般标龄较长，内容和水平受西方各国国家标准的影响。国际标准虽属非强制性的标准，但一般水平较高。国际标准和国家标准是世界各国都可采用的分级标准。

我国《标准化法》根据标准的适应领域和范围，把标准分为四级：国家标准、行业标准、地方标准和企业标准。国家标准是国家标准化主管机构批准发布，在全国范围内统一使用的标准。行业标准即专业标准、部标准，是在没有国家标准的情况下由主管机构或专业标准化组织批准发布，并在某个行业范围内统一使用的标准。地方标准是在没有国家标准和行业标准的情况下，由地方制定、批准发布，并在本行政区内统一使用的标准。我国“七五”期间对一些蔬菜(如大白菜、花椰菜、青椒、黄瓜、番茄、蒜、芹菜、芸豆和韭菜等)的等级及新鲜蔬菜的通用包装技术制定了国家或行业标准。

水果分级标准因种类品种而异。我国目前通行的做法，是在果形、新鲜度、颜色、品质、病虫害和机械伤等方面已符合要求的基础上，再按大小进行手工分级。即根据果实横径的最大部分直径，分为若干等级。果品大小分级多用分级板进行，分级板上有一系列不同直径的孔。如我国出口的红星苹果，直径从65～90毫米，每相差5毫米为一个等级，共分为5等。对出口西方一些国家的柑橘分为大、中、小3个等级。

蔬菜由于食用部分不同，成熟标准不一致，所以很难有一个固定统一的分级标准，只能按照对各种蔬菜品质的要求制定个别的标准。蔬菜通常根据坚实度、清洁度、大小、重量、颜色、形状、鲜嫩度以及病虫感染和机械伤等分级，一般分为3个等级，即特级、一级和二级。特级品质最好，具有本品种的典型形状和色泽，不存在影响组织和风味的内部缺点，大小一致，产品在包装内排列整齐，在数量或重量上允许有5%的误差；一级产品与特级产品有同样的品质，允许在色泽、形状上稍有缺点，外表稍有斑点，但不影响外观和品质，产品不需要整齐地排列在包装箱内，可允许10%的误差；二级产品可以呈现某些内部和外部缺陷，价格低廉，采后适合于就地销售或短距离运输。

(2)分级方法：

①人工分级。这是目前国内普遍采用的分级方法。这种分级方法有两种：一是单凭人的视觉判断，按蔬菜的颜色、大小将产品分为若干级。用这种方法分级的产品，级别标准容易受人心理因素的影响，往往偏差较大。二是用选果板分级，选果板上有一系列直径大小不同的孔，根据果实横径和着色面积的不同进行分级。用这种方法分级的产品，同一级别果实的大小基本一致，偏差较小。人工分级能最大程度地减轻果蔬的机械伤害，适用于各种果蔬，但工作效率低，级别标准有时不严格。

②机械分级。机械分级的最大优点是工作效率高，适用于那些不易受伤的果蔬产品。有时为了使分级标准更加一致，机械分级常常与人工分级结合进行。目前我国已研制出了水果分级机，大大提高了分级效率。美国的机械分级起步较早，大多数采用电脑控制。果蔬的机械分级设备有以下几种：

重量分选装置。根据产品的重量进行分选。按被选产品的重量与预先设定的重量进行比较分级。重量分选装置有机械秤式和电子秤式等不同的类型。机械秤式分选装置主要由固定在传送带上可回转的托盘和设置在不同重量等级分口处的固定秤组成。将果实单个地放进回转托盘，当其移动接触到固定秤，秤上果实的重量达到固定秤的设定重量时，托盘翻转，果实即落下。适用于球状的果蔬产品，缺点是容易造成产品的损伤，而且噪声很大。电子秤重量分选装置则改变了机械秤式装置每一重量等级都要设秤、噪声大的缺点，一台电子秤可分选各重量等级的产品，装置大大简化，精度也有提高。重量分选装置多用于苹果、梨、桃、番茄、甜瓜、西瓜、马铃薯等。

形状分选装置。按照被选果蔬的形状大小(直径、长度等)分选，有机械式和光电式等不同类型。机械式形状分选装置多是以缝隙或筛孔的大小将产品分级。当产品通过由小逐级变大的缝隙或筛孔时，小的先分选出来，最大的最后选出，适用于柑橘、李、梅、樱桃、洋葱、马铃薯、胡萝卜、慈菇等。光电式形状分选装置有多种，有的是利用产品通过光电系统时的遮光，测量其外径或大小，根据测得的参数与设定的标准值比较进行分级。较先进的装置则是利用摄像机拍摄，经电子计算机进行图像处理，求出果实的面积、直径、高度等。例如，黄瓜和茄子的形状分选装置，将果实一个个整齐地摆放到传送带的托盘上。当其经过检测装置部位时，安装在传送带上方的黑白摄像机摄取果实的图像，通过计算机处理后可迅速得出其长度、粗度、弯曲程度等，实现大小分级与品质（弯曲、畸形）分级同时进行。光电式形状分选装置克服了机械式分选装置易损伤产品的缺点，适用于黄瓜、茄子、番茄、芸豆等。

颜色分选装置。根据果实的颜色进行分选。果实的表皮颜色与成熟度和内在品质有密切关系，颜色的分选主要代表了成熟度的分选。例如，利用彩色摄像机和电子计算机处理的红、绿两色型装置可用于番茄、柑橘和柿子的分选，可同时判别出果实的颜色、大小以及表皮有无损伤等。当果实随传送带通过检测装置时，由设在传送带两侧的两架摄像机拍摄。果实的成熟度根据测定装置所测出的果实表面反射的红色光与绿色光的相对强度进行判断；表面损伤的判断是将图像分割成若干小单位，根据分割单位反射光的强弱算出损伤的面积，最精确可判别出 0.2～0.3 毫米的损伤面；果实的大小以最大直径代表。红、绿、蓝三色型机则可用于色彩更为复杂的苹果的分选。

3. 清洗、防腐、灭虫与打蜡

（1）清洗：清洗是采用浸泡、冲洗、喷淋等方式水洗或用干毛刷刷净某些果蔬产品，特别是块根、块茎类蔬菜，除去粘附着的污泥，减少病菌和农药残留，使之清洁卫生，符合商品要求和卫生标准，提高商品价值。

清洗可用清洗机。清洗机的结构一般由传送装置、清洗滚筒、喷淋系统和箱体组成。清洗使用的洗涤水一定要干净卫生，还可加入适量的杀菌剂，如次氯酸钠、漂白粉等。水洗后必须进行干燥处理，除去游离水分。干燥处理在气候干燥、水分蒸发快的地区可使用自然晾干的方法，气候潮湿、水分蒸发慢的地区可使用脱水机。

（2）防腐：目前，水果和蔬菜的防腐处理，在国外已经成为商品化不可缺少的一个步骤，我国许多地方也广泛使用杀菌剂来减少采后损失。下面介绍几种常用的化学防腐剂。

仲丁胺（2-氨基丁烷，简称 2-AB）：有强烈的挥发性，高效低毒，可控制多种果蔬的腐烂，对柑橘、苹果、葡萄、龙眼、番茄、蒜薹等果蔬的贮藏保鲜具有明显效果。目前农业上已研制出了仲丁胺系列保鲜剂。

克霉灵：含 50％仲丁胺的熏蒸剂，适用于不宜洗涤的果蔬。使用时将克霉灵蘸在松软多孔的载体如棉花球、卫生纸上等，与产品一起密封，让克霉灵自然挥发。用药量应根据果蔬种类、品种、贮藏量或贮藏容积来计算。熏蒸时要避免药物直接与产品接触，否则，容易产生药害。

保果灵、橘腐净：适用于能浸泡的果蔬如柑橘、苹果等。使用时将药液稀释 100 倍，将产品在其中浸渍片刻，晾干后入贮，可明显降低腐烂率。

苯并咪唑类防腐剂：这类防腐剂主要包括特克多（TBZ）、苯来特、多菌灵、托布津等。大多属于广谱、高效、低毒防腐剂，用于采后洗果，对防止香蕉、柑橘、桃、梨、苹果、荔枝等水果的发霉腐烂都有明显的效果。使用浓度一般在 0.05％～0.2％，可以有效地防止大多数果蔬由于青霉菌和绿霉菌所引起的病害。具体使用浓度是：托布津为 0.05％～0.1％，苯来特、多菌灵为 0.025％～0.1％，特克多为 0.066％～0.1％（以 100％纯度计）。这些防腐剂若与 2,4-D 混合使用，保鲜效果更佳。

山梨酸（2,4-己二烯酸）：山梨酸为一种不饱和脂肪酸，可以抑制酵母、霉菌和好气性细菌生长。它的毒性低，只有苯甲酸钠的 1/4，但防腐效果却是苯甲酸钠的 5～10 倍。用于采后浸洗或喷洒，一般使用浓度为 2％左右。

扑海因(异菌脲):扑海因是一种高效、广谱、触杀型杀菌剂,成品为25%胶悬剂,可用于香蕉、柑橘等采后防腐处理。

联苯(Dipheny):联苯是一种易挥发的抗真菌药剂,能强烈抑制青霉病菌、绿霉病菌、黑蒂腐病菌、灰霉病菌等,对柑橘类水果具有良好的防腐效果。生产上一般是将联苯添加到包果纸或牛皮纸垫板中,一张25.4厘米×25.4厘米的包果纸内含联苯约50毫克,一块大小为25.4厘米×40.6厘米的垫板内含联苯约240毫克。但是用联苯处理的果实,需在空气中暴露数日,待药物挥发后才能食用。

戴挫霉(Deccozil):戴挫霉具有广谱、高效、残留量低、无腐蚀等特点,适用于柑橘、芒果、香蕉及瓜类等多种果蔬的防腐,特别是对于已经对特克多、多菌灵等苯并咪唑类杀菌剂产生抗药性的青霉和绿霉有特效。如柑橘采后用0.02%的戴挫霉溶液浸果0.5分钟,防腐保鲜效果很好。若与施保克、果亮等混合使用,效果更佳。

二溴四氯乙烷:二溴四氯乙烷也称溴氯烷,是广谱性杀灭、抑制真菌剂,对青霉菌、轮纹病菌、炭疽病菌均有杀伤效果。如红星、金冠苹果,每50千克果实熏蒸20克溴氯烷,对青霉病菌的杀伤效果显著。果实抗病性越弱,防治效果越明显。此外,溴氯烷为低毒性、少残留、易挥发的药物,处理后的果实在空气中放置48小时已不能检测出其含量。

氯气和漂白粉:氯气是一种剧毒、杀菌作用很强的气体,杀菌原理是氯气在潮湿的空气中易生成次氯酸。次氯酸不稳定生成原子氧,原子氧具有强烈氧化作用,因而能杀死果蔬表面上的微生物。由于氯气极易挥发或被水冲洗掉,因此,用氯气处理过的果蔬残留量很少,对人体无毒副作用。在帐内用0.1%～0.2%的氯气(体积比)熏蒸番茄、黄瓜等蔬菜,取得了较好的防腐保鲜效果。但用氯气处理果蔬时,浓度不宜过高,超过0.4%就可能产生药害。此外还应保持帐内的空气循环,以防氯气下沉造成下部果蔬中毒。

漂白粉是一种不稳定的化合物,在潮湿的空气中也能分解出原子氧。一般用量为每600千克的果蔬帐,放入漂白粉0.4千克,每10天更换一次。贮藏期间也要注意帐内的空气循环,以防下部果蔬中毒。

SO_2 及其盐类:SO_2 是一种强烈的杀菌剂,遇水易形成亚硫酸,亚硫酸分子进入微生物细胞内,可造成原生质与核酸分解而杀死微生物。一般 SO_2 浓度达到0.01%时就可抑制多种细菌的发育,达到0.15%时可抑制霉菌类的繁殖,达到0.3%时可抑制酵母菌的活动。此外,SO_2 具有漂白作用,特别是对花青素的影响较大,这一点在生产上要特别注意。SO_2 在葡萄贮藏过程中防霉效果显著,根据贮藏期不同,一般用量为0.1%～0.5%。此外,还可用在龙眼、枇杷、番茄等果蔬上。SO_2 属于强酸性气体,对人的呼吸道和眼睛有强烈的刺激性,工作人员应注意安全。SO_2 遇水易形成亚硫酸,亚硫酸对金属器具有很强的腐蚀性,因此贮藏库内的金属物品,包括金属货架,最好刷一层防腐涂料加以保护。

(3)灭虫:进出口蔬菜时,植物检疫部门经常要求对蔬菜进行灭虫处理,才能够放行。因此,出口国必须根据进口国的要求,出口前对蔬菜进行适当的杀虫处理。商业上常用的灭虫方法如下:

熏蒸剂处理:常用的熏蒸剂有二溴乙烷和溴甲烷,可在临时性封闭环境中使用。用量为18～20克/米^3 的二溴乙烷,熏蒸2～4小时,可有效地消灭果实上绝大部分的果蝇。温度较低时,则适当提高熏蒸剂浓度。

低温处理:许多害虫都不能忍耐低温,故可用低温方法消灭害虫。例如,美国检疫部门对中国进口的荔枝规定的低温处理为，在1.1℃下处理14天后才允许进入美国市场。

高温处理：20世纪20～30年代，就已大规模地使用热蒸气作为地中海实蝇的检疫处理，并一直应用至今。如芒果用43℃热蒸气处理8小时，可控制墨西哥果蝇。热水处理也可用于防治水果害虫，如香蕉在52℃热水中浸泡20分钟，可控制香蕉橘小实蝇和地中海实蝇。

辐射处理：射线辐射可减少果实害虫的危害。如用25拉德辐射芒果可杀死种子内部的害虫。

（4）打蜡：打蜡也称涂膜处理，即用蜡液或胶体物质涂在某些果蔬产品表面，使其保鲜的技术。果蔬涂膜后，在表面形成一层蜡质薄膜，可改善果蔬外观，提高商品价值；阻碍气体交换，降低果蔬的呼吸作用，减少养分消耗，延缓衰老；减少水分散失，防止果皮皱缩，提高了保鲜效果；抑制病原微生物的侵入，减轻腐烂。若在涂膜液中加入防腐剂，防腐效果更佳。我国市场上出售的进口苹果、柑橘等高档水果，几乎都经过打蜡处理。

商业上使用的大多数涂膜剂是以石蜡和巴西棕榈蜡作为基础原料，因为石蜡可以很好地控制失水，而巴西棕榈蜡能使果实产生诱人的光泽。近年来，含有聚乙烯、合成树脂物质、防腐剂、保鲜剂、乳化剂和湿润剂的涂膜剂逐渐得到应用，取得了良好的效果。

目前涂膜剂种类很多，如金冠、红星等苹果在采后48小时内，用0.5%～1.0%的高碳脂肪酸蔗糖酯型涂膜剂处理，干燥后入贮，在常温下可贮藏1～4个月。由漂白虫胶、丙二醇、油酸、氨水和水按一定比例，并加入一定量的2,4-D和防腐剂配制而成的虫胶类涂膜剂，在柑橘上使用效果较好。吗啉脂肪酸盐果蜡（CFW果蜡）是一种水溶性的果蜡，可以作为食品添加剂使用，是一种很好的果蔬采后商品化处理的涂膜保鲜剂，特别适用于柑橘和苹果，还可以在芒果、菠萝、番茄等果蔬上应用。美国戴科公司生产的果亮，是一种可食用的果蔬涂膜剂，用它处理果蔬后，不仅可提高产品外观质量，还可防止由青绿霉菌引起的腐烂。日本用淀粉、蛋白质等高分子溶液，加上植物油制成混合涂膜剂，喷在苹果和柑橘上，干燥后可在产品表面形成一层具有许多微细小孔的薄膜，抑制果实的呼吸作用，延长贮藏时间3～5倍。此外，西方国家用油型涂膜剂处理水果也收到了较好的效果。如加拿大用红花油涂抹香蕉，在15.5℃的环境中放置4天后，置于50℃高温下6小时，果皮也不变黑，而对照果实变黑严重。德国用蔗糖－甘油－棕榈酸酯混合液涂抹香蕉，可明显减少果实失水，延缓衰老。日本用10份蜂蜡、2份朊酪、1份蔗糖脂肪酸制成的涂膜剂，涂在番茄或茄子的果柄部，常温下干燥，可显著减少失水，延缓衰老。打蜡有下列几种方法：

①浸涂法。将涂膜剂配成一定浓度，把果蔬浸入溶液中，随后取出晾干即可。此法耗费涂膜液较多，而且不易掌握涂膜的厚薄。

②刷涂法。用细软毛刷蘸上涂膜液，在果实表面涂刷以至形成均匀的薄膜。毛刷还可以安装在涂膜机上使用。

③喷涂法。用涂膜机在果实表面喷上一层厚薄均匀的薄膜。涂膜处理一般使用机械涂膜。新型的涂膜机一般由洗果、干燥、喷涂、低温干燥、分级和包装等部分联合组成。我国目前已研制出果蔬打蜡机，但很多地方仍在使用手工打蜡。

4.包装

包装是使果蔬产品标准化、商品化、保证安全运输和贮藏、便于销售的主要措施。合理的包装可减少或避免在运输、装卸中的机械伤，防止产品受到尘土和微生物等的污染，防止腐烂和水分损失，缓冲外界温度剧烈变化引起的产品损失；包装可以使果蔬在流通中保持良好的稳定性，美化商品，宣传商品，提高商品价值及卫生质量。所以，良好的包装对生产者、销售者和消费者都是有利的。

(1)包装场设置：包装场一般有两种形式，一种是生产单位设置的临时性或永久性包装场，这种包装场多进行产品包装；另一种是商业销售部门设置的永久性包装场，多进行商品包装。通常前者较小，后者较大。包装场选址的原则应是靠近水果产区，交通方便，地势高且干燥，场地开阔，同时还应远离散发刺激性气体或有毒气体的工厂。

目前多采用手工操作，包装场所需的小件物品必须一一备齐。包装场常用物品在使用前要进行消毒，用完后也应及时进行清洗，防止病菌残存。

(2)包装容器和包装材料：

包装容器的要求：一般商品的包装容器应该具有美观、清洁、无异味、无有害化学物质、内壁光滑、卫生、重量轻、成本低、便于取材、易于回收及处理，并在包装外面注明商标、品名、等级、重量、产地、特定标志及包装日期等。果蔬包装除了应具备上述特点和要求外，根据其本身的特性，还应具备以下特点：具有足够的机械强度以保护产品，避免在运输、装卸和堆码过程中造成机械伤；具有一定的通透性，以利于产品在贮运过程中散热和气体交换；具有一定的防潮性，以防止包装容器吸水变形而造成机械强度降低，导致产品受伤而腐烂。

包装容器的种类和规格：随着科学技术的发展，包装的材料及其形式越来越多样化。包装容器的种类、材料及适用范围如表 3-1 所示。

随着商品经济的发展，包装标准化已成为果蔬商品化的重要内容之一，越来越受到人们的重视。国外在此方面发展较早，世界各国都有本国相应的果蔬包装容器标准。东欧国家采用的包装箱标准一般是 60 厘米×40 厘米和 50 厘米×30 厘米，包装箱的高度根据给定的容量标准来确定，易伤果蔬每箱装量不超过 14 千克，仁果类不超过 20 千克。美国红星苹果的纸箱规格为 50 厘米×30.2 厘米×32.2 厘米。日本福岛装桃纸箱，装 10 千克的规格为 46 厘米×31 厘米×18 厘米，装 5 千克的规格为 35 厘米×46 厘米×9.5 厘米。我国出口的鸭梨每箱净重 18 千克，纸箱规格有 60、72、80、96、120、140 个等(为每箱鸭梨的个数)；出口的柑橘每箱净重 17 千克，纸箱内容积为 47 厘米×27.7 厘米×27 厘米，按装果实个数分为七级，规格为每箱装 60、76、96、124、150、180、192 个。

表 3-1　包装容器种类和规格

种类材料	适用范围
塑料箱　高密度聚乙烯、聚苯乙烯	高档果蔬
纸箱　板纸	果蔬
钙塑箱　聚乙烯、碳酸钙	果蔬
板条箱　木板条	果蔬
筐　荆条	任何果蔬
加固竹筐　筐体竹皮、筐盖木板	任何果蔬
网、袋　天然纤维或合成纤维	不易擦伤、含水量少的果蔬

(3)包装材料：在果蔬包装过程中，经常要在果蔬表面包纸或在包装箱内加填一些衬垫物，以增强包装容器的保护功能。

①包果纸。果蔬表面包纸有利于保护其原有质量，提高耐贮性。包果纸的主要作用有：抑制果蔬采后失水，减少失重和萎蔫；减少果蔬在装卸过程中的机械伤；阻止果蔬体内外气体交换，抑制采后生理活动；隔离病原菌侵染，减少腐烂；避免果蔬在容器内相互摩擦和碰撞，减少机械伤；具有一定的隔热作用，有利于保持果蔬稳定的温度。

包果纸要求质地光滑柔软、卫生、无异味、有韧性，若在包果纸中加入适当的化学药剂，还有预防某些病害的作用。

值得一提的是，近年来塑料薄膜在果蔬包装上的应用越来越广泛，如柑橘的单果套袋，在采后保鲜和延长货架期方面起到了良好的效果。草莓、樱桃、蘑菇等果蔬分级后先装入小塑料袋或塑料盒中，然后再装入箱中进行运输和销售，效果也很好。

②衬垫物。使用筐类容器包装果蔬时，应在容器内铺设柔软清洁的衬垫物，以防果蔬直接与容器接触而造成损伤。另外，衬垫物还有防寒、保湿的作用。常用的衬垫物有蒲包、塑料薄膜、碎纸、牛皮纸等。

③抗压托盘。抗压托盘作为包装材料的一种，常用于苹果、梨、芒果、葡萄、柚、猕猴桃等果实的包装上。抗压托盘上具有一定数量的凹坑，凹坑与凹坑之间有时还有美丽的图案。凹坑的大小和形状以及图案的类型根据包装的具体果实来设计，每个凹坑放置一个果实，果实的层与层之间由抗压托盘隔开，这样可有效地减少果实的损伤，同时也起到了美化商品的作用。

(4)包装方法与要求：果蔬经过挑选分级后即可进行包装，包装方法可根据果蔬的特点来决定。包装方法一般有定位包装、散装和捆扎后包装。不论采用哪种包装方法，都要求果蔬在包装容器内有一定的排列形式，既可防止它们在容器内滚动和相互碰撞，又能使产品通风换气，并充分利用容器的空间。如苹果、梨用纸箱包装时，果实的排列方式有直线式和对角线式两种；用筐包装时，常采用同心圆式排列。马铃薯、洋葱、大蒜等蔬菜常常采用散装的方式等。

包装应在冷凉的条件下进行，避免风吹、日晒和雨淋。包装时应轻拿轻放，装量要适度，防止过满或过少而造成损伤。不耐压的果蔬包装时，包装容器内应填加衬垫物，减少产品的摩擦和碰撞。易失水的产品应在包装容器内加衬塑料薄膜等。由于各种果蔬抗机械伤的能力不同，为了避免上部产品将下面的产品压伤，下列果蔬的最大装箱(筐)高度为：苹果和梨 60 厘米，柑橘 35 厘米，洋葱、马铃薯和甘蓝 100 厘米，胡萝卜 75 厘米，番茄 40 厘米。

果蔬销售小包装可在批发或零售环节进行，包装时剔除腐烂及受伤的产品。销售小包装应根据产品特点，选择透明薄膜袋或带孔塑料袋包装，也可放在塑料托盘或泡沫托盘上，再用透明薄膜包裹。销售包装上应标明重量、品名、价格和日期。销售小包装应具有保鲜、美观、便于携带等特点。

(5)包装生产线的建立：采后处理中的许多步骤可在设计好的包装生产线上一次完成。果蔬经清洗、药物防腐处理和严格挑选后，达到新鲜、清洁、无机械伤、无病虫害、无腐烂、无畸形、无冻害、无水浸的标准，然后按国家或地区有关标准分级、打蜡和包装，最后打印、封钉等成为整件商品。自动化程度高的生产线，整个包装过程全部实行自动化流水作业。以苹果、柑橘为例，具体做法是：先将果实放在水池中洗刷，然后由传送带送至吹风台上，吹干后放入电子秤或横径分级板上，不同重量的果实分别送至相应的传送带上，在传送过程中，人工拿下色泽不正和残次病虫果，同一级果实由传送带载到涂蜡机下喷涂蜡液，再用热风吹干，送至包装线上定量包装。

包装生产线应具备的主要装置有：卸果装置、药物处理装置、清洗和脱水装置、分级打蜡装置、包装装置等。条件尚不具备的包装场，可采取简单的机械结合手工操作规程，来完成上述的果蔬商品化处理。

5. 催熟

催熟是指销售前用人工方法促使果实加速完熟的技术。不少果树上的果实成熟度不一致，有的为了长途运输的需要提前采收，为了保障这些产品在销售时达到完熟程度，确保其最佳品质，常需要采取催熟措施。催熟可使产品提早上市，使未充分成熟的果实尽快达到销售标准或最佳食用成熟度及最佳商品外观。催熟多用于香蕉、苹果、洋梨、猕猴桃、番茄、蜜罐甜瓜等。

被催熟的果蔬必须达到一定的成熟度，催熟时一般要求较高的温度、湿度和充足的氧气，要有适宜的催熟剂。不同种类产品的最佳催熟温度和湿度不同，一般以温度21～25℃、相对湿度85％～90％为宜。湿度过高过低对催熟均不利，湿度过低，果蔬会失水萎蔫，催熟效果不佳；湿度过高，产品又易感病腐烂。由于催熟环境的温度和湿度都比较高，致病微生物容易生长，因此要注意催熟室的消毒。为了充分发挥催熟剂的作用，催熟环境应该有良好的气密性，催熟剂应有一定的浓度。此外，催熟室内的气体成分，对催熟效果也有影响，二氧化碳的累积会抑制催熟效果，因此，催熟室要注意通风，以保证室内有足够的氧气。

乙烯是最常用的果实催熟剂，一般使用浓度为0.2～1克/升，香蕉为1克/升，苹果、梨为0.5～1克/升，柑橘为0.2～0.25克/升，番茄和甜瓜为0.1～0.2克/升。由于乙烯是气体，用乙烯进行催熟处理时需要相对密闭的环境。大规模处理时应有专门的催熟室，小规模时采用塑料密封帐为催熟室。催熟产品堆码时需留出通风道，使乙烯分布均匀。

乙烯利也是水果蔬菜常用的催熟剂。在酸性条件下乙烯利比较稳定，在微碱性条件下分解产生乙烯，故使用时要加0.05％的洗衣粉，使其呈微碱性，并能增加药液的附着力。使用浓度因种类和品种而不同，香蕉为2克/升，绿熟番茄为1～2克/升。催熟时可将果实在乙烯利溶液里浸泡约1分钟取出，也可采用喷淋的方法，然后盖上塑料膜，在室温下一般2～5天即可催熟。

将绿熟番茄放在20～25℃和相对湿度85％～90％条件下，用0.1～0.15克/米^{3}的乙烯处理48～96小时，果实可由绿变红。也可直接将绿熟番茄放入密闭环境中，保持温度22～25℃和相对湿度90％，利用其自身释放的乙烯催熟，但是催熟时间较长。

6. 预冷

水果蔬菜预冷是指将收获后的产品尽快冷却到适于贮运低温的措施。水果和蔬菜收获以后，特别是热天采收后带有大量的田间热，再加之采收对产品的刺激，呼吸作用很旺盛，释放出大量的呼吸热，对保持品质十分不利。预冷的目的是在运输或贮藏前使产品尽快降温，以便更好地保持水果蔬菜的生鲜品质，提高耐贮性。预冷可以降低产品的生理活性，减少营养损失和水分损失，延长贮藏寿命，改善贮后品质，减少贮藏病害。

为了最大限度地保持果蔬的生鲜品质和延长货架寿命，预冷最好在产地进行，而且越快越好，预冷不及时或不彻底，都会增加产品的采后损失。

自然预冷：自然预冷就是将产品放在阴凉通风的地方使其自然冷却。例如我国北方许多地区用地沟、窑洞、棚窖和通风库贮藏产品，采收后阴凉处放置一夜，利用夜间低温，使之自然冷却，翌日气温升高前入贮。这种方法虽然简单，但冷却效果还是肯定的。

风冷：风冷是使冷空气迅速流经产品周围使之冷却。风冷可以在低温贮藏库内进行，将产品装箱，纵横堆码于库内，箱与箱之间留有空隙，冷风循环时，流经产品周围将热量带走。这种方式适用于任何种类的水果蔬菜，预冷后可以不搬运，原库贮藏。但该方式冷却速度较慢，短时间内不易达到冷却要求。

风冷的另一种方式是压差通风冷却。其方法是在产品垛靠近冷却器的一侧竖立一隔板，隔板下部安装一风扇，风扇转动使隔板内外形成压力差。产品垛上面设置一覆盖物，覆盖物的一边与隔板密接，使冷空气不能从产品垛的上方通过，而要水平方向穿过包装上缝或孔在产品缝隙间流动，将热量带走。压差通风冷却效果较好，冷却所需时间只有普通冷库通风冷却方式的1/5～1/2。

风冷方式还有隧道式空气循环冷却，即产品进入隧道后以3～5米/秒的风速鼓入冷空气使之冷却。这一方法可将葡萄在1～1.5小时内冷却到5℃，比在库房内静止空气冷却快十几倍。产品可以装在容器中，从隧道一端向另一端推进，也可利用传送带运送。

水冷：水冷却是以冷水为介质的一种冷却方式，将果蔬浸在冷水中或者用冷水冲淋，达到降温的目的。冷却水有低温水(一般在0～3℃)和自来水两种，前者冷却效果好，后者生产费用低。目前使用的水冷却方式有流水系统和传送带系统。水冷却降温速度快，产品失水少，但要防止冷却水对果蔬的污染。因此，应该在冷却水中加入一些防腐药剂，以减少病原微生物的交叉感染。商业上适合于用水冷却的果蔬有柑橘、胡萝卜、芹菜、甜玉米、网纹甜瓜、芸豆等。

真空预冷：真空预冷是将果蔬放在真空室内，迅速抽出空气至一定真空度，使产品体内的水在真空负压下蒸发而冷却降温。压力减小时水分的蒸发加快，如当压力减小到533.29帕时，水在0℃就可以沸腾，说明真空冷却速度极快。在真空冷却中，大约温度每降低5.6℃失水量为1%，但由于被冷却产品的各部分几乎是等量失水，故一般情况下产品不会出现萎蔫现象。

真空冷却的效果在很大程度上取决于果蔬的比表面、组织失水的难易程度以及真空室抽真空的速度。因此，不同种类的果蔬真空冷却的效果差异很大。生菜、菠菜、莴苣等叶菜最适合于用真空冷却，纸箱包装的生菜用真空预冷，在25～30分钟内可以从21℃下降至2℃，包心不紧的生菜只需15分钟。还有一些蔬菜如石刁柏、花椰菜、甘蓝、芹菜、葱、蘑菇和甜玉米也可以使用真空冷却，但一些比表面小的产品如多种水果、根茎类蔬菜、番茄等果菜由于散热慢而不宜采用真空冷却。真空冷却对产品的包装有特殊要求，包装容器要求能够通风。总之，在选择预冷方式时，必须考虑现有的设备、成本、包装类型、距离销售市场的远近以及产品本身的特性。在预冷期间要定期测量产品的温度，以判断冷却的程度，防止温度过低产生冷害或冻害，造成产品在运输、贮藏或销售过程中变质腐烂。

7. 晾晒

采收下来的果实，经初选及药剂处理后，置于阴凉或太阳下，在干燥、通风良好的地方进行短期放置，使其外层组织失掉部分水分，以增进产品贮藏性的处理称为晾晒。晾晒对于提高如柑橘、哈密瓜、大白菜及葱蒜类蔬菜等产品的贮运效果非常重要。

大白菜是我国北方冬春两季的主要蔬菜，含水量很高，如果收获后直接入贮，贮藏过程中呼吸强度高，脱帮、腐烂严重，损失很大。大白菜收后进行适当晾晒，失重5%～10%即外叶垂而不折时再行入贮，可减少机械伤和腐烂，提高贮藏效果，延长贮藏时间。但是，如果大白菜晾晒过度，不但失重增加，促进水解反应的发生，还会刺激乙烯的产生，从而促使叶柄基部形成离层，导致严重脱帮，降低耐贮性。

洋葱、大蒜收后在夏季的太阳下晾晒几日，会加快外部鳞片干燥使之成为膜质保护层，对抑制产品组织内外气体交换、抑制呼吸、减少失水、加速休眠都有积极的作用，有利于贮藏。此外，对马铃薯、甘薯、生姜、哈密瓜、南瓜等进行适当晾晒，对贮藏也有好处。

在自然环境下晾晒果蔬，不用能源，不需特殊设备，经济简便，适用性强。但是，由于它完全依赖于自然气候的变化，有时晾晒的时间长，效果不稳定。比如在湿度较高的南方地区，如遇上连阴雨天气，就难以达到晾晒目的。为此，室内晾果时可辅以机械通风装置，加速空气流动，从而加快果皮内水分的蒸腾，缩短晾晒时间，提高晾晒效果。如果有条件进行降温，预冷与晾晒两者结合进行，效果更好。

在露天晾晒时，有时要对产品进行翻动，以提高晾晒速度和效果。另外，晾晒过程中必须防止雨淋和水浸。如果遇到雨淋或水渍，应延长晾晒时间。

对于晾晒的果蔬而言，不论采用哪种晾晒条件，都应注意做到晾晒适度。晾晒失水太少，达不到晾晒要求而影响贮藏效果；但晾晒过度，产品由于过多地失水，不但造成数量损失，而且也会对贮藏产生不利影响。

果蔬采后处理是上述一系列措施的总称，根据不同的果蔬产品特性和商品要求，有的需要采用上述全部处理措施，有的则只需要其中的几项，生产中可根据实际情况决定取舍。

8. 蔬菜的加工

目前市场上常用的蔬菜加工方法，包括蔬菜的冷冻保藏、蔬菜干制、蔬菜糖制、蔬菜腌制、蔬菜罐制及蔬菜制汁等。

（1）冷冻蔬菜：冷冻是一种去热的结果，就是将产品中的热抽提出来，直到产品中的水分都变成了固体的冰晶结构，食品保存在这种低能状态下，有效抑制了微生物的活动，可使食品达到令人满意的长期保存。

速冻胡萝卜丁

速冻蔬菜

速冻青豆

速冻蒜米

速冻洋葱丁

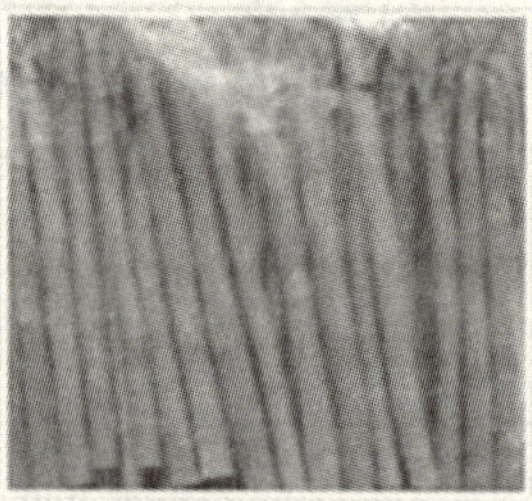

速冻绿芦笋

食品速冻的方法和设备，近年来有了很大的发展，现在在生产上最常用的是鼓风冷冻法：产品用连续运动的网袋携带通过隧道，冷空气从相对的方向由鼓风机吹过冷凝管送入隧道穿流于产品之间，冷空气温度一般为－18～－35℃，风速每分钟 30～1 066 米，如此反复运卸到出口卸出。

(2)蔬菜干制:蔬菜干制,目的在于将蔬菜中的水分减少而将可溶性物质的浓度增高到微生物不能利用的程度。同时蔬菜本身的生命活性受到抑制,产品能够长期储存。

目前蔬菜干制最常见的是脱水蔬菜的制备。脱水干制方法有自然晒干及人工脱水两类。人工脱水包括热风干制、微波干制、膨化干制、红外线及远红外线干制、真空干制等。目前蔬菜脱水干制应用比较多的是热风干燥脱水和冷冻真空干燥脱水。冷冻真空脱水法是当前一种先进的蔬菜脱水干制法,产品既可保留新鲜蔬菜原有的色、香、味、形,又具有理想的快速复水性。

脱水蔬菜的主要品种有胡萝卜、食用菌类、大白菜、甘蓝和姜等。

①热风干燥脱水蔬菜加工的工艺流程。原料挑选:选择具有丰富肉质的蔬菜品种,脱水前应严格选优去劣,剔除有病虫、腐烂、干瘪部分。切削、烫漂:将洗干净的原料根据产品要求分别切成片、丝、条等形状。预煮时,因原料不同而异,易煮透的放沸水中焯熟,不易煮透的放沸水中略煮片刻,一般烫漂时间为 2～4 分钟。冷却、沥水:预煮处理后的蔬菜应立即进行冷却,一般采用冷水冲淋,使其迅速降至常温。烘干:根据不同品种确定不同的温度、时间、色泽及烘干时的含水率,烘干一般在烘房内进行,一般烘干时间为 5 小时。分检、包装:脱水蔬菜经检验达到食品卫生法要求,即可分装在塑料袋内并进行密封、装箱,即可上市。

蔬菜干制

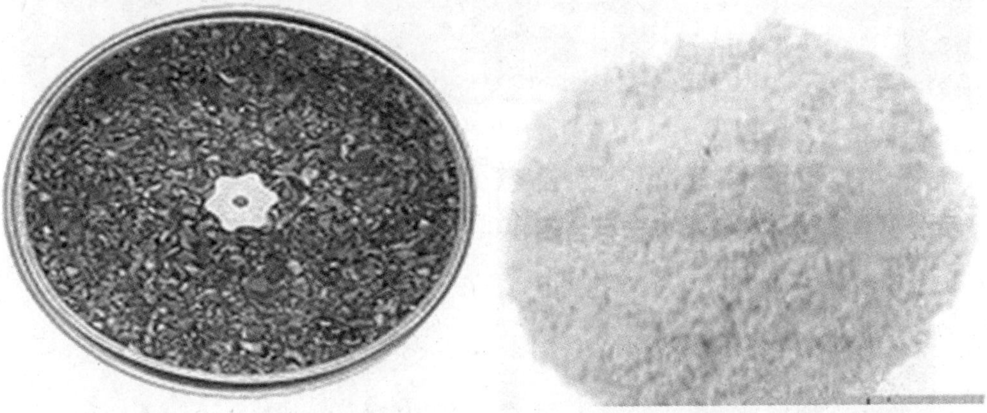

蔬菜制粉

②冷冻真空干燥脱水蔬菜加工的工艺流程。原料挑选:叶菜类蔬菜从采收到加工不应超过 24 小时,人工挑选出发黄、腐烂部分;根茎类蔬菜人工挑选出等外品、腐烂部分,并分级。清洗:去除蔬菜表面泥土及其他杂质。为去除农药残留,一般需用 0.5%～1%盐酸溶液或 0.05%～0.1%高锰酸钾或 600 毫克/千克漂白粉浸泡数分钟进行杀菌,再洗净。去皮:根茎类蔬菜应去皮处理。化学碱液去皮原料损耗率低,但出口产品一般要求人工去皮或机械去皮,去

皮后必须立即投入清水中或护色液中，以防褐变。切分成形：将蔬菜切分成一定的形状（粒、片状），切分后易褐变的蔬菜应浸入护色液中。烫漂：一般采用热水烫漂，水温随蔬菜品种变化，一般为 80～100℃，几秒钟到数分钟不等。烫漂时，可在水中加入一些盐、糖、有机酸等其他物质，以改变蔬菜的色泽和增加硬度。冷却：烫漂结束后应立即冷却（水冷或冰水冷），冷却时间越短越好。沥干：冷却后，蔬菜表面会滞留一些水滴，这对冻结是不利的，容易使冻结后的蔬菜结成块，不利于下一步真空干燥，一般采用离心甩干。冻结：沥干后的物料快速急冻，冻结温度一般在－30℃以下，为下一步真空干燥做好准备。真空干燥：预冻后的蔬菜放入真空容器内，借助真空系统将窗口内压力降到三相点以下，由加热系统供热给物料，使物料水分逐渐蒸发，直到干燥至水分终点为止。分检计量：冷冻干燥后的产品应立即分检，剔除杂质及等外品，并按包装要求准确称量，入袋待封口。包装：用双层塑料袋真空包装。由于产品氧化褐变，可用充氮包装，包后放入外纸箱中入库贮存。

（3）蔬菜罐藏：罐头食品经过排气密封杀菌，防止再感染得以长期贮存。但低酸性罐头食品易引发食物中毒，因此罐藏食品不仅要注意操作管理的安全，也要注意到食品本身的安全。

蔬菜罐头主要的生产工艺如下：原料的准备操作（清洗、选剔、分级、切分、修整、烫漂）→原料装罐（空罐的准备、原料装罐）→排气与真空→罐头封盖→罐头的杀菌→罐头的冷却。

蔬菜罐头

蔬菜罐制

（4）蔬菜制汁：蔬菜汁是新鲜蔬菜经过选择、洗涤、过滤、装瓶和杀菌等工序制成的饮料，与果汁一起称为“液体水果或蔬菜”。蔬菜汁含有新鲜蔬菜的营养物质，色泽自然，风味独特，是一种良好的营养品和保健品。蔬菜汁的生产和发展直接减少了原料的严重损耗，也更丰富了食品的种类，一定程度上满足了国内外市场的需要。

果汁、蔬菜汁生产迅速发展，原因是由于果汁、蔬菜汁生产和保藏技术的进步，果汁、蔬菜汁制造加工设备和技术的进展。目前，浓缩技术、无菌包装技术等都已达到了很高的水平。

胡萝卜汁

芹菜汁

番茄汁

蔬菜制汁

蔬菜在贮藏中仍然是有生命的机体，需要抵抗不良环境和致病微生物的侵害，保持品质，减少损耗，延长贮藏期。因此，在贮藏中必须维持新鲜蔬菜的正常生命过程，尽量减少外观、色泽、重量、硬度、口味、香味等的变化，以达到保鲜的目的。蔬菜的加工过程不当也会影响到产品的价值，为此，必须科学地应用针对蔬菜采后的生理变化而相应采用的保鲜技术以及标准化的蔬菜加工措施，树立并保持好“寿光蔬菜”这块蔬菜产业金牌，促进我国蔬菜产业的健康持续发展。

（薛彦斌　梁弘　肖万里　王欣英　孙智英　祝海燕）

第四章　寿光大棚蔬菜育苗

一、蔬菜育苗的历史及演变

蔬菜幼苗是蔬菜生产的重要基础之一，有些蔬菜雌花分化是在苗期完成的，幼苗质量的高低、苗期管理的好坏是蔬菜丰产、高产的关键。蔬菜育苗技术是在长期的蔬菜生产过程中形成的，一套集品种选用、基质配制、幼苗的化学控制、病虫害防治技术和育苗温室建造于一体的综合技术。保护地蔬菜生产土地利用率和效益的提高催生了蔬菜育苗技术的诞生，蔬菜育苗技术的进步又促进了蔬菜生产的发展，二者是相辅相成的关系。寿光蔬菜育苗技术，可根据寿光蔬菜的发展分为以下阶段：

1. 本田土育苗阶段

本田土育苗阶段是从20世纪60年代末至70年代初，寿光出现简易低温型日光温室，到1989年王乐义书记引进高温型日光温室为止。主要育苗措施是在低温型温室内进行本田土育苗。即育苗时，在温室内一边先整理出1.5～1.8米宽、南北向的畦，所用畦数由温室内的用苗量决定。深翻土壤后，结合翻地施用充分腐熟的优质圈肥，每亩地施用优质圈肥10米^3，并与土壤充分混合均匀。将畦面整平耙匀后浇一次透水。然后将育苗所用的种子经过浸种催芽后，均匀撒入畦面上，盖上覆土，覆土厚度以种子高度的1倍或1.5倍为宜。为防止立枯病和猝倒病，可按每平方米用7～8克50%的多菌灵可湿性粉剂或50%代森锰锌可湿性粉剂，与8～10千克的干细土混合均匀，1/3撒于种子上面，2/3撒于种子下面。为了保温要在育苗畦上面搭建小拱棚，用竹片或竹竿作支撑物，上面覆盖薄膜，根据温度情况加盖草帘。在苗子有2～3片真叶时进行分苗，以利于蔬菜苗有较大的营养面积，分苗苗床的搭建方式和幼苗苗床一样。

这期间温室的保温效果不好，基本上无越冬茬蔬菜，即使有少量的越冬茬蔬菜，也是在加温温室中生产的。加温措施主要是采用煤炉加土龙烟囱。温度相对较低的早春茬蔬菜以番茄为主，品种以毛粉802、斯洞双田为主，秋延迟蔬菜以芹菜为主；芹菜育苗在温室外用阳畦育苗；番茄育苗是在芹菜种植的当年11月或翌年的2月下旬，收获一部分芹菜后进行育苗。

2. 本田嫁接育苗阶段

本田嫁接育苗阶段从1989年王乐义书记引进高温型日光温室，到1999年寿光市蔬菜科技示范园引进工厂化穴盘育苗技术为止。在这期间日光温室内种植的蔬菜品种主要以黄瓜、茄子、番茄和芹菜为主，种子以国产为主，价格较便宜。此期各种土传性病害已比较严重，菜农已注意到保护蔬菜苗根系的重要性。除嫁接育苗外已采用营养土块或各种营养钵育苗，在育苗期间不进行分苗。

黄瓜育苗大都采用嫁接育苗，方法都采取简单易行的靠接法。嫁接育苗在以后还要作具体的介绍，在此不再赘述。茄子和番茄的春提前茬次大都采用营养土块或营养钵育苗，采取生物酿热或电热苗床提温，保证了幼苗生长所需的温度。

3. 工厂化穴盘育苗阶段

这一阶段是从 1999 年寿光市蔬菜高科技示范园引进国内外技术建设寿光第一座智能温室，利用穴盘育苗技术生产种苗开始，寿光蔬菜进入工厂化穴盘育苗阶段。这期间寿光引进甜椒和番茄的周年生产栽培技术，菜农已认识到在本田内育苗不仅占用温室内的面积，而且由于栽植较晚，比其他早栽植的长势弱，影响产量。工厂化育苗由此发展开来。

4. 工厂化嫁接育苗阶段

进入 21 世纪，保护地蔬菜生产中的连作障碍越来越重，菜农们急需找到一种既能解决土传性病害，又能保证蔬菜产品无公害的方法。人们借鉴黄瓜和南瓜嫁接防治枯萎病的方法，从众多的野生蔬菜品种中选出了许多抗病、抗线虫的茄子、甜椒和番茄砧木。随着嫁接方法和技术的不断改进，工厂化嫁接育苗从 2006 年进行嫁接茄子、甜椒、番茄后迅速发展起来。黄瓜嫁接育苗，主要是为了防治黄瓜的枯萎病和提高产量；而茄子、甜椒、番茄嫁接主要是为了防治线虫和提高产量。

工厂化嫁接育苗与传统的一家一户嫁接育苗显著不同：工厂化嫁接育苗的数量多，空间环境大，需要良好的保温保湿设施和严格的消毒环境；工厂化嫁接育苗的商品率高，远距离运输的可能性大，需要较为牢固的嫁接方法；工厂化嫁接育苗要求播种砧木和接穗苗的器具可移动性强、人工操作比较方便。一般嫁接瓜类苗的南瓜砧木要播种在 50 孔的穴盘中，比接穗苗提前播种 3～4 天。接穗苗的密度大，可播种在常用的催芽盘中。茄果类砧木和接穗要播种在 72 孔的穴盘中，砧木比接穗提前播种 20～30 天。瓜类嫁接常采用插接法，茄果类嫁接常采用劈接法。嫁接苗要遮阴 40%以上，相对湿度达到 90%以上，温度控制在 28～32℃。在这样的环境中维持 3 天，再渐渐加大通风透光量。当接穗新叶由黄变绿时，表明嫁接苗已成活。

二、蔬菜育苗程序

蔬菜育苗程序主要包括播种日期的确定、播种量确定、晒种、浸种、催芽、苗床准备和播种等，不同蔬菜种子种皮的质地不同及所采取的育苗方式不同，育苗程序也有不同，育苗程序的前后次序也不一样。现根据大多数蔬菜种子的常规育苗程序，介绍蔬菜育苗程序。

1. 播种期确定

播种期主要根据定植期、育苗方式、育苗时期、栽培方式和采收日期来确定。首先根据栽培方式，确定好定植期和采收期。从定植期向前加上幼苗的苗龄，就可推算出播种日期。不同的育苗方式在不同季节育苗的苗龄不同。采用冷床育苗，苗龄 100 天左右；采用酿热温床育苗，苗龄为 80 天；采用电热温床育苗，苗龄需 70 天；若分苗床也用电热线，苗龄只需 50 天；在夏天 7 月份进行番茄和甜椒育苗的工厂化生产，番茄只需 30 天左右，甜椒只需 35 天。苗龄的长短与育苗设施有关，采用营养钵和营养土块育苗时可适当培育大苗。如果直接采用裸根定植，苗龄不可过长，否则，移栽时伤根过多，使缓苗期延长，最终会影响蔬菜的采收期和产量。

具体的播种日期，与茬口安排及当时的天气情况有关。采用冷床或塑料大棚育苗播种，最好在冷尾暖头的天气播种，要注意当地的气候特点和天气预报情况。

2. 播种量的确定

播种时播种密度相当重要，播种过稀，出苗太少，浪费人力、物力和财力及土地；播种太密，出苗太多，过分拥挤，易引起幼苗徒长，引发苗期病害，不利于培育壮苗。在确定育苗播种量时应考虑以下因素：

(1)育苗方式：采用冷床或用塑料大棚播种的量比温床育苗要大。

(2)种子发芽率：发芽率不高播种时，要适当加大密度。平时我们在室内所进行的发芽试验，远比苗床育苗时种子发芽数值要高，发芽的种子也不一定能成苗。在适宜的环境条件下，发芽种子的成苗率可达85%以上；在温度不适宜的条件下，往往达不到50%。

(3)幼苗分苗大小：如果在子叶期或1叶1心就分苗，播种可密些；若2叶1心期分苗，播种应稀一些。

3. 晒种处理

在种子处理前进行晒种，能显著促进种子后熟，减少种子中的水分含量，提高种子发芽的整齐度。晒种时可将种子放在无风的环境下晾晒1～2天，种子不能放在塑料薄膜或水泥、柏油路面上，以免温度过高灼伤胚芽，降低发芽率。

4. 浸种

浸种是保证种子在发芽期水分供应的主要技术措施，是在有利于吸水的温度条件下，在短时间内吸足从种子萌芽到出苗所需的全部水量。通过浸种不仅能提供种子发芽的水分，还能剔除一些子粒不饱满的种子，有利于提早种子的萌发，提高种子发芽的整齐度和幼苗的长势。有些种皮过厚的种子(如西葫芦种和苦瓜种)经过浸种后能软化种皮，有利于发芽。浸种分为温汤浸种、热水烫种和药剂浸种。

(1)温汤浸种：所用水温为病原菌致死温度55℃，用水量为种子量的3～5倍。浸种时要不断搅拌种子，并随时补给温水，保持水温55℃，持续10分钟，能使种皮变软且易于出芽。使水温缓慢降到25～28℃，洗净附着于种皮上的黏质。在搓洗种子的过程中，要不断地换水(水温在22～28℃)，一直洗到种子无黏性、无气味。将种子放入22～28℃的水中浸泡，每5～8小时换水一次，等水分胀满种子后，将种子捞出催芽。

(2)热水烫种：有些蔬菜种子(如冬瓜、西葫芦和苦瓜种子)的种皮坚硬且厚，吸水能力差，在种子充分干燥后，要将其放入70～75℃水中(水量不超过种子量的5倍)烫种，用两个容器将热水来回倾倒。最初几次倒的动作要快和猛，以迅速降低水温，水温降至55℃时再改为不断搅拌，并保持55℃水温10分钟。此后按照温汤浸种的方式，进行搓洗和浸种。

(3)药剂浸种：用药剂浸种消毒前，先将种子放入25～28℃清水中，预浸5～6小时后，再浸入药剂中。将种子捞出洗净，以后按温汤浸种的方式进行。

①福尔马林溶液浸种。用1%福尔马林溶液浸泡种子15～20分钟，取出后用湿布包好，放入密闭容器内熏蒸2～3小时后捞出种子，用清水反复冲洗至水无色为止。这种方法可减轻和控制多种真菌和细菌病害。

②10%磷酸三钠溶液浸种。将经过预浸的种子放在该溶液中处理30分钟后捞出洗净。这种方法可预防病毒病的发生。

③1%高锰酸钾溶液浸种。将经过预浸的种子放在该溶液中处理15～20分钟后捞出，用清水冲洗至水无色时再催芽。这种方法可防治茄果类蔬菜溃疡病和烟草花叶病毒病。

有些嫁接苗的砧木和接穗，为促进其在出芽后茎发粗、便于嫁接，需要在浸种时进行药剂处理。可在浸种液中加入500倍的助壮素，以利出苗后茎长得粗壮，便于嫁接。有些种皮过厚且硬的种子，如果在热水烫种时进行破壳，一定要在水温降到25～28℃后进行操作，以免烫坏胚芽。药剂浸种后一定要用清水冲洗干净，以防降低发芽率。

5. 催芽

催芽是在浸种后，在一定的温度、湿度和培养条件下使种子发芽的方法。育苗时可只浸种不催芽，也可浸种后再催芽。催芽的时间因育苗方式不同而异，传统的一家一户的小量育苗方式大都在浸种后播种前进行，而工厂化育苗则是在播种后进行。

茄果类蔬菜种子的催芽，是在播种量不很大时，把浸泡后的种子用干净的湿布或湿毛巾包好，外面再包一层湿布放在炉灶旁、热水袋旁或火炕上，有条件的地方在恒温箱内催芽，也可在电热毯内催芽。适宜温度为25～30℃，相对湿度控制在90%以上，催芽温度也可以开始高一些(25～30℃)，1～2天温度逐渐降低至20～25℃。在催芽过程中每天要定时淘洗种子，使种子吸收氧气，保持湿度，促使所有种子均匀发芽。种子发芽越快，消耗的养分越少，能为培育壮苗打下基础，但温度过高又容易导致徒长，要经常检查种子的发芽情况，当有50%的种子露白时即可播种。有些种皮较厚而硬的种子采用常规恒温催芽，出芽缓慢、发芽率低。改用袋装变温催芽，可使种子发芽加快、发芽率提高。具体做法是：先将浸好的种子晾干用钳子嗑开种子尖，装入小纱布袋，然后放入塑料袋中，把袋口扎紧密封。再将塑料袋放置在相应的热源处，在33～35℃下处理10～12小时，28～30℃下处理12～14小时，结合调温松开袋口换气一次。

在进行变温催芽过程中要注意：①必须保持适宜的温度。在较低的温度下催芽，发芽时间过长，则易发生烂种现象。催芽过程中要密切注意温度变化，并及时调整。②保持种子透气。催芽时种子的呼吸作用旺盛，需氧量大，一般要求含氧量在10%以上。因此，在催芽的过程中要保持种子透气，不要积水；经常翻动种子，使种子受热均匀，不出现局部缺氧；催芽过程中要每天定期用30℃的清水淘洗。③及时播种和停止催芽，催芽的长度以露白为好。芽子太长，在播种时易折断，或播种后芽子顶土能力弱。若出芽不整齐，则可将大芽挑出后先行播种，在30℃时大多数的种子在24小时就可出芽。如果天气不宜播种，应把种子摊开，盖上湿布，放在10～15℃的冷凉环境下，以防止芽子生长过快。

6. 育苗方式

(1)营养土块育苗：营养土块育苗是在温室内一边先建宽1.5～1.8米的畦(为了方便管理幼苗和盖严薄膜)，在四周起20厘米高的垄，然后把畦面上20厘米深的土挖出后放到一边进行过筛，用70%的土和充分腐熟的圈肥混匀后回填入育苗畦内，耙平后浇一次透水。待水渗干后，按8厘米×8厘米进行划线，在缝隙中填充草木灰，以利于起苗时保持土块的完整，保护根系。将浸好的种子每个方格中播种一粒，最后用竹竿或竹片搭起小拱棚。用薄膜封严后保持温度达到28℃以上，相对湿度达到90%以上到出苗为止。出苗后温度可降到20～25℃，相对湿度降到80%以下，并对幼苗进行干旱处理促使幼苗多生根，以达到幼苗健壮生长的目的。

(2)营养钵育苗：营养钵多用废报纸卷成一个直径8～10厘米、长10厘米、上下透气的纸筒，营养土的配制和营养土块所用营养土的配制方法相同。畦面上的土挖出与圈肥混匀过筛后不要回填入畦内，把育苗土装入营养钵后，把营养钵摆入育苗畦后浇水、播种、搭拱棚、盖好薄膜。

(3)生物酿热温床育苗：建造酿热温床，首先要配制酿热物。酿热物一般由新鲜马粪(60%

～70%)和作物秸秆(30%～40%)组成，配料时再加入适量的人粪尿和水，含量达到65%～70%。将上述材料充分拌匀堆好后，即可准备填床。温床一般宽120～150厘米，长度根据育苗量而定，深50厘米。播种前10天左右，先在床底铺4～5厘米厚的碎草或麦秸并踏实，用作隔热。每平方米撒生石灰0.4～0.5千克，再将配好的酿热物填入。每填10～15厘米撒一层稀人粪尿，酿热物厚度以30～35厘米为宜，填好后不要踏实。上面盖塑料薄膜，晚上盖草苫，使酿热物尽快发热。当温度升高到60～70℃时，选中午揭去塑料薄膜，把酿热物踏实，在上面铺2～3厘米厚的细土。然后将营养钵排到苗床上，并喷透水。若用营养土块方式育苗则可在酿热物填10厘米厚的营养土，浇透水后按照8厘米×8厘米切块，在缝隙中填入草木灰，避免起苗时营养土块散碎，保护根系完整。然后在苗床上用竹片或竹竿等作支架盖小拱棚，夜间加盖草苫，使温度尽快提升。据测定，酿热物生热一般可维持40多天。

(4)电热苗床育苗：通过电热加温，使苗床提高温度。通常是在苗床营养土或营养钵下面铺设电热线，通过电热线散热来提高苗床内土壤的温度，以此保证育苗成功。采用电热温床育苗，易于控制苗床温度，便于操作管理，育苗效果很好。电热温床可在棚室内建平畦苗床，床宽1.2～1.5米，长度根据需要而定(图4-1)。在铺设电热线之前，首先应根据电热温床总功率和线长计算出布线的间距。

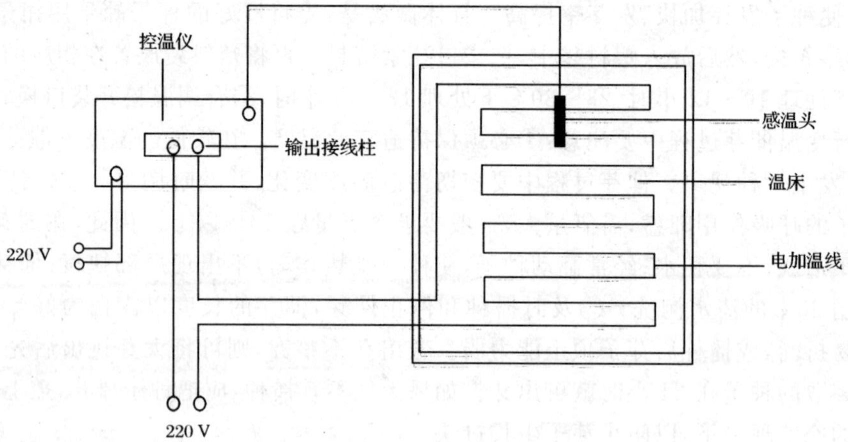

图4-1　电热温床布线示意图

电热线总功率＝单位面积所需功率×加温面积

电热线根数＝电热线总功率÷每根电热线功率

布线行数＝(电热线长度－苗床宽度×2)÷苗床长度

育苗时每平方米所需功率一般为100～120瓦，布线的行数应为偶数，以使电热线的两个接头位于苗床的一端。

由于育苗床基础地温不一致，一般靠四边的地温较低，中间部位基础地温高，如果均匀铺设电热线，则由于苗床地温不一致，容易造成幼苗生长不整齐。因此，不能等距布线，苗床边缘的间距要小，靠近中间的间距要大。布线前，先从苗床起出30厘米的土层，放在苗床的北侧，底部铺一层15厘米厚的麦糠，摊平踏实，再在麦糠铺2厘米厚的细土，即可铺电热线。先在苗床的两端按间距要求固定好小木桩，从一端开始，将电热线来回绕木桩，使电热线贴到踏实的床土上。每绕一根木桩时，都要把电热线拉紧拉直，最后使电热线接头从床的一端引出，以便于连接电源。线布完后，接上电源，用电表检查线路是否畅通。如电流畅通再在电热线上撒1

～1.5 厘米厚的细土，使线不外露，整平踏实，防止电热线移动。然后再填实营养土或排放营养钵并浇透水，盖好小拱棚，播种。要加土盖草苫，接通电源开始加温。两天后，地温即升到 20℃以上。使用电热温床，若是两根或两根以上电热线时，应采取并联接法，不可串联；电热线不可截断使用，也不能重叠交叉；电热线要全部埋入土中，不能暴露在空气中。

(5)冷床育苗：冷床又称阳畦。一般分两种冷床：早春和晚秋育苗通常采用单斜面冷床(图 4-2)。一般床宽 1.5 米左右，东西走向，南墙高 0.2 米上下，北墙高 0.5 米左右，上面盖玻璃或塑料薄膜，用草苫覆盖物保温。在早春或晚秋时育苗，可在北墙外侧设置 1.5～2 米高的风障，以防风。

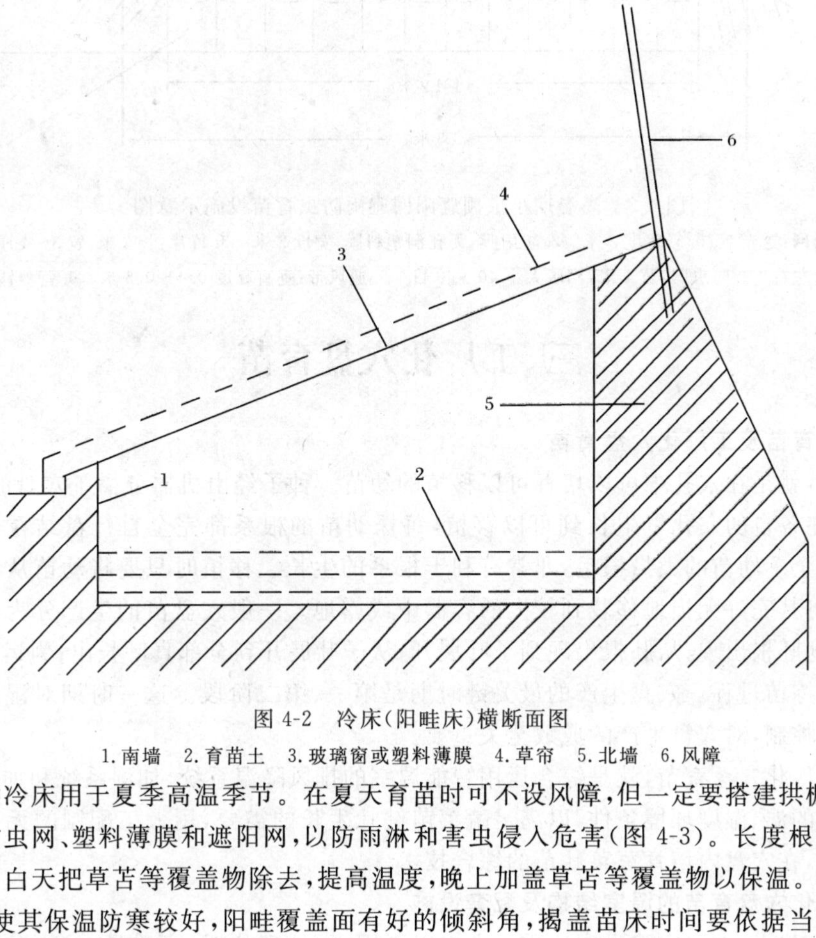

图 4-2　冷床(阳畦床)横断面图

1. 南墙　2. 育苗土　3. 玻璃窗或塑料薄膜　4. 草帘　5. 北墙　6. 风障

另一种冷床用于夏季高温季节。在夏天育苗时可不设风障，但一定要搭建拱棚，从下到上依次覆盖防虫网、塑料薄膜和遮阳网，以防雨淋和害虫侵入危害(图 4-3)。长度根据需苗量的多少确定。白天把草苫等覆盖物除去，提高温度，晚上加盖草苫等覆盖物以保温。冷床的热源是日光，要使其保温防寒较好，阳畦覆盖面有好的倾斜角，揭盖苗床时间要依据当时当地的气候条件，尽量使幼苗多见阳光。

7. 壮苗标准

(1)茄果类蔬菜壮苗标准：生理苗龄为 7～8 片真叶，日历苗龄为 90 天左右。植株健壮，株高 15 厘米，叶片肥厚且舒展，叶色深绿带紫色。茎粗壮，直径 0.6～1 厘米，节间短。第一花蕾出现早，茎、叶茸毛较多。根系发达。无病虫症状。

(2)瓜类蔬菜壮苗标准：生理苗龄为 3 叶 1 心或 4 叶 1 心。具 3～4 片真叶，叶色青绿、肥厚，2 片子叶健壮完好，节间粗短，有发达的根系，根系色泽洁白，植株无病虫危害。

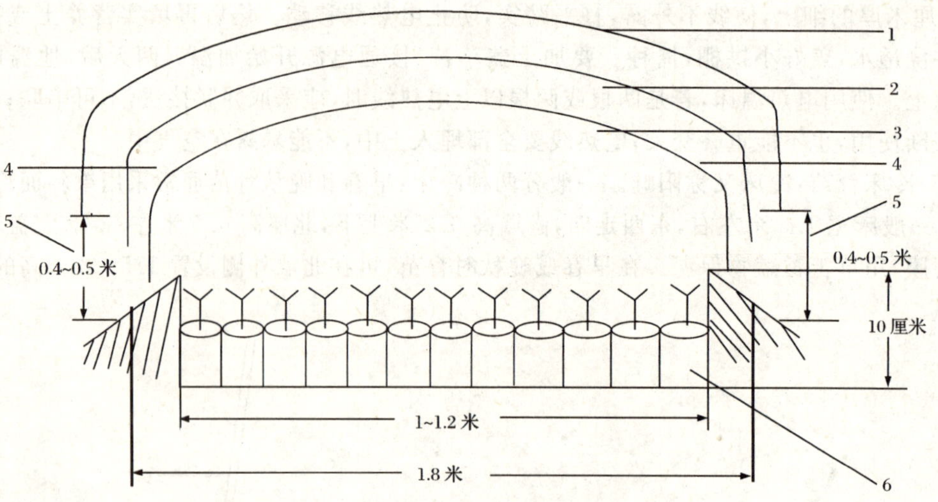

图 4-3　高温期小拱棚遮阳网避雨防虫育苗设施示意图

1. 遮阳网：透光率 70%，宽度 2 米　2. 防雨膜：无孔洞塑料膜，宽度 2 米　3. 竹片：长 3 米，宽 3～4 厘米，间隔 2 米左右　4. 防虫网：宽 1 米，网眼大小 40～60 目　5. 通风带：垂直高度 0.4～0.5 米　6. 营养钵

三、工厂化穴盘育苗

1. 穴盘育苗及工厂化穴盘育苗

穴盘苗，就是在穴孔中可以培育可以移植的幼苗。种子经由机器分播于穴盘的穴孔中，发芽后，幼苗在各自的穴孔里生长到可以移植，每株幼苗的根系都完全自行盘结在各自的穴孔内。这样保全了幼苗的大量根毛，非常有利于根系的生长。移植时只要将幼苗从穴孔中拉出来，就可以将其完好无损地移栽到较大的容器中或露地。一般穴盘苗的生产分为以下 4 个阶段：从播种到胚根出现；从胚根出现到子叶展开；从子叶展开到全部真叶长出；为运输或短期存放而进行的炼苗过程。穴盘生产的最关键时期是第一、第二阶段。这一时期对湿度、氧气、温度及光照的控制，对穴盘生产的成败至关重要。

所谓工厂化穴盘育苗，就是综合运用智能温室的排风降温系统、加湿系统和加温系统人为控制温室内的温、湿度环境条件，以满足蔬菜苗健壮生长的需要，用人工配制的无土基质和化学控制技术，在穴盘内培育蔬菜壮苗的综合技术。

2. 工厂化穴盘育苗的温室结构及配套设施

(1)温室建设：在温室建设中应重点考虑以下因素：地理位置，高质量水源，温室对太阳的方位，温室操作间的位置，电力供应。温室的朝向，取决于当地的地理纬度、温室类型和冬季阴影的最大容许值。一般在北纬 40°或南纬 40°附近，单跨温室屋脊应东西走向，而连跨温室应该南北走向，后者可以避免北屋面和天沟在温室内形成固定的阴影。纬度低于北纬 40°或南纬 40°的地区，无论单跨还是连跨温室，屋脊都应南北走向，因为这些地区，太阳高度角较高。

①温室规格与形状。温室可以是单跨，也可以是连跨。单跨温室的屋面有拱形(图 4-4a)和尖顶屋面(图 4-4b)；连跨温室由 2 个以上的单跨温室沿天沟长度方向彼此相连而组成(图 4-4c～f)。

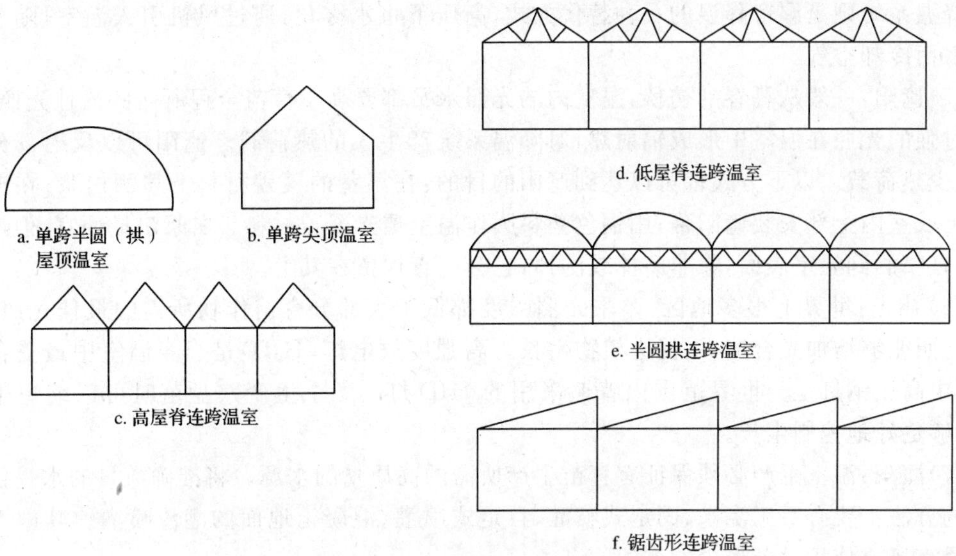

图 4-4　典型的温室骨架与屋面设计

选择育苗温室为单跨还是连跨，是尖屋顶还是拱圆屋顶，必须经过认真分析，考虑天气、温度、屋顶载重等各方面因素后才能决定。

②覆盖材料。如今有多种可供选择的覆盖材料，玻璃是最原始的，从透光的角度来说也是最可靠的，其他刚性覆盖材料包括玻璃钢(FRP)、聚丙烯板、聚碳酸酯板、聚氯乙烯膜和聚氟乙烯膜。所有这些柔性覆盖材料都可以按双层覆盖的形式使用，以减少温室散热、节约能源。但采用双层覆盖后，第二层覆盖也会减少透光率约 10%。

(2)栽培床：育苗生产常采用栽培床。栽培床的形式有多种，最简单的栽培床是在混凝土墩上设木板条，形成一个固定式栽培床，主要应用于小规模温室生产。根据走道宽度不同，地面利用率一般为 59%～80%。较复杂的栽培床为滚动式栽培床，将栽培床的上半结构支撑在可以滚动的圆管上，能够使栽培床床面移动，以便腾出操作走道。滚动式栽培床能够增加地面利用率 10%～25%，移动式栽培床也是一种滚动栽培床系统，不过其栽培床改变成箱式大盘，支撑在滚动传送带或轨道上，可以移动到温室中的任何位置。这种系统温室空间利用率不如滚动式栽培床，不过全过程中花费人工最少，但建造价格也最贵。

(3)加热：对于一开始就大规模种植并且扩建的速度也很快的育苗温室，适合采取中央锅炉加热系统。锅炉加温可以是蒸汽加温，也可以是热水加温。蒸汽加温的优点是锅炉小、无需循环泵、无需修理水管，但蒸汽的热量消散快、对锅炉的不间断运行依赖性大。热水加温系统的空气温度更稳定，大量的热水包含有很多热量，在遇到锅炉故障的情况下，几个小时内温室不会出现冻害。

(4)降温：降温系统一般分为自然通风、机械通风、湿帘风机系统和喷雾风机系统。自然通风系统依靠风力和室外温度运行，北方地区温室，或处于冷凉海岸、峡谷或高海拔地区的温室或许用自然通风就能满足要求，但为了保证夏季的降温，还应考虑其他通风系统。机械通风指在温室中配备排风机，可以显著地提高种植作物周围的风速；湿帘通风系统利用蒸发降温原理，依靠大量空气运动，来给温室降温，这种系统在温室的一侧墙上安装纸质湿帘，水在湿帘上循环，湿帘对面墙上安排排风机，空气进入湿帘后被降温进入温室，再通过排风机排出室外。

喷雾降温系统则是湿帘降温的一种替代方式，高压下将水雾化，通过风机引入温室，随着雾粒的蒸发而冷却空气。

(5)遮阳：一般从暮春到初秋，温室内的光照水平都要高于育苗全程所需的最佳光照要求。这种过强的光照在温室中形成辐射热，对降温系统产生大的热荷载。遮阳可以反射部分太阳光，减少热荷载。以下方式都可以达到遮阳的目的：在温室的覆盖材料上喷洒白浆；在温室外屋顶上或室内上部安装遮阳幕；用铜色塑料膜作温室透光覆盖材料。白浆法最便宜，但最难控制，一旦喷洒到温室表面，除非磨掉或洗掉，它会一直保留在其上。

(6)补光：世界上很多地区，冬季光照强度都低于大部分育苗作物所需的最佳光照要求。补充光照能够增加光合速率，促进植物生长。高强度放电灯(HID)是当今温室中最受青睐的灯，其中高压钠灯是全世界范围内普遍采用的 HID 灯。冬季生产穴盘苗时可以缩短生产周期，能够更好地控制生长。

(7)灌溉：温室生产必须保证有育苗生产所需的高质量的水源。将准确数量的水提供到穴盘苗的方法主要有手工浇水、固定式喷灌、自走式喷灌、混凝土地面的潮汐喷灌。其中手工浇水是最直接或使用设备最少的方法。

(8)二氧化碳施肥：育苗的不同生长时期需要不同的二氧化碳浓度，取决于光照强度、温度、营养水平、作物种类和作物的成熟度等。二氧化碳的施肥方法有两种：第一种是二氧化碳发生器或者燃烧器，直接燃烧石油气或天然气产生二氧化碳，这种方法便宜，但燃烧要求使用高纯度的气体，而且必须时刻监视可能发生的不完全燃烧和氧气浓度的下降；第二种是直接使用罐装液态二氧化碳，这种方法清洁，但较贵。

(9)控制系统：穴盘育苗生产要求控制环境因素的精度比种植其他作物要高很多。一个控制系统包括了传感器、信号接收器、比较器和执行机构。为有效控制育苗温室，控制系统应该采用变量控制或比例控制，至少也应采用阶段性控制。

3. 工厂化穴盘育苗的主要程序

工厂化穴盘育苗的主要程序有配制基质、选种、覆土、催芽、播种后的管理(主要是化学控制技术)、施肥、浇水等。

(1)基质的配制：工厂化育苗的基质主要由稻壳、炭化稻壳、草炭土、蛭石、珍珠岩等组成。草炭土∶蛭石∶珍珠岩＝6∶1～2∶2～3；草炭土∶炭化稻壳∶蛭石＝6∶3∶1；稻壳∶草炭土∶蛭石∶珍珠岩＝3∶3∶2∶2。以上成分中，蛭石和珍珠岩的用量是不确定的，在调制基质的过程中要通过加减二者的用量，调节基质的酸碱度，使基质的 pH 在 6～7，呈弱酸性，适宜幼苗生长。以上成分按体积比调制好后，在每立方米基质中加入 1 千克宝力丰或花无缺复合肥，以保证幼苗生长所需的养分。在调制过程中每立方米基质中还要加入 50%的多菌灵可湿性粉剂 80 克。为充分混合均匀，要把所用的肥料或农药用适量水稀释后均匀喷入基质中。注意：在肥料中不能有尿素，以免尿素和种子中的蛋白质发生反应，降低发芽率。

(2)选种：所有种子在收获后都要清除灰尘、花粉和种子外皮，还要进行某种形式上的筛选。种子要筛过几遍，才能把杂物去掉。多数种子可能还要根据物理特征(如大小、形状、颜色、质量和密度)进一步分离，以提高种子活力的均匀度，培养出长势均匀的幼苗。

(3)覆土：工厂化育苗选用的育苗盘根据所育蔬菜种类不同而不同，一般番茄育苗用 105 孔的穴盘，甜椒、茄子等生长期长的蔬菜品种选用 72 孔的穴盘，而播种砧木南瓜种的则为 50 孔的穴盘。将调制好的基质装入育苗盘中，保持基质疏松透气，切不可将基质压实。播种时一穴一粒，播种后的覆土厚度为种子高度的1～1.5倍。

(4)催芽：工厂化育苗过程的催芽显著地提高了种子发芽的整齐度，是保证苗全苗旺的主要措施之一。催芽前将播种覆土的苗盘浇透水后，将苗盘每3～5个交叉摆放为一码，放入育苗车中，每个育苗车可放72个苗盘。育苗车装满后将育苗车集中摆放在一起，用遮光的厚塑料布覆盖，达到保温保湿的目的。使堆内温度保持在28～30℃，相对湿度达到90%以上，相对湿度低时可从育苗车的下边浇水。催芽2～3天即可出芽。当有50%的种子露白时，要及时将苗盘摆放到苗床上，再转入苗期管理。

(5)播种后管理：苗盘放到苗床上后，要及时检查基质内的含水量。如缺水则及时用行车或喷雾器喷雾浇水，水流不要过急过大，以免幼苗溢出导致不必要的损失。出现猝倒病和立枯病时，要用普力克或苗菌敌800～1 000倍液进行喷雾防治。要严格按照农药使用说明稀释高限用药，用药浓度不能过高，以免产生药害。一般浇水就带肥，用宝力丰1 000倍液或花无缺1 000倍液。如果肥水和农药在一天施用时，最好是上午施用肥水，下午施用农药。

当番茄苗第二片真叶刚露出，甜椒苗第二片真叶有第一片真叶的一半大小时，可用15%的多效唑可湿性粉剂6 000倍液进行控制。对幼苗进行化学控制后要加大肥水用量，防止出现脱肥脱水现象。

在出苗前1周要对幼苗进行适当干旱处理2～3天，以提高幼苗的抗逆能力。

4. 工厂化穴盘育苗的环境条件控制

(1)温度：不同作物的最佳温度不一样，在不同的发育期也会有不同的最佳温度，一般来说最佳温度随着作物的成熟而降低。为作物加温时要特别小心，因为它会影响作物的光合作用。通常温度升高会使作物快速生长，但同时质量下降，往往出现茎细长、花小。

(2)光照：栽培者可以对穴盘苗进行光周期控制。若需长夜，可以遮盖黑布。若需短夜就要使用荧光灯、白炽灯或HID灯补充光照。

(3)二氧化碳：大多数作物的光合作用在白天进行，因此，二氧化碳的补充应在日出到日落前1小时或到HID灯关闭时。二氧化碳只能在风扇关掉或在通风口小于5厘米时加入。

(4)湿度：幼苗对高湿度的反应是，节间过长，茎段较细、分枝少、生根少。在催芽阶段湿度越高，越容易引起植物徒长。所以一定要注意让苗床离高湿区远些，以便控制植物的生长。

(5)pH：生产使用水的pH 5.0～6.5，因为多数化学元素和化学物质(如生长调节剂、杀菌剂、杀虫剂)在此酸碱度下是可溶的。高pH将减少化学成分的有效性。泥炭类无土基质的pH 5.5～6.5时，植物容易得到养分。有土基质中，pH 6.0～7.0。若pH超过这个范围，有些养分将不能被利用，另一些养分可能太多，毒害植物。

(6)肥料：

①铵态氮和尿素形式的氮占全氮的百分比。含量超过30%时植物的枝叶茂盛，但比较软弱，硝态氮超过70%时植物比较健壮、坚硬。

②肥料的酸碱性。不同范围的pH对肥料的可溶性影响很大。

③钙和镁的含量。多数肥料钙镁的含量都不高。若肥料是酸性的，很有可能不含钙镁。钙在细胞壁和根的生长中起重要作用，使茎叶加厚，更健壮，并促进根系生长。镁对叶绿素的形成、叶片的颜色和光合作用的活跃程度有着重要的作用。

5. 病虫害防治

穴盘苗的栽培时间都相对较短。但是由于生长密集并且很多作物在同一时间栽培，因此，病虫害也有可能成为主要问题。猝倒病、根腐病等是穴盘苗生产中最常见的。也有可能出现真菌或细菌引起的叶斑病,霉菌引起的白粉病、霜霉病等,虫害主要有蚜虫、青虫、蜗牛、潜叶蝇等。

6. 苗期管理

(1)穴盘苗的生长控制:为获得合适的地上部与根部比率,需要对穴盘苗的生长进行控制,种植者应该根据生产计划调整每种作物的生长情况,或促进根的生长或促进苗的生长,或加速或抑制穴盘苗的生长。

①地上部的生长过量。纠正地上部高于根系的方法有:降低温度,减少水分用量,改用硝态氮和钙含量多的肥料,增加光强,使用化学生长调节剂。

②根的生长过量。促进地上部生长:增加温度;提高水分用量;多用含铵和磷的肥料,少用含硝态氮和钙多的肥料;减少光照;增加穴盘苗周围的湿度;减少化学生长调节剂的使用。

③生产滞后。当穴盘苗的生长计划晚于计划的生长时间,需要加速穴盘苗的生长时,可以采取以下措施:日平均温度增加 3℃;使白天的温度高于晚间;选用干一湿循环浇水法;使用铵/尿素含量高的肥料,氮的水平在 150～250 毫克/千克,并多次使用;提高光照水平。

④生产超前。当穴盘苗的生长计划早于计划的生长时间,需要延缓穴盘苗的生长时,可以采取以下措施:日平均温度减少 3℃或更多;使白天的温度低于晚间 3～6℃;浇水前使基质干一些;使氮的水平低于 100 毫克/千克,使用硝态氮和钙含量多的肥料;增加光照水平;慎重选用化学生长调节剂。

(2)穴盘苗的移栽:移栽前应该做好准备工作,要使用高质量的基质并且装好盆。通过人工或者机械的方法都可以完成移栽。近几年,全自动移植机被普遍使用。

为保证穴盘苗的根长得最好,应保证移栽后基质的 pH、可溶性盐和透气性都处于正常的水平。移栽后前 3 天土壤温度应保持在 18～21℃,以促进根的生长。然后把温度降至 15～18℃,使幼苗继续生长。施肥或使用杀菌剂应等到根从根球长出以后。一旦穴盘苗的根长到容器边缘(通常是一周后),若有必要可以使用合适的生长调节剂。

四、嫁接育苗

嫁接育苗是为了防止土传性病害的发生。此外,嫁接后,砧木的根系比接穗的根系发达,增强了根系的吸收能力,增加了产量,提高了接穗的抗逆性,有利于蔬菜的保护地生产。

1. 砧木的选择

(1)砧木与接穗的亲和力:主要包括嫁接亲和力和共生亲和力。嫁接亲和力是指嫁接后砧木与接穗愈合的程度和速度,可以用嫁接后成活的百分率表示。嫁接后,砧木很快与接穗愈合,成活率高,则表明砧木与接穗的嫁接亲和力高;反之,则低。共生亲和力是指嫁接成活后二者的共生状况,一般用嫁接成活后嫁接苗的生长发育速度、生育正常与否及结果后负载能力等来表示。嫁接亲和力和共生亲和力并不一定一致,有的砧木与接穗的嫁接亲和力很高,但后期表现不良,表现为共生亲和力差。因此,生产上选择砧木时,要选择嫁接亲和力和共生亲和力都较高且表现一致的砧木。

(2)砧木的抗病能力:选用砧木主要目的就是为了增强接穗抗土传病害的能力,如增强瓜类的抗枯萎病和茄果类的抗线虫能力。因此,选择的砧木必须具有抵抗这些病菌的能力,这也是选择砧木的一个重要条件。

(3)砧木对接穗果实品质的影响:不同的砧木对接穗果实品质有不同的影响。因此,在嫁接时必须选择对接穗果实品质无不良影响的砧木。

(4)砧木对不良环境条件的适应能力:在嫁接栽培的情况下,接穗植株的低温生长力、耐旱性和对土壤酸碱度的适应性等都受砧木固有特性的影响。不同的砧木有不同的特性,对接穗的影响也不同。因此,根据需要选用适宜的砧木,是获得接穗果实早熟、丰产、优质的关键之一。在保护地蔬菜生产中,由于温度低、光照弱,应选择耐低温、耐弱光、对不良环境条件适应性强的砧木。

2. 嫁接方法

不同的蔬菜需要不同的嫁接方法。黄瓜等瓜类蔬菜在少量嫁接时,可采用靠接法,在大量嫁接时宜选用插接法。茄子和甜椒嫁接宜选用劈接法,而番茄则宜选用靠接法。黄瓜嫁接育苗所采用的嫁接方法有靠接法、插接法和劈接法,前两种方法操作简单、易管理、成活率高,各地利用较多。劈接法嫁接较难管理,成活率低,故生产上应用较少。寿光菜农在20世纪80年代后期,多采用插接法嫁接瓜类作物;90年代到2003年,基本上采用靠接法;2003年以后,伴随工厂化嫁接育苗的迅速发展,又大量采用插接法,而且对这两种嫁接方法都有所改进。

(1)靠接法:靠接法也称舌接法,是将接穗与砧木苗子在子叶下切口舌接而成,接好后去掉砧木顶芽,同栽于一营养钵内(或营养方块内),各自利用自己的根系吸收养分,待嫁接苗成活后切断接穗根系,即成为嫁接苗。

①棚室准备。越冬茬黄瓜和冬春茬黄瓜等凡是于冬暖棚室内建苗床培育嫁接苗的,在播种前15天左右,就应对棚室内整平地面,施足基肥,深翻地,做畦灌水。然后对地面、墙面、棚膜内面以及各种建材表面喷药灭菌,随即严封大棚10天,高温闷棚。高温闷棚时,棚内最高温可达到70℃以上,能杀灭多种病菌。多年重茬种植蔬菜的棚室,在高温闷棚前施药进行土壤消毒或结合高温闷棚熏烟对空间消毒。

②苗床设置。嫁接黄瓜要设置3个苗床,即黄瓜播种苗床、黑子南瓜或南砧1号南瓜播种苗床、栽植嫁接苗的苗床。黄瓜苗床和黑子南瓜苗床都按东西向建成宽120厘米、高出地面7厘米左右的两个畦,长度可按苗的多少而定。黄瓜苗床最好建在棚室入口近处,以利通风炼苗。南瓜苗需高温,苗床宜建在棚室里边。嫁接苗栽植床按南北向建成宽120～200厘米、高出地面7厘米左右的畦,长度根据需苗量而定。3个苗床的营养土要以3份肥沃的园田土与1份腐熟的圈粪混合拌匀,每立方米营养土中再掺上400～500克尿素和5～6千克草木灰,然后过筛运入棚室内做畦建苗床。

③种子处理。将黄瓜种子在阳光下暴晒几小时,以加快浸种时种子的吸水过程,然后将种子放入55℃的水中浸种。浸种时要不停搅拌,一直搅拌到水温降至25℃。用手搓掉种子表面的黏液,把水倒掉,再换上25℃的温水浸泡6小时。然后捞出种子置于干净的、用开水烫过的纱布袋中,外包一层地膜,置于25℃左右的环境中催芽1～2天,待70%的种子露白芽(胚根)后即可播种。为预防黄瓜猝倒病、立枯病、疫病等苗期病害,也可于浸泡种子6小时之后,用72.2%普力克水剂或25%甲霜灵可湿性粉剂800倍液浸种半小时后催芽。用热水浸黄瓜种子时,要特别注意水量不可过多,以浸没种子为宜,要不停搅拌,以防烫坏种子。

黑子南瓜种子或南砧1号南瓜种子的浸种方法,与黄瓜基本相同,不同之处是南瓜浸种的时间要比黄瓜推迟5～6天。浸种的水温可以提高到75℃左右,用水量一般为种子量的3倍;种子倒入热水中后一直搅拌到水温降到30℃时为止;搓掉种皮上的黏液,换上25℃的温水浸泡 10～12 小时。催芽的温度为 25～30℃，一般 36 小时即可露芽。也可不经过催芽阶段，浸泡结束后直接播种。

④错期播种。不同的嫁接方法，要求的适宜苗龄不同。黄瓜出苗后生长速度慢，黑子南瓜生长快，要使两种苗子达到适宜嫁接的同一时间，就要错开播期。靠接法要先播种黄瓜，黄瓜播种后 5～7 天再播种南瓜，这样可使两种苗子茎粗相称(即下胚轴的粗度相近)，易于嫁接，成活率高，因此，要严格错期播种。

播种过程中要进行苗床土壤药剂清毒。方法是每平方米苗床施用 50%拌种双粉剂 7 克或 25%甲霜灵可湿性粉剂 9 克加上 70%代森锰锌可湿性粉剂 1 克，对细土 7～8 千克拌匀。施药土前先喷洒水，使苗床土湿透。当喷洒的水渗下后，取 1/3 充分拌匀的药土均匀撒于苗床畦面上，然后播种。黄瓜播种的密度要适当稀一些，以种距 3 厘米为宜，尽量使瓜苗墩壮。定植黄瓜的苗床用种量为 150～200 克。播种后再将其余 2/3 的药土撒盖于畦面(包括种子上面)，达到种子下铺上盖药土。当药土覆盖的厚度达不到覆土适宜厚度时，可补撒细土。黄瓜的播种深度为 2 厘米左右，覆土后轻洒一遍水，再喷洒 800～1 000 倍辛硫磷稀释液，以防治地下害虫。然后覆盖上地膜，以利保墒提温，促使出苗齐壮。出苗期要求温度 25～28℃。如果冬暖大棚增温保湿性能好，可不再在苗床设小拱棚增温保湿。

黄瓜播种后 5～7 天就应播种黑子南瓜或南砧 1 号南瓜，播种方法基本与黄瓜相同；不同之处是南瓜播种的密度越大越好，目的是使南瓜苗的幼茎(下胚轴)长得细而长，有利于下一步嫁接黄瓜苗，一般要求南瓜幼茎长度达到 8 厘米左右。南瓜播种后种子上面覆土厚度 2 厘米为宜。定植黄瓜嫁接苗的南瓜苗床，每亩播种南瓜种子 2～2.5 千克(按风干种子计算)。南瓜出苗期要求温度达到 30～35℃，因要求的温度较高，即使在冬暖大棚内建苗床育苗，也需要苗床先盖地膜，然后建设小拱棚。

⑤出苗期管理和嫁接时间。黄瓜出苗达 2/3 时要揭去地膜，出齐苗后要揭去小拱棚上的覆膜或开大棚的通风口，进行通风降温炼苗，使床温降到 23～25℃，使其墩壮。

南瓜出苗达 1/3 时，将地膜揭起，从小拱棚内抽出。出苗达到 2/3 时，揭去小拱棚的覆膜。待南瓜苗的子叶展开，第 1 片真叶初露时，黄瓜苗的子叶由黄变绿、完全展开，第 2 片真叶微露，这时为靠接的最佳时机。在育苗过程中，如果因苗床温度高，水分蒸发快，出现“落干”现象时，可于清晨用喷雾器喷洒一遍水，要始终保持苗床的湿润。嫁接口处要少喷，以防湿度过大导致病害感染伤口。

靠接黄瓜苗所需用的工具，应在嫁接前一天提前准备好，主要有刮脸刀片、竹签、嫁接夹、脸盆和清水等。

⑥靠接的技术要点。靠接法简便实用，易于操作，成活率高。用竹签将两种苗子都取出，以南瓜苗作砧木，先将南瓜苗的顶心剔除(用竹签的尖细一端剔)，用刮脸刀片从子叶节下方 1 厘米处，自上向下呈 45°下刀，斜割的深度为茎粗的一半，最多不超过 2/3，割后轻轻握于左手。再取黄瓜苗从子叶节下部 1.5 厘米处，自下而上呈 45°下刀，向上斜割幼茎的一半深。然后两种苗子对住切口，立即用嫁接夹夹上，随后栽入嫁接苗床。嫁接时要注意，苗子起出后要用清水冲洗掉根系上的泥土；嫁接速度要快，切口要镶嵌准；夹黄瓜茎的一面，嫁接好的苗子要立即进行栽植，栽植时刀口处一定不能沾上泥土，并要把黄瓜茎的一边(夹嫁接夹的一面)朝向北边；边栽植边盖上小拱棚塑膜和覆盖遮阳物，以及时保温保湿和遮阳。

⑦靠接苗栽植方法。用小木棍或小铁铲在育嫁接苗的苗床，按东西方向 10 厘米行距划出

5厘米深的沟，浇透水。水渗到2/3时，按株距10厘米将嫁接苗的两条根轻轻按入泥土中，用土把沟填平（不能埋住嫁接夹，刀口处不能沾泥土和水）。边栽植，边盖拱棚膜，在大棚温室顶部随之放草帘遮阳。

(2)插接法：在20世纪80年代中后期，寿光市菜农在大棚黄瓜生产上多用此法嫁接。起初只设置黄瓜苗床和南瓜苗床，不另设嫁接苗育苗床，采取南瓜苗不取出，把黄瓜苗插接于南瓜育苗床的南瓜苗上，群众称为“自木插接”。自木插接的好处是因砧木南瓜苗不移栽，省去缓苗过程，苗子长得快。缺点是不便于插接操作，嫁接时费工；因砧木南瓜苗不够整齐一致，嫁接苗也不够整齐一致，且南瓜的播种密度需按培育嫁接苗的密度来处理。所以，后来改为起出南瓜苗后插接，插接后栽植于培育嫁接苗的苗床。

①错期播种。一般先播种南瓜，黄瓜的播种日期比南瓜延后3～4天。也有人采取南瓜浸种后催芽而黄瓜不催芽，南瓜与黄瓜同一天播种的方法。

②播种育苗。插接法的播种育苗基本与靠接法相同。应特别注意的是，要使接穗（黄瓜）的下胚轴（幼茎）长得较细、较长，而砧木（南瓜）苗粗壮，这样才便于插接，有利于嫁接成活。

南瓜播种的种子粒距为4厘米，不能播种得太密，以防出现高脚苗。播种后覆土厚度以1.5～2厘米为宜，覆土太薄易戴帽（种壳）出苗，太厚影响出苗。播种后至种子顶土前可覆盖地膜，不需设置小拱棚保湿，利用大棚和盖地膜增湿保温即可。砧木（南瓜）顶土前昼温控制在24～26℃，夜温12～15℃。种子顶土即应揭去地膜，以免地温过高引起徒长。种子顶土后温度控制在昼温20～23℃，夜温12～15℃。出苗前后适当控水控温，以促苗壮。嫁接前砧木的标准株高控制在2.5厘米，第1片真叶控制在1厘米左右为宜。

接穗黄瓜的播种日期一般比砧木南瓜的播种日期延后3～4天或者同一天播种。播种的种子粒距1～2厘米，覆土厚度1厘米左右。为防止猝倒病的发生，可用苗菌敌水剂800倍液处理覆土。覆土湿度以攥起一把覆土，攥紧后在指缝间有水滴但无水流出现时最合适。覆土后盖地膜，并设小拱棚覆盖。温度过高时，可用草帘于小拱棚上适当遮阳。培育接穗苗子应在较高的温湿度条件下，使黄瓜苗幼茎长得细一些、高一些，但也不能过分细弱，以免影响嫁接。一般自播种后至插接前，昼温在26～28℃，夜温在18～20℃。接穗播种后5～7天，苗高达4厘米左右，子叶平展，颜色变绿至第1片真叶露头时，即可用于插接。

③插接前的准备。备嫁接刀一包、竹签2～3个、修理竹签用的小刀一把以及板凳、茶盘等，并整理好面积足够的嫁接苗床。嫁接前一天将砧木和接穗苗床都浇足水，以利取苗和插接。嫁接在大棚内进行，应做到防风、防雨、防晒、保温、保湿和便于操作。嫁接大棚内的温度在20～24℃。

④插接操作技术。要提前半小时将黄瓜苗拔出，用清水冲洗干净，用百菌清500倍稀释液再冲洗一次进行消毒，放在盛水的茶盘内，使其根部和下胚轴（幼茎）浸泡在水中。再用竹签取出砧木苗（黑子南瓜苗或南砧1号苗），冲洗干净和消毒后，彻底除去生长点（心叶及顶心）。用一根光滑的竹签从砧木子叶基部的一侧，向胚轴中斜插其先端，至顶住砧木下胚轴的表皮为止。竹签插入砧木内的长度一般控制在0.5～0.7厘米，即斜插成0.5～0.7厘米深的孔。用左手托住黄瓜苗的2片子叶，将下胚轴拉直，右手拿刀片，在黄瓜子叶节下1厘米处以30°～45°角斜削一刀，把下胚轴下部分及根削掉，使接穗下胚轴上的斜切面长0.5～0.7厘米。随即从砧木中拔出竹签，将切面向下插入砧木顶心的小孔中，使二者切口密切结合，并使黄瓜与南瓜的子叶着生的方向呈“十”字形。从削切接穗到插接穗的整个过程要做到“稳、准、快”。嫁接

好的苗应及时移栽于嫁接苗床内。

利用云南、日本、智利黑子南瓜或辽宁的南砧1号南瓜作砧木，选取黄瓜、西葫芦、冬瓜、丝瓜等瓜类作物优良品种作接穗培育嫁接苗，在棚室黄瓜、西葫芦等瓜类作物生产上具有特别重要的意义。一是能避免发生镰刀菌枯萎病等土传病害。镰刀菌枯萎病是黄瓜等非免疫瓜类作物因连作而发生的绝产性土传病害，而黑子南瓜和南砧1号南瓜对尖镰孢菌黄瓜专化性具有免疫性功能。利用黑子南瓜或南砧1号南瓜作砧木嫁接的黄瓜、西葫芦、冬瓜、丝瓜等瓜类作物，能避免发生镰刀菌枯萎病等土传病害，为棚室保护地发展瓜类蔬菜和瓜类果品生产开辟了广阔的前景。二是嫁接的黄瓜、西葫芦等瓜类作物植株生长势强，耐寒、耐热、抗病等抗逆性和适应性能大大增强，既适于棚室保护地各季节茬次栽培，又适于露地不同条件下栽培，具有丰产稳产性能。三是嫁接的黄瓜等瓜类作物显著高产。黄瓜、丝瓜嫁接的比自木的一般增产30%～50%，而西葫芦嫁接的可增产100%～150%。

3. 嫁接后的苗床管理

嫁接成活率的高低固然与砧木的种类、嫁接方法和嫁接技术有关，但与嫁接后的管理技术亦有直接关系。嫁接后管理技术的重点，是为嫁接苗创造适宜的温度、湿度、光照及通气条件，加速接口的愈合和幼苗的生长。

(1)温度管理：适于黄瓜接口愈合的温度为25℃。如果温度过低，接口愈合慢，影响成活率；温度过高，则易导致嫁接苗失水萎蔫。因此，嫁接后一定给予秧苗适宜的温度。一般嫁接后3～5天内，白天24～26℃，不超过27℃；夜间18～20℃，不低于15℃。3～5天以后开始通风降温，白天可降至22～24℃，夜间可降至12～15℃。

(2)湿度管理：嫁接苗床的空气湿度若较低，接穗易失水萎蔫，会严重影响嫁接苗的成活率。因此，保持适宜的湿度是关系到嫁接成败的关键。嫁接后3～5天内，苗床的相对湿度应控制在85%～95%。

(3)遮阳搭阴：遮阳搭阴的目的是防止高温和保持苗床的湿度。遮光的方法是在小拱棚的外面覆盖稀疏的苇帘，避免阳光直接照射秧苗而引起秧苗凋萎，夜间还起保湿作用。一般嫁接后2～3天内，可在早晚揭除草帘接受散射光，以后要逐渐增加光照时间，1周后不再遮光。

(4)通风：嫁接3～5天后，嫁接苗开始生长时，可开始通风。初通风时通风量要小，以后逐渐增大通风量，通风的时间也随之逐渐延长，一般9～10天后可进行大通风。若发现秧苗萎蔫，应及时遮阳喷水，停止通风，避免通风过急或时间过长造成损失。

(5)接穗断根：用靠接法嫁接的黄瓜苗，在嫁接苗栽植10～11天后，即可给接穗黄瓜断根。用刀片割断黄瓜根部以上的幼茎，并随即拔出。断根5天左右，黄瓜接穗已长到4～5片真叶时，要在棚室内移栽定植。

五、蔬菜苗期主要病虫害综合防治

蔬菜育苗期间往往受环境条件及其他因素的影响，受到各种疾病及害虫危害，对病虫害的及时防治是育苗成败的重要措施之一，下面就苗期容易发生的一些主要病虫害及综合防治方法予以简要介绍。

1. 苗期主要病害

在冬春季蔬菜育苗过程中，苗期主要发生的病害有猝倒病、立枯病、灰霉病和炭疽病等。

(1)猝倒病：猝倒病主要危害茄果类、瓜类、芹菜、甘蓝等蔬菜的幼苗，是冬季至早春育苗期间经常发生的病害。在此期间遇有寒流、低温及连阴雨天气或者播种过密、土壤湿度较大，不利于幼苗生长，很容易引起猝倒病。在种子发芽到幼苗出土前染病，此时幼苗子叶中的养分已经耗尽，新根尚未扎牢，幼茎未木栓化，幼苗抗病力最弱，会造成烂种、烂芽。幼苗期发病，幼苗多在近地表处出现淡褐色水渍状斑，病部迅速发展绕茎一周，逐渐湿软溢缩成线状，幼苗倒地死亡。由于病情发展快，幼苗倒地死亡时叶片仍然青绿。几天后即可导致附近大片幼苗染病，在高温条件下，病残体表面和附近土表层长出白色棉絮状霉层。

猝倒病是由瓜果腐霉菌引起的真菌性病害，病菌可在土中长期存活，也可在病残体上越冬，通过流水、雨水、带菌粪肥及农事操作传播。低温(10～15℃)高湿有利于发病，该病主要发生在幼苗1～2片真叶时，3片真叶后发病较少。

猝倒病的防治：除播种前对床土消毒、播种后加强苗床管理外，还应及时进行药剂防治。幼苗出土后，发病前可用45%百菌清烟雾剂熏烟，每亩用药量1千克，密闭苗床杀菌。发病初期常用75%百菌清可湿性粉剂600倍液，15%恶霉灵水剂400倍液，72.2%普力克水剂600倍液，30%苯噻氰乳油1 200倍液或用50%甲基托布津可湿性粉剂500倍液，晴天上午喷雾。每隔7～10天喷一次，连续2～3次。严重病区可用上述药剂对水50～60倍，拌适量细土或细沙在苗床内均匀撒施。

(2)立枯病：该病可危害茄果类、瓜类、豆类和十字花科等百余种蔬菜作物。此病在幼苗出土后即可危害，但多发生于幼苗中后期。病苗茎基产生暗褐色椭圆形病斑，初期病苗白天或中午萎蔫，夜晚至次日晨可恢复正常。病斑逐渐凹陷，扩大后绕茎一周，幼茎基部干缩，茎叶枯死。潮湿时病部可长出稀疏的、淡褐色网状霉层。发病过程较慢，病苗死亡时不倒伏。

立枯病是由立枯丝核菌感染引起的真菌性病害。病菌在病残体和土壤中越冬，具有较强的腐生性，可在土壤中存活3～4年，借助雨水、灌溉水和带菌有机物传播蔓延。条件适宜时可直接侵入幼苗，引起发病。病菌适宜的生长温度为18～28℃，苗床高温高湿有利于发病，幼苗密度过大，徒长时有利于病害的蔓延。

防治方法：与防治猝倒病相似，但苗期管理切忌温度忽高忽低和防止幼苗徒长。发病初期可选用20%甲基立枯磷乳油1 200倍液，10%立枯灵水悬剂300倍液或40%五氯硝基苯与福美双1∶1混合防治。立枯病与猝倒病混合发生时，可用72.2%普力克水剂600倍液加50%福美双800倍液，或30%土菌清水剂1 000倍液喷雾，每隔7～8天一次，连喷2～3次。

(3)灰霉病：灰霉病是近年来的主要蔬菜病害，在冬春季育苗过程中迅速发展，是危害较重的蔬菜苗期病害，主要危害茄果类、豆类、瓜类及十字花科等20多种蔬菜。此病在苗期生长中后期发生较多。在苗床常由点发展到片，温度偏低、湿度偏大时易造成成片秧苗死亡。病菌多从幼苗子叶、下部真叶或结露的叶缘开始侵染，子叶感病开始褪绿发黄，逐渐变褐色坏死至腐烂，表面生有灰霉。真叶病斑多呈"V"字形，有轮纹，后期产生灰霉。幼茎多从叶柄基部或有水滴的部位开始发病，呈不规则水渍斑，很快变软腐烂，易折倒，最后产生灰色霉层。

灰霉病是因灰葡萄胞菌引起的真菌性病害。病菌在土壤和病株残体上越冬，田间借风、气流传播，在苗床温度为18～25℃、空气相对湿度90%以上或幼苗表面有水膜时易发病，湿度是发病的关键因素。

防治方法：在育苗前要彻底清除前茬病残株。发病初期可用50%扑海因可湿性粉剂800倍液喷雾，或5%灭克粉尘剂喷粉，每亩用药量1千克；或45%速克灵烟雾剂熏烟，每亩用药量

0.5 千克;或 45%百菌清烟雾剂熏烟,每亩用药量 0.5 千克,在育苗棚内分 4～5 个区域点燃放,密闭熏一夜。以上方法和药剂每隔 7～10 天一次,交替施用,效果更好。

(4)炭疽病:本病近年来在辣椒、甜椒、黄瓜、甜瓜、芸豆等蔬菜苗期发病较重,从子叶长出到定植前均可发生,病原菌对温度的适应性较宽。因此,冬春季和夏秋季多种蔬菜的幼苗都易发生炭疽病,特别在夏秋季高温、多雨时更易发病。苗期发病多从子叶边缘开始,在叶片上有大面积水渍状病斑,病斑半圆形、淡褐色,上生黑色小粒点或淡红色黏稠状物。真叶病斑圆形、淡褐色、水渍状,外围有黄色晕环,严重时叶片干枯,自下而上急性落叶,对秧苗的危害性很大。温湿度适宜时,幼苗生长点被害,秧苗很易死亡。湿度是诱发本病的重要因素,在气温 24℃、相对湿度 70%以上时,本病极易流行。相对湿度降至 54%以下时,病害受到明显抑制。一般高温高湿、排水不良、长势弱的秧苗易染此病。

防治方法:要采取综合的农业技术措施防治。首先要选用不带病菌的种子,播种前进行种子消毒,可用 55℃恒温水浸种 55 分钟,或用福尔马林 100 倍液浸种 30 分钟,用清水洗净后催芽。其次,选 3 年以上没有种过瓜类的田土配制育苗床土,并用五多湿剂(40%五氯硝基苯与 50%多菌灵等量混合)每平方米床面 8 克与细土混合,播种时下垫 1/3,上盖 2/3,把种子夹在中间。发病初期,用 50%多菌灵可湿性粉剂 600 倍液,或 80%福美双可湿性粉剂 500 倍液,或 20%农抗 120 200 倍液喷雾,每隔 7～10 天喷一次,连续防治 2～3 次,可收到较好的防治效果。

(5)根腐病:根腐病是蔬菜苗期常见的病害之一,分布较广,主要危害黄瓜、番茄、甜(辣)椒、芸豆等蔬菜。幼苗根和根茎是主要受害部位,病部初为水渍状,后呈浅褐色至深褐色腐烂,根茎不溢缩,其维管束变褐色但不向上发展。后期病部腐烂,仅留丝状维管束,豆类幼苗染病初期病部开始出现不规则红褐色斑块,逐渐变成深褐色,开裂或根茎髓部组织腐烂而变空。此病在苗床内传播,主要靠带菌土壤、肥料、工具及浇水等从伤口侵入寄主,病害发生与秧苗管理关系密切。苗床连茬、局部积水、施用未腐熟的有机肥、环境高温高湿等均易发病。

防治方法:根腐病的防治可参考猝倒病的防治方法。此外,苗床管理要控制浇水,勤松土。发病前或发病初期,还可用 10%双效灵水剂 200～300 倍液,或 50%多菌灵可湿性粉剂 400 倍液,或 75%敌克松可湿性粉剂 800 倍液喷洒苗床。

(6)瓜类枯萎病:瓜类枯萎病可危害黄瓜、甜瓜、西瓜等。苗期受害后,子叶萎蔫或全株萎蔫死亡,茎部变褐溢缩,多为猝倒状。病原菌通过根部伤口或根毛顶端细胞间侵入。空气相对湿度 90%以上、气温 20～25℃的条件下易发病,连续阴雨病势发展迅速。此病主要靠农业技术防治,选用较高抗逆性的品种,选用 5 年以上没有种过瓜类的田土配制床土,采取嫁接育苗等措施。发病前或发病初,用 50%多菌灵可湿性粉剂 500 倍液,或 50%甲基托布津 400 倍液灌根,每隔 7～10 天一次,连续 2～3 次,有一定防治效果。

(7)病毒病:夏秋季蔬菜育苗几乎均有病毒病的发生,由于豆类、瓜类等蔬菜种子带毒率较高,因此,带毒种子的幼苗一出土就表现出病毒病。此外蚜虫、温室白粉虱等一些昆虫极易传播病毒病,加之有些病毒很易通过农事操作等接触传播,因此,病毒病在夏秋季蔬菜的秧苗上发病率很高。因此,夏秋季育苗注意防蚜虫是预防病毒病发生的关键措施。目前防蚜较好的药剂有 90%万灵可溶性粉剂 2 000 倍液,10%吡虫啉可湿性粉剂 1 000 倍液,50%抗蚜威可湿性粉剂 1 200 倍液。对于轻症病毒病秧苗喷施 20%病毒 A 可湿性粉剂 500 倍液或 1.5%植病灵乳剂 800 倍液,有一定效果。

(8)幼苗顶壳出土:幼苗顶壳出土属于生理性病害,主要由以下原因造成:种子贮藏过久,种壳过硬;种子成熟度不够,生命力低,幼苗出土时,无力脱壳;播种时底水不足或覆土太薄,种子尚未出苗,表土已变干,使种皮干燥发硬,往往不能顺利脱落;播种时覆土太薄或覆土的容重太轻,压力太小,这种现象在无土育苗时经常发生。防止幼苗顶壳的措施有:在育苗时浇足底水,覆土不要太轻,覆土不宜过薄,发现种子带壳及时覆盖一层细土,可以部分避免幼苗带壳出土。

2. 苗期病害的综合防治

(1)床土消毒:床土是培育蔬菜壮苗的基础,好的床土必须具备肥沃、养分完全、保肥力强、疏松透气并且无病原菌。蔬菜苗期的猝倒病、立枯病、枯萎病及炭疽病等主要是通过床土传染的。床土消毒主要分以下几类:

①化学药剂消毒。是利用化学药剂处理床土、杀灭病菌的方法。化学消毒具有简单、快速、杀菌效果好等优点,但部分药剂对幼苗生长会产生一定的抑制作用,因此,必须根据药剂的种类掌握合理的处理方法,严格控制浓度和时间。药剂在杀灭病菌的同时,也能杀死床土中的有益微生物,还会造成环境的污染。

40%甲醛消毒法:是用40%甲醛100倍液喷洒床土,边喷边搅拌,使药液与床土充分混匀,每立方米床土需药液10～15升。喷完拌匀后堆好再用塑料薄膜覆盖,密封后闷2～3天,杀死床土内病菌。然后揭开薄膜,摊开床土晾7～10天,待床土内药气散发完后使用,可预防猝倒病、立枯病和菌核病。

其他药液消毒法:每平方米播种苗床用70%五氯硝苯粉剂加50%福美双或65%代森锌可湿性粉剂各2克,或70%敌克松可湿性粉剂8～10克,与10～15克细干土充分拌匀。将1/3药土撒在已浇透底水的床土表面上,然后播种,另外2/3药土作盖土用。70%敌克松2 000倍液也可用做播种苗床的底水。

②物理消毒法。是利用高温、微波等处理床土杀灭病菌的方法,物理消毒法较繁琐,但不会对幼苗生长产生不利影响,也不会造成环境污染,是值得提倡的床土消毒方法。

③高温消毒法。是在高温季节将床土平摊在温室或大棚内厚8～10厘米,密闭7天左右,利用晴天中午的高温(可达60～70℃)杀死病菌和害虫,也可向棚内通入高温蒸气,使床土温度达到80℃以上,维持30～40分钟,消毒效果更好。待温度降到常温后立即使用,对防治猝倒病、立枯病、枯萎病、黄萎病等都有显著效果。

(2)种子消毒:在自然条件下,种子表面甚至内部,都可能感染很多的病原菌,如番茄的疮痂病、病毒病、叶霉病、早疫病,辣椒的立枯病、猝倒病、炭疽病、细菌性斑点病等,茄子的褐纹病、绵疫病、黄萎病、猝倒病等,瓜类的炭疽病、细菌性角斑病、枯萎病等。由于带菌的种子又会将病原菌传染给幼苗和成株,从而导致蔬菜病害的传播和蔓延。因此,在播种前进行种子消毒是非常必要的。

①热水烫种消毒。先将种子装入尼龙网袋中,再用30℃左右的温水浸种30分钟,促使种隙上的病菌活化,这样容易杀死病菌。同时应不断搓洗,以洗掉种子表皮上所带的抑制发芽的物质,增加烫种效果。烫种时的水温和烫种时间,应根据病原菌和种子的特性的不同而有差异。种皮厚的种子和新种子,烫种时间应延长,温度应高。种皮薄的种子和陈种子,烫种时间应短,温度应低。烫种时的水温应为50～55℃,烫种持续时间一般为15～25分钟。如果水温降低,应适量加开水,同时为使种子受热均匀,应不断搅拌种子。达到规定的烫种时间后,还要不断搅拌,直至水温降至35℃后,停止搅拌,继续浸种至各作物相应的浸种时间,如55℃浸种

15分钟可防治猝倒病、立枯病、黄瓜炭疽病、茄子黄萎病；55℃烫种时间10分钟可防治黄瓜枯萎病；55℃烫种25分钟可防治番茄早疫病；50℃烫种15分钟防治甘蓝、萝卜疫病、黑腐病等。

②药粉拌种消毒。一般适用于干子直播的种子处理，如十字花科的白菜、萝卜、甘蓝、菜花等，药粉用量一般为种子重量的0.1%～0.5%。用一个密封的瓶子或罐子，把用天平称好的种子和药粉倒入里边，不能装满，封严后，连续摇动5分钟以上，即可播种，如用种子重量0.3%～0.4%的氧化亚铜拌种可防治黄瓜猝倒病；用种子重量0.3%的50%福美双拌种，可防治芸豆叶烧病。

③药水浸种消毒。先用清水把种子浸泡2～6小时，再放到配好的药水中，达到规定时间后立即捞出，并用清水多淘洗几次，直到种子上不留一点药剂为止。之后再根据作物种类继续浸种或催芽。如番茄浸种3～4小时、茄子浸种5～6小时后，用100倍的福尔马林浸种30分钟，可防治黄瓜枯萎病和炭疽病；辣椒浸种4～5小时后，用1%的硫酸铜水溶液浸种5分钟，可防治辣椒炭疽病和细菌性斑点病；番茄浸种3～4小时后，用10%的磷酸三钠水溶液或2%的氢氧化钠水溶液浸种15分钟，可防治番茄花叶病毒病。

④高温消毒。用70℃的温度处理番茄干种子3天，可防治番茄烟草花叶病毒病。

(3)加强苗床管理：利用农业生态防治的方法，将蔬菜育苗所需要的生态条件与病害的发病条件加以比较，通过采取综合的农业技术措施，加强田间管理，为蔬菜秧苗的生长发育创造良好的环境条件，而这个环境条件又不利于病害的发生，从而大大减轻病害的发生，达到早熟、优质、高产的效果。

3. 苗期主要害虫

危害蔬菜苗期的主要害虫有蝼蛄、蛴螬、地老虎、种蝇、蚜虫、白粉虱等。

(1)蝼蛄：蝼蛄主要有华北蝼蛄和东方蝼蛄两种，以东方蝼蛄发生普遍、危害严重。成虫、若虫在土中咬食种子及幼芽，或在床土中钻成条条隆起的“隧道”，或咬断幼苗地下根茎，被害部呈乱麻状，幼苗大量死亡。

蝼蛄以成虫、若虫在60厘米以下土层深处越冬。喜欢在温暖、湿润的土壤中活动，在地表下20厘米土温达14～20℃时进入危害盛期。冬季保护地育苗播种时就开始危害。蝼蛄有趋光性和喜湿性，对香甜物质如炒香的豆饼、麦麸及马粪具有强烈的趋性。为了防治蝼蛄的危害，应施用充分腐熟的粪肥，每亩用5%辛硫酸颗粒剂1～1.5千克拌匀，待播种或分苗后覆土有一定防效。已发生蝼蛄危害时，用毒饵诱杀效果较好。将豆饼、棉仁饼或麦麸5千克炒香，用90%敌百虫或50%辛硫酸乳油150克对水30倍拌匀。播种后，每亩用毒饵2～2.5千克，撒入苗床，并能兼治蛴螬。

(2)蛴螬：蛴螬是各地常见的地下害虫，北方发生普遍，危害多种蔬菜。蛴螬在地下啃食萌发的种子，咬断幼苗的根茎，致使幼苗死亡。

蛴螬以幼虫或成虫在无冻土层中越冬，活动与土壤温度、湿度关系密切。当地表下10厘米地温达5℃时，开始上升至表土层；13～18℃时活动最旺盛；23℃时则潜入土层深处危害严重，尤其是施用未腐熟有机肥的苗床危害更为严重。

防治蛴螬的措施：首先是不施未腐熟的有机肥，防止招引成虫飞入棚室产卵，减少将幼虫和卵带入苗床。其次是人工捕杀，施有机肥时把蛴螬筛出或发现菜苗被害时挖出根际附近的幼虫。床土的处理方法与防治蝼蛄相同。在蛴螬发生较重的苗床，用50%辛硫酸乳油1 000倍液或80%敌百虫可湿性粉剂800倍液灌根，每平方米苗床8～10千克。

(3)种蝇：种蝇俗称地蛆，主要危害瓜类、茄果类、豆类、葱蒜类及十字花科蔬菜。育苗期间种蝇主要危害种子和幼芽，幼虫从发芽孔钻入种子内咬食幼胚造成腐烂，不能出苗，或从幼苗根茎部钻入幼苗向上串食，被害部溢缩，秧苗萎蔫死亡。

防治方法：用腐熟的粪肥配制床土，减少种蝇产卵；用5%辛硫酸颗粒剂1～1.5千克与20～30千克细土混匀，撒施于床土内，杀死床土中的幼虫和卵。当苗床上发现有少量种蝇飞时，及时喷洒80%敌百虫可湿性粉剂800倍液或80%敌敌畏乳油1 500倍液，每隔7～8天喷一次，连续喷2～3次。如发现地蛆危害幼苗，可用80%敌百虫可湿性粉剂800倍液灌根。

另外，育苗过程中还经常受到蚜虫和温室白粉虱的危害。主要的防治方法是，在育苗棚的放风口搭盖25目左右的银灰色防虫网，防止蚜虫、白粉虱进入育苗棚；利用蚜虫和温室白粉虱的趋黄性，在苗床上张挂黄板，每亩挂50～60块。育苗床土已发生蚜虫、白粉虱时，用3%啶虫脒乳油1 500倍液，或10%吡虫啉2 000倍液，或25%阿克泰2 500倍液，或每亩用70%艾美乐2克对水喷雾。

六、嫁接育苗技术实例

1. 茄子嫁接育苗

根据接穗的来源不同，茄子嫁接育苗技术，可分为实生苗嫁接和老枝更新嫁接。实生苗嫁接选用栽培品种的种子培育出的幼苗作接穗，用托鲁巴姆作砧木。老枝更新嫁接用上一年栽培的茄子植株在产量盛期过后，从四门斗茄子的结果部位剪去其上面的老枝(剪老枝时要选在晴天进行，剪茬后要及时用70%的甲基托布津可湿性粉剂对成浆糊涂抹伤口部位，其后加强肥水管理促其生长新芽)萌发的新芽作接穗进行嫁接。嫁接一般在6月上旬至7月中下旬进行，菜农可根据定植时间调节播种和嫁接时间。

(1)实生苗嫁接：

①苗床准备。选择地势较高、排水和浇水条件方便的大棚内搭建苗床，在棚内一边建宽1.2米的苗床，长度根据需苗量多少而定，苗床周围起20厘米宽、10厘米高的垄。苗床内营养土用60%的无病原菌的田园土和40%的充分腐熟的圈肥过筛混合均匀。如用营养土块育苗，深度要达20厘米；如用营养钵育苗，深度可与营养钵等高。用营养土块育苗，播前苗床要用杀菌剂处理防治猝倒病，可用恶霉灵、正源或400倍72%普力克水剂的药液喷雾苗床，与土充分混合均匀。

②催芽。每亩用托鲁巴姆砧木种子15～20克。首先，用98%赤霉素原粉1克对水250克浸泡托鲁巴姆种子48小时，清洗干净后用棉纱布包好进行变温催芽。在15℃的环境条件下放置16小时，在30℃的环境条件下放置8小时，每天变温一次，约需8天，当50%种子露白时播种。

③播种。苗床浇足水，当水渗下后，将催过芽的砧木种子按8厘米×8厘米或10厘米×10厘米播种，每个方格一粒种子，种子深度为种子高度的1倍或1.5倍。砧木播后15～25天、2叶1心时播茄子种子。茄子播种技术与茄子实生种子育苗技术相同。

④移苗。当砧木苗3～4片真叶时移入口径10厘米的营养钵中，注意温度控制在30℃左右。

⑤嫁接。茄子一般采用劈接法嫁接。砧木苗25～30厘米时，留15～20厘米割去头，并从

茎中间劈一刀，深度在1厘米左右。将茄子接穗苗留5～6厘米高，并将茎的两边各削一刀呈楔形，插入砧木。将砧木和接穗的木质部、韧皮部对齐，用塑料夹夹住，插入嫁接苗床，盖上小拱棚，保湿遮阳，温度在28～30℃，相对湿度在90%以上。如湿度过低，则在第2天的早上用喷雾器对嫁接苗喷清水，1周后逐渐加大通风量，等嫁接口愈合后去掉小拱棚。

苗床管理注意控制温度，白天气温25～30℃，夜间20～25℃。5～7天大部分嫁接口愈合后，逐步放风降温，白天气温25～28℃，夜间20～23℃。当真叶长出后，温度再适当调整提高，白天气温25～30℃，夜间气温20～25℃。待接穗长到4叶1心或5叶1心时定植。

(2)老枝更新嫁接：在上茬茄子收获盛期结束后，从四门斗茄子的结果部位剪除其上的老枝，操作要在晴天进行。然后加强肥水管理，培育老枝上萌发的新枝芽。当新枝芽的直径和砧木茎的直径相等时，取其新枝芽与砧木嫁接，或取新枝芽扦插成活后与砧木嫁接。特点是节省种子或购苗成本。与同期实生苗嫁接比，植株缓苗慢，坐果晚10～15天。因此，用此法育苗时间要提前15天。此期间育苗要加强温度控制，白天气温28～32℃，夜间23～25℃。必要时可在温室的薄膜外面覆盖遮阳网，遮阳率要达到75%以上。

(3)实生苗分段嫁接：在当前进口种子比较昂贵的情况下，菜农为了节省种子或购苗成本，一般采用“头接”、“二接”或“三接”的方法来培育种苗。苗床整理及砧木播种、苗床管理等与其他育苗技术相同。

①培养接穗与砧木。自己育苗或购买种苗，茄子播种时间较一般实生苗嫁接播种时间提前20天。培育足够多的砧木，并根据嫁接时间分期播种。头接与二接、三接所用砧木播种间隔时间为3～4天，有时农民为省事，也可同时播种。

②头接。在接穗长到6叶1心时，取其顶端2叶1心与砧木嫁接，称为头接。取接穗头后的接穗苗需要继续培育，一般浇一遍清水或加入少许尿素浇水，以促长，可用72.2%普力克水剂800倍液喷雾，以防止病菌感染。

③“二接”或“三接”。“二接”即指用头接后养生的接穗，取其上端2个节间与砧木嫁接。在嫁接时将接穗上的叶子全部摘除，以减少嫁接后的水分蒸发。同理，“三接”即指用头接、二接后的上端2个节间与砧木嫁接。目前，“三接”在实际生产育苗中已比较普遍。

2. 西瓜嫁接育苗

设施西瓜栽培是在寒冷的秋冬季节，利用新型节能日光温室栽培的一种高度集约化栽培方式。这种设施光能利用率高，升温快，保温效果好，深冬不用人工加温，一次性投资可多年受益。但西瓜容易得枯萎病，一旦发生将会导致西瓜严重减产，甚至绝产。要依靠西瓜自身的力量来防御枯萎病，则要进行7～8年的轮作。在年年进行西瓜设施栽培的地区，大都因为土地或设施条件的限制而无法长期维持合理的轮作。在这种情况下，要采取特殊的嫁接栽培技术，提高西瓜的抗病能力。

(1)嫁接栽培的主要优点：

①有效防止枯萎病的发生。西瓜枯萎病的病原菌是镰刀菌属中的西瓜专化型真菌，称为西瓜导管型镰刀菌。这是一种土传病菌，这种病菌的侵染、寄生具有专一性，即只侵染、寄生西瓜根系，而对其他瓜类的根系不致病。侵染时病菌从根毛顶端的细胞间或根部伤口进入维管束，在导管内发育，分泌果胶酶和纤维素酶，阻塞导管，干扰新陈代谢，致使西瓜植株萎蔫、中毒而枯死。以西瓜为接穗，以砧木通过嫁接换根，可达到防病的目的。

②增强生长势，提高抗逆性。由于嫁接换根，砧木发达的根系促进了全株生长势的增强，

从而也提高了植株的抗逆性。例如，南瓜在低温下有良好的生长性，在西瓜的冬春保护地栽培中被广泛应用。另外，南瓜根系膜稳定性好，根系活力强，对钾、钙、镁等吸收多，降低了膜脂过氧化作用和质膜透性，使抗盐碱性也大大提高。冬瓜具有喜温耐热性，以冬瓜作砧木可以增强西瓜的抗热性。

③明显增加产量。据试验，西瓜采用嫁接栽培能明显增加产量，一般增产20%～30%。这是因为砧木的根系发达，吸肥吸水能力强，植株生长健壮，耐低温和抗旱等抗逆性大大增强，从而提高了产量。

(2)嫁接砧木的选择：西瓜嫁接必须选用优良的砧木，才能达到防病和早熟增产的效果。

①选择砧木的依据。

第一，砧木与西瓜的亲和力。亲和力包括嫁接亲和力和共生亲和力两方面。嫁接亲和力，是指嫁接后砧木与接穗(西瓜)愈合的程度，通常用嫁接后的成活率表示。接后伤口愈合快，成活率高，则表明该砧木与西瓜的嫁接亲和力高，反之则低。共生亲和力，是指嫁接成活后二者的共生状况，通常用嫁接苗的生长发育速度、生育是否正常、结果后的负载情况等来表示。嫁接亲和力与共生亲和力并不一定一致。有的砧木嫁接成活率很高，但是后期表现不良，甚至有些植株突然凋萎，表现共生亲和力差。因此，生产上宜选择嫁接亲和力与共生亲和力都较高且一致的砧木。

第二，砧木的抗枯萎病能力。这是选择砧木的关键所在。导致西瓜发生枯萎病的病原菌中，以西瓜菌和葫芦菌最重要。因此，砧木必须能同时抵抗这两种病原菌。葫芦不抗西瓜菌，不是绝对抗病的砧木。南瓜则表现对这两种菌的兼抗性，南瓜才是可靠的抗病砧木。选用的抗病砧木，应该达到100%不发生枯萎病。

第三，砧木对西瓜品质的影响。不同的砧木对西瓜的品质有不同的影响。不同的西瓜品种，对同一种砧木的嫁接反应也不完全一样。西瓜嫁接栽培，必须选择对西瓜品质基本无不良影响的砧木。一般南瓜砧有使西瓜果实的果皮变厚、果肉纤维增多、肉质变硬的作用，并可能导致含糖量的下降，而西瓜共砧或葫芦砧较少有这种现象。

第四，砧木对不良条件的适应能力。在嫁接栽培的情况下，西瓜植株在低温环境中的生长能力(低温伸长性)、雌花出现早晚和在低温下稳定坐果的能力(低温坐果性)以及根群的扩展和吸肥能力、耐旱性和对土壤酸度的适应性等，都受到砧木固有特性的影响。不同砧木的特性及其影响也不相同。因此，要根据需要来选用适宜的砧木，这是获得西瓜早熟丰产和优质的关键。在冬春早熟栽培的情况下，由于温度低，应选用低温伸长性和低温坐果性好、对不良环境条件适应性强的砧木。

②选用的砧木品种。砧木与接穗亲和力强的品种有以下3种。

瓠瓜。瓠瓜与西瓜血缘相近，因而嫁接亲和性好，苗期生长旺盛，对西瓜品质影响不大。缺点是低温伸长性不如南瓜，并且容易发生炭疽病，有时成株出现凋萎。目前此砧木在不少西瓜产区应用。

南瓜。南瓜品种很多，但并非每个品种都可作西瓜砧木，多数并不适合作砧木。南瓜对枯萎病有绝对的抗病性，并且低温伸长性和低温坐果性好，在低温条件下的吸肥能力也强。但其与西瓜的亲和性在品种间的差异较大，一些品种有使西瓜果皮变厚、肉质增粗和含糖量下降的不良影响。据试验，新士佐南瓜砧木具有良好的亲和性、低温伸长性和低温坐果性，具有100%的抗枯萎病能力，并且对西瓜果实品质影响不大(但也因西瓜品种而异)，是可用于西瓜早熟栽培的优良砧木品种，在寿光及整个山东地区西瓜早熟生产中应用表现良好。

葫芦。葫芦具有与西瓜良好而稳定的亲和性，对西瓜品质也无不良影响，其低温伸长性和吸肥力仅次于南瓜。主要缺点是能受到西瓜菌的感染，不能绝对抗枯萎病，在生产中应引起注意。

(3)嫁接方法：嫁接方法的好坏直接影响到嫁接的成活率和嫁接的工作效率。目前，在生产中常用靠接和插接两种方法。

①苗床设置：嫁接栽培的苗床需要按1个接穗(西瓜)、1个砧木(新士佐南瓜)苗床、2个嫁接苗床设置。苗床按南北向建成宽1.2米、高出地面7厘米的畦子，长度和个数按育苗设施和育苗多少而定。西瓜苗床最好建在棚室入口近处，以利通风炼苗。新士佐南瓜苗需高温，宜建在里侧，最后是嫁接苗床。床土的配制参照“培育壮苗”部分内容执行，只不过不需要制作营养钵，只用营养土块即可。

②播种时间：不同的嫁接方法，要求的适宜苗龄不同，不同砧木种类的幼苗有生长快慢的差别。要想砧木与接穗的嫁接适期相遇，必须通过调节播种期来确定。以新士佐南瓜为例，采用靠接时，南瓜砧木比接穗晚播几天；采用插接，则南瓜砧木需要比西瓜早播3～4天为宜。

③嫁接适期：嫁接适期为砧木(新士佐南瓜)的第1片真叶出现到刚展开期间为宜，过晚则子叶下轴发生空心，影响到成活率。西瓜苗以子叶刚展开为宜，直到子叶刚展平期均可嫁接。

④嫁接工具：嫁接所需的工具应在嫁接前一天准备好，主要有保险刀片一盒、竹签10个、嫁接夹若干、脸盆、清水、75%医用酒精及板凳、茶盘和小方桌等。竹签削成与西瓜下胚轴粗度相同的楔形略扁，横断面呈半圆形，先端渐尖。嫁接时工作人员的手指、竹签、刀片等都应消毒，防止病菌从伤口侵入植株体内。嫁接前3～4天时，对嫁接苗床要浇一次透水。选择晴朗无风天气，气温25℃左右，空气相对湿度在90%左右的场所进行嫁接操作。为防止苗期病害的发生和流行，嫁接前1～2天可在苗上喷洒百菌清、多菌灵等药物。操作时，工作人员应分工协作，流水作业，可提高工效，保证嫁接质量。

⑤靠接法：将大小相近的砧木和接穗一同拔起，用刀片轻轻削去砧木的生长点(不要损伤子叶)。在砧木下胚轴上段靠近子叶节1厘米的位置，用刀片按45°角往下斜削一刀，深及胚轴的2/5～1/2，长度约1厘米，呈舌状。然后在接穗的相应部位向上斜削一刀，深及胚轴的1/2～2/3，长度与砧木切口相等，也呈舌状。然后将接穗和砧木的舌部切口相互嵌入，用专用嫁接夹夹住即可。注意的是，要从接穗一侧上夹，以免接穗脱出。嫁接完成后，把砧木和接穗一同栽入嫁接苗床。栽时应使接口离开床土1厘米以上，以免感染病菌。砧木和接穗的根应隔开一段距离，以便于在接穗成活后切断下胚轴。靠接法的优点是技术较易掌握，嫁接的成活率高。缺点是嫁接速度相对较慢，嫁接成本略高，接口离地面较近，容易感染病菌。寿光和邻近市(县)普遍采用此法嫁接西瓜和其他蔬菜。

⑥插接法：又称顶接法。嫁接时先用保险刀片将砧木刚展开的第1片真叶及生长点从基部去除干净。然后用竹签在砧木上方切口处，顺子叶连线方向向下斜插入砧木子叶下胚轴，角度呈30°，深度在0.6～0.8厘米(暂不拔出竹签)，应注意使竹签尖端达到子叶下胚轴的另一侧皮层，顶在该部位的手指有触感时为宜。与此同时，取出接穗苗(接穗苗事先放在装有净水的盆中)，用左手拇指和中指轻轻将两片子叶垂直合拢，食指自下而上托顶住下胚轴，使下胚轴持平。右手持用医用酒精消毒过的刀片，先将下胚轴上方表皮削掉，再翻转接穗，从另一侧前斜削一刀(注意切面要平直)，使之呈楔形。然后迅速拔出砧木中的竹签，将接穗削好的楔形子叶

下胚轴准确地按竹签插入方向斜插入砧木的孔中，与砧木切口四壁刚好贴合。插接随时应注意使接好后接穗的子叶方向与砧木子叶呈“＋”字形交叉。插接法的优点是操作容易，嫁接速度快，可流水作业，不需要嫁接夹等，但技术性标准比靠接法要求高，在一定地区使用。

(4)嫁接后苗床管理：嫁接成活率的高低，除与嫁接技术质量有关外，嫁接后的苗床管理也起着关键作用。西瓜嫁接完成至成活期间，要求在保温、保湿、遮光的封闭苗床内进行培养，以促进愈合，使砧木和接穗的维管束完全相互接通，保证正常生长发育。若只有1/4的维管束接通，则嫁接苗需较长时间才能恢复正常，甚至不能正常生育。西瓜嫁接苗的护理要点是保温、保湿、遮光、防病等。管理分为接口愈合期管理和接口愈合后管理两个阶段。

①接口愈合期管理。嫁接后10天左右是接口愈合期，该时期要创造有利于愈合的温湿度条件，同时要注意防止病害的发生。此期间对各种条件的要求如下：

温度。适宜的温度能促进细胞分裂，加快接口愈合，最有利于接口愈合的温度是白天25～28℃，夜间18～20℃。如果夜间气温低于16℃，特别是有寒流侵袭时，应及时加盖草帘防寒，并密封苗床保温。

湿度。接口愈合前，采用靠接法嫁接的砧木和接穗的茎部都有一部分被切断，水分供应相对减少。采用插接法嫁接，被切断的接穗完全得不到水分的补充。此时如果水分过多的蒸发，会使砧木和接穗萎蔫。因此，嫁接完毕后嫁接苗床要浇一次小水，然后扣小拱棚，3～5天内严格密封，并用苇席和草毡适当遮阳，以保证空气相对湿度在90%以上，使砧木和接穗不会萎蔫。但要注意，如果小拱棚内相对湿度过高时，结出的水滴流到嫁接接口上，就会导致接口霉烂和嫁接苗死亡。所以，湿度过高时应适当将小拱棚打开放风，前提条件是要保证不降温。

光照。为了减少接穗的水分消耗、防止萎蔫，嫁接后要先将苗床用草帘遮盖起来。当嫁接苗成活后，应立即去掉遮光物。嫁接苗的成活与否，一般观察接穗是否保持新鲜、不凋萎，主要看接穗是否明显生长，并较快展叶。这期间的遮光，一般是嫁接后3天实行全部遮光，只可以透过微弱的散射光。先是侧面光，然后逐渐增加见光量。一天中以上午10时至下午4时遮光，成活前后则只在中午烈日下短时间遮光即可。在遮光期间，如遇阴雨天时，就要揭除遮光物。这样既可以防止接穗因光照强烈发生萎蔫，有利于成活，又可以防止嫁接苗长期不见光致使徒长和叶片黄化，影响以后健壮生长。

②接口愈合后管理。接口愈合后，应适当降低空气相对湿度(60%～85%)，并增大昼夜温差，进行壮苗锻炼。一般白天气温25～30℃，夜间10～15℃。另外，应做好以下几项工作：

做好苗期病虫害的防治。发现病虫害及时喷药防治。西瓜嫁接后，苗子相对较弱，这就为病虫害的发生提供了机会。除前期苗床土除虫杀菌工作外，也要注意苗期病虫害特别是炭疽病、立枯病、疫霉病、蛴螬、金叶虫、地老虎的发生。如果发生，要及时注意防治。

除萌。在嫁接时，虽然切除了砧木的生长点和已发出的真叶，在高温高湿条件下，随着嫁接苗的生长，砧木上还会萌发出许多新的侧芽，并很快长出新叶，成为侧枝，严重影响接穗的生长发育，甚至导致接穗死亡。因此，接口愈合后应及时切除砧木上新发出的侧芽，但砧木的叶子应予保留。

断根。采取靠接法嫁接，接穗带有根系。接口愈合后应及时切断接穗的下胚轴，使其依靠砧木生长，这就是断根，应在嫁接后7～10天进行。为防止断根过早而引起接穗凋萎，可先做少量断根试验，当确定无问题时再进行全部断根。具体方法是，在接口以下1厘米处用小剪刀将西瓜下胚轴剪断，然后拔除西瓜原根系即可。以后要经常检查剪口处，若西瓜发生不定根应及早去除。

另外,要及时去除假成活苗与未成活苗。

(5)嫁接苗的定植及管理要点:西瓜嫁接后25～30天,苗子达到3叶1心时即可定植。

采用嫁接育苗,应注意不要使苗龄超过30天,以防因砧木根系过于生长老化而在定植时受伤,影响缓苗成活。嫁接苗定植时,要严格注意不要栽培过深,一旦发现此现象,应将其自生根断掉,并将周围土壤扒离西瓜下胚轴,以防再发生自生根。采用嫁接栽培情况下,由于砧木吸肥能力强,特别是对氮素的吸收力强,可适当减少底肥用量,以防过分旺长。尤其是南瓜砧,底肥用量可减少30%,葫芦砧可减少20%,但应注意追肥,根据各个生长时期的状况,及时追施不同的肥料。氮肥施用量可减至西瓜自根栽培用量的70%～80%。采用嫁接栽培后,整枝应适当提早,以促进主蔓生长。但过于严格整枝特别是过早打去侧蔓,也可能影响根系生长扩大。为此可在多余侧蔓长至10～15厘米时再去掉。适时去除嫁接夹。去夹时间不可过早,应在定植后吊蔓前进行,否则移栽时接口处容易断裂。

采用嫁接栽培西瓜时,不可再用埋土压蔓的方法,而采取吊蔓或支架栽培,否则会因西瓜压蔓节上长出自生根而感染枯萎病,失去嫁接意义。也可采取畦面铺草的方法固定瓜蔓,尽量防止瓜蔓与土壤直接接触而发生自生根。

3. 甜椒嫁接育苗

(1)砧木播种技术要求:砧木种子播种前要进行相应的种子处理。种子播前进行温汤浸种,用占种子重量2～3倍的55℃的温水,将种子放入温水中同时迅速搅拌,直到降至30℃左右,浸泡2小时左右将种子捞出,晾晒至种子不相互粘连时播种。包衣的种子可以直接播种。砧木种子要求播种在50穴孔或72穴孔的穴盘中,以便于嫁接操作。砧木种子播种的深度为0.8～1.0厘米,播后覆盖蛭石,将穴盘刮平即可。播种后浇透水,进行催芽处理。

(2)播期的控制:砧木与接穗的播种间隔期,在夏季生长迅速时,砧木比接穗早播种7天;在秋冬季节,砧木比接穗早播种10天。

(3)砧木的管理:砧木出土后,对砧木进行一定的化控处理,促进砧木茎秆生长粗壮,对砧木进行适当的控水,砧木的木质化程度适当加快,提高砧木的抗逆能力。

(4)接穗的管理:接穗出土后,进行适当的炼苗处理。适当的化控、水分调控和风吹等措施,促苗变得粗壮,促进茎秆的迅速木质化,提高抗逆性,为嫁接作准备。

(5)嫁接时期:春夏季节嫁接甜椒,接穗的苗龄在35天时为好,此时接穗长到4叶1心,营养体比较大,嫁接的成活率高。同时接穗的茎秆有一定程度的木质化,抗感染能力较强。在秋季,进行嫁接的苗龄为45天。

(6)嫁接的物质准备:甜椒嫁接要准备遮阳的暗室,经多次反复的试验,在日光温室或智能温室中进行嫁接最好采用小拱棚暗室。暗室要求前期能完全遮光,后期能见到散射光。暗室内建有苗床,苗床的高度离地面10～15厘米,便于及时补充水分,提高空气的湿度;暗室采用双膜覆盖,外面为完全不透光的黑色膜,内层为透光性好的普通塑料膜。准备好嫁接操作台,便于嫁接,并对嫁接刀具进行消毒处理。嫁接前对嫁接的操作场所进行彻底消毒,砧木要浇足水,接穗进行适当控水。嫁接时选择天气晴朗时进行。

(7)嫁接操作:经过多次试验,甜椒嫁接以劈接效果较好。将砧木沿子叶的上端平齐用刀轻轻削去,用消毒液对切口进行处理,待切口上的伤流液和消毒液晾干后进行嫁接。嫁接前,对接穗进行一定的杀菌剂处理,晾干后将接穗从子叶上方切下,用刀片削成长0.8～1.0厘米双面楔形。在砧木上对应的中部用刀切出深度达 1.0 厘米的嫁接口，将接穗小心地放入到嫁接口中央，两部分尽量靠紧，用专用的平口夹夹好。每切一株接穗或砧木刀片要进行一次消毒，防止交叉感染。嫁接好一盘后，及时将接好的苗放到暗室中，取放苗盘后重新嫁接时要用消毒液洗手。接穗的第一片叶片要与砧木的子叶垂直，嫁接的接口要充分接合，要求接穗的楔形与砧木接合紧密，既不能下部有孔隙，也不能插入过多导致接穗弯曲。

(8)嫁接后的管理：嫁接后，对暗室要求的相对湿度 95%以上，温度在 23～25℃，尤其是在夏秋季节，嫁接后白天温度过高时要及时进行降温，可在黑膜上喷水进行降温。保持暗室中的湿度，一般可用在苗床底部灌水的方法解决。冬春季节温度低时，可以加盖草苫进行夜间保温。嫁接后第 1～3 天要进行完全遮光，第 4 天开始进行早晚见光炼苗。进行炼苗时，对苗的生长状况进行及时检查，发现感染的病苗及时清理，并进行相应的药剂杀菌。第 7 天后只在中午进行适当遮光。夏秋高温季节嫁接苗一般在 9 天左右即可完全成活，可进行常规的管理；冬春季节气温低，一般在 12 天左右即可转入常规苗的管理。

(9)嫁接苗的管理和运输：嫁接苗的高度要高于常规苗，在日常管理和运输过程中由于嫁接夹的存在，易造成机械伤害，在管理和运输过程中要轻拿轻放，防止机械伤害。

(10)适期定植：甜椒嫁接苗一般夏秋季节在嫁接后 15 天左右定植效果较好，冬春季节嫁接后 20 天左右定植较好。

(11)嫁接中的主要问题：

①接口感染。一般在嫁接后 4 天开始表现，出现接口处腐烂，呈湿腐症状，是造成嫁接成活率低的主要因子。

②嫁接后脱水。在夏秋季节较为常见，出现在嫁接 5 天后，接口愈合慢，易造成接穗脱水干枯，嫁接不成功。

③温度过高。嫁接后遇到高温，尤其是在暗室中的温度超 30℃时，造成接穗营养消耗过多，部分叶片脱落，成活率降低或形成弱苗。

④温度过低。在冬春季节多发生，特别是夜间温度过低，接口愈合慢；在夜间出现接口结露，造成接口处因积水引起腐烂。

针对以上问题，嫁接时严格无菌操作和各项消毒措施；嫁接后用杀菌剂及时杀菌，嫁接 3 天后结合通风炼苗防感染。嫁接后，要及时观察，发现缺水及时进行空气补湿，提高湿度。及时对暗室内的温度进行调控，防止温度过高或过低。

（许美荣　张锡玉　刘文波　董甜　国家进　于建义　魏家鹏）

第五章　乐义蔬菜大棚的创新与发展

一、乐义冬暖式大棚的创新

1. 乐义一代冬暖式大棚

该棚是在吸取外地经验和寿光当地的实际立地条件与做法的基础上研制而成。

(1)后墙与两山墙的厚度:第一代大棚墙体设计厚度为基部 1.2～1.0 米、上部 1～0.8 米,比当地最大冻土层还厚 60 厘米,能够达到较好的隔风保温效果,起到了隔寒、保温、贮热的作用,这是乐义冬暖式大棚的创新之一。

(2)大棚的最佳方位:冬暖式蔬菜大棚最关键的因素是采光和保温,当确定寿光正午太阳投影方向后(即南北向),适当延长下午光照时间,可提高棚内的温度,促进作物光合作用,有利于作物生长。偏西 5°,确定大棚的东西向,这样就有利于提高棚内的温度,棚内温度提高,地面、后墙贮热能量增大,夜间温度就相对提高,这是发明第一代大棚成功的创新之二。

(3)大棚面积与间距:根据当时的条件,科学合理确定大棚的东西向长度分别为 60 米和 80 米,大棚宽度 7.2 米。根据“冬至”当天上午 8 时至下午 4 时阳光投影长度、棚体高度,计算出大棚投影的最大值,以此值确定前后相邻两棚的距离,以前棚不遮后棚为原则。第一代大棚确定了 18 米的棚距,既节约了土地,又有利于生产,这是乐义冬暖式大棚成功的创新之三。

(4)最佳的大棚前坡拱面:原来寿光低温棚后墙高度一般都在 1.5 米左右,第一代乐义冬暖式大棚墙体高度为 1.8～2 米,为加大前坡面接受阳光的角度和有利于贮温保温,增加了后斜坡面。即山墙最高点设立在与后墙内侧水平相距 0.8 米处。山墙最高点 2.7～2.8 米,后坡水平夹角为 45°,这样能够最大限度地接受太阳直射光与辐射光。增加后斜坡并呈 45°夹角,是乐义一代大棚的成功创新之四。

前坡大、后坡小、高度大、跨度相对小,前坡底角及前坡棚面切线角度 2 米、4 米、6 米处分别为 26.6°、21.8°、14°。根据凹凸镜原理,前坡面设计成拱形,即从两山墙最高点向南顺坡而下,形成一定弧形到前脸处斜插而下,建成拱弧形的棚面。既便于棚内操作,又使升温效果成倍增加,比原春用型大棚提高 8℃以上,这是乐义一代大棚成功的创新点之五。

(5)选用高性能棚膜:在设计建造冬暖式大棚时,选用聚氯乙烯无滴薄膜(PVC),可防结露、防水滴伤害作物。PVC 光线入射率高,保温性能强、耐老化,延长使用寿命,比普通膜提高透光率 30%以上,这是创新点之六。

(6)最大限度地减少前棚面遮阳物:乐义一代大棚棚面支撑物东西向采用钢丝拉紧而成,既节约了成本,又减少了光线的遮挡,这是创新点之七。

(7)选用稻草草苫:冬暖式大棚最大限度地接受光照与夜间保温是关键,后墙增高增厚、前坡起拱、设计后坡并加厚、选用优质的薄膜等因素为冬暖式大棚的建造成功起到了决定性因素。由于前坡面大,晚间散热面积大,棚面保温就成了至关重要问题。在多种覆盖物中,经反复试验确定香蒲草帘质松且不密实,原料来源少、价格高、保温效果较差不宜选用。选用稻草制成的草苫质重且密实、价格低廉,是大棚覆盖草苫良好的选择。同时适当增加草苫厚度,对冬暖式大棚的夜间保温起到了重要作用。这是创新点之八。

(8)乐义大棚适用地区较广泛,经济实用:这种大棚适用于北纬39°以南的冬季严寒和较寒冷的广大地区。在冬季无需人工加温的情况下,能成功地生产喜温性蔬菜,可进行多种喜温性蔬菜秋冬茬、越冬茬、冬春茬生产。在北方冬季寒冷地区,过去冬季生产喜温蔬菜,需要在人工加温的温室内进行,加温费用占总费用的50%~70%,且管理难度大,不适于大面积推广应用。第一代乐义冬暖式大棚研制成功,为大棚生产秋冬茬、越冬茬、冬春茬喜温蔬菜获得成功提供了保证。不仅节省燃料费用,降低生产成本,而且便于管理、经济实用,适于大面积推广应用。

(9)结构安全可靠,抗风雪能力强:因其整体结构合理和稳定性好,所以抗雪和抗风能力都很强,一般极少出现因大雪压塌棚架或因暴风揭棚顶的灾情。

(10)造价较低,经济效益显著,易推广应用:建造这种冬暖式大棚所用材料多可就地取材,因而造价较低,与多数农民的支付能力相适应,且经济效益高,非常便于推广应用。冬暖式大棚蔬菜生产是属于低投入、高产出的经济结构型,在我国北方冬季严寒及有霜冻的广阔地区有广泛推广应用价值。

在当时,万元户一般农户是不敢想像的,全县有几个万元户就很好了,还要在大会上表彰,乐义一代冬暖式大棚的发明成功,不到一年三元朱一个村就冒出17个双万元以上的户。以上十点发明创新起到了决定性的作用。第二年在王乐义的指导下,这种大棚在寿光推广达到5 000余个,取得了可喜的效益。

2. 乐义第二代大棚

1991年以后,随着寿光大棚的不断推广,在建设和技术方面也进行了更新和改造。墙体由原来的干打垒改用麦穰泥托建,特点是墙体更牢固,防止雨水侵蚀坍塌墙体,不干裂,更易保温。两山墙及后墙又加厚,增加了贮热保温性能等。比第一代大棚在结构上增加了2个创新点,使大棚采光更好,保温、升温性能更强。

(1)大棚的创新:

①增加了跨度和高度。跨度增至8米宽,其中后墙宽度(厚度)仍为1米,后立柱距后墙仍为0.8米,后立柱到戗柱基部(前窗底脚)为7.2米。增设了一排中立柱,增加的跨度部分,实际上是增加的前坡面水平宽度。因前坡面宽度增加,前坡的压力也相应增加。为相应地增加对前坡的支撑力,增设了一排中立柱。棚脊高度、后立柱高度、中立柱Ⅰ和中立柱Ⅱ的高度都显著增高了。建成的第二代大棚,棚脊高度3.5米。后立柱高度、中立柱Ⅰ的高度、棚脊高度,均比第一代增高了0.5米。

②改进棚面角度采光量更大。第二代大棚的棚面角为24.2°,虽然比第一代的棚面角26.6°小了2.4°,但从中立柱Ⅰ到前立柱与第一代大棚的棚面相同宽度的棚面角为27.3°,比第一代棚的棚面角大0.7°。这种大棚的前檐以北2米、4米、6米处的棚面切线角分别为26.6°、21.8°、14.7°,这与第一代大棚前坡面的切线角度一样大;只有从中立柱Ⅰ到棚脊的切线角为

11.3°,也达到了此处应具有的切线角度标准。

③乐义冬暖式第二代大棚的东西向拉紧钢丝根数增多。此大棚共需用35～37根东西向拉紧的24号或26号钢丝,较乐义冬暖式第一代大棚多用4根。后坡设置的东西向拉紧钢丝根数与第一代大棚的一样多,共为10根。前坡的东西向拉紧钢丝共25～27根,其中3根均匀地设在拱杆下作吊架用,另外21根在拱杆上均匀铺设。由于此大棚的前坡水平距离比第一代大棚增加了1米,故拱杆长度和草苫长度均需增长1.2米左右。

(2)大棚的性能特点:乐义冬暖式第二代大棚的棚面角为24.2°,仅比第一代大棚的棚面角小2.4°,但第二代大棚的前坡面比第一代大棚增宽了0.8米,且从中立柱Ⅰ到前立柱的水平直线与中立柱Ⅰ顶端至前檐底脚斜线的交角为27.3°,这就使二代大棚中立柱Ⅰ以南的棚面角度,比第一代大棚的棚面角26.6°大0.7°。又因前檐以北2米、4米、6米处的切线角度分别为26.6°、21.8°、14.7°,与第一代大棚此处的切线角相等。中立柱以北的棚面角度也达到了设计理论要求,为11.7°。因此,乐义冬暖式第二代大棚的采光增温性能好于第一代大棚。

从大棚前后坡的水平宽度比例看,乐义冬暖式第二代大棚的后坡水平宽度,比第一代大棚的后坡水平宽度相对短,但由于第二代大棚的前坡宽度大,透光面也就大,且采光性能好,所以补偿了后坡贮热保温能力略差的不足。因此,在相同外界气候和管理条件下,第二代大棚内的夜间最低温度,不低于第一代大棚内的夜间最低温度。

乐义冬暖式第二代大棚,除具有第一代大棚所具备的性能特点外,还具有以下第一代大棚所不及的突出优点。

①栽培床面积比例较大,土地面积利用率较高。栽培面积宽度为大棚占用面积(包括防寒沟占地)宽度的78.3%。土地面积实际栽培利用率,第二代大棚比第一代大棚高出8.3%。

②棚内空间较大,利于作物栽培和生长。棚内空间较大,不仅便于瓜类、豆类、葡萄等攀蔓作物吊架立体栽培和香椿等高秆作物的种植,还可增加棚内二氧化碳气体的总容量,利于作物生长发育。

③便于棚内操作管理。由于此大棚的跨度较大,棚面较高,棚内空间较大,管理人员在其内操作劳动方便,劳动效率显著提高。

3. 乐义第三代大棚

随着对大棚蔬菜生产熟知程度的加深,冬暖式大棚也在不断的发展与创新,通过总结自身积累的经验与利用科技部门的科研成果后,1996年第三代乐义大棚研制成功。第三代大棚的研制成功,适应了当时生产的需要,增加安装了新的机械化设施,安装了电动卷帘机,起到了很好的科技示范带动作用。

(1)改竹木结构为钢木结构:棚内立柱对机械化生产带来很大不便,但棚内不设立柱,用竹竿作弧梁又不能承受重载、风载和雪载,经过反复试验与研究,改用钢管钢筋焊成的弧梁在离后墙0.8米处设立一排立柱,每3米一架拱梁,就可以经得住吊挂重载、风载和雪载,非常便于棚内机械化耕作,缺点是投资略大于竹木结构。

(2)适当增加棚宽加大种植面积:第三代大棚,棚长加到100米,棚宽加到9米,在第一代大棚的基础上增加了1.8米,加大了种植面积,使实种面积达到840米^{2}左右。单个棚种植面积的增加,给生产管理带来了极大的方便,但棚面采光弧度随棚宽的增加而减少,很难达到最佳采光效果,只有提高棚高来解决。经计算两山山墙设计最高点3.6米,后墙高度设计2.6米,大棚建成后,太阳投射角度加大且非常合理,光辐射强度增强,种植空间加大,蔬菜产量明显提高。但由于墙体增高，牢固程度降低，墙体防雨更为重要，第三代乐义大棚在外墙增加了砖砌防雨墙体，有的增加了防雨护板。

(3)短后坡，长前坡：这样采光比例大，增温效果好，晴天上午揭草苫后1小时，棚内气温能升8～10℃。

(4)增加后墙与两山墙厚度：由于后墙与两山墙厚度增加到2.5米，贮热保温能力显著。墙体增厚用土量增多，棚内需下挖50厘米，更利于充分利用地温。

(5)三膜夹一帘，增加反光膜：加厚保温草苫，加盖覆膜，即三膜夹一帘(地膜、棚膜、浮膜、草帘)。经过几年的种植发现靠近后墙处的植物长势较弱，经测试光照强度较低，采用反光膜增加光照强度，起到了很好的效果。随着采光面积的增大，晚间从采光面散发的热量也增大，加大草苫厚度，保证夜间温度散失相对减少，保证蔬菜正常生长。同时加盖一层浮膜，有利保温，并可防止雨雪淋湿草苫，充分提高了保温性能和防雨雪性能。

(6)棚内空间大：便于气体流通，二氧化碳含量增多，利于作物生产发育，产量显著增高。

(7)卷帘机：机械卷帘设备的发明安装，大大减轻了劳动强度。随着种植面积的扩大，棚体宽度的增加，草苫长度的增加和厚度的增加，人工拉放草苫已成为一项繁重的体力劳动，且拉放时间过长，不利于升温和保温。为解决这一难题，经反复试验研究，模仿人工拉帘的后卷轴式卷帘机发明诞生，首先在乐义三代大棚安装使用，并且迅速得到了推广(称为乐义一代卷帘机)。卷帘机优点是比人工拉放草苫速度快、省工、省力、省时，缺点是安装较麻烦。

4. 乐义第四代大棚

2002年，因大棚的多年使用，各种构件老化，墙体雨浸冻融坍塌剥落，维护困难，保温性能降低，生产效益连年下滑。在总结前三代大棚优缺点的基础上，设计改造出了第四代大棚，该大棚一经建成便迅速得以推广，并广泛应用于蔬菜、果树、花卉、畜牧、水产等行业。

(1)采用机械化建棚：随着机械化的发展，第四代大棚建棚采用了科学放线，挖掘机挖土，链轨拖拉机层层压实，当达到墙体规定高度后，即2.6米后用挖掘机按照放线位置略加倾斜下切形成内墙，外墙加以修理形成斜坡。墙基厚度在3.5米以上，为防雨浸顶部及外坡全部用旧膜覆盖防渗，全部建墙用土在留好熟土后就地取材。墙体建好后平整土地，放水沉实，节省了建棚用工量，非常经济便宜。

(2)充分利用地温：为解决土地筑墙用土，就地取材，棚面大量泥土用于筑墙，种植区地面下挖0.8米。冬季可以充分利用地温，使地温保持在15℃左右，墙体加厚，贮热能力加大，保温效果好，完全可以防止寒冷天气的危害，节约了土地，保护了环境，产量进一步提高。

(3)棚面加宽：棚面进一步加宽，长80～100米，宽10～11米。由于棚面加宽，加重钢梁用料耗资过大，采用中间顶水泥立柱的方法解决，进一步加高后墙体，后墙高度为2.8米，两山山墙高点高度为3.8米，这样建成的大棚采光、保温效果非常理想。

(4)长前坡、后短坡：第四代大棚结构的创新为长前坡、短后坡，由于前坡采光比例增大，所以采光性能特别好，在大棚容积较大的情况下，受光后升温较快。

(5)改进卷帘机：由于后卷轴式卷帘机安装麻烦，操作安全性差，时有事故发生。研制改进成前屈伸臂式卷帘机(称为乐义第二代卷帘机)，解决了这一难题。特点是安装简单、性能优越、安全性能好。缺点是对棚面及薄膜有时有损伤。

5. 乐义第五代大棚

2006年，在第四代大棚的基础上，研制成功的第五代乐义冬暖式大棚，分为经济普通型和标准型两种型号、6 种规格。第五代大棚已申请国家发明专利。第五代蔬菜大棚与第四代相比较，兼顾了实用性、永久性、实验性、示范性的特点。标准型采用全钢梁无立柱式，墙体进一步加高到后墙 3.2 米，两山墙高度 4.5 米。墙体顶部全部防渗处理，并用水泥浇注后顶坡。加保温板，采光保温效果更佳。便于机械化工作，犹如一座完美的绿色生物生产车间。

乐义五代大棚是寿光最新型的大棚，棚脊高达 5.3 米，后墙高度从地平面量起高达 3.2 米，南北跨度达 12 米，后墙底宽 4.5 米，棚长一般 100 米。后坡采用塑料泡沫保温板，与前四代大棚相比前后坡比例更加增大。因后坡没有加长，只加长了前坡，所以采光面积进一步增大。标准型全部采用双层拉花钢梁，只设一排后立柱，每 1.5 米一根钢梁，坚固耐用。空间进一步加大，进入大棚如同身在一座宽敞明亮的生物车间，产量进一步提高，效益较好。

在性能上由于前、后坡比例进一步加大，采光面积、采光角度进一步优化，遮阳面积相对减少，采光性能特别好。棚体容积进一步加大，受光后升温较快。后墙山墙外侧砖构，后墙顶山墙顶全部用混凝土预制。由于墙体及山墙进一步加厚，同时下挖到地平面 0.8 米（即冻土以下），更利于贮热保温，充分利用了地温，基本上在任何天气条件下，地温都恒定在 15℃左右，为作物生长提供了良好的环境。因棚内容积加大，二氧化碳贮量增大，有利于光合作用，可明显提高蔬菜产量。

标准型大棚产出投入比由于产量的提高，经调查年产值超 10 万元的大棚已经屡见不鲜。普通型五代大棚是针对造价较高、投资较大、大面积推广有一定困难等问题，在第五代标准型大棚的结构基础上，综合前四代大棚的建造方法研制而成。既有第五代大棚的综合优点，造价又低廉；缺点是永久坚固程度差，不美观。

同时研制成功乐义三代卷帘机，即前置轨道式、涡轮式、自动手动（防止停电）卷帘机，彻底克服了前置对棚面及薄膜损伤较大的缺点。

二、乐义冬暖式大棚的规划设计

乐义冬暖式大棚，是依据建造大棚的有关理论和地理纬度、土地等自然条件，对大棚的采光增温、御寒保温性能等各方面全面进行科学设计，所以这种大棚光能利用率高，增温、保温性能强，节能效果显著，经济实用，结构安全可靠，抗风雪能力强，造价低，经济效益显著，易于推广应用。

1. 大棚建设场地的选择

建造大棚的场地，要求避风向阳，地势平坦，土质肥沃，地下水位较低，灌排方便，四周无高大遮阳建筑物，光照和通风条件好，无空气、水质污染的地块。

（1）场地位置条件：乐义冬暖式大棚是设施农业的主要组成部分，应用年限较长，为便于管理，应集中建设，选择有发展空间，能不断扩大建棚，形成大棚群的场地。山区可借用自然避风向阳的高坎、土崖、围墙作挡风墙建造大棚，可节省建棚费用，且挡风保温贮热性能良好。在地下水位较高地区，应人工挖排水沟降低地下水位，有条件的地区可建排水站。

（2）光照和通风条件：冬暖式大棚是以太阳的光辐射为主要光、热资源。必须选择具有充足光照条件和通风条件良好的场地建大棚。因在早春及初夏的午间，棚内温度较高，需要及时通风换气降温，但不可将大棚建于风口处或高台地上，以防大风危害。

（3）土壤条件：大棚用于农业生产栽培，一般是多茬次立体高产栽培，最好选用物理性状良好、耕层疏松、富含腐殖质的肥沃土壤。优点是吸热性能强、透水透气性好,适耕性强,有利于根系生长。若立地条件较差的地块建好棚后,须增施有机肥和调酸压碱进行土地改良,保证作物有一个良好的生长条件。若用于其他用途生产,可根据用途不同选择不同的立地条件。

(4)水利和电力条件:建大棚应选择地下水位较低、排水良好的场地。如果地势低洼,地下水位较高,会导致棚内湿度过大,土壤升温缓慢,蔬菜根系生长不良、易感病害。同时大棚场地要求水源充足、水质良好,以冬季水温较高的深井水为宜。如果大棚场地具备良好电源,不仅便于提水浇地或实行滴灌、渗灌,而且还可采用电热线育苗或电热线补温。在遇到连续阴雪天气的情况下,还可在棚内设挂电灯,补充棚内光照,对蔬菜大棚栽培更为有利。若采用卷帘机,不间断供电极为重要。

(5)交通运输条件:目前设施农业已向规模化、产业化、现代化、标准化发展,必须考虑到交通运输问题。因此,要选择交通方便、便于管理和运输销售方便的区域进行规划设计生产基地。

(6)合理进行土地流转:大棚选址后根据土地状况确定总体规划目标,根据有关政策科学合理地办理土地流转手续,由有条件的农民加入到设施农业生产中。

2. 园区的布局

高标准的农业园区及设施农业生产区,一般应有核心区域、生产区域、加工区域、辐射区域,应在核心区域、生产区域和加工销售区域,形成一个便于生产销售加工的主通道,围绕主路向外辐射,以便于产品的运输销售。

3. 乐义冬暖式大棚的设计

(1)棚距设计:在园区的规划布局中应根据纬度、大棚高度,确定合理棚距。设施农业保护地栽培中的乐义冬暖式大棚以反季节栽培为主。在北半球"冬至"这天太阳高度最低,辐射角最小,物体投影最长。合理的棚距为前排大棚阴影不遮挡后排大棚前沿的采光为标准,物体投影随纬度增加而延长,这就是越往北的地区大棚棚距应相对加宽,大棚越高,棚距应相对加大,日出日落时物体投影长,中午时投影最短。以"冬至"这天的12时±4小时(即8时和16时)为遮阴系数最大,约等于上午遮阴系数的2倍。因此,"冬至"上午的有效遮阴系数(太阳高度余切角函数值)乘以2,再乘以棚脊遮阴点最高度,便是棚脊最高遮阴点高度投射的阴影最长有效遮阴长度。棚区规划与设计的一般计算方法如下:

$$L=L_1+L_2+L_3+L_4 \qquad L_1=L_0-L_2$$

$$L_4=H\cdot 2b-L_2-L_3 \qquad b=\mathrm{ctg}h$$

式中:L 为同列前后相邻大棚的合理宽度(米),即前栋大棚的前沿至后栋大棚的前沿之距。H 为冬暖大棚的棚脊最高遮阴点高度(含卷起的草苫捆的直径高度)。b 为"冬至"正午时的有效遮阴系数,即"冬至"正午太阳高度角的余切函数值。L_2 为冬暖大棚的棚脊最高遮阴点到后墙内侧的水平距离。L_3 为冬暖大棚后墙底宽,即后墙下部厚度(下挖式冬暖大棚的后墙基部厚度为地平线墙体厚度)。h 为"冬至"正午时的太阳高度角。$h=90°-$当地纬度$+$赤纬度(赤纬度即太阳直射点所在的纬度,"冬至"时取负值,"冬至"时的赤纬度为$-23°27'\approx-23.5°$)。依据 h 值("冬至"时当地太阳高度角度数),查出角 h 的余切函数(ctg),便是有效遮阴系数 b 值。

例如,要在位于北纬36°的济南郊区建造冬暖塑料大棚群,设计的大棚高度为3米,棚脊上草苫捆直径高0.45米,棚脊最高遮阴点至后墙内侧的水平距离为1米,后墙底宽为1.2米,棚内宽度为10米,那么,同列前后相邻两排冬暖塑料大棚间的合理宽度应是多少米呢?

"冬至"正午时的太阳高度角＝90°－当地纬度＋纬度＝90°－36°＋(－23.5°)＝30.5°

经查 30.5°的余切数值是 1.705(ctg30.5°＝1.705)，此函数值便是北纬 36°地区"冬至"正午时的有效遮阴系数的值。

$L_4=H\cdot 2b-L_2-L_3=(3+0.45)\cdot 2\cdot 1.705-1$ 米-1.2 米$=9.57$ 米

$L=L_1+L_2+L_3+L_4=(10$ 米-1 米$)+1$ 米$+1.2$ 米$+9.57$ 米$=20.57$ 米

即同列前后相邻大棚间的合理宽度为 20.57 米。

在同一纬度地区建造不同高度的冬暖塑料大棚，因遮阴高度不同，投射的有效阴影长度不同，故同列前后相邻大棚的合理间距也不同。而在不同地理纬度地区建造相同高度的冬暖塑料大棚，因不同纬度地区"冬至"正午时的太阳高度角的度数不一样，所以同一时间的大棚有效遮阴系数也不一样(即不同度数角的余切函数值不等)，有效遮阴长度也不一样，所以同列前后相邻大棚的合理间距也不一样。

(2)大棚的长度设计：乐义冬暖式大棚的长度设计要以不同纬度不同地形、不同地块、不同用途确定不同的合理长度，纬度高时可适当短。如在北纬 39°～41°地区，长度宜在 60～80 米；在北纬 38°以南地区，可加长到 80～100 米。地形东西向坡度大时可适当短，以利整平地面，东西向水平时可适当加长，因地块东西向窄可适当短，但总体布局要因地制宜。过短两山遮阴严重，种植面积小，调温困难；过长管理困难，且生产资料和产品运输困难，温度调控难以掌握。

(3)大棚的高度设计：在对乐义冬暖式大棚的高度进行设计时，要依据地理位置、气候条件、用途等因素进行综合设计，以确定合理的高度。若设计搭配得当，采光角度适宜，采光效果就好，增温快，棚内空间适宜，以利作物生长。

后墙的高度：后墙矮，保温比大，有利于保温。因后墙矮，为有一个好的采光角度，需加长后坡，后坡加长后坡角度增大，有利于增温。但保温效果差，同时对棚外人工拉放草苫造成一定难度。后坡角度小时(即冬季大棚后坡角度小于太阳高度角时)不利升温，且后坡较平、负重过大，影响后坡使用寿命。综合以上因素，在第三代大棚建设中，因机械化作业的实施给加高后墙带来了方便。为有一个合适的采光角度，以加高后墙高度来解决大棚采光角度问题，后墙增高，后坡适当缩短，保温效果好，加厚墙体，增加了贮热保温能力，是乐义冬暖式大棚能够抵御严寒进行冬季蔬菜生产的关键。

(4)大棚的跨度设计：在北纬 39°～41°的地区，乐义冬暖式大棚跨度 8～9 米为宜。在北纬 38°及其以南地区，宜采用跨度 10～12 米。若高度不增，增加跨度，大棚采光效果不好；若跨度不变而单纯增加高度，虽然采光好，但保温比降低，种植面积相对小，所以应综合考察跨度设计。

(5)大棚的墙体厚度设计：乐义冬暖式大棚墙体，既有对大棚棚面的支撑作用，又有贮热保温的作用。所以，大棚墙体要求坚固、能贮热保温、造价低廉。建造大棚墙体材料可根据当地实际情况进行选择。以选用贮热保温效果好、建成后墙体坚固的材料为宜。

墙体厚度可因材料、纬度、地理位置不同而不同。在高纬度地区因冻土层厚度大，墙体应加厚。在海拔高的地区，因气候寒冷墙体应加厚，比较合理的墙体厚度为当地最大冻土层再加 50 厘米为冬暖大棚合理的墙体厚度。在北纬 39°～41°地区，最大冻土层一般在 70～100 厘米，所以墙体厚度在 120～150 厘米；在北纬 36°～38°地区，最大冻土层为 50～60 厘米，墙体厚度应在 100～110 厘米；在北纬 35°以南地区，最大冻土层为 10～30 厘米，墙体厚度应在 60～80 厘米。

在乐义第四代大棚开发设计中，为增加保温贮热能力和便于建设施工，墙体一般基部在 3.5 米以上，顶部在 1.5 米左右。墙体内侧基本切成与栽培床面垂直的墙面，外侧呈斜坡。由于建墙大量用土来自栽培床面，使床面挖深达 50 厘米。在第五代大棚的研发中，墙体更进一步加高加厚，栽培床面下挖到 80 厘米。通过几年实践证明，由于墙体的加厚，贮热能力加大，墙体的增高，使棚前坡面采光角度增大，增温效果显著，并且通过下挖充分利用了地温，在冬季比前三代大棚温度增高 3～5℃，在外界－27℃的严寒地带蔬菜照常生长良好。

(6)棚面角度设计：乐义冬暖式大棚是根据太阳辐射基本原理与当地地面光照的基本条件经科学合理的计算设计而成，太阳辐射是作物生长的基本能量来源。地球上太阳辐射的变化源于地球与太阳之间的相对运动，确定太阳相对于地球的空间位置是研究到达地球表面太阳辐射的基础，太阳辐射是以电磁波的形式发送，地球表面的太阳辐射强度、日照时间长短及光谱成分均随时间和空间变化而变化。

赤纬角(δ)：地球中心和太阳的连线与地球赤道平面的夹角称为赤纬角。地球赤道平面是固定不变的，而地球与太阳的中心连线随时变化，故赤纬角也随时变化。计算赤纬角公式如下：

$$\delta=23.45\sin(360\times\frac{284+n}{365})$$

式中：n 为计算在一年中的日序数，自 1 月 1 日算起。

赤纬角的逐日变化是导致地球表面太阳辐射分布变化、昼夜时间长短以及四季太阳辐射强度发生变化的主要原因。

太阳高度角：太阳高度角(h)是指地球表面某点和太阳之间的连线与地平面之间的夹角。

$$\sin h=\sin\varphi\sin\delta+\cos\varphi\cos\delta\cos\omega$$

式中：φ 为当地地理纬度；ω 为太阳时角。

太阳方位角：太阳方位角即太阳所在的方位，指太阳光线在地平面上的投影与当地子午线的夹角，太阳偏东时为负，偏西时取正。

太阳辐射光谱：太阳辐射是以电磁波的形式向地球不断地发送着能量，其波长范围包括从 100 纳米的 X 射线到 100 米的无线电波，虽然太阳光谱范围很广，但全部太阳辐射中 99% 的能量，集中在 280～500 纳米这个波段范围内。根据人眼的感知能力，通常把光谱分为可见光和不可见光，可见光波段长为 380～760 纳米。根据波长的不同，可见光又可分为：红光(波长为 626～760 纳米)、橙光(波长为 595～626 纳米)、黄光(波长为 575～595 纳米)、绿光(波长为 470～575 纳米)、蓝光(波长为 435～470 纳米)、紫光(波长为 380～450 纳米)。

不可见光包括红外光与紫外光，波长大于 760 纳米的光谱段称为红外光，地表热量基本来自这部分，太阳辐射能波长小于 380 纳米的波段称为紫外光。

在全部太阳辐射中，可见光约占 50%，红外线占 48%～49%，其余紫外线占 1%～2%。

地表的太阳辐射：地表的太阳辐射以单位面积的能量来计算(W/m^2)，主要来自太阳直射辐射。太阳直射辐射——太阳辐射透过大气层后到达地球表面时，未改变方向的一部分。太阳散射辐射——太阳辐射在大气层中受气体分子、尘埃等的反射而改变方向，因而到达地球时无特定方向的一部分。直射辐射与散射辐射的和为太阳总辐射。任意平面上的太阳直射辐射与阳光对该平面的入射角有关。太阳散射辐射主要有天空散射辐射、地面反射辐射和大气长波辐射，但能量来源主要是散射辐射和大气长波辐射。日光温室的能量来源来自太阳光辐射，总辐射又受到光入射角、大气透明系数、大气质量、壁面太阳方位角影响。

地表光照条件的变化：主要包括光照强度、日照长度和光质、光谱分布，同时地表的光照强度又有空间和时间上的变化。

光照强度随地理位置、海拔、坡向、天气等的条件而变化。

光照强度与纬度的关系：纬度低，太阳高度角大，光照强。纬度高，太阳高度角小，光照强度弱。如在低纬度年辐射量约8 400兆焦/米^2，中纬度（长江中下游）辐射量为5 040兆焦/米^2，而高纬度不足2 940兆焦/米^2。

光照强度与海拔的关系：随海拔的增高而光照强度增强，在海拔1 000米的山地，到达地面的太阳辐射占全部太阳辐射能的70%，而在海平面上能获得的太阳辐射仅为全部太阳辐射能（与大气层外太阳光照强度相比）的50%。

光照强度与坡向的关系：在北半球，南坡相对太阳入射角大，光照强。反之，北坡光照强度弱。

光照强度与季节和时间的关系：夏季强，冬季弱。而在一天中，中午强，晚上弱。

光照长度与季节的关系：在北半球，夏季昼长夜短，冬季夜长昼短。"春分""秋分"，昼夜相等。

日照长度与纬度的关系：赤道附近（0 纬度附近）终年昼夜基本相等。在高纬度地区，夏季昼长夜短，冬季昼短夜长。

光谱的变化：以光谱形式发射的太阳辐射到达地面时的光谱成分与太阳高度角、地理纬度、季节、空气质量有直接关系。太阳高度角增加，紫外线和可见光比例增加，红外线所占比例相应减少。反之则相反。一年中夏季短波光增多，而冬季长波光比例增多。

了解了光的一般基础知识后，就可根据不同地区、不同气候、不同种植作物设计出效益最佳的冬暖式大棚。

棚面角度是指大棚前坡即大棚棚脊最高点与大棚南前沿最低点之间的连线与种植地平面的夹角。从理论讲，棚面夹角越大，棚内获得的光辐射能量越大。但冬暖式大棚是用塑料棚膜覆盖而成，在太阳辐射中还存在着透光率问题。在温室生产中太阳辐射角度与透光率并非是简单的正比例关系。当太阳辐射角在 50°～90°（即入射角 40°～0°）的范围内时，随着太阳辐射角度的减小，透光率有所下降，但变化不明显。太阳辐射角在 30°～50°范围内时，透光率随辐射角的减小而明显下降。当太阳辐射角在 0°～30°时，透光率随辐射角的增大而急剧下降（表 5-1）。

表 5-1　聚氯乙烯薄膜大棚前坡面太阳直射角大小与入射率、反射率的关系

太阳辐射角(°)	光入射角(°)	光入射率(%)	光反射率(%)
90	0	86.57	0.2
80	10	84.36	2.5
70	20	84.27	2.7
60	30	84.18	3.2
50	40	83.59	3.9
40	50	81.76	6.4
30	60	77.28	10.9
20	70	66.18	22.1
10	80	50.85	40.8

大棚的南坡采光面与太阳辐射光线形成的交角大小，是由太阳高度角与棚面角所决定，虽然太阳高度角是随纬度、季节时间的变化而变化，但冬暖式大棚以反季节栽培为主，生长种植季节已定在冬季，所以在大棚设计上是以纬度高低为重要参数进行设计的，在高纬度地区棚面角度要适当加大，在低纬度地区，棚面角可适当减小以求最大的种植面积。从表 5-1 可以看出理想的棚面角是 90°，但在生产中这个角度是不可能的，这样势必会使大棚栽培面积过小而不适用。为尽可能地建造成经济实用的冬暖式大棚，从表中看出太阳辐射角 40°与 90°相比，光随角度减小而透射下降，若考虑到太阳辐射角 50°是较为合理的棚面角时，同时要考虑到上午 10 时与 14 时太阳高度角，比中午 12 时时要低 5.51°～6.97°，所以以 56°为合理棚面角进行设计，这就相当于在北纬 10.5°地区（约在我国南沙群岛中部，柬埔寨的金边地区）“冬至”正午时太阳光辐射到地平面角度，这个棚面角即使是在中午 12 时±2 小时时采光率也低不了 3 个百分点。所以，在建造乐义冬暖式大棚时都以太阳辐射角 56°为依据，建造的大棚采光好、升温快。

计算方法是：$\angle A=56°-\angle B$

$$\angle B=90°-\varphi+\delta$$

φ 为当地地理纬度；δ 为赤纬角，北半球“冬至”时约为－23.5°。如在北纬 38°地区建造冬暖式大棚时，其棚面角：$\angle A=56°-90°-38°+(-23.5°)$

$$=56°-28.5°=27.5°。$$

以此来推算、设计不同地区不同的棚面角度。

(7)大棚前坡面水平宽度与棚脊高度的设计：根据太阳辐射原理求出了在不同地理纬度的合理棚面角后，就可计算出合理的大棚前坡面水平宽度和脊高，根据三角函数原理：$\cos A=B:C$，即棚面角的余切函数是前坡的水平宽度比棚脊高度。

一般情况下在建棚时根据当地土质情况和建筑墙体时的用料情况以及使用机械情况，来首先确定墙体高度，再根据后坡用料情况合理确定棚脊高度。当已知棚面角和棚脊高度时，求前坡水平宽度套用公式即可：$B=C\times\cos A$

$$C=B\div\cos A$$

$$\cos A=B\div C$$

不同地理纬度建造乐义冬暖式大棚时，棚面角度不同，前坡水平宽度与棚脊高度的比值也不同，但有一点是相同的，即在采光面上太阳辐射角是相同的。

(8)乐义冬暖式大棚的采光拱面设计：乐义冬暖式大棚前坡拱面设计是科学的、先进的，它的合理起拱，增加了采光面积，充分地利用了太阳直射辐射和散射辐射，使棚内采光好、升温快。

在设计建造乐义冬暖式大棚时，必须依据地理纬度、气候条件、场地面积、地形等自然情况，处理好大棚的总体尺寸关系，使总体尺寸关系处于适宜范围，才能使大棚具有采光性强、保温性好和经济实用的独特优点。

三、乐义冬暖式大棚的结构与建造

目前，大面积推广应用的乐义冬暖式大棚，已发展到第五代。第五代大棚又分为标准型、经济普通型两种，不论第五代什么型，基本建造技术是类似的。此大棚主要由墙体、立柱、前坡面、后坡面、透明覆盖物和不透明覆盖物等几部分组成。

1. 场地整平

建棚场地(地址)选定后,首先要进行东西向的测平工作,进水一端与另一端按比降2/1 000进行整平,这样可便于灌溉管理工作。建墙体时要以水平定高程点。

2. 建墙体

要按设计的冬暖大棚跨度和长度、大棚的不同型号进行放线打桩(放线注意方位角)。

(1)砖砌墙体:优点是墙体美观坚固,易于建设,缺点是贮热能力差,保温效果低。砖砌墙,一般都采用厚度48厘米以上墙体,有的中间加10厘米以上保温层,采用炉渣、珍珠岩、稻壳、岩棉、土等作为填充保温材料。中间夹层若用土填充实要严防漏雨,一旦漏雨,由于干土见水膨胀,墙体易开裂坍塌。北纬36°以南、地下水位较高、建设资金充足的地方,可采用砖砌墙体。

(2)人工泥托或干打土砌墙:此法建棚比砖砌墙体用土较多,美观程度差,防雨性能差,保温效果好于砖砌墙体。全部采用人工施工,墙体高度2米以上时,有一定困难。在北纬36°以南地区、地下水位较高的地块可采用此法建设。放线时在建此大棚的最北边向南量出1.5米,两头定点打上灰线。然后用夯或石杵打实后墙的地基。同时按此法打线打实两个山墙的地基。建墙用土要从距墙基1.5米远的墙外挖取。打制墙体主要有3种方法:一种是草泥培墙,即用麦穰、土和水捣成硬草泥,用铁锸取泥土培墙,边培泥,边用“打擂子”打出垂直于地平面的墙体;另一种是用潮湿土加模板(即夹板)杵成墙,并趁墙体潮湿时,用泥匕(或铁铲)把墙面拍实打光,使墙皮更加结实。以上两种方法,以第1种方法制成的土墙防寒保温性能最好,而且比较坚固耐用。但采用哪种方法合适,要视土质而定。墙的厚度在1～1.5米。建山墙时,在大棚的一头要留出高1.5米、宽0.8米的门口。北方地区冬季西北风较多,故在东山墙留门为宜。为了防止外界冷空气直接进入大棚内,最好门外建一缓冲间。缓冲间的大小可根据具体情况而定,如果缓冲间较大,可作为工作室或工具室用。

(3)采用机械化建设棚体:机械化建设施工方便、墙体厚度增大、墙体增高但用土较多。第四代、第五代大棚宜在北纬36°以北地区及地下水位低的地区建设。在北纬36°以南地区,若有排水良好、地下水位较低的地区也可参照建设。施工方法详见第五代大棚的建设。

3. 埋设立柱

立柱是支撑大棚前后坡棚架、棚膜、草苫等物的支柱,并承担雪载、风载和重载,是乐义冬暖式大棚稳固的保障。因此,立柱预制时要掌握质量,在埋设立柱时一定要严格按要求来做,按规定尺寸挖坑、填基石、埋立柱。后立柱是支撑后坡面和前坡面顶部以及草帘的主要立柱,所以承受的重量最大。具体应根据棚体设计,地基要牢固,一般埋入地下0.5米。同排东西相邻后立柱的距离为1.8米,距后墙0.8米。第四、五代大棚由于墙体增高,为保证墙体牢固,内墙向后倾斜有一定坡度,所以后立柱要靠后墙内侧埋设。埋后立柱的具体方法是,在离后墙0.8米处靠后墙内侧处,挖长、宽各30～40厘米,深60～70厘米的坑,在坑内放一块面积大于立柱横截面积1～2倍的基石,防止立柱受压后下沉。立柱放入坑内时,要注意其顶端的槽口应顺南北方向,以便于放置拱杆。后立柱顶端应向后墙方向倾斜,具体倾斜度按大棚设计图纸,以抗衡后坡的重力。埋土时要分层进行、逐层捣实。第2排立柱也叫中立柱Ⅰ(以后以此类推)。同排相邻立柱相距3.6米,顶端的槽口也应顺南北方向。埋立方法同后立柱,但要向南倾斜。中立柱Ⅱ,中立柱Ⅳ,每排相距按图纸要求。同排相邻立柱相距3.6米,顶端槽口顺南北方向，也要求埋立得牢固并向南略斜。前立柱同排相邻两立柱的距离 1.8 米，其顶端槽口也应顺南北方向。挖坑埋柱方法与中立柱相同，但要垂直地面。

在前立柱以南 20 厘米处有排向北倾斜的斜立柱，其上部顶在前立柱顶端的横杆上，作用是架设横杆和承担大棚前坡重力的向南分力。埋斜立柱时应在前立柱南 0.2 米处挖坑，使前斜立柱上端斜靠前立柱。前斜立柱顶端的槽口顺东西向，以便在其上架置横杆。同排相邻前斜立柱的距离 3.6 米。

4. 挖地锚沟，埋地锚

在两山墙外 1～1.5 米处各挖一道长与棚宽相等、宽 0.5 米、深 0.8～1.0 米的地锚沟，每道地锚沟里需放入与钢丝数量相等的地锚。大棚东西向越长、越高，需埋入的地锚数量应越大，沟越深。一般 40～60 米长的大棚，每块地锚的重量为 2～4 块砖的重量即可。地锚埋入的位置，要与每排立柱和拉紧钢丝的位置取齐，将地锚埋入后，要培土砸实。地锚上要拴上备接 8 号铁丝，备接铁丝要露出地面 0.2～0.5 米。

5. 建造后坡

后坡对整个大棚的御寒保温、承担重量的作用极为重要。建大棚时要严格按操作规程，物料的质量要求要高。很多大棚因后坡用料质量差，不能承重，覆盖较薄，保温性能差，棚温较低。保温材料要用塑膜封严，以防进水造成腐烂，降低大棚保温性能，减少大棚使用年限。

(1)埋设斜棒：斜棒也叫檩条，应采用长 2.2 米、直径 10 厘米左右的圆木(若用硬质圆木，直径 7～8 厘米粗也可)。若用水泥预制件，要窄面向上，在斜棒一头距上端 25～30 厘米处锯一凹切口，切口搭在后立柱上，另一端搭在后墙上。斜棒上头的上面半边要锯平后略加制凹，以便安置拱杆时，拱杆的粗头安置于斜棒上头上面的凹处。每一后立柱上安放一根斜棒，将所有后立柱都安放上斜棒后，要在后墙顶部填草泥，使后墙顶部呈与圆木上缘平行的斜面。在两山墙的后坡上，各安放两根斜棒，并放在山墙的两个边上作垫木，防止钢丝拉紧后勒入墙体中，造成钢丝松弛，导致后坡塌落和毁坏山墙。山墙上安放上斜棒后，也要填草泥使斜棒正好埋入山墙中。即山墙后墙封膜，不能有空洞的地方，以利保温。

(2)上后坡钢丝：乐义冬暖式大棚所用的东西向拉紧钢丝多为 26 号，如果大棚的长度不足 50 米时可用 24 号钢丝。后坡共用 8～10 根东西向拉紧钢丝，其中一根在斜棒下面近后立柱处作吊线，两根合并在后坡斜棒上端；另一根留作在建成后坡以后，在后坡外面中间，拴拉放草帘的绳子；其余钢丝均匀铺在后坡斜棒上。上拉紧钢丝时，先把钢丝的一头固定在地锚备接铁丝上，放好后在另一头用紧丝钳拉紧，并固定在相对应的地锚备接钢丝上。每根拉紧拉好的钢丝，均需用钉子固定在后坡的每根斜棒上，以防下滑。

(3)处理后坡：把宽 3 米、厚 0.1 毫米的聚乙烯薄膜铺在后坡钢丝上，并铺盖至后坡下端墙体斜坡。把玉米秸秆捆成直径 15～20 厘米的小捆，紧密地排在塑料薄膜上，玉米秸秆应铺得长出后立柱顶部 20 厘米。铺好玉米秸等保温物后从上部把薄膜反下，并保证不漏水浸湿保温层，还保证有雨水时水通过膜上流到后墙外不浸坏墙体。玉米秸秆上面再盖 30 厘米厚的草泥或湿土并踏实，以便拉放草帘时人员在此行走。为进一步加强后坡的保温性能和防雨雪淋湿后坡保温层，可在后坡表面再盖一层旧塑料薄膜。

6. 建造前坡面

在两山墙前坡上各放置两根长 7 米(1 根不够长可放两根衔接起来)、直径 10 厘米左右的木棒作垫木，也可用小头直径 10 厘米竹竿代替，并填草泥使木棒正好埋入山墙内，作用是拉钢丝时防止钢丝勒入墙中钢丝松动。填草泥时要填平山墙顶部，防止上膜后形成空洞散温。

(1)架置横杆和拱杆：在前斜立柱上端槽口处顺东西方向依次绑好横杆，横杆是直径7～8厘米粗的竹竿。同时绑好南北坡向的拱杆，拱杆用长8.5～12米、直径8～9厘米的竹竿。拱杆应呈拱形，并紧紧嵌入前、中、后立柱顶端的槽口中，用12号铁丝穿过立柱槽口下边备制孔，把拱杆绑牢固。拱杆与横杆衔接处要平整，并用废旧塑料薄膜或布条缠起来，以防扎坏棚膜。绑好后的所有拱杆必须保证在同一拱面上。

(2)上前坡钢丝：前坡拉紧钢丝的数量视棚宽而定，一般等距离相隔30厘米一根。为保证大棚牢固，在第四代、第五代大棚建设中有的中部钢丝每隔20厘米一根。其中3根要均匀地放在拱杆下面作吊线用，其余在拱杆上均匀铺设，并拉紧固定在两山墙外边的地锚备接铁丝上。最靠棚顶部的一根钢丝与后立柱上斜棒(檩条)顶端处钢丝的距离为20厘米，以增强顶部承担草帘的重量。拱梁上与拉紧钢丝交叉处，应锯一个小缺口，使钢丝嵌入缺口，再用12号铁丝绑牢，以防拉紧钢丝下滑。切口不可过大，以保证钢丝不下滑为原则。

(3)绑垫杆：作用是防止棚膜下部的结露水被拉紧钢丝阻挡而流到蔬菜上；把膜与拉紧的钢丝隔离开来，形成南北顺畅平滑的斜面，使外部雨水顺利流下防止钢丝阻隔雨水形成水坠，破坏棚膜，便于棚膜的固定。做法是在拉紧铁丝上要绑上垂直于拉紧钢丝的细竹竿，即垫杆。垫杆是用直径2厘米左右、长2～3米的细竹竿，几根细竹竿接起来，接头一定要平滑，从大棚前沿一直到棚顶，并用细铁丝紧绑于东西向拉紧的钢丝上。相邻垫杆的间距为60厘米左右。绑上垫杆后，至此整个大棚的骨架就搭成了。

(4)粘接塑料棚膜：现在推广应用的棚膜按加工工艺与原料，分为聚氯乙烯压延膜和EVA三层吹塑膜等。按添加剂不同，分为无滴膜、无滴防尘膜、无滴消雾膜、无滴长寿膜、无滴消雾长寿膜等。选用压延膜时一般选用幅宽3米、厚度0.11毫米的3块聚氯乙烯无滴膜，热压缝5厘米粘成整体棚膜。在整体棚膜覆盖顶部的一边粘上一道2厘米的"裤"，裤里穿上22号钢丝，上棚膜时通过这根钢丝拉紧固定棚膜，固定天窗通风口的宽度防止棚膜松动。在"裤"下方8米处再黏合一道"裤"，裤里穿上22号钢丝，作为下防风口的固定钢丝用，以防止下放风口放风时棚膜松动。另用2～3米宽与大棚一样长的塑料膜，在一个边粘合上一道2厘米宽的"裤"，穿上22号钢丝，作为盖敞天窗通风口用；若用EVA膜可与供应商提前订货，供应商可按棚面面积供应整体棚膜，现在聚氯乙烯棚膜供应商开始供应整体膜。在没有黏合条件的地区，可直接向供应商求购黏合整体膜。

(5)上棚膜：选择晴朗、无风、温度较高的天气，于中午进行上膜。在上膜之前先把塑膜伸置于阳光下晒软，然后用长7.5米、直径5～6厘米的两根竹竿，分别卷起棚膜的两头，再东西同步展开放到大棚前坡架上。当棚顶和前缘的人员都抓住棚膜的边缘，并轻轻地拉紧对准应盖置的位置后，两头的人员开始抓住卷膜杆向东西两头方向拉棚膜。把棚膜拉紧后，随即卷膜竹竿分别绑于山墙外侧的钢丝上，并用大铁钉固定于山墙外侧。在上棚膜时，由上坡往下坡展顺膜面，在顶部留出70～80厘米宽、与大棚一样长的天窗通风口不盖整体膜。上完整体棚膜，随即上天窗通风口敞盖膜，将有裤鼻的一边在南边(即天窗通风口南边)，先把穿在裤鼻里的14号钢丝连同薄膜一块轻轻地伸展开。当此膜压在整体膜上方靠南20厘米处(即盖过天窗通风口)，拉紧固定在两山地锚上。后边盖过棚脊并向后盖过后坡将其拉紧，用泥把盖在后坡及棚脊上的一边压住并抹严，防止透风。在此放风口钢丝上分段设置5～6组(三间长设1组，每组3个滑轮)敞盖天窗膜的滑轮，以便于顶部防风用。

(6)上压膜线:采取专用的尼龙绳压膜线压棚膜,断裂强度要在60千克以上,按前坡拱形面长度加150厘米截成段备用。在上压膜线之前,应事先在棚前东西向每隔1.2米一个备置好地锚,以备拴系压膜线。将其埋在紧靠棚前角外,深度40厘米。上压膜线时,上头拴在棚脊之后东西向拉紧的钢丝上(拉紧钢丝也作拴帘子绳用),拉紧一定程度后,下头拴在前角外的地锚上。大棚上好压膜线后,由于垫杆向上支撑棚膜,而压膜线于两垫杆中间往下压棚膜。因此,棚膜压得牢固,且使大棚前坡面呈现波浪状,波浪状棚面并不影响采光性。

7. 上草苫

大棚的草苫一般用稻草打成,稻草苫的长度一般是从棚脊至前窗底脚处地面的长度再加长1.5米。草苫的厚度和宽度因不同气候、不同地理纬度而不同,在北纬39°~41°严寒地区,一般草苫6厘米厚、1.1~1.3米宽。在北纬36°~38°地区,一般草苫的厚度为5厘米左右、宽1.3~1.5米。在北纬35°以南地区,一般草苫厚3~4厘米、宽1.4~1.5米。每床草苫的重量50~100千克。

(1)上草苫:第一种方法是,在棚顶的后边有一道东西拉紧的钢丝,把草苫从后坡搬至棚顶后部,一头固定在铁丝上,同时在草苫底下固定两根套拉草苫的拉绳,每根拉绳的长度应为草苫长度的2倍再加上2米。拉绳最好是尼龙防滑绳或麻绳,以便于放、拉草苫。有的每床草苫只用1根拉绳。第二种方法是,把草苫搬在棚前,从棚面上铺上棚顶,顶部固定在后坡钢丝上。

(2)草苫覆盖:从东至西依次摆放,覆盖时采取覆瓦状,即西边一床草苫的东边压着相邻东边一床草苫的西边10厘米,从大棚的后坡顶部覆盖到前坡前窗脚前的地面。最西边草苫的西边,每天要用一条尼龙绳或麻绳从后坡顶部到前坡前窗脚压紧,防止大风揭苫。另一种覆盖草苫的方法是,由东至西先隔一个草苫覆盖一个草苫。盖到大棚西头后,再由西到东把未覆盖着草苫覆盖,草苫使其两边压着相邻草苫的相邻边。以上两种覆盖草苫的方法,各有利弊。第一种覆盖草苫方法,防风保温性强,不容易被西北风刮揭草苫,但在遇到连续阴雪天气突然转晴后,不便于揭花帘防闪秧。第二种覆盖草苫的方法,便于揭花苫,防闪秧,但防风效果差。现在电动卷苫机已普及,使用电动卷苫机时上草苫的方法基本与第二种方法相同,即第一层两苫间隔50厘米,第二层铺在第一层两苫之间的空中。

8. 挖建防寒沟

在北纬38°以北地区为防寒气侵入棚内,最好在棚前挖防寒沟。防寒沟能有效地阻挡棚内土壤热量外传,防止棚前沿的作物根系受低温伤害。具体做法是在大棚前沿外,挖一条深相当于当地最大冻土厚度、宽40~50厘米、长与棚长相同或略长于棚长的沟。整平沟底后,垫铺入一层旧塑料薄膜,防止地下水分上返。然后填满麦糠、杂草等保温材料并压实,上面盖一层不漏水的旧塑料膜,并用土盖住。

大棚建成后不宜立即应用,应密闭10~15天,利用连续3~5天晴天高温闷棚(可达70~80℃),对棚内的环境进行消毒灭菌,以杀灭病菌和害虫。经过密闭消毒灭菌后的大棚即可进行整地、施肥、定植作物。也可先施肥、整地后,再进行高温闷棚,然后降至适温后定植作物。

四、第五代大棚的结构、建造及性能特点

第五代大棚是最新研制成功的一代大棚,已经申请国家发明专利。第五代大棚根据不同地区、不同气候设计了6种规格型号,并根据建造标准分为经济普通型和标准型两种。棚内高

度最高点达 5.5 米，棚内宽度 12 米，长度 100 米。

1. 具体建造方法

标准型冬暖式大棚是前坡采用钢管钢筋拱架，无前立柱和中立柱，只有后立柱。

普通型内设 7 排立柱，因跨度加大竹竿已无法作拱梁用，采用镀锌管作拱梁。普通型和标准型墙体都用链轨拖拉机与挖掘机挖压而成。具体建造方法如下：

(1)定点划线：第五代大棚在北纬 38°以南地区大棚宽可设计为 11～12 米宽(棚内宽度)，100 米长左右。当棚区布局规划好后，即对每个大棚定点规划，定点时首先确定方位。然后在大棚东西向两端，长过两山墙处，按后墙墙宽打桩，并立上高于墙体的标杆。东西向拉直打线，两山墙如同后墙一样立上标杆打上线，在后墙内侧与两山墙内侧各余出 4.5 米打上取土线。

(2)取土建棚体：定点规划放线后，先用链轨拖拉机压实地基，从内墙线向南 4.5 米开始用挖掘机取土。取土南端不要超过棚宽，以免破坏大棚前沿土层。

后墙高度(地平线开始)3 米，一共分 6 层取土压实，即每层土压实厚在 50 厘米左右。若土质较差还可以每层再薄一点多压几层，这样墙体会更坚固。最后顶部再夯实整平，两山墙顶部靠近后墙内侧向南 1 米处再起高 1 米，建成山墙山顶。山顶向南 2 米、4 米、6 米、8 米处高度分别为 4 米、3.6 米、3.1 米、2.4 米。

(3)切墙：压好后的墙体呈梯形，根据基线垂直向上在墙体顶部划线，底部基线垂直向上在顶部再向北 90 厘米，东西打线。此线是此大棚后墙顶部南沿。两山墙如同后墙一样，顶部留 1.5 米宽。然后用挖掘机一边从顶部切到底部，摊平余土。挖掘机挖不到处可人工修平。墙外侧根据设计修坡后把多余的土放入棚内，多个棚建设时可前棚后坡土切下后放入后棚棚内。

(4)预制墙顶：墙体切好后，从顶部内沿平铺一层 0.06 厘米的塑料薄膜，一直铺到外墙底部，防止漏雨侵跨墙体。顶部内外沿各外出沿 15 厘米左右，预制 1.8 米、宽 0.2 米厚的水泥板。在内墙墙沿向北 0.6 米处，东西向每 1.5 米埋一块预埋铁，以备焊接铜梁用。

(5)砌墙：在墙体两侧，顺东西方向每隔 3 米上下挖一条 0.24 米宽、0.12 米深的槽。砖护砌墙体时，在此处加一个 0.24 米的砖垛，可起到加固墙体的作用。然后用砖砌 0.12 米的墙体，用灰沙比例 1∶2 水泥沙浆抹光，内墙 1 米以上可用白灰加磨刀抹光，以利反光。外墙顶部砌至水泥预制板下填实，100 米棚中间留 2 道伸缩缝，浇入沥青，以防墙体热胀冷缩断裂。

(6)建管理房：100 米棚在后墙两头要各留一个 1.8 米高、1 米宽的门洞，内侧挖至棚内底部，外侧至地面的一个斜形走道(若 80 米棚可留 1 个门洞)并建管理房。对管理房的要求是便于进出，便于简单的蔬菜加工(如装箱、装筐分级挑选等)，防止寒风侵入棚中。若兼作看护房，面积一般在 3 米×3 米。

(7)埋设后立柱基座：砖砌内墙前，每隔 1.5 米在紧靠后墙体内侧挖一个 0.3 米×0.3 米×0.4 米的坑预制水泥基座，并下预埋铁，以便焊接后立柱用。

(8)砌水渠与工作走道：砌水渠与工作走道前，先整平地面，棚面东西向，从进水端按比降 2/1 000，整平地面。地面整平后在后墙内侧铺设工作道，水渠、走道共计 0.87 米(走道 0.62 米，水渠 0.25 米)，水渠深 20 厘米，水渠底部应高出地面 2～3 厘米为宜。工作走道可用砖铺水泥抹光，也可水泥预制 5 厘米厚水泥板走道。

(9)焊制钢架拱梁：棚内每隔 1.5 米设钢架拱梁 1 架，100 米棚共计 66 架拱梁。焊制前坡拱梁要选取国标 4 厘米镀锌管与 3.3 厘米镀锌管。

找一平整场地，根据大棚宽度、高度和前坡棚面角角度，在地面做一模型。在模型线上固定若干夹管用的铁桩，根据模型焊制钢梁，这样既标准又便利。钢架采用上下两层镀锌管，中间焊接三角形圆钢支撑柱，上层受力大用 4 厘米钢管，下层用 3.3 厘米钢管，焊好待用。

(10)砖砌前墙埋设钢梁预埋件：在大棚前沿按设计宽度东西向切直，并垂直于大棚栽培面。夯实地基，砖砌前墙在地平面以上，防止外部雨水倒灌棚内。东西向每隔 1.5 米(与后立柱对齐)埋设一个预埋件，以备钢梁安装时焊接钢梁用。填实前墙外侧缝隙用水沉实好。

(11)焊接立柱：用 8.3 厘米钢管作立柱，栽培面以上立柱高 5 米，东西向每隔 1.5 米 1 根焊接于立柱基座上，焊接时向北倾斜 0.3 米，加大支撑后坡的压力与重力，立柱上端顺前坡方向焊接 7 厘米长的 5 厘米×5 厘米角铁一块。

(12)上棚架制后坡：截取 1 米长 5 厘米×5 厘米角铁 1 根，在立柱顶端向下 1 米处南北焊接，南端焊在立柱上，北端焊在后墙预埋件上，再截取 1 根 1.8 米长 5 厘米×5 厘米角铁，上端在立柱上端，再向南伸出 30 厘米焊在立柱顶端。下端焊接在后墙预埋件上，与后坡形成等腰三角形(即后坡角度为 45°)。在顺东西向沿立柱上端外侧，焊接 1 根 5 厘米×5 厘米角铁，东西两端焊接于两山预埋件上，依次向下在中间焊接 1 根相同角铁。后坡焊好后即可上拱梁，拱梁南北向后端上梁焊接于立柱顶端 5 厘米×5 厘米角铁上，下梁焊于立柱上，前端焊接于前墙预埋件上(注意一定要使钢梁向下垂直地面，南北向垂直于后墙)。目前已经研制成功钢管复合隔热防腐加强材料，专门用于乐义冬暖式大棚的建设，特点是隔热、散温少，棚膜不老化，不用每年防腐，钢管硬度加强，安装方便不用焊接，安装用工少，省时省力。

(13)拉钢丝：拉钢丝的方法同前几代大棚方法相同。

(14)上后坡：在北纬 38°～34°地区，后坡保温采用 10 厘米厚聚氨酯泡沫板，长度以上端扣在上部角铁内，下部放在后墙顶部为宜。为节约建棚费用，由于 34°以南地区天气寒冷程度较差，保温板可适当薄一些，而 38°以北地区还要加厚。保温板铺好后放一层钢网，水泥预制 10 厘米厚，也可用水泥板替代预制，但是水泥板易开裂不利于防水。

另外，膜下垫杆捆扎、上棚膜、上草苫、安装卷帘机同前。

2. 第五代大棚的性能特点

第五代普通型冬暖式大棚采用第五代标准型大棚的技术参数，内设 6 排立柱，采用单根钢管为拱梁，若棚长 100 米，每棚 32 趟立柱，32 架钢梁，即每 3 米一架钢梁。墙体全部用土压实筑成，具有良好的采光保温贮热性能，造价低廉，是目前推广面积最大、效益产出比最高的一种。

3. 目前几种适用不同地区推广的大棚

(1)北纬 35°以南地区：该地区阴雨天较多，有的地区地下水位较高，寒冷程度差，不宜建筑半地下式冬暖式大棚。因为种植茄果类蔬菜时，易造成土壤温度过大，引起烂根和生长不良现象。建棚时，一要选择地势较高的地块，二要建造地上式，又因为寒冷程度较差，墙体可适当薄一些，以 0.8～1.2 米为宜。墙体太厚，浪费土地。

据笔者多次考察，因建造设计不利而造成的损失较大。在地下水位较低地区，盲目引进第五代大棚模式，由于地下水位较低，冬季湿度过大，作物生长不良，夏季雨水经常倒灌棚中，造成损失，有的雨水倒灌浸泡棚体而倒塌，有的防雨性能差，墙体漏雨而倒塌，损失惨重。

(2)北纬 38°以南寒冷地区：在该地区可大面积推广第 3～5 代大棚，因该地区比较寒冷，保温采光是重点。

(3)北纬 38°以北寒冷地区：在该地区可大面积推广第五代大棚，但必须在其他参数不变的情况下，跨度减小 1～2 米。为增加采光角度，棚宽宜在 9～10 米，41°以北地区最好在 8～9 米宽，使大棚采光程度更好。虽然种植面积减小了，但保证了作物生长的温度，产量提高了。同时由于角度加大，冬季大雪降到棚面后会很快滑落地表，不至于大棚雪载过重压塌大棚。

当然，在北纬 35°以南地下水位较低的地区也可建造第五代大棚；在 35°以北地下水位较高的地区也可建造地上式大棚，但墙体要加厚。

（杨盛孝）

第六章　寿光大棚蔬菜施肥

科学施肥是提高蔬菜产量和改善品质的重要技术措施，而科学施肥必须根据蔬菜营养特性、土壤供肥能力、肥料特性及气候条件等因素进行，即常说的测土配方施肥。测土配方施肥应遵循养分归还学说、最小养分律、报酬递减律等进行，才能使肥料发挥最大的增产效果。

一、蔬菜对养分的吸收特点和需肥特性

1. 蔬菜对养分的吸收特点

蔬菜种类和品种繁多，栽培模式多种多样，生长发育特性和产品器官各有差别，与粮食作物相比，在需肥量上及对养分的需求都存在较大的差异。碳(C)、氢(H)、氧(O)、氮(N)、磷(P)、钾(K)、钙(Ca)、镁(Mg)、硫(S)、铜(Cu)、铁(Fe)、锌(Zn)、硼(B)、锰(Mn)、钼(Mo)、氯(Cl)是蔬菜生长所需的16种营养元素。根据各种元素在植物体内的含量多少，可分为大量元素、中量元素和微量元素。大量元素包括碳、氢、氧、氮、磷、钾，中量元素包括钙、镁、硫，微量元素包括铁、锰、铜 、锌、钼、硼和氯。氮、磷、钾通过施肥才能满足作物需求，因此，被叫做"作物营养三要素"。植物体内的铁、锰、铜 、锌、钼、硼和氯等营养元素的含量只有植物干物质的千分之几到万分之几，因此，称为"微量元素"。微量元素在植物体内的含量虽然低，但在植物营养中所起的作用却不小。由于作物对微量元素的需要因作物种类不同而不同，而且变化幅度比大量元素大，如过量施用易产生毒害，所以施用微量元素应特别注意。

(1)各营养元素间互相作用：各营养元素间存在互相作用，在蔬菜施肥中应科学利用这种相互作用，调节各营养元素的余缺。

具体表现在：

①硝态氮影响铁的吸收但有利于钼的吸收，铵态氮不利于钼的吸收，氮过多不利于磷、钾、镁、铜的吸收，缺硼不利于氮的吸收，铵盐能降低对钙的吸收，减少钙向果实的转移。

②增加锌、铁和石灰可减少蔬菜对磷的吸收，增施镁肥可促进蔬菜对磷的吸收。

③增加硼能促进对钾的吸收，钙、镁、锌可减少对钾的吸收，钾不足可引起缺铁，镁、硫、硼与钙有拮抗作用。缺镁易诱发缺锌和缺锰。硼过量影响铁的吸收和降低植物体中铁的含量，长期缺乏氮、磷、钾和铁，会导致硼的缺乏，钙、锌、铁阻碍对锰的吸收，硫和氯可增加释放态和有效态的锰，有利于锰的吸收，施用生理酸性氮肥或钾肥等可提高铜的活性。

(2)土壤条件对蔬菜吸收养分的影响：

①土壤温度。温度一方面能促进土壤有机质的矿化，供给蔬菜养分；另一方面也能促进蔬菜的新陈代谢，增强蔬菜的呼吸，有利于蔬菜对养分的吸收。温度过低、过高，对蔬菜生长均有

不良影响。在一定的温度范围内，蔬菜根部吸收养分随土壤温度的提高而加快，这是因为适温有利于蔬菜根系生长发育和土壤中养分的转化与移动。在低温时蔬菜容易出现缺磷，应注意磷肥使用。

②土壤通气性。土壤通气好坏直接影响到蔬菜根部生长与养分吸收。蔬菜根系的正常生命活动，要求土壤空气中含氧量大于10%。当含氧量低于10%时，生长量就急剧下降，养分吸收也受到影响。

土壤空气中含氧量不足对养分吸收的影响因营养元素而异，其影响大小的顺序为：钾＞钙＞镁＞氮＞磷。因此，当土壤通气不良时，容易出现缺钾症状，应重视钾肥使用。

③土壤酸碱度。不同品种的蔬菜对土壤酸碱度要求差别较大，多数蔬菜适宜微酸至中性土壤，豆科蔬菜、大白菜等不适宜酸性土壤，土壤偏酸容易发生根肿病。碱性土壤马铃薯容易发生疮痂病。调节蔬菜生长的适宜土壤环境是蔬菜正常生长发育最基本的要求，酸性土壤应施石灰，碱性土壤或石灰性土壤需施石膏或硫磺，加以改良。

土壤酸碱度不仅影响蔬菜生长，还影响土壤微生物活性及土壤养分。土壤中有效氮以中性时含量最多。磷在pH 5～6.5时含量最高，pH大于7或低于5时，土壤中磷就会与钙、铁、铝离子结合形成磷酸钙或磷酸铁、铝的沉淀，使磷的有效性降低。钙、镁的含量在pH 6以上时增高，硫在酸性条件下常感不足。微量元素铁、锰、锌、铜则以酸性土壤居多。钼在酸性条件下有效性低，硼在pH 4.5～6.7时有效性最高。

④土壤水分。呈溶性状态的养分才能通过质流或扩散到蔬菜根系表面被蔬菜吸收，水分不足会影响土壤中养分的扩散速率。但土壤水分过多，容易引起养分流失。土壤含水量为田间持水量60%～80%时，蔬菜根系可正常生长，养分的吸收也可顺利地进行。

(3)蔬菜根系对养分的吸收特点：蔬菜根系能够吸收K^+、Ca^{2+}、Mg^{2+}、Fe^{2+}、Mn^{2+}、Cu^{2+}、Zn^{2+}、NH_4^+和NO_3^-、Cl^-、$H_2PO_4^-$、SO_4^{2-}、HCO_3^-、$H_2BO_3^-$等溶于土壤溶液中的无机态离子及少量的有机态分子，如氨基酸、糖类、磷脂类、植素、生长素、维生素等。

蔬菜根的养分最大吸收部位靠近根尖，根吸收养分最多的部位是根尖以上的分生区。蔬菜根从土壤中吸收养分，首先是根系的不断生长，使根和根毛纵横交织穿插于土层中，直接与土壤黏粒紧密接触，密集的根毛增大了吸收面积，组成了土壤与根系的复杂体系，从土壤黏粒和溶液中直接获得养分。

(4)蔬菜茎、叶部对营养的吸收特性：一是通过叶面喷施养分，直接供给蔬菜吸收的养分，不经过土壤而直接通过叶片进入蔬菜体内，防止了土壤的固定、转化损失。二是养分吸收转化快，能及时满足蔬菜的需要。叶部对养分的吸收和转移速度比根快，可作为防治某些养分缺素症和蔬菜因遭受自然灾害而需要迅速供给营养的补救措施，也可作为蔬菜生长后期防止脱肥的一项技术措施。三是经济、有效。微量元素施用量少，且土壤易固定，而通过叶面喷施应用，可起到用量少、成本低、收效快的作用。

叶面施肥的效果，受蔬菜种类、叶面积大小、气孔多少、角质层厚薄等的影响。同一种蔬菜的应用效果，主要受溶液的组成、溶液的浓度、溶液的pH、溶液湿润叶片的时间及喷施次数、部位的影响。

2. 蔬菜作物的需肥特点

(1)蔬菜是喜肥作物：蔬菜不仅生物量大，而且养分含量高、养分移出量大。

(2)蔬菜是喜硝态氮作物：由于蔬菜对土壤酸化敏感以及pH降低影响蔬菜对Ca^{2+}吸收；

同时蔬菜耐氨性差导致蔬菜对硝态氮特别偏爱。

(3)蔬菜是嗜钙作物:与一般大田作物相比,蔬菜是需钙多的作物。据测定,萝卜的吸钙量比小麦高11倍,当蔬菜缺钙时易引起生长点萎缩,番茄、辣椒易患脐腐病,甘蓝、大白菜易得干烧心病。

(4)蔬菜作物需硼量高:根菜类蔬菜含硼量高,蔬菜作物体内难溶性硼含量高,再利用率低,易产生缺硼症。如芹菜茎裂病、甘蓝褐腐病、萝卜褐心病等生理性病害。

(5)蔬菜作物对钾的需求量大:蔬菜种子或可食器官中钾含量是粮食作物的6.5~7.5倍,蔬菜对钾的需求量较大,在蔬菜上应注意增施钾肥。

3. 测土配方施肥

测土配方施肥是以土壤测试和肥料田间试验为基础,根据作物需肥规律、土壤供肥性能和肥料效应,在合理施用有机肥料的基础上,计算出氮、磷、钾、中量元素、微量元素等肥料适宜施用数量、配比及施肥时期和合理施肥方法。测土配方施肥的核心是确定最经济的肥料养分用量。测土配方施肥主要包含测土、配方和施肥建议三方面的内容。

(1)测土:是对菜田进行基本情况调查和采集耕层土壤样品,在化验室测试分析,获取土壤养分含量等数据。

(2)配方:是根据蔬菜需肥特性、目标产量、试验结果及土壤养分的测定结果计算;或根据不同菜田土壤肥力、产量水平下的土壤养分丰缺指标和肥料养分施用指标,判别确定氮、磷、钾等肥料的适宜用量。如果土壤缺少某微量元素,作物对该元素反应敏感,要适量施用该微量元素肥料。

(3)施肥建议:是根据测土配方确定的区域肥料或肥料养分的施用量和蔬菜各生育期营养特性等,合理安排基肥和追肥的品种、比例或用量,以及施用追肥的次数、时期、用量和施肥方法。施肥必须与当地的高产栽培技术相结合,使肥效充分发挥。同时要按照肥料的特性,采取最有效的施肥方法,如氮肥深施、磷肥集中施、钾肥早施、微肥作种肥或根外追肥等,以发挥肥料的最大增产作用。

二、寿光蔬菜施肥现状

自20世纪80年代末以来,蔬菜种植面积,特别是保护地栽培在寿光市得到快速扩大,2007年底全市蔬菜面积达到85多万亩。蔬菜种植业已成为寿光市农业增效、农民增收和农村稳定的支柱产业。

日光温室蔬菜生产是一种高度集约化的栽培模式,如果管理得当,能够大幅度地增加蔬菜产量和菜农的经济收入。传统的日光温室蔬菜栽培多采用精耕细作的管理模式,多年的经验已经形成一套系统的管理方法及配套的生产措施,使得蔬菜能达到比较高的产量。然而在实际生产中发现,菜农对保护地蔬菜施肥存在盲目性,普遍流行"粪大水勤,不用问人"及"施肥越多,产量越高"的传统种植观念,相当一部分菜农为追求高产,化肥总体用量远远超过蔬菜作物的需肥量,大水漫灌且灌溉频繁。这不仅造成肥料利用率下降、蔬菜品质变劣、经济效益下降,而且造成地下水硝酸盐含量超标、温室有害气体的大量释放,对人类生活环境和身体健康形成了极大威胁。

1. 过量施用化肥

由于大棚蔬菜是一项高投入、高产出、高效益的产业，近年来各地蔬菜冬暖式大棚和日光温室发展很快。大棚蔬菜生产可终年种植，土壤的利用效率高，为了使蔬菜高产，菜农往往大量施用化肥，尤其是氮肥。在“施肥越多越增产”观念的误导下，对化肥施用量不计成本，通常每亩肥料投资多在千元甚至几千元以上，盲目投肥的现象普遍存在，化肥投入量远远超过了作物需要量。过量的养分投入不仅浪费资源，而且降低产品的品质，既增加投入成本，降低菜农的经济收益，也容易造成土壤环境质量下降，削弱菜田土壤的宜种性。多年连作的菜地，由于大量施肥，会出现植株根系发育不良，落花落果，产量和品质明显下降的现象，施肥越多这种症状越严重。过量施肥会造成土壤盐分浓度过高以及土壤酸化。

大量施肥不仅造成肥料的浪费而且还会影响到蔬菜的品质。提高氮肥用量可导致蔬菜维生素 C 含量的明显下降，过量施用氮肥也会使一些蔬菜的风味变差，如芹菜体内的一种挥发性物质会因过量施氮而降低，从而影响芹菜的风味。同时过量施肥也常导致一些蔬菜病虫害和生理性病变的发生。追施氮肥还会使芽菜的口感变差，苦味增加。

2. 氮磷钾养分比例失衡

所谓氮磷钾养分比例失衡，是指所施肥料中氮磷钾养分比例不适合作物要求，也未能起到调节土壤养分状况的作用，造成的比例失衡现象。由于保护地蔬菜生长快，生长所需的养分主要由肥料特别是化肥供应，所以，要求施用化肥的比例要和作物的需求比例相近。1998 年寿光市土壤肥料工作站调查，大棚蔬菜施用的氮磷钾比例与作物需要的氮磷钾比例有较大差距。大棚番茄吸收的氮(N)、磷(P_2O_5)、钾(K_2O)分别占 35%、11%、54%，而施用的氮(N)、磷(P_2O_5)、钾(K_2O)为 39%、39%、22%；大棚黄瓜吸收的氮(N)、磷(P_2O_5)、钾(K_2O)分别占 36%、17%、47%，而施用的氮(N)、磷(P_2O_5)、钾(K_2O)为 35%、48%、17%。对保护地蔬菜养分投入情况调查表明，保护地蔬菜氮素(N)平均投入量为 59 千克/亩，磷素(P_2O_5)投入量为 48 千克/亩，钾素(K_2O)投入量为 26 千克/亩，养分投入比例平均为 1 ∶ 0.81 ∶ 0.44。养分的投入比例与蔬菜的吸收比例相差很大，磷素比例远大于蔬菜的吸收比例，而钾素比例远低于吸收比例。氮素的投入量超过吸收量的 3 倍，磷素投入量超过吸收量的 7 倍，钾素的投入量仅比吸收量多 20%。磷和氮素大量积累，势必会导致蔬菜生长中其他微量元素的缺乏，导致蔬菜生长障碍。

2001 年寿光市土壤肥料工作站对采自 14 个镇(街道)的1 500个蔬菜大棚的土壤样品测定结果表明，土壤有机质平均含量为 17.87 克/千克，碱解氮(N)平均含量为 125.8 毫克/千克，速效磷平均含量为 201.7 毫克/千克，速效钾平均含量达到 371.7 毫克/千克，养分含量丰富，但均衡性较差。

在保护地蔬菜生产中，养分投入比例失调也导致蔬菜易发生病害。土壤中磷的大量积累能造成植物缺乏锌、锰、铁、钙等，引起生理性病害。缺钾是影响蔬菜外观品质和风味的重要因素之一。钾肥施用可以明显提高果实的整齐度，施用钾肥也能明显降低发病率，增强蔬菜的贮藏性。

3. 肥料品种选择不合理和施肥方法不当

(1)施用挥发性强的氮肥品种：部分菜农在大棚中施用挥发性强的碳酸氢铵，又不及时覆土，造成氨的挥发损失。少数大棚由于氨浓度过高，对蔬菜叶片出现了一定程度的损伤。

(2)复合肥施用不合理，肥料品种单一：对于种植比例较大的蔬菜(如黄瓜、番茄、辣椒和西葫芦)，使用复合肥(15-15-15)和磷酸二铵比例很大，复合肥作追肥的比例也较大，造成盲目施肥和磷钾资源的浪费。

当前，保护地蔬菜生产中使用的化肥以氮磷钾为主，其他肥料品种较少。在保护地蔬菜追肥过程中，磷酸二铵和等养分的氮磷钾复合肥是主要的追肥品种。蔬菜作物对肥料有特殊的要求，不仅需要充足的氮磷钾，而且还喜欢钙、镁、硼、锰、铁、锌、钼等肥料。如果缺乏某种肥料元素，就会出现一些生理性病害。因此，设施蔬菜不仅要施充足的氮肥和磷肥，还应根据蔬菜种类和曾经出现过的问题，有针对性地增施某种或几种微量元素肥料。微量元素肥料不能盲目施用，应首先进行田间对比试验，并由土肥专家诊断确定后方可施用，以免造成新的微量元素污染和危害。

(3)氮素大量淋失：蔬菜追肥基本上采用随水追肥的方式。在大量施用氮肥的情况下，铵态氮肥虽能被土壤胶体吸附，但吸附量有限。大量的铵离子将进行硝化作用，迅速转化成硝态氮而随水下移，到达根系难以吸收的深度；硝态氮肥则由于土壤胶体不能吸附而极易随水大量淋失，进入地下水，既造成养分损失，又污染地下水源。

(4)有机肥施用不合理：大棚瓜菜田土壤有机质来源于作物根系残留形成的有机质、人工秸秆还田、施用有机肥。瓜菜作物多为一年生草本植物，根系残留量少，形成有机质微忽其微。目前大棚瓜菜生产过程中很少实行秸秆还田，因而要维持和提高大棚瓜菜田土壤有机质含量，需注意有机肥料的施用。施用有机肥是我国蔬菜生产中的一个重要措施。合理施用有机肥可以改善蔬菜品质，降低蔬菜硝酸盐含量。2002 年寿光市土壤肥料工作站对部分大棚瓜菜生产户进行的调查，一般农户每大棚(400 米^2)施鸡粪 3～5 吨，猪圈粪平均不足 1 吨。鸡粪是一种速效性有机肥料，碳氮比较低，所含有机物质易分解，对改良土壤、增加土壤有机质含量作用较小，目前市场销售的鸡粪质量较差。据寿光市农产品质量检测中心检测，纯鲜鸡粪中粗有机物含量应在 52.5%左右，而目前市场鸡粪多在 15%～20%，导致了寿光市大棚瓜菜田土壤有机质含量偏低。对于鲜鸡粪施用方法也存在不当之处，如未经腐熟的鲜鸡粪含有大量的病原菌容易污染土壤，加重大棚菜的病虫害；同时施入未经充分腐熟的鲜鸡粪，在大棚密封的冬季易造成烧根和熏苗现象发生。

过量投入有机肥也存在硝酸盐在蔬菜体内积累和从土体中向下淋洗的危险。过量施用被重金属污染的城市垃圾等有机肥料，还会造成土壤和蔬菜重金属污染。

虽然大棚蔬菜施肥中存在种种不合理的现象，但是由于菜农缺乏科学施肥的指导和环境保护的意识，使这种不合理现象始终得不到纠正，结果肥料增产效果下降，化肥利用率极低，产投比不高，过量投入的肥料还使环境受到污染。

4. 土壤出现次生盐渍化

菜田中施肥灌水量大，大量盐基离子未被作物吸收而残留在土壤耕层中，增加了土壤的含盐量。保护地是一个封闭或半封闭的系统，缺少降雨，而且灌溉水深度也仅限于耕层，土壤水分无法将多余的盐分淋洗出根层，大量盐分累积于土表，导致土壤次生盐渍化。

设施栽培为一年多季种植，年灌水量达1 500米^3/亩以上，是一般农田的 3 倍以上。在无排水条件区域，致使地下水水位升高，在土壤次生盐化临界埋藏深度以内，从而加速了土壤的返盐。盐分在土壤表层的聚集抑制土壤微生物的活性，使土壤养分转化受到影响，蔬菜生长不良。与粮食作物相比，大部分蔬菜的根系分布很浅，蔬菜对肥料的依赖程度比其他作物高，尤其是反季节栽培的保护地蔬菜，低温季节根系发育缓慢，对水肥吸收能力弱，存在着高产但生长环境不适宜的矛盾。菜农为追求高产和争取更多的经济收益，在生产中往往投入大量养分和进行大水漫灌，使菜田土壤养分大量积累，尤其是种植时间较长的老菜地。

由于大棚蔬菜盲目施肥的现象非常普遍，因而大棚和温室土壤出现了不同程度的盐害问题。由于土壤盐害的发生，致使玻璃温室2～3年就出现蔬菜生长障碍，塑料大棚约5年即出现程度不同的生长障碍。蔬菜受害初期表现植株生长矮小，产量降低，严重者不能立苗，植株枯萎。可见，保护地菜田土壤可溶性盐含量过高是设施蔬菜栽培中普遍存在的问题，是限制蔬菜生产、影响保护地土壤持续利用的主要因素。在设施栽培条件下，土壤次生盐渍化主要是硝酸盐积累。

5. 硝酸盐积累及淋洗

由硝酸盐淋洗而造成的地下水污染问题已备受关注。据研究，蔬菜生产中氮肥的过量施用和频繁大量的灌水是导致硝酸盐向地下水中的淋洗，造成地下水污染的主要原因之一。由于饮用水中的硝酸盐是人体从外界摄入硝酸盐的另一个主要来源，因此，不合理的灌溉施肥对人体健康和生态环境都构成严重的威胁。

地下水硝酸盐污染与蔬菜生产中的频繁大量灌水密切相关，因为水分是硝态氮在土壤中运移的重要载体。在水分供应有限的条件下，大部分氮素都集中在土壤表层，当灌溉量或降水量超过土壤田间持水量时，未来得及被作物吸收利用的硝态氮就会随水分下移而逐渐淋出有效根区范围，进一步被淋洗而污染地下水，尤其是在轻质土壤上这种硝酸盐淋失状况更为严重，这也是氮素损失的主要途径之一。

保护地蔬菜生产中，土壤的基础肥力普遍都很高，作物对氮素的吸收利用效率低，导致收获后的根层土壤中残留大量氮素。这些氮素在下一茬蔬菜生长中仍可被有效利用，而超出根系有效吸收范围的这部分根层中的氮素，则因频繁的灌溉进一步淋洗渗入更深的土层中，造成实际上的氮素损失。

蔬菜耗水需肥量大，在实际生产过程中，传统方式是施入肥料后再进行大水漫灌，将根层中原有的大量硝态氮淋洗掉。等到下一次施肥后灌溉时，又将上一次转化的硝态氮淋洗掉。如此反复，根层中养分含量始终不高，为保证作物的生长需求，农民又大量投入氮肥。因此，菜田土壤中过量灌溉是造成根区养分淋失、增加养分投入的主要原因。据研究，地下水硝酸盐含量超标的现象与氮肥的过量施用密切相关。

6. 磷肥过量对水体的威胁

保护地蔬菜中长期过量地施用磷肥，造成表层土壤中磷的大量富积。磷素主要通过地表径流、水土流失而进入水体，地表径流造成的磷流失是引起水体富营养化的主要原因。因此，磷素也是一种不可忽视的水体污染源。

通过测土配方施肥技术的推广，不仅能有效地节约肥料资源、减轻环境污染、培肥地力，而且对保证农作物安全、实现增产增收具有重要意义。

三、蔬菜测土配方施肥的步骤

1. 样品的采集及处理

(1)土壤样品的采集及处理：

①样品采集的原则。测土施肥时采集的土样是混合样品，混合样品由很多点样品混合组

成。它实际上相当于一个平均数，借以减少土壤差异。从理论上讲，每个混合样品的采样点愈多，即每个样品所包含的个体数愈多，则对该总体样品的代表性就愈大。一般采样点的多少，取决于采样的土地面积、土壤的差异程度等因素。在理想情况下，应该使采样的点和量最少，而样品的代表性又最大，使有限的人力和物力发挥最高的工作效率。

②采样时间。土壤样品的采集应在蔬菜收获后或播种(移栽)施肥前进行。进行氮肥追肥推荐时，应在追肥前或作物生长的关键时期采集。

③土样的采集方法。在菜地采样可按对角线或“S”形法布点，采样点应不少于10个。采样量根据样本的多少确定，一般每个点的采样量不少于1千克。从多点采集的样品，混合后按四分法进行缩分，最终留样不少于1千克。取样的同时要调查田间基本情况，包括取样地块前茬作物种类、产量水平和施肥水平等。

每个采样点的取土深度及采样量应均匀一致，土样上层与下层的比例要相同。取样器应垂直于地面，入土深度相同。用取土铲取样应先铲出一个耕层断面，再平行于断面下铲取土，测定微量元素的土样采集，采样工具要用不锈钢土钻、土刀、塑料、塑料袋等，忌用报纸包土样，以防污染，采样深度一般为0～25厘米。土壤硝态氮或无机氮含量测定，采样深度应根据不同蔬菜、不同生育期的主要根系分布深度而确定。

④采样工具。采样方法随采样工具而不同，常用的采样工具为管形土钻。普通土钻使用起来比较方便，但它一般只适用于湿润的土壤，不适用于很干的土壤，同样不适用于沙土。另外，普通土钻的缺点是容易使土壤混杂。不同取土工具带来的差异主要是由于上、下土体不一致造成的。这也说明采样时应注意采土深度、上下土体保持一致。

⑤土壤样品的制备和保存。风干：从野外采回的土壤样品要及时放在样品盘上，摊成薄薄一层，置于干净整洁的室内通风处自然风干。为防止样品在干燥过程中发生成分与性质的改变，不能以太阳暴晒或烘箱烘干，即使因急需而使用烘箱，也只能限于低温鼓风干燥。在土样半干时，须将大土块捏碎(尤其是黏性土壤)，以免完全干后结成硬块，难以磨细。风干场所力求干燥通风，并要防止酸蒸气、氨气和灰尘的污染。必要时应使用干净薄纸覆盖土面，避免尘埃、异物等落入。

样品风干后，应拣去动植物残体如根、茎、叶、虫体等和石块、结核(石灰、铁、锰)。

如果石子过多，应当将拣出的石子称重，记下所占的百分数。

某些土壤成分如二价铁、硝态氮、铵态氮等在风干过程中会发生显著变化，必须用新鲜样品进行分析。为了能真实反映土壤在田间自然状态下的某些理化性状，新鲜样品要及时送回室内进行处理分析，用粗玻璃棒或塑料棒将样品混匀后迅速称样测定。

新鲜样品一般不宜贮存，如需要暂时贮存，可将新鲜样品装入塑料袋，扎紧袋口，放在冰箱冷藏室或进行速冻保存。

粉碎过筛：风干后的土样，用木棍研细，使之全部通过2毫米孔径的筛子，有条件时，可用土壤样品粉碎机粉碎。充分混匀后用四分法分成2份，1份作为物理分析用；1份作为化学分析用，即土壤pH、交换性酸、有效养分等测定之用。同时要注意，土壤不宜研得太细，而破坏单个的矿物晶粒。因此，研碎土样时，不能用榔头锤打，因为矿物晶粒破坏后，暴露出新的表面，增加了有效养分的溶解。

为了保证样品不受污染，必须注意制样的工具、容器与存储方法等。磨制样品的工具应取未上过漆的木盘、木棒或木杵。对于坚硬的、必须通过很细筛孔的土粒，应用玛瑙研钵和玛瑙杵研磨，因玛瑙(SiO_2)可使任何土粒研细通过100目的筛孔。但不可敲击玛瑙制品，以免损坏。在筛分样品时，应取尼龙网眼的筛子，不用金属筛，以免过筛时因摩擦而使金属成分进入样品。

全量分析的样品包括有机质、全氮等的测定不受磨碎的影响，而且为了减少称样误差和使样品容易分解，需要将样品磨得更细。方法是取部分已混匀的2毫米或1毫米的样品铺开，划成许多小方格，用骨匙多点取出土壤样品约20克，磨细，使之全部通过100目筛子。测定Si、Fe的土壤样品需要用玛瑙研钵研细。

用于微量元素分析的土样，其处理方法同一般化学分析样品，但在采样、风干、研磨、过筛、运输、贮存等环节，不要接触容易造成样品污染的铁、铜等金属器具。采样、制样推荐使用不锈钢、木、竹或塑料工具，过筛使用尼龙网筛等。通过2毫米孔径尼龙筛的样品可用于测定土壤有效态微量元素。

用于颗粒分析试样，将风干土样反复碾碎，用2毫米孔径筛过筛。留在筛上的碎石称重后保存，同时将过筛的土壤称重，计算石砾质量百分数。将通过2毫米孔径筛的土样混匀后盛于广口瓶内，用于颗粒分析及其他物理性状测定。

在土壤分析工作中所用的筛子有两种：一种以筛孔直径的大小表示，如孔径为2毫米、1毫米、0.5毫米等；另一种以每英寸长度上的孔数表示，如每英寸长度上有40孔，为40目筛子(或称40目筛子)，每英寸有100孔为100目筛子。孔数愈多，孔径愈小。筛目与孔径之间的关系可用下式表示：

孔径直径(毫米)＝16/1英寸孔数

保存：一般样品用磨口塞的广口瓶或塑料瓶保存半年至一年，以备必要时查核之用。样品瓶上标签须注明样号、采样地点、土类名称、试验区号、深度、采样日期、筛孔等项目。

用于控制分析质量的标样叫标准物，可从国家标准物质中心购买。标准样品需长期保存，不能混杂，样品瓶贴上标签后，应以石蜡涂封，以保证不变。每份标准样品附各项分析结果的记录。

(2)蔬菜样品的采集：菜地采样可按对角线或“S”形法布点，采样点不应少于10个，采样量根据样本个体大小确定，一般每个点的采样量不少于1千克。从多个点采集的蔬菜样，按四分法进行缩分，其中个体大的样本，如大白菜等可采用纵向对称切成4份或8份，取其2份的方法进行缩分，最后分取3份，每份约1千克，分别装入塑料袋，粘贴标签，扎紧袋口。

如需用鲜样进行测定，采样时最好连根带土一起挖出，用湿布或塑料袋装，防止萎蔫。采集根部样品时，在抖落泥土或洗净泥土过程中应尽量保持根系的完整。

2. 土壤与植株测试

(1)土壤pH测定(电位法)：土壤pH是影响土壤肥力的重要因素之一。它直接影响土壤养分的存在形态、转化和有效性。测定土壤pH，通常用电位法和比色法。比色法常用于野外速测。用电位法测定土壤pH时，为了接近自然土壤的实际水分状况，避免水分过多时对测定结果的影响，一般多采用2.5∶1和1∶1的水土比例，也可用饱和泥浆测定pH(盐土用5∶1)。

目前，常用水或盐溶液(1摩尔/升KCl，0.01摩尔/升$CaCl_2$)来提取土壤样品，在土壤悬液中用pH复合电极直接测定。

(2)土壤有机质测定(重铬酸钾氧化—外加热法)：有机质是土壤的重要组成部分，它不仅含各种营养元素，而且还是微生物生命活动的能源。土壤有机质对土壤中水、肥、气、热等各种肥力因素起着重要的调节作用，对土壤结构、耕性也会产生重要影响，同时土壤有机质含量也是估测土壤有机氮矿化量的重要方法之一。因此，土壤有机质含量的高低是评价土壤肥力的重要指标之一。

测定土壤有机质的方法很多，多选用广泛使用的重铬酸钾氧化—外加热法，加热的方式有很多种，如电热板加热、油浴或磷酸浴加热等。通常选用磷酸浴加热，它可避免因污染（如油浴）而造成的误差。该法不需要特殊的仪器设备，操作简便，测定不受碳酸盐的干扰，结果准确度高。此方法的原理、测定步骤及注意事项可参见有关土壤分析的书。

(3)土壤水解性氮测定（碱解扩散法）：碱解扩散法的碱解、还原、扩散吸收各反应同时进行，操作简便，大批土样的分析速度快，结果的再现性较好，而且与作物需氮情况有一定的相关性。在扩散皿中，土壤于碱性条件下进行水解，使易水解态氮转化为 NH_3，扩散后为 H_3BO_3 所吸收。H_3BO_3 吸收液中的 NH_3 再用标准酸滴定，由此计算碱解氮的含量。

(4)土壤有效磷测定方法（Olsen 法和 Bray 法）：化学方法测定的土壤有效磷含量虽然是评价土壤供磷能力高低的相对指标，但它是合理施用磷肥的重要依据。曾经研究和使用的土壤有效磷的浸提剂种类很多，我国目前使用最广的浸提剂是 0.5 摩尔/升 $NaHCO_3$ 溶液（Olsen 法），它不仅适用于石灰性土壤，也适用于碱性、中性土壤和酸性水稻土。此外，还使用 0.03 摩尔/升 NH_4F-0.025 摩尔/升 HCl 溶液（Bray 1 法）为浸提剂，它适用于酸性土壤和强酸性土壤。

(5)土壤速效钾的测定方法（1 摩尔/升 NH_4OAc 浸提—火焰光度法）：我国大部分土壤全钾含量较丰富但绝大部分是无效的，因此较少测定土壤全钾含量，通常是测定土壤速效钾。植物从土壤所吸收的钾中，除来源于速效性钾外，还来源于缓效性钾。缓效性钾是速效钾的贮备，它能逐渐转化为速效钾。因此，测定土壤速效钾，评价土壤钾的供应水平时，还要考虑缓效钾含量或土壤质地。

土壤速效钾常用的浸提剂是 1 摩尔/升 NH_4OAc 溶液，浸出液中的钾直接用火焰光度计定量。

(6)土壤硝态氮的测定（0.01 摩尔/升 $CaCl_2$ 浸提—紫外分光光度法）：土壤对作物的氮素供应量决定于前季作物收获后残留于土壤剖面中的无机氮量和作物生长期间通过矿化作用所释放出的矿化氮量。因此，测定土壤有效氮的方法包括测定无机态氮（初始无机氮）和可矿化态氮两类。由于土壤中氮的转化过程复杂，损失途径多，目前国际上旱地土壤多采用根据土壤硝态氮的测试进行氮肥推荐。NO_3^--N 易溶于水，在多数土壤上不被土壤胶粒所吸附，用水即可浸提出来。但为了获得澄清无色、不含或少含干扰物质的浸出液，常用 $CaSO_4$、$CuSO_4$、K_2SO_4 等为澄清剂。目前常采用的土壤浸提方法有 0.01 摩尔/升 $CaCl_2$ 溶液或 $CaSO_4$ 溶液浸提，1 摩尔/升 KCl 溶液或 2 摩尔/升 NaCl 溶液浸提等方法。浸出液中 NO_3^--N 的定量方法可采用酚二磺酸分光光度法、紫外分光光度法、还原—蒸馏法、硝酸根电极法或流动分析法等。

3. 测土配方施肥基本方法

测土配方施肥方法很多，如目标产量法、磷钾养分恒量监控法、肥料效应函数方程法、综合施肥模型（精准施肥模型）、微量元素的因缺补缺技术等。这里简要介绍一下目标产量法。

目标产量法的核心是根据养分投入与产出的平衡计算一定产量、一定生态区域和栽培条件下肥料的用量。此法根据蔬菜需肥量与土壤供肥量之差来计算实现目标产量（或计划产量）的施肥量。目标产量法又包含养分平衡法和地力差减法。

养分平衡法:优点是概念清楚,有理论基础,容易掌握。缺点是由于土壤具有缓冲性能,土壤养分处于动态平衡。因此,测定值是一个相对量,不能直接计算出“土壤供肥量”,通常要通过试验,取得“校正系数”加以调整。

地力差减法:优点是不需要进行土壤测试,避免了养分平衡法的缺点。但空白田块产量不能预先获得,给推广带来了困难。同时,空白田块产量是构成产量诸因素的综合反映,无法代表若干营养元素的丰缺情况,只能以作物吸收量来计算需肥量。当土壤肥力愈高,作物对土壤的依赖率愈大(即作物吸自土壤的养分越多)时,需要由肥料供应的养分就越少。此时本方法带来的误差会增大。

这里主要介绍通过目标产量法进行配方施肥:目标产量的总计算公式如下,其关键步骤是获得准确的土壤养分测试值和土壤有效养分校正系数。

根据作物目标产量需肥量与土壤供肥量之差估算施肥量,计算公式为:

$$\text{作物施肥量(实物量千克/亩)}=\frac{\text{目标产量}\times\text{单位产量需肥量}-\text{土壤测试值}\times 0.15\times\text{校正系数}}{\text{肥料利用率}\times\text{肥料中养分含量}}$$

目标产量可采用平均单产法来确定。平均单产法是利用施肥区前三年平均单产和年递增率为基础确定目标产量,其计算公式是:

目标产量(千克/亩)=(1+递增率)×前三年平均单产(千克/亩)

一般露地蔬菜为20%,设施蔬菜为30%。

作物需肥量:通过对正常成熟的农作物全株养分的分析,测定各种作物百千克经济产量所需养分量,乘以目标产量即可获得作物需肥量。

$$\text{作物目标产量所需养分量(千克)}=\frac{\text{目标产量(千克)}}{100}\times\text{百千克产量所需养分量(千克)}$$

土壤供肥量可以通过测定基础产量、土壤有效养分校正系数两种方法估算:

通过基础产量估算:不施肥区作物所吸收的养分量作为土壤供肥量。

$$\text{土壤供肥量(千克)}=\frac{\text{不施养分区农作物产量(千克)}}{100}\times\text{百千克产量所需养分量(千克)}$$

通过土壤有效养分校正系数估算:将土壤有效养分测定值乘一个校正系数,以表达土壤“真实”供肥量。该系数称为土壤有效养分校正系数。

$$\text{土壤有效养分校正系数(\%)}=\frac{\text{缺素区作物地上部分吸收该元素量(千克/亩)}}{\text{该元素土壤测定值(毫克/千克)}\times 0.15}$$

肥料利用率一般通过差减法来计算:利用施肥区作物吸收的养分量减去不施肥区农作物吸收的养分量,其差值视为肥料供应的养分量,再除以所用肥料养分量就是肥料利用率。

$$\text{肥料利用率(\%)}=\frac{\text{施肥区农作物吸收养分量(千克/亩)}-\text{缺素区农作物吸收养分量(千克/亩)}}{\text{肥料施用量(千克/亩)}\times\text{肥料中养分含量(\%)}}\times 100\%$$

施肥区(NPK区)农作物吸收养分量(千克/亩):“3414”方案中处理6的作物总吸氮量。

肥料养分含量。供施肥料包括无机肥料与有机肥料。无机肥料、商品有机肥料含量按其标明量,不明养分含量的有机肥料养分含量可参照当地不同类型有机肥养分平均含量获得(表6-1~6-5)。

表 6-1　**主要蔬菜 100 千克经济产量吸收氮、磷、钾量表**　（单位：千克）

蔬菜名称	N	P_2O_5	K_2O	蔬菜名称	N	P_2O_5	K_2O
结球甘蓝	0.30	0.01	0.22	黄　瓜	0.27	0.13	0.35
大白菜	0.19	0.09	0.34	冬　瓜	0.14	0.05	0.22
花椰菜	0.11	0.21	0.49	苦　瓜	0.53	0.18	0.69
菠　菜	0.25	0.09	0.53	西葫芦	0.55	0.22	0.41
芹　菜	0.20	0.09	0.39	豇　豆	0.41	0.25	0.88
茴　香	0.38	0.16	0.23	芸　豆	0.34	0.22	0.59
白　菜	0.28	0.03	0.21	韭　菜	0.37	0.09	0.31
莴　笋	0.21	0.07	0.32	洋　葱	0.24	0.07	0.41
芫　荽	0.36	0.14	0.88	大　葱	0.18	0.06	0.11
番　茄	0.35	0.10	0.39	大　蒜	0.51	0.13	0.18
茄　子	0.32	0.09	0.45	莲　藕	0.60	0.22	0.46
甜　椒	0.52	0.11	0.66	茭　白	0.39	0.13	0.69
春萝卜	0.22	0.03	0.30	生　姜	0.63	0.16	0.93
萝　卜	0.31	0.19	0.58	西　瓜	0.33	0.11	0.40
胡萝卜	0.24	0.08	0.57	甜　瓜	0.28	0.13	0.38

表 6-2　**肥料利用率参考值**

作物类型	有机肥		化肥	
菜田	N P_2O_5 K_2O	10%～20% 5%～10% 20%～30%	N P_2O_5 K_2O	10%～30% 8%～12% 20%～50%

表 6-3　**土壤养分利用率参考值**

	碱解氮		速效磷		速效钾	
	含量（毫克/千克）	利用率（%）	含量（毫克/千克）	利用率（%）	含量（毫克/千克）	利用率（%）
瓜菜田	＞160	40	＞80	30	＞300	30
	120～160	45	40～80	40	200～300	35
	80～120	50	20～40	50	150～200	40
	＜80	60	＜20	60	＜150	50

表 6-4　　蔬菜常用肥料养分含量

名称	分子式	养分含量	颜色	物理性状	备注
尿素	$CO(NH_2)_2$	N 46%	白色晶体	易溶于水	
硫酸铵	$(NH_4)_2SO_4$	N 20%～21%	白色粉末或粒状结晶	易溶于水，吸湿性小	
氯化铵	NH_4Cl	N 25%	白色或淡黄色晶体	易溶于水，吸湿性小	忌氯作物慎用
硝酸铵	NH_4NO_3	N 34%～35%	白色晶体	易溶于水，吸湿性大	防潮
硝酸钾	KNO_3	N 13.5%，K_2O 46%	白色晶体	易溶于水，吸湿性小	防爆
硝酸钙	$Ca(NO_3)_2 \cdot 4H_2O$	N 34%～35%，Ca 26%	白色晶体	易溶于水，吸湿性大	防潮
过磷酸钙	$Ca(H_2PO_4)_2 +$ $CaSO_4 \cdot 7H_2O$	P_2O_5 12%～20%，S 12%，Ca 19%～22%	灰白色或淡灰色粉末	水溶性好，吸湿性大	防潮
磷酸二铵	$(NH_4)_2HPO_4$	N 16%～21%，P_2O_5 46%～54%	白色晶体	易溶于水，吸湿性小	pH＝8
磷酸二氢钾	KH_2PO_4	P_2O_5 52.2%，K_2O 34.6%	白色结晶粉状	易溶于水，吸湿性小	
硫酸钾	K_2SO_4	K_2O 50%～52%	白色粉末	易溶于水，吸湿性小	生理酸性
氯化钾	KCl	K_2O 50%～60%，CI 48%	白色结晶或淡黄、紫红色	易溶于水，吸湿性小	忌氯作物慎用
硫酸镁	$MgSO_4 \cdot 7H_2O$	Mg 9.86%，S 13%	白色针状结晶，粉状或颗粒状	易溶于水	
硫酸亚铁	$FeSO_4 \cdot 7H_2O$	Fe 20.7%，S 12%	蓝绿色结晶	易溶于水	
硫酸锌	$ZnSO_4 \cdot 7H_2O$	Zn 23%，S 11%	无色或白色	易溶于水	
硫酸铜	$CuSO_4 \cdot 5H_2O$	Cu 24.5%，S 12.5%	蓝或淡蓝结晶	易溶于水	
钼酸铵	$(NH_4)_6Mo_7O_{24} \cdot 4H_2O$	Mo 54.3%	白、无或淡黄色	易溶于水	
硼砂	$Na_2B_4O_7 \cdot 10H_2O$	B 11.3%	无或白色结晶	易溶于水	
硼酸	H_3BO_3	B 17.5%	无或白色结晶	易溶于水	

表 6-5　　　　　　　　　　常用有机肥养分含量表

品种	水分	灰分（%）	粗有机物（%）	全氮（N）（%）	全磷（P_2O_5）（%）	全钾（K_2O）（%）	铜（毫克/千克）	锌（毫克/千克）	铁（毫克/千克）	锰（毫克/千克）	硼（毫克/千克）	pH
人粪	75.3	25.2	25.0	1.9	1.3	0.91	60.2	240.0	4 680.0	330.2	3.50	6.5～8.2
猪粪	74.0	35.3	24.9	1.3	1.2	0.92	40.3	180.6	5 000.0	301.7	7.30	6.0～8.5
牛粪	74.3	32.2	55.1	1.1	0.9	0.91	26.0	72.2	3 307.0	261.9	11.2	7.0～9.0
羊粪	60.8	41.2	51.2	1.4	0.8	1.01	27.7	69.2	3 500.4	291.7	20.1	7.5～8.5
鸡粪	29.5	40.1	52.5	1.2	1.1	1.16	35.8	170.2	7 030.2	322.6	16.4	7.0～9.0
大豆饼	80.8	12.1	66.2	6.3	1.6	2.01	25.6	51.0	307.1	44.3		7.3
棉子饼		10.0	80.3	4.0	2.0	1.6	26.2	47.3	166.0	24.1		
小麦秸			78.0	0.6	0.21	1.1	28.0	57.9	5 400.1	420.0		
玉米秸	75.0		64.9	0.9	0.6	1.2	19.6	30.9	120.0	66.4		
豆秸	65.8		65.6	1.1	0.50	1.1	13.0	14.2	478.1	77.0		
高温堆肥	60.9	41.4	53.1	0.8	0.51	0.50	20.1	33.9	721.0	67.0	7.5～9.0	
草木灰	3.1			0.51	0.60	3.8						

4. 建立测土配方施肥技术指标体系

建立不同区域、不同土壤类型、不同作物的施肥指标体系，是做好测土配方施肥的关键。

利用“3414”试验建立测土配方施肥指标体系：蔬菜的试验设计主要考虑氮肥、有机肥供应等作用，此外包括磷钾肥的效应。

露地蔬菜的研究试验设计：露地试验设计包括氮、磷、钾 3 个因素，其中氮素为 3 个水平，磷、钾元素为 2 个水平，共 8 个处理，M 指施用有机肥（表 6-6）。

表 6-6　　　　　　露地蔬菜的施肥研究试验设计（推荐方案）

试验编号	处理	M	N	P	K
1	$N_0P_0K_0$	—	0	0	0
2	$MN_0P_0K_0$	＋	0	0	0
3	$MN_0P_2K_2$	＋	0	2	2
4	$MN_1P_2K_2$	＋	1	2	2
5	$MN_2P_2K_2$	＋	2	2	2
6	$MN_3P_2K_2$	＋	3	2	2
7	$MN_2P_2K_0$	＋	2	2	0
8	$MN_2P_0K_2$	＋	2	0	2

说明：－：不施有机肥。＋：施用有机肥，其中有机肥的种类在当地应该有代表性，其施用数量在当地为中等偏下水平。一般露地为 2～3 米^3/亩（对于禽粪类：0.7 米^3/亩，折合 700 千克/亩）。

0 水平：指不施该种养分的处理。

1 水平：适合于当地生产条件下的推荐值的一半，其中氮素推荐指按照 2 水平氮素供应目标值的一半，磷钾则为根据土壤磷钾测试值分级后所确定磷钾的推荐用量的一半。

2 水平：指适合于当地生产条件下的推荐值，其中氮素指氮素供应目标值，磷钾则为根据土壤磷钾测试值分级后所确定的推荐用量。

3 水平：该水平为过量施肥水平，其中氮素推荐指按照 2 水平氮素供应目标值的 1.5 倍，磷钾则为根据土壤磷钾测试值分级后所确定的推荐用量的 1.5 倍。

保护地蔬菜的研究试验设计:由于保护地生产中地块面积一般不超过1亩地,限制了试验处理数。因此,针对蔬菜生产中比较突出的有机肥和氮肥施用的环境问题,在露地蔬菜试验设计的基础上相应地减少处理数,根据试验目的的不同分开设计为保护地氮素推荐施肥试验(表6-7)和氮磷钾效应试验(表6-8)。

表 6-7　保护地蔬菜氮肥效应试验方案处理(推荐方案)

试验编号	处理	M	N	P	K
1	$N_0P_2K_2$	—	0	2	2
2	$MN_0P_2K_2$	+	0	2	2
3	$MN_1P_2K_2$	+	1	2	2
4	$MN_1P_2K_2$	+	1	2	2
5	$MN_2P_2K_2$	+	2	2	2
6	$MN_3P_2K_2$	+	3	2	2

说明:—:不施有机肥。+:施用有机肥,其中有机肥的种类在当地应该有代表性,施用数量在当地为中等水平,施用量不宜太多。一般保护地为3~4米^3/亩(对于禽粪类:1米^3/亩,折合1 000千克/亩;对于堆积肥等根据比重不同,1米^3/亩折合1 000~1 300千克/亩)。

0水平:指不施该种养分的化肥。

1水平:适合于当地生产条件推荐值的一半,其中氮素按照2水平氮素供应目标值的一半。

2水平:指适合于当地生产条件下的推荐值,其中氮素指氮素供应目标值,磷钾则为根据土壤磷钾测试值分级后所确定的推荐用量。

3水平:该水平为过量施肥水平,其中氮素推荐按照2水平氮素供应目标值的1.5倍。

各处理的养分推荐计算见露地蔬菜试验设计部分。

保护地生产中氮磷钾的增产效果试验可以按照下面的试验方案进行:一般把试验设计为5个处理:无肥区(CK)、氮磷钾区(NPK)、无氮区(PK)、无磷区(NK)和无钾区(NP)。这5个处理分别来自表6-1~6-6的试验处理中。方案中,氮、磷、钾、有机肥用量应接近推荐的合理用量。保护地施肥处理一般以不超过6个处理为宜,以氮素试验为主要目标,磷次之,钾最弱。

表 6-8　保护地蔬菜氮磷钾效应试验设计

试验编号	处理	N	P	K
1　无肥区	$N_0P_2K_2$	0	0	0
2　无氮区	$MN_0P_2K_2$	0	2	2
3　无磷区	$MN_2P_0K_2$	2	0	2
4　无钾区	$MN_2P_2K_0$	2	2	0
5　氮磷钾区	$MN_2P_2K_2$	2	2	2

四、各类蔬菜的营养特性与施肥特点

根据各类蔬菜的主要生物学特性和食用器官的不同,可将蔬菜分为白菜类、甘蓝类、绿叶菜类、果菜类、瓜类、块根类、鳞茎类、豆类等。在这些蔬菜中,由于它们的生物学特性不同,营养特性也有差异,施肥各有特点。

1. 白菜类蔬菜

这类蔬菜包括结球菜、小白菜等。

(1)营养特性：这类蔬菜都有很大的叶面积，蒸腾量较大，但根系较浅，全生育期适宜的土壤相对湿度为80%～90%，适宜空气相对湿度为60%～80%，湿度过大易发生病害。生长期间的适温在10～23℃。它们的耐热能力不强，当温度达25℃以上时生长不良；达30℃以上则不能适应。它们有一定的耐寒性，但在10℃以下生长缓慢，5℃以下停止生长。

白菜类蔬菜对土壤的物理性和化学性要求严格，在疏松的沙土中根系发展迅速，幼苗生长快，但往往因为保肥力和保水力弱，易出现脱肥。在黏重的土壤中根系发展缓慢，幼苗及莲座生长也较慢。因为土壤天然肥沃及保肥保水力强，产量高，不过产品的含水量大、品质较差，往往软腐病严重。最适宜的土壤是天然肥沃而物理性良好的砂壤土、壤土及轻黏壤土。白菜类蔬菜对土壤酸碱度的要求较宽，在弱酸性至微碱性条件下均可正常生长。

白菜类蔬菜根系的主要特点是在浅土层(土面下5～25厘米)有很发达的平行侧根和网状的分根，而在深土层(25厘米以下)侧根很不发达。

(2)需肥特性：生育期较短，产量高，对营养元素吸收选择性较高。发芽期和幼苗期生长量小而生长速度快，对肥水的需要量不多，但必须保证供应。

由于这类蔬菜是靠增加叶片数量和叶面积来提高产量的，因此，供应充足氮素尤为重要。充足的氮素营养对促进形成肥大的绿叶和提高光合效率特别重要，会促进其叶丛生长，增加产量和提高品质。在一定用氮量范围内，产量随用氮量增加而相应提高。增产原因主要是增加叶面积和厚度，而不是增加叶片数。增施氮肥使叶片加厚的原因是由于细胞体积扩大，栅栏组织细胞层数并未加多。

氮素不足，则植株矮小，叶片少，茎基部叶片易枯黄脱落，组织粗硬。氮素过多时，则组织含水量高，不利于贮存，易遭受病害。

磷有促进植株生长点细胞分生的作用，加速分化新叶，使叶数增多，从而增加产量。还能加速主根分生须根，扩大与土壤的接触面，吸收更多养分和水分。磷肥充足，根尖细胞和心叶生长变快，有利于叶球形成。磷的增产率虽比氮低，但在施足氮肥的基础上再施磷肥，可增加净菜率。

钾能提高叶菜含糖量，促进光合产物向叶运输，钾肥充足，可加速有机物质向产品器官的转运，有利于提高产量。

各个生长期内三要素的吸收量不同，大体上与植物干重增长量成正比。由发芽期至莲座期的吸收量约占总吸收量的10%，而结球期约吸收90%。各个时期吸收三要素的比例也不相同，由发芽期至莲座期吸收的氮最多，钾次之，磷最少。结球期吸收的钾最多，氮次之，磷仍最少。这是因为在结球期白菜需要较多的钾促进外叶中光合产物的制造，同时还需要大量的钾促进光合产物由外叶向叶球运输并贮藏起来。

每生产1吨大白菜需吸收氮(N)1.3～2.5千克、磷(P_2O_5)0.6～1.2千克、钾(K_2O)2.2～3.7千克，吸收比例约为2.5∶1∶3。钙和硼对大白菜增产效果明显，缺钙易导致叶球内部嫩叶的边缘变干枯("干烧心")。叶面喷施0.25%～0.5%的硝酸钙溶液可明显降低大白菜因缺钙引起的"干烧心"发病率。大白菜对微量元素的要求以铁为最多，锌、硼、锰次之，铜最少。大白菜也是对缺硼敏感的蔬菜。

(3)施肥技术：

①基肥。白菜类蔬菜生长期长，生长量大，需要大量肥效长而且能加强土壤保肥力的有机质肥料。因此，基肥应以有机肥为主，并配合适量化肥，每亩施鲜鸡粪3～4吨或者优质腐熟猪厩肥4～6吨、氮肥(N)4～7千克、磷肥(P_2O_5)6～8千克、钾肥(K_2O)6～8千克，撒入地表结合深耕翻入地下。

②追肥。白菜类蔬菜在各个生长时期发生不同的器官，有不同的生长量和生长程度，各个生育期应适时、适量地追肥和浇水才能达到丰产。

发芽期：这一时期的生长量约为营养生长时期生长总量的0.1%，此期由土壤中吸收的营养元素很少，大白菜吸收水分虽不多，但因根系很小，水分供应必须充足。播种前如墒情不好，需要充分浇水造墒。必要时在幼芽出土要浇小水，以补充水分。

幼苗期：这一时期植株的生长量不大，根系不发达，吸收养分和水分的能力很弱，但要求供应足够的养分和水分。为了保证幼苗得到足够的养分，需要追施速效性肥料为“提苗肥”。提苗肥一般每亩施氮肥2～3千克，主要肥料品种是尿素。

莲座期：此期是根系和叶片生长旺盛的时期，需养分和水分的量大，保证莲座叶强盛生长是丰产的重要关键，但同时还要注意防止莲座叶徒长而致延迟结球。有少数植物开始团棵时应施用“发棵肥”以供给莲座叶生长所需养分。莲座初期每亩追施腐熟干鸡粪800～1 000千克，配合追施氮肥3～4千克，开沟施入。

结球期：结球期是同化作用量强盛、大量累积养分而形成产品的时期，需要肥水量最大。在包心前5～6天每亩施用氮肥(N)3～4千克，适施部分磷、钾肥，沟施。中熟及晚熟品种的结球期很长，还应在抽筒时施用“补充肥”一次。这次用肥效较快的肥料，粪肥500～1 000千克或尿素10～15千克。抽筒时田间白菜已经封垄，须将肥料溶解于水中顺水冲入沟中或畦中，一般亩追施氮肥(N)3～4千克。

③根外施肥。莲座期、结球期可喷施0.1%～0.2%的磷酸二氢钾及0.5%～1%的尿素混合溶液，每隔7～10天喷一次，共喷3次。大白菜是一种喜钙作物，缺钙易引起干烧心病，结球期可用0.4%～0.7%氯化钙或硝酸钙溶液喷施，每隔7天喷一次，喷2～3次，叶面喷施肥料一般在上午9时前和下午5时后喷，阴天可全天喷，雨天不宜喷，以避免养分流失。

在缺乏微量元素的土壤要补施微肥，提高净菜率，防止一些生理病害的发生和蔓延。大白菜需硼较多，对缺硼的土壤要施用硼肥，在莲座期至结球期以0.1%～0.2%的硼砂溶液喷施，每隔6～7天喷施一次，连续2次。

2. 甘蓝类蔬菜

这类蔬菜主要包括结球甘蓝、花椰菜等，是以叶球、短缩的花薹、球茎和侧芽供人们食用的。这类蔬菜具有适应性广、耐寒和耐热性较强、病害少、产量高、营养丰富、耐贮藏运输等特点。

(1)营养特性：该类蔬菜适应性强、栽培简单、耐贮运。结球甘蓝主要生育期分苗期、莲座期和结球期。根基部粗大，但不发达，根系主要分布在60厘米以内的土层中，但以30厘米以内土层的根系最密集，根群横向伸展半径可达80厘米左右，所以能大量吸收耕作层中的养分。因根系入土不深，故抗旱能力较差，要求比较湿润的栽培环境。叶片多为绿色，叶肉肥厚，叶面光滑。

花椰菜的根系较强大，须根发达，多集中在10～35厘米的土层中，茎较结球甘蓝长而粗，叶狭长，有蜡粉。在将出现花球时，心叶自然向中心卷曲或扭转，可保护花球免受日光直射而变色或免受霜害。

该类蔬菜对土壤的适应性较强，以中性和微酸性土壤较好，且可忍耐一定的盐碱性。结球甘蓝是喜肥和耐肥作物。对于土壤营养元素的吸收量比一般蔬菜作物要多，栽培上要选择保肥保水性能较好的肥沃土壤。

花椰菜喜湿润环境，不耐旱、涝，对水分要求严格，要求土壤疏松，耕层深厚，保水保肥能力强的肥沃土壤。花椰菜生长的土壤以有机质丰富，pH 5.5～7.0，保水保肥能力强的砂壤土和壤土为最适土壤。土壤相对湿度要求达到70%～90%，空气相对湿度80%～90%最适宜。

在满足氮肥需要的基础上，宜增施磷、钾肥。需要时，可叶面喷施硼肥，浓度为0.2%～0.5%。

(2)需肥特点：甘蓝类蔬菜在不同生育阶段，对各种营养元素的要求也不同。早期消耗氮素较多，甘蓝的莲座期(花椰菜的花球膨大盛期)对氮素的需要量达到最高峰，叶(花)球形成期则消耗磷、钾较多。

结球甘蓝整个生长期吸收氮、磷、钾的比例为3∶1∶4。甘蓝喜硝态氮肥，硝态氮占90%、铵态氮占10%时生长最好，每形成1吨鲜菜，需吸收氮(N)3.5～5.0千克、磷(P_2O_5)0.7～1.4千克、钾(K_2O)3.8～5.6千克。甘蓝含钙较多，钙不足生长点附近的嫩叶尖端或边缘枯萎呈褐色，或结球后内部有干烧心症状。

结球甘蓝在不同生育阶段对养分需求量不同。秋季甘蓝苗期至结球期氮和磷占总吸收量的13%～19%，钾的吸收量较少，仅占5%～10%；结球期到收获，氮和磷的吸收量占总吸收量的81%～87%，钾则占总吸收量的90%～95%。

结球甘蓝是喜肥的作物，幼苗期氮、磷不足时幼苗的发育会受到抑制。春季甘蓝育苗时易出现先期抽薹现象，营养条件过差，易促进抽薹，施肥过多，幼苗生长快容易感受低温影响，更容易抽薹，所以对幼苗既要补充营养，又要适当控制施肥。一般情况，苗期施少量速效性氮肥，有利于根系恢复生长，促进缓苗。

结球甘蓝开始结球前由于生长量有限，吸收氮磷钾的数量较少，而进入结球期后，由于生长量大增，养分的吸收量急速增加，吸收氮磷钾的比例为1∶0.3∶1，可见其对氮、钾营养的需要远大于对磷的需要。甘蓝对缺锌和缺铁也很敏感。

花椰菜不同生育阶段对氮、磷、钾养分需求也有差异，氮肥在整个生育期吸收的比例都较高，是喜硝态氮作物。磷、钾肥在花球形成期需要较多。营养生长期对氮肥的需要量较大，对磷和钾的吸收则集中于花球生长阶段。生产1吨花椰菜需吸收氮(N)10.1～14.5千克、磷(P_2O_5)2.9～4.3千克、钾(K_2O)9.5～12.5千克。在整个生长期内，花椰菜吸收氮、磷、钾的比例约为3.5∶1∶2.5。花椰菜需硼也比较多，对硼的反应很敏感，缺钙妨碍硼的吸收，缺硼时易引起叶柄发生龟裂或发生小叶，花茎中心开裂，花球出现褐色斑点并略带苦味，影响商品质量。花椰菜对钼也有特殊要求，缺钼的典型症状是发生鞭尾病。

这类蔬菜通常需钙量很高，是典型的喜钙作物。当土壤缺钙或是由于其他原因造成生理缺钙时，往往会出现叶缘干枯的症状，影响蔬菜的产量和品质。

(3)甘蓝类蔬菜的施肥技术：

①基肥。甘蓝类蔬菜的基肥每亩用腐熟的厩肥或堆肥3～5吨，配合施用氮肥(N)6～8千克、磷(P_2O_5)5～6千克、钾(K_2O)4～6千克。缺硼、缺镁土壤，一般每亩施硼砂1.0～1.5千克、硫酸镁10～16千克。

②追肥。甘蓝类蔬菜在施足基肥的基础上，追肥的重点应放在莲座叶的生长盛期和结球前期进行。如果幼苗生长较弱，可在幼苗定植后每亩追施稀薄的腐熟粪肥500～700千克。进入莲座叶生长盛期，结合浇水亩用8～12千克尿素及硫酸钾9～12千克。在结球期应结合浇水追施尿素5～8千克，结球后期不再追施氮肥。对于缺硼和缺钙的甘蓝，可在甘蓝的生长中期喷2～3次0.1%～0.2%的硼砂溶液、0.3%～0.5%的氯化钙或硝酸钙溶液。

3. 绿叶菜类蔬菜

这类蔬菜包括菠菜、莴苣、芹菜、茼蒿和茴香等，主要是以柔嫩的叶片、叶柄或茎部供人们食用。

(1)营养特性：大多数绿叶菜类的根系较浅，生长迅速，而且种植密度很大，因此，对肥水条件的要求很高。它们的营养特点是氮素充足时，叶片柔嫩多汁而少纤维；氮素不足时，则植株矮小而纤维多，叶面积小，色黄而粗糙，易未熟抽薹，失去食用价值。菠菜喜硝态氮，对磷钾吸收量高，缺钾时反应敏感。

芹菜吸肥能力较弱，宜生长在有机质含量高的肥沃土壤上。以1吨产品计，养分吸收量为氮(N)2.55千克，磷(P_2O_5)1.36千克，钾(K_2O)3.67千克，养分吸收比例为1∶0.5∶1.4。芹菜是一种喜钾的蔬菜。氮主要影响芹菜叶柄的长度和叶数，氮素不足时显著影响叶片的分化，叶柄老化中空；磷对芹菜的品质有较大影响，但磷过多时会使叶片细长和纤维增多；钾对芹菜后期生长很重要，钾不仅对养分运输有作用，还能促使叶柄粗壮而充实，光泽性好，有利于提高产量和改善品质。

芹菜对缺钙也较敏感，缺钙时通常易导致心腐病。芹菜对缺硼、缺锌很敏感；菠菜对缺铜、缺钼、缺锌敏感；莴苣对缺锌、缺铜和缺钼敏感。因此，对这类蔬菜喷施多元微肥有一定的增产效果。

(2)施肥技术：

①基肥。绿叶菜需肥量大，施足基肥是关键，一般亩施腐熟有机肥3～5吨、复合肥100千克、硼砂0.5～1.0千克，一次施入土壤中作基肥。深翻20～25厘米使土壤和肥料充分混匀。

②追肥。绿叶菜定植后10～15天每亩追施尿素10～20千克，到叶生长肥大期，生长茂盛，是养分最大效率期，需供应较多肥水，每亩追尿素和硫酸钾各10～15千克。采收前15～20天不再追施氮肥。在叶生长肥大期，用0.5%硝酸钙或氯化钙进行叶面喷洒，喷2～3次。

4. 果菜类蔬菜

果菜类蔬菜主要指茄科植物中的番茄、茄子、辣椒等。该类蔬菜原产于热带，共同特点是结果期长、产量高、喜温暖，不耐霜冻、喜强光，根系较发达，均以果实供人们食用。果菜类蔬菜多为无限生长类型，即边现蕾、边开花、边结果，因此，在生产上要注意调节其营养生长与生殖生长的矛盾，才能获得较好的收成。

(1)营养特性：果菜类蔬菜根系比较发达，分布广而深。盛果期主根深入土中能达1米以上。在育苗条件下，由于移植时主根被切断，侧根分枝较多并横向扩展，大部分根群分布在30～50厘米的土层中，1米以下的土层中根系分布很少。果菜类不仅在主根上易生侧根，在根颈或茎上特别是茎节上很容易发生不定根，而且伸展很快，所以扦插繁殖比较容易成活。

果菜类对土壤条件要求不太严格，耐旱性较差，同时又比较喜肥，为获得丰产，创造良好的根系发育基础，应选用土层深厚、排水良好、富含有机质的肥沃壤土。对土壤通气条件要求高，土壤空气中氧含量降至2%时植株枯死。因此，低洼易涝及结构不良的土壤不适宜。砂壤土通透性好，土温上升快，在低温季节可促进早熟；黏壤土富含有机质，保水保肥力强，能提高产量。土壤 pH 5～7 为宜，过酸或过碱的土壤应进行改良。在微碱性土壤中幼苗生长缓慢，但植株长大后生长良好，品质也较好。

(2)需肥特点：果菜类蔬菜比较耐肥，在生长过程中需要供应充足的氮、磷养分。氮、磷不足时，不仅会导致花芽分化推迟，而且会影响花的发育。在缺氮情况下，初期对茎部生长影响不大，但下位叶老化、脱落，如及时补充，能很快恢复。在生育的中后期缺氮导致开花数减少，花质降低，结实率下降，减产显著。苗期营养条件，特别是氮素营养对花形影响比较显著，氮素营养不足，长柱花减少；但氮素过多易造成营养体生长过旺，因此，开花晚、易脱落，果实膨大受到限制。进入生殖生长期后对磷的需要量剧增，对氮的需要量略减。磷是果菜类蔬菜体内许多重要化合物的重要组成成分，是多种代谢过程的调节剂，参与多种代谢过程。磷能促进茄子的呼吸作用，提高作物的抗逆性。磷供应不足，硝态氮在植株体内还原过程受阻，从而影响蛋白质的合成。如果缺磷严重，还会造成作物体内的蛋白质分解，影响氮素的正常代谢。磷能促进果菜类蔬菜根系生长和花芽分化。因此，应注意适当增施磷肥，控制氮肥用量。

钾在果菜类蔬菜各个器官中的分布以叶片中最多，果实次之，茎中最少。在果实膨大期植株中，其他部位的钾可以转移到果实，钾促进植株健壮，提高其生理抗逆能力，减少病害发生。钾素能够促进体内多种代谢过程，维持细胞的膨胀压，调节水分吸收，并且与光合作用、碳水化合物的积累和蛋白质的合成等许多生理过程有关。钾能增强果菜类蔬菜的抗旱、抗寒、抗病、抗倒伏的能力。钾素供应充足，可以使氮素得到充分利用，增加蛋白质含量，使果菜类蔬菜的品质得到改善。充足的钾可使蔬菜的光合作用旺盛，促进果实膨大。番茄生育后期缺钾，往往形成棱形果和空心果，从而降低商品质量。

果菜类蔬菜是喜钙的作物，钙是构成细胞壁的重要元素，是多种酶的活化剂，对碳水化合物的转化和氮代谢具有良好的作用。钙可以增加细胞内分裂素的含量，促进细胞的分裂与伸长。钙可以与果菜类蔬菜植株体内的有机酸结合成盐，防止植株受到伤害，并调节体内的酸碱度。缺钙是引起番茄和甜椒脐腐病的原因。据研究，在坐果期喷施 0.5%氯化钙溶液可防治脐腐病，并可提高果实硬度，延长果实贮藏期。

番茄对缺铁、缺锰和缺锌都比较敏感，如果出现黄化叶、花斑叶或小叶病时应及早喷施多元微肥，以防治生理病害。

每生产 1 吨茄子，需要吸收氮(N)3.0～3.9 千克，磷(P_2O_5)0.7～1.0 千克，钾(K_2O)4.2～5.5 千克，钙 1.0～1.4 千克。每生产 1 吨番茄，需吸收氮(N)2.6～4.6 千克(平均 3.5 千克)，磷(P_2O_5)0.5～1.3 千克(平均 1.0 千克)，钾(K_2O)3.3～5.1 千克(平均 4.2 千克)。

从养分吸收的趋势来看，甜椒属高氮、中磷、高钾类型的蔬菜，茄子和番茄属于中氮、中磷、中钾类型的蔬菜。这类蔬菜在施肥上要重视磷钾肥的施用，并保证氮磷钾养分的平衡供应，这是果菜类蔬菜高产、优质的保证。

(3)施肥技术：

①基肥。定植前将所有的基肥撒施于地表，通过深耕，把基肥翻入地下，有利于根系向纵深发展。特别是磷、钾肥一定要深施。也可以集中施用。为提高肥效，可将一部分基肥撒施，一部分基肥开沟条施，将肥料集中施在播种行或定植沟内。磷肥与有机肥集中施用，可以减少与土壤的接触面，防止被土壤大量固定，提高利用率。一般每亩施腐熟鸡粪 5～7 米^3、五氧化二磷 6.5 千克、氧化钾 8～10 千克。

②追肥。追肥以氮、钾肥为主，缓苗期和开花着果期不需施肥，果坐住后，进行第一次追肥，一般每亩追施复合肥(18∶4∶18)20～30千克，追肥后浇水，水量不宜过大。果实膨大期后是需肥高峰期，此时期营养生长和生殖生长同步进行，施肥时既要防止叶片徒长，又要避免果实发育而抑制营养生长。每亩随水施高氮高钾复合肥15～20千克；果实采收后，每亩施高氮复合肥20～25千克，以后每次浇水都要带肥，每次的亩用量为复合肥10～15千克。生长后期，可以不追肥，只进行叶面施肥。每隔5～7天喷施0.2%的磷酸二氢钾或尿素溶液。

③气体施肥。蔬菜进行光合作用时，产量随着CO_2浓度的提高，明显增加。由于空气中CO_2的浓度为0.03%左右，远不能满足蔬菜光合需要。特别是在密封的大棚内需要及时补充CO_2，可用硫酸与碳酸氢铵反应制取CO_2，每亩需浓硫酸(96%)2千克、碳酸氢铵3.3千克。每天按上述比率投料，每日清晨日出前半小时施放CO_2。由于CO_2比重大，在空气中会下沉，只要在1.5米以上放风，CO_2不会大量逸失。施用CO_2气肥，要注意只能在晴天上午蔬菜光合作用强时施放，夜间及阴雨天不施放；CO_2浓度不能太大，时间不可过长。

5. 瓜类蔬菜

这类蔬菜包括黄瓜、西瓜、西葫芦、冬瓜、丝瓜、苦瓜以及佛手瓜等，是典型的营养生长和生殖生长并进的蔬菜。

(1)营养特点：瓜类蔬菜在进入结瓜期后，生长和结实间养分争夺比较突出，在开始结瓜时要有充足的养分，如果氮、磷、钾不足，植株营养生长受到抑制，花的发育也会受到抑制。

黄瓜属浅根系植物，根系入土浅，主要根系分布在15～30厘米的耕层中。根系再生能力弱，吸收能力差。表层土壤空气充足，有利于根系有氧呼吸，促进根系生长发育和对氮、磷、钾等矿质养分的吸收。

黄瓜不耐旱，耐盐能力差，喜肥但不耐肥，黄瓜要求土壤疏松肥沃，透气性良好，既能保水又能排水的富含有机质壤土。黏土发根不良。沙土发根前期旺盛，后期易老化早衰，适于弱酸性至中性土壤，最适pH 5.5～7.5。pH 5.5以下，植株就发生多种生理障碍，黄化枯死；pH高于7.5时，易烧根死苗，发生盐害。

西瓜是深根系植物，主根深度1.0米以上，西瓜根系发达，吸水能力强，较耐旱而不耐涝，高温涝害时根系呼吸受阻，功能失调，严重时死亡。西瓜忌连作，适合在轻壤土、壤土上种植。西瓜生育期一般为80～120天，其枝叶茂盛，果实生长快、产量高，需肥量较大。

甜瓜和苦瓜属直根系，根系发达，喜土层深厚、有机质丰富、通气性好的壤土或砂壤土。土壤pH 5.8～7.0为宜，能耐轻度盐碱。用砂壤土栽培甜瓜，生长快，成熟早，壤土乃至黏土比沙质土成熟晚，但生育旺盛，能长大果，不过产品味淡，肉薄，品质较差。土壤中富于钙质时，能促进瓜的甜味；土壤中含有一定的盐量，有促进生育、提早成熟、增加糖分含量的效果。

空气相对湿度60%～70%、土壤含水量为田间持水量的70%～80%对苦瓜生长发育比较适宜。

(2)需肥特性：黄瓜是需肥较多的蔬菜。黄瓜吸肥速率受多种因素影响，黄瓜植株对各种元素的吸收量与光照强度成正比，晴天植株对氮和钾的吸收速率随辐射强度增加而增加。阴天时，氮、钾吸收速率明显降低。磷的吸收速率受日照强度的影响较小，受温度影响大，温度高时磷的吸收速率高。

黄瓜在不同生育时期的营养特性不同，营养状况对黄瓜苗的质量有明显的影响。黄瓜苗期(从真叶出现到真叶4～5片的定植期为止。本期营养生长与生殖生长同时并进，在温度与水肥管理方面应本着“促”、“抑”结合的原则来进行）对氮、磷营养敏感。黄瓜是喜硝态氮作物，缺硝态氮影响钙和镁的吸收。黄瓜幼苗要求磷供给量高，但初期对磷的吸收量较少，适宜浓度范围较广，一直到果实膨大和采收期才增多。如果此期磷不足，不仅不利于果实的膨大，而且光泽不良，易形成畸形果。钾素有利于雄花的形成，黄瓜的吸钾量从生育初期到采收末期一直呈直线增加，而且分配在果实中的钾素占总吸收量的60%，钾素不足，黄瓜出现大肚瓜，多氮、多钾、缺钙、缺硼易出现蜂腰瓜。土壤盐分过高时，出现尖嘴瓜。

从根瓜坐住后至果实收获，植株的茎叶和果实生长量达到高峰期，为了满足营养生长和生殖生长的需求，必须经常供给充足的水分和养分。

开花结果期是黄瓜丰产的关键时期，在施足基肥的前提下，防止植株脱肥早衰，必须及时追施速效性肥料。

黄瓜在收瓜期间对养分的吸收量以钾为最多，氮次之，再其次为钙、磷。同时它们的吸收量都是在收获开始时显著地减少，收获期间大为增加，到了收获终了，增长量又复变小，这和果实吸收量以及植物生育的过程是完全一致的。

黄瓜对营养元素的需求较多，生产1吨黄瓜需要氮(N)2.8～4.5千克、磷(P_2O_5)0.9～1.1千克、钾(K_2O)3.6～5.5千克。

如果大棚内二氧化碳含量增至0.15%以上时，黄瓜叶的同化量便会大大提高。由此可见，空气中二氧化碳的含量远远不能满足黄瓜光合作用的需要，应该设法加以补充。

西瓜对钾的吸收最多，氮次之，磷最少。在其不同的生长发育时期，对氮、磷、钾营养元素的吸收数量与比例有很大差异，发芽期吸收量较少，幼苗期吸收量占总量的0.5%左右，伸蔓期吸收量占总量的6%，果实膨大期吸收量占总量的85%以上。在西瓜的营养生长旺盛时期，吸收氮多，钾次之；而坐果后对钾的吸收多，氮次之。磷能促进西瓜幼苗根系发育，提高其抗寒能力，提高果实含糖量和产品质量；钾可提高植株抗病能力，利于糖分的运输、积累，西瓜的果实特别需要钾。西瓜叶片缺镁或钙、钾含量过高，易发生叶枯病。在温室或大棚中种植西瓜，当多肥或缺钙时，易产生扁圆形瓜。生产1吨西瓜需吸收氮(N)2.52千克、磷(P_2O_5)0.81千克、钾(K_2O)2.86千克。

生产1吨甜瓜需吸收氮(N)2.8千克、磷(P_2O_5)1.3千克、钾(K_2O)3.8千克。可以看出甜瓜对钾的需求量较多，而且能使甜瓜品质提高。甜瓜生育期内对氮、磷、钾等矿质营养的吸收，以结果期吸收量最大。此外，甜瓜对钙、镁、硼等元素较敏感，应酌情施用。甜瓜忌连作，应实行3～5年的轮作，以减少病害的发生。

丝瓜生长周期长，根系发达，喜欢高肥力的土壤和较高的施肥量，特别对氮、磷、钾肥需求较多，尤其在花果盛期，对磷肥需要更多，所以，在大棚栽培时，基肥要多施有机肥和磷、钾肥，氮肥不宜施用过多，以防引起植株徒长，延迟开花结果和坐瓜。每生产1吨丝瓜，需氮(N)5.3千克，需磷(P_2O_5)1.8千克，需钾(K_2O)6.9千克。

(3)施肥技术：

①基肥。基肥以有机肥为主，结合整地，一般亩施有机肥5～7吨、氮(N)7千克，磷(P_2O_5)8千克、钾(K_2O)6千克。

②追肥。苗期根据幼苗长势可施一次提苗肥，一般随浇水每亩施含氮量较高的复合肥20千克或腐熟的稀粪水600～800千克。缓苗后开始追肥，要求每次采果后都要补以水肥。追肥应掌握轻施勤施的原则，冬季一般20～25天随水施一次肥。春天随着气温升高，可每隔7～

10 天追一次肥，每次每亩用氮素 4～6 千克，钾素 3～5 千克，并配以腐熟的粪水，全生育期共追肥 12～15 次。

结瓜盛期后，在地面追肥的同时，可用 1% 尿素加 0.5%磷酸二氢钾溶液叶面喷施。如缺其他微量元素，可同时喷施，有利于壮秧保果。

6. 块根类蔬菜

块根类蔬菜以肥大的肉质根为食用器官，主要有萝卜、胡萝卜、山药、马铃薯等。由于块根类为主根深的植物，所以适合在土层深厚、疏松、排水良好的沙壤土中栽培。否则，根系和肉质根容易发生分叉、畸形。在各个生长期中，对营养元素的吸收以肉质根的生长盛期吸收量最大，尤其磷、钾的施用对肉质根品质有很大影响，所以除了增加氮素外，磷、钾的补充对优质、高产将起到很大作用。

(1)营养特性：萝卜和胡萝卜为半耐寒性蔬菜，生长适温为 18～25℃，喜欢冷凉的环境条件，较大的昼夜温差有利于养分在肉质根中积累。肉质根膨大期均匀的水分供应是防止糠心和裂根，保证产品质量的关键。萝卜和胡萝卜是直根系，根系发达，肉质根是萝卜和胡萝卜产品器官和营养物质的贮藏库，具有吸收和贮存养分的双重功能。萝卜主根很深，细根却浅，分布在 15～40 厘米的疏松耕作层内。胡萝卜根系较萝卜强，根系分布深度可达 2～2.5 米，宽度达 1～1.5 米，能利用土壤深层的水分，为根菜类中耐旱性强的蔬菜。萝卜要形成肥大的肉质直根需要经历发芽期、幼苗期、肉质根形成期和肉质根膨大期，而且萝卜在各个生育时期的特性不同。萝卜和胡萝卜栽培上以富含有机质、土层深厚、排水良好、疏松通气的砂壤土为最好。耕层过浅、坚实，土质黏重、沙石过多，则易使肉质根发生分叉、畸形。萝卜和胡萝卜对土壤酸碱度的适应范围较宽，以 pH 5.2～8.0 为宜。

(2)需肥特性：块根类蔬菜苗期需肥较少，中后期根系开始膨大时生长急速增加，养分吸收也随着生育量的加大而增加。随着根部的膨大，吸收量显著增加，吸收量以钾最多，其次是氮、钙、磷和镁，与其他类蔬菜相比，对钾的要求特别突出。块根类蔬菜对缺铜、缺锰等微量元素很敏感。

在整个生育周期内，每生产量 1 吨萝卜，吸收氮(N)2.1～3.5 千克、磷(P_2O_5)1.0～1.8 千克、钾(K_2O)3.1～5.2 千克，比例为 1∶0.2∶1.9。萝卜在土壤缺钙和缺硼时易出现缺素症状，缺钙时距离生长点近的叶尖端枯死，缺硼时根的心部变成褐色，即所谓褐色烂心病。每生产 1 吨胡萝卜吸收氮(N)2.2～4.1 千克(平均 2.4 千克)、磷(P_2O_5)0.6～1.5 千克(平均 0.8 千克)、钾(K_2O)5.2～8.7 千克(平均 5.7 千克)。胡萝卜对于新鲜厩肥和土壤中肥料溶液浓度过高都很敏感。施用新鲜厩肥或每次施肥量过大，都容易发生叉根。

(3)施肥技术：

①基肥。这类蔬菜根系发达，施足基肥是关键。有机肥料可以改良土壤的理化性状，基肥应以腐熟的有机肥为主，在播前结合深翻每亩施入腐熟的优质有机肥 4～5 吨(切不可用未腐熟的粪肥，以免损伤幼苗的主根)，亩施过磷酸钙 20～30 千克、硫酸钾 30～50 千克。

②追肥。这类蔬菜施肥以基肥为主、追肥为辅，生长期短的可适当减少追肥，而生长期长的则要分期追肥，但追肥应以肉质根的膨大为中心。在追肥上，掌握合适的时间，分期、分量追肥是获得优质高产的关键。在追肥上要把握好“先轻、后重、再轻”的原则。

一般第一次追肥在幼苗期进行，当苗子有两片真叶展开时追施少量的化肥，每亩 15～25 千克尿素。第二次追肥在肉质根开始膨大初期进行，在亩追施尿素 20～30 千克的同时还要追施磷、钾肥，每亩追施磷酸二铵15～20千克、硫酸钾25～30千克。在肉质根膨大期要亩追硫酸钾20～25千克或150千克草木灰。

氮素肥料及人粪尿尽量在膨大盛期前施用，如果施用过多或过晚，易使肉质根破裂或产生苦味，影响蔬菜的品质。

7. 鳞茎类蔬菜

这类蔬菜主要包括韭菜、大蒜、大葱等。

(1)营养特性：鳞茎类蔬菜生长的主要部分是叶子或芽的变态部分，它们的根系都没有明显的主根和侧根，只有不耐干旱的须根，不分枝，根毛亦少。鳞茎类蔬菜抗寒耐热，适应力强，对土壤的适应性较强，具有耐肥、喜肥的特点，无论砂壤土、壤土、黏土均可栽培。根据鳞茎类蔬菜根系特点，最好选择表土深厚、富含有机质、保水力强的肥沃土壤。土壤pH 5.5～8.0为宜，在过酸的土壤上生长不良。

鳞茎类蔬菜耐寒，有效生长的日平均温度为8～31℃，适宜生长的温度为13～26℃。韭菜在不同生长发育阶段对温度的要求不同，发芽的最适宜温度为15～18℃。韭菜耐旱性强，但根系需水较多。韭菜叶片生长适宜的空气相对湿度为60%～70%，超过80%易发生病害。大蒜蒜薹伸长期适宜的温度为15～20℃，鳞茎膨大期最适宜温度在20℃左右，高于27℃即进入休眠状态。大蒜和韭菜均为长日照植物，正常生长发育要求有良好的光照条件。

(2)需肥特性：鳞茎类蔬菜对养分的需求一般以氮为主，并且配合适当的磷、钾肥，但氮肥过量易引起徒长、倒伏，所以应该进行氮、磷、钾配合施用。韭菜耐肥力强，春秋两季是韭菜施肥最重要的时期。尤其是秋季施肥，可以将一部分营养物质转移到根和根状茎中去，为翌年新苗萌发创造良好的营养条件。刚播种的韭菜，在发芽期和幼苗期需肥量少。两年以上生的韭菜需肥较多。

韭菜在不同生育期对肥料的吸收能力不同。发芽期不需要土壤中的营养；幼苗期，根系吸收肥料的能力弱，所以吸肥量也少；旺盛生长期，生长量增大，吸肥量增加，应加强肥水管理。一年生韭菜，一般只进行营养生长；两年以上的韭菜才能分化花芽，使营养生长和生殖生长交替重叠进行。满足韭菜对营养的需要，是保证叶片生长、产品鲜嫩、增产增收的重要措施。每生产1吨韭菜，需吸收氮(N)4.5～6.5千克、磷(P_2O_5)0.7～2.5千克、钾(K_2O)4.0～6.6千克。

大蒜是需肥较多而且较耐肥的蔬菜。发芽期大蒜生长量小，生长期短，消耗的营养也少，所需的营养由种蒜提供；幼苗期随着幼苗的生长，种蒜贮藏的营养逐渐消耗，此期大蒜的生长完全靠土壤营养供应，吸肥量也明显增加，如土壤养分供应不足，影响植株正常生长；鳞芽、花芽分化期叶部生长为主，根系生长增强，植株进入旺盛生长期，营养物质的积累增多，为蒜头和蒜薹的生长打下基础；抽薹期营养生长和生殖生长并进，生长量最大，需肥量最多，根系生长和吸肥能力达到高峰，是施肥的关键时期；鳞茎膨大盛期，以增重为主，此期吸收的养分和叶片及叶鞘中贮存的养分集中向鳞茎输送，鳞茎加速膨大和充实。在鳞茎膨大期，根、茎、叶的生长逐渐衰老，对营养的吸收量不大，鳞茎膨大所需要的养分大多数来自于自身营养的再分配。

大蒜对氮的需求量很高，如以吸氮量为100%时，吸钾量为95%，吸钙量为75%，吸磷量为35%，吸镁量为6%。每生产1吨大蒜需吸收氮(N)4.2～5.1千克、磷(P_2O_5)1.3～2.0千克、钾(K_2O)4.1～5.5千克、钙1.3～2.1千克，氮磷钾比例为1∶0.3∶0.9。鳞芽和花芽分化后，是大蒜一生中三要素吸收量的高峰期；抽薹前是微量元素铁、锰、镁的吸收高峰期；采薹后，三要素及硼的吸收量再次达到小高峰，锌的吸收量达到高峰。缺氮对产量影响最大。在大蒜的生长发育过程中，氮素供应充足，植株生长速度加快，营养体大，叶片浓绿而厚实。磷能促进大蒜根系发育和蒜薹、蒜瓣的分化。大蒜是喜钾作物，钾是大蒜吸收的主要营养元素之一，对大蒜体内糖的含量和大蒜的品质有着直接关系。蒜薹伸长期需钾最多，占钾总吸收量的一半，苗期吸收量和蒜头膨大期吸收量较少。镁是叶绿素的组成成分，大蒜缺镁会引起叶片褪绿，镁可促进氮、磷、钾元素的吸收。随着镁浓度的提高，钙的吸收会减少。

鳞茎类蔬菜中都含有挥发性的辛辣味，是因为其中有含硫的化合物，所以在施肥上要注意补充硫肥，防止发生叶片因缺硫而发黄，对提高产品品质和风味有重要意义。

(3)施肥技术：

①基肥。以腐熟优质有机肥为主。一般每亩施优质腐熟厩肥 6～8 吨。缺磷的土壤每亩施过磷酸钙 25 千克或磷酸二铵 10 千克、草木灰 150～200 千克或硫酸钾 10～15 千克、尿素 12～15 千克。

②追肥。进入旺盛生长期，立即追肥，有机肥料与速效化肥要配合施用。第一次追肥亩施饼肥 150 千克、尿素 20 千克。20 天后再追一次速效氮肥，每亩追施尿素 15～25 千克。追肥后浇水、培土，如果土壤肥力较高，底肥充足，可不进行第一次追肥。

8. 豆类蔬菜

(1)营养特性：豆类蔬菜的根系入土较深，有较强的抗旱能力。对光照强度要求严格，光照过弱植株徒长。最适宜的土壤湿度为田间最大持水量的 60%～70%，空气相对湿度为 65%～75%。水分过多，会引起烂根、落叶；干旱会使根系生长不良。

豆类蔬菜适于腐殖质多、土层深厚、排水良好的壤土，有利于根系的生长和根瘤菌的活动。黏重土和低湿地，排水和通气不良，影响根的吸收机能，且易生炭疽病，甚至引起落叶而减产。pH 以 6.2～7.0 为好，酸性土壤应施石灰改良。根瘤菌适于中性到微酸性土壤。

(2)需肥特性：豆类蔬菜根系吸收无机元素是随着植株的生长发育而增加的。在生育初期，它们大多是被叶片吸收，几乎呈直线增加。在生育中期，吸收到叶片中的氮、磷、钾数量减少，而豆荚中含量显著增加，花芽分化前追施肥料有利于植株的分枝数、结实数和果实产量提高。铵态氮影响豆类蔬菜的生长发育，缺氮植株中上部叶子会褪绿，且叶面稍有凹凸，根发黑，根瘤少而小，甚至看不到根瘤。

磷肥的吸收量虽然不大，但缺乏磷肥时，植株和根瘤菌的生育不良，开花结荚减少，荚内子粒少，产量低。芸豆以嫩荚供食用，根瘤菌又不甚发达，供给适量氮肥可增产和改进品质。荚果肥大期需要无机养分最多，茎叶中的养分也不断向荚果转移。钾能明显影响芸豆的生育和产量，土壤中钾肥不足，其产量仅为施钾区的 1/5～1/2。

土壤中镁不足，易发生缺镁症，在这种土壤上若不施镁而增加施钾量，则缺镁症状更加严重。硼和钼对芸豆的生育和根瘤菌的活动都有良好的作用，缺乏这些元素就会破坏植株正常的生长发育。适量施用钼酸铵可以提高芸豆的品质和产量。

芸豆从土壤中吸收营养元素最多的是钾，其次是氮、磷、钙、硼。每生产 1 吨产品需吸收氮(N)3.4 千克、磷(P_2O_5)2.2 千克、钾(K_2O)5.9 千克。

豇豆对钾的需求量最多，其次是氮和磷，每生产 1 吨豇豆需吸收氮(N)4.1 千克、磷(P_2O_5)2.5 千克、钾(K_2O)8.8 千克。

(3)施肥技术：

①基肥。结合整地每亩施优质有机肥3～4吨，或者用优质腐熟堆肥5～6吨，再加入过磷酸钙25～40千克、草木灰40～50千克、氮肥5～6千克、钾肥10～15千克。撒匀后进行耕翻。

②追肥。在花芽分化时，亩追施人畜粪尿约1.5吨、硫酸钾及过磷酸钙各4～5千克。苗期不要施用过多氮肥，否则，会使植株茎、叶组织幼嫩徒长，并易感染病虫害。随着豆类蔬菜的生长，对氮磷钾的吸收逐渐增加，到开花结荚期需肥量最大，可每亩追施人畜粪尿约1.5吨、硫酸钾及过磷酸钙各6～8千克，每次浇水都要随水带肥。

在开花结荚初期有大量根瘤形成，固氮能力最强，如果过多施用氮素化肥，反而会使根瘤菌钝化，使固氮量相对减少，要注意避免在此期过多施用氮肥。

五、蔬菜营养失调症的诊断及防治

1. 氮素营养失调症

氮是蛋白质的主要成分，也是核酸及许多酶的重要成分。氮素可以促进叶绿素的形成，氮素的供应水平对于叶片内叶绿素含量有极大影响，氮对茎、叶的生长和果实的发育具有重要的作用，是与产量关系最为密切的营养元素。

(1)缺氮症：缺氮蔬菜表现为生长减慢，株形矮小，从下位叶到上位叶逐渐褪淡、发黄，有时叶脉呈紫色，逐渐向幼叶发展，严重时整个植株发黄，坐果数少，瓜果生长发育不良。

黄瓜缺氮从叶脉间到全叶黄化，从下位叶向上位叶黄化，植株矮小，长势弱，果实多数为小头果。甘蓝缺氮表现为幼叶浅绿色，老叶紫红色或橙色，叶狭小，结球不紧或难以包心。番茄缺氮症状是叶片从基部开始黄化，并向上发展，严重时脱落，开花结果少，果实小。

(2)氮过剩症：氮素施用过多会引起蔬菜作物徒长，营养生长和生殖生长失调，影响坐果率。蔬菜氮过剩的叶片变短变宽，叶色浓绿。甘蓝、大白菜结球困难，花椰菜花球不能正常发育，可食率下降。番茄茎叶徒长，开花不良，落花落果严重，果实转色迟，而且色泽不均匀，果柄附近果实往往着色不良，商品质量差。黄瓜茎节伸长，开花节位提高，雌花分化延迟，容易落花落果。茄子、辣椒茎叶肥大，节间拉长，前期开花结果明显减少，果实畸形。

(3)防治措施：

①缺氮症。针对缺氮情况，可增施有机肥料，以培肥地力，增加土壤供氮能力；对土壤沙性强、蔬菜生长期又长的菜地，要少量多次追施氮肥；蔬菜旺长期应及时追施氮肥。

②氮过剩症。主要控制氮肥用量，合理配施氮、磷、钾。

2. 磷素营养失调症

磷是植物体内细胞核的组成成分，磷素还参与植物体内碳水化合物、含氮化合物等的代谢。磷能增强作物的抗逆性和适应外界环境条件的能力，提高其抗旱、抗寒能力。蔬菜对磷的吸收主要在生育初期，所以磷肥应注意早施，最好以基肥方式施入。

(1)缺磷症：缺磷植株矮小，发僵，出叶慢，叶片少而小，叶色暗绿无光泽，有些蔬菜还呈紫红色，开花结果不良。黄瓜等瓜类蔬菜，瓜蔓抽生慢，幼叶小而僵硬，叶呈深绿色，子叶和老叶出现大块水渍状斑，并向幼叶发展，逐渐变褐干枯，叶片易凋萎脱落。番茄株矮，茎细叶稀，叶常卷曲，叶背面和叶脉呈紫红色，老叶黄化，并伴有紫褐色枯斑，容易脱落。番茄前期缺磷，开花少，结实不良。花椰菜等结球蔬菜叶片僵小直立，叶尖和叶缘呈紫红色，花球小。

(2)防治措施：对一些有机质贫乏的土壤，应重视有机肥料的投入，加速土壤熟化，提高土壤有效磷含量。改良土壤酸碱度，酸性土可用石灰、碱性土则用硫磺改良，使土壤趋于中性，以减少土壤对磷的固定，提高磷肥施用效果。酸性菜地宜用钙镁磷肥，碱性和中性菜地宜用过磷酸钙；磷肥施用时期宜早不宜迟，一般宜作苗床肥或移栽时施用。

3. 钾素营养失调症

钾在植物体内不形成有机物，在植物体内以离子状态存在。钾存在于细胞液中，集中于生长旺盛的部位，在幼芽和幼叶中含量较高。钾能促进光合作用，明显提高植株对氮的吸收利用。钾还可以部分消除因施用过量的氮、磷所造成的不良影响。

（1）缺钾症：蔬菜缺钾表现为先从植株下部老叶叶尖、叶缘开始黄化，进而叶缘褐变枯焦，叶面皱缩并有褐色斑点或斑块。症状由下位叶向上位叶发展。黄瓜缺钾苗期叶色浓绿、发硬，叶片小，叶片稍微向上挺，果实成熟晚。甘蓝老叶边缘发黄或发生黄白斑，叶片凋萎，结球小、不紧实。胡萝卜叶色淡绿，逐渐发展为褐色，肉质根短小，呈纺锤形。

（2）防治措施：增加有机肥料的用量和草木灰。发现缺钾症状及时施用钾肥。对生长期长的蔬菜，钾肥最好分次施用，特别是在土壤沙性强、雨水多的季节，分次施肥可以减少流失，提高施钾效益。叶面喷施钾肥可以补充和调节植株的钾素营养。在植株需钾较大的时期，如黄瓜膨瓜期、番茄盛果期和大白菜结球期，可用0.3%～0.5%的硝酸钾或硫酸钾溶液喷施，5～7天喷一次，连喷2～3次。马铃薯、菠菜、豌豆、大白菜等对氯敏感的作物，少用或不用氯化钾等含氯化肥。土壤过分干旱时要适当灌溉，雨季要做好排水。

4. 钙素营养失调症

钙是构成细胞壁的重要元素。钙以果胶酸钙的形态结合，固定在细胞壁的胞间层中。钙可以促进碳水化合物的转化和氮素的代谢，可以促进细胞的伸长和分裂，促进根系发育和叶片生长。

（1）缺钙症：蔬菜新生部位如顶芽、根尖生育停滞、萎缩；新叶粘连，不能正常展开，展开的新叶常焦边，残缺不全；果实顶端易出现凹陷，黑褐色坏死。番茄、甜椒植株萎缩，幼芽变小、黄化，距生长点近的幼叶周围变为褐色，有部分枯死，果脐处变黑，形成脐腐。大白菜、甘蓝剖开叶球可见内叶边缘或连同心叶一起褐变干枯。

（2）防治措施：要多施有机肥；充足地供应石灰，对于供钙不足的酸性土壤应施用石灰等含钙肥料。石灰的用量与土壤质地有关，同时还需考虑原来土壤的pH条件。此外，还可以选用其他含钙高的肥料如石膏等；实行深耕，多灌水，使土壤保持湿润，以增加植株对钙的吸收；因土壤溶液浓度过高引起根系吸收障碍的，土壤施用钙肥常常无效，一般需叶面喷施，可选用0.3%～0.5%硝酸钙溶液喷施，每隔5～7天喷一次，连喷2～3次即可见效。大白菜在开始进入结球期时喷钙，可有效防止烧心病的发生。

5. 镁素营养失调症

镁是叶绿素的成分，镁在植株体内有促进磷酸盐转运的作用，也是许多酶的活化剂，可加强酶的催化，促进碳水化合物的代谢和吸收作用。镁还参与脂肪代谢，促进维生素A和维生素C的合成。镁在植物体内的移动性也较强。

（1）缺镁症：蔬菜缺镁一般症状是中、下位叶褪绿黄化，叶脉仍保持绿色，有时叶片还伴有橘黄、紫红等杂色。尤其是在果实附近的几片叶容易出现病症，这是因为镁在植株体内易移动，当土壤镁供应不上时，果实附近叶片中的镁调运到果实，供果实发育之需。

缺镁时黄瓜生育期提前，果实开始膨大并进入盛期的时候，下位叶的叶脉间的绿色渐渐地变黄，进一步发展，除了叶缘残留点绿色外，叶脉间均黄化，在生育后期，只有叶脉、叶缘残留点绿色，其他部位全部黄白化；番茄首先在中、下部叶片或果实附近叶片沿主脉两侧叶肉呈斑状黄化或黄白化，叶尖、主脉和侧脉仍保持绿色，在果实膨大期容易发生；丝瓜叶肉及叶缘呈黄白色干枯；芹菜叶尖及叶缘失绿，继而叶脉间出现坏死斑，以至全叶坏死。

(2)防治措施：有机肥具有养分全、改良土壤等作用，增施有机肥有利于提高蔬菜对镁的吸收。对缺镁的土壤增施镁肥，一般亩用硫酸镁 15～30 千克。酸性土壤可用钙镁磷肥 50～80 千克或镁石灰 100～150 千克，既供给镁，又可改良土壤酸性。对于根系吸收障碍而引起的缺镁，可用 1%～2%硫酸镁溶液进行叶面喷施，每隔 5～7 天喷一次，连喷 3～5 次。

缺镁的土壤，要防止过量氮肥和钾肥对镁吸收的影响。保护地蔬菜施肥过多，根层养分积累严重，会抑制镁的吸收。因此，保护地蔬菜内施氮钾肥，应采用少量分次施用。

6. 硼素营养失调症

硼参与碳水化合物在植株体内的分配和运转，促进营养器官和生殖器官的生长。硼能加速植物发育，促进早熟和改善品质。影响硼利用的因素较多。

(1)影响硼利用的因素：

①土壤 pH。土壤 pH 为 4.5～6.8 时硼的有效性最高，水溶性硼与 pH 成正相关；pH 大于 7 时硼的有效性降低，酸性土壤中硼的有效性高，但容易淋洗损失，施用大量石灰，硼的吸附固定增加，会诱发缺硼。

②土壤有机质。对酸性土壤来说，有机物使硼固定可避免淋失，有机物矿化后又会增加有效性硼；对于石灰性土壤来说，有机物对硼有效性的影响不及土壤 pH 的影响明显。

③气候条件。干旱使土壤中硼的有效性降低，湿润多雨地区常由于强烈的淋洗作用而导致硼的损失，降低有效硼的含量，特别是轻质土壤尤为明显。

④土壤质地。土壤质地影响硼在土壤中的移动，在轻质土壤上硼易遭淋失，使水溶性硼减少；而在黏质土壤上，由于黏粒的吸附作用，能保持较多的有效硼。

(2)症状：

①缺硼症。蔬菜缺硼往往引起体内碳水化合物代谢发生紊乱，糖的运转受到限制，茎、根生长点萎缩，叶片皱缩、扭曲、畸形。茎和叶柄短粗、开裂、变脆。蔬菜缺硼叶绿素形成受阻，叶片黄化，早期脱落。芹菜缺硼易导致茎裂病，根菜类等肉质根内部组织坏死变褐、木栓化。萝卜缺硼易引起褐心病。缺硼还往往导致花而不实，甚至不开花。

②硼过剩症。土壤中硼浓度在 5 毫克/千克以上时，对种子的发芽有害。蔬菜硼过量表现在老叶叶缘黄化或焦枯，叶尖叶缘出现灼伤状干枯，叶背发生褐色斑点或斑块。黄瓜中下部叶片叶缘失绿黄化，并沿脉间向中脉发展；叶面上有时会出现棕褐色斑点；顶芽生长受抑，严重时褐变枯死。

(3)防治措施：

①缺硼症的防治。番茄、胡萝卜、油菜、花椰菜、芹菜、甜菜、萝卜、甘蓝、莴苣等蔬菜对硼敏感，易出现缺硼症状。增施有机肥料能增加土壤有机质含量，减少硼的固定和淋失，协调土壤供硼强度与容量。有机肥料含硼量较高，施入土壤后可随有机肥料的分解释放出来，提高土壤供硼水平。缺硼的土壤每亩施用硼砂 2～3 千克，与有机肥混合后基施于土壤。蔬菜出现缺硼症状时应叶面喷施 0.1%～0.2%的硼砂或硼酸溶液，5～7 天喷一次，连喷 2～3 次。因硼砂难溶于水，配制时先用热水溶解。

遇长期干旱，土壤过于干燥时要及时灌水抗旱，保持湿润，增加对硼的吸收。

②硼中毒症的防治。可灌溉多量的水使土壤中的硼素流失，如灌溉了酸性水时，硼的流失更快。硼流失后，再施用石灰质肥料调节土壤 pH。

7. 铜素营养失调症

铜对氮的代谢有重要影响，铜关系着叶绿素的稳定性和光合作用的活力，铜还能影响花的发育和结实，许多植物由于缺铜导致花粉“不育症”。铜在植物体内活动性差。缺铜植物尖端输导组织积累草酸钙，从而妨碍生长物质的运输。施铜后草酸钙消失，生长正常。

（1）缺铜症：铜在植株体内运转能力差，缺铜蔬菜新叶失绿出现坏死斑点，结构畸形，叶尖发白。缺铜木质化受抑制，严重时不能木质化并使导管破裂，影响水分运输，导致枯萎。缺铜还影响花的发育和结实。在蔬菜中，洋葱、莴苣、菠菜和胡萝卜对缺铜敏感，番茄、萝卜、芹菜、黄瓜属中等敏感作物，蚕豆、豌豆、油菜、芦笋、马铃薯及薄荷等对缺铜不敏感。

（2）防治措施：增施有机肥，改良土壤，培肥地力，提高土壤有机质含量，促进蔬菜对铜素的吸收，提高铜素利用率。增施铜肥，亩基施硫酸铜 2～3 千克或进行叶面喷施。

8. 氯素营养失调症

（1）氯中毒症：寿光市土壤中氯的含量丰富，一般不缺乏，但在蔬菜栽培中因过量使用含氯肥料易导致氯中毒，表现为叶片发黄、枯焦并提早脱落，根尖死亡，严重时整株枯死。

（2）防治措施：不使用含氯化肥。对氯反应敏感的蔬菜要严格控制含氯化肥施用，特别是含氯化铵及氯化钾的“双氯”复混肥的施用，以防因氯离子过多而造成对作物的危害。增施有机肥，改良土壤，培肥地力，提高土壤有机质含量。不用含氯量高的水灌溉蔬菜。

9. 锌素营养失调症

锌关系到氮的代谢和叶绿素的合成与稳定，锌可提高萎蔫时束缚水的含量而提高抗旱力，锌以 Zn^{2+} 的形式吸收。影响土壤锌有效性的因素较多，缺锌多发生在 pH 大于 6.5 的土壤中，土壤 pH 升高有效锌减少。另外，土壤有机质、温度也影响植物对有效锌的吸收。

（1）缺锌症：蔬菜缺锌时叶变小，叶脉间黄化卷曲，节间缩短，形成簇生小叶，有全体萎缩的感觉。对锌敏感的蔬菜有番茄、甘蓝、莴苣、芹菜、菠菜等。

（2）应急处理方法：亩基施硫酸锌 2 千克或叶面喷洒 0.3％硫酸锌液加 0.2％～0.3％的生石灰水，或石灰硫磺合剂加 0.3％硫酸锌溶液。施用硫酸铵、氯化钾、氯化铵等酸性肥料，使缺乏症恢复。如磷素过多，将抑制锌的吸收，易产生锌缺乏症。

10. 锰素营养失调症

锰为叶绿体的组成物质，又在叶绿素合成中起催化作用，锰在光合作用中带有决定的影响；锰是许多酶的组成或酶系统的活化剂；锰可以促进体内硝酸还原作用，有利于合成蛋白质，从而提高氮的利用效率；锰能改善物质运输的能量供应。影响土壤有效锰的因素很多。

（1）影响锰作用的因素：

①土壤酸碱性。高 pH 土壤比低 pH 土壤更易吸附锰，高 pH 的石灰性土壤有效锰含量较低，低 pH 的酸性土壤有效锰含量较高。pH 大于 7.5，有效锰含量急剧下降；pH 大于 8.0 时，土壤有效锰含量很低。

②土壤质地。总的趋势是，沙土到中壤随土壤黏粒含量（粒径小于 0.01 毫米）增加而增加，中壤到重壤随黏粒含量的增加而降低。一般沙性大的土壤，有效锰含量较低。

③土壤有机质。土壤有机质的存在，可促使锰的还原而增加活性锰。土壤有机质含量高，

有效锰含量亦高；有机质含量低，有效锰含量亦低。土壤有效锰与土壤有机质之间呈正相关关系。

④土壤水分状况。土壤水分直接影响着土壤氧化还原状况，淹水时，锰向还原状态变化，有效锰增加；干旱时，锰向氧化状态变化，有效锰降低。

⑤碳酸钙。一般土壤有效锰随土壤碳酸钙含量增加而降低，锰的有效度与碳酸含量之间呈负相关。

(2)缺锰症：锰在作物体内不易移动，缺锰症常从新叶开始。缺锰时首先表现叶肉失绿，叶脉仍为绿色，叶脉呈绿色网状，叶脉间失绿小片为圆形，叶脉间的叶片突起，使叶子边缘起皱。缺锰严重时，失绿小片扩大相连，出现褐色斑点，呈烧灼状，并停止生长。马铃薯、莴苣、黄瓜、萝卜、菠菜、花椰菜、芹菜、番茄、胡萝卜等对缺锰较敏感。

(3)防治措施：多施有机物质可增加土壤的缓冲力、土壤水分的保持力，不易引起锰的缺乏。碱性土壤可亩施硫酸锰 2～3 千克，土壤为中性或微酸性时施用 1～2 千克。缺乏症状出现时，每 5～7 天喷 0.2%～0.3%硫酸锰液，或氯化锰液加 0.3%生石灰水，连喷 2～3 次。施用酸性肥料，能减缓蔬菜缺锰。

如果锰过剩，应注意排水，并多施石灰质肥料。

11. 蔬菜缺钼症

钼是硝酸还原酶的组成成分，可将硝态氮还原成铵态氮；钼能改善物质运输的能量供应，能与有机物形成络合物；钼可促进维生素 C 的合成(尤其在酸性土壤上)；钼可促进种子和生殖期的呼吸作用，降低早期呼吸强度；钼可提高叶绿素的稳定性，减少叶绿素在黑暗中的破坏。

(1)缺钼症：蔬菜缺钼时叶色黄化，生长不佳，叶向中肋深深凹进，叶肉部分很少，小叶稍呈杯状，严重时，下叶萎凋。

(2)防治措施：在酸性土壤上施用石灰来中和土壤酸度，对于提高钼肥的效果有一定的影响。土壤酸度下降后，土壤中钼的可给性提高，能够提供较多的钼来满足蔬菜对钼的需要。蔬菜施用磷肥以后，植物吸收钼的能力增高，钼肥效果提高。磷肥与钼肥配合施用，常会表现出好的肥效。硫也会加重钼的缺乏，在施用含硫肥料以后，容易出现缺钼现象，所以要科学地进行配方施肥。多施有机物质可增加土壤的缓冲力、土壤水分的保持力，钼不易缺乏。

亩施用钼酸铵 2～3 千克。

缺乏症状出现时，每 5～7 天喷 0.2%～0.3%钼酸铵溶液，连喷 2～3 次。

12. 硫素营养失调症

硫是构成蛋白质和酶不可缺少的成分。缺硫时蛋白质的形成受阻，从而影响作物产量和产品中蛋白质的含量。含硫有机化合物还参与植物体内的氧化还原过程，对植物的呼吸作用有特殊功能。叶绿素的成分中虽然没有硫，但硫对于叶绿素的形成有一定影响。缺硫时叶绿素含量降低，叶色褪淡，严重时呈黄白色。

(1)缺硫症：蔬菜硫的移动性很小，较难从老组织向幼嫩组织运转。缺硫时，由于蛋白质、叶绿素的合成受阻，生长受到严重影响，植株矮小瘦弱，叶片褪绿或黄化，茎细、僵直，与缺氮有些相似。但缺硫症状首先在幼叶出现。

(2)防治措施：土壤中的硫主要存在于有机质中，土壤有机质含量高，含硫量也高。多施有机物质还可增加土壤的缓冲力、土壤水分的保持力，不易引起硫的缺乏。

除常用的硫酸铵、硫酸铜、硫酸亚铁外，还可施用硫磺、石膏。

13. 铁素营养失调症

铁在植物体内与血红蛋白有关，铁参与一些氧化酶和非血红蛋白酶的组成。铁可以发生三价和二价离子状态的可逆转变，因而是植物体内所有氧化还原过程中极其重要的参加者，在呼吸作用中起电子传递作用，缺铁叶绿素呼吸强度降低。铁在植物体中流动性小，缺铁症首先表现在上部叶上。

(1)影响铁有效性的因素：土壤越偏碱(pH>7)，铁与土壤中负离子结合得越牢固，铁的溶解度也越低。土壤中碳酸钙的水解，一方面提高了土壤的酸碱度，另一方面使铁与碳酸根形成更难溶解的化合物，降低了铁的活性。土壤中黏粒(土壤颗粒的直径小于0.01毫米)含量越高，铁的有效性越低。如果土壤水饱和度过高，土壤颗粒间的空隙被水填充造成还原的环境，在还原条件下如果土壤碳酸钙含量又偏高，铁就会形成难溶解的化合物。土壤有机质对铁的活化有明显的促进作用，有机质高的土壤有效铁的含量也高。

(2)缺铁症：蔬菜缺铁时幼叶脉间失绿呈淡黄色至黄白色，细小的网状叶脉仍保持绿色，严重缺铁时叶脉也会黄化。

(3)防治措施：施用硫酸亚铁3～5千克/亩。蔬菜呈现缺乏症时，喷洒硫酸亚铁或1%～2%氯化铁水溶液，5～7天喷一次，连喷2～3次。土壤为强碱性时，可亩施用硫磺粉2～3千克。

(陈永智)

第七章　寿光大棚蔬菜病虫害防治

蔬菜作为寿光农业的支柱产业地位已经形成，随着蔬菜种植面积不断扩大，蔬菜种植品种逐年增加，蔬菜病虫害种类、发生面积、危害程度也愈来愈严重。因地制宜地搞好病虫害防治，成为寿光蔬菜产业可持续发展的当务之急。

一、大棚蔬菜病虫害发生现状与原因分析

1. 发生现状

(1)常发性病虫害逐年加重，如霜霉病、灰霉病、蔓枯病、病毒病、疫病、早疫病、晚疫病、叶霉病、角斑病等，菜青虫、粉虱、蓟马、蚜虫、螨虫类等持续发生。

(2)病虫害主次更替加快。根结线虫病、褐斑病、白粉病、疫霉根腐病、斑潜蝇、蛞蝓等原系大棚蔬菜次要病虫害，近几年种群上升迅速，已成为生产中的主要病虫害。蔬菜苗期猝倒病、立枯病、蝼蛄、蛴螬、金针虫等原来的主要病虫害随着栽培条件的改善和病虫害控制技术的提高演变为次要病虫害。

(3)新生病虫害危害严重。近年来，银叶病、细菌性溃疡病等新生病害呈上升趋势。

(4)病害的危害程度重于虫害。虫害中螨虫、蓟马、粉虱、蚜虫等小虫危害重于菜青虫、甜菜夜蛾等大虫。

(5)土传病害、病毒病、根结线虫病危害严重，并逐年加重且防治难度大，这 3 种病害已成为寿光蔬菜生产持续发展的重要制约因素。

(6)生理性病害加重，缺素症、激素中毒、高温障碍、低温障碍、肥害、药害等生理性病害发生逐年加重，极易与侵染性病害混淆，造成误诊和防治不利。

(7)随着蔬菜种类的增加、种子苗木的引进，危险性病虫害传入的几率增大，成为蔬菜生产新的威胁。

(8)病虫害种类繁多。大棚内高温高湿的环境使病虫繁殖速度加快，生活周期缩短，世代增多，发生数量加大。由于棚室中存在的有害气体浓度高、CO_2 浓度低、土壤盐分浓度高，甚至产生次生盐渍化现象，使在露地条件下很少发生的如中毒、沤根、营养失衡等生理性病害加重。另外，大棚栽培由于耕作面积小，种植品种单一，缺乏多样性，单作率高，多年种植单一作物，不注意轮作换茬，土传病原菌和虫害在土壤中大量积累，容易造成流行。

(9)发生规律复杂。无论是病害还是虫害，在棚室中的发生规律均比露地条件更为复杂。主要表现在：①越冬期缩短或无越冬期。冬、春季棚室内温度远高于棚室外，加之蔬菜育苗和生产处于连续状态，由于其寄主存在，使许多本应在冬季休眠越冬的病虫，其越冬期大为缩短，

有的甚至没有越冬期，终年发生危害。②初侵染源数量大。正是由于棚室内蔬菜病虫越冬期缩短或无越冬期，其初侵染基数相对露地大得多。③病菌再侵染次数和害虫发生代数增多。这是由于蔬菜生长期相对延长及棚室内温、湿度较为适宜造成的。

(10)传播蔓延快，危害严重。由于连年重茬，作物病残体大量残存，病原菌积累增多。病原菌的孢子形成、萌发、侵染均需要相对充足的湿度、温度条件。大棚内由于空气对流不充分，内、外气流得不到充分交换，湿度大，病原菌容易侵入作物体内并进行繁殖。另外，大棚内温度条件也适宜多种害虫的发育需要，造成棚内病虫发生面积大、数量多、危害重。

2. 发生变化原因分析

(1)大棚蔬菜的大规模种植，为病虫害创造了良好的生态条件。粗放的农事操作加大了病虫原基数，蔬菜的单一种植、连年重茬，扩大了病虫的种群数量。保护地蔬菜栽培创造了高温、高湿、昼夜温度变化大的生态环境，有利于病虫害的繁殖危害和种群的扩大。

(2)保护地措施实现了蔬菜的周年栽培，随着栽培模式的改变、栽培茬口的增加，夏季高温季节不休棚，病残体的处理不彻底，加大了病原积累，加重了病虫害的发生，病虫害种群随之发生进化，危害加重。

(3)气候的变化趋势影响病虫害的发生，连年暖冬气候，致使病虫越冬基数增高，有病虫害暴发和大发生的趋势。

(4)大棚蔬菜的区域化种植，有利于某些病虫害的发生、繁殖与危害。番茄、甜瓜、茄子、胡萝卜等的区域化、连年种植，加重了种植作物上病虫害的危害程度。

(5)保护地常年高温高湿的环境，大量化学肥料施入，造成了土壤富营养和次生盐渍化。土壤环境的恶化，有益微生物的数量相对减少，加重了土传病害的发生。

(6)随着大棚蔬菜高产的要求，肥水条件不断改善，施肥量的增大，加之有机肥质量参差不齐、用量不足，氮磷钾肥料偏大，微量元素缺乏，降低了植株的抗病性，造成生理性病害加重。

(7)蔬菜引种和育苗工厂化的推广，加速了病虫害及有害生物的传播蔓延。随着“中国蔬菜之乡”的确立，种植品种的国际化，蔬菜集散地的形成，流通环节的日益畅通，植物检疫的市场体系尚需完善，危险性病虫害随蔬菜产品及种苗调运传播的几率加大。

(8)蔬菜病虫害绿色控制技术滞后，防治不规范，导致了蔬菜病虫害持续发展。寿光蔬菜面积大、品种多，以冬暖式日光温室为主的保护地周年栽培，导致病虫害发生规律改变，生理小种发生变异，造成周年危害。大棚环境下的病虫害预测预报技术的滞后，对蔬菜病虫监测不及时，造成控制不力。菜农科技知识的相对匮乏，蔬菜病虫害防治过程中没有很好地遵循“预防为主，综合防治”的植保方针，菜农只注重发病后的用药治疗，而病前预防做得不够。蔬菜病虫害防治仅凭个人经验，随意加大用药量、混配农药、缩短用药间隔期，导致了蔬菜病虫害日趋严重，出现了蔬菜生产中抗药性、残毒性、猖獗性的“三性”现象。如根结线虫病和土传病害日益严重，造成防治困难、用药量增加、效益降低，造成环境污染，对蔬菜安全生产危害大。

(9)对发生的病虫害缺乏正确诊断，防治用药不对路，起不到治病的效果，反而加大了棚内湿度，加重了病害的发生。盲目乱用药，造成恶性循环。

二、大棚蔬菜病虫害综合防治

针对蔬菜大棚设施封闭严密、便于隔离的特点，栽培蔬菜时为了防止和减少病虫害的发生，及时、快速地消灭病虫危害，有效地控制病虫害的扩散与蔓延，必须认真全面地执行“预防为主，综合防治”的植保方针，认真贯彻植物检疫条例精神，搞好农业防治、物理防治、生物防治、生态防治和化学防治等综合防治措施。

1. 农业防治

(1)注意清洁田园，消除病残体：上茬作物收获后，要彻底清理，将病残体带出棚外深埋或者烧毁，不要堆放在大棚附近，以免成为下茬作物的初侵染来源，降低病虫原基数。

(2)高温闷棚：新大棚建成后，选择晴天盖上棚膜，密闭闷棚 7～10 天，使室内温度提高至 60℃以上，以杀死土表及墙体上的病菌孢子及虫卵，减轻蔬菜生长期的侵染及危害。如在高温闷棚时，按每立方米温室空间用硫磺粉 2.4 克、锯末 4.5 克、敌敌畏烟熏剂 1 克均匀混合，暗火点燃、密闭烟熏，效果更好。熏后注意放风 2～3 天，再整地定植。

(3)深翻改土，增施有机肥料，实行测土配方施肥：根据土壤中各种肥料元素余缺状况，合理增施磷钾肥和微量元素肥料，减少速效氮素化肥的施用量。深翻改土、增施有机肥料，可以改善土壤理化性状，提高土壤肥力和通气性，促进根系发达。作物生长健壮，其适应性、抗性和对病害的免疫力增强，作物不易感染病害，不得病或少得病。适当增施磷钾肥和微量元素肥料，减少速效氮素化肥用量，可起到平衡施肥的效果，能够减轻硝酸盐类对作物和土壤的污染，有效地提高作物对多种病菌的抗性，减轻病害发生，特别是一些生理缺素病的发生。

(4)实行轮作与合理间作：轮作对多种病害和食性专一或比较单纯的害虫，可以起到恶化其营养条件的作用，能有效地防止其扩散蔓延。如瓜菜类与茄果类轮作，茄果类与葱蒜类、豆类轮作都可以显著地减轻病虫危害。在安排作物种植计划时，应该合理搭配，实行间作套种、立体种植。如茄果类与芫荽、小茴香间作，黄瓜与蒜苗间作，不但可以充分利用土地、空间，增加经济收入，还可以大大减轻蚜虫和其他一些病害的危害。

(5)种子处理：病虫害常潜伏在蔬菜的种子或种苗上。在播前进行种子处理，可杜绝部分病虫害的传播。常用的种子处理方法，有温汤浸种和药剂处理。温汤浸种，蔬菜种子一般用 55～60℃温水浸 10～15 分钟。浸种时应不断搅拌，使种子受热均匀。药剂处理，可采用0.1%硫酸铜、0.1%高锰酸钾或 300 倍的福尔马林液浸种，也可按用种量 0.3%～0.4%的 50%多菌灵可湿性粉剂拌种，培育无病壮苗。定植当天和定植前 7 天，分别喷洒两次杀菌、杀虫剂，做到净苗入室，减少病虫害发生。

(6)土壤消毒：播种或定植前，对温室土壤进行药剂消毒，以杀死土壤中的病菌或虫卵，预防或减轻蔬菜生长期病虫危害。土壤消毒时，可根据常年病虫害发生情况，有针对性地选用下列任一药剂和用量：50%多菌灵可湿性粉剂，每亩 2 千克；50%福美双可湿性粉剂，每亩 1.5 千克；5%辛硫磷颗粒剂，每亩 1.5 千克。将所选药剂加适量细干土拌匀，均匀撒于地表，然后耕翻于土中。苗床消毒可采用 50%多菌灵可湿性粉剂、50%福美双可湿性粉剂，每平方米 8～10 克与适量细干土混均匀，取 1/3 撒于床面或播种沟内，剩余 2/3 撒于播种后的种子上(即下铺上盖)，对蔬菜苗期病虫害具有明显的防治效果。但要注意保持床面表土湿润，以免发生药害。

(7)水淹灭虫杀菌：棚室换茬时，利用暑季高温时节，在棚室内灌水，水深淹没土面 1～3 厘米，在水面上再覆盖薄膜，减少蒸发，提高水温。如此持续 10 天左右，膜下 20 厘米左右深的土壤温度可达 50℃以上。经 5～10 天可把土壤中残存的病菌、病毒、根结线虫和其他虫卵、虫蛹杀死，起到净化土壤的效果。

(8)栽培管理：棚室蔬菜管理的好坏，直接关系到病虫害的发生和蔓延，因此，在制定和实施栽培管理措施时，要充分考虑到病虫害与各方面的相互关系，创造一个有利于蔬菜生长和发育而不利于病虫繁衍的环境条件，达到预防和减轻病虫危害的目的。

①选用抗（耐）病虫的品种嫁接育苗。不同品种对病虫害的抵抗和忍耐能力不同，因地制宜地选用抗耐病虫的品种，是防治棚室蔬菜病虫害最经济和有效的方法。如选用毛粉 802 等高抗性品种，可有效地减轻番茄病毒病和蚜虫的危害；选用津优 2 号、津杂 2 号等高抗病品种，可大大减少黄瓜霜霉病的危害。嫁接育苗是防治根部病害、提高作物适应性和产量的有效措施，如以黑（白）子南瓜作砧木嫁接黄瓜，以葫芦作砧木嫁接西瓜，可以基本上防止枯萎病对黄瓜和西瓜的危害。以托鲁巴姆作砧木嫁接茄子、番茄，可防止根结线虫的危害，并能达到耐低温和提高产量的目的。

②推广配方施肥。要施用充分腐熟的有机肥，注重氮磷钾肥配比应用，避免偏施氮肥。蔬菜生长的中后期，要注意增施磷钾肥及其他微肥，增强蔬菜的抗病能力。

③科学浇水。大力推广滴灌和膜下暗灌技术，禁止大水漫灌，以降低土壤和空气湿度。

④合理密植。根据不同品种，确定合理的种植密度，防止栽植过密、棚室郁闭，影响通风透光。

⑤采用高垄宽窄行定植。一般要求垄高 15～20 厘米，垄宽 30～40 厘米，宽行垄距 80～90 厘米，窄行垄距 40～50 厘米，以利提高地温和增强通风透光。

⑥实行深耕细作和轮作。种植前深翻土壤 30 厘米以上，可直接影响在土中越冬的害虫和病原物。轮作不仅有利于蔬菜的生长，而且减少土壤中病原物的积累和草食性害虫的食源，对防治病虫害具有明显的效果。

⑦推广地膜全覆盖技术。温室内所有的地面采用地膜全覆盖，不仅可以提高地温，促进根系发育，而且可有效地降低棚室内空气湿度，减轻病害发生。

⑧注意棚室清洁。在蔬菜生长期及时拔除病株，摘除病叶及老叶，收菜后及时清除棚室内的枯枝烂叶、根茬及杂草等，可有效地减少生长期及下茬蔬菜病虫害的侵染来源。

⑨严格控制温湿度。根据季节和蔬菜生育期的不同，结合病害发生情况及时通风排湿，严格控制棚室内的温、湿度，有利于蔬菜的生长，而不利于病虫的繁衍。

⑩增强光照。蔬菜生长期间，特别是深冬期，要经常清扫棚室棚膜上的灰尘，保持棚膜清洁；同时要早揭晚盖草苫，延长光照时间，以减轻病害。

2. 物理防治

物理防治措施是利用各种物理因素（光、热、电、温和放射能等）来防治病虫害。

（1）浅耕晒垡，火烧垡头：节能日光温室内种植蔬菜，生育时间都比大田生产期长得多，表层土壤往往积蓄了大量的病菌、根结线虫、害虫虫卵、幼虫或虫蛹，对于土壤中积累的病菌和害虫可在夏秋（伏天）换茬时，通过耕翻、晒垡、火烧加以杀灭。

前茬作物灭茬后，选无风晴天上午，先在地表撒一层 5 厘米厚的麦糠，再掘翻表层 12～15 厘米土层，只翻不耙，最大限度地保留坷垃，让麦糠进入坷垃的土缝隙中。然后再撒一层 25～30 厘米厚的麦秸草，点火烧土。明火燃烧完后再次翻土，将红头热灰翻盖在土下。这样可把表层 15 厘米深的土壤加热至 60～80℃，并能维持数小时，能较彻底地杀灭根结线虫和绝大多数病菌与害虫，并给土壤增施了草木灰钾肥。

（2）高温闷棚：下茬作物种植前半个月，应先整好地，打好畦，并浇足底水，上好棚膜。在棚室内分 3～4 堆点燃硫磺粉，每亩 2.5～3 千克，85％敌敌畏 350～400 毫升，点火后立即关闭棚室门窗，封严棚室塑料薄膜，进行高温闷棚7～10天。高温闷棚应在7～8月份完成，这时气温较高，闷棚后棚内温度可达70℃以上，土温可达50℃以上，能较彻底地消灭棚室内残存的病虫害。只要注意做到净苗入室，严密封闭和隔离棚室，棚内就会没有或极少有病虫源，达到事半功倍的效果。

(3)黄板、灯光诱杀和驱避害虫：用6厘米×4厘米长方形纸板，涂上黄漆再涂上一层机油，挂在棚内，每亩棚内挂30～40块，用来诱杀蚜虫、白粉虱，效果非常好；设置黑光灯、高压汞灯诱杀小菜蛾成虫和地老虎成虫；棚室内悬挂频振式杀虫灯，对多种害虫有较强的杀灭作用。在棚室内吊挂银灰色薄膜条或铝光膜条，在棚室后墙上张挂铝反光膜，地面覆盖银灰色薄膜，不但可以改善棚室内光照条件，提高光合效率，而且还可以驱避蚜虫，效果达到80%以上。

(4)设置防虫网：在蔬菜育苗或生长过程中，设置防虫网，阻止害虫迁入棚室，能起到防虫、防病效果。

(5)果实类蔬菜套袋：科学套袋后，由于袋体的机械阻隔作用，避免或减少了病原菌对瓜果的侵染，从而会有效控制黄瓜、番茄、西葫芦的灰霉病，黄瓜菌核病，茄子褐腐病、绵疫病的发生。黄瓜开花前、西葫芦授粉后的1～2天、番茄蘸花后7～10天、茄子瞪眼期为套袋的最佳时期。

3. 生物防治

(1)保护利用天敌：设施蔬菜生长于相对封闭的环境中，为以虫治虫提供了有利条件。释放天敌昆虫，可以更有效地控制害虫，减少化学农药用量。如利用瓢虫、草蛉、丽蚜小蜂、赤眼蜂等捕食性和寄生性天敌防治蚜虫、白粉虱等害虫；用丽蚜小蜂防治温室白粉虱；用赤眼蜂防治棉铃虫、菜青虫；用烟蚜茧蜂防治桃蚜、棉蚜等。

(2)推广应用生物农药：如苏云金杆菌、白僵菌、淡紫拟青霉菌、昆虫病毒制剂及农用抗生素、座壳孢菌剂等，可防治温室白粉虱等多种害虫；农用抗生素如2%农抗120水剂、1%武夷菌素水剂、10%混合脂肪酸水乳剂、10%多抗霉素等，能防治多种蔬菜病害。

4. 生态防治

生态防治措施是利用改变生态环境条件，进行病虫害防治的措施。

每种作物和病菌都要求一定的生态环境，只有当环境条件适宜时，它们才能得以生存和发展。不同种类的病菌和寄主作物之间对生态环境条件的要求总有差异，我们可以利用这个差异，选择不适宜病菌生育而适宜或基本适宜作物生育的生态环境条件，达到抑制病菌发展、防止病菌侵染传播的效果。如在栽培番茄等茄果类和西瓜、甜瓜等瓜类蔬菜时，可以通过覆盖地膜、通气等办法把棚室内相对湿度降至60%左右。这样既不利于番茄早疫病、晚疫病、灰霉病、叶霉病，西瓜炭疽病、疫病等病害的发生与发展，又有利于番茄、西瓜等作物的生长发育。在栽培黄瓜时，调节室内温度和湿度，上午把温度调到30～35℃(不超过35℃)，下午通气排湿降温，调到23～27℃；上半夜维持室温16～18℃，夜间10～11时开口通风，再次排湿降温至10～14℃。这样的环境条件有利于黄瓜的生长发育，而不利于黄瓜霜霉病、灰霉病等病害的发生发展。

5. 化学防治

化学防治是利用化学农药防治病虫害，化学农药虽有其污染环境、破坏生态平衡、产生抗性的弊病，但是由于其具备防治对象广、防治效果好而速度快，能进行工业化生产，因此，化学防治是节能日光温室防治病虫害的最主要措施。离开化学防治，棚室的稳产、高产、高效实际上是不可能的。用药上首先应考虑给作物补充营养元素，如蔬菜发生病毒病时要及时补充锌、硅，真菌病害补充钾、硼，细菌性病害补充钙、铜；其次要考虑控制温度、湿度，注意通风增光、中耕换气；最后决定使用何种杀菌剂，应注重选用含有微量元素的杀菌剂和生物农药。为了提高防治效果，做到无公害化生产，在进行化学防治时应做到：

(1)科学选药，对症下药，选择高效、低毒、安全、无污染的农药，合理配药。切勿随意提高施用倍数和几种不同性质的农药胡乱混配，以免发生药害和使药品失效。例如，含铜、锰、锌等农药与含磷酸根的叶面肥混用，则铜、锰、锌等金属离子会被磷酸根固定而使农药失效。

(2)交替使用农药。切勿一种农药或几种农药混配连续使用，以免产生抗药性，降低防治效果。

(3)切勿重复喷药，注意下午冷凉时施药，不要中午高温时用药，避免光解和发生药害。

(4)灭虫时应尽量选用生物农药，如苏云金杆菌、青虫菌、杀螟杆菌等；或者选用激素农药，如灭幼脲。这类药品对人畜安全，不污染环境，对有益昆虫无杀伤力，对害虫不产生交互抗性。生物农药选择性强，既能保护天敌、维护生态平衡，又能有效地控制害虫危害。

(5)提高配药质量和喷药质量，用药时应科学地掺加粘着剂或其他增效剂等，以提高防效、增产增收，而且可以减少药品的使用量和喷洒次数，起到事半功倍的效果。如喷洒可湿性粉剂药液时，应掺加粘着剂，以提高药品的分散性与粘着性，延长药效；喷乳油制剂消灭蚜虫、白粉虱等害虫时，应掺加洗衣粉，增加浸润性，提高防效。

多数病菌都来自土壤，并且叶片背面的气孔数目明显多于正面，许多病菌很容易从叶片背面气孔中侵入，引起发病。因此，喷药时要做到喷布周密细致，使叶片正反两面、茎蔓、果实、地面都要着药。特别是地面和叶片背面，更要着药均匀。

(6)喷药应及时、适时，真正做到防重于治。每种药品都有一定的残效期，如果喷药时间间隔太长，势必给病虫提供可乘之机，给作物造成危害。

(7)消灭病虫要做到彻底铲除。节能日光温室栽培与大田栽培不同，因其封闭严密和外界环境基本隔绝，在灭虫、防病时要做到彻底干净、坚决铲除。例如，在防治白粉虱、美洲斑潜蝇和蚜虫时，可用80%敌敌畏熏蒸，每亩棚室400毫升，每5～7天一次，连续2～3次，将其消灭干净，以免残留害虫，为以后防治带来困难。在黄瓜霜霉病初发病时，仅有少量病株和叶片，可用高倍数农药抹病斑，将病菌彻底消灭，以免造成再次侵染。只要用药合理，防治及时、细致，喷药周密，可有效地防治病虫害。

(8)无公害蔬菜棚室栽培，要因病虫合理用药，严格禁止使用高毒、剧毒、高残留农药，如久效磷、对硫磷、甲基对硫磷、甲胺磷、磷胺、1605、氧化乐果、甲基异柳磷、杀虫脒、甲拌磷、乙拌磷、水胺硫磷、克百威、涕灭威、灭多威、呋喃丹、杀虫脒、五氯硝基苯、苯菌灵、砷酸钙、砷酸铅、复美胂、氯化锡、氯化乙基汞、敌枯双、氟乙酰胺、氟乙酸钠、DDT、六六六、林丹、五氯酚钠、氯丹、三氯杀螨醇、二溴乙烷、二溴氯丙烷、除草醚、草枯醚等。推广高效、低毒、无残留农药，采用生物农药。如防治根结线虫病的阿维菌素、淡紫拟青霉、甲壳素等；防治细菌性病害的克菌康(中生霉素)、农用链霉素、新植霉素等；防治番茄叶霉病的多氧霉素等；防治病毒病的宁南霉素(病毒抗生素)等；防治小菜蛾、菜青虫、灌根防治韭蛆的苏云金杆菌(BT乳剂)等；防治红蜘蛛的浏阳霉素、阿维菌素等；防治蚜虫、粉虱的植物源农药如除虫菊素、苦参碱、烟碱等。确保人民群众的身体健康与生命安全，避免以上药品污染蔬菜产品和环境。

6. 加强植物检疫

寿光蔬菜品种多样化，多数新品种来自国外，今后随着种苗的大量调运，有些植物检疫对象可能携带传入。为此，应加强植物检疫，防止危险性病虫害的传入。

三、大棚蔬菜主要病害防治

1. 蔬菜苗期病害

苗期病害是专指在蔬菜育苗时期，所有蔬菜种类都能发生的病害，以瓜果、茄果类受害最重。主要有猝倒病、立枯病、沤根，是早春育苗时苗床上发生普遍、危害严重的病害，可造成死苗，严重时幼苗成片死亡。

(1)发生危害：猝倒病从种子发芽到幼苗出土前染病，造成烂种、烂芽。出土不久的幼苗最易发病。幼苗茎基部出现水渍状黄褐色病斑，迅速扩展后病部缢缩成线状。幼苗病势来得极快，子叶尚未凋萎之前，幼苗便倒折贴伏地面。刚刚倒折的幼苗依然绿色，故称为猝倒病。苗床上发病最初多是零星发病，形成发病中心，迅速向四周扩展，最后引起成片倒苗。在苗床湿度大时，病苗残体表面及附近土壤表面有时长出一层白色絮状霉，最后病苗多腐烂或干枯。苗床上病害扩展较快。

立枯病多在出苗一段时间后发病，在幼苗茎基部产生椭圆形褐色病斑，病斑逐渐凹陷，扩展后绕茎一周，造成病部收缩、干枯。病苗初呈萎蔫状，随之逐渐枯死，枯死苗多立而不倒伏，故称为立枯病。苗床湿度大时，病苗附近床面上常有稀疏的、淡褐色蛛丝状霉，苗床上病害扩展较慢。

沤根在刚出土幼苗到长到一定程度的大苗上均能发病。发生沤根时，幼苗茎叶生长受抑制，叶片逐渐发黄，不生新叶，病苗易从土中拔出，可见根部不发新根和不定根。根皮呈锈褐色，逐渐腐烂、干枯。重时幼苗萎蔫，最后枯死。

(2)发病规律：猝倒病、立枯病病菌在土壤中越冬，在土壤中存活2～3年。病菌通过流水、带菌肥料、农具等传播。幼苗刚出土时，植株幼嫩，子叶中养分已用尽，真叶未长出，新根也未扎实，抗病力最弱，也是幼苗最易感染病的时期。此时若遇寒流侵袭或连续低温、阴雨(雪)天气，苗床保温做得不好，猝倒病就会暴发，损失惨重。稍大些的苗子，如温度变化大、光照不足，幼苗纤细瘦弱、抗病力下降，立枯病也易发生。另外，土壤黏重、播种过密、间苗不及时、浇水过多、通风不良，用未经消毒的床土育苗，往往会加重苗病的发生和蔓延。沤根是一种生理病害，是由于苗床长时间低温、高湿，使幼苗根系处于缺氧状态，呼吸受阻，不能正常发育，根系吸收能力降低而且生理机能破坏造成的。

(3)防治措施：

①加强苗床管理。选用无菌新土作床土，最好换大田土。苗床要平整，土要细松。肥料要充分腐熟，并撒施均匀。种子要精选，催芽不宜过长，播种不要过密。不同种类的菜苗对温度的要求不同。对黄瓜、茄子、辣椒等幼苗，应保持较高的温度；对甘蓝、芹菜、洋葱等幼苗，应保持较低的温度。严格控制湿度，适当浇足底水，出苗后尽量不要浇水，必须浇水时一定选择晴天喷洒，切忌大水漫灌。加强通风换气，促进幼苗健壮生长。

②苗床药剂消毒。对旧床土进行药剂处理。一般在播种前10天，将床土耙松，用50%消菌灵(氯溴异氰尿酸)1 000倍液喷湿床土。然后用麻袋或薄膜覆盖4～5天，再除去覆盖物，经

2周，待药液充分挥发后播种。50%多菌灵可湿性粉剂，每平方米用药量8～10克，拌细土1千克，撒施播种畦内，然后划锄，再行播种。

③幼苗期药剂防治。发现少量病苗时，应拔除病株，再喷药防治。药剂选用种类依病害种类而定。防治猝倒病用25%甲霜灵800倍液、64%杀毒矾500倍液，或50%甲霜灵锰锌500倍液或72.2%普力克800倍液。出现立枯病，可用50%多菌灵500倍液，或50%托布津500倍液，或20%甲基立枯磷1 000倍液防治，以上药剂5～7天一次，连续喷2～3次。

2. 根结线虫病

(1)发生危害：根结线虫病发生危害日益严重，寿光市主要为南方根结线虫，已经成为棚室蔬菜的主要病害。根结线虫寄主范围广，除大蒜、大葱、韭菜、辣椒(不包括甜椒)不危害外，其他瓜类、茄果类、豆类、叶菜类等蔬菜均有危害。根结线虫属线虫类，幼虫细长、无色透明，成虫雌雄异形，雄成虫线状，雌成虫鸭梨状。幼虫(2龄)在土壤中生活，通常从根尖侵入根内，在根内定居生长；成虫(4龄)分成雌、雄成虫，雄虫离开根在土中活动，雌虫留在根内，可交配(有性)或不交配(孤雌)产卵生殖。完成上述生活周期需1个月，全年可完成5～10代。在北方日光温室中，根结线虫以卵和幼虫越冬。线虫在根内其分泌物刺激根部皮层膨大，形成明显的根瘤或根结。由于根部受害，水分和养分输送受阻，造成植株矮化、黄化、枯死。

(2)发病条件与传播途径：根结线虫是好气性的，喜欢干燥、疏松、沙质壤土，潮湿、黏土、板结土壤、盐碱地发病轻。线虫生活最适宜土壤温度为25～30℃，高于40℃、低于5℃很少活动，土温55℃经10分钟致死。一年中线虫有2次发生高峰，为4～5月份和9～10月份，夏季高温和冬季低温发生较轻。线虫分布在表土以下20厘米处，以5～10厘米内最多。因表土1～5厘米过于干燥，深20厘米以上透气性差，均不适宜其生活。

线虫以卵和2龄幼虫随病残体在土壤中越冬，本身活动范围很小，主要是靠病土、病苗、流水、耕种、运输等人为传播。再加之日光温室为线虫生长繁殖创造了有利条件，连年重茬、单一种植，对线虫病残体处理不彻底，残体线虫的数量急剧增多，造成了线虫病的日趋严重。

(3)防治方法：

①彻底清除病残体，集中处理。作物收后将病根全部清除，集中深埋或烧毁，不要乱扔，不用带病残体病土沤肥，不用病土育苗，严防人为传播。

②培育无病壮苗。注意选用抗病品种，采用抗性砧木嫁接，是比较行之有效的方法。育苗时应选用无病床土，再用药剂处理床土、播种育苗。

③土壤药剂处理。严禁施用高毒、高残留农药，应用高效、低毒、无残留农药，大力推广生物药剂或太阳能消毒法。

10%噻唑磷(福气多)：每亩用1.5～2千克，与适量细土或细沙混匀后穴施、撒施、沟施均可，能有效阻止线虫侵入植物体内并杀死侵入植物体内的线虫，同时对地上部的蚜虫、飞虱等多种害虫也具有防除效果。

线克(威百亩)：既能杀灭线虫，又能杀灭土壤中病菌。耙地深翻，做成畦，随水冲施，每亩用12～15千克。然后盖膜熏闷，连续闷杀15天，放气2天，能有效杀灭线虫且对土传病害引起的作物死棵现象，有较好的预防效果。

阿维菌素：用1.8%～2%阿维菌素1 500倍液喷洒地面，再深翻地、整平播种。定植后若有线虫，可用2%阿维菌素1 500倍液混加甲壳素400倍液灌根，每株灌药液0.25～0.5千克。视具体情况隔一个半月至两个月再灌一次。

3. 土传病害

(1)土传病害的种类：在大棚中栽培的瓜类、茄果类、豆类等蔬菜已经发现的病害有100多种，经常发生、危害比较严重的有50余种。在这些病害当中，除黄瓜霜霉病等极少数病害是借助气流和人们的农事活动从大棚外面传入外，大多数真菌性、细菌性病害和部分病毒性病害都来自于大棚内土壤。例如，在大棚中发生最为普遍、危害最为严重的瓜类灰霉病、疫病、白粉病、根腐病、枯萎病、菌核病、蔓枯病、苗期猝倒病、立枯病和多种细菌性病害等；茄果类的灰霉病、菌核病、黄萎病、根腐病、枯萎病、绵腐病、绵疫病、褐纹病、细菌性溃疡病、青枯病、髓部坏死病、苗期猝倒病、立枯病等；豆类炭疽病、枯萎病、疫病、根腐病、菌核病、细菌性疫病等。由于棚室蔬菜连年重茬、单一种植，病菌在土壤中大量积累繁殖，逐年加重，病菌都是在土壤中或借助病残体在土壤中越冬。这些病害除了猝倒病和立枯病主要在幼苗期发病外，大部分苗期发生不明显，一般均在营养生长期转入生殖生长(开花结果)期开始发病，直至中后期。其在受侵染寄主体内潜伏期较长。这些病害的初次侵染，几乎都是来自大棚内的土壤。因此，能否预防和控制住土传病害，是节能温室蔬菜栽培成败的关键。

(2)土传病害的特点：土传病害的病原菌主要是在土壤里越冬(夏)，在土壤内存活的时间较长，一般枯萎病菌在土壤内可存活5～6年，故称之为土壤习居菌。土传病害的病原菌一般是通过土壤、肥料(有机肥)、灌溉水或流水进行传播，而不会像其他传染性病害一样通过气流、雨水传播。传染性病害的危害部位是叶、茎、花、果为主，而土传病害的危害部位是植株地下部位的根、茎为主，以侵染寄主植物的维管束，逐渐向上延伸，由病原菌在维管束内繁殖，阻塞其输送营养物质，致使植株在短期内枯萎死亡。

(3)土传病害的防治：

①实行轮作。实践证明，茄科、葫芦科作物与十字花科或豆科作物实施轮作，效果较明显；十字花科作物与葱、韭、蒜类轮作，效果也较显著。

②砧木嫁接防病。如南瓜嫁接黄瓜、葫芦嫁接西瓜、托鲁巴姆嫁接茄子防治枯萎病效果良好。

③太阳能石灰氮(氰氨化钙)消毒法。石灰氮是一种高效土壤消毒剂，具有消毒、灭虫、防病的作用。操作方法：选择夏季高温、棚室休闲期进行。每亩用麦草或稻草1～2吨，长度截为10厘米左右，均匀撒于地面；再在麦草或稻草上撒施石灰氮70～80千克；深翻地20～30厘米，尽量将麦草或稻草翻压地下；南北向做畦，畦高20～30厘米，宽60～70厘米；地面用地膜密封，四周盖严；膜下畦间灌水，浇足浇透；棚室用新棚膜完全密封。在夏日高温强光下闷棚15～20天，其间必须保证有连续7天左右的晴天，闷棚后将棚膜、地膜撤掉，晾晒、耕翻即可种植。石灰氮在土壤中分解产生单氰胺和双氰胺，这两种物质对线虫和土传病害有很强的杀灭作用。同时石灰氮中的氧化钙遇水放热，促使麦草腐烂，有很好的肥效。夏季高温，棚膜保温，地热升温，白天地表温度可高达65～70℃，10厘米地温高达50℃以上，可以有效杀灭土壤中各种病虫害和杂草。这是一种土壤无害化生产无公害蔬菜的安全有效的方法。

④清除病残体，深翻地晒垡，高温闷棚，用50%消菌灵1 000倍液或84消毒液100倍液，进行包括东墙、西墙、后墙和立柱、架材等全棚消毒处理。

⑤药剂处理。防治辣椒、番茄疫病、根腐病、青枯病、枯萎病，可用50%乙膦铝锰锌可湿性粉剂加30%DT可湿性粉剂；防治豆类炭疽病、根腐病、枯萎病，可用50%多菌灵可湿性粉剂加50%福美双可湿性粉剂。以上药物用量为苗床10克/米^2，定植时每千株各0.5千克加干细

土拌匀穴施。

⑥营养钵育苗。合理地配制营养土，控制好苗床内温、湿度，培育壮苗。标准是茎短粗，节间紧密，叶大而厚，叶色浓绿，根系白色多而粗壮。

⑦深沟高畦栽培。大棚内要求深沟高畦栽培，沟深15～20厘米，沟宽30厘米，畦面做成龟背形，不积水，以增强土壤渗透性和透氧性，以利进行沟灌、滴灌和喷灌。

4.病毒病

病毒病均可危害十字花科、茄科、葫芦科等蔬菜。

(1)症状：病毒病主要有3种类型。花叶型，顶部叶片皱缩、黄绿相间的花斑，心叶小、不展；蕨叶型或卷叶型，植株顶部新叶细长，垂直线状或皱缩卷曲，病株矮小；条斑型(坏死型病毒)，病株部分组织变褐枯死，表现为条斑、顶枯、坏死、斑驳及环斑等，在茎秆上形成暗绿色至黑褐色条纹、凹陷。病果畸形，果面上出现青皮花斑或铁锈坏死斑，不着正常色，剖开果实沿果皮间有褐色条纹。

(2)发病条件：花叶型病毒病是由烟草花叶病毒(TMV)侵染引起的，主要通过汁液接触传染，从植株上的微伤口侵入。发病条件为高温干旱，多年连作，植株柔嫩，土壤贫瘠，管理粗放等，可侵染多种植物。蕨叶型病毒是由黄瓜花叶病毒(CMV)侵染引起的，是由蚜虫、蓟马等刺吸式口器的昆虫带黄瓜花叶病毒传播而染病。在高温干旱天气蚜虫、蓟马大量发生时发病严重，它的寄主范围也很广。条斑型病毒是由烟草花叶病毒的另一个株系侵染所致，在番茄、辣椒上表现系统条斑症状。

病毒病传播途径随其毒源种类不同而异，但主要分为虫传和接触传染两大类。由蚜虫、蓟马、飞虱及农事操作等接触传播。高温、干旱，土壤缺钙、缺钾、缺锌时发病重。

(3)防治方法：目前防治该病还没有特效药，只能依赖栽培技术管理、早期防治蚜虫、蓟马等手段，有效地减轻病毒，达到丰产的目的。

①农业措施。选用抗病品种(番茄品种：中杂7号，双抗5号、中杂9号等；辣椒品种：津椒3号、甜杂1号、甜杂2号、大柿椒等；茄子品种：青选4号、丰研1号、辽茄3号等)，进行轮作，减轻病害。茄科植物之间不能连作，防病效果好；同时要求在栽培上要做到培育壮苗，选择不带病的小苗移植；并结合配方施肥技术施足基肥；勤浇水，使植株健壮生长、增强防病能力；注意清洁田园，及时将病株、病果清除埋掉；增施磷、钾、锌肥，叶面喷施微肥，增强抗病力；适时浇水，在盛果期做到见湿不见干，防止因缺水干旱加重病情；适期播种，保持白天棚温25～30℃、夜间15℃，昼夜温差加大，可减轻发病。

②种子消毒处理。先将种子放入清水中浸泡3～4小时，再放入10%磷酸三钠溶液中浸种30～40分钟。然后用清水冲洗干净，再催芽、播种。

③苗床防病。先在苗床旁边挖一个50孔苗盘大小的坑，铺好塑料膜保证不漏水以备用。当幼苗3叶1心左右时，可选用胞嘧啶核苷肽类农用抗生素(宁南霉素等)50毫升，对水20千克。将对好的药液灌入上述坑内，将连穴盘带幼苗一同放入药液中浸蘸，直到药液浸透穴盘内基质为准，即可捞出放回苗床原处、排放整齐。同时，叶面喷洒300倍胞嘧啶核苷肽类农用抗生素，隔10～15天喷一次，连喷2次。

④加强定植后管理。定植时，用宁南霉素300倍加强力生根剂300倍混合药剂灌根；结合地上部喷雾，选择宁南霉素300倍液加稀土锌肥600倍液喷雾，连续喷3～4次，预防病毒病效果较理想。从定植后直到生长后期，每隔10～15天喷一次。在高温时期，管理措施主要是保

湿和降温，为作物创造良好的生长环境。在保证正常光合作用的基础上，适当遮阳可有效降低棚温。同时加大通风量，利用通风蒸发等降低棚温。最重要的还要保证充足的土壤水分和适当空气湿度，所以要小水勤浇，做到见湿不见干。在高温强光时期，每隔 7～8 天浇一次水，水量不可过大。这样既可以保证足够的土壤水分和空气湿度，还可有效地降低棚温。另外，植株接触雨水时常常会发生条斑病毒，一定严防雨水进棚。整枝打杈要讲技巧，根据不同作物进行整枝，做到通风良好且遮阳降温、养分消耗少。如当地甜椒栽培一般采用 1～4 干整枝，当门椒和对椒摘除后，可将最下部一两片叶清除，以便下部通风良好。随着甜椒植株不断增高，上部枝杈可留一两片叶片后去头，这样可起到良好的遮阴效果，甜椒植株内膛空侧枝，可及时清除，减少不必要的营养损耗。

⑤全棚消毒和切断病毒主要传播途径防病。前茬作物收获后，及时清洁田园，距播种期间隔半个月以上，使病残体全部腐烂。这时可用 50％消菌灵1 000倍液加治虫药剂，全棚喷洒，杀死棚内残存的病菌和传毒媒介昆虫。

⑥药剂防治。目前防治病毒病尚无特效药物，应以防为主，进行综合防治，根据现有的药物配合施用，尽量抑制病毒病发生。防治花叶病毒病，可用 5％菌毒清 300 倍液，1.5％植病灵 500 倍液，83-1 增抗剂 200 倍液，硫酸锌1 000倍液；防治蕨叶和条斑病毒病，可用 5％菌毒清 300 倍液，20％病毒 A500 倍液，0.5％抗毒丰 400 倍液，40％植物病毒灵1 000倍液，3.85％病毒必克 400 倍液，2％宁南霉素 300 倍液，20％菜菌清 400 倍液，50％消毒灵1 000倍液。此外，结合叶面喷施含磷、钾、锌的叶面肥，增强植株抗病能力，既防病又丰产。

5. 瓜类蔓枯病

蔓枯病是瓜类蔬菜的一种重要病害，在寿光市冬季大棚中危害尤为严重，造成死藤、烂叶、果实腐烂等，果实品质和产量下降，可食用性降低，给菜农带来严重损失。蔓枯病可危害多种瓜类作物，以黄瓜、丝瓜、冬瓜、苦瓜、西葫芦、佛手瓜受害最重。

(1)病状：茎蔓、叶片和果实等均可受害。茎被害时，靠近茎节部呈现油渍状病斑，椭圆形或棱形，灰白色，稍凹陷，分泌出琥珀色的胶状物。干燥时病部干缩，纵裂呈乱麻状，表面散生大量小黑点。潮湿时病斑扩展较快，绕茎一周造成上半部植株萎蔫枯死，病部腐烂。叶子上的病斑近圆形，有时呈"V"字形或半圆形，淡褐色至黄褐色，病斑上有许多小黑点，后期病斑容易破碎，病斑轮纹不明显。果实多在幼瓜期花器感染，果肉淡褐色软化，呈腐心状。病情严重时，蔓上裂纹部位出现爆裂，主蔓基部裂开口，并流出灰、红色胶状液体；侧蔓裂开后，产生白色油状物。部分植株出现生长发育缓慢或停止生长；重者全株死亡，蔓干燥后呈赤褐色。

(2)发病规律：蔓枯病发育温度为 5～35℃，最适温度为 20～24℃，病菌在 55℃条件下 10 分钟即死亡。高温多雨季节发病迅速。连作地、排水不良、种植过密、通风透光不足、浇水过多、偏施氮肥或缺肥等，造成植株生长衰弱，发病重。天气因素对病害的发生流行至关重要。在温度变化大时，病害发生严重。当天气变化不定、高温高湿时，病害流行，蔓延速度加快。此外，在地势低洼、作物枝蔓茂密、通风不良、湿度大、作物长势弱等条件下发病严重。

(3)防治方法：

①选用抗病品种。生产上一般选用耐热抗病品种，从无病地块或无病株上选留种子，种子在播种前先用 55℃温水浸种 15 分钟，捞出后立即投入冷水中浸泡 2～4 小时，再催芽播种，或用 50％福美双可湿性粉剂以种子重量的 0.3％拌种。

②轮作换茬。要与非瓜类作物实行 2～3 年轮作。

③加强栽培管理。选择干爽、排水良好的地块栽培，合理定植，施足基肥，增施磷、钾肥，并适当控制浇水，以保持根部土壤不要过湿，促使植株生长健壮，提高抗病性，减轻发病。为了保持瓜地透光，要及时压瓜、整枝、打杈，防止"疯长"。发现中心病株，及时拔除、深埋或烧毁。保护地栽培要以降低湿度为中心，实行垄作覆盖地膜、膜下暗灌、合理密植，加强通风透光，减少棚室内湿度和滴水。雨季加强防涝，降低土壤水分。发病后适当控制浇水，及时摘除病叶，收获后彻底清除病残体烧毁或深埋。

④药剂防治。可用50%多菌灵500倍液或70%甲基托布津500倍液(二者选一)，再加入75%百菌清600倍液，或50%福美双500倍液，或70%代森锰锌500倍液，或40%百可得1 000倍液、40%多硫悬浮剂400倍液、1.5%菌立灭500倍液。苗期四叶前，可用10%世高水分散性颗粒剂1 200倍液淋根，每株淋200～300毫升。发病初期可针对植株中下部节位和叶片选喷下列药剂：10%世高水分散性颗粒剂1 000倍液，50%多菌灵可湿性粉剂600倍液，70%代森锰锌可湿性粉剂600倍液，30%氧氯化铜悬浮剂500倍液，75%达科宁(百菌清)可湿性粉剂600倍液，每5～7天喷一次，连喷2～3次。也可用以上药剂涂茎防治，以上药剂可以兼治瓜类褐斑病、炭疽病等。

6. 霜霉病

霜霉病可侵染黄瓜、丝瓜、冬瓜、苦瓜、甜瓜、甜椒、豆类、菠菜、白菜、甘蓝等蔬菜。

(1)症状：黄瓜霜霉病主要危害叶片，在叶片背面出现水浸状病斑，病斑受叶脉限制，呈多角形，后为淡褐色，潮湿时病斑生长黑色霉层。病斑由中部叶片向上发展，严重时全株叶片干枯。

(2)发病条件：病菌主要靠气流传播，一旦发病，蔓延很快。低温、高湿是黄瓜霜霉病发生的重要条件，发病适宜温度16～22℃，如果温度高于27℃，只能存活5～10天，棚温达45℃，维持2小时病菌即死亡；棚内通风不良，或浇水过大，遇到阴雨雪天气，温度低、湿度大，有利于病菌侵入而发病。

(3)防治方法：

①选用抗病品种。

②加强栽培管理，适当稀植，采用高畦栽培，浇小水，严禁大水漫灌，收获后彻底清除病残落叶，并带至棚室外妥善处理。

③生态防治。温度、湿度、光照是黄瓜生育和发病的主要因素。黄瓜在白天温度25～30℃时光合作用最旺盛，此期棚内湿度小，叶片干燥，病菌受到抑制不发病；下午至上半夜棚温降到20～16℃，这时光合产物由叶片向瓜条输送养分，也是发病的最适宜温度。若棚内湿度大，有水滴形成，易发病；下半夜温度10～15℃为好，此时呼吸消耗小，不易发病。根据生态防治的温、湿度要求，上午温度25～30℃、相对湿度60%～70%，棚温30℃开始放风散湿，25℃开始闭棚保温；下午温度20～25℃、相对湿度60%左右；上半夜温度15～20℃、相对湿度低于85%；傍晚20℃及时盖帘保温，有利养分输送；下半夜温度12～15℃，最低10℃，相对湿度90%左右。注意浇水一定在晴天早晨进行，切不可阴雨天浇水，苗期少浇水、浇小水，盛瓜期适时浇水，浇水后立即闭棚升温，当棚温达30℃时通风排湿，当棚温降到25℃再闭棚，棚温升到30℃时再放风散湿。若霜霉病发生较重，可以进行高温闷棚，应先浇水、后闷棚。浇水后第二天中午棚温上升高达45℃时不要通风，棚温维持45℃达2小时后再慢慢放风，棚温降到25℃时再闭棚。选晴天高温闷棚，10天左右一次，连闷2～3次，可有效地控制病害发生。

④化学防治。防治黄瓜霜霉病的药物较多，如75%百菌清600倍液、70%～80%代森锰锌500倍液、80%乙膦铝500倍液、25%瑞毒霉800倍液、50%乙膦铝锰锌500倍液、58%瑞毒锰锌600倍液、72%克露600倍液、72.2%普力克600倍液、69%安克锰锌1 000倍液、68.7%易保1 000倍液、52.5%抑快净2 000倍液、70%百德富600倍液、20%灭克1 500倍液、1.5%菌立灭500倍液等，每5～7天喷一次，连喷2～3次。以上药剂任选一种，再加入白糖和尿素(每15千克药液加白糖100克、尿素50克)。以上防治霜霉病的药物，可以兼治疫病。

在保护地发生霜霉病，如果遇到阴雨天气，棚内湿度大，不宜喷雾，可以用5%百菌清粉尘剂(每亩1千克)和45%百菌清烟剂(每亩250克)进行防治。使用粉尘喷撒时，要尽可能地不对着蔬菜喷，而喷在上方，有一个漂移的空间，扩大附着面。在使用烟剂及粉尘时，不要在阳光直射时进行，最好在傍晚进行，以增加在植株上的附着量。

7. 灰霉病

灰霉病主要危害黄瓜、西葫芦、番茄、茄子、辣(甜)椒、豆类等蔬菜。

(1)症状：发病初期叶片出现浅白色小点，继而形成大型水渍状、灰褐色病斑。潮湿时病部长出灰霉，干燥时病斑为灰白色，茎部受害可引起局部腐烂，严重时整株死亡。花和果实受害时一般先侵染开败的花，使花腐烂，长出淡灰褐色霉层后再侵入果实，造成脐部腐烂。被害果实迅速变软、萎缩腐烂，密生灰白色霉层。

(2)发病条件：低温、高湿是黄瓜灰霉病发生的主要条件，特别是遇到阴雨天气、光照不足、棚内温度低(20℃左右)、湿度大，病害很快蔓延。

(3)防治方法：

①清除病残体。在防治叶菜类的灰霉病前，清除病残体十分重要，而清除掉的病残体一定要妥善处理，不可乱扔，以免病菌传播。

②生态防治。同霜霉病。

③药剂防治。75%百菌清可湿性粉剂600倍液、50%速克灵可湿性粉剂1 500倍液、50%扑海因可湿性粉剂1 000倍液、50%农利灵可湿性粉剂500倍液、65%甲霉灵可湿性粉剂1 000倍液、50%多霉灵可湿性粉剂1 000倍液、40%特立克(每克含1.5亿个木霉菌活孢子)600～800倍液、40%百可得可湿性粉剂1 500倍液、40%施佳乐悬浮剂1 000倍液、10%宝丽安可湿性粉剂600倍液，每隔5～7天喷一次，连喷2～3次。若遇阴雨天，不宜喷雾，可改用10%速克灵烟雾剂，每100米^{2}用50克，或10%灭克粉每亩1千克喷粉。以上防治灰霉病的药物，可以兼治菌核病。

由于保护地的高湿条件有利于灰霉病的发生，在用液剂喷洒时应选择在晴天上午，用药后扣棚提温，然后将棚开个小缝，将湿气放掉。苗期用药可将杀菌剂与草木灰混在一起撒施在幼苗上，以起到杀菌和降低环境湿度的双重作用。

防治果菜类灰霉病采用靶位用药的方法，减少农药对蔬菜的污染。实践证明，一些果菜类的果实被害，绝大多数是由衰败的花朵传染上去的，只要把杀菌剂喷到花和果上，就可以有效地控制灰霉病的发生。目前在保护地种植的果菜类蔬菜，往往使用生长素提高坐果率，将喷花的药剂加在生长素中一起使用，可以减少一次用药。

8. 疫病

疫病主要危害黄瓜、辣椒、茄子、韭菜、番茄、茄子等。该病由疫霉属真菌引起，导致蔬菜坏死、软腐和枯萎，重者植株成片枯死。

(1)症状:疫病危害茎、叶和果实,以茎蔓基部和嫩茎节部发病较多。被害部呈暗绿色、水浸状,后缢缩变细,有时几节同时发病,连成“线状”。叶片多在叶边缘和叶柄连接处产生大型不规则的、水浸状、暗绿色病斑。天气潮湿,叶片腐烂,天气干燥,病斑干枯易破碎。接近地面的瓜易发病,病部出现暗绿色凹陷病斑。在潮湿条件下,病部表面产生稀疏的白色棉絮状的菌丝体。

(2)发病条件:气温 18~22℃、相对湿度 90%以上为最适发病条件。温度变化异常、湿度大、多雾多露,易造成病害流行。另外,偏施氮肥、密度过大、通风不良会使病害加重。

(3)防治方法:

①合理轮作。提倡茄科、葫芦科、韭菜与十字花科、鲜食玉米等蔬菜轮作换茬。

②科学管理。深沟高畦,合理密植,施足基肥(充分腐熟的有机肥),增施磷、钾肥,适控氮肥,并做到合理用水。

③选用抗耐病品种。由于疫霉属真菌寄生专一性较强,可因地制宜选用抗耐病品种,以减轻病害发生。

④种子处理。黄瓜疫病可采用 25%甲霜灵可湿性粉剂1 500倍液或 72.2%普力克水剂 800 倍液浸种 30 分钟;或按种子重量的 0.3%,用 40%的拌种双或 25%甲霜灵拌种。辣椒疫病用 50%乙膦铝锰锌或 58%甲霜灵锰锌,按每平方米 8~10 克,加 20 千克干细土制成药土,用 2/3 垫种,1/3 盖种。

⑤高温闷棚灭菌。夏季高温休棚期,深翻地,每亩用 80 千克氰氨化钙(石灰氮),盖地膜,将棚膜封严密闭,闷晒 15 天,土温高达 50℃ 以上,可将土壤中病菌杀死。

⑥药剂防治。带药移栽,喷药保护。起苗前用 50%克菌丹可湿性粉剂 500 倍液喷洒苗床,缓苗后用 70%代森锰锌可湿性粉剂 500 倍液喷雾保护。初发病期,采用药液喷、烟尘熏、药剂灌等方法防治。药液喷雾:为缓解抗性产生,可交替选用 72%克露、80%新万生、68%安克锰锌、64%杀毒矾、58%瑞毒霉锰锌等 600~800 倍液,或 80%大生、47%加瑞农可湿性粉剂 800 倍液,或 40%乙膦铝 500 倍液、70%代森锰锌、75%百菌清 500~600 倍液、72.2%普力克水剂 800~1 000倍液喷洒。烟尘熏蒸:棚栽蔬菜可亩用 45%百菌清烟剂 250 克或 5%百菌清粉尘剂 1 千克,每 7~10 天使用一次,连续 2~3 次。药剂灌根:用 50%甲霜铜 500 倍液,或 50%福美双与 25%甲霜灵等量混合 800 倍液,或 96%硫酸铜 800~1 000倍液灌根。

9. 细菌性病害

(1)症状:蔬菜细菌性病害与其他病害的区别,一是蔬菜植株病变部位无明显附属物(如菌丝、霉、毛、粉等);二是发病后期病变部位往往有菌脓出现,应认真细致地分辨和诊断;三是病斑收缩,比较薄,容易破裂或穿孔。

①叶斑和叶枯。病斑形状各异,圆斑、角斑、条斑、不规则斑或穿孔斑等各种形体都有。病斑初期多呈水渍状,扩大后边缘常有透明半透明的晕圈,潮湿时表面分泌乳白色或黄色黏液,是菌脓。切取小块病健交界处组织,在显微镜下进行观察,若有大量云雾状物从病组织涌出,通常就可诊断为细菌病害。

②枯萎。通常是细菌侵入维管系统后引起的症状,由于水分养分输送受阻,植物发生萎蔫。往往下部叶片先萎蔫,叶片保持绿色、干缩不脱落。茎截面维管束变深,用手挤压被害茎,横断面可挤出乳白色黏液。也可用显微镜进行观察,是否出现溢菌现象。

③腐烂。通常出现在草本植物或球茎植物。受害组织变软、腐烂呈黏滑状,有恶臭味。若

发生在地下组织，植株易于拔起。

④畸形。以肿瘤常见，在根、根颈或茎上产生大小不等的肿瘤。初期色浅，有弹性，后期木质化、坚硬、深褐色，表面龟裂粗糙。根部生病后，地上部分表现为生长衰落，花少早落，叶色发黄早落。

(2)危害情况：细菌性病害主要危害黄瓜、番茄、茄子、豆类等蔬菜。在节能温室中蔬菜作物上发生极为普遍，在瓜类蔬菜上经常发生、危害比较严重的有黄瓜细菌性角斑病，该病亦可危害西瓜、西葫芦等。此外，黄瓜细菌性叶枯病、黄瓜细菌性缘枯病等病害，在寿光市大棚中已经开始少量发生。在茄果类蔬菜上经常发生、危害比较严重的，有番茄青枯病、番茄疮痂病、番茄溃疡病、番茄软腐病、番茄细菌性髓部坏死症、辣(甜)椒青枯病、辣(甜)椒软腐病、辣(甜)椒疮痂病、茄子青枯病等。此外，番茄细菌性斑疹病、辣(甜)椒细菌性叶斑病等也时有发生。在豆类蔬菜上，芸豆细菌性疫病发生极为普遍、危害严重，芸豆细菌性晕疫病也时常发生。

细菌性病害几乎全为土传性病害，在防治上应严格实行土传病害的综合防治措施。

细菌性病害又不同于土传真菌性病害，植株一旦染病，多是整株感染，且病情发展迅速，会很快死亡。因此，要注意随时观察，一旦发现病株，要立即清除深埋，防止继续散发病菌，传染其他植株。同时要对尚未表现症状的全棚室内的作物，立即喷药预防和治疗。

(3)发病规律：病原细菌主要在种子内越冬，也可随病残体在棚室内外土壤中越冬，病菌在种子内能存活 2～3 年。带菌的种子萌发出土后，病菌危害子叶和生长点，产生病斑，溢出菌脓，借风、雨、昆虫、农事操作等传播，进行重复侵染。细菌从寄主的气孔及伤口侵入，潜育期 2～5 天。该病害发病必须在寄主有水滴存在的条件下，温度在 24～32℃。随温度的升高其侵染率相应提高，温度达 36℃时侵染受抑制。种植密度大、肥料不足、管理粗放的大棚发病重。

(4)防治方法：

①合理轮作。与非感病作物实行 3 年以上轮作。

②种子处理。选用抗病、无病种子，在育苗或播种前进行种子消毒处理。可用 50℃左右温水浸种 15 分钟，捞出放入冷水中；或用种子量 0.3%的 50%福美双可湿性粉剂拌种；也可用 72%硫酸链霉素水溶性粉剂 500 倍液浸种 24 小时。

③药剂防治。发病初期可用农用链霉素4 000倍液或 90%新植霉素4 000倍液、58%可杀得2 000干悬浮剂1 000倍液、50%琥胶肥酸铜可湿性粉剂 500 倍液、14%络氨铜水剂 300 倍液、1：1：200 波尔多液、78%科博 500 倍液、50%丰护安 500 倍液、27.12%铜高尚悬浮剂 400 倍液、20%绿乳铜 500 倍液、77%可杀得可湿性粉剂 500 倍液、3%克菌康1 000倍液、20% CT500 倍液、56%靠山 500 倍液、30%王铜 500 倍液，每 7 天喷一次，连喷 2～3 次。以上药剂都是铜制剂，最好单用，不宜与多菌灵、甲基托布津混合，以免发生反应和药害。若霜霉病和角斑病同时发生，可用 40%甲霜铜 500 倍液、50%甲霜铝铜 500 倍液、60%百菌通 500 倍液、50%加瑞农 500 倍液、77%多宁 500 倍液、78%科博 500 倍液可以两病兼治。此外，还可用农用链霉素4 000倍液、新植霉素4 000倍液、3%克菌康(中生霉素)1 000倍液、20%细菌净(噻枯唑)600 倍液喷雾防治。

长期以来，在化学防治上，对细菌性病害多用农用链霉素、可杀得、甲霜铜、DTM 等。由于长期使用此类药品，多数细菌性病害已经对其产生了很强的抗药性，再用这类药品进行防治效果差，难以控制病菌危害与发展。改用氯霉素、氟哌酸、络氨铜等药品防治，防治效果比较理想。用氯霉素防治，每 15 千克水加入 150 万～200 万单位；用氟哌酸防治，配制成 600 倍药液，可以控制危害。

10. 白粉病

(1)危害情况：白粉病在节能温室蔬菜栽培中发生普遍，特别在黄瓜、西葫芦、甜瓜等瓜类作物上危害极为严重，在番茄、茄子和辣、甜椒上也经常发生。多数菜农反映，此病难以防治，只要发生，不论打什么药都极难消灭，最后不得不拔掉秧子。

(2)发生规律：白粉病以闭囊壳随病残体在土壤中越冬，或以菌丝体和分生孢子在保护地中的寄主上越冬，分生孢子借气流或风雨传播，分生孢子萌发最适宜温度为 20～25℃，限温为 10～30℃，温度在 16～24℃时发病最为严重。空气湿度对其不是制约条件，在 25%的低湿度条件下也可发病，但是在适宜温度条件下，随着湿度的增高发病速度加快，湿度越高发病越重。发病湿度范围宽，是防治困难的主要原因。

(3)防治方法：实际上白粉病不难防治，关键在于必须实行综合防治，防治措施必须科学。防治白粉病必须严格实行“预防为主，综合防治”的植保方针，除全面落实土传病害的各项防治措施外，还须搞好生态防治与化学防治。

①生态防治。要注意调节好室内温湿度，白天室内温度要维持在 30℃以上，夜晚尽量使室内温度降至作物适宜温度的下限，最大限度地降低室内湿度，以高温低湿和低温低湿抑制分生孢子萌发，减少发病。如果栽培西葫芦，可把夜温降得更低些，只要清晨室内温度不低于 6℃，就可有效地防止分生孢子的萌发，而不会影响西葫芦的生长结瓜。

②化学防治。要及时用药，可用来防治白粉病的化学农药较多，其中可用的保护剂包括各种硫磺制剂，如 50%硫悬浮剂 500 倍液，或 75%百菌清可湿性粉剂 500 倍液，或 70%代森锰锌可湿性粉剂 400 倍液，或 80%大生可湿性粉剂 500 倍液。可用的内吸性杀菌剂包括：50%多菌灵可湿性粉剂 500 倍液，或 70%甲基托布津可湿性粉剂1 000倍液，或 15%粉锈宁(三唑酮)乳油 1 000 倍液，或 40%福星乳油8 000～10 000倍液，或 10%世高水分散性颗粒剂2 000～3 000倍液，或 25%腈菌唑乳油5 000～6 000倍液，以及含有硫磺的复配剂(如 40%多硫悬浮剂 500 倍液)。以上药剂交替喷洒，每 5～7 天一次，连续 3～4 次，只要喷布细致周密，即可有效地防治白粉病危害。

注意粉锈宁、福星、腈菌唑、世高等唑类农药抑制作物生长，施药量不宜过大，避免植株矮化。

11. 枯萎病、黄萎病

(1)危害情况：瓜类、茄果类、豆类等蔬菜都会发生枯萎病，一般在蔬菜成株期或开花结果期发生，枯萎病的病株表现为全株凋萎，根系腐烂，病株基部茎上有粉红色霉层。剖开茎基部，维管束呈褐色，叶片一般不脱落。茄子、番茄、马铃薯、瓜类等蔬菜都会发生黄萎病，主要危害叶片。病叶由黄变褐，并自下而上逐渐凋萎、脱落。剖开病株的根和主茎，维管束变褐色。

(2)防治方法：目前防治枯萎病、黄萎病主要依靠嫁接换根，如南瓜嫁接黄瓜、葫芦嫁接西瓜、托鲁巴姆嫁接茄子等，化学防治为辅助的措施。播种前进行药剂浸种，可使用 60%防霉宝可湿性粉剂1 000倍液，或 70%甲基托布津可湿性粉剂 800～1 000倍液浸泡 1 小时，用清水冲洗干净后播种。为了减少土中的病菌，还可以使用上述杀菌剂以 8～10 克/米^2 的用量或用 70%的敌可松可湿性粉剂 5 克/米^2 处理苗床。在定植的时候还可以使用药剂灌根或蘸根，可用的药剂有 50%多菌灵可湿性粉剂 500 倍液，或 70%甲基托布津可湿性粉剂 500 倍液。在黄萎病、枯萎病发生后，及时拔除病株并喷药保护。田间初见病株时，用 50%多菌灵可湿性粉剂

500倍液、2%农抗120水剂600倍液或70%甲基托布津可湿性粉剂500倍液灌根，每株灌药液250～500克，中心病株周围1～2米范围内的植株都要灌，每隔7～10天灌一次，连续灌2～3次。将多菌灵或托布津加少量水，调成膏状涂在病部，可起到一定的治疗作用。

12. 瓜类炭疽病

炭疽病是瓜类蔬菜的一类重要病害，特别是黄瓜炭疽病、西瓜炭疽病、甜瓜炭疽病，各地均有发生，危害较重。炭疽病多在生长后期发生，造成果实腐烂，是收获后贮藏期和运输期的主要病害。

(1)症状：在叶片初为圆形、淡黄色、水渍状小斑点，后变褐色，边缘紫褐色，中间淡褐色，有同心轮纹和小黑点。病斑易穿孔，直径0.5～1厘米，外围有黄色晕圈。果实受害，初期为暗绿色、油浸状小斑点，后扩大成圆形，暗褐色稍凹陷。空气湿度大时，病斑上长有橘红色黏状物，严重时病斑连片、果实腐烂。

(2)发病规律。病菌主要以菌丝体或菌核随病残体在土壤中越冬，也可以菌丝体潜伏在种子内或分生孢子粘附在种子表面越冬。10～30℃均可发病，适温为20～24℃，湿度大是诱发本病的重要条件，相对湿度90%～95%适其发病。气温高于28℃，相对湿度低于54%，发病轻或不发病。地势低洼、排水不良，或氮肥过多、通风不良，重茬地发病重。

(3)防治措施：

①种子消毒。以种子量的2～3倍冷水预浸1小时，再放入50～55℃的恒温水中浸20～30分钟，注意不断搅拌，然后用室温水冷却催芽或播种。

②采用高畦栽培。

③药物防治。可选用50%多菌灵500倍液，或70%甲基托布津可湿性粉剂500倍液，再加入50%福美双500倍液或65%炭疽福美500倍液，或75%百菌清可湿性粉剂600倍液喷雾。

13. 褐斑病(棒孢)

(1)症状：该病危害黄瓜等瓜类，主要危害叶片，严重时蔓延至叶柄、茎蔓。叶片染病，叶正、背面均可受害，多在盛果期中、下部叶片先发病，再向上部叶片发展。初期叶面上为黄色、水浸状斑点，略凹陷，受叶脉所限，有时为多角形。发病中期病斑扩大为圆形或不规则形，易穿孔；中后期多个相邻病斑常连成片。病健界限明显，表现深黄褐色；随着病情进一步发展，病斑变灰褐色，干裂、坏死。发病严重时，病斑在叶面大量散生或连成片，造成叶片枯死、脱落。病斑直径为3～30毫米，直径10～15毫米的中型斑较多。在高温高湿与低温低湿条件下，易形成差别明显的大小型病斑，这与病原菌繁殖适宜温湿度相一致。高温高湿时，病菌繁殖快，病斑扩展快，形成大病斑；反之，形成小病斑。湿度大时病斑上可生有稀疏灰褐色霉状物，为病菌的分生孢子梗和分生孢子。

黄瓜褐斑病发病初期病斑表现为多角形，易与黄瓜角斑病和霜霉病混淆，发病后期与炭疽病不易区分，因此，镜检病原菌对于确诊该病害是必要的。

(2)发生规律：此病原菌为瓜棒孢菌，属半知菌亚门真菌，以种子带菌远距离传播，病菌随病残体在土壤中越冬。连茬种植、偏施氮肥、缺少微量元素硼，棚室内湿度过大，叶面结露，光照不足，通风透气不良易发此病害，在25～27℃及饱和湿度条件下发病严重。在生长后期，植株健壮，通风排湿好，棚内空气相对湿度一般不大于85%发病较轻。

(3)防治方法：

①选育抗病品种。选育抗病品种是控制褐斑病的有效途径，荷兰等欧洲国家已经在这方面至少实践了15年，已选育出系列抗病品种(包括大豆、番茄)，并为美国引种，目前国内尚未见抗褐斑病黄瓜品种选育的报道。

②适时轮作。菌丝体和分生孢子可以在残株上存活，在越冬茬黄瓜苗床上也可发生褐斑病，因此应与其他非寄主作物轮作，可减少初侵染源。据报道，在印度褐斑病引起茄子减产高达40%，与非寄主作物轮作3年后，可有效控制该病害的发生。

③种子消毒。该病菌孢子致死温度为55℃、10分钟，种子用常温水浸种15分钟后转入55～60℃热水中，浸种10～15分钟并不断搅拌。然后让水温降至30℃，继续浸种3～4小时，捞起沥干后置于25～28℃处催芽，经1.5～2天胚根初露即可播种，可有效消除种内病菌。用温汤浸种最好结合药液浸种，杀菌效果更好。

④加强栽培管理，采用生态防治。塑料棚室应加强温湿度管理调控，适时通风换气，适当控水排湿。合理密植，及时清理病老株叶，增加株间通透性。适时追肥，提高植株抗病性。灌水施肥均在畦上膜下暗灌沟内进行，能有效降低棚内空气湿度，抑制病害发生。

⑤清洁棚室。发病的棚室收获后应集中烧毁病株，消除残存病菌。

⑥药物防治。由于该病菌侵染成功率非常高，若超过3%的植株叶片感染发病后施药，无法取得满意效果，所以早期做好防护措施，及时施药是关键。发病初期及时用50%甲基托布津可湿性粉剂加75%百菌清可湿性粉剂600倍液、50%消菌灵1 000倍液，或41%乙蒜素乳油2 000倍液，或65%甲硫·霉灵可湿性粉剂600倍液，或50%甲基托布津可湿性粉剂加50%福美双可湿性粉剂500倍液，或72.2%霜霉威水剂500倍液，或25%咪鲜胺乳油750倍液喷雾防治，每隔5～7天喷一次，连喷3次。如果棚内湿度较大时，宜采用45%百菌清烟剂熏，每亩用250～300克。

14. 蔬菜菌核病

菌核病是子囊菌亚门核盘菌属的一种真菌性病害，近年来在蔬菜上发生危害逐年加重。该病危害莴苣、芹菜、茄子、辣椒、黄瓜、韭菜、菠菜、甘蓝、白菜等多种蔬菜，尤其是保护地栽培的上述品种，病害更为严重，给菜农造成了严重的经济损失。

(1)症状：十字花科蔬菜留种田一般发生在根茎部位，形成灰白色病斑，直到腐烂，造成上部失水萎蔫。茄科苗期一般先侵入茎部、叶片，然后叶片通过接触传染，造成成片倒秧死苗。其中茄子最易感病，番茄次之，辣椒最轻。定植后一般以植株茎枝分杈处先感病，初为水渍状，病斑绕茎一周，造成整株或局部枝条失水萎蔫，直到死亡。在条件适宜的情况下，病部长出棉絮状的菌丝，经7天左右菌丝纠集成团，菌丝团由松到紧，最后形成鼠粪状菌核，这是菌核病的一个显著特征。黄瓜、番茄主要在挂果期受害，引起瓜果的湿腐。莴苣一般从茎基部叶茎交界处和叶片尖端先发病，初为水渍状后腐烂。芹菜从茎基部侵入后向四周扩展，造成上部失水，成片萎蔫腐烂。病斑灰白色并有褐色云纹，后期长出菌核。

(2)发病规律：菌核病病原发育的适宜温度为20℃左右，相对湿度85%以上，因此，本地大棚蔬菜该病的发生期为11月到翌年5月，3月份为茄科育苗、春栽大棚莴苣、芹菜发病高峰。4月份为十字花科留种田发病盛期。另一规律表现为老病区从冬季上棚开始，播种或定植后两个月为子囊盘发生期。如此时连续阴雨，棚内湿度大，病害将大发生，危害程度与发病期的雨日、空气湿度成正相关。

(3)防治对策：菌核病主要以菌核遗留在土壤中或混杂在种子、病残体中越冬越夏。老病区侵染的来源主要是土壤中的菌核，新病区主要是混杂在种子中的菌核，并有再侵染，因此，应采用综合防治技术。

①选用无菌种子及种子处理。选用无病植株留种，购买的种子或种子中混有菌核和病残体的要处理。温水浸种：用55℃温水浸种10分钟，保持水温恒定，并不断搅拌种子。盐水选种：在播种或浸种前，用10%的盐水选种，将漂浮的菌核、杂质去除，选取的种子用清水漂洗几次后备用。

②苗床土壤消毒。茄科育苗于播种前，用50%托布津或50%的多菌灵与细土按1∶30倍拌匀后，均匀撒在育苗床上进行土壤消毒，控制苗期菌核病的发生。

③合理水肥管理。菌核病发生的轻重，湿度是决定因素。病害流行季节，大棚蔬菜以通风降湿为主。土壤干旱需浇水时应小水勤灌，切忌大水漫灌。浇后加大通风量，坚持植株不干不闭棚，以恶化病害流行的环境条件。施肥应以腐熟的有机肥作基肥为主，增施磷钾肥，减少氮肥使用量，增强植株抗性，降低病原物的侵染几率。

④覆盖地膜。在老病区，春秋季定植的蔬菜，尽量采用黑色地膜覆盖，抑制子囊盘正常发育，同时减低病原与植株的接触几率，抑制病害的发生。

⑤合理轮作，清洁田园。感病蔬菜品种与抗病品种轮作，有条件的实行水旱轮作。蔬菜生长中后期感病后，及时摘除下部的病叶、老叶和病瓜、病果，并移出棚外深埋，以减少传染或再侵染的菌源，增强通风透光率。

⑥药剂防治。在发病初期用药防治，一般于晴天上午露水干后喷施。药剂选用70%的速克灵1 000倍液，或50%扑海因1 000倍液、40%嘧霉胺（施佳乐）1 000倍液、50%多霉灵1 000倍液、40%百可得1 500倍液、40%菌核净3 000倍液等，每隔5～7天喷一次，连喷2～3次，以上药剂兼治灰霉病。如遇连续阴雨天，大棚内可用45%速克灵烟雾剂或百菌清、速克灵复合型烟雾剂，傍晚时均匀置于棚内点燃后密封大棚，次日开棚从事正常农事操作。用上述方法能有效控制菌核病的蔓延。

四、大棚蔬菜主要虫害防治

1. 白粉虱

(1)发生与危害：白粉虱危害作物十分广泛，群集在叶片背面，以刺吸式口器吸取植物汁液，使叶片褪绿变黄，甚至全株枯死。此外，白粉虱还分泌大量蜜露，引起煤污病，影响光合作用，降低产量和品质。

(2)防治方法：可用25%扑虱灵2 000倍液，或10%万灵1 000倍液，或10%吡虫啉1 500倍液，每5～7天喷一次，连喷2～3次。也可用灭蚜灵烟剂，每亩每次350克，交替使用。

2. 蚜虫

(1)发生与危害：温室蚜虫主要有瓜蚜、豆蚜、桃蚜3种。一年可发生20～30代，终年危害。蚜虫群集在叶片背面和嫩茎上以刺吸口器吸食植物汁液，使叶片变黄、卷曲，甚至枯死。此外，蚜虫还传播病毒病，危害极大。

(2)防治方法：用10%氯氰菊酯2 000倍液，或10%万灵1 000倍液，或50%辟蚜雾2 000倍液，或一遍净4 000倍液，每隔3～5天喷一次，连喷2～3次；或每亩用灭蚜烟剂350克熏蒸。

3. 茶黄螨

(1)发生与危害:螨虫虫体很小,肉眼难见,繁殖很快,在28～30℃每天可繁殖一代,在18～20℃时每7～10天繁殖一代,一年可发生25代左右。螨虫主要是在大棚温室内繁殖危害。螨虫多在植株顶部嫩叶上取食。嫩叶变老后,即由老叶向嫩叶转移,又称"嫩叶螨"。叶片被害后,叶片背面变褐色带油光,扭曲畸形,重者顶部干枯。花果受害后不开花,不坐果,果皮变黄褐色、木栓化、龟裂。

(2)防治方法:可用10%螨死净3 000倍液,25%哒螨酮1 500倍液,1.8%爱福丁3 000倍液喷雾,每隔5～7天喷一次,连喷2～3次。另外,前茬作物收获后及时清除残枝落叶,集中烧毁,并全棚喷药杀死残虫。

4. 红蜘蛛

(1)发生与危害:大棚蔬菜发生红蜘蛛主要是朱砂叶螨和二斑叶螨,一年可发生20代左右。高温(发育适温为21～30℃)和干燥条件下发生严重,温度超过30℃、相对湿度大于70%不利发生,氮肥偏多时老叶片发生较重。红蜘蛛在叶背面以刺吸式口器吸食汁液,并结成丝网。受害叶片褪绿,出现白色小点,后叶片干枯。一般先危害下部叶片,自下而上蔓延。

(2)防治方法:及时摘除下部老叶,带出棚外烧毁。控制棚内的高温、高湿,及时浇水,抑制蔓延。药剂防治,可用1.8%齐螨素(爱福丁)3 000倍液,每隔7～10天喷一次,连喷2～3次。

5. 蓟马

(1)发生与危害:蓟马主要危害瓜类、茄子、豆科等蔬菜,又叫瓜蓟马。幼虫黄色,成虫棕黄色,一年发生15代左右,终年繁殖,世代重叠。蓟马很活跃,多在叶片背面或钻到花瓣内危害,吸取嫩叶、嫩梢、花和幼瓜的汁液。被害叶片呈灰白色,逐渐变黄白干枯,被害嫩梢和花变黑褪色,变硬缩小,严重影响生长。

(2)防治方法:发生危害后,可用10%高效氯氰菊酯2 000倍液,10%吡虫啉1 500倍液,再加入等量的增效剂(如消抗液、害立平、省钱灵等),每隔3～5天喷一次,连喷2～3次。

6. 潜叶蝇

(1)发生与危害:潜叶蝇危害豆类、茄果类、十字花科蔬菜、大葱、韭菜等。一年发生4～5代,产卵在叶肉内,幼虫蛀食叶肉成曲折隧道。叶片受害后失绿变白,影响生长,降低产量和质量。

(2)防治方法:蔬菜收获后,及时清除残枝落叶,集中烧毁,减少虫害。药剂防治,可用10%高效氯氰菊酯2 000倍液,20%菊马乳油2 000倍液,1.8%齐螨素3 000倍液,再加入等量的增效剂,每隔3～5天喷一次,连喷2～3次。

7. 韭蛆(韭菜迟眼蕈蚊)

(1)发生与危害:幼虫聚集在韭菜地下部的鳞茎和柔嫩的茎部危害。初孵幼虫先危害韭菜叶鞘基部和鳞茎的上端。春秋两季主要危害韭菜的幼茎引起腐烂,使韭菜叶枯黄而死。夏季幼虫向下活动蛀入鳞茎,重者鳞茎腐烂,整墩韭菜死亡。

(2)防治方法:

①农业防治。冬灌或春灌可消灭部分幼虫,如适量加入农药,效果更佳。

②药剂防治。于成虫羽化盛期(4月下旬、6月上中旬、7月中下旬及10月中旬)喷洒菊酯类农药3 000倍液,可杀死成虫,以上午9～10时施药效果最佳。于幼虫危害盛期(5月上旬、7月中下旬、10月中下旬)发现叶尖开始发黄变软并逐渐向地面倒状,应采用50%辛硫磷乳油

500 倍液或 48%乐斯本乳油1 000倍液灌根。

8. 野蛞蝓

野蛞蝓俗名鼻涕虫，是保护地蔬菜常见的软体害虫之一。近年来，随着寿光市日光温室的大面积推广，冬春蔬菜棚室虫害发生日益严重，造成蔬菜商品性下降，影响菜农的收入。

(1)发生与危害：野蛞蝓食性杂，主要危害蔬菜的幼苗、嫩叶和嫩茎。野蛞蝓将叶片吃成孔洞或缺刻，咬断嫩茎和生长点，使整株枯死，常造成缺苗断垄。同时野蛞蝓排泄粪便，分泌黏液污染蔬菜，引起腐烂，品质降低。野蛞蝓一年完成 1～2 个世代，以成体或幼体在植物根部湿土下越冬。5～7 月在田间大量活动危害，入夏后气温升高，野蛞蝓活动减弱，秋季气候凉爽后又活动危害。野蛞蝓喜湿怕光，强光照射下 2～3 小时即被晒死，因此，多在夜间及清晨出外活动取食，白天则隐蔽在土中或覆盖物下面。一般在下午 6 时左右出土危害，晚上 10～11 时达到高峰，以后逐渐下降，清晨之前又陆续潜入土中或隐蔽处。如连日阴雨、土壤潮湿，则可整天在外活动取食。野蛞蝓耐饥能力强，在食物缺乏或不良环境条件下能不吃不动。气温 11.5～18.5℃、土壤含水量为 20%～30%，对野蛞蝓的生长发育最为有利。

(2)防治方法：

①农业防治。采用高畦栽培、地膜覆盖、破膜提苗等方法，以减少危害。施用充分腐熟的有机肥，创造不适于野蛞蝓发生和生存的条件。棚室通风透光，清除各种杂物与杂草，力求室内清洁干燥。在蔬菜生长期间，每亩用生石灰 5～7.5 千克或草木灰，撒在地表呈带状，可防止野蛞蝓进入。

②人工诱集捕杀。野蛞蝓虫体有一层膜液保护着，用农药喷杀无效，可用废青菜叶傍晚放置在蔬菜种植行间进行诱集。第二天上午 8～9 时用 5 倍的稀释醋液装在手提塑料桶里，将放过夜的废青菜叶投在醋液里浸一会儿。这时爬在青菜叶的野蛞蝓就会立即死在醋液里，然后把这些废青菜叶再放回农作物的行间地面，于夜间再次诱集野蛞蝓，同时每天用网筛捞出沉在醋液里的野蛞蝓死虫。一般废青菜叶可以连续诱集野蛞蝓 5～7 天，一次配制的 5 倍醋液可以连续杀灭野蛞蝓 5～7 天。应用此法诱杀野蛞蝓高效省力，可有效保护蔬菜生长。

③药剂防治。用 8%灭蜗灵或 10%多聚乙醛颗粒剂，以 2 千克/亩撒于田间。当清晨野蛞蝓未潜入土时，用灭蜗灵或硫酸铜 800～1 000倍液，或氨水 70～100 倍液，或 1%食盐水喷洒防治。

五、大棚蔬菜主要生理性病害的防治

蔬菜生理性病害是由不适宜的外部环境、不科学的生产农艺措施造成的，有别于由真菌、细菌、病毒、虫害等引起的侵染性病害。生理病害的危害程度大于非生理性病害，因为非生理性病害从初侵染到出现危害一般会有 7～15 天的过程，而生理性病害的发生危害往往面积大、时间短，病害在田间无扩散现象，或局限于某一作物品种，会造成蔬菜生产较大的损失，因此，在蔬菜生产上，应重视对生理性病害的预防和防治。

1. 沤根

(1)症状：发生沤根后，苗根系不发新根、不定根或仅长少而细的新根，根皮变黄，原有根系逐渐呈铁锈色腐烂；根皮发锈后腐烂，茎叶生长缓慢，叶片边缘逐渐发黄、皱缩，最终导致地上部分植株萎蔫，且容易拔起，最后幼苗死亡。叶缘枯焦，叶色灰绿色，逐渐变黄，似缺素症。

(2)发生特点:沤根主要是由于土壤水分不适而引起的。在育苗或定植初期,若地温低于12℃,同时由于在田间管理中浇水过量或遇连阴雨天气,使土壤处于低温高湿环境,氧气不足,造成新根无法生长,导致瓜苗生长不良而萎蔫,且持续时间较长,易诱发沤根。特别是在低洼地、黏土地、排水不良、雨后未及时放水晾晒或移苗浇水过多,均可造成沤根的发生。

(3)防治要点:

①选择高燥、排水良好、避风向阳的地块育苗或种植;畦面平整,严防大水漫灌;尽量避开低洼地和黏土地。

②苗床浇水时要少量多次,保证床土温度、湿度适宜以及良好的通风环境。定植后的瓜田,应及时中耕;雨后注意排水;低洼地宜深沟,做高畦,以利于排水。

③发生轻微沤根时,要及时松土,降低土壤湿度,促进地温增高,改善通气状况,促进增根发苗;对受淹严重的地块,要挖深沟以排水降湿,迅速改善瓜苗生育状况。

④一旦发生沤根,可在苗床上撒施干土或干草木灰,阻止继续发展。

⑤可选用叶面肥进行喷施,补充营养,增强植株生长势,如0.2%的磷酸二氢钾1 000倍液。

2. 徒长

(1)症状:幼苗纤细,节间长,叶片大而薄,叶色淡,叶柄和茎柔嫩、易折,根系发育不良,根数少,根小。这种苗易受冻、受害及被病菌侵染,抗冻和抗热性较差,花分化少,易形成化瓜及落花,定植成活率低。

(2)发生特点:温度过高,放风不及时;光照不足,特别是阴雨天多或草苫晚揭早盖;夜温高;基肥或营养土中氮肥过多;水分过多;密度过大。

(3)防治要点:

①根据不同蔬菜苗期要求的温度,一般每天放风时保持正常温度在22～25℃,温度高于30℃可考虑放风,温度低于20℃可关闭放风口。

②增加光照,对草苫尽可能地早揭晚盖,或防长期阴雨天在棚室中增加反光幕。

③春季当外界气温达到15℃时,注意放底风。

④平衡施肥,增施有机肥,注意氮、磷、钾的配合,要稳氮、增磷、补钾,叶面施微肥。

⑤定植时底水一次浇足,苗期浇水不可大水漫灌,以后根据土壤墒情酌情浇小水。

⑥扩大株行距,要间苗和匀苗,有些苗可采取二次育苗法育苗,适当稀植,最好采取营养钵或营养纸袋育苗。

⑦配制营养土时要采取土肥6∶4,即6份大田土与4份充分腐熟的细碎的优质有机肥,土肥混匀后,再加1～1.5千克过磷酸钙、0.5千克磷酸二铵,或0.5千克尿素和0.5千克草木灰,或25～30千克草木灰。

⑧适当喷洒25～50毫克/升的多效唑控制生长。

⑨深冬季节,注意夜温不可太高,一般掌握前半夜14～16℃、后半夜10～14℃,第二天早上棚温不低于10℃。

3. 番茄裂果

(1)症状:一般在果实成熟时发生裂果,由果皮生长和果肉组织膨大不一致所造成。在果蒂附近发生放射性的裂痕,为放射性裂果;在果肩部出现同心状的龟裂,为同心状裂果;很多裂果是两种裂果现象同时出现的混合型裂果。

(2)发生特点：夏天露地栽培和秋季保护地栽培的番茄裂果发生较多。冬季保护地栽培棚室内昼夜温差太大，也可导致裂果。番茄裂果还与品种特性有关。

番茄的感病生育期是果实发育后至转色期。偏施氮肥、土壤忽干忽湿、雨后积水、整株摘叶过度、温度调控不当等田块发生严重。

(3)防治要点：因地制宜地选择抗裂、皮厚的品种。有条件的可采用遮阳网覆盖栽培，防止降雨造成土壤水分急剧增加和阳光强烈照射。与高秆作物间作。冬季夜间注意保温，以防昼夜温差过大导致裂果。深沟高畦，适当密植，适当提前采收，土壤深耕，增施钙肥和钾肥；适度浇水，避免土壤过干过湿、忽干忽湿，雨后及时做好清沟排水、降湿工作。

4. 低温障碍

(1)症状：棚室蔬菜定植后遇到低温危害时，植株表现出叶片边缘干枯，严重时生长点干枯。地下部根系停止生长，不发新根，甚至丧失吸水机能。植株萎蔫，幼嫩叶片失绿黄化。果菜类蔬菜出现落花落果、畸形果，瓜类蔬菜叶片小而厚，植株矮小不长，常常出现花打顶现象，化瓜严重，产量降低。

(2)发生特点：低温是秋冬和早春影响蔬菜生长的重要因素。低温有两种，一种是零度以下的冻害，另一种是零度以上的寒害。棚室内温度长时间低于蔬菜生长所需适温时，一样可使植株生理机能受到破坏，造成生长发育不良。造成低温的主要原因是：首先设施栽培环境具有升温快、降温也快的特点，极易受到外界气温变化的影响，特别是秋冬季或早春遇到大风降温或连阴雨雪天气；其次是棚室结构设计不合理，保温措施不足，缺乏保温设备，都是造成低温危害的原因。

(3)防治要点：

①棚室结构要合理。凡进行越冬或早春栽培的日光温室，其后墙、山墙和后屋面的厚度与温棚的保温效果有明显的关系。棚室墙体厚度应在50厘米以上，后屋面厚度在30厘米以上较好，太薄保温性能差，易使蔬菜产生冻害，太厚保温性能虽好但建造费用大。寿光市冬春雾较多，11月到翌年3月5个月平均日照百分率为43%。根据有关资料推算，寿光市日光温室方位以坐北向南偏西10°～15°为最好，此方位棚内地面相对照度为最高；寿光市位于北纬32°～34°，棚室脊高3米，跨度7米，后屋面投影1.0～1.2米最为合理，这样进入棚内太阳光线最多。此外，在建造棚室时，前缘要挖一条深50厘米、宽30厘米的防寒沟，内填麦秸、稻草等保温材料，这样可使棚内南边地温提高3～5℃，气温提高1～2℃。

②要采用多层覆盖。遇连阴雨雪或寒流侵袭时，一定要在棚室内双层覆盖或在温室前屋面加盖草苫，外加一层塑料薄膜。草苫外加一层薄膜，晴天夜间室内温度比不加薄膜可提高1～2℃，雨雪天可提高2～4℃。

③增加太阳光线的入射量。因为室内温度的上升主要依赖于进入棚室内太阳光线的多少，所以太阳光线入射量增加会明显地提高棚内温度。因此，提高太阳光线入射率的措施，除采用无滴膜、正确调节建筑方位、减少建筑材料的遮阳、经常保持棚膜清洁外，使用反光幕可使棚室内温度提高1～2℃。在管理上，冬春生产应在晴天日出后1小时左右，及时揭去前面覆盖物。即使阴天或低温天气，也应适当揭开草苫等覆盖物，以争取光照，提高室温。连阴雨雪天转晴后，应注意蔬菜缓苗，间隔揭苫及叶面追肥，以减少叶面蒸腾，防止植株萎蔫。

④熏烟。遇到寒流突然袭击或雨后天晴时，除严密保温措施外，可在室内增设火炉明火加温或降温前熏烟，但注意排烟。熏烟对防止短时冷害起很重要的作用。

5. 高湿障碍

(1)症状:棚室蔬菜栽培的生育环境较为封闭,水分蒸发慢,对湿度的调控也不方便,因此,棚室内常出现高湿现象。湿度大在植株叶面形成水珠,为多种病害的发生创造了条件。高湿低温还会导致植株沤根,生长停滞,严重影响生长发育。

(2)发生特点:主要由于棚内浇水量过大,放风不及时,浇水后遇连阴天低温,土壤水分的蒸发量减少,或遇到长期雨雪天气而地下水位偏高等,造成棚内土壤和空气湿度加大,影响根对养分的吸收,有利于病菌的感染和传播。

(3)防治要点:

①控制土壤湿度。黄瓜、番茄、辣椒生长前期需水较少,土壤含水量以18%～20%较为适宜,结果盛期为22%左右。因此,不宜浇水过多,否则,不利于控制棚内空气湿度,也不利于地温的提高。

②要及时通风换气。放风是排湿的主要措施,应在晴天的中午前后气温高于28℃时适当通风,应密切注意温度变化,若温度下降过快,要及时关闭通风口,以防温度下降使蔬菜遭受危害。放风以放顶风和腰风为主,不能放底风,以防伤苗。一般中午通风比不通风相对湿度下降20%。要在保证棚室内适宜蔬菜生长的温度前提下,一般气温不低于20℃,可考虑增加通风次数和时间。若棚膜及叶片上有水滴形成,一定要及时通风,并加大通风量,即使阴天也需短时通风。土壤湿度过大时,中耕与通风换气相结合,促使土壤水分蒸发,以免植株出现沤根和发生病害。

③采用地膜覆盖栽培和膜下灌水。采用地膜覆盖可以减少土壤水分的蒸发,是降低棚内湿度的重要措施。采用大小垄相间、地膜覆盖双垄的办法,浇水时采用膜下灌溉隔沟轮浇,既能阻止水分蒸发,降低室内空气相对湿度,又能防止土壤板结。浇水应在上午进行,浇水后要放风排湿,切忌下午浇水。浇水要注意天气预报,避免浇水后遇连阴雨天气。

④阴雨雪天气尽量选用粉尘剂或烟剂防治蔬菜病虫害,以降低棚室内空气湿度。

6. 缺素症

在蔬菜保护地生产条件下,大量元素氮、磷、钾一般不会出现营养缺乏的症状,而中、微量元素的缺乏现象则时有发生。有时土壤中可能含量比较丰富,但由于蔬菜根系受到损伤,营养元素之间拮抗作用或者化学反应等原因,作物不能吸收,而出现缺乏症状。

(1)症状:

①缺氮。蔬菜缺氮时叶绿素含量减少,植株生长发育不良,生长缓慢,茎短而细瘦。从老叶开始失绿,渐渐发黄,并逐步向上发展,直至整株作物失绿而变为黄绿色。叶片基部呈黄色,干枯后呈浅褐色,叶片均匀黄化是蔬菜缺氮的主要特征。缺氮时蛋白质合成受阻,导致细胞小而壁厚,植株矮小瘦弱,花蕾容易脱落,果实小而少、产量低、品质差。番茄缺氮时果实小,色淡;黄瓜瓜条色浅白绿,靠果柄前一段很细,果实端部靠花蒂一段突然膨大成为畸形果,辣椒、茄子果实少而小。大白菜缺氮时,叶片从下向上渐渐发黄,株形小。

②缺磷。缺磷的症状是植株生长迟缓、矮小、直立、叶色呈暗绿或紫红色,花蕾少。番茄缺磷茎叶呈紫红色,叶片小,株形矮小似发僵,果实少,易开裂。黄瓜缺磷时叶色深绿,发育不良,果实畸形呈镰刀形、色深。辣椒和茄子缺磷则株形小、花少,果实小而僵。

③缺钾。植株缺钾则生长发育不健壮,株形细瘦,从老叶开始叶缘发黄,进而变褐色。番茄、黄瓜和辣椒缺钾时先从老叶叶脉间开始变黄,逐渐扩展加深变成褐色,叶脉绿色清晰,最后

枯萎。番茄果实小，呈浅褐色。黄瓜果实小，花蒂部分稍弯，呈黄绿相间色。茄子缺钾时，株形瘦小，从老叶开始发黄，叶肉渐渐变白而焦枯。

④缺钙。蔬菜缺钙时植株矮小，心叶生长严重受阻，幼叶卷曲、脆弱，叶缘发黄，逐渐枯死，但老叶仍保持绿色。根尖生长受到抑制，叶尖有黏化现象。番茄缺钙，则顶部叶片向下弯曲、下垂，叶色黄化，顶芽萎缩，最后顶端（包括顶芽）全部枯萎，果实患脐腐病。黄瓜缺钙时，顶端叶片的叶尖焦黄，凹凸不平，叶片向下弯曲，顶芽萎缩而死亡，果实畸形，从花蒂开始到上部膨大，近果柄处细瘦，色浅。茄子和辣椒缺钙时，株形矮小，顶端生长十分缓慢，顶芽枯萎。

⑤缺镁。缺镁蔬菜叶脉间明显失绿，植株生长发育不良。蔬菜生长初期很少表现缺镁症状。随着作物的生长，叶色开始变黄，首先从老叶（果实快速膨大期，结果部位叶片缺素明显）的叶脉间多肉部分失绿发黄，有时从叶缘开始黄化，严重时只在粗叶脉的两侧残留绿色，其他部分全部变黄。番茄、黄瓜下部叶片主脉间开始失绿，向两侧发展，失绿部分逐渐发黄，边缘形成浅绿色“晕轮”，番茄侧枝下垂，但对番茄果形影响不大。黄瓜叶片脉间失绿较快，由黄变白，呈剥落状，叶缘稍向上卷。茄子缺镁时株形小，叶片从下部开始发黄，失绿稍慢，最后整叶变黄。

⑥缺硫。蔬菜缺硫的症状与缺氮症状有些类似，失绿黄化明显，只是缺硫多从新叶向老叶发展。番茄缺硫，植株生长受阻，叶片黄化，枝叶易萎蔫，最后枯萎，果实小。黄瓜缺硫，叶片失绿成不规则的斑块，渐渐变成白色斑块，其果实较粗而短，花、蒂二端膨大，黄绿相间。芸豆缺硫，叶片从顶部开始黄化，渐渐向下发展，整个叶片失绿（包括叶脉和叶肉）。

⑦缺硼。硼肥能促进蔬菜生殖器官的正常发育，对糖的合成和运输具有促进作用。缺硼生长点生长受阻，严重时死亡，子叶发僵，植株发育停止，根系不发达，叶色暗绿，叶形变小、肥厚、皱缩，植株矮化，花发育不健全，花蕾和子房发育受阻、脱落，果实、种子不充实。番茄缺硼时，植株发育受阻，生长点停止生长，发生大量侧枝；植株生长呈簇状，顶端出现“天窗”；周围叶片向里卷曲、发脆，叶子边缘开始失绿变黄，渐渐向内发展，最后全部变白死亡。黄瓜缺硼时幼嫩的子叶首先发黄，生长点干枯，顶端叶片边缘开始发黄，叶缘上卷，最后整株死亡。辣椒对缺硼的反应不及番茄、黄瓜敏感，但整个植株生长呈簇状，顶部叶片黄绿色，不开花。花椰菜根肿大，萝卜空心、心腐等。

⑧缺铜。蔬菜缺铜的共同症状是幼叶生长受影响，叶瘦小、失绿，幼叶萎缩，植株生长弱，叶尖变白。番茄缺铜时幼叶萎蔫，中下部叶片枯焦向上卷曲，叶面上出现坏死的褐色斑点。黄瓜缺铜则新生叶失绿发黄，叶片黄灰色，稍有卷曲，顶梢渐枯萎，抑制植株发育，果实粗短。茄子缺铜，先从下部老叶开始失绿，幼叶卷曲，叶片瘦长，并整个叶片失绿，但不很均匀。

⑨缺锰。锰是叶绿素的重要组成部分，能够促进植物的光合作用。番茄缺锰早期就在叶面上出现小褐点，茎叶浅绿色，叶面上生有许多小泡，渐渐扩大褪色，叶片两侧上卷，果实少。黄瓜缺锰，植株发育不良，节间短，上部幼叶边缘向下弯，下部叶片从叶肉开始失绿，生长严重受抑，新叶细小。

⑩缺锌。多数蔬菜缺锌时会出现顶枯现象，并导致落花落果，叶色发黄、失绿、有斑点，组织坏死。黄瓜缺锌，植株矮小，节间短，叶皱缩，生长受抑制，不结瓜。在新叶上产生黄斑，黄斑逐渐向全叶扩大，小叶呈丛生状，顶芽一般不枯死。番茄缺锌生长瘦弱，首先叶面上出现黄斑，叶片扭曲；黄斑逐渐扩展，整株发黄，枝叶下垂；最后枯焦，果实较小。茄子缺锌时植株较矮，顶端的叶片较瘦长，两侧向上卷，下部叶片大面积失绿，乃至完全失绿。

⑪缺钼。蔬菜缺钼的主要症状是叶脉先失绿和枝叶下垂，植株生长不良，株形矮小，或叶片扭曲。番茄缺钼植株发育不良，叶片边缘向上卷曲，形成白色和灰色斑点而枯落。叶缘和叶脉开始失绿，呈黄绿相间，最后枯萎，枝叶下垂，对果实影响不大。黄瓜缺钼时生长矮小，顶部叶片向下弯，老叶的叶缘开始发黄，叶面上出现不规则的黄斑，叶脉失绿，果实短粗，果皮色白、皮皱。茄子缺钼其顶部叶片两侧向上卷，植株瘦长，下部叶片叶脉先失绿，然后渐渐向外扩展，叶面上形成黄绿相间的绿色斑块，最后叶片枯萎。

⑫缺铁。因铁在植株体内移动性小，所以一般表现为新叶失绿，而老叶仍保持绿色。蔬菜缺铁，会发生"失绿症"，主要表现为幼叶脉间褪绿，呈黄白色，严重时全叶变黄白色、干枯，但不产生褐色斑点。从新叶的尖端开始表现症状，顶芽和新叶黄白，最初叶脉间部分失绿，仅在叶脉残留网状的绿色，最后全部呈黄色，但不产生坏死的褐斑。

(2)发生特点：

①土壤本身。土壤中微量元素的多少受土壤类型的影响，不同类型的土壤成土母质不同，所以含微量元素不同。

②pH 的影响。土壤酸碱度是影响微量元素有效性的重要因素。试验表明，pH 高时会引起缺铁、锌等；而在酸性土壤上植株易出现缺钼症状。

③偏施化肥。如偏施氮肥而影响了钙的吸收，植株表现为缺钙症；偏施钾肥，而影响了对硼的吸收，表现为缺硼症；偏施磷肥易引起缺铁、锌等。

④有机肥质量参差不齐、施用量不足。目前菜田的微量元素主要通过施入有机肥来补充，而有机肥的质量不能保证，腐熟不彻底，用量不足，使本来缺素的土壤中的微量元素进一步缺乏。

(3)防治要点：

缺氮，可用 0.2%尿素液叶面喷肥，每次间隔 7 天左右。

缺磷，一般在苗期出现，可叶面喷施 2%过磷酸钙浸出液 2～3 次。

缺钾，可叶面喷施 0.2%磷酸二氢钾或 0.5%草木灰浸出液。

缺钙，多发生在酸性田和有机质含量低的沙质田，发生缺钙病应增施有机肥和钙镁磷肥，生长期可以喷施含钙的叶面肥。

缺镁，应增施有机肥、硅镁肥、钙镁磷肥，叶面喷施 0.2%的硫酸镁液 2～3 次。

缺锌，生产上可增施锌肥进行防治。寿光市土壤一般施用硫酸锌，采用土施、种子处理和喷施等。作基肥或追肥：一般每亩用 1～2 千克硫酸锌，与有机肥一起均匀地撒施地面，深翻土中，与土壤充分混合均匀。追肥最好采用条施或穴施，将肥料均匀施入沟或穴中，然后培土。叶面喷施：可用 0.05%～0.1%的硫酸锌溶液，在苗期和蔬菜旺盛生长期，连续喷施 2～3 次，每次间隔 7～10 天。浸种：浸种浓度为 0.02%～0.05%。拌种时每千克种子用硫酸锌 2～6 克为宜。

缺硼，主要用硼砂。作基肥：每亩用量为 0.5～1 千克，与有机肥或细土拌均匀，撒于地面深翻土中，有效期为 2 年。叶面喷肥：可选择可溶的硼砂、硼酸等，喷施浓度为 0.05%～0.2%，以蔬菜生长前期(苗期)至花期喷施为宜。浸种：一般采用 0.02%～0.05%的硼砂溶液，浸种时间应根据不同菜类灵活掌握。

缺钼，主要用钼酸铵。由于蔬菜需钼量较少，且钼肥价格高，最常用的方法是种子处理。种子处理和叶面喷施，对防止缺钼有明显的效果。浸种浓度为 0.05%～0.1%，拌种浓度为每千克种子用3～5克。

缺铁，主要选用硫酸亚铁。作基肥：可将硫酸亚铁和有机肥混合均匀，一起撒施地面。叶面喷肥：浓度为0.5%～1.5%，在蔬菜刚出现缺铁症状时喷施，此后每7～10天喷施一次，共喷3次。

7. 激素中毒

大棚蔬菜栽培中，在人工调节环境条件失败以后，蔬菜不能正常生长时，适当地使用植物激素对于其生长发育有一定的作用，而过多使用激素会对植物产生不利影响。使用浓度不当或方法不正确也会引起一些中毒症状，造成生理性病害的发生。某些用激素（2,4-D、防落素等）蘸花的蔬菜，如番茄、黄瓜、丝瓜等会出现中毒症状。这是因为气温降低后，激素浓度会较其他季节有所增高，若仍按平常季节的浓度或用量使用，就会出现叶片卷曲、变硬、变脆等激素中毒症状，所以，在当前应注意降低激素浓度，减少激素用量，以防激素积累中毒。

8. 有害气体中毒

由于塑料大棚密封较严，空气不对流，极易积存氨气、一氧化碳、亚硝酸、亚硫酸和塑料制品散发的邻苯二甲酸和二异丁酯等有害气体，严重影响作物的生长发育。

(1)中毒症状：

①氨气。棚室内的氨气，主要来自未经腐熟的鸡粪、猪粪、马粪和饼肥等有机肥料，肥料在高温下发酵时，产生出大量氨气，越积越多；其次是大量施用碳酸氢铵和撒施尿素产生的氨气。棚内的氨气浓度达到5～10毫克/升时，作物就会中毒。其中毒症状是，花、幼叶、幼果等幼嫩组织先发生褐变，后变为白色，严重时萎蔫死亡。生产中氨气中毒易与高温热害相混，区别的方法是，用pH试纸检测棚内的酸碱度。即在早上日出放风前，用试纸浸蘸棚内膜上的水滴，如呈蓝色的碱性反应，即是氨气中毒；如呈中性或红色的酸性反应，则是高温热害。

②亚硝酸气体。大棚内的亚硝酸气体主要来自施氮过多的氮素化肥。土壤中，特别是沙土和沙质壤土，如连续施入大量氮肥，土壤中的铵向亚硝酸转化虽能正常进行，但亚硝酸向硝酸转化则会受阻，于是就使土壤中积累起大量的亚硝酸，当温度升高时就变成气体散发在棚内，浓度超过2毫克/升时，植物就会中毒。中毒多发生在施肥后的1个月。中毒途径为亚硝酸气体通过叶片气孔侵入叶肉组织，使叶绿体结构破坏褪色，出现灰白斑，如浓度过高时，叶脉也变成白色，严重时导致植株死亡。检测方法，也是用pH试纸浸蘸棚内膜上水滴，若呈红色的酸性反应，就是亚硝酸积累过多引起的中毒。

③一氧化碳和亚硫酸气体。这两种气体，主要是棚内加温时，用的燃料质量差或燃料没充分燃尽而产生的。其中一氧化碳对棚内的管理人员有毒害作用，亚硫酸则对人和作物都有毒害。一般浓度在3毫克/升左右维持1～2小时，植物叶缘和叶脉间的细胞就会死亡，并发生小斑点或枯死。叶片中毒后失去光泽，呈水渍状，随后褐色变成浅白色。

④邻苯二甲酸和二异丁酯。系聚氯乙烯塑料薄膜中添加的有毒增型剂发出来的有毒气体，对棚内作物有严重的毒害作用。

(2)解决方法：

①氨气。施用腐熟人畜粪尿，不施未腐熟的生肥；不施或少施碳酸氢铵，尿素用沟施或穴施，施后盖土埋严，不用撒施；在保证正常温度的情况下，开窗或卷起膜脚，进行通风换气，以排除过多氨气；可在植株叶片背面喷施1%食用醋，可以减轻和缓解危害。

②亚硝酸气体。合理施肥，尤其是施氮肥时要“量少次多”，分次适量施入，并用沟施或穴

施，施后与土壤拌匀和用土盖严，切忌重施多施和撒施，同时做好通风换气。如棚内亚硝酸气体过浓或土壤偏酸时，在土壤中增施石灰，把 pH 调节至 6.5～7.0，可有效防止亚硝酸气害。

③一氧化碳和亚硫酸气。加温时不用暖火炉，而用设有烟囱的专制加热炉，以便加热时把燃烟排出棚外；选用优质燃料，并尽量燃烧尽净；加温后棚内如烟雾过浓时，及时通风散烟。

④邻苯二甲酸和二异丁酯。在选择棚膜时，尽量不选用有这种增塑剂的薄膜；已选用的，则只有随时做好通风换气来进行消除。

9. 大棚黄瓜育苗期常见生理障碍

(1)症状与产生原因：

①僵苗。幼苗生长发育过度受到抑制，表现为幼苗矮小，叶片小、薄、颜色淡，茎细，根小，新根发生少，花芽分化不正常，开花少，定植后易出现花打顶现象。产生原因：温度太低；长期阴天；苗期水分供应不足；养分缺乏，生长控制过分。

②烧根。根少且发育不良，根的颜色变为淡褐色或褐色。产生原因：因育苗床上肥料过多或使用未充分腐熟的有机肥，土壤盐离子浓度过高所致。

③徒长。黄瓜徒长是育苗期常发生的现象。幼苗纤细，节间长，叶片大，叶薄、色稍淡，叶柄和茎柔嫩、易折，根系发育不良，根条数少，根小。这类苗容易受病害侵染，抗冻、抗热性弱，花分化少，易化瓜，定植后成活率低。产生原因：温度过高，放风不及时；光照不足，特别是阴雨天或草苫晚揭早盖；夜温高；基肥或营养土氮肥过多；水分多；密度过大。

④沤根。根的颜色变为褐色或黑色，严重腐烂，地上部分表现萎蔫，直至死亡。产生原因：浇水不当，浇水时浇水量太大；地温或气温过低，蒸发慢；通风不好；土壤黏重，土质差。

⑤降落伞状叶。新叶叶尖黄化，逐渐过渡到叶片失绿黄化，慢慢发展为枯死，叶片中央部分凸起，周围下卷，严重时封顶。产生原因：棚温散热不及时，闷热；新叶缺钙；植株发育不良。

(2)预防措施：

①僵苗。密切注意温室大棚的温度管理，晴天棚室通风的温度范围 24～28℃，阴雨天可少开或不开放风口；育苗畦或营养钵在种子播前 3～5 天一定要浇足、浇透水；一定要施足腐熟有机肥，使幼苗快速生长，形成壮苗；喷 0.5%尿素加 0.4%的磷酸二氢钾溶液。

②烧根。育苗床施肥要适量，不可过多；苗床土和肥料要掺和均匀；要使用充分腐熟的有机肥；追肥时一定不要超过每亩 20 千克，且撒施均匀；如发生烧根，可适当浇水，缓解土壤浓度。

③徒长。温度达到 32℃时一定要放风；增加光照，对草苫要早揭晚盖或在棚中增加反光幕；当下午棚温达到 24℃时再关闭棚门窗，注意放底风；平衡施肥，增施有机肥，注意氮磷钾的配合，要稳氮、增磷、补钾，施微肥；浇水不可太多、太勤；扩大株距、行距；要间苗和分苗，适当稀植；育苗时最好采取苗钵单株育苗；喷洒 50 毫克/千克的多效唑控制生长。

④沤根。适当浇水，苗床不干不浇；做好棚室的通风工作，特别是低温时期，应抓住晴暖天气通风；苗床土质差时可以按照适当比例掺匀沙壤土，或多施充分腐熟的有机物。

⑤降落伞状叶。注意保持棚室的气体交换，以促进叶片的蒸腾作用；可以喷施一定量的钙肥；注意配方施肥，加强管理，促进作物的正常生长。

10. 大棚番茄果实畸形

(1)症状与产生原因：大棚番茄常见的畸形果有多心空果、空洞果、裂果、脐腐果和日灼果等。形成畸形果的原因，是苗期氮肥施用过多，地上部生长过旺，冠根比失调；花芽分化时，遇到连续低温(6～8℃),番茄呼吸作用消耗的养分相对减少,花器中积累的养分增多,心皮数形成较多,易形成多心室畸形果;植株老化,当温度低、光照差时,花器与果实不能正常发育,易形成尖顶果;棚内温度高,湿度大,光照不足,花粉败育,受精不良,果实中果胶含量少,易形成空洞果;营养物质中供钙量不足,易形成开裂果与脐腐果;使用激素处理时浓度不当,或植株生长较弱时,也会产生空洞果或酸浆果等;摘除老叶过多,易形成日灼果和着色不良果等。

(2)预防措施:

①抓好肥水管理。番茄生育前期要控制氮肥的施用量,开花坐果期须平衡施用氮、磷、钾肥,增施硼肥和钙肥。在坐果高峰期可喷施 0.5%的过磷酸钙溶液与0.005%的萘乙酸混合液 2～3 次,能够有效防止脐腐果和裂果的产生。合理浇水,防止棚内湿度过大或土壤过干。

②保温增光防冻。寒潮来临时,及时加盖草帘或在大棚内搭低弓覆膜保温,防止冻害。当天气晴好时要揭开草帘,尽量增加光照面积,提高光合强度和光合效率,做到勤揭勤盖。

③科学调控生长。番茄株型和生长状况,可以通过人为控制。当幼苗生长过旺时,可喷 75 毫克/千克的多效唑溶液来控长。合理整株抹芽、疏花,及时摘除畸形幼果。打顶时应在顶心处保留 2 片幼叶,起护果作用,防止幼果灼伤。合理使用激素保花保果,浓度切忌过高,并做到不重复使用。

(丁加刚)

第八章 大棚黄瓜栽培

一、选用良种

1. 中农 13 号

(1)品种来源:中国农业科学院蔬菜花卉研究所育成的大棚专用杂交种。

(2)特征特性:植株生长势强,主蔓结瓜为主,回头瓜多。第 1 雌花始于主蔓 2～3 节,其后连续着生雌花,雌株率 50%～80%。单性结果能力强,连续结果性好,可着生多条瓜,采瓜时也可生长。耐低温性强。早熟,从播种到始收 62～70 天。瓜长棒形,瓜色深绿,有光泽,无花纹,瘤小,刺密,白刺,无棱。瓜长 25～35 厘米,瓜粗 3.2 厘米左右,单瓜重 100～150 克。肉厚、质脆、味甜,品质佳,商品性好。高抗黑星病、枯萎病、疫病及细菌性角斑病,耐霜霉病。亩产6 000～7 000千克,高者每亩达9 000千克。

(3)适作茬口:适宜大棚冬春、早春和秋冬茬栽培。

2. 中农 10 号

(1)品种来源:中国农业科学院蔬菜花卉研究所新育成的中熟一代杂交种。

(2)特征特性:植株生长势及分枝性强,叶色深绿。主侧蔓结瓜,瓜码密,丰产性好。抗霜霉病、白粉病、枯萎病等多种病害。瓜色深绿,略有条纹,瓜长 25～30 厘米,瓜粗 3 厘米,单瓜重 150～200 克。刺瘤密,白刺,无棱,瓜把极短,肉质脆甜,品质好。耐热,抗逆性强,在夏秋季高温长日照条件下,表现为强雌性,瓜码比一般品种密。

(3)适作茬口:适宜秋延后栽培。

3. 津春 3 号

(1)品种来源:天津市黄瓜研究所选育。

(2)特征特性:植株生长势强,茎粗壮,叶片较大,深绿色。分枝性中等,较适宜密植。以主蔓结瓜为主,单性结实能力强,瓜呈棒状,长约 30 厘米,单瓜重 200 克左右。瓜色深绿,刺瘤适中,白刺,有棱,瓜把较短,瓜条顺直。抗病性较强,具有较强的耐低温和弱光能力。

(3)适作茬口:适于冬春、早春和秋冬茬栽培。

4. 顶峰 1 号

(1)品种来源:新泰市绿色蔬菜研究所选育。

(2)特征特性:以主蔓结瓜为主,基本节节有瓜,回头瓜多。生长势旺,茎粗壮。耐低温,耐弱光能力强,抗多种病害。丰产、稳产,品质优良。3～5 节坐瓜,瓜长 35 厘米以上,瓜条顺直,深绿色。亩产可达 15 吨,是目前菜农首选品种之一。

(3)适作茬口:适于冬春、早春和秋冬茬栽培。

5. 津优5号

(1)品种来源:天津市黄瓜研究所选育。

(2)特征特性:植株生长势强,茎粗壮。叶片中等大小,叶色深绿。分枝性中等,以主蔓结瓜为主。瓜码密,回头瓜多,单性结实能力强。瓜条生长速度快,从开花到采收比长春密刺早3～4天。瓜条棒状,深绿色,有光泽,棱瘤明显,白刺,商品性好,瓜长35厘米,单瓜重200克左右。早熟性好,抗霜霉病、白粉病、枯萎病,耐低温、弱光。

(3)适作茬口:适合早春茬和秋冬茬大棚栽培。

6. 津优30号

(1)品种来源:天津科润农业科技股份有限公司黄瓜研究所育成。

(2)特征特性:早熟性、丰产性好。早期产量较高,尤其是越冬大棚栽培时,在春节前后的严冬季节能够获得较高的产量和效益。冬春茬栽培,前期产量明显高于其他品种,效益也较高。瓜码密,雌花节率40%以上,化瓜率低。连续结瓜能力强,有的节位可以同时或顺序结2～3条瓜。瓜条性状优良,商品性好,瓜长35厘米左右,瓜把较短,在5厘米以内。瓜条刺密、瘤明显,便于长途运输。畸形瓜少,有光泽,质脆、味甜,品质优。高抗枯萎病,抗霜霉病、白粉病和角斑病。

(3)适作茬口:适于冬春、早春和秋冬茬栽培。

7. 雷优3号

(1)品种来源:泰安市雷育黄瓜研究所选育。

(2)特征特性:植株紧凑,生长势强。叶深绿色。主蔓结瓜为主,第1雌花着生在2～4节,瓜码密,回头瓜多。瓜条顺直,瓜长40厘米左右,瓜色深绿,瓜把短。平均早期产量较密刺黄瓜系列增40%,亩产最高可达20吨以上。具有耐低温、耐弱光、抗病、丰产、稳产、品质优良等特点,是冬暖大棚理想的换代新品种。

(3)适作茬口:适于冬春保护地栽培。

8. 山农5号

(1)品种来源:山东农业大学园艺学院育成的新品种。

(2)特征特性:耐低温,耐弱光,高抗枯萎病,抗黑星病、霜霉病。光合能力强,长势旺,生育后期不早衰。瓜条商品性好,瓜深绿色,刺密瘤小,瓜长35厘米左右,单瓜重200克左右,品质佳。丰产性好,以主蔓结瓜为主,瓜条生长速度快,一般每亩产量10～15吨。

(3)适作茬口:适合越冬保护地栽培。

9. 鲁蔬21号

(1)品种来源:山东省农业科学院蔬菜研究所培育的高产抗病黄瓜品种。

(2)特征特性:膨瓜特别快,比一般品种提前2～3天采摘。节节有瓜,不封顶。前期耐低温,耐弱光,在棚室短时5℃时能正常生长,连续阴雨10天仍能收获果实。后期抗高温,中伏天也不会出现黄头、大肚、弯瓜。瓜把粗短,瓜条顺直,瓜长35～40厘米,色深绿,刺密,商品性好,深受南方客户欢迎。丰产性好,越冬保护地栽培亩产高达30吨。

(3)适作茬口:适宜冬春茬及早春茬栽培。

10. 冬秀

(1)品种来源:从法国威迈种子公司引进。

(2)特征特性:纯雌性无刺短黄瓜,中早熟,单性花,每节坐瓜。生长旺盛,节间短,侧枝发达。瓜深绿色,有光泽,微有棱,口味佳。瓜长15厘米左右,直径3.5～4厘米。抗白粉病和霜霉病,产量高。该品种耐低温、弱光。

(3)适作茬口:适于大棚越冬和早春栽培。

11. 安丽

(1)品种来源:从法国威迈种子公司引进。

(2)特征特性:植株健壮,叶片小,生长稳健。极早熟。主蔓结瓜,多性花。瓜条圆柱形,绿色,有光泽,无刺瘤,口味佳。瓜长15～18厘米。抗白粉病和烟草花叶病毒病,产量高。

(3)适作茬口:适于春、秋和晚夏种植。

12. 戴多星

(1)品种来源:引自荷兰瑞克斯旺。

(2)特征特性:生长势强,开展度大。产量高。孤雌生殖,多花性,每节3～4个果,瓜长16～18厘米,果实呈黑绿色,微有棱,味道好。抗黄瓜花叶病毒病、条纹病毒病、疮痂病和白粉病。

(3)适作茬口:适于早春、越夏和秋延迟种植。

13. 萨瑞格

(1)品种来源:从以色列海泽拉优质种子公司引进。

(2)特征特性:单性结实,全部为雌花杂交品种。植株生长旺盛,早熟,产量极高。果期较集中,低温下坐果能力强。瓜长14～16厘米,暗绿色,表面光滑无刺。较抗白粉病。

(3)适作茬口:适宜大棚冬春栽培。

14. 泰利亚

(1)品种来源:从荷兰安莎种子公司引进。

(2)特征特性:植株生长健壮,开展度大。果实深绿色,微浅棱,无刺,瓜条长而直,瓜长36～38厘米。高产优质。耐白粉病,抗黄瓜黑星病及疫病。

(3)适作茬口:适宜大棚冬春、早春和秋冬茬栽培。

15. 欧宝

(1)品种来源:从法国G.S.N种子公司引进。

(2)特征特性:欧洲型纯雌系品种。植株健壮,生长势稳健。以主蔓结瓜为主,每节均可坐瓜。瓜长12～16厘米,直径3厘米,圆柱形,上下粗细一致。果实中绿色,光滑,无刺,无瘤。耐贮运,口味佳。对白粉病有抗性,耐低温和弱光能力强。产量高,亩产10吨以上。

(3)适作茬口:适宜秋延迟、越冬和早春栽培。

16. 萨菲

(1)品种来源:从以色列海泽拉优质种子公司引进。

(2)特征特性:为杂交一代种,无限生长型,植株生长中等旺盛。瓜长15～18厘米,圆柱形,果实暗绿色,光滑无刺,高度整齐,耐贮运,口味佳。丰产性好。对霜霉病有抗性,耐白粉病、黄瓜花叶病毒病和黄瓜叶脉黄化病毒病。

(3)适作茬口:适宜秋延迟和早春栽培。

17. 拉迪特

(1)品种来源:引自荷兰瑞克斯旺。

(2)特征特性:生长势中等,叶片小,叶色淡绿色。瓜长16～18厘米,表面光滑,稍有棱,果实味道鲜美,商品性好。该品种孤雌生殖,多花性,产量高,每节3～4个瓜,瓜长12～18厘米。耐高温能力强,耐霜霉病,对黄瓜花叶病毒病、白粉病和疮痂病有抗性。以高产、优质、果形好的特性备受出口和高档超市的青睐,市场平均售价比同类产品高20%以上,是菜农增加收入的首选品种。尤其越夏栽培时更表现出其优越性。

(3)适作茬口:适合越夏和秋延迟种植。

18. 康德

(1)品种来源:引自荷兰瑞克斯旺。

(2)特征特性:微型黄瓜品种,产量高,每节1～2个瓜。瓜长16～18厘米,表面光滑,微有棱,味道鲜美,适合出口。耐霜霉病,抗白粉病和疮痂病。

(3)适作茬口:适合早春、秋冬、冬春大棚栽培。

19. 油瓜6075

(1)品种来源:引自荷兰德瑞特集团公司。

(2)特征特性:植株生长旺盛,叶片小,生长期长。适应性广,耐寒性好。植株为标准雌性系,瓜深绿色,微浅棱,光滑无刺。瓜条顺直,整齐均匀,在正常栽培条件下,瓜长20～28厘米。果实硬度高,果肉厚,产量高。耐黄瓜花叶病毒病。

(3)适作茬口:适宜越冬及早春大棚栽培。

20. MK160

(1)品种来源:引自荷兰德瑞特集团公司。

(2)特征特性:生长势中等,产量高。每节只结1个瓜,不需要疏瓜,瓜长16～18厘米,表面光滑,果形好,光泽度好,口味佳。耐黄瓜花叶病毒病和白粉病,耐热性好。

(3)适作茬口:特别适合夏季大棚及保护地栽培。

21. 22-33

(1)品种来源:引自荷兰瑞克斯旺。

(2)特征特性:生长势强,开展度大。叶片大,生产期较长。瓜墨绿色,微有棱,孤雌生殖,单性花,每节1～2个瓜,产量高。瓜长22～25厘米,表面光滑,味道鲜美。抗黄瓜花叶病毒病,耐霜霉病、叶脉黄化病毒病、白粉病、疮痂病等。以其产量高、抗性好、商品性好、耐低温等特点吸引了广大种植户种植,是适合出口外销的最佳中长型黄瓜品种。

(3)适作茬口:适合早春和秋冬大棚、保护地栽培。

22. 洛瓦

(1)品种来源:引自荷兰皇家种子公司。

(2)特征特性:为杂交一代种,生长势强,全雌性。主蔓结瓜为主,每节都可坐瓜。瓜表面光滑,无瘤无刺,易清洗,深绿色,圆柱形,上下粗细一致,瓜长14～16厘米,直径3厘米。耐低温和弱光,对霜霉病有抗性。是适合南北方和俄罗斯客户需求的品种。

(3)适作茬口:适于秋延迟、越冬和早春栽培。

二、大棚及其配套设施

1. 选择适宜的大棚

黄瓜属喜温性蔬菜，不耐低温，正常生长温度为 10～35℃，最适生长温度 18～32℃，10℃以下生长不良，5℃以下易受冷害，0℃以下受冻害。光合作用适宜温度为 25～32℃，超过 40℃光合作用急剧下降。黄瓜对地温要求较为严格，根伸长最低温度为 8℃，最高温度为 38℃，最适温度为 20～25℃，地温低于 12℃根系生理活动受阻，低于 5℃易发生沤根。因此，进行黄瓜反季节栽培，必须选择保温措施好的大棚，要求有强度高、载热性能强、隔热性好的墙体；有透光、保温、耐用、无滴等性能的薄膜；打得紧密的草苫；在外界气温－20℃左右的情况下，室内外的温差要达 30℃左右；在冬季和连阴数天的情况下，室内最低气温一般不低于 8℃，或出现略低于 8℃的气温，但连续时间不超过 3 天。

按照上述要求，寿光大棚（即乐义冬暖式大棚）1～5 代中的各棚型均适于黄瓜反季节生产，以第 4 代和第 5 代中的寿光Ⅳ型、寿光Ⅴ型、寿光Ⅵ型大棚最好。目前冬春茬口多选用寿光Ⅴ型和寿光Ⅵ型大棚。

寿光大棚的棚面采光角度是依据当地的地理纬度和一年当中太阳高度最低的日期（"冬至"）推算出来的适宜采光角度，采光好，升温快；并依据当地最大冻土层厚度加上至少 50 厘米作为土墙体的厚度，棚体贮热保温性强。在山东寿光的严寒冬季，晴天外界气温降至－10～－22℃、土层结冻 50 厘米厚时，棚内气温可控制在白天 18～30℃，夜间 12～18℃，凌晨短时绝对最低棚温也不会低于 10℃。当遇到阴雪天气，只要掌握及时拉揭草苫和勤扫除棚膜上的积雪，尽可能争取散光照和刹那间转晴的良好光照，傍晚盖草苫后再加盖一层浮膜，或采取"棚中棚"的保温形式，棚内气温仍可维持在白天 15～20℃，夜间 10～15℃，凌晨短时间棚内绝对最低气温一般不会低于 8℃。不论是晴天或阴雪雨天气，棚内地温的昼夜温差都显著小于气温的昼夜温差，一般 5～10 厘米处的地温可保持在白天 18～24℃，夜间 12～16℃。

2. 大棚主要类型与建造

自 1986 年王乐义采用冬暖大棚以来，其结构不断创新，不断发展。目前，大面积推广应用的寿光冬暖大棚，按其跨度、高度、结构和建材等方面的差异，前后已经历了 5 代。在这 5 代大棚中，又有 6 种型号的大棚透光性和保温性在生产上表现优异，成为不同时期的主流棚型。后面各类蔬菜栽培所选大棚类型及其配套设施可参考第八章。

（1）寿光Ⅰ型大棚主要结构和建造：此种大棚是在寿光土大棚的基础上，由王乐义参照大连市瓦房店琴弦式节能大棚某些结构及用材特点，在透光保温等方面根据当地情况加以改良而成。

①主要结构。棚体总宽 8 米，后墙高 1.8 米，山墙高 3 米，墙下体厚 1 米，墙上体厚 0.9 米，走道宽 0.8 米，种植区宽 6.2 米。

立柱 5 排，1 排立柱高 3.3 米，地上高 2.8 米，至 2 排立柱距离 2 米。2 排立柱高 3.1 米，地上高 2.6 米，至 3 排立柱距离 2 米。3 排立柱高 2.2 米，地上高 1.8 米，至 4 排立柱距离 2 米。4 排立柱高 1.2 米，地上高 0. 8 米，至 5 排立柱距离 0.2 米。5 排立柱（戗柱）长 1.2 米，地上长 0.82 米。采光屋面参考角平均角度 26.5°左右，后屋面仰角 30°左右。距前窗檐 4 米、2 米处和前檐处的切线角度分别是 14°、21.8°和 26.6°左右。剖面结构如图 8-1 所示。

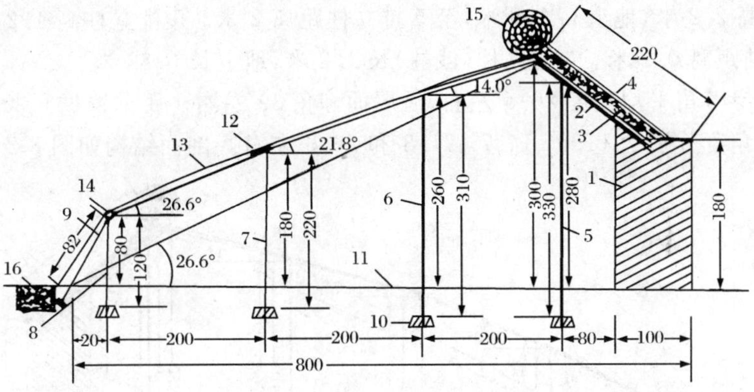

图 8-1　寿光Ⅰ型大棚剖面结构(单位:厘米)

1.后墙　2.后坡斜棒　3.后坡防水膜和玉米秸　4.后坡草泥　5.后立柱

6.中立柱Ⅰ　7.中立柱Ⅱ　8.前立柱　9.戗柱　10.基石　11.水平地面

12.拱杆　13.棚膜　14.横杆　15.草苫　16.防寒沟

②建造。取 20 厘米以下生土建造大棚墙体。墙下部厚 1 米,顶部厚 0.9 米,后墙高 1.8 米,山尖高 3 米,前窗高度 0.8 米,大棚外径宽 8 米。墙体下宽上窄,主体牢固,故抗风雪能力强。后坡坡度约 30°,加大了采光和保温能力。在离后墙 0.7～0.8 米处,先将 3.3 米高的水泥立柱按 1.8 米的间隔埋深 0.5 米,上部向北稍倾斜 5 厘米,以最佳角度适应后坡的压力。离第 1 排立柱向南 2 米处挖深 0.5 米的坑,东西方向按 3.6 米的间隔埋好高 3.1 米的立柱。再向南的第 3、4 排立柱,南北方向间隔均为 2 米,东西方向间隔均为 3.6 米,埋深均为 0.5 米。第 3 排立柱高2.2米,第 4 排立柱高 1.2 米。第 5 排为戗柱,规格与第 4 排立柱相同,埋设时下部露出地面处与第 4 道立柱相隔 20 厘米。立柱埋好后,在第 1 排每一条立柱上分别搭上一条直径不低于 10 厘米的木棒,木棒的另一端搭在墙上,在离木棒顶部 25 厘米处割深 1 厘米的斜茬,用铁丝固定在立柱上。下端应全部与后墙接触,斜度为 45°,斜棒长度 2.1～2.3 米。斜棒固定后,在两山墙外 2～3 米,挖宽 0.7 米、深 1.2 米、长 6 米的坠石沟,将用 8 号铁丝捆绑好的不低于 15 千克的石头块或水泥预制块,依次排于沟底,共用 54 块坠石。拉后坡铁丝时,先将一端固定在附石铁丝上,然后用紧线机紧好并固定牢靠。后坡铁丝拉好后,将大竹竿(拱形架)固定好,再拉前坡铁丝。竹竿上面均匀布设 17 道铁丝,竹竿下面布设 3 道铁丝。铁丝拉好后,处理后坡。先铺上一层 3 米宽的农膜,然后将捆好的直径为 20 厘米的玉米秸排上一层,玉米秸上面覆土 30 厘米。后坡上面再拉一道铁丝用于拴草苫。前坡铁丝拉好后固定在大竹竿上,然后每间棚绑上 5 道小竹竿,将粘好的无滴膜覆盖在棚面上,并将其四边扯平拉紧,用压膜线或铁丝压住棚膜,一个大棚就全部建成了。

(2)寿光Ⅱ型大棚主要结构和建造:此大棚是由三元朱村技术人员,吸取寿光土大棚和寿光Ⅰ型大棚的特点设计而成。该大棚棚体为水泥立柱与竹竿棚架结构,压膜线压膜,使整个大棚呈全封闭状态,造价低廉,升温快,保温能力强。

①主要结构。大棚总宽 10 米,后墙高 2 米,山墙高 3 米,墙下体厚 1 米,墙上体厚 0.9 米,走道宽 0.8 米,种植区宽8.2米。

立柱 6 排,1 排立柱高 3.8 米,地上高 3.3 米,至 2 排立柱距离 2 米。2 排立柱高 3.6 米,地上高 3.1 米,至 3 排立柱距离 2 米。3 排立柱高 3.1 米,地上高 2.6 米,至 4 排立柱距离 2

米。4 排立柱高 2.2 米，地上高 1.8 米，至 5 排立柱距离 2 米。5 排立柱高 1.2 米，地上高 0.8 米，至 6 排立柱距离 0.2 米。6 排立柱（戗柱）长 1.2 米，地上长 0.82 米。

采光屋面参考角平均角度 26.5°左右，后屋面仰角 39°左右。距前窗檐 6 米、4 米、2 米处和前檐处的切线角度分别是 11.3°、14.7°、21.8°和 26.6°左右。剖面结构如图 8-2 所示。

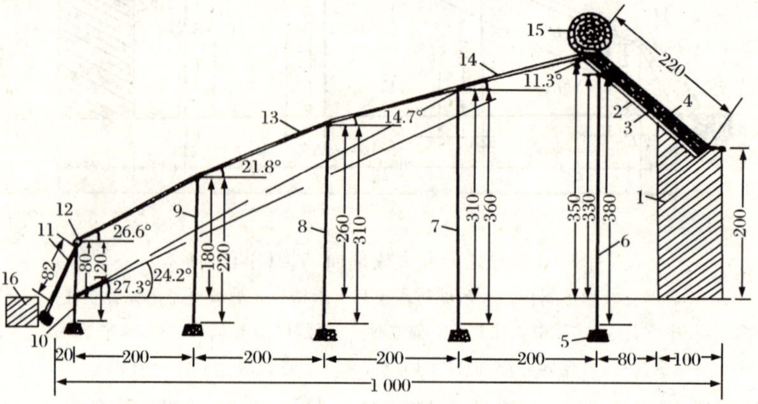

图 8-2 寿光Ⅱ型大棚剖面结构（单位：厘米）

1. 后墙 2. 后坡斜棒 3. 后坡防水膜和玉米秸 4. 后坡草泥 5. 立柱基石 6. 后立柱 7. 中立柱Ⅰ 8. 中立柱Ⅱ 9. 中立柱Ⅲ 10. 前立柱 11. 戗柱 12. 横杆 13. 棚膜 14. 拱杆 15. 草苫 16. 防寒沟

②建造。墙基部厚 1 米，上部厚 0.9 米，后墙高 2 米，山顶高 3.5 米，山顶距前沿垂直距离为 8.1 米、距后墙垂直距离为 0.9 米。山墙前端高 0.8 米。墙体用加模板夯成，也可用土加麦穰和成硬泥建成。后立柱地上部分高 3.3 米，距后墙 0.8 米，东西方向距离 2 米，穴深 0.5 米，向北倾斜 5°。中立柱Ⅰ，地上部高 3.1 米，距后立柱 2 米，东西方向间距 4 米。中立柱Ⅱ，地上部分高 2.6 米，距中立柱Ⅰ 2 米，东西方向间距 4 米。中立柱Ⅲ，地上部分高 1.8 米，距中立柱Ⅱ 2 米，东西方向间距 4 米。前立柱，地上部分高0.8米，距中立柱Ⅲ 2 米，东西方向间距 2 米。戗柱埋于前立柱以南 20 厘米处，上部顶在前立柱的顶部横杆上。坠石 8～10 块，埋深 1.3～1.6 米。将后坡木斜棒的上端压在后立柱上，下端埋在后墙里，坡度 45°。斜棒由立柱顶部向南超出 15 厘米。在后墙上按 0.75 米间距（也可 1.5 米间距）摆放一趟砖，砖上系好 1.5 米长的 14 号铁丝，然后用和好的麦草泥加高 20 厘米，把砖压在泥底。铁丝头作为拴压膜线用。后坡斜棒顶端用直径 6.5 毫米的钢筋，下部布设 4 条 8 号铁丝，拉紧后用铁钉固定在斜棒和木梯上。铺上 3 米宽的薄膜，将捆成直径 20 厘米的玉米秸排好，然后盖上 30 厘米厚的土，把铁丝抽出。后坡完成以后，前 3 排立柱顶端可东西向拉上 3 道直径 6.5 毫米的钢筋，也可用水泥预制横梁或竹竿作横梁，然后每隔 0.75 米将一根竹竿南北向固定在横梁上。再盖上薄膜，压上压膜线。

(3)寿光Ⅲ型大棚主要结构和建造：该大棚适当增加了南北向跨度，提高了棚脊高度，加大了墙体的厚度，加粗了水泥立柱，增强了水泥立柱的强度，有利于安装自动化卷帘机，具有很高的推广价值。

①主要结构。棚内地面比棚外地面低 50 厘米，即棚内面下挖 50 厘米。大棚总宽 11 米，后墙高 2 米，山墙顶高 3.5 米，墙下体厚 2 米，墙上体厚 1 米，走道宽 0.8 米，种植区宽 8.2 米。

立柱 6 排，1 排立柱高 3.8 米，地上高 3.3 米，至 2 排立柱距离 2 米。2 排立柱高 3.6 米，地上高 3.1 米，至 3 排立柱距离 2 米。3 排立柱高 3.1 米，地上高 2.6 米，至 4 排立柱距离 2 米。4 排立柱高 2.2 米，地上高 1.8 米，至 5 排立柱距离 2 米。5 排立柱高 1.2 米，地上高 0.8 米，至 6 排立柱距离 0.2 米。6 排立柱(戗柱)长 1.2 米，地上长 0.82 米。

采光屋面参考角平均角度 24.2°左右，后屋面仰角56.6°左右。距前窗檐 6 米、4 米、2 米处和前檐处的切线角度分别是 11.3°、14.7°、21.8°和 26.6°左右。剖面结构如图 8-3 所示。

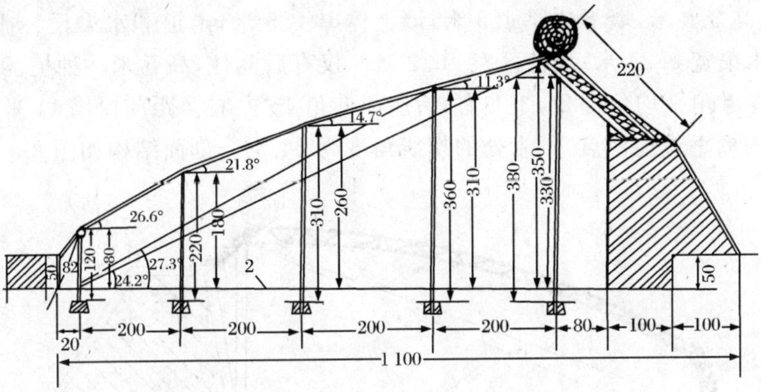

图 8-3　寿光Ⅲ型大棚剖面结构(单位：厘米)

②建造。其建造技术，可参照寿光Ⅱ型大棚。

(4)寿光Ⅳ型大棚主要结构和建造：这种大棚的棚体为无立柱钢筋骨架结构，其设计是为了配套安装自动化卷帘机，逐步向现代化、工厂化方向发展。

①主要结构。大棚总宽 11.5 米，内部南北跨度 10.2 米，后墙高 2.2 米，山墙高 3.7 米，墙厚 1.3 米，走道宽 0.7 米，种植区宽 8.5 米。仅有后立柱，高 4 米。种植区内无立柱。

采光屋面参考角平均角度 26.3°左右，后屋面仰角 45°左右。距前窗檐 8 米、6 米、4 米和 2 米处的切线角度分别是 23.34°、28.22°、34°和 45°左右。剖面结构如图 8-4 所示。

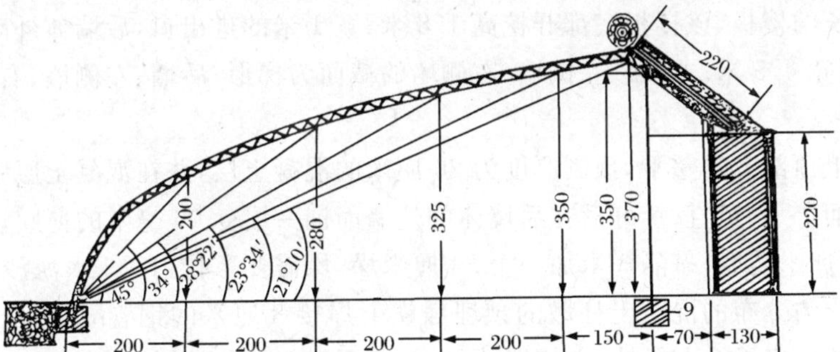

图 8-4　寿光Ⅳ型大棚剖面结构(单位：厘米)

②建造。大棚内南北向跨度 11.5 米，东西长度 60 米。大棚最高点 3.7 米。墙厚 1.3 米，两面用 12 厘米砖砌成，墙内的空心用土填实，后墙高 2.2 米。前面为镀锌钢管钢筋骨架，上弦为 15 号镀锌管，下弦为 14 号钢筋，拉花为 10 号钢筋。大棚由 16 道花架梁分成 17 间，花架梁相距 3 米。花架梁上端搭接在后墙锁口梁焊接的预埋的角铁上，前端搭接在设置的预埋件上。两花架梁之间均匀布设 3 道无下弦 15 号镀锌弯成的拱杆上，间距 0.75 米，搭接形成和花架梁一致。花架梁、拱杆东西向用 15 号钢管拉接，前棚面均匀拉接 4 道，后棚面均匀拉接 2 道，前

后棚面构成一个整体。在各拱架构成的后棚面上铺设 10 厘米厚的水泥预制板，预制板上铺 40 厘米厚的炉渣作保温层。

(5)寿光Ⅴ型大棚主要结构和建造：这种大棚的棚体亦为无立柱钢筋骨架结构，是第 5 代大棚的典型代表。

①主要结构。大棚总宽 15.5 米，内部南北跨度 11 米，后墙外墙高 3.1 米，后墙内墙高4.3 米，山墙外墙顶高 3.8 米，墙下体厚 4.5 米，墙上体厚 1.5 米，走道和水渠设在棚内最北端，走道宽 0.55 米，水渠宽 0.25 米，种植区宽 10.2 米。仅有后立柱，高 5 米。种植区内无立柱。

采光屋面参考角平均角度 26.3°左右，后屋面仰角 45°左右。距前窗檐 11 米处的切线角度为 19.1°，距前窗檐垂直地面点 11 米处的切线角度为 24.4°。剖面结构如图 8-5 所示。

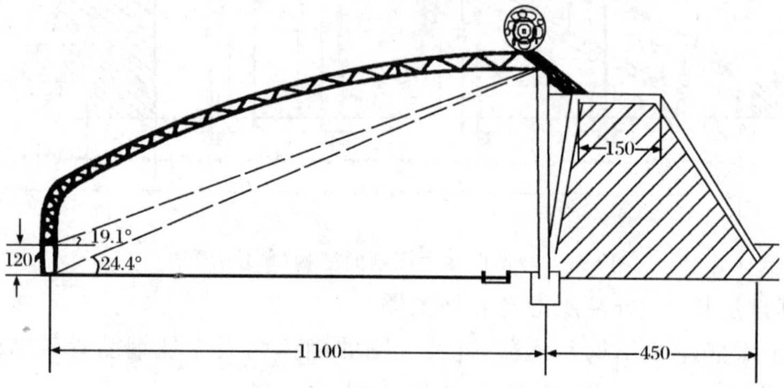

图 8-5　寿光Ⅴ型大棚剖面结构(单位：厘米)

②建造。确定后墙、左侧墙、右侧墙的地基以及尺寸。大棚内南北向跨度 15.5 米，东西长度不定，但以 100 米为宜。清理地基，然后利用链轨车将墙体的地基压实，修建后墙体、左侧墙、右侧墙，后墙体的上顶宽 1.5 米。修建后墙体的过程中，预先在后墙体上高 1.8 米处倾斜放置 4 块 3 米长的楼板，该楼板底部开挖高 1.8 米、宽 1 米的进出口，后墙体外高 3.1 米，内墙高 4.3 米，墙底宽 4.5 米。后墙、左侧墙、右侧墙的截面为梯形，后墙、左侧墙、右侧墙的上下垂直上口为 0.9 米。

将后墙的上顶部夯实整平，预制厚度为 20 厘米的混凝土层，并在混凝土层中预埋扁铁，将后墙体的外墙面铲平、铲直，铲好后在后墙体的外墙面铺一层 0.06 毫米的薄膜，然后在薄膜的外侧水泥砌 12 厘米砖墙，每隔 3 米加一个 24 厘米垛，垛需要下挖，1∶3 水泥沙浆抹光。在后墙的内侧修建均匀分布的混凝土柱墩的预埋扁铁上焊接 8 厘米的钢管立柱，立柱地上面高 5 米。在后墙体的内墙面及左侧墙、右侧墙的内、外墙面砌 24 厘米砖墙，灰沙比例 1∶3，水泥沙浆抹光。沿后墙体的内侧修建人行道，人行道宽 55 厘米，先将土夯实，再加 3 厘米厚的砼(混凝土)层，在砼层的上面铺 30 厘米×30 厘米的花砖，在人行道的内侧修建水渠，水渠宽 25 厘米、深 20 厘米，水泥沙浆抹光。在大棚前檐修建宽 24 厘米、高 80 厘米的砖墙，1∶2 水泥沙浆抹光，在砖墙的顶部预制 20 厘米厚的混凝土层，在混凝土层内预埋扁铁，每隔 1.5 米一块。

用钢管焊接成包括两层钢管的拱形钢架，上、下层钢管的中间焊接钢筋作为支撑，上层为直径 4 厘米的钢管，下层为直径 3.3 厘米的钢管，钢筋为 12 号钢筋。将拱形钢架的一端焊接在立柱的顶部，另一端焊接在前檐砖墙混凝土层的扁铁上，拱形钢架与拱形钢架之间用 4 根直径 3.3 厘米的钢管固定连接，再用 26 号钢丝拉紧支撑，每 30 厘米拉一根，与拱形钢架平行固定竹竿。在立柱的顶部和后墙体顶部的预埋扁铁之间焊接倾斜的角铁，然后在后墙体顶部的预埋扁铁与立柱之间焊接水平的角铁，倾斜的角铁、水平的角铁、立柱形成三角形支架，再在倾斜的角铁外侧覆盖10厘米的保温板，在保温板的外侧设置钢丝网，然后预制5厘米的混凝土层。

(6)寿光Ⅵ型大棚主要结构和建造：寿光Ⅵ型大棚，即半地下大跨度大棚。

①主要结构。大棚下挖1.2米，总宽16米，后墙高3.3米，山墙顶4米，墙下体厚4米，墙上体厚1.5米，内部南北跨度12米，走道设在棚内最南端(与其他棚型相反)，走道宽0.55米，水渠宽0.25米，种植区宽11.2米。

立柱6排，1排立柱(后墙立柱)高5.7米，地上高5.2米，至2排立柱距离2.4米。2排立柱高5.2米，地上高4.7米，至3排立柱距离2.4米。3排立柱高4.6米，地上高4.1米，至4排立柱距离2.4米。4排立柱高3.9米，地上高3.4米，至5排立柱距离2.4米。5排立柱高2.9米，地上高2.4米，至6排立柱距离2.4米。6排立柱(戗柱)长1.7米，地上与棚外地面持平，高1.2米。

采光屋面参考角平均角度26.5°左右，后屋面仰角45°。距前窗檐0米、2.4米、4.8米、7.2米和9.6米处的切线角度分别是26.6°、22.6°、16.3°、14.0°和11.8°左右。剖面结构如图8-6所示。

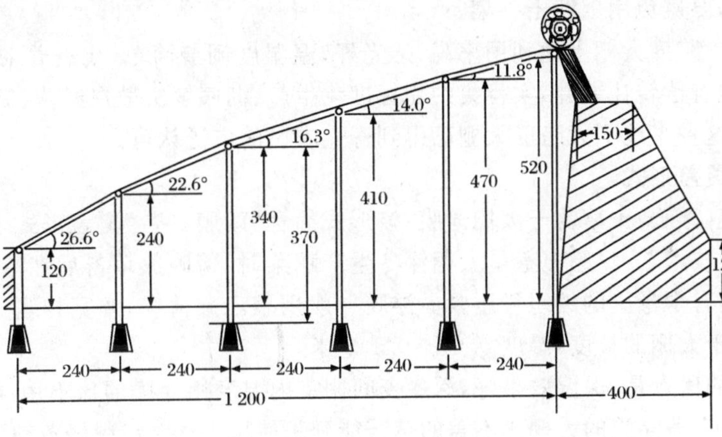

图8-6　寿光Ⅵ型大棚剖面结构(单位：厘米)

②建造。取20厘米以下生土建造大棚墙体。墙下部厚4米，顶部厚1.5米，后墙高3.3米，山尖高4米，大棚外径宽16米。墙体下宽上窄，主体牢固，故抗风雪能力强。后坡坡度约45°，加大了采光和保温能力。在后墙处，先将5.7米高的水泥立柱按1.8米的间隔埋深0.5米，上部向北稍倾斜5厘米，以最佳角度适应后坡的压力。离第1排立柱向南2.4米处挖深0.5米的坑，东西方向按3.6米的间隔埋好高5.2米的第2排立柱。在向南的第3、4、5排立柱，南北方向间隔均为2.4米，东西方向间隔均为3.6米，埋深均为0.5米。第3排立柱高4.6米，第4排立柱高3.9米，第5排立柱高2.9米。第6排为戗柱，高1.7米，距第5排立柱2.4米。立柱埋好后，在第1排每一条立柱上分别搭上一条直径不低于10厘米粗的木棒，木棒的另一端搭在墙上，在离木棒顶部25厘米处割深1厘米的斜茬，用铁丝固定在立柱上。下端应全部与后墙接触，斜度为45°，斜棒长度1.5～2米。斜棒固定后，在两山墙外2～3米，挖宽0.7米、深1.2米、长10米的坠石沟，将用8号铁丝捆绑好的不低于15千克的石头块或水泥预制

块依次排于沟底，共用 90 块坠石。拉后坡铁丝时，先将一端固定在附石铁丝上，然后用紧线机紧好并固定牢靠。后坡铁丝拉好后，将大竹竿（拱形架）固定好，再拉前坡铁丝。竹竿上面均匀布设 28 道铁丝，竹竿下面布设 5 道铁丝。铁丝拉好后，处理后坡，先铺上一层 3 米宽的农膜，然后将捆好的直径为 20 厘米的玉米秸排上一层，玉米秸上面覆土 30 厘米。后斜坡也可覆盖 10 厘米的保温板。后坡上面再拉一道铁丝用于拴草苫。前坡铁丝拉好后固定在大竹竿上，然后每间棚绑上 5 道小竹竿，将粘好的无滴膜覆盖在棚面上，并将其四边扯平拉紧，用压膜线或铁丝压住棚膜。

③半地下大跨度大棚的优点。一是增加了大棚内的地温。在冬季，随着土壤深度的增加，地温逐渐增高。因此，半地下式大棚栽培比普通平地大棚栽培地温要高，实践证明，50～120 厘米深度的半地下式大棚，比平地栽培的地下 10 厘米地温要高 2～4℃。二是增加了大棚空间，有利于高秧作物的生长，有利于立体栽培。三是增加了大棚的保温性。大棚地面低于大棚外地面 50～120 厘米，棚体周围相对厚度增加，因而保温性好。加之大棚的空间大了，有利于储存白天的热量，夜晚降温慢，增加了大棚的保温性。四是有利于二氧化碳的储存。大棚的空间增大，相对空气中的二氧化碳就多，有利于作物生长，达到增产的目的。五是不破坏大棚外的土地。大棚墙体在建造过程中，需要大量的土，过去是在大棚后挖沟取土，不利于大棚保温，也浪费了土地。从大棚内取土要注意，先将大棚内表层的熟土放在大棚前，将 25 厘米以下的生土用在墙体上，要避免用生茬土种菜。

这种半地下大跨度大棚土地利用率高、透光好、温湿度调节简单，代表着未来大棚的发展方向，是将来土地有偿转让兼并、实行集约化标准化生产、彻底解决散户经营、提高产品质量的有效途径。目前这种半地下大跨度大棚已得到寿光农民的广泛认可。

3. 大棚保温覆盖形式

（1）塑料薄膜（浮膜）＋草苫＋大棚薄膜：该形式简称“两膜一苫”覆盖形式，在山东寿光统称“大棚浮膜保温技术”。浮膜覆盖是大棚深冬生产蔬菜时，傍晚放草苫后在草苫上面盖上一层薄膜，周围用装有少量土的编织袋压紧。浮膜一般用聚乙烯薄膜，幅宽相当于草苫的长度，浮膜的长度相当于大棚的长度，厚度 0.07～0.1 毫米。

该覆盖形式的优点是：保温效果好，深冬夜间棚室内温度用浮膜的比不用浮膜的高出 2～3℃；草苫得到保护，盖浮膜的大棚比不盖的草苫能延长使用 1～2 年；减轻劳动强度，过去在冬季夜晚，如果遇到雨雪天气，都要冒着雨雪到大棚上把草苫拉起，防止雨水湿了草苫或无法清除积雪，盖上浮膜后再遇到雨雪天，就可放心地在家休息。

此项技术起源于三元朱村，在寿光科技人员的努力下，得到了很好的推广，目前有 90％的大棚用上了这项技术。

（2）塑料薄膜（浮膜）＋草苫＋大棚薄膜＋保温幕：该覆盖形式是在“两膜一苫”覆盖形式的基础上，在大棚内再增加一层活动的保温覆盖幕帘，可较单一的“两膜一苫”覆盖形式提高温度 3～5℃。这种保温覆盖形式主要用于深冬季节，特别是出现连续阴雪天气时，其他季节一般不用。在山东寿光地区该覆盖形式统称“棚中棚”。“棚中棚”具体建造方法：在棚内吊蔓钢丝的上部再覆上一层薄膜，薄膜覆上后用夹子将其固定；在大棚前端距棚膜 50 厘米处，顺应大棚膜的走向设膜挡住；在大棚后端、种植作物北边，上下扯一层薄膜，其高度与上部膜一致，该膜不固定，以便于通风排湿。如此操作，形成“棚中棚”。

4. 棚膜的选择

目前大棚的覆盖材料主要是塑料薄膜，其中最常用的棚膜按树脂原料可分为 PVC（聚氯乙烯）薄膜、PE（聚乙烯）薄膜和 EVA（乙烯-醋酸乙烯）薄膜 3 种。

生产中按薄膜性能特点，棚膜又分为普遍棚膜、长寿棚膜、无滴棚膜、长寿无滴棚膜、漫反射棚膜、复合多功能棚膜等。其中普通棚膜应用最早、分布最广、用量最大，其次是长寿棚膜和无滴棚膜。近年来长寿无滴棚膜也有了较快的发展。目前我国生产的棚膜主要有以下几种。

（1）PE 普通棚膜：这种棚膜透光性好，无增塑剂污染，尘埃附着轻，透光率下降缓慢，耐低温（脆化温度为－70℃），比重轻（相当于 PVC 棚膜的 76%），同等重量的 PE 膜覆盖面积比 PVC 膜增加 24%。红外线透过率高达 87%～90%，夜间保温性能好，且价格低。缺点是透湿性差，雾滴重，不耐高温日晒，弹性差，老化快，连续使用时间通常为 4～6 个月。冬暖大棚上使用基本上每年都需要更新。

（2）PE 长寿（防老化）棚膜：在 PE 膜生产原料中，按比例添加紫外线吸收剂、抗氧化剂等，以克服 PE 普通棚膜不耐高温日晒、易老化的缺点。目前我国生产的 PE 长寿膜厚度一般为 0.12 毫米，宽度规格有 1.0 米、2.0 米、3.0 米、3.5 米等，可连续使用两年以上。其他性能特点与 PE 普通膜相似。PE 长寿棚膜是我国北方高寒地区扣棚越冬覆盖较理想的棚膜，使用时应注意减少膜面积尘，以保持较好的透光性。

（3）PE 复合多功能膜：在 PE 普通棚膜中加入多种特异功能的助剂，使棚膜具有多种功能。如北京塑料研究所生产的多功能膜，集长寿、全光、防病、耐寒、保温为一体，在生产中使用效果良好，同样条件下，夜间保温性比普通 PE 膜提高 1～2℃，每亩棚室使用量比普通棚膜减少 30%～50%。复合多功能膜中如果再添加无滴功能，效果将更为全面突出。

（4）PVC 普通棚膜：透光性能好，但易粘吸尘埃，且不容易清洗，污染后透光性严重下降。红外线透过率比 PE 膜低（约低 10%），耐高温日晒，弹性好，但延伸率低。透湿性较强，雾滴较轻，比重大，同等重量的覆盖面积比 PE 膜少 20%～25%。PVC 膜适于夜间保温性要求高的地区和不耐湿作物设施栽培。

（5）PVC 双防膜（无滴膜）：PVC 普通棚膜原料配方中按一定配比添加增塑剂、耐候剂和防雾剂，使棚膜的表面张力与水相同或相近，薄膜下面的凝聚水珠在膜面可形成一薄层水膜，沿膜面流入棚室底部土壤，不至于聚集成露滴久留或滴落。由于无滴膜的使用，可降低棚内的空气相对湿度，露珠经常下落的减少可减轻某些病虫害的发生。由于薄膜内表面没有密集的雾滴和水珠，避免了露珠对阳光的反射和吸收，增强了棚室光照，透光率比普通膜高 30%左右。晴天升温快，每天低温、高温、弱光的时间大为减少，对设施中作物的生长发育极为有利。缺点是透光率衰减速度快，经高强光季节后，透光率一般会下降到 50%以下，甚至只有 30%左右；旧膜耐热性差，易松弛，不易压紧。同时，PVC 无滴棚膜与其他棚膜相比，比重大，价格高。

（6）EVA 多功能复合膜：针对 PE 多功能膜雾度大、流滴性差、流滴持效时间短等问题研制开发的高透明、高效能薄膜。其核心是用含醋酸乙烯的共聚树脂；代替部分高压聚乙烯，用有机保温剂代替无机保温剂，从而使中间层和内层的树脂具有一定的极性分子，成为防雾滴剂的良好载体，流滴性能大大改善，雾度小，透明度高，在大棚上应用效果最好。

5. 草苫的要求及其覆盖形式

（1）草苫的要求：

①草苫要厚。一般成捆的草苫平均厚度应不小于 4 厘米。

②草苫要新。新草苫的质地疏松，保温性能比较好；陈旧草苫质地硬实，保温效果差。另外，要选用新草打制的草苫，不要选用陈旧草或发霉草打制的草苫。

③草苫要干燥。干燥的草苫质地疏松，保温性好，便于保存，而且重量轻，也容易卷放。

④草苫的密度要大。密度大的草苫保温性能好，最好用人工打制的草苫，不要用机器打制的草苫，机器打制的草苫多比较疏松，保温性差，也容易损坏。

⑤草苫的经绳要密。经绳密的草苫不容易脱把、掉草，草把间也不容易开裂，草苫的使用寿命长，保温性能也比较好。一般幅宽1.2米的草苫，经绳道数应不少于8道。

(2)草苫的覆盖形式：大棚草苫覆盖主要分“品”字形法、“川”字形法和混合法三种。

①“品”字形法。该法上的草苫易于卷放，操作灵活，但防风能力差，草苫间叠压不严密，保温效果一般，适于风害较轻、冬季不甚严寒的地区。

②“川”字形法。该法是顺着风向叠放草苫，防风效果好，草苫间叠压严实，保温效果也比较好，适于多风地区以及冬季比较寒冷的地区。另外，该法覆盖的草苫排列整齐，也适合机械卷放草苫。“川”字形法的主要缺点是草苫卷放不方便，只能从一边开始卷放，人工操作时，需要时间较长，也容易造成大棚内部环境差异过大。

③混合法。该法是将草苫分成若干组，一般每10个左右草苫为一组，组内采取斜压法，组间一草苫采取平压法。该法较好地综合了“品”字形法和“川”字形法的优点，在冬季多风地区应用比较广泛。

我国北方大部分地区冬季多风、风大，容易刮跑草苫，从防风角度讲，应当选择防风效果比较好的“川”字形法和混合法。具体上苫方法还应根据草苫的卷放方法进行选择。

一般用机械卷放草苫，应当选择“川”字形法上草苫，可增强草苫的抗风能力，并有利于保持较好的卷苫质量。如果人工卷放草苫，为提高草苫卷放效率，缩短卷放草苫的时间，适宜采用混合法。

为增强草苫的防风保温能力，草苫间的压缝宽不应小于20厘米。

6. 顶风口

(1)顶风口的设置：大棚前屋面的上面留出一条宽约50厘米的通风带，通风带用一幅宽1～1.5米的窄膜单独覆盖。窄幅膜的下边要折叠起一条缝，缝边粘住，缝内包一根细钢丝，上膜后将钢丝拉直。包入钢丝的主要作用：一是放风口合盖后，上下两幅膜能够贴紧，提高保温效果；二是开启通风口时，上下拉动钢丝，不损伤薄膜；三是上下拉动放风口时，用钢丝带动整幅薄膜，通风口开启的质量好，功效也高。

(2)通风滑轮的应用：原来的大棚覆盖的棚膜为一个整体，通风要每天几次爬到棚顶上去，既增加了劳动强度，又不安全。通风滑轮的应用是一个大棚上覆盖大、小两块棚膜，通过滑轮和绳索调节通风口的大小，既节约时间，又安全省事。

(3)顶风口处设挡风膜：在冬季，尤其是深冬，在大棚放风口处设置挡风膜是非常必要的。一是可以缓冲棚外冷风直接从风口处侵入，避免冷风吹苗。二是因放风口处的棚膜多不是无滴膜，流滴较多，设置挡风膜可以防止流滴滴落在下面的蔬菜叶片上。三是在夏季，挡风膜可阻止干热风直接吹拂在蔬菜叶片上，减轻病毒病的发生。

挡风膜设置简便易行，就是在大棚风口下面设置1块膜，长度和棚长相等，宽为2米，拉紧扯平，固定在大棚的立柱和竹竿上，固定时要把挡风膜调整成北低南高的斜面，以便使挡风膜接到的露水顺流到大棚北墙根的水渠内。挡风膜的设置位置如图8-7所示。

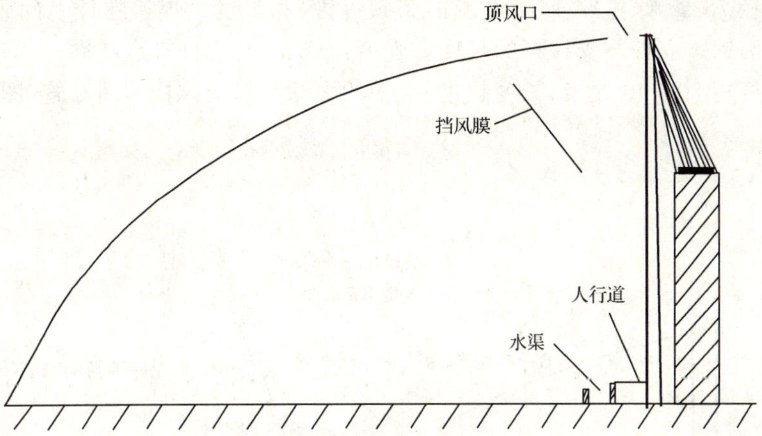

图 8-7　挡风膜的设置

7. 卷帘机

(1)安装卷帘机的好处:卷放草苫是大棚蔬菜生产中经常而又较繁重的一项工作,耗费工时较多,设置卷帘机可达到事半功倍之效果,不仅大大延长了光照时间,增加了光合作用,更重要的是节省劳动时间,减轻了劳动强度。据调查,冬暖大棚在深冬生产过程中,每亩大棚人工控帘约需 1.5 小时,而卷帘机只需 8 分钟左右,太阳落前,人工放帘需用约 1 小时。由此看来,每天若用卷帘机起放草苫,比人工节约近 2 小时,同时延长了室内宝贵的光照时间,增加了光合作用时间。另外使用电动卷帘机对草苫保护性好,延长了草苫的使用寿命,既降低生产成本,同时因其整体起放,其抗风能力也大大增强。目前,寿光市 80%的大棚用上了卷帘机。

(2)大棚卷帘机类型 :目前使用的卷帘机有两大类型:一种是前屈伸臂式,包括主机、支撑杆、卷杆三大部分,支撑杆由立杆和横杆构成,立杆安装在大棚前方地桩上,横杆前端安装主机,主机两侧安装卷杆,卷杆随棚体长短而定;另一种是后卷轴式,包括主机、卷杆和立柱三大部分,一般在草苫前端还装上芯轴,主机转动卷轴,卷轴带动每根绳索,每间棚一般装有 2~3 根卷绳。

(3)两种卷帘机的优缺点:

①前屈伸臂式。优点是结构紧凑,自动化程度高,产品已标准化生产,质量稳定,寿命长;安全性能好,只要不违反操作规程,不会出现安全事故;维修方便、快捷,由于产品标准化、系列化生产,如有损坏,更换容易;安装周期短,一般 100 米大棚,安装需 1~2 小时。缺点是造价稍高,一般在 38~50 元/米。

②后卷轴式。优点是结构简单,就地取材,安装容易。造价稍低,一般在 30~40 元/米。缺点是使用材料如减速机、电机、卷轴,多是东拼西凑来的,一个大棚一个样,一旦出现故障,换件困难,维修麻烦;安全隐患大,由于后墙是人们经常走动的地方,卷帘上卷时,一旦卷入人的衣服、手掌,往往造成人身伤害;由于每条绳子受力不均,使用一段时间后,松紧不一,要经常调整绳子松紧,差不多每年要更换一次绳子;安装时间长,一般 5~8 天。

总之,前屈伸臂式卷帘机优点要多一些,现在寿光地区基本上淘汰了后卷轴式卷帘机。

(4)前屈伸臂式卷帘机的安装:

①预先焊接各连接活节、法兰盘到管上。根据棚长确定卷杆强度(一般 60 米以下的棚用直径 60 毫米高频焊管,壁厚 3.5 毫米;60 米以上的棚,除两端各 30 米用直径 60 毫米焊管外,

主机两侧用直径 75 毫米、壁厚 4～5 毫米的高频焊管）和长度。焊接卷杆上间距 0.5 米一根、高约 3 厘米的圆钢。立杆与支撑杆的长度和强度：在机头与立杆支点在同一水平的前提下，支撑杆长度比立杆短 20～40 厘米；长度超过 60 米的大棚一般支撑杆需用双管（图 8-8）。

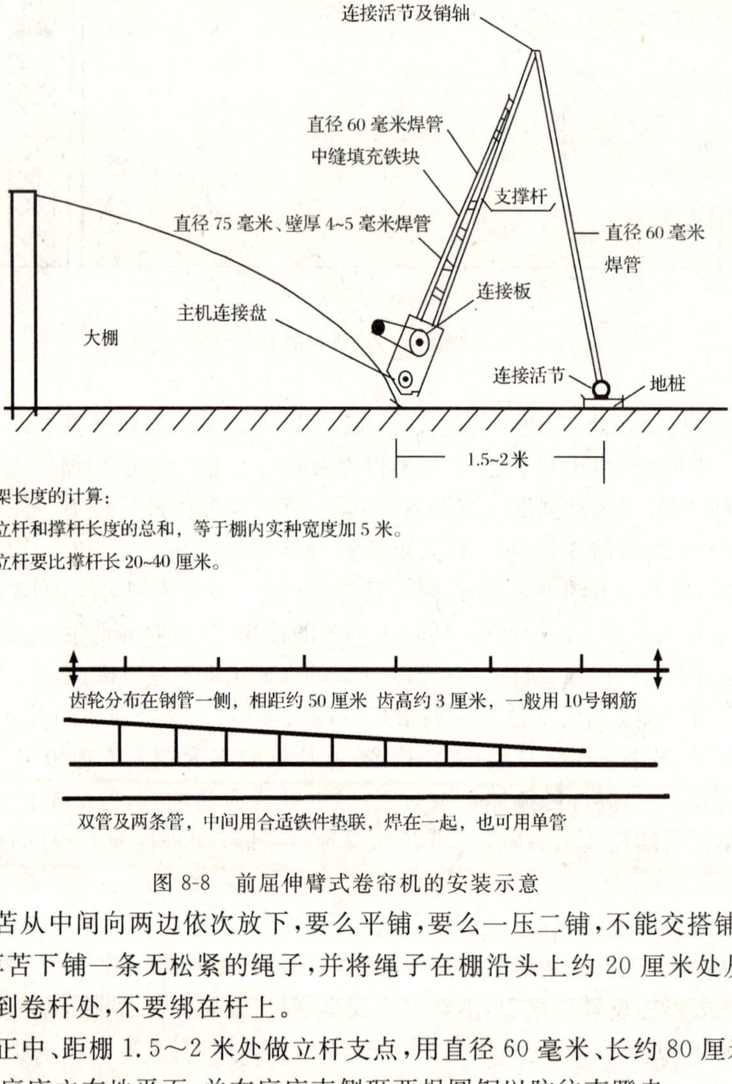

图 8-8　前屈伸臂式卷帘机的安装示意

②将棚上草苫从中间向两边依次放下，要么平铺，要么一压二铺，不能交搭铺草苫，下边对齐，在上层每块草苫下铺一条无松紧的绳子，并将绳子在棚沿头上约 20 厘米处从草苫底下穿到上面自然下垂到卷杆处，不要绑在杆上。

③在棚前约正中、距棚 1.5～2 米处做立杆支点，用直径 60 毫米、长约 80 厘米焊管与立杆“T”形焊接，作为底座立在地平面，并在底座南侧砸两根圆钢以防往南蹬走。

④横杆铺好并连接，连接支撑杆与主机。

⑤以活节和销轴连接支撑杆与立杆并立起来。

⑥从中间向两边连接卷杆并将卷杆放在草苫上。

⑦将草苫绑到卷杆上（只绑底层的草苫），上层的草苫自然下垂到卷杆处。

⑧连接倒顺开关及电源。

⑨试机，在卷的慢速处垫些旧草苫以调节卷速，直至卷出一条直线。

8. 反光幕

在大棚栽培畦北侧或靠后墙部位张挂反光幕，有较好的增温补光作用，是大棚冬季生产或育苗所必需的辅助设施。

(1)反光幕的应用效果:

①可明显增加棚内的光照强度。从进行反光幕张挂的研究来看,反光幕前0～3米,地表增光率为44.5%～9.1%,空中增光率为40.0%～9.2%。反光幕的增光率随着季节的不同而有差异,在冬季光照不足时增光率大,春季增光率较小;晴天增光率大,阴天增光率小。

②反光幕增加光照强度,明显地影响气温和地温,反光幕2米内气温提高3.5℃,地温提高1.9～2.9℃。

③育苗时间缩短,秧苗素质提高,同品种、同苗龄的幼苗株高、茎粗、叶片数均有增加,雌花节位降低。

④改善了棚内小气候,植株的抗病能力增强,减少农药使用和污染。

⑤张挂反光幕的大棚蔬菜产量、产值明显增加,尤其是冬季和早春增效更明显。

(2)反光幕的应用方法:张挂聚酯镀铝膜反光幕的方法有4种,即单幅垂直悬挂法、单幅纵向粘接垂直悬挂法、横幅粘接垂直悬挂法和后墙板条固定法。生产上多随冬暖大棚走向,面朝南,东西延长,垂直悬挂。张挂时间一般在11月末到翌年的3月,最多延至4月中旬。张挂步骤如下(以横幅粘接垂直悬挂法为例):使用反光幕应按冬暖大棚内的长度,用透明胶带将50厘米幅宽的三幅聚酯镀铝膜粘接为一体。在大棚中柱上由东向西拉铁丝固定,将幕布上方折回,包住铁丝,然后用大头针或透明胶布固定,将幕布挂在铁丝横线上,自然下垂,再将幕布下方折回3～9厘米,固定在衬绳上,将绳的东西两端各绑竹竿一根固定在地表,可随太阳照射角度水平北移,使其幕布前倾75°～85°。也可把50厘米幅宽的聚酯镀铝膜,按中柱高度剪裁,一幅幅紧密排列并固定在铁丝横线上。150厘米幅宽的聚酯镀铝膜可直接张挂。

(3)注意事项:蔬菜定植初期,靠近反光幕处要注意灌水,以免光强、温高造成灼苗。使用的有效时间为11月至翌春4月。对无后坡大棚,需要将反光幕挂在北墙上,要把镀铝膜的正面朝阳,否则膜面离墙太近,因潮湿造成铝膜脱落。每年用后,最好经过晾晒再放于通风干燥处保管,以备再用。

反光幕必须在保温达到要求的大棚才能应用。如果保温不好,光靠反光幕来提高棚内的气温和地温,白天虽然有效,但夜间也难免受到低温的危害。因为反光幕的作用主要是提高棚室后部的光照强度和昼温,扩大后部昼夜温差,从而把后部的增产潜力挖掘出来。

9.防虫网

防虫网是一种采用添加防老化、抗紫外线等化学助剂的聚乙烯为主要原料,经拉丝制造而成的网状织物,具有拉力强度大、抗热、耐水、耐腐蚀、耐老化、无毒无味、废弃物易处理等优点。常规使用收藏轻便,正确保管寿命3～5年。防虫网覆盖栽培是一项增产实用的环保型农业新技术,通过覆盖在棚架上构建人工隔离屏障,将害虫拒之网外,切断害虫(成虫)繁殖途径,有效控制各类害虫,确保大幅度减少菜田化学农药的施用,使产出蔬菜优质、卫生,为发展无污染的绿色农产品提供了强有力的技术保证。

(1)防虫网的作用:

①防虫。蔬菜覆盖防虫网后,基本上可免除菜青虫、小菜蛾、甘蓝夜蛾、斜纹夜蛾、黄曲跳甲、蚜虫等害虫的危害。据试验,防虫网对白菜菜青虫、小菜蛾、豇豆荚螟、美洲斑潜蝇防效为94%～97%,对蚜虫防效为90%。

②防病。病毒病是多种蔬菜上的灾难性病害,主要是由蚜虫等传病。由于防虫网切断了害虫这一主要传毒途径,大大减轻蔬菜病毒的侵染,防效为80%左右。

(2)网目选择:购买防虫网时应注意孔径。生产上以25～40目为宜,幅宽1～1.8米。白色或银灰色的防虫网效果较好。防虫网的主要作用是防虫,其效果与防虫网的目数有关,目数即在25.4毫米见方的范围内有经纱和纬纱的根数,目数越多,防虫的效果越好,但目数过多会影响通风效果。防虫网的目数是关系到防虫性能的重要指标,栽培时应根据防止虫害的种类进行选取。使用防虫网一定要注意密封,否则难以起到防虫的效果。

(3)覆盖形式:大棚前部和通风天窗最好安装25～40目的防虫网(图8-9),为提高防虫效果,必须注意以下两点:一是全生育期覆盖。防虫网遮光较少,无需日盖夜揭或前盖后揭,应全程覆盖,不给害虫入侵机会,才能收到满意的防虫效果。二是土壤消毒。在前作收获后,及时将前茬残留物和杂草搬出田间,集中烧毁。全田喷洒农药灭菌杀虫。

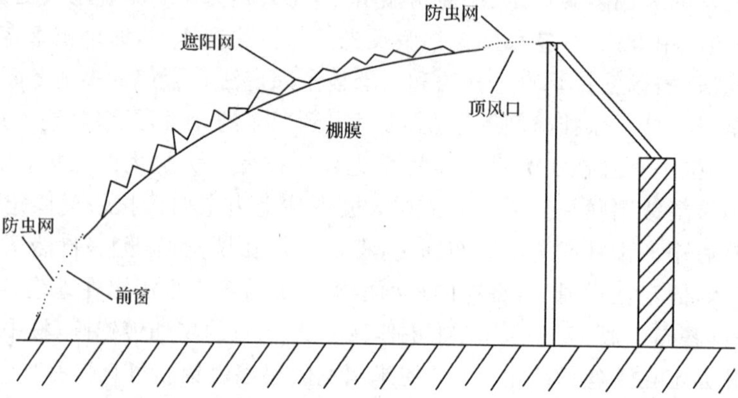

图8-9 大棚防虫网与遮阳网的覆盖方式

10. 遮阳网

遮阳网又名遮光网、寒冷纱或凉爽纱,是以聚烯烃树脂作基础原料,并加入防老化剂和其他助剂,熔化后经拉丝编织成的一种轻型、高强度、耐老化的新型网状农用塑料覆盖材料。

(1)遮阳网的主要功用:

①降低棚内气温及土温,改善田间小气候。使用遮阳网可显著降低进入大棚内的光照强度,有效降低热辐射,从而降低气温和地温,改善黄瓜生长的小气候环境。一般使用遮阳网可使大棚内的气温较外界降低2～3℃,同时有效避免了强光照对黄瓜生产的危害。据测定,高温季节可降低畦面温度5℃左右,炎热夏天最大降温幅度为9～12℃。

②改善土壤理化性。雨季菜地经常板结,用遮阳网能保持土壤良好的团粒结构和通透性,增加土壤氧气含量,有利于根系的深扎和生长,促进地上部植株生产,达到增产目的,还能使雨天直播或育苗的种子出土良好。

③遮挡雨水。能防止大暴雨直接冲刷畦面,减少水土流失,保护植株和幼苗叶片完整,提高商品率和商品性状。据测试,采用遮阳网覆盖后,暴雨冲击力比露地栽培减弱98%,降雨量减少13.29%～22.83%。

④减少土壤水分蒸发。保持土壤湿润,防止畦面板结。据调查,覆盖遮阳网后,土壤水分蒸发量比露天栽培减少60%以上。

⑤避害虫、防病害。据调查,遮阳网避蚜效果达88.8%～100%,对蔬菜病毒病防效为89.8%～95.5%,并能抑制多种蔬菜病害的发生和蔓延。

(2)选用遮阳网的原则：

①黄瓜为喜温中强光性蔬菜，夏秋季生产，根据光照强度选用银灰网或选用黑色 SZW-10 等遮光率较低的黑色遮阳网。避蚜、防病毒病，最好选用 SZW-12、SZW-14 等银灰网或黑灰配色遮阳网。

②夏秋季育苗或缓苗短期覆盖，多选用黑色遮阳网。为防病毒病，亦可选用银灰网或黑灰配色遮阳网。

③全天候覆盖的，宜选用遮光率低于 40％的网，或黑灰配色网。

(3)覆盖方式：大棚覆盖是指在大棚上覆盖遮阳网的覆盖方式。覆盖方式主要以顶盖法和一网一膜两种方式为主。顶盖法是者在大棚的二重幕支架上覆盖遮阳网；一网一膜覆盖方式是指覆盖在大棚上的薄膜，仅揭除围裙膜，顶膜不揭，而是在顶膜外面再覆盖遮阳网(见图 8-9)。在寿光地区大多采用一网一膜覆盖方式。

遮阳网覆盖栽培的技术原则是：看天、看作物灵活揭盖，晴天白天盖，晚上揭；阴天全天不盖。30℃以上温度，一般从上午 8 时到下午 4 时覆盖。

三、育苗技术

1. 黄瓜壮苗标准

黄瓜越冬茬栽培一般用中龄苗定植，苗期 30～35 天。要求 3～4 片真叶 1 心，叶片较大，呈深绿色，子叶健全、厚实肥大。株高 15 厘米左右，下胚轴长度不超过 6 厘米，茎粗 5～6 毫米，能见到雌花瓜纽。根系发达、较密、白色，没有病虫害。如果株高超过 17 厘米，茎粗小于 5 毫米，节间长，叶片薄而色淡，刺毛软，见不到瓜纽，根系稀疏，则为典型的徒长苗；如果株高低于 13 厘米，茎粗小于 5 毫米，叶片小而色深，节间很短，近生长点叶片抱团，瓜纽明显超过生长点，为老化苗或僵苗。注意在定植时必须淘汰徒长苗和老化苗、僵苗。

2. 黄瓜种子处理方法

(1)用种量和种子质量：一般黄瓜种子的千粒重为 25 克左右，按每亩地4 000株计算，约需种子 100 克，考虑到种子质量和为了排除各种影响造成死苗现象，确保壮苗足数定植，菜农常规育苗一般均按每亩 200～250 克的种子量准备。黄瓜种子的好坏直接关系到收获产量的高低及品质的好坏，进而关系栽培经济效益的高低，因而一定要保证种子的纯正和质量，符合 GB16715.1-1999 标准的要求。

(2)种子选择：首先，选择种子要保证品种对路，不但要适合本茬口栽培，而且要适合本地区栽培。如果引种本地区没有种过的品种，一定要小面积试种，表现好后再大面积推广。同时还要注意当地消费种植习惯对品种的要求。

其次，播种前应测验种子的发芽势和发芽率。简单的发芽势计算是黄瓜催芽 3 天内的种子发芽百分数。发芽势强的种子出苗迅速、整齐。发芽率是一定量的种子中发芽种子的百分率。黄瓜一般是指催芽 7 天内种子的发芽百分数。发芽率 90％以上时才能符合播种要求。

(3)种子消毒：黄瓜种子常常带有炭疽病、细菌性角斑病、枯萎病和疫病等多种病原菌，如果播种带病菌的种子，很有可能导致幼苗或成株发病。所以播种前的种子消毒十分必要。种子消毒的方法主要有 4 种，可根据病害的发生情况，任选其一。

①温汤浸种。将选好的种子整理干净，投入 55～60℃的热水中烫种，热水量是种子量的

4～5倍，并不停地搅拌种子，当水温下降时，再加入热水，使水温始终保持在55℃以上(浸种时可以在容器内放置一个温度计随时观察水温状况)，15分钟后把种子从水中捞出，置入30℃温水中再浸泡4～6小时，保证种子吸足水分，然后将种子反复搓洗，用清水冲净黏液后晾干再催芽。此方法可防止黑星病、炭疽病、病毒病、菌核病。

②药剂浸种。把种子放入清水中浸泡2～3小时，再把种子放入100倍福尔马林或800倍高锰酸钾溶液中，浸泡20～25分钟，再用清水清洗干净后催芽，可防止黄瓜枯萎病和黑星病的发生。

③恒温处理。把干种子置于70℃恒温处72小时，经检查发芽率后浸种催芽，防病毒病、细菌性角斑病。

④生物菌剂拌种。先将种子浸湿或催芽露白后，选用益微菌剂(300亿/克芽孢杆菌)，每200克种子用益微菌剂20克左右，将菌剂撒入种子翻动数次，稍晾即可播种。可防治苗期立枯病、猝倒病以及定植后的枯萎病、根腐病等多种病原杂菌。

(4)催芽：将浸泡萌动的种子，放在0℃条件下，处理1～2天。或者将萌动的种子放在－2～－4℃的冷冻环境下2～3小时，然后用凉水冲，再进行催芽。催芽时先放在20℃下处理2～3小时，然后增温到25℃。经过锻炼的种子，发芽粗壮，幼苗抗逆性增强。

3.育苗床准备

(1)苗床土配制：苗床土又称营养土，是根据幼苗生长发育的需要经人工配制和混合好的肥沃土壤。苗床土至少要：没有病原菌和害虫；营养丰富并且各组分比例适当；pH 6.0～6.5；结构良好，疏松适度，透气性和保水性适中。

苗床土通常主要由下列一些材料配制而成：土，最好是大田土或葱蒜茬土，或3～4年没有种植过蔬菜的土壤。有机肥，提供完全且比较持久的养分，兼起疏松土壤的作用。疏松填充物，增加床土的疏松透气性，如腐熟马粪、草炭土、珍珠岩、沙子、炉灰等。速效肥，保证养分的充足快速的供给，包括各类化学肥料。

营养土的配方较多，但生产上普遍采用田土1/3、马粪或草炭土或堆肥等腐熟的有机肥2/3。土壤过于黏重时加入一些炉灰和沙子，配合均匀后按每立方米体积床土加入磷酸二铵1～2千克、尿素250～300克、硫酸钾0.5～1千克或草木灰5～10千克，最后过筛去掉颗粒物，即配成营养土。

(2)苗床土消毒：苗床土消毒主要有3种方法，可根据需要选择使用。

①药剂喷淋。在播前床土浇透水后，用72.2%普力克水剂600倍液喷洒苗床，每平方米喷洒2～4千克，可以有效地防治猝倒病、立枯病、枯萎病等。

②拌药土。用70%安泰生可湿性粉剂(丙森锌)与50%福美双可湿性粉剂按1：1混合，按每平方米用药10～12克与5～7.5千克过筛干细土混合，播种时1/3铺在床面，2/3覆在种子上，使黄瓜种子夹在两层药土中间，防止病菌侵入。注意覆土时保证种子上面覆土厚度为1厘米左右。如果覆土过薄，会造成“戴帽”苗出现，使子叶伸展不开，影响长势；如果覆土过厚，黄瓜出土困难，苗弱，抗病性差。

③使用生物菌肥。采用生物方法，选用质量比较好的微生物菌肥，同样能起到杀灭土壤中病原菌的效果。如益微增产菌(芽孢杆菌)，不但可以防治大部分的苗期病害，而且可以增加土壤中腐殖酸的含量，增强幼苗的抗病性。

(3)育苗器具消毒：对于多次使用的育苗器具(如营养钵、育苗盘等)，为了防止其带菌传病，在育苗前应当对其消毒。可以用福尔马林300倍液，或0.1%高锰酸钾溶液喷淋或浸泡育苗器具进行消毒。

4. 护根育苗方式

黄瓜护根育苗，就是在育苗的过程中采取一定的方法，保护黄瓜幼苗根系在分苗或移栽时不受伤害，避免病原菌的侵染，促使定植后的快速缓苗，最终实现早熟丰产的目的。

(1)营养土块(方)育苗：营养土块制作有机制法与和泥切割法。机制法是把配合好的营养土均匀喷湿，装机压制成10厘米左右的土块。和泥切割法是先把配合好的营养土和成泥，然后在苗床上撒一层细沙或炉灰，再把和好的营养土泥摊开抹平，厚度约10厘米，用刀切成10厘米×10厘米见方的土块。也可直接把营养土铺在地上，稍稍踩实，然后浇透水，用刀切成土块。营养土块制作后，在每个土块中心用小棍扎一个深度1.5～2厘米的小孔，作为播种穴。

(2)塑料钵育苗：这是当前农民常用的方式。用聚乙烯塑料压制而成，多数产品上口大，底部小，底部有排水孔，如小花盆状。黄瓜常用的规格为10厘米×10厘米或10厘米×8厘米两种。

(3)纸袋育苗：用旧报纸裁成条，卷成筒，下部折叠起来，然后把营养土装入纸袋内，一个靠一个地摆在苗床内。纸袋的直径8～10厘米、高8～10厘米。

(4)塑料薄膜筒育苗：将塑料薄膜裁成10厘米宽的条，底部高温粘合成直径10厘米的筒，内装营养土。无论采用哪一种护根育苗方式，在夏季常与遮阳网配合使用，冬春季则常与电热线配合使用。

(5)穴盘育苗：穴盘育苗是采用草炭、蛭石等轻基质无土材料做育苗基质，机械化精量播种，一穴一粒，一次性成苗的现代化育苗技术。

5. 播种

(1)适宜播种期的确定：由于保护地黄瓜的反季节栽培受到品种、栽培茬口、栽培设施、天气、市场需求等多种因素的影响，因而确定保护地黄瓜适宜的播种期是一个较为复杂的问题。总的原则是在温度、光照等基本条件能满足黄瓜生长的前提下，尽可能使黄瓜的采收高峰期和市场需求相吻合，以保证黄瓜的周年供应，取得较高的经济效益。如果播种期不适宜，即使产量高，经济效益也不一定高，只有播种期适宜，才能达到高产高效的目的。

确定保护地黄瓜各茬次适宜播种期的推算方法：

①要了解选用的黄瓜品种从播种到始收商品瓜所需要的时间。一般黄瓜品种从始收商品瓜到进入盛果期需15天左右，所以从播种到始收商品瓜所需要的时间加上15天就是从播种到进入盛果期所需的时间。

②参考市场信息，把黄瓜盛果期安排在市场上黄瓜刚进入价高且畅销的时期，由此往回推算保护地黄瓜各茬适宜的播种期。

从进入盛果期往回推15天是始收商品瓜期，再往回推算减去定植至始收瓜所需天数，就是定植期，由定植期再往回推算，减去从播种至定植所需天数，便是适宜的播种日期。一般中熟品种比早熟品种要提前10天播种，晚熟品种比早熟品种提前20天播种。用冬暖大棚等保护地育苗，比用加温大棚育苗、电热温床育苗，分别提前3天和5天；而比用无土播种有土分苗移栽育苗的提前10天播种。如果是用靠接法进行嫁接栽培的，嫁接用的南瓜砧木的播种日期比黄瓜的播种日期要延后5～7天；如果是用插接法进行嫁接的，南瓜的播种日期应比黄瓜的播种日期提前4～5天。

经过寿光菜农多年栽培保护地黄瓜的实践证明，越冬茬黄瓜在春节之前的产量仅占总产量的30%左右，然而由于此期市场上黄瓜价格最高和需求量大而畅销，经济收益却占总收益的70%左右，因此该茬黄瓜播种期不宜延后。秋冬茬黄瓜栽培，应掌握“霜降”前伸蔓1米左右，“立冬”后进入摘瓜盛期，第2年“春分”后拉秧倒茬，这样能使整个产瓜盛期处在冬季和早春市场上黄瓜价格较高时期。如果此茬黄瓜种植过早，前期处在高温多雨季节容易出现病虫害而影响黄瓜的产量，使收获期提前，在仲秋和晚秋蔬菜旺季产的黄瓜因为价格偏低而经济效益不高，所以该茬黄瓜的播种期不宜过早。冬春茬黄瓜，在早春保护地能够倒茬后及早定植的情况下，其播种期宜提前不宜拖后。因为播种期越提前，越能延长春季持续产瓜期，增加春季产量。由于春季黄瓜的价格比夏季高，所以播种期越提前，越能提高黄瓜的经济效益。

(2)播种方式：

①贴小芽法。将营养钵装上营养土后，浇透水，把经过催芽的种子一粒一粒平着摆在营养钵的中央，每个营养钵放1粒种子，播种后覆土1～1.5厘米。为了提早出苗，在冬春季节经常在营养钵下面铺设地热线，上面加盖塑料薄膜，待幼芽顶土时把膜撤掉。营养土块播种前要把水浇透，否则会直接影响根系生长。

②移苗法。在育苗盘内装入炉灰、沙子、锯末等整平后浇透水，把已催芽的种子均匀地平放在育苗盘内，上面覆盖1厘米厚的沙子。冬春季节播种后最好把育苗盘摆在地热线上，上面覆盖塑料薄膜，以利保温，不要把薄膜和沙子贴得太紧，以免造成氧气供给不足，影响出苗。夏季则可以放在遮阳棚或遮阳网下，并注意营养土的湿润。昼夜保持温度25～30℃，一天后陆续出苗时，立即去掉塑料薄膜。

当有80%左右的种子破土出苗后，要适当降低温度，白天20～25℃，夜间13～16℃，防止高温造成小苗徒长，形成高脚苗。因为黄瓜的花芽分化早，第1片真叶展开之前就开始花芽分化，再加上黄瓜的根系再生能力弱，一旦断根很难恢复，所以应该在子叶展平时，就立即进行移栽倒苗，这样既可以少伤根，又不影响花芽分化。出苗4天内应该移栽结束，黄瓜苗必须移栽到营养钵或营养土块上，移栽时除了浇透水以外，还要保持较高的温度，以便促进新根生长，缩短缓苗时间，气温白天保持在20～25℃，缓苗期间有条件的最好进行地热线加温，一般3～4天后新根长出，等长出新叶时，标志着缓苗期的结束，开始进入成苗阶段。

同时，为了防止黄瓜“戴帽苗”的出现，播种时应该注意将种子平放在营养土面上，不要把种子立着插在营养土中，要轻轻按一下种子，使种子与营养土紧密接触，覆土1～1.5厘米。如果用轻型基质覆盖时，还可以适当加大厚度。

子叶出土到真叶破心是管理的关键期，此期黄瓜下胚轴容易徒长，应该在子叶出土后立即降低地温和气温，地温降到18℃左右，白天气温保持在20～25℃，夜间气温15℃左右。如果夜间气温超过16℃，幼苗明显徒长。白天尽量增加光照，使子叶尽快绿化，如果白天弱光加上夜间高温，不仅加剧徒长，而且容易导致猝倒病的发生和蔓延。

6. 苗期管理

(1)温度管理：

①第一阶段。从播种到开始出苗，应控制较高的床温，促进快出苗。一般床温为25～30℃，2天左右就开始出苗。此期间苗床温度最低12.7℃，最高40℃。

②第二阶段。从出苗到第1片真叶现露，即破心。此期要及时降温，控制较低的温度，一般白天保持在20～22℃，夜间12～15℃。若温度高，尤其是夜间温度偏高，黄瓜胚轴发生徒

长，成为“长脖苗”。

③第三阶段。从破心到定植前7～10天。此期温度要适宜，白天可保持在20～25℃，夜间13～15℃，有利于雌花分化，降低雌花节位。

④第四阶段。即定植前7～10天。此期进行低温锻炼，以提高黄瓜秧苗的适应能力和成活率。一般白天温度保持在15～20℃，夜间10～12℃。

由于不同季节外界环境条件的限制，黄瓜育苗不可能都达到最适温度，但应当采取各种有效措施，使苗床温度不要超出黄瓜所能承受的极限温度。冬季育苗可以通过铺地热线、大棚内加盖小拱棚等措施使苗床的夜温不低于10℃，短时间不低于8℃；夏季通过盖遮阳网等方法，使苗床的最高气温控制在35℃以内，短时间不超过40℃。

(2)光照管理：早熟栽培在低温、短日照、弱光时期育苗，光照不足是培育壮苗的限制因素。生产上可明显地看到在光照充足的条件下，幼苗生长健壮，茎节粗短，叶片厚，叶色深，有光泽，雌花节位低且数目多；而在弱光下生长的幼苗，常常是瘦弱徒长。

为增加光照，要经常保持覆盖物的清洁，草苫要早揭晚盖，日照时数控制在8小时左右，在温度满足的条件下，最好是在早晨8时左右揭开草苫，下午5时左右盖上草苫。阴天也要正常揭盖草苫，尽量增加光照的时间。如果连续阴雨天不揭开草苫，幼苗体内的有机养分只是消耗而没有积累，会使幼苗发生黄化徒长，甚至死亡。

(3)水分管理：苗期保持土壤的湿度，有利于雌花的形成。育苗时，一般播种前或分苗时浇足底水，苗期尽可能不浇水，以保墒为主。苗床出苗后要进行2～3次覆土，当大部分幼芽拱土时，选择晴天中午覆盖干细土，厚度0.3厘米左右，用土封严裂缝，防止种子戴帽出土。等到苗出齐后再覆土一次，促进子叶肥大，同时抑制胚轴伸长，控制徒长。

(4)施肥：如果营养土配制时施入的肥料充足，整个苗期可不用施肥。如果发现幼苗叶片颜色变淡，出现缺肥症状时，可喷施少许磷酸二氢钾500倍液。育苗过程中，切忌苗期过量追施氮肥，以免发生秧苗徒长，影响花芽分化。

(5)倒苗：随着幼苗的生长，会发生密度过大的现象，影响幼苗正常生长，所以应该在苗长到2～3片真叶时加大幼苗之间的距离。具体方法是把育苗钵重新摆放，大小苗要互换位置。营养土块育苗的，在拉开距离后，土块间尽可能用细土填上。

7.促进黄瓜多形成雌花

黄瓜雌花出现的早迟和多少，直接影响着产量的高低，尤其是黄瓜雌花节位愈低，雌花开花愈多，早期产量就愈高。而黄瓜雌花的形成除与品种自身特性和营养状况有关外，在很大程度上受苗期温度、光照、水分、营养和气体以及激素等条件的制约。改善和调节好苗床小气候，是促进黄瓜多开雌花、多结瓜、早上市的重要措施。

(1)温度：黄瓜花芽分化时应保持白天气温25℃左右，有利于光合作用的进行；夜间将温度降至13～15℃，以抑制呼吸消耗，有利于黄瓜体内营养物质的积累，明显增加雌花数量和降低雌花节位。夜间温度12℃以下，会使瓜苗生理失调，生长缓慢或停止生长。地温以18～20℃为宜。所以苗期温度管理最好采用变温法。

(2)光照：黄瓜属短日照植物，缩短光照有利于早形成雌花，在降低夜间温度的同时缩短日照时数，可增加雌花数量和降低雌花节位。育苗期间给予8小时的光照，有利于雌花的形成。每天给予5～6小时的光照虽有利于雌花的发育，但对黄瓜幼苗生长不利。大棚冬春季育苗，每天光照只有8小时左右，同时夜间温度也较低，很利于雌花的形成。

(3)水分:黄瓜雌花分化要求较高的空气湿度和土壤湿度,土壤和空气湿润有利于形成雌花,而干旱则利于雄花的形成。土壤和空气相对湿度在80%时,有利于雌花的形成,过高或过低都会减少雌花的数量。

(4)营养:苗床土要肥沃,氮磷钾配合适当。多施磷肥可降低雌花节位,多形成雌花;钾肥能促进雄花形成,要适量施用。

(5)气体:黄瓜在原产地生长于森林地带腐殖质丰富的土壤中,根系浅,有氧呼吸比较强盛,因而要求土壤透气性良好。幼苗不耐土壤2%以下的含氧量,以10%左右为宜。因此,黄瓜需要多施有机肥料。在土壤过湿或板结的情况下,土壤呈还原状态,会形成有毒物质,影响根系的活动,病害也容易发生,所以要注意土壤的排水和中耕,保持土壤疏松通气。

在苗期增加空气中二氧化碳的浓度,不仅可抑制瓜苗呼吸作用,还可提高光合效率,有利于雌花形成。如果二氧化碳含量增至0.15%~0.2%时,黄瓜叶的同化量大大提高。空气中二氧化碳的含量0.03%,远远不能满足黄瓜光合作用的需要,应该设法加以补充。增加二氧化碳浓度的方法:增施充分腐熟的有机肥料,在有保护设施的条件下增施二氧化碳气肥,加强通风等。

(6)激素:乙烯利、萘乙酸、2,4-D、吲哚乙酸、矮壮素等都有促进雌花分化的作用。乙烯利在生产上较为多用。育苗条件不利于雌花形成时,用乙烯利处理效果明显。乙烯利有抑制生长的作用,使用时应慎重。冬春茬育苗时,因昼夜温差大,日照较短,对雌花形成有利,一般不需用乙烯利处理。秋黄瓜育苗时,因温度高、日照长,昼夜温差小,可在第1片真叶展开后,喷施150~200毫克/千克乙烯利溶液,能增加雌花数量和降低雌花节位。

上述温、光、水、气等的小气候调节,应在子叶展开后的40天内进行,尤以幼苗子叶展开后的10~30天处理效果最好。处理过迟,雌、雄花型已定,起不到促进早开、多开雌花的作用。

8. 预防黄瓜苗戴帽出土

黄瓜育苗时经常出现"戴帽"出土现象,"戴帽"苗易形成弱苗,影响苗子质量。

(1)戴帽对瓜苗的影响:黄瓜苗子出土后子叶上的种皮不脱落,俗称"戴帽"。秧苗子叶期的光合作用主要是由子叶来进行的,苗子戴帽使子叶被种皮夹住不能张开,直接影响子叶的光合作用,还能使子叶受伤,造成幼苗生长不良或形成弱苗,定植后对后期植株的生长发育也有影响。

(2)发生原因:苗子戴帽是由多种原因造成的,种皮干燥,盖土干燥,致使种皮容易变干;播种太浅或覆土太薄,造成土壤挤压力不够;苗床土温偏低,出苗时间延长;出苗后过早揭掉覆盖物或在晴天揭膜,致使种皮在脱落前已经变干;种子秕瘪,生活力弱等,均能引起戴帽出土。

(3)防治措施:精细整床,苗床土要细、松、平整,播种前要浇足底水。不能播干种子,要进行浸种处理。覆土要用潮土,厚度要适宜,薄厚均匀一致。加盖薄膜保湿,使种子从发芽到出苗期间保持湿润状态。幼苗刚出土时,如果床土过干要立即用喷壶喷水,发现有覆土太浅的要补撒一层湿润细土;一旦发现戴帽苗要立即人工摘除。

9. 育苗期遇不良天气的管理

大棚黄瓜秋冬茬、越冬茬、冬春茬,在苗期遇到连阴雨雪等不良天气时,其管理技术主要以加强防寒保温和增强光照为主。

(1)防寒保温:当寒流和阴雨雪天气到来之前,要严闭棚室,夜间加盖整体浮膜(即盖草苫后,再覆盖一整体薄膜),棚室后墙和山墙达不到应有厚度的,可在墙外加护草及薄膜等加强保温。必要时向阳面的棚室底角夜间增盖草苫，在严寒季节可以在棚前脸加盖麦草或其他覆盖物，以加强保温。

如果持续阴天时间过长，就应在棚内设置灯泡提温增光。在棚室中间，每间设置灯泡一个，若遇上雨雪天气，上午不能拉开草苫，应打开灯泡。若夜温过低，在下午5时左右将灯泡打开，到夜间10时左右关闭，可提高棚温2～3℃，同时增加光照。

为了保温，阴雨雪天气时不放风，但当棚内空气相对湿度超过85%时，可在中午前后短时间开天窗，小放风排湿。每天拉开草苫时间的长短根据棚温的变化而定，揭开草苫后，若温度下降，应随揭随盖；若温度稍有回升，可以在下午2～3时以前把覆盖物重新盖好。在阴天时要尽量减少出入棚室的次数，尽可能保持棚温。

(2)光照：只要不下雨、不下雪，或白天下小雪时，都要坚持拉开草苫，增加光照，使黄瓜植株进行光合作用，避免黄瓜植株长时间处于黑暗状态，造成根、茎、叶生长严重失衡。此外还要经常清扫大棚棚膜表面，增加棚膜透光率，增强黄瓜植株的光合作用。必要时，可设置灯泡，补充光照。

在黄瓜的苗期遇到强寒流天气时，一旦发生冻害，应于清晨8时前后喷洒一次8～15℃的清洁温水，以利于缓解冻害，同时覆盖草苫或盖花苫形成花荫，防止阳光直射棚内升温过快，骤然解冻，造成死苗。

10.穴盘育苗技术

穴盘育苗是采用草炭、蛭石等轻基质无土材料作育苗基质，机械化精量播种，一穴一粒，一次性成苗的现代化育苗技术。它突出的优点是省工、省力、节能、效率高，根坨不易散，缓苗快，成活率高，适合远距离运输和机械化移栽，有利于规范化科学管理，提高商品苗质量。穴盘育苗是实现农业生产工厂化、产业化的必由之路。

(1)穴盘的选择：冬春季育2叶1心苗选用288孔苗盘，育4～5叶苗选用128孔苗盘，育5～6叶苗选用72孔苗盘。夏季育3叶1心苗选用200孔或288孔苗盘。

(2)基质准备：每1 000盘美国的288孔苗盘备用基质2.76米^3，韩国的288孔苗盘备用基质2.92米^3；美国的128孔苗盘备用基质3.65米^3，韩国的128孔苗盘备用基质4.57米^3；美国的72孔苗盘备用基质4.65米^3，韩国的72孔苗盘备用基质3.2米^3。

(3)基质配制：草炭∶蛭石＝2∶1，或草炭∶蛭石∶废菇料＝1∶1∶1，覆盖料一律用蛭石。

(4)肥料施用方法与施用量：冬春季配制基质时每立方米加入氮、磷、钾含量各15%的复合肥2.5千克，或每立方米基质加入1.5千克尿素和1.2千克磷酸二氢钾，肥料与基质混拌均匀后备用。苗期3叶1心后，结合喷水进行1～2次叶面喷肥。夏季配制基质，每立方米加入氮、磷、钾含量各15%的复合肥2.0千克。

(5)播种期：冬春季穴盘育苗主要为早春保护地生产供苗，定植期冬暖大棚从2月中旬开始直到3月下旬结束，故播种期从12月中旬到1月中旬，具体视用户需要而定。夏季穴盘育苗是为秋大棚生产供苗，播种期在7月5～15日。

(6)播前种子处理：为促进出苗整齐健壮，选择种子发芽率大于90%的子粒饱满、发芽整齐一致的种子。播前用温汤浸种法浸泡，夏季播前用40%磷酸三钠处理20分钟，然后用清水将种子上的药液冲洗干净，风干后播种或丸粒化后播种。

(7)播种深度：72孔盘＞1.0厘米；128孔、200孔和288孔盘0.5～1.0厘米。以浇水后各格室清晰可见为宜。

(8)水分管理:将育苗盘喷透水,使基质最大持水量达到200%以上;苗期子叶展开至2叶1心,水分含量为最大持水量的65%~70%;3叶1心至商品苗销售,水分含量为最大持水量的60%~65%。

(9)温度管理:摆放催芽室中(白天温度25℃,夜间20℃)3~4天,当苗盘中60%左右种子胚芽伸出,即可将苗盘摆放进育苗大棚。白天温度25℃,夜温16~18℃为宜。当夜温偏低时,用地热线加温,以免影响出苗速率和发生猝倒病。2叶1心后夜温可降至13℃左右,不要低于10℃。白天酌情通风,降低空气相对湿度。

(10)病虫害防治:主要病害是猝倒病、立枯病、早疫病、病毒病,虫害为蚜虫、白粉虱,要及时防治。防治猝倒病、立枯病,播种前进行基质消毒,控制浇水,浇水后放风,降低空气湿度,子苗期夜温不得低于10℃,发病初期喷洒百菌清、多菌灵、代森锌800倍液。防治早疫病,在播种前用福尔马林进行种子处理,发病初期喷施百菌清、代森锌、波尔多液、利得。防治病毒病,播种前用10%的磷酸三钠浸种20分钟,取出冲洗干净。在苗期注意遮阳降温,保持土壤湿润。防治蚜虫,主要喷施功夫乳油、虫螨克。用灭蚜乳油加上发烟剂进行熏烟,效果比直接喷药好。防治白粉虱,可喷施扑虱灵、功夫乳油或1%溴氰菊酯,还可进行黄板诱杀。

(11)补苗和分苗:一次成苗的需在第1片真叶展开时,抓紧将缺苗孔补齐。用72孔育苗盘育苗,大多先播在288孔苗盘内,当小苗长至1~2片真叶时,移至72孔苗盘内,这样可提高前期大棚有效利用率,减少能耗。

(12)苗龄与商品苗标准:春季商品苗标准因穴盘孔穴大小而异,选用72孔苗盘的,株高18~20厘米,茎粗4.5毫米,叶面积在90~100厘米^2,达6~7片真叶并现小花蕾,需60~65天苗龄;128孔苗盘育苗,株高10~12厘米,茎粗2.5~3毫米,4~5片真叶,叶面积在25~30厘米^2,需苗龄50天。夏季苗龄需20天,株高13~15厘米,茎粗3毫米,叶面积30~35厘米^2。

(13)商品苗销售:商品苗达到上述标准时,其根系将基质紧紧缠绕,当苗子从穴盘拔起时不会出现散坨现象。用户取苗时,可将秧苗层层排放在纸箱或筐里,如果取苗前浇透水,穴盘苗可远距离运输,定植成活率可达100%。

11.嫁接育苗技术

(1)黄瓜嫁接育苗的主要优点:

①增强了抗病能力,克服重茬障碍。因大棚连年重茬种植,使病害逐渐积累,虫害逐年上升,黄瓜进行嫁接后,可以克服土壤连作障碍,防止根部病害发生,尤其可避免枯萎病等土传病害发生,不仅减少了农药的施用量,减轻了污染,还能降低劳动成本和劳动强度,使经济效益得到进一步提高。

②增产效果显著。砧木根系发达,吸水吸肥能力强,抗逆性强,嫁接后接穗得到了充足的水分和养分供应,生长速度加快,秧苗健壮,增产幅度大。据试验,嫁接黄瓜比自根黄瓜增产30%~50%。

③增强了植株抗逆性。用黑子南瓜、日本优清等砧木嫁接的黄瓜,有效地促进了根系发育,提高了根系的耐寒、耐热、抗病等抗逆性和适应性,从而提高了嫁接黄瓜的产量。当地温下降到8℃左右时,仍能保持较强的生长势,而不嫁接的黄瓜则停止生长,如果低温持续的时间较长,不嫁接黄瓜还会出现"花打顶"以及"寒根"等冷害现象。

(2)嫁接黄瓜选用砧木的依据:黄瓜嫁接栽培时必须选择优良的砧木,以达到防病和早熟的目的,砧木的选择在嫁接栽培中至关重要。选择砧木时要掌握以下4点:

一是砧木与接穗的亲和力，包括嫁接亲和力和共生亲和力。嫁接亲和力是指嫁接后砧木与接穗愈合的程度，可以用嫁接后的成活百分率来表示，嫁接后砧木很快就与接穗愈合，成活率高，则表明砧木与接穗的嫁接亲和力高，反之则低。共生亲和力是指嫁接成活后两者的共生状况，一般用嫁接成活后嫁接苗的生长发育速度、生育正常与否、结果后的负载能力等来表示。嫁接亲和力和共生亲和力并不一定一致，有的砧木与接穗嫁接成活率很高，后期表现为共生亲和力差。因此，生产上选择砧木时，要选择嫁接亲和力和共生亲和力都较高且较一致的砧木。

二是砧木的抗病能力。选用砧木嫁接黄瓜的目的是增强黄瓜的抗病力，尤其是对枯萎病等土传病害的抵抗力，因此，选择的砧木必须具有抵抗这些病菌的能力。

三是砧木对黄瓜品质的影响。不同的砧木对黄瓜的品质有不同的影响，黄瓜嫁接时，必须选择对黄瓜品质基本无不良影响的砧木。

四是砧木对不良环境条件的适应能力。在嫁接栽培的情况下，黄瓜植株的低温生长性、雌花出现早晚、低温坐果性，以及根群的扩展和吸肥能力、耐旱性和对土壤酸度的适应性等，都受砧木固有特性的影响。不同的砧木有不同的特性，对接穗的影响也不相同，因此，根据需要选用最适宜的砧木，是获得黄瓜早熟、丰产和优质的关键之一。在大棚栽培中，由于温度低、光照弱，应选择耐低温、耐弱光、对不良环境条件适应性强的砧木。

(3)适于黄瓜嫁接的主要砧木品种：

①黑子南瓜。该品种根系强大，茎圆形，分枝性强。叶圆形，深裂，有刺毛。花冠黄或橘黄色，萼筒短，有细长的裂片。花梗硬，较细，棱不显著，果蒂处稍膨大。瓜椭圆形，瓜皮硬，绿色，有白色条纹或斑块。果肉白色，多纤维。种子通常黑色，有窄薄边。千粒重250克左右。黑子南瓜要求日照严格，日照在13小时以上的地区或季节不形成花芽或有花蕾而不能开花坐果。生长要求较低的温度。

②中原共生Z101。郑州中原西甜瓜研究所利用国外种质资源通过远缘杂交育成的黄瓜砧木新品种。中原共生Z101较黑子南瓜优点突出，表现发芽势强，出苗整齐，髓腔紧实，嫁接亲和力强，根系发达，吸水吸肥力强，植株生长旺盛，抗寒耐热，低温条件下生长迅速，中后期不早衰。抗枯萎病，耐根结线虫病。本品种对黄瓜品质、风味无任何影响。坐果率高，瓜条顺直，单瓜重增加，颜色浓绿有光泽，商品价值高，提早上市，采收期延长，产量比黑子南瓜作砧木提高30%。

③特选新土佐。日本引进的杂交一代南瓜(笋瓜与中国南瓜的种间杂交种)，生长势强，吸肥力强，与黄瓜、西瓜、甜瓜等瓜类亲和力均很强。耐热，耐湿，耐旱，低温生长性强，抗枯萎病等土传病害。适应性广，苗期生长快，育苗期短，胚轴特别粗壮。很少发生因嫁接而引起的急性凋萎，能提早成熟和增加产量，比自根苗减少氮肥30%。

④共荣。该品种抗黄瓜枯萎病。可以重茬连栽，且嫁接亲和性良好，接活率高。低温生长性强，吸肥力强，嫁接后生育结果良好，产量高，对黄瓜品质无不良影响。

⑤白皮黑子。生长强健，种子黑色。用作黄瓜的根砧，黄瓜嫁接其上，低温生长性强，吸肥力强，抗土壤病虫害力强，可使黄瓜提早结果，结果良好，产量增加。

⑥壮士。属中国南瓜，生性强健，根部抗镰刀菌病害枯萎病、萎凋病等，适于作黄瓜、苦瓜、甜瓜、西瓜的根砧，亲和性良好。该品种吸肥吸水力强，低温生长性亦强，故可使嫁接其上的黄瓜、西瓜、洋香瓜、苦瓜等生育结果更佳。

近年来，白子型南瓜有代替黑子型南瓜的趋势。这是因为白子型南瓜作黄瓜砧木，嫁接后可预防因拟茎点霉根腐病造成的黄瓜死棵和增加黄瓜瓜条光亮。白子型南瓜与黑子型南瓜相比具有以下优势：一是与黄瓜的亲和性强；二是根系发达，抗寒性强；三是抗病能力强；四是瓜条商品性好，瓜条的光泽度好，瓜条顺直、果形美观。

(4)嫁接方法：黄瓜嫁接育苗有靠接法、插接法和劈接法等，前两种方法操作简单，易管理，成活率高，菜农利用较多。劈接法嫁接后较难管理，成活率低，生产中应用较少。

①靠接法。也称舌接法。此法是将接穗与砧木苗在叶子下切口舌接相靠而成，接好后去掉砧木顶芽，同栽于一个营养钵内，利用自己的根系吸收营养，待靠接成活后切断接穗根系，即成长为一株嫁接苗(图 8-10)。

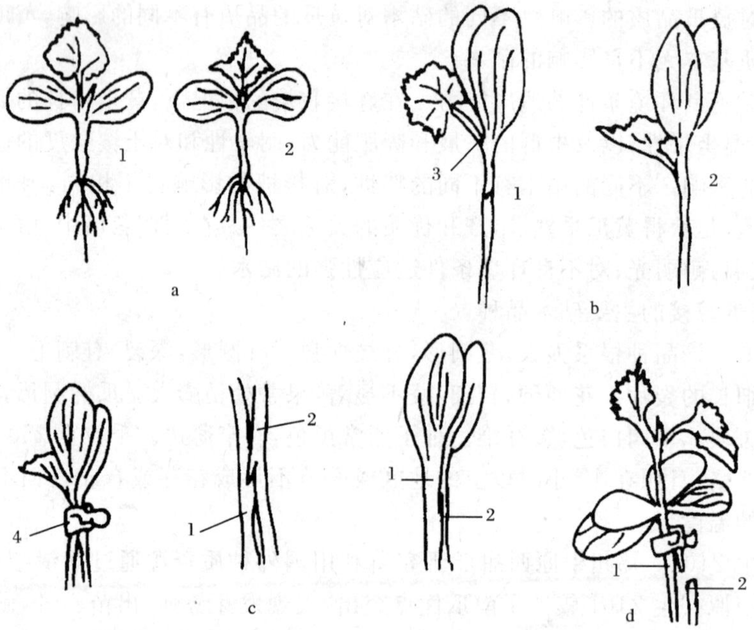

图 8-10　黄瓜靠接过程

a.砧木与接穗　b.砧木与接穗处理　c.嫁接　d.断根

1.南瓜苗　2.黄瓜苗　3.摘除生长点　4.嫁接夹

具体做法：先从苗床中起出砧木苗和接穗苗，砧木苗要用竹签轻轻除去生长点，用刀片在砧木苗茎的一侧子叶下 0.5～1 厘米处，自上向下呈 45°下刀，斜割的深度为茎粗的一半，最深不能超过茎粗的 2/3，割后轻轻握于左手。再取黄瓜苗在子叶下 1.5 厘米处，自下向上呈 45°下刀，向上斜割幼茎的一半深，长度与砧木的相等。将砧木和接穗的切口相嵌，用手轻轻地捏住接口，不要松动，防止接口错位。用专用嫁接夹从接穗一侧夹住靠接部位。接后黄瓜子叶高于南瓜子叶，呈“十”字形。靠接好后，立即把苗栽到营养钵内。栽植时，用左手轻轻地捏住嫁接苗的接口部位，不使接口错位，将根放在钵内，左手抓住将根固定。为便于去掉接穗根系，注意将接穗与砧木的根分开一定的距离，以便拔除接穗根时不伤砧木根，接口与土面保持 3～4 厘米的距离，避免污染接口以及接穗与土壤接触发生不定根。

栽好后浇足水，放入苗床中培育。靠接成活以前，砧木和接穗均自带根。嫁接初期管理比较方便，接穗不易失水萎蔫，成活率较高。

靠接法嫁接黄瓜须注意以下几点：第一，错期播种。先播种黄瓜，密度要适当稀一些，以种距 3 厘米为宜。5～7 天后再播南瓜，南瓜播种的密度越大越好，这样可使两种苗子即下胚轴的粗度相近，易于嫁接，成活率高。第二，嫁接速度要快，切口要嵌得准。第三，嫁接好的苗子要立即栽植，栽植时刀口处一定不能沾上泥土，并要把黄瓜茎夹嫁接夹的一面栽植在北边。第四，栽植时要一边栽一边盖上小拱棚塑膜和覆盖物，保温保湿和遮阳。

②插接法。先取砧木苗去掉其生长点，用一根光滑竹签从砧木子叶基部的一侧，向胚轴中斜插其尖端，至顶住砧木下胚轴的表皮为止，竹签插入砧木内的长度一般控制在0.5～0.7厘米。削接穗时，用左手托住黄瓜苗的两片子叶，将下胚轴拉直，右手拿刀片，从黄瓜子叶下1厘米处以30°斜削下刀，把下胚轴大部分及根削掉，使接穗的下胚轴上的斜切面0.5～0.7厘米长。随即从砧木中拔出竹签，将接穗的切面向下插入砧木顶心的小孔中，使两者切口密切结合，并将接穗与砧木的子叶着生的方向呈“十”字形（图8-11）。

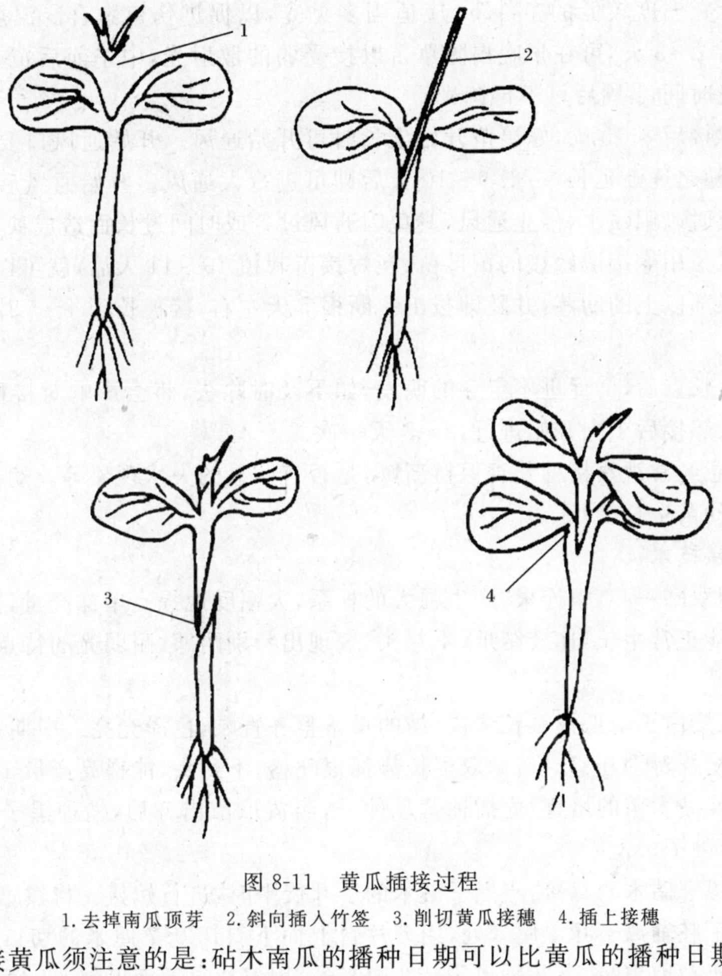

图8-11 黄瓜插接过程

1.去掉南瓜顶芽 2.斜向插入竹签 3.削切黄瓜接穗 4.插上接穗

插接法嫁接黄瓜须注意的是：砧木南瓜的播种日期可以比黄瓜的播种日期提前3～5天，南瓜播种的种子粒距4厘米左右，不能播得太密，以防出现高脚苗。黄瓜种子的粒距为1～2厘米。嫁接适期为黄瓜苗子叶展平、砧木苗第1片真叶长到5分硬币大，一般在南瓜播后12～13天进行。

(5)黄瓜嫁接苗管理：嫁接苗成活率的高低与嫁接后的管理技术有着非常重要的关系，黄瓜嫁接苗管理的重点是为嫁接苗创造适宜的温度、湿度、光照及通气条件，加速接口的愈合和幼苗的生长。

①保温。嫁接苗伤口愈合的适宜温度为25℃左右，接口在低温条件下愈合很慢，影响成活率。因此，幼苗嫁接后应立即放入拱棚内，及时将薄膜的四周压严，以利保温、保湿。苗床温度的控制，一般嫁接后3～5天，白天温度保持在24～26℃，不超过27℃；夜间18～20℃，不低于15℃。3～5天以后开始通风，并逐渐降低温度，白天温度降至22～24℃，夜间降至12～15℃。

②保湿。如果嫁接苗床的空气湿度比较低，接穗易失水引起凋萎，会严重影响嫁接苗成活率。因此，保持湿度是关系嫁接成败的关键。嫁接后3～5天内，小拱棚内空气相对湿度控制在85%～95%。营养钵内土壤湿度不要过高，以免烂苗。

③遮光。在棚外覆盖稀疏的草苫或遮阳网，避免阳光直接照射秧苗而引起接穗萎蔫，夜间还起保温作用。在温度较低的条件下，应适当多见光，以促进伤口愈合。温度过高时适当遮光。一般嫁接后2～3天，可在早晚揭除草苫以接受弱的散射光，中午前后覆盖草苫遮光。以后逐渐增加见光时间，1周后可不再遮光。

④通风。嫁接后3～5天，嫁接苗开始生长时可开始通风。开始通风口要小，以后逐渐增大，通风时间也随之逐渐延长，一般9～10天后即可进行大通风。开始通风后，要注意观察苗情，发现萎蔫，及时遮阳喷水，停止通风，避免因通风过急或时间过长而造成秧苗萎蔫。

⑤接穗断根。用靠接法嫁接的黄瓜苗，在嫁接苗栽植10～11天后，就可以给接穗断根，用刀片割断黄瓜根部以上的幼茎，并随即拔出。断根5天左右，接穗长到4～5片真叶时，可在大棚内移栽定植。

砧木切除生长点后，会促进不定芽的萌发，如不及时除去，将会影响对接穗的养分与水分供应。除芽约在嫁接后1周开始进行，2～3天一次。

另外，要注意经常观察接穗是否保持新鲜，是否有明显的失水现象等。幼苗成活后要进行大温差锻炼，使幼苗生长健壮。

12. 双根嫁接技术

该技术采用双砧一心，根连根，产生强大的根系，大幅度地提高单株产量，尤其是在连续阴天的1～2月份能正常生长，连续结瓜，不封头，表现出特别耐寒、耐弱光的特点，经济效益增加1倍以上。

前期专用嫁接白子南瓜根系长势快，结的瓜条整齐直顺，色泽光亮。中期黑子南瓜根系长势快，保证整个植株特别旺盛。后期双根长势都很旺盛，不封头，能提高产量1倍以上。

(1)接穗苗及砧木苗的培育：先播种黄瓜种子，当黄瓜苗出齐后，播种黑子南瓜种子，最后再播种白子南瓜种子。

(2)接穗与黑子砧木的嫁接：当黑子砧木的子叶展平时，进行嫁接。将黑子砧木取出，切去生长点，然后在下胚轴离子叶1厘米处，用刀片自上而下斜切0.7厘米的切口，切口与下胚轴成30°角。将黄瓜苗取出，在下胚轴离子叶2厘米处，用刀片自下而上斜切一舌形契，舌形契与黑子砧木切口相配合。把黄瓜接穗的舌形契插入砧木的切口中，将两株幼苗切口嵌合连接在一起，使黄瓜的子叶位于砧木子叶的上面，并用嫁接夹固定。

(3)接穗与白子砧木的嫁接：将白子南瓜砧木取出，切去生长点，然后在下胚轴离子叶1.5厘米处，用刀片自上而下斜切0.7厘米的切口，切口与下胚轴呈30°。再取出与黑子砧木嫁接过一次的接穗，在没有砧木的一侧，接穗下胚轴离子叶2厘米处，用刀片自下而上斜切一舌形契，接穗的根全部切掉，形成的契形与白子南瓜砧木切口相配合。将舌形契插入白子南瓜砧木的切口中，并用嫁接夹固定，将植株栽入事先准备好的育苗钵中。

嫁接后的管理参阅黄瓜“嫁接育苗技术”部分相关内容。

13. 微型黄瓜侧枝扦插繁殖技术

微型黄瓜又名水果黄瓜、小黄瓜，是近年来迅速发展起来的一种新兴蔬菜。它的经济效益是普通大黄瓜的2～3倍，甚至更多。因其种子贵（一般一粒种子0.5～0.6元），育苗不好会造成较大损失。生产中可以利用侧枝育苗法来提高种子的利用效率，弥补这一缺陷，从而降低种子的成本。

从健壮无病的植株上取侧枝，侧枝长10厘米，2～3个节。侧枝要用锋利的刀片切取，不要用钝剪或手掰，保持切口整齐，防止侧枝表皮造成较大伤口，不易愈合。

把切取侧枝展开的叶片全部去掉，只剩下生长点处的小叶片，在阴凉背风处放两个小时，以利伤口自然愈合，之后用1 500毫克/千克的萘乙酸快速浅蘸侧枝基部再扦插。

苗床每100米^{2}均匀施入腐熟有机肥500千克，加过磷酸钙20千克，细致耕翻，深度20厘米左右。之后用100倍的福尔马林喷洒床土，再用塑料膜覆盖，闷棚2～3天进行消毒，耙细整平做畦。

因黄瓜侧枝非常柔软，不能直接插入苗床，应用小铲间隔10厘米开小沟，小沟深4～5厘米，在沟中间隔10厘米摆上黄瓜侧枝，再用土培好，侧枝不能埋得太深或过浅，太深了易烂，太浅了根系太小，不易成活。

插好后，立即灌透水，扣上小拱棚，并进行遮阳，避免强光直射，使拱棚内光照强度为自然光照的30%左右即可。光太强了易失水，完全遮光则地上部分不能进行光合作用，生根困难。为保证侧枝不脱水，小拱棚内要保持空气相对湿度90%以上。保持棚内温度在20～30℃，最好在25℃左右，以利发根。

在上述条件下，一般两周左右即可生根，之后逐渐减少遮阳，5天后接受正常光照。一般成活率80%以上，当长至1片真叶展开、根系发育良好时，便可取苗移栽。

扦插黄瓜苗，由于没有主根，只有侧根，根层较浅，所以栽培管理上要比种子苗更要注意勤追肥、浇水，少量多次进行。而且扦插苗在生长前期的5节以下的幼瓜要及早摘除，以促进植株健壮，为以后丰产打下基础。

四、主要栽培模式

1. 大棚黄瓜冬春茬栽培技术

（1）生育期间的环境特点及主攻方向：冬春茬黄瓜生产主要是在一年之中日照最差、温度最低的季节里进行的，技术难度较大，要求比较严格，经济和社会效益最好。

冬春茬黄瓜定植后气温开始下降，光照逐渐减弱，对植株生长十分不利。首先大棚结构必须合理，保温效果好，还要按严格科学的技术加强管理，才能在不良的环境下，维持黄瓜的生长。

根据冬春季节的气候特点，冬暖大棚必须有最好的采光屋面角度和最好的保温性能。无论采用什么结构形式的大棚，在严冬季节所创造的温度条件，必须满足黄瓜生长最基本的需要。依据黄瓜的生物学零度的概念和黄瓜根系所忍受的最低下限温度，在正常管理下，大棚的最低温度不宜低于8℃。山东省寿光市多采用保温性极好的半地下式大棚，这种设施的采光屋面角度 25°～32°，后墙和山墙的厚度 2 米以上，覆盖无滴性好、透光率高、耐低温性能强的优质薄膜，具有良好的保温、贮热功能。

(2)育苗：

①品种的选择。冬春茬黄瓜目前都是采用的嫁接苗，其中对接穗的品种要求严格，要在低温和弱光下能正常结瓜，同时还要在高温和高湿条件下结瓜能力强，结回头瓜多。另外，还要抗病性好，对大棚环境的适应能力强，对管理条件要求不严，意外伤害后恢复能力好。目前生产上应用的绝大部分品种还只限于密刺系统，包括原有的长春密刺、新泰密刺、山东密刺，以及津春 3 号、津优 2 号、津优 3 号、津绿 3 号、中农 5 号、农大 12 号等。

②播种期的确定。冬春茬黄瓜一般苗龄为 35 天左右，定植后约 35 天开始采收，从播种到采收历时 70 天左右。冬春茬黄瓜一般要求在元旦前后开始采收，以便到春节前后进入产量的高峰期。由此推算，正常的播期应在 10 月上旬到中旬。此期播种，可以保证在大多数地区的温度条件下，有利于嫁接伤口愈合和在严冬到来以前搭好丰产架子。目前，一些保温性能差的大棚，迫于严冬时产量没有把握，往往通过提早播种来获取冬前产量，也有的为了在冬春茬黄瓜春天产量高峰过后能套种一茬春提早的蔬菜，往往也把播期有意向前提，这是目前这茬黄瓜在播期上的一个新的动向。

③嫁接育苗。在大棚里通过嫁接育苗方式培养出 10～15 厘米高、0.6～0.7 厘米粗、4 叶 1 心、苗龄 35～40 天的健壮幼苗。

(3)定植：

①施肥整地。用于冬春茬黄瓜栽培的大棚，需要日平均气温达到 16℃左右及时扣膜，以避免地温散失过多。育苗是在大棚里进行的，施肥整地可在扣膜前进行，多数是在扣膜后进行，可根据劳力、农活和肥料的准备情况灵活掌握。

冬春茬黄瓜一要施足底肥，既要能满足黄瓜长期结瓜对养分的需要，又不能过量而产生肥害。二要有利于提高土壤的通透性和贮热保温能力，能够大量连续地分解产生二氧化碳。因此，底肥应以腐熟的秸秆堆肥、牛马粪、禽粪、猪圈粪和粪稀为主。施入纯净的圈肥和粪稀时须适量掺入铡短的鲜稻草、充分腐熟的麦糠、稻壳及废弃食用菌培养基等。农家肥亩用量应不少于 1 万千克。要通过增施有机肥，使 20～30 厘米的表土成为富含有机质的海绵土，这是保证黄瓜栽培成功，高产、少病和高效益的一个关键。化肥的亩用量是：过磷酸钙 100 千克，或用 30～50 千克磷酸二铵。

底肥多时宜普施，底肥较少时可用其中 2/3 普施，另 1/3 沟施。地面铺施后人工深翻两遍，再按计划的行距开沟，将剩余肥料施入沟里，最好再施入生物肥（如阿姆斯生物肥）40～50 千克，或饼肥 200 千克，与土充分混匀。然后在沟里浇大水，造足底墒。

冬春茬黄瓜栽培一般采取大小垄，目前主要有两种配置方法：一是大行距 80 厘米，小行距 50 厘米，平均行距 65 厘米，称为密植栽培。再一种就是小行距 80 厘米，大行距 100 厘米，称为“稀植”栽培。

②栽苗。栽苗宜选晴天进行。将苗子分大、中、小三级后，搬运到定植垄旁，从整个大棚来看，大苗应放到东西两头和大棚前部，小苗宜放到大棚中间。从一行来看，大苗在前，小苗在后，一般苗居中，这样有利后来生长整齐一致。

一般“密植”栽培的，平均株距 23 厘米左右，“稀植”栽培的，平均株距约 30 厘米。摆苗和栽苗时要掌握前密后稀，因为大棚里光照是前强后弱，这样可以使不同部位的苗子获得基本相似的光照。定植时，有的是按株距开穴，穴内栽苗；有的是在定植垄上开一道深沟，将苗子按规定的株距摆到沟里稍加固定。尔后向穴内或沟里浇水，水渗后平坑（沟）培土、围苗，整平垄。注意苗子一定不要栽深了，填土后苗坨与垄面持平即可，更不能把嫁接口埋到土里。

③覆盖地膜。过去人们习惯先覆膜后栽黄瓜，或栽后随即覆盖地膜，这样做把嫁接苗黄瓜根系能够深扎的这一优势给削弱了，降低了植株抗寒、耐低温的能力。其实，定植时多数地方的地温一般都不低，覆盖地膜的目的在于提高地温，定植后在反复划锄的基础上，尽量促进根系深扎，等栽后 15 天左右再覆盖地膜。

(4)定植后的管理：

①温度管理。冬春茬黄瓜生育期的温度调控，大体分为三个阶段：

越冬前，即定植到根瓜膨大期。这一时期大多数地区的天气较好，管理上应以促秧、促根和控制雌花节位为主，抢时搭好丰产架子，培养出适应低温条件的健壮植株，为安全越冬和年后高产打下基础。冬春茬属于长期栽培，一般要求黄瓜能提早出现雌花，以便有利于调整结瓜和长秧的关系，在温度管理上要依苗龄而定：第 1 片真叶以前采用稍高的温度进行管理，一般晴天上午保持 25～32℃，夜间 16～18℃。从第 2 片叶展开起，采用低夜温管理（清晨 10～15℃），以促进雌花的分化。5～6 片叶以后，温度应适当的高些，晴天上午 25～32℃，下午 23～30℃，夜间 18～14℃。

越冬期，即结瓜前期，大多数地区已进入严冬时节，光照越来越显不足，此时温度管理必须在前一阶段的基础上逐渐降下来，逐渐达到晴天上午 23～26℃，不超过 28℃；午后 22～20℃，前半夜 18～16℃，不超过 20℃，清晨揭苫时 12～10℃。特别是夜温一定不能过高。黄瓜瓜条是植株光合产物的最大分配中心，如果植株上没有瓜，初级光合产物分配不出去，就要以淀粉和碳水化合物的形式残留在叶片里，这些残留物对叶绿素的生理危害不仅降低光合速率，还引起叶片僵硬而提前老化和诱发霜霉病。解决的办法：一是打掉下部老叶，降低光合物质的生产量；二是提高夜温，尽量不使夜温过低，提高夜温首先可以促茎叶生长，使初级光合产物转化为植物结构物质，增加夜间呼吸消耗，使光合产物不至于过多地在叶片中残留积累。

越冬后，即春季盛瓜期，日照时间逐渐增长，日照强度逐渐加大，温度逐渐提高，黄瓜要逐渐转入产量的高峰期。此期温度管理指标要随之提高，逐渐达到理论上适宜的温度，即晴天 25～28℃，不超过 32℃；夜温 18～14℃，不超过 20℃。这种温度管理下的植株一般比较健壮，营养生长和生殖生长比较协调，有利于延长结瓜期和获得高产。进入 3～4 月份，为了抢行情，及早拿到产量，也有采用高温管理，晴天上午温度掌握在 30～38℃，夜温 21～18℃。高温管理须有一些基本的条件，一是品种必须对路，譬如密刺系列的黄瓜一般可实行这种管理；二是瓜秧必须是壮而偏旺的，瘦弱的植株往往不适应高温条件；三是必须大量施用有机肥和速效氮肥；四是必须有良好的灌水条件。

②放风管理。定植后的一段时间里要封闭大棚，保证湿度，提高温度，促进缓苗。缓苗后要根据调整温度和交换气体的需要进行放风。随着天气变冷，放风要逐渐减少。冬季为排除室内湿气、有害气体和调整温度，也需要放风。但冬季外温低，冷风直吹到植株上，放风量过大，容易使黄瓜受到冷害甚至冻害，所以，冬季放风一般只开启上放风口，放风中要经常检查室温变化，防止温度下降过低。春季天气逐渐变暖，温度越来越高，室内有害气体的积累会越来越多，调整温度和交换空气要求逐渐地加大通风量。春季的通风一定要与防黄瓜霜霉病结合起来。首先，只能从大棚的高处（原则不低于 1.7 米）开口放风，棚膜的破损口要随时修补，下

雨时要立即封闭放风口，以防止霜霉孢子进入室内。另外，超过32℃的高温抑制霜霉病孢子萌发，这也是在放风时需要考虑到的问题。当外界夜温稳定在14～16℃时，可以彻夜进行放风，要防雨入室内。

不论哪段时期，都要做到科学放风，调控大棚温湿度。晴天主要控制温度，温度在16℃时，空气相对湿度为100%；温度18℃时，相对湿度为85%，随温度的升高，湿度降低。白天，上午温度达到30℃时，开始放风，下午温度降到20℃左右时，留小风，温度降为13℃时，关闭通风口。傍晚到上半夜是黄瓜养分转化和运输的主要时期，此时温度以18～20℃最为适宜。下半夜植物呼吸作用加强，养分消耗较多，温度应控制在13～15℃，以减少呼吸作用。阴天主要是在保温的情况下控制湿度，早晨放风半小时，中午较热时放风1～2小时，傍晚放风半小时左右，之后盖草苫。

③水分管理。在浇好定植缓苗水的基础上，当植株长有4片真叶，根系将要转入迅速伸展时，应顺沟浇一次大水，以促根系继续扩展。随后转入适当控水阶段，直到根系膨大，一般不浇水，主要是加强保墒、提高地温，促进根系向深入发展。如果此时浇水过于频繁，南瓜根就会浮在近地表层，对以后的抗寒不利。结瓜以后，严冬时节即将到来，植株生长和结瓜虽然还在进行，但用水量要相对减少，浇水不当容易降低地温和诱发病害。天气正常时，一般7天左右浇一次水。以后天气越来越冷，浇水的间隔时间可逐渐延长到10～12天。浇水要在晴天的上午进行。

春季黄瓜进入旺盛结瓜期，需水量明显增加。此时灌水就不能只限于膜下的沟内灌，而是逐条沟都要浇水。浇水的间隔时间要随管理的温度不同而定，常规温度（白天温度25～28℃，不超过32℃，夜间18～14℃）下一般4～5天浇一次水；管理温度偏高的，根据情况可以2～3天浇一次水。嫁接苗根系扎得深，需要间隔一定时间适当地加大一次浇水量，把水浇透，以保证深层根系的水分供应。

空气湿度的调节原则是，嫁接到缓苗期宜高些，相对湿度达到90%左右为好。结瓜前适当高些，一般掌握在相对湿度80%左右，以保证茎叶的正常生长，尽快地搭起丰产架子。深冬季节的空气相对湿度控制在70%左右，以适应低温寡照的条件和防止低温高湿下多种病害的发生。入春转暖以后，湿度要逐渐提高，盛瓜期相对湿度要达到90%左右，此时，原来覆盖在地面的地膜要逐渐撤掉，而且大小行间都要浇明水。高温时必须高湿相配合，否则高温致害，不利于黄瓜的正常长秧和结瓜。

④追肥。冬春茬黄瓜结瓜期长达4～5个月，需肥总量多，但每次的追肥量又不宜过大，否则容易引起茎叶徒长。冬季的一大段时间里，黄瓜的生长量不大，又不能多浇水，追肥量大时极易引起土壤浓度过大，形成浓度障碍。冬春茬黄瓜的追肥按下面的规律进行：摘第1次瓜后追一次肥，亩用硫酸铵20～30千克；低温期一般15天左右追一次肥，每次亩追硫酸铵10～15千克加腐殖酸5～10千克；严冬时节要特别注意搞好叶面追肥，叶面喷肥不可过于频繁，否则会造成药害和肥害；春季进入结瓜旺盛期后，追肥间隔时间要逐渐缩短，追肥量要逐渐增大，每亩每次追尿素15～20千克；结瓜高峰期过后，植株开始衰老，追肥和浇水也要随之减少，以促使茎叶养分向根部回流，使根系得到一定恢复，以延长结瓜期。

⑤植株调整。吊蔓：栽培冬春茬黄瓜时，为了促进发育，保持根系旺盛的生命力，多采取不打顶任其自然生长的方法。冬春茬黄瓜一般要长到40～50节，大棚高度有限，生长一段时间就要把瓜蔓落下来。为了落蔓方便，一般都采用尼龙线披、布条吊挂或尼龙网支架，这样可大

大减少架材的遮光。吊挂尼龙线披或尼龙网时，尽量不和大棚拱架直接连接，独立支架。吊挂用的尼龙线应在上部多留出一部分，以便落蔓时继续用。

整枝：要及时搭架、绑蔓、掐尖、打杈、摘除黄叶和老病叶。绑蔓时要注意抑强扶弱，对易生侧枝的品种，在根瓜收后，可适当留些侧枝，留一瓜即摘心。对主蔓及时摘心，防止瓜秧占满棚室空间而影响通风透光，同时又可控制新生叶过多消耗养分，促使回头瓜的形成，一般在 25 片叶时摘心为宜。

落蔓：黄瓜生长中后期，受病虫危害、衰老等因素影响，植株下部叶片黄化，失去光合能力，出现无瓜区。为使植株能继续生长结瓜，常采取落蔓技术，即将植株整体下落，让植株上部有一个伸展空间继续生长结瓜。

具体做法：将下部无瓜光秃秧盘压在根周围(图 8-12)。落蔓时，使植株保持 12～15 片功能叶，蔓顶距棚膜保持 40 厘米左右，落蔓后把蔓的生长点均匀地分布在一个南高北低的倾斜面上，以利采光。此法能有效地延长黄瓜生育期，黄瓜的总产量可提高 30%以上。

利用黄瓜“回头瓜”增产增效。黄瓜的回头瓜，是指主蔓黄瓜采收末期，在植株中下部结的瓜。为了促生回头瓜，在黄瓜进入结果期后，应及时补充肥水，保持植株健壮生长。在主蔓瓜生长期间，用 0.2%的尿素加 0.3%的磷酸二氢钾溶液进行叶面喷肥，5～7 天喷一次，这是促生回头瓜的关键。主蔓结瓜数量减少时，减少浇水量，一般 10～15 天浇一次水。回头瓜膨大期间，应及时追肥浇水，促进回头瓜的生长，提高产量。回头瓜坐住后，每亩追施尿素 20 千克，每 3～4 天浇水一次。当主蔓达到棚室顶部时，及时将主蔓摘心，促进回头瓜生长。

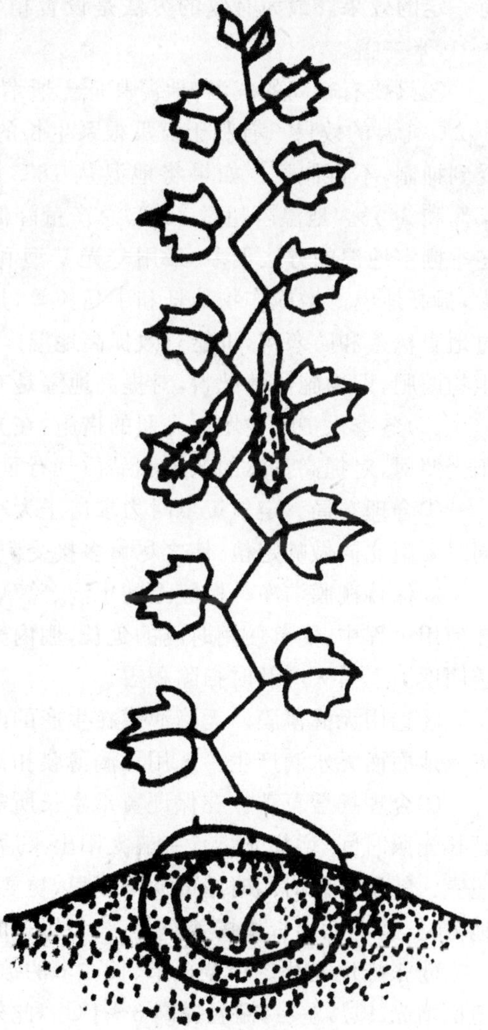

图 8-12　黄瓜落蔓

(5)采收：嫁接黄瓜育苗时温度不高，日照较短，有利于雌花的分化，加上嫁接使营养生长一时受到抑制，生殖生长旺盛，往往雌花发生早且多，影响瓜秧生长。如果定植后再遇上低温连阴天，营养生长严重受阻，要及早采摘下部的瓜，必要时还要大量疏掉瓜纽，以保证瓜秧正常生长，为以后拿产量打好基础。结瓜初期要适当早摘、勤摘，严防瓜坠秧。低温寡照到来以后，植株制造的养分有限，瓜坠秧的现象更容易出现，也必须早摘、勤摘。春暖以后，更要勤摘、早摘，充分发挥优良品种的增产潜力。

(6)黄瓜温度、光照管理中存在的误区：

①黄瓜需要的温度越高越好。一般来讲，黄瓜较为适宜的夜温 15～18℃，白天温度 32℃左右。当光照充足，气温达到 39℃时，光合作用

才能达到顶峰，51℃时，光合作用才会停止。38～40℃范围内，虽然光合作用强大，但呼吸作用同样强烈。光合产物的积累在26～30℃为宜，在此温度范围内，棚室栽培的黄瓜所需温度越高越好。较低的夜温有助于减少呼吸消耗，黄瓜的膨瓜主要以夜间为主，减少呼吸消耗，有利于膨瓜；夜温过高，呼吸消耗过多，阻碍膨瓜，降低产量。一般来讲，棚室夜间最低温度应在10℃以上，低于8℃应适度加温，确保不抑制生长和产生畸形花果。

②黄瓜耐弱光，不需要补光。黄瓜的光饱和点一般为5.5万～6万勒克斯，光补偿点为2 000勒克斯。在此范围内，光的强度越高，生长越健壮，产量越高。但在冬春季节大部分时间，光的最大强度仅为5万勒克斯左右。通过棚膜以后，光强减少两到三成，棚内光照一般在3万勒克斯以下。如遇上连续阴雨雪天气，光照在补偿点以下，黄瓜处于“饥饿”状态，对产量的影响是很大的。认为黄瓜耐弱光，不需要补光是错误的。冬春季节棚室黄瓜的光照严重不足，通过补充光照可显著提高产量。一般的做法是，经常擦拭薄膜，去除尘土，增加透光率。通过无色地膜覆盖，增强地面阳光反射，使下中部叶片接受较多的光照。通过设置后墙反光幕也有一定的效果。最为有效的方法是设置植物钠灯等补光专用灯，一般功率在300瓦以上，每8～10米一盏。

③只要有较高的气温，地温高低无所谓。黄瓜对地温的要求要高于气温。1℃地温要相当于2℃气温的效果。有利于黄瓜根系生长的最低地温是12～15℃，低于8℃时，主根和根毛都受到抑制，不再伸长。如果将地温从18℃提高到24℃，黄瓜的早期产量和总产量分别提高45%和34%。地温若超过32℃，总产量降低。因此，地温对黄瓜的作用远远大于气温。提高冬季棚室地温的方法很多：采用寿光Ⅴ型和寿光Ⅵ型冬暖大棚的建造方法，有利于热容量加大，提高地温。增施作物秸秆和牛马粪等，是一种利用酿热物提高地温的方法，效果较好。通过地膜覆盖和防寒沟，也能有效提高地温。在深冬季节，减少化肥施用量，尽量多施有机肥和生物菌肥，即增施热性肥料，对提高地温是有益的。

(7)冬季保护地中增加光照的措施：在光照时间短、强度低的冬春季节，使保护地内多接受阳光照射，对提高黄瓜的产量和品质具有重要作用。具体措施有以下几种：

①合理布局。定植黄瓜时力求苗子大小一致，使植株生长整齐，减少植株间的相互遮光。同时要南北向做畦定植，使之尽量多接受阳光照射。

②保持棚膜洁净。棚膜上的水滴、碎草、尘土等杂物，会使透光率下降30%左右。新薄膜在使用过程中，随着使用时间的延长，棚内光照会逐渐减弱。因此，要经常清扫，以增加棚膜的透明度。下雪天应及时扫除积雪。

③选用无滴薄膜。无滴薄膜在生产的配方中加入了几种表面活性剂，使水分子随薄膜面流入地面而无水滴产生。选用无滴薄膜扣棚，可增加棚内的光照强度，提高棚温。

④合理揭盖草苫。在保证黄瓜生长所需要的适宜温度的前提下，适当早揭和晚盖草苫，可延长光照时间，增加光量。一般太阳出来后0.5～1小时揭草苫、太阳落前半小时盖草苫比较适宜。特别是在时阴时晴的阴雨天里，更要适当揭草苫，以充分利用太阳的散射光。有条件的地方，安装电动卷帘机揭盖草苫，缩短揭盖时间，相对增加棚室内光照。

⑤张挂反光幕。用宽2米、长3米的镀铝膜反光幕，挂在棚室内北侧使之垂直地面，可使地面增光40%左右，棚温提高3～4℃。此外，在地面铺设银灰色地膜也能增加植株间的光照强度。

⑥搞好植株调整。及时进行整枝、打杈、绑蔓吊蔓、打老叶等田间管理，改善棚内通风透光

条件。

(8)越冬黄瓜如何应对阴雨雪天气：冬季阴雨雪天气，会造成保护地低温、高湿、寡照等不利于黄瓜生长发育的环境条件，尤其是连续低温雨雪天气，会给越冬黄瓜造成很大的危害。发生低温冷害的棚室黄瓜轻者植株生长停止、化瓜、形成花打顶，重者植株萎蔫死棵，提前拉秧。对于这种情况要尽可能地创造适宜黄瓜生长发育的条件，把损失降到最低。

①防寒保温，增加光照。当寒流和阴雨雪天气到来之前，要严闭棚室，夜间加盖整体浮膜(即盖草苫后，再覆盖一整体薄膜)，棚室后墙和山墙达不到应有厚度的，可在墙外加护草及薄膜等加强保温。必要时向阳面的棚室底脚夜间增盖一层草苫，以提高棚室内夜间的温度，甚至在严寒季节可以在棚前脸加盖麦草或其他覆盖物加强保温。

只要不下雨、不下雪，都要坚持拉开草苫，利用微弱的散射光增加棚内温度，补充光照，使黄瓜植株进行光合作用，避免黄瓜植株长时间处于黑暗状态，造成根、茎、叶生长严重失衡。此外，要经常清扫大棚棚膜表面，增加棚膜透光率，增强黄瓜植株的光合作用。

阴雨雪天气一般不放风。当棚内空气相对湿度超过85%时，可在中午前后短时间开天窗，小放风排湿。每天拉开草苫时间的长短可根据棚温的变化而定，揭开草苫后，若温度下降，应随揭随盖；若温度稍有回升，可以在下午2～3时以前把覆盖物重新盖好。要尽量减少出入棚室的次数，尽可能保持棚温。

持续阴天时间过长，就应在棚内设置灯泡提温增光。可在棚室中间，每间设置灯泡1个，若遇上雨雪天气，上午不能拉开草苫，应打开灯泡。若夜温过低，可在下午5时左右将灯泡打开，到夜间10时左右关闭，可提高棚温2～3℃。

②预防病害发生流行。很多病害都是在低温、高湿的条件下发生流行的，所以阴雨雪天气时降低棚内湿度是预防病害发生流行的最主要手段。在棚内温度低、不宜进行通风降湿时，可通过田间撒施草木灰的方法吸湿，降低棚内湿度，减轻病害的发生。病害发生后不宜采用喷雾的方法防治，应采用熏烟或喷粉尘剂的办法防治病害。使用滴灌对黄瓜浇水、施肥，能大大降低棚内湿度，减少病害的发生。

(9)冬季连阴天过后如何对黄瓜进行管理：连阴天过后，天气转晴时，不要急于将草苫全部拉开，要避免植株在阳光下直射而造成黄瓜植株萎蔫，要采取“揭花苫”的方法逐步增温增光，对受强光照而出现萎蔫现象的植株及时放草苫遮光，并随即喷洒10～15℃的温水，逐渐通风，防止闪秧闪苗。若保护地使用了卷帘机，可以通过分次拉帘的方法拉草苫见光，即第1次先拉开1/3，不出现萎蔫时再拉起1/3，第3次才将草苫全部拉开，让黄瓜有一段适应过程，防止植株急性萎蔫发生。

另外，若出现了受冻植株，可先通过喷温水(温度不能太高，可以掌握在8～15℃，根据当时的具体情况而定，受冻严重时，水的温度要稍低)的方法进行缓解，再用爱多收6 000倍液或纳米磁能液(黑龙江农王磁能新型生物肥料有限公司)2 500倍液进行叶面喷洒，以促进植株生长。

不良天气时坐下的瓜常因营养不良出现大批畸形瓜，可适当摘除一部分，同时对出现的弯瓜可以用吊小砖瓦的方式使其变直，提高瓜的品质。

当黄瓜出现了花打顶时，可以适当疏掉一些幼瓜，以利枝蔓伸长。另外，喷施植物生长调理剂丰收1号，也有利于增强黄瓜植株机体恢复。

连阴天后，黄瓜的根系会受到不同程度的伤害，降低对水分、养分的吸收能力，因而天气转晴后，可以喷施爱多收、丰产素等叶面肥，增加营养元素，也可以用甲壳素等灌根，补充营养，促进新根生成。

(10)怎样减轻大雾对黄瓜的影响：我国北方冬季经常出现大雾天气，大棚中的黄瓜生长发育受影响，特别是连续的大雾天气，严重影响大棚黄瓜的产量和品质。可以用以下方法减轻大雾的影响：

提高大棚的保温性能，如加厚墙体，挖防寒沟，提高大棚的高度，加大日光入射角，增加日光入射率，提高日光利用率。利用增温塑料薄膜、保温性能较好的草苫、大棚内利用无纺布进行双层覆盖、大棚北侧张挂反光幕等，提高冬暖大棚内的温度。

改善光照条件，人工补光。由于大雾天气仍有散射光可供黄瓜利用，所以只要温度条件许可，仍应及时揭盖草苫，让黄瓜见光，即使温度较低的时候，也不能连续几天不揭草苫，应在中午短时间揭草苫让黄瓜见光，防止长时间在黑暗环境中捂黄叶片。

及时喷施药物防治病害，在喷药时，加入0.2%磷酸二氢钾液和钙、锌、铁等叶面肥，补充植株的钾、钙素等供应，解决根系吸收障碍，防止植株缺乏上述肥料元素导致的症状发生。同时，可增加细胞液的浓度，增强植株的抗寒能力。

寒冬每20天喷施“硕丰481”1万倍液一次，促进光合作用进行，增强植株抗寒力，促进根系的生长发育。

连续大雾天突然变晴后，应在中午光照过强时，“隔一盖一”盖上草苫，下午再揭开，防止光照过强导致叶片萎蔫。

2. 大棚黄瓜早春茬栽培技术

(1)生育期间的环境特点及主攻方向：大棚早春茬黄瓜的育苗期是一年当中温度最低、光照最弱的时期，但育苗占地面积小，增温防寒方便。到了黄瓜定植以后，随着瓜苗的逐渐长大，光照逐渐增强，温度逐渐增高，室内的小气候与黄瓜生长所需要的条件相吻合，植株生长健壮，能获得高产。黄瓜的苗龄比其他果菜类短，结果早，采收期也早，加上春季是蔬菜的淡季，价格又好，所以，这茬黄瓜也是一年当中黄瓜种植的“黄金”季节。

1月是全年中低温、寡照环境条件最差的时期，在此时培育出适龄壮苗是生产成功的关键。加强苗期管理，培育优质壮苗是生产上的主攻方向。

(2)育苗：

①品种的选择。早春茬黄瓜同冬春茬一样，要求所选品种在低温和弱光下能正常结瓜。耐高温、高湿，结瓜能力强，结回头瓜多。抗病性好，对大棚环境的适应能力强，对管理条件要求不严，意外伤害后恢复能力好。目前生产上应用的绝大部分品种只限于密刺系统，包括原有的长春密刺、新泰密刺、山东密刺，以及津春3号、津优2号、津优3号、津绿3号、中农5号等。

②播种期的确定。早春茬黄瓜一般苗龄为45天左右，定植后约35天开始采收，从播种到采收历时80天左右。早春茬黄瓜一般要求在4月前后开始采收，以便到“五一节”前后进入产量的高峰期。由此推算，正常的播期应在12月下旬到翌年1月中下旬。

③温床法育苗。在大棚内采取电热温床法育苗。早春茬黄瓜育苗时采用一次播种育成苗的方式，即将出芽的种子播入营养钵或营养穴盘中，不再分苗。苗床要选择大棚采光条件较好的部位，一般每亩地需苗床20～25米^2。

黄瓜苗期温度一般不宜过高。如果温度过高，会延迟雌花的形成，提高第1雌花的节位，影响早熟性。一般白天控制在28℃，夜间17℃。

为了提早上市，应定植大苗龄苗。一般生理苗龄4～6叶1心，日历苗龄35～50天。具体苗龄长短应根据定植环境条件而定，一般地说，定植环境条件好的，苗龄可短些，反之长些。在出苗3～5天选苗一次，留下子叶肥厚、两面大小对称的壮苗。

(3)定植：定植日期为2月初至3月初。

栽植一般畦作或垄作，做畦做垄前应深翻地，施足基肥，一般每亩施充分腐熟的有机肥2 500～5 000千克，鸡粪、猪粪、马粪等都可以。畦一般成南北向，打成15～30厘米高畦，畦面70～80厘米，每畦栽两行，株距20～25厘米，作业道50～60厘米。垄作的应打成小垄、大垄，大垄栽苗，小垄为作业道，注意畦中间一定开个水沟，以备后期大量需水时，从畦面中间沟浇水。打垄或做畦时，每亩施磷酸二铵30千克和硫酸钾20千克左右作底肥。栽苗时，在畦面上开沟，将苗带坨按株距放入，稍加围土，然后在穴浇水，待水全部渗入后覆土，土盖没土坨上方1厘米即可。栽后2～3天在畦或垄上盖地膜。

(4)定植后的管理：

①环境调控。一般定植后数日内要紧闭风口，不通风。缓苗前白天温度保持在28～32℃，夜间温度在20℃以上。缓苗后温度适当降低，白天温度一般25～30℃，夜间16～18℃。阴天时，温度要相应降低，白天温度维持在20～22℃，夜间16～17℃。在对温度影响不大的情况下，尽量早揭和晚盖防寒保暖覆盖物，尽可能增加光照。在通风降温、排湿换气时，注意打开通风口，不要让冷空气直接吹向植株，以致植株骤然受冷而"闪苗"，影响生长发育。随着气温逐渐升高，通风量加大。

②肥水管理。春早茬栽培的前期，温度较低，每次浇水会引起降温，一般定植水浇后5～7天不再浇水。为了防止水分过量蒸发，可多次中耕，促进早发根。如果缓苗较慢，而又需浇水时，浇水量一定要小。如果缓苗很好，干旱缺水，应浇透水。根瓜长到大拇指长短前不浇大水，此后随着瓜的膨大，外界气温升高，需水量加大，浇水次数增加。

定植初期，大棚的前边空间小，易受外界低温的影响，因而前边的温度低，植株对水分的消耗也小于后边的。到后期，由于日照充足，气温升高，前边的地温随之升高，植株对水分的需求反而大于后边的，所以浇水上对此情况要区别对待。前期前边的浇水量要适当小，后期则加大。对地下水位高的大棚黄瓜栽培要比地下水位低的每次浇水量小些，浇水间隔时间长些。大棚东西两山墙附近，由于早晨或傍晚分别有一段时间遮光，此处黄瓜蒸腾水分和土壤水分蒸发量都小，且黄瓜长势也弱些，因此，各次浇水量都要小些(定植水除外)，阴雪天不浇水。

当根瓜采收后，随着瓜量增加，外界气温升高，浇水则由人行道引水浇灌。当主蔓已经摘心且顶瓜采收后，为了促使回头瓜产生，控制一段时间浇水，直到回头瓜开始发育时再恢复正常浇水。

一般自根瓜开始，需肥时可随浇水施肥。有机肥与速效肥交替施用较好，最好是随水追发酵好的人粪或鸡鸭粪。若追化肥，一般每1～2次水可施一次化肥，少量多次。化肥用硝酸铵、硫酸铵、尿素都可以，一般每次每亩10～15千克，尿素含氮高，量可小些。在结瓜后，补充钾肥对提高植株抗性、改善品质都是必要的，一般施硫酸钾。

③植株调整。吊架：当秧苗长至5～6叶时易倒伏，应用无色塑料绳吊架，吊架注意每次缠绕秧时不要把瓜码绕进绳里。

整枝绑蔓：绑蔓一定要轻，不要碰伤瓜条和叶片，影响生长。绑蔓时，使每排植株顶端最好处于同一高度上，以求得整体一致。具体做法是对生长势较弱的植株直立松绑，对生长势强的弯曲紧绑，用不同的弯曲程度来调整植株生长上的差异。每次绑蔓使“龙头”朝向同一方向，这样有规律的摆布能有效地防止互相遮光。绑蔓时顺手摘除卷须，以节约养分。对有侧蔓的品种，应将根瓜下的侧蔓摘除，其上侧蔓可留 1～2 个瓜摘心。一般主蔓长到 25 片叶时即可摘心。黄瓜生长中后期及时摘除基部老叶、黄叶、病叶，有利通风透光和减轻病虫害。

落蔓：大棚黄瓜的栽培时间比较长，一般采取以挂钩斜吊法为主的整枝法，不采取摘心或换头等技术控制其生长，所以黄瓜植株的高度一般都可长到 3 米以上。当植株顶到棚顶薄膜时，不仅影响薄膜的正常透光，植株间相互遮光，导致大棚内通风透光不良，而且在寒冷冬季容易造成黄瓜龙头遭受冻害，影响黄瓜的产量和品质，导致病害的发生和传播。为使黄瓜植株能继续生长结瓜，采取落蔓技术是行之有效的好方法，即将植株整体下落，让植株上部有一个伸展空间继续生长结瓜，实现大棚黄瓜的高产、高效、优质栽培。

落蔓时，先将瓜蔓下部的老叶和瓜摘掉，然后将瓜蔓基部的吊钩摘下，瓜蔓即从吊绳上松开，用手使其轻轻下落顺势圈放在小垄沟的地膜上（大棚黄瓜采用地膜栽培），瓜蔓下落到要求的高度后，将吊钩再挂在靠近地面的瓜蔓上，然后将上部茎蔓继续缠绕、理顺，尽量保持黄瓜“龙头”上齐。

落蔓应注意的问题：一是落蔓前 7～10 天最好不要浇水，以降低茎蔓组织的含水量，增强茎蔓组织的韧性，防止落蔓时造成瓜蔓的断裂。落蔓前要将下部的叶片和黄瓜摘掉，防止落地的叶片和黄瓜发病后作为病源传播侵染其他叶片和黄瓜。

二是落蔓时要选择晴天，且不要在上午 10 时前或浇水后进行，否则，茎蔓组织含水量偏高，缺乏韧性，容易折断或扭裂。落蔓的动作要轻，不要硬拉硬拽。要顺着茎蔓的弯向引蔓下落，盘绕茎蔓时，要随着茎蔓的弯向把茎蔓打弯，不要硬打弯或反向打弯，避免折断或扭裂茎蔓。瓜蔓要落到地膜上，不要落到土壤表面，更不允许将瓜蔓埋入土中，以避免黄瓜茎蔓在土中生不定根后，失去嫁接的意义。瓜蔓下落的高度一般在 0.5～1.0 米。保持有叶茎蔓距垄面 15 厘米左右，每株保持功能叶 15～20 片。具体高度应据黄瓜长势灵活掌握，若下部瓜很少，瓜秧长势旺，可一次多下落些，否则可少落些。注意保证棚内植株间高度相对一致，即东西方向高度一致，南北方向是北高南低趋势。

三是落蔓后加强肥水管理，促发新叶。追肥方式以膜下沟冲施肥法为宜。落蔓后要加强防病措施，根据黄瓜常发病害的种类，选用相应的药剂喷洒防病。落蔓后的几天里，要适当提高大棚内的温度，促进茎蔓的伤口愈合。茎蔓下部萌发的侧枝要及时抹掉，以免与主茎争夺营养。

（5）采收和病虫害防治：在正常管理条件下，雌花谢后 10～14 天即可采收。以后随着气温升高，瓜条发育速度加快，需勤收。此期主防害虫是蚜虫、白粉虱，主防病害是霜霉病、角斑病、黑星病，此外还有白粉病、枯萎病等。具体防治方法参照相关内容。

3. 大棚黄瓜越夏茬栽培技术

（1）生育期间的环境特点及主攻方向：此茬口多是为充分利用 5～10 月大棚闲置期而进行生产的，这一时期温度高、光照强，加之烟粉虱、白粉虱、美洲斑潜蝇等害虫危害非常严重，不适宜黄瓜正常生长，必须配合使用遮阳网、防虫网等辅助设施进行越夏茬黄瓜生产。在山东省寿光市这一茬多进行无刺微型黄瓜生产。

（2）育苗：

①选用优良品种。选择耐热、抗病、丰产及商品性状较好的品种。

②播种期的确定。越夏茬黄瓜多是为充分利用5～10月大棚闲置期而进行生产的，一般要求在6月前后开始采收，持续采收至9月中下旬。正常的播期应在4月上旬。

③冷床育苗。在大棚内采取冷床法育苗，即将出芽的种子播入营养钵或营养穴盘中，不再分苗。苗床要选择大棚采光条件较好的部位，一般育1亩地苗需20～25米^{2}苗床。越夏茬黄瓜育苗应把培育壮苗、防徒长作为管理重点。在3片真叶时，可喷施一次乙烯利，浓度为100～200毫克/千克，以增加雌花数量。

(3)定植：

①定植前的处理。前茬作物收后，棚膜不要撤掉，继续覆盖，留作夏季黄瓜种植用。夏季黄瓜栽培时，应将后顶风口全打开，棚前边膜掀起1～1.5米，最大限度地通风、对流、降温。棚顶部在晴天时加盖孔隙度大的遮阳网，所有风口及进出口处在定植前3天封30目左右防虫网，于夜间每亩用200克硫磺加75克敌敌畏进行熏蒸12小时。之后打开所有风口及进出口通风，2～3天后可进行定植。

②施肥。亩施优质猪圈肥5 000千克以上(用腐熟的鸡粪更好)，高效复合肥50～100千克，磷、钾肥40～50千克，有条件的增施豆饼肥或酵素菌肥。

③起垄栽培。夏季黄瓜一定要起垄栽培，栽植密度为每亩3 500株左右。

(4)定植后的管理：

①环境调控。5月上旬揭除大棚前裙膜，同时除去天窗通风膜，换上防虫网，保持冬暖大棚昼夜通风，使黄瓜结果多且品质好。6～8月期间大棚膜上覆盖遮阳网，达到降温目的。最好利用遮阳率60%的遮阳网，在晴天的上午9时至下午4时的高温时段遮盖，防止强光直射。在阴雨天或晴天上午9时以前和下午4时以后光线弱时，将遮阳网卷起来，既可防止强光高温，又可让黄瓜见到充足的阳光。

②水分管理。黄瓜根系发达，喜潮湿，需水量大，在盛果期高温伏旱时期，土壤相对湿度控制在90%左右为宜。此时若出现旱情，须及时灌水。另外，水分供应必须均匀一致，否则瓜条粗细不匀。遇干旱，虽然不至于植株死亡，但是植株结瓜少、化瓜多，且畸形瓜多，在炎热干旱的季节尤其如此。炎夏浇水应在早上或晚上，忌中午进行。尤忌忽干忽湿，以致果实畸形、纤维增加。

③追肥。越夏茬黄瓜容易徒长，应在生长前期避免偏施氮肥，开花结果期应加强追肥。第1次施肥在黄瓜的第1雌花出现后进行，每亩约施20千克三元素复合肥或400～500千克腐熟农家肥。黄瓜开花结果后再重施肥一次，一般每亩用三元素复合肥30千克。追肥在采收期后进行，一般每采收2～3次追肥一次，每次每亩用25～40千克的三元素复合肥。为延长盛瓜期，提高产量，每亩可用丰收1号(主要成分:有机质≥20克/毫升，甲壳胺≥5%)800～1 000倍液进行叶面喷施，每隔3～5天喷一次。也可叶面喷施多元复合有机肥，稀释500倍，喷叶3次。

④植株调整。黄瓜生长中后期落蔓时，蔓与地面接触会引起病害发生，甚至导致烂蔓死棵，影响越夏黄瓜的产量。为解决这一矛盾，可采用"诳蔓"法管理。诳蔓即折叠式落蔓，就是黄瓜龙头反复南北牵引，使黄瓜茎蔓保留在半空中，不与地面接触，从而实现矮化植株、延长结果期，不发生烂蔓死棵。

诳蔓简便易行，可操作性很强，并且还可保持植株垂直高度一致，便于田间管理。该方法还具有抑制茎蔓徒长、协调植株平衡生长的作用。诳蔓与传统的落蔓相比较，还有利于黄瓜瓜条的生长，使瓜条直，瓜色绿，商品性强。

当黄瓜长到七八片叶，植株高度达到50～60厘米高时进行吊蔓。在吊蔓前，除将与黄瓜植株对应的吊绳系在钢丝上并进行吊蔓外，还要在每行黄瓜南北两端各多系一条吊绳以备诳蔓使用。吊蔓时还应将黄瓜子叶及下部1～2片病叶、黄叶清出棚外，以减轻病害的发生。当植株长到170～180厘米高时，开始诳蔓。将定植行最北端的黄瓜龙头牵引绑到事先预留的北端的吊绳上，北端第2棵黄瓜龙头牵引绑到与第1棵黄瓜对应的吊绳上，向南依次类推，使植株垂直高度保持在130～140厘米。当植株垂直高度再次长到170～180厘米时，再将定植行最南端的黄瓜龙头牵引绑到事先预留的南端的吊绳上，从南端数第2棵黄瓜龙头牵引绑到与第1棵黄瓜对应的吊绳上，向北依次类推。

每次诳蔓时应结合落蔓进行摘叶，以减少病菌侵染，增强棚室的通透性。摘叶不可过多，以免造成光合产物供应不足，影响黄瓜的产量和质量。在黄瓜正常结瓜的期间，摘叶的原则是保证每棵植株至少保留15片功能叶。

(5)采收：夏季气温高，植株生长快，果实发育快，一般播种后50～60天就可采收。采收时宜早收勤收，以免坠秧，一般多以隔天采收为宜，盛瓜期可每天采收，以确保瓜条鲜嫩和瓜秧旺盛生长。

4. 大棚黄瓜秋冬茬栽培技术

(1)生育期间的环境特点及主攻方向：大棚黄瓜秋冬茬栽培，是北方黄瓜周年供应的重要环节。这茬黄瓜所经历的环境条件与冬春茬黄瓜所经历的环境条件恰相反，幼苗时期是高温季节，生长中后期转入低温期，光照也逐渐变弱。所以培育壮苗，生育中后期增温增光是生产上的主攻方向。

(2)育苗：

①品种选择。大棚秋冬茬黄瓜应选择既耐热又抗寒、长势强、抗病力强、产量高、品质好的品种。根据各地生产实践，津杂1号、津杂2号、夏丰1号、津研4号和秋棚1号等品种表现较好，可因地制宜地选用。

②播种期确定。大棚秋冬茬黄瓜播期的确定，应以经济效益和社会效益高度统一为前提，以深秋及初冬淡季供应市场为主攻目标，衔接大棚冬春茬、早春茬和越夏茬黄瓜。根据当地市场需要或销往外地市场的特点，避开越夏茬黄瓜产量高峰，于8月上中旬至9月上中旬播种为宜。在此期间，早播产量较高，晚播产量较低、价格较高。

③防雨棚穴盘护根育苗或直播。秋冬茬黄瓜育苗处在高温季节，所以不宜在露地育苗。大棚春季覆盖的聚氯乙烯薄膜，经过夏季膜面已经污染，透光率下降，揭开前裙膜，顶部开通风口，形成凉棚，可避免高温强光，对幼苗生长有利。如果大棚未覆盖薄膜时，可在露地扣小拱棚做育苗畦。小拱棚宽2米以上，高度超过1米，用旧薄膜覆盖，四周卷起，形成凉棚，进行穴盘护根育苗。

也可采用催芽直播的方法。直播虽省工，但苗子分散，管理不便，而且秋季多阴雨、易患病，因而目前仍以育苗为主。播种前种子用清水浸透后放入10%的磷酸三钠溶液中浸种20分钟，用清水洗净后播种。秋冬茬黄瓜花芽分化期基本上处于高夜温(15℃)、长日照(12小时以上)的条件下，雌花出现晚，节位较高。为改变这种情况，一般可在两叶期采用100～200毫克/千克的乙烯利喷洒一次。育苗期间温度高，蒸发量大，应及时补充水分，待苗长到3叶1心时及时定植。

(3)定植：秋冬茬黄瓜进入冬季后，温、光条件逐渐变差，若种植过密，相互遮挡，植株易早衰，影响产量。因此，定植密度不可过大，一般采取双行稀植，宽行80厘米，窄行50厘米，每亩保苗3 500株左右。

(4)定植后的管理：

①环境调控。秋冬茬黄瓜的管理，应着重利用前期适宜的光、温条件养好秧，后期才能高产。定植缓苗后已进入10月初，气温开始下降，10月上中旬开始扣膜。扣膜后棚温高、湿度大，易引起瓜秧旺长或病害发生，要注意大放风。一般晴天温度白天保持在25～30℃、夜间13～15℃，阴天白天保持在20～22℃、夜间10～13℃，昼夜最少要保持10℃的温差。随着气温的下降，要逐渐减少通风量。12月下旬夜间开始出现霜冻，要逐渐加盖草苫。植株在进入盛瓜期前，一定要控制好夜温，防止旺季化瓜。“立冬”后，气温下降快，日照变短，应尽量延长见光时间，早揭苫，晚盖苫。12月至次年1月，是一年中最冷的季节，应注意保温，晴天白天从上午10时到下午2时，室温均应在25℃以上，甚至可达32℃；夜间最低气温控制在8～10℃，同时应注意防止徒长。

②肥水管理。前期气温高、日照长，肥水应跟上，以促进长秧。定植后9～10天浇一次缓苗水，根瓜坐稳后，进行第1次追肥，每亩追施尿素15千克，以后每隔5天灌一次小水，10天追一次化肥。11月下旬后，要节制肥水，否则因地温低、根系吸收力弱，若连续阴天，易发生沤根。此时可叶面喷施0.2%的磷酸二氢钾溶液补充养分。

③植株调整。黄瓜长至6～7片叶时，应及时吊蔓，基部出现侧枝应及时去掉，以免影响主蔓结瓜。中部出现的侧枝要在坐瓜前留2叶摘心，以利于坐瓜。对下部开始失去功能的老叶、病叶要及时打掉，降蔓，以利于改善室内光照条件。当主蔓长到架顶时打顶，促进多结回头瓜。

(5)采收：采摘黄瓜一般在浇水后的上午进行。采收黄瓜不单纯是收获成果，同时要做到三看：一看植株生长状况。根瓜应适当早采，若植株弱小，可将根瓜在幼小时就疏掉。采腰瓜和顶瓜时，植株已长大，叶片已多，当瓜条长足时再采。一条瓜要不要摘，首先看采瓜后对瓜秧的影响，如果这条瓜的上部没有坐住的瓜，瓜秧长势又很旺盛，采后就可能出现瓜秧徒长，那么这条瓜就应推迟几天采收。如果瓜秧长势弱，这棵秧上稍大些的瓜可提前采收。通过采瓜来调整植株的生长，使营养生长和生殖生长同时进行。二看市场行情。秋冬茬黄瓜一般天越冷价格越高。为了促秧生长，待黄瓜价格高时提高产量，前期瓜多时可人为地疏去一部分小瓜，11月份天气好，可适当重采瓜。12月份后光照少、气温低，生长慢，摘瓜宜轻，尽量保持一部分生长正常瓜条延后采收。三看采瓜后是否要贮藏。这茬瓜在采收的前期，露地秋延后和大棚秋延后黄瓜还有一定的上市量，如果同时上市，势必影响价格，减少收入。为了不与其争夺市场，赶上好行情，可将采下的瓜进行短期贮藏。如果要贮藏的瓜在商品成熟范围内，应当在黄瓜的初熟期和适熟期进行采收，不能在过熟期采收。否则，在贮藏过程中，黄瓜易出现失水黄衰。如果瓜采下后不贮藏，直接到市场上出售时，可在适熟期和过熟期采收，让瓜条长足个头，增加黄瓜重量。

五、大棚黄瓜栽培新技术

1. 新建大棚土壤改良技术

新建的大棚属于“生茬地”，土壤中的病原物和有害物质也较少，种植瓜菜有优势。新建的大棚土壤瘠薄、肥力低，如何消除新建大棚的劣势是生产的重点。

(1)改土：新建大棚推土机等机械作业时，土壤原有的耕作层("熟土")基本上被推成了后墙，大棚内的土壤都是原有耕作层以下的土壤，也就是"生土"。如何改土是黄瓜高产的关键。根据土壤质地，可采用相应的措施改良。如果条件允许，可以适当地改良土壤组成，黏质的土壤，适当掺入沙土等；沙土则应掺入黏土，以改善土质。

(2)增肥：刚建好的大棚土壤中有机质、氮磷钾等营养元素较少，在第1年要加大肥料的使用量，提高土壤肥力。大量施用经过充分腐熟的粪肥等有机肥，均匀撒施后翻耕。鸡鸭等家禽粪肥养分含量高，每亩可施用15米^3；牛马等家畜粪肥养分含量低，但有机质含量高，对于改良土壤效果良好，每亩可施用25米^3。为了提高新建大棚土壤中有机质的含量，改良土壤，施用腐熟秸秆是一个很好的方法。将收获的玉米、小麦等的秸秆切至5～10厘米，浸透，加入秸秆重量3%～5%的尿素或相当数量的其他氮肥，然后加入专用的发酵菌种发酵，在1个月后完全发酵的秸秆成为优质的有机肥。对于黏质土壤来说，使用充分腐熟的鸡粪、牛粪等禽畜粪肥和秸秆改土效果非常好。另外，粪肥含氮量较高，在翻耕土壤时应配合施用化学肥料，每亩用高磷高钾的复合肥80～100千克，并视当地情况适量施入微肥。

(3)深翻：建棚过程中，推土机等机械和人工的碾压使土壤变硬变板，严重破坏了土壤原有的结构。通过深翻土壤，增施有机肥，可以较好地疏松改良土壤，利于黄瓜根系的生长。撒好肥料后，人工用铁锨翻两锨，使翻深达到40～50厘米，将施入的肥料深翻均匀。

(4)多施生物菌肥：因为是"生土"，土壤中有益菌缺乏，通过使用生物菌肥，可以快速地补充土壤中的有益菌，使其成为优势群落，促进瓜菜根系的健壮。新建大棚施用生物菌肥的用量较大，最好普施与穴施结合。在翻耕土壤之前，将部分生物菌肥随粪肥等一起撒到大棚内，深翻。定植时，在定植穴内再撒上部分菌肥。生物菌肥种类较多，新建大棚应主要施用含芽孢杆菌、毛壳菌、放线菌等的生物菌肥，如市场上的激抗菌968、龙珠、三忠、肥田生等系列的生物有机肥。

以上几种措施是相辅相成的，通过这几种措施的综合应用，可使新棚的劣势得到改善。

2. 黄瓜保护地土壤消毒技术

由于大棚等保护地设施的相对固定和保护地生产的多年连茬种植，常造成土壤和棚室中的病原菌、虫卵积累，病虫害越来越重。土壤消毒是控制土传病虫害的重要措施之一，已逐渐为广大菜农所接受。而消费者对无公害产品的追求，也对药剂防治提出了更高的要求。因此，必须更多地依靠农业综合防治措施，控制保护地内病虫害。

保护地土壤消毒主要是利用夏季的自然高温来杀灭土壤病原菌和害虫虫卵。一般利用保护地冬春茬和秋茬之间的空闲时间进行，在棚室育苗或定植前1个月操作。

(1)太阳能消毒：在保护地黄瓜采收拉秧后，清洁田园，多施充分腐熟的有机肥料，然后把地深翻平整好，在7～8月份，气温达35℃以上时，用薄膜覆盖密闭好棚室，土壤温度可升至50～60℃，甚至更高，经高温处理约1个月，就可大量杀灭土壤中的病原菌和虫卵，减轻下茬黄瓜土传病虫害的发生。

(2)蒸汽热消毒：用蒸汽锅炉加热，通过导管把蒸汽热能送到土壤中，使土壤温度升高，杀死病原菌。这种消毒方法要求设备比较复杂，只适合经济价值较高的茬口，并在苗床上小面积试用。

(3)药剂消毒：在播种前后将药剂施入土壤中，防止种子带病和土传病虫害的蔓延。目前常用的消毒药剂有 6 种：

①甲醛。每平方米用 50 毫升甲醛，加水 6～12 千克，播前 10～15 天用喷雾器在棚内土壤上进行喷洒，用薄膜密闭盖严，播前 1 周揭膜，使药液充分挥发。

②多菌灵。多菌灵杀菌谱广，能防治多种真菌病害，对子囊菌和半知菌引起的病害防治效果很好。用 50%多菌灵可湿性粉剂，每平方米用药 1.5 克，能有效防治黄瓜苗期的多种病害。

③百菌清。每平方米用 45%百菌清烟剂 1 克熏棚 5 小时，能有效杀灭黄瓜保护地内的多种真菌病害。

④波尔多液。每平方米用波尔多液（配比为硫酸铜∶石灰∶水为 1∶1∶100）2.5 千克，喷洒土壤，对黄瓜的灰霉病、褐斑病、锈病、炭疽病等效果明显。

⑤垄鑫。垄鑫是一种广谱性熏蒸杀线虫剂，兼治土壤真菌、细菌、地下害虫及杂草，作用全面而持久，防治效果达 95%以上。一般亩用 98%垄鑫 15～20 千克，撒施或沟施，深度 20 厘米，施药后立即覆土，盖地膜密封，熏蒸 10～15 天，放风 10 天左右。

⑥线克（威百亩）。把地深翻，做成畦，随水冲施，亩用 12～15 千克，后盖膜熏闷，连续闷杀 15 天，放气 2 天。既能杀灭线虫，又能杀灭土壤中的病菌。

（4）石灰氮消毒：石灰氮（氰氨化钙）是一种高效土壤消毒剂，产品主要有菌线克、庄伯伯、宁夏荣宝等，具有消毒、灭虫、防病的作用。

在夏季高温、棚室休闲期使用，每亩用麦草（或稻草）1 000～2 000千克，撒于地面，再在麦草上撒施石灰氮 50～100 千克，深翻地 20～30 厘米，尽量将麦草翻压地下层。做高 30 厘米、宽 60～70 厘米的畦，地面用薄膜密封，四周盖严。畦间灌水，浇足浇透。棚室用新棚膜完全密封，在夏日高温强光下闷棚 20～30 天。闷棚结束后将棚膜、地膜揭掉，耕翻、晾晒，即可种植。

石灰氮在土壤中分解产生单氰胺和双氰胺，这两种物质对线虫和土传病害有很强的杀灭作用。石灰氮中的氧化钙遇水放热，促使麦草腐烂。夏季高温，棚膜保温，地升温，白天地表温度可高达 65～70℃，10 厘米地温高达 50℃以上，可以有效杀灭土壤中各种病虫害和杂草。

3. 黄瓜袋装无土栽培技术

袋装无土栽培技术是指用基质代替天然土壤，根据不同蔬菜作物所需的营养配方使用营养液灌溉植物根系的一种无土栽培技术。该技术从荷兰引进，目前在山东寿光洛城绿色食品基地已有应用，并取得很好的经济效益和社会效益，也为我国发展无公害、绿色蔬菜生产开辟了一条新的路子。黄瓜袋装无土栽培技术措施包括：

（1）配套设施及栽培系统：袋装无土栽培系统要充分发挥其作用和效果必须配套保护设施，即在保护地中栽培，而且环境最好有一定的调控能力。必须有充足的水源。如用旧大棚改造，则必须彻底清理干净，进行高温闷棚，同时用臭氧或紫外线充分消毒。

栽培系统包括栽培袋、灌溉系统、栽培基质和营养配比（图 8-13）。栽培袋可选用外白内黑的双色聚乙烯膜制成直径 25 厘米、长 1 米的袋子，南北向双行排列，铺聚乙烯膜与土壤隔离。栽培袋上部均匀地划开两个“十”字小孔以备定植用，下部距底 5～10 厘米处开一个小圆孔作为过剩营养液排泄孔。

灌溉采用滴灌，每两行栽培袋之间铺设滴灌支管一条，每个定植孔处设一个滴孔，其他供水管道可用金属或塑料管，滴灌压力可利用水泵或重力差来解决。

栽培基质：稻壳∶石英岩＝3∶1。

肥料配比，首先要对灌溉水进行化验分析，根据水质成分制定营养液配方。大棚黄瓜营养液配方：硝酸 390 毫升/米^3、磷酸二氢铵 144 克/米^3、硝酸钾 607 克/米^3、硫酸钾 65 克/米^3、Fe-EDDHA6.5 克/米^3、Mn-EDDHA3.9 克/米^3、硫酸锌 1.4 克/米^3、硼酸 2.4 克/米^3、Cu-EDDHA0.3 克/米^3、硫酸钠 0.1 克/米^3。营养液电导率为 3。

(2)栽培管理：当袋装无土栽培所要求的设施和栽培系统都准备好以后，就可进入栽培管理阶段。

①育苗。采用穴盘育苗(3 厘米×3 厘米)有利于避免土壤传病，基质选用草炭土。将处理过露白的黄瓜种子进行播种育苗，每个穴盘 1 粒种子，然后用草炭土覆盖。当幼苗 5～6 叶 1 心、株高 15～20 厘米、苗龄 30～40 天时，即可定植入栽培槽中。

图 8-13　黄瓜袋装栽培

1.主管　2.栽苗孔　3.栽培袋　4.毛管　5.滴灌　6.支管

②定植前的准备。将基质按比例调好，每 4 米^3 基质中混入 250 毫升亿安神力(光合菌、酵母菌、乳酸菌、放线菌、芽孢杆菌等菌群组成)发酵 7～10 天后装袋，按一定行距摆放整齐。

③定植。将幼苗定植在栽培袋中，每袋两株，最好互相交错，定植后要立即滴营养液。

④日常管理。与一般栽培方式相同，根据不同蔬菜作物进行温湿度控制。

⑤灌溉。要视温湿度情况定期滴灌，也可采用电脑自动控制。

⑥病虫害防治。可采用臭氧防治仪或紫外线杀毒仪进行灭菌，用防虫网封闭放风口防止害虫传播。

(3)袋装无土栽培成本与效益分析：

①生产成本。袋装无土栽培系统每亩投资为：袋膜1 200个×2 元=2 400 元，隔离膜1 000元，滴灌设备6 000元，稻壳 2 025 元，石英岩 1 200 元，亿安神力 200 元，营养液 1 750 元。由于栽培系统建好后可多年使用，根据不同使用年限折旧后，每年的生产成本约为5 000元。

②经济效益。以拉迪特黄瓜为例，亩产 10 吨，由于通过袋装无土栽培生产出的黄瓜品质好，市场平均价 3 元/千克，则销售收入为 3 万元，扣除生产成本 5 000 元及棚膜、人工等费用5 000元，则亩纯收入为 2 万元，利润相当可观，发展前景广阔。

4. 大棚黄瓜膜下滴灌技术

(1)膜下滴灌的供水形式:大棚滴灌的供水一般应选择以下几种形式。

①压力罐供水。对于大棚多而又集中的片区,一般采用压力罐集中加压,压力罐安装在水泵和滴灌之间,可在无人控制下保证管网连续工作,棚内不再另设加压设备。在水源处设置旋流水沙分离器和筛网过滤器组成的过滤设施。压力罐供水一次性投资小、管理方便,但增加了灌溉运行的费用。

②单棚小泵供水。在大棚外附近建 5～7 米^3 地埋式蓄水池,用机井集中向池中供水,滴灌时单棚装微型水泵加压,并在滴灌首部装过滤器等。就整体计算,投资较大。就每个大棚来说易建易管。

(2)膜下滴灌的应用:

①滴灌毛管的选用。黄瓜根系发育范围小,对水分和养分的供应十分敏感,要求滴头布置密度大,毛管用量多,因而毛管选用价格较低的滴灌带,可有效地降低滴灌造价,且运行可靠,安装使用方便。

②膜下滴灌的布置。在滴灌进棚前,应顺棚跨度起垄,垄宽 40 厘米,高 10～15 厘米,做成中间低的双高垄,滴灌带放在双高垄的中间低凹处,垄上覆盖地膜。双高垄的中心距一般为 1 米,因而滴灌毛管的布置间距为 1 米。滴灌毛管的每根长度一般与棚宽(或棚长)相等,对需水量大的黄瓜有时也布置两道。支管布置一般顺棚的后墙(或顺棚跨)长度与棚长(或棚跨)相等。在支管的首部安装施肥装置和二级网式过滤器等(图 8-14)。

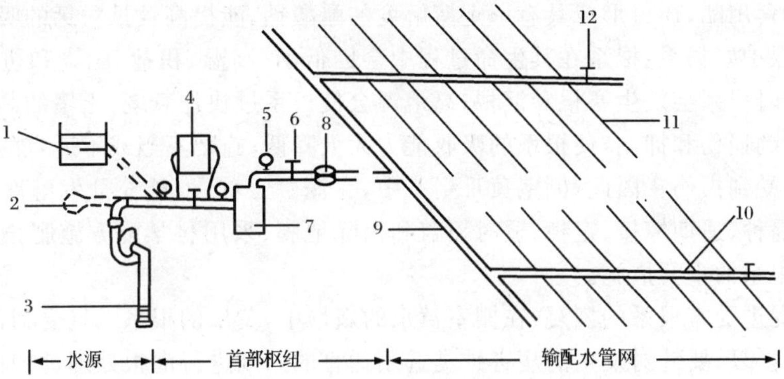

图 8-14　膜下滴灌系统

1. 储水器　2. 供水管　3. 水泵　4. 施肥器　5. 压力表　6. 阀门　7. 过滤器　8. 水表　9. 干管　10. 支管　11. 毛管　12. 冲洗阀门

③滴灌黄瓜的效益。大棚膜下滴灌一般比大水漫灌节水 70%左右,大幅度降低棚内湿度,减少病虫害,提高黄瓜的品质;比大水漫灌棚温高,鲜菜可提前上市半个月。大棚膜下滴灌黄瓜可增产 20%～40%,投资回收期一般为 4～6 个月。

(3)膜下滴灌的管理:

①规范操作。要想达到黄瓜滴灌的最佳效果,设计、安装、管理必须规范,不能随意拆掉过滤设施和在任意位置自行打孔。

②注意过滤。大棚膜下滴灌黄瓜,要经常清洗过滤器内的网,发现滤网破损要更换,滴灌管网发现泥沙应及时打开堵头冲洗。

③适量灌水。每次滴灌时间长短要根据缺水程度和黄瓜品种决定,一般控制在 1～4 小

时。

5. 大棚黄瓜根系培育技术

俗话说“根深才能叶茂”，培育发达且具有旺盛生命力的根群，是保证黄瓜获得高产优质的重要措施之一。

(1)深翻土壤，增施充分发酵腐熟的有机肥：对土壤进行深翻是消除土壤板结、增加活土层的基础。在深翻的同时，大量施入充分发酵腐熟的有机肥，不仅可以给黄瓜提供长效多元素的营养，同时还可以改良土壤结构，提高土壤理化性能，为黄瓜的生长提供具有良好通透性和缓冲能力的土壤条件。

(2)培育多根苗和护好幼苗根系：黄瓜的基本根系是在育苗期形成的。育苗期间，培育根系发达的秧苗，并在育苗过程和移栽时，保护好根群，不仅可提高成活率，缩短缓苗期，也为早熟高产奠定良好的基础。从护根的角度来看，因为黄瓜根系木质化程度高，发生木质化时间早，伤根后难以再生，所以采用穴盘、营养钵、塑料筒或纸袋等容器育苗是非常必要的。同时，黄瓜茎基部有生不定根的能力，尤其是幼苗，生不定根的能力强，不定根有助于吸收肥水。采取有效措施，创造适宜诱根环境，促其根原基发育成不定根，有助于植株生长发育。育苗期间的“炼苗”、定植后的“蹲苗”都可以诱发新根的产生和深扎。

(3)采用科学配方施肥技术：不同的肥料对根系的发生与发展作用是不一样的。如钙直接影响根尖分生组织的成长，锌决定根尖的生长速度，磷能促进根系细胞的分裂、增殖和伸展。因此，在苗床、栽培地施肥时都要注意施用过磷酸钙和硫酸锌。如果在使用过磷酸钙肥料时添加一定数量的食用醋，还可形成具有一定溶解度的醋酸钙，能提高黄瓜对钙的吸收利用率。

(4)注意保护好根系：根系在其生命过程中会因低温、高温、积盐、肥烧和机械损伤等受到伤害。低地温时根系会发生寒根和沤根；高地温会使根系过快地衰老；土壤的高溶液浓度会使根尖和根毛受到损伤和抑制，使根系的吸收能力大大降低；施肥不当或不适宜的中耕松土可能会直接使根系受到损伤。因此，棚室黄瓜生产中，在深翻土壤、增施充分发酵腐熟的有机肥的基础上，适时播种、适期嫁接、定植、适时覆盖和揭除地膜、采用科学配方施肥技术和中耕松土等，都是保护根系的重要措施。

(5)及时促进受害根系的恢复：在棚室黄瓜的栽培中，黄瓜的根系一旦受到伤害，要尽快采取措施促使其恢复，要针对发生的病害种类选用适宜的药剂进行灌根处理，同时加入生根壮苗剂促发新根。

六、黄瓜病虫害防治

1. 侵染性病害

(1)黄瓜霜霉病：

①症状和流行规律。霜霉病俗称“黑毛”或“跑马干”，具有发病快、危害大、易流行等特点，是黄瓜最主要的病害之一。发病初期，叶面出现水渍状斑点，逐渐变黄绿色。病斑扩大后，受叶脉限制呈多角形斑块，最终变成黄褐色，病斑连片，叶片枯死。空气湿度大时，病叶背面生成一层黑霉，在干燥环境或喷药后霜层易消失。此病一经发生后，蔓延很快，病叶枯黄，瓜条生长缓慢，早衰减产，甚至毁园。病原真菌在土壤中越冬孢子或气传孢子为霜霉病的初侵染源。一般气温 16～20℃，叶面结露或有水膜；温度 20～26℃，空气相对湿度 85％以上，是霜霉病菌生

长的最适条件。因此，天气忽冷忽热，空气潮湿，昼夜温差大，将预示着霜霉病的发生与蔓延。

②防治方法。农业防治：与非瓜类作物进行5年以上轮作；定植前大棚用5%百菌清烟剂熏蒸；栽培畦定植前用25%瑞毒霉可湿性粉剂750倍液喷淋。

生态防治：叶面上凝结的水珠是霜霉病等病发生的先决条件，叶面结露再加上适宜的温度，病害就会迅速蔓延。根据病害发生规律和黄瓜对温湿度的要求，在上午、下午、前半夜和后半夜进行不同的温、湿度管理，可有效地控制病害发生。具体做法是：早上在室外温度允许的情况下，放风1小时左右排除湿气；上午密闭棚室，温度提到28～32℃(但不超过35℃)，利于黄瓜进行光合作用，并抑制霜霉病、黑星病、灰霉病的发生；中午、下午放风，温度降至20～25℃、相对湿度65%～70%；夜间不通风，相对湿度上升到80%以上，因温度降到11～12℃，限制了病菌的萌发，并且利于黄瓜植株减少消耗、积累养分。选晴天早上浇水，浇后密闭棚室，温度提到40℃左右，闷1～2小时后放风排湿，晚上放风降温，使黄瓜叶上没有水滴或水膜。

营养防治：当黄瓜植株内可溶性氮和含糖量降低时，霜霉病就发生，如果在短期内向黄瓜叶面喷布尿素和糖，就可以提高体内汁液的浓度，大大减轻病害的发生。具体方法为：尿素0.2千克+糖0.5千克，对水50千克，在生长盛期每隔5天喷一次，连续喷4～5次，一般早晨喷于叶背面。

物理防治：霜霉病菌在28℃以上时不利侵染，45℃时就停止活动而渐渐死亡。因此，可进行高温闷棚抑制和杀灭病菌，控制病害的发生。具体做法是：在准备闷棚的头一天灌足水，并适当提高夜温，减少地温散失，有利瓜秧忍受高温。闷棚前喷施一次杀菌剂，因为在高温时病菌抵抗力低，能最大程度发挥药效。闷棚必须在晴天进行，早晨揭苫后封严大棚，事先不能放风排湿，避免闷棚时的高温灼伤上部叶片。闷棚时在棚内中部的黄瓜秧生长点的高度，分前、中、后各挂上一支温度计。到上午9～10时棚内温度急剧上升，然后每隔15～20分钟观测一次温度，当温度上升到45℃时就开始记，连续2小时保持在45℃，最高不得超过47℃。同时还要观察瓜秧的表现，当温度升到44～45℃时，生长点以下的3～4片叶应当向上卷，生长点斜向一侧，说明正常，可继续闷下去。当温度超过45℃，闷棚的时间又没到2小时，不可以开通风口放风降温。因为放风的同时要排出大量湿空气，如果继续闷棚就要灼秧。闷棚时间到达后，一定要从顶部慢慢加大放风口，使室温缓慢下降。高温闷棚一次，一般可控制黄瓜霜霉病7～10天，应根据病情每隔10天左右闷棚一次。闷棚后可以从病斑及霉层上判断其效果：病斑呈黄色干枯状，病斑背面霉层干枯或消失，说明效果好，病情得到控制。若病斑周围出现不规则水浸状黄绿斑、叶背面霉层新鲜呈灰黑色，说明效果不好，病情仍在发展扩大中，应查找原因，迅速采取其他防治措施。

药剂防治：用5%百菌清粉尘剂，每亩喷1千克，每8～10天喷一次，共喷4～5次。在中心病株初见时立即用20%百菌清速克灵复合型烟雾剂烟熏防治，每亩用药250克，隔7天熏一次，连熏4～5次。霜霉病初发期，发现中心病株后，在碗中配制杀毒矾或百菌清等药液，浓度为正常喷施浓度的2～3倍，将病叶整片浸入药剂中1～2秒，2～3天后病斑干缩，这种方法可使病叶继续留在植株上，不减少光合面积，同时又避免了喷雾造成棚内湿度过大。采用72%杜邦克露600倍液，或72%普力克600倍液喷雾，发病初期每5～7天喷一次，连喷2～3次。

(2)黄瓜枯萎病：

①症状和流行规律。黄瓜枯萎病又叫蔓割病、萎蔫病，是黄瓜的重要病害之一。黄瓜从幼

苗到成株都可发病，以开花到结果期发病较重，田间发病率 10%～30%。大棚黄瓜受害严重，常造成全株枯死，水分不能通过导管向上运输，引起叶片从下而上逐渐萎蔫，中午明显，早晚恢复正常，2～3 天后不再恢复，叶片全部萎蔫下垂，植株死亡。病茎基部稍收缩，常纵裂，表面流出粉红色胶质物。潮湿时，根部腐烂，易拔起。幼苗发病时，有的不能出土即腐烂，有的出土不久顶端出现失水状，子叶萎蔫下垂，茎基部变褐收缩，发生猝倒。病原真菌在土中病株残体上越冬，生活力很强，可存活 5～6 年，种子和未腐熟的畜粪也能带菌。通过灌溉水、雨水和昆虫传播，从植株伤口或根毛处侵入，在维管束内寄生，阻塞导管，分泌毒素引起发病。

②防治方法。农业防治：与非瓜类蔬菜实行 3 年以上轮作。采用嫁接换根栽培，以黑子南瓜作砧木，可预防发病。利用夏季保护地休闲期间对土壤进行高温消毒。掌握小水勤浇，切忌大水漫灌，最好采用膜下滴灌。发现病株立即连根带土拔除，并带出田外深埋或烧毁，同时在病穴及四周灌注 20%石灰乳或 40%代森铵乳剂 400 倍液，进行土壤消毒，以减少菌源。在早晨露水未干时，向植株根部撒施石灰和草木灰混合粉(1 份石灰与 3～4 份草木灰混匀)。

药剂防治：播种前用 50%多菌灵可湿性粉剂，或 50%福美双可湿性粉剂拌种，用药量分别为种子重量的0.1%和 0.4%，或用福尔马林 100 倍液浸种 30 分钟，清水洗净后催芽播种。定植前穴施或沟施甲福混剂(70%甲基托布津与 50%福美双等量混合药)，加 50 倍细土配成的药土，每亩施药 2.5 千克，防效显著。选用 40%抗枯灵，或 95%敌克松可溶性粉剂 750 倍液，或 10%丰利农 400～500 倍液，或 30%DT 杀菌剂 300 倍液，或 10%双效灵水剂 300 倍液灌根，每株灌 250～500 毫升，每隔 7～10 天灌一次，共灌 2～3 次。最好在黄瓜开花坐果期用 90%晶体敌百虫 500 克加 50%甲基托布津可湿性粉剂，或 50%多菌灵可湿性粉剂 500 克，对水 60 升灌根，每株灌 200 毫升，7～10 天灌一次，连灌 2 次可控制病情发展。用甲福混剂每 50 克加面粉 500 克调成药糊涂在发病黄瓜茎基部。

(3)黄瓜疫病：

①症状和流行规律。黄瓜疫病俗称“死藤”、“烂蔓”，苗期、成株期均可发病。苗期发病，多从嫩茎生长点上发生，初期呈现水渍萎蔫，最后干枯成秃尖状。叶片上产生圆形或不规则形、暗绿色的水渍状病斑，边缘不明显，扩展很快，湿度大时腐烂，干燥时呈青白色、易破碎，茎基部也易感病，造成幼苗死亡。成株期发病，主要在茎基部或嫩茎节部发病，先呈水渍状暗绿色，病部软化缢缩，其上部叶片逐渐萎蔫下垂，以后全株枯死。瓜条发病时，形成暗绿色圆形凹陷的水浸状病斑，很快扩展到全瓜，病瓜皱缩软腐，表面长出灰白色稀疏的霉状物。地上部症状和枯萎病相似，区别方法为：剖开根、茎部导管，变黑褐色为枯萎病，不变色的是疫病。黄瓜疫病属土传病害，病原真菌在土壤或有机肥中越冬，主要通过雨水或灌溉水传播。病原菌可直接从表皮侵入，寄主染病后，病斑上的菌丝在水中约 6 小时就可产生孢子囊和游动孢子，又靠雨水或灌溉水进行再侵染。据报道，温度 25℃左右，在有水滴存在的条件下，病菌侵染循环一次只需 20～25 小时。所以黄瓜疫病在雨季或浇水时蔓延很快。

②防治方法。农业防治：与非瓜类作物实行 3 年以上轮作。使用嫁接苗，用黑子南瓜作砧木，防效达 90%。采用高畦栽培，可避免根部接触水，再覆盖地膜，可减少土壤病菌或灌溉水飞溅到植株上，以减轻病害的发生。苗期控制浇水，进入结瓜期后应保证供水，如发现有病株，适当停止浇水，降低土壤湿度，控制病害蔓延。发现病株马上拔除，带出田外深埋或烧毁，减少病菌在田间传播。

药剂防治：用 64%恶霜锰锌可湿性粉剂，或 50%甲霜酮可湿性粉剂，或 72%霜疫清可湿性粉剂，或72%克露可湿性粉剂，每平方米8克，加15千克干细土拌匀后，均匀施入苗床内，进行土壤消毒。每亩用硫酸铜250克，随水浇入沟内，一茬黄瓜使用3次，可控制病菌传播。发病初期可用64%恶霜锰锌可湿性粉剂400倍液，或72.2%普力克水剂600～800倍液，或72%霜疫清可湿性粉剂，或72%克露可湿性粉剂600倍液，隔6～7天喷一次，连喷3～4次。

(4)黄瓜灰霉病：

①症状和发病规律。黄瓜灰霉病是大棚冬季黄瓜生产最重要的病害之一。成株期发病，主要危害瓜条，也可危害叶片和茎。病菌主要从开败的雌花花瓣侵入，造成花腐烂，并长出灰色霉层，进而危害柱头，然后向瓜条扩展。果实发病开始瓜皮呈灰白色水渍状，病部逐渐变软、腐烂，出现大量的灰色霉层。被害幼瓜轻者生长停滞，严重时瓜条腐烂脱落。如病花、病瓜落在叶片和茎上，则引起叶片和茎发病。叶片病斑呈“V”字形，有轮纹，后期也生灰霉。茎主要在节上发病，病部表面灰白色，密生灰霉，当病斑绕茎一圈后，茎蔓折断，其上部萎蔫，整株死亡。病原真菌主要以菌丝体、分生孢子在病残体上越冬，或以菌核在土壤中越冬。分生孢子借气流、灌溉水和田间操作传播。花期是病菌侵染的高峰期，幼瓜膨大期浇水后，因湿度大而使病瓜猛增，是烂瓜的高峰期。发病的适温20℃左右，相对湿度70%时病害开始发生，相对湿度达90%以上时发病严重。

②防治方法。农业防治：使用无滴膜，及时清洁棚面尘土，增加光照。适时灌水，不要大水漫灌，切忌阴天灌水，防止湿度过大。寒流来临时做好保温工作。黄瓜凋萎后的花瓣应及时摘除，装在塑料袋内，带出野外深埋或烧毁，可明显减少病菌在田间传播。收获后彻底清除病残体，并深埋15厘米以上，将表土菌核翻入底层，减少初侵染菌源。重病地块可在盛夏休闲时深埋灌水淹田，并将水面漂浮物捞出深埋或烧掉。

药剂防治：定植前几天，用50%万霉灵可湿性粉剂800倍液向苗床喷洒，做到瓜苗带药定植。选用50%速克灵1 500倍液，或50%灰霉宁500～800倍液，或50%扑海因可湿性粉剂1 000倍液，或50%农利灵可湿性粉剂1 000倍液，从黄瓜花期开始喷药，着重喷花，每7天喷一次，连续3～4次。发病前用速克灵烟剂，或25%多霉清烟剂，或3.5%特克多烟剂，每亩每次250克，密闭烟熏防治，傍晚进行，每7天一次。

(5)黄瓜白粉病：

①症状和发病规律。黄瓜白粉病俗称“挂白灰”，各地普遍发生，是保护地黄瓜栽培中的重要病害之一，从苗期至收获期均可发生，主要危害叶片、叶柄，茎次之，瓜受害最轻。发病初期叶面或叶背产生白色近圆形的小粉斑，环境适宜时，逐渐扩大成边缘不明显的连片白粉斑，上面布满白色粉末状的霉，病叶枯黄发脆，但不易脱落。有时(秋季多见)病斑上出现散生或成堆的小黑点。叶柄与嫩茎上的症状与叶片相似，但白粉较少。病害逐渐由植株下部往上发展。白粉后期可变成灰白色或红褐色，严重时植株枯死。在低温干燥地区病原真菌以闭囊壳随病残体在土壤中越冬，在保护地或较温暖的地区以菌丝体在黄瓜植株上越冬。病菌产生分生孢子借气流或雨水传播，露地田间湿度大，温度16～24℃时该病易流行，高温干旱病情受抑制。保护地湿度大，空气不流通，比露地发病早且重。

②防治方法。农业防治：与非瓜类作物进行3年以上轮作。收获后彻底清除病残体，烧毁或深埋。定植前每100米^{3}空间用硫磺粉200～250克、锯末500克掺匀，密闭熏一夜。定植后注意通风透光，降低棚内湿度，及时供应肥水，防止植株徒长或脱肥早衰。

药剂防治：发病初期喷洒27%高脂膜乳剂50～100倍液，或2%农抗120水剂，或2%武夷霉素水剂 200 倍液。白粉病对硫特别敏感,可选用 40%多硫胶悬剂 800 倍液,或 40%硫酸胶悬剂 500 倍液,或 25%三唑酮可湿性粉剂2 000倍液,或 20%三唑酮乳油1 500倍液,或12.5%腈菌唑乳油5 000倍液,每 7～10 天喷一次,连喷 2～3 次。

(6)黄瓜黑星病:

①症状和发病规律。黄瓜黑星病是一种世界性检疫病害。近几年来,随着我国保护地生产的发展,黄瓜黑星病在我国部分地区危害严重。幼苗染病,子叶上产生黄白色圆形斑点,子叶腐烂,严重时幼苗整株腐烂。稍大幼苗刚露出的真叶烂掉,形成双头苗、多头苗。侵染嫩叶时,起初为近圆形小斑点,进而扩大为 2～5 毫米淡黄色病斑,干枯后成黄白色,易穿孔,边缘呈星纹状。嫩茎染病,初为水渍状暗绿色梭形斑,后变暗色、凹陷龟裂,湿度大时病斑长出灰黑色霉层。生长点染病,心叶枯萎。卷须染病则变褐腐烂。瓜条染病,起初为圆形或椭圆形褪绿小斑,病斑外溢出透明胶状物,后变为琥珀色,凝结成块,以后病斑逐渐扩大、凹陷,胶状物增多,堆积在病斑附近最后脱落。湿度大时,病斑部密生烟黑色霉层。接近收获期,病斑多呈疮痂状,空气干燥时龟裂,病瓜一般不腐烂。幼瓜受害,病斑处组织生长受抑制,引起瓜条弯曲、畸形。病原真菌以菌丝体与病株残体在田间、土壤、棚架中越冬,成为翌年侵染源,也可以以分生孢子附在种子表面或以菌丝体潜伏在种皮内越冬,成为近距离传播的主要途径。田间主要靠雨水、气流和农事操作传播。病菌从叶片、瓜条、茎蔓表皮直接穿透,或从气孔和伤口侵入,潜育期一般大棚 3～6 天,露地 9～10 天。该病菌在空气相对湿度 93%以上、日均温度 15～30℃较易产生分生孢子。因此,当棚内最低温度在 10℃,相对湿度在下午 6 时到翌日上午 10 时高于 90%,而棚顶及植株叶面结露,是该病发生和流行的重要条件。大棚黄瓜一般在 2 月中下旬就开始发病,到 5 月以后气温高时病害依然发生。

②防治方法。农业防治:加强植物免疫,在未发病地区应严禁从疫区调入带菌种子,应从无病植株采种,防止病害传播蔓延。选用抗病品种,如津春 1 号、中农 13 号等。播前用温汤浸种或用 50%多菌灵可湿性粉剂 500 倍液浸种 20 分钟,可获得较好的防治效果。定植前用烟雾剂熏蒸空棚,杀死棚内残留病原菌。栽培时应注意种植密度,及时通风。采取地膜覆盖及滴灌等节水技术,以降低棚内湿度,尽量使叶面少结露。

药剂防治:发病初期可用 50%多菌灵 500 倍液,或 50%苯菌灵可湿性粉剂1 000倍液,或75%甲基托布津 600 倍液,或 2%武夷霉素水剂 200 倍液,或 40%杜邦福星 800～1 000倍液叶面喷雾,每 7～10 天喷一次,连续防治 3～4 次。

(7)黄瓜白绢病:

①症状和防病规律。病茎基部暗褐色,其上生有白色丝状菌丝体,呈辐射状。边缘尤为明显,后期在菌丝体上产生球状菌核。天气潮湿时,菌丝体在地面上蔓延,也产生菌核。果实受害部软腐,表面也产生白色丝状菌丝体和菌核。后期整个果实腐烂。以菌核在土中越冬,菌核萌发产生菌丝,从伤口或死腐组织侵入寄主内。高温潮湿的环境下发病重,疏松沙质地发病重。

②防治方法。农业防治:消灭病株,深耕翻,加强田间管理,避免果实直接与地面接触。保持地面干燥,防止地面渍水。

药剂防治:50%混杀硫或 36%甲基硫菌灵悬浮剂 500 倍液,或 20%三唑酮乳油2 000倍液,隔 7～10 天一次。也可用 20%利克菌乳油 800 倍液于发病初期灌穴或淋施 1～2 次,隔15～20天一次。

(8)黄瓜细菌性角斑病：

①症状和流行规律。幼苗子叶发病，产生圆形水浸状病斑，凹陷褐色，干枯。成株期发病，叶子上初生针头大小水浸状斑点，扩大成多角形，黄褐色。潮湿时，叶背面病斑呈乳白色黏液霉脓，干后呈白色粉末状，病斑质脆，易穿孔。茎、叶柄及幼瓜上病斑为水浸状，近圆形，淡灰色，病斑常开裂。湿度大时，病瓜条的病部流出菌脓。病斑沿维管束向果肉内延伸到种子，使种子带菌，瓜条腐烂，有臭味。病原细菌主要潜伏在种子内，或随病残体残留在土壤中越冬。通过雨水、昆虫和农事操作传播，从植株伤口或自然孔口侵入，由病斑上的菌脓再侵染。该病发育适温 18～28℃，温暖、多雨、低洼及连作地等发病重。

②防治方法。农业防治，使用新苗床或无病床土育苗。大棚应实行两年以上轮作，不能轮作的应进行土壤和空间消毒。播种前将种子用 55%温水烫 15 分钟，或 100 万单位硫酸链霉素 500 倍液浸种 2 小时，以杀灭种子上附着的细菌。

药剂防治，可选用 5%防细菌粉尘在早晚施用。用 30%DT 杀菌剂(琥胶肥酸铜)500 倍液，或农用链霉素 500 倍液，或新植霉素 200 毫克/千克喷洒防治，也可喷洒 1∶2∶300波尔多液或 1∶4∶600 的铜皂液，每亩用药 70 千克。

(9)细菌性斑点病：主要危害叶片，多以中上部叶片发病重。初期出现油浸状褪绿圆形小斑点，逐渐扩大成直径 1～3 毫米近圆形或多角形淡褐色病斑，病斑周围有油浸状褪绿晕圈。发病重时，叶片上布满病斑，可造成叶片早枯。该病为野油菜黄单孢菌所致。病菌随病残体在土壤中越冬，也可随种子越冬，靠风、雨传播。发病适宜温度 22～25℃，相对湿度 95%以上。侵入需要叶面水膜存在。保护地黄瓜发病重于露地黄瓜。保护地黄瓜多在通风口或薄膜破碎处发病。

防治方法同细菌性角斑病。

(10)细菌性缘枯病：主要危害叶片。多在叶缘处产生水浸状小斑点，逐渐扩大为淡褐色病斑，或由叶缘向叶片中间扩展成“V”形斑。病斑油浸状，周围有晕圈。果实发病，发生水浸状褐色病斑、湿腐，后脱水干枯，黄化凋萎。湿度大时，病部溢出少量白色菌脓。该病为边缘假孢菌所致。病菌随病残体在土壤中越冬，种子也可带菌，借风雨、农事操作传播。病菌喜温和湿润的条件，温度 20℃，空气相对湿度 90%以上，叶面有结露或叶缘有水，是病菌活动和侵入的重要条件。因此，春茬保护地黄瓜，尤其是温室黄瓜发病重。

防治方法同细菌性角斑病。

(11)黄瓜花叶病毒病：

①症状和发病规律。发病初期叶脉透明，几天后成为花叶，形成黄绿或深绿色疱斑，叶面常皱缩不平，出现各种畸形，明显变窄。有的病叶粗糙呈革质，茸毛脱落。有的叶基变长，侧翼变狭、变薄，呈现绷紧状态，叶尖细长，呈“鼠尾状”。有的病叶叶缘向上卷曲。有时叶脉出现深褐色坏死，或沿叶脉出现闪电状坏死。早期受侵染的植株矮化，高度不及健株的 1/2，根系发育不良。黄瓜花叶病毒不能在干叶已死亡的组织内生存，主要在多年生寄主植物或留种蔬菜上越冬，第二年春天主要由蚜虫传至黄瓜。蚜虫越冬基数高，春季蚜虫发生早且数量多，将导致黄瓜花叶病毒病的流行。

②防治方法。种植抗病品种，如中农 7 号、中农 8 号、津春 4 号等。彻底防治蚜虫，定苗后和移栽前彻底铲除大棚周围杂草，并喷药防治蚜虫。利用银灰色地膜避蚜防病。种子消毒，用 10%磷酸三钠浸种 20 分钟，用清水冲洗 2～3 次后催芽或播种。农事操作时避免相互摩擦、伤

根等。发病后喷施植物病毒钝化剂,5%菌毒清水剂 200～300 倍液喷雾,间隔 7～10 天可再喷药一次。

(12)绿斑花叶病毒病:该病分为绿斑花叶型和黄斑花叶型。绿斑花叶型,苗期发病,幼苗顶尖部的 2～3 片叶呈亮绿或绿色斑驳,叶片较平,产生暗绿色斑驳的病部隆起,新叶浓绿,叶片变小,引起植株矮化,叶片斑驳扭曲。瓜条染病表面出现浓绿色花斑,有的产生瘤状物,果实畸形。黄斑花叶型症状与绿斑花叶型相似,叶片上产生淡黄色疱斑,老叶近白色。该病为黄瓜绿斑花叶病毒所致,在种子和土壤上越冬,通过风雨、农事操作传播,暴风雨或中耕伤根病毒容易侵染,田间温度高时发病重。

防治方法同黄瓜花叶病毒病。

(13)根结线虫病:

①症状和发生规律。病轻微时,叶片黄化,中午天热时叶片萎蔫。发病重时,植株明显矮化,长势弱,叶片萎蔫枯黄,植株提早枯死。观察病株的根部,主根朽弱,侧根和须根发达,并在侧根和须根上形成许多根结,俗称瘤子。剖开较大的根结,在病部组织里可见到极小的鸭梨形的白色线虫。该病为线虫所致,线虫以卵随病残体在土壤中越冬,靠病土、病苗及灌溉水传播。根结线虫多分布于 20 厘米深的土层内,土温 20～30℃、土壤相对湿度 40%～70%条件下,线虫发生很快。土质疏松的地块适于线虫存活。连作地病重,保护地重于露地。

②防治方法。与禾本科作物轮作 2～3 年,床土消毒,施用充分腐熟的有机肥。前茬作物收获后进行 20 厘米以上的深翻,彻底清除田间、地头杂草。发病地淹水 4 个月。保护地可在拉秧以后,在盛夏季节挖沟起垄,沟内灌满水,覆盖地膜,密闭 15～20 天,杀灭土壤中的线虫,效果很好。可在播种或定植前 15 天,每亩用 33%威百亩水剂 3～4 千克,对水 50～75 千克,开沟浇施,然后覆土。在定植时穴施 10%福气多颗粒,每亩 5 千克。田间发病可对发病的部位用 50%辛硫磷乳油1 500倍液,或 80%敌敌畏乳油1 000倍液,或 90%敌百虫晶体 800 倍液灌根,每株灌药液 0.25～0.5 千克。

2. 生理病害

(1)花打顶:

①症状。黄瓜保护地栽培中,常出现“花打顶”现象,即黄瓜植株生长停滞,龙头紧聚。生长点不再生长和伸长,顶端小叶片密集,在很短的时间内形成雌雄花相间的花簇,黄瓜形成自封顶,即“花打顶”。植株不再有新叶和新梢长出,中下部浓绿,表面多皱缩和突起。如不及时采取措施植株将很快死亡,造成早期减产,严重影响经济收入。

②发生原因。黄瓜“花打顶”和“瓜打顶”是一种生理病害。发生的原因是棚内温度偏低,尤其是夜温偏低,昼夜温差大。黄瓜出苗不久,在长出真叶的同时就开始了花芽分化,当有 3～4 片真叶时,在植株的生长点已分化出 20 个以上的叶原基和花原基,叶原基将来长成叶片,花原基将来逐步形成雌花和雄花。黄瓜在大棚昼夜温差大和短日照条件下,有利于雌花的形成,而雌花和雄花的形成则需要更多的营养物质,所以雌花形成过多,就会对营养生长产生抑制,出现“花打顶”或“瓜打顶”。其次,地温偏低,土壤过干或过湿,施用了未腐熟的粪肥,或单一过量使用氮素化肥,造成黄瓜根系发育差,吸收能力弱,形成花打顶。另外,菜农为了追求高产,常使用类似于植物内源激素的赤霉素、增瓜灵等,使黄瓜体内的内源激素增高,营养物质主要运向雌花,甚至连续出现多个雌花,雄花则退化,成为只有老叶而无新叶的自封顶植株。

③防治方法。提前育苗,使幼苗处于较高的气温下,使花芽分化阶段夜温不低于 13℃,白

天温度在23℃以上。采取增光措施，覆盖大棚的草苫应早揭晚盖，尽量延长日照时间，有条件的还可以用灯光照明。定植后及时中耕，反复松土，提高地温，增加土壤通透性，促进根系发育，多发新根。水分供应要充足，定植水和缓苗水一定要浇足，并根据天气、植株的长势以及大棚的不同位置、水温的高低等因素进行适当的调节。施农家肥要充分腐熟，均匀追肥，避免因施肥不当而造成伤根。对已出现“花打顶”的植株，及时采收熟瓜，并对雌花多或瓜多的进行疏花疏果，一般健壮植株每株留1～2个瓜，弱株上的瓜全部摘掉以抑制生殖生长，迫使养分向营养生长的部位运输。每7天喷施一次300～400倍液的细胞分裂素，连喷2～3次，可以有效地促进侧芽萌发，快速生长。

(2)苦味瓜：

①症状。黄瓜保护地栽培中，经常出现苦味瓜，苦味轻者食用略感发苦，重者失去食用价值。根瓜更易出现苦味瓜。

②发生原因。瓜条苦味的直接原因是苦味瓜素在瓜条中积累过多，主要影响因素有：偏施氮肥，磷钾肥不足，特别是氮肥突然过量，瓜条极易形成苦味素。地温长期低于13℃，土壤干旱，或土壤盐溶液浓度过高，使根系发育不良，抑制养分和水分的吸收，苦味素在干燥条件下进入果实。棚室内持续30℃以上高温，植株同化能力减弱，消耗过多养分，或营养失调，都会出现苦味瓜。苦味的产生有遗传性，叶色深绿的品种易产生苦味。

③防治方法。栽培中选用不易产生苦味素的品种。适时适量追肥、灌水，勤中耕，保证土壤水分供应，追肥时氮、磷、钾肥配合施用，避免一次性大量施用氮肥，防止土壤盐溶液浓度过高。外界温度较高时，注意通风降温，避免温度长期高于30℃。

(3)化瓜：

①症状。化瓜即刚坐住的瓜纽和正在发育中的瓜条，生长停滞，由瓜尖至全瓜逐渐变黄、干瘪，最后干枯。保护地黄瓜栽培中经常发生化瓜，特别是冬春茬大棚化瓜很多，严重时半数以上瓜纽化掉，对产量影响极大。

②发生原因。黄瓜化瓜是多种原因造成的，总的来说是因为小瓜在生长过程中没有得到足够的营养物质，停止发育。冬暖大棚育苗和生育前期昼夜温差大，形成的雌花多而雄花少，不进行人工授粉，主要为单性结实，单性结实弱的品种就易化瓜。棚室内白天温度高于32℃，夜间温度高于18℃，黄瓜光合作用受阻，呼吸消耗增加，从而导致营养不良而化瓜。结瓜初期，茎叶生长迅速，瓜条生长缓慢，如果此时连续出现20℃以上的高夜温，养分就会大量向茎叶分配，造成瓜秧徒长而导致化瓜。栽植密度过大，通风不良，造成郁闭，小瓜长期不长，发生大量化瓜。黄瓜生长期间遇低温冷害，尤其是地温过低，导致黄瓜根系发育不良，吸收能力降低，使瓜条营养供应不足而化瓜。喷药时正处在花期以及有毒气体的伤害等，也会引起化瓜。植株生长与结瓜失去平衡，下面瓜不及时采收，造成上部的瓜化掉。

③防治方法。培育壮苗，适时定植，适当稀植，加强通风透光、培养壮根。施足基肥，及时追肥，进行二氧化碳施肥。均匀供水，避免土壤过干过湿。加强放风，防止白天温度过高，适当降低夜间温度，增加昼夜温差，促进瓜条营养物质积累。增加光照，选用无滴膜，保持膜面清洁，尽量早揭、晚盖草苫。早收根瓜。瓜码过密，坐瓜太多，要及时疏花疏瓜，防止小瓜互相争夺养分。注意保温、短期加温，提高棚温，促进黄瓜生长和结果。注意肥水管理及病虫害防治，喷施叶面肥或糖尿液，可防止大量化瓜发生。

(4)黄瓜缺素症：

①缺氮症。症状：从下部叶到上部叶逐渐变小、变黄。开始叶脉间黄化，叶脉凸出可见，最后全叶变黄。植株矮小，叶色褪淡呈黄绿色，严重时全株呈黄色，茎细，开花结果少，果实小而短，呈亮黄色或灰绿色（正常果实应为深绿色，果皮光滑），多刺，果实常畸形，果蒂浅黄色，品质低劣。

发生原因：土壤含氮量低。种植前施大量未腐熟的作物秸秆或有机肥，碳素多，其分解时夺取土壤中的氮。产量高，收获量大，从土壤中吸收氮多而追肥不及时。

防治方法：增施氮素化肥，施用完全腐熟的堆肥。叶面喷施0.2%～0.5%的尿素液。

②缺磷症。症状：叶片小，叶色浓绿，发硬，矮化，稍微向上挺。果实成熟晚。

发生原因：有机肥施用量小，磷肥用量少。地温常常影响对磷的吸收，地温低，对磷的吸收就少，大棚等保护地冬春或早春易发生缺磷现象。

防治方法：黄瓜是对磷敏感的作物，苗期特别需要磷，注意增施磷肥。施用足够的有机肥料。追施磷肥，每亩可施过磷酸钙12.5～17.5千克，或用2%～4%的过磷酸钙水溶液进行叶面喷肥，每隔7天左右喷一次，共喷2～3次。

③缺钾症。症状：在黄瓜生长早期，叶缘出现轻微的黄化，在次序上先是叶缘，然后是叶脉间黄化。在黄瓜生育的中后期，中部叶附近出现和上述相同的症状，叶缘枯死，随着叶片不断生长，叶向外侧卷曲，叶片稍有硬化，出现畸形果多。

发生原因：土壤中含钾量低，施用有机肥料和钾肥少，易出现缺钾症。地温低、日照不足、过湿、施氮肥过多等阻碍对钾的吸收。

防治方法：施用足够的钾肥，特别是在生育的中后期不能缺钾，施用充足的有机肥料。用硫酸钾一次追施，每亩3～4.5千克，亦可叶面喷施1%～2%的磷酸二氢钾水溶液2～3次。

④缺钙症。症状：上部叶形状稍小，向内侧或向外侧卷曲。长时间连续低温，日照不足，阴雨后骤晴，高温，导致生长点附近的叶片叶缘卷曲枯死，呈降落伞状，叶脉间黄化，叶片变小。在叶片出现症状的同时，根部枯死。

发生原因：氮多、钾多、土壤干燥都会阻碍对钙的吸收。空气湿度小，蒸发快，水分补充不足时易产生缺钙。土壤缺钙。

防治方法：土壤钙不足，可施用含钙肥料。避免一次用大量钾肥和氮肥。要适时浇水，保证水分充足。用0.3%的氯化钙水溶液喷洒叶面。

⑤缺镁症。症状：黄瓜开始膨大并进入盛期的时候，下部叶叶脉间的绿色渐渐地变黄，除了叶脉、叶缘残留点绿色外，叶脉间全部黄白化。

发生原因：土壤本身含镁量低，钾、氮肥用量过多，阻碍了对镁的吸收。收获量大，而没有施用足够量的镁肥。

防治方法：若土壤诊断为缺镁，在栽培前要施用足够的含镁肥料。避免一次施用过量的、阻碍对镁吸收的钾、氮等肥料。用1%～2%硫酸镁水溶液喷洒叶面。

目前含镁肥料的施用不普遍，除随同钙镁磷肥（含 MgO 10%～15%）、钢渣磷肥（含 MgO 2.1%～10%）、脱氟磷肥、硅镁钾肥、石灰等施入部分镁外，其他含镁肥料施用很少。施用氯化镁、硫酸镁等，一般每亩用硫酸镁10～15千克，与土混匀；或1%～2%的七水硫酸镁水溶液叶面喷施。化学镁肥与农家肥配合施用往往好于单独施用，值得提倡。

⑥缺硫症。症状：中上部叶的叶色淡、黄化，下部叶往往是健康的。

发生原因：在硫酸铵、硫酸钾、过磷酸钙等肥料中，含硫较多，栽培中普遍施用这些肥料，所以很少出现缺硫症状。若长期施用无硫酸根的肥料，可能缺硫。

防治方法：施用含硫的肥料，如硫酸铵、过磷酸钙、硫酸钾、硫酸钾型复合肥等。

⑦缺锌症。症状：从中部叶开始褪色，与健康叶比较，叶脉清晰可见。随着叶脉间逐渐褪色，叶缘从黄化到变成褐色。因叶缘枯死，叶片向外侧稍微卷曲。生长点附近的节间缩短，严重时出现瓜打顶。症状像病毒病，叶脉间失绿呈淡金黄色。

发生原因：光照过强易发生缺锌。若吸收磷过多，植株即使吸收了锌，也表现缺锌症状。土壤 pH 高，即使土壤中有足够的锌，但其不溶解，也不能被作物吸收利用。

防治方法：不要过量施用磷肥。缺锌时可以施用硫酸锌，每亩 1.5 千克；也可用 0.1%～0.2%的硫酸锌水溶液喷洒叶面。

⑧缺硼症。症状：生长点附近的节间显著缩短。上部叶向外侧卷曲，叶缘部分黄化，有萎缩现象。果实上有污点，果实表皮出现木质化。

发生原因：在酸性的砂壤土上，一次施用过量的碱性肥料，易发生缺硼症状。土壤干燥影响对硼的吸收，易发生缺硼。土壤有机肥施用量少，在土壤 pH 高的田块易发生缺硼。施用过多的钾肥，影响了植株对硼的吸收，易发生缺硼。

防治方法：土壤缺硼，可预先增施硼肥。要适时浇水，防止土壤干燥。多施腐熟的有机肥，提高土壤肥力。用 0.12%～0.25%的硼砂或硼酸水溶液喷洒叶面。

⑨缺铁症。症状：植株的新叶除了叶脉，全部黄白化，渐渐地叶脉也失绿。生长旺盛的顶端，即生长点新叶鲜黄，新生黄瓜皮发黄。

发生原因：因铁和叶绿素合成有关，如施硼、磷、钙、氮过多，或钾不足，均易引起缺铁。磷肥施用过量，碱性土壤，土壤中铜、锰过量，土壤过干、过湿，温度低，易发生缺铁。

防治方法：尽量少用碱性肥料，防止土壤呈碱性，土壤 pH 应在 6～6.5。注意土壤水分管理，防止土壤过干、过湿。可用 0.1%～0.5%的硫酸亚铁水溶液，或 100 毫克/千克柠檬酸铁水溶液喷洒叶面。

(5)黄瓜营养过剩症：

①氮过剩症。症状：叶片肥大而浓绿，中下部叶片出现卷曲，叶柄稍微下垂，叶脉间凹凸不平，植株徒长。受害严重的叶及叶柄萎蔫，植株在数日内枯萎死亡。

发生原因：施用铵态氮肥过多，特别是遇到低温或把铵态氮肥施入到消毒的土壤中，消化细菌或亚硝化细菌的活动受抑制，铵在土壤中积累的时间过长，引起铵态氮过剩。易分解的有机肥施用量过大，也容易引起氮过剩。

防治方法：避免氮素过剩，实行测土施肥，根据土壤养分含量和作物需要，对氮磷钾和其他微量元素实行合理搭配，科学施用，不可盲目施用氮肥。在土壤有机质含量达 2.5%以上的土壤中，应避免一次性每亩施用超过5 000千克的腐熟鸡粪。在土壤养分含量较高时，提倡以施用腐熟的农家肥为主，配合施用氮素化肥。如发现氮素过剩，在地温高时可加大灌水缓解，喷施适量助壮素，延长光照时间，同时注意防治蚜虫、霜霉病等病虫害。

②硼过剩症。症状：种子发芽出苗，第 1 片真叶顶端变褐色，向内卷曲，逐渐全叶黄化。幼苗生长初期，较下位的叶片叶缘黄化。

发生原因：前茬作物施用较多的硼砂，或是含硼的工业污水流入田间。

防治方法：土壤 pH 低，施用石灰质肥料提高 pH。硼过剩，可以浇大水，通过水溶解硼并淋失。浇大水后，再施用石灰质肥料效果更好。

③锰过剩症(褐脉病)。症状:叶的网状脉变褐,然后主脉变褐,沿叶脉的两侧出现褐色斑点。先从下部叶开始,然后逐渐向上部叶发展。

发生原因:土壤酸化。

防治方法:土壤中锰的溶解度随着 pH 的降低而增高,施用石灰质肥料,可以提高土壤 pH,从而降低锰的溶解度。在土壤消毒过程中,由于高温、药剂作用等,使锰的溶解度加大,为防止锰过剩,消毒前要施用石灰质肥料。注意田间排水,防止土壤过湿,避免土壤溶液处于还原状态。

(6)畸形瓜:

①症状。畸形瓜包括弯曲瓜、尖嘴瓜、细腰瓜、大肚瓜,黄瓜生长后期出现较多。

②形成原因。弯曲瓜发生的原因是叶片所制造的同化物质不能顺利地流入果实中,果实伸长不均衡。大肚瓜是在果实膨大期间,先期土壤缺水,而后浇灌大水,果实吸收水分过多而形成。细腰瓜是两头粗中间细,是植株衰弱、营养不足,使果实得不到养分而形成。

③防治方法。调节温湿度与光照。严格管理,满足黄瓜各个阶段生长发育对温度、湿度的需求,防止早衰。光照不足时,要采取人工补光措施。吊蔓、落蔓时要防止瓜蔓拉伤。从施基肥起要做到以有机肥为主,亩施优质农家肥 5 万千克,并以氮磷钾 5∶2∶6 的比例配施化肥,其化肥总量以亩施 100 千克左右为宜。坐果期适量补施硼肥。在病害发生后要针对不同病虫害,对症施药,喷药的浓度要适宜,次数不宜过多,在喷药后的第 2 天应喷一次叶面肥料,用量为:0.2%磷酸二氢钾+0.2%尿素+0.1%三元复合肥+0.2%白糖+食醋,以提高植株的抗逆能力,防止植株早衰。

(7)泡泡病:

①症状。叶片表面出现大小不规则的瘤状突起,形成泡泡,初呈浅黄色,后泡泡中间出现浅白色小斑点,逐渐干枯,叶片光合作用降低,易出现畸形瓜。

②发病原因。移植过晚,根系老化,再生受阻,引起吸水与失水的比例失衡。因划锄等作业造成伤根,导致吸水小于失水。湿度过大,蒸腾作用减弱。根部病害,造成伤根。激素使用过频,引起累积中毒。

③防治方法。适时定植,一般 2 叶 1 心或 3 叶 1 心为定植最佳适期,选择晴天的中午定植。定植前移苗时尽量少伤根。土壤过于黏重的地块,增施草木灰、有机肥,改良土壤结构,增加土壤的通透性,促进新根形成。避免使用粉锈宁、助壮素、多效唑等农药、激素。防治白粉病可选用甲基托布津、多菌灵代替粉锈宁。

(8)有花无瓜:

①症状。只开雄花。

②发病原因。由于黄瓜植株体内细胞分裂失调所致。黄瓜植株在生长过程中茎蔓失调疯长,破坏黄瓜植株体的分枝能力,从而导致黄瓜植株只开雄花不开雌花,或只在蔓梢处开有限的几朵雌花。这样会严重影响黄瓜的产量和收益。

③防治方法。严格控制瓜蔓疯长,保证黄瓜植株体生长健壮。采取化学调控措施即可收到良好的效果。当黄瓜植株长出 4 片以上真叶、瓜蔓长 30～40 厘米时,每亩可用乙烯利 200～500 毫克/千克(稀释浓度),或萘乙酸 5～10 克,或三十烷醇 5～10 克,或助长素 10 克,然后加水 50～70 千克,均匀喷施 1～2 次,即可促进黄瓜植株细胞正常分裂,增强雌雄花同株并开的能力,有效解决黄瓜因只开雄花而引发的“不育症”。

(9)花斑病：

①症状。叶脉间的叶肉形成深浅不一的花斑状。以后花斑中的淡色部分逐渐变黄，叶片表面出现凹凸不平，凸出的部分呈黄褐色，最后整个叶片变黄、变硬，同时，随着叶片的变硬，叶缘四周下垂。

②发病原因。重要原因是叶片光合作用制造的碳水化合物在叶片中积累所致。夜间温度，尤其是上半夜的温度低于15℃易发病。定植初期土壤湿度过低，根系发育较差，引起叶片老化，抗性较低。钙、硼元素不足，也影响碳水化合物在植株中的正常转移，使其在叶片中积累，引起花斑病。

③防治方法。适时定植，前期通过中耕松土等措施提高土壤的温度，促进根系的发育。增施充分腐熟的有机肥，施用钙、硼、镁肥。结瓜后，要均匀灌水，不能控水过度，防止夜间温度过低。适时摘心，适当打掉底叶，避免过量施用含铜药剂。

(10)叶烧病：

①症状。多发生在植株的中上部叶片，尤其是接近或触及棚膜的叶片更为严重。叶烧初期叶绿素减少，叶片的一部分变成漂白色，后变成黄色，枯死。叶烧轻者叶缘烧伤，重者半个叶片或整个叶片烧伤。

②发病原因。高温引起的生理性病害。黄瓜对高温的耐力较强，32～35℃不会对叶片造成危害，特别是在空气相对湿度高，土壤水分充足时，容易维持植株体内的水分平衡，温度即使达到42～45℃，短时间内也不会对叶片造成大的伤害。在空气相对湿度低于80%时，遇到40℃的高温就容易产生高温伤害，尤其是在强光照的情况下更为严重。高温闷棚控制霜霉病，处理不当极易烧伤叶片。

③防治方法。做好棚室的通风管理，避免长时间出现35℃以上的高温。当阳光照射过强时，棚室内外的温差过大，不便通风降温或经过通风仍不能降低到所需的温度时，可采用遮光办法降温。棚室内的温度过高、相对湿度过低时，可喷冷水雾。高温闷棚要严格掌握温度和时间，以龙头处的气温44～46℃，维持2小时安全有效。龙头接触棚顶时要弯下龙头。高温闷棚的前一天晚上一定要灌足水，提高植株的耐热力。

3. 虫害

(1)瓜蚜：

①危害习性。瓜蚜又叫棉蚜，俗称蜜虫、腻虫，其寄主繁多。成虫和若虫均用口针吸取汁液危害。当嫩叶和生长点被害后，由于叶背被刺伤，生长缓慢，叶片卷缩，严重时卷曲成团，生长停止，甚至萎缩死亡。瓜蚜还排泄蜜露，阻碍黄瓜正常生长，招致病菌寄生，在叶子上造成一层煤污斑。瓜蚜冬季以卵在寄主上越冬，繁殖力很强，早春和晚秋19～20天完成一代，夏季4～5天完成一代，每一雌蚜在环境条件适宜时，一生可产若蚜60～70个，若蚜蜕皮4次变为成蚜。瓜蚜远距离扩散蔓延通过有翅蚜迁飞来进行，一年内3次迁飞，第1次由冬寄主向夏寄主上迁飞。冬暖大棚冬季瓜类本身的衰老，营养条件恶化产生大量有翅蚜。第2次迁飞在夏季，也就是夏寄主间的扩大蔓延迁飞。由于一年中瓜类蔬菜生产种类多，茬次也多，迁飞规律较为复杂。瓜蚜由冬寄主向夏寄主上迁飞，往往只形成点片发生，此时蚜量不大，危害较轻。夏寄主上的迁飞，形成大面积普遍危害，危害比较严重。

②防治方法。农业防治：育苗或定植前，用敌敌畏熏蒸大棚，可减少蚜源。大棚张挂反光幕，有利于增加光照强度，提高地温和气温，又有避蚜作用。

物理防治：利用蚜虫趋黄的特性，将条形（约100厘米×20厘米）黄色纸板涂10号机油后挂于行间，略高于植株诱杀成虫，每亩挂30～40块，纸板上粘满害虫时，再涂上一层机油，一般7～10天涂一次。黄板（卡）可兼治美洲斑潜蝇、白粉虱等。还可利用蚜虫对银灰色的负趋向性，在有蚜虫的地方挂银灰塑料条或覆盖银灰膜驱蚜。

生物防治：瓜蚜发生初期，释放瓢虫、食蚜瘿蚊、中华草蛉等天敌捕食瓜蚜，或按每平方米棚室放烟蚜茧蜂寄生的僵蚜12头，初期见蚜虫时开始放僵蚜，每4天一次，共放7次。放蜂一个半月内黄瓜有蚜率在0～4%之间，有效控制期为42天。

药剂防治：发现点片瓜蚜时，可用48%毒死蜱乳油加水5倍涂瓜蔓，防治"中心蚜株"，能有效地控制瓜蚜的扩散。当瓜蚜严重发生时，用敌敌畏毒土熏杀，每亩用80%敌敌畏乳油100～150毫升，加细土10～15千克作载体，拌匀后撒施。可选用10%氯氰菊酯乳油800～1 000倍液，或20%灭扫利（甲氰菊酯）乳油2 000倍液，或2.5%功夫乳油4 000倍液，或2.5%天王星（联苯菊酯）乳油3 000倍液喷雾，连续喷2～3次。

（2）白粉虱：

①危害习性。白粉虱俗称"小白蛾子"，寄生范围很广。白粉虱以成虫和幼虫群集在叶背吸食汁液，使叶片褪绿变黄，萎蔫甚至枯死。成虫和幼虫还能排出大量蜜露，引起煤污病的发生，污染叶片和果实，影响呼吸和同化作用，降低产品质量。白粉虱可传播病毒病。白粉虱在大棚中可安全越冬，以各种虫态在蔬菜上繁殖危害。一般35～40天完成一代，数量可增长30倍以上。春季和初夏该虫由移栽的菜苗传播和成虫飞行扩散，迁移到下茬蔬菜或杂草上。秋季和初冬又以基本相同的途径迁入大棚，完成年生活史。由于保护地和露地蔬菜生产紧密衔接和相互交错，可使白粉虱周年发生。

②防治方法。农业防治：及时清理残枝败叶及杂草，以减少虫源。大棚在通风口处设置尼龙纱网，控制虫源传播。冬暖大棚秋冬茬栽植较耐低温的绿叶蔬菜，可免受危害，冬春季苗床要与生产大棚分开，结合整地清除残株杂草，使用烟剂熏杀成虫，避免在白粉虱发生的大棚内混栽育苗。在秋延后栽培的蔬菜收获后，于夜间气温在0℃以下时突然大通风降温，冷冻一夜，基本都能将白粉虱冻死，如有活虫，则再冻一夜。

物理防治：可采用黄板诱杀（具体方法同防治瓜蚜）或结合防治霜霉病进行高温闷杀。

生物防治：保护地果菜上初见白粉虱成虫时，释放丽蚜小蜂3～5头/株，每隔10天放一次，共放蜂3～4次。丽蚜小蜂主要产卵在白粉虱的幼虫和蛹内，8～9天后变黑死亡。或人工释放中华草蛉，一头草蛉一生平均捕食白粉虱172.6头，可有效控制白粉虱发生。喷洒赤霉菌菌液，当大棚温度为25～26℃，相对湿度达90%时，赤霉菌对白粉虱的寄生率为80%～90%。

药剂防治：在白粉虱发生早期和密度较低时喷药，可用25%扑虱灵可湿性粉剂1 000～1 500倍液，或10%吡虫啉可湿性粉剂1 000～1 500倍液，或1.8%爱福丁乳油2 000～3 000倍液，注意轮换用药，延长杀虫剂使用年限和延缓抗性产生。当白粉虱发生较重时，用22%敌敌畏烟剂每亩0.5千克，于傍晚收工前将棚室密闭熏蒸。用5%灭蚜粉尘剂每亩1 000克喷粉，对白粉虱有一定的防效。

（3）美洲斑潜蝇：

①危害习性。美洲斑潜蝇是一种多食性害虫，寄主广泛，其中瓜类作物受害较重。美洲斑潜蝇生长发育适宜温度为20～30℃，温度低于13℃或高于35℃时其生长发育受到抑制。正常情况下，美洲斑潜蝇一年可完成15～20代；若进入冬季冬暖大棚，一年则发生20代以上。

其成虫、幼虫均可危害，雌成虫飞翔过程中将植物叶片刺伤，取食并产卵，叶片上布满约0.5毫米的半透明的斑点，成虫产卵有选择高处的习性，以新生叶片为多。幼虫潜入叶片和叶柄危害，产生不规则蛇形白色虫道，幼虫排泄的黑色虫粪交替地排在虫道两侧，虫道的长度和宽度随幼虫生长而增大，终端明显变宽。美洲斑潜蝇具有个体小、繁殖能力强、食量大等特点，一片瓜叶可在1周左右时间里被吃尽叶肉，仅留上下表皮，影响光合作用，受害重的叶片干枯脱落。美洲斑潜蝇对有机磷类、有机氯类、菊酯类农药均有极强的抗性，一旦暴发，危害严重。

②防治方法。严格检疫，防止该虫扩大蔓延。北运菜发现有美洲斑潜蝇幼虫、卵或蛹时，要禁止北运。

农业防治：将斑潜蝇喜食的瓜类、豆类与其不危害的蔬菜进行轮作，或与苦瓜、芫荽等有异味的蔬菜间作。适当稀植，增加田间通透性，及时清洁田园，把被斑潜蝇危害的作物残体集中深埋、沤肥或烧毁。

物理防治：在成虫始盛期至盛末期，用黄板或灭蝇纸诱杀成虫，每亩设15个诱杀点，每个点放一张灭蝇纸。

生物防治：保护和利用斑潜蝇寄生蜂，如姬小蜂、潜蝇茧蜂等对斑潜蝇寄生率较高，不施药时，寄生率可达60%。施用昆虫生长调节剂5%抑太保2 000倍液，或5%卡死克乳油2 000倍液，对斑潜蝇成虫具不孕作用，用药后成虫产的卵孵化率低，孵出的幼虫死亡。防治时间掌握在成虫羽化高峰8～12小时，效果最好。植物性杀虫剂绿浪2号、1%苦参素、苦瓜子浸泡液、烟碱水等对美洲斑潜蝇的防效也较高。

药剂防治：在受害作物叶片有幼虫5头时，2龄前喷洒1.8%爱福丁乳油3 000～4 000倍液，或48%毒死蜱乳油800～1 000倍液，或5%蝇蛆净粉剂2 000倍液，7～10天喷一次，连喷2～3次。

(4)黄守瓜：

①危害特点。成虫和幼虫都能危害，幼虫危害作物根部；成虫食性较杂，吃食叶、嫩茎和花器，严重时可使全株死亡。

②生活习性。以成虫在杂草、落叶及土缝间潜伏过冬。翌年春暖后，越冬成虫先在菜地、豌豆或杂草上取食，再迁移瓜地危害。此虫喜温好湿，成虫耐热性强，稍有假死性。卵多产在葫芦科植物根部附近的表土或干燥龟裂的土隙中。老熟幼虫在被害瓜根附近做土室化蛹。

③防治方法。提早瓜类播种期，当越冬成虫进入盛期时，幼苗真叶5片以上可减轻受害。在成虫产卵盛期，可单用或混用草木灰、石灰粉、秕糠、锯末等撒在瓜根附近土面和瓜苗叶片上，防止成虫产卵和危害。在瓜类幼苗移栽前后，掌握成虫盛发期，喷90%敌百虫1 000倍液2～3次。幼虫危害时，用90%敌百虫1 500倍液，或烟草水30倍液防治。

(5)瓜绢螟：瓜绢螟属鳞翅目螟蛾科，俗称瓜螟，是近年来瓜类作物上常见的害虫之一。

①危害特点。以幼虫危害瓜类作物的嫩头和幼瓜，也可危害叶片，发生严重时可吃光叶片，仅剩叶脉。

②生活习性。瓜绢螟年发生4～5代，以8～9月份危害最重。成虫昼伏夜出，卵散产于叶背，20粒左右聚集在一起，卵期4～6天，幼虫期10～12天，初孵幼虫多集中在叶背取食叶肉。3龄后吐丝缀合叶片或侵入嫩头危害。严重发生时，常危害幼瓜、花，或潜入瓜藤。幼虫性活泼，遇惊即吐丝下垂转移他处继续危害。

③防治方法。农业防治：清洁田园，将枯藤落叶收集集中处理，压低虫口基数。在幼虫发

生期，人工摘除卷叶，捏杀幼虫。

药剂防治：应掌握在卵孵化盛期施药，并注意将药液喷洒到叶背或嫩头上。可喷施1.8%爱福丁乳油3 000倍液，或40%绿菜保乳油800倍液，或50%辛硫磷乳油1 000倍液。

(6)斜纹夜蛾：

①危害特点。以幼虫咬食叶、花、果实，大发生时能将全田植株吃成光秆，导致无收。

②生活习性。各地均以7～10月危害最重。通常每头雌蛾可产卵400粒左右，最多2 000～3 000粒。幼龄幼虫群集在卵块附近危害成筛网状，3龄以后分散危害。有假死性，并对阳光敏感，晴天躲在阴暗处或土缝里，夜晚、早晨出来危害。老熟幼虫入土化蛹。

③防治方法。在各代盛卵期，发现卵块和新筛网状被害叶，随手摘下并集中喷药围歼。幼虫低龄时期，每亩用90%敌百虫50克，或80%敌敌畏40克，或20%杀灭菊酯乳油15克，加水60千克喷雾。在黄昏或清晨用药，效果更好。可利用蜘蛛、大蟾蜍或赤眼蜂等自然天敌，以控制危害。

(7)红蜘蛛：

①危害特点。被害植物有32科113种之多。幼螨、若螨和成螨均以刺吸式口器在植物叶背面吸取汁液，呈黄白斑点和红斑，猖獗危害时，全叶变黄、枯焦。

②防治方法。清除田间枯枝落叶和杂草，耕整土地，以消灭越冬虫态。加强虫情检查，做好查、抹、摘、治。药剂防治可用20%速螨酮2 000～3 000倍液喷雾。利用天敌，如释放食螨瓢虫、七星瓢虫、异色瓢虫、食螨瘿蚊、小花蝽、中华草蛉等控制螨害。

(8)茶黄螨：茶黄螨又名侧多食跗线螨，属蜘蛛纲蜱螨目跗线螨科。全国都有分布，华北、长江一带受害重。

①危害特点。成螨和幼螨集中在植株的幼嫩部分刺吸植物的汁液，受害叶片背面呈灰褐色或黄褐色，具油质光泽或油浸状，叶片边缘向下卷曲。受害的嫩茎、嫩枝变褐色，扭曲畸形，严重时植株顶端干枯。由于螨体极小，肉眼难以发现，因此，上述症状常被误认为病害。

②发生规律及生活习性。在保护地条件下，全年都可发生，冬季繁殖力较低。在山东地区，大棚内5月下旬开始发生，6月下旬至9月中旬为盛发期。冬季主要在温室内越冬，少数雌成螨可在农作物和杂草根部越冬。

以两性繁殖为主，也能孤雌生殖，但未受精卵孵化率低。卵散产于嫩叶背面、幼果的凹处或幼芽上，经2～3天孵化。幼螨期为2～3天，若螨期2～3天。初孵幼螨不太活动，随个体的发育，活动能力逐渐增强。若螨期停止取食，静止不动。雄成螨活泼，尤其是当取食部位变老时，立即向新的幼嫩部位转移并携带若螨，被携带的雌若螨在雄螨体上蜕一次皮变成成螨，即与雄螨交配，并在幼嫩叶上定居。茶黄螨生活周期短，在温度28～30℃时，完成一代需4～5天，在18～20℃时需要7～10天。发育繁殖的最适湿度要求高，因此，温暖多湿的环境有利于茶黄螨的发生。茶黄螨靠本身的爬行外，还能被人携带和借风力远距离扩散。

③防治方法。选用15%哒螨酮3 000倍液，或73%克螨特乳油2 000倍液，或2.5%天王星乳油3 000倍液喷雾，每隔10天喷一次，连喷3次。

(9)蛴螬：蛴螬属鞘翅目金龟甲科金龟子幼虫，在寿光以铜绿金龟子危害最重。

①危害特点。成、幼虫均可危害。成虫取食叶片，有时也食花及果实。幼虫食性杂，主要危害地下根系及根茎部，造成缺苗断垄，伤口有利病菌侵入诱发病害。

②生活习性。一般一年发生一代，以幼虫在土中越冬，成虫于5月中下旬至9月上旬发

生，6～7 月是其发生盛期。蛴螬具有昼伏夜出性、假死性和趋光性，并对未腐熟的厩肥有强烈趋性，幼虫喜湿性，成虫有多次交配、分批产卵的习性，每雌虫可产卵近百粒，初孵幼虫先取食土壤中有机质，后取食幼根，3 龄后进入暴食期，往往把根茎咬断吃光后再转移危害，春秋季危害重，且多发生在土壤疏松、厩肥多的地块。

③防治方法。农业防治：施用充分腐熟的有机肥料。适时秋耕，可将部分幼虫翻至地表，人工捡拾或使其风干、冻死或被天敌捕食。灯光诱杀成虫。

药剂防治：可用 50%辛硫磷乳油，或 90%晶体敌百虫1 000倍液灌根，每株灌药液 200 毫升。亩用 100～150 克晶体敌百虫，对少量水稀释后，拌细土 15～20 千克，均匀撒在播种沟（穴）内，再覆一层细土后播种。或亩用 50%辛硫磷乳油 1 千克，开沟施入蔬菜根际附近，并及时培土。50%辛硫磷乳剂、水、种子的比例为 1∶50∶600，拌后闷种 3～4 小时，其间翻动 1～2 次，种子干后即播种。在成虫盛发期，喷洒 90%晶体敌百虫1 000倍液，或 2.5%敌杀死乳油3 000倍液等。

（10）地老虎：地老虎是蔬菜苗期经常发生的地下害虫，包括小地老虎、大地老虎和黄地老虎三种，均属鳞翅目夜蛾科。一般以小地老虎发生为主，其幼虫俗称“土蚕”。

①危害特点。幼虫危害蔬菜幼苗根茎部。3 龄前幼虫在幼苗叶片和顶心嫩叶处昼夜取食，形成孔洞或缺刻。3 龄后幼虫咬断幼苗近地面嫩茎，并可转株危害，形成缺苗断垄。

②生活习性。成虫早春开始发生，3 月中下旬为发蛾高峰。第 1 代幼虫危害盛期一般在 4 月中下旬，一年发生 4～5 代，常形成春秋两次危害高峰。成虫昼伏夜出，对糖醋液及黑光灯趋性强。卵多产在近地面植物叶背嫩茎、土块及杂草上，卵期 4～11 天。幼虫共 6 龄，3 龄前昼夜危害，3 龄后昼伏夜出，幼虫有假死性和互残性，老熟后入土化蛹。

③防治方法。农业防治：早春铲除菜田及其周围杂草，春耕细耙，杀死部分卵及幼虫。春季用糖醋液诱杀越冬代成虫，减轻幼虫危害。用新鲜泡桐叶或莴苣叶等堆草诱杀，每亩放 50～60 片，次日清晨捕捉叶下幼虫。清晨扒开断苗附近的表土，可捉到潜伏的高龄幼虫，连续数日，收效较好。

药剂防治：用 90%晶体敌百虫 0.5 千克，加水 2.5～5 千克，喷拌切碎的鲜草或豆饼粉 30 千克，于傍晚撒在行间苗根附近，隔一段距离撒一堆，亩用鲜草毒饵 15 千克左右。对低龄幼虫可喷洒 48%毒死蜱乳油1 000倍液，或 50%辛硫磷乳剂 800 倍液，或其他菊酯类农药。对高龄幼虫可用 48%毒死蜱乳油1 500倍液，或 50%辛硫磷乳油1 000～1 500倍液灌根。

（胡永军　孙志刚　李玉华）

第九章 大棚番茄栽培

一、选用良种

1. 金棚1号

(1)品种来源:西安皇冠蔬菜研究所和西安金鹏种苗有限公司选育。

(2)特征特性:高秧无限生长型粉果类番茄。果实外形美观,色泽好,高圆形,似苹果,无绿肩,表面光滑发亮,大小均匀。单果重200～250克,大的350～500克,基本无畸形果。肉厚,一般8～10毫米,肉多。耐贮运性好,货架寿命长。口感好,风味佳,营养丰富。含糖量高,可溶性固形物含量比一般品种高30%以上。高抗番茄花叶病毒(TOMV),中抗黄瓜花叶病毒(CMV),高抗叶霉病和枯萎病,灰霉病、晚疫病发病率低,无筋腐病。抗热性好。早熟性突出,在较低温度下坐果率高,果实膨大快。春季大棚,从开花至采收40～50天。

(3)适作茬口:适宜春提早、秋延后栽培。

2. 合作908

(1)品种来源:上海市育成的超大果型、高产、优质、抗病番茄品种。

(2)特征特性:无限生长型,中早熟。植株生长势旺盛,株高100～150厘米,茎秆粗壮,根系发达,叶片肥大。第1花序着生于第7节左右,以后每隔3片叶着生花序。大果型,平均单果重350克,最大果可达1 000克。成熟果粉红色,高圆球形,整齐美观,多心室,果肉厚,果脐小,质沙、味美,商品性极佳。特别耐贮藏和长途运输,是南菜北运理想品种。适应性广,抗逆性强,耐高温,耐干旱,喜肥水,抗病毒病,全国各地均可种植。一般亩产1.3万千克,高产者达1.6万千克以上。

(3)适作茬口:适于春保护地、秋延后保护地及春、夏、秋露地栽培。秋季栽培表现抗病高产,果实商品性更佳。

3. 中杂11号

(1)品种来源:中国农业科学院蔬菜花卉研究所选育。

(2)特征特性:无限生长型。成熟果实为粉红色,果实圆形,无绿果肩,单果重200～260克。中熟。抗病毒病、叶霉病和枯萎病。保护地条件下坐果好。果实品质好,可溶性固形物含量5.5%左右,酸甜适中,商品果率高。亩产量为6 500～7 000千克。

(3)适作茬口:适宜越冬、早春茬栽培。

4. 浙粉202

(1)品种来源:浙江省农业科学院蔬菜研究所选育。

(2)特征特性:无限生长型。高抗叶霉病,兼抗病毒病和枯萎病。早熟,耐低温。果实高圆形,品质佳,宜生食,成熟果着色均匀,色泽鲜亮,商品性好。单果重300克左右,大果450克以上,稳产高产。适应性广,极耐运输。

(3)适作茬口:特适于冬春季栽培。

5. 桃秀

(1)品种来源:从日本泷井种苗株式会社引进。

(2)特征特性:无限生长型,生长旺盛。果实高圆球形,粉红色,单果重230克左右。低温坐果膨大较好,畸形果少。果实商品性能好,风味佳,口感好。高抗叶霉病,并对多种病害有复合抗性。

(3)适作茬口:适宜早春、秋延迟和露地栽培。

6. 齐粉

(1)品种来源:从以色列泽文公司引进。

(2)特征特性:无限生长型,中早熟,长势中等。叶子稀疏,叶片较小。果实高圆球形,皮厚而坚韧,耐贮运。成熟果粉红色,着色一致。单果重200～350克。对病毒病、叶霉病和枯萎病有较强抗性。耐低温,耐弱光性好。

(3)适作茬口:适宜冬春季南方大棚和北方秋延迟、越冬和春季保护地栽培。

7. 粉安娜

(1)品种来源:从法国CRIFFATON公司引进。

(2)特征特性:无限生长型。长势旺而稳健,开花数量多,容易坐果,结果可达15～20穗。单果重200～250克。果形较圆滑,粉红色,色泽好,果肉厚,果实坚硬不易空心,耐贮运,可与一般厚皮红果相媲美。

(3)适作茬口:可作越冬和早春茬栽培。

8. 玛瓦

(1)品种来源:从荷兰瑞克斯旺引进。

(2)特征特性:无限生长型。果实扁圆形,大红色,口味好,中大果,单果重200～230克。果实硬,耐运输,耐贮藏。抗烟草花叶病毒病,枯萎病,耐筋腐病。中熟,丰产性好。周年栽培亩产2万千克以上。

(3)适作茬口:适于秋冬和早春季节保护地栽培。

9. 百利

(1)品种来源:从荷兰瑞克斯旺引进。

(2)特征特性:无限生长型。长势旺盛,坐果率高,丰产性好,耐热,在高温、高湿条件下能正常坐果。果实大红色,圆形,单果重180～200克,色泽鲜艳,口味极佳,无裂纹、无青肩现象。质地硬,耐运输,耐贮藏,适合出口和外运。抗烟草花叶病毒病、枯萎病等。

(3)适作茬口:适宜北方保护地越夏栽培或南方露地栽培。

10. 博瑞特

(1)品种来源:从美国BHN种子公司引进。

(2)特征特性:无限生长型,中早熟。叶片适中。坐果率高,单果重180～240克。果色大红,果实端正,颜色鲜亮,无绿肩,萼片大,果实硬度好,耐贮运,口味佳,商品性好。每穗开花数较多且整齐,果实大小均匀。抗病性好,对环境适应能力极强。

(3)适作茬口:适于秋冬和早春季节保护地栽培。

11. 美国4号

(1)品种来源:从美国引进。

(2)特征特性:无限生长型。7～8片叶着生第1穗花序,两叶花序,单穗果小,花多,花开集中,花期长。中晚熟。果大红色。果形周正,光洁美观,成熟果皮硬。皮肉厚1厘米,肉多汁少,极耐贮运,超过成熟期3周内不会出现裂果或变质。单果重200～300克,果实均匀一致,无畸形果、青肩果、空洞果,商品率极高。极耐低温,耐弱光,耐高温,抗病毒。

(3)适作茬口:适宜秋延迟、越冬及早春茬栽培。

12. 圣尼娜

(1)品种来源:从荷兰纽内姆种子公司引进。

(2)特征特性:无限生长型,长势中等,早熟。果呈鲜艳红色。果实扁圆形,硬度极好,耐贮运,单果重220～250克。抗叶霉病、灰霉病、黄萎病、枯萎病、烟草花叶病毒和根结线虫病。

(3)适作茬口:适于越冬保护地种植。

13. FA-1420

(1)品种来源:从以色列海泽拉优质种子公司引进。

(2)特征特性:无限生长型,植株生长旺盛,叶片适中,早熟。在高温下开花、坐果能力极强,坐果整齐,单果重160～220克,呈扁球形,大小均匀一致。果实红色,着色均匀,口感好。果实耐贮运,保鲜期长。每穗开花6～8个,开花整齐。抗线虫病,对根腐病、茎基腐病、黄萎病、枯萎病、烟草花叶病毒有抗性。适宜土传病害严重发生地区种植。

(3)适作茬口:适于越冬、秋延迟、早春茬栽培。

14. 珐多

(1)品种来源:从荷兰安莎种子集团公司引进。

(2)特征特性:无限生长型,植株生长旺盛,坐果率高,每序留果6～8个,单果重120～130克。果实硬度好,颜色红,可整序采收。抗病。

(3)适作茬口:适于春秋保护地种植。

15. 洛斯曼

(1)品种来源:从法国威迈种子公司引进。

(2)特征特性:一代杂交种,无限生长型,中熟。生长势极强,连续坐果能力强,产量高。果色大红,扁圆果形,果实大小均匀一致,平均单果重220克左右,品质佳。货架期长,耐贮运,适应性广。

(3)适作茬口:最适宜越冬长季节栽培。

16. 加茜亚

(1)品种来源:从以色列泽文公司引进。

(2)特征特性:无限生长型,生长旺盛。果实圆略扁,单果重180～200克。一级果率高,大小均匀,畸形果少。果实成熟后为大红色,色泽艳丽而均匀,无锈果(铁皮果)现象发生,果肉厚而硬实,极耐贮运,常温下存放20天左右不变软。抗枯萎病、烟草花叶病毒病、叶霉病等病害。耐低温、弱光性强。是外贸出口番茄的首选品种。

(3)适作茬口:适于越冬茬、冬春茬和早春茬栽培。

17. 萨巴塔

(1)品种来源:从荷兰维特国际种业有限公司引进。

(2)特征特性:无限生长型,中熟。植株长势旺盛,叶色深绿。果形微扁圆,色深红,单果重180～225克,连续坐果能力强。果实商品性能好,风味佳,口感好,货架期7周,硬度高,耐运输。耐热、耐寒、抗裂。抗烟草花叶病毒病、黄萎病、枯萎病,高抗叶霉病。

(3)适作茬口:适于越冬、秋延迟、早春茬栽培。

18. 利玛332

(1)品种来源:日本米克多国际种业有限公司从法国利玛—格林集团引进。

(2)特征特性:无限生长型,中早熟。果实圆形,单果重200～220克,成熟果实大红色,无果肩,萼片大而伸展,果形美观。果肉厚,风味佳,果实硬度大,耐贮运,货架期较长,商品性好。持续坐果能力强,后期植株不早衰。高抗根结线虫病、真滑刃线虫病等根线虫病,高抗灰霉病。

(3)适作茬口:适于早春、越夏茬栽培。

19. 佩坦赞

(1)品种来源:从荷兰安莎种子集团公司引进。

(2)特征特性:无限生长型,植株生长中等,高温和低温条件下坐果能力较强,花序整齐规则,每序留果6～8个,可整序采收。单果重100～120克,果实近圆形,熟果红色,整齐诱人。果实硬度大,货架期长。抗烟草花叶病毒病、黄萎病、枯萎病。

(3)适作茬口:适于保护地或露地栽培。

20. 耐莫尼塔

(1)品种来源:从以色列尼瑞特种业引进。

(2)特征特性:无限生长型,植株生长旺盛,高温、低温下连续坐果能力强,极具高产潜力。单果重160～200克。抗黄萎病、花叶病毒病、根结线虫病。

(3)适作茬口:适宜根结线虫高发区早春、秋延迟和越冬茬栽培。

21. 罗曼娜

(1)品种来源:从荷兰维特国际种业有限公司引进。

(2)特征特性:无限生长型,一代杂交早熟种。果卵形,大红色,单果重100～120克。无筋腐果、畸形果、空洞果。可成串采摘。果实商品性能好,风味佳,口感好,货架期3周。耐热、抗裂。抗烟草花叶病毒病、枯萎病、根结线虫病。

(3)适作茬口:适于早春、秋延迟、越冬茬栽培。

22. 海虹

(1)品种来源:从荷兰纽内姆种子公司引进。

(2)特征特性:无限生长型,长势中等,极早熟。果实大红色,卵圆形,单果重120～140克,色泽鲜艳,口味极佳,无裂纹、无青肩现象。质地硬,耐运输,耐贮藏。

(3)适作茬口:露地和保护地种植的兼用品种。

23. 贝蒂

(1)品种来源:从法国威迈种子公司引进。

(2)特征特性:无限生长型,早熟,生长势旺盛,节间中等,坐果率高。果实卵圆形,硬度高,不易空心,货架期长,色泽亮丽,口味佳,平均单果重120克左右。抗烟草花叶病毒病、黄萎病、枯萎病、根结线虫病。

(3)适作茬口:适宜春秋保护地和露地支架栽培。

24. 欧拉玛

(1)品种来源:从荷兰维特国际种业有限公司引进。

(2)特征特性:无限生长型,一代杂交种。黄色果,果卵形,单果重 100～120 克。无筋腐果、畸形果、空洞果。每穗挂果 6～8 个。可成串采摘。果实商品性能好,风味佳,口感好,货架期 3 周。耐热、抗裂。抗烟草花叶病毒病、蕨叶病毒病、枯萎病、根结线虫病。

(3)适作茬口:适于早春、秋延迟、越冬茬栽培。

25. 黄金果

(1)品种来源:从荷兰维特国际种业有限公司引进。

(2)特征特性:无限生长型,中熟。植株长势旺盛,叶色深绿。果微扁圆形,黄色,单果重 130～200 克。连续坐果能力强。果实商品性能好,风味佳,口感好,货架期 3 周。硬度高,耐贮运。耐热、耐寒、抗裂。抗烟草花叶病毒病、黄萎病、枯萎病。

(3)适作茬口:适于越冬、秋延迟、早春或越夏茬栽培。

26. 阳光

(1)品种来源:从荷兰安莎种子公司引进。

(2)特征特性:无限生长型,植株长势旺盛,株型紧凑。果实圆形,果深红色,硬度高,风味佳。每序可结果 20～22 个,单果重 15～20 克,丰产性好。耐裂果。抗花叶病毒病、叶霉病、枯萎病、银屑病和根结线虫病。

(3)适作茬口:适宜保护地栽培。

27. 千嬉

(1)品种来源:从台湾农友种苗公司引进。

(2)特征特性:樱桃型番茄,早熟,无限生长型。果桃红色,椭圆形,重约 20 克。糖度高达 9.6%,风味佳,不易裂果。每穗结果 14～31 个,高产。耐凋萎病,高抗根结线虫病。耐贮运。

(3)适作茬口:适宜越冬和早春茬栽培。

28. 金千嬉

(1)品种来源:从台湾农友种苗公司引进。

(2)特征特性:樱桃型番茄,早熟,生育期 75 天。无限生长型。果金黄色,椭圆形,单果重约 20 克。糖度 10%左右,风味佳,不易裂果。每穗结果 14～30 个,高产。耐凋萎病,高抗根结线虫病,耐贮运。

(3)适作茬口:适宜越冬茬栽培。

29. 樱花

(1)品种来源:从荷兰安莎种子集团公司引进。

(2)特征特性:无限生长型,植株长势强健。果实葡萄形,有轻微纹,亮红色,硬度高,风味佳。单果重 25～30 克,适合整序果采收。抗花叶病毒病、叶霉病、枯萎病。

(3)适作茬口:适宜保护地栽培。

30. 艾玛 P99

(1)品种来源:从以色列艾玛种子公司引进。

(2)特征特性:无限生长型,植株长势壮。果实椭圆形,粉红色,大小均匀,单果重 20～25 克。坐果性极好。在栽培管理条件较好的情况下,每穗果数可达 20 个左右,不裂果,口味好,硬度高，极耐运输。抗病性强。是各大超市、宾馆餐厅的首选品种。

(3)适作茬口：适宜越夏、越冬茬栽培。

二、育苗技术

番茄原产于热带，喜温、怕霜，但又不耐炎热。其根系生长的最适宜地温为20～23℃，8～10℃根毛停止活动，超过33℃时停止生长。因此，栽培中要求土壤温度不能低于13℃。番茄一生中幼苗期最耐低温，经过低温锻炼的幼苗可忍耐－3℃的低温。番茄开花时对温度反应比较敏感，低于15℃或高于30℃即授粉受精不良。

1. 常规育苗技术

(1)番茄适龄壮苗标准：番茄壮苗的适宜生理苗龄为7叶1心，达到这一适宜生理苗龄需要的日历苗龄，因品种的熟性和育苗方式不同而有所差异，一般冷床育苗需要65～75天。衡量适龄壮苗的标准可分为外部形态标准和生理生化标准。

①外部形态标准。番茄适龄壮苗形态特征是秧苗健壮，株顶平而不突出，高度18厘米左右。叶色深绿，茎秆粗壮，横径0.6～1厘米，节间短。茎、叶茸毛多。第一花序现蕾但未开放，着生于6～7片真叶间。根系发达，侧根数量多，呈白色。无病虫害。

②生理生化标准。光合能力强，这是反映秧苗的一项重要生理指标。根系体积大，可更多地吸收水肥；根系吸收水肥的活跃程度高。叶绿素含量高，表明叶片中含有的叶绿素密度大，潜在的光合作用强。碳、氮比适宜，碳、氮比适宜的秧苗生长健壮，能较早开花结果。秧苗生理生化性状直接影响到秧苗的生长发育，具体表现在定植后的缓苗速度快，植株抗逆性强及最后番茄产量高等。

(2)苗床地的选择：培育番茄苗要选择排水良好，土层较厚，土质肥沃，有机质含量较高，pH 7左右，近两年未种过茄果类的地块。

番茄苗床地要尽可能早翻土，并撒石灰调节酸碱度。番茄苗床的规格，一般长10米，宽1.5米。

(3)培养土的配制与使用：

①优质培养土应具备的条件。培育番茄苗的优质培养土必须有良好的物理结构，富含足够的营养成分，且要求化学性质(主要指土壤酸碱度)相对稳定。试验测定表明，培养土的容重应在0.5～0.7克/厘米^3，总孔隙度为70%～80%，pH以中性略偏碱为宜。

②培养土的组成及配比。根据以上要求，生产上常用的育苗基质有肥沃园土、堆厩肥、栏粪、猪牛粪渣、炭化谷壳、草炭等。园土是培养土的主要成分，应占到30%～50%；为防止土壤传染病害，不要选择近两年种过茄科的蔬菜园土，最好选择葱蒜土；园土要充分烤晒、打碎、过筛，并保持干燥状态备用。有机肥料如猪牛粪、堆厩肥等，是主要的营养源，应占培养土20%～30%。这些有机肥一定要提前收集，并进行避雨堆沤，使之充分腐烂发酵。炭化谷壳或草木灰能增加培养土的钾含量，使土壤疏松透气，并提高pH，含量占培养土的20%～30%。据研究，培育番茄苗的培养土可采用2/4园土、1/4猪粪渣和1/4炭化谷壳(体积比)配制而成。此外，还可加少量过磷酸钙，必要时加适量石灰调节酸碱度。

③培养土的消毒。常用的方法有福尔马林(40%甲醛)消毒。一般1 000千克培养土，用福尔马林药液200～300毫升(即0.2～0.3千克)，加水25～30千克，喷洒后充分拌匀堆置，并覆

上一层塑料薄膜闷闭 2～3 天，揭膜 6～7 天待药气散尽即可使用(图 9-1)。

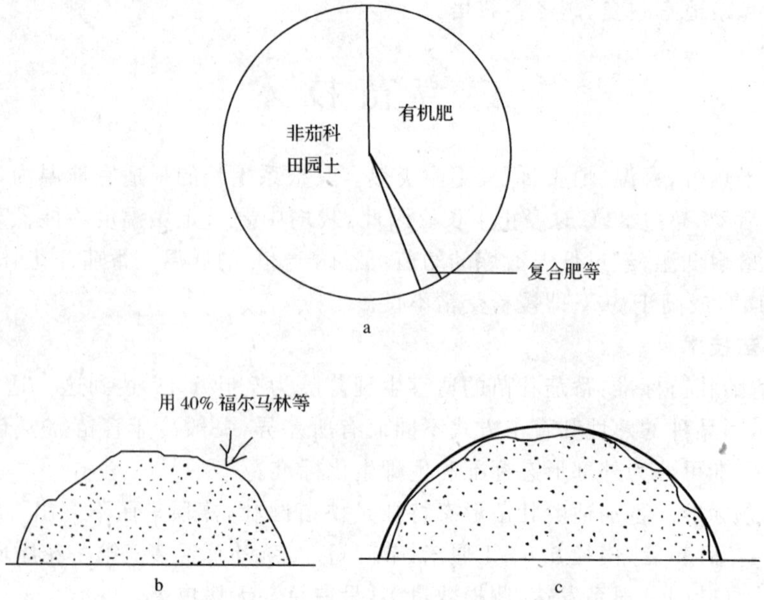

图 9-1　苗床土组成与配制过程

a. 床土组成　b. 床土加入消毒　c. 覆盖塑膜堆制

④培养土的使用。做苗床后，在播种前 1 周即可铺设培养土，厚度为 6～8 厘米，每 10 米^2 苗床需培养土 600～700 千克。要求厚度均匀一致，床面平整，播种后的盖子土也要求用这种培养土。

(4)种子处理：

①浸种。浸种的方法很多，番茄主要采取温汤浸种和药液浸种。温汤浸种的方法是：将种子盛在纱布袋中，先置入常温水中浸泡 15 分钟，再转入 55℃左右的半开水中浸 15 分钟，且不断搅动和及时补充热水，维持所需水温，随后让水温逐渐下降或转入 30℃的温水中继续浸泡 4～5 小时，最后洗净附于种皮上的黏质。药液浸种应有针对性地为预防某种病害而选取相应的药剂。如果是防治番茄早疫病，先用温清水浸种 3～4 小时，再浸入 40%福尔马林 100 倍液中，20 分钟后捞出并密闭 2～3 小时，最后用清水冲洗干净。防治番茄病毒病，同样选用清水浸 3～4 小时，转入 10%磷酸三钠或 2%氢氧化钠水溶液，经 20 分钟取出，用清水冲洗数遍，至 pH 试纸检验为中性时即可。

②催芽。催芽可根据种子量的多少在催芽箱、恒温催芽箱和其他简易催芽器具中进行。催芽过程中，关键是控制温度。其次是调节湿度和进行换气，番茄种子催芽的温度为 22～23℃，在此范围内实行变温催芽更有利于出苗齐而壮。为保证氧气和适宜的水分，应每隔 6 小时左右翻动一次，并根据干湿程度补充一些水分，必要时可进行冲洗，以清除种子表面上的黏质。在这样的催芽条件下，番茄种子经 2～3 天即可完成催芽。

(5)播种：番茄主要采取直接播种法。播种前半天或一天将苗床浇透，使水分下渗 10 厘米左右。即除渗透培养土外，苗床本土还要下渗 2～4 厘米。播种时应将湿润种子拌些干细土，并采取来回撒播，即可播得均匀。播种量以干种子计算，每 4 米^2 苗床播 20～30 克，可满足 1 亩棚室之用。播种后要撒一薄层培养土，并及时覆盖塑料膜或遮阳网。

(6)苗床管理:

①出苗期的管理。从播种到子叶微展即为出苗期,约需3天,为了促进出苗快而整齐,必须维持较高的湿度和控制较高的温度。温度以22～24℃为宜,白天可升至25～26℃,夜间可降至20℃左右。为保持土壤湿润,在床温不过高的情况下,一般不宜揭除覆盖物。

②破心期的管理。从子叶微展到第1片真叶展出即为破心期,约4天。为了不形成高脚苗并促进先长根,主要采取控的措施。首先,在确保秧苗不受冻的情况下,尽可能多见阳光。其次,适当降低温度,白天控制在16～18℃,夜间12～14℃。其三是控制浇水,降低床土湿度。此外,遇秧苗拥挤时应适时间苗。

③旺盛生长期的管理。幼苗破心后即生长加快,进入旺盛生长期。为了使营养生长与生殖生长协调进行,应采取促控结合的管理措施。主要是提供适宜的温度、较强的光照、充足的水分和养分。控制白天气温为20～24℃,夜间14～15℃;白天地温为16～18℃,夜间12～14℃。在保证以上温度的前提下,一般不需覆盖,以利于通风见光。保证水分和养分供应,一般在正常的晴朗天气,应每隔一天喷水一次,以维持床土湿润。即使在低温阴雨天气,也应每隔2～3天喷水一次,以维持床土呈半干半湿状态。在床土缺肥的情况下,可结合浇水喷2～3次营养液,营养液应注意氮、磷、钾三要素的配合,三者的总浓度不要超过0.2%。常用营养液配方:尿素50克、硫酸钾80克、磷酸二氢钾50克,加水100千克,溶液浓度为0.18%。还可以采用三元素专用复合肥配制。遇秧苗徒长时,可喷施50毫克/千克多效唑液或采取松土断根等措施。

④炼苗期的管理。定植前3～4天即可进行炼苗。主要是采取控的措施,包括控湿降温、揭除覆盖物等。必要时,可使床土露白或有意松土断根。

(7)早春及越夏番茄育苗易出现的问题与解决办法:早春番茄育苗常出现播后不出芽或出芽不齐。番茄较耐寒,一般经浸种催芽后都能出苗,但有时播后温度较低,苗畦内较冷,种子可能暂时不出芽,待天气好转后仍能发芽。不发芽现象主要是长期低温,或播种时苗畦过干,没浇透水,喷水不足,水分被下部干土吸掉。一般播后7～8天不发芽就应及时补救。

越夏番茄育苗处在5～7月份的高温季节,不利于植株的生长,而高温、干旱以及蚜虫的危害,又是病毒病及其他病害发生的重要条件。同时还伴有大风、暴雨的突然袭击,育苗过程较其他茬口困难,稍一疏忽就会出现问题,所以应熟练掌握高温季节的育苗技术。

①播种中易出现的问题及解决办法。土面板结:土面板结往往有两方面原因引起:一方面是床土土质不好;另一方面是底水不足,腐殖质含量少,结构不疏松。因此,在配制床土时,要用腐殖质含量多的堆肥、厩肥拌入床土中,播种后的覆土除了床土的成分外,还需加入适量的细炉渣等,以防土面板结。一般营养土配制办法:每个苗床填入干净无病的园田土,按40%～50%的比例掺入腐熟的堆肥或厩肥,每立方米床土再混入过磷酸钙1千克、草木灰5～10千克。另外,浇足底水也是防止土面板结的措施之一。播种前若底水充足,播种后至出苗前就不需要浇水。相反,若底水太少,播种后床面干燥,浇水不当,易引起床面板结。除非床土太干非浇不可时,可用水壶洒些水,切忌出苗前大水漫灌。

出苗不整齐:出苗不整齐,一种是出苗的时间不一致,早出的大苗和迟出的苗相差几天。对已出土的秧苗必须及时揭去覆盖物,增加光照,降低苗床温度和湿度,防止徒长。对未出土的秧苗,还需保持较高的温度和湿度,以促进出苗。这样在苗床管理上就会出现顾此失彼,而且以后在同一苗床内,秧苗大小不一致,温湿度管理非常困难。另一种情况是整个苗床内,秧苗的分布不均匀，有的地方出苗过多，造成拥挤；有的地方出苗很少，造成苗床浪费。出苗时间不一致的原因主要是种子成熟度不一致，一部分不饱满的种子发芽势低，出苗缓慢；或者由于新陈种子混合，新种子发芽势强，出苗快，陈种子生命力弱，发芽迟缓；或者由于种子催芽时温、湿度和空气不均匀，各粒种子的发芽程度不一致。另外，覆土的多少也是出苗时间不一致的主要原因。造成同一苗床中出苗疏密不匀的原因，一是苗床不平，床内各点湿度不一致；二是播种技术不过关，种子播得不匀；三是床内环境条件不一致，一般苗床的中部温度较高，出苗早，成活率高，相反苗床的周边位置出苗较迟。克服出苗不整齐，可以根据上述原因，采用发芽率高、发芽势强的种子，床土要整平，播种要均匀，覆土、覆盖的措施尽量一致。

幼苗顶壳出土。幼苗顶壳主要由两个原因造成：一是种子贮藏过久，种壳过硬；二是种子成熟度不够，生命力低，幼苗出土时，无力脱壳。播种时底水不足或覆土太薄，种子尚未出苗，表土已变干，使种皮干燥发硬，往往不能顺利脱落。播种时，覆土太薄，或覆土太轻，压力太小，也会使幼苗"戴帽"出土。防止戴帽苗措施是：选用当年新种或1～2年陈种，覆土不宜太轻、太薄，若发现种子带壳应及时覆一层细土。

②出现闪苗、风溜苗和烧苗的原因及解决办法。越夏番茄育苗过程处在5～7月份，温度高，光照强，特别是晴天中午棚内温度常常超过35℃，有时达40℃以上，棚温超过40℃就易烧苗。预防办法：适时加大通风量或采用遮阳网降温，一旦发生烧苗后，可结合浇水迅速降温，增加苗床土壤湿度，阻止烧苗继续发生。另外，随着苗龄增大和气温逐渐升高，逐渐加大通风量，若过猛揭除塑料棚，就易"闪苗"和"风溜苗"。

(8)番茄育苗床小苗黄化、僵化的原因与预防：番茄苗子从子叶就开始黄化，然后扩至全株叶子，生长停滞。严重时叶片枯黄脱落，顶叶变窄卷曲，近根基部长出不定根，地下根腐败变褐，无新根发生。

造成黄化僵苗的主要原因是：苗床湿度过大，根系缺氧，根和叶间的平衡被破坏，呼吸及代谢失常，地上部分有激素大量积累，因而出现不定根。

预防措施是苗床不要积水，苗期浇水要适量。

(9)怎样避免出现番茄"高脚子叶苗"：引起番茄苗徒长形成"高脚子叶苗"的主要原因是土壤温湿度过高、光照不足。因此，避免番茄产生"高脚子叶苗"，应从以下几个方面采取措施：

一是根据育苗季节确定苗畦的浇水量，避免浇水后苗畦内长时间保持较高的土壤湿度。一般低温期苗畦的温度偏低，失水较慢，应少浇水；高温期苗畦失水比较快，畦土易变干，可适当多浇水。

二是保持苗床内充足的光照。充足的光照能够抑制幼苗的旺长，在保证苗床内温度需要的前提下，应尽量延长苗床的光照时间，特别是延长苗床内自然光照的时间，必要时还可以进行人工补光。

三是适当降低苗床的温度。当苗床内约有半数的幼苗出土后，要把苗床白天的温度降低到25℃左右，夜间的温度不要超过15℃。

2. 嫁接育苗技术

(1)嫁接育苗的主要作用：

①防病栽培。主要预防根结线虫病。番茄属于受根结线虫病危害严重的蔬菜。用高抗根结线虫病的砧木根系替换栽培番茄的根系，使栽培番茄不接触土壤，从而达到防根结线虫病栽培的目的。据试验，番茄嫁接栽培与不嫁接不施药相比一般增产50%～80%，与不嫁接正常

施药防线虫栽培相比增产20%～30%。

②提高土壤肥水利用率。嫁接番茄能够利用番茄砧木根系发达、吸收能力强的特点，提高土壤肥水的利用率，提高肥效，降低施肥量。

③增强番茄的耐低温能力。嫁接后能显著提高番茄的抗寒能力和抗土壤高湿的能力，明显提高番茄的长势，提高番茄的综合抗性。

④提高产量。嫁接番茄的结果期比较长，产量高，增产比较明显，特别是低温保护地栽培番茄的增产效果较为显著，一般高者增产两倍以上。

(2)嫁接育苗对砧木的要求：要求所用砧木对番茄根结线虫高抗或高耐，并且抗病性稳定，不因栽培时期以及环境条件变化而发生改变。要求砧木与番茄的嫁接亲和力和共生力强而稳定，嫁接苗成活率不低于85%，并且嫁接苗定植后生长稳定，不出现中途夭折现象。要求所用砧木品种与番茄嫁接后不改变果实的果实形状、色泽、口感、风味，不出现畸形果，不减小植株的生长势，也不造成植株徒长。

(3)常用的砧木品种：

①板砧2号。根系发达，对根结线虫免疫。叶色浓绿，长势极强，与番茄各栽培品种嫁接亲和性极好，嫁接后番茄综合抗性强，可作为各茬口番茄栽培嫁接砧木。

②托鲁巴姆。属野生茄子类砧木品种，根系发达，对根结线虫、青枯病免疫。叶色浓绿，长势极强，与番茄各栽培品种嫁接亲和性极好，嫁接后番茄综合抗性强，可作为各茬口番茄栽培嫁接砧木。

③曼陀罗。属野生茄科类植物，根系发达，对根结线虫免疫。叶色浓绿，长势极强，与番茄各栽培品种嫁接亲和性极好，嫁接后番茄综合抗性强，可作为各茬口番茄栽培嫁接砧木。

(4)嫁接方法与技术：

①种子处理。砧木种子成熟后一般具有极强的休眠性，发芽困难。可用100～200毫克/千克的赤霉素，在20～30℃条件下浸泡24小时左右即可打破休眠，接着用清水冲洗后即可催芽。注意赤霉素的使用浓度不宜过高，否则容易造成出芽后的徒长。可采用变温催芽，15～20℃条件下催芽16小时，30℃左右条件下催芽8小时，8～10天基本出芽。

②播种时间。嫁接番茄育苗时间要比正常育苗时间提早20～25天。砧木的播种期比接穗播种期应适当提早。一般情况下板砧2号早播5天左右，托鲁巴姆早播25天左右，曼陀罗早播5～10天。

③嫁接方法。选用劈接法。当砧木6～7片真叶时，接穗4～5片真叶、茎粗达到5毫米时就可以嫁接，嫁接后用圆口夹固定(图9-2)。另外，嫁接苗定植后不宜蹲苗。嫁接过程中一定要注意切面卫生，以防感染病菌，降低成活率。

苗子接好后摆放在塑料棚中，浇足水(注意水不要溅到伤口处)，温度控制在25～28℃，应适当遮光，5～6天伤口愈合后嫁接苗按常规管理。

(5)番茄接穗多芽嫁接育苗技术：寿光市农业局农技推广人员探索出了接穗多芽嫁接方法，既防治了根结线虫、青枯病，又可降低用种成本1/3～1/2，进一步拓宽了番茄嫁接技术的应用范围。具体做法有三种。

第一种：在接穗和砧木苗生长至5～6片完全真叶时，砧木留基部两片真叶去顶，接穗留顶部2叶1心切取，进行劈接。拔除接穗苗床内的杂草、病苗，并施肥1～2次，促进腋芽生长，一般条件下10～15天后，腋芽达到接穗标准，再切取嫁接，将腋芽培育成结果主干。采取该方

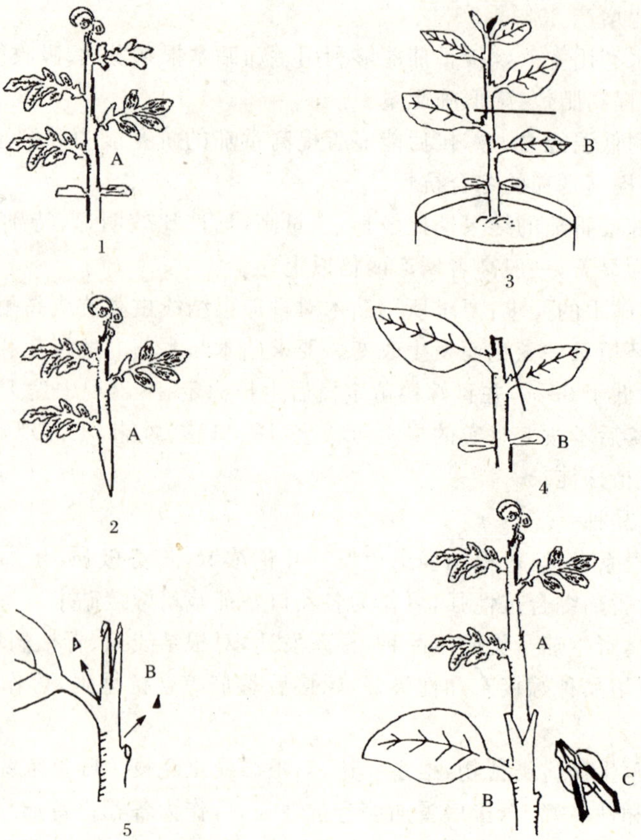

图 9-2　番茄劈接育苗过程

A. 番茄苗　B. 砧木苗　C. 嫁接用夹

1. 起苗　2. 番茄苗削切　3. 砧木苗平茬　4. 砧木苗去叶

5. 砧木劈切、去腋芽　6. 插接、固定接口

法，砧木要分两批播种，接穗可利用主芽和腋芽 1～2 个，即嫁接育成 2～3 株生产用苗。

第二种：砧木与接穗同时或比接穗提前 1～3 天播种，6 叶 1 心时，用上述劈接法完成接穗顶芽嫁接，再切取接穗上部 1～2 段带有一片完好叶片、约 5 厘米长的嫩茎进行嫁接，使潜伏腋芽在嫁接后萌生并成长为结果主干。

第三种：番茄植株腋芽较多且都可形成结果枝，可利用高位腋芽（番茄结果后植株滋生的腋芽）作接穗进行嫁接育苗（图 9-3）。

3. 番茄分枝扦插育苗技术

近年来，寿光市在大棚内，根据番茄茎不定根发生能力强的特点，成功地利用番茄分枝进行了扦插育苗繁殖。

（1）优点：一是可以节约种子投入。特别是价格昂贵的进口品种，利用扦插育苗可以大大节约购种成本。二是可以缩短生长周期。番茄扦插枝条来自正在开花结果的成株，已经进行了良好的营养生长和花芽分化，进入到生殖生长阶段，与播种育苗相比，番茄扦插育苗栽培，生育进程明显缩短，果实可以提前 40～45 天上市销售。三是可以大幅增加产量。番茄扦插育苗栽培，植株节间较短，花序增多，果实圆正，产量可比播种育苗栽培提高 10%左右。

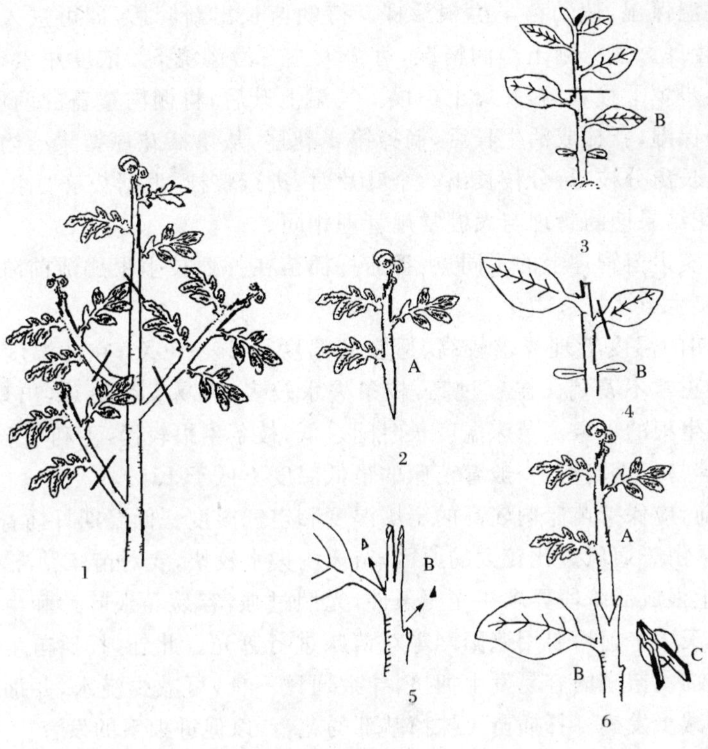

图 9-3 番茄接穗多芽嫁接育苗过程

A. 番茄分枝 B. 砧木苗 C. 嫁接用夹

1. 番茄多穗株 2. 番茄分枝削切 3. 砧木苗平茬 4. 砧木苗去叶

5. 砧木劈切、去腋芽 6. 插接、固定接口

(2)具体操作技术：

①选取健壮侧枝。从已经开花结果的番茄成株的中下部选取无病、健壮、生长点完好、长约15厘米、具有4～5片叶子的侧枝。摘去枝条下部的叶片，然后，将枝条下端削成平滑的楔形，再用50毫克/千克的萘乙酸溶液处理10分钟，清水冲净后即可作扦插之用。

②苗床选择。番茄分枝扦插育苗可一步成园，也可用塑料钵培育后移栽。苗床要求土壤肥沃、松软、排水畅通。于栽插前20天培肥床土，每亩施入人畜粪肥7 500千克、饼肥50千克、磷肥40千克，使肥土均匀，整平成畦。栽插前10天搭好棚架，盖好薄膜，使床地增温，为栽插做好准备。营养钵育苗，可用高11～12厘米、直径10厘米的塑料薄膜筒，将番茄分枝放入筒内，加满肥土(外留2张叶片)，将钵排放在温床内，浇足水，盖好薄膜，夜间覆盖草苫保温。待扦插分枝长出1～2张新叶时即可脱钵移栽到大棚内。

③棚内栽插。用番茄分枝栽插的苗，因其营养生长和生殖生长同步，结果早，营养体不及种子苗旺盛，故栽插密度应比种子苗提高10%左右。栽插时，随取分枝随栽插。按照定植要求，先开7～10厘米深小沟，将分枝苗栽于沟内，土面上留1叶1心，其余茎秆插入土中，并将茎上的其他叶片尽量拉出土面，以利增加光合面积，促进生长。定植后，沿沟浇透3%浓度的尿素溶液，促进根系生长。

④栽后管理。一是抓好发根期管理。2月中旬栽插的，要在塑料大棚内加地膜和小拱棚保温，使棚内温度控制在夜间10℃以上，白天25℃左右。在适宜的温度范围内，栽后10天左

右一般不通风，保温保湿，使幼苗早生根活棵。待幼苗长出新叶后，即可进入正常管理阶段。二是抓好活棵后管理。根据棚土湿润情况，每 7 天左右沿沟浇 5%浓度尿素溶液一次。随着新株的长高，要逐步填平移栽沟，并培土护根。气温上升后，将棚内覆盖的两层地膜撤掉后用于平铺地面，增温保湿，新株成活生长后，摘掉第 1 花序，从第 2 花序留果。当株高达 25 厘米左右时，下部开始长出分枝，待分枝长出 3 个叶片时，进行整枝，根据栽培要求，可留主干，也可留双干挂果。开花结果期的管理与大棚常规管理相同。

(3)扦插苗与实生苗管理上的不同点：番茄扦插苗在扦插枝生根成活前阶段对温度、湿度和光照的要求较实生苗严格。

扦插苗生根期的温度管理要求较高，适宜的温度是 25～30℃，在此温度下，枝条容易生根，叶片也能保持正常不萎蔫。温度过高，枝条失水较多，容易发生萎蔫，出现上部叶片已萎蔫，而地下部却已生根的现象。苗床温度长时间过低，枝条生根较慢，不利于形成壮苗，同时枝条的扦插部分也容易发生腐烂，一般育苗床的最低温度不低于 15℃。

扦插苗成活前，应保持苗床内较高的土壤湿度和空气湿度。低温期扦插育苗，一般不需要浇水；高温期育苗，由于通风量比较大的原因，苗床内失水较快，要对苗床勤浇水。

番茄扦插至生根成活阶段要求弱光照条件，光照过强，容易导致叶片和生长点萎蔫干枯。在管理上，一般晴天中午前后要用遮阳网等对苗床进行遮光。此外，扦插苗生根成活后，由于扦插苗的叶片比较大，苗床内容易发生拥挤，导致通风不良，可减少浇水，并加强通风，保持苗床较低的湿度，以减少发病。扦插苗要抹掉基部的花蕾，以促进根系的发育。

三、主要栽培模式

1. 大棚番茄早春栽培技术

大棚番茄早春茬生产是在冬季播种育苗、进行早春生产的茬口安排，其技术难度比越冬茬生产相对较小，风险性较小，农民容易接受，产量和经济效益较高，是目前大棚番茄生产普遍采用的栽培形式。此茬一般 3 月份开始上市，产量高峰期集中在 4～5 月份，若不急于赶茬，可延续到 8～9 月份结束。

(1)品种选择：大棚早春茬番茄栽培对品种的要求是，有限生长型品种，早熟，植株中等偏小，适合密植，增加种植密度。果实要硬度大，颜色好，果形周正。植株长势强，生长旺壮，坐果能力强，产量高。在低温和弱光照条件下，能保持较强的坐果能力，不形成畸形果，不裂果，着色好。高抗番茄晚疫病、早疫病、叶霉病、病毒病等易发生的病害。

(2)培育适龄壮苗：

①播期选择。适宜的播种期应根据当地气候条件、定植期和壮苗标准而定。适龄壮苗要求定植时具有 6～8 片叶，第 1 花序已现蕾，茎粗壮，叶色浓绿，肥厚，根系发达，达到此标准，苗龄 60～70 天。在山东寿光，播种期一般在 12 月中下旬至 1 月上旬。

②育苗要点。要培育无毒苗。种子用 10%的磷酸三钠溶液浸泡 15～20 分钟，然后清洗 3～4 次，清除种子表面的病毒，预防病毒病的发生。

要求培育适龄大苗栽培。培育适龄大苗栽培的主要目的是争取定植后早开花结果，早上市供应。适宜的番茄苗大小是第 1 花序不开放。具体苗叶数量，因品种而异。

要护根育苗。护根育苗的主要目的是保护番茄苗根系，防止定植时伤根严重，推迟发棵和结果。

要定期喷药预防病害。一般从出苗开始，每周喷一次药，交替喷洒多菌灵、杀毒矾、甲霜灵以及病毒A等。

(3)定植：番茄早春茬生产，除新建大棚外，一般都有前茬蔬菜，整地前要清洁田园，施肥一般亩施腐熟农家肥1万千克左右，过磷酸钙50千克左右。定植时再施入磷酸二铵，或饼肥100千克作基肥。整地可起垄或做畦，起垄一般是50厘米行距，15厘米高的垄。做畦一般做成底宽1米，畦面宽70～80厘米，畦高15厘米的高畦，整地后覆盖地膜。高畦地膜覆盖一般在畦中间开一小沟，用于膜下暗沟灌水。

定植一般要求室内10厘米地温稳定通过10℃，最低气温0℃以上。定植密度，一般早熟品种采用畦栽，行距40～50厘米，株距40厘米，亩保苗3 000～3 500株。中熟品种采用垄栽，每垄栽1行，株距40～45厘米，亩保苗2 500株左右，定植时水要浇足，水渗后封住地膜口。

(4)定植后的管理：冬暖大棚番茄早春生产，一般在2月份定植，定植后外界气温回升，光照逐渐增强，室内气温一般可维持较高水平，要注意放风管理，防止高温危害。

①通风与温度调节。由于番茄定植时正值寒冷的冬季，所以，首要的任务就是提高棚室内的温度，增强光照，促进缓苗。这时候白天的温度控制在25～30℃，晚上的温度在15～20℃，以防止秧苗徒长。番茄在花期对温度比较敏感，特别是开花前5天和开花后3天，低于15℃或高于30℃都不利于开花、授粉、受精。在结果期白天温度控制在25℃左右，夜间控制在15℃左右，昼夜温差在10℃左右为宜，温度低会使果实生长缓慢，过高影响果实着色。

②浇水施肥。番茄根系比较发达，吸水能力强，生长过程中需水量大，应适时浇水，但不宜漫灌，尤其是寒冷的冬季。在第1穗果坐住以后，如浇水过多会引起徒长，导致落花，因此，在定植以后要控制浇水，在果实长到核桃大小的时候开始浇水施肥，可以随水冲施生物有机肥或复合肥等。以后视植株的长势、天气状况，摘一茬果实浇一次肥水。在早春季节，最好在晴天的上午浇水，浇水后闭棚升温，待温度上升以后开始放风，排除棚室内的湿气。

③植株调整。在第1穗果坐住后及时吊蔓，大棚整枝一般都是采用单干整枝法，番茄易发生侧枝，要及时抹去，底部叶片及时摘除，改善通风条件，降低各种病害发生的几率。番茄打叶应遵循以下原则：在番茄最底部的一穗果达到绿熟期，即果实由绿变白，果实完全长大，种子已经成熟，开始变红之前，其上部的叶片不能打掉。凡是颜色浓绿，没有病虫害、没有黄斑的叶片，不能打掉。那些最底部一穗果实下部的叶色变黄，有严重黄斑或病虫危害的老叶可以打掉。植株中下部由于病虫危害严重或其他生理性病害造成的严重变黄衰老的叶片，可打掉。最底部一穗果实下部的叶片可以打掉。打叶时，每次以两片为宜，不能过多，两次打叶的间隔时间以10天以上为宜，每次打叶应在晴天12时左右，不能在早晨露水很大时或傍晚时打叶，以免伤口未能愈合，而在夜间湿度大时染病。打叶后，应喷施硕丰481一次，促进叶片光合作用。

如果在打叶时，没有按照上述原则，不是造成病害严重，就是会因叶片损伤太多，果实的营养积累不足，而严重发生空洞果、减产等损失，或出现大量落花落果现象。

④保花保果。生产中可采取下列3种方法之一进行保花保果。一是使用2,4-D，常用浓度20～30毫克/千克。使用方法有3种：一是喷花。方法是把药液装在一个小喷壶内，用喷壶对准基本开花的花序(已开放3～4朵)，用另一只手遮住番茄的枝叶，以免药液喷到枝叶上引起药害。二是涂抹法。涂抹法是在上午8～10时，用毛笔蘸药涂到番茄的花柄或花柱上，涂抹

效果好。三是浸蘸法。把基本开放的花序放入盛有药液的碗中，浸没花柄后，立即取出，并将留在花上的多余药液用碗边刮掉，以防畸形果的产生。注意不管使用哪种处理方法，每朵花只处理一次，如重复处理会形成畸形果。二是振动授粉。在保护地内，利用手持振动器，在晴天上午对已经开放的花朵进行振动，促进花粉散出，落到柱头上进行授粉。三是熊蜂授粉。保护地番茄比较适宜使用熊蜂，在阴天、无光照以及气温较低的条件下也可以出来访花。番茄花期长，每亩保护地番茄，要放两箱熊蜂。在选择好蜂种后，首先检查棚室内通风口处的纱网是否平整，在接口处不要有褶皱，避免熊蜂钻入致死。番茄开花初期，将蜂群在傍晚时分轻轻移入棚室中央或适当的位置，蜂箱高于地面 20～40 厘米，蜂箱门向东南方向，易于接收阳光，静止 10 分钟后，再把箱门打开。放蜂授粉期间，不要施农药。避免强烈振动或敲击蜂箱，不要穿蓝色衣服及使用香水等化妆品，以免吸引熊蜂。

⑤番茄转色期管理中的几个误区。一是转色期提高温度。不少菜农认为，提高温度可促进番茄快速上色，这个道理虽然没错，但番茄植株上的果实是从下部开始向上逐渐成熟的，如果只为了一穗处于结果期的果实而改变了棚内温度环境，其弊往往大于利。若长期把棚温提得过高，很容易造成植株徒长、落花落果。因此，番茄转色期的温度调控要以大局为重，和平常一样就行了，没有必要进行特殊提温管理。

二是把正在转色果实周围和下部的叶片全部疏除。有不少菜农觉得，番茄的转色期需要充足的光照，而转色期果实的周围叶片无疑影响透光率，应及时疏除。殊不知，这种做法的弊端很多：大量的疏除叶片虽然能增加透光率，但叶片减少了，叶片制造光合作用的能力也减弱了。容易造成植株早衰，根靠叶养，叶片少了不仅养不好根，造成植株早衰，而且叶果比失调后，对果实的产量影响也很大。因此，在番茄的转色期，一定要注意合理疏叶，一般只需把植株下部的黄叶、病叶、老叶疏除就足够了，千万别过量疏叶。

三是上色期要多冲施钾肥。钾肥有利于果实上色，这是不容置疑的，可问题的关键是钾肥施入土壤后发挥的效果较慢，果实上色期再冲施钾肥，是起不到多大作用的。因此，钾肥应提前冲施或有计划的冲施。一般情况下，番茄定植前底肥中钾肥要施足，进入初果期时，结合浇水再每亩补施钾肥 8 千克，也可冲施含钾的复合肥，每次以 20～25 千克为宜。

(5)病害防治：在番茄生长前期，病害比较少，主要是防止早疫病、灰霉病的发生，早疫病可用 50%瑞毒锰锌 600 倍液，或 64%的杀毒矾 500 倍液防治；灰霉病可用 40%施佳乐1 000倍液，或 40%百可得1 500倍液防治。

2. 保护地越夏茬番茄栽培技术

(1)品种选择：越夏茬番茄的播种期在 3～4 月，上市采收期 5～8 月，这一时期正值高温多雨季节，对番茄的生长极为不利，故对品种的选择要求严格。对品种的具体要求是：具无限生长习性的硬果型品种，植株长势强，结果期长。要求品种对栽培环境具有较强的适应能力，在高温条件下，能保持较强的生长势和结果能力，不容易早衰。耐热，高温对番茄的花芽分化影响要小，在高温条件下坐果率要高。要求品种高抗病毒病、灰霉病及多数细菌性病害。商品果率高，干物质含量高、耐贮运、不裂果、品质好，有广阔消费市场的番茄品种。

(2)育苗：

①播期确定。用大棚生产越夏茬番茄的播种期视前茬结束时间而定，一般在 3 月中旬至 4 月上旬。

②育苗应掌握的要点。大棚越夏茬番茄栽培，所需适龄壮苗标准与冬春茬番茄的适龄大

壮苗标准略有不同，主要是苗龄期较短，从播种至定植历经35天左右，不必培育至现大蕾时定植，而是在单株5～7片真叶、株高15～20厘米时即可取苗定植。要求苗壮的标准是：节间较短，茎秆粗壮且上下一样粗（茎粗：横径0.5厘米左右）。叶片掌状，小叶片较大，叶柄粗短，叶色浓绿，子叶不过早变黄或脱落。幼苗大小整齐，无病虫危害。

(3)定植：

①定植前保护地准备。定植前7～10天，每亩施经过充分发酵腐熟灭菌的厩肥1万余千克、鸡粪4 000～5 000千克、过磷酸钙80～100千克，均匀撒于地面后，深翻30厘米，把肥料施入整个耕作层。耙地2～3遍，把地面整平后起垄。越夏番茄的定植密度宜偏大，不宜起垄过宽。一般采取垄宽1.2米，其中垄背宽80厘米，垄沟宽40厘米，垄高15～20厘米。结合整地起垄，亩施尿素和硫酸钾各15～20千克。

保护地栽培床面起垄后，要进行棚内面喷药消毒灭菌，用5%菌毒清对清水150～200倍，对保护地内的墙面、立柱面、地面、棚膜面全部喷布一遍，然后严格封闭棚膜，进行高温闷棚，消毒灭菌连续4～5天。闷棚期间的晴天中午前后，棚内气温高达60～70℃，经过高温烤棚后，揭起棚底脚膜和打开天窗，昼夜通风降温。当棚内白天气温降到25～30℃时，即可定植番茄。

②定植密度。越夏茬番茄，要求采收果实盛期集中在"伏淡"期。因此，要求结果期比较集中，宜采用单干整枝，单株留4穗果。中架或高架栽培，故定植密度既不可过稀，又不可过密，一般采取大小行定植，小行距50～55厘米，大行距65～70厘米，小行间处在垄背上。株距32～37厘米，亩定植3 000～3 500株。

③定植方法。寿光菜农定植越夏茬番茄，多采用"窝里放炮"施肥、先栽苗后浇水的方法。即按计划株距开窝14～15厘米深，每窝中施入经过发酵腐熟的豆饼肥100～150克，调拌使肥土混合均匀，然后放苗坨于窝里，并使苗坨顶面略低于垄背面，随即少加土栽植后浇水，水渗后填土封穴。定植完毕，采取灌垄沟洇浇垄背，浇足定植水。

(4)安装防虫网和遮阳网：在棚室上下两道通风口处加设防虫网，阻隔蚜虫、白粉虱及棉铃虫等进入室内。顶风口安装1米宽、下风口（即去掉大棚前裙膜）安装1.5米宽、40目的防虫网。为确保番茄越夏安全，安装遮阳率在50%～60%的遮阳网。

(5)定植后的管理：

①缓苗期管理。定植后5～7天的管理重点是改善土壤透气条件和减少叶面蒸腾量，促进加速生根缓苗。具体管理措施是：浇定植水后第2～3天及时中耕松土。定植后及时进行网膜覆盖，既遮阳光降温，减轻叶面蒸腾水分，又避雨、防风雹。为便于通风降温排湿，膜、网覆盖保护地时，要先上遮阳网，后上塑料薄膜。此期处于6月上中旬，日平均气温在20℃左右。在网、膜共同覆盖和昼夜加强通风的管理情况下，棚内气温可维持在白天22～27℃，夜间14～17℃，适于番茄生长发育。在浇足定植水的基础上，为促进植株根系发展，一般此期不灌水。定植后5～6天，若遇干热风天气，番茄苗表现干旱时，可于晴天上午轻洇浇一遍水。

②缓苗后至植株第1花序果实膨大期的管理。此阶段是番茄植株由营养生长旺盛逐渐过渡到营养生长和生殖生长同时双旺、打丰产架子的时期，也是植株对土壤水分、养分的吸收愈来愈多的时期。管理的主要措施：一是增加肥水供应。分别于缓苗后和第1花序坐果期追肥、浇水，亩追施尿素量：第1次5～7千克，第2次8～12千克。追肥后及时浇水和中耕松土、培土。值得特别注意的是，追肥时不要追得离株基太近，要距株基15～20厘米处穴施或沟施后埋严，以防化肥烧根。二是实施化控。第1次追肥浇水后要喷洒100毫克/千克助壮素，即50

千克清水中，对25%助壮素20毫升；第2次追肥浇水后喷洒150毫克/千克助壮素，即50千克清水中，加25%助壮素30毫升。也可使用缩节安、多效唑等化学控制剂实施化控。三是严防病虫害发生。在操作管理过程中，注意严密盖封避虫网，防止蚜虫、白粉虱、棉铃虫、烟青虫等害虫迁入棚内。同时加强病情观察，一旦发现病毒病植株，及早拔除后随即进行药剂消毒。四是实施单干整枝，留4穗果，搞好整枝打杈、吊架绑蔓。五是及时采取棚上面覆盖塑膜和草苫，以避雨、防风雹；棚前窗面用避虫网覆盖，以便于既通风降温排湿，又防止害虫迁入棚内。

③持续结果期管理。从植株第1花序的果实如核桃大小到最上部花序的果实半熟期，为结果期，也称陆续结果期。越夏茬番茄的结果期处在七八月的整个伏期和伏前、伏后各20天。此期高温、多雨、高湿的自然气候条件，对于忌强光、高温、高湿的番茄来说，实为不利，往往造成落花脱果和因病虫害烂果，严重减产和降低果实品质。为了保花保果和防止植株衰弱，促进果实正常发育膨大、成熟，在管理上除继续加强病虫防治、整枝绑蔓、激素涂花或蘸花外，重点是遮阳降温、避雨、防湿和通风排湿，满足肥水供应，及时疏果和适时摘收。一是遮阳。银灰色遮阳网可降温3.5～4.3℃，绿色遮阳网可降温3～4℃。保护地越夏茬番茄结果期，盖遮阳网，可使棚内气温白天不高于30℃，夜间不高于20℃。若遇特殊强光高温天气时，可只在棚前坡透光面加盖花帘(即花花达达地加盖上稀草苫)。二是避雨。在大雨和暴雨到来之前，要在大棚天窗通风口和棚前窗处加盖塑料薄膜，以避雨。雨后及时撩起前窗膜置于棚架上，及时拉开天窗通风。避雨能有效地防止因土壤湿度过大和透气不良而沤根，并能避免因风雨传播某些病害。三是肥水供应。番茄结果期耗氮量较大，耗水量更大。为满足其结果期对氮素养分和水分的需求，自植株第1花序果实膨大期追肥、浇水后，在第2、3、4花序的果实膨大期，都要重追氮素化肥，每次亩追施尿素8～12千克。为使植株最上部果穗的果实膨大成熟得好，在地面追肥后，还要叶面喷施磷酸二氢钾2～3次。在避雨栽培的情况下，追施肥料后必须浇水。浇水的方法仍然采取灌沟洇垄，即浇灌大行间，洇湿小行间的隔行浇水法。浇水的次数要比追肥的次数多，一般7～8天浇一次水。四是整枝、绑蔓、中耕。为改善植株行间和株间的透光通风和排湿，要及时整枝打杈、绑蔓、吊蔓和浇水后适时中耕松土。浇水后适时中耕松土不仅能防止土壤板结，利于土壤透气，还可加快表层土壤散墒排湿，降低行间空气湿度。五是疏果。在番茄植株的每一花序的果实如蚕豆大小时，要进行疏果。疏果能减少无效消耗养分，避免或减少畸形果，使产果大小均匀，增加平均单果重量，从而提高产量和改善品质。越夏番茄宜采取单干整枝留4穗果，对大果型品种，一般每穗留2个果，中果型品种一般每穗留3～4个果，小果型品种宜每穗留6～8个果。并注意不要留对把果。通过疏果，把不需要的幼果和晚花都摘除，而选留需要数量的周正、健壮、发育快的大果。为防止人为传播番茄病毒病，在疏果前要有专人拔除病毒病植株，清除病株残体。疏果时，先用来苏水对手指消毒，在操作过程中不可吸烟，以防传播烟草花叶病毒。

(6)适时采收：越夏茬番茄果实陆续成熟期正处于高温、多雨的伏季，因自然温度高，果实成熟速度较快，后熟期较短，贮藏期或货架寿命期较短。因此，适时早采收，利于延长货架寿命，便于销售。

3.大棚番茄秋冬茬栽培技术

大棚番茄秋延后栽培是夏播秋收栽培，生育前期高温多雨，病毒病等病害较重，生育后期温度逐渐下降，又需要防寒保温，防止冻害。

大棚秋冬茬番茄多在7月末至8月中下旬播种，8～9月份定植，9～10份开始上市，经过保温、覆盖等措施，延至元旦前后拉秧。

(1)品种选择：大棚秋冬茬番茄栽培对品种的要求是，中熟，植株中等偏小，适合密植，增加种植密度。品质优良，果形整齐、耐贮运。果形、硬度、口味、果实大小和颜色要符合市场的要求。植株生长势强，坐果能力强，产量高。植株生长稳定，要求所用品种在高温、潮湿以及弱光条件下，不发生徒长。既耐苗期高温，又耐结果期低温、弱光照和高湿。大棚秋冬茬番茄果实生长、成熟期，正值 11 月中下旬至 12 月外界气温低、日照最短的时期。棚内温度低，空气湿度较大，光照不足，加之大棚需要保温，很少通风，密封程度较高，使棚内空气湿度大的问题更为突出。要求品种在低温、弱光照和湿度大的条件下，能保持较强的坐果能力，不形成畸形果，着色好，也不发生早衰。大棚番茄秋冬茬栽培，前期温度高，易感病毒病；中后期棚内湿度大，易发生灰霉病、叶霉病等病害。因此，病害对番茄的生长危害严重，成为大棚秋冬茬番茄栽培上的重要问题，要求品种高抗番茄病毒病、叶霉病、灰霉病等病害。

(2)育苗：

①播期选择。大棚秋冬茬番茄播期的确定，应以经济效益和社会效益高度统一为前提，以深秋及初冬淡季供应市场为主攻目标，衔接大棚早春茬和越夏茬番茄。根据当地市场需要或销往外地市场的特点，避开越夏茬番茄产量高峰，于 7 月上中旬至 8 月上中旬播种。山东寿光以 7 月中下旬为宜。

②育苗要点。培育适龄无病毒病的壮苗是秋冬茬番茄栽培成功的关键。高温、强光、多雨、虫害、干旱及伤根等，是诱发病毒病的重要原因。因此，在苗期管理上，要做到“六防”，即防强光、防暴雨、防高温、防干旱、防伤根、防蚜虫。具体应掌握以下几点：晴天中午前后要用遮阳网对苗床进行遮阳，避免强光照射苗床。雨天要用塑料薄膜对苗床进行遮雨，不要让雨水冲刷苗床。要用防虫网密封苗床，防止蚜虫、白粉虱等病毒媒介进入育苗床。要用育苗钵护根育苗，保护根系。要定期喷药预防病害，一般从出苗开始，每周喷一次药，交替喷洒多菌灵、杀毒矾、甲霜灵以及病毒 A 等。

(3)定植：

①定植前的准备。施腐熟农家肥，每平方米 20 千克，翻 20 厘米深，耙平畦面。秋冬茬番茄采用大小行栽培，起 80 厘米宽的定植垄，垄距 60 厘米(走沟)，垄上小行距 65 厘米，株距 45 厘米，每亩定植3 000～3 500株为宜。有条件的铺设滴灌。其次可采用暗沟灌水，即在垄上挖宽 20 厘米、深 15～20 厘米的小沟，再将地膜覆盖沟上。尽量避免明水漫灌。

②定植。番茄苗期 25～30 天，一般在 2 叶 1 心时定植。定植采用暗水定植法：先在挖好的定植穴内灌水 0.5～0.75 千克，待水渗下后移苗定植，然后灌大水，注意不能使水从垄上进入定植穴，而是要水自然渗入定植穴。在定植后的 3～5 天，用农用移栽灵灌根一次，并用细土封盖定植穴上口。

(4)定植后的管理：

①温度管理。秋冬茬番茄定植后，生长前期外界温度高，昼夜温差小，大棚前底脚“围裙”揭开，后部打开通风口昼夜通风，尽量防止高温障碍。当外界温度降到 12℃左右时，把卷起的前底脚围裙放下，关闭后部通风口，白天放风，晚上关闭，要根据天气情况掌握放风量的大小和放风时间的长短，白天温度控制在 30℃，晚上温度不低于 15℃。在 10 月下旬以后，当外界最低温度降到 8℃以下时，要加盖草苫保温。

②肥水管理。定植时应浇透水，两天后再浇一次小水促使缓苗。缓苗以后到开始开花结

果是植株蹲苗阶段，此时要调节好温湿度和水分。蹲苗期间，土壤相对湿度维持在60%～70%。蹲苗适当时，植株表现为茎粗、节短、叶繁茂、色深绿，花朵大而颜色深黄。

追肥应施用速效性全元素肥料，当第1穗果长至核桃大小时，在离根10厘米处每亩施尿素15千克，或磷酸二铵15千克。第1穗果采收后应及时追肥，以促进后期果实的生长。以后看植株生长情况适时追肥。应控制浇水，干旱时可浇小水。

③植株调整。定植缓苗后即吊架引蔓。常采用单干整枝，留4穗果摘心。也有采用一干半整枝，每株也留4穗果，主茎在第3穗果上方留2～3片叶摘心，第1花序下第1侧枝留1穗果即去尖。其余侧芽全部去掉。并及时摘除底部老叶、病叶，以改善植株间的通风透光条件。

④保花保果。用浓度为30～40毫克/千克的番茄灵，在番茄花半开时进行蘸花，不仅可防止落花落果，还可促进番茄提早成熟，保证每株坐果在13～15个。要及时摘除多余的花、果，以保证营养的集中供给。

(5)病虫害防治：大棚秋冬茬番茄前期病毒病较重，后期叶霉病、早疫病、晚疫病等病害较重，要加强防治。虫害要防治蚜虫、白粉虱和棉铃虫等。

(6)采收和贮藏：大棚秋冬茬番茄果实转色以后陆续采收上市，当棚内温度下降到2℃时，要全部采收，进行贮藏。一般用简易贮藏法，贮藏在经过消毒的室内或冬暖大棚内。贮藏温度要保持在10～12℃，相对湿度70%～80%，每周倒动一次，并挑选红熟果陆续上市。秋番茄一般不进行乙烯利人工催熟，以延长贮藏时间，延长供应期。

4. 大棚番茄越冬茬栽培技术

利用大棚在秋季育苗，初冬定植于大棚，将开花结果期安排在春节前后的季节里，这种方式是难度最大、效益最好的一种栽培方式。此茬结果时间一般从当年的11月底到翌年的3月份，结瓜时间长，上市期正值冬季缺菜时期，价格高，经济效益可观。

(1)品种选择：大棚越冬茬番茄栽培对品种的要求是，中晚熟，植株长势强，结果期长，产量高。果形、硬度、果实大小和颜色要符合市场的要求。在高温、潮湿以及弱光条件下，不发生徒长，以确保植株及时坐果。在低温和弱光照条件下，能保持较强的坐果能力，不形成畸形果，果形端正，着色好，也不发生早衰。高抗病毒病、晚疫病等易发生的病害。主要选择中熟和中早熟、生长势强、易发枝、无限生长、坐果率高的品种，如189、玛瓦等，其根系发达，剪掉老化的结果枝，新发出的侧枝生长快，能在较短的时间内进入花芽分化期，有利于提前上市，获得较好的经济效益。

(2)育苗：

①播期选择。根据气候变化特点，寿光市一般在9月下旬至10月中上旬播种。

②育苗要点。育苗期处在9～10月份，育苗环境比较适宜，但晴天中午时常出现高温，同时这一时期非常适宜病毒病、白粉虱、伏蚜和茶黄螨等病虫害的发生。因此，育苗的关键是：要避免晴天中午强光照射苗床，要杜绝白粉虱、蚜虫等病毒传播媒介进入育苗床内。具体应掌握以下几点：晴天中午前后要用遮阳网对苗床进行遮光，避免强光照射苗床。要用防虫网密封苗床，防止白粉虱、蚜虫等进入育苗床内。采取嫁接育苗，减轻根结线虫病的发生，以便进行再生栽培。采用穴盘育苗技术进行护根育苗，充分保护根系。要定期喷药预防病害，一般从出苗开始，每周喷一次药，交替喷洒多菌灵、杀毒矾、甲霜灵以及病毒A等。

(3)定植：番茄越冬栽培，植株生长期长，消耗土壤养分多，必须施足基肥，亩施腐熟的农家肥1万千克、磷酸二铵100千克，尿素、硫酸钾适量。高垄栽培，垄高20厘米，垄面宽80厘米，垄面中央开暗沟。选择株高 25 厘米、生有 7～8 片真叶的健壮苗定植，每亩栽1 800株。定植完毕立即浇缓苗水，缓苗后覆盖地膜，地膜仅盖在垄帮处，不必盖严垄间沟。此时为 8 月初，室内地温、气温都很高，需要土壤散失大量热量降低地温和蒸发水分，以增强室内湿度。等外温降低、室内温度适宜番茄生长时，再用地膜盖严垄间沟，以避免室内湿度过大，引起病害发生。

(4)定植后的管理：

①环境调控。温度是保证番茄上色良好的重要因素，根据番茄的生物学特性，温度在 18～26℃时果实着色最佳，高于 32℃时，茄红素形成受阻而影响着色，低于 12℃时则不能正常着色。因此，在深冬期冬暖大棚番茄一定要加强保温措施，最好白天将棚内温度控制在 25～30℃，夜间温度控制在 14～15℃，温差控制在 12～15℃，以避免番茄因温度不适造成着色不良。

在深冬期，草苫应尽量早揭晚盖，以延长番茄的见光时间。阴雪天气雪停后，在保证棚内温度不降低的前提下，应揭开草苫，使番茄多见光。为保证番茄充足的光照，平时可在棚墙处设反光幕增光。另外，棚膜上的灰尘要及时擦拭，以增加棚内透光度。当番茄果实将近成熟时，可摘除周围和下部叶片，其中病叶也要及时摘除，以促使果实正常着色。

②吊蔓整枝。定植后番茄生出 1～2 片新叶时开始吊蔓，吊蔓绳一端系在番茄基部，另一端系在南北走向的一道粗铁丝上，吊蔓时绳两端都打成活扣，以便随着植株生长调节绳的松紧。番茄进入初花期后整枝，由于番茄第 1 次坐果和果实生长时，室内白天温度为 15～30℃、夜温为 10～18℃、光照充足有利于番茄果实生长，采取双干整枝，即把主茎和一个长势旺的侧枝作为两主干，去掉其上所有的侧枝，然后分别进行吊蔓。以后每周整枝一次，去掉番茄基部新发出的及每个主干叶腋处新长出的侧枝。番茄进入第 1 次采收后期即天气开始转暖时，整枝时番茄基部新发出的侧枝选两个长势旺的培育为新主干，主干上的侧枝一律去掉。果实采摘完后，在距新培育的侧枝上面 20 厘米处剪掉主干，并对培育的侧枝进行吊蔓整枝，使番茄进入第 2 次结果期，以后整枝同第 1 次坐果的整枝。

③合理蘸花。番茄前后两次开花坐果时光照充足，花大多形成长、中花柱花，坐果率高。为了每穗果大小均匀，采收期相近，需人工处理番茄花。待每个花序有 5～7 朵小花开放时，疏掉花序上未开放的花，然后将整个花序放入药液轻蘸一下，取出花序以没有药液下滴为佳。每穗花序只进行一次蘸花，用 2,4-D 处理番茄花的浓度为 10～20 毫克/千克。当果实直径为 3～4 厘米时，可根据番茄品种进行疏果，中型果每穗留 4～5 个果，大型果每穗留 2～3 个果。

④抢时摘心。番茄第 1 次坐果，第 5 穗果如核桃大小时摘心。在第 5 穗果上面留 2～3 片真叶，然后去掉主干的生长点。第 5 穗果摘心的目的在于促进第 1、2 穗果转色成熟，第 4、5 穗果迅速膨大，缩短果实采收期，提前采收。番茄第 2 次坐果，第 4 穗果坐住后摘心，以免坐果太多。果实生长后期有机肥匮乏，果实品质下降。

⑤及时疏叶。番茄第 1 次坐果，第 1 穗果进入绿熟期时去掉第 1 穗果下面所有的叶片，并且将主干上的叶片疏掉一部分，以改善植株间透光性，增强光照，促进果实成熟。随后每采摘一穗果，则去掉相邻的一穗果下面的所有叶片，此方法还可有效地预防疫病和灰霉病。番茄第 2 次坐果进入采收期时仅采收果实，不疏叶。

⑥合理施肥。番茄消耗土壤肥力较大，除了定植时施足有机肥和浇水时追施氮、磷、钾肥外，还应在番茄生长期补施有机肥。番茄第 1 次坐果，果实采收收尾时追施一次农家肥，每亩施2 000千克，并掺入磷酸二铵 50 千克；第 2 次坐果，第 3 穗果坐住后，再补追一次农家肥，以

提高果实品质。其次叶面喷施一些微肥，诸如硼镁肥、硫酸锌、氯化钙等，协调植株养分供应和增强植株抗病力。

(5)剪枝再生：在越冬茬结果期，在主茎上选留健壮侧枝，使其再次开花结果，延长生长期，是增加产量的一项技术。根据剪枝的部位不同，可分为中上部留取新枝和底部促发新枝两种模式。

中上部留取新枝就是在番茄结果盛期，上部还有2～3穗果未采收时，在主茎中上部、2～3穗果下面选留两个左右的新生侧枝，促其生长。番茄采收结束后及时整枝，剪掉老叶及所留侧枝之上的主枝，代替老枝继续向上生长，同时将过高的植株适当压低。之后加强肥水管理，促使新枝开花结果。留取的每个新枝可留2～3穗番茄，每穗4～5个果。这种剪枝更新方式最大的优点就是可使番茄提早上市，能填补换茬番茄之间的市场空白，大大提高种植效益。

底部促发新枝就是在冬茬番茄采收盛期后，剩1～2穗果时，将主枝压弯压低，促底部新枝发育，并选出两个重点培养，将上部老叶、侧枝及时剪除，改善田间通风透光条件，以利于新枝生长。果实采收完毕后，立即剪掉上部主枝，清理出去，因为有地下强大的根系支持，新枝将很快长大结果。这种剪枝更新方式虽然比中上部留枝结果晚，但却比重新育苗换茬番茄提前20天上市，而且下部新枝果实品质好，生长空间大，每枝可留3穗果，还可大大提高番茄的产量。

第1次结果中后期正是第2次结果前期，管理不能放松，病害防治要及时，肥水要跟上，这是保证两次结果成功的关键。一般要隔10天交替喷施一次百菌清、铜大师、世高水分散粒剂等，预防病害发生。每亩开沟追施全元素复合肥25～30千克，施肥时适量切断一部分老根，促进新根萌发。半个月后，再随水追施一次钾宝，每亩10千克，促进新枝的生长和果实发育。

5. 大棚番茄一大茬栽培技术

大棚番茄全年一大茬栽培，包括早春、越夏和秋延后三个阶段，提早和延后采果上市，采果期均为鲜果上市淡季，经济效益十分显著。

(1)品种选择：适宜一大茬栽培的番茄品种必须具备以下条件：根系发达，吸收能力强。无限生长，中晚熟，植株生长势强，不早衰。结果能力强，坐果率高，特别是在不良栽培条件下的坐果能力要强。枝干的再生能力强，易发侧枝。抗逆性强，对不良环境的适应能力强。要求耐低温、耐高温。抗病能力强，特别是抗土传病害的能力要强，最好高抗根结线虫病，如果所选品种不抗根结线虫病，可考虑嫁接栽培。

(2)育苗：12月上旬播种。必须采取护根育苗，保持根系完整。野生茄子托鲁巴姆作砧木进行嫁接育苗。

(3)定植：第2年2月上旬定植。定植前10～15天扣棚提温。扣棚后及时将地深翻整平，翻地深度一般要求不少于25厘米。结合整地亩施经高温沤制的鸡粪5 000千克、氮磷钾复合肥100千克、钙肥100千克，并浇透水后扶高垄。采用大小行种植，大行距80厘米，小行距40厘米，垄高20厘米，每垄两行，亩栽4 000株左右。

(4)早春管理：定植后闭棚提温，促进缓苗。缓苗后白天温度保持在25～28℃，夜间12～15℃。缓苗后浇一次小水，以后见干见湿，小水勤浇。单干整枝，留4穗果，每穗留果3～4个。及时用吊绳吊架。坐果后结合浇水追肥两次，每次亩施氮磷钾复合肥15～20千克。花期用2,4-D涂抹花柄，提高坐果率。有条件的地区应采用熊蜂授粉。此期注意加强对晚疫病、早疫病和叶霉病的防治。开花后50天开始采收第1穗果。

(5)越夏管理："立夏"后加强放风，5月下旬撤掉棚前脸薄膜，进行昼夜大放风。番茄第4

穗果开花后摘心，其后选留两条健壮的侧枝，每条侧枝留两穗果。此时因植株伸长，进行一次落蔓，将下部弯曲盘茎，以保持植株占有适度空间。侧枝开花坐果后进入炎热的夏季，为确保安全越夏，在棚膜上加盖银色遮阳网降温，一般可降低3～5℃。8月中旬撤除遮阳网。8月下旬再次进入果实收获期，应加强对病毒病和棉铃虫的防治。

(6)秋延后管理：9月下旬至10月上旬，越夏期果实即将采收完毕，植株下部的潜伏芽开始萌发，选择两条长10～15厘米健壮新枝，其余摘除。待两枝长至25～30厘米时摘掉新枝2/3高度的叶片，使其弯向地面，用土压住，顶端露出2～3片叶，所需新枝全部固定后浇水，压土部位很快长出大量的根。果实全部采收后立即将老植株距新枝3厘米处去掉，以促新枝生长，同时去掉一条长势弱的新枝，并整理好旧架，将保留的另一条新枝作为番茄第3次结果的新植株重新吊架。新植株培成后天气转冷，将棚前脸膜重新盖上，棚温白天控制在25～28℃，夜间10～12℃。加强肥水管理。12月中下旬第3次进入果实收获期，为延长采收时间，可采取活棵挂果保鲜，延长采收期，即果实进入绿熟期后，调整棚内小气候，使其处于适当的低温状态，令果实不发生冷害，这样可保鲜20～30天，从而延长果实上市供应期。此期应加强对晚疫病、白粉虱和美洲斑潜蝇的防治。

(7)防衰防病：防衰防病是全年一大茬栽培最重要的技术环节之一。冬季低温弱光状态下，即使短期栽培，也容易引起植株衰弱，开花结果不良，产量和效益降低，如果病害严重则产量效益降低，甚至绝产绝收。

防衰要在土壤中增施深施有机肥、化肥，喷施叶面肥、增产激素和增施二氧化碳气肥。加强环境条件的调控，特别是防止高温干旱。科学整枝也利于防衰。实践证明，番茄生产不能没有生长点，不能没有顶端优势，如果同时把所有的生长点(主枝和侧枝)全部摘除，番茄很快衰秧。因此，生产上整枝打杈、摘心要分次、分批，有次序地进行。

防病主要是生态防治和药剂防治。生态防治主要是温度适当偏低管理，特别是夜间温度的偏低管理，白天温度一般不超过25℃，夜间不低于5℃。高温干旱易发生病毒病，高温高湿易发生疫病，低温高湿易发生灰霉病，低温干燥有利于度过连续阴雪天和灾害性天气，有利于越冬。这里的低温是指在适宜温度范围内的下限温度，而不是能达到引起生育障碍的低温。

药剂防治要在病原菌侵染初期喷药防治，一旦严重发病，要同时用多种药剂(可以混合使用的药剂)防治同一种病害，增加药效，提高防治效果。另外药剂防治还要注意每次喷药能防治多种病害，以减少用工量。

四、大棚番茄栽培新技术

1. 大棚番茄盘干落秧增产栽培技术

大棚内栽培无限生长型番茄，因受环境条件的影响，往往表现为徒长，使植株过高，影响光照，结果部位上移，从而影响产量、品质，并延迟成熟和上市时间。鉴于此，寿光市农业高科技示范园经多年试验示范，总结出盘干落秧降低苗高，缩短养分运输距离，增加光照的增产新技术。

(1)栽植缚苗：定植时将秧苗在行向上垂直方向形成20°～25°倾角，再把杆架或绳架接地点固定于离秧苗根部15～20厘米的位置上，待秧苗成活后，在土壤稍干并苗内水分降低时，轻轻拉动秧苗，绑缚于架杆或架绳上。绑缚点在第1花序下。

(2)第1次落秧时间和方法：待第1、第2花序用刺激素喷花坐果后，第3花序出现至现蕾时，松动各绑缚点的缚绳，将秧干基部10～15厘米放在垄上，清除秧干下部1～3节的叶片，撕除地膜使秧干与土结合，并用事先准备好的营养土坯(用杀菌熟土和腐熟鸡粪以9∶1混合制成)压上，随后用500倍液多菌灵加2 500倍纳米磁能液灌根。

(3)第2次落秧时间和方法：当第1、第2花序果实成熟摘除后，第2花序下的叶片全部清除，将秧干在第1次落秧基础上顺势盘在垄上，再用营养坯压实。要清除秧干着垄处的地膜，使秧干与土壤接触，将苗干固定在架上。

在第2次落秧后2～5天内可用生根粉或纳米磁能液灌根，促进秧干上生成不定根，以增加根量，提高吸收能力(一般常用浓度100～150毫克/千克，用量200～250毫升/株)。

(4)注意事项：留3层花序只落1次秧，留4层花序落秧2次，留5层花序落秧3次。要保护好秧干、果实和叶片，使其免受损害。加强土、肥、花、果、叶片管理，做好病虫害防治。

(5)效益分析：经过对比分析，以留4层花序为例，落秧管理与常规管理相比，增产8%～15%，品质明显改善，空果率降低，糖度增加，果形指数提高，商品性增强，3、4层果实成熟期提前，生产效益明显提高。经过落秧处理的秧苗，还可以根据市场行情续留新梢，继续结果，延长结果期，增加产量。

2. 大棚番茄低节位换头超高产栽培技术

大棚番茄栽培常实行一年一茬模式，即6月中旬至7月中旬育苗，7月中旬至8月中旬定植，11月产品可以上市，翌年6月下旬至7月上旬拉秧，定植后生产期长达11个月之久。为解决棚室高度不能满足秧蔓生长所需的问题，生产中均采用2次落蔓的方法以降低株高。落蔓技术的应用虽然实现了充分利用冬暖大棚空间，使番茄的有效生育期达到最长限度，但同时也显现出严重弊端，制约了产量潜力的充分发挥，降低了中后期果实品质。弊端一：经两次落蔓，蔓长达3.5～5.0米且呈盘绕弯曲状，养分、水分流径冗长不畅，导致根系提前老化，中上部枝蔓孱弱，花少、瘦小，果少、个小(落蔓前的4～5个花序，平均每序可坐果3.5个，平均单果重近200克；第1次落蔓后的3～4个花序，序均坐果2.5个，单果均重130克以下；第2次落蔓后的3～4个花序，序均坐果最多2个，单果均重不超过110克)，畸形果较多，外观及食用品质明显降低。近年来，探索以两次低位换头法取代两次落蔓法收到良好效果，使冬暖大棚番茄产量由原来的最高10 000千克/亩提升到15 000千克/亩以上的超常水平，并可保持上、中、下部每花序坐果数量、大小及品质基本均匀一致。

(1)低节位换头技术：

①第1次换头。主茎留5个花序果，每花序不可留果过多，否则将超负荷，影响植株生长健壮。以第1序2个、第2～5序3～4个为佳。第5序花上留2～3片叶摘心。摘心前主茎上的所有侧枝及果去除，摘心后只保留基部3节的二次侧枝。当二次侧枝生长至10～15厘米时选留一健壮枝作为更新换头主枝，去除其他。原主枝上每收完一序果即摘除下部所有叶片，为换头枝腾出生育空间。5序果收完，及时在更新枝上10厘米处剪除老茎。主茎摘心、留更新换头枝的时间在1月中下旬。换头枝在原主枝去除以前处在弱光环境，极易徒长，应用多效唑从二次侧枝生长至5厘米时喷布3次予以调控，每次间隔15天，其浓度为15%的可湿性粉剂稀释1 500～2 000倍。

②第2次换头。第2次换头的方法与第1次基本一样，更新主茎留5个花序果摘心，每花序留3～4个果。摘心前不留侧枝，摘心后再留基部3节侧枝，让其生长至10～15厘米时选留

一健壮枝作为二次换头主枝。每收完一序果及时去除其下部叶片。第5序果收完剪除二次主茎。使用多效唑的开始时间、浓度及次数与第1次换头时相同，只是应将喷药间隔期缩短为5～7天。2次换头，主茎摘心及留更新侧枝的时间在4月下旬至5月上旬。2次换头后的主茎上以留5～6序果，摘心、每序留3～4个果为宜。

(2)配套改进技术：

①开挖定植沟，深施基肥。栽种田耕前整平地，按1.2米宽行距划线，以线为中心挖出60厘米宽、20～25厘米深表层土，沟内施入腐熟猪粪或鸡粪（每亩猪粪600～700千克、鸡粪100～150千克)，耕翻20～25厘米，回填表土。而后，再按常规方法普施基肥、深耕细耙、做宽窄行高畦(宽行70厘米，窄行50厘米，畦高30～35厘米。窄行处于深翻的定植沟上)。

②定植后覆盖黑色地膜，膜下暗浇水。定植后使用幅宽1.3～1.4米黑色地膜盖严地面。宽行是作业道，窄行为膜下暗沟。宽行在定植缓苗后浇一次水，以使畦垄落实与地膜贴紧。以后整个生长期只浇窄行下暗沟，这样能最大限度地降低土壤水分挥发量，减少灌溉次数，从而减缓因浇水引起的土温急剧变化不利于根系良好生长的弊端，有效地降低棚室内空气湿度，减少多种病害的发生。

③合理使用NEB(恩益碧)。美国根茂公司生产的NEB对多种作物在增加根系、防治重茬病害方面效果显著，合理使用是番茄超高产栽培不可缺少的措施。具体方法是使用两次：第1次，定植时1袋(13毫升)加水50～100千克，作为稳苗水穴浇100～200株，浇后封穴；第2次于第1次换头后结合追肥随水冲施，20袋/亩。

④追肥多次少量，水水带肥。定植后的整个生长期均采用随水冲施法追肥，且水水带肥。除第1次提苗肥用速效氮肥外，应采用两次复合肥、1次速效氮肥交替法。复合肥需用硫酸钾型三元肥(氮磷钾含量等比例15%～17%)，每次用4～6千克/亩；速效氮肥可用沼液（每次700～1 000千克/亩)、腐熟人粪尿(每次300～400千克/亩)或尿素(每次4～6千克/亩)。

3. 大棚樱桃番茄整枝落蔓栽培技术

(1)品种选择：选用千禧、阳光等生长势强、结果期长、采用高架栽培的中晚熟品种。按行宽1米、窄行0.6米的规格起垄栽培，每亩栽3 000株左右。

(2)整枝技术：当主干结2穗果时，在顶部留2片叶摘心，这个果枝被称为第1结果枝。当第1花序的果实开始采收，第2花序的果实开始膨大时，保留顶部果穗下的一个强壮侧枝，代替主干继续生长。根据植株长势，侧枝上长2穗果后再摘心，这就是第2结果枝。当第2结果枝的果实开始采收时，再从其上部选留一个强壮的侧枝作为第3结果枝，以次类推。整个生育期摘心换头6～7次，每株保留6～7个结果枝，留12～14穗果。

结果枝留好后，将其余侧枝全部抹去，侧枝不宜过早打掉，一般长至20厘米以上时保留2片叶打掉，这样可更好地利用侧枝促进番茄生长。

(3)落蔓技术：落蔓前控制浇水，以降低茎蔓中的含水量，增强其韧性。落蔓宜在晴暖天气的午后进行，此时茎蔓含水量低，组织柔软，便于操作，避免和减少了落蔓时伤茎。落蔓时应把茎蔓下部的老黄叶和病叶去掉，带到棚室外面深埋或烧毁。该部位的果实也要全部采收下来，避免落蔓后叶片和果实在潮湿的地面上发病，形成发病中心。当第1花序开放时进行吊蔓。第1果枝的果实采收完后，当第2果枝的第1穗果迅速膨大，第2果穗坐住时进行第1次落蔓。之后，每一个结果枝采收完后都要落蔓一次。

采取株与株之间交叉落蔓的方法，即把植株从绳上解下来，打掉下部的老叶，轻轻将植株扭到同一附近植株的位置再重新吊蔓。落蔓要有秩序地朝同一方向，逐步盘绕于栽培垄两侧。盘绕茎蔓时，要随着茎蔓的自然弯度使茎蔓打弯，不要强行打弯或反向打弯，避免扭裂或折断茎蔓。每次落蔓保持有叶茎蔓距垄面15厘米左右，每株保持功能叶20片以上，株高维持在距棚面0.8米（棚南）至1.5米（棚北），要注意前排植株茎的顶端不能超过后排，以免遮光。保证叶片分布均匀，始终处于立体采光的最佳位置和叶面积最佳状态，叶面积系数保持在3～4。整个生育期落蔓5～6次。

(4)整枝落蔓后的管理：

①温度管理。整枝落蔓后的几天里，要适当提高棚室内的温度，促进受伤茎蔓的伤口愈合。白天温度应保持在20～25℃，夜间15℃左右。

②喷药。为防止病菌从茎蔓和叶片伤口侵入，可根据樱桃番茄的常发病害，在整枝落蔓后喷施速克灵、灰霉克、百菌清、代森锰锌等药剂防治叶霉病、灰霉病和早、晚疫病。喷药时可在农药里加入丰收1号（主要成分：有机质≥20克/毫升，甲壳胺≥5%）叶面肥，既可防病，又能增产。

③肥水管理。落蔓虽能降低植株的结果位置，却不能缩短结果部位与根系的实际距离，加之营养体越来越大，如肥水供应不足，会造成结果质量越来越差，果实越来越小等问题。因此，应供应充足的肥水，以满足植株生长需求。追肥以硫酸钾等钾肥为主，每次亩追肥15～20千克，同时进行浇水。

④打杈、摘老叶。结果枝上果实采摘后，位于该枝下面的侧枝要及时打掉，以保证坐果枝的营养供应，同时将结果枝下面的叶片全部摘除。果穗上的叶片不可摘除，以保证上层果实发育良好。打杈和摘老叶要在晴天进行，以利伤口愈合。打杈时掰杈的手只接触杈子，不接触全干，以避免传播烟草花叶病毒。摘叶应尽量在靠近枝干部位上摘除叶片，注意不要留叶柄，以免产生灰霉病。

4. 大棚番茄埋茎再生一种三收栽培技术

番茄喜温，通过大棚满足番茄对温度、湿度、光照等条件的要求，可以实现埋茎再生栽培，达到一次栽植、三次收获的效果。

(1)施足底肥，高畦定植：番茄埋茎再生栽培生长期长，定植前要施足底肥，亩施腐熟有机肥5 000～7 000千克、过磷酸钙30千克、尿素20千克。深耕细耙，南北向起垄做高畦。起垄前，床土用25%多菌灵进行土壤消毒，每亩沟施腐熟饼肥100～120千克。9月下旬至10月上旬选择晴天定植，株距35～40厘米，每亩3 500～3 800株，定植后浇水定根。定植前全畦覆盖棚膜。

(2)定植后管理：定植后5～7天浇缓苗水，然后控水蹲苗。温度一般控制在白天25～28℃，夜间15～18℃，夜间最低不得低于10℃。第1穗果坐住后，随水追施磷酸二铵或硫酸钾。开花期用番茄灵防落果，结果期和果实膨大期喷0.5%磷酸二氢钾液，或50～100毫克/千克硫酸锌或硼酸液，提高坐果率，促进果实膨大。埋茎再生栽培前单干整枝，尼龙绳吊架绑蔓，留3穗果摘心。

(3)埋茎再生：大棚番茄栽培，12月下旬至翌年1月上市，春节前第1次采收期结束，进入再生栽培阶段，一般可进行2次再生栽培。第1次在春节前果实采收完后，解除吊绳，选留健壮植株，去掉老叶，在原垄中央开沟将番茄老茎埋入土中，埋茎时注意调整方向，使预留侧枝在田间均匀一致，培好垄，以便浇水。5月中下旬第2次果采收后，按第1次方法进行第2次再生栽培。

(4)再生期管理:埋茎后外界气温逐渐回升,由于再生番茄根系庞大,植株生长迅速,埋茎后40～45天再生番茄即可采收上市。栽培管理措施如下:

①摘除侧芽。埋茎后选留健壮植株,及时摘除多余侧芽。

②增施有机肥。埋茎后在原浇水沟内开沟施入粪肥、磷肥、钾肥等肥料,施肥后浇水。

③协调好营养生长和生殖生长的关系。摘除番茄初期花蕾。6～7天喷一次糖氮液,促进营养生长。植株生长旺盛后,保留花穗坐果。

④预留结果枝。每次最后一穗果坐住后,选留1～2个健壮侧枝培养结果枝,可使再生番茄尽早上市。

⑤防治病虫害。再生期及时防治病虫害,以保证植株健壮生长。

5. 大棚番茄有机生态型无土栽培技术

(1)设施条件:

①栽培槽。大棚内北边留80厘米作为走道,南边留30厘米,用砖垒成内径宽48厘米的南北向栽培槽,槽边框高24厘米(平放三层砖),槽距72厘米。为防止渗漏并使基层与土壤隔离,槽基部铺一层塑料薄膜,膜边用最上层的砖压紧即可,膜上铺3厘米厚的洁净河沙,沙上铺一层编织袋,袋上填栽培基质。

②灌水设施。在大棚内建一个蓄水池,外管道用金属管,棚内主管道及栽培槽内的滴灌带均可用塑料管。槽内铺滴灌带1～2根,在滴灌带上覆一层窄塑料薄膜,以防止滴灌水外喷。

③栽培基质。有机基质的原料可用玉米秸、菇渣、锯末等,使用前15天基质堆20～25厘米厚,喷湿盖膜堆放以消毒灭菌,并加入一定量的无机物,如沙、炉渣等。寿光市混合基质采用煤矸石、锯末、玉米秸比例为1∶2∶2。每立方米基质中再加入2千克有机无土栽培专用肥,10千克消毒鸡粪,混匀后即可填槽。每茬作物收获后可进行基质消毒,基质更新年限一般为3～5年。

(2)无土育苗:采用189、粉安娜进行有机无土栽培,两品种均有较好的耐低温、耐弱光、丰产、抗病性强等优点。采取人工无土穴盘育苗法。即先按草炭∶蛭石为3∶1配好基质,每立方米基质中再加入5千克消毒鸡粪和0.5千克蛭石复合肥,混匀后填入72孔吸塑盘,每孔1粒,上覆蛭石1厘米,盘下用塑料薄膜与土壤隔开。出苗前温度保持在25～30℃,出苗后温度白天22～25℃,夜间10～15℃。苗盘保持湿润,约30天,幼苗3～4片真叶时可出盘定植。

(3)定植:番茄定植前先将基质翻匀整平,每个栽培槽内的基质进行大水漫灌,使基质充分吸水,水渗后番茄按每槽两行调角扒坑定植,基质略高于苗坨。株距30厘米,亩定植3 000株。栽后轻浅浇,以利基质与根系密接。

(4)定植后的栽培管理:

①肥水管理。番茄有机无土栽培时,浇水宜根据植株的形态、外界气候等情况进行。一般定植后5天浇一水,保持根际基质湿润,不可使植株过旺徒长,也不能控成“小老苗”。坐果后勤浇,一般晴天上午、下午各浇一次,阴天可视具体情况少浇或不浇。追肥一般在定植后20天开始,此后每隔10天追一次肥,每次每株追专用肥10～15克;果后7天追一次肥,每次每株25克,肥料均匀撒在离根5厘米处,即可随滴灌水渗入基质,也可将肥料掺入基质,不可接触根部,以免发生肥害损伤植株。针对冬暖大棚内二氧化碳气体的亏缺,可于棚内进行二氧化碳

气体追肥，以增强番茄的抗逆性，提高产量。

②温度、光照管理。番茄定植后，温度应保持在白天22～25℃，夜间10～15℃；坐果后提高温度，保持白天25～28℃，夜间12℃左右。深冬季节棚温可短时达到30℃，不可通大风降温，以防温度过低。严冬过后，恢复正常温度管理。番茄喜光性强，在整个栽培期间，只要保证正常的室温，不过分降低棚内温度，应早拉晚放草苫，尽量让植株多见光。

③吊蔓与整枝打杈。番茄6～7片叶时，用塑料绳吊蔓，保持植株直立生长。采用单干整枝，摘除全部叶腋内的侧枝。为保证植株生长健壮，打杈应在侧枝10～15厘米长时进行。

④保花保果与疏果。番茄冬暖大棚栽培中，湿度大、温度低，不易受精结果。可于早晨7～9时，用10～15毫克/千克的2,4-D或25～35毫克/千克番茄灵蘸花，以提高坐果率。为确保果实品质优，均匀一致，每穗果应保留3～4个，其余畸形花果、小花果应及时疏除，以免消耗养分。

(5)采收：果实进入自熟期后即可准备采收上市。如需长途贮运，应根据贮运时间在果实自熟期用1 000毫克/千克的乙烯利催熟，或不催熟采收，并去掉果柄，以防运输中把果实扎坏。

五、番茄病虫害防治

1. 侵染性病害

(1)番茄早疫病：

①症状。幼苗期、成株期都可受害。幼苗期在茎基部产生褐色环状病斑，表现立枯病状。成株期茎、叶、果实都可发病。叶部发病多从下部叶片开始，逐渐向上发展，起初叶片上出现水渍状褐色小点，扩大后形成圆形或不规则形病斑，病斑褐色至黑褐色，边缘多具浅绿色或黄色晕环，中部具有突起的同心轮纹。潮湿时病斑上产生黑色霉状物，发病严重时，病斑可相互连接，造成叶枯。叶柄受害，出现椭圆形轮纹斑，深褐色至黑色。茎部多在分枝处发病，病斑稍下陷，灰褐色，椭圆形，轮纹不明显。果实上发病多在果蒂附近，产生圆形或椭圆形直径1～2厘米略微凹陷的病斑，病斑呈褐色或黑色，具同心轮纹，上面布满黑色霉状物。

②发病规律。早疫病菌为半知菌亚门，主要以菌丝和分生孢子随植物病残体在土壤中越冬。干病残体上的病菌可存活1年以上，附着在种子上的病菌可存活2年。播种带菌种子即可侵染幼苗，病菌首先侵染子叶，接着侵染胚轴，并扩展至茎叶。病残体上分生孢子借气流、雨水、灌溉水及农事操作传播，传到植株下部茎叶与果实上。条件适宜，35～45分钟即可萌发，从气孔、伤口侵入或直接侵入，2～3天即可出现病斑，再经3～4天病斑上又可产生大量分生孢子，再传播危害。

早疫病菌对温湿度要求不严，1～45℃均可生长，适宜温度26～28℃，相对湿度80%以上分生孢子就能产生与萌发。病害在结果初期开始发病，盛果期进入发病高峰，发病与植株营养关系密切，植株衰弱、叶片光合产物少、糖分下降，最易感病。保护地栽培比露地栽培发病重，早熟品种易发病。此外，番茄连作、密度过大、灌水过多、基肥不足、低洼积水、结果过多、高湿、植株生长衰弱等，均有利于该病暴发流行。

③防治方法。种植抗(耐)病品种。与非茄科作物轮作2年以上，不能轮作情况下，用石灰氮等处理土壤也能减轻病害的发生。应从健康植株上采取种子，若种子带菌，可用52℃温水浸泡30分钟，晾干后催芽播种。拉秧后及时清除田间的落叶、落果等病残体和发病植株。结

合耕翻，搞好田园卫生。采用高畦栽种，浇水后一定要放风，降低定植地的湿度。合理密植，施足基肥，增施磷钾肥，培育壮苗，减轻发病。初期发病应摘除病叶，减少发病的侵染来源。

发现病株要立即喷药，常用的有75%百菌清600倍液，70%代森锰锌可湿性粉剂600倍液，50%甲基托布津可湿性粉剂700～1 000倍液，50%多菌灵可湿性粉剂500～800倍液，25%瑞毒霉剂400～600倍液，64%杀毒矾可湿性粉剂400倍液。为了防治病菌产生抗药性，药剂应轮换使用。

(2)番茄晚疫病：晚疫病是一种由卵菌纲真菌引起的严重危害番茄生长的病害。该病只危害番茄和马铃薯，发病严重的田块，植株可在数日内死亡，造成大量减产甚至绝收。低温、阴雨、露水大、雾大等气候条件有利于发病。

①症状。番茄晚疫病可危害番茄苗、叶、茎和果实，以叶和青果受害重。幼苗染病，病斑由叶片向主茎蔓延，使茎变细，呈黑褐色，湿度大时病部表面产生白霉，致使全株萎蔫或折倒。叶片染病，多从植株下部叶尖或叶缘开始发病，初为暗色水渍状不规则病斑，扩大后转褐色。高湿时，叶背病健交界处长出白霉。茎上病斑呈黑褐色腐败状，导致植株萎蔫。果实染病主要发生在青果上，病斑初呈油渍状暗绿色，后变成暗褐色至棕褐色，稍凹陷，边缘明显，云纹不规则，果实一般不变软，湿度大时长少量白霉，迅速腐烂。

②防治方法。选用抗病品种。合理密植，加强田间管理。与非茄科作物实行3年以上轮作。在番茄发病初期开始喷洒40%杜邦福星乳油8 000倍，或72%杜邦克露可湿性粉剂800倍液，或68.75%杜邦易保可湿性颗粒剂1 500倍液，或52.2%杜邦抑快净可湿性颗粒剂3 000倍液，也可用上述药剂掺上泥土混成泥浆涂抹病茎，均可达到很好的防治效果。

(3)番茄斑枯病：番茄斑枯病俗称白星病、鱼目斑病。因在结果期引起植株落叶而影响番茄产量，茄子、马铃薯等茄科蔬菜也发生本病。

①症状。番茄各生育期、地上部分的各部位都能出现症状，但以开花结果期的叶部发病最重。叶片发病先在叶背面产生水渍状小病斑，很快正反两面都相继出现许多病斑，直径为1.5～4.5毫米，呈圆形或近圆形，中央灰白色，稍凹陷，边缘深褐色，其上生有黑色小粒点。病斑多时相互接近汇成大枯斑，或病斑组织脱落而形成穿孔。一般植株下部叶片先发病，并自下而上蔓延，严重时中下部叶片枯黄脱落，仅上部留存少数叶片。茎和果实上的病斑都是褐色，稍凹陷，上生小黑粒点，茎部病斑椭圆形，果实病斑圆形。

②发病原因。病原菌生长发育极限温度为15～34℃，适宜温度为20～26℃，菌丝生长和分生孢子发育适宜温度为25℃，分生孢子器产生适宜温度为20～25℃，分生孢子致死温度52℃，10分钟。当气温25℃和相对湿度饱和时，病原菌侵入寄主组织仅需48小时。在适宜条件下潜育期只有4～6天，从侵染到产生新的分生孢子器，需要10天左右。连续阴雨天、光照不足、空气潮湿、植株徒长、底肥不足、生长势衰弱等，都有利于斑枯病的发生和危害。

③防治方法。未经处理的种子，播前进行种子消毒，常用50℃温水浸种25分钟，沥水后催芽播种或晾干备用。育苗床连用不能超过5年，最好采用新苗床。番茄田应间隔3～4年与非茄科蔬菜轮作。加强栽培管理，包括降低地面湿度，均衡施肥，增施磷钾肥，防止不腐熟农家肥入田。采取高畦栽培，定植密度合理，增强栽培地通风透光，促进植株生长，提高抗病力。拉秧时清除残株败叶，铲除田间杂草。发病初期及时喷药防治，适当选喷75%百菌清可湿性粉剂600倍液，或50%多菌灵可湿性粉剂500倍液，或50%甲基托布津可湿性粉剂800倍液，或58%甲霜灵锰锌可湿性粉剂500倍液，或60%杀毒矾可湿性粉剂500倍液，或27%高脂膜乳

剂 80～100 倍液等。每 7～8 天喷一次，连喷 2～3 次。

(4)番茄灰霉病：灰霉病是保护地栽培番茄最主要的病害之一，喜低温高湿，冬春季棚室内小气候非常适合其发生发展。近年来随着病菌抗药性的增强，防治越来越困难。

①症状。番茄叶片受害一般先从叶尖开始，病斑呈"V"形，灰褐色，有轮纹，病斑逐渐扩大，并引起叶片枯死，表面生少量灰霉。果实染病，初期果皮变白、软腐，后期产生大量灰色霉层，呈水腐状。失水后果实僵化。

②传播途径。以分生孢子在病残体上，或以菌核在地表及土壤中越冬，成为翌年的初侵染源。棚室或田间靠分生孢子飞散进行传播蔓延，开花后侵染花瓣，再侵入果实引起发病。

③发病条件。病菌发育适温 20℃，分生孢子及菌核形成适温 15～20℃，7～8℃也可产出分生孢子。湿度对此病流行影响较温度大，棚内低温高湿、通风不良发病重。

④防治方法。根据寿光市农业局植保站试验示范推广的结果，对传统防治方法必须进行 8 个方面的改进，才能取得较好的综合防治效果。

摘除花瓣：花瓣和柱头是番茄灰霉病菌最初侵染的部位，随病情逐渐发展到幼果，发病的花瓣落到叶片上，常引起叶片发病。因此，在番茄坐果后及时摘除残留的花瓣和柱头，可阻断灰霉病病菌的初侵染点。

高温闷棚：通过温湿度调控，创造一个有利于番茄生长而不利于灰霉病发生的生态环境。上午把棚温提高到 31～33℃，达到 34℃放风。中午放风，使下午温度降至 25℃以下，20℃时关闭通风口，晚上保持 13～15℃。要在晴天上午浇水，浇水后立即闭棚提温，33℃以上闷 1 小时放风排湿。

带药喷花：蘸花会加速灰霉病的传播，可采用 10～25 毫克/千克防落素液进行喷花处理，并在其中加入 0.1%的灭霉威或特立克。当番茄一个花穗上开花 2～3 朵时，喷花一次，有 50%左右开花时再喷一次。

浇水前施药：浇水后容易引起病害大发生，烂果严重，所以要先喷药，第 2 天才能浇水。喷药的重点是花和幼果。

带药移栽：幼苗移栽后的缓苗期，植株的抵抗力下降，病菌容易侵染危害。因此，要在幼苗移栽前一天先施用药剂，增强植株的抵抗力。

交替使用新型农药：50%速克灵、50%扑海因等连年使用，已产生抗药性。应尽量交替使用新型农药，如 28%灰霉克、50%灭霉威、特立克等。

喷粉尘剂：可避免喷雾给棚室造成的湿度增大。可选用 10%灭克、5%百菌清、10%杀霉灵或 10%灰霉灵，每亩每次 1 千克，于傍晚喷撒。

烟雾施药：遇连续阴雨(雪)天气，可选用 10%速克灵，或 45%百菌清，每亩每次 250 克，于傍晚进行烟熏。

(5)番茄菌核病：

①症状。地上部叶、茎、果均发病。叶片多从叶缘开始，水浸状，淡绿色，潮湿时长出白霉，后期全叶呈灰褐色枯死。茎部发病，多从病叶叶柄延伸所致，初呈淡褐色水渍状病斑，稍凹陷，扩大后为灰白色，湿度大时病部表面生出白色棉絮状菌丝体，皮层腐烂，后期在茎部表面和茎内髓部产生黑色菌核。病茎干后表皮易破裂。果实发病主要危害未成熟果实，由果柄开始，逐渐扩展至整个果实，病部初呈水渍状，淡褐色，在病部表面生白色棉絮状菌丝及黑色菌核，病果软腐。

②病原。由真菌核盘菌侵染所致。病菌主要以菌核留在土中越冬，菌无休眠期，一般在冬、春季萌发，产生子囊盘及子囊孢子。子囊孢子靠气流传播，先侵染衰老的叶片和花瓣，获得营养后，再侵染健部部分。

③发生规律。菌核病菌属低温型，病菌发育的最适温度20℃左右，最低0℃。子囊孢子萌发最适温度5～10℃，最低0℃。菌丝不耐干旱，空气相对湿度85％以上发育良好，相对湿度在70％以下即受到抑制，相对湿度95％～100％最适宜发病。早春低温，不适于番茄生长，棚室湿度大，棚膜漏水，排水不良，通风降湿差等均易发病。

④防治方法。育苗前清除混在种子中的菌核。控制棚室湿度，注意通风。

发病初期立即喷药，可选用40％菌核净可湿性粉剂800～1 500倍液，或50％速克灵可湿性粉剂1 500倍液，或50％扑海因可湿性粉剂800倍液。植株茎的基部和地面上应喷洒药液，隔7～8天一次，连续防治3～4次。也可用速克灵烟剂在开花前熏烟，每亩每次400克。

(6)番茄叶霉病：保护地栽培番茄受温度、湿度、光照的影响，常常引发叶霉病的发生，造成大量减产，给广大种植农户带来巨大经济损失。

①症状。叶片受害，先在叶背面出现圆形或不规则形淡黄绿色病斑，后在病斑上长出灰色至黑褐色的霉层。霉斑多时布满叶背并相互融合。被害叶片正面随着背面病斑的扩大，而逐渐褪绿变黄，直至整张叶片枯黄，严重时正面也长霉斑。叶片发病顺序由下至上，出现卷曲死亡。嫩茎、花、果受害，嫩茎上有梭形黄褐斑，并有黑霉。花部受病菌侵染会出现落花。果实受害，病果表面产生黑色近圆形凹陷硬斑，不能食用。

②病原及传染方式。该病为真菌性病害，病原为半知菌亚门枝孢属的黄枝孢菌。病菌以菌丝体、菌丝块和分生孢子在病株残体上越冬，越冬后的菌丝体产生大量分生孢子，通过气流传播，经气孔侵入，引起初次侵染。病菌也可以在种子表面或潜伏于种皮内越冬。带菌的种子播种后，幼苗带病从而会诱发田间发病，当条件适宜时产生大量分生孢子，借风雨及农事操作造成再次侵染。

③发病规律。棚室内温湿度是影响发病主要因素。温度在20～25℃、空气相对湿度85％以上时，有利于孢子萌发与侵染，病菌会迅速繁殖。病害严重发生仅10～15天，就可使整个保护地内普遍发病，甚至出现大量干枯叶片。当空气相对湿度低于80％，棚内温度较高时，不利于病菌侵染和发展。另外，早春遇连续雨天或阴天，棚室内光照较弱，加之放风不及时，棚室内温暖、湿度大，植株过密、生长过旺，管理跟不上，多年连作等都可诱发叶霉病发生。

④防治方法。选用优质无病种子，用无病床土育苗，播种前，将种子放入50～55℃温水中浸种30分钟，减少病害发生。合理轮作，避免连作，应与非茄科蔬菜进行2年以上轮作，如大葱、大蒜、瓜类、豆类等。发病重的大棚，定植前对棚室进行消毒处理，每亩棚室用硫磺粉1～1.5千克、锯末2～2.5千克混匀，分放多处，点燃后密闭熏蒸一夜。加强田间管理，及时清洗棚膜，增加透光率。在生长过程中，及时吊绳、领秧、打杈、摘心，后期打底叶，防止枝叶过密、通风不良。注意控制棚室温湿度，适当控制浇水，加强通风，降低温湿度。合理施肥，避免偏施氮肥，增施磷钾肥，提高植株抗病能力。发病初期，应及时摘除病叶、老叶。

及时喷药防治，常用药剂有2％Bo-10水剂150倍液，或75％百菌清可湿性粉剂600倍液，或50％多菌灵可湿性粉剂800倍液。常用粉剂有10％敌托粉尘，或5％百菌清粉尘剂，用量每次每亩1千克，7～8天一次。

(7)番茄灰叶斑病：

①病原及症状。番茄灰叶斑病由半知菌亚门葡柄霉属茄葡柄霉真菌引起，主要危害叶片、叶柄、花梗、花萼、花瓣，以叶片为重，果实少见。发病初期在叶片上产生圆形或不规则形的灰褐色斑点，然后病斑沿着叶脉逐渐扩展呈不规则形，到发病中期叶柄、花梗、花萼、花瓣轻度感染，病斑凹陷、变薄，最后叶片破裂、穿孔，直至全叶干枯、脱落。

②传播途径及发病条件。灰叶斑病菌主要在土壤中的病残体和种子上越冬，在遇到合适的温湿度条件时，病菌产生分生孢子，随风、水及农事操作传播。温度在22～25℃、空气相对湿度85%以上时最易发病。连续阴雨天，日照少，土壤和空气湿度大，叶面长时间有水也是发病的重要原因。肥力不足，尤其是缺钾肥，氮肥过多，植株生长势弱、抵抗力差也是发病原因。从田间观察来看，同一感病品种若增施钾肥，注意前期蹲苗，叶片肥厚、老壮、叶色浓绿则不易感病。在适宜条件下，此病传播极快，从发病到全株叶片感染只需2～3天。

③防治方法。播前用种子量0.3%～0.4%的50%多菌灵或50%福美双拌种。选用叶色浓绿、叶片肥厚、节间短的壮苗。采用高垄大小行距定植，大行距0.8～0.9米，小行距0.5～0.6米，畦高30厘米以上，每亩定植1 500～1 800株，保证田间通风透光，降低田间湿度。施足底肥、增施钾肥，提高植株对灰叶斑病的抗病性。每亩施腐熟有机肥3 000～5 000千克、三元复合肥50～75千克、过磷酸钙30千克作底肥。从植株开花后每隔7天叶面喷施一次0.2%～0.4%的磷酸二氢钾液，连喷4～5次后，延长至每10～15天喷施一次。在第1花穗坐果后加强根部追肥，每亩每次施尿素5千克、磷酸二氢钾10千克，每隔15～20天追施一次。及时整枝抹芽，保证田间通风。对已发病的植株，加入0.2%～0.4%的磷酸二氢钾液一起喷施，可促进感病植株叶片迅速转绿。及时清除病残体，将收获后的残留植株拉出棚外集中烧毁。

感病前可用百菌清(或多菌灵)800倍液＋代森锰锌600倍液＋硫悬浮剂800～1 000倍液混合喷雾，或57.6%氢氧化铜1 000倍液喷雾，或20%噻菌铜500倍液喷雾进行预防。发病后可选择以下配方交替使用：10%苯醚甲环唑(世高)1 500倍液＋硫悬浮剂800～1 000倍液＋甲基托布津600倍液混合喷雾，硫悬浮剂800～1 000倍液＋代森锰锌600倍液混合喷雾，阿米西达1 500倍液喷雾。以上药剂每隔7～10天喷一次，病情严重时可缩短至3～4天一次，共喷2～3次。喷雾时注意叶片正反面均要喷到。

(8)番茄青枯病：

①发病原因。连作致病：栽培种类单一，由于保护地长期连作，未能进行合理轮作，致使土壤中的病菌繁殖积累，数量增加，连作时间越长，发病率越高，病情越重。据调查，连作3年以上，番茄青枯病发病率达30%以上。

种子带菌：带菌种子和带有病残体的有机肥，是无病区的初侵染源。播种前种子、营养土等未进行处理，或消毒药剂不对路，均为病害的发生带来有利条件。病菌从幼苗的根部或茎基部皮孔和伤口侵入，在维管束内繁殖蔓延，引起萎蔫。

措施不当：采用平畦栽培，不利于田间积水的排除。灌溉采取大水漫灌或浇水次数偏多，导致土壤含水量高、湿度过大，透气性差，为病害的发生创造了条件。

盲目施肥：过多施用氮素化肥，忽视钾肥、微肥及优质农家肥的施用，造成植株徒长，土壤次生盐渍化，植株根系长期处于一个不良的土壤环境中，抗病能力下降，感病几率增加。

②防治方法。调整种植结构，合理轮作倒茬，避免与瓜类、茄果类蔬菜连作，可与十字花科的甘蓝、大白菜，百合科的大葱、大蒜等蔬菜实行3年以上的轮作。

严格土壤、种子消毒。种子消毒，1千克种子用绿亨1号1～1.5克与50%福美双可湿性粉剂 3～4 克，或绿亨 3 号 8～10 克拌种。拌种可干拌，也可湿拌，拌后随即播种，不要闷种。苗床土壤消毒，每平方米用绿亨 1 号 1 克，对水3 000倍，在播种前或播种后均匀喷洒于床内，或将上述用药量对过筛细土 15～20 千克，将 1/3 撒在苗床内，余下 2/3 播种后盖土。营养钵育苗，减少移栽时易出现的伤根现象，防止病菌从伤口侵入，培育无病壮苗。

实行高垄栽培，坚持科学灌水。认真平整土地，采用深沟高垄栽培，既有利于排灌，又可以增强土壤的透气性。浇水时要采取小水浇灌或隔行浇，不能大水漫灌。

做到平衡施肥，加强田间管理。多施用经过充分腐熟的优质农家肥，适量增施磷钾肥料，合理配施锌、硼等微量元素，控制氮肥用量，使植株稳健生长，提高自身的抗病力。在番茄生长期间，注意观察生长状况，发现病株及时拔除，集中销毁，并将病穴及周围植株进行灌药处理，防止土壤中的病菌蔓延危害。

发病前和发病初期及早施药防治。可用绿亨 1 号3 000倍液灌根，或绿亨 2 号 600 倍液，或绿亨 8 号1 500～2 000倍液喷雾或灌根，每 7～10 天用一次，连续 2～3 次，可以有效地控制病害发生。

(9)番茄细菌性髓部坏死病：

①症状。主要危害番茄茎和分枝，叶、果也可受害。被害株多在青果期表现症状。初病期植株上中部叶片开始失水萎蔫，部分复叶的少数小叶片边缘褪绿。与此同时，茎部长出突起的不定根。后在长出突起的不定根的上下方，出现褐色至黑褐色斑块，长度逐渐扩展达 5～10 厘米不等，病斑表皮质硬。纵剖病茎，可见髓部发生病变，病变部分超过茎外表变褐的长度，呈褐色至黑褐色。茎外表褐变处的髓部先坏死、干缩中空，并逐渐向茎上下延伸。病株从表现萎蔫至全株枯死，病程进展缓慢，约 20 天。分枝、花器、果穗被害症状与茎部相似。小叶多在叶尖、叶缘处发病，初呈暗绿色失水状，渐向小叶内扩展并黄枯。果实多从果柄开始变褐，终至全果褐腐，果皮质硬，挂于枝上。湿度大时，从病茎伤口或叶柄脱落处溢出黄褐色菌脓。病部坏死斑不形成溃疡症状，病果上无鸟眼斑，可区别于溃疡病。病茎髓部坏死处无腐臭味，可区别于软腐病。叶片无斑点，可区别于细菌性斑疹病。

②病原及发病条件。番茄细菌性髓部坏死病病原为皱纹假单胞菌，具多根极生鞭毛。此病可在保护地或露地番茄上发生，保护地发病早于露地。病菌多从整枝伤口处侵入发病，并通过雨水、农事操作等传播蔓延。发病症状表现多在番茄青果期。一般 4～6 月份遇夜低温或高湿天气，容易发病。连作、排水不良、氮肥过量的地块发病重。

③防治方法。在发病地块避免连作，可与非茄科蔬菜轮作 2～3 年，施用经充分腐熟的有机肥，不偏施、过量施用氮肥，增施磷钾肥。避免在阴雨天气整枝打杈。发现病株及时拔除，至田外深埋或烧毁。

田间出现发病中心株时即开始施药防治。可用 72％农用链霉素可溶性粉剂3 000～4 000倍液，新植霉素4 000倍液，77％可杀得可湿性粉剂 500 倍液，50％琥胶肥酸铜可湿性粉剂 500 倍液，14％络氨铜水剂 300 倍液等喷雾。每 10 天左右一次，连续防治 2～3 次。

(10)番茄细菌性斑点病：番茄细菌性斑点病又称番茄细菌性叶斑病、斑疹病，是一种细菌性病害，近年来发生呈上升趋势。

①症状。番茄细菌性斑点病主要危害番茄叶、茎、花、叶柄和果实。叶片染病，产生深褐色至黑色不规则斑点，直径 2～4 毫米，斑点周围有或无黄色晕圈。叶柄和茎秆症状与叶部症状相似，产生黑色斑点，但病斑周围无黄色晕圈。病斑易连成斑块，严重时可使一段茎部变黑。

危害花蕾时，在萼片上形成许多黑点，连片时，使萼片干枯，不能正常开花。幼嫩果实初期的小斑点稍隆起，果实近成熟时病斑周围往往仍保持较长时间的绿色。病斑附近果肉略凹陷，病斑周围黑色，中间色浅并有轻微凹陷。细菌性斑点病症状与番茄细菌性疮痂病的症状相似，应注意区分。病菌可在番茄植株、种子、病残体、土壤和杂草上越冬，在干燥的种子上可存活 20 年，可随种子远距离传播。播种带菌种子，幼苗即可发病，幼苗发病后传入棚室，并通过浇水、昆虫、农事操作传播，造成流行。温度 25℃以下和空气相对湿度 80%以上的条件有利发病，对冬春保护地番茄往往造成严重危害。

②防治方法。选用抗病品种。温汤(56℃)浸种 30 分钟。与非茄科蔬菜实行 3 年以上的轮作。灌溉、整枝、打杈、采收等农事操作中要注意避免病害的传播。药剂防治可选用 77%可杀得可湿性粉剂 400～500 倍液，或 14%络氨铜水剂 300 倍液，或 0.3%～0.5%氢氧化铜或新植霉素3 000倍液进行防治，10 天喷一次，连喷 3～4 次。

(11)番茄病毒病：番茄病毒病又称毒素病，是番茄的主要病害之一。国内常发生的主要有花叶病毒病、蕨叶病毒病、条斑病毒病等。

①危害症状。花叶型病原为烟草花叶病毒(TMV)，发生最为普遍，常见症状有两种：一是叶片上呈现出黄绿色相间或绿色深浅不匀斑驳，植株生长发育正常，叶片不变小，畸形较轻，对产量影响不大。另一是叶片有明显花叶疱斑，新叶变小，叶片细长狭窄，或扭曲畸形，植株较弱，果实少而小，着色不均匀。病株花芽分化能力弱，落花落蕾严重。

蕨叶型病原为黄瓜花叶病毒(CMV)，症状表现为全株黄绿色，叶背明显紫色，植株细弱矮缩，新生叶片狭小，叶肉组织退化严重的叶片变为纤细线状，大部叶片边缘向上卷起，严重的成卷筒状，腋芽长出的侧枝均生蕨叶小叶，节间缩短，呈簇状。菜农称之为“鸡爪叶”或“鸡爪疯”。

条斑型病原为烟草花叶病毒和黄瓜花叶病毒复合侵染，植株上部叶片初显花叶或变黄绿色，随后在茎秆上中部初生暗绿色短条斑，后变为黑褐色油渍状坏死条斑，逐渐蔓延，导致病株萎蔫枯死，果实畸形，果面散布不规则的褐色下陷的油渍状斑块。果实僵硬，失去食用价值。

卷叶型病原为烟草卷叶病毒(TLCV)，病株顶部叶片生长受到抑制，叶片向上卷曲，叶质硬脆，叶背面叶脉呈紫色，严重时叶片变小，缩顶。

②发病原因。烟草花叶病毒病在多种植物上越冬，种子也可带毒，为初侵染源，主要通过汁液接触传染，只要寄主有伤口，即可侵入。此外，土壤中的病残体，田间越冬寄主残体，考晒后的烟叶、烟丝均可成为该病的初侵染源。黄瓜花叶病毒病主要由蚜虫侵染，汁液也可传染，冬季病毒多在宿根杂草上越冬，春季蚜虫迁飞传毒。番茄发病轻重，与环境条件关系密切，一般高温干旱天气利于病毒发生。施用过量氮肥，植株组织生长柔嫩或土壤瘠薄、板结、黏重以及排水不良发病重。毒源种类在 1 年里往往有周期性变化，春夏两季烟草花叶病毒病比例较大，而秋季以黄瓜花叶病毒病为主。

③防治方法。合理轮作：实行 3 年以上轮作，尽量避免与茄科作物连作。

选用抗病、耐病品种：番茄病毒病原多，且有株系分化，在田间常常混合发生，大部分品种都只是抗部分病毒病，目前尚无高抗病毒病品种。冬暖大棚栽培可选用毛粉 802、佳粉 17 号、粉安娜、百利、赛贝娜、艾玛 832 等。

种子消毒：播种前种子先用清水浸 5 小时，再用 10%磷酸三钠溶液浸 20 分钟，或先用肥皂水搓洗后，再用 0.1%高锰酸钾溶液浸种 10～15 分钟，然后用清水洗净，或将种子在 70℃干热条件下处理 2～3 天，再进行催芽或直播。

清除病苗：出苗后，定期清理苗床，对叶色不正、生长不良、叶片扭曲的幼苗及时拔除。对只有个别叶片发病的病株，及时剪掉病叶。此项工作在定植前要坚持进行3～4次。在清理过程中还要注意手或工具不要触及正常秧苗，避免传染。

农事操作应先健株后病株：番茄定植后仍会不断地出现病株，其表现为花叶、小叶、线叶、卷叶、矮化等。农事操作诸如掐尖、绑蔓、打杈、打底叶、采果等，应按先健株后病株的做法，以避免手或工具的传毒。有条件的还可以采用完成1行植株农事活动后，用肥皂水或10%磷酸三钠水溶液洗手及农具。

及时防蚜：苗期采用银灰色薄膜或遮阳网覆盖，驱避蚜虫。定植后即沿大棚四周骨架平拉银灰色塑料条，间隔10厘米左右为宜。生产上随时调查棚内蚜虫发生情况，一有发生，及时防治，减少蚜虫传毒机会。

栽培防病：适时播种，培育壮苗。定植前蹲苗1周左右，挑选健壮无病苗移植。有机肥要充分腐熟，适当增施磷钾肥。采取半高垄栽培，适时适量供水。果实挂红时适当早采收，以协调番茄生殖生长与营养生长间的矛盾，增强植株抗病性，达到防病增产的目的。

生物防治：一是用弱毒疫苗N14防治烟草花叶病毒(TMV)侵染引起的病毒病，具有一定的免疫性保护作用。用法：在番茄1～2片真叶分苗时，洗净根部泥土，将根浸入弱毒疫苗N14的100倍液中30分钟，或用手蘸取弱毒疫苗N14的100倍液在子叶上轻轻抹擦一下，进行抹擦接种，或用7～9根9号缝衣针绑在筷子头上蘸取N14的100倍液轻刺叶片接种，或将弱毒疫苗N14用水稀释50倍，按每平方米4千克压力，在番茄2～3片真叶时喷雾接种，或用弱毒疫苗N14的100倍液加入0.5克400～600筛目的金刚砂，摇匀后用高压枪喷射接种。二是用卫星病毒S52防治黄瓜花叶病毒(CMV)侵染引起的病毒病，使用方法同弱毒疫苗N14。将卫星病毒S52与弱毒疫苗N14等量混合使用，防治效果更佳。

发病初期喷药控制：在发病初期(5～6叶期)开始喷药保护，药剂为3.85%病毒必克500倍液进行叶面喷雾，隔7天喷一次，连续喷3次，对番茄病毒病的防治疗效可达75%～80%。也可用1.5%植病灵800倍液，或20%病毒A500倍液喷雾，使用方法同前，对病毒病的防效可达70%左右。还可用5%菌毒清水剂400倍液，或高锰酸钾1 000倍液。此外，喷施增产灵50～100毫克/千克及1%过磷酸钙根外追肥，均可提高植株耐病性。

(12)番茄根结线虫病：

①症状。番茄根结线虫主要侵染番茄根部，尤其侧根受害多。根上形成很多近球状瘤状物，似念珠状相互连接，初表面白色，后变褐色或黑色，地上部表现萎缩或黄化，天气干燥时易萎蔫或枯萎。病土和病肥是发病主要来源。该线虫发育适温25～30℃，幼虫遇低温失去活动能力，48～60℃经5分钟致死，在土中存活1年，2年即全部死亡。由于根部被破坏，影响正常的吸收机能，所以地上部生长发育受阻，轻者症状不明显，重者生长缓慢，植株比较矮小，生育不良，结果小而且少。在中午气温较高时，地上部植株呈萎蔫状态，早晚气温较低或浇水充足时，暂时萎蔫又可恢复正常。随着病情的发展，植株逐渐枯死。

②发生特点。番茄根结线虫病是由线形动物门根结线虫属线虫侵染引起的。线虫以卵在病株根内，随同病株残根在土壤中越冬，或以2龄幼虫在土壤中越冬。翌年，在环境适宜时，越冬卵孵化为幼虫，2龄幼虫继续发育。在田间主要依靠带虫土及病残体传入、农具携带传播，也可通过流水传播土中线虫，幼虫一般从嫩根部位侵入。侵入前，能作短距离移动，速度很慢，故此病不会在短期内大面积发生和流行。侵入后，能刺激根部细胞增生，形成根肿瘤。幼虫在

肿瘤内发育至3龄，开始分化，4龄时性成熟，雌、雄虫体各异，雌、雄虫交尾产卵。雄虫交尾后进入土中死亡，卵在瘤内孵化，1龄幼虫出卵并进入土中，进行侵染和越冬。也有的以卵在病根和土壤中越冬。

③发生程度与环境条件的关系。地势高燥、疏松、透气的沙质土壤发病重；碱性或酸性土壤不利于发病；土壤潮湿、黏重时，发病轻或不发病。如果土壤墒情适中，通透气又好，线虫可以反复危害。

④无公害防治方法。选用抗线虫品种：选用抗性品种是防治番茄根结线虫的一项重要农业措施。近几年来在寿光市表现比较好的抗线虫番茄品种主要有：从以色列引进的耐莫尼塔、多米尼加、菲齐兹、FA-1402，荷兰引进的新宝发012、玛瓦 F_1、73-38、凯莱、罗曼娜等。

无土培育无线虫壮苗：采用无土育苗是避免根结线虫危害的一条重要措施。因为无土育苗可培育壮苗，避免早期受到根结线虫的危害，而移栽后，即使受到根结线虫的危害，对产量影响也不大。无土栽培在夏季育苗时，要及时补充水分，防止过干，秧苗生长不良。无土育苗，秧苗质量好于土壤育苗。育苗基质进行消毒，消毒的药剂有棉隆和威百亩。方法是将基质集中，将棉隆或威百亩与基质充分拌匀后，盖上塑料薄膜熏蒸。

采用嫁接技术：含有 Mi 基因的野生茄科类品种，对根结线虫具有优异的抗性。利用这些品种作砧木进行嫁接栽培，能有效地防治根结线虫危害，且种植一茬后，可明显减轻下茬作物根结线虫的危害。砧木应选择生长势强，根系发达，对黄萎病、青枯病、枯萎病、根结线虫病等4种土传病害达到高抗甚至免疫程度的品种，生产中表现比较好的有托鲁巴姆、CRP、温棚茄砧、超托鲁巴姆。其中托鲁巴姆苗期茎粗壮，嫁接操作方便，成活率高，嫁接生产的番茄产量高、品质好，是一种较为理想的抗根结线虫砧木品种。

石灰氮土壤消毒：石灰氮是一种高效的土壤消毒剂，石灰氮分解的中间产物氰氨和双氰氨都具有消毒、灭虫、防病的作用，可防治各种土传病害及地下害虫，特别是对线虫效果较好。利用石灰氮防治土传病害，较常规土壤杀菌剂防治具有无残留、不污染环境等优点，是溴甲烷等高毒、剧毒农药被禁用后进行土壤无害化处理、生产无公害蔬菜的一种安全有效的做法。番茄定植前每亩耕层土壤中施入石灰氮 75～100 千克、麦草1 000～2 000千克，或鸡粪3 000～4 000千克，做畦后灌水，灌水量要达到饱和程度，覆盖透明塑料薄膜，四周要盖紧、盖严，让薄膜与土壤之间保持一定的空间，以利于提高地温，增强杀菌灭虫效果。密闭冬暖大棚，闷棚 20～30 天。闷棚结束后，可根据土壤湿度情况开棚通风，调节土壤湿度，然后疏松土壤即可栽培蔬菜。应用此法的最佳时间要选择夏季气温高、雨水少、冬暖大棚闲置时期，一般是5月下旬至8月下旬。

生物防治：定植前每平方米用 1.8%阿维菌素乳油 1 毫升，稀释2 000～3 000倍后，用喷雾器喷雾，然后用钉耙混土，该法对根结线虫有良好的效果。对生长期发病的植株，可用1.8%阿维菌素乳油4 000～6 000倍液根部穴浇，每株 100～200 克。

化学防治：播种或定植前进行土壤消毒，亩撒施 10%福气多颗粒剂 4～5 千克。或番茄定植时，亩穴施 10%福气多颗粒剂 2～3 千克。利用化学防治时，一定要注意农药的安全间隔期。

2. 生理病害

(1)番茄营养元素缺乏症：

①缺氮症。症状：叶小，上部叶更小。黄化从下部叶开始，依次向上部叶扩展，整个植株较

矮小。黄化从叶脉开始,而后扩展到全叶。坐果少,果过早膨大。

发生原因:前茬施有机肥和氮肥少,土壤中氮素含量低。施用作物秸秆或未腐熟的有机肥太多。沙土、砂壤土的阳离子代换量小,容易发生缺氮。

防治方法:施用氮肥,温度低时施用硝态氮肥效果好,或施入腐熟堆肥及有机肥。

②缺磷症。症状:苗较小时下部叶变绿紫色,并逐渐向上部叶扩展。叶小并逐渐失去光泽,进而变成红紫色。果实小,成熟晚,产量低。

发生原因:土壤中磷含量低,磷肥施用量少。低温会严重影响磷的吸收。

防治方法:缺磷土壤施用磷肥,特别在育苗期要注意施足磷肥。

③缺钾症。症状:生育初期失绿,由叶缘开始发生,以后向叶肉扩展。在生育的最盛期靠近中部叶的叶尖端开始褐变,而后枯死。果实生长不良,有棱角,着色不均匀。严重时下部叶枯死,大量落叶。

发生原因:土壤中钾含量低,特别是沙土往往易缺钾。在生育盛期,果实发育需钾多,此时如果供钾不充足就容易发生缺钾症。当使用碱性肥料多时,影响了植株对钾的吸收,也易发生缺钾。日照不足,温度低时易发生,地温低时番茄对钾吸收减弱,容易发生钾的缺乏。含有钾的有机物及钾肥施用的少。

防治方法:充足供应钾肥,特别在生育中后期更不能缺少钾肥,或多施有机肥。

④缺钙症。症状:植株萎缩,生长点停止生长,幼芽变小、黄化,距生长点近的幼叶周围变为褐色,有部分枯死。果脐处变黑,形成脐腐。在生长后期发生缺钙时,茎叶健全,仅有脐腐果发生。在第1穗果附近出现的脐腐果比其他的果实着色早。

发生原因:当土壤中钙不足时易发生。虽然土壤中钙多但土壤盐类浓度高时也会发生缺钙的生理障害;施用氮肥过多时容易发生;土壤干燥时易出现缺钙症状;当施用钾肥过多时会出现缺钙情况;空气湿度低,连续高温时容易发生缺钙症状。

防治方法:多施有机肥,使钙处于容易被吸收的状态;土壤诊断若缺钙,要充足供应钙肥;实行深耕,多浇水;应及时叶面喷洒0.3%～0.5%的氯化钙水溶液,每5～7天一次,共喷2～3次。

⑤缺镁症。症状:中下部叶从主脉附近开始变黄出现失绿,在果实膨大盛期靠果实近的叶先发生,叶脉间有模糊的黄化现象发生,慢慢地扩展到上部叶,生育后期除叶脉外整叶都已经黄化。

发生原因:低温影响了根对镁的吸收,土壤中镁含量虽然多,但由于施钾多影响了番茄对镁的吸收时也易发生;当植株对镁的需要量大而根不能满足需要时也会发生。

防治方法:增高地温和施用有机肥。土壤中镁不足时要补充镁肥,应急时可喷1%～2%的硫酸镁水溶液,每5～7天一次,共喷2～3次。

⑥缺硫症。症状:整个植株生长基本无异常,只是中上部叶的颜色比下部颜色淡,严重时中上部叶变成淡黄色。硫在植株体内移动性差,缺硫症状往往发生在上部叶,下部叶生长正常。

发生原因:大棚等保护地栽培长期连续施用无硫酸根肥料时易发生。

防治方法:施用硫酸铵、过磷酸钙和含硫肥料。

⑦缺硼症。症状:新叶停止生长,植株呈萎缩状态,茎弯曲,茎内侧有褐色木栓状龟裂,果实表面有木栓状龟裂,叶色变成浓绿色。

发生原因：土壤酸化，硼素被淋失掉，或施用过量石灰都易引起硼的缺乏。土壤干燥，有机肥施用少，施用钾肥过量，容易发生硼缺乏。

防治方法：提前底施含硼的肥料，应及时叶面喷施0.1%～0.25%的硼砂水溶液。

⑧缺铁症。症状：新叶叶片褪绿黄化，但叶脉包括小分枝的叶脉仍为绿色。在腋芽上也长出叶脉间黄化的叶。

发生原因：土壤含磷多、土壤呈碱性，影响了铁的吸收，造成缺铁。当土壤过干、过湿、低温时，根的活力受到影响会发生缺铁。铜、锰太多时容易与铁产生拮抗作用，从而出现缺铁症状。

防治方法：当pH 6.5～6.7时，就要禁止使用碱性肥料而改用生理酸性肥料。当土壤中磷过多时，可采用深耕、客土等方法降低含量。应急对策：如果缺铁症状已经出现，可用浓度为0.5%～0.1%的硫酸亚铁水溶液，或用100毫克/千克柠檬酸铁水溶液对番茄喷施，每5～7天一次，共喷2～3次。

⑨缺锌症。症状：从中部叶开始褪色，与健康叶比较，叶脉清晰可见。随着叶脉间逐渐褪色，叶缘从黄化到变成黑色斑点或变紫。因叶缘枯死，叶片向外侧稍微卷曲，缺锌严重，生长点附近的节间缩短。

发生原因：光照过强。若吸收磷过多，植株即使吸收了锌，也表现缺锌症状。土壤pH高，即使土壤中有足够的锌，但其不溶解，也不能被番茄所吸收利用而缺锌。

防治方法：不要过量施用磷肥。缺锌时可以施用硫酸锌，每亩用1.5千克。应急对策：用0.1%～0.2%的硫酸锌水溶液喷洒叶面。

⑩缺铜症。症状：节间变短，全株呈丛生枝，初期幼叶变小，老叶脉间失绿。严重时，叶片呈褐色，叶片枯萎，幼叶失绿。

发生原因：碱性土壤造成缺铜。

防治方法：增施酸性肥料。应急对策：可用0.3%的硫酸铜水溶液进行叶面喷雾。

⑪缺锰症。症状：植株幼叶叶脉间失绿呈浅黄色斑纹，严重时叶片均呈黄白色，同时植株蔓变短、细弱，花芽常呈黄色。

发生原因：碱性土壤造成缺锰。土壤有机质含量低，土壤盐类浓度过高，将影响锰的吸收。

防治方法：增施有机肥，科学施用化肥，勿使肥料在土壤中成高浓度。应急对策：叶面喷施0.2%的硫酸锰水溶液。

⑫缺钼症。症状：植株生长势差，幼叶褪绿，叶缘和叶脉间的叶肉呈黄色斑状，叶缘向内部卷曲，叶尖萎缩，常造成植株开花不结果。

发生原因：酸性土壤易缺钼。

防治方法：改良土壤，防止土壤酸化。应急对策：每亩喷施0.05%～0.1%的钼酸铵水溶液50千克，分别在苗期与开花期各喷1～2次。

(2)番茄营养元素过剩症：

①氮过剩。症状：叶黑绿、大，植株长势过旺。植株呈倒三角形，节间长，茎上出现褐色斑点。下部叶有明显的卷叶现象，叶脉间有部分黄化，果实生长不正常，有蒂腐果发生。

发生原因：氮肥或易分解的有机肥施用量过大。

防治方法：控制追肥，降低夜温，防止长势过旺。当蒂腐果较多时要增加浇水量。

②钾过剩。症状：叶色异常的深，叶缘上卷，叶的中央脉突起，叶片高低不平，叶脉间有部分失绿，叶全部轻度硬化。

发生原因：连年大量用家畜粪尿，施用钾肥多时会造成钾过剩。

防治方法：对发生过剩症状番茄要增加灌水，降低土壤中钾的浓度。

③硼过剩。症状：下部叶缘变白，叶脉间发生不规则的白斑。

发生原因：硼肥施用量过大，或用污水灌溉。

防治方法：严格控制硼肥施用量，底肥每亩用量0.25～0.5千克，施用时避免与种子直接接触，一般3～5年施用一次。避免用含硼量高的污水灌溉，在土壤水溶性硼含量过高时，施用石灰可以降低硼危害。

④锰过剩。症状：下部叶的叶脉变黑褐色，叶脉间发生黑褐色的小斑点，上部叶与缺铁症状一样。

发生原因：土壤酸化、黏重、灌水过多和土壤通气不良。使用过量未腐熟的有机肥时，容易使锰的有效性增大，发生锰中毒。过多地使用带锰的农药。

防治方法：当酸性土壤出现锰中毒可用石灰进行改良，对土壤黏重的用掺沙的办法改良，注意控制灌水量，防止过量施用化肥和未腐熟的有机肥。

(3)秋季大棚番茄叶片翻卷：每年的8～9月份，大棚内栽培的番茄容易出现叶片翻卷的情况，一般是从下部叶片向上部叶片发展，严重时导致整个植株的叶片出现翻卷、叶片干枯，影响番茄的正常生长及产量形成。一般生长势越强的植株越容易表现出此类症状，是一种生理性病害。

①发病原因。摘心和整枝过早：摘心过早容易使腋芽滋生，叶片中的磷酸无处输送，导致叶片老化，发生大量卷缩。摘除侧枝一般要当其长到7厘米以上时进行，如果打杈过早，叶片同化面积减小，植株地上部生长不良，同时影响根系的发育，吸水、吸肥能力减弱，进而诱发卷叶。

高温干旱：进入结果盛期后，遇到高温、干旱天气而不能及时补水，此时叶片面积大，高温和强光使叶片蒸腾作用加强，植株下部叶片易发生卷缩。在棚室栽培中，生长中后期易出现这种情况，尤其在通风口处卷缩往往较重。

施肥不当：氮肥施用过多，会引起小叶的翻转、卷曲。严重缺磷、缺钾以及缺乏钙、硼等元素，都会引起叶片僵硬、叶缘卷曲，或者叶片细小、畸形。

病毒病所致：番茄容易发生病毒病，引起叶片褪绿、变小，叶面皱缩。叶片卷缩，多表现在心叶及上部叶片上，在高温、强光照下易发生。

激素药害：花期使用2,4-D或防落素蘸花时，浓度过大或洒在叶片上，均会引起卷叶。

②解决办法。增施腐熟的优质农家肥，防止氮肥过量，提供植株生长所需的均衡营养。避免过度干旱，但干旱后不要浇大水，尤其注意在高温的中午不能给番茄浇水，这是由于地温突然降低，根系不能适应突然的变化，吸水受抑制，引起生理干旱反而加重卷叶。

通过遮阳及向植株上喷洒清水的方法进行降温。加强棚室栽培管理。要根据番茄的长势及发育规律，调控温湿度，尤其在生长中后期要经常保持土壤湿润，棚内不可过于干燥。

选用抗病毒病的品种，及时对蚜虫进行防治，切断传毒途径。发生病毒病时，及时用植病灵、菌毒清、菌克毒克等防治。

使用2,4-D或防落素时浓度不要过大，注意不要将药液洒在叶片上。

适时摘心、整枝。摘心和侧枝整形要根据植株长势来定，保持合理的叶面积，既要控制旺长，又要防止早衰。

可叶面喷洒甲壳丰、丰收素、激抗菌、瑞培乐等，提高番茄的抗性，可明显减少卷叶发生。

可用杜邦泉程1 000倍液，或杀毒矾、雷多米尔、甲基托布津、恶霉灵等药剂任选一种，加入纳米磁能液等生根剂进行灌根，每棵灌150～250克药液。

(4)大棚番茄揭苫后植株萎蔫：冬季冬暖大棚番茄生产中菜农头疼的问题之一，就是连续数日阴雪天气或大雾不散，突然晴天后会导致棚内番茄植株萎蔫，若不加强管理则会严重影响番茄生长，甚至死亡。

①受害症状。揭苫后植株顶部叶片出现下垂，严重的似开水烫过，呈暗褐色水浸状。将植株拔出后，根系明显有发育不良症状，严重的已变褐色，毛细根极少。如果前期植株生长迅速，叶片幼嫩，也会造成叶脉间变为白褐色，好像药害症状。

②解决措施。注意回苫：天晴后不要急于将草苫拉开，可以隔一个揭一个。使用卷帘机的棚室，可以揭苫1/3。如果发现植株顶部叶片萎蔫，要迅速回苫，反复几次，直到植株不再萎蔫。也可以在萎蔫植株上喷洒清水(最好是温水)，同样能缓解萎蔫。不要急于浇水，有的菜农反映，在给番茄浇水后，萎蔫减轻。这种做法虽然补充了植株蒸腾所需要的水分，暂时缓解了萎蔫，但根系很容易受损，植株抗性降低，在以后生产管理过程中，更加容易发生萎蔫。正确的做法是：天气转晴后，一切管理以"缓"为主，水分、养分可短期叶面补充，保证温度上升平稳。可叶面喷施丰收1号(主要成分：有机质≥20克/毫升，甲壳胺≥5%)+磷酸二氢钾+农用链霉素+白糖(50克左右)混合液。

养根壮根：可以利用强力生根剂灌根，也可以冲施腐殖酸、微生物肥料等养护根系。

防止冻害发生：低温天气来临前，可以叶面喷施农用链霉素+丰收1号+磷酸二氢钾。或喷洒红糖发酵液(红糖发酵液的制作：先将红糖3千克溶于5千克清水中，再加白色酵母100克，放在冬暖大棚内的容器中，每天搅动一次，约20天，待表面出现一层白膜即成)。取红糖发酵液500毫升、烧酒100克、米醋100克，加入50千克清水中混合均匀后，进行喷雾。如果植株中上部枝叶变褐，可以叶面补充清水，不要迅速提升温度，否则危害更加严重。

(5)番茄裂果：

①主要症状。番茄裂果多发生在果实成熟期，是一种常见的生理病害，主要有环状裂果、放射状裂果、顶裂果和细碎纹裂果四种。环状裂果的果实表面以果蒂为中心呈环状裂沟。果实出现裂果后不耐贮运，商品性降低，还易感染杂菌，造成烂果。放射状裂果果蒂附近发生放射状裂痕，果肩部同心状龟裂。顶裂果一般在花柱痕迹的中心处开裂，有时胚胎组织及种子随果皮外翻、裸露，受害果实难看，严重时失去商品价值。细碎纹裂果果实表面出现密集的细小的木栓化纹裂，纹裂宽0.5～1毫米，长3～10毫米。通常以果蒂为圆心，呈同心圆状排列，也有的纹裂呈不规则形，随机排列。

②发生原因。裂果虽与品种有关(一般果皮薄、果实扁圆形、大果型品种易裂果)，但主要原因是水分失调造成的。特别是在高温、强光、干旱的情况下，果柄附近的果面产生木栓层，而果实内部细胞中糖分浓度提高，膨压升高，细胞吸水能力增强，这时如灌水过多或降雨过多，果实内部细胞大量吸水膨大，就会将木栓化的果皮胀破开裂。在有露水或供水不均等的情况下，果面潮湿，老化的果皮木栓层吸水膨胀，会形成细小的裂纹。

③防治措施。选种不易裂果的品种，深翻土，多施有机肥，促进根系生长，缓冲土壤水分的剧烈变化。合理灌溉，避免土壤忽干忽湿，特别应防止土壤久旱后过湿，果实生长盛期土壤相对湿度保持在80%左右。采取高畦深栽，缓解水分急剧变化对植株产生的不良影响。另外，

有条件的可将整个果穗套袋覆盖，对防止环状裂果非常有效。必要时补充钙肥和硼肥，可用0.5%的氯化钙叶面追施。保护地要及时通风，降低空气湿度，缩短果面结露时间，喷施抗裂果的生长调节剂，增强果面抗裂性。

(6)樱桃番茄嫩茎穿孔病：

①发病症状。主要发生在樱桃番茄距生长点(生长点以下)8～12厘米处的幼嫩茎部和果实。嫩茎受害初为针刺状小孔并且茎部逐渐由圆形变为扁圆状，继而由针孔处开裂并不断变大，最后形成蚕豆粒大小的穿孔状，下部至茎与上部生长点仅靠两边表皮的极少部分组织相连。穿孔部位表皮开裂，韧皮部外露。受害株初穿孔部位的嫩茎横截面输导组织及髓变黄，继而发黑呈木栓化。植株受害后，开始生长点部位生长缓慢，开花延迟，重者植株上部变黄发干而死亡，形成秃顶植株。果实受害后，果面上有孔洞，从外面可看到果肉内胶状物质，果实失去商品和食用价值。

②病因及发病条件。属生理性病害，主要是由植株缺钙、硼引起，或因环境条件不良使植株在生育盛期对钙和硼的吸收受阻而引起体内元素失衡产生。其次为花芽分化阶段遇有低温、日照不足，尤其是夜间温度低，造成花芽发育不良而发病。部分樱桃番茄品种在育苗阶段，花芽分化期遇有连续3～4天夜温低于8℃，或昼温低于16℃持续5～7天的条件极易发生嫩茎或果实穿孔病。此外，在保护地栽培期间遇有连续3～5天的阴雨低温与骤晴交替进行时也易发生。

③防治技术措施。定植前应多施腐熟有机肥，其中以鸡粪较好。整地时做成畦高15～20厘米的小高畦，中间开沟将两边培成高垄并覆盖地膜增加受光面积，有利于提高夜间地温，防止嫩茎穿孔病。

加强田间管理，采用配方追肥。樱桃番茄植株在遭受不良环境如低温较长时间时，容易形成土壤中钙、硼、铁等元素的移动缓慢和吸收困难，较易发生此病。应注意加强保温管理，严寒时期晚揭早盖草苫，使最低气温不低于10℃，地温不低于14℃。同时在定植后随喷药每7～10天喷一次含硼、钙的叶面肥进行补肥。

对于已发病植株，可用0.2%～0.3%的氯化钙或硝酸钙液及早喷雾，重点喷中上部茎叶，每7～10天一次，共2～3次，可有效控制嫩茎穿孔病的加重和扩展。

(7)2,4-D药害：近年来，保护地番茄2,4-D药害导致的畸形果数量越来越多，严重影响了番茄的产量、品质，必须重视防止番茄2,4-D药害。

①发生症状。2,4-D是一种植物生长调节剂，可以有效地防止番茄因低温及弱光而引起的落花。施用过量，或附近施用2,4-D飘移危害、施用含有2,4-D的农药等，番茄就会产生2,4-D药害。具体症状为：受害番茄叶片或生长点向下弯曲，新生叶不能正常展开，叶多、细长，叶缘扭曲成畸形，茎蔓凸起，颜色变浅，果实畸形。

②防治方法。2,4-D常用于处理花朵，因此，保护地番茄防止2,4-D药害的关键时期为开花授粉期。具体措施如下：适时处理，开花当天用2,4-D蘸花，在刚开花或半开花时蘸花最好。未开花时不能处理，否则，将抑制其生长，易形成僵果；开过的花也不能处理，否则，易形成裂果。若气温低，花数少，每隔2～3天蘸一次，盛花期每天或隔天蘸一次。

2,4-D使用浓度过低时保花效果不明显，浓度过高易导致僵果和畸形果。2,4-D在番茄上的使用浓度一般为10～20毫克/千克，应根据棚内温度、湿度的变化配制对应浓度。温度低、湿度大则加大浓度，冬春温度低时，浓度为15～20毫克/千克。温度高、湿度小则降低浓度，为 10～15 毫克/千克。蘸花前可先作小片试验，再作大面积处理。

注意处理方式。一是用 2,4-D 处理花朵时采用浸蘸法较好，浸花的浓度应比涂花的浓度(10～20 毫克/千克)稍低些。浸蘸法是把基本开放的花序(已开放 3～4 朵花)放入盛有药液的容器中，浸没花柄后，立即取出，并将留在花上的多余药液在容器口刮掉，以防畸形果或裂果的发生。二是防止重复蘸花，每朵花只处理一次，重复处理易造成浓度过高，从而导致僵果和畸形果。在配制药液时，加入少量红色广告粉作标记可避免重复蘸花。三是避免在炎热中午蘸花。在强光、高温下，番茄植株耐药力弱，药剂活性增强，易产生药害。一般在上午 10 时前和下午 4 时后蘸花最好。四是 2,4-D 是一种对双子叶植物有效的除草剂，在操作时，严禁喷洒，要避免触碰嫩茎叶和生长点，以免发生药害，使叶片皱缩变小。若棚室花数量大，可改用防落素 25～40 毫克/千克喷花。

2,4-D 只是一种植物生长调节剂，本身不是营养物质，必须结合肥水管理，以供给果实生长发育所需的养分。必要时，可喷洒植物增产调节剂或叶面肥，以利植株尽快恢复正常生长。

(8)番茄落花落果：番茄生长发育进入开花结果期后，常常会出现大量的花果脱落，严重影响番茄产量的提高。

①造成番茄落花落果的原因。低温阴雨寡照：多出现在春季，因番茄开花期的最适宜温度为 25～28℃，当温度下降到 15℃以下，花粉的发芽不良，下降至 10℃以下时，花粉不能发芽生长，导致受精不良，花体生长激素缺乏而大量落花。同时，低温阴雨日照不足，有时会长期寡照，有机物无法通过正常的光合作用产生，花朵发育不良而出现落花落果。低温阴雨时空气湿度较大，花粉粒膨胀过度而破裂，失去授粉能力而出现落花。

高温干旱：多发生于夏秋季节。番茄开花结果期尤为需要水分，土壤过干，特别是由湿润转干或植株短时间内失水过多，生长不良，花粉失水不育而引起落花落果。土壤不旱，但空气干热，如当空气相对湿度低于 10%时，花朵柱头和花粉会很快干缩，花粉不能在柱头上发芽生长而落花。夏秋季节会出现高温天气，有时中午气温高达 35～40℃，甚至超过 40℃，造成高温灼伤，花粉败育，花朵萎缩而落花。

植株生长营养不良：番茄进入花果期后，开花、花蕾形成、坐果和果实生长发育等对各种养分的需求达高峰期。此时若养分供应不足会出现落花落果。营养不良，还会影响到花器官及果实的正常发育，如出现花粉小、花柱细长不均，致使不能正常授粉而脱落。

②防止番茄落花落果。要培育壮苗，增强植株的抗逆性。由于土壤营养及水分不良，根系发育不好，或由于定植时严重损伤苗根导致的落花也是一个重要原因。所以移苗时宜多带些土，稍栽深些，栽后浇水，以后不旱不浇水，防止积水伤根，减轻落花落果。

科学调控番茄生长环境的温湿条件，春季防低温，夏秋季防高温或干旱，适时灌水排水，保持地面干爽，高温时进行叶面喷水以降温护花保果。

花果期后及时合理施肥，确保各种养分均衡供应。一是补充微量元素。可叶面喷洒微量元素肥，如黄腐酸盐(一袋 50 克对水 15 千克)或绿芬威 2 号(一袋 100 克对水 45 千克)、瑞绿或金回报等进行叶面喷雾，可减轻番茄落果的发生。二是增施养根肥。要注意在施肥时多施生物肥，如土根丈丸、海藻肥等作底肥，冲施甲壳素等可促进番茄根系的生长，保证对各类养分的均衡吸收，同时要注意施钾肥，可减少番茄落果。

及时进行化学调控。目前较为有效的药剂是番茄灵和 2,4-D。番茄灵的使用浓度为 20～40 毫克/千克，一般喷、浸蘸花朵用 25～30 毫克/千克，蘸花梗用 30～35 毫克/千克，春季防低温落花用35～40毫克/千克，夏季防高温落花用25毫克/千克。2,4-D使用浓度为10～20毫克/千克，高温季节或浸花或喷花浓度稍低，反之稍高，但要防止出现药害。

(9)畸形果：

①主要症状。主要发生在第1果穗，也有少数发生在第2穗个别果实的。常见的畸形果形状有扁圆、尖顶、多棱、椭圆、指形果、多室双体果等形状。

②发生原因。除品种的特性、播期过早有关系外，低温、营养不良和激素处理不当，也是其发生的主要原因。花芽分化不正常，形成多心室的子房是导致畸形果出现的根本原因。冬季和早春育苗时，如果从花芽分化开始，连续遇到7天左右低于8℃的夜温，低于20℃的昼温，则第1个花序的第1个果会发生畸形，如果直至第7片真叶展开，一直处于不良环境，则前3穗果都会发生畸形。氮肥过多，根冠比例失调，定植时苗不够壮苗标准，营养物质形成少，遇低温、日照不足，使花器及果实不能充分发育。低温，偏施氮肥，水肥、光照不足，养分过剩，使生殖生长过旺，也能产生畸形果。目前，冬暖大棚等保护地番茄生产，采用2,4-D、番茄灵、防落素等激素蘸花，防止番茄落花、落果，提高坐果率。根据实际生产观察，生长激素的使用浓度与畸形果率有一定的关系。在激素使用时，如气温高、使用浓度低，不仅不影响果实形状，而且提高坐果率；相反，在使用激素时，如气温高，使用浓度又高，尽管坐果率有提高，但畸形果率也提高，使番茄果实失去商品价值。

③防治措施。选择对低温不敏感，而商品性好的高产品种。育苗期白天温度应保持20℃，夜间温度应控制在10℃左右，使植株花芽分化，生长发育正常。加强管理，适当控制肥水，营养素要配合适当，防止偏施氮肥。适期播种、定植，为植株生长发育创造一个稳定的好环境。对2,4-D、防落素、番茄灵等激素蘸花的应用，要注意蘸花的时间、温度，并掌握好使用浓度。

(10)番茄发生畸形花：

①主要症状。畸形花又称为“鬼花”，表现多种多样，有的畸形花表现为2～4个雌蕊，具有多个柱头。有的畸形花雌蕊更多，且排列成扁柱状或带状，这种现象通常被称作雌蕊“带化”。畸形花不及时摘除，往往会结出畸形果。

②发生原因。主要是花芽分化期间夜温低所致。花芽分化，尤其第1花穗分化时夜温低于15℃，容易形成畸形花。苗床管理不当，出现连续数天的35℃高温，并且水分不足，使秧苗萎蔫，花芽不健全，易出现畸形花。再次是土壤干湿不当，氮肥过多以及有害气体等影响花芽正常分化而形成畸形花。

③防治措施。花芽分化期苗床温度白天应控制在24～25℃，夜间15～17℃。生长期间保证光照充足，湿度适宜，避免土壤过干或过湿。不应采取降低夜温的办法抑制幼苗徒长，这样会产生大量畸形花。应采用“少控温”、“多控水”的办法。确保苗床氮肥充足，但不过多，磷、钾肥及钙、硼等中微量元素肥料要适量。

(11)番茄氨、亚硝酸气害：

①症状。氨害：番茄受氨气危害一般先在中位叶出现水浸状斑点，接着变成黄褐色，最后枯死，叶缘部分尤为明显。高浓度氨气还会使番茄叶肉组织崩坏，叶绿素分解，叶脉间出现点块状褐黑色伤斑，与正常组织间界线较为分明，严重时叶片下垂，甚至全株死亡。

亚硝酸气害：番茄亚硝酸气害也是中位叶表现最严重，症状为叶缘或脉间出现水浸状斑点，迅速失绿呈黄褐色或黄白色，与其周围健全组织界线清楚，严重时全叶除叶脉外均失绿，呈黄褐色或黄白色枯斑，甚至全叶枯死。

②发生条件。过量施用氮肥：氨气和亚硝酸气两者都是因过多施用氮肥造成，其中氨气是在保护地中施过量铵态氮肥和尿素，遇高温氮肥就易分解而逸出氨气，特别是中性或偏碱性土壤更易发生，氨积累达到一定浓度，番茄就会中毒。产生亚硝酸气的条件：土壤 pH 5.0 左右或更低，土温较低，土壤中氮过多等。在一般土壤中，铵态氮在硝化细菌的作用下很快转变成硝酸，但当土壤温度较低、pH<5.0 时，硝化细菌低于亚硝化细菌的活性，就会导致亚硝酸积累，此时如果土壤中留有相当数量的铵态氮，则不断生成亚硝酸，进一步分解产生一氧化氮，后者在空气中氧化成亚硝酸气。

土壤酸碱性：在同样的土壤质地和温度等条件下，中性和碱性条件容易产生氨气危害，而酸性条件则容易产生亚硝酸气危害。

土壤质地：质地较黏重的土壤，对离子的吸附能力较强，气体不易产生和逸出；而沙质土则相反，气体容易产生和逸出。因此，沙质土上的保护地番茄要注意气害的防治。

此外，不同的品种对气害的抗性不一样。

③诊断。根据上述气害产生的危害症状来判别，特别注意观察气害发生的叶位，以及受害部位和正常部位的界限。一般棚膜内亚硝酸气形成的露滴呈酸性，氨气形成的露滴呈碱性。因此，可以通过检测棚膜露滴的 pH 来诊断氨气和亚硝酸气的危害。露滴 pH 的检测通常在早晨换气之前用精密 pH 试纸取样进行。根据露滴 pH 的检测结果判断气体的种类及伤害的程度。

④防止对策。选用适宜的氮肥品种，控制氮肥用量。土壤中氨气和亚硝酸气的逸出主要是土壤中过量氮的积累。因此，选用缓释性肥料和有机肥，控制肥料用量是防治氨气和亚硝酸气的关键。调节土壤 pH。土壤酸碱度直接影响到氨气和亚硝酸气的逸出，对酸性土应施用石灰和有机肥，以减少氨气的危害。

其他矫治方法。一旦遭受气体危害，应及时通风换气，灌水淋洗，驱除积累的有害气体。还可以施用硝化抑制剂，阻止亚硝酸气的产生。

(12)番茄空心果：

①主要症状。胎座组织生长不充实，果皮部与胎座种子胶囊部分间空隙过大，种子腔成为空洞。从番茄果实外表看有棱角，横断面呈多角形。

②发生原因。品种的心室数目少：心室数目少的品种易发生番茄空洞果，一般早熟品种心室数目少，中晚熟的大果型品种心室数目多。

受精不良：花粉形成遇到 35℃的高温，且持续时间较长，授粉受精不良，果实发育中果肉组织的细胞分裂和种子成熟加快，与果实生长不协调也会形成空洞果。

激素使用不当：激素蘸花用药浓度过大、重复蘸花或蘸花时花蕾幼小，都易产生空洞果。

光照不足：由于光合产物减少，向果实内运送的养分供不应求，造成生长不协调形成空洞果。

疏于管理：盛果期和生长后期肥水不足营养跟不上，碳水化合物积累少，也会出现空洞果。

迟开花果：同一花序中迟开形成的果实，由于营养物质供不上易形成空洞果。

③防治措施。合理选用品种：应选用心室多的品种。

合理使用激素：每个花序有 2/3 花朵开时（必须是开成喇叭口状的花）喷施激素，防落素浓度为 15～25 毫克/千克，或番茄灵蘸花 25～40 毫克/千克等，不要重复使用，在高温季节应相应地减少浓度。蘸花时，必须是开成喇叭口状的花，浓度要准确，量不宜过多，不要重复蘸花。

施足基肥：采用配方施肥技术，合理分配氮、磷、钾，调节好根冠比，使植株营养生长与生殖生长协调平衡发展。结果盛期，及时追足肥、浇足水，满足番茄营养需要，若有早衰现象要及时进行叶面喷肥。

合理调控光照和温度：苗期和结果期温度不宜过高，特别是苗期要防止夜温过高、光照不足，开花期要避免35℃以上的高温对授粉的危害。

适时摘心：摘心不宜过早，使植株营养生长和生殖生长协调发展。

(13)番茄黄枯与萼片干尖：保护地番茄在过量冲施复合肥或长期施肥过多后会出现大量枯叶和花萼干尖，是由长期施肥过多，形成盐害所致。

①盐害。番茄是比较耐盐的作物，它可以在0.5%的盐浓度下生存。据试验，番茄正常生长，盐浓度不宜超过0.3%。在保护地番茄生产中，多数棚的化肥用量偏高。若按每次浇水20米^3、带肥50千克计算，即使均匀，其浓度也达到0.25%，带肥75千克，浓度0.375%，而正常生长的番茄同步吸收水肥的比例仅在0.2%左右(这个数值因溶液的变化而变化)，这样积累下去土壤盐浓度很容易超过0.3%或0.5%。

番茄在受到盐害时，表现有：心叶卷曲，嫩叶及花萼部位有干尖现象，根尖及新根变褐色，植株矮化，番茄果肩部有深绿色条纹，与果实其他部位的颜色有明显区别，果实生长缓慢。受危害严重的植株甚至会出现黑根、缺绿、枯叶、萎蔫、死亡。不同的品种对盐分的耐受力有差异。

在棚室内，由于免受雨水的淋溶作用，土壤内矿质元素肥料流失少，而土壤深层的盐分受土壤毛细管的提升作用，随土壤水分上升到土壤表层。这两种作用的结果使表层土壤溶液浓度逐年加大，当达到一定浓度时，就会产生盐害。

②防治措施。合理施肥：根据番茄对肥料吸收量多少进行配方施肥。选择不带副成分的肥料，如尿素、磷酸二铵、硝酸钾等，尽量少施硫化物和氯化物。注重与有机肥料配合使用。高温期间应控制肥料用量。

休闲时撤膜：对于一年覆盖一次棚膜的棚室来说，撤膜的时间越长，防止盐分聚集的效果越好。

灌水除盐：渗水良好的棚里，可以加大灌水量，反复进行2～3次，让水带盐渗下。或在休棚时进行更大量的灌水。

改良土壤：深翻土壤，加强中耕松土，可以切断毛细管，防止表层土壤盐分聚积。增施有机肥或其他疏松物质，如稻壳、麦草、锯木屑等，不仅能改善土壤的物理性状，而且能对土壤溶液浓度变化起缓冲作用。铲除表土，可以避免或减轻盐类聚积。

(14)番茄果实脐腐病：

①主要症状。脐腐病于乒乓球大小至鸡蛋大小的幼果期开始发生。果实脐部先形成暗绿色水渍状斑，后逐渐变成黑色。严重时病斑扩展至半个果面，果肉组织干腐，向内凹陷，因腐生菌寄生而形成黑色霉状物。接近成熟期的青果易发生此现象，幼果发病后，果实增大而病斑不增大，受害果实提早变色成熟，脐腐果的发生处于果实绿熟阶段。脐腐病的发生部位并不仅仅局限在脐部，有时也在脐部外侧发生。

②发生原因。产生这种生理病害的主要原因为土壤干旱，植株果实部位缺钙。因为钙在植物体内是不容易移动的，土壤干旱时根不能从土壤中吸收钙，或因土壤中氮含量多，营养生

长旺盛，果实不能及时得到钙。高温干旱时此病发生多。

③防治措施。一是土壤缺钙，亩用硅钙肥或碳酸钙 50～100 千克，均匀撒施地面并翻入耕层中。二是避免施用氮肥过多，特别是速效氮肥不要一次施用过量。三是适时灌水，防止土壤时干时湿，特别不要使土壤过分干旱。四是在番茄坐果期，每隔 10～15 天叶喷一次 1%的过磷酸钙或0.5%氯化钙溶液，要喷到果穗及上部叶。

(15)大红番茄茶色果：

①主要症状。果实成熟时呈黄褐色或茶褐色，表面发污，光泽度差，商品性明显降低。

②发生原因。番茄着色是由于叶绿素分解形成茄红素的缘故，光照不足只能使果实着色缓慢，而不是着色不好。如果氮肥过多，叶绿素就会增多，分解形成茄红素的过程就会推迟，使果实着色不好。但在氮、钾肥少时，叶绿素分解形成茄红素的过程也会受到影响，使果实着色不良。温度也是影响着色不良的原因，高温还会导致着色不良，形成黄色果实。

③防治措施。在合理施用氮、锌肥的同时，要保持室内适宜的温度，一般在果实膨大前期夜间温度不能低于 10℃，果实膨大的后期是着色期，白天气温必须在 25℃左右。低温期栽培，适当提高温度的同时，及时摘除老叶，增加采光。

(16)番茄绿肩果病：

①主要症状。番茄萼片周围的果面呈绿色，主要是缺钾造成的，俗称“绿背病”。下部叶片出现黄褐色斑，症状从叶尖和叶尖附近开始，叶色加深，灰绿色，少光泽。小叶呈灼烧状，叶缘卷曲，老叶易脱落。果实发育缓慢，成熟不齐，着色不匀，果蒂附近转色慢，绿色斑驳其间。

②发生原因。果实局部茄红素形成受到抑制。易在偏施氮肥、番茄植株生长过旺的情况下发生，尤其在氮肥多、钾肥少、缺硼、土壤干燥时发病最为严重。

③防治措施。亩施钾肥 10～20 千克，分次施用，叶面喷施 0.3%～0.5%硝酸钾或硫酸钾溶液，增施有机肥料。合理轮作，土壤过分干旱要适当浇水。

(17)番茄日灼病：

①主要症状。田间多发生于果实上，形成日灼果。多是膨大期绿果出现日灼。果实的向阳面出现大块褪绿变白的病斑，与周围健全组织界限比较明显，病斑部后期变干、革质状、变薄、组织坏死。有时叶片也可出现日灼，初期叶的一部分褪绿，以后变成漂白状，最后变黄枯死。

②发生原因。果实受阳光直射部分温度过高而被灼伤。

③防治措施。注意合理密植，适度整枝打杈，使茎叶相互掩蔽，果实不受阳光直射。注意作物行向，一般南北行向日灼病发病较轻。冬暖大棚温度过高时及时通风，促使叶面果面温度下降，或及时灌水，降低植株体温。阳光过强时，可隔畦覆盖草苫或覆盖遮阳网。喷施 0.1%硫酸锌或者硫酸铜，增加番茄抗日灼能力。

(18)番茄高温障碍：

①主要症状。保护地栽培番茄，常发生高温危害。叶片受害，出现褪色或叶缘呈漂白状，后呈黄色。发病轻的仅叶缘呈灼伤状，重的波及半叶或整叶，终至萎蔫干枯。番茄在遇到30℃的高温时，会使光合强度降低，至 35℃时开花、结果受到抑制，40℃以上时则引起大量花果脱落，而且持续时间越长，花果脱落越严重。果实成熟时遇到 30℃以上的高温，茄红素形成减慢，超过 35℃茄红素则难以形成，表面出现绿、黄、红相间的杂色果。

②发病条件。白天温度高于 35℃，棚室 40℃高温持续 4 小时以上，夜间高于 20℃就会引

起茎叶损伤及果实异常。

③防治方法。及时通风，降低棚温。使用遮阳网遮光。叶面喷水降温。喷洒0.1%硫酸锌或硫酸铜溶液，可提高植株的抗热性，增强抗裂果、抗日灼的能力。用2,4-D浸花或涂花，可以防止高温落花和促进子房膨大。

(19)网纹果：

①主要症状。所谓网纹果就是番茄在果实膨大期透过果实的表皮可以看到网状的维管束，接近着色期严重，到了收获期网纹仍不消失。

②发生原因。网纹果多出现在气温较高的夏秋季节，土壤氮素多，地温较高，土壤黏重，且水分多，土壤中肥料易于分解，植株对养分吸收急剧增加，果实迅速膨大，最易形成网纹果。土壤干旱，根系不能很好地吸收磷、钾素或磷、钾元素在体内移动困难，代谢紊乱。

③防治措施。选用生长势强的品种。控制氮肥的施用量，若土壤肥沃，不要施用过多的易分解的鸡粪等有机肥。在气温升高时，冬暖大棚等保护地内应加强通风，防止气温和地温急剧上升。适时浇水，避免土壤长时间干旱或忽干忽湿。叶面喷施磷酸二氢钾或爱多收水剂。

(20)番茄木栓化硬皮果：

①主要症状。植株中上部容易出现木栓化硬皮果。病果小且果形不正，表面产生块状木栓化褐色斑，严重时斑块连接成大片，并产生深浅不等的龟裂，病部果皮变硬。

②主要原因。由植株缺硼引发。土壤酸化，硼被大量淋失，或使用过量石灰都容易引发硼缺乏。土壤干旱，有机肥施用少，也容易导致缺硼。钾肥使用过量，可抑制对硼的吸收。在高温情况下植株生长加快，因硼在植株体内移动性差，硼往往不能及时、充分分配到急需部位，也可造成局部缺硼。

③防治措施。土壤缺硼，应在基肥中适当增施含硼肥料。出现缺硼症状时，应及时叶面喷施0.1%～0.2%的硼砂溶液，隔7～10天一次，连喷2～3次。也可每亩随水冲施硼砂0.5～0.8千克。冬暖大棚等保护地要防止土壤酸化或碱化。一旦土壤出现酸碱化，要加以改良，调整到中性或稍偏酸性为好。要保证植株水分的供应，防止土壤干旱或过湿，否则会影响根系对硼的吸收。

(21)番茄筋腐病：

①症状。筋腐病的症状主要是番茄果实着色不均匀，有绿有红，就像“花皮果”，等果皮发红的部位变软了，发绿的部位也红，吃起来味道很差。果实皮绿色时看不出来，等果实皮色开始转红时就会出现“花皮果”。

②类型。一是褐变型。幼果期开始发生，主要危害1～2穗果。剖开病果，可发现果皮里的维管束呈茶褐色条状坏死、果心变硬或果肉变褐。维管束褐色及壁面褐变的果实含有黑筋，果实阴面黑筋多，黑筋部分伴生有着色不良现象，成熟果也有绿色残存，黑筋组织硬化。二是白变型。主要发生在绿熟果转红的时期，其病症是果实着色不均匀，发病轻的果形变化不大，重的靠近果柄的部位出现绿色突起状，变红的部位稍凹陷，病部有蜡状光泽，剖开病果可发现果肉呈“糠心”状，果肉维管束组织呈黑褐色，发病轻的部分维管束变褐坏死，且变褐部位不变红，果肉硬化，品质差，食之淡而无味；发病重的果实，果肉维管束全部呈黑褐色，部分果实形成空洞，明面红绿不均。

③发病机理。黑筋腐病常发生在低温弱光的冬季，徒长加剧黑筋腐病的危害。多肥特别是铵态氮过量及钾不足或吸收受阻等，有利于黑筋腐病的发生。另外，密植、连续摘心等也促

进黑筋腐病的发生。白筋腐病的发生与烟草花叶病毒的感染有密切关系，品种间差异较大，一般不具 TMV 抗性因子的品种易发生白筋腐病。

④防治措施。主要是在管理上下工夫，适当增加光照，调控温度。冬暖大棚内白天温度应保持在 23～28℃，在 28℃以上应放风降温排湿。6～9 月份，在冬暖大棚上可以覆盖遮阳网降低温度。在秋冬季节晚上气温 13～17℃，可加盖覆膜于草苫上，增加保温能力。在秋冬季节的连阴天，即使棚内气温降低也应拉开草苫见光，以促进生长，减轻筋腐病危害。定植期采用配方施肥，已出现上述病状的可以喷多元素肥。番茄专用肥是腐殖酸型复合喷淋肥中的一种，它除具有普肥的特性外，还添加了一种能使番茄个大、光滑、均匀的微量元素铜，除高含氮、磷、钾外，微量元素较全，又含水溶性腐殖酸和多种植物营养素，无毒、无害、无污染，用于喷施，吸收率高，不板结土壤，具有促芽、促根、促叶、保果、增实、提质、抗病、早熟等作用。及时治虫也是栽培中的关键环节，白筋腐病与昆虫传播烟草花叶病毒有关，在整个生长期内及时杀灭蚜虫、白粉虱等传播媒介，可用 2.5%阿克泰2 500倍液、10%一遍净2 000倍液、40%粉虱绝6 000倍液进行防治，同时用病毒 A 500 倍液或 1.5%植病灵1 500倍液喷雾防治。

(22)番茄早衰：

①症状表现。茎秆细，生长点瘦小，侧枝少，叶片小且薄，颜色发黄，有时叶片上出现瘤状突起，果实不膨大或膨大慢，极易出现裂果、空果及僵果，果实着色不良，果实小，植株抗性降低。

②早衰原因。连作障碍：保护地番茄因设施有限，产品效益高，常常连年种植，这样就造成了生长不良，即使大量使用肥料，也不会完全改善，生长点萎缩，新生枝叶不能正常伸展，引起番茄早衰。

不合理的施肥方式：番茄虽然对土壤条件要求不太严格，但片面地增施化肥，常常造成土壤板结，土壤的通透性降低，根系生长发育不良，引起番茄早衰。或者有些菜农为了尽可能地获得高产，一次性肥料施用过多，造成土壤浓度增加，根系生长受阻，引起番茄早衰。

育苗措施不当：有些菜农常习惯于提前育苗，结果前茬没有收获，番茄苗已经长成，茬口腾出后，已经形成大龄苗、徒长苗，定植后，因主根受损，不定根很难满足作物对水分及无机盐的吸收，常常引起植株茎秆中空，出现早衰。

激素使用不当：幼苗出现徒长后，菜农常习惯于喷洒多效唑、矮壮素、助壮素等激素的方法控制。如用药时间过晚，常常形成头重脚轻的植株；用药浓度过大，极易形成老化苗。以上两种情况均易引起植株早衰。

③综合防治措施。轮作：防止因连作引起的早衰最有效的方法是与非茄果类蔬菜实行 3 年以上的轮作，争取茬茬有变化，年年不相同，保持土壤结构稳定。

增施有机肥及菌肥：在保证番茄生长期间所需要的氮、磷、钾前提下，还要增施腐熟的有机肥、生物菌肥及微量元素铜、铁、锌的用量。增加土壤有机质，改善土壤的通透性，给番茄根系创造一个良好的生长环境。

培育壮苗：根据茬口合理安排育苗时间，春季保护地番茄苗龄一般在 60～70 天，秋茬一般为 30～35 天，秋冬茬为 40～50 天，根据茬口腾出的早晚合理安排育苗时间。番茄 3 片真叶时进行分苗，株行距 10 厘米×10 厘米。

合理控制幼苗徒长：秋延迟茬管理不当极易造成幼苗徒长，为防止幼苗徒长，最好采取物理的方法如加大育苗床的面积、适当控制浇水、分苗时加大株行距等措施。采用激素处理除正确使用浓度外，还应当注意使用时间，一般在幼苗 4 片真叶前使用效果最佳。

白糖的妙用：经过近几年的试验证明，在番茄定植时，定植穴内加入白糖，每穴用量为 10～15 克，不仅有利于番茄产生不定根，促进缓苗，防止番茄早衰，而且改善了番茄品质，增强了番茄的抗性。

3. 虫害

(1)蓟马：蓟马属缨翅目蓟马科，是一种杂食性害虫。

①危害特点。成虫和若虫均危害心叶、嫩芽。被害叶形成许多细密而长形的灰白色斑纹，使叶子失去膨压而下垂，严重时扭曲、变黄枯萎。蓟马还可传播植物病毒病。

②生活习性。以成虫、若虫在未收获的寄主叶鞘内、杂草、残株间或附近的土里越冬。翌年春成、若虫开始活动危害。成虫活泼善飞，可借风力传播。成虫怕光，白天多在叶背或叶腋处，阴天和夜里到叶面上活动取食。5～6 月份为危害盛期。能孤雌生殖，整个夏季几乎全是雌虫。初孵若虫群集危害，稍大后分散。蓟马喜欢温暖和较干旱的环境条件，冬季可在冬暖大棚中继续危害。

③防治方法。农业防治：早春清除田间杂草和残株落叶，集中处理，压低越冬虫口密度。平时勤浇水、除草，可减轻危害。

药剂防治：防治蓟马可喷洒 0.3％苦参碱水剂1 000倍液，或 80％敌敌畏乳油1 500倍液，或 50％辛硫磷乳油1 500倍液，或 20％复方浏阳霉素乳油1 000倍液。喷药时注意喷心叶及叶背等处。

(2)白粉虱：

①危害特点。成、若虫群集叶背吸食汁液，被害叶片褪绿变黄、萎蔫，甚至全株枯死，分泌蜜露诱发煤污病，还可传播病毒病。

②生活习性。一年发生多代，世代重叠，以各种虫态在冬暖大棚蔬菜上越冬或继续危害。成虫具有趋黄、趋嫩、趋光性。可孤雌生殖。喜食植物幼嫩部分，若虫孵化后 3 天内在叶背可做短距离移动，然后营固定生活。

③防治方法。农业防治：冬季育苗要清除残株杂草，熏杀残余成虫，培育无虫苗。结合整枝打杈，摘除带虫老叶，带出田外处理。

物理防治：在白粉虱发生初期，将黄板涂机油等黏性剂置于保护地内与植株高度齐平，诱杀成虫。

生物防治：可利用丽蚜小蜂、草蛉等控制白粉虱危害。丽蚜小蜂的使用方法：首先将寄生卵制成放蜂卡，放蜂卡的制作应做到防雨、防晒及防止捕食性天敌的破坏，以保证释放到田间的丽蚜小蜂能够有效羽化、存活。白粉虱发生初期单株虫量 0.5～1 头开始释放，每亩5 000～10 000头，隔 7～10 天释放一次，连续释放 3～4 次。放蜂时，将卵卡挂在每个放蜂点植株中部的主茎上。小蜂与白粉虱在低数量水平上保持数量平衡后，可以停止放蜂。注意棚室保温，夜间温度最好保持在 15℃以上。

药剂防治：一是熏烟法，每亩用 22％敌敌畏烟剂0.5千克，于傍晚将保护地密闭熏杀成虫，或每亩用 80％敌敌畏乳油 0.3～0.4 千克，加锯末适量，点燃(无明火)熏杀。二是喷雾法，虫害发生初期及早喷洒下列药剂防治：25％扑虱灵可湿性粉剂1 500倍液，或 2.5％天王星乳油3 000倍液，或 20％灭扫利乳油2 000倍液，或 0.3％苦参碱水剂1 500倍液。喷药时注意先喷叶片正面，然后再喷叶背面。

(3)美洲斑潜蝇:美洲斑潜蝇属双翅目潜蝇科,俗称“小白龙”。

①危害特点。幼虫以蛀食叶片上下表皮间的叶肉细胞为主,常在叶片上形成曲曲弯弯的蛇形隧道。隧道前端较细,随幼虫长大,后端隧道较粗。成虫的取食和产卵孔也造成一定危害,影响光合作用和营养物质的输导,同时传播病毒病。

②防治方法。农业防治:害虫发生初期,定期清除虫叶,杀灭幼虫。番茄套种丝瓜和豆角可减轻虫害。

生物防治:美洲斑潜蝇的天敌有潜蝇茧蜂、绿姬小蜂、双雕小蜂等,利用天敌可减轻虫害。

药剂防治:在幼虫化蛹高峰期后8～10天喷洒下列药剂防治:48%乐斯本乳油1 000倍液,或1.8%爱福丁乳油1 000倍液,或10%烟碱乳油1 000倍液。

(4)二十八星瓢虫:

①危害特点。以成、幼虫舐食叶肉,残留上表皮成网状,严重时食尽全叶。幼虫舐食瓜果表面,受害部位变硬,带有苦味。

②生活习性。在夏秋季发生最多,危害最重。成虫白天活动,有假死性和自残性。雌成虫卵产于叶背,初孵幼虫群集危害,稍大后分散危害。老熟幼虫在原处或枯叶中化蛹。卵期5～6天,幼虫期15～25天,蛹期4～15天,成虫寿命25～60天。

③防治方法。农业防治:人工捕捉成虫。利用成虫的假死性,用盆承接,并叩打植株使之坠落,收集后杀灭。人工摘除卵块。雌成虫产卵集中成群,颜色艳丽,极易发现,易于摘除。

药剂防治:在幼虫分散前及时喷洒下列药剂:2.5%功夫乳油4 000倍液,或21%灭杀毙乳油5 000倍液,或50%辛硫磷乳油1 000倍液。注意重点喷叶背面。

(5)斜纹夜蛾:

①危害。以幼虫咬食叶、花、果实,大发生时将全田植株吃成光秆,以致无收。

②生活习性。在华北一年发生4～5代,以7～10月危害最重。通常每头雌蛾可产卵400粒左右,最多可达2 000～3 000粒。幼龄幼虫群集在卵块附近危害成筛网状,3龄以后分散危害,有假死性,并对阳光敏感,晴天躲在阴暗处或土缝里,夜晚、早晨出来危害。老熟幼虫入土化蛹。

③防治方法。在各代盛卵期,发现卵块和新筛网状被害叶,随手摘下并集中喷药围歼。掌握幼虫低龄时期,每亩用90%敌百虫50克,或80%敌敌畏40克,或20%杀灭菊酯乳油15克,加水60千克喷雾,特别是在黄昏或清晨用药效果更好。可利用大蟾蜍或赤眼蜂等自然天敌,以控制此虫危害。

(6)棉铃虫:

①危害。棉铃虫也叫钻心虫,是越夏、延秋茬番茄的主要害虫。幼虫蛀食番茄花蕾、花和果实,也可危害嫩茎、叶和幼芽。幼果常被咬食而变空腐烂,成果被咬食部分果肉后会引起腐烂、脱落。幼虫从蒂部蛀食果实,咬食部分果肉后又转到另一果实。一头幼虫一生可危害3～5个果,最多8个,严重地块,蛀果率可达30%～50%,花蕾及幼果常被吃空或引起腐烂而脱落,长成的果实虽然只被蛀食部分果肉,但已失去商品价值,而且因蛀孔在蒂部,病菌进入易引起腐烂。棉铃虫造成果实大量被蛀和腐烂脱落成为减产的主要原因。棉铃虫在华北地区一年发生3～4代。以蛹在土壤中越冬,次年4～5月气温上升到18℃以上时,越冬蛹羽化为成虫,5月至6月下旬为第1代幼虫危害期,7月为第2代幼虫危害期,8～9月为第3代幼虫危害期,10月份如果温度降低则第4代幼虫入土化蛹越冬。棉铃虫昼伏夜出,黄昏时活动最盛。

高温多雨季节发生严重。

②防治方法。农业防治：深翻土壤，消灭越冬蛹，压低第1代虫源；及时打杈掐尖，因为棉铃虫95%的卵产于番茄的顶尖至第4层复叶之间，结合整枝把嫩叶、嫩枝上的卵及幼虫一起带走烧毁或深埋，可有效地减少卵量；摘除虫果，减少幼虫转株危害。

物理防治：在成虫盛发期剪取0.6～1米长的新鲜带叶的杨树或柳树枝条，几枝扎成一束，插于田间，使枝梢高于番茄植株顶部20～30厘米，每亩插10余把，每3～5天换一次，每天清晨露水未干时，用塑料袋套住树枝把，捕杀成虫。

生物防治：在2、3代卵孵化盛期，每亩喷施Bt可湿性粉剂50克，隔3～4天喷一次，连喷2～3次。或应用赤眼蜂防治棉铃虫，在棉铃虫产卵始、盛、末期释放赤眼蜂，每亩大棚放蜂1.5万头，每次放蜂间隔期为3～5天，连续3～4次，卵寄生率可达80%。

药剂防治：应掌握在百株卵量达20～30粒时开始用药，尤其在半数卵变黑时为好，如百株幼虫超过5头，应继续用药。可选用90%敌百虫可湿性粉剂1 000倍液，或50%辛硫磷乳油1 000倍液，或2.5%溴氰菊酯乳油3 000倍液，或40%菊马乳油2 000～3 000倍液喷杀，不仅能杀幼虫，还有杀卵效果。

(7)茶黄螨：

①危害特点。食性极杂。成、幼螨集中在寄主幼嫩部位刺吸汁液，尤其是尚未展开的芽、叶和花器。被害叶片增厚僵直、变小或变窄，叶背呈黄褐色、油渍状，叶缘向下卷曲。幼茎变褐。丛生或秃尖。花蕾畸形，果实变褐色，粗糙，无光泽，出现裂果，植株矮缩。

由于虫体较小，肉眼一般难以发现，危害症状又和病毒病或生理病害症状有些相似，生产上应注意识别。

病毒病发生在嫩叶，表现为小叶，叶皱缩；生理性病害引起落花、落果。但病毒病在干旱条件下发生，除了小叶外，多数病毒病在叶上会表现黄绿相间的斑驳；生理性病害一般与高温干旱有关，如缺素症、日灼。而在高温高湿的季节中就一定要注意茶黄螨。

茶黄螨危害番茄的显著特点：叶子叶背有油质光泽，发红发亮。

②生活习性。一年发生20多代，世代重叠。冬季可在冬暖大棚等保护地中越冬或繁殖危害。靠爬行、风力、农具、种苗等传播蔓延，始发时有明显的点片阶段，是防治的关键时期。一年中以7～9月份危害最盛。10月份后，随着气温下降螨量减少。幼螨喜温暖潮湿的环境条件。成螨较活跃，且有向植株上部幼嫩部位转移的习性。卵多产在嫩叶背面、果实凹陷处及嫩芽上，经2～3天孵化，幼(若)螨期各2～3天。雌螨以两性生殖为主，也可营孤雌生殖。

③防治方法。农业防治：压低越冬虫口基数，铲除田头地边杂草，清除枯枝落叶并集中烧毁。

药剂防治：在点片发生时及时喷洒药剂：1.0%阿维菌素乳油1 000倍液，5%卡死克乳油1 200倍液。重点喷洒植株上部嫩叶背面、嫩茎、花器、生长点及幼果等部位，并注意交替轮换用药。叶背着药是关键，茶黄螨主要集中于幼嫩叶的背面，喷施杀螨剂时要注重喷幼嫩部位，喷头向上喷叶背。

(8)红蜘蛛：

①危害特点。以成螨、幼螨和若螨群集吸食汁液，出现褪绿斑点，逐渐变灰白斑和红斑，严重时叶片枯焦脱落。

②生活习性。一年发生10～20代，雌成虫潜伏于菜叶、草根或土缝附近处越冬。春季开

始繁殖并危害。初为点片发生，后吐丝下垂或靠爬行借风雨扩散传播等，先危害老叶，再向上扩散。当食料不足时，有迁移习性。以两性生殖为主，有孤雌生殖现象。高温干旱年份发生重。

③防治方法。清除杂草及枯枝落叶，减少虫源。加强虫情检查，控制在点片发生阶段，用下列药剂喷雾防治：1.8％阿维菌素乳油1 000倍液，或73％克螨特乳油1 200倍液。

（胡永军　徐彩君　刘春香）

第十章　大棚茄子栽培

一、选用良种

1. 黑丽人长茄

(1)品种来源:济南茄果良种研究中心选育。

(2)特征特性:早中熟杂交一代茄子品种。生长强健,分枝力强,坐果率高,果实生长速度快。果实长直棒状,果长25～30厘米,横径7厘米左右,单果重400克左右,果色紫黑油亮,无青头顶、无阴阳面,畸形果少。耐运输,商品性好,货架期长。耐低温弱光,低温下坐果能力明显强于同类品种,耐黄萎病,产量高,最高亩产2万千克。

(3)适作茬口:大棚周年栽培。

2. 布利塔

(1)品种来源:从荷兰瑞克斯旺公司引进。

(2)特征特性:属长茄类型。植株开展度大,花萼小,叶片中等,无刺。早熟,丰产性好,生长速度快,采收期长。果实长形,果长25～35厘米,直径6～8厘米,单果重400～450克,果实紫黑色,绿把,绿萼,质地光滑油亮,比重大,味道鲜美。货架寿命长,商品价值高。亩产1.8万千克以上。

(3)适作茬口:适于大棚冬春和早春茬种植。

3. 安德烈

(1)品种来源:从荷兰瑞克斯旺公司引进。

(2)特征特性:植株生长旺盛,开展度大,花萼小,叶片中等大小,无刺。早熟,丰产性好,采收期长,可适应于不同季节种植。果实灯泡形,直径8～10厘米,长度22～25厘米,单果重400～450克,果实紫黑色,绿把,绿萼,质地光滑油亮,比重大,果实整齐一致,味道鲜美。货架寿命长,商品价值高。亩产1.5万千克以上。

(3)适作茬口:适于大棚冬春和早春茬种植。

4. 尼罗

(1)品种来源:从荷兰瑞克斯旺公司引进。

(2)特征特性:属长茄类型。植株开展度大,花萼小,叶片小,无刺。早熟,丰产性好,采收期长。果实长形,果长28～35厘米,单果重250～300克,果实紫黑色,绿把,绿萼,质地光滑油亮,比重大,味道鲜美。货架寿命长,商品价值高。

(3)适作茬口:适于大棚冬春和早春茬种植。

5. 东方长茄

(1)品种来源:从荷兰瑞克斯旺公司引进。

(2)特征特性:属长茄类型。植株开展度大,花萼中等大小,叶片中等大小,无刺。早熟,丰产性好,生长速度快,采收期长。果实长形,果长25～35厘米,直径6～9厘米,单果重400～450克。果实紫黑色,质地光滑油亮,比重大,味道鲜美。货架寿命长,商业价值高。亩产1.8万千克以上。

(3)适作茬口:适于大棚冬春和早春茬种植。

6. 爱丽舍

(1)品种来源:从荷兰瑞克斯旺公司引进。

(2)特征特性:属长茄类型。植株生长旺盛,开展度大,花萼小,叶片中等大小,无刺。早熟,丰产性好,生长速度快,采收期长。果实长形,果长35～40厘米,直径5～7厘米,单果重300～350克。果实紫黑色,绿把,绿萼,质地光滑油亮,比重大,味道鲜美。货架寿命长,商品价值高。亩产1.8万千克以上。

(3)适作茬口:适于大棚冬春和早春保护地种植。

7. 月神

(1)品种来源:从法国威迈种子公司引进。

(2)特征特性:植株生长旺盛,开展度大,花萼小,叶片中等大小。早熟,丰产性好,生长速度快,采收期长。果实长形,果长30～35厘米,直径4～6厘米,单果重250～300克。果实紫黑色,绿把,绿萼,质地光滑油亮,比重大,味道鲜美。货架寿命长。

(3)适作茬口:适于大棚冬春和早春保护地种植。

8. 卡拉奇

(1)品种来源:从法国威迈种子公司引进。

(2)特征特性:植株生长旺盛,开展度大,花萼小,叶片中等大小。早熟,丰产性好,生长速度快,采收期长。果实长形,果长30～35厘米,直径4～5厘米,单果重260～300克。果实紫黑色,绿把,绿萼,质地光滑油亮,比重大,味道鲜美。

(3)适作茬口:适于大棚冬春和早春保护地种植。

9. 西方长茄

(1)品种来源:从荷兰维特国际种业有限公司引进。

(2)特征特性:植株生长旺盛,开展度大,花萼小,叶片中等大小,无刺。早熟,丰产性好,生长速度快,采收期长。果实长形,平均果长25厘米,直径5厘米,单果重350～450克。果实紫黑色,绿把,绿萼,质地光滑油亮,比重大,味道鲜美。货架寿命长,商品价值高。

(3)适作茬口:适于大棚冬春和早春保护地种植。

10. 百盛

(1)品种来源:从美国阿特拉斯种业有限公司引进。

(2)特征特性:杂交一代早熟品种。植株生长旺盛,叶片中等大小,无刺。果实长形,直径6～8厘米,果长25～35厘米,单果重400～450克。果实紫黑色,光滑油亮,绿把,绿萼。商品性好,果肉较硬,特耐贮运,抗病性极强。亩产1.5万千克左右。

(3)适作茬口:适于大棚冬春和早春茬种植。

11. 大黑龙

(1)品种来源:从日本泷井种苗株式会社引进。

(2)特征特性:早生、丰产的夏秋品种。果长35～40厘米,果色浓黑紫,有光泽,在高温、干旱条件下不易褪色。肉质细密,品质佳,僵果少,商品率高。生长势及耐热性强,栽培容易。

(3)适作茬口:适于大棚早春茬种植。

12. 黑冠长茄

(1)品种来源:从韩国东原种苗株式会社引进。

(2)特征特性:极早熟,坐果稳定,初期收获量多。长势直立,长势旺盛。果皮黑紫,有光泽,果长30～35厘米,横径4～5厘米,单果重170～200克。果形整齐,不易弯曲,肉质细腻,子少。采摘后果皮不褪色,低温期不易出硬茄子,可以增产。抗病性强,适应性广。

(3)适作茬口:大棚等保护地栽培最理想的品种之一。

13. 托巴兹

(1)品种来源:从荷兰安莎种子公司引进。

(2)特征特性:系杂交一代中熟品种。植株长势旺盛,开展度大,花多,坐果好。果实长形,果长25～30厘米,直径6～8厘米,单果重250～300克。果实黑紫色,富有光泽,果柄及萼片呈绿色,果肉质地细嫩,风味佳。货架期长,耐贮运。连续坐果能力强,抗病性强,丰产性好,保护地高产栽培每亩产量1.5万千克左右。点花或喷花时要根据季节采用不同的浓度,以保护果形的稳定。

(3)适作茬口:适合秋延迟越冬及春季保护地栽培。适宜鲜食及出口。

14. 博尼卡

(1)品种来源:从荷兰安莎种子公司引进。

(2)特征特性:杂交一代极早熟品种。植株高大旺盛,株型紧凑,生长势强,叶片肥大浓绿,茎秆较粗壮。花多,坐果能力强,丰产性好。果实椭圆形,平均果长16厘米,直径约10厘米。果实紫黑色,光泽亮丽,果柄及萼片呈绿色,果肉紧实,耐贮运,货架期长。耐热性、抗病性强,适合露地栽培或保护地遮光蔽雨秋延迟栽培。

(3)适作茬口:适于大棚秋冬、早春茬种植。

15. 农友长茄

(1)品种来源:从台湾农友种苗有限公司引进。

(2)特征特性:生长强健旺盛,抗青枯病,耐热,耐湿,中早熟,适应性广,生长势强。宜疏植,花穗多花性,结果力特强,持续采收期长。果实细长,皮紫色,肉白色,种子发育慢,皮薄肉细,品质柔软细嫩,产量高。

(3)适作茬口:适宜越夏、延秋栽培。

16. 西方短茄

(1)品种来源:从荷兰维特国际种业有限公司引进。

(2)特征特性:植株中高,长势旺盛,开展度大。花萼小,叶片中等大小,无刺。中早熟,丰产性好,生长速度快,采收期长。果实椭圆形,平均果长15厘米,直径6厘米,单果重200～300克。果实紫黑色,绿把,绿萼,质地光滑油亮,比重大,味道鲜美。货架寿命长,商品价值高。

(3)适作茬口:适于大棚越冬、早春或越夏栽培。

17. 利箭

(1)品种来源:从荷兰奔司马种子公司引进。

(2)特征特性:系杂交一代中晚熟品种。植株生长旺盛,开展度大,花萼小,叶片小。果实整齐一致,长形,果长25～35厘米,直径4～6厘米,单果重200～300克,上下粗细均匀,正常管理情况下很少有大头果。果实黑色有光泽,绿萼,果梗绿色、较长,易采收。果肉致密紧实,耐贮运。口感好,无苦味,商品性好。连续坐果能力强,产量高而稳定,大棚高产栽培每亩产量1.5万千克左右。抗黄萎病和红蜘蛛,耐低温能力强。

(3)适作茬口:适宜大棚越冬及早春茬栽培。

18. 牟尼卡

(1)品种来源:从先正达种子公司引进。

(2)特征特性:无限生长型,早熟杂交一代种。植株生长旺盛,节间中短,叶色深绿。果实光滑,长圆柱形,果皮颜色深紫近乎黑色,有光泽。果柄、萼片均为绿色,果肉奶白色,适合炒食。坐果率高,抗病性和耐低温能力强,丰产性极好。

(3)适作茬口:适宜大棚越冬、早春和秋延迟栽培。

19. 阿瑞甘(HA-1726)

(1)品种来源:从以色列海泽拉优质种子公司引进。

(2)特征特性:无限生长型,杂交一代种。植株壮旺、高大,生长势强,叶片大而色绿。果实长圆筒形,果长25厘米左右,果径6～8厘米,单果重300克左右。果皮深紫色,极有光泽。连续坐果能力强,丰产性好。耐低温性、抗病性均强。

(3)适作茬口:适宜春秋保护地种植。

20. 快圆茄

(1)品种来源:系由天津市优良农家品种经提纯选育而成的早熟品种。

(2)特征特性:株高50～60厘米,开展度较小。茎绿紫色,叶绿色,叶柄及叶脉浅绿色。门茄多着生于6～7节。果实圆球形、稍扁,直径10厘米左右,果皮深紫色,有光泽,单果重约500克。耐寒,果肉细而紧,品质和外观均佳。

(3)适作茬口:适于保护地早春栽培。

21. 日本黑又亮

(1)品种来源:从日本岛根农园株式会社引进。

(2)特征特性:早熟品种,生长势强,第7片真叶现花蕾,每隔1～2片叶一花序,茎及叶脉紫黑色。果实扁圆形,果脐部收口紧,果皮白嫩细腻,口感好,平均果重800克。耐贮运,耐低温、弱光。亩产量2万千克以上。

(3)适作茬口:适宜大棚越冬、早春、秋延迟栽培。

22. 西安绿茄

(1)品种来源:西安地方品种。

(2)特征特性:早熟种,株高60～67厘米,6～7叶结第一果,单果重250～300克。果卵圆形,浅绿色,肉质疏松,品质上乘。亩产3 500～4 000千克。

(3)适作茬口:适于大棚越冬、春露地及春覆盖栽培。

二、育苗技术

茄子是一种喜温性蔬菜，其生长发育的适温为25～30℃。如果在17℃以下，则生育缓慢，花芽分化延迟，花粉管的伸长也大受影响，会引起落花，10℃以下会引起新陈代谢失调，5℃以下则开始遭受冷害。当温度高于35℃时，花器发育不良，尤其在夜间高温的条件下，呼吸旺盛，碳水化合物消耗大，果实生长缓慢，品质变差。

1. 常规育苗技术

(1)适龄壮苗标准：茄子适龄壮苗的生理苗龄7～8片叶，一般日历苗龄90天左右。

①壮苗的外部形态标准。植株健壮，株高15厘米左右。叶片肥厚且舒展，叶色深绿带紫色。茎粗壮，直径0.6～1厘米，节间短。第1花蕾出现。茎、叶茸毛较多。根系发达。无病虫危害症状。

②壮苗的生理生化指标。定植后根系的吸收功能恢复快，在较短时间内能缓苗进入正常生长。抗逆性强，表现抗旱、抗寒，对不良环境条件有较强的适应性。表现早熟、丰产。

(2)配制优质茄子育苗床土：

①床土配制。茄子幼苗对于土壤温度、湿度、营养和通气性等都有较严格的要求，床土质量的好坏直接影响幼苗的生长发育，所以，保护地栽培育苗时应特别注意床土的质量。

营养土一般都是人工配制。要求保水、保肥、通气性良好，含有机质至少在3%，同时要含有较充足的速效氮、磷、钾等元素。其中速效氮应达到100毫克/千克，速效磷应达到150～200毫克/千克。每立方厘米的重量不能大于1.5克。配制优质营养土可在上一年夏季之前，将马粪或草炭与各种秸秆、麦(稻)草等和肥沃无病非茄科园田土分层堆积在一起，每放一层马粪、草和田土，浇一些人粪尿，喷洒适量杀虫剂后用泥封严，上冻前再翻倒均匀过筛，与田土按比例配好备用。有机肥与田土比例为3∶7或4∶6。如营养土没加大粪，可在每立方米营养土中加尿素200～250克、过磷酸钙10千克。

如果马粪、草炭等原料不足，为保证营养土的疏松，可以在园土中按体积掺入1/3左右的森林土。如园土较黏重，可掺入大约1/10的细炉灰或粉沙。

②床土消毒。为防止苗期病害，除注意选用少病虫的床土配料外，还应进行床土消毒。消毒方法有药剂消毒法和物理消毒法(蒸汽消毒和微波消毒)，生产上药剂消毒应用普遍。

代森锌和多菌灵消毒。用65%代森锌粉剂，每立方米床土用药60克，或用50%多菌灵粉剂，每立方米床土用药40克，混合拌匀后用塑料薄膜覆盖2～3天，然后撤膜，待药味挥发后使用。

32.7%斯美地水剂消毒。准备好土壤，如用有机肥及基肥需事先与土壤搅拌均匀。将床土平铺5厘米厚，用斯美地500克、对水40千克(即80倍液)均匀浇洒，土壤需湿透3厘米以上。再覆一层土，再浇洒药液，重复处理营养土成堆，然后用塑料薄膜覆盖。施药10天后揭膜，将熏蒸过的床土充分翻松，5天后再翻松一次，使药味充分散出后，即可装入托盘或营养钵使用。

福尔马林消毒。用40%福尔马林200～300毫升、对水25～30千克，喷洒于1 000千克床土中，然后充分拌匀堆成堆，用塑料薄膜密封5～7天，然后揭开薄膜，待药味挥发后再使用，可防治猝倒病和菌核病。

另外，还可用棉隆、溴甲烷等消毒。营养土的配置与消毒过程如图 10-1 所示。

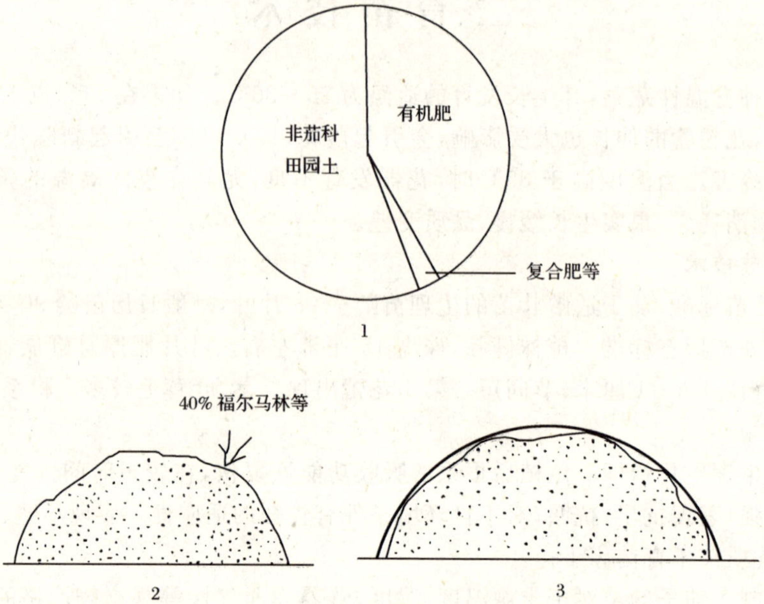

图 10-1　苗床土组成与配制过程

1. 床土组成　2. 床土消毒　3. 覆盖塑膜堆制

(3)苗床建立：冬季或早春育苗应建造酿热温床或电热温床。

①酿热温床的建造方法。酿热温床是指床底埋有酿热物的温床。一般采用鸭粪、枯草等有机物作酿热物，通过微生物的分解作用而发酵生热。

挖床坑。酿热温床关键技术是床坑的深度，即酿热填充的厚度。床坑的深度要按照各地的气候条件、苗龄的长短和酿热物发热量的大小而定。气候寒冷，苗龄长，酿热物发热量小，则要求床坑挖得深，以便多填充酿热物，提高床温。如用露地塑料小拱棚作酿热温床，床坑底修成两边稍低、中间呈“龟背”形，平均深度为 40～50 厘米。这是由于床坑的边缘热量易于散失，只有增加酿热物而产生较多的热量，才能补偿散失的热量，使整个苗床的温度基本保持一致。

拱形温床可挖成宽 100～120 厘米、中部深 30～35 厘米、四周深 40～50 厘米的坑。斜面温床可挖成宽 120～150 厘米、中部深 35～40 厘米、四周深 45～50 厘米的坑。长度视需苗量而定。

酿热物的种类。一般都是就地取材，尽量使用价廉的有机物。根据碳、氮含量不同，可分为高热酿热物和低热酿热物。前者如新鲜的鸭粪等，后者有猪粪、玉米秸秆和麦草等。

垫放酿热物。苗床挖好后，选用新鲜鸭粪。踩时应注意鸭粪干湿适度，如果过干，要泼一些水，做到用力一踩略见水即可。鸭粪踩好后，马上盖上塑料薄膜。夜间盖帘保温，并在鸭粪中插上温度计，观察发热情况。铺放酿热物时，应分 2～3 次填入，每填一次都要踩平踩实。直到酿热的中部厚度达到 15～20 厘米，四周达到 20～30 厘米为止。然后在酿热物上面铺上 2 厘米的碎土或细沙，使摆入的育苗钵平稳、整齐。待 2～3 天后即可摆入装有营养土的育苗钵，准备播种育苗。

垫酿热物时应注意：第一，垫酿热物的时间，最好在播种前 1 周左右，若用几种不同的酿热材料或是冷性和热性的有机物，则可以分层搭配填充，以使发热充分和均匀。第二，酿热物一定要新鲜和刚开始发酵的，才能产生足够的热量。第三，填酿热物时，最好浇适量的新鲜人粪尿，使酿热物的相对湿度为65%～70%，其发酵升热快。第四，酿热物只能填至离床坑口17～22厘米处，若垫得太满，易散热，保温效果差；若垫得太低，播种等操作不方便。

②电热温床的建造。电热温床是在苗床内安装上电热线来提高苗床温度的一种育苗方法。其温度可根据茄子品种生育阶段对土温和气温的要求进行调节。电热温床育苗设备简单，升温快，易控温，能够在外界温度较低的情况下育苗，有利于冬、春季节提早育苗，培育大苗、壮苗。电热温床的建造程序和方法如下：

选择电热线。应选择功率适宜、线质柔软、接头完好、通电6小时后表面温度低于40℃的电热线。

设计布线距离。据测算，当外界气温为－10℃时，苗床5～10厘米土层地温保持18～20℃，电热温床的功率密度以每平方米100瓦为宜，每根1 000瓦的电热线可供10米^{2}使用。在冬暖大棚的苗床上布线时，可以使线间距相等，即等距离布线。在小拱棚的苗床上布线时，由于苗床四边散热快，所以布线时苗床四边线间距离要小一些，苗床中部线间距离可大些。一根1千瓦的电热线，在长10米、宽1米的苗床中可布6个来回；如果在冬暖大棚的苗床中布线时，线间距可设计为7.69厘米的等距离；如果在小拱棚或冷床的苗床中布线时，线间距应设计为2、5、6、8、10、12、12、10、8、6、5、2厘米。

挖床坑和布线。先将距苗床面12～15厘米厚的表土层挖出，再耙平床底，切齐床墙。布线从电源的一头开始，靠苗床两边的两个线头应配成对，床中间的线也都成对，以使两个线头都靠近电源便于接线。

布线时最好3个人操作，一人拉线，两个人挂线。具体做法是：在苗床的两端离床坑边10厘米处，先按事先设计好的线间距离钉上竹签或小木橛，用以挂线。然后由两人分别在苗床内两端挂线，一人在苗床内往返拉线，并掌握逐条线松紧适宜，最后一个人来回通过挪动竹签或小木橛，将两上线头配齐，固定在苗床适当位置，然后接通电源，试验一下线路是否畅通，如无故障，即可沿着线的方向覆土，覆土时不要使电热线移动位置，特别要严防电热线交叉和重叠，覆土厚约2厘米，整平踩实，再放上营养钵或10厘米厚的营养土以备播种。

(4)茄子间歇性浸种高温烫种催芽：

①种子处理。先将种子除净杂质，用25℃温水浸泡30分钟，然后多次搓洗，除去依附在种皮上的果胶物质，清洗干净后进行烫种。

②高温烫种。先用少许凉水浸润处理好的种子，然后加入90℃左右的热水，使水温达到75℃，并保持5分钟(温度降低时要补加热水)，要边倒热水边迅速搅动，避免烫伤种子，直至水温降至30℃，置于冬暖大棚中继续浸种。高温烫种可使种皮迅速软化，裂纹增加，促进胚细胞的呼吸作用。

③间歇性浸种。先将种子浸泡8小时(含搓洗烫种时间)，然后控干，在纱布上摊晾8～12小时，再浸泡4～6小时，然后再次摊晾8～12小时，至手摸湿爽不黏为准，方可进行催芽。这一过程使水分缓慢渗入种子内部，防止种皮吸水过度而影响透气性，能充分满足种子发芽时对水分和氧气的需要，尤其后一次晾种可使种子内部水膜消失，增加透气性。

④催芽方式。一般应用草囤或纸箱催芽，有条件的采用灯泡加温、控温仪控温。即在草囤或纸箱底部放一装水器具，内放清水，中部架设竹帘，竹帘下吊一支25～40瓦灯泡，悬于水盆之上。竹帘上面覆盖浸湿的纸箱板，挡严灯光，将用宽大的纱布袋装好的种子平摊在上面，上

覆浸湿的毛巾。纸箱板和毛巾见干即用水浸洗，保持湿润。控温仪的感温头置于种袋内部，无控温仪可用温度计观察温度，并根据种袋内的温度变化及时开闭电灯。此法利于种子透气，热源稳定，并保持湿润。

变温催芽可使种子提早萌芽，种芽粗壮一致，每昼夜 16 小时 30℃，8 小时 20℃，交替进行。种子每隔 3～4 小时翻动一次，以利透气和受热均匀。淘洗不可过勤，一般头两天不必淘洗，第 3 天(种子开始萌动)可淘洗一次，淘洗后摊晾 4～6 小时再继续催芽。

采用间歇性浸种和高温烫种相结合的方法进行茄子催芽与常规催芽相比较，达到 50%出芽的时间提早 128 小时，达到 90%出芽的时间提早 152 小时，并且发芽势一致，种芽粗壮，无烂芽坏种现象。

(5)苗期管理：早熟茄子苗期正逢外界低温，育苗期间主要是提温保温。幼苗出土前，要封闭覆盖物，最好使温度达 28～30℃，一般 4～6 天可出齐苗。齐苗后温度可降至 25℃，温度高可进行小通风。电热温床可将电源昼停夜开，使幼苗保持正常生长，不徒长。一般情况下不喷水，更不能浇大水，待幼苗长至 3～4 片真叶时，可加大通风，交错变换通风口，使幼苗经受锻炼。达到茎粗壮、叶片肥厚、色深坚实、覆盖物撤掉叶片也不凋萎时，即可进行分苗。茄子分苗要在晴天中午、外界气温 10℃以上时进行。分苗多采用阳畦，分苗后的管理与分苗前基本相同。育苗期间地温以 20～23℃为宜，一般应高于 16℃，气温白天以 25℃为宜，昼夜温差 10℃左右。育苗后期温度升高，要逐渐加大通风。定植前 10～15 天应浇一次大水，然后切块蹲苗，并通风锻炼，直至白天将薄膜撤去也不萎蔫，即可准备定植。

(6)穴盘法培育茄子壮苗：

①穴盘型号的选择。茄子育 2 叶 1 心苗选用 288 孔苗盘；育 4～5 叶苗选用 128 孔苗盘；育 5～6 叶苗选用 72 孔苗盘。

基质配制方法：草炭∶蛭石 2∶1 或 3∶1，草炭∶蛭石∶废菇料 1∶1∶1。配制基质时加入 15∶15∶15 氮磷钾三元复合肥 3.2～3.5 千克，或每立方米基质加入 1.5 千克尿素和 1.5 千克磷酸二氢钾，或 2.5 千克磷酸二铵，肥料与基质混拌均匀后备用。

②种子处理。为了提高种子的萌发速度，可进行种子活化处理。其方法是将种子浸泡在 500 毫克/千克赤霉素溶液中 24 小时，风干后播种或丸粒化后再播种。72 孔穴盘播种深度1.0 厘米左右，128 孔和 288 孔穴盘播种深度 0.5～1.0 厘米。播种后覆盖蛭石。播种覆盖作业完毕后将育苗盘喷透水(水从穴盘底孔滴出)，使基质最大持水量达到 200%以上。

③播种后管理。播种后，将穴盘放入育苗床。白天大棚温度保持在 25～30℃，夜间 20～25℃，4～5 天后当苗盘中 60%左右种子种芽伸出，少量拱出表层时，日温大于 25℃，夜温 18～20℃为宜。当大棚夜温偏低时，考虑用地热线加温或临时加温措施，温度过低出苗速率受影响，小苗易出现猝倒病和沤根。苗期子叶展开至 2 叶 1 心，基质水分含量为最大持水量的 70%～75%。2 叶 1 心后夜温可降至 15℃左右，不要低于 12℃。白天酌情通风，降低空气湿度。苗期 3 叶 1 心后，结合喷水进行 2～3 次叶面喷肥。3 叶 1 心至定植，基质水分含量应为最大持水量的 65%～70%。

④壮苗标准。茄子穴盘育苗成品苗标准视穴盘孔大小而异，选用 72 孔苗盘的，株高 16～18 厘米，茎粗 4.0～4.5 厘米，叶面积在 110～130 厘米^2，达 6～7 片真叶并现小花蕾时销售，需 80～85 天苗龄；128 孔苗盘育苗，株高 8～10 厘米，茎粗 2.5～3.0 厘米，4～5 片真叶，叶面积在 40～50 厘米^2，需 70～75 天苗龄。成品苗达上述标准时，根系将基质紧紧缠绕，当苗子从穴

盘拔起时也不会出现散坨现象。

通过以下措施培育茄子壮苗：

光照。植物形态与光有关，植物自种子萌发后若处于黑暗中生长，易形成黄化苗，其上胚轴细长、子叶卷曲无法平展且无法形成叶绿素。植物接受光照后，则叶绿素形成，叶片生长发育良好，抑制节间伸长。不同光质亦会影响植物茎的生长，能量高、波长短的红光会抑制茎的生长，远红光会促进节间伸长，红光与远红光量之比会影响节间的长度。在穴盘苗生产上，为顾及成本，不宜人工补光，但在冬暖大棚覆盖材质上，必须选择透光率高的材料。

温度。夜间高温易造成种苗徒长，在茄子秧苗的许可温度范围内，尽量降低夜间温度，加大昼夜温差，有利于培养壮苗。

水分。适当地限制供水可有效矮化植株并且使组织紧密，将叶片水分控制在轻微的缺水下，使茎部细胞伸长受阻，但光合作用仍正常进行，如此便有较多的养分蓄积至根部用于根部的生长，可缩短地上部的节间长度，增加根系含量，对穴盘苗移植后恢复生长极为有利。

喷施生长调节剂。常用的生长调节剂有 B9，矮壮素、多效唑、烯效唑、粉锈宁。矮壮素的浓度是 100～300 毫克/千克，多效唑一般浓度为 5～15 毫克/千克，烯效唑的施用浓度是多效唑的一半。

(7)盛夏期间培育茄子壮苗技术：进行茄子越冬栽培，因价格高、效益好，已被越来越多的菜农所接受。但是茄子想赶在春节前大量上市，就必须提前在 7、8 月高温季节育苗。由于盛夏光照强，气温高，阴雨多，虫害发生严重，极不利于苗的出土和生长，幼苗经常受到病毒病、猝倒病、强光、暴雨的危害，导致难以育出健壮的标准苗，经常出现播种量高、出苗难、成苗率低的现象。面对昂贵的种子价格和育苗的恶劣环境，好多菜农不惜高价购买商品苗，一般亩用苗在 1 000～2 000元，大大增加了生产成本。

小拱棚遮阳、避雨、防虫、盛夏育苗法，是寿光菜农在总结土法育苗的基础上，本着既能育出标准壮苗，又能尽量省钱的原则提出的，这种育苗法投资小，物料重复利用率高，操作简单，技术易学易懂，育出苗的成本只有商品苗的一半左右。它的基本原理是：用遮阳网降低光照强度，用棚膜防止暴雨和减低棚内湿度，用防虫网通风散热，防止昆虫传播病毒，用营养钵防止移苗时伤根，用浇水降低地温。具体操作要点如下：

①确定合适的播种期。茄子应在 7 月中旬至 8 月中旬育苗，过早，价格通常较低；过晚，春节前产量不高，总效益低。

②浸种催芽。将种子晒 2 天后在 50～60℃的自然温度消毒，放入 400 倍 50％的多菌灵药液中浸泡 30 分钟，再用清水浸泡 5～12 小时，然后用纱网袋吊在阴凉通风处催芽。每天早、中、晚用冷水冲洗一遍，待种子露白时播种。

③配制营养土。将充分发酵好的猪栏肥 1 份和 3 份肥沃的粮田土混合均匀并过筛，每立方米营养土均匀拌上多菌灵 250 克，然后装入营养钵中压实。

④建造苗床。选通风之处作苗床，不能将苗床选在冬暖大棚内及其他菜田中。苗床宽 1～1.2 米，深 10 厘米，埂里低外高，宽 30 厘米，严防雨水流入苗床。备好长 3 米的竹片，宽 3 米的有滴膜，宽 1 米(40～60 目)的防虫网，宽 2 米、遮光率为 50％～70％的遮阳网，以便架设小拱棚。

⑤播种。将装入营养土的营养钵紧凑地排列在苗床内，灌透水，水渗后随即将露白的种子放在营养钵里的营养土上，然后将1 500倍的 50％多菌灵药洒在上面，覆土厚度控制在 0.5～0.7 厘米。苗床四周撒上 1∶1 000倍麸皮拌上辛硫磷制成的毒饵，预防害虫。在畦面上覆盖

上地膜，地膜上盖上报纸、草帘等遮阳物品。架好小拱棚，在棚顶盖上棚膜，在棚膜上覆盖遮阳网，注意棚膜和遮阳网不要将小拱棚全部盖严，应在拱棚两边留下40～50厘米的通风带。通风带用40～60目的防虫网盖严(图10-2)。

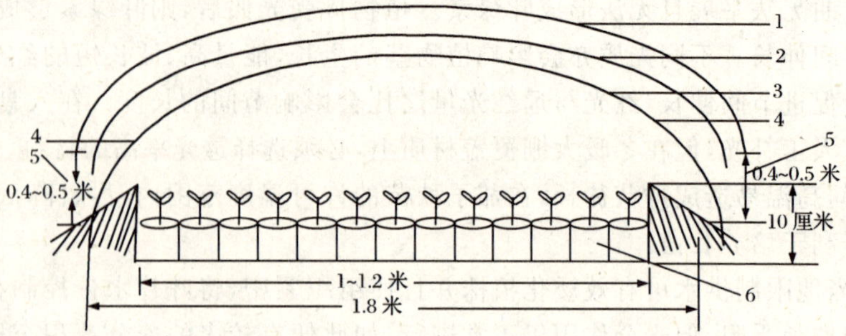

图10-2 高温期小拱棚遮阳避雨防虫育苗设施

1.遮阳网：透光率70%，宽度2米 2.防雨膜：无空洞塑料膜，宽度2米 3.竹片：长3米，宽3～4厘米，间隔2米 4.防虫网：宽1米，网眼大小40～60目 5.通风带：垂直高度0.4～0.5米 6.营养钵

⑥苗期管理。拱棚内幼苗顶端的气温要严格控制在35℃以下，否则，幼苗会发生高温伤害，心叶及叶片边缘出现“烧干”。地温控制30℃以下。播种后几天，趁阴天或傍晚撤出地膜，让幼苗自然长出。撤出地膜的时间要合适，过早畦面覆土易干，又不能随即浇水，最易因幼苗缺水而发生“吊死苗”；过晚幼苗易“拔高”，出现高脚苗。

对幼苗病害要提前预防，用药浓度要尽量降低，以防产生药害，通常从第1片真叶出现以后开始用药，一般用50%多菌灵800～1 000倍液预防。苗床尽量拖后浇水，但必须确保畦面湿润，以防“吊死苗”。最好浇暗水，不浇明水。

随着幼苗的长大，要酌情及时浇明水和透水，浇水后随即喷72.2%普力克800倍液，预防猝倒病和其他病害的发生。发现叶片缺肥，可喷洒尿素500倍加磷酸二氢钾500倍的混合液，用控制浇水的办法调节幼苗长势，非特殊情况，不用激素调节。

2. 嫁接育苗技术

(1)茄子嫁接育苗的好处：

①增强了抗病能力。茄子黄萎病、枯萎病、青枯病、根结线虫病均是土壤病害，病菌在土壤中存活时间长达3～7年。这些病原菌具有一定的专化型，只能侵染大果型栽培茄子，对小果型野生茄科植物几乎不产生危害。利用这一特性，采用野生茄科植物作砧木，可避免病菌侵入接穗，有效地防止土传病害的发生。嫁接茄子根系发达，生长快，长势旺，增强了植株的抗病能力，土传病害几乎不再发生，绵疫病、褐纹病等病害发生程度也大大低于自根苗。

②克服了茄子连作障碍。通常茄子不能重茬栽培，必须与非茄科作物进行4～5年轮作，而一家一户种植的冬暖大棚很难倒开茬口。有的菜农为了进行保护地茄子生产，不得不年年换土，浪费了大量的人力、物力和财力。实践证明，应用农药很难控制茄子土传病害的发生。茄子嫁接后，由于砧木对土传病害免疫，有效地防止了茄子土传病害的发生，使茄子生产实现了重茬连作不发病，有效地提高了土地利用率，经济效益大幅度提高。

③促进茄子生长。茄子砧木根系发达，吸水吸肥能力强，抗逆性强，嫁接后，接穗得到了充足的水分、养分，生长迅速，秧苗健壮。据观察，嫁接苗定植15～20天后，生长势明显超过同期

的自根苗，叶面积大，植株高，色泽深。花蕾增多，茄子单果重增加。

④增产增效。嫁接茄子抗逆性强，植株寿命长，采收期长，产量高。

(2)对砧木的要求：目前，茄子嫁接栽培技术主要应用于冬暖大棚等保护地防病栽培中，要求所用砧木不仅抗病性能好，而且还不能降低茄子果实的品质。具体要求如下：

①高抗茄子土传病害。要求所用的砧木品种对茄子黄萎病、青枯病、根腐病、根结线虫病等高抗或高耐病，并且抗性稳定，不因栽培时期以及环境条件变化而发生改变。就目前茄子生产形势来看，预防茄子黄萎病或根结线虫病应是选砧木所必备的条件。

②与茄子的嫁接亲和力和共生力强而稳定。要求嫁接后嫁接苗成活率不低于85%，嫁接苗定植后生长稳定，不出现中途夭折现象。

③不改变果实的形状和品质。要求所用砧木品种与茄子嫁接后不改变果实的形状和颜色，不出现畸形果。

④不削弱植株的生长势，也不造成植株徒长。

(3)主要砧木品种：

①托鲁巴姆。原产于美洲的波多黎各地区。该砧木的主要特点是同时抗四种土传病害(黄萎病、枯萎病、青枯病、线虫病)，达到高抗或免疫程度，植株生长势极强。根系发达，粗长根较多，呈放射状分布，吸收水分、养分能力强。茎黄绿色粗壮，节间较长，叶片较大，茎及叶上有少量的刺。种子成熟后具有极强的休眠性，发芽困难，需用激素或变温处理。幼苗出土后，初期生长极慢，特别是低温条件下生长迟缓，长出3～4片真叶后生长速度接近正常，因此，嫁接时需要比接穗提早25～30天播种。该砧木嫁接成活率高，嫁接后除具有高度的抗病性外，还具有耐高温、耐干旱、耐湿的特点，果实品质极佳，总产量高。

②CRP。其抗病性与托鲁巴姆相当，也能同时抗多种土传病害。植株生长势较强，根系发达，茎叶上密生长刺，嫁接时不易操作。种子的休眠性较强。幼苗出土后，初期生长缓慢，2～3片真叶后生长加快，同普通茄子。嫁接时需要比接穗提前20～25天播种。嫁接后茄子品质优良，总产量高。

③托托斯加。从美国引进，对土传病害有免疫能力，嫁接后的茄子高抗黄萎病、枯萎病、青枯病、线虫病，长势健壮，结果期延长1个月左右，产量提高1倍左右，对茄子品质无不良影响，是替代托鲁巴姆的首选茄子砧木。托托斯加较托鲁巴姆生长快，嫁接时需要比接穗提前15～20天播种。

④日本野红赤茄。从日本引进。茄子嫁接专用砧木，用该砧木进行茄子嫁接换根，嫁接亲和力高，成活率达99%以上，抗茄子黄萎病。根系发达，生长健壮，较耐低温，嫁接后所结的茄子无异味，品质好，结实率高，比当地主栽品种增产55%～60%，亩用种量20克。

⑤耐病VF。日本培育的一代杂交种。高抗黄萎病和枯萎病。根系发达，植株长势强，茎粗壮，叶片大，节间较长。容易嫁接，嫁接亲和力强，容易成活。种子发芽容易，幼苗出土后生长快，嫁接育苗时只需比接穗早播3天。嫁接后植株长势旺盛，耐高温干旱，果实膨大快，品质优良，前期产量和总产量均较高。

⑥野茄2号。也称野绿茄2号。该砧木与茄子亲和力强。嫁接育苗时需比接穗早播7～10天。嫁接后植株根系发达，长势旺盛，耐低温，高抗黄萎病。前期生长快，产量高，丰产性好。

⑦台太郎。日本农林水产省蔬菜茶叶试验场技术研究所1995年育成。母本是由印度引入的抗青枯病自交系WCG R112-8，父本是从马来西亚搜集到的抗青枯病和黄萎病自交系

LS1934。该砧木属茄子栽培种，高抗青枯病和黄萎病。发芽和幼苗生长良好，和接穗的亲和性也好，砧木和接穗同步生长快而整齐，容易嫁接，且适于机械操作。用同样的接穗品种比托鲁巴姆砧木前期产量高，总产量相同。果形稍长，光泽鲜亮。因生长势较差，故应注意收获后期的水肥管理。适于茄子青枯病重发区栽培。在重病圃上检测，有时也会发病，所以要同时注意采取防病措施。

⑧粘毛茄。为野生种，叶为蕨叶型，抗黄萎病、枯萎病、青枯病、线虫病，植株长势强，茎刺较少，节间长。粘毛茄与茄子易嫁接，嫁接亲和力高，容易成活。种子极易发芽，初期生长快。有较强的抗寒性、耐旱性、耐涝性。嫁接果实品质好，早期产量和总产量均较高。

(4)茄子嫁接方法与选用：适合茄子嫁接的方法很多，主要有劈接法、靠接法、插接法、贴接法和套管接法。山东省寿光市多采用劈接法、靠接法和插接法。

①劈接法。先将砧木去掉心叶和生长点，而后用刀片由苗茎的顶端把苗茎劈一切口，把削好的菜苗接穗插入，固定牢固形成嫁接苗。其特点是：属于顶端嫁接法，苗穗离地面较高，接合部位也不留多余的段茎，不容易遭土壤污染，嫁接的防病效果比较好。技术简单，易学，容易进行嫁接操作，嫁接质量也容易掌握。嫁接苗成活期间对苗床的环境要求较为严格，嫁接苗的成活率受管理水平的影响很大，嫁接苗的成活率不容易掌握。劈接苗的接口处容易发生劈裂。

②靠接法。是将茄子苗与砧木的苗茎靠在一起，两株苗通过苗茎上的切口相咬合而形成一株嫁接苗的嫁接方法。其特点是：属于带根嫁接法，嫁接苗不容易失水萎蔫，成活率高。对苗床环境变化的反应不甚敏感，比较容易管理。茄子苗嫁接在砧木苗茎的中上部，此部位的砧木比较粗，较容易进行苗茎的削切和操作，技术简单易学，易掌握。茄子苗的嫁接位置偏低，茄子苗切断苗茎后留茬太长，苗茎已产生不定根，防病效果不理想。茄苗和砧木的切口较深，嫁接苗较容易从苗茎的接合处发生折断或劈裂，造成死苗。

③插接法。是用竹签或金属签在砧木苗茎的顶端或上部插孔，把削好的茄子接穗插入孔内而组成一株嫁接苗的嫁接方法。其特点是：插接法的操作工序少，简单省事，嫁接功效比较高，通常一人每天可嫁接800～1 000株。嫁接部位不易发生劈裂和折断，茄子和砧木间的接合比较牢固。砧木苗茎的截面积较大，嫁接后茄子与砧木间的苗茎结合面积也较大，对茄子和砧木间的上下营养畅流有利，有利于培育壮苗。茄子苗穗距离地面比较远，不容易遭受土壤的污染。嫁接苗的防病效果比较好。插接法属于断根嫁接法，茄子嫁接苗穗对干燥、缺水和高温的反应较为敏感，嫁接苗的成活率高低受气候和管理水平的影响很大，不容易掌握。

④茄子嫁接方法的选择。

根据茄子苗的大小选择嫁接方法：一般来讲，用大茄子苗嫁接育苗，由于苗茎比较粗硬，易于劈裂，应选择劈接法、靠接法等进行嫁接，不宜选用插接法。用小苗嫁接时可选用插接法。

根据嫁接育苗的目的选择嫁接方法：如果以防病为主要目的，应选择防病比较好的劈接法、插接法进行嫁接。如果防病并不是主要目的，可根据其他情况选择适宜的嫁接方法。

根据嫁接育苗技术水平选择嫁接方法：如果当地的茄子嫁接育苗经验丰富，技术水平比较高，应优先选择防病比较好的劈接法、插接法进行嫁接。如果当地以前没有进行过茄子嫁接育苗，最好选择嫁接苗成活率比较高的靠接法。

根据育苗季节选择嫁接方法：高温期育苗，苗床温度偏高，嫁接苗容易失水萎蔫，嫁接成活率一般偏低，苗床管理要求比较严格，如果育苗条件不好，应选择嫁接苗成活率相对比较高的靠接法，育苗条件好时可根据嫁接育苗的技术掌握情况选择其他嫁接方法。低温期育苗，应尽可能选择劈接法和插接法，以提高嫁接苗的壮苗率。

根据育苗条件选择嫁接方法：育苗条件比较好的地方，应优先选择有利于培育壮苗的插接法，育苗条件较差的地方，应首先选用劈接法和靠接法。

(5)接穗和砧木苗的嫁接适期协调一致：为了使接穗和砧木苗的嫁接适期协调一致，必须在播期上进行调整。砧木和接穗的播期因所用砧木的品种不同而异，主要取决于砧木苗的出苗和生长速度，所以要提前播砧木。待砧木露出子叶时，再播接穗用种子，砧木一般要比接穗提前20～25天育苗。砧木播种前用赤霉素处理催芽，提高种子的发芽率和缩短催芽时间。目前绝大多数的寿光菜农都使用这一方法进行催芽。

嫁接适宜时间主要决定于砧木苗茎的粗度，当砧木茎粗3～5毫米，接穗长到5～7片真叶时为最佳嫁接时期。嫁接部位一般是在砧木第2和第3片真叶之间的节上，所以要特别注意砧木这一节的长度和粗度。同时为确保嫁接部位远离地面，提高防病效果，一般要求砧木苗的高度不低于10厘米。实际育苗过程中，由于砧木苗前期生长缓慢以及环境不良等原因，特别是低温期育苗由于温度偏低、光照不足等原因，嫁接前苗子粗度和高度往往达不到要求。此种情况下，一方面应改善育苗环境，促进砧木苗生长；另一方面可用20毫克/千克的赤霉素液喷洒幼苗，促苗生长。

(6)劈接法嫁接操作要点：

①嫁接过程。当砧木具有5～6片真叶，接穗具有3～4片真叶时即可嫁接。嫁接时，砧木基部留1～2片真叶，将其上部茎切断，从切口茎中央向下直切深约1.2厘米。接穗留2～3片真叶，断茎。将切断的接穗基部茎削成楔形，插入砧木切口，使其吻合，用嫁接夹固定。注意不能太紧或太松(图10-3)。

②嫁接苗管理。嫁接后，将嫁接苗钵浇足水放入冬暖大棚内的小拱棚中，拱棚覆盖塑料薄膜、遮阳网或草帘以保温保湿遮阳。小拱棚内温度白天保持在28～30℃，夜间20～25℃，相对湿度85%～90%。遮阳2～3天后，逐步揭除遮阳物(第4～5天仅中午遮阳)。至第6～8天，可掀开棚底薄膜放风炼苗，此时伤口已愈合，可同时取下嫁接夹转入正常管理。

③茄子苗劈接法嫁接时应注意的问题。

茄子苗留叶的数量要适宜。一般来讲，茄子苗稍大一些，留叶稍多一些，有利于嫁接后茄子苗的生长和培育壮苗，但留叶过多，茄子苗穗的失水将增多。由于砧木苗茎切面的供水能力是一定的，茄子苗穗失水过多时，必然会因水分供应不足而导致苗穗失水萎蔫，影响嫁接苗的成活率，因此，应按照嫁接要求留叶，留叶不宜过多。

砧木苗茎留叶不宜过多。砧木苗茎上适量留叶，对提高砧木根系的生长、增强根系的吸水能力、保证嫁接苗成活期间苗穗有充足的水分供应以及提高嫁接苗的成活率有一定帮助，但留叶过多，势必会出现砧木苗叶生长偏旺，茄子苗生长受抑制的不良现象。因此，砧木苗茎留叶数不应过多，一般要求不超过2片。

要根据茄子苗的茎粗来确定砧木苗茎的劈切口位置和宽度。如果茄子苗的茎粗与砧木苗相接近，应在砧木苗茎的中部劈一切口进行嫁接；如果茄子苗茎较砧木苗茎稍细，茎粗超过砧木苗茎的一半，应在苗茎的一侧切口进行嫁接；如果茄子苗茎粗尚不及砧木苗茎粗的一半，应在砧木苗茎的断面上，把砧木的苗茎只劈开1/2左右宽的口，将茄子苗茎的一侧形成层对齐即可。

要选用松紧适宜的嫁接夹来固定接口。夹过松时不易夹牢固，但夹过紧时也容易把苗茎夹伤。适宜的松紧度是夹住苗茎后，苗茎在夹内不发生滑动或晃动，苗茎也不被夹得变形。

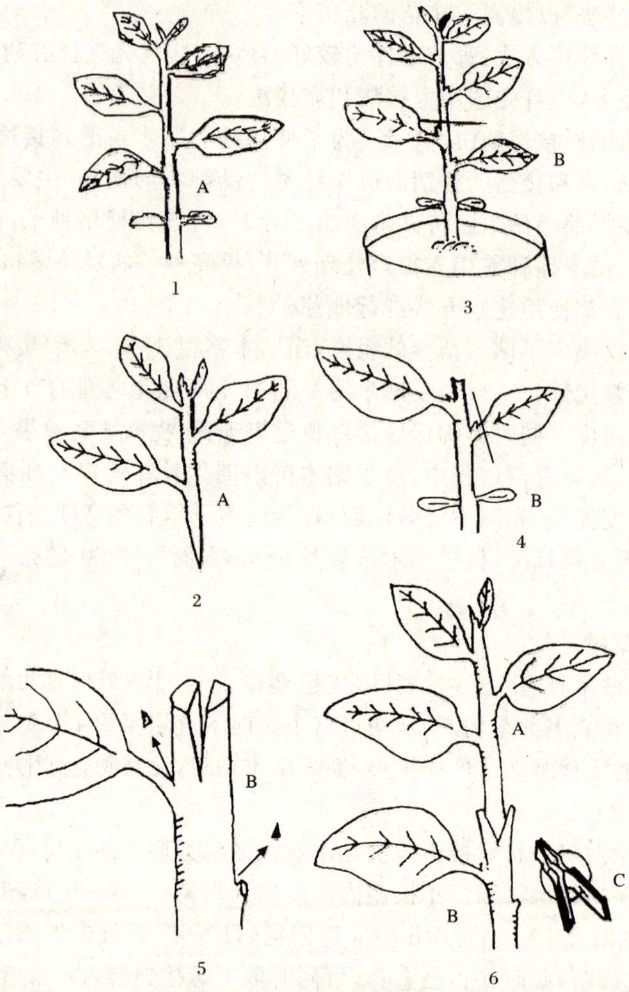

图 10-3　茄子劈接过程

A. 茄子苗　B. 砧木苗　C. 嫁接用夹

1. 起苗　2. 茄子苗削切　3. 砧木苗平茬　4. 砧木苗去叶　5. 砧木劈切、去腋芽　6. 插接、固定接口

(7)靠接法嫁接操作要点:

①嫁接过程。当砧木与接穗都具有 5～6 片真叶时,选取大小相当的接穗与砧木,将接穗带根取出,并保湿。用刀片在接穗上部 3～4 片真叶处,将叶从基部削去。然后,从该处茎上以 30°角倾斜度向上削成长约 1 厘米的"舌状"切口。砧木从基部 2～3 片叶处将叶去掉,并在该处茎部以 30°倾角斜向下削出长约 1 厘米的"舌状"切口,去掉砧木生长点。将接穗与砧木切口对齐插牢,用嫁接夹固定(图 10-4)。

②嫁接苗管理。靠接后管理同劈接,在转入正常管理之前要将接穗的根从接口处去掉。

③靠接法嫁接时应注意的问题

砧木苗茎留叶不宜过多,一般要求不超过 2 片。留叶过多,叶片与接穗争夺养分,不利于接穗的生长。

茄子苗留叶的数量要适宜,一般为 2～3 片。适量的留叶有利于嫁接后培育壮苗。留叶过

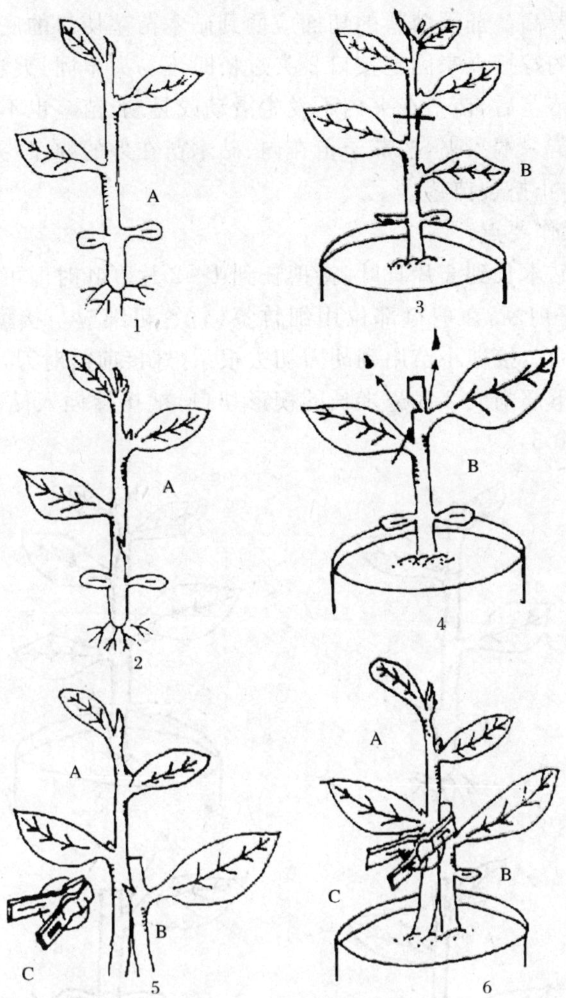

图 10-4　茄子苗靠接过程

A. 茄子苗　B. 砧木苗　C. 嫁接夹

1. 茄子苗　2. 茄子苗削切　3. 砧木苗平茬　4. 砧木削切、去腋芽　5. 接合

6. 固定接口后，两苗相距 1 厘米远栽入营养钵中

多，茄子苗穗的失水将增多，会因水分供应不足而导致苗穗失水萎蔫，影响嫁接苗的成活率。

砧木苗茎的切口位置要高。由于茄子靠接苗的嫁接部位与地面的距离远近，决定于砧木苗茎的切口位置，因此砧木苗茎的切口位置应适当高一些，使嫁接部位与地面保持一定的高度，一般要求切口位置要距地面高度不低于 5 厘米。

苗茎的切口要保证一定的深度。苗茎的切口深度大小对砧木与接穗间的上下营养与水分流动有一定的影响，切口深的茎苗，接面的截面积也大，有利于上下养分和水分流动，对提高嫁接苗的成活率和壮苗率有利。切口较浅，接面的截面积相对变小，上下养分和水分流动不畅，不利于培育壮苗和提高嫁接成活率。切口也不可过深，否则茄子苗与砧木苗容易从切口处折断。一般要求苗茎的切口深度不小于苗茎粗的一半，以深度达苗茎粗的 2/3 左右为宜。

砧木苗与茄子苗的切口位置要适宜。砧木苗的切口应位于与第 2 片叶相对应的一侧，接穗苗的切口应位于与第 1 片叶相对应的一侧。

接面的插接质量要高。茄子苗茎的切面应插到砧木苗茎切口的底部，不要留下空隙。

要选用松紧适宜的嫁接夹来固定接口。夹过松时不易夹牢固，夹过紧时容易把苗茎夹伤。适宜的松紧度是夹住苗茎后，苗茎在夹内不发生滑动或晃动，苗茎也不被夹得变形。

嫁接夹要从茄子苗一端入夹，按茄子苗在内、砧木苗在外的顺序，夹住嫁接部位，不要从与切面平行方向入夹，防止挤裂苗茎。

(8)插接法嫁接操作要点：

①嫁接过程。当砧木长到3片真叶、接穗长到1～2片真叶时即可进行嫁接。先把砧木在1片真叶以上部位水平剪断，在剪口部位用细竹签(竹签粗细应与接穗茎粗细相仿)插一个3毫米深、略有倾斜的小孔，接穗小苗用刮胡刀切去根系(嫁接前需对刀片、竹签等嫁接工具进行消毒)，再将小苗子叶下部削成2.5毫米长的楔形切口，把接穗插入砧木的小孔中。嫁接必须在遮阳棚中进行(图10-5)。

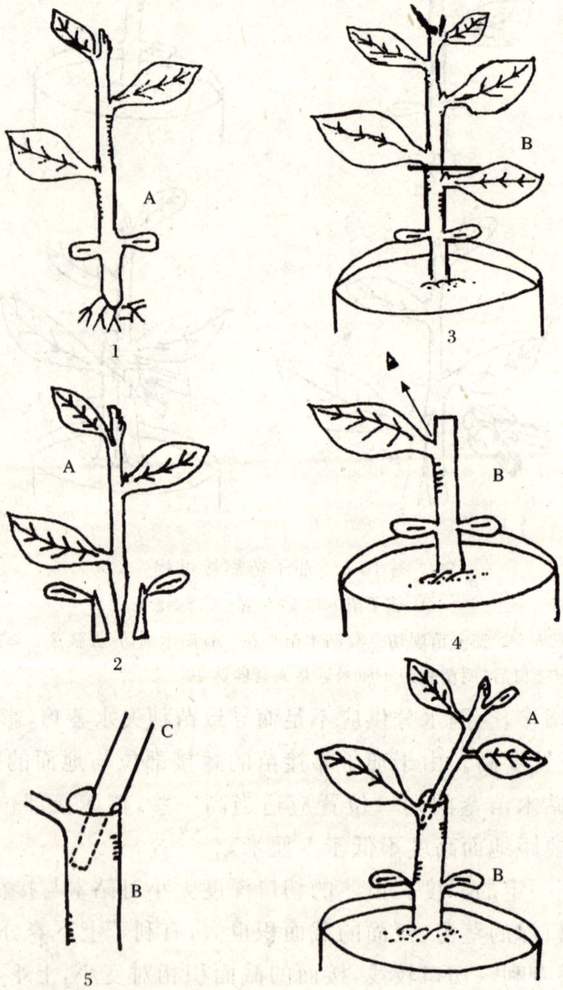

图10-5　茄子苗插接过程

A.茄子苗　B.砧木苗　C.竹签

1.茄子苗起苗　2.茄子苗削切　3.砧木苗平茬　4.砧木去腋芽　5.砧木插孔　6.茄子苗插接

②嫁接苗管理。完成嫁接后的苗子要在特别准备的苗床中保温、保湿、遮阳培育才能很好地愈合伤口，提高成活率。

③插接法嫁接时应注意的问题。

要适时嫁接。由于嫁接苗茎实心原因，插孔容易将苗茎插裂，特别是砧木苗偏大、苗茎变硬后，更容易被插裂，造成嫁接后苗穗松动，与砧木接触不紧密，而降低嫁接质量。因此，插接法应在砧木苗茎尚幼嫩时进行，适宜的嫁接时期为3～4片真叶期。嫁接过早，苗茎偏细，容易被插裂。栽培茄子苗通常较砧木苗茎加粗较快，应比砧木苗小一些、细一些，一般嫁接时应较砧木苗少1～2片叶，以2叶期嫁接为宜。嫁接过早，虽然苗茎较细，利于插接，但苗茎组织太嫩，容易萎蔫，成活率不高。

茄子苗和砧木苗留叶数量不宜过多，适量的留叶数量茄子苗2片，砧木苗1片。

要选用苗茎粗细相协调的茄子苗和砧木苗进行配对嫁接。适宜的茄子苗茎粗应比砧木苗茎稍细一些，以不超过砧木苗茎粗的3/4为宜。如果苗茎过粗，插孔时会因竹签太粗而把砧木苗茎插裂。茄子苗茎也不应太细，否则会由于两苗的结合面积太小，而不利于培育健壮的嫁接苗，一般要求茄子的苗茎粗不小于砧木茎粗的1/2。

要注意茄子苗穗的保湿。插接法的茄子苗偏小，苗茎幼嫩，失水快，容易萎蔫。特别是削切后的茄子苗穗，由于得不到根系供水，更容易失水变软，导致插接困难。

茄子苗茎的插入深度要到位。一是要把苗茎的切面全部插入砧木苗茎的插孔内，不要露在外面。二是茄子苗茎要插到砧木苗茎插孔的底部，避免留下空隙。

(9)提高茄子嫁接成活率的关键技术：

①高温高湿，促进愈合。茄子嫁接后前3天是接口愈合的关键时期，光、温、湿度要求严格，在管理上要特别注意。白天小拱棚内温度保持在25～28℃，夜间20～22℃，空气相对湿度95%以上，即小拱棚内膜面均匀地布满水珠，小拱棚完全关闭，用草帘遮阳。第4天开始早上适当地在小拱棚顶部打开5厘米的小缝进行通风换气，中午前关闭。以后每天逐渐增长通风时间，增大通风缝。第8天以后，早晨将小拱棚顶部打开20厘米，晚上关闭。在嫁接苗完全可以通风后，给嫁接苗叶面喷雾0.2%磷酸二氢钾和72.2%普力克600倍混合液，以防接穗叶片黄化病变。

②清水喷灌，防止萎蔫。嫁接后第4天，开始使嫁接苗在清晨、黄昏见弱光，出现萎蔫之前放草帘遮阳。直到嫁接后第10天，小拱棚打开通风以后，拱棚内湿度会迅速降低，甚至相对湿度低于75%，需要给拱棚内增加湿度，可在上午10时左右，用清水喷洒小拱棚内膜面。在遮阳的情况下，接穗仍出现萎蔫，可对内膜面和接穗叶面都进行喷雾。第8天左右时，小水漫灌嫁接苗床，估计水能渗透营养钵为止，浇水后推迟关闭小拱棚，控制拱棚内空气相对湿度在75%左右。

③及时移苗，补充养分。嫁接后第10天拆掉小拱棚，中午用遮阳网遮阳，降低温度，昼温控制在22～26℃，夜温12～15℃，空气相对湿度降低到75%以下，营养钵保持湿润。12天以后，对嫁接苗进行分级管理，选晴天剔除嫁接苗砧木上新萌发的侧枝和接穗上黄叶、病叶，将弱小苗和健壮苗分开摆放，摆放时营养钵之间距离3厘米，扩大嫁接苗光照面积，苗床摆满后，大水漫灌苗床，水满到营养钵高度的1/2为止。以后，营养钵表土发白即进行浇水，上浇下灌，直到定植前10天。分级管理后用0.1%磷酸二氢钾溶液浇灌1～2次嫁接苗，每钵0.25千克溶液，补充养分，促进嫁接苗花芽分化。

(10)利用茄子老株分蘖培育嫁接苗技术:

①培育砧木。当砧木茎粗3～5毫米、高度10厘米以上时,采用劈接法嫁接。

②接穗的选择。嫁接老株分蘖(老芽子)一定要在嫁接前管理好所选择接穗的植株,保证选择的老株分蘖无虫害、病害。若选择的老株分蘖有虫害或病害不仅容易造成嫁接成活率低,而且会加重嫁接后的管理难度。分蘖最好选用植株较幼嫩的芽,以便嫁接后的伤口愈合(图10-6)。

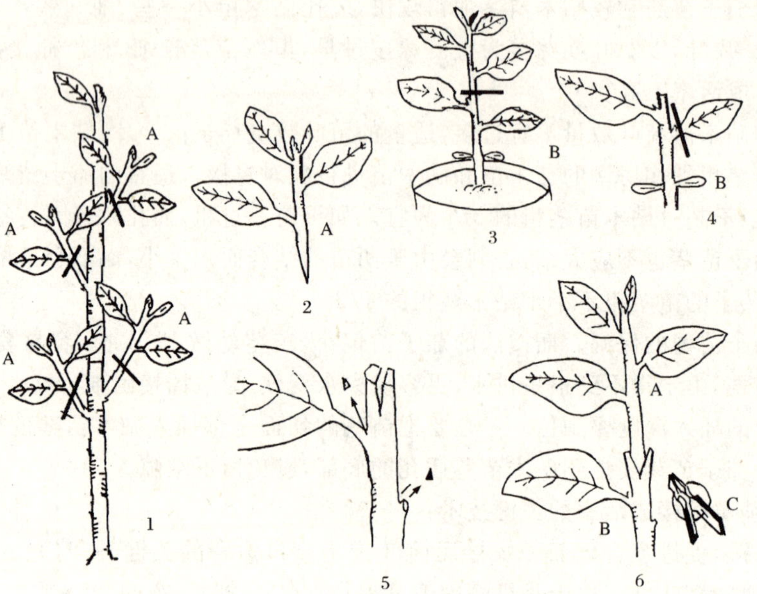

图10-6　茄子老株分蘖培育嫁接苗技术

A.茄子分枝　B.砧木苗　C.嫁接用夹

1.茄子老株　2.茄子分枝茄子苗削切　3.砧木苗平茬　4.砧木苗去叶　5.砧木劈切、去腋芽　6.插接、固定接口

③在嫁接前喷营养液。不管是砧木苗,还是接穗植株都要喷一次爱多收6 000倍混配硼砂600倍液。因为爱多收能促进植株体内原生质的流动,硼是作物生长点生长所必需的微量元素。喷施这两种物质能够提高嫁接成活率。

④嫁接。在嫁接前一天,一定要为砧木和接穗植株浇水,增加植株的含水量,以利嫁接成活。

⑤嫁接后的管理。接口愈合期9～10天,这一阶段主要是创造适宜的温度、湿度及光照条件,促进接口快速愈合。

温度。茄子嫁接苗愈合的适宜温度,白天25～26℃,夜间20～22℃。温度低于20℃或高于30℃均不利于接口愈合,影响成活。早春温度低的季节嫁接,除架设小拱棚外,最好还要配置电热线,用控温仪调节温度。高温季节嫁接,要采取搭遮阳棚、用黑色遮阳网覆盖等措施降温。

湿度。茄子老株分蘖嫁接成活率与环境内的空气湿度关系极为密切。嫁接后1周内空气相对湿度要达到95%以上。环境内空气湿度的控制方法是:嫁接完毕后将小拱棚内充分浇水,盖严小拱棚,6～7天内不进行通风,6～7天后揭开小拱棚底脚少量通风,9～10天后逐渐揭开塑料，增加通风时间与通风量，但仍应保持较高的空气湿度，每天中午喷雾 1～2 次，直至完全成活，转入正常的湿度管理。

光照。嫁接后需短时间的遮光，实际上是为防止高温和保持环境内的湿度稳定，避免阳光直接照射秧苗，引起接穗萎蔫。遮光的方法是在塑料小拱棚外覆盖上草苫或报纸，嫁接后 3～4 天要全部遮光，以后半遮光(两侧见光)，逐渐撤掉覆盖物及小拱棚塑料，10 天以后恢复正常管理。如遇阴雨天不用遮光。注意遮光时间不能过长、过度，否则会影响嫁接苗的生长。

除砧木萌叶。由于嫁接时切除了砧木的生长点，促进砧木侧芽萌发，特别是经过一段高温、高湿、遮光管理，侧芽生长很快，如果不及时去掉，直接影响接穗的生长发育。所以在接口愈合后，应马上摘除砧木萌叶，避免再萌发。

⑥用接穗种子，培育优质嫁接苗。亩若定植茄子 2 200 株，可种植 500～800 粒种子，播种后利用茄子植株的分枝特性培育足够的接穗。接穗的培育过程中注意不要让茄子植株开花，见花除掉，每株培育 4～5 个无病虫害、无花的优质接穗。具体的嫁接方法参阅老株分蘖培育嫁接苗。

采用少量的接穗种子培育嫁接苗的好处：降低购种成本。此法适于价格昂贵的进口茄子种子。按 1 粒种子0.30元计，亩定植茄子 2 200 株，可少购种 1 400～1 700 粒，节省成本 420～510 元。产量比用老株分蘖培育嫁接苗要高得多。这是因为用种子直接繁殖接穗，不存在衰老现象。

3. 茄子扦插育苗技术

扦插育苗是利用某些蔬菜的一定部位容易产生不定根的特点，取这些部位，用植物生长调节剂处理，并在适宜的环境条件下培养，促使其发根生芽，形成新的幼苗的育苗方法。蔬菜扦插育苗可增加蔬菜的繁殖系数，加速育种的进程，并能保持品种的纯度。扦插育苗较播种育苗节省种子，育种时间短，管理方便，成本低，并可进行立体育苗，节省空间，在生产上具有较大的推广价值。扦插育苗非常适宜价格较贵的进口茄子品种。

扦插育苗必须选择茄子上适宜的扦插部位和扦插方法，以适当的生长调节剂处理，插后进行合理的温度、湿度管理，才能扦插成功。扦插育苗应掌握如下几个技术环节：

(1)选择扦插材料：扦插材料必须是茄子上易于产生不定根的部位，如侧枝上的生长部位。部位不同时，茎组织的老嫩程度和营养物质的含量不同，扦插后发根的速度和数量也不同，一般枝条顶端扦插后发根多，移栽后生长快，开花结果多。因此，扦插育苗的插条，以选择粗壮的侧枝为好，每株茄子可取 7～8 个插枝。插条的长度以 8～12 厘米为宜，插条切口要平滑，并在室内自然干燥后再扦插，以减少扦插中的腐烂，并增加发根数和根长度。

(2)植物生长调节剂处理：应用植物生长调节剂，如吲哚乙酸、吲哚丙酸、吲哚丁酸、萘乙酸或 2,4-D，均能促进插条生根，提高成活率。茄子以2 000毫克/千克的萘乙酸快速浸蘸侧枝基部最好。

(3)扦插方法：常见的方法有水扦插法和基质扦插法两种。茄子扦插育种多用水扦插法。

作为扦插用的基质，要求质地舒松、透气性和保水性好，不易造成扦插材料腐烂。常用的基质有蛭石、珍珠岩或沙与菜园土 1∶1 混合。可用育苗盘(箱)或育苗床铺放培养基质，扦插前用 100 倍液福尔马林喷洒消毒，然后扦插。

水扦插法操作简单，但不如基质扦插法易管理。

(4)扦插后的管理：扦插后发芽、生根的快慢及成活率的高低，受扦插材料的影响，更重要的是受扦插成活过程中的温度和湿度的影响。茄子要求适温22～30℃，温度过高、过低都对扦插成活不利。温度过低（低于15℃）时，可在苗床上盖小拱棚，并在夜间加盖草苫；温度过高时，可用草帘遮盖降温。空气相对湿度一般为85%～95%。在扦插3天内可进行遮光，4～6天中午前后遮阳，7天后不必遮阳，特别是在幼苗开始生长时更需要见光。

当幼苗形成了完整的根系，并达到适宜苗龄时，便可移栽到棚室中。

4. 茄子砧木托鲁巴姆扦插育苗技术

托鲁巴姆较贵，为了节约成本，可采用多茎扦插的方法培育砧木。托鲁巴姆，直立无限生长，茎木质化，每隔4～10厘米一片叶，每片叶的叶腋内着生侧枝，侧枝叶腋内又生侧枝，由于其分枝旺盛、侧枝发达，利用侧枝进行扦插，成活率可达95%，扦插后的枝条7～10天长出白根，30～35天即可进行嫁接。

(1)选择侧枝：在生长期间对托鲁巴姆植株进行多次修剪，剪掉生长点，以促其大量萌发侧枝。选择粗0.3～0.4厘米的侧枝，留2～3片叶，在长约10厘米处剪断，注意不要选带花穗的侧枝。用锋利的刀片将其基部削成45°角的斜面。

(2)药剂处理：为促进生根，可用200毫克/千克的萘乙酸，或100毫克/千克的吲哚乙酸，或二者混合液浸插穗基部1～2小时。

(3)扦插：将药剂处理的枝条直接插入土壤中，扦插深度5厘米，株距8厘米，行距10厘米，扦插后扣棚，约半个月后长出侧根。

(4)扦插后管理：搭遮阳棚。扦插后的第2天上午进行一次叶面喷肥，可用0.1%的尿素加0.2 %的磷酸二氢钾混合液，以此减轻扦插苗的萎蔫程度。控制空气相对湿度在90%左右，白天气温保持在22～30℃，夜间12～18℃。6～7天后撤去遮阳棚，进入正常管理。保持空气湿润，晴天地面干燥时可浇少量清水。也可用500倍的多菌灵加800倍的萘乙酸溶液灌根来替代浇水，以防止病菌侵入，促基部生根。

(5)嫁接：扦插后7～10天的托鲁巴姆插条基部即生出白根，30～35天后插条长出5～6片叶，根系长出5～6厘米时，即可用于嫁接。

三、主要栽培模式

1. 大棚茄子冬春茬栽培技术

(1)品种选择：大棚冬春茬茄子栽培对品种的要求是：

①中晚熟，植株长势强，结果期长，产量高。

②果形和果实大小要符合市场的要求。目前寿光市冬暖大棚冬春茬茄子主要外销，应选择适合外销地消费习惯的品种。如销往东北地区，应选择长茄品种；销往北京市，则选择圆茄品种。

③要求所用品种在高温、潮湿以及弱光条件下，不发生徒长，以确保植株及时坐果。

④栽培品种在低温和弱光照条件下，能保持较强的坐果能力，果形端正，不发生早衰。

⑤要求栽培品种高抗茄子褐纹病、病毒病、绵疫病等易发生的病害。

(2)育苗要点：播期确定为8月中下旬。

育苗应掌握的要点：嫁接砧木选择要求与接穗亲和力高，嫁接易成活、抗病、耐低温并且生长速度快的野生茄子品种。要培育大苗。用营养钵育苗，因育苗时间较长，苗期发现营养不足，可用2%的磷酸二氢钾或0.5%的尿素水溶液喷洒。苗子达到门茄花蕾下垂，含苞待放时定植。育苗时要注意保护根系，定植时不伤根，避免落花。

(3)定植：

①定植前准备。整地施肥：一般亩施腐熟有机肥1万千克、磷酸二铵100千克、尿素15～25千克、硫酸钾50千克。在造墒后先将3/4底肥普施于地面，人工深翻40厘米左右，余下的肥料采用沟施或穴施。

整畦覆膜：畦宽50～60厘米，沟宽80～70厘米(按130厘米幅宽起垄)，高15厘米以上，中间直径20厘米开暗沟或铺滴灌设备。

棚室消毒：于7月中下旬浇大水泡地并覆盖地膜，利用太阳能进行高温杀菌消毒，9月下旬扣棚膜，提高地温。定植前每亩冬暖大棚用80%敌敌畏乳油250克拌上锯末与2 000克硫磺粉混合，分10处点燃，密闭棚室熏烟消毒一昼夜，放风后无味时定植。

低温炼苗：定植前7～10天进行低温炼苗。嫁接后40～50天，株高20厘米左右，7～8片真叶，茎粗0.6～0.8厘米，现花蕾，根系发达为壮苗。

②定植。定植时间：于9月下旬至10月上旬定植，定植选择晴天进行。

定植方法与密度：株距45～50厘米，将茄苗摆在沟中，培土高度以达到幼苗的第1真叶处为宜，注意不要使接口触及地面，避免发生不定根和感染病菌。嫁接茄子要适当稀植，不宜过密。定植穴周围用土封压，然后用90厘米幅宽地膜覆盖小行垄面，随后膜下暗灌，定植水浇到垄面为准。

(4)定植后的管理：

①缓苗期管理。定植后第1～2天，晴天时应放花帘遮阳防萎蔫，定植后第4～5天要选好天气在膜下灌一次缓苗水。缓苗期间，室内温度不超过35℃时不必放风，超过35℃时开始逐渐放风，当温度降到25℃时关闭风口。外界气温较低时，放风量要小，时间要短，随着外界气温渐渐升高，逐渐加大放风量，适当延长放风时间。阴天放风量要小些，放风时间缩短；晴天放风量要大些，时间延长。灌水后要闷棚1小时，在茄子适应温区内尽量提高室温，促进蒸发、蒸腾，然后再放风排湿，放风量要大，时间适当延长。缓苗期的温度管理，上午25～30℃，当超过30℃时适当放风；下午温度为28～30℃，低于25℃时应关闭风口，保持20℃以上，夜间15℃左右。

②开花结果期管理。生长素蘸花：低温季节为保证坐果，防止落花和不发生僵果，需进行生长素蘸花，一般定植后15～30天门茄开花，在花开放一半时用20～35毫克/千克的2,4-D药液蘸花，同时在每千克蘸花药液中加入1克速克灵或农利灵，一般用毛笔蘸2,4-D溶液涂抹花萼和花朵。也可用30～35毫克/千克防落素药液喷花。春、秋蘸花浓度用下限，深冬季节用上限。

整枝打叶：茄子是双杈分枝作物。在冬季冬暖大棚里栽培，密度大，光照弱，通风量又小，如果不进行整枝，中后期很容易“疯秧”，只长秧不结果。因此，必须整枝。冬暖大棚茄秧一般采用双干整枝。即对茄以上留两个枝干，每枝留1个茄子，每层果留两个茄子。直到后期，外界气温升高，昼夜通风时，可以留3个枝。

追肥灌水：当门茄的长或粗达3～4厘米时(瞪眼期)及时浇水追肥，一般亩用尿素10千克、硫酸钾7.5千克、磷酸二铵5千克混合穴施。在门茄瞪眼前不宜浇水。第2次追肥在对茄开始膨大时，追施数量、种类及方法同第1次。此后，追肥浇水视植株的生长状况及生长期的长短而定。

温光管理：此期的温度管理，上午保持在 25～30℃，下午 28～30℃，上半夜 20～23℃，下半夜 10～13℃，土壤温度保持在 15～20℃，不能低于 13℃。深冬季节为了保证地温不低于 15℃，中午的气温可比常规管理提高 2～3℃。如植株旺长就适当降温，尤其要降低夜间气温，植株长势弱时适当提高温度，如遇阴天，冬暖大棚温度低时应减少通风量。在阴雪寒冷天气必须坚持尽量揭苫见光和短时间少量通风，连阴乍晴后室温不可骤然升高，发现萎蔫须回草苫遮阳。浇水后密闭大棚 1 小时增加温度，并在中午加大放风排湿。每天清洁棚膜，有条件时在大棚内张挂反光幕，在不影响室温情况下尽量早揭晚盖草苫。

(5)及时采收：门茄易坠秧，采收宜早不宜迟，一般当茄子萼片与果实相连处浅色环带变窄或不明显时，即可采收。植株长势弱的宜早采收。

2. 大棚茄子早春茬栽培技术

(1)品种选择：大棚茄子早春茬栽培对品种的要求是：①早熟，植株中等偏小，适合密植，增加种植密度。②果形和果实大小符合市场需求。③植株生长势强，坐果能力强，产量高。④花的密度大，成花率高，畸形花少。⑤在低温和弱光照条件下，能保持较强的坐果能力，不形成畸形果，果形端正，着色好。⑥高抗茄子病毒病、绵疫病等易发生病害。

(2)育苗：

①播期。茄子在 12 月上旬至 1 月上旬播种育苗，翌年 2 月下旬定植，4 月上中旬开始采收。

②育苗应掌握的要点。大棚茄子早春茬栽培以早熟为栽培目的，育苗也应围绕这一重点。具体要求如下：

培育适龄大苗：培育适龄大苗栽培的主要目的是争取定植后早开花结果，早上市。

温床育苗：育苗床直接建在大棚内。为保证秧苗正常发育，最好利用电热温床。

护根育苗：护根育苗的主要目的是保护茄子苗根系，防止茄子苗定植时伤根严重，推迟发棵和结果。

培育壮苗：壮苗标准是：具有 8～9 片真叶，叶色浓绿，叶片肥厚，茎粗壮，节间短，根系发达完整，株高不超过 20 厘米，花蕾长出待开。

(3)定植：一般大棚定植时间为 2 月下旬，当苗长到 6～7 片真叶时进行。

①定植前大棚准备。定植前 1 周将大棚内的残株、杂草清理干净，并进行消毒。一般用白粉虱烟剂(每亩用 8 小袋，每袋 100 克)可防治白粉虱、潜叶蝇、红蜘蛛、蚜虫等；用 45%百菌清烟剂(每亩用 4 小盒，每盒 100 克)可防治真菌病害。

②整地做畦。每亩大棚施入优质农家肥5 000～6 000千克、复合肥 30 千克，深翻两遍，使土粪掺和均匀。整平畦面后做成高垄，宽 70 厘米，高 20 厘米，间距 40 厘米，垄背中间开一小沟，覆盖地膜后可用来浇水。

③定植。每垄定植两行，株距 40 厘米。先开定植穴，选晴天上午定植。定植后用土将穴口盖严，然后通过膜下暗灌浇足定植水。

(4)定植后的管理：

①温度管理。定植后密闭保温，促进缓苗。缓苗后白天温度超过 30℃通风，降到 25℃以下缩小通风口，降到 20℃关闭通风口，最低温度保持 20℃以上，夜间最好能保持 15℃左右。阴天也要揭开草苫见散射光，只有灾害性天气、外温很低的情况下才不揭开草苫。

②肥水管理。定植水浇足后，一般在门茄坐果前不浇水，只有土壤水分不足时才可浇一次水。门茄开始膨大时追肥，每亩追三元复合肥 30 千克，溶解后随水灌入暗沟中，灌完水把地膜盖严。进入结果后期注意追施氮肥。对茄采收后，追硝酸铵或硫酸铵每亩 30 千克左右，追肥灌水在明沟进行。过 2～3 天表土干湿适宜时浅松土后培垄。以后随着外温升高，根据植株长势、土壤墒情，灌水在明沟、暗沟交替进行。

③植株调整。为争取棚室茄子早熟，可采用单干整枝方法。每株茄子只留 1 个枝条作为主枝，在门茄以上结两个果实，长到采收标准一半大小时，把侧枝留 2～3 片叶摘心。以后每级发出侧枝都留两个果实，把 1 个侧枝留 2～3 片叶摘心。

(5)采收：大棚早春茄子采收必须适时，门茄应适当早采收，以免影响植株生长，对茄以后达到商品成熟时采收，采收早影响产量，采收晚品质下降，还影响上部果实生长。对茄以后茄子采收标准：茄子萼片与果实相连接的环状带趋于不明显或正在消失。果实光泽度好，采收时间最好选择下午或傍晚进行。上午枝条脆，易折断，中午含水量低，品质差。采收时要防止折断枝条或拉掉果柄，最好用修剪果树的剪刀采收。

3. 大棚茄子越夏连秋茬栽培技术

越夏连秋茬是在冬春茬或越冬茬收获后栽的一茬茄子，多在 4～5 月育苗，在大棚上覆盖旧薄膜，形成“天棚”状，遮光降温。夏秋茬茄子是供应 8～9 月淡季的重要蔬菜，其生育期跨越盛夏高温季节，栽培管理一定要有针对性。

(1)品种选择：大棚茄子越夏连秋茬栽培对品种的要求是：①中晚熟，植株长势强，结果期长。对栽培环境具有较强的适应能力，在高温条件下，能保持较强的生长势和结果能力，不容易早衰。②对绵疫病、黄萎病、青枯病、病毒病等具有较强的综合抗性，耐热性强。③商品果率高，畸形果率低，果形和果实大小符合市场要求。④适合再生栽培。

(2)育苗要点：一般在 4 月下旬至 5 月上旬育苗。

育苗应掌握的要点：要采用护根育苗，保护茄子苗根系，防止茄子苗定植时伤根严重，推迟发棵和结果。要防止茄子苗徒长或僵化，苗茎粗壮、色深，叶片大而厚，子叶不脱落，根系多而长。育苗棚室备好遮阳网，在光照过强、温度偏高时遮光。

(3)定植：亩施优质农家肥5 000千克以上、磷酸二铵 40 千克，然后做垄，行距为 60 厘米，按株距 40 厘米栽苗，宜深栽高培土。秧苗栽好后随即浇水，定植第 2 天或第 3 天需再浇一次水。缓苗后要及时中耕、蹲苗。雨后立即排水，防止沤根。为减轻茄子绵疫病等病害的发生，可喷一遍 200 倍石灰等量式波尔多液。

(4)覆盖遮阳网和防虫网：不要撤除棚膜，但要撤除大棚前窗一幅棚膜，打开顶部通风口。在棚膜上覆盖一层黑色遮阳网，并在室前窗和通风口处用 30～40 目的白色或银灰色纱网封严。这样既能遮阳防雨，又能阻止蚜虫、白粉虱等害虫迁入。

(5)始花坐果期管理：在门茄开花至坐果期，应控制浇水，进行蹲苗。为避免过分干旱引起落花，需适当浇水。在雨后或浇水后及时中耕，门茄坐住后及时追肥、浇水，整枝打杈，去掉门茄以下叶，追施粪水，每亩1 000～1 500千克，以后每层果坐住后都要追一次肥，每次亩施尿素 10 千克、磷肥 5 千克、钾肥 10 千克。为减轻茄子绵疫病和褐纹病的发生，应定期喷百菌清、代森锰锌或波尔多液。

(6)结果期管理：结果期正处在雨季，管理的重点是保果、保叶。及时摘除茎部老叶、病叶，定期喷药防治绵疫病、褐纹病以及蚜虫、茶黄螨、红蜘蛛。为满足茄子植株对养分的需要，一般每隔10～15天随水追施一次硫酸铵，每次每亩10～15千克。结合喷药，加0.3%尿素或0.2%磷酸二氢钾溶液叶面追肥，效果更好。

(7)采收：及时采收门茄，以免坠秧，影响后期产量。

4.大棚茄子秋冬茬栽培技术

(1)品种选择：大棚茄子秋冬茬栽培对品种的要求是：

①中早熟，植株中等偏小，适合密植，增加种植密度。

②果形和果实大小符合市场的要求，且耐贮运。

③植株生长势强，坐果能力强，产量高。

④植株生长稳定，在高温、潮湿以及弱光条件下，不发生徒长。

⑤大棚茄子秋延后栽培播种至坐果初期正处于仲夏至仲秋高温季节，持续结果盛期处在秋末至冬春的低温和寒冷期。要求苗期至坐果初期耐热性较强。结果期耐低温和弱光照，在低温和弱光照条件下，能保持较强的坐果能力，不形成畸形果，不发生早衰。高抗茄子病毒病。

(2)育苗要点：秋延后栽培茄子，一般在7月底至8月初育苗。

育苗应掌握的要点：育苗期正值高温多雨季节，不利于茄子生长发育。因此，这茬茄子栽培成功与否关键在于培育壮苗。育苗的关键：要避免强光照射苗床，避免雨水冲刷苗床，防止苗床积水，要杜绝蚜虫、白粉虱等病毒媒介进入育苗床。用育苗钵护根育苗，充分保护根系。控制肥水用量，加强苗床通风，防止茄子苗生长过快，发生徒长。对已发生徒长的苗，要及时喷洒0.3%矮壮素溶液，减缓苗子的生长速度。定期喷药预防病害，一般从出苗开始，每周喷一次药，交替喷洒多菌灵、杀毒矾、甲霜灵以及病毒A等。

壮苗标准：苗龄40～50天，有5～7片真叶，70%以上植株现蕾。

(3)定植：

①施肥整地。8月上中旬施肥整地，亩施腐熟的优质圈肥5～7 $米^3$，混施过磷酸钙100千克，施肥后深翻30厘米，整平耙细，浇水造墒。

②栽植方式。采用起垄栽培。按大行距80厘米、小行距60厘米起垄，垄高15厘米。起垄前每亩于垄底撒施氮、磷、钾复合肥60～80千克。

③定植。于8月下旬至9月上旬定植。老棚在定植前要进行棚内消毒。方法是：按每立方米空间用硫磺5克，加80%敌敌畏0.1克和锯末20克混合后点燃，密闭熏蒸一昼夜，再打开通风口放风(熏蒸前先封好棚膜)。

定植时，茄苗7～9片真叶，门茄花现蕾。定植株距35厘米，可在垄上开沟浇水，每亩定植2 500株左右，水渗下后封沟。全棚定植后整理垄面，覆盖地膜。

(4)定植后的管理：

①缓苗期的管理。棚室秋冬茬栽培茄子，一般于8月下旬至9月初定植。此时由于外界气温较高，能够满足茄子正常生长的需要，一般不用盖膜。茄子定植后，缓苗快，缓苗后生长发育旺盛。缓苗期间如果中午温度过高，土壤蒸发和叶面蒸腾量大，会出现秧苗中午前后萎蔫的现象。因此，要注意观察土壤墒情，适时浇水、中耕保墒。高温天气，中午要适当遮光降温，防止秧苗萎蔫，以促进缓苗发根。当夜间气温连续几天低于12℃时，要盖棚膜。寿光地区，一般于"秋分"过后尽早扣膜。"寒露"至"霜降"期间，如果天气正常，白天气温较高时，要揭膜通风降温，此时棚室草帘也应尽量上好，以防夜晚出现霜冻。如果遇寒流天气，要及时封棚保温。

寒流较强时，晚上还要放草帘保温。

②结果前期的管理。从定植到茄子开始采摘上市一般需30～40天。此期间外界气温逐渐降低，管理上应加强温度调节，控制棚内白天温度在22～28℃，夜晚13～18℃。门茄早收，提高对茄的坐果率。门茄"瞪眼"以前，土壤不旱不浇水，尽量不施肥，以免引起植株徒长造成落花落果。注意及时中耕除草，进行植株调整，抹除门茄以下的侧枝老叶。若植株密度大，生长旺盛，可以进行单干整枝，以利通风透光。为了防止因夜温低、授粉受精不良而引起的落花落果，可用0.002%～0.003%2,4-D溶液蘸花或涂抹花柄。门茄"瞪眼"后，应及时浇水、施肥，每亩施尿素10～15千克。一般在上午10时左右浇水，浇水后封棚1～2小时，然后通风降湿。

③结果盛期的管理。门茄采收以后，当茄子进入结果盛期时，需肥、需水量也达到最大值。因此，此阶段的重点应放在肥水管理上。一般每隔7天左右浇一次水，每隔两次水追施一次肥。每亩每次可追施尿素13千克和硫酸钾7千克，或者腐熟人粪尿800～1 000千克，应结合浇水进行追肥。此时的外界气温较低，浇水应选晴天上午进行。若盖了地膜，应在地膜下浇暗水。使用滴灌，效果更好，可将肥料配制成营养液直接滴灌。为了避免晚上棚内地温低于15℃，浇水后应闭棚，利用中午的阳光提高棚温，使白天棚温保持25～30℃，以利于地温的提高。当棚内温度高于32℃时，应及时通风降湿。夜间温度控制在15～18℃，昼夜温差保持在10℃左右，有利于果实生长。生长后期可以结合病虫害防治进行叶面追肥。喷药时，可加入0.2%尿素溶液进行叶面追肥，作为根系吸收能力减弱的补充。

秋冬茬茄子一般采取双干或单干整枝，当"四门斗"茄"瞪眼"后，在茄子上面留3片叶摘心，同时将下部的侧枝及老叶、病叶打掉，并清理出棚外埋掉或烧掉，以改善棚内通风透光条件，减少养分消耗和病虫害的发生和传播。

(5)适时采收：门茄采收宜早不宜迟，否则出现坠秧现象。此外，采收茄子要看茄眼，当茄眼变窄时说明茄子生长转慢应及时采收，植株长势弱的宜早采收。采收一般在早晨进行，避免在中午高温时采收。

5.大棚茄子一大茬栽培技术

(1)选择适宜品种：大棚茄子全年一大茬栽培对品种的要求：①根系发达，吸收能力强。②中晚熟，植株生长势强，不易早衰。③结果力强，坐果率高，特别是不良栽培条件下的坐果能力要强。④枝干的再生能力强，易发侧枝。⑤抗逆性强，对不良环境的适应能力强。要求耐热、耐寒、耐湿等能力强。⑥高抗绵疫病、黄萎病、青枯病、病毒病等较难防治的病害。

(2)育苗要点：12月上旬播种。

育苗应掌握的要点：①嫁接育苗。大棚茄子全年栽培成功的关键是根系不染病、不早衰。因此，必须进行嫁接栽培，利用嫁接株根系抗病以及根系发达、分布范围广等优点，延长栽培期。②护根育苗，保持根系完整，采用穴盘、营养钵或营养块育苗。③育苗土育苗。育苗土内的营养成分齐全，并且通气性好，有利于茄子苗根系的生长，根系不易老化。④苗龄不宜过长。苗龄过长的苗，根系往往不同程度地发生老化，不利于定植后基础根的迅速形成与扩展，植株长势弱，栽培期也短。

(3)施肥：

①多施有机肥。有机肥的肥效长，后劲足，不容易发生脱肥，同时有机肥施肥较深，也不易发生肥害。有机肥要选用肥效较高的鸡粪、猪粪等，每亩冬暖大棚的纯鸡粪用量应不少于6 000千克，或猪粪不少于8 000千克。

②减少速效氮肥的用量，避免结果前发生徒长。茄子中晚熟品种的生长势较强，长势旺，土壤中速效氮的用量比较多时，极容易发生旺长，要减少速效氮肥的用量，生产上应多用磷酸二铵代替速效氮肥。

③实施配方施肥。一般施足有机肥外，每亩还要增施磷酸二铵 100 千克、钙镁磷肥 100 千克、钾肥 25 千克、硼肥 1 千克。施肥深度应不浅于 30 厘米。

(4)冬季管理：

①温度管理。温度管理的重点是防寒保温。

②光照管理。光照管理的重点是保持大棚内良好的透光性，保持大棚内良好的光照。

③通风管理。重点是排除大棚内潮湿的空气，防止冬暖大棚空气湿度过高，引发茄子病害。

④肥水管理。大棚全年一大茬栽培均选用生长势较强的中晚熟品种，植株长势强，容易发生旺长。为防止植株徒长，在门茄坐果前，一般不追肥浇水，坐果后开始浇水，并结合浇水随水冲施一次肥。此次肥用量要适当大一些，每亩用复合肥 20 千克或尿素 15 千克、磷酸二氢钾 10 千克。以后每 15 天左右浇一水，并适量追肥。

(5)春季管理：

①温度管理。春季大棚内的温度上升较快，晴天中午前后大棚内的最高温度一般可达 40℃以上，故在温度管理上，要以防高温为重点。此期的适宜温度是 16～30℃，白天的最高温度不超过 35℃，夜间温度不低于 15℃。要加强通风，一般晴天上午冬暖大棚内的温度上升到 25℃以上后开始通风，并随着温度的上升，不断加大放风量，当外界温度升到 20℃以上后，可将大棚的前脸通风口也打开，一起进行通风。

②肥水管理。春季茄子生长快，结果多，是产量形成的关键时期。也是大棚茄子的肥水管理的关键时期。此期肥水管理得当，植株生长健壮，不易发生早衰；肥水管理不当时，植株容易发生早衰。要以防止植株脱肥、脱水为重点，一般每 5～7 天浇水一次，每 10 天左右追一次肥，同时还要进行叶面追肥，补充土壤营养的不足。

③植株调整。植株长高后，相互遮光较严重，尤其是大棚南部的植株往往较早地就顶到薄膜上，影响透光，也容易引起心叶发病。故此期除了正常的抹杈外，还要及时对过长的枝干进行摘心，降低植株的高度。

(6)夏季管理：

①遮阳降温。上午 9 时至下午 3 时覆盖遮阳网。

②控制坐果，积蓄养分。茄子全年一大茬栽培经过一冬春的开花结果，植株消耗已经很大，特别是根系的发育受影响比较大，植株的生长势比较弱，需要进行恢复。因此，入夏后，植株应减少坐果，集中营养供应茎叶，恢复生长势，提高下部侧芽质量，以及恢复根系的生长势，为入秋后进行再生栽培奠定基础。

③及时防虫。大棚前脸和顶部天窗通风口覆盖 20～40 目防虫网，防治蚜虫、白粉虱等害虫潜入大棚，发现害虫后及时喷洒农药防治，控制茄子病毒病的发生。

(7)秋季管理：

①温度管理。9 月下旬后，当夜间的温度低于 16℃时，要及时放下大棚前脸裙膜保温。

②光照管理。进入 9 月份后，随着大棚外的光照逐渐变弱，要及时撤掉遮阳网，保持冬暖大棚内充足的光照。

③肥水管理。大追肥后，要及时早覆盖地膜，以免覆盖地膜过晚，覆膜时伤叶严重。再生茄子不易发生徒长，并且结果比较早，应及时追肥浇水。一般进入结果期后，开始正常的追肥浇水。

④植株调整。再生植株的枝干生长没有规律，应及早吊架固定。

除上述管理外，还应及时清除田间的杂草，并及时喷洒农药，防止茄子病虫危害。

6. 大棚茄子秋冬茬与越冬茬套种栽培技术

大棚茄子越冬一大茬栽培，虽侧重解决了深冬、早春到初夏的市场供应，而在秋末到初冬却形成了两个多月的产品供应淡季。越冬一大茬栽培技术难度大，受气候影响，风险也大；越冬一大茬栽培前期明显存在着土地的浪费。采用秋冬茬短期栽培和越冬茬套种，可以较好地解决上述矛盾。

(1)选择适宜品种：秋冬茬短期栽培的品种，一般要选早熟品种，如天津快圆茄、济南早小长茄等。越冬茬栽培的品种宜选用中晚熟品种，如济杂长茄2号、布利塔等。

(2)播种与定植期：上下茬的安排首先要保证它们之间能够顺利衔接，同时要使两茬都能获得比较适宜的生育条件，都能高产。一般秋冬茬播种期在7月中旬，越冬茬在9月中旬，定植期则分别为8月中旬和11月下旬。

(3)育苗：秋冬茬茄子的育苗期正处于炎热夏季，高温、高湿、强光和雨涝等不利气候条件都给育苗工作带来一定难度。因此，秋冬茬育苗必须坚持以防病为主，采取有针对性的技术措施，培育出无病壮苗。要在地势高、排水畅通的地块，搭高棚遮光防雨，采用营养钵育苗，注意防蚜防病。育苗前期，气候条件适宜茄苗生长，进入10月份以后要逐渐对茄苗进行保护管理，此茬茄苗较易育成壮苗。

(4)定植：定植前要施足基肥，深翻整平，按行距开沟，按株距点施沟肥。茄子秋冬茬栽培采用等行距开沟，行距40～45厘米，按20厘米株距和30厘米株距相间定植。于11月下旬将株距为20厘米的一行提早拔除，并按35厘米株距定植越冬茬茄苗。当越冬茬茄苗长至开花结果时，将另一行秋冬茬茄子也拔掉，使越冬茬茄子的行距达到80～90厘米。

(5)植株调整：整枝是两茬茄子丰产的关键。秋冬茬茄子提早拔除的一行(株距20厘米)，可采取留门茄后只留对茄1个，在不留茄子的枝上留叶，茄子上部留2叶打顶。延后拔除的一行(株距30厘米)，采取留1个门茄和2个对茄，并在茄子上部留2叶打项。越冬茬茄子可采取留1个门茄，2个对茄，4个四门斗，2个八面风茄子或双干整枝的方法，即从对茄开始，一直留双干生长。

四、大棚茄子栽培新技术

1. 大棚茄子行间覆草技术

大棚茄子一般都采取高垄种植。高垄覆地膜，两个高垄中间留35厘米左右的空背，作为田间管理和采摘茄子时的人行道。据试验，在空背上铺草是实现茄子优质高产、行之有效的实用技术。

(1)行间覆草的好处：

①提高土壤肥力。据测定，亩铺草750千克，腐熟后提供的氮、磷、钾养分相当于硫酸铵18.75千克、过磷酸钙6.25千克、硫酸钾3.75千克，并且能抑制杂草生长。

②提高地温。空背铺草后，夜间可防止热量扩散，白天能吸收一定热量，再加上杂草腐烂过程中散发的热量，可明显增加室内温度。

③防止土壤板结。进行田间管理和采摘茄子需经常行走在空背上，从而导致土壤板结。由于铺草后土壤通透性长期处于良好状态，从而为根系向地表伸展、扩大水肥吸收范围创造了有利条件。

④减轻病害。大棚中的水分和湿度是诱发茄子灰霉病的重要条件之一。空背铺草后，减少了地表水分的蒸发，有效地控制了室内湿度，从而在一定程度上能减轻灰霉病和其他病害的发生和危害。

⑤省工省水。据调查，栽培冬春茬茄子，从摘第1个果实到拉秧，铺草后一般可减少浇水5～8次，亩节约用水200米^3，节省人工12个左右。

（2）具体做法：把各种杂草、麦秸、玉米秸、稻草等铡成10厘米左右的小段，在茄子结果前，秧苗不太高时，选择晴天中午12时至下午2时铺在空背上，厚度一般以5厘米左右为宜。

2. 大棚茄子"V"形整枝栽培技术

（1）采用"V"形整枝的优点：①产量高，品质佳，畸形果少。②提早结果期，采收期长。③喷药、采收等作业容易。④通风好，日照充足，病虫害发生减少。⑤减少喷药次数及数量，降低成本。

（2）主要技术要点：

①栽植距离。由于"V"形整枝主枝生长旺盛，因而畦面应较一般水平整枝方式宽，畦宽1.8～2米，畦高0.3～0.4米，每畦中央种植，株距0.7米。

②整枝方式。茄子自主干高约60厘米处留4个主枝，以此为结果母枝，其下的各侧芽均应及早摘除，以节省养分及保持通风透光。由结果母枝上结果短枝结茄果后留1叶去除，以充分供应养分，促进生育。

③搭支架。茄子结果量多，须用细竹竿于茄子主干两边斜插成"V"字形，高度约为2米。再用细竹竿纵横架住，结缚于"V"形支架上，为结果母枝支架用，以防果实靠地发生腐烂，并可促进果实发育，以利着色，提高品质。

④施肥。"V"形整枝的茄子结果期甚长，为使能正常生长结果，宜适量施肥，除施有机质肥料作基肥外，结果期间每隔半个月，每亩施用氮、磷、钾、镁含量为15%、15%、15%、4%的复合肥料60千克一次，并视生育及结果情况加以调整。

3. 大棚茄子双主蔓平面整枝技术

茄子在分杈时，要留长势粗壮一致、比较均匀的两条枝作主蔓，实行双主蔓整枝，并一南一北延伸。当主蔓长到约1米高时开始吊绳，待主蔓长到钢丝高时，摘除茄子后，人工强制茄子主蔓弯腰向下贴近地面，与地面几乎平行，主蔓最前头70～90厘米用吊绳吊直。以后每当茄子主蔓长到1～2米要向前倾斜放蔓，落到70～90厘米高时重新把主蔓吊好。如此操作3～4次。

在整枝过程中需要及时摘除腋间长出的枝杈和贴近地面的叶片，只保留一南一北两条主蔓生长，果实最下部至少保留3～4片功能叶，以保证有足够的营养集中供应主蔓上正在生长的茄子。这样在集中供给茄子营养的同时，也改善了光照，功能叶大、叶厚。因通风、透光条件好，病害也不容易发生。

第1次落蔓时要注意：倾斜角度不宜过大，否则易折断，如果不小心折断了，不要扔掉，应将折断部位用绳捆好能够继续生长。

4.大棚茄子套袋栽培技术

推广茄子套袋技术，可有效解决果实中的农药残留量超标问题，取得较好的经济效益。

(1)纸袋的选择：一般选用红色纸袋，纸袋要具有防水、抗晒、防菌、防虫等性能。

(2)套袋前的准备：套袋前喷洒一遍扑海因或杀毒矾溶液，以起到杀菌和净化果面的作用。

(3)套袋时间及方法：套袋时期应选在茄子"瞪眼"期，套袋时间以晴天上午9时至下午4时为好。套袋前将整捆的纸袋放在潮湿处，使纸袋湿润、柔韧。在套袋过程中应尽量让幼果在袋内悬空，捆扎不要过紧，否则会影响其生长。

(4)肥水管理：套袋茄子应加强肥水管理和叶片保护，每隔7～10天喷洒一遍光合微肥，以促使植株健壮生长，满足果实的生长需要。植株进入结果后期，每隔7天每亩冲施15千克硫酸铵。7～8月份注意防治烟青虫及棉铃虫。

(5)采收：开花后20～23天，茄子萼片处果面色泽和白色环带由亮变暗、由宽变窄时即可采摘。应注意记下套袋及开花时间，以免造成茄子生长期过长，影响其经济价值。由于茄子可连续结果，采收后纸袋可重复使用1～2次。

5.大棚茄子"一边倒"栽培技术

山东省寿光市洛城街道菜农李建光在大棚茄子种植中，探索出一种使茄子增产的新方法，让茄子留一根主茎且倾斜45°角，歪着长，茄子能增产一成以上。

茄子的主茎倾斜45°生长，保证了阳光可以直射在茄子株体上，茄子的光合作用增强，根系比较发达，叶片变得更加厚实，果实变大。同时避免了植株徒长，产量增加。

茄子采取一边倒栽培可以增加密度，早熟，解决多次落蔓的问题，减少用工，避免操作中茎枝折断等情况发生，植株高度可下降1/3，不仅有利于整枝、点花、采收及病虫防治等操作，而且果实较直蔓上架的大，商品性好。

6.大棚茄子幼苗期和结果期田间诊断技术

(1)幼苗期：若叶片展开不久，叶片颜色加深或出现紫色，是苗床温度特别是土壤温度较低的表现。当苗床土壤温度过低，且持续时间较长时，幼苗叶片无光泽，或叶缘干枯，此时根部不仅没有新根长出，且根的颜色暗淡、变褐。苗床土壤氮肥充足、夜间温度适宜，则叶片肥大、厚实、叶色浓绿；氮肥不足、夜间温度高、光照不足等，常造成叶色淡、叶片薄。当夜间温度过高时，植株还表现为叶柄和茎的夹角变小，顶部新叶的尖端下垂。

(2)结果期：植株最上面的花将开放时顶梢部分应有已展开的幼叶2～3片，只有1～2片展开时，是长势弱的表现。从上向下看，已开花部位距顶端应有10～15厘米距离，如不足10厘米，是长势弱的表现。靠近顶端的幼叶在夜间直立向上，表明根系机能正常。反之，则可能是根系受到损伤，灌水不足或地温偏低。茄子果实着色不好主要是受光不良或昼夜温差小，摘除部分叶片可有所改善，但摘叶不可过多，否则影响果实膨大，植株长势变弱。果实无光泽，表明土壤缺水或根系在低温条件下机能受到影响。激素处理浓度过高果实发皱或裂果。在花柱头上涂2,4-D会引起裂果等。中后期温度要比采收前高一些，上午保持温度26～32℃，下午24～30℃，上半夜18～24℃，下半夜15～18℃。

7.大棚茄子剪枝更新栽培技术

大棚茄子剪枝更新栽培是充分利用地力和茄子自身再生能力的一项技术。冬暖大棚冬春茬、早春茬茄子，在7月中下旬可采用剪枝更新技术来延长采收期，做到一次种植，两次收获。

(1)剪枝的条件:

①品种的选择及栽植。大棚茄子再生栽培要用生长势强,耐弱光、低温,早熟,丰产,抗病的品种。做到适时播种,培育壮苗,精细整地,施足基肥,及时移栽,加强大棚覆盖期管理。这样,既可夺取大棚茄子高产,又为剪枝再生创造良好条件。

②剪枝前的肥水管理。大棚茄子剪枝,一般是在7月中旬。此时茄子上部枝条开始衰败,剪枝正适宜。剪枝后可于8月底上市再生茄子,缓解了淡季市场。但在剪枝前必须加强管理,要追肥3～4次,每次亩施尿素10～15千克,或人粪尿1 000千克,或复合肥30千克。要做好病虫害防治,整枝打叶,促进植株生长健壮,为剪枝再生奠定基础。

(2)剪枝的方法:可采用一次性全部剪掉主干上枝叶再生法,即在主干上离地面10厘米左右处,将上部枝叶全部剪掉。剪枝后用农用链霉素1克加75%百菌清片30克加水调成糊状,及时涂抹剪口,防止病菌感染。更新后,6～7天便可发出新芽,长成新枝。新枝条萌发后,选留1～2个长势旺盛的枝条,每个枝条留1～2个茄子,多余的枝杈及时摘除。一般更新以后15～20天开花,15天左右即可达到采收标准。

(3)更新后的田间管理:

①温度管理。在外界温度较高阶段,大棚底脚围裙全部揭开,昼夜大放风。随着季节变化,外界气温下降,夜间最低气温降到15℃以下时,放下底脚围裙,改为白天放风,夜间薄膜封闭,白天超过30℃放风,降到20℃缩小放风口,15℃左右时关闭放风口。当外界气温进一步下降,夜间不能保持15℃的温度时,应覆盖地膜,加强冬季保温防冻措施,保果在元旦、春节期间供应市场。

②肥水管理。剪枝更新后,及时松土追肥浇水,促进萌发。亩追尿素10千克,10～15天浇一次水。同时,注意防治病虫害。

③进行根系再生。根系再生是指通过在主根附近开沟,切断外围根系,促使主根附近重新发生新根。

大棚茄子全年一大茬栽培,植株根系已伴随着枝干生长也不断向外扩张,以致进行再生时,大部分吸收根系远离主根,分布到根群的外围。外围根系远离主根,一方面吸收的肥水运送到植株茎秆所需要的时间延长,运输途中的自身消耗增多,不利于茎秆的生长;另一方面,叶片制造的有机营养也不能够快速运送到根系的外围,最终达到吸收根的有效营养数量减少,不利于根系的生长发育。上述问题随着栽培时间的延长,表现得越明显,越不利于植株的生长发育,这也是再生茄子随着再生次数的增多,生长越来越弱的主要原因。因此,茄子再生栽培要保持持久的旺盛生长和结果能力,必须通过根群再生技术,促使主根附近大量再生吸收根,将主要吸收根群的位置回缩,缩短与主根的位置。

根系再生的具体做法:植株剪短后,有利于施肥操作,及时追肥一次。在植株的行两侧,距根茎10厘米以外处,破垄开沟施肥,每亩施优质腐熟鸡粪2 000～3 000千克、优质复合肥40～60千克、钙镁磷肥50千克,施肥后将肥与土混均匀,适当深翻地,将肥混翻入深土层中,有利于根系吸收,防止施肥过于集中,发生烧根。施肥后重新扶好垄畦,灌足水,之后控水。

(4)注意问题:

①病虫害防治。茄子再生栽培,必须注意病虫害的发生与防治,以保持植株健壮生长,确保较高的密度,否则难以获得预期的收益。病害主要有黄萎病、菌核病、猝倒病、褐纹病、绵疫

病、青枯病，虫害主要有蚜虫、红蜘蛛、茶黄螨、白粉虱、二十八星瓢虫等，要选用适当方法和相应药剂及时防治。

②再生年限。茄子再生栽培，一般前两年效益好，第3年效益下降，主要是根系老化，枝干木质化程度高，发枝较弱。其次是病株逐年增加，密度减少（包括机械损伤），产量降低，影响收益。因此，一般栽培两年为宜。

8. 大棚茄子熊蜂授粉技术

冬季保护地茄子栽培由于受低温、环境密闭、昆虫冬眠等因素的影响，茄子自然授粉率很低，主要采取2,4-D或防落素喷、蘸处理的方法代替自然授粉来促进坐果。然而由此产生的激素残留是影响茄子品质及出口的主要限制因素之一。利用蜂类为大棚果蔬授粉是一项高效益、无污染的现代化农业增产措施。熊蜂是最好的授粉昆虫之一，农业发达国家已把熊蜂授粉作为一项常规技术应用到农业生产当中。

（1）熊蜂授粉的好处：

①增产。熊蜂为保护地茄子授粉，增产效果显著。试验证明，茄子用熊蜂授粉比用激素授粉增产35%以上。用熊蜂授粉提高茄子产量，优于其他任何授粉方法。

②提高品质。试验表明，熊蜂授粉后果实个体大小均匀一致，且果形好，无畸形果，从而提高茄子产品市场售价，增加收益。

③省时省力。授粉工作由熊蜂完成，用工少。蜂箱内配备3个月的食物，放入冬暖大棚后，不再管理。

④提高生态效益。利用熊蜂授粉可减少有毒农药的施用。传粉昆虫取代激素授粉，减少了激素造成的污染，提高了茄子品质，保护了生态环境，有益于消费者身体健康。

（2）方法：茄子开花进入盛花期之前4天，将蜂箱放入棚内，绑到冬暖大棚中间的立柱上，蜂箱的进出口要朝南。靠近蜂箱放一盛满清水的容器，清水里放一些麦草，以便于蜜蜂采水，每隔3～4天换一次水。要于前立窗和天窗上安装20～40目防虫网，一定要把冬暖大棚封严，防止熊蜂飞行的时候从一些缝中飞出去。每天早晨冬暖大棚草苫拉起后把蜂箱的进出口打开即可。一箱熊蜂（100余只）可供2亩茄子授粉。一个冬暖大棚一般不超过1.5亩，一箱熊蜂足以达到授粉要求。

（3）注意事项：

①杀虫剂对熊蜂的危害很大，喷药前一天下午等熊蜂全部飞回蜂箱后，将蜂箱的进出口关闭，然后将蜂箱放到温暖的地方。第2天喷药，第3天通风，第4天上午再将蜂箱拿回原处绑好，下午打开巢门即可。杀菌剂对熊蜂的影响不大，喷药前一天晚上待熊蜂全部飞回蜂箱后将进出口关闭，第2天喷药，第3天上午通风，下午就可将进出口打开。

②不要打开蜂箱或用力敲打蜂箱，以免激怒蜂群蜇人。

③下午放草苫时，留下蜂箱顶上的一帘，待天黑熊蜂全部回巢后再放下。

9. 大棚茄子嫁接防治根结线虫及多年生栽培技术

用托鲁巴姆嫁接茄子，不但能有效地防止根结线虫危害，解决农药的污染和农药残留问题，为发展无公害茄子生产创造了条件，而且能够延长采收期，在大棚内进行多年生栽培。

（1）砧木和接穗品种的选择：砧木应选择生长势强，根系发达，对黄萎病、青枯病、枯萎病、根结线虫病等4种土传病害达到高抗甚至免疫程度的品种，生产中表现比较好的有托鲁巴姆、

CRP、水茄、温棚茄砧、超托鲁巴姆、托托斯加。其中托鲁巴姆苗期茎粗壮，嫁接操作方便，成活率高，嫁接生产的茄子产量高、品质好，是一种较为理想的抗根结线虫砧木品种。接穗品种要求不严格，嫁接后接穗的种性不变，可选择当地产量高、品质好的茄子品种。近几年来在寿光市表现比较好的接穗品种有新龙(长茄)、布利塔、利箭、尼罗等。

(2)育苗：

①播种期的确定。冬春茬，砧木于8月上旬经浸种催芽后播种，9月底至10月上旬嫁接，11月上旬定植。接穗较砧木晚播15～20天。早春茬，砧木于11月中下旬经浸种催芽后播种，12月至翌年2月嫁接，2月下旬至3月定植。接穗较砧木晚播25～30天。

②催芽播种。将砧木种子用清水浸泡24小时，沥干水分，置25～30℃条件下催芽，每天用清水冲洗一遍并沥干水分。8～9天后开始发芽，当芽基本出齐并有1～2毫米长时播种。若采用变温处理催芽，即在15～20℃(16小时)与25～30℃(8小时)变温下催芽，可提早出芽，发芽率高。育苗前准备好苗床，苗床要整细耙平，用50%多菌灵500倍液浇透苗床，随后将催好芽的砧木种子均匀播在苗床上，盖上过筛营养土，其上搭盖薄膜及遮阳网平棚，避雨遮强光。最好播入育苗盘，方便管理。当砧木苗长出2片真叶时假植，假植苗床要选择地势高、排水良好的地块。施足腐熟的农家肥，深翻后耙平，搭建小拱棚，覆盖遮阳网和薄膜，遮强光、避雨，假植株行距6～7厘米。嫁接前20～25天移入营养钵，接穗按常规方法育苗。

③苗期管理。适当控温控水，防苗徒长，追施磷肥促苗健壮。当砧木苗长到6～8片真叶，接穗长到5～7片真叶、半木质化、茎粗3～5厘米时开始嫁接。嫁接前5～7天对接穗苗和砧木苗采取促壮措施，以提高嫁接成活率。接穗苗需控水，使中午前后略呈萎蔫状态；砧木苗也适当减少浇水量，要求苗的萎蔫程度比接穗轻。嫁接前两天浇足水，嫁接时不再浇水。经过这样管理的苗耐旱，嫁接时萎蔫轻，成活率高，不徒长。

(3)嫁接：采用劈接法，在砧木两片真叶上部茎最粗处用刀片横切，去掉上部，再于茎中间纵劈1.0～1.5厘米深的切口。然后取接穗苗，在半木质化处，即茄子苗茎紫黑色与绿色明显相间处，去掉下端，保留2～3片真叶，削成楔形，其大小与砧木切口相当，随即将接穗插入砧木的切口中，对齐后用夹子固定。

嫁接后马上移入床土浇透水的小拱棚内，用薄膜盖严，6～7天内不通风(保持相对湿度95%以上)。密封期过后，选择温度较高的清晨或傍晚通风，每天通风1～2次。以后逐渐揭开塑料膜，仍保持较高的空气湿度，每天中午喷雾状水1～2次，直至成活。嫁接后4天内要全部遮光，以后半遮光直至逐渐去掉遮光物，成活后及时转入正常管理，去掉萌发的侧芽，待接口完全愈合去除夹子。

(4)定植及田间管理：嫁接30天左右即可定植。嫁接栽培的茄子其生育期较自根苗要长得多，一次定植后，可连续采收2～3年。因此，要求基肥一次施足，每亩施优质农家肥5 000千克以上，50%结合深翻施入，另50%与过磷酸钙100千克、硫酸钾50千克、尿素40千克混合，拌匀沟施。定植时接口要高出地面3厘米左右，亩定植2 000株左右。定植后由于砧木根系发达，植株长势较旺，整枝可采取三干法，使其多坐果，提高产量。因砧木抗寒能力较强，生长前期温度可略偏低一些，以防徒长。进入盛果期要勤施肥勤浇水。在整个生长期间要随时去掉砧木侧芽。其他管理同自生根茄子。

(5)多年生栽培：冬春或早春茬大棚茄子约在7月下旬进行第1次修剪整枝再生。方法是：在主干距地面10～15厘米处用镰刀割断，只留地面主干，及时用青霉素与甲基托布津的混合液喷雾，防病促发新根，待根部发出新芽(6天左右便可发新芽)、形成新枝。割干后为了加速发生健壮新枝要及时追肥灌水，每亩随水追施尿素10千克，每10～15天浇一次水。及时掐去多余枝杈，棚室茄子每株可留1～2个枝，每枝留1～2个茄子。

在发枝过程中注意用百菌清、甲基托布津等广谱杀菌剂及杀虫剂喷雾防治病虫害。割秧后15～20天开花，再过10～15天果实成熟，8月下旬茄子开始上市。门茄采收后应及时喷百菌清及灭蚜虫等农药防治病虫害。打去下部老、黄叶，去杈。随着天气逐渐转冷，昼夜温差加大，茄子生长变慢，管理上看秧收果，秧弱早采、秧旺晚采。9月中旬以后外界气温下降，茄子生长缓慢，这时应扣棚膜，加强以保温为主的管理。茄子可采收至翌年1月。1月下旬进行第2次剪枝，剪枝较第1次修剪矮5厘米，剪口涂药防病。剪枝后，开沟追施饼肥200千克或农家肥2 000千克，注意不要伤根和碰伤主干。2月下旬天气转暖，结合浇水每亩追尿素30千克，随着侧枝不断生长每株选留3～4个枝条，以后转入正常管理，4月下旬茄子即可上市。总生育期可达2～3年。

10. 大棚茄子亩产2万千克栽培技术

(1)合理施用基肥：茄子需肥量大，基肥要施用发酵腐熟的畜禽粪等有机肥，一般亩用15米^3，生物肥300千克，同时结合测土配方施肥，施入适量化肥和微量元素肥料。施肥后要用旋耕机耕翻与人工深翻相结合，耕翻2～3遍，使土壤耕作层深度达到30厘米以上，以使肥料与土壤充分混匀。

(2)合理施用肥水：茄子定植后第1次浇水要浇足浇透。在植株生长过程中，为防止徒长，浇水时要小水勤浇，切忌大水漫灌。控水不能过度，否则会导致茄子出现短花柱花，坐果差，生畸形果。此期应喷用膨大素等生长调节剂，调节生殖生长与营养生长之间的平衡。冬季温度低，为促使根系旺长，扩大伸展范围，要多冲施含有益菌的生物肥。如龙珠生物肥，此肥含有毛壳菌、甲壳素，有利于土壤中的放线菌繁殖与生长。通过以菌治菌，有效地预防病害发生。施用冲施肥时，最好在晴天上午进行，要本着少施勤施的原则，根据茄子生长期需肥规律的不同而灵活掌握。

(3)掌握好棚室温度：茄子喜强光，喜温暖，一般要求白天温度28～30℃，下半夜13～18℃，尽量使昼夜温差保持在10℃以上。根据天气情况及风向变化，及时调节放风口大小或拉放草苫。

(4)合理整枝：采用阶梯形整枝方式进行茄子植株调整，充分利用回头茄。

(5)灵活掌握点花药浓度：一般常用1支(2毫升)2%2,4-D对水1.1千克，同时混加5克速克灵、4毫升云大120、6毫升赤霉素，以提高坐果率和坐果质量。冬季低温要适当提高浓度。点花以每天上午最适宜，点药液不可过多，如过多，结出的茄子容易出现畸形果。

(6)及时防治病虫害：冬季低温高湿，棚室茄子最容易发生菌核病、绵疫病、灰霉病和生理性缺素病。为防病害发生，一般每隔7～10天就喷用一次杀菌剂预防，常用的有扑海因、农利灵、品润等。同时根据植株长势，可喷S-诱导剂、绿芬威2号、小叶敌等叶面肥，以增强植株抗性，提高耐低温能力，改善果品品质。施用药物防病时，最好不用含唑类的杀菌剂，因为唑类药物一旦浓度掌握不好，易发生畸形果。

五、茄子病虫害防治

1.侵染性病害

(1)茄子猝倒病：

①症状。茄子在幼苗期容易发生猝倒病。幼苗感染猝倒病后，下胚轴会出现水浸状病斑，当病斑扩大到基部时，幼苗基部缩小，输导组织被破坏，导致幼苗倒伏。连续阴天后突然转晴，由于幼苗生长弱，抗病力差，就会出现成片幼苗感病倒伏死亡现象。在病苗及其附近床面上常出现白色棉絮状菌丝，这种病原属于真菌中的一种腐霉菌，腐生性强，在土壤中能够长期存活。高湿是病菌繁殖的有利条件，病菌在保护地中主要靠浇水传播。

②防治方法。采用快速育苗或无土育苗法，加强苗床管理，看苗适时适量放风，避免低温高湿条件，不要在阴雨天浇水。

苗期喷施0.1%～0.2%磷酸二氢钾、0.05%～0.1%氯化钙液等提高抗病力。每平方米苗床可用70%多菌灵9～10克，加细土4.0～4.5千克拌匀，播前一天浇透底水，待水渗下后，取1/3药土撒在畦面上，把催好芽的种子播上，再把余下的2/3药土覆盖在上面，即下垫上覆，使种子夹在药土中间，防病效果90%以上，残效期月余。或在发病前或发病初期用72.2%普力克水剂400倍液喷洒，每平方米喷2～3升。此外，也可在整畦后用35%威百亩水剂，每亩10～20千克，对水800～1 000千克，在播种前15天，先在苗床开沟，沟深15～25厘米，间距25～30厘米，将稀释的药液均匀浅施沟内，随即盖土踏实，15天后翻耕透气，再播种。如未进行苗床土壤处理、出苗后发病的，可喷75%百菌清可湿性粉剂600倍液，或64%杀毒矾可湿性粉剂500倍液，隔7～10天一次，视病情防治1～2次。

(2)茄子立枯病：

①症状。刚出土幼苗及大苗均可发病。病苗茎基变褐，后病部收缩细缢，茎叶萎垂枯死。稍大幼苗白天萎蔫，夜间恢复，当病斑绕茎一周时，幼苗逐渐枯死，不呈猝倒状。病部初生椭圆形暗褐色斑，具同心轮纹及淡褐色蛛丝状霉，是本病与猝倒病区别的重要特征。

②传播途径和发病条件。以菌丝体或菌核在土中越冬，可在土中腐生2～3年。菌丝能直接侵入寄主，通过水流、农具传播。病菌发育适温24℃，最高40～42℃，最低13～15℃，适宜pH 3～9.5。播种过密、间苗不及时、温度过高易诱发本病。

③防治方法。加强苗床管理，注意提高地温，科学放风，防止苗床或育苗盘高温高湿。用种子重量0.2%的40%拌种双拌种。苗期喷洒植宝素7 500～9 000倍液，或0.1%～0.2%的磷酸二氢钾液，可增强抗病力。

苗床或育苗盘药土处理。可用40%拌种双粉剂，也可用多菌灵与福美双1∶1混合，每平方米苗床施药8克。也可采用斯美地覆膜法，即整畦后每隔30厘米把1～3毫升的32.7%斯美地水剂深施在10～15厘米处，边施边盖土，全部施完后用地膜覆盖10天，之后撤膜将土壤表层锄松，使残留药充分挥发5～7天后播种。

发病初期喷20%甲基立枯磷乳油(利克菌)1 200倍液，或36%甲基硫菌灵悬浮剂500倍液。猝倒病、立枯病混合发生时，可用72.2%普力克水剂800倍液加50%福美双可湿性粉剂800倍液喷洒，每平方米2～3升。视病情隔7～10天一次，连续防治2～3次。

(3)茄子黄萎病：

①症状。一般茄子在苗期发病少，成株多在坐果后开始出现症状，以结果初期发病最盛，多由植株下中部出现症状。叶片在初期表现为叶缘及叶脉间褪绿变黄，最后逐渐变为褐色，叶片边缘向上卷曲，最后干枯而脱落。发病初期，病株在晴天高温时出现萎蔫，早晚尚能恢复，病重后不再恢复，直至病株枯死。有的植株从一侧枝叶表现症状，并向上扩展，引起半边植株叶片变黄，或半张叶片变黄，并向一侧扭曲。劈开病根、茎、分枝及叶柄等部位，可见其维管束变黑褐色。

②防治方法。茄子黄萎病是一种较难防治的病害，在生产上要落实“预防为主，综合防治”的植保方针。主要措施如下：选用优良抗病力强的品种，如快圆、天津大茛等。实行轮作倒茬，切忌与番茄、辣椒、马铃薯等茄科类作物连作。推广嫁接技术，用托鲁巴姆、赤茄等材料作砧木，对于防治黄萎病效果较为理想。加强田间管理，配方施肥。茄子是喜温、耐热、喜肥又耐肥的作物。因此，在施足底肥的基础上，在结果盛期，要增施钾肥和磷肥，当门茄采摘后及时追肥，喷洒1.8%的爱多收4 000～5 000倍液，增强植株的抗病性。同时，雨后及时排除田间积水，及时摘除植株上的病叶和老叶，带出田间进行深埋处理。

发病初期可选用77%可杀得可湿性粉剂800～1 000倍液，或50%多菌灵500倍液，或90%恶霉灵可湿性粉剂2 000～3 000倍液灌根，10天左右一次，连续防治2～3次。严重的地块要将病株及时拔除，在拔除后的病株处撒生石灰进行杀菌处理，防止病菌借助浇水传播。

(4)茄子枯萎病：

①症状。多发生在成株期，在温度25～28℃、土壤潮湿时，极利于发病，病株叶片自下向上逐渐变黄枯萎，病症多表现在一二层分枝上，有时同一叶片仅半边变黄另一半健全如常。病情严重时，整株叶片枯黄，横切病茎、病部维管束呈黑褐色。

②防治措施。实行3年以上轮作，施用充分腐熟的有机肥，采用配方施肥技术，适当增施钾肥，提高植株抗病力。选用耐病品种。新土育苗或床土消毒，用50%多菌灵可湿性粉剂8～10克，加土拌匀，先将1/3药土撒在畦面上，然后播种，再把其余药土覆在种子上。种子消毒，用0.1%硫酸铜浸种5分钟，洗净后催芽，播种。

发病初期喷洒50%多菌灵可湿性粉剂或36%甲基硫菌灵悬浮剂500倍液。也可用10%双效灵水剂或12.5%增效多菌灵可溶剂200倍液灌根，每株灌药液100毫升，隔7～10天一次，连续灌3～4次。

(5)茄子褐纹病：茄子褐纹病是茄子的重要病害，发病后若防治不力可造成很大的损失，苗期发病造成缺株，结果期发病引起果腐。

①发病症状。从苗期到果实成熟期均可受害。幼苗感病后，多在近地面茎基部产生褐色到黑色梭形或椭圆形病斑，稍凹陷收缩，当病斑环绕茎周时，病部缢缩，幼苗猝倒死亡，大苗则形成立枯。成株期感病，叶片形成白色小斑点，以后逐渐扩大为不规则病斑，边缘深褐色，中间浅黄色，其上着生许多小黑点，呈轮纹状排列或散生。茎部受感染出现溃疡病斑，病斑边缘深褐色，中央灰白色，上面密生小黑点，以后病部凹陷、干腐，皮层脱落，木质部外露，易被风吹折断枯死。果实感病，最初在表面形成褐色病斑，呈圆形或椭圆形，稍凹陷，后扩大到全果，病部由小黑点组成明显的轮纹，病果最后软腐脱落，或干腐而成为僵果。

②发病规律。茄子褐纹病属真菌性病害，病菌以分生孢子器附着在种子表面，或以菌丝体潜伏于种皮内，或随病株残体在土壤中越冬，种子带菌常引起幼苗猝倒和立枯，土壤带菌常引起茎基部溃疡，所产生的分生孢子进一步侵染叶、茎和果实。由风雨或昆虫传播扩散，经伤口

和表皮直接侵入。病菌发育最适温度为28～30℃，空气相对湿度为80%以上。一般高温高湿，结露多雨，有利于病害的发生和流行。连作地、密度过大、氮肥过多或脱肥使植株长势较弱，或地势低洼而排水不良，夏季多雨等，都可引起发病或加重危害。

③防治方法。种子消毒：种子应进行消毒处理，方法是用55℃的温水浸种15分钟，或50℃的温水浸种30分钟，或用300倍的福尔马林药液浸种15分钟，以清水洗净后晾干播种。

苗床药剂消毒：宜选择在新苗床育苗，棚室床土可进行客土更换，并进行土壤消毒处理。每平方米用50%多菌灵可湿性粉剂10克，与20千克干细土均匀拌和，播种时一半药土铺底，一半药土盖种。

加强栽培管理：精心管理苗床，培育壮苗移栽，提高其抗病能力。实行起垄栽培，施足底肥。氮、磷、钾配合施用。雨季及时排水，防止田间积水，生育中后期实行小水勤灌，降低湿度。及时清除病叶、病果，防止再度侵染。

药剂防治：幼苗期喷药保护，发病初期喷药控制。一般7天左右喷一次，连喷2～3次。药剂选用70%代森锰锌可湿性粉剂500倍液，或75%百菌清可湿性粉剂600倍液。此外，在定植后于茎基部周围地面撒一层草木灰，可减轻基部感染发病。

(6)茄子灰霉病：

①症状。苗期、成株期均可发生灰霉病。幼苗染病，子叶先端枯死，后扩展到幼茎，幼茎缢缩变细，常自病部折断枯死，真叶染病出现半圆至近圆形淡褐色轮纹斑，后期叶片或茎部均可长出灰霉，致病部腐烂。成株染病，叶缘处先形成水浸状大斑，后变褐，形成椭圆或近圆形浅黄色轮纹斑，直径5～10毫米，密布灰色霉层，严重的大斑连片，致整叶干枯。茎秆、叶柄染病也可产生褐色病斑，湿度大时长出灰霉。果实染病，幼果果蒂周围局部先产生水浸状褐色病斑，扩大后呈暗褐色，凹陷腐烂，表面产生不规则轮状灰色霉状物，失去食用价值。

②传播途径和发病条件。以分生孢子在病残体上，或以菌核在地表及土壤中越冬，成为翌年的初侵染源。冬暖大棚靠分生孢子飞散进行传播蔓延，开花后侵染花瓣，再侵入果实引起发病。病菌发育适温20℃，分生孢子及菌核形成适温15～20℃，7～8℃也可产出分生孢子。湿度对此病流行影响较温度大，棚内低温高湿，通风不良发病重。

③防治方法。采用生态防治，及时通风降湿。生育期每半月施用一次10%速克灵烟剂，每亩每次250克，或5%百菌清粉尘剂，每亩每次1千克。发病初期喷洒50%速克灵可湿性粉剂1 500～2 000倍液，或36%甲基硫菌灵悬浮剂500倍液。茄子蘸花时，也可在生长激素中加入0.1%的50%速克灵可湿性粉剂防治灰霉病。

(7)茄子菌核病：

①症状。整个生育期均可发病。苗期发病始于茎基，病部初呈浅褐色水渍状，湿度大时，长出白色棉絮状菌丝，呈软腐状，无臭味，干燥后呈灰白色，菌丝集结为菌核，病部缢缩，茄苗枯死。成株期各部位均可发病，先从主茎基部或侧枝5～20厘米处开始，初呈淡褐色水渍状病斑，稍凹陷，渐变灰白色，湿度大时也长出白色絮状菌丝，皮层霉烂，在病茎表面及髓部形成黑色菌核，干燥后髓空，病部表皮易破裂，纤维呈麻状外露，致植株枯死。叶片受害也先呈水浸状，后变为褐色圆斑，有时具轮纹，病部长出白色菌丝，干燥后斑面易破。花蕾及花受害，呈水渍状湿腐，脱落。果柄受害果实脱落，果实受害端部或向阳面初现水渍状斑，后变褐腐，稍凹陷，斑面长出白色菌丝体，后形成菌核。

②传播途径和发病条件。主要以菌核在田间或大棚土壤内越冬。翌春茄子定植后菌核萌

发，抽出子囊盘即散发子囊孢子，随气流传到寄主上，由伤口或自然孔口侵入。子囊孢子不能侵害健壮植株，但大多数子囊孢子的芽管可穿过失去膨压的表皮细胞间隙，直接侵入寄主体内，即为该病的初侵染。在棚内病株与健株、病枝与健枝接触，或病花、病果软腐后落在健部均可引起发病，成为再侵染的一个途径。该菌孢子萌发以16～20℃、空气相对湿度95%～100%最适。在棚内低温、高湿条件下发病重，早春有3天以上连阴雨或低温侵袭病情加重。

③防治方法。覆盖地膜可阻止子囊盘出土，减少菌源。药剂处理土壤，每亩用50%多菌灵可湿性粉剂4～5千克，对干土适量充分混匀撒于畦面，然后耙入土中，可减少初侵染源。注意通风以降低棚内湿度，寒流侵袭时要注意加温防寒，以防植株受冻，诱发染病。发现病株及时拔除，带到棚外销毁。

田间开始见到子囊盘或发现中心病株后，喷洒50%混杀硫悬浮剂500倍液、36%甲基硫菌灵悬浮剂500倍液、50%速克灵可湿性粉剂1 500倍液，轮换或交替使用，隔10～15天一次，连续防治3～4次。喷药时注意同时封杀地面。此外也可选用烟雾法或粉尘法防治。

(8)茄子叶霉病：

①症状。茄子叶霉病的症状与番茄叶霉病比较相似，病菌主要危害叶片。发病初，在叶背生白色霉斑，随霉斑的扩大，色渐深，先为褐色，后变为棕黑色、黑色，霉层有聚集的情况，叶边缘变黄。在叶正面出现边缘不明显的黄色病斑，病斑大小不等，直径3～10毫米，不规则形至近圆形。严重时在叶正面也会生霉层。后期病斑处枯死，发生严重时，叶片干枯。该病由褐孢霉引起，病原属于半知菌亚门丛梗孢目真菌。

②田间发生规律。茄子叶霉病多发生在春茬保护地种植的中后期，由于气温升高，浇水过多，棚内湿度过大，管理粗放导致发病严重。该病可持续至7月上旬酷暑来临前，同时连续阴雨天气，保护地内光线过弱，有利于该病的扩展和危害。

③防治方法。播种前种子经温汤浸种，浸种时使用恒定55℃的温水，浸泡30分钟。实行轮作倒茬，轮换的间隔期以3年以上为好。在病区定植茄子时注意适当稀植，避免施用过量的氮肥，适时通风，适当控水，浇水后提温时，注意放风排湿。在结果后要及时整枝打杈，增加株间的通透性。

发病的大棚，收获后集中烧毁病株。夏季可采用太阳能高温消毒的方法，密闭大棚数日，可杀死残存的病菌。如连作，在定植前(注意：当时棚内不能有正在生长的蔬菜)，每55米^{3}空间用130克硫磺，加250克锯末，混匀后加煤点燃熏棚。熏时一般在傍晚进行，熏一晚上即可。

在发病初期，可用47%加瑞农可湿性粉剂600倍液，或65%万霉灵1 000倍液喷洒。或用45%百菌清烟剂，每亩250克熏烟，每5～6天用药一次。还可用47%加瑞农可湿性粉剂500倍液，或1∶1的甲基托布津加扑海因500倍液喷雾。在发现病害较晚时，可先进行高温闷棚再进行药剂防治，效果会更好，闷棚的温度为44～46℃，保持1～2小时即可。打药及浇水安排在晴天的上午，下午注意排风放湿。一般用药3～4次即可取得良好的防治效果。

(9)茄子绵疫病：茄子绵疫病俗称烂果、水烂，是茄子重要病害之一，在各地普遍发生。茄子各生育期均可受害。

①症状。主要危害果实，近地面果实先发病，初为水渍状圆斑，后扩大至整个果实。病斑稍凹陷，黄褐色或暗褐色，果肉黑褐色，腐烂，易脱落。湿度大时，病部表面长出白色棉絮状菌丝，病果易落，或收缩而成僵果。也可危害叶、茎、花，嫩茎染病形成水渍状、暗绿色或紫褐色病

斑,缢缩或折断。湿度大时生稀疏白霉,其上部叶片萎垂。叶受害产生不规则或近圆形水渍状褐色病斑,有明显轮纹。潮湿时,病斑上生稀疏白霉。幼苗被害,胚茎基部呈水渍状坏死,引起猝倒。

②发病条件。茄子绵疫病属于真菌病害。病菌卵孢子在土壤中或病残体上越冬,第 2 年靠风吹、雨溅先侵染靠近地面的果实和茎叶,病斑上产生的孢子囊通过风、雨、灌溉等传播。高温高湿、雨后骤晴天气,植株密度过大、通风透光差,地势低洼、土壤黏重的地块易发病。

③防治方法。采用黑色地膜覆盖地面或铺于行间,能够阻断土壤中病菌孢子对茄果的飞溅传播,从而起到较好的防病效果。还可以借日光进行高温灭菌及防除杂草,控制病害发生。

施足农家肥,增施磷钾肥,适时追肥,浇小水,不积水,中午暴雨后要立即浇压清水,以抵制侵染,增强植株抗病力。适时整枝,打去下部老叶,改善田间通风透光条件,及时摘除病叶、病果,并将病残体带出田外,以防止再侵染。

茄子定植前以 50%克菌丹可湿性粉剂 500 倍液喷洒苗床,定植缓苗后,以 70%代森锌可湿性粉剂 500 倍液喷洒保护。初始发病出现中心病株,应立即拔除销毁并喷药防治。在结果期要喷药保护,可用 1∶1∶200 倍波尔多液进行防护,每隔 7 天喷一次效果很好。一旦发病,必须立即施药。药剂有 75%百菌清 500～600 倍液、50%甲基托布津可湿性粉剂 800 倍液、40%乙膦铝可湿性粉剂 200 倍液、64%杀毒矾 500 倍液等,一般每隔 7～10 天喷一次,连喷 3～4 次,注意交替用药。

(10)茄子青枯病:

①症状。茄子青枯病发病初期仅个别枝上一片或几片叶色变淡,呈现局部萎垂,后扩展到整株,后期病叶变褐枯焦,病茎外部变化不明显,如剖开病茎基部木质部变褐色。本病始于茎基部,后延伸到枝条,枝条的髓部大多溃烂或中空,病茎横切面用手挤压,湿度大时有少量乳白色黏液溢出,这是本病重要特征。

②判断方法。如果不能从症状上准确判断茄子患的是否是青枯病,可将茄子病茎切成 3～5 厘米长的小段,然后放入备好的清水瓶中,大约半小时,如发现清水变混浊,则证明茄子得了青枯病,否则不是。

③发病原因。连作致病:栽培种类单一,长期连作,致使土壤中的病菌繁殖积累,数量增加,连作时间越长,发病率越高,病情越重。据调查,连作 3 年以上,茄子青枯病发病率达 20%以上。

种子带菌:带菌种子和带有病残体的有机肥,是无病区的初侵染源。播种前种子、营养土等未进行处理,或消毒药剂不对路,病害可能发生。病菌从幼苗的根部或茎基部皮孔和伤口侵入,在维管束内繁殖蔓延,引起萎蔫。

管理不当:采用平畦栽培,不利于田间积水的排除。灌溉采取大水漫灌或浇水次数偏多,导致土壤含水量高,湿度过大,透气性差,为病害的发生创造了条件。

盲目施肥:过多施用氮素化肥,忽视钾肥、微肥及优质农家肥的施用,造成植株徒长,土壤次生盐渍化,植株根系长期处于一个不良的土壤环境中,抗病能力下降,感病几率增加。

④防治措施。合理轮作倒茬,避免与瓜类、茄果类蔬菜连作,可与十字花科的甘蓝、大白菜,百合科的大葱、大蒜等蔬菜实行 3 年以上轮作。培育无病壮苗。

种子消毒,1 千克种子用绿亨 1 号 1～1.5 克与 50%福美双可湿性粉剂 3～4 克或绿亨 3 号 8～10 克拌种,可干拌,也可湿拌,拌后随即播种,不要闷种。苗床土壤消毒,每平方米用绿亨1号1克，对水3 000倍，在播种前或播种后均匀喷洒于床内，或将上述用药量对过筛细土15～20千克，将1/3撒在苗床内，余下2/3播种后盖土。

用石灰氮进行土壤消毒，可防治各种土传病害及地下害虫，特别是对真菌性和线虫病害效果较好，如根结线虫、青枯病、枯萎病、根腐病等。利用石灰氮防治土传病害，较常规土壤杀菌剂防治具有无残留、不污染环境等优点。

茄子定植前每亩耕层土壤中施入石灰氮75～100千克，麦草1 000～2 000千克，或未腐熟鸡粪3 000～4 000千克，做畦后灌水，灌水量要达到饱和程度，覆盖透明塑料薄膜，四周要盖紧、盖严，让薄膜与土壤之间保持一定的空间，以利于提高地温，增强杀菌灭虫效果。密闭棚室，闷棚20～30天。闷棚结束后，可根据土壤湿度情况开棚通风，调节土壤湿度，然后疏松土壤即可栽培蔬菜。应用此法的最佳时间要选择夏季气温高、雨水少、冬暖大棚闲置时期，一般是5月下旬至8月下旬。

营养钵育苗，减少移栽时易出现的伤根现象，防止病菌从伤口侵入，培育无病壮苗。用托鲁巴姆作砧木进行茄子嫁接栽培，防治青枯病效果较好。

实行高垄栽培，坚持科学灌水，认真平整土地，采用深沟高垄栽培，既有利于排灌，又可以增强土壤的透气性。浇水时要采取小水浇灌或隔行浇，不能大水漫灌。

做到平衡施肥，加强田间管理。多施用经过充分腐熟的优质农家肥，适量增施磷、钾肥，合理配施锌、硼等微量元素，控制氮肥用量，使植株稳健生长，提高自身的抗病力。在茄子生长期间，注意观察生长状况，发现病株及时拔除，集中销毁，并将病穴及周围植株进行灌药处理，防止土壤中的病菌蔓延危害。

发病前和发病初期及早施药防治，可用72%农用硫酸链霉素可溶性粉剂4 000倍液、77%可杀得可湿性微粒粉剂500倍液、50%琥胶肥酸铜(DT)可湿性粉剂500倍液、14%络氨铜水剂300倍液灌根，每株灌药液0.3～0.5千克，隔10天一次，共灌3～4次。

(11)茄子细菌性叶斑病：

①症状。主要危害叶片。病斑多从叶缘开始，从叶缘向内沿叶脉扩展，病斑形状不规则，有的外观似闪电状或近似河流的分支，淡褐色至褐色。患部病症不明显，露水干前，手摸斑面有质黏感。

②发病特点。病菌以菌丝体随病残体遗落在土中存活越冬，依靠雨水溅射而传播，从水孔或伤口侵入致病。温暖多湿的天气及株间郁闭有利于发病。偏施氮肥，叶色过于浓绿易感染。

③防治方法。参照茄子青枯病的防治方法。本病不常发生，危害尚不严重，抓好青枯病的防治也可兼治本病，一般无需单独防治。必要时用30%氧氯化铜悬浮剂600倍液或70%可杀得悬浮剂800倍液喷施叶面1～2次。

(12)茄子病毒病：

①症状。茄子病毒病常见有3种症状。花叶型：整株发病，叶片黄绿相间，形成斑驳花叶，老叶产生圆形或不规则形暗绿色斑纹，心叶稍显黄色。坏死斑点型：病株上位叶片出现局部侵染性紫褐色坏死斑，大小0.5～1毫米，有时呈轮点状坏死，叶面皱缩，呈高低不平萎缩状。大型轮点型：叶片产生由黄色小点组成的轮状斑点。

②传播途径和发病条件。主要靠蚜虫和汁液摩擦传毒。高温干旱、管理粗放、田边杂草多、蚜虫发生量大发病重。

③与茶黄螨危害和激素药害的区别。病毒病，花叶植株矮化不明显，上部叶片出现褪绿角

斑与圆斑，因病斑扩展受叶脉限制多呈三角形，最后变为褐色。叶片上出现深绿和浅绿相间的块状斑或线纹。蕨叶生长点或腋叶都发展成细长小叶，小叶后来变细甚至没有叶肉，仅留叶脉，最后成螺旋形下卷，俗称“鸡爪叶”。条斑植株中下部叶片和果实上有灰白色、淡黄色坏死斑驳或不规则的条斑及条纹。

茶黄螨因虫体很小，其危害症状常被误认为病毒病和激素药害。茶黄螨吸取汁液以后，叶片变硬、变脆，叶肉增厚，嫩梢扭曲畸形，而叶背呈现油质光泽或油浸状，变黄褐色或灰褐色。

激素药害是在使用激素过量后，生长点叶片向下卷曲，细长，叶缘扭曲畸形，但激素药害的叶背无油渍状，也不变黄褐色，叶片僵硬、增厚不明显，一般是大面积同时发生。

④防治方法。选用耐病毒病的茄子品种。用10%磷酸三钠浸种20～30分钟。早期防蚜避蚜，减少传毒介体。冬暖大棚内悬挂银灰膜条，或畦面铺盖灰色尼龙纱避蚜。及时防治截形叶螨。加强肥水管理，铲除田间杂草，提高寄主抗病能力。

喷洒20%病毒A可湿性粉剂500倍液，或83增抗剂100倍液，或抗毒剂1号水剂300倍液，或蜜肽霉素400倍液，隔10天左右一次，连续2～3次。

(13)茄子根结线虫病：

①症状。茄子根结线虫主要侵染茄子根部，尤其侧根受害多。根上形成很多近球形瘤状物，似念珠状相互连接，初表面白色，后变褐色或黑色，地上部表现萎缩或黄化，天气干燥时易萎蔫或枯萎。由于根部被破坏，影响正常的吸收机能，所以地上部生长发育受阻，轻者症状不明显，重者生长缓慢，植株比较矮小，生育不良，结果小而且少。在中午气温较高时，地上部植株呈萎蔫状态；早晚气温较低或浇水充足时，暂时萎蔫又可恢复正常。随着病情的发展，植株逐渐枯死。

②发生特点。茄子根结线虫病是由线形动物门根结线虫属线虫侵染引起的。线虫以卵在病株根内，随同病株残根在土壤中越冬，或以2龄幼虫在土壤中越冬。翌年，在环境适宜时，越冬卵孵化为幼虫，而2龄幼虫继续发育。在田间主要依靠带虫土及病残体传入、农具携带传播，也可通过流水传播土中线虫，幼虫一般从嫩根部位侵入。侵入前，能作短距离移动，速度很慢，故此病不会在短期内大面积发生和流行。侵入后，能刺激根部细胞增生，形成根肿瘤。幼虫在肿瘤内发育至3龄，开始分化，4龄时性成熟，雌、雄虫体各异，雌、雄虫交尾产卵。雄虫交尾后进入土中死亡。卵在瘤内孵化，1龄幼虫出卵并进入土中，进行侵染和越冬。也有的以卵在病根和土壤中越冬。病土和病肥是发病主要来源。该线虫发育适温25～30℃，幼虫遇低温失去活动能力，48～60℃经5分钟致死，在土中存活1年，2年即全部死亡。

③发病与环境条件的关系。地势高燥，疏松、透气的沙质土壤发病重；碱性或酸性土壤不利于发病；土壤潮湿、黏重时，发病轻或不发病。如果土壤墒情适中，通透气又好，线虫可以反复危害。

④防治方法。无土育苗：采用无土育苗是避免根结线虫危害的一条重要措施。因为无土育苗可培育壮苗，避免早期根结线虫的危害，移栽后，即使受到根结线虫的危害，对作物产量影响不大。无土栽培在夏季育苗时，要及时补充水分，防止过干，秧苗生长不良。在春季采用无土育苗的方法，秧苗质量好于土壤育苗。育苗基质进行消毒，消毒的药剂有棉隆和威百亩。方法是将基质集中，将棉隆或威百亩与基质充分拌匀后，盖上塑料薄膜熏蒸。

采用嫁接技术：含有Mi基因的野生茄子品种，对根结线虫具有优异的抗性。利用这些品种作砧木进行嫁接栽培，能有效地防治根结线虫危害，种植一茬后，可明显减轻下茬作物根结线虫的危害。砧木应选择生长势强，根系发达，对黄萎病、青枯病、枯萎病、根结线虫病等4种土传病害达到高抗甚至免疫程度的品种，生产中表现比较好的有托鲁巴姆、CRP、水茄、温棚茄砧、超托鲁巴姆、托托斯加。其中托鲁巴姆苗期茎粗壮，嫁接操作方便，成活率高，嫁接生产的茄子产量高、品质好，是一种较为理想的抗根结线虫砧木品种。

生物防治：定植前每平方米用1.8%阿维菌素乳油1毫升，稀释2 000～3 000倍后，用喷雾器喷雾，然后用钉耙混土，该法对根结线虫有良好的防治效果。对生长期发病的植株，可用1.8%阿维菌素乳油4 000～6 000倍液根部穴浇，每株100～200毫升。

化学防治：播种或定植前进行土壤消毒，亩撒施10%福气多颗粒剂5～7千克。棚室茄子定植时，亩穴施10%福气多颗粒剂3千克。化学防治时，要注意农药的安全间隔期。

2. 生理病害

(1)茄子坐果率低：

①大棚茄子坐果率低的原因。棚温太低：茄子是喜温蔬菜，生长发育适应温度为15～35℃，适宜温度为22～32℃，低于20℃果实停止生长，低于15℃会落花。我国大部地区12月下旬至翌年3月初的冬季和早春季节，经常受寒流袭击，这段时间正值大棚茄子开花结果期，有的大棚因建造不科学、采光角度不合理、保温措施欠佳等，造成棚温处在15℃以下，便会导致落花落果。

光照不足：棚膜上的水滴、草屑、尘土等，会使棚膜的透光率下降30%左右。新膜在使用2天、5天、15天后，棚内光照会依次减弱14%、25%、28%。如果棚膜使用时间较长，膜上灰尘、草屑又多，就会使棚内光照过弱。茄子对光照有较强要求，光照过弱花期延迟，引起落花。

营养不良：茄子喜肥耐肥，在低温弱光的冬季，因地温较低，土壤中的有机质和微量元素等转化慢，无法满足根部吸收，造成植株营养不良，导致落花落果。

②提高茄子坐果率的措施。增温保温：一是棚内吊上天幕，可提高气温3℃左右。二是多施有机肥，有机肥空隙大，充满了空气，能够有效减少土壤热量的散失。有机肥在分解过程中还能放出一定的热量，可明显提高棚内的地温和气温。三是盖防寒膜，傍晚盖好草帘后，上面再加上一层塑料薄膜防寒，可提高棚温3～4℃。

增加光照强度：保持棚膜清洁，要经常清扫棚膜，下雪天及时清扫积雪，增加棚膜的透明度。设置反光幕，用长3米、宽2米的镀铝膜反光幕，挂在大棚内北墙上，使之垂直地面，可使地面增光40%左右。选用无滴膜，无滴膜在生产的配方中加入了几种表面活性剂，使水分子形成的雾水沿薄膜面流入地面无水滴产生。选用无滴大棚膜扣棚，可增强棚内的光照强度和提高棚温。摘除老叶。随着植株的生长和果实的采摘，下部的老叶可随时摘除，增加透光性。

叶面补肥：冬季低温弱光条件下，土壤中的有机质和微量元素转化慢，无法满足植株生长的要求，要补充叶面肥，以达到营养充足，促进花芽分化和保花、保果。可喷施宝力丰150倍液、硼砂或硼酸2 000倍液、硫酸镁1 000倍液、硫酸锌1 000倍液、稀土600倍液。

喷防落素：用小型喷雾器，将浓度为20～50毫升/千克的防落素（番茄灵）喷洒于花朵上，以喷湿为宜，隔3～4天喷一次。经药剂处理后，可明显减少落花，促进果实生长，提早收获，提高产量。要严格控制使用浓度，不要将药液喷到心叶和嫩叶上，以免引起药害。喷花药液内加入0.1%的50%速克灵可湿性粉剂，或50%扑海因可湿性粉剂，或50%农利灵可湿性粉剂，或50%多菌灵可湿性粉剂，可抑制灰霉病的发生，达到保花、保果的目的。

人工授粉：保护地中应进行人工授粉，授粉时间以上午8～10时效果最好。

(2)2,4-D中毒:茄子用2,4-D处理花朵后,植株发生皱叶、畸形原因:

①2,4-D的施用浓度过高。适宜的2,4-D药液浓度为25～30毫克/千克。2,4-D属于向上传导型植物生长调节剂,在保花保果时,若浓度过大,会通过花序传至生长点,达到一定浓度后,使生长点叶片变小、变皱、变厚,似病毒症状。

②植株水分供应不足。用2,4-D处理花朵期间,如果植株缺水,也容易引起茎叶中2,4-D相对浓度过高而引起叶片皱缩。

③高温下处理花朵。高温下处理花朵,特别是晴暖中午前后处理花朵,因为此时植株中的水分含量较低,即使用正常浓度的2,4-D处理后,也因茎叶中的2,4-D浓度偏高,而引起叶片皱缩。

叶片发生皱缩后,应及时浇一次水,增加茎叶中的水分含量,稀释茎叶中的2,4-D,同时进行叶面喷水,增加叶片中的水分含量,促叶片伸展,恢复叶片正常生长。

(3)苦味茄:

①苦味茄产生的原因。品种因素:茄子本身含有一些特殊苦味物质,如茄碱等。野生茄通常果实小,味苦,栽培驯化后苦味减轻。不同的品种中苦味物质的含量有一定的差异,其含量的多少某种程度上决定着茄子苦味的轻重。一般来说,绿色茄子高于紫色茄子,矮茄高于长茄。

环境因素的影响:茄子果实中苦味物质的多少,很大程度上受外界环境的影响。保护地栽培是一种逆环境栽培,其创造的条件由于受当前生产水平的影响,很难达到茄子生长最佳环境。特别是在我国北方地区,早春或冬季栽培的茄子,通常会遇到连阴天气或低温寡照天气,常会影响茄子的正常生长,生理过程失衡,物质代谢紊乱,茄果内苦味素超量蓄积,加重其苦味。

嫁接砧木的影响:近年来为防止连作障碍,保护地栽培茄子时很多都已经采取了嫁接育苗。采用嫁接育苗,可以较为有效地防止连作障碍,但如果选用砧木不当,就会影响其品质,有时会加重茄子的苦味。

栽培措施失当:茄子由营养生长转入生殖生长后,植株对部分矿质元素的需求量明显增加,此期若偏施氮肥,极易造成植株旺长而产生苦味。另外,茄子栽培过程中水分供应一定要及时,如缺乏水分供应,就会影响到植株正常的生理、生化活动,妨碍干物质的转化积累和有害物质的分解释放,导致果皮厚硬、果肉味苦,品质降低。

②防止措施。预防为主,加强综合栽培管理措施是防止产生保护地苦味茄的关键。

选用适宜保护地种植的品种。保护地栽培时要选择抗低温、耐弱光、苦味轻的品种。对新引进的品种,要在先行试种成功的基础上再扩种,避免盲目种植,以免造成损失。

优化保护地生产环境。注意选择保温能力强的棚材和透光性能好的无滴膜,经常清除积尘和棚膜上的污物,保证充足的光照。有条件的地区可以采取一定的增光措施,如使用反光幕、人工补光等。增强保护地的增温保温性能,使保护地内的温度能够满足茄子生长的需要,特别是在坐果以后,更要设法达到茄子生长的适温,防止因光热不足导致茄子生长发育失衡,产生苦味。

砧木选择要适当。在进行嫁接育苗时,除了要考虑其亲和性,还要考虑砧木对茄子品质的影响,要选用对品质影响较小的一些砧木。目前生产上应用效果较好的茄子砧木主要有托鲁巴姆、赤茄等。

加强栽培管理。种植过程中，要注意合理密植，一般密度为每亩2 800～3 000株。结合果实采收，及时疏除衰老枝叶，以利透光和防止病害侵染。坚持有机肥与全营养化肥的科学合理搭配。根据生育进程保证所需水分供应，严防肥水亏缺或供应不当，间接影响植株体内酯酶的分解，出现苦味。生产实践表明，茄子坐果后，选择晴好天气，相隔10～15天，叶面喷施0.5%的磷酸二氢钾与1%蔗糖混合液，连喷2次，对减轻茄子苦味、提高产量和品质效果明显。

(4)茄子药害：

①药害症状。防治茄子病虫害时，常发生药害，其主要的症状是：

烧叶。最常见的是叶脉间变色，叶缘尤其是滴药液处变白或变褐色，叶表受到较轻药害时失去光泽。区别于其他伤害的重要特点是中部叶及功能叶严重，嫩叶及上部叶片变色比下部严重，气害则多是中部叶及功能叶严重，边缘及叶反面严重，可与药害相区别。

叶变黄或脱落。在根部受药害、肥害及大水闷根时，心叶变小变黄。对药物敏感则大叶变黄，如茄子用含代森锰锌、杀毒矾等药物过量，会引发叶黄甚至脱落。

叶子、果实着生黑斑、黑点。如果农药施用浓度偏高时，铜制剂可使茄子果实生黑点，擦不掉。菌核净可以使叶部生黑褐斑。嘧霉胺可以导致茄子叶片生片状褐斑。

抑制生长。特普唑等不少三唑类药物会使多种蔬菜生长变慢，叶小果小，生长受抑制。

叶果畸形。点花药物如2,4-D、防落素等在浓度太高或用量大时很容易引发生长叶变厚、变窄、扭曲畸形，状如病毒病。果实变形、僵而不长或开裂。

②防治措施。喷施中和剂：针对药害的药物性质，施用与其性质相反的药物进行中和缓解。如发生硫酸铜药害后，可喷0.5%的生石灰水解救。如受石硫合剂药害后，在水洗的基础上，喷400～500倍的米醋液可减轻药害。有机磷类农药产生药害时，可喷200倍的硼砂液1～2次。

施用解毒剂：发生药害后可用某些特定的解毒剂进行补救。如多效唑等抑制剂或延缓剂造成危害时，可喷施"920"溶液解救。

喷施生长调节剂：选用叶绿宝、多得、康培、细胞分裂素等叶面营养调节剂和植物激素进行叶面喷施，能促进作物恢复生长，减轻药害造成的损失。

喷施强氧化剂：高锰酸钾是一种强氧化剂，对多种化学农药都具有氧化、分解作用，可用3 000倍高锰酸钾溶液进行叶面喷施。

灌水降毒：因土壤施药过量造成药害，可灌大水洗田，一方面满足作物根系的吸水需求，增加茄子植株细胞水分含量，降低体内农药的相对浓度；另一方面灌水能降低土壤中农药浓度，减轻农药对茄子的毒害。

增施肥料：作物发生药害后生长受阻，长势减弱。若及时补施氮、磷、钾肥或腐熟有机肥，可促使受害植株恢复生长。如果药害是由酸性农药引起的，可在地里撒生石灰或草木灰，药害较重的还可用1%漂白粉液叶面喷施。对碱性农药引起的药害，可用硫酸铵、过磷酸钙等酸性肥料。

无论何种性质的药害，叶面喷施0.1%～0.3%的磷酸二氢钾溶液，或用0.3%的尿素加0.2%的磷酸二氢钾溶液混合喷洒，每隔5～7天一次，连喷2～3次，均可显著降低因药害造成的损失。

(5)长茄弯曲：

①发生原因。一是在雌花花芽分化期，外界的环境条件不适宜，导致胎座组织发育不均

衡，从而出现果实弯曲。另外受精不完全，仅子房一侧的卵细胞受精，导致整个长茄发育不平衡也会形成弯曲。二是果实膨大期缺肥造成的弯曲，营养生长过旺而生殖生长不足也会形成弯曲。三是在果实膨大期高温强光引起水分、养分供应不足造成的弯曲。四是若正在伸长的茄子碰到阻碍物也会造成弯曲，如植株底部的茄子因着地就易弯曲。五是缺乏微量元素硼也能造成果实弯曲。

②防治措施。苗期创造适宜的温度及光照条件：白天控制棚温30℃左右，夜间以22℃为适宜。茄子对光照时间和强度的要求较高，光照强度补偿点为2 000勒克斯，饱和点为40 000勒克斯，在自然光照下，日照时间越长，果实发育越好，因此，夏季拱棚种长茄苗期不可过度遮光，确保光照时间，以防果实发育不良。

施足有机肥：基肥应亩用畜禽圈肥5 000千克左右，并在花前补施硼肥，膨果期追施含氮、钾的肥料为主。茄子是需肥较多的蔬菜，每生产1万千克的果实，大约需要吸收氮30千克、磷6.4千克、钾55千克。采果盛期对肥料的吸收量达到高峰，因此要注意补充，不可脱肥。要注意预防植株旺长，以免生殖生长不足造成果实弯曲。可通过拉大昼夜温差、降低棚内温湿度、叶面喷施多效唑或烯唑醇相结合的办法抑制旺长。

缠蔓整枝：对于机械造成的弯曲果实，可在缠蔓、整枝时及时消除阻挡果实伸长，使果实正常下垂。

降低点花药的浓度：夏季温度高，要适当降低2，4-D和赤霉素的浓度，可用2毫升5%的2，4-D混2滴赤霉素，对水0.3千克。在点花时，可使弯曲状的果柄内侧着药（指弧形的内侧）纠正果实弯曲，且弯曲度越大，点药部位应越靠近花萼处。

（6）茄子僵果：

①症状。茄子果实形状不正，不长，即僵茄。

②病因。产生僵茄原因主要是苗的素质不好，与床土及温、湿、光管理有关。茄子根系发育缓慢，吸水范围窄，尤其幼苗不耐干燥，温度高于30℃，短花柱花增多，是落花及发生僵茄原因之一。当昼夜温度都过高时，同化养分消耗增多，致苗质变劣。如光照不足，生长发育缓慢，形成花的时期及开花期推迟，花的素质下降。温度低于17℃，高于35℃，茄子受精受阻，花粉发芽趋缓。定植时遇有低温，即使花粉落到雌蕊上，花粉管也伸长不良，形成僵茄。尤其是夜温过高，昼夜温差小，易产生僵果。另外，铵态氮高、钾多、弱光、多湿的条件也会使僵果增多，越冬栽茄子易形成僵茄。一般圆茄品种比长茄品种僵果多。

③预防措施。育苗期白天保持26～30℃，夜温17℃。2叶期后控制夜温在14～15℃。茄子喜强光，育苗时使用透光充分的塑料薄膜，有利于提高苗的素质。育苗期尽量保温，最低气温不得低于14℃，地温16～17℃，白天注意增加采光，棚温控制在30℃以下，及时通风换气，防止高温引起僵茄。膨果期，叶面喷施1%尿素+0.3%磷酸二氢钾液，促进植株生长，增加光合产物积累。用30～50毫克/千克防落素蘸花促进果实膨大。

（7）茄子凹凸果：

①症状。俗称空泡果。塑料大棚栽培的茄子较常见。空泡果从外表上看，表面不光滑，凹凸，重量轻，用手捏发软。剖开后可见果肉和表皮之间有空洞或空泡。

②病因。果实各部发育不平衡引起。一是施肥过多，尤其是施用氮肥过量造成生长过旺。二是土壤贫瘠，温度低，光照不足，浇水过多生长较弱。三是昼夜温差小，光合作用制造的碳水化合物输送不均匀，积累少。四是激素浓度过高，或花过小时处理，致茄子出现凹凸果。

③防治措施。一是选择凹凸果出现少的果肉较致密的圆茄品种。二是适期播种，避免施肥过量，采用配方施肥技术，合理搭配氮磷钾肥，避免偏施氮肥。浇水适时适量，不要忽干忽湿，注意光照要充足，白天温度控制在25～30℃，上半夜18～24℃，下半夜15～18℃。三是正确使用生长素。

(8)茄子双子果：

①症状。茄子双子果又称双胴果、双子茄。

②发生原因。茄子进入花芽分化期遇有低于15℃的低温、肥料过多、灌水过量等，致生长点的营养过多，过剩的养分供给分化、发育中的花芽，花芽的营养过剩，细胞分裂过盛，心皮数目变多。多心皮的子房，在发育过程中各个心皮不能整齐合一地接合在花托的中央，各个心皮和子房的发育变得不均衡，结果发育成双子果等畸形果。

③防治措施。茄子花芽分化期要保持温度适宜。土壤水分和营养不宜过多。要求白天温度控制在25～30℃，上半夜18～24℃，下半夜15～18℃，维持一定的昼夜温差，严防温度长期低于15℃或高于35℃。早春每天光照应达到8小时以上，尽量多见光。定植前10天要通风降温，白天20℃，夜间10～15℃，不要盲目抢早定植。

(9)茄子畸形花：

①症状。正常的茄子花大而色深、花柱长，开花时雌蕊的柱头突出，高于雄蕊花药之上，柱头顶端边缘部位大，呈星状花，即长柱花。生产上有时遇到花朵小，颜色浅，花柱细、花柱短，开花时雌蕊柱头被雄蕊花药覆盖起来，形成短柱花或中柱花。当花柱太短，柱头低于花药开裂孔时，花粉则不易落到雌蕊柱头上，不易授粉，即使勉强授粉也易形成畸形花或花脱落。

②病因。畸形花形成原因是花的发育和形态受环境条件和植物体营养状态影响。茄子处在夜温高、弱光照，碳水化合物生成的少，又消耗很多的情况下，花芽的各器官发育不良，易出现短柱花，形成畸形花或脱落。另外，缺氮会延迟花芽分化，减少开花数量，尤其在开花盛期，氮、磷不足易产生畸形花。

③预防措施。育苗时选择肥沃的土壤。气温白天控制在20～30℃，夜间20℃以上，地温不低于20℃，生育初期和中期注意防止低温，生育后期气温逐渐升高时，要防止高温多湿，昼夜温差不要小于5℃。保持土壤湿润，延长光照时间有利于长柱花形成。

培育壮苗，苗龄70～80天，茎粗短，节紧密，叶大叶厚，叶色深绿，须根多。苗期温度白天控制在28～30℃、夜间18～20℃，注意增加光照。苗子长到1叶1心时移植，使其在花芽分化前缓苗，使花芽分化充分。定植前一天浇透苗床，第2天用铲子把苗铲起，把茄苗带土提起，尽量少伤根，这样定植后不仅缓苗快，而且可防止落花落果及产生畸形果，还可有效地预防黄萎病和僵果。

冬暖大棚茄子进入高温季节后，棚膜应逐渐全部揭开，防止高温危害或产生畸形花。

(10)茄子裂果：

①症状。茄子果实形状不正，产生双子果或开裂，在保护地发生较多，在露地条件下主要发生在门茄坐果期。开裂部位一般始于花萼下端，危害较重。

②病因。主要是温度低或氮肥施用过量，浇水过多致生长点营养过盛，造成花芽分化和发育不充分，形成多心皮的果实或雄蕊基部分开而发育成裂果。有时果实与枝叶摩擦，果面产生伤疤，浇水后果肉膨大速度快，容易引起开裂。

③预防措施。选择肥沃土壤育苗和定植。气温控制在白天20～30℃，夜间20℃以上，地

温不低于20℃，生育初期和中期注意防止低温，生育后期防止高温多湿，昼夜温差不要小于5℃，保持土壤湿润。培育壮苗，苗龄70～80天，茎粗短，节紧密，叶大叶厚，叶色深绿，须根多，苗期温度白天控制在28～30℃、夜间18～20℃，注意光照。定植前一天浇透苗床，定植时尽量少伤根，加快缓苗。

定植后，用10万单位的防落素配成30毫克/千克水溶液，对门茄进行喷花，可有效地防止产生裂果。提倡施用促丰宝活性液肥2号600～800倍液。

(11)茄子低温障碍：

①症状。低温障碍有两种情况。一是低温冷害，棚室茄子在生长发育过程中遇有低温，出现叶绿素减少或在近叶柄处产生黄色花斑，病株生长缓慢，植株不长。遇有冰点以上的较低温度，即发生冷害，叶尖、叶缘出现水浸状斑块，叶组织变成褐色或深褐色，后呈现青枯状。二是冻害，遇有冰点以下的温度即发生冻害，冻害依受冻程度可分四种：一是在育苗畦中仅个别植株受冻。二是幼苗的生长点或子叶节以上的3～4片真叶受冻，叶片萎垂或枯死。三是茄子幼苗尚未出土，幼苗在地下全部冻死。四是植株生育后期或果实在田间或运输及贮存过程中，遇有冰点以下温度常常受冻，温度回升至冰点以上才开始现症，初呈水浸状、软化，果皮失水皱缩，果面现凹陷斑，持续一段时间腐烂。

②原因。播种过早或反季节栽培时，气温过低或遇有寒流及寒潮侵袭时易产生冷害或冻害。

③预防措施。选用耐低温的品种。苗床和定植地要采用分层施肥法，提倡施用日本酵素菌沤制的堆肥酿热物，以保持土壤疏松和提高地温。采用配方施肥技术，施用完全肥料或复合肥等，不要偏施氮肥，以增强幼苗抗寒能力，培育壮苗。

采用热水循环温床法育苗。采用双层膜或3层膜覆盖，要注意提高苗床或冬暖大棚地温，地温要稳定在13℃以上，防止落叶、落花和落果。低温锻炼，适期蹲苗。

生产上遇有寒流或寒潮侵袭，出现大降温天气时，要及时增加覆盖物或加温。土壤干旱的要浇水，寒流过后要千方百计把棚温和地温提高到13℃以上，避免低温型病害发生和蔓延，一旦发生冻害上午要早放风、下午晚放风，尽量加大放风量，以避免升温过快，使细胞间的冰晶慢慢融化成水，并被原生质吸收，这样就能大大减轻受冻的程度。

茄子果实受冻，宜采用变温及缓慢间歇加温处理，也会使冷害症状恢复，或冷害症状延缓出现。

用500～1 000毫克/千克的氯化胆碱液喷洒叶面，保护处于低温胁迫下的茄子植株的细胞膜系结构和提高其防冷性物质含量，从而增强茄子植株的抗冷性。

(12)茄子缺素症：

①缺氮症。症状：叶色变淡，老叶黄化，严重时干枯脱落，花蕾停止发育变黄，新叶变小。

发生原因：前茬施有机肥和氮肥少，土壤中氮素含量低。施用作物秸秆或未腐熟的有机肥太多时容易发生。土壤含水量大，影响了有效氮的转化，氮肥施用不均等。

防治方法：施用氮肥，温度低时施用硝态氮化肥效果好。施用腐熟堆肥及有机肥。

②缺磷症。症状：茎秆细长，纤维发达，花芽分化和结果期延长，叶片变小，颜色变深，叶脉发红。

发生原因：土壤酸性大，磷被铁、镁固定，无法吸收。有时地温低也会严重影响植株对磷的吸收，导致缺磷。氮肥施用过多会阻碍茄子对磷的吸收。

防治方法：缺磷土壤施用磷酸二铵和过磷酸钙等磷肥作基肥。在育苗期要注意施足磷肥。栽培过程中发现缺磷，叶面喷施 0.2% 的磷酸二氢钾或 0.5% 的过磷酸钙溶液。

③缺钾症。症状：初期心叶变小，生长慢，叶色变淡，后期叶脉间失绿，出现黄白色斑块，叶尖叶缘干枯。

发生原因：土壤中钾含量低，钾肥施用少，容易造成缺钾。在生育盛期，果实发育需钾多，如果供钾不充足就容易发生缺钾。日照不足，温度低时易发生，地温低时茄子对钾吸收减弱，容易发生钾的缺乏。

防治方法：充足供应钾肥，特别在生育中后期不能缺少钾肥。多施用有机肥作基肥。发现缺钾时直接向土中施硫酸钾、氯化钾、草木灰，或用 0.2% 的磷酸二氢钾溶液和 10% 草木灰浸出液叶面喷施。

④缺钙症。症状：植株生长点生长缓慢，生长点畸形，幼叶叶缘失绿，叶片的网状叶脉变褐，呈铁锈状叶。

发生原因：当土壤中钙不足时易发生。土壤中钙虽多但土壤盐类浓度高时也会发生缺钙的生理障害。土壤干燥时或空气湿度低，连续高温时易出现缺钙症状。当施用氮肥、钾肥过多时会出现缺钙。在连续多年种植蔬菜的土壤中栽培茄子易造成缺钙。

防治方法：多施有机肥。土壤缺钙，增施钙肥。应及时对叶面喷洒 0.3%～0.5% 的氯化钙水溶液，每周喷 2～3 次。

⑤缺镁症。症状：症状一般是从下部叶开始发生，在果实膨大盛期靠果实近的叶先发生。叶脉附近，特别是主叶脉附近变黄，叶片失绿，果实变小，发育不良。

发生原因：土壤含镁少或低温影响根对镁的吸收。土壤中镁含量虽多，但由于钾、氮过多产生拮抗作用，影响作物对镁的吸收。植株对镁的需要量大而根吸收不能满足。

防治方法：增施有机肥。土壤中镁不足时要补充钙镁磷肥。应急时可用 1%～2% 的硫酸镁水溶液喷叶，每周 2～3 次。

⑥缺硼症。症状：茎叶变硬，上部叶扭曲畸形，茎内侧有褐色木栓状龟裂。新叶停止生长，植株呈萎缩状态。子房不膨大，花蕾紧缩不开放。果实表面有木栓状龟裂，果实内部变褐，易落果。

发生原因：土壤酸化，硼素被淋失掉，或施用过量石灰。土壤干燥，有机肥施用少。施用钾肥过量时也容易缺硼。

防治方法：定植前基施含硼的肥料。应及时用 0.1%～0.25% 的硼砂水溶液进行叶面喷施。

⑦缺铁症。症状：新叶除叶脉外都变鲜黄色，在腋芽上也长出叶脉间黄化的叶。下部叶发生少，往往发生在新叶上。根也易变黄。

发生原因：土壤含磷多、pH 很高或磷肥用量太多，影响铁的吸收。当土壤过干、过湿、低温时，根的活力受到影响。铜、锰太多时容易与铁产生拮抗作用，易出现缺铁症状。

防治方法：当 pH 6.5～6.7 时，就要禁止使用碱性肥料而改用生理酸性肥料。当土壤中磷过多时可采用深耕、客土等方法降低含量。如果缺铁症状已经出现，可用 0.5%～0.1% 的硫酸亚铁水溶液喷施，或用 100 毫克/千克柠檬酸铁水溶液每周喷 2～3 次。

⑧缺锌症。症状：顶部的叶中间隆起，畸形。生长点附近的节间缩短。

发生原因：光照过强。吸收磷过多，植株即使吸收了锌，也表现缺锌症状。土壤 pH 高，即使土壤中有足够的锌，但不溶解，也不能被茄子吸收利用。

防治方法：不要过量施用磷肥。缺锌时可以施用硫酸锌，每亩用1.5千克。用0.1%～0.2%的硫酸锌水溶液喷洒叶面。

⑨缺锰症。症状：植株幼叶脉间失绿呈浅黄色斑纹，严重时叶片均呈黄白色，同时植株茎变短、细弱，花芽常呈黄色。

发生原因：碱性土壤容易缺锰，检测土壤pH，出现症状的植株根际土壤呈碱性，有可能缺锰。土壤有机质含量低易缺锰。肥料一次施用过多，土壤盐类浓度过高时，影响植株对锰的吸收。

防治方法：增施有机肥，科学施用化肥，勿使肥料在土壤中成高浓度。可用0.2%的硫酸锰水溶液叶面喷施。

⑩缺钼症。症状：植株生长势差，幼叶褪绿，叶缘和叶脉间的叶肉呈黄色斑状，叶缘向内部卷曲，叶尖萎缩，常造成植株开花、不结果。

发生原因：酸性土壤易缺钼。

防治方法：改良土壤，防止土壤酸化。每亩喷施0.05%～0.1%的钼酸铵水溶液50千克，分别在苗期与开花期各喷1～2次。

(13)茄子营养元素过剩症：

①氮过剩症。症状：主要表现为枝叶增多、徒长，开花少，坐果率低，果实畸形，果实着色不良，品质低劣。植株过多吸收氮素，体内容易积累氨，从而造成氨中毒。

发生原因：氮肥或有机肥施用量过大。

防治方法：控制氮肥用量，氮、磷、钾肥配合施用。可根据茄子的产量水平和土壤肥沃状况确定肥料用量和比例，以减少施肥盲目性。

②硼过剩症。症状：在下部叶的叶脉间发生褐色的坏死小斑点，逐渐往上部叶发展。

发生原因：硼肥施用量过大，或用污水灌溉。

防治方法：严格控制硼肥施用量，作底肥，每亩用量0.25～0.5千克，施用时避免与种子直接接触，一般3～5年施用一次，避免用含硼量高的污水灌溉。在土壤水溶性硼含量过高时，可用石灰降低硼的危害。

③锰过剩症。症状：表现下部老叶叶脉变褐，沿叶脉的两侧出现褐色斑点。

发生原因：土壤酸化、黏重、灌水过多和土壤通气不良。

防治方法：酸性土壤出现锰中毒可用石灰进行改良。对土壤黏重的用掺沙的办法改良。注意控制灌水量，防止过量施用化肥和未腐熟的有机肥。茄子对代森锰锌敏感，不要过量喷施代森锰锌或含代森锰锌的农药。

(14)茄子气害：

①氨害。症状：幼苗受害时，叶边缘水浸状变黑色而枯死。成株受害时，叶边缘褪绿变白干枯，或全株突然萎蔫。

发生原因：施用过量未腐熟的农家肥或施用过多的尿素、碳酸氢铵等氮肥，造成氨气聚集，或氮肥施时离根系近，根系周围土壤浓度大，茄子无法吸水而中毒。

防治方法：施用充分腐熟的农家肥。施尿素时，要少施勤施，施后及时浇水，加强通风。当发生氨害时，可在叶背面喷1%的食醋减轻危害。

②二氧化氮气害。症状：植株中上部叶背后发生不规则水浸状淡色斑点或叶片上产生褐色小斑点，2～3天后叶片干枯，严重时植株枯死。

发生原因：在施肥量过大、土壤由碱性变酸性情况下，硝化细菌活动受抑制，二氧化氮不能及时转换成硝态氮而产生危害。

防治方法：施用充分腐熟的农家肥。施尿素时，要少施勤施，施后及时浇水，加强通风。

③二氧化硫气害。症状：首先在气孔周围及叶缘出现症状，开始呈水浸状，然后叶绿素受到破坏，呈圆形或菱形“白烟斑”，叶脉内出现斑点，易导致叶片枯萎脱落。茄子对二氧化硫敏感。

发生原因：大量施用硫酸钾及未腐熟的饼肥，易产生二氧化硫。离有二氧化硫气体产生的化工厂过近。

防治方法：选择远离化工厂及可能发生二氧化硫气体危害的地方建棚。施用充分腐熟的有机肥，采用配方施肥，减少化肥用量。选用合理的施肥方法，追施尿素、磷酸二铵等化肥时，应埋实并结合浇水，尽量避免有害气体的挥发。追肥后利用中午温度较高时加强通风换气，减少棚内有害气体的积累。已发生气害的棚室，尽快加大放风量，及时排放有害气体。喷施植物动力 2003、天丰素等高效叶面肥，增强植株的抗逆性，提高叶片光合效能。

④邻苯二甲酸和二异丁酯挥发气体。这两种气体来源于塑料中的增塑剂，它们均能通过植株叶片上的微气孔进入叶内组织，破坏组织细胞，造成危害，使蔬菜植株出现叶斑、褐变。所以冬暖大棚最好选择聚乙烯无毒薄膜，可避免或减少危害。

⑤乙烯和氯气。聚氯乙烯薄膜在使用过程中也会挥发出一些乙烯气体，达到一定浓度时(0.1 毫克/千克)，使蔬菜中毒。棚室中多数是因塑料薄膜不纯挥发出氯气。当保护地内氯气浓度达到 0.1 毫克/千克时，两小时后就会出现中毒症状。低于 0.1 毫克/千克时，持续时间长也会受害。预防措施同邻苯二甲酸和二异丁酯挥发气体。

任何蔬菜大棚内的气体危害都不仅仅是一种气体造成的，有时是几种气体同时作用的结果。大棚蔬菜一旦受到气体的侵害，就很难复原，所以，要以预防为主。

3. 虫害

(1)美洲斑潜蝇：美洲斑潜蝇属双翅目潜蝇科，俗称“小白龙”。

①危害特点。幼虫以蛀食叶片上下表皮间的叶肉细胞为主，常在叶片上形成曲曲弯弯的蛇形隧道。隧道前端较细，随幼虫长大，后端隧道较粗。成虫的取食和产卵孔也造成一定危害，影响光合作用和营养物质的输导，同时传播病毒。

②防治方法。农业防治：害虫发生初期，定期清除虫叶，杀灭幼虫。茄子套种感虫作物丝瓜和豆角可减轻虫害。

生物防治：美洲斑潜蝇的天敌有潜蝇茧蜂、绿姬小蜂、双雕小蜂等，利用天敌可减轻虫害。

药剂防治：在幼虫化蛹高峰期后 8～10 天喷洒 48%乐斯本乳油1 000倍液，或 1.8%爱福丁乳油1 000倍液，或 10%烟碱乳油1 000倍液，或净叶宝 1 号1 500倍液。

(2)白粉虱：

①危害特点。成、若虫群集叶背吸食汁液，被害叶片褪绿变黄、萎蔫，甚至全株枯死，分泌蜜露诱发煤污病，还可传播病毒病。

②生活习性。一年发生多代，世代重叠，以各种虫态在冬暖大棚蔬菜上越冬或继续危害。成虫具有趋黄、趋嫩、趋光性。可孤雌生殖。喜食植物幼嫩部分，若虫孵化后 3 天内在叶背可做短距离移走，然后营固定生活。

③防治方法。农业防治：冬季育苗要清除残株杂草，熏杀残余成虫，培育无虫苗。结合整

枝打杈，摘除带虫老叶，带出田外处理。

物理防治：在白粉虱发生初期，将黄板涂机油等黏性剂置于保护地内与植株高度齐平，诱杀成虫。

生物防治：可利用丽蚜小蜂、草蛉等控制白粉虱危害。丽蚜小蜂的使用方法：首先将寄生卵制成放蜂卡，放蜂卡的制作应做到防雨、防晒及防止捕食性天敌的破坏，以保证释放到田间的丽蚜小蜂能够有效羽化、存活。白粉虱发生初期单株虫量0.5～1头开始释放，每亩5 000～10 000头，隔7～10天释放一次，连续释放3～4次。放蜂时，将卵卡挂在每个放蜂点植株中部的主茎上。丽蚜小蜂与白粉虱在低数量水平上保持数量平衡后，可以停止放蜂。注意棚室保温，夜间温度最好保持在15℃以上。

药剂防治：每亩用22%敌敌畏烟剂0.5千克，于傍晚将保护地密闭熏杀成虫。或每亩用80%敌敌畏乳油0.3～0.4千克，加锯末适量，点燃（无明火）熏杀。虫害发生初期及早喷洒25%扑虱灵可湿性粉剂1 500倍液，或2.5%天王星乳油3 000倍液，或20%灭扫利乳油2 000倍液，或0.3%苦参碱水剂1 500倍液。喷药时注意先喷叶片正面，然后再喷叶背面。

(3)葱蓟马：葱蓟马属缨翅目蓟马科，又名烟蓟马、棉蓟马，是一种杂食性害虫。

①危害特点。成虫和若虫危害心叶、嫩芽。被害叶形成许多细密而长形的灰白色斑纹，使叶子失去膨压而下垂，严重时扭曲、变黄枯萎。葱蓟马还可传播植物病毒病。

②生活习性。以成虫、若虫在未收获的寄主叶鞘内、杂草、残株间或附近的土里越冬，翌年春成、若虫开始活动危害。成虫活泼善飞，可借风力传播。成虫怕光，白天多在叶背或叶腋处，阴天和夜里到叶面上活动取食。5～6月为危害盛期。能孤雌生殖，整个夏季几乎全是雌虫。初孵若虫群集危害，稍大后分散。葱蓟马喜欢温暖和较干旱的环境条件，冬季可在冬暖大棚中继续危害。

③防治方法。农业防治：早春清除田间杂草和残株落叶，集中处理，压低越冬虫口密度。平时勤浇水、除草可减轻危害。

药剂防治：防治葱蓟马可喷洒0.3%苦参碱水剂1 000倍液，或80%敌敌畏乳油1 500倍液，或50%辛硫磷乳油1 500倍液，或21%灭杀毙乳油1 500倍液，或20%复方浏阳霉素乳油1 000倍液。喷药时注意喷心叶及叶背等处。

(4)二十八星瓢虫：

①危害特点。以成、幼虫舐食叶肉，残留上表皮成网状，严重时食尽全叶。此外尚舐食茄果表面，受害部位变硬，带有苦味。

②生活习性。在夏秋季发生最多，危害最重。成虫白天活动，有假死性和自残性。雌成虫卵产于叶背，初孵幼虫群集危害，稍大后分散危害。老熟幼虫在原处或枯叶中化蛹。卵期5～6天，幼虫期15～25天，蛹期4～15天，成虫寿命25～60天。

③防治方法。农业防治：人工捕捉成虫。利用成虫的假死性，用盆承接，并叩打植株使之坠落，收集后杀灭。人工摘除卵块。雌成虫产卵集中成群，颜色艳丽，极易发现，易于摘除。

药剂防治：在幼虫分散前及时喷洒2.5%功夫乳油4 000倍液，或21%灭杀毙乳油5 000倍液，或50%辛硫磷乳油1 000倍液。注意重点喷叶背面。

(5)红蜘蛛：

①危害特点。以成螨、幼螨和若螨群集叶背吸食汁液，出现褪绿斑点，逐渐变灰白斑和红斑，严重时叶片枯焦脱落。

②生活习性。一年发生10～20代，雌成虫潜伏于菜叶、草根或土缝附近处越冬。春季开始繁殖并危害。初为点片发生，后吐丝下垂或靠爬行借风雨扩散传播等，先危害老叶，再向上扩散。当食料不足时，有迁移习性。以两性生殖为主，有孤雌生殖现象。高温干旱年份发生重。

③防治方法。农业防治：清除杂草及枯枝落叶，减少虫源。

药剂防治：可用1.8%阿维螨清乳油1 000倍液，或5%天力2号可湿性粉剂1 000倍液，或21%灭杀毙乳油2 000倍液，或73%克螨特乳油1 200倍液，或净叶宝3号1 500倍液喷洒。

(6)茶黄螨：

①危害特点。食性极杂。成、幼螨集中在寄主幼嫩部位刺吸汁液，尤其是尚未展开的芽、叶和花器。被害叶片增厚僵直、变小或变窄，叶背呈黄褐色、油渍状，叶缘向下卷曲。幼茎变褐。丛生或秃尖。花蕾畸形，果实变褐色、粗糙、无光泽，出现裂果，植株矮缩。

由于虫体较小，肉眼一般难以发现，危害症状又和病毒病或生理病害症状有些相似，生产上应注意识别。

病毒病发生在嫩叶，表现为小叶，叶皱缩。生理性病害引起落花、落果。病毒病在干旱条件下发生，除了小叶外，多数病毒病在叶上会表现黄绿相间的斑驳。生理性病害一般与高温干旱有关，如缺素症、日灼。而在高温高湿的季节中要注意茶黄螨。

茶黄螨危害茄子有两个显著特点：叶子叶背有油质光泽，发红发亮，果实裂开呈开花馒头状。

②生活习性。一年发生20多代，世代重叠。冬季可在冬暖大棚等保护地中越冬或繁殖危害。靠爬行、风力、农具、种苗等传播蔓延，始发时有明显的点片阶段，是防治的关键时期。以7～9月份危害最盛。10月份后，随着气温下降螨量减少。幼螨喜温暖潮湿的环境条件。成螨较活跃，且有向植株上部幼嫩部位转移的习性。卵多产在嫩叶背面、果实凹陷处及嫩芽上，经2～3天孵化，幼(若)螨期各2～3天。雌螨以两性生殖为主，也可营孤雌生殖。

③防治方法。农业防治：压低越冬虫口基数，铲除田头地边杂草，清除枯枝落叶并集中烧毁。

药剂防治：在点片发生时及时喷洒药剂，可用1.0%阿维螨清乳油1 000倍液，或5%卡死克乳油1 200倍液，或5%天力2号可湿性粉剂1 000倍液，或73%克螨特乳油1 000倍液喷洒。

重点喷洒植株上部嫩叶背面、嫩茎、花器、生长点及幼果等部位，并注意交替轮换用药。茶黄螨主要集中于幼嫩叶的背面，所以喷施杀螨剂注重喷幼嫩部位和叶背。

（胡云生　胡永军　孙丽英）

第十一章 大棚辣(甜)椒栽培

一、选用良种

1. 寿光羊角黄

(1)品种来源:山东省寿光市地方品种。

(2)特征特性:早熟。第1果着生于主茎8～10节。果实羊角形,长19～25厘米,横径3厘米左右,果面光滑,果肉厚,单果重80克左右。植株长势强,抗病、耐低温、耐弱光。适合贮运,辣味香浓,品质优良。

(3)适作茬口:适于保护地栽培,为当地早春大棚辣椒栽培的主要品种之一。

2. 威狮1号

(1)品种来源:正大生物科技(深圳)有限公司选育。

(2)特征特性:植株长势特旺盛,连续坐果能力强,产量高。早熟,始花节位8～9叶。果实呈大羊角形,果皮浅黄色,光泽度好,果靓丽,顺直,果肉厚。果长25～30厘米,果径4.5～6厘米,单果重110～160克。抗病,丰产,容易栽培管理,耐寒,耐热。耐贮运,商品性极佳。

(3)适作茬口:秋冬茬大棚种植的特选品种。

3. 宝隆1号

(1)品种来源:正大生物科技(深圳)有限公司选育。

(2)特征特性:植株长势整齐、旺盛,连续坐果能力强,综合性状好,为目前大果羊角椒品种中的佳品。早熟,始花节位8～10叶。果实呈粗羊角形,果皮浅黄色,商品性强。果长24～29厘米,果径3.5～5.5厘米,单果重125克左右。抗病性强。

(3)适作茬口:适合北方早春和秋延迟大棚种植。

4. 龙禧2号

(1)品种来源:正大生物科技(深圳)有限公司选育。

(2)特征特性:植株长势旺盛、健壮,坐果率高,连续坐果能力强。果实微辣,果肉厚,果皮黄绿色,光泽度好,果美观,商品性状好。早熟,始花节位8～10叶。果长23～29厘米,果径4～5厘米,单果重100～150克。抗病性好。

(3)适作茬口:适合北方早春和秋冬茬栽培。

5. 日本长剑

(1)品种来源:引自日本。

(2)特征特性:无限生长类型,植株生长旺盛,叶片大小适中,分枝力强。果皮浅绿色,果实长27～33厘米,最长可达35厘米以上,果实横径5厘米左右,单果重150克。果实皮厚,耐贮运。耐寒,耐高温,在35℃高温条件下能够正常生长。高抗辣椒病毒病、疫病。植株连续结果能力强,产量高,平均亩产15吨。

(3)适作茬口:适合冬春茬栽培。

6. 格雷

(1)品种来源:引自日本。

(2)特征特性:无限生长类型,植株生长势强,植株高度可达250厘米以上。果皮黄绿色,果实长27～32厘米,最长可达35厘米以上,果实横径4～5厘米,单果重120～200克。果实皮厚,耐贮运。耐寒能力强,适合保护地栽培。高抗辣椒病毒病、疫病及根结线虫病。植株连续结果能力强,产量高,平均亩产16吨。

(3)适作茬口:冬春和早春茬栽培。

7. 长岛超大

(1)品种来源:从韩国SAINTERRA农产种苗引进。

(2)特征特性:优良的杂交种。极早熟,抗病,长势强劲,在低温、弱光照下,坐果率高,且可持续结果,收获期长。适宜保护地及露地栽培。果肩宽6厘米,长38～40厘米,单果重180～200克。果浅黄绿色,富有光泽,肉质厚,辣味适中,商品性佳。产量极高,亩产高达30吨以上。高抗病毒病、疫病、枯萎病等病害。

(3)适作茬口:可用于早春茬和越冬茬栽培。

8. 富兰明高

(1)品种来源:引自荷兰瑞克斯旺种子公司。

(2)特征特性:植株开展度大,生长势强,节间短。果实大,方形,成熟后红色,生长速度快。在正常温度下,果长10～12厘米。一般单果重250～300克,最大果重400克以上。果实外表光亮,适宜绿果采收,也可红果采收,商品性好,耐贮运。味道鲜美。抗脐腐病和烟草花叶病毒病。

(3)适作茬口:适宜大棚冬春茬和早春茬种植。

9. 塔兰多

(1)品种来源:引自荷兰瑞克斯旺种子公司。

(2)特征特性:植株开展度大,生长势强,节间短。果实大,方形,成熟后转黄色,生长速度快。在正常温度下,果长10～12厘米。单果重250～300克,最大果重400克以上。果实外表光亮,适宜绿果采收,也可红果采收,商品性好,耐贮运。味道鲜美。抗烟草花叶病毒病。

(3)适作茬口:适宜大棚冬春茬和早春茬种植。

10. 格兰特

(1)品种来源:引自荷兰瑞克斯旺种子公司。

(2)特征特性:植株开展度大,生长旺盛,耐寒性好。果实大,长方形,果肉厚。在正常温度下,果长12～14厘米。单果重250～300克,最大果重500克以上。果实外表光亮,成熟时颜色鲜红,适宜绿果采收,也可红果采收,商品性好,耐贮运。味道鲜美。抗烟草花叶病毒病。

(3)适作茬口:适宜大棚冬春茬种植。

11. 红英达

(1)品种来源:引自瑞士先正达。

(2)特征特性:杂交甜椒品种。成熟时颜色由深绿转深红。收获时间集中。植株生长旺盛,坐果容易。果肉厚,果实方形,果皮光滑,果实长12厘米,直径10厘米,平均单果重200克。

(3)适作茬口:适宜大棚冬春茬种植。

12. 红罗丹

(1)品种来源:引自瑞士先正达。

(2)特征特性:杂交甜椒品种。植株生长势强,耐低温,坐果容易。该品种解决了生长势强与坐果率低的矛盾。果实长方形,果皮光滑,成熟时由绿转红,耐贮运。果实3心室或4心室,长15厘米,直径9厘米,果肉厚0.7厘米,平均单果重250克。抗病毒病。

(3)适作茬口:适宜越冬茬栽培。

13. 世纪红

(1)品种来源:引自瑞士先正达。

(2)特征特性:杂交甜椒品种。植株生长健壮,节间短,植株紧凑。果实3心室或4心室,正方形,高9.5厘米,宽9厘米,单果重180克左右。果肉厚,果皮光滑,成熟后颜色艳红。耐热能力较强。果形方正,单果重,颜色鲜红,无纹痕,转色快。耐病毒,耐高温。是生产无公害甜椒供应国内外市场和越夏填补彩椒淡季的首选品种。

(3)适作茬口:在山东省寿光市多用于越夏或秋延迟保护地栽培。

14. 黄欧宝

(1)品种来源:引自瑞士先正达。

(2)特征特性:杂交甜椒品种。坐果能力强,果实成熟时颜色由绿转黄,果肉中厚。果实方正,长10厘米,直径9厘米,平均单果重180克。

(3)适作茬口:适宜越冬茬栽培。

15. 橘西亚

(1)品种来源:引自瑞士先正达。

(2)特征特性:杂交甜椒品种。植株生长旺盛,坐果能力强,果实多为4心室,方果,成熟时由绿色转为鲜艳的橘黄色。果实长10厘米,直径10厘米,平均单果重200克。

(3)适作茬口:适宜越冬茬栽培。

16. 长星

(1)品种来源:从鲁青种苗公司引进。

(2)特征特性:中早熟品种。株型中等,生长旺盛。果长筒形,长23厘米左右,直径约6厘米,肉厚0.4厘米,单果重230克,单株挂果8～9个。抗炭疽病、疫病和根结线虫病。

(3)适作茬口:适宜越冬茬栽培。

17. 瓦奇

(1)品种来源:从荷兰维特国际种业有限公司引进。

(2)特征特性:中早熟杂交品种。植株中高,叶大深绿,果整齐,果壁肉厚,多为4心室果。果深红亮丽,可采摘红果或绿果,果实方形,果长10厘米,直径9厘米,单果重220～300克。抗烟草花叶病毒病。

(3)适作茬口:适宜越冬、早春或越夏茬栽培。

18. 瓦尔特

(1)品种来源:从荷兰维特国际种业有限公司引进。

(2)特征特性:中晚熟杂交品种。植株中高,叶大深绿,果整齐,果壁肉厚,多为4心室果。果色由绿转黄、亮丽,可采摘黄果或绿果。果方形,长10厘米,直径9厘米,单果重200～280克。抗烟草花叶病毒病、番茄斑萎病毒病和马铃薯条斑病毒病。

(3)适作茬口:适宜越冬、早春或越夏茬栽培。

19. 金凯蒂

(1)品种来源:引自美国 BHN 种子公司。

(2)特征特性:杂交种。植株长势强,连续结果能力强,膨果速度快。果肉厚,果皮光滑,果形周正。果实成熟时由绿转黄,成熟果鲜黄色,适合绿、黄果采收。果灯笼形,长 11.5 厘米左右,横径 11.5 厘米左右,单果重 300 克左右,果肉厚,耐贮运。果实个大,商品性好。高抗细菌性叶斑病、烟草花叶病毒病和马铃薯条斑病毒病。

(3)适作茬口:适宜越冬茬栽培。

20. 卡佩诺

(1)品种来源:从荷兰安莎种子公司引进。

(2)特征特性:植株健壮,株型紧凑,早熟性好,坐果能力强。果方灯笼形,4 心室,长 9 厘米,直径 10 厘米,单果重 160～200 克。果皮厚,果面光滑平整,产量极高。成熟时果实由绿变黄,适合黄果或绿果采收。高抗烟草花叶病毒病和马铃薯条斑病毒病。

(3)适作茬口:适宜大棚越冬、冬春茬及早春茬种植。

21. 维维尔

(1)品种来源:从法国威迈种子公司引进。

(2)特征特性:植株健壮,生长势稳健,坐果能力强。果实长方形,长 15～16 厘米,直径 10 厘米左右,单果重 160～180 克。果肉厚,汁多,富含多种维生素及微量元素,没有辣味,口感甘甜。不宜出现裂果现象。果实硬,耐挤压,适合贮运。果皮光滑,色泽鲜艳,外观好。该品种抗病,高温和低温下坐果良好。

(3)适作茬口:适合夏秋高温栽培、早春和越冬茬栽培。

22. 紫贵人

(1)品种来源:引自荷兰。

(2)特征特性:杂交品种,属彩色辣椒系列品种。叶绿肥大,植株紧凑,生长势强。果实长灯笼形,长 11 厘米左右,径粗 8 厘米左右,幼果和商品果皮紫色,成熟后转为紫红色。商品果光亮,肉厚,汁多,富含多种维生素及微量元素,没有辣味,口感甘甜。不宜出现裂果现象,可适当提早采收。平均单果重 150 克。生长势中等,株型小,适合密植。抗病、耐低温和弱光。

(3)适作茬口:适宜大棚冬春和早春茬栽培。

23. 白公主

(1)品种来源:引自荷兰。

(2)特征特性:杂交品种,属彩色辣椒系列品种。果实方灯笼形,高 10 厘米左右,径粗 10 厘米左右。幼果和商品果皮蜡白色,果肉厚,汁多,富含多种维生素及微量元素,没有辣味,口感甘甜。不宜出现裂果现象,可适当提早采收。单果重 170 克左右。果实硬,耐挤压,适合贮运。果皮光滑,色泽鲜艳,外观好。该品种生长势较强,抗病。

(3)适作茬口:适宜大棚冬春和早春茬栽培。

24. 德赛罗

(1)品种来源:由法国克鲁斯公司引进。

(2)特征特性:杂交品种。果方形,长 11 厘米左右,径粗 10 厘米左右。果肉厚,汁多,富含多种维生素及微量元素,没有辣味,口感甘甜。不宜出现裂果现象。单果重 250 克左右。果实硬,耐挤压,适合贮运。果皮光滑,色泽鲜艳,外观好。该品种生长势较强,抗病、耐高温。

(3)适作茬口:适合夏秋高温、早春和越冬栽培。

25. 迪尼奥

(1)品种来源:从法国威迈种子公司引进。

(2)特征特性:早熟。植株健壮,生长势稳健,坐果能力强。果实大,方形,长 9 厘米,径粗 8.5 厘米,单果重 190～220 克。果皮厚,果面光滑平整,产量极高。成熟时果实由绿变黄,着色快。高抗烟草花叶病毒病。

(3)适作茬口:适宜大棚冬春和早春茬栽培。

26. 海神

(1)品种来源:从荷兰安莎种子公司引进。

(2)特征特性:植株健壮,叶片覆盖好,生长旺盛,坐果能力强。果实大,方形略长,3 心室或 4 心室,单果重 220～300 克。果皮厚,果面光滑平整,产量极高。成熟时果实由绿变红,着色快。高抗烟草花叶病毒病。

(3)适作茬口:适宜保护地越冬种植。

27. 卡罗

(1)品种来源:从法国威迈种子公司引进。

(2)特征特性:早熟。植株健壮,生长旺盛,坐果能力强。果实大,方形,长 10 厘米,径粗 9.5 厘米,单果重 200～220 克。果皮厚,果面光滑平整,产量极高。成熟时果实由绿变红,着色快,绿果、红果均可采收。高抗烟草花叶病毒病。

(3)适作茬口:适宜保护地越冬种植,也可越夏栽培。

28. 红天使

(1)品种来源:由法国克鲁斯公司引进。

(2)特征特性:大果型杂交品种。植株健壮,长势稳健。果实大,方形,单果重一般 250～300 克,最大可达 500 克,4 心室果多。果皮厚,果面光滑平整,产量极高。成熟时果实由绿变红。绿果、红果均可采收。

(3)适作茬口:适宜保护地越冬种植。

二、育苗技术

辣椒喜温暖,不耐霜冻,也不耐高温,对温度要求介于茄子与番茄之间。生长发育的适宜温度为 20～30℃,低于 15℃生长发育受阻,低于 5℃则受冻害。生长发育期昼夜温差以 6～10℃为宜,15℃以下花芽分化受到抑制,授粉结果以 20～25℃为最好,温度低于 15℃或高于 30℃则结果率下降。辣椒对光照时数的要求不严格,对光照强度要求比番茄低得多,即耐弱光能力较强,但低于光补偿点1 500勒克斯,则落花落果。

1. 辣(甜)椒壮苗的培育

壮苗是指秧苗的健壮程度,对于秧苗群体来说,包括无病虫害、生长整齐、长势健壮三个方面。

(1)壮苗标准:秋延后栽培辣(甜)椒育苗,播种后大约需要 40 天,幼苗达到 8～10 片真叶,幼苗株高 18～20 厘米,部分植株已现蕾。茎秆粗壮,节间短,叶色浓绿,叶片肥厚,根系发达、完整，无病虫害，无损伤，大小均匀一致。

(2)适龄壮苗的培育：培育壮苗主要是为了增强秧苗抗逆性，提高适应环境能力，控制徒长，促进花芽分化正常。辣(甜)椒秋延后育苗时，外界温度较高，给育苗带来一定的困难，必须采用降温措施，如采用遮阳网等。温度管理以白天最高不超过30℃为宜，苗床要选在温室内雨水淋不到的位置。播种一定不要过密。幼苗移植时的营养坨和营养钵要大，其直径大于10厘米。随着幼苗增大，拉大苗与苗之间的距离，以免引起秧苗徒长，这是能否培育出壮苗的关键。为了提高秧苗抗逆性，于3～4片叶时喷施康凯、爱多收、瑞培乐等，苗期水分不要过大，但又不能干旱。

定植时必须淘汰徒长苗和老化苗、僵苗。

2. 种子处理方法

(1)用种量和种子质量：按每亩定植2 500株计算，考虑到种子质量和为了排除各种影响造成的不出苗、死苗现象，确保壮苗足数定植，菜农常规育苗一般均按每亩35～60克的种子量准备。辣(甜)椒种子的好坏直接关系收获产量的高低及品质的优劣，因而一定要保证种子的纯正和质量，符合GB16715.1—1999标准的要求。

(2)种子选择：首先，要选择适宜的优良品种，要适于本地区、本茬口栽培。如果引进本地区没有种过的品种，一定要先小面积试种，表现好后再大面积推广。同时还要注意当地消费种植习惯对品种的要求。

其次，播种前最好测验所购种子的发芽势和发芽率。简单的发芽势计算是辣(甜)椒催芽6天内的种子发芽百分数。发芽势强的种子出苗迅速、整齐。发芽率是一定量的种子中发芽种子的百分率，辣(甜)椒一般是指催芽10天内种子的发芽百分数。发芽率80%以上时才能符合播种要求。

(3)种子消毒：辣(甜)椒种子表面甚至内部常常带有病毒、细菌、真菌等多种病原菌，如果播种带病菌的种子，很有可能导致幼苗或成株发病。为杜绝种子带菌传播病害，播种前进行种子消毒是十分必要的。

①温汤浸种。将选好的种子整理干净，投入55℃的热水中浸种，热水量是种子量的4～5倍，不停地搅拌种子，当水温下降时，再加入热水，使水温始终保持在55℃左右，15分钟后把种子从水中捞出，置入30℃温水中再浸泡4～6小时，保证种子吸足水分，然后将种子反复搓洗，用清水冲净再催芽。此方法可防枯萎病、疫病、病毒病、菌核病。

②药剂浸种。把种子放入清水中浸泡2～3小时，或温汤浸种后，用1%硫酸铜浸种5分钟，捞出后用清水冲洗干净，可防炭疽病和疫病；或再用10%磷酸三钠浸种20～30分钟，捞出后用清水冲选干净，防病毒病。

③恒温处理。把干种子置于70℃恒温处72小时，经检查发芽率后浸种催芽，防病毒病等病害。

(4)浸种催芽：浸种催芽有缩短种子萌发时间和促进出苗整齐的作用。浸种也常与种子消毒结合起来进行。常用的浸种方法有温汤浸种和药剂浸种，具体操作同种子消毒。

辣(甜)椒催芽温度为30℃。催芽过程中要常翻动种子，每天用温水淋洗，使其受温均匀，经4～5天后出芽60%～70%时即可播种。有条件的地方可使用恒温箱控制催芽温度，如无恒温箱，也可将种子包放置火炉旁，但要注意勿将种子烤干，保持温度及湿度均匀。种子质量好，出芽快而且整齐。芽出齐后，如有特殊原因，需延迟播种期时，可将温度降低至5～10℃，保持种子周围一定的冷凉环境。

3. 育苗床准备

(1)苗床土配制：苗床土又称营养土，是根据幼苗生长发育的需要经人工配制和混合好的肥沃土壤。苗床土至少要：①没有病原菌和害虫；②营养丰富并且各组分比例适当，包括缓效性有机养分与速效性无机养分之间、各营养元素之间的比例等；③结构良好，疏松适度，透气性和保水性适中。

苗床土通常主要由下列一些材料配制而成：①土壤，选用3年未种过茄科蔬菜的肥沃园田土。②有机肥，提供完全且比较持久的养分，兼起疏松土壤的作用。③疏松填充物，增加床土的疏松透气性，如腐熟马粪、草炭土、珍珠岩、沙子、炉灰等。④速效肥，保证养分的充足、快速的供给，包括各类化学肥料。

营养土的配方较多，但生产上普遍采用田土1/3，马粪或草炭土或堆肥等腐熟的有机肥2/3，土壤过于黏重时加入一些炉灰和沙子，配合均匀后按每立方米体积床土加入磷酸二铵1～2千克、尿素250～300克、硫酸钾0.5～1千克或草木灰5～10千克，最后过筛去掉颗粒物，即配成营养土。

采用穴盘育苗，选用草炭与蛭石为基质的，比例为2∶1；选用草炭与蛭石加废菇料为基质的，比例为1∶1∶1。配制基质时加入N∶P_2O_5∶K_2O为15∶15∶15的复合肥2.5～2.8千克/米^{3}基质；或每立方米基质中加入尿素1.3千克，再加磷酸二氢钾1.5千克；或单加磷酸二铵2.5千克。肥料与基质混拌均匀后备用。128孔的育苗盘每1 000苗盘备用基质3.7米^3，72孔的育苗盘每1 000苗盘备用基质约4.7米^3。覆盖料一律用蛭石。

(2)苗床土消毒：苗床土消毒主要有3种方法，可根据需要选用。

①药剂喷淋。在播前床土浇透水后，用72.2%普力克水剂500～600倍液喷洒苗床，每平方米喷洒2～4千克，可以有效地防治猝倒病、立枯病等。

②拌药土。用68%甲霜灵·锰锌水分散粒剂(金雷)或50%多菌灵可湿性粉剂与50%福美双可湿性粉剂按1∶1混合，按每平方米用药8～10克与15千克细土混合，播种时1/3铺在床面，2/3覆在种子上，使辣(甜)椒种子夹在两层药土中间，防止病菌侵入。注意覆土时保证种子上面覆土厚度为1厘米左右。

③使用生物菌肥。选用质量比较好的微生物菌肥，能起到杀灭土壤中病原菌的作用。如益微增产菌(芽饱杆菌)，不但可以防治大部分的苗期病害，而且还可以增加土壤中腐殖酸的含量，增强幼苗的抗病性。

(3)育苗器具消毒：对于多次使用的育苗器具(如营养钵、育苗盘等)，为了防止其带菌传病，在育苗前应当对其消毒。可以用300倍液福尔马林，或0.1%高锰酸钾溶液喷淋或浸泡育苗器具进行消毒。

4. 育苗方式

(1)常规育苗(地畦育苗)：直接就地做畦育苗，如果育苗期间不分苗，一般供1亩地生产用苗，需要育苗面积30米^{2}左右；如果进行分苗供1亩地生产用苗，需要播种面积10米^{2}左右，分苗面积30米^{2}左右。播种前平整床土，每15米^{2}施入过筛优质腐熟有机肥(马粪)100～150千克，再加氮、磷、钾复合肥1～1.5千克。混匀搂平以备播种或分苗用。

(2)营养土块(方)育苗：营养土块制作有两种方法，即机制法与和泥切割法。机制法是把配合好的营养土均匀喷湿，装机压制成10厘米左右的土块。和泥切割法是先把配合好的营养土和成泥，然后在苗床上撒一层细沙或炉灰，再把和好的营养土泥摊开抹平，厚度约10厘米，用刀切成10厘米见方的土块。也可直接把营养土铺在地上，稍稍踩实，然后浇透水，用刀切成土块。制作出营养土块后，在每个土块中心用小棍扎一个深度1.5～2厘米的小孔，留作播种穴。将做好的营养块摆放在畦内备用。

(3)塑料营养钵育苗：这是当前农民常用的方式。用聚乙烯塑料压制而成，多数产品上口大，底部小，底部有排水孔，如小花盆状。辣(甜)椒常用的规格为10厘米×10厘米或10厘米×8厘米两种，将营养土装入，摆放在畦内备用。

(4)穴盘育苗：以草炭、蛭石等轻基质材料作育苗基质，采用机械化精量播种、一次成苗的现代化育苗体系。由于这种育苗方式选用的苗盘是分格室的，播种时一穴一粒种子，成苗时一室一株，并且成株苗的根系与基质能够相互缠绕在一起，根坨呈上大底小的塞子形，故美国把这种苗称为塞子苗，把这套育苗体系称为塞子苗生产。我国引进以后称为机械化育苗或工厂化育苗，目前多称为穴盘育苗。辣(甜)椒穴盘育苗一般采用72孔或128孔穴盘。

穴盘育苗省工、省力、效率高；节省能源、种子和育苗场地；采用基质育苗，不用营养土，可以避免根部病害的土壤传播；幼苗的抗逆性增加，并且定植时不伤根，减少病菌侵入机会，没有缓苗期，有利于培育壮苗；穴盘苗重量轻，每株重量仅为30～50克，是常规苗的6%～10%；基质保水能力强，根坨不易散，可以保证运输当中不死苗，适宜远距离运输。

在经济发达、技术水平较高的老菜区，为减少土传病害侵染、减少伤根，农户也可采用穴盘育苗。在夏秋高温季节育苗，为减少伤根和病害危害，也可采用穴盘育苗。此外，生产上也可采用泥炭营养块育苗和嫁接育苗。

5. 育苗设施

春提前栽培育苗正值冬季，外界气温低，应在保温性较好的大棚或小暖窖(改良式阳畦)内育苗。

秋延后栽培育苗正值高温多雨季节，为避免雨涝和病毒病危害，育苗应选择地势高燥、排水良好的地块搭建防雨遮阳棚。具体做法：修筑1～1.65米宽的高畦，四周挖好排水沟，畦面每隔30～50厘米用竹竿插50～100厘米高的拱圆架，其上覆盖旧塑料薄膜，不应将薄膜扣严，须撩起底脚，以利遮光降温。如覆盖薄膜并同时盖遮阳网，效果更佳。另外，也可在苗床周围埋设立柱搭成高30～50厘米的平棚架，上搭盖竹帘、芦帘或铺一层细竹竿、苇子，也可取得良好的效果。搭棚时要注意覆盖物不宜过厚，一般以造成花荫凉为宜，覆盖物还应随着幼苗的生长逐渐撤去，否则幼苗易徒长，难以达到培育壮苗的目的。此外，大棚去掉围子、棚顶上覆盖遮阳网、两侧设防虫网是夏季育苗的理想场所。

6. 播种

(1)播种期：秋冬茬7月上旬播种育苗。越冬茬，一般在8月末9月初播种育苗。早春茬11月下旬播种育苗。

(2)播种及播后管理：

①播种方法。浇足底水：无论采用常规育苗床育苗、营养钵(块)育苗还是穴盘育苗，播种前，一定浇足底墒水。一般湿润至床面20厘米深，水渗后，把积水的凹处用细土填平，若床面不平，则干湿不均，出苗不齐。苗床水分充足，有利于种子发芽出苗。浇水量不足，出苗前土壤干旱，使已发芽的种子死芽，还会影响幼苗的生长。若底水过多易发生猝倒病。

播种：采用常规地畦育苗床育苗，播种一般采用撒播或条播。撒播要均匀，为了使撒播种子在苗床上分布均匀，播种前向催芽种中掺些沙子，使种子松散。条播种子前，注意开沟不能太深，防止覆土过厚导致出苗困难。营养钵育苗，将种子播于营养钵内。穴盘育苗，打孔播种，上覆盖蛭石 1～1.2 厘米。营养块育苗，浇足底墒后，将种子播于孔中。

覆土：播种后尽快用细床土覆盖种子，防止晒干芽子和底水过多蒸发。如果床土黏性较大，可以掺些沙子，防止出苗时顶土，顶土时进行裂缝撤土。盖土厚度一般为种子厚度的 3～5 倍，约 1 厘米厚。盖土要求全床厚度一致。覆土过薄，水分蒸发快，土壤干燥，影响种子发芽出苗，造成“戴帽”苗出现，使子叶伸展不开，影响长势。如果覆土过厚，一是种子周围的水分容易保持，但空气透入减少，不利于种子出苗；二是辣（甜）椒出土困难，苗弱，抗病性差。穴盘育苗，上覆盖蛭石 1～1.2 厘米。盖土后应当立即覆盖床面、育苗盘等保湿。由于夏季育苗外界气温较高，床面保湿覆盖物宜选用遮阳网或稻草覆盖，若用地膜覆盖床面，升温较高，易烫伤种子和幼苗，降低出苗率。发现幼苗拱出土，及时揭除苗床覆盖物，让幼苗及时见光，防徒长。

②播种时容易出现的问题。播种是一项细致而技术性又十分强的工作，稍一疏忽就会出现问题。

床土板结：播种后出苗前浇水，床土表面结成硬皮，称为床土板结。板结阻止空气流通，氧气不足，不利于种子发芽。已发芽的种子被板结层压住，不能顺利出土面，幼苗细弱，子叶发黄，不利于培育壮苗，因此，床土应疏松透气。

不出苗：播种后种子不出苗的原因主要有两方面：一是种子质量低劣、失去发芽力的陈旧种子不能正常出苗。二是育苗环境条件不适。育苗时值高温多雨季节，温度过高，超过 35℃，湿度过大也阻止种子发芽，甚至已发芽的种子死亡。冬季育苗温度过低，低于 15℃时，种子不发芽，长期低温可引发沤种，降低出苗率。

出苗不整齐：出苗不整齐有两种情况：一种是出苗的时间不一致，会给管理增加困难；另一种是整个畦内秧苗分布不均匀。

幼苗顶壳出土（子叶戴帽）：播种后覆土较薄，幼苗出土时由于土壤阻力小，使种壳不能留在土壤中，而随子叶“戴帽”出土，影响长势。为了防止辣（甜）椒“戴帽”苗的出现，播种时应该注意将种子扁平放在营养土面上，不要把种子立着插在营养土中，而且要轻轻按一下种子，使种子与营养土紧密接触，覆土 1～1.2 厘米。

7. 苗期管理

（1）温度管理：种子发芽适宜温度为 25～30℃，温度过高、过低都不利于出苗和秧苗生长。冬春季育苗外界气温较低，应采用增加透光、密闭棚室、夜间增加草苫等增温保温措施。夏秋季育苗，外界气温较高，应采用遮阳降温、通风降温等措施，使温度尽量控制在发芽适宜温度和幼苗生长适宜温度范围（表 11-1）。

表 11-1　椒苗期适宜温度管理（℃）

时　期	适宜日气温	适宜夜气温	需通风温度	适宜地温
播种至齐苗	25～30	20～22		22
齐苗至分苗	25～28	18～20	30	22
分苗至缓苗	25～30	18～20	32	20
缓苗至定植前	23～28	15～17	30	20

(2)光照管理：冬春季育苗应及时揭开草苫，增加光照时间，提高苗床温度，促进出苗和秧苗生长。夏季育苗播种后适当遮光降温，促进出苗。发现幼苗拱出土，及时揭除苗床覆盖物，让幼苗及时见光，防徒长。注意在子叶顶土期间，晴天中午前后气温过高，棚顶用遮阳网等遮光，防止烤坏子叶(嫩芽)。出苗后逐渐撤去遮阳网，增加光照，防止徒长，培育壮苗。

(3)水分管理：出苗过程中，如果床土逐渐干燥，出现干旱情况，应适当补充水分。为了防止床土板结，应当用多孔喷壶有顺序地从一端向另一端喷洒，但不宜多次重复喷洒，使床土保持湿润，避免床土板结过硬而降低出苗率。苗齐后土壤干旱，可适当浇小水。

3～4片真叶期，辣(甜)椒的幼苗开始花芽分化。这一时期温度、光照和水分管理如何，对产量特别是早期产量影响很大。苗期保持土壤的湿度，有利于优质花芽的形成。

(4)施肥：如果营养土配制时施入的肥料充足，整个苗期可不用施肥。如果发现幼苗叶片颜色变淡，出现缺肥症状时，可喷施少许磷酸二氢钾500倍液。育苗过程中，切忌苗期过量追施氮肥，以免发生秧苗徒长影响花芽分化。穴盘育苗，当基质中肥料不足，幼苗长到3叶1心后，出现缺肥症状时，结合喷水进行2～3次叶面喷肥，以氮磷钾复合肥或磷酸二氢钾加尿素为宜，浓度为0.3%～0.4%。

(5)防止徒长：夏秋育苗时，外界气温较高，幼苗容易徒长，子叶出土到真叶破心是管理的第一个关键期，此期辣(甜)椒苗下胚轴最容易徒长，所以应该在子叶出土后立即降低地温和气温，白天尽量增加光照，使子叶尽快绿化。白天弱光加上夜间高温，不仅加剧徒长，而且容易导致猝倒病的发生和蔓延。幼苗4～5片真叶徒长时，可喷洒浓度为20～25毫克/千克的矮壮素，能促进幼苗叶色转浓绿，节间短粗，控制徒长。

(6)育苗床喷灌药剂防病：定植前2～3天秧苗喷洒防治真菌药剂+0.2%硫酸锌溶液，同时，苗床冲施敌克松，防止疫病、病毒病等病害发生。

8. 定植前秧苗锻炼

秧苗锻炼能够改变植株内物质积累的方向和生长发育的关系。经过锻炼的幼苗，其形态和生理等方面发生变化，叶表面增厚，叶边坚硬多蜡质，栅栏组织细胞较小，单位叶面积的蒸腾量减少，植株体内亲水性胶体的含量增加，减少可结冰水的含量。干物质含量，尤其是还原糖含量增加，减少了淀粉含量。以上变化使秧苗对环境的适应力增加，有利于提高抗寒、抗旱、抗病虫的能力。定植前秧苗锻炼的方法主要有以下几种。

(1)低温锻炼：大棚早春栽培，常应用该种方法炼苗。低温锻炼时，白天温度可降到20℃左右，夜间在保证秧苗不受冻的限度内，应尽量降低温度，一般可降至5～10℃。苗床温度的降低要逐步进行，不可突然降低过多，以免引起秧苗受伤害。一般情况下在定植前7～10天，白天逐步加大通风量，定植前3～5天夜间可不用覆盖草苫等保温材料，使秧苗所处温度条件与定植环境一致。

(2)控制浇水：在苗床内温度过高、光照不足、氮肥偏多的情况下，如果湿度较高，容易引起徒长。适当地控制浇水，可控制秧苗地上部分的生长，同时增加土壤的通气程度，有利于促进根系生长。在定植前10天应减少苗床的浇水次数，在秧苗不发生干旱萎蔫的情况下不必浇水。

(3)蹲苗：所谓蹲苗就是采取人工措施，使幼苗的地上部和地下部生长达到新的平衡，以控制幼苗的生长。用营养钵或其他容器培育的秧苗，在定植前搬动几次，损伤幼苗过长的根系。同时增加钵与钵之间的空隙，增加见光空间和水分蒸发，以防止幼苗徒长。营养土块育苗，定植前10天左右苗床浇水，水渗完之前，用刀在秧苗的株、行间把床土切成方块，切土的深度约10厘米，6～7天土块干硬，即可起苗定植。在蹲苗期间要经常观察，既不要使秧苗萎蔫，又要使苗多见阳光，如果床温过高，可适当通风降温，尽量减少水分蒸发。

9. 冬春季育苗怎样防异常

冬春辣椒育苗，常因天气变化、管理不当而出现生长异常。

(1)沤根苗：沤根是苗床湿度大、温度低引起的。

防治措施：选择透气良好的土壤作苗床，设法提高地温。采用电热线育苗，使苗床温度白天保持20～25℃，夜间15℃。控制浇水。一旦发生沤根，须及时通风排湿，也可撒施细干土和草木灰吸湿。

(2)徒长苗：因播量大、出苗后高温高湿引起。

防治措施：严格控制播种量。秧苗生长拥挤时必须及时间苗、分苗。囤苗时扩大行距，防止过分遮阳。尽量增加光照，即使在阴天也要适当揭苫，使秧苗见光。控制浇水。叶面喷施0.2%～0.3%的磷酸二氢钾液，促使秧苗转壮。

(3)老化苗：由苗龄或蹲苗时间过长引起。

防治措施：严格掌握好苗龄，蹲苗时间长短要适度，蹲苗时低温时间不宜过长，防止长时间干旱造成幼苗老化。蹲苗最好采用控温不控水的办法。对老化苗，每平方米苗床喷施10～30毫克/千克赤霉素加300～500倍磷酸二氢钾混合液，以刺激秧苗生长。

(4)冻害苗：由苗床温度过低引起。

防治措施：改进育苗手段，采用人工控温育苗，如电热温床育苗等。在寒流到来之前，加强夜间保温，如加厚草苫、覆盖纸被、加盖小拱棚。尽量保持干燥，防止雨雪淋湿。必要时采取加温措施，如生炉火。适当控制浇水，合理增施磷肥，提高秧苗抗寒能力。对冻害苗喷施营养液，营养液配方：绿芬威2号30克，加白糖250克、赤霉素1克、生根粉0.3克，加水15千克。

(5)药害苗：由施药量过大、浓度过高所致。

防治措施：科学合理用药，用药前苗床保持湿润。如已产生药害时，要及时喷清水或喷缓解药物，如退菌灵药害喷0.2%硫酸锌溶液；辛硫磷药害喷0.2%硼砂或硼酸溶液；多效唑药害喷0.05%赤霉素溶液。

(6)蔫苗：由连续阴雨突然转晴后全部揭草苫所致。

防治措施：若遇连阴天突然转晴后要使幼苗逐渐见光，切勿立即全部揭开覆盖物，应分批揭开，逐渐增加光照。如揭苫后不久发现有的幼苗开始萎蔫，要立即盖草苫，待幼苗恢复正常后再揭苫，切忌对萎蔫苗浇水。

(7)戴帽苗：由苗床过干、覆土过薄所致。

防治措施：苗床底水要足，覆土厚度均匀适当，如辣(甜)椒覆土厚度以1厘米为宜。播后出苗前，床面覆盖地膜，保持土壤湿润。出现戴帽苗时可先喷水，待种壳吸湿后，用毛刷轻轻将帽壳扫掉。

10. 夏秋季育苗应注意的问题

(1)防止高温危害：选择通风条件良好的地块作苗床，搭建遮阳棚，用遮阳网或无纺布覆盖，也可用树枝遮阳，或在塑料薄膜上喷洒泥浆水。播种后，用麦(稻)草覆盖苗床，待有60%～70%幼苗出土时立即去除苗床覆盖物。通过遮阳，使温度下降，透光率降低，利于幼苗生长。

(2)防止暴风雨危害：选择地势较高、四周有排水沟的地块作苗床，遇暴雨能及时排出积水。遮阳降温的覆盖方式最好采用"一网一膜"覆盖法,即在塑料薄膜上再覆盖遮阳网,其遮阳降温、防暴雨的性能比单一遮阳网覆盖的效果好。在暴雨来临前,将塑料薄膜拉下,放风口合严,四周用土埋严,防雨水流入苗床,压膜线固定好,防止被大风吹开。若苗床进水,使土壤板结,不利种子发芽出土,易造成大量死苗。

(3)防止干旱危害:播种前,要测试种子发芽率,根据测试结果确定播种量,在苗床中浇足底水后播种或充分灌水,然后整地,播种用水不能用污水、脏水,最好用地下水。播种前,苗床要遮阳保湿,根据天气情况,可在早晨或傍晚用喷壶向苗床喷少量水,防止苗床干旱。

(4)防止秧苗徒长:秧苗徒长主要原因是光照不足,光合作用弱,制造的养料少。温度高,特别是夜温高,呼吸作用强,消耗养料多,使体内干物质含量减少,加之氮肥和水分充足,促进了徒长。另外,秧苗密度过大,互相遮光,苗床内不通风,秧苗周围受光少,只有顶部受光多,促使幼茎迅速伸长,引起徒长。

(5)防治病虫危害:高温环境下,病毒病、蚜虫、白粉虱等病虫极易发生。施肥要施充分腐熟的有机肥,苗床用多菌灵或甲醛等药剂处理消毒,种子需要温汤浸泡或用药剂处理,避免土传病害发生。播种后,立即在苗床内和四周播撒毒饵,毒杀蝼蛄等地下害虫,采取前述的措施降低苗床温度,有利于预防病毒病发生。选择抗病品种,用防虫网育苗,育苗床内设立黄色和橙色的诱蚜板,诱杀蚜虫。及时喷药,常用药剂有75%达克宁(百菌清)、50%多菌灵、70%代森锰锌、20%病毒A、1.5%植病灵乳油、20%阿米西达、10%世高。防治地下害虫和地表面害虫,可用阿克泰、阿维菌素喷雾或灌根。

11. 夏秋育苗应及早预防病毒病

在蔬菜病害中,病毒病是危害严重、难以治疗的病害。在棚室蔬菜集中产区,因周年种植的蔬菜种类繁多,蔬菜发生病毒病的类型也较多。辣(甜)椒发生的病毒病有矮化花叶型、非矮化花叶型、丛簇和畸叶型、条斑坏死型、黄化型、丛枝型、枯顶型、曲顶型等。

在辣(甜)椒生育过程中,感染病毒愈早,遭受病毒病的危害愈严重。对于因种子带毒或媒介害虫危害,苗期至结果初期感染病毒病症状的发病菜田,一般会造成绝产。夏秋季带毒媒介害虫危害猖獗,并因强光、高温、干旱等自然条件有利于病原菌的侵染和传播。因此,夏秋育苗务必及早预防病毒病。

(1)搞好种子消毒:用10%磷酸三钠溶液浸泡种子消毒,播种前先用温水浸泡3~4小时,再放入磷酸三钠溶液中浸泡20~30分钟,然后用清水淘洗干净,捞出沥去多余的水分后播种催芽。

(2)及早防治蚜虫等病毒传播媒介:不论是在大棚内育苗,还是在露地和小拱棚育苗,都要采用营养钵苗床育苗。为防止蚜虫、白粉虱、烟飞虱、蓟马等害虫危害幼苗和传播病毒,都要用遮虫网避虫。用小拱棚苗床育苗时,宜先设置上遮虫网,后盖棚膜避雨。一旦发现苗床有虫害,要及早进行药剂防治。若发生蓟马危害,可选用20%吡虫啉2 000倍液或阿克泰3 000倍液喷雾防治。

(3)加强苗床管理,增强苗株抗病性能:覆盖遮阳网防日灼,勤浇小水,定植前10~15天喷洒助壮素100毫克/升,防止徒长,促矮壮,增强对病毒的抵抗力。同期叶面喷洒绿芬威1号或绿芬威2号1 000倍液,或喷洒增产灵0.005%~0.01%的药液,提高苗株防病抗病能力。也可于定植前后各喷一次"NS-83"增抗剂100倍液,能诱导幼苗增强耐病力。用阿克泰750~1 500倍液提前3~5天灌苗盘或灌根,能防治蚜虫、白粉虱、蓟马等害虫,有效期20~30天,并能促苗壮根，提高对病毒病的抗性。

(4)搞好棚室保护地消毒：在定植前10～15天，结合高温闷棚喷洒菌毒清水剂400～450倍液或2%宁南霉素500倍液，对墙面、地面、立柱面、旧棚膜内面，全面喷洒消毒。

(5)拔除病苗和及早药剂防治：一旦发现有病毒病苗株，要立即拔除，并喷布药剂，可用25%植病灵可湿性粉剂500～600倍液，40%杀毒宝可湿性粉剂600～700倍液。也可采用下列组方：3%克病神500倍液加植物生理平衡剂500倍液，20%病毒A可湿性药剂500倍液加绿芬威1号700～1 000倍液。亦可喷洒宁南霉素300倍、病毒A 500倍、芸薹素内酯600倍混合液，连续喷施2～3次。

此外，如果在棚室内育苗，注意不可在棚室内吸烟，以免传染烟草花叶病毒。

12. 穴盘法培育壮苗技术

(1)穴盘型号的选择：辣(甜)椒育2叶1心苗选用288孔苗盘，育4～5叶苗选用128孔苗盘，育5～6叶苗选用72孔苗盘。

基质配制方法：基质的主要成分是草炭、珍珠岩和蛭石。草炭的主要功能是保证幼苗生长所需的有机质，应选用纤维多的浅层草炭为好，深层草炭或重金属含量过高的草炭不能用，以免造成肥害。珍珠岩可增加根系的透气性，蛭石主要作用是保持基质的温度。基质的合理配比是育成壮苗的重要环节。在冬季育苗时，基质的配比一般是5∶3∶2，但冬季气温低，若基质中蛭石的含量过高，则基质的湿度增大，容易造成秧苗徒长或受病菌侵染，因此应减少蛭石的用量，可改变配比为6∶3∶1。夏季育苗时，苗子生长较快，若草炭含量过少，珍珠岩含量过高，则苗子生长后期有机质供应不足，容易出现僵苗或小老苗现象，因此，夏季育苗时可适当增加草炭，减少珍珠岩，可将基质配比改为7∶1∶2。基质合理配比，有利于不同时期苗子生长。配制基质时加入15∶15∶15氮磷钾三元复合肥3.2～3.5千克，或每立方米基质加入1.5千克尿素和1.5千克磷酸二氢钾，或2.5千克磷酸二铵，肥料与基质混拌均匀后备用。

(2)种子处理：为了提高种子的萌发速度，可进行种子活化处理。方法是将种子浸泡在500毫克/千克赤霉素溶液中24小时，风干后播种或丸粒化后再播种。72孔穴盘播种深度1.0厘米左右，128孔和288孔穴盘播深0.5～1.0厘米。播种后覆盖蛭石。播种覆盖作业完毕后将育苗盘喷透水(水从穴盘底孔滴出)。

(3)播种后管理：播种后，将穴盘放入育苗床。白天大棚温度保持在25～30℃，夜间保持在20～25℃。4～5天后当苗盘中60%左右种子种芽伸出，少量拱出表层时，日温大于25℃，夜温18～20℃为宜。当大棚夜温偏低时，考虑用地热线加温或采取其他临时加温措施，温度过低出苗速率受影响，小苗易出现猝倒病和沤根病。苗子2叶1心，相对湿度以70%～75%为宜。2叶1心后夜温可降至15℃左右，但不要低于12℃。白天酌情通风，降低空气相对湿度。苗期3叶1心后，结合喷水进行2～3次叶面喷肥。3叶1心至定植，相对湿度65%～70%。

(4)壮苗标准：辣(甜)椒穴盘育苗成品苗标准视穴盘孔大小而异，选用72孔苗盘的，株高16～18厘米，茎粗4.0～4.5厘米，叶面积在110～130厘米^2，达6～7片真叶并现小花蕾时销售，需80～85天苗龄；128孔苗盘育苗，株高8～10厘米，茎粗2.5～3.0厘米，4～5片真叶，叶面积在40～50厘米^2，需70～75天苗龄。成品苗达上述标准时，根系将基质紧紧缠绕，当苗子从穴盘拔起时也不会出现散坨现象。

通过以下措施培育辣(甜)椒壮苗：

①光照。植物自种子萌发后若处于黑暗中生长,易形成黄化苗,其上胚轴细长、子叶卷曲无法平展且无法形成叶绿素,植物接受光照后,则叶绿素形成,光会抑制节间的伸长,故植物在弱光下节间伸长而徒长,在强光下节间短缩。不同光质亦会影响植物茎的生长,能量高、波长短的红光会抑制茎的生长,远红光会促进节间伸长。因此,在穴盘苗生产上,为顾及成本不宜人工补光,但在冬暖大棚覆盖材质上,必须选择透光率高的材料。

②温度。夜间的高温易造成种苗的徒长,因此在辣(甜)椒秧苗的许可温度范围内,尽量降低夜间温度,加大昼夜温差,有利于培养壮苗。

③水分。适当地限制供水可有效矮化植株并且使辣(甜)椒组织紧密,将叶片水分控制在轻微的缺水下,使茎部细胞伸长受阻,光合作用仍正常进行,如此便有较多的养分蓄积至根部用于根的生长,可缩短地上部的节间长度,对穴盘苗移植后恢复生长极为有利。

④喷施生长调节剂。常用的生长调节剂有矮壮素、多效唑、烯效唑、粉锈宁等。矮壮素的施用浓度是100～300毫克/千克,多效唑一般为5～15毫克/千克,烯效唑浓度是多效唑的一半。

13. 泥炭营养块育苗技术

(1)泥炭育苗营养块的突出优点:

①无菌无害、无病虫卵。泥炭是沼泽草本植物遗体在高湿厌氧的环境中经万年堆积不完全分解而成的富含水分、有机质、腐殖酸、多元缓释养分的松软质体,无菌无害,不含病虫卵,克服了传统育苗老园土携带病菌、虫卵等引起土传病虫害的缺点,还可减少草害的发生,减少了苗期管理中防病治虫的投入。

②利于幼苗健壮生长。泥炭本身富含营养,制作育苗块时又加入了多种营养,可满足蔬菜幼苗对养分的需求,保证幼苗健壮生长。资料显示,用泥炭营养块育出的辣(甜)椒苗茎粗增加20%～22%,根数增加20%～30%,根干重增加40%～50%,叶面积增加10%～12%,提高了幼苗的抗逆性,利于培育壮苗。

③养分供应时间长。营养块中含大量的有机质、腐殖酸和多种缓释营养元素,养分供应可达70～80天,对幼苗管理极为简便,只需要按时补水即可,无需施肥。

④定植不缓苗,增产增收。幼苗营养块直接定植,不伤根,不缓苗,定植后直接进入旺盛生长阶段。据研究,产品可提早7～15天成熟,增产26%～28%,产值提高35%～40%。

⑤改良土壤,培肥地力。泥炭中含有丰富的有机质、腐殖酸、纤维素和氮、磷、钾及多种微量元素,有较强吸附性,能平衡土壤中盐分含量,调节pH,有很好的离子交换能力。营养块定植可提高土壤中有益菌群数量,增加土壤有机质,提高土壤肥力,改善土壤理化性状。

(2)育苗方法:采用泥炭营养块育苗是一种新型的育苗方式,有别于传统的育苗方式。只有正确掌握育苗方法,才能达到预期目的。

①种子处理。播前将种子晾晒2天,提前1～2天浸种催芽。种子露白待播。

②做畦铺膜。播前1天在育苗地做畦,畦高5～7厘米,畦宽1.2米,长度据播种数量而定,将畦面整平压实,上铺农用薄膜,防止水分渗漏外流和根系下扎。

③摆营养块,浇透水。在畦面的农膜上,按播种的数量整齐摆放育苗营养块(选用圆形小孔40克营养块),按每100个育苗营养块吸水15千克浇水,分2～3次浇完,以便充分吸收。吸水后营养块迅速膨胀疏松,用竹签扎刺营养块,如有硬心需继续加水,直至全部吸水膨胀为止。

④播种覆盖。营养块吸水膨胀的第2天，在每个营养块的播种穴里播1粒露白的种子，上覆1～2厘米厚的专用覆种土，无须按压，育苗块间隙不必填土，以保持通气透水，防止根系外扩。

⑤苗期管理。播种后对营养块不要移动、按压，否则易破碎，两天后即会固结一体、恢复强度，方可移动。管理上视营养块的干湿和幼苗的生长情况及时补水，防止缺水烧苗。整个苗期只浇水无须施肥。定植前3～4天停水炼苗，定植时将营养块一起定植，在营养块上面覆土2～3厘米，栽后浇透水。

(3)注意事项：定植时应把营养块全部埋在土中，上面至少盖土2～3厘米，定植后应浇透水。老棚地等病害较多的土壤应在定植穴内适当加入杀菌剂，以防止病菌侵染。达到苗龄应及时定植，若不能按期定植应采取措施防止出现根系老化和脱肥现象。

14.嫁接育苗技术

(1)嫁接育苗的主要作用：

①防病栽培。主要预防土传病害。辣(甜)椒属于受土壤传播病害危害严重的一类蔬菜，常见的土传病害有青枯病、根腐病、枯萎病和疫病等。辣(甜)椒嫁接防病栽培是根据辣(甜)椒的土传病害具有侵染专一性强的特点，用抗病的砧木根系替换栽培辣(甜)椒的根系，使栽培辣(甜)椒不接触土壤，从而达到防病栽培的目的。

②提高土壤肥水利用率。嫁接辣(甜)椒能够利用砧木根系发达、吸收能力强的特点，提高土壤肥水的利用率，提高肥效，降低施肥量。

③增强辣(甜)椒的耐低温能力。辣(甜)椒喜温，温度低于15℃时就开始生长不良，容易发生烂根以及落花落果等一系列问题，选用耐寒性强的砧木进行嫁接栽培，能够借助砧木的旺盛生长势，明显地增强冬季辣(甜)椒的生长势。

④提高产量。嫁接辣(甜)椒的结果期比较长，产量高，增产比较明显，特别是低温保护地栽培辣(甜)椒的增产效果十分显著，一般增产两倍以上。

(2)嫁接育苗对砧木的要求：辣(甜)椒嫁接栽培技术主要应用于大棚辣(甜)椒防病栽培中，要求所用嫁接砧木不仅抗病性能好，而且还不能降低辣(甜)椒果实的品质。具体要求如下：

①高抗辣(甜)椒土传病害。要求所用砧木对辣(甜)椒青枯病、根腐病、枯萎病和疫病等高抗或高耐病，并且抗病性稳定，不因栽培时期以及环境条件变化而发生改变。

②与辣(甜)椒的嫁接亲和力和共生力强而稳定。要求与辣(甜)椒嫁接后，嫁接苗成活率不低于85%，并且嫁接苗定植后生长稳定，不出现中途夭折现象。

③不改变果实形状和品质。要求所用砧木品种与辣(甜)椒嫁接后不改变果实的形状和颜色，不出现畸形果。

(3)常用的砧木品种：目前辣(甜)椒嫁接栽培所用砧木主要为抗病野生辣椒、半栽培辣椒，品种数量较少，主要砧木品种有：

①适合尖椒类品种嫁接用砧。有PFR-K64、PFR-S64、LS279、铁木砧F_1、威壮贝尔、神威等砧木品种。

②适合辣(甜)椒类品种嫁接用砧。有土佐绿B、铁木砧F_1、威壮贝尔、神威等砧木品种。

③其他砧木。一些茄子嫁接用砧木，如托鲁巴姆、红茄等，在各地所做的辣(甜)椒嫁接试验中，也取得了理想的效果。选用此类砧木品种时，一定要先做小面积试验。

(4)嫁接方法：适合辣(甜)椒嫁接的方法比较多，主要有劈接法、靠接法和插接法。生产中应根据辣(甜)椒苗的大小选择嫁接方法。一般来讲，用大辣(甜)椒苗嫁接育苗，由于苗茎比较粗硬，易于劈裂，应选择劈接法、靠接法等进行嫁接，不宜选用插接法，防止插孔时插裂苗茎。用小苗嫁接时可选用插接法。在寿光辣(甜)椒嫁接育苗多采用劈接法，其操作要点：砧木要比接穗提前5～10天播种，当砧木苗长到6～8片真叶、半木质化、茎粗0.3～0.5厘米时，选择晴天进行嫁接，嫁接用的刀片要干净。先在砧木高5厘米处保留两片真叶平切，去掉上部，后在砧木茎中间垂直切入1厘米深，随后将接穗苗起出，保留2～3片真叶，去掉下端，削成楔形，楔形大小与砧木接口相当(1厘米长)，随即将接穗插入砧木的切口中，对齐后用特制的圆口嫁接夹固定好，嫁接即完成(图11-1)。

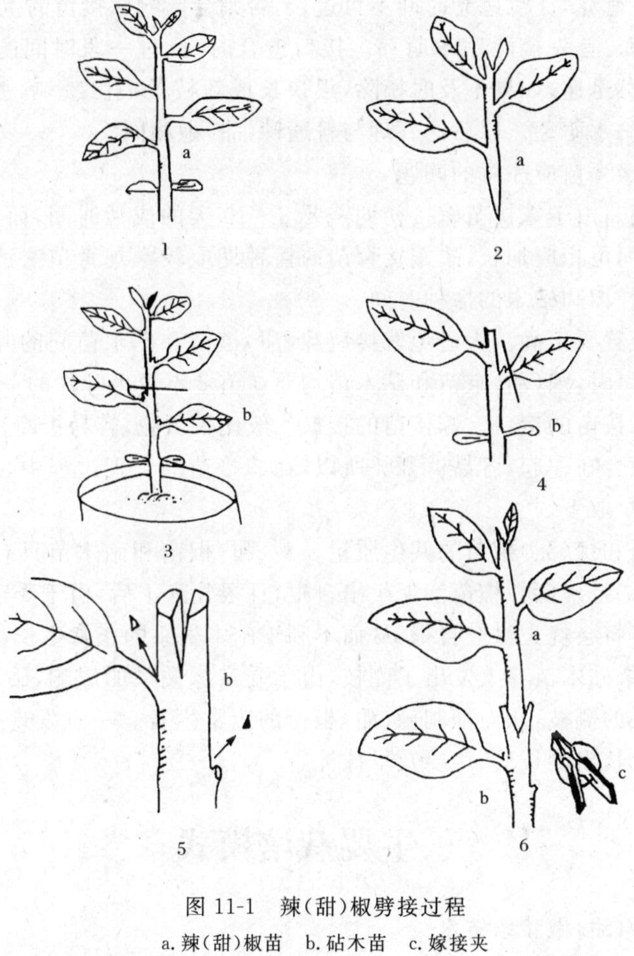

图11-1 辣(甜)椒劈接过程

a.辣(甜)椒苗 b.砧木苗 c.嫁接夹

1.起苗 2.辣(甜)椒苗削切 3.砧木苗平茬 4.砧木苗去叶

5.砧木劈切、去腋芽 6.插接、固定接口

(5)辣(甜)椒嫁接苗的管理：

①愈合期的管理。嫁接后5～7天是接口的愈合期，这一时期要创造有利于接口愈合的温度、湿度及光照条件，促进接口快速愈合。

温度：嫁接愈合的适宜温度，白天为25～28℃，夜间为20～22℃。高于或低于这个温度，都不利于接口愈合，影响成活。在冬季温度低的季节嫁接，要在大棚内架设小拱棚保温；高温季节嫁接，要覆盖多层遮阳网降温。

湿度：嫁接后，需要较高的空气湿度，如果嫁接环境内空气湿度低，容易引起接穗凋萎，影响嫁接成活率。通常保持空气相对湿度95%以上。保持环境湿度的方法，可将嫁接苗放在畦内，营养钵靠紧，畦四边起高垄围上，上插竹拱。在嫁接苗底下浇水，不要从嫁接苗上浇水，防止嫁接口感染，然后用塑料薄膜密封。前4～5天不通风，之后应选择温度、空气湿度较高天气的清晨或傍晚通风，每天1～2次，以后逐渐揭开塑料薄膜，增加通风量和时间，每天喷水1～2次，直至完全成活，才能转入正常管理。

光照：嫁接后需短时间遮光，避免阳光直接照射秧苗，引起接穗萎蔫，嫁接后的3～4天要全部遮光，以后逐渐在早晚放进阳光。随着伤口的愈合，逐渐撤掉覆盖物，成活后转入正常管理。遇阴雨天气可不遮光，注意遮光时间不可过长，否则会影响嫁接苗的生长。

②愈合后的管理。首先摘除砧木萌芽。接口愈合时，经过一段时间的高温高湿、遮光管理，砧木侧芽生长极其迅速，如果不及时摘除，很快长成新枝条，直接影响主枝的生长发育，所以要及时、彻底摘除砧木萌芽。以后的管理与普通辣(甜)椒相同。

(6)辣(甜)椒嫁接育苗应注意的问题：

①提早播种时间。由于嫁接苗嫁接初期需要8～10天的成活时间，而且此期的辣(甜)椒苗生长缓慢，育苗时间也相应加长，故嫁接育苗的播种期应较常规育苗法适当提早8～10天。同时，要调节好辣(甜)椒和砧木的播种时间。

②苗茎的切口位置要正确。为避免嫁接后辣(甜)椒苗和砧木苗间的叶片互相挤碰，降低接口的接合质量，切口时，辣(甜)椒苗和砧木苗均要在苗茎不着生叶片的一侧切口。

③要注意保护嫁接苗的接口。嫁接苗的接口一般比较硬脆，容易折断，同时由于砧木与辣(甜)椒茎切面只是愈合在一起，容易劈开。所以，在嫁接苗的管理过程中，对嫁接苗要轻拿轻放，嫁接夹也不要过早取下。

④要确保砧木苗和辣(甜)椒苗的共生质量。辣(甜)椒苗和砧木苗只有完全共生，才能相互促进，互相利用。一旦辣(甜)椒苗茎上生出自根，且根扎入土后，由于受亲缘关系的影响，辣(甜)椒苗制造的营养将会优先供应自根，从而不利于砧木根系的正常生长，同时也将失去嫁接的意义。反过来，如果砧木苗茎上发出了侧枝，由于受亲缘关系的影响，砧木根系吸收的水肥也将优先供应给自己的侧枝，从而抑制辣(甜)椒苗的正常生长。一旦发现辣(甜)椒苗上长出不定根或砧木苗茎上长出侧枝后，均要及早抹掉。

三、主要栽培模式

1. 大棚冬春茬辣(甜)椒栽培技术

(1)品种选择：大棚冬春茬辣(甜)椒栽培对品种的要求是：①中晚熟，植株长势强，结果期长，产量高。②果形、果实大小和颜色要符合市场的要求。目前冬暖大棚冬春茬辣(甜)椒主要是外销，栽培地销售量比较少，应选择适合外销地消费习惯的品种。③在高温、潮湿以及弱光条件下，不发生徒长，以确保植株及时坐果。④花的密度大，成花率高，畸形花少。⑤在低温和弱光照条件下，能保持较强的坐果能力，不形成畸形果，果形端正，着色好，也不发生早衰。⑥高抗辣(甜)椒炭疽病、病毒病、疫病等易发生的病害。

(2)育苗：

①播期确定。从大棚辣(甜)椒茬口衔接角度看,进入1月份后秋冬茬辣(甜)椒因受大棚的保温能力、辣(甜)椒品种特性等因素的影响,植株的结果能力明显下降,产量降低。而此期,市场上的辣(甜)椒消费量却明显增加,为弥补秋冬茬辣(甜)椒供应量的不足,冬春茬辣(甜)椒应在进入2月份后开始大量上市供应,因此,大棚冬春茬辣(甜)椒的开始收获期应安排在1月上旬前后,由此推算辣(甜)椒的适宜育苗时间为9月上旬。

②育苗要点。育苗期处在9月份,育苗环境比较适宜,但晴天中午时常出现高温,同时这一时期非常适宜病毒病、白粉虱、伏蚜和茶黄螨等病虫害的发生。因此,育苗的关键是:要避免晴天中午强光照射苗床,要杜绝白粉虱、蚜虫等病毒传播媒介进入育苗床内。

晴天中午前后要用遮阳网对苗床遮阳,避免强光照射苗床。要用防虫网密封苗床,防止白粉虱、蚜虫等进入育苗床内。采取嫁接育苗,减轻土传病害的发生。采用穴盘育苗技术进行护根育苗,充分保护根系。要定期喷药预防病害,一般从出苗开始,每周喷一次药,交替喷洒多菌灵、杀毒矾、甲霜灵以及病毒A等。

(3)定植:大棚冬春茬辣(甜)椒必须做到施足底肥、造墒深耕、适期定植、遮光降温。大棚冬春茬辣(甜)椒要过冷热两关,即育苗的高温关和盛果期的低温关。足墒、足肥加深耕是其重要条件。一般掌握单棚要施入腐熟鸡粪15米^3,施肥的原则是粗肥为主,化学肥料为辅。在6～7月份要将鲜鸡粪充分腐熟,9月上旬捣碎过筛后备用。

9月中下旬,要把大棚地面大水浇透。10月上旬将鸡粪、化肥施入棚内,深翻40厘米。为使土肥充分混匀,随后再次深翻40厘米,准备定植。

定植期一般为10月中旬,垄距1.2米,一垄双行,株距0.35米,单棚定植2 200～2 300株。定植后浇透水,如果因为垄面不平造成浇水不匀,3～5天内浇缓苗水。原则上掌握浇水不能过大,浇透水必须要匀。过5～7天后覆盖地膜保墒。

(4)定植后的管理:

①环境调控。从5叶1心定植到结果初期,正是高温、强光季节,棚内气温高、蒸发量大。土壤水分一旦缺乏,就会影响前期发苗。这段时期对幼苗的促控应掌握:宁可幼苗有徒长趋势,也不能使生长受到抑制。开花坐果期前后要严格掌握好夜温。开花坐果期的适温是16℃,低于13℃只开花不坐果,坐果期温度长期低于13℃,容易形成畸形果和无子果。开花坐果期正值11月中下旬,只要适当早放草苫,达到前半夜温度17～19℃,后半夜14～16℃是不难办到的,凌晨短时气温在13℃较为适宜。1月下旬至2月上旬为盛果期。坐果后到采收阶段,管理的主要内容是尽可能地增温、保温和增加光照。这个季节要坚持每天清扫棚膜上的尘土,适当早放草苫保持夜间温度,尽量增加草苫数量,提高夜温。

②肥水管理。水是定植至坐果期的关键。土壤水分应掌握在相对湿度75%～80%之间。一般浇三水,即定植水、缓苗水和初果期水,以保持营养生长旺盛的势头,前期产量才有保证。在12月中下旬浇足膨果水后,一般低温期不浇水。

定植后4～5天,浇第1次缓苗水,连续中耕2次,深度约7厘米,近根处稍浅。中耕后蹲苗,促进根系纵深发展,此时如水肥过多,容易引起植株徒长,以后还容易造成落花落果。当门椒果实达到2～3厘米大小时,植株茎叶和花果同时生长,要及时浇水和追肥,每亩施腐熟的人粪尿500～1 000千克,或硝酸铵或尿素15～25千克,钾肥5～10千克,并及时中耕提高土壤保肥能力。辣(甜)椒要比其他茄果类喜肥、耐肥,应多追农家肥,增施磷钾肥,有利丰产,提高果实品质。盛果期要随水追肥2～3次,以利果实充分发育,防止落花落果。

③植株调整。吊枝：吊枝时，可在后立柱上距地面2～2.2米处东西向、在前立柱近顶端东西向各固定一根10号铁丝，再按栽培行方向（南北向）每行固定一根16～18号铁丝，两端分别系在前、后立柱的铁丝上。吊枝要在植株高20厘米时进行，用聚丙烯塑料绳下部拴在植株茎上，上部系在顺南北栽培行扯的铁丝上，如果每株3～4个果枝，应扯3～4条吊绳，每个果枝扯1条，主要防止果枝折断和植株倒伏。无限生长型辣（甜）椒吊绳应扯高2米左右，矮生型辣（甜）椒扯高1.5米左右，亦可用细竹竿南北向插架。

整枝：主要有二杈整枝、2+1整枝、2+2整枝、3+1整枝、四干整枝等。

二杈整枝。去掉门椒后，植株仅保留两个长势旺盛的侧枝，在每个分枝处均保留一个果实，其余长势相对较弱的侧枝和次一级侧枝全部去掉。这种整枝方式适于长期高架栽培或高温季节栽培采用，并且仅能在那些长势很旺盛、坐果率高的品种上应用。

2+1整枝。与二杈整枝相似，不同点是在第1节分杈时，保留一个坐住果的侧枝，并在果实上部保留2～4片叶后掐尖。以后随着植株不断分杈，需要不断进行打杈，始终保持整个植株留有两个主要侧枝不断向上生长。此法比二杈整枝多留了一个坐住果的侧枝，可稍微提高前期产量，并能适应长期高架栽培，如秋冬茬大棚栽培和一年一大茬大棚周年栽培等。

2+2整枝。去掉门椒后，当对椒坐住时，在对椒上面保留两个长势健壮的主要侧枝，其余两个相对较弱的次一级侧枝在坐住的果实上部留2～4片叶掐尖。以后不断进行打杈，始终保持整个植株留有两个枝条不断向上生长。这种整枝方式前期产量很高，但是中期果实会受到影响，比较适合栽培期短、要求前期产量较高的栽培方式，如冬春茬大棚栽培、春大棚栽培、秋大棚栽培和秋冬茬大棚栽培等。

3+1整枝。去掉门椒后，当对椒坐住时，保留3个长势健壮的主要侧枝，另外一个侧枝保留一个果实，果实上部留2～4片叶掐尖。以后及时去除侧枝，始终保留整株留3个主枝不断向上生长。此种整枝方式单株结果数较多，但如果水肥管理跟不上容易出现果实偏小和畸形果。生产上如果采用此法整枝必须严格水肥管理，以保证果实正常膨大和着色均匀。此种整枝方式比较适用于温湿度适宜的季节，如春大棚、秋冬茬大棚以及秋大棚栽培等。

四干整枝。去掉门椒后，对椒上面保留4个健壮枝条，使其不断生长，其余次一级侧枝均掐掉。这种方式比3+1整枝留果更多，更容易出现畸形果和小果。所以采用这种整枝方式的，水肥管理一定要跟上，一般在温度较高的季节采用这种方式比较合适，如秋大棚栽培。

疏果：辣（甜）椒越冬生长因地温、气温偏低，生长势减弱。大部分种植户为提早上市，担心植株旺长，门椒、对椒一起保留，加上四门斗椒成簇抱团，营养物质过度供应下部果实，导致中上部坐不住果，果形不周正，严重影响了中后期果实的产量和品质。针对这一问题，应对门椒坚决摘除，对椒摘去或保留一个，四门斗椒保持4～6个，疏果时先疏扁平果、畸形果、虫果、伤病果，以达到均衡协调植株上下部结果，使营养物质合理分配，提高产量和品质。

④保花保果。保护地内高温高湿状况往往是造成辣（甜）椒落花落果的主要原因，因此，棚栽辣（甜）椒花期要适当增加放风量，降低湿度，控制温度，温度以白天16～23℃、夜晚15～17℃为宜。此外，用植物生长调节剂蘸花或喷施，对棚室内辣（甜）椒生长期间保花保果有重要作用。利用生长素番茄灵40～45毫克/千克液，用手持喷雾器喷花，可提高坐果率。或用植物生长素2,4-D15～20毫克/千克水液蘸花。为防止重复蘸液，可在2,4-D水溶液中加入少量食品红做标志。2,4-D水溶液抹花最好在上午10时以前进行，时间太晚效果不好。用于植株叶面喷洒的生长调节剂有：定植后喷洒3 000～4 000倍的植物多效生长素；开花期喷洒4 000～

5 000倍的矮壮素;开花前后喷洒 30～50 毫克/千克的增产灵或6 000～8 000倍的辣椒灵,共喷3 次。

⑤彩椒转色期的特殊管理。提高白天棚温,促转色。五彩椒近果实成熟时,内部的有机物发生转变,如糖含量增加、有机酸减少、果面开始转色等。其色泽变化对于彩椒的价格影响较大。转色期通过早揭早放草苫(下午棚温降到 23℃时),控制棚内白天温度在 28～32℃,夜间温度在 18～23℃,在这种温度环境下,果实的内源激素(乙烯)的量增加。同时果皮中的叶绿素加速分解,核黄素(类胡萝卜素)合成增加,表现在绿转黄的速度加快。

使用乙烯利来处理椒果,也能促进果实提早成熟与转色。乙烯利为人工合成的植物生长调节剂,可以分解放出乙烯,果实涂抹乙烯利,就能达到催熟和着色的效果。方法:配制 40%的乙烯利 400～600 毫克/千克溶液,用毛巾或手套等浸蘸后,逐个涂抹近成熟的椒果,催熟与转色效果明显。但要注意:一是尽量避免喷到叶片上造成叶衰老变黄。二是由于市面上销售的乙烯利产品各异,故菜农应用时要小心谨慎,先做好试验,然后再全面使用,浓度宁低勿高,以免造成植株早衰。

(5)冬季保护地中增加光照的措施:在光照时间短、强度低的冬春季节,使保护地内多接受阳光照射,对提高辣(甜)椒的产量和品质具有重要作用。

①合理布局。定植辣(甜)椒时力求苗子大小一致,使植株生长整齐,减少植株间的相互遮光。同时要南北向做畦定植,使之尽量多接受阳光照射。

②保持棚膜洁净。棚膜上的水滴、碎草、尘土等杂物,会使透光率下降 30%左右。新薄膜随着使用时间的延长棚内光照会逐渐减弱。因此,要经常清扫,以增加棚膜的透明度。下雪天还应及时扫除积雪。

③选用无滴薄膜。无滴薄膜在生产的配方中加入了几种表面活性剂,使水分子随薄膜面流入地面而无水滴产生。选用无滴薄膜扣棚,可增加棚内的光照强度,提高棚温。

④合理揭盖草苫。在保证辣(甜)椒生长所需要的适宜温度的前提下,适当早揭和晚盖草苫,可延长光照时间,增加光量。一般太阳出来后 0.5～1 小时揭草苫、太阳落前半小时盖草苫比较适宜。在时阴时晴的阴雨天里也要适当揭草苫,以充分利用太阳的散射光。有条件的地方,安装电动卷帘机揭盖草苫,缩短揭盖时间,相对增加棚室内光照。

⑤张挂反光幕。用宽 2 米、长 3 米的镀铝膜反光幕,挂在棚室内北侧使之垂直地面,可使地面增光 40%左右,棚温提高 3～4℃。此外,在地面铺设银灰色地膜也能增加植株间的光照强度。

⑥植株调整。及时进行整枝、打杈、吊架、打老叶等田间管理,改善棚内通风透光条件。

(6)阴雨雪天气越冬辣(甜)椒的管理:冬季阴雨雪天气,会造成保护地低温、高湿、寡照等不利于辣(甜)椒生长发育的环境条件,尤其是连续几天的低温阴雾天气会给越冬辣(甜)椒造成很大的危害。发生低温冷害的棚室辣(甜)椒轻者植株生长停止,落花落蕾;重者植株萎蔫死棵,提前拉秧。对于这种情况,要尽可能地创造适宜辣(甜)椒生长发育的条件,把损失降到最低。

①防寒保温,增加光照。冬季要注意收看天气预报,当寒流和阴雨雪天气到来之前,要严闭棚室,夜间加盖整体浮膜(即盖草苫后,再覆盖一整体薄膜),棚室后墙和山墙达不到应有厚度的,可在墙外加护草及薄膜等加强保温。必要时向阳面的棚室底脚夜间增盖一层草苫,以提高棚室内夜间的温度,甚至在严寒季节可以在棚前脸加盖麦草或其他覆盖物以加强保温。

只要不下雨、不下雪，都要坚持拉开草苫，利用微弱的散射光增加棚内温度，补充光照，使辣（甜）椒植株正常进行光合作用，避免长时间处于黑暗状态，造成根、茎、叶生长严重失衡。此外，还要经常清扫大棚棚膜表面，增加棚膜透光率，增强辣（甜）椒植株的光合作用。

为了保温，阴雨雪天气时一般情况下不放风，但当棚内空气相对湿度超过85%时，可在中午前后短时间开启通风口，小放风排湿。每天拉开草苫时间的长短可根据棚温的变化而定，揭开草苫后，若温度下降，应随揭随盖；若温度稍有回升，可以在下午2～3时以前把覆盖物重新盖好。在阴天时要尽量减少出入棚室的次数，尽可能保持棚温。

持续阴天时间过长，就应在棚内设置灯泡提温增光。可在棚室中间，每间设置灯泡1个，若遇上雨雪天气，上午不能拉开草苫，应打开灯泡。若夜温过低，可在下午5时左右将灯泡打开，到夜间10时左右关闭，可有效提高棚温2～3℃。

②预防病害发生流行。很多种病害都是在低温、高湿的条件下发生流行的，所以阴雨雪天气时降低棚内湿度成为预防病害发生流行的最主要手段。在棚内温度低、不宜进行通风降湿时，可通过田间撒施草木灰的方法吸湿，降低棚内湿度，减轻病害的发生。病害发生后不宜采用喷雾的方法防治，应采用熏烟或喷粉尘剂的办法防治。滴灌对辣（甜）椒进行浇水、施肥，能大大降低棚内湿度，减少病害的发生。

(7)冬季连阴天过后辣（甜）椒的管理：当连阴天过后，天气转晴时，不要急于一下子将草苫全部拉开，要避免植株在阳光下直射而造成辣（甜）椒植株萎蔫，要采取“揭花苫”的方法逐步增温增光，对受强光照而出现萎蔫现象的植株及时放草苫遮阳，并随即喷洒10～15℃的温水，同时注意逐渐通风，防止闪秧闪苗。若保护地使用了卷帘机，可以通过分次拉草苫的方法拉苫见光，即第1次先拉开1/3，不出现萎蔫时再拉起1/3，第3次才将棚全部拉开，让辣（甜）椒有一段适应过程，防止急性萎蔫发生。

另外，若出现了受冻植株，可先通过喷8～15℃温水的方法进行缓解，再用爱多收6 000倍液或纳米磁能液（黑龙江农王磁能新型生物肥料有限公司）2 500倍液叶面喷洒，以促进植株生长加快。

不良天气时花蕾因营养不良出现大批畸形果，可适当摘除一部分。

当辣（甜）椒出现植株生长停止，落花落蕾时，可以适当疏掉一些幼果，以利枝蔓伸长。另外，喷施植物生长调理剂丰收1号（主要成分：有机质≥20克/毫升，甲壳胺≥5%），有利于增强辣（甜）椒植株机体恢复。

连阴天后，辣（甜）椒的根系会受到不同程度的伤害，降低其对水分、养分的吸收能力，天气转晴后，可以喷施爱多收、丰产素或纳米磁能液等叶面肥，增加营养元素，也可以用甲壳素等灌根，补充营养，促进新根生成。

(8)大雾天气对辣（甜）椒的影响：我国北方冬季经常出现大雾天气。只要有雾，大棚中的辣（甜）椒生长发育就受影响，特别是连续的大雾天气，严重影响大棚辣（甜）椒的产量和品质。

①提高大棚的保温性能。加厚墙体，挖防寒沟，提高大棚的高度，加大日光入射率，提高日光利用率。利用增温塑料薄膜，利用保温性能较好的草苫，大棚内利用无纺布进行双层覆盖，大棚北侧张挂反光幕，都能有效提高大棚温度。

②改善光照条件。在有可能的情况下，用人工补光。由于大雾天气仍有散射光可供辣（甜）椒利用，所以只要温度条件许可，仍应及时揭盖草苫，让辣（甜）椒见光。即使温度较低的时候，也不能连续几天不揭草苫，应在中午短时间揭草苫让辣（甜）椒见光，防止长时间在黑暗

环境中捂黄叶片。

③及时喷施叶面肥。在喷药防治病虫时，加入0.2%磷酸二氢钾液和有机钙、锌、铁等叶面肥，补充植株的钾、钙素等供应，解决根系吸收障碍，防止植株缺乏上述肥料元素导致的症状发生。同时，可增加细胞液的浓度，增强植株的抗寒能力。

④寒冬每20天喷施硕丰481(四川成都新朝阳生物化学有限公司)的1万倍液一次，促进光合作用进行，增强植株抗寒力，促进根系的生长发育。

⑤连续大雾天突然变晴后，应在中午光照过强时，"隔一盖一"盖上草苫，下午再揭开，防止光照过强导致叶片萎蔫的发生。

2. 大棚早春茬辣(甜)椒栽培技术

(1)品种选择：大棚早春茬辣(甜)椒栽培对品种的要求是：①早熟，植株中等偏小，适合密植，增加种植密度。②果形、果实大小和颜色要符合市场的要求。③植株生长势强，坐果能力强，产量高。④花的密度大，成花率高，畸形花少。⑤在低温和弱光照条件下，能保持较强的坐果能力，不形成畸形果，果形端正，着色好。⑥高抗辣(甜)椒炭疽病、病毒病、疫病、叶霉病、白粉病等易发生的病害。

(2)育苗：

①播期确定。早春茬辣(甜)椒育苗期间气温较低，一般育苗期80天左右。若要求在1月前后定植，可推算，正常的播期应在上年11月中下旬。

②育苗要点。培育适龄大苗：培育适龄大苗栽培的主要目的是争取定植后早开花结果，早上市供应。适宜的辣(甜)椒苗大小是苗茎顶端现大蕾，但不开放。具体苗叶数量，因品种而异。

护根育苗：护根育苗的主要目的是保护辣(甜)椒苗根系，防止辣(甜)椒苗定植时伤根严重，推迟发棵和结果。

培育壮苗：要防止辣(甜)椒苗徒长或僵化，要求辣(甜)椒苗茎粗壮、色深，叶片大而厚，子叶不脱落，根系多而广。

(3)定植：辣(甜)椒喜温不耐寒，第1朵花现蕾时选晴天上午定植。定植前10～15天逐渐进行低温炼苗。定植前大田结合整地亩施腐熟的优质农家肥7 500～10 000千克、过磷酸钙30千克。为了减少病害发生，成龄苗可结合根外追肥，喷一次防病农药。选茎粗叶大的壮苗定植。一般采用宽窄行定植，宽行距80～90厘米，窄行距50～55厘米，穴距40～50厘米，每亩密度为2 500株左右。栽后浇足水，覆土后立即扣严塑膜。

(4)定植后的管理：

①温度。大棚早春茬辣(甜)椒定植后因外界温度较低，必须加强保温，密闭不放风，1周内保持气温28～32℃，促进缓苗。为了增加室内温度和光照，可以在大棚北墙上张挂反光幕，也可以在大棚内挂无纺布或旧塑料薄膜做内保温幕，还可以在大棚内用地膜扣小拱棚，晚上加盖纸被保温。当辣(甜)椒心叶颜色转淡开始生长，表明已经缓苗。这时白天温度要降到25～28℃，超过30℃时要在大棚顶部扒缝放风降温。随着天气转暖逐渐加大放风量，防止高温、高湿使植株徒长，引起落花落果。辣(甜)椒坐果后，要适当从大棚肩部底脚围裙膜上边扒缝放风。当外界最低气温达到15℃时，昼夜放风。要注意的是，当辣(甜)椒进入采收期后，夜温应控制在15～18℃。如果夜温在20℃以上，虽然果实膨大加快，但植株趋向衰弱；夜温在15℃以下时，对果实生长不利，甚至出现僵果。夏季来临后应将大棚前底脚围裙膜全部卷起，顶部

也打开通风口放对流风。

②水肥。定植水浇足后，一般在门椒坐果前不需浇水。但是缓苗后若发现土壤水分不足，可以在地膜下适当浇一次缓苗水，水量可稍大一些。此后要适当蹲苗，促进根系生长。如果此时土壤水分过多，容易引起植株徒长，也会引起落花落果。门椒膨大后开始追肥浇水，每亩追施尿素 10 千克、磷酸二铵 15 千克。进入盛果期再追肥 2～3 次。浇水次数和浇水量应视土壤墒情和植株长势而定。辣(甜)椒总需水量虽然不大，但是土壤必须经常保持湿润，土壤相对湿度保持在 50%～60%。进入夏季，由于温度高和放风量大，蒸发量也大，浇水宜勤，浇水量也要增加。

③植株调整。当辣(甜)椒进入盛果期，植株生长势十分旺盛。为了减少养分消耗和增加通风透光，要及时剪掉内膛徒长枝和生长过旺的枝条，枝条下部的黄化老叶也要摘除。

④剪枝再生。大棚早春茬辣(甜)椒一般到秋季即进行拔秧倒茬，可以利用剪枝再生进行延秋栽培。具体方法是在 7 月末 8 月初选择晴天上午，将辣(甜)椒四门斗结果部位的上端枝条剪下。为避免剪枝伤口感染炭疽病、病毒病，应及时喷 1∶1∶240 倍波尔多液，1 周后再喷一次。剪枝后还要加强肥水管理，一般亩施农家肥2 000～3 000千克、饼肥 25 千克、复合肥 10 千克。剪枝 1 周后用 0.5%～1%磷酸二氢钾液叶面追肥。一般 8 月下旬可进入果实采收期。9 月下旬以后加强保温，白天放风，夜间闭风，在霜冻前夜间开始覆盖草苫。采收期可以延迟到元旦前后。

(5)收获：辣(甜)椒要适时采收。一般门椒、对椒应适当早收以免坠秧，影响植株生长。门椒、对椒以上的果实原则上是在果实充分长大，果肉变硬，果色变深，用手紧攥辣(甜)椒果肉不塌陷为采收标准，最好上午 10 时之前采收完毕，一般盛果期 5～7 天采收一次。如果植株长势过旺，门椒以上对椒、四门斗坐果少的话，可适当延长门椒的采收，以起到坠秧促坐果的作用。在采收初期市场季节差价较大，为提高效益应灵活掌握采收时间。

因辣(甜)椒枝条较脆嫩，采摘时要避免折断枝条，应用手将辣(甜)椒轻轻向上掀起，辣(甜)椒就会自行脱落。

3. 大棚辣(甜)椒越夏栽培技术

在高温的夏秋季栽培辣(甜)椒，主要保障是遮阳降温，大棚盖顶膜，前裙膜通风透气。据测验，棚下气温依据棚膜的厚薄可比露地低 4～7℃。如果棚膜上再搭遮阳网，则晴天降温效果更加突出。另外，多年的经验证明，辣(甜)椒在夏秋季高温时，基本上每下一次雨便不同程度地发生一次病害。如果夏季采用大棚防雨栽培，则可大量降低发病次数和发病率。由此可见，夏秋栽培辣(甜)椒成功的关键是能否采用防雨降温设施栽培。

(1)品种选择：大棚辣(甜)椒越夏栽培对品种的要求是：①对栽培环境具有较强的适应能力，在高温条件下，能保持较强的生长势和结果能力，不容易早衰。②对炭疽病、病毒病、疫病、疮痂病、白粉病等具有较强的综合抗性。③商品果率高，畸形果率低。④适合再生栽培。⑤果形、果实大小和颜色要符合市场的要求。

(2)育苗：

①播期确定。大棚生产越夏辣(甜)椒的播种期视前茬结束时间而定，一般在 3 月中旬至 4 月上旬。

②育苗要点。培育适龄大苗：培育适龄大苗栽培的主要目的是争取定植后早开花结果，早上市供应。适宜的辣(甜)椒苗大小是苗茎顶端现大蕾不开放。具体苗叶数量，因品种而异。

护根育苗：护根育苗的主要目的是保护辣（甜）椒苗根系，防止辣（甜）椒苗定植时伤根严重，推迟发棵和结果。

培育壮苗：要防止辣（甜）椒苗徒长或僵化，要求辣（甜）椒苗苗茎粗壮、色深，叶片大而厚，子叶不脱落，根系多而广。壮苗标准：株高18厘米，茎粗0.4厘米，10～12片叶，叶色浓绿，现蕾，根系发达，无病虫害。育苗时用40目尼龙防虫网将育苗冬暖大棚放风处全部封严，育苗棚室备好遮阳网，在光照过强、温度偏高时遮光。

(3)定植：

①整地与施基肥。按大小行做半高畦，大行距80厘米，小行距40厘米，畦间距1.2米，畦高10～15厘米，覆盖地膜。基肥以优质有机肥为主，复合肥为辅。结合整地每亩施优质有机肥3～5米^3，另外每亩再加入三元复合肥50～60千克、过磷酸钙30千克左右。老棚区可适当施用生物肥料，改善土壤。

②安装防护设施。一是覆盖棚膜。大棚在定植前覆好厚0.08～0.1毫米的塑料薄膜，大棚通风处设在顶部和前下部，大棚通风处设在棚下两侧和棚顶两侧距地面高2米处。二是设防虫网。用32～40目尼龙防虫网，其设置如下：塑料大棚设防虫网于棚两侧下部，网高1～1.5米，另在棚顶两侧各设一道宽50厘米的防虫网。大棚顶部和前下部各设一道防虫网，顶部网宽1米，前下部网高1.5米，防虫网与棚室同长，门口处同时设网。三是设遮阳网。用遮阳率50%～60%的遮阳网在午间高温时遮阳降温，遮阳网遮盖棚膜面积60%～80%，遮阳网于定植前安装好。

③定植。大棚5月下旬至6月上旬定植，株距55～60厘米，大行距80厘米，小行距40厘米，每亩1 800～2 000株。定植后及时浇透定根水，覆土以与育苗土坨相平为宜。

(4)定植后的管理：

①环境调控。温度高于35℃，辣（甜）椒花芽分化和授粉受精不良，易发生落花落果，因而越夏辣（甜）椒必须做好控温操作。在加大通风的基础上，可覆盖遮阳网进行遮阳降温。因辣（甜）椒具有耐弱光的特性，在夏季高温季节，可适当延长遮阳网的覆盖时间。当上午棚内温度达30℃左右时，即应覆盖遮阳网；当下午棚内温度低于30℃时可将遮阳网撤去。棚内温度若居高不降，可采用喷水或浇水的方法进行降温。

②水肥管理。辣（甜）椒喜湿但怕旱怕涝。定植缓苗后，可通过控水划锄的措施，保证土壤墒情，控制植株旺长。切忌浇水过勤，以防根系窒息或植株徒长。除定植水和缓苗水可采取大水浇灌外，其余浇水都应浇小水。定植后15天左右暗沟浇水一次，以保证土壤水分含量并防止结果前水分含量不足影响辣（甜）椒生长。门椒及早打掉，对椒长到1～2厘米大小，每亩用三元复合肥20～30千克、尿素3～5千克浇水追肥，以保证结果期养分供应。结果后每20天追肥一次，亩用10～15千克三元复合肥随水追施，生长期内每20天左右叶面喷施微肥一次。

③激素控制旺长。越夏辣（甜）椒经常会出现旺长，应合理使用激素进行控制。助壮素或矮壮素不仅可以抑制营养生长，利于壮棵，而且可以促进生殖生长，提高辣（甜）椒的坐果率。助壮素和矮壮素施用一定要合理。开花结果前，可用助壮素500～750倍液或矮壮素1 000～1 500倍液喷施；坐果后，降低浓度，助壮素可用750倍液、矮壮素可用1 500倍液，以避免抑制果实发育或过度抑制营养生长。

另外，对于长势过弱的植株，可采用喷施甲壳素、冲施生物菌肥的方法，促棵转旺。

④整枝。双干整枝留两个主干，每枝所发生二杈分枝留一枝去一枝，保证每株两个主干向上生长。三干整枝留3个主干，每枝主干所发生的分枝留一枝去一枝，保证每株3个主干向上生长。不论双干整枝还是三干整枝，每枝主干一条架绳牵引，以防倒伏。

⑤蘸花保果。开花后需蘸花保果，选用沈农2号，高温时每支10毫升加水0.8千克，低温时每支加水0.5千克。

4.大棚秋冬茬辣(甜)椒栽培技术

(1)品种选择：大棚秋冬茬辣(甜)椒栽培对品种的要求是：①中早熟，植株中等偏小，适合密植。②果形、果实大小和颜色符合市场的要求。③植株生长势强，坐果能力强，产量高。④所用品种在高温、潮湿以及弱光条件下，不发生徒长。⑤花的密度大，成花率高，畸形花少。⑥在低温和弱光照条件下，能保持较强的坐果能力，不形成畸形果，果形端正，着色好，也不发生早衰。⑦高抗辣(甜)椒炭疽病、病毒病、疫病等易发生的病害。

(2)育苗：

①播期确定。大棚秋冬茬辣(甜)椒的上市期应安排在10月中下旬，适宜的播种育苗期安排在7月中旬。

②育苗要点。晴天中午前后要用遮阳网对苗床进行遮阳，避免强光照射苗床。雨天要用塑料薄膜对苗床进行遮雨，不要让雨水冲刷苗床。要用防虫网密封苗床，防止蚜虫、白粉虱等病毒媒介进入育苗床。要用育苗钵护根育苗，充分保护根系。

要控制肥水用量，加强苗床通风，防止辣(甜)椒苗生长过快，发生徒长。对已发生徒长的苗，要及时喷洒助壮素、矮壮素等生长抑制剂，减缓苗子的生长速度。

要定期喷药预防病害，一般从出苗开始，每周喷一次药，交替喷洒多菌灵、杀毒矾、甲霜灵以及病毒A等。

(3)定植：大棚辣(甜)椒一般在8月中下旬定植，在定植前要对大棚进行彻底的消毒，一般用硫磺粉熏烟法，每100平方米的栽培床用硫磺粉、锯末、敌百虫粉剂各0.5千克，将大棚密闭，将配制好的混合剂分成3～5份，放在瓦片上，在大棚中摆匀，点燃熏烟，24小时后，开放大棚排除烟雾，准备定植。

整地后，一种定植方式是不做垄，按行距60厘米开沟，施腐熟的有机肥；另一种方式是做20厘米高、70厘米宽的南北向垄，中间开一条深20厘米的浇水沟，两垄间距为30厘米，垄面微向南倾斜。在垄上覆盖地膜，依行距40厘米、株距20～30厘米打定植孔，晴天上午定植，深度以苗坨表面低于畦面2厘米为宜。栽完后浇定植水。

(4)定植后的管理：

①温度管理。10月15日前后就要上草苫。冬季白天温度应保持在20～25℃，夜间13～18℃，最低应在8℃。以保温为主，通风量要减小，通风时间要变短，以顶部通风为主，下午温度降到18℃时，及时盖草苫。采用变温管理。这种方法是利用辣(甜)椒的温周期特性，将一天的温度管理分为四个时段，即上午、下午、前半夜、后半夜，上午揭开草帘以后，使温度迅速提高，维持在25～30℃，不超过30℃不放风，上午辣(甜)椒的光合作用强度高。下午1时以后，呼吸作用相对提高，此时的重点是抑制呼吸作用，通过适当的放风，使温度降低，维持在20～23℃。前半夜的重点是促进白天光合同化物的外运，促进同化物外运的适宜温度是18～20℃。到后半夜，管理的重点是尽可能地抑制呼吸作用，减少养分的消耗，温度在15℃左右。在进行变温管理时应注意两个问题：其一是气温与地温的关系。辣(甜)

椒的生长要求一定的昼夜温差,在高气温时,应控制较低的地温,在低气温时应控制较高的地温,地温的调节可以通过早晨浇水等方法来实现。其二是光照与变温管理的关系。在光照充足的情况下,高温可提高辣(甜)椒的光合速率,而在光照不足的情况下,较低的温度可以抑制呼吸消耗。所以,应根据天气的晴阴变化,灵活控制温度,在晴天时控制温度取高限,在阴天时控制温度取低限。

冬季保温效果较差的大棚,在覆盖各种不透明覆盖物后最低温度仍达不到要求时,可利用揭盖草苫的时间来提高夜间温度和最低温度,下午在落太阳之前覆盖草苫,早晨尽量早揭草苫,以揭开后温度在20分钟内开始回升为适宜。

②光照管理。冬季光照强度低,应在保证大棚温度的情况下,尽量延长光照时间,早揭晚盖草苫,使植株多见光。同时要保持薄膜表面的清洁,提高透光率。在大棚的北侧可以张挂反光幕,以提高光强。阴天或雪天,光照强度低,植株呼吸消耗大,可进行根外追肥,喷施1%糖水。

③湿度管理。湿度过高会出现辣(甜)椒叶片的"沾湿"现象,必须除湿。除湿最好的方法是采用膜下灌溉。浇水的时间选择在上午,这样有利于地温的回升和排湿。排湿的方法是在浇水以后,不放风,使室内的温度迅速升高,地表的水分蒸发,空气的湿度提高,1小时后迅速放风10分钟,放风口要大,时间不可长,而后关闭放风口,再重复一遍。2～3次以后,地表的湿气基本可以排除。另外,大棚内要尽量减少喷药的次数,以熏烟的方法代替喷药。

④肥水管理。冬季浇水应用深机井的水或大棚内部蓄水池的水,以防止降低地温。浇水量以土壤见干见湿为准。随水施肥,根据植株的长势和结果情况,每浇1～2水施肥一次,每亩施磷酸二铵10千克或尿素10千克。结果后期,每5～7天喷施一次0.3%的磷酸二氢钾液或0.2%的尿素液,也可喷施喷施宝等叶面肥。

⑤保花保果及植株调整。可用2,4-D或番茄灵抹花,以提高坐果率。进入盛果期以后,要摘除内部徒长枝,打掉下部的老叶。在拉秧前15天摘心,使养分回流,促进较小的果实尽快发育成具有商品价值的果实。对于早春辣(甜)椒越夏连秋栽培的,要在8月初,将第3层果结果部位以上的枝条全部剪下,剪枝后及时喷1∶1∶240的波尔多液,1周以后再喷一次,以利于伤口的愈合,发出新枝后,要选留壮枝。

(5)采收:门椒要及时采收,防止坠秧,以后的果实应长到果肉开始加厚时采收。若植株长势弱,要及早采收。

5.大棚越冬茬辣(甜)椒栽培技术

(1)选用良种:大棚越冬茬辣(甜)椒栽培对品种的要求是:①早熟,植株中等偏小,适合密植,增加种植密度。②果形、果实大小和颜色要符合市场的要求。③丰产,植株生长势强,坐果能力强,产量高。④在高温、潮湿以及弱光条件下,不发生徒长。⑤低温条件下成花率高,畸形花少。⑥在低温和弱光照条件下,能保持较强的坐果能力,不形成畸形果,果形端正,着色好,也不发生早衰。⑦高抗辣(甜)椒炭疽病、灰霉病、疫病、霜霉病等易发生的病害。

(2)育苗:

①播期确定。一般要求春节前上市,则8月上旬播种,苗龄35天左右。

②育苗要点。大棚越冬茬辣(甜)椒同秋冬茬一样育苗正值高温季节,为预防出现小老苗,提高其抗病毒能力,宜采用遮阳网遮光育苗。

具体应掌握以下几点:晴天中午前后要用遮阳网对苗床进行遮光,避免强光照射苗床。雨天要用塑料薄膜对苗床进行遮雨,不要让雨水进入育苗床内。要用防虫网密封苗床,防止白粉虱、蚜虫等进入育苗床内。采取嫁接育苗,减轻土传病害的发生。采用穴盘育苗技术进行护根育苗,充分保护根系。育苗期间要严格控制茶黄螨危害。要定期喷药预防病害,一般从出苗开始,每周喷一次药,交替喷洒多菌灵、杀毒矾、甲霜灵以及病毒A等。苗龄35天左右,3叶1心时定植,最迟不能超过40天,过晚根系会出现老化和部分根系死亡。

(3)定植:植株高大的,密度应小,如黄欧宝、橘西亚,亩株数为2 200株,大行距70厘米,小行距50厘米。生长势弱的,如白公主和紫贵人,亩株数为2 800株,大行距70厘米,小行距50厘米,株距40厘米。有滴灌设备的可采用小高畦栽培法,无滴灌的采用双高畦栽培法,在冬天进行膜下暗灌。

(4)定植后的管理:

①深冬阶段管理。温度管理:应加强保温,白天温度达30℃时要开天窗通小风。开花坐果期保持白天22～26℃,夜晚15～18℃;果实膨大期与转色期保持白天25～30℃,夜间15～20℃。10厘米地温17～25℃。

肥水管理:植株表现为缺水时,在小行间于膜下浇小水,每水带肥,应交替施用有机肥和化肥,有机肥每亩每次冲施100千克,化肥每亩每次冲施磷酸二铵15～20千克或硝酸钾5～8千克。春节前后要追施一次充分腐熟的鸡粪,每亩1米^3。

植株调整:去除不结果枝和弱枝,个别主枝结果后变弱,失去结果能力时,可在摘除果实的同时将其去掉。下部叶片如果变黄,及时去掉,并将摘除的枝叶及时清理出室外,防止病源传播。

保花保果:在开花初期因温度偏低易落花,可用15～20毫克/千克2,4-D水溶液或辣椒灵25～30毫克/千克喷花。在门椒结果后开始每隔5～7天喷120毫克/千克亚硫酸氢钠溶液,可控制光呼吸,减少养分消耗。

病虫害防治:注意防治茶黄螨、病毒病和灰霉病。

②2月中旬后管理。温度管理:逐渐加大通风量,晴天中午室内气温不要超过32℃。当夜间最低温度高于15℃时,要打开所有通风口昼夜放风。

肥水管理:4月中下旬以前每10～12天浇水一次,每水带肥。4月中旬以后7～8天浇水一次,隔水带肥。肥料种类、用法与用量同上。

病虫害防治:注意防治日灼病、脐腐病、白粉虱和美洲斑潜蝇。

(5)采收:辣(甜)椒的枝条十分脆嫩,采收时要防止折断枝条。门椒、对椒、下层果实应适时早收,以免影响植株生长。此后一般在果实充分长大、肉变硬后分批分次采收。

6. 大棚辣(甜)椒连年栽培技术

大棚辣(甜)椒连年栽培是近几年来新兴的一种栽培模式。该栽培模式采用再生栽培措施,使大棚辣(甜)椒的生产期延长2～3年,提高了产量和土地利用率,是大棚辣(甜)椒高产高效栽培重要的栽培模式。

(1)选择适宜品种:大棚辣(甜)椒连年栽培对品种的要求:①根系发达,吸收能力强。②中晚熟,植株生长势强,不易早衰。③结果力强,坐果率高,特别是比不良栽培条件下的坐果能力要强。④枝干的再生能力强,易发侧枝。⑤耐热、耐寒,耐湿等能力强。⑥高抗疫病、炭疽病、青枯病、病毒病等较难防治的病害。

(2)育苗:

①嫁接育苗。大棚辣(甜)椒连年栽培成功的关键是根系不染病、不早衰。因此,必须进行嫁接栽培,利用嫁接株根系抗病以及根系发达、分布范围广等优点,延长栽培期。

②护根育苗。保持根系完整,采用穴盘、营养钵或营养块育苗。

③育苗土育苗。育苗土内的营养成分齐全,并且通气性好,有利于辣(甜)椒苗根系的生长,根系不易老化。

④苗龄不宜过长。苗龄过长的苗,根系往往会不同程度地发生老化,不利于定植后基础根的迅速形成与扩展,植株长势弱,栽培期也短。

(3)施肥:

①多施有机肥。有机肥的肥效长、后劲足,不容易发生脱肥,同时有机肥施肥较深,也不易发生肥害。有机肥要选用肥效较高的鸡粪、猪粪等,每亩大棚的纯鸡粪用量应不少于6 000千克,或猪粪不少于8 000千克。

②减少速效氮肥的用量。辣(甜)椒中晚熟品种的生长势较强,长势旺,土壤中速效氮的用量比较多时,极容易发生旺长,要减少速效氮肥的用量,生产上应多用磷酸二铵代替速效氮肥。

③实施配方施肥。一般施足有机肥外,每亩还要增施磷酸二铵 100 千克、钙镁磷肥 100 千克、钾肥 25 千克、硼肥 1 千克。

④深施肥。施肥深度不浅于 30 厘米。

(4)冬季管理:

①温度管理。温度管理的重点是防寒保温。

②光照管理。光照管理的重点是保持大棚内良好的透光性和良好的光照。

③通风管理。重点是排除大棚内潮湿的空气,防止大棚空气湿度过高,引发辣(甜)椒病害。

④肥水管理。大棚辣(甜)椒连年栽培选用生长势较强的中晚熟品种,植株长势强,容易发生旺长。为防止植株徒长,在门椒坐果前,一般不追肥浇水,坐果后开始浇水,并结合浇水随水冲施一次肥。此次肥用量要适当大一些,每亩用复合肥 20 千克或尿素 15 千克、磷酸二氢钾 10 千克。以后每 15 天左右浇一水,并适量追肥。

(5)春季管理:

①温度管理。春季大棚内的温度上升较快,晴天中午前后最高温度一般可达 40℃以上,故在温度管理上,要以防高温为重点。此期的适宜温度是 16～30℃,白天的最高温度不超过 35℃,夜间温度不低于 15℃。

在具体管理上,要加强通风,一般晴天上午大棚内的温度上升到 25℃以上后开始通风,并随着温度的上升,不断加大放风量。当外界温度升到 20℃以上后,可将大棚的前脸通风口打开,一起进行通风。

②肥水管理。春季辣(甜)椒生长快,结果多,是产量形成的关键时期,也是大棚辣(甜)椒的肥水管理的关键时期,此期肥水管理得当,植株生长健壮,不易发生早衰;肥水管理不当时,植株容易发生早衰。

在具体管理上,要以防止植株脱肥脱水为重点,一般每 5～7 天浇水一次,每 10 天左右追一次肥,同时还要进行叶面追肥,补充土壤营养的不足。

③植株调整。植株长高后,相互遮光较严重,尤其是大棚南部的植株往往较早地顶到薄膜上,影响透光,故此期除了正常的抹杈外,还要及时对过长的枝干进行摘心,降低植株的高度。

(6)夏季管理:

①遮阳降温。上午9时至下午3时覆盖遮阳网。

②控制坐果,积蓄养分。大棚辣(甜)椒连年栽培经过一冬春的开花结果,植株消耗已经很大,特别是根系的发育受影响比较大,植株的生长势比较弱,需要进行恢复。因此,入夏后,植株应减少坐果,集中营养供应茎叶,恢复生长势,提高下部侧芽质量以及恢复根系的生长势,为入秋后进行再生栽培奠定基础。

③及时防虫。大棚前脸和顶部天窗通风口覆盖25～40目防虫网,防止蚜虫、白粉虱等害虫潜入大棚。发现害虫后及时喷洒农药,控制辣(甜)椒病毒病的发生。

(7)秋季管理:

①温度管理。9月下旬后,当夜间的温度低于16℃时,要及时放下冬暖大棚前脸裙膜保温。

②光照管理。进入9月份后,随着大棚外的光照逐渐变弱,要及时撤掉遮阳网,保持大棚内充足的光照。

③肥水管理。大追肥后,要及时早覆盖地膜,以免覆盖地膜过晚,覆膜时伤叶严重。再生辣(甜)椒不易发生徒长,并且结果比较早,应及时追肥浇水。一般进入结果期后,开始正常的追肥浇水。

④植株调整。再生植株的枝干生长没有规律,应及早吊架固定。

此外,应及时清除田间的杂草,及时喷洒农药,防止辣(甜)椒病虫危害。

四、大棚辣(甜)椒栽培新技术

1. 大棚五彩椒洗根栽培技术

洗根栽培,也称露根栽培,是在尽可能浅栽的基础上,待五彩椒坐果时,冲洗高出地面的五彩椒根系,使根系的出土部分裸露的一种栽培方式。

(1)浅栽:在移植时不要深栽,如果是用营养钵育苗,定植时,要将钵体的1/3露出地面。

(2)洗根:

①一次洗根法。在定植后45～50天,用杀菌剂与发根剂的混合(多菌灵1 000倍液加甲壳素400倍液混合)液洗根,每株用1 000毫升左右混合液,对植株的根部进行病害防除,培育出粗壮的根系。用这种方法洗根,经过1周,清洗出的白色根系变成了绿色,以后便形成粗壮的青色根系。

②三次洗根法。在五彩椒大约第2节果实的收获时节,也就是在定植后的40天左右开始,进行第1次洗根。洗根用的水,一般用多菌灵1 500倍液加甲壳素400倍液混合液。尔后每周冲洗一次,共冲洗3次。用水量应随着五彩椒生长而逐渐增加,第1次每株用水量350～400毫升,第2～3次600～700毫升。这种方法,比前一种方法的洗根开始时间要早一些(在病菌尚未大量繁殖时即已施药),用的混合液总量也多一些,故效果更好一些。

在浅栽的前提下,经过40天,植株稳健后才能洗根,洗根时应结合施用杀菌剂与发根剂。

2. 大棚辣(甜)椒内置式秸秆生物反应堆技术

应用秸秆生物反应堆和植物疫苗技术,冬季20厘米地温增加4～6℃,二氧化碳浓度提高4～6倍,减少化肥用量60%,减少农药用量80%。连用3年可不施化肥、农药,成本降低60%

以上，平均增产 50%以上，平均售价提高 20%，成熟期提前 15 天，收获期延长 30 天。

(1)秸秆和其他物料用量：每亩用秸秆3 000～4 000千克，饼肥 100 千克，牛、马、羊等草食动物的粪便 3～4 米^3。

(2)菌种、疫苗用量：每亩菌种 6～8 千克，疫苗 2～3 千克。菌种和疫苗均由山东秸秆生物工程技术研究中心提供。

(3)菌种和疫苗的处理：1 千克菌种或疫苗，掺 20 千克麦麸、18 千克水，三者拌均匀，堆积 4～5 小时，开始用。如当天用不完，摊放于阴暗处，厚度 10 厘米，第 2 天继续用。

(4)操作时间：行下内置式，定植前 15 天进行；行间内置式，定植后进行。

(5)行下内置式反应堆操作方法：种植前在小行下开沟，沟宽与小行相等，沟深 15～20 厘米，沟长与行长相等，所挖土分放两边。开完沟后添加秸秆，秸秆厚度 30 厘米，沟两头秸秆露出 10 厘米，以便进氧气。填完秸秆按每沟菌种用量，均匀撒在秸秆上，用锨拍一遍后，将起土回填于秸秆上，接着浇大水湿透秸秆，时隔 3～4 天，起垄找平，覆土厚度 15 厘米左右。然后挖穴或开小沟，将疫苗撒施于定植穴内并与土壤掺均匀，栽苗、浇水、覆土，最后盖膜、打孔。在每行的两株之间用 14 号钢筋打孔，孔距 15 厘米，孔深以穿透秸秆层为准(图 11-2)。

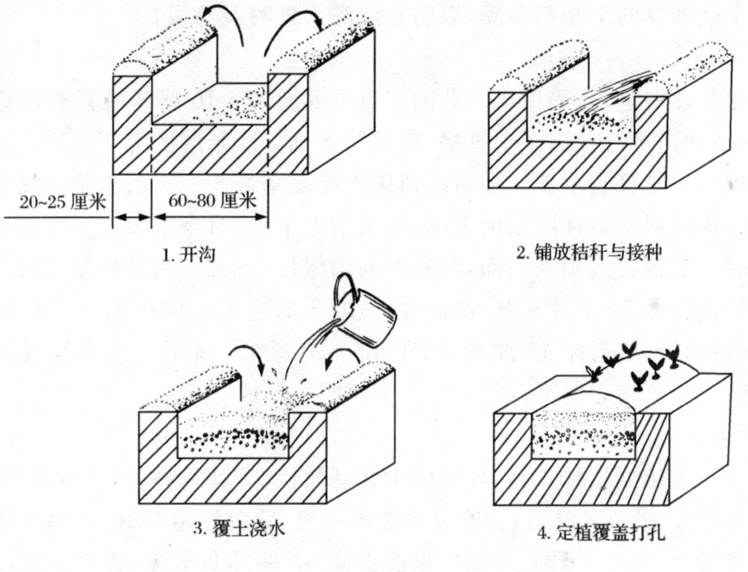

图 11-2　内置式秸秆生物反应堆制作过程

(6)行间内置式反应堆操作方法：此法在定植后的大行间起土 15～20 厘米，放秸秆踏实填平，厚度 30 厘米，沟的两头各露出 10 厘米的秸秆，再按每沟所需菌种用量，均匀撒在秸秆上，用锨拍一遍，将所起土回填于秸秆上，然后浇小水湿润秸秆，行间内置式反应堆只浇这一次小水，以后浇水在小行间进行。待 6～7 天后，盖地膜打孔，打孔用 14 号钢筋按 30 厘米 1 行、20 厘米 1 个进行，孔深以穿透秸秆层为准。

(7)注意事项：应用时做到三足、一露和三不宜。三足：秸秆用量要足，菌种用量要足，第 1 次浇水要足。一露：内置沟两头秸秆要露出 10 厘米。三不宜：开沟不宜过深，以 15～20 厘米深为宜；覆土不宜过厚，15 厘米左右即可；打孔不宜过晚，定植后及时打孔。

3. 大棚彩色甜椒有机生态型无土栽培技术

(1)前期准备:

①品种选择。选用黄色椒、紫色椒、白色椒、红色椒等品种搭配种植。

②有机肥。有机生态型无土栽培的养分主要来源于发酵烘干的鸡粪,鸡粪含全氮3.2%、全磷3.0%、全钾3.5%、微量元素大于1%、有机质大于40%。

③育苗基质与栽培基质。育苗基质以草炭和蛭石按体积比2:1的比例混合,再按每立方米混合基质中配入10千克烘干鸡粪,混合均匀。栽培基质配方为草炭、菇渣、炉渣按体积1:1:1混合。菇渣必须进行高温消毒。炉渣过筛后,选粒径0.3~1厘米的颗粒,经水洗,pH 7左右。栽培基质混合时,每立方米混合基质加入10千克烘干鸡粪和0.5千克磷酸二铵作底肥。

④栽培槽。槽南北延长,长度视大棚跨度而定,内径48厘米,外径72厘米,槽间距80厘米。用3层砖平地叠起,砖与砖之间不用泥浆,底部中央开一条宽20厘米、深10厘米的沟,并保持0.5%的坡度。槽底部铺一层0.1毫米厚的聚乙烯薄膜,薄膜两边压在第1、2层砖之间。用粗炉渣将沟填平,再加入13厘米厚混合好的栽培基质。

⑤滴灌系统。采用加压滴灌,以单棚室建成独立供水系统,每槽铺两条滴灌管,并在滴灌带上覆一层0.1毫米厚的窄塑料薄膜,以防止滴灌水外喷及蒸发。

(2)育苗:

①播种。于7月中上旬,采用128孔的穴盘或8厘米×10厘米的营养钵育苗。基质浇透水,待水下渗后播种,每穴1粒,干子直播,播后覆盖0.5厘米厚的育苗基质。

②苗床管理。一是覆盖草苫。播后在苗床上覆盖草苫5~7天,出苗后揭去。二是覆盖防虫网和遮阳网。遮阳网覆盖在防虫网上面,晴天的上午10时至下午4时覆盖,其他时间揭去。三是覆盖防雨膜。覆盖在遮阳网上面,棚室四周均保持1~1.5米的高度,以保证棚室通风。

(3)定植:幼苗长至5~7片真叶,苗龄30~40天时定植。定植前一天将栽培基质和秧苗浇透水,每槽种植两行,小行距30厘米,株距40~50厘米。采取三角形定植,1穴单株,南端宜密,北端宜稀。

(4)栽培管理:

①水分管理。应依据植株长势、环境因子和基质情况及时调整灌水量及次数,保持基质相对湿度60%~85%。前期气温高,一般每天浇水一次,后期气温偏低,可两天浇水一次。成株期每株每次浇水量0.7~0.9升。开花坐果前少浇,结果盛期多浇,后期少浇,高温天气多浇,冷凉天气少浇,阴雨雪天气停浇。

②肥料管理。追肥一般在定植后20天开始,此后每隔10天追一次烘干鸡粪,每次每株追15克,坐果后每次每株追25克。将肥料均匀撒在离根茎5厘米外的周围。若植株出现缺素症,视具体情况追施速效无机肥。坐果后冬暖大棚内增施二氧化碳,早晨揭苫后30分钟开始施二氧化碳,晴天持续施2小时以上,阴雨无日光天气应停止施用。

③温度管理。定植后至缓苗期适宜昼温为30~35℃,夜温为20~25℃;缓苗结束至开花结果期昼温为20~25℃,夜温为16~18℃。前期以遮光降温为主,结果后期做好保温工作,防止夜温过低而影响果实的成熟和转色。

④植株调整。采取吊蔓栽培。门椒开花时,去除基部侧枝,门椒要及早疏去或采收。疏花疏果时要及时去除主枝上弱小的不结果枝。四门斗椒坐果后,留4条主枝无限生长,去除其余

侧枝。

⑤挂果贮藏。在大部分果实转色后，可通过降温和控水的办法推迟果实的采收，直至元旦、春节供应市场。

4. 大棚秋冬茬辣（甜）椒再生栽培技术

大棚秋冬茬辣（甜）椒生产中，结果后期易受到长期低温寡照、多湿天气的影响，常常造成植株生长小、形成簇花、开花不结果、形成无子果等现象，给菜农造成很大损失。近几年来，寿光市农业高科技示范园试验研究大棚秋冬茬辣椒再生栽培技术，收到了很好的效果。

(1)生产优势：发棵快、结果早。辣（甜）椒再生后因不经过苗期，发出的侧枝带有花蕾，直接开花结果，比大椒苗结果要早。前期结果量大，效益高。春季生产必须前期结果量大，产量高才能效益高，大棚秋冬茬辣（甜）椒再生栽培完全符合春季生产要求。植株不徒长，易管理。再生辣（甜）椒侧枝量大，结果多，生殖生长旺盛不易发生徒长。

(2)再生时间：一般在 2 月中下旬至 3 月上旬，也就是大棚辣（甜）椒春季正常定植时间，如果天气转暖快，地温高，在 2 月中下旬进行辣（甜）椒再生；如果天气阴冷，地温低，室内温度低于 20℃，在 3 月上旬进行辣（甜）椒再生。

(3)再生技术：

①适宜品种。大棚秋冬茬辣（甜）椒再生采用的品种应具有耐低温、生长势强的特性，如长剑辣椒、红英达彩椒等。

②再生部位。再生部位是在辣（甜）椒四门斗部以上枝全部剪除，剪口在分枝以上 1 厘米处，剪口斜向外。

③施肥整地。修剪后立即进行施肥整地。起垄栽培的辣（甜）椒在垄沟内每亩施腐熟优质有机肥 2 $米^3$，并掺入过磷酸钙 50 千克、尿素 15 千克、硫酸钾 10 千克，撒匀后翻地，深 15～20 厘米，垄埂不要翻动，以免伤根太多。施肥整地后，重新覆盖地膜，以保证有机肥的利用和地温的升高。如果土壤过于干燥，可覆膜后膜下灌一次小水。

④田间管理。修剪后白天温度控制在 28℃以上，夜间控制在 12℃以上。在新枝出现以前，晚揭早盖草苫以保持较高的温度，新枝 2～3 厘米后要在保证温度的适宜范围内多见光。晴天揭草苫后 40 分钟，拉开后通风口换气 1 小时左右，下午 2 时许再换气一次，时间为 1 小时。阴天、雨天揭开草苫后 1 小时再拉开通风口，换气时间为 40～50 分钟，中午气温最高时再换气 40 分钟。晴天温度较高时要加大通风量，以利于开花授粉。侧枝出现后，易出现一芽多枝或侧枝出现过多、过密现象，此时要根据辣（甜）椒植株的生长情况和天气情况留足留够侧枝，一般留 7～10 个侧枝，把多余的枝抹掉。椒果半果时随水冲施氮磷钾复合速效肥，每亩 5 千克，随着采收次数的增加要增加浇水冲肥的次数，每间隔 1～2 次水冲一次肥。

通过近几年的栽培，寿光市农业高科技示范园得出的对比结果是，再生辣（甜）椒比同品种、同时间定植带大花蕾的辣（甜）椒苗前期产量提高 67%，总产量基本相等，按市场价计算，总产值每亩可增加1 000～1 500元。

(4)病虫害防治：以农业防治、生物防治为主，化学防治为辅。采用化学防治时，选择低毒低残留农药，确保产品不受农药污染。

五、辣(甜)椒病虫害防治

1. 侵染性病害

(1)辣(甜)椒疫病:

①发病症状。辣(甜)椒疫病苗期、成株期均可发生,茎、叶、果都可染病。苗期发病,茎基部呈暗绿色水浸状软腐或猝倒,又称苗期猝倒病。果实染病始于蒂部,初生暗绿色水浸状斑,迅速变褐软腐,湿度大时长出白色霉层,即病原菌孢子囊梗及孢子囊,干燥后形成暗褐色僵果留在枝上。茎部染病,分权处变为黑褐色或黑色,其中尤以茎基部危害最为严重,病斑初为水浸状,后出现环绕表皮扩展的褐色或黑色条斑,病部明显缢缩,造成地上部折倒。主要危害成株,植株急速凋萎,农民称之为"死棵",是一种毁灭性的病害,在某些冬暖大棚甚至造成绝产。

②发病规律。辣(甜)椒疫病属真菌性病害,病菌主要以卵孢子、厚垣孢子在病残体或土壤、种子上越冬,其中土壤中病残体带菌率最高,为主侵染源。此病为土传性病害,病菌生长发育适温30℃,阴雨天后病害易发生流行,发病周期短。土质黏重、田间排水不畅、易积水的地块发病重。浇水过勤、浇水量过大的地块也易发生。此外,植株定植过密,通风透光不良,发病重。

③防治技术。培育无病壮苗:种子先用清水预浸10小时,再用1%硫酸铜溶液浸种5分钟,用72.2%普力克水剂600～800倍液浸种12小时,捞起洗净后催芽播种。辣(甜)椒育苗一定要做好苗床土壤消毒。育苗床土选用两年未种过茄果类蔬菜的大田土,苗床整好后,按每立方米苗床用70%杜邦克露10克与10～15千克细干土混匀拌成药土,留1/3药土作为播种后覆盖土,2/3药土撒于苗床内,这样,播种后种子上下都是药土,能有效预防苗期病害。成苗后在苗床上选用无病壮苗移栽。

实行轮作:发病田不要与瓜类、茄果类蔬菜连作,可与十字花科、豆科等蔬菜轮作,轮作时间在3年以上。据调查,大棚蔬菜种植中,辣(甜)椒疫病重茬地发病率高达30%,轮作发病率可降低1%以下。

地膜覆盖高垄栽培:地膜覆盖可提高地温,减少蒸发,促进幼苗前期生长健壮,提高植株的抗病能力。行间覆地膜,可明显降低棚内湿度,高垄栽培(垄高15～20厘米)可避免根部积水而引发疫病。

加强田间管理:施足腐熟基肥,避免偏施氮肥,适当增施磷钾肥,避免施用未腐熟的人粪尿、鸡粪等有机肥。防止大水漫灌,尤其在高温条件下,严禁浇大水,以防出现高温高湿,有效减轻病害的发生。据观察,凡在持续高温期内浇水,特别是连浇2～3次大水时病株率高达80%,而小水灌溉时病株率仅10%左右。

科学合理用药:在发病初期及时施药,用50%瑞毒铜1 000倍液或绿乳铜800～1 000倍液均匀喷雾,效果较好。也可用50%甲霜铜500倍液、64%瑞毒铝铜250倍液进行防治,每隔7～10天喷一次,视病情可连续喷施2～3次。也可选用烟熏法或粉尘法防治,发病初期亩用45%百菌清烟雾剂250～300克,或5%百菌清粉尘剂1.0千克,隔7天左右一次,连续防治2～3次,这样既可防病,又可适当降低室内湿度。

控制中心病株:出现中心病株时应及时拔除,喷施与浇灌并举,用72%杜邦克露可湿性粉剂600～700倍液、72.2%普力克水剂800倍液等进行病穴处理,每隔7～10天一次,连续防治

2～3 次。

灌根防治:大棚辣(甜)椒生产过程中,灌水要在晴天进行,尽量采取膜下暗灌。灌水前每亩均匀撒施硫酸铜晶体 1～2 千克随水流入田间。浇水以不超过垄高的 2/3 为标准。切忌大水漫灌,灌水后要及时通风。清洁田园,可减少土壤中疫病病原菌数量,减轻病害的发生。

(2)辣(甜)椒灰霉病:

①发病症状。辣(甜)椒灰霉病自苗期至成株期均可染病,主要危害叶片、茎秆、花、果实。苗期发病,初始子叶顶端褪绿变黄,后扩展至幼茎,幼茎变细缢缩,使幼苗病茎折断枯死。叶片发病,初始叶外缘褪绿变黄并产生灰白色霉层,发病末期可使整叶腐烂而死。茎秆发病,初始在茎秆产生水渍状小斑,扩展后成长椭圆形或不规则形,病部呈淡褐色,表面生灰白色的霉层。严重时,病斑可绕茎秆一周,引起病部上端的茎、叶萎蔫枯死。果实发病,初期被害部位的果皮呈灰白色水浸状,后发生组织软腐,后期在病部表面密生灰白色的霉层。

②发病条件和危害。病菌喜温暖高湿的环境,最适发病温度为 20～28℃,相对湿度 90%以上,最适感病生育期为始花期至坐果期。辣(甜)椒灰霉病的主要发病盛期在12月中下旬至5月间。早春温度偏低、多阴雨、光照时数少的易发病。连作地、排水不良、与感病寄主间作、种植过密、生长过旺、通风透光差、氮肥施用过多的易发病,保护地春季阴雨连绵、气温低、关棚时间长、棚内湿度高、通风换气不良,极易引发病害。

③防治措施。通常的防治方法是喷药、熏蒸、蘸花和降湿升温。

喷药应在初发期进行,重点喷好花果部分,因在多数蔬菜上灰霉病先侵染花瓣,然后到达萼片和果实。开始为褐色腐烂,之后生出灰毛,继而扩散危害枝叶等部分,所以要重点喷好花果,喷用药物效果较好的有 40%嘧霉胺(施佳乐)1 200倍液、40%百可得 900 倍液、50%多霉清(多霉威、万霉灵)600 倍液、25%啶菌恶唑3 000倍液、50%扑海因1 000～1 500倍液以及速克灵、农利灵、施乐时等。这些药物多同 600 倍液百菌清一起喷用以防产生抗药性,并能提高对灰霉病的防效。熏蒸最好在喷药的基础上进行,可以熏百速烟剂,每亩用 200克。在实践中发现熏菌核净,效果更好。方法是以木柴或玉米芯点燃,等冒过烟火后移到棚中,在上面撒上菌核净即能发烟熏棚,亩用量为 40%的菌核净 200 克即可,不可整夜熏,应从半夜熏起,避免时间过长(以 5～6 小时为宜),产生药害。

蘸花是在灰霉病严重时或喷药效果欠佳时的有效措施,用施乐时 400 倍液、异菌脲(扑海因)或腐霉利 500 倍液把花及幼果蘸湿,能阻止已腐烂的花瓣向果实发展,其效果良好,但较费时费力。如果落花落果现象严重,为保花保果又兼防灰霉病,可用 0.2 千克水加 2,4-D 1 支(5毫升)+赤霉素 3～4 毫升+施乐时 1 包(10 毫升),直接蘸已开放 8～9 成的花朵,效果显著。

棚室拉开草苫以后可等温度升高再逐步放风,以升到 31～33℃时再放风最好,这样能抑制灰霉孢子产生,使病情不再扩展。另外,地面盖地膜、膜下浇水等也是综合防治措施。

(3)辣(甜)椒菌核病:

①发病症状。辣(甜)椒菌核病自幼苗至成株期均可感病,主要危害茎基部,也能危害茎、叶和叶柄、花、果实和果柄。茎发病初始为褐色水渍状斑,后病斑绕茎变黄。湿度高时病部长出一层白色棉絮状菌丝体,软腐无气味,田间湿度低时病斑呈灰白色,稍凹陷,易折断。受害后茎秆内髓部受破坏,腐烂而中空,剥开可见白色菌丝体和黑色菌核。

②发病条件和危害。病菌喜温暖高湿的环境,最适发病环境温度为 20～25℃,相对湿度90%以上,最适感病生育期为成株期至开花坐果期。发病潜育期 5～8 天。

辣(甜)椒菌核病的主要发病盛期在2～6月,常年早春多雨,寒流侵袭,作物受冻,天气忽冷忽热变换频繁,或梅雨期间多雨发病重。排水不良、种植过密、通风透光差、氮肥施用过多、茎叶过嫩或受霜害、冻害和肥害的易发病。保护地通风换气少、大水大肥浇灌的易发病。

③防治措施。与禾本科作物及葱蒜类蔬菜轮作。在春季寒流侵袭前要及时加盖塑料薄膜,并在棚室前裙盖草苫,防止植株受冻。控制保护地栽培棚内温湿度,及时放风排湿。

在发病初期开始喷药,每隔7～10天喷药一次,连续喷2～3次,药剂可选用43%好力克悬浮剂3 000～4 000倍液、50%速克灵可湿性粉剂1 000倍液、50%农利灵可湿性粉剂1 000倍液、50%扑海因可湿性粉剂1 000倍液等喷雾。发现病茎可用50%农利灵可湿性粉剂50倍高浓度液涂病茎防治。

④菌核病与灰霉病的区别。

不同点:一是致病菌类不同。菌核病系子囊菌门真菌,灰霉病系半知菌类真菌。二是分生孢子体颜色不同。菌核为白色棉絮状菌丝,灰霉为灰黑色霉状物,这是区别两类菌的重要特征之一。三是初侵染主要感病部位不同。菌核病初侵染为茎基部或分杈处,叶缘或果柄,病斑长少量白霉。灰霉病初侵染一般为残留花朵部位,有明显的灰色菌丝。四是侵染后的表现不同。菌核病在侵染严重的部位易产生菌核,灰霉不易生成菌核。灰霉病易在病叶上生成"V"形轮纹大褐斑,在果蒂或脐部生成灰霉斑。菌核病由果柄侵染后在整个果面形成腐烂病斑。

相同点:一是发病的温度、湿度条件基本相同,即低温高湿,一般为15～22℃,相对湿度85%以上为适宜发病温湿度。二是防治的药物基本相同,即以防治灰霉病的药物对菌核病都有效,如腐霉利(速克灵)、扑海因、农利灵等。

(4)辣(甜)椒枯萎病:

①发病症状。辣(甜)椒枯萎病发病时茎基部皮层呈水浸状腐烂。维管束褐色。发病后下部叶片黄色,萎蔫干枯脱落,继而全株枯死。有时病害只在植株一侧发展,形成纵向条纹斑坏死。根系呈水浸状软腐,在潮湿条件下,病部常产生白色或粉红色的霉状物。

②发病原因。一是连作致病。作物栽培种类单一,同种同科蔬菜长期连作,致使土壤中的病菌繁殖积累,数量增加,故连作时间越长,发病率越高,病情越重。二是种子带菌。带菌种子和带有病原体的有机肥,是病害的初侵染源,播种前种子、营养土等未进行处理,或消毒药剂不对路,均为病害的发生条件。病菌从幼苗的根部或茎基部皮孔和伤口侵入,在维管束内繁殖蔓延,引起萎蔫。三是措施不当。采用平畦栽培,不利于田间积水的排除。灌溉采取大水漫灌或浇水次数偏多,导致土壤含水量过多,湿度过大,透气性差,为病害的发生创造了条件。四是盲目施肥。过多施用氮素化肥,忽视钾肥、微肥及优质农家肥的施用,造成植株徒长,植株根系长期处于一种不良的土壤环境中,抗病能力下降,发病几率增加。

③防治措施。轮作:合理轮作换茬,避免与瓜类、茄果类蔬菜连作。

培育无病壮苗,严格土壤消毒:一是要注意种子消毒,可用50%多菌灵500倍液浸种防病。二是要注意苗床土壤消毒。三是要注意营养钵或穴盘育苗时,减少移栽时易出现的伤根现象,防止病菌从伤口侵入,培育无病壮苗。

实行高垄栽培,坚持科学灌水:平整土地,起垄栽培,既有利于排灌,又可以增强土壤的透气性。浇水时要采取小水浇灌和膜下浇水,不能大水漫灌。

做到平衡施肥,加强田间管理:多施用经过充分腐熟的优质农家肥,适量增施磷、钾肥料,合理配施锌、硼等微量元素,要控制氮肥用量,使植株健壮生长,提高自身的抗病力。在辣(甜)

椒生长期间，注意观察生长状况，发现病株及时拔除，集中销毁，并将病穴及周围植株进行灌药处理，防止土壤中的病菌蔓延危害。

药剂防治：发病前和发病初期及早施药防治，可用多菌灵500倍液混加福美双500倍液进行灌根，每7～10天用一次，连续2～3次。

(5)辣(甜)椒白粉病：白粉病主要危害辣(甜)椒的叶片，是引起辣(甜)椒落叶的一个重要病害。保护地栽培的辣(甜)椒在夏秋季天气干旱、灌水过少的情况下较易发病，发病后大量落叶，果实不易肥大。

①发病症状。发展初期，先在叶片正面产生褪绿的小黄斑点，逐渐发展成为边缘不明显、较大块的淡黄色斑块。严重时整个辣(甜)椒叶片全部染病，沿叶脉的组织坏死，产生褐色小点，并在叶片背面产生很薄一层白色霜状霉层，即病菌的分生孢子梗和分生孢子。病叶发黄，极易脱落。

②发病条件。病菌随病叶在地表和土壤中越冬。病菌分生孢子在10～35℃条件下均可萌发，气温低于30℃最适合侵染。病菌孢子萌发后以芽管通过寄主侵入气孔，侵入后内生菌丝在寄主细胞间扩展并吸收寄主养分。随后分生孢子梗从气孔内伸出，形成白粉状的分生孢子。分生孢子在田间主要靠气流传播扩散。分生孢子的萌发需在水滴内进行，但病害流行却在空气相对湿度低于60%的较干燥环境下发展较快。一旦侵入，气温高于30℃时可加速症状的出现。昼夜温差大时，有利于白粉病的发生发展。

③防治方法。保持田间有适宜的空气湿度，防止土壤干旱和空气干燥。发病初期可喷15%三唑酮800～1 000倍液，或50%硫磺悬浮剂300倍液，或50%甲基托布津1 000倍液，每7天左右喷一次，连续喷2～3次。

(6)辣(甜)椒叶霉病：

①症状。辣(甜)椒叶霉病主要危害叶片。最初在叶片上表现为浅黄色不规则形褪绿斑块，叶背部初生浅白色霉层，不久叶正面为浅黄色至黄色大斑，数量较多，不受叶脉限制，叶背部霉层逐渐变为浅灰色至黑褐色绒毛状霉，即病原菌的分生孢子梗和分生孢子，病叶无明显变脆增厚和上卷现象，后期叶片也很少脱落。发病初期由下部叶片开始，发病严重时整片叶形成花斑，变黄干枯。经多点调查，国外品种较国内品种发病重。

②发病规律。病菌主要以菌丝体和分生孢子随病残体遗留在地面越冬，第2年环境条件适宜时，病组织上产生分生孢子，通过气流传播，在寄主表面萌发后从伤口或体表侵入，病部又产生分生孢子，进行再次侵染传播。尤其是在栽培过密、田间生长郁闭、干湿交替或有白粉虱等虫害发生时，均易感染此病。该病菌孢子随风传播极为迅速。

③防治方法。选用抗病品种：栽培中应选用抗性较强的辣型品种。选用国外品种时，应先进行抗病性试验，然后再进行选择。经试验筛选，以寿光长羊角椒、长剑等品种抗病性好，而荷兰彩椒白公主、紫贵人等品种易感染此病。

及早清洁田园：防治该病应突出一个“早”字，发现病株及病叶应及早清除，集中深埋或烧毁，收获后及时清除植株残体，以断绝循环侵染途径。

合理密植，加强管理：栽植密度应依照各品种特性及要求适当安排。其次，尽量避免忽干忽湿现象出现，严禁大水漫灌，注意降低田间湿度，尤其是保护地中的空气相对湿度。

实行轮作：辣(甜)椒叶霉病主要是病残体在土中或病菌孢子直接落入土中进行循环侵染，故应实行与其他作物轮作。

增施石灰和腐熟的有机肥：由于该菌性喜酸性环境，整地时每亩应撒施生石灰150～200千克，并施用经充分腐熟的有机肥，以避免“生肥发酵”产生“烧根”而造成伤口发病。

药剂防治：发病前或发病初期可用47%加瑞农可湿性粉剂800倍液，或10%宝丽安（多氧霉素）800倍液，或65%万霉灵可湿性粉剂1 200倍液，或75%百菌清600倍液进行喷施，每隔7～10天喷一次，连续喷3～4次。发病期，上述药剂可适当加大浓度进行防治。但在采收前15～20天应停止喷药，以防果实中农药残留过量而影响销售。

除喷雾防治外，可结合使用6.5%甲霉灵粉尘剂或5%百菌清粉尘剂，每亩用量为1.5～1.8千克喷粉防治。

(7)辣(甜)椒霜霉病：

①症状。辣(甜)椒霜霉病主要危害叶片、叶柄及嫩茎。叶片染病，病斑略呈浅绿色，不规则，叶背有稀疏的白色薄霉层，病叶变脆较厚，稍向上卷，后期叶易脱落。叶柄、嫩茎染病，呈褐色水渍状，病部也现白色稀疏的霉层。

②发病条件。病菌以卵孢子越冬。翌年条件适宜时产生游动孢子，借气流、灌水传播蔓延，进行再侵染，经多次再侵染形成该病流行。一般棚内气温20～24℃发病重。

③防治方法。选用抗病品种。实行2年以上的轮作。清洁田园，病残体集中烧毁，及时耕翻土地。发病初期开始喷洒72%克霜氰可湿性粉剂800倍液、72%克露可湿性粉剂800倍液，或1∶1∶200倍波尔多液、90%三乙膦铝可湿性粉剂500倍液、60%琥·乙膦铝可湿性粉剂500倍液，防治1～2次。

(8)辣(甜)椒炭疽病：辣(甜)椒炭疽病有3种，即黑色炭疽病、黑点炭疽病和红色炭疽病。其中黑色炭疽病发生普遍，黑点炭疽病仅部分地区发生，红色炭疽病发生较少。

①症状。辣(甜)椒叶上3种炭疽病的症状相似，区别如下：一是黑色炭疽病，危害叶片和果实，成熟果实和衰老叶片受害更重。叶片发病初期呈褪绿水渍状斑点，逐渐变成褐色，以后边缘为深褐色、中间为浅褐或灰白色的近圆形或不规则形斑，上面轮生黑色小点，即病菌和分生孢子盘。发病叶片易脱落，严重时只剩顶部小叶。果实上的病斑长圆形或不规则形，初呈水渍状，后呈褐色、凹陷，有稍隆起的同心轮纹，其上也密生小黑点，病斑的边缘有湿润的变色圈。干燥时病斑干缩，似羊皮纸状，易破裂。二是黑点炭疽病：成熟果实受害严重。病斑很像黑色炭疽病，但病斑上的小黑点较大，色较深，在潮湿条件下，小黑点能溢出黏质物。三是红色炭疽病，幼果和成熟果均能受害，病斑圆形、黄褐色、水浸状、凹陷，病斑上有橙红色小点，略呈同心环状排列，在潮湿条件下，整个病斑表面溢出红色黏质物。

②发病条件。温暖高湿有利于炭疽病的发生和发展。本病菌的孢子萌发、侵染需要相对湿度95%以上，发育温度为12～33℃，最适温度为27℃，如果相对湿度低于70%，则不利发病。植株根系发育不良发病重。辣(甜)椒根系发育不良致使植株生长衰弱，是发病的重要因素。凡不利于辣(甜)椒根系生长发育的栽培条件都能促进发病，如栽植过深，地温低，中耕不及时，肥料不足或施用氮素化肥过多，以及栽植密度过小，枝叶不能封行，使土壤温度过高等。地势低洼、土壤黏重、排水不良的地块发病早而重，往往成为发病的中心。有辣味的辣椒品种中辣味强的比较抗病。果实受日灼或机械损伤可加重炭疽病的发生。

③防治方法。轮作：连续多年实行轮作可不发病或少发病。应在发病重的地区实行轮作。

种子处理：消灭种子上的病菌，要在播种前进行种子处理。一是温汤浸种：用清水洗净种子，然后用55℃温水浸种10分钟，立即移入冷水中冷却，然后催芽播种。二是硫酸铜溶液浸种:先将种子在清水中浸泡6~15小时,再用1%硫酸铜溶液浸种5分钟,捞出后拌少量石灰或草木灰中和酸性,或硫酸铜浸种后,用清水洗3遍,再播种。

促进根系发育:在深耕的基础上,每亩施腐熟的有机肥5 000千克,最好分层施较长效的氮磷钾复合肥60~80千克,做底肥,代替追肥。用营养钵育苗,减少移植伤根。定植深度从茎基部算起,一般以4~5厘米为宜,定植次日开始中耕,灌水后适时中耕,防止土表裂缝,最后一次中耕要多培土。灌水时,如果气温低要选晴天进行,气温高时要在早晚进行,追肥不要离根太近,追肥后要及时灌水。

防止日灼和机械伤害果实:定植密度以成株期枝叶相接而不拥挤为原则。田间操作避免碰伤果实。

大棚卫生:果实采收后,要彻底清除田间病残体,集中烧毁或深埋,并结合深耕促使病菌死亡。

化学防治:发现病株及时喷药防治。常用药剂有1∶1∶200波尔多液、70%甲基托布津可湿性粉剂1 000倍液、75%百菌清可湿性粉剂500~600倍液、50%福美双可湿性粉剂500倍液等。

(9)辣(甜)椒细菌性叶斑病:辣(甜)椒在冬暖大棚中栽培若遇高温高湿易导致细菌性叶斑病的发生,使辣(甜)椒大量落叶、落果、落花,对产量影响很大。

①发病症状。该病在田间点片发生,主要危害叶片。成株叶片发病,初呈黄绿色不规则水浸状小斑点,扩大后变为红褐色或深褐色至铁锈色,病斑膜质,大小不等。干燥时,病斑多呈红褐色。该病一旦侵染,扩展速度很快,一株或个别叶片或多数叶片发病,植株仍可生长,严重时叶片大部分脱落。细菌性叶斑病病健交界处明显,但不隆起,区别于辣(甜)椒疮痂病。

②传播途径。辣(甜)椒细菌性叶斑病是由丁香假单胞杆菌侵染引起的。病菌主要在种子及病残体上越冬,在田间借风雨或灌溉水传播,从辣(甜)椒叶片伤口处侵入。病菌生长发育适温为25~28℃。高温高湿时蔓延快,排水不良、瘠薄缺肥地病害严重。

③发病条件。大棚内没有进行熏蒸消毒或消毒不彻底,室内的病株残体清理不干净,种子带菌、在播种前未进行种子消毒处理。大棚内灌水后没有及时通风排湿,导致室内高温高湿。前茬蔬菜收获后,土壤不进行深翻暴晒直接进行下一茬的栽培也容易引发病害。

④防治方法。实行合理轮作:与非茄科蔬菜轮作2~3年。前茬蔬菜收获后及时彻底地清除病残体,结合深耕晒垡,促使病残体腐解,加速病菌死亡。

种子消毒:播前用种子重量0.3%的50%琥胶肥酸铜可湿性粉剂拌种,可有效防止辣(甜)椒细菌性叶斑病的发生。

加强管理:定植前要平整土地,深翻土壤,并采用高垄栽培,辣(甜)椒生长过程中及时中耕松土和施肥。防止积水,避免大水漫灌。土壤灌水后室内温度升高时应及时通风排湿。冬暖大棚内的蓄水池要用薄膜覆盖,防止室内温度升高时水分蒸发增加空气湿度。发现病叶及时清除到室外深埋或烧毁。

药剂防治:发病初期,喷72%农用硫酸链霉素可溶性粉剂或硫酸链霉素4 000倍液、新植霉素4 000~5 000倍液、47%加瑞农可湿性粉剂600倍液、12%松脂酸铜乳油500倍液、铜大师1 000倍液,或可杀得800倍液。隔7~8天喷一次,连续防治2~3次。此方法可兼治辣(甜)椒疮痂病、软腐病。采用以上药剂灌根可防止青枯病的发生。

(10)辣(甜)椒疮痂病:辣(甜)椒疮痂病也叫细菌性斑点病,保护地栽培中危害较普遍,苗期和成株期均可发病，可造成大量落花、落果、落叶。

①发病症状。疮痂病主要发生在叶和茎上，有时也危害果实。叶片染病时，初期出现水渍状黄绿色小斑点，扩大后呈不规则形。病斑边缘暗绿色，稍隆起，中间淡褐色，稍凹陷。病斑表皮粗糙，呈疮痂状。受害重的叶片，边缘、叶间变黄，干枯脱落。如果病斑沿叶脉发生，常使叶片变成畸形。茎部和果柄染病，出现不规则条形病斑或斑块，颜色暗绿色，逐渐木栓化或纵裂成疮痂状。果实被害，开始有褐色隆起的小黑点，随后扩大为稍隆起的圆形或长圆形的黑色疮痂病斑。潮湿时，疮痂中间有菌液溢出。辣（甜）椒幼苗染病时，子叶上出现水渍状的银白色小斑点，后变为暗色凹陷病斑。发病严重时常引起幼苗全株落叶，最终植株死亡。

②发病条件。辣（甜）椒疮痂病由细菌侵染引起。病原菌附着在种子表面或随病残体在土壤里越冬，翌年随灌溉水、农事操作传播，从叶片气孔或植株伤口处侵入。病菌生长发病最适温度为 27～30℃，最低 5℃，最高 40℃，遇 59℃高温 10 分钟病菌死亡。空气相对湿度 90%以上时有利发病。高温、高湿是诱发辣（甜）椒疮痂病的重要条件。大棚夏秋茬栽培辣（甜）椒，气温高、浇水多、放风量小、缺肥等条件下容易发病。

③防治方法。种子播种前进行消毒处理，一般先将种子在清水中浸泡 6～15 小时，再用 1%硫酸铜溶液浸 5 分钟，捞出后拌少量石灰或草木灰中和酸性，再播种。或用 55℃温水浸种 10 分钟，立即用冷水冷却，然后催芽播种。还可用 1∶10 的农用链霉素液浸种 30 分钟。定植后加强管理，促进植株根系发展，提高抗病能力。大棚内注意通风降温，防止高温高湿。及时把病叶、病果、病株清除到室外深埋或烧毁。发病初期可喷 1∶1∶200 波尔多液，或新植霉素 4 000～5 000倍液，或 72%农用链霉素4 000倍液，7～10 天喷一次。各种农药交替使用，连续喷 3～4 次。

(11)辣（甜）椒软腐病：辣（甜）椒软腐病各地都有发生。大棚栽培辣（甜）椒，多在生育的中后期，气温较高，果实遭受棉铃虫、烟夜蛾危害情况下发生。在辣（甜）椒果实贮藏期间也易发病。

①发病症状。辣（甜）椒软腐病主要危害果实，多于近果柄处发生，在萼片周围初生很小的水渍状暗绿色斑，迅速扩展，整个果皮变白绿色、软腐，果实内部组织腐烂，病果呈一大水泡状。果皮破裂后，内部液体流出，仅存皱缩的表皮。有时病斑可不达全果，病部表皮皱缩，边缘稍凹陷，病健交界处有一明显的绿缘。病果可脱落或僵化挂于枝上，软腐果有异味，但不及其他植物上的软腐病那样恶臭。

②发病条件。病原菌为胡萝卜软腐欧氏菌。病菌随病株残体在土壤中越冬，第 2 年春，通过灌溉水从植株伤口侵入感染，染病后病株又通过昆虫及风雨传播病菌，造成病害蔓延流行。病菌在 2～41℃范围内都能发育，适温为 30～35℃，所以发病多在高温季节。种子可以带菌。凡是受到棉铃虫、烟夜蛾等害虫钻蛀的果实，很容易发病。收获后使用不清洁的水冲洗果实，特别是装筐的果实用水边冲边摇动的做法，容易造成软腐病扩散，使采后果实在贮运过程中病害加重。

③防治方法。及时预防棉铃虫和烟夜蛾是防治软腐病的有效措施。合理密植，注意放风，降低空气湿度。发现病果及时清除，以减少病虫来源。发现病害立即喷洒 72%农用链霉素可湿性粉剂4 000倍液，或新植霉素4 000倍液，或 14%络氨铜水剂 300 倍液，或 1∶1∶200 波尔多液，隔 6～7 天喷一次，连喷 2～3 次。

(12)辣（甜）椒病毒病：

①症状。辣椒病毒病有花叶型、黄化型、坏死型和畸形类型等。花叶分轻型和重型花叶两种类型：轻型花叶病，叶片明脉、轻微褪绿，出现浓淡绿相间斑驳，病株不矮化。重型叶片凸凹不平，叶脉皱缩畸形，生长慢、果实小、矮化。黄化型病叶明显变黄，特别是顶部叶片出现落叶现象。坏死型病株部分变褐坏死，叶柄、茎秆生条形状坏死斑，因此又叫条形坏死病。畸形病株顶叶窄长呈线状、丛枝状，有的病株叶片丛聚顶部呈簇状，心叶出现黄褐色环斑，节间短、矮化，中部叶片有的叶缘向上卷。

②发病条件。长期干旱、高温，管理粗放，蚜虫和人为传播，吸烟者不用肥皂洗手，接触植株可传染病毒病。

③防治方法。及时防治蚜虫、螨等传毒媒介。用10%磷酸三钠浸种30分钟。选用抗病品种。5～6月份上防虫网、遮阳网，棚内保持湿润，棚内温度不能超过30℃。发病时用1.5%植病灵1 000倍＋2%菌克毒克300倍＋爱农或毒尽2 000倍＋农康2 000倍＋绿亨6号1 000倍＋“激抗菌968”1 000倍混合液喷雾，全株上下喷匀，隔3～4天喷一次，连续交替用药3～4次。

2. 生理病害

(1)辣(甜)椒缺素症：

①缺氮症。主要症状：植株发育不良，叶片黄化，黄化从叶脉间扩展到全叶，从下部叶向上部叶扩展，整个植株较矮小。开花节位上升，出现靠近顶端开花现象。生长初期缺氮，基本上停止生长。严重时会出现落花落果现象。

防治措施：施用氮肥，温度低时施用硝态氮化肥效果好。施用新鲜的有机物(作物秸秆或有机肥)作基肥要增施氮素化肥或施用完全腐熟的堆肥。及时追施氮肥，每亩可施尿素7.5～10千克。或用1%～2%的尿素溶液进行叶面喷肥，每隔7天左右喷一次，共喷2～3次。

②缺磷症。主要症状：生长初期植株生长缓慢，没有黄化现象，生长中后期叶表现为叶色浓绿，表面不平整，植株下部叶片的叶脉发红。易形成短柱花，结果晚，果实小，成熟晚，产量低。有时绿色果面上出现紫色斑块，斑块没有固定的形状，大小不一。一个果实上的紫斑少者一块，多者几块。严重时，半个果实表面布满紫斑。

防治措施：土壤缺磷时，增施磷肥。施用足够有机肥料。应及时追施磷肥，每亩可施过磷酸钙10～15千克。或用2%～4%的过磷酸钙溶液进行叶面喷肥，每隔7天左右喷一次，共喷2～3次。

③缺钾症。主要症状：生育初期失绿由叶缘开始发生，以后向叶肉扩展。在生育的旺盛期靠近中部叶的叶尖端开始变淡黄绿色，严重时下部叶变黄枯死，大量落叶，果实畸形，膨大受阻，坐果率低，产量下降。

防治措施：施用足够的钾肥作底肥。出现缺钾症状时，应立即追施硫酸钾等速效肥。亦可叶面喷施1%～2%的磷酸二氢钾溶液2～3次。

④缺钙症。主要症状：顶部叶生长不正常，下部叶正常。距生长点近的幼叶周围变为褐色，有部分枯死，也有部分叶片中肋突起。果易形成脐腐。

防治措施：增施有机肥，控制化肥用量。对于盐分浓度较高的大棚土壤或早春随着气温升高而导致表层聚盐的土壤，要及时灌水洗盐，并要保持土壤湿润，以增加辣(甜)椒对钙的吸收。对于供钙不足的大棚土壤，可以适量施石灰、石膏等含钙肥料。对因土壤溶液浓度过高而引起根系吸收障碍的，可喷施0.3%～0.5%的氯化钙或硝酸钙溶液，一般每隔7天左右喷一次，连喷 2～3 次。

⑤缺镁症。主要症状：一般是从下部叶开始发生，在果实膨大盛期靠果实近的叶片先发生。一开始是叶片灰绿色，叶脉间淡黄化到变成黄色。黄化先是从叶中部开始，以后慢慢扩展到整个叶片，但有时叶缘仍为绿色。一株辣椒上所结的果实越多缺镁现象越严重。植株矮小，坐果率低。一旦缺镁，光合作用下降，产量低。

防治措施：及时灌溉，保持土壤湿润，减轻土壤盐分浓度高对镁吸收的影响。施用硫酸镁等镁肥，每亩用量 10～20 千克。对一些酸性土壤最好用镁石灰，每亩用量 50～100 千克。控制氮、钾肥用量。对供镁能力差的土壤，要防止过量的氮肥和钾肥对镁吸收的影响。保护地内施氮、钾肥，最好采用少量多次的施用方式。用 1%～2%硫酸镁溶液喷洒，每隔 5～7 天喷一次，共喷 3～5 次。

⑥缺硼症。主要症状：辣椒缺硼时，叶色发黄，心叶生长慢。植株呈萎缩状态，叶柄和叶脉硬化易折断，上部叶扭曲畸形，茎内侧有褐色木栓状龟裂。根木质部变黑腐烂，根系生长差，花期延迟，并造成花而不实，花蕾易脱落，影响产量。果实表面有木栓状龟裂，易生根毛。

防治措施：用硼砂作基肥，每亩用量为 0.5～2.0 千克。喷施一般用 0.1%～0.2%的硼砂或硼酸溶液。增施有机肥料，有机肥料全硼含量为 20～30 毫克/千克，施入土壤后能提高土壤供硼水平。同时，要控制氮肥用量，以免抑制硼的吸收。土壤过于干燥时要及时灌水，保持湿润，增加对硼的吸收。

⑦缺铁症。主要症状：新叶除叶脉外都变成淡绿色，在腋芽上也长出叶脉间淡绿色的叶。下部叶发生少，往往发生在新叶上。

防治措施：当 pH 6.5～6.7 时，就要禁止使用碱性肥料而改用生理酸性肥料。当土壤中磷过多时可采用深耕、客土等方法降低含量。如果缺铁症状已经出现，可用浓度为 0.05%～0.1%的硫酸亚铁水溶液对辣(甜)椒喷施，或用 100 毫克/千克柠檬酸铁水溶液喷施，5～7 天一次，共喷 2～3 次。

⑧缺锌症。主要症状：从中部叶开始褪色，与健康叶比较，叶脉清晰可见。随着叶脉间逐渐褪色，叶缘从黄化到变成褐色。因叶缘枯死，叶片向外侧稍微卷曲或皱缩。生长点附近的节间缩短，小叶丛生。

防治措施：辣(甜)椒缺锌可通过施用锌肥解决。目前常用的锌肥主要有硫酸锌、氧化锌、氯化锌、络合锌等。作基肥一般每亩用 1～2 千克，与有机肥或生理酸性肥混匀施用效果好。注意锌肥不宜与磷肥混合施用，因磷和锌有拮抗作用，混用会降低各自的肥效。锌肥有后效，不必年年施用，一般 2～3 年用一次即可。拌种一般每千克种子用硫酸锌 2～3 克，溶于水后将溶液和种子拌匀，晒干后即可播种。浸种一般用浓度为 0.05%～0.15%的硫酸锌溶液按种子重量比 1∶3 浸种 12～14 小时。蘸根是在辣(甜)椒移栽、定植时，将根部在 1%的氧化锌悬浮液中蘸一下后栽植，这是一种经济有效且增产效果较好的施用方法。土壤追施一般每亩用硫酸锌 1～2 千克，集中条施或穴施在根系附近，能提高锌肥的利用率，有利于根系吸收。可用 0.1%～0.5%的硫酸锌溶液叶面喷施。此法见效快，可在辣(甜)椒生长发育的各个阶段施用，但要注意调节溶液 pH 7 左右，并保证溶液在叶表有良好的附着性和 30 分钟以上的湿润时间，选择在下午 4 时后特别是傍晚喷施为好。

⑨缺铜症。主要症状：下部叶软化、黄化，心叶叶缘上卷呈勺状。

防治措施：育苗用 500 倍液的硫酸铜或铜制品浇灌。定植时，每亩追施 2～4 千克硫酸铜，既可防治根腐病,又能促进辣(甜)椒生长,同时能防止缺铜引起的勺状心叶,辣(甜)椒长势旺,色泽鲜艳,产量高。

⑩缺锰症。主要症状:缺锰时叶脉间浅绿色且有细小棕色斑点,叶缘仍保持绿色。严重时叶片均呈黄白色,同时植株变短、细弱,花芽常呈黄色。

防治措施:增施有机肥,科学施用化肥,勿使肥料在土壤中呈高浓度。可用0.2%的硫酸锰溶液叶面喷施。

(2)甜椒石果:

①主要症状。早期呈小柿饼状,后期果实呈草莓形。皮厚、肉硬,柄长,果内无子或少子,果实不膨大。

②发生原因。形成僵果主要在花芽分化期,即播种后35天左右,植株受干旱、病害、温度(13℃以下和35℃以上)影响,雌蕊由于营养供应失衡而形成短柱头花,花粉不能正常生长和散发,雌蕊不能正常授粉受精,即生成单性果,此果缺乏生长激素,影响了对锌、硼、钾等果实膨大元素的吸收,故果实不膨大,久之成僵化果。大棚栽培的甜椒,短花柱花单性结实产生石果。种子少的果实,同化养分的分配少而形成石果,柿子型甜椒石果发生多。植株上持续结石果,会使植株生长势变弱。长花柱花的正常花,在温度过低时,花药不能开放,不能受精,会产生石果。

③防治措施。减少石果发生要有发育良好的花芽,受精良好。花芽分化期和授粉受精期室温白天严格控制在23～30℃,夜间18～15℃,地温17～26℃,土壤相对湿度55%,光照1.5万～3万勒克斯,pH为5.6～6.8。加强田间管理,使植株能进行旺盛的同化作用,同时夜间温度一定要保持在15℃以上。

(3)辣(甜)椒见光闪秧:

①主要症状。连阴天后放晴,中午高温通风后叶片凋萎,叶肉褪绿,正面呈黄绿色花叶,背面无明显症状。

②发病原因。辣(甜)椒根茎木质化程度高,组织细密,水分养分渗透压小,不耐旱。连阴天时间根系萎缩,放晴后吸收力弱,光强、温度高植株蒸腾水分量大,大通风会造成脱水,引起缺钙、硼、锰、铁等而闪秧。

③防治措施。阴天,应揭开草苫让苗见光。阴天转晴,光照强烈时,盖部分草苫形成花阴影,使植株慢慢适应后,逐渐增加见光量和强度。出现叶凋萎后,及时遮阳降温,切勿揭膜通风。先喷清水,后喷多元素营养液解除症状。

(4)辣(甜)椒落叶落蕾:

①主要症状。下部叶脉间黄化,由褐黄色变为米黄色而脱落,花蕾和幼果会因营养不足随之脱落。

②发病原因。磷素是花芽分化好坏的重要元素,早期缺磷会引起花蕾发育不良,导致开花后脱落。辣(甜)椒生育初期对钾的吸收量少,坐果期增大,而钾是16种营养素中最活跃的元素,土壤缺钾或供钾不足会引起落叶落蕾。冬春季温度太低,尤其气温低于15℃,地温低于5℃,根系停止生长,容易产生落叶落蕾。初夏生产中保护地内温度超过35℃,高温干旱,授粉不良,根系发育不好,容易造成落蕾。

③防治措施。冬春注意提高地温,保持气温15℃和土壤温度18℃以上。夏季注意降温,气温不要超过30℃。苗期至花蕾期要着重在叶面上喷施磷酸二氢钾、绿丰宝或光合微肥,以

补充磷、钾元素。

(5)辣(甜)椒皱叶症:

①主要症状。叶面鲜绿发黄,心叶生长慢,叶缘上卷,叶肉凸起,叶脉下凹,皱缩不平。根木质部变黑。花期延迟,花而不实。

②发病原因。系前半夜温度过低(15℃以下)引起的缺硼症。

③防治办法。白天在叶面上喷硼砂700倍液或含硼多元素肥。将前半夜室温尽可能提高到20℃,下半夜保持在15℃,使光合产物及营养正常运转,经2～3天叶片即可恢复平展。

(6)辣(甜)椒黄叶:早春茬辣(甜)椒黄叶多为生理性病害,主要是由于田间管理不当所致。

①浇水过大。天气好转,辣(甜)椒进入正常生长阶段。有的菜农为了促棵,一次性浇水过大,导致土壤中缺氧,毛细根死亡或受伤,使得水分和养分供应不足,造成辣(甜)椒顶部嫩叶呈浅黄萎蔫,老叶暗黄。另外,浇水过大导致铁、锌元素供应不足或土壤中缺乏铁、锌,也会导致顶叶发黄。

解决办法:浇水应根据辣(甜)椒不同生育期的需求和土壤墒情进行,浇小水,不能大水漫灌。因浇水过大出现黄叶后,及时中耕划锄,降低土壤湿度,并及时喷施含铁、含锌的叶肥加以矫正。

②土壤过干。受连续阴雨雪天气的影响,栽植偏早的辣(甜)椒由于前期温度低而不能及时浇水,导致下部老叶片逐渐向上干黄、卷曲。

解决办法:天气好转后,及时浇水,保证辣(甜)椒生长所需的水分,浇水不宜过大,以免毛细根受伤,新叶发黄。

③施肥过量。老叶肥厚,光泽强,叶色墨绿,大量施肥后叶背面皱缩凸起,叶片不舒展,老叶逐渐脱落,新叶严重时卷曲闭合,全株叶黄脱落。

解决办法:结合及时浇水稀释肥料浓度,灌施生根剂。

④气害。由于大量施用畜禽粪肥或人粪尿,特别是未经充分腐熟的粪肥加上冲施肥过多和施用氮肥,氮素在转化为硝态氮过程中,能释放出大量氨气或硫化氢气体,由于肥害烧根或有气体中毒,都能使叶片迅速变黄。

解决办法:施用充分腐熟的人畜禽粪肥,冲施肥"少吃多餐",不宜一次用量过大。放风次数和时间要加强。叶面喷施细胞分裂素3 000倍液混加爱多收6 000倍液都有促进叶片由黄转绿的效果。

(7)落花落果的原因与控制:

①温度引起的落花。温度过高或过低均会导致花器官在发育过程中形成缺陷而引起落花。控制措施:一是控制花期温度。辣(甜)椒白天温度控制在25～30℃,夜温在15～20℃。二是使用激素保花保果。采用萘乙酸30毫克/千克(即5%的萘乙酸,每15千克水对5毫升)加助壮素750倍混合喷雾。也可用2 000倍液全树果(云大科技公司生产)在花蕾期或盛果期喷施。在温度低时使用激素的浓度高,温度高时使用浓度要低,以免形成畸形果。

②营养失调引起的落花落果。在花芽分化期氮素肥料施用过多,容易产生落花落果。定植后蹲苗期如营养过多,易造成植株徒长,落花落果率增加。控制措施:减少氮肥的使用,调节植株营养生长与生殖生长的平衡。

③水分不当引起的落花落果。水分过多或过少均会造成落花落果。控制措施:在第1花序坐果前,一般情况下不浇水,应中耕1～2次。在开花结果期土壤相对湿度保持在75%以

上,但要注意控制空气的湿度,使空气相对湿度保持在60%左右,不要过大。

④光照不足引起的落花落果。花期若遇到连阴雨天或是植株本身种植密度过大互相遮阳的条件下,光合作用减弱,雄蕊萎缩,花粉的发芽率大大降低,从而引起大量的落花。防治措施:一是要经常打扫棚膜上的灰尘,增强薄膜透光性。二是适时整枝打杈,以避免植株间互相遮阳。三是喷施增强光合作用的叶肥。

(8)辣(甜)椒日灼病:

①主要症状。阳光灼烧果实表皮细胞,引起水分代谢失调,造成果实向阳面呈灰白色或微黄色。

②发生原因。引起日灼的根本原因是叶片遮阳不好,植株株型不好。土壤缺水,天气过度干热,雨后暴晴,土壤黏重,低洼积水等均可引起。植株因水分蒸腾不平衡,引起旱涝等因素均可诱发日灼。在病毒病发生较重的田块,因疫病等引起死株多的地块,过度稀植等,日灼病尤为严重。钙素在辣(甜)椒水分代谢中起重要作用,土壤中钙质淋溶损失较大,施氮过多,引起钙吸收障碍等生理因素,也和日灼病的发生有一定的关系。

③防治措施。结果盛期以后,应小水勤灌,上午浇水,避免下午浇水。特别是黏性土壤,应防止浇水过多而造成的缺氧性干旱。结果期喷施0.1%的硝酸钙水溶液,或1 000倍硫酸铜液,或1 000倍硫酸钠溶液,每10天左右喷一次,连用2～3次。越夏栽培时使用遮阳网,减弱强光。

(9)甜椒蒂腐病:

①主要症状。甜椒在生长发育过程中常发生蒂腐果。在甜椒果实脐部附近发生,沿"筋"向上扩展。果实表皮发黑,逐渐成水浸状病斑,边缘呈褐色,病斑中部呈革质化,扁平状。线尖椒多发生在脐下部,致使果实弯曲。甜椒每条"筋"染病后连成片向果柄处扩展。有的果实在病健交界处开始变红,提前成熟。

②发生原因。土壤水分供应失调:进入结果期,外界气温明显升高,连续数天的干燥,使叶片蒸腾加剧,果实迅速膨大需要大量的水分和养分,这时水分和养分的供应失调致使果实脐部周围细胞生理紊乱发生病变。这是初夏甜椒发生大量蒂腐果的主要原因。

土壤中钙素含量不足:定植时有机肥不足,同时未施钙肥,生长期偏施氮肥,导致生长后期从土壤中吸收的钙素不能满足果实发育的需要。从钙在植物体内的生理作用考虑,钙能促进硝态氮的吸收和利用,在植株体内形成蛋白质,能中和呼吸作用形成的有机酸,能加强细胞间结合。植株缺钙致使果实脐部周围细胞生理紊乱。

土壤干旱影响钙素吸收:土壤中含钙充足,同时氮素营养也能保持相对平衡,但是由于土壤干旱影响了根系对钙的吸收,从而导致植株暂时性缺钙,引起蒂腐病。

③防治措施。土壤要适于根系的发育,扎根深,能很好地吸收钙。多施有机肥,使钙处于容易被吸收的状态。定植甜椒时,带坨移植,不伤根,以免影响水分和养分的吸收。适时摘心,促进生殖生长,避免植株徒长,使钙更多转入果实内。植株不要留果过多,避免果实之间对钙的竞争。果实膨大期为防止土壤温度过高,可在地面铺麦(稻草)或覆盖塑料薄膜。进入结果期后,每7天喷一次0.1%～0.3%的氯化钙或硝酸钙水溶液,连喷2～3次。也可连续喷施绿芬威3号等含钙叶面肥。

(10)低温危害:

①危害症状。叶片受害:这是轻度受害的一种表现。如果在幼苗子叶期受害,子叶叶缘失

绿，有镶白边现象。温度恢复正常不会影响真叶的正常生长。秧苗定植后遇到短期低温，或冷风侵袭，植株部分叶片边缘受冻，呈暗绿色，逐渐干枯。

根系受害：秧苗定植后连续阴天，气温较低，同时地温低于正常生长发育的温度，导致辣(甜)椒根系受害。辣(甜)椒为喜温作物，遇低温后不能增生新根，而且部分老根发黄，逐渐死亡，这就是沤根。当天气骤然转晴温度上升，植株会出现萎蔫现象。

生长点受害：生长点受害属于较严重的冻害，往往是顶芽受冻，或者是大部分嫩叶受冻。顶芽受冻往往是定植后不久受寒流影响所致。天气转暖后植株如果不能恢复正常生长，必须另行补苗。

花、果实受害：辣(甜)椒的开花期如遇低温天气，会造成落花落果。辣(甜)椒开花、授粉、受精对温度要求严格，温度低于15℃，特别是冬季凌晨棚室内最低气温在10℃以下数小时，将会严重影响授粉效果。有的虽然已经授粉，但温度低，花粉管不能伸长，达不到受精的目的，造成大量落花落果。在低温条件下，有些植株虽然可以结果，但多数都长成畸形果，降低了商品价值。这种畸形果，发现后应早摘除，以免消耗养分。

②防治方法。苗期进行低温锻炼：苗期低温锻炼在种子催芽期间开始，一种方法是：室温应稍低一些，逐渐提高到辣(甜)椒种子的发芽适温，到幼芽萌发后再降温，这样幼芽既粗壮又获得了锻炼。另一种方法是将萌动的种子，在胚根还未露出种皮时，放在2℃条件下处理2～5小时，再用冷水缓冻后重新催芽。处理过程中要保证种子湿润，透气。处理后的种子出芽粗壮，出苗整齐，根系发达，茎秆粗硬，耐寒性强。秧苗生长期的温度应在正常适温下限，以防秧苗徒长。一般辣(甜)椒白天不超过25℃，夜间10℃，大温差育苗可提高秧苗的抗逆性。在分苗和定植前两天开始，苗床加强通风对秧苗进行低温锻炼。

选择定植时间：冬春季节，选择阴冷天气刚过，晴暖天气刚开始时进行定植，以利定植后经过几个好天气，就能迅速缓苗，可提高抗逆性。

采取综合措施保温：在室外设置稻草或草苫等进行防寒。在室内设天幕，扣小拱棚，地膜覆盖，以及在后墙挂反光幕。加厚墙体，特别是后坡。通过挖掘棚土筑墙，形成半地下式栽培方式。特别是大棚草苫外覆盖塑膜，既保温又防雨雪浸湿草帘。

(11)辣(甜)椒药害：

①症状。药害的发生有多种多样的症状，常见的症状主要有斑点、黄化、畸形、枯萎、生长停滞等情况。

斑点主要发生在叶片上，有时也发生在茎秆或果实表皮上，常见的有褐斑、黄斑、网斑等。黄化主要发生在辣(甜)椒的茎叶部位，以叶片居多。由药害引起的畸形可发生在辣(甜)椒茎叶、果实和根部，常见的有卷叶、丛生、肿根、果实畸形等。

药害引起的枯萎往往是整株都有症状，一般是由除草剂施用不当造成。过量使用三唑类农药往往表现为植株受到抑制，缩头、叶片畸形变小，菜农常误以为病毒病。激素中毒多为保花保果时施用防落素、坐果灵或2,4-D不当引起，主要表现为叶片卷缩、丛生或呈“柳叶”状。连续施用含有敌敌畏的熏烟剂杀虫时，导致叶片逐渐黄化。

②发生原因。一是误用了不对症的农药。二是施用农药浓度过大或者连续重复施药。三是在高温或高湿条件下施药。四是施用了劣质农药。五是土壤施药不够均匀。六是连阴天喷施农药。

③补救措施。喷水冲洗：若是叶片和植株因喷洒药液而引起药害，可在早期药液尚未完全

渗透或被吸收时，迅速用大量清水喷洒叶片，反复冲洗3～4次，尽量把植株表面的药液冲刷掉，并配合中耕松土，促进根系发育，使植株迅速恢复正常生长。

追施速效肥料：产生药害后，要及时浇水并追施尿素等速效肥料。叶面喷施1%～2%的尿素或0.3%的磷酸二氢钾溶液，以促使植株生长，提高自身抵抗药害能力。

使用解毒剂或植物生长调节剂：根据引发药害的农药性质，采用与其性质相反的药物中和。如喷施硫酸铜过量后可喷施0.5%的生石灰水。喷施三唑类剂产生药害，或激素类药物中毒后，要以细胞分裂素或赤霉素作为解毒剂，剂量以20～30毫克/千克为宜，通常以1毫升赤霉素加1毫升细胞分裂素对水15千克。另外使用芸薹素内酯600倍液喷雾，效果也比较理想。

摘除受害部分：及时摘除蔬菜受害的果实、枝条、叶片，防止植株体内的药剂继续传导和渗透。

(12)辣(甜)椒氨气危害：

①中毒症状。棚栽辣(甜)椒对氨气较为敏感，辣(甜)椒受害叶片初期呈水浸状，以后逐渐褪为淡褐色。幼芽生长点萎蔫，呈黑色。严重时叶缘焦枯，全株生理失水干缩而死。危害过程为，先下部叶片后至上部叶片，先叶缘后至全叶。有时在棚内点片发生，有时全棚植株均遭危害。

②危害原因。氨气危害的途径是从叶片气孔、水孔进入，在蔬菜体内发生碱性危害，造成生理障碍。发生原因：一是施用了过量的尿素、碳酸氢铵、硫酸铵等氮素肥料。二是施用了没有充分腐熟的人粪尿、禽畜肥、厩肥等有机肥料。三是在棚内发酵饼肥或者鸡粪等肥料。四是追肥时撒施肥料在地面。五是施肥不够均匀，有的是氨气直接挥发危害，有的是间接产生氨气危害，有的是逐渐释放氨气危害，有的是骤然高温，集中诱发氨气危害。据测定，棚内浓度达5毫克/米^{3}时，辣(甜)椒很快出现危害症状。

③预防措施。一是要施用充分腐熟的堆肥、厩肥和人粪尿，杜绝新鲜粪肥入棚。二是要施用高含土壤改良剂和活性物质的精制有机复合肥作底肥或者追肥。三是要注意不能过量施用氮肥，特别是尿素，每亩每次不宜超过30千克，并要配施磷钾肥。四是要均匀施肥，防止局部施肥过量产生点片危害。五是不能随意在棚内进行有机肥的发酵。六是要随时检测大棚内空气中氨气的浓度，当棚膜上水珠的pH8.2时，说明棚内蒸汽呈碱性，应立即打开棚膜放风。七是当蔬菜出现轻度危害时，可喷施绿芬威(美国有利来路化学公司)叶面肥，也可喷施芸薹素内酯或爱多收。

(13)辣(甜)椒徒长：

①原因。辣(甜)椒定植后易发生徒长，表现为植株或茎秆细长，叶片大而肥厚，花蕾、花朵瘦弱，不结果。一般中晚熟品种易徒长。春季保护地辣(甜)椒徒长的原因主要是土壤过湿，氮肥偏多，或者连续阴雨天气，空气相对湿度经常高于80%，光照不足，定植过密，或通风透气不良。保护地内栽培辣(甜)椒第1个门椒往往坐不住，就是高温高湿所致。

②防治措施。早做定植准备：在定植前10～30天做好整地、施基肥、覆盖棚室顶膜和在裙边、大棚四周开沟排水等准备工作，使秧苗定植时棚内湿度较低，温度较高，以利于缓苗。

适时定植，防止病虫害：目前，辣(甜)椒多为小苗栽培，小苗栽培一般不断根，所以缓苗快。辣(甜)椒5～6叶1心时定植。定植缓苗后，每隔10天左右可喷洒一次百菌清或阿米西达等药剂防止病害发生。

及时通风，适时整枝：植株缓苗后，在保持一定温度下，要大胆放风，降低棚内湿度。当夜间外界最低温度不低于15℃时，昼夜都要通风。进入夏季高温阶段，可适当采用遮阳网降温。在植株生长中后期要适时适量整枝，使通风透光良好，避免田间郁闭，植株徒长。

控制肥水：在基肥使用充足的情况下，一般在开花坐果前不再施肥浇水，特别是采用了地膜覆盖的，在坐稳门椒后，再视情况适量浇水施肥。施肥时，应控制氮肥的用量，以防氮素过多，造成植株旺长。在开花坐果期，要协调好营养生长与生殖生长的平衡，防止营养生长过量而坐果不良，并用生长调节剂适当控制营养生长。

药剂防治：对已发生徒长的植株，可以喷施助壮素750倍液，或矮壮素1 500倍液进行控制。对于旺长导致落花落果比较严重的，可以混加40毫克/千克的萘乙酸钠溶液喷施1～2次。

(14)辣(甜)椒"空秧"：保护地甜椒与露地甜椒相比较，具有高产、采果期长等优点。但是，如果管理不善，特别是棚内温湿度管理不当，则往往形成"空秧"，导致减产。

①形成原因。辣(甜)椒形成空秧的原因是棚内经常高温、高湿。一是缓苗期过长，一般为6～7天，在此期间要求密封大棚，不能通风，棚温维持在30～35℃，夜间还要在棚的四周加盖草苫保温、防冻，以加速缓苗。如果缓苗期过长，则大棚内高温高湿持续时间延长，容易引起植株在"假活"的状态下发生徒长现象。二是通风不及时。缓苗后要及时通风，使棚温降至28～30℃，之后每当棚温高于30℃就要放风降温。否则，棚内温度高，土壤水分蒸发加快，植株蒸腾作用加强，第1个门椒就难以坐住，养分集中到枝和叶片的生长中去，更加剧了植株的徒长，造成恶性循环，以至于形成"空秧"。

②预防。针对空秧形成的原因，必须采取相应的预防措施。一是定植后，要严密封闭大棚，夜间加盖草苫，以促进缓苗。二是缓苗后，在保持一定温度的条件下，要大胆放风，以降低棚内湿度。初期保持28～30℃的棚温，以后慢慢降低棚温标准，到开花坐果期，保持20～25℃。外界最低温度不低于15℃时，昼夜都要进行通风，这样辣(甜)椒植株生长矮壮，节间短，坐果也多。三是要加强水肥管理。甜椒叶片较小，水分蒸腾量不大，在定植时，浇水不要过多，缓苗后到门椒采收前一般不浇水，否则，容易造成落花落果。待第1层果实开始收获时，要加强浇水、施肥，多追施有机肥，增施磷、钾肥，以利于辣(甜)椒丰产和提高果实品质。

(15)辣(甜)椒早衰：

①辣(甜)椒早衰的症状。植株瘦弱、矮小，叶片小而稀疏，叶色暗淡无光泽，果实成熟晚、产量低，严重的植株过早死亡。

②早衰原因。水肥后劲不足，有机营养不良，管理粗放，病虫危害和果实坠秧造成。

③早衰控制。适时整枝疏果：整枝摘心的主要作用是防止徒长、减少养分过多消耗、促进植株多结果。实践证明，对辣(甜)椒进行合理整枝，可以显著提高产量。操作方法为：待第1批辣(甜)椒采摘完要将靠近基部生长的四大枝以上长出的8个枝条剪掉。加强水肥管理，这样不仅能减少养分消耗，而且还会使靠近基部生长的四大枝通风透光良好、减少落花烂果、提高辣(甜)椒产量。辣(甜)椒应及时摘除门椒和对椒，每株保留4个结果枝，多余的主枝也要剪除。

摘除老叶、黄叶：及时摘除植株下部的老叶、枯叶和病叶，以防田间郁闭，既可以减少植株的营养消耗，又可防止植株过早衰老。

及早采收果：提倡早收果实，减少养分消耗，防止植株过早衰老。

及时追肥：及时追肥，为植株的生长发育提供充足的养分，这是防止植株衰老的关键。追肥的最佳时期在果实采收后，一般可结合灌水追施腐熟的人粪尿或氮肥、磷肥3～4次。辣（甜）椒每亩可追施硫酸钾复合肥20千克左右，需将化肥溶解于水中追施，不宜刨坑追施，以免伤害辣（甜）椒的根系。

灌水降温：在炎热的夏季，可根据天气和土壤墒情适当进行灌水，灌溉时应浇小水，以防止冲刷垄基部而伤害植株根系。

防病治虫：对白粉虱、蚜虫、叶螨、潜叶蝇可用阿克泰2 000倍液混加哒螨酮或阿维菌素1 000～1 500倍液喷雾防治。疫病可用阿米西达（嘧菌酯）1 500倍液或25%甲霜灵可湿性粉剂1 000倍液防治。炭疽病、白粉病可用10%世高（苯醚甲环唑）1 000倍液喷施。菌核病和灰霉病可用施佳乐（甲基嘧菌胺）或农利灵（乙烯菌核利）1 000～1 500倍液防治，严重时可混加10%世高1 000倍液，防治效果良好。

（16）甜椒畸形果：

①症状。畸形果是种植甜椒过程中发生较多的问题之一，主要表现为果实生长不正常，长得像柿饼或蟠桃，或果实扁圆形或无规则形状，里面几乎无种子或种子发育不良。

②发生原因。畸形果是一种生理病害，主要是由于甜椒在花芽分化或开花时遇上了恶劣的天气条件，如温度过高或过低，甜椒的花芽分化不良，或甜椒的花受精不良，或者本来就没有发育完全引起的。

一般来说，越冬种植的甜椒，如果种植过早，秋季坐不住果的情况较多，冬季及春季出现畸形果的几率较大。

③防治。注意温度控制：秋季在甜椒开花坐果时，温度不宜过高，如果大棚内的温度超过35℃或者是32℃连续2小时以上，甜椒就会出现授粉或受精不良的情况。春节前后要注意避免大棚内的气温及地温过低，影响甜椒坐果，冲施沃达丰菌物生态复合肥及丰产宝等生物肥，可促进春节前后甜椒正常坐果。

注意补肥：甜椒缺乏硼、钙等元素会导致畸形果，要经常注意喷洒含有硼、钙等元素的叶面肥或营养平衡剂，如叶面喷洒绿芬威3号以及硼酸或硼砂等。减少氮肥的施用量，增加钾肥，如磷酸二氢钾、硫酸钾等的施用量，及时喷洒甲壳丰或海力等营养平衡剂，有利于坐果。

注意控制植株长势：植株生长过旺，出现畸形果的几率会增大，可通过喷洒生长调节剂或进行整枝、打杈等保证甜椒果实的正常生长。如果甜椒坐不住果，可能会导致植株生长过旺，可喷洒助壮素以及通过温度调控来保证植株的正常长势，以利于果实生长。

3. 虫害

（1）蓟马：蓟马属缨翅目蓟马科，是一种杂食性害虫。

①危害特点。成虫和若虫均危害心叶、嫩芽。被害叶形成许多细密而长形的灰白色斑纹，使叶子失去膨压而下垂，严重时扭曲、变黄枯萎。蓟马还可传播植物病毒病。

②生活习性。以成虫、若虫在未收获的寄主叶鞘内、杂草、残株间或附近的土里越冬。翌年春成、若虫开始活动危害。成虫活泼善飞，可借风力传播。成虫怕光，白天多在叶背或叶腋处，阴天和夜里到叶面上活动取食。5～6月份危害盛期。能孤雌生殖，整个夏季几乎全是雌虫。初孵若虫群集危害，稍大后分散。蓟马喜欢温暖和较干旱的环境条件，冬季可在冬暖大棚中继续危害。

③防治方法。农业防治：早春清除田间杂草和残株落叶，集中处理，压低越冬虫口密度。

平时勤浇水、除草，可减轻危害。

药剂防治：用0.3%的苦参碱水剂1 000倍液，或80%敌敌畏乳油1 500倍液，或50%辛硫磷乳油1 500倍液，或21%灭杀毙乳油1 500倍液，或20%复方浏阳霉素乳油1 000倍液喷洒。喷药时注意喷心叶及叶背等处。

(2)白粉虱：

①危害特点。成、若虫群集叶背吸食汁液，被害叶片褪绿变黄、萎蔫，甚至全株枯死，分泌蜜露诱发煤污病，白粉虱还可传播病毒病。

②生活习性。一年发生多代，世代重叠，以各种虫态在冬暖大棚蔬菜上越冬或继续危害。成虫具有趋黄、趋嫩、趋光性。可孤雌生殖。喜食植物幼嫩部分，若虫孵化后3天内在叶背可短距离移走，然后营固定生活。

③防治方法。农业防治：冬季育苗要清除残株杂草，熏杀残余成虫，培育无虫苗。结合整枝打杈，摘除带虫老叶，带出田外处理。

物理防治：在白粉虱发生初期，将黄板涂机油等黏性剂置于保护地内与植株高度齐平，诱杀成虫。

生物防治：可利用丽蚜小蜂、草蛉等控制白粉虱危害。丽蚜小蜂的使用方法：首先将寄生卵制成放蜂卡，放蜂卡的制作应做到防雨、防晒及防止捕食性天敌的破坏，以保证释放到田间的丽蚜小蜂能够有效羽化、存活。白粉虱发生初期单株虫量0.5～1头开始释放，每亩5 000～10 000头。隔7～10天释放一次，连续释放3～4次。放蜂时，将卵卡挂在每个放蜂点植株中部的主茎上。小蜂与白粉虱在低数量水平上保持数量平衡后，可以停止放蜂。注意棚室保温，夜间温度最好保持在15℃以上。

药剂防治：一是熏烟法，每亩用22%敌敌畏烟剂0.5千克，于傍晚将保护地密闭熏杀成虫，或每亩用80%敌敌畏乳油0.3～0.4千克，加锯末适量，点燃(无明火)熏杀。二是喷雾法。虫害发生初期及早喷洒下列药剂防治：25%扑虱灵可湿性粉剂1 500倍液，2.5%天王星乳油3 000倍液，20%灭扫利乳油2 000倍液，0.3%苦参碱水剂1 500倍液。喷药时注意先喷叶片正面，然后再喷叶片背面。

(3)美洲斑潜蝇：美洲斑潜蝇属双翅目潜蝇科，俗称"小白龙"。

①危害特点。幼虫以蛀食叶片上下表皮间的叶肉细胞为主，常在叶片上形成曲曲弯弯的蛇形隧道。隧道前端较细，随幼虫长大，后端隧道较粗。成虫的取食和产卵孔也造成一定危害，影响光合作用和营养物质的输导，同时传播病毒病。

②防治方法。农业防治：害虫发生初期，定期清除虫叶，杀灭幼虫。

生物防治：美洲斑潜蝇的天敌有潜蝇茧蜂、绿姬小蜂、双雕小蜂等，利用天敌可减轻虫害。

药剂防治：在幼虫化蛹高峰期后8～10天喷洒下列药剂防治：48%乐斯本乳油1 000倍液，1.8%爱福丁乳油1 000倍液，10%烟碱乳油1 000倍液。

(4)斜纹夜蛾：

①危害特点。以幼虫咬食叶、花、果实，大发生时能将全田植株吃成光秆，以致无收。

②生活习性。在华北一年发生4～5代，以7～10月危害最重。通常每头雌蛾可产卵400粒左右，最多2 000～3 000粒。幼龄幼虫群集在卵块附近危害成筛网状，3龄以后分散危害，有假死性，并对阳光敏感，晴天躲在阴暗处或土缝里，夜晚、早晨出来危害。老熟幼虫入土化蛹。

③防治方法。在各代盛卵期，发现卵块和新筛网状被害叶，随手摘下并集中喷药围歼。掌

握幼虫低龄时期，每亩用90%敌百虫50克，或80%敌敌畏40克，或20%杀灭菊酯乳油15克，加水60千克喷雾，在黄昏或清晨用药，效果更好。可利用大蟾蜍或赤眼蜂等自然天敌，以控制危害。

(5)棉铃虫：

①危害习性。棉铃虫也叫钻心虫，是越夏、延秋茬辣(甜)椒的主要害虫。幼虫蛀食辣(甜)椒花蕾、花和果实，也可危害嫩茎、叶和幼芽。幼果常被咬食而变空腐烂。成果被咬食部分果肉，也会引起腐烂、脱落。幼虫从蒂部蛀食果实，咬食部分果肉后又转到另一果实。一头幼虫一生可危害3～5个果，最多8个，严重地块蛀果率30%～50%，花蕾及幼果常被吃空或引起腐烂而脱落。棉铃虫在华北地区一年发生3～4代。以蛹在土壤中越冬，次年4～5月气温上升到18℃以上时，越冬蛹羽化为成虫，5月至6月下旬为第1代幼虫危害期，7月为第2代幼虫危害期，8～9月为第3代幼虫危害期，10月份如果温度降低则第4代幼虫入土化蛹越冬。棉铃虫昼伏夜出，黄昏时活动最盛。高温多雨季节发生严重。

②防治方法。农业防治：深翻土壤，消灭越冬蛹，压低第1代虫源。及时打杈掐尖，因为棉铃虫95%的卵产于辣(甜)椒的顶尖至第4层复叶之间，结合整枝把嫩叶、嫩枝上的卵及幼虫一起带走烧毁或深埋，可有效地减少卵量。摘除虫果，减少幼虫转株危害。

物理防治：在成虫盛发期剪取0.6～1米长的新鲜带叶的杨树或柳树枝条，几枝扎成一束，插于田间，使枝梢高于辣(甜)椒植株顶部20～30厘米，每亩插10余把，每3～5天换一次，每天清晨露水未干时，用塑料袋套住树枝把，捕杀成虫。

生物防治：在2、3代卵孵化盛期，每亩喷施Bt可湿性粉剂50克或Bt乳剂200～250倍液，隔3～4天喷一次，连喷2～3次。或应用赤眼蜂防治棉铃虫，在棉铃虫产卵始、盛、末期释放赤眼蜂，每亩大棚放蜂1.5万头，每次放蜂间隔期为3～5天，连续3～4次，卵寄生率可达80%。

药剂防治：应掌握在百株卵量达20～30粒时开始用药，尤其在半数卵变黑时为好，如百株幼虫超过5头，应继续用药。可选用90%敌百虫可湿性粉剂1 000倍液，或50%辛硫磷乳油1 000倍液，或2.5%溴氰菊酯乳油3 000倍液，或40%菊马乳油2 000～3 000倍液喷洒，不仅能杀幼虫，还有杀卵效果。

(6)茶黄螨：

①危害特点。食性极杂，成、幼螨集中在寄主幼嫩部位吸食汁液，尤其是尚未展开的芽、叶和花器。被害叶片增厚僵直、变小或变窄，叶背呈黄褐色、油渍状，叶缘向下卷曲。幼茎变褐。丛生或秃尖。花蕾畸形，果实变褐色、粗糙、无光泽，出现裂果，植株矮缩。

由于虫体较小，肉眼一般难以发现，危害症状又和病毒病或生理病害症状有些相似，生产上应注意识别。

病毒病发生在嫩叶，表现为小叶，叶皱缩。生理性病害引起落花、落果。病毒病在干旱条件下发生，除了小叶外，多数病毒病在叶上会表现黄绿相间的斑驳。生理性病害一般与高温干旱有关，如缺素症、日灼。而在高温高湿的季节中就一定要注意茶黄螨。茶黄螨危害辣(甜)椒的显著特点：叶子叶背有油质光泽，发红发亮。

②生活习性。一年发生20多代，世代重叠。冬季可在大棚等保护地中越冬或繁殖危害。靠爬行、风力、农具、种苗等传播蔓延，始发时有明显的点片阶段，是防治的关键时期。一年中以7～9月份危害最盛。10月份后，随着气温下降螨量减少。幼螨喜温暖潮湿的环境条件。

成螨较活跃，且有雄螨负雌螨向植株上部幼嫩部位转移的习性。卵多产在嫩叶背面、果实凹陷处及嫩芽上，经 2～3 天孵化，幼、若螨期各 2～3 天。雌螨以两性生殖为主，也可营孤雌生殖。

③防治方法。农业防治：压低越冬虫口基数，铲除田头地边杂草，清除枯枝落叶并集中烧毁。

药剂防治：在点片发生时及时喷洒药剂：1％阿维菌素乳油1 000倍液，或 5％卡死克乳油1 200倍液。重点喷洒植株上部嫩叶背面、嫩茎、花器、生长点及幼果等部位，并注意交替轮换用药。叶背着药是关键。茶黄螨主要集中于幼嫩叶的背面，所以喷施杀螨剂时注重喷幼嫩部位，翻过喷头向上喷叶背。

(7)红蜘蛛：

①危害特点。以成螨、幼螨和若螨群集叶背吸食汁液，出现褪绿斑点，逐渐变灰白色斑和红色斑，严重时叶片枯焦脱落。

②生活习性。一年发生 10～20 代，雌成虫潜伏于菜叶、草根或土缝附近处越冬。春季开始繁殖并危害。初为点片发生，后吐丝下垂或靠爬行借风雨扩散传播，先危害老叶，再向上扩散。当食料不足时，有迁移习性。以两性生殖为主，有孤雌生殖现象。高温干旱年份发生重。

③防治方法。农业防治：清除杂草及枯枝落叶，减少虫源。

药剂防治：加强虫情检查，控制在点片发生阶段，用药剂喷雾防治：1.8％阿维菌素乳油1 000倍液，或 73％克螨特乳油1 200倍液。

（胡永军　国家进　刘立功）

第十二章　大棚西葫芦栽培

一、选用良种

1. 玉帅

(1)品种来源:从瑞士先正达公司引进。

(2)特征特性:杂交一代种。极早熟,节间短,长势中等,叶小,有银斑。果实生长快,瓜顺直、色浅绿、光滑、无棱,商品性好,品质优。果实长17～20厘米,直径5.5厘米,单果重300克左右。

(3)适作茬口:适宜秋延迟、越冬和早春保护地栽培。

2. 如意

(1)品种来源:从台湾农友种苗公司引进。

(2)特征特性:矮生,茎粗,节短,蔓长60厘米左右。播种后1个多月开始开花结果,雌花每节发生并能结果。采收幼嫩果供食(老熟果不能食用)。幼果开花后5～7天,果长约20厘米,重约200克时采收。果皮青绿色,瓜短棍状,肉白色,肉质脆嫩细致。喜冷凉气候,如在温热气候下栽培,生育衰弱,病毒病严重,不宜栽种。不抗白粉病。

(3)适作茬口:适宜秋延迟、越冬和早春保护地栽培。

3. 中葫1号

(1)品种来源:中国农业科学院蔬菜花卉研究所选育。

(2)特征特性:主蔓结瓜为主,生长势较强,抗逆性较好。早熟性好,坐瓜多,节成性强,前期产量高。瓜形棒状,瓜皮浅绿色。以嫩瓜食用为主,一般采收标准150～200克。品质优良,营养丰富,特别是胡萝卜素及铁的含量高于一般西葫芦品种。

(3)适作茬口:适于各类保护地及露地早熟栽培。

4. 长青1号

(1)品种来源:山西省农业科学院蔬菜研究所选育。

(2)特征特性:早熟,播种后38天左右可采摘250克以上商品瓜。第1雌花着生在第5～6节,一株可同时结2～3个瓜。瓜长筒形,粗细均匀,美观,商品性好。亩产在5 000千克以上。

(3)适作茬口:适于各种保护地及春露地栽培。

5. 斯卡万

(1)品种来源:从美国引进。

(2)特征特性:早熟,成熟期 40～45 天。植株生长旺盛,第 1 雌花着生在第 5～7 节,一株可同时结 2～3 个瓜。瓜条呈棒形,瓜条均匀,长度适中,长 20～25 厘米,商品性好。亩产在5 000千克以上。抗病性强,特耐低温。

(3)适作茬口:适于各种保护地越冬栽培。

6. 阿米拉

(1)品种来源:从法国威迈种子公司引进。

(2)特征特性:杂交一代种,早熟,植株长势强,株型开放,有利于采收。果实浅绿色,圆柱形,长 20 厘米左右,直径 5～6 厘米,产量高。

(3)适作茬口:适宜秋延迟、越冬和早春保护地栽培。

7. 玉秀

(1)品种来源:从美国引入的早熟杂交品种。

(2)特征特性:成熟期 45 天,植株生长旺盛,瓜皮淡绿色,瓜条匀称、棒状,表皮光滑,连续结瓜能力强,前期产量高。

(3)适作茬口:适宜保护地和露地早春茬种植。

8. 东葫 1 号

(1)品种来源:山西省农业科学院棉花研究所。

(2)特征特性:中早熟。植株长势旺盛,叶柄直立,茎秆粗壮,根系发达。越冬栽培耐寒性特强,耐低温、弱光,坐瓜率高,连续结瓜力强。瓜粗细均匀,颜色翠绿亮丽,长 25～26 厘米,粗 6～8 厘米。商品性好。生长期长,采收期长达 150～200 天,吊蔓管理单株连续结瓜达 20 个以上。产量高,亩产10 000～15 000千克。

(3)适作茬口:适于大棚越冬茬栽培。

9. 早青 1 号

(1)品种来源:由山西省农业科学院蔬菜研究所育成。

(2)特征特性:植株矮生,叶小,茎短,结瓜性好,可同时结 2～3 个瓜。瓜长筒形,嫩瓜皮色浅绿,有少量白色斑点,有棱、肉厚、细致,品质佳。早熟,播种后 45 天可采收重 250 克以上嫩瓜。抗病毒能力中等。一般亩产5 000千克以上。

(3)适作茬口:适宜早春茬栽培。

10. 黑美丽

(1)品种来源:中国农业科学院蔬莱花卉研究所由国外引进的优良早熟杂种一代。

(2)特征特性:植株矮生,长势较旺,喜肥水,以主蔓结瓜为主。第 1 雌花出现在主蔓 7 节左右,节成性好,以后基本每节有瓜。该品种外形美观,瓜形长棒状,粗细均匀,瓜皮墨绿色,有光泽。品质好,营养丰富,以食用 150～500 克的嫩瓜为主,可作为特莱供应市场。抗逆性及抗病性较好,能较好地适应低温、弱光环境。定植后 25 天左右即可采收嫩瓜,保护地栽培,产量5 000千克以上,亩用种量 120～150 克。

(3)适作茬口:适于我国各地大、中、小棚及露地早熟栽培。病毒病较轻的地区也可秋季栽培。

11. 长青王 3 号

(1)品种来源:山西省农业科学院棉花研究所西葫芦育种组育成。

(2)特征特性:长势强壮,植株矮生,节间极短,叶片缺裂深、上覆白色斑点,是春提早上市的最佳品种。一般第6～7节开始着生第1雌花，早熟品种，播后42天即可收获250克的嫩瓜，较对照早青1号提早7天上市。嫩瓜长棒形，浅花皮上有细密白色斑点，光泽度极佳，耐老性很好，粗细均匀，商品率高。适宜采收长度为22～24厘米，横径5.5～6.5厘米。雌花多，结瓜性能好，膨瓜速度快，几乎每个瓜胎都可以长成瓜。抗病性强，高抗病毒病，耐低温能力强。

(3)适作茬口：适宜越冬茬和冬春茬栽培。

12. 潍早1号

(1)品种来源：山东省潍坊市农业科学研究所利用昌白93-A-1与法国茭瓜92-1配制的一代杂种，1998年通过山东省品种审定委员会审定。

(2)特征特性：植株较直立，主蔓长50～60厘米，株幅约50厘米，叶形五角掌状，叶缘浅裂，深绿色，第4～5节着生第1雌花。果实长圆柱形，横径8～10厘米，长30厘米，瓜皮白色，有光泽，单瓜重800～1 200克，品质较好。高抗白粉病，对病毒病抗性明显优于早青1号，较抗霜霉病。亩产4 000～4 500千克。起垄栽培，垄高10厘米，垄距60厘米，株距50厘米，亩栽2 000～2 200株。嫩瓜300～500克时及时采收。叶面将地面全部盖住时及时打顶。注意授粉或使用生长素处理，以保证坐瓜。

(3)适作茬口：适宜秋延后栽培。

13. 纤手

(1)品种来源：法国太子种子公司。

(2)特征特性：杂交一代种，早熟，株型紧凑，节成性好。瓜色光泽淡绿，长棒状，长20厘米，粗5厘米，外表美观，品质佳，商品性极好。9月15～20日育苗，冬暖大棚20厘米高垄，施足有机肥，地膜覆盖，亩植1 200株，第10片叶起向上掉蔓，在触顶前落蔓，保留30片以上功能叶，并及时除去下部枯叶、病叶，勤追水肥，争取单株产瓜30～50个。

(3)适作茬口：适宜冬春茬栽培。

14. 京葫3号

(1)品种来源：北京京研益农种苗技术中心育成。

(2)特征特性：特早熟一代杂交种，植株为矮生类型。一般在第5～6节开始结瓜，播种后33～35天即可采收商品瓜。较抗寒，耐弱光性强，在低温弱光下连续结瓜能力强，瓜码密，几乎节节有瓜。亩产6 000～7 000千克。嫩瓜皮色为浅绿色，有光泽。瓜为长柱形，果形均匀一致，商品性好。

(3)适作茬口：适宜冬春茬栽培。

15. 金榜

(1)品种来源：最新育成的杂种一代西葫芦品种，其双亲分别来自于美国和韩国。

(2)特征特性：植株为短蔓矮生型，适于冬暖大棚密植栽培。早熟，播种后45天左右可采收嫩果上市，嫩果重250～500克即可采收。果实长棒形，实心，皮色金黄、鲜艳、美观，果肉细、脆嫩，品质风味极佳，可生食(凉拌)作沙拉或炒食。单株结瓜6～10个，株产3～5千克，亩产4 000千克以上。综合性状优于进口品种。

(3)适作茬口：适宜秋延迟、越冬和早春保护地栽培。

16. 金元帅

(1)品种来源：从美国思地沃集团引进。

(2)特征特性：杂交一代西葫芦种。早熟，成熟期46～52天。植株长势旺，坐瓜能力强。

瓜圆柱形，长18～22厘米，瓜皮金黄色，有蜡质光泽及微棱，瓜肉白嫩，品质佳。

(3)适作茬口：适宜秋延迟、越冬和早春保护地栽培。

17. 金蜡烛

(1)品种来源：美国加利福尼亚皮托种子有限公司培育的杂种一代。

(2)特征特性：早熟，从种植至初收53天。果实直而整齐，长圆筒形，上有微突起的浅棱，果皮光滑，金黄色，果柄五棱形，浓绿色，果肉柔嫩，奶白色，商品果长18～20厘米。植株直立、矮生，主蔓生长粗壮，叶开张，容易采收，品质风味好。

(3)适作茬口：适宜秋延迟、越冬和早春保护地栽培。

18. 金珊瑚

(1)品种来源：瑞士先正达种子有限公司育成的杂交一代品种。

(2)特征特性：早熟，丰产，果实为金黄色，瓜条直，圆柱形，果柄绿色，果实长达25厘米，直径5厘米，单瓜重400克左右，株型直立，节间短，亩产7 000千克。

(3)适作茬口：适合保护地和露地栽培。

19. 吉美

(1)品种来源：引自台湾农友种苗公司。

(2)特征特性：属矮生品种类型。该品种茎蔓粗壮，节间短，蔓长1米左右，播种后1个月左右即开始结果，属于特早熟类型。结果多，嫩果果皮金黄色、艳丽，果形为短棍棒状，单果重200克左右。果肉白色，脆嫩细腻。属于外形美、品质好的优质西葫芦品种。

(3)适作茬口：适宜秋延迟、越冬和早春保护地栽培。

20. 星光1号

(1)品种来源：沈阳星光种业有限公司。

(2)特征特性：植株丛生，不爬蔓，节间短，瓜码密。瓜形长棒状，粗细均匀，瓜皮墨绿色。极早熟，播种后40天可采收商品瓜。产量高，亩产5 000千克以上。抗病性好，耐寒性强。

(3)适作茬口：适宜秋延迟、越冬和早春保护地栽培。

二、育苗技术

西葫芦对温度要求比其他瓜类低一些，耐低温的能力较强。生长发育的适温为18～25℃，经低温锻炼的幼苗，可耐短时0℃低温。30℃以上生长缓慢且极易发生病毒病，32℃以上花器不能正常发育，40℃高温停止生长。种子发芽适温为25～30℃，13℃以下不发芽。根伸长的最低温度为6℃，根毛发生的最低温度为12℃。开花结果期适温为22～25℃，受精的果实在8～10℃的夜温下也能长成大瓜。由于西葫芦栽培效益一般低于同茬口黄瓜，为降低生产成本，在寿光生产反季节西葫芦一般选用Ⅰ～Ⅳ型大棚，很少选用Ⅴ和Ⅵ型大棚。Ⅴ和Ⅵ型大棚造价太高，但是如果进行冬春茬西葫芦栽培，选用Ⅴ和Ⅵ型大棚风险性和安全性更高。

1. 常规育苗技术

(1)营养土配制：西葫芦育苗时，由于幼苗的生长量很大，故对育苗时的营养土要求比较严格。西葫芦育苗的营养土要求富含有机质，营养完全，pH为5.7～7。为此，多采用人工调制营养土进行育苗。

①选择好园土。园土是配制营养土的主要成分，选择园土时不宜选用前茬是瓜类蔬菜作物的地块里的土，选择种过葱蒜类的园土比较理想。园土应打碎过筛，去掉杂草和打不碎的硬块，保持土壤干燥状态以备用。园土应无草子、少病菌、少虫卵。

②选好有机肥。有机肥应充分腐熟，以马粪、猪粪、大粪干等优质有机肥为好。施用前应将其充分腐熟发酵，然后进行晾晒，并打碎捣细过筛，以减少大粒生粪(防止育苗时发生热烧根或死苗)。

取上述土粪(含化肥)按 6∶4 的比例进行配制，同时在1 000千克配制的土中加入尿素 0.2 千克、磷酸二铵 0.3 千克、草木灰 5～8 千克、50%甲基托布津 100 克或 50%多菌灵 100 克、2.5%的敌百虫 100 克，充分掺匀堆放备用。理想的营养土应该营养全面、彻底杀灭病虫源、土壤疏松透气。

(2)播种前种子处理：为了保证西葫芦育苗时全苗，增加西葫芦幼苗的抗逆性，种子处理采取的措施有晒种、浸种和催芽。

①选种和晒种。检查种子，纯度高的种子应该大小一致、颜色均匀。除此而外，还应挑出碎的和有虫卵的种子。在浸种以前应晒种 2～3 天，以提高种子的发芽势，促进幼苗的健壮、齐全。

②种子消毒。种子消毒是防止病害的主要措施之一，因为西葫芦的大部分病害可以通过种子传播。种子消毒常用的方法有杀菌剂处理、烫种处理、干热处理等。先用清水浸泡 5 分钟，再用 0.1%的高锰酸钾浸种 15～25 分钟，可以防止病毒病的发生。用 50%多菌灵 500 倍液浸种 1 小时可以防止枯萎病。用 40%的福尔马林 100 倍液浸种 20 分钟，浸种后捞出密闭 2～3 小时，可以防止西葫芦的枯萎病、炭疽病等。具体操作过程如图 12-1 所示。

③浸种。消毒后的种子取出后洗净，即可放到 30℃左右的温水中浸泡，并保持一定的时间，促使种子在短时间内吸足发芽所需的绝大部分水分，使氧气容易通过种皮，有助于种子内部的营养物质的转换，在适温的条件下能早萌发、早发芽。西葫芦浸种 6～8 小时即可，浸种 12 小时以上，反而对种子的萌发不利。

④催芽。经过 6～8 小时的浸种，将西葫芦的种子捞出后晾干，用湿纱布包好(布包要小、要薄)，放在 25～30℃的条件下催芽，每 6～8 小时翻动一次，使之透气。催芽期间要保持包布湿润，2～3 天开始出芽，芽长 0.5 厘米时就可以播种。催芽时切记经常检查温度，既要防止温度过高烫伤种子，又需防止温度过低停止发芽。并需经常翻动种子，使所有的种子都能得到相同的温度、湿度和空气，保证发芽齐全。在种子催芽过程中，倘若发现种子发黏，立即用水把种子和布包洗净，然后继续催芽。当 70%左右的种子已露白，即可播种。

(3)西葫芦护根育苗：西葫芦在苗床土上生长时，地下的根系吸收表面超过地上叶子的蒸腾表面达 10 倍以上。起苗定植时，90%的吸收面积将损失掉。这时地上与地下的表面比急剧下降，造成水分供应失调，轻则可能造成苗子定植后缓苗困难，重则造成苗子死亡。尤其西葫芦根系的木质化程度较重，如不采取护根措施，生产上造成的损失会更大。目前生产上有塑料钵、纸钵、草钵、泥钵、营养土块、营养土方、塑料土袋、压缩式一体化营养钵等护根措施。

①营养土块。首先在地面做宽 30～45 厘米的畦，然后将畦面下挖 10 厘米左右深，将挖出的土放到一边，最后将配制好的营养土填入下挖的畦子里，浇透水。当水快要渗完的时候，立即用薄刀(或压瓜铲)按株行距 10 厘米×10 厘米或 12 厘米×12 厘米切成方块，并随即用木棒在土块中央捣一个播种用的小穴，穴深 2 厘米，穴宽 1～1.5 厘米，然后在每个穴眼放 1 粒种

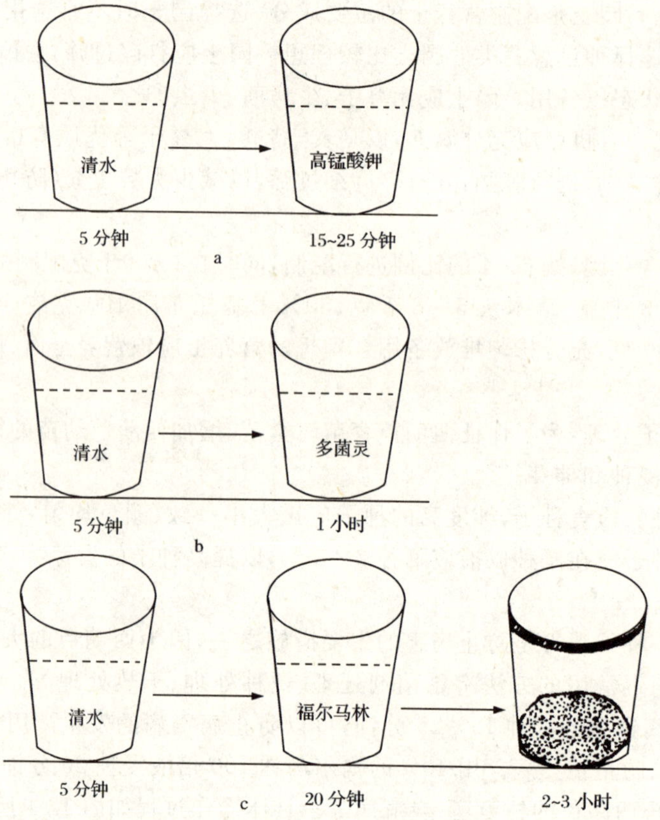

图 12-1　西葫芦种子消毒操作过程

a. 防止病毒病　b. 防止枯萎病　c. 防止枯萎病、炭疽病等

子，再在上面放 2 厘米厚的土。

②纸钵。纸钵的护根效果较土方好，它的主要优点是取苗运输时不易破坏根系。它是用废旧报纸或其他旧纸做成有底或无底的纸袋，可呈圆形或方形。具体制作方法是：先将旧报纸或旧塑料纸做成高 8～10 厘米、直径 8～10 厘米的圆杯状，接着装上营养土摆于苗床上。要注意使纸钵的高矮一致，钵和钵之间要填满土，浇透水，将种子放到钵的中央，覆上 2 厘米厚的细土。覆土时要用土封严，不让钵面边缘暴露出来，否则土壤水分会通过纸钵的毛边蒸发损失，造成钵内土干燥，影响秧苗正常生长。

③塑料营养钵。用聚乙烯和炭黑生产的专用育苗器具，有多种规格，可选用 8 厘米×10 厘米，或 9 厘米×9 厘米(前一个数据为高度，后一个数据为开口直径)的钵。目前市场上也有白色的营养钵，但依苗子的生物学特点，育苗时以黑色的为佳，因黑色对根的生长有利。

④压缩式一体化营养钵。这是一种无土护根育苗的特殊方式。压缩式一体化育苗营养钵是采用草本泥炭为基本原料，配加多种功能助剂，采用特殊工艺制备成的专用于作物育苗的新型基质，它将传统育苗过程中的准备床土、调节酸碱度、添加肥料、防治病虫、控制水气平衡等繁杂操作过程通过工业化手段直接固化为营养钵压缩饼块，无须用户自行配制基质，也不需要穴盘等外置容器。用户使用时，只要对钵体补水，即可膨胀回弹至疏松多孔状态，然后向预制的种穴里播种或分入小苗，种子和小苗在钵体里萌发、成苗后带钵移栽进入本田。

压缩式一体化育苗营养钵与常用育苗基质相比，使用简便、省工省力，秧苗素质好，花芽分化多,增产增收,带钵移栽,成活率高,提早成熟上市;产品绿色无公害,不传播根结线虫等土传病虫害,无农药污染;产品技术附加值高,体积小,重量轻,便于运输贮藏。

以上是主要的几种护根措施,至于采用何种措施,可依自己的经济条件而定。一般而言,可选用营养钵育苗,尽管一次性投资可能大些,但可以多年利用,用起来很方便。

(4)培育西葫芦壮苗的措施:

①适期播种。西葫芦苗期根、茎、叶生长速度快,育苗时间不宜过长。育苗时间过长,幼苗过大,定植时缓苗慢。一般苗龄25~30天。

②浸种催芽。播种前3~5天粒选种子,用50~55℃温水浸种。种子投放到温水中后不停搅拌,水温降到30℃时浸泡3~4小时。浸种后将种子搓洗干净,捞出种子略晾,用湿布包好催芽。催芽温度25~30℃,1~2天可出芽,芽长3~4毫米时可播种。

③准备苗床。播种前5~7天准备苗床,苗床内填入10厘米厚培养土。培养土的配制是6份园田土与4份腐熟圈粪混合,每立方米加腐熟捣细的大粪干或鸡粪15~25千克、过磷酸钙0.5~1千克、草木灰5~10千克。混匀后填入苗床,踩实整平,盖膜烤畦。

④播种。选择冷尾暖头晴暖天气上午播种。因西葫芦苗龄短,又必须带土坨定植,所以,浇底水后随即用刀将苗床按10~12厘米纵横切块,切口深10厘米。将催好芽的种子平放到切块中央,胚芽向下,撒一把细土盖种。全畦播完种后,用细土覆盖,覆土厚度1.5~2厘米,夜间加盖草苫。

⑤苗床温度管理。播种后出苗前,要适当提高苗畦温度,促使幼苗尽快出土,白天畦温25~28℃,夜温12~15℃,地温16~18℃。为达到所要求的温度,苗床不通风,草苫可适当晚揭早盖。出苗后立即降低畦温,防止下胚轴徒长,白天畦温可控制在18~25℃,夜温10~12℃,控制方法是草苫适当早揭晚盖。秧苗破心后,第1片真叶开始生长,可适当提高畦温,促使叶片生长,畦温白天控制在22~28℃,夜间12~15℃。定植前加强通风,降低畦温锻炼幼苗,使其适应定植,白天畦温控制在15~22℃,夜间8~12℃。

⑥西葫芦壮苗的标准。茎粗0.4~0.5厘米,株高10厘米,苗龄在30天左右,形态指标为3叶1心或4叶1心。从外观看,壮苗的形态特征应该是:茎粗短,节间不伸长,叶片大而厚,叶色浓绿,须根多,根白色粗壮,无病虫害,不伤主根。

弱苗的特征是:茎秆细长,子叶早脱落,下部的叶片枯黄早,须根少,主根断裂,苗龄在20天以下。弱苗容易生病和受冻,移栽后容易萎蔫,缓苗慢,而且容易发生落花乃至落果。

此外,还有一种苗,称为老化苗,也有人称为僵化苗或小老苗。它的特征是:茎细发硬,叶小发黄,根少色暗。老化苗生长很慢,结果期延长,衰老快。

从上述外观形态上来认识壮苗,是生产上通常采用的标准。应当指出,壮苗和劣苗是相对而言的。在生产上,壮苗和劣苗不是截然分开的,它们中间还存在着许多中间类型。这需要有一定的实践经验,才能正确地区分。

2. 嫁接育苗技术

(1)西葫芦嫁接育苗的意义:

①经济效益高。嫁接后的西葫芦元旦前后上市,翌年4月底结束,盛果期4个月。由于盛果期大幅度延长,提高了产量,而且正好在春节前后进入旺产期,行情好、价格高,经济效益大幅度提高。

②提高产量。以"早青"品种为例,本属矮生的品种,到收获完毕时观察,嫁接苗主蔓长度

达3米左右，成瓜数10个以上，单株产量6.5千克以上。而直播西葫芦从收摘上市到结束只能结成瓜3～5个，嫁接后的产量是不嫁接产量的2.5～3倍。

③能加速瓜的生长速度。据观测，直播西葫芦在深冬季节生长速度较慢，从开花到收摘上市，一般需要10～15天，而嫁接后的西葫芦由于根系极为强大，吸肥面积大，植株苗壮、长势旺，坐下的瓜从开花开始只需5～7天即可收摘，而且第1条瓜未摘，第2条瓜已坐下，促进产量的提高。一般亩产达1万千克，高者达1.65万千克。

⑤嫁接西葫芦抗寒、抗病。深冬季节，嫁接后的西葫芦能忍耐棚温2℃、地温8℃的低温而不出现冻害。由于嫁接后的植株健壮，长势更加旺盛，提高了其抗病性能，如极易发生的病毒病、白粉病等病害发生较轻、危害小。

综上所述，西葫芦与黑子南瓜嫁接，是一项先进的生产技术，是西葫芦大棚高产栽培的一项重大改革和创新，是提高产量、质量、经济效益的科学途径。

(2)嫁接育苗对砧木的要求：

①根系发达，入土深，吸收范围广，耐肥水，耐旱能力强。

②根抵抗低温能力强。

③与西葫芦的嫁接亲和力和共生力强而稳定。要求与西葫芦嫁接后，嫁接苗成活率不低于90%，并且嫁接苗定植后生长稳定，不出现中途夭折现象。

④不改变瓜的形状和品质。要求所用砧木品种与西葫芦嫁接后不改变瓜的形状、颜色和口味，不出现畸形瓜。

⑤不减弱植株的生长势，也不造成植株徒长。

(3)常用西葫芦嫁接砧木品种：

①黑子南瓜。根系强大，茎圆形，分枝性强。其根抵抗低温能力强。西葫芦根系在温度10℃时停止生长，而黑子南瓜根系在8℃时还可以生长根毛。黑子南瓜嫁接苗比自根苗素质高，生长旺盛，抗逆性强，前期产量和总产量均比自根苗显著增产。

②中原共生Z101。郑州中原西甜瓜研究所利用国外种质资源通过远缘杂交育成的砧木新品种。中原共生Z101较黑子南瓜优点突出，表现发芽势强，出苗整齐，髓腔紧实，嫁接亲和力强，根系发达，吸水吸肥力强，植株生长旺盛，抗寒，耐热，低温条件下生长迅速，中后期不早衰。抗枯萎病，耐根结线虫病。本品种不同于一般黑子南瓜，对西葫芦品质、风味无任何影响，最大限度保持原品种特性，同时表现坐瓜提前、坐果率高，瓜条顺直，单瓜重增加，颜色浓绿有光泽，商品价值高。提早上市，采收期延长，从而产量比黑子南瓜作砧木提高30%。

③特选新土佐砧木。日本引进的杂交一代南瓜(笋瓜与中国南瓜的种间杂交种)，生长势强，吸肥力强，与西葫芦亲和力很强，耐热，耐湿，耐旱，低温生长性强，抗枯萎病等土传病害，适应性广。苗期生长快，育苗期短，胚轴特别粗壮。很少发生因嫁接而引起的急性凋萎，能提早成熟和增加产量，比自根苗减少氮肥30%。

④白皮黑子。生长最强健，种子黑色，用作西葫芦的根砧。西葫芦嫁接其上，低温生长性强，吸肥力强，抗土壤病虫害能力强，可使西葫芦提早结果，结果良好，产量增加。

⑤壮士。壮士属中国南瓜，生性强健，根部抗镰刀菌病害、枯萎病、萎凋病等，适于作西葫芦的根砧，亲和性良好。因南瓜根砧吸肥、吸水力强，低温生长性亦强，故可使嫁接其上的西葫芦生育结果更佳。

⑥共荣。利用抗病性南瓜共荣作根砧，西葫芦嫁接其上，不但可以连作栽培，且嫁接亲和

性良好，接活率高，低温生长性强，吸肥力强，嫁接后生育结果良好，产量高，对西葫芦品质无不良影响。

(4)苗床的设置：嫁接西葫芦要设置3个苗床。第1个是西葫芦苗床，第2个是黑子南瓜苗床，第3个是栽植嫁接苗的苗床。前两个育苗床按东西向建成宽1.5米、高出地面7厘米的畦，长度可按苗多少而定。西葫芦苗床最好建在大棚入口处，以利通风炼苗，育成壮苗。南瓜需要温度高一些，宜建在大棚里边。嫁接苗床，按南北向，建成2.5米宽、高出地面7厘米的畦，长度视嫁接苗多少而定。3个苗床的培养土，质量一样，其比例是：3份园田土、1份腐熟的圈肥，拌匀过筛，运进棚内做畦。嫁接苗床可施入少量磷酸二铵化肥(每亩大棚用2.5～3千克)。

(5)西葫芦、黑子南瓜的播种方法：比较恰当的播种方法是：先取黑子南瓜种，在阳光下晒几个小时，然后放在70℃的热水中浸种，不停地搅动，直到水温降到15℃时，搓掉种皮上的黏液，再换上15℃的温水，浸泡12小时。然后捞出，放在消过毒的湿布中(外包一层地膜)，在29℃的环境中进行催芽。

当黑子南瓜有50%的种子露白时，马上浸泡西葫芦种。先将晒过的西葫芦放入55℃的温水中不停地搅动，直到温度降到15℃，用手搓掉种皮上的黏液，再换上15℃的温水浸泡8小时，捞出。和黑子南瓜种一起，播入各自的苗床。

先将苗床灌透水，水渗下2/3时，将种子逐个撒在苗床上。黑子南瓜的距离大体在1～1.5厘米，西葫芦种的距离是2～3厘米。种子撒完以后，要盖上土，厚度掌握在2.5厘米。覆土盖完荡平，喷辛硫磷农药300倍液，防止地下害虫。然后盖上地膜，地膜以上再盖拱膜。拱棚内温度控制在29℃～31℃，应该经常观察苗床，视出苗情况进行两种拱棚的温度调节，使两种苗同时出齐。

(6)最佳嫁接时期：两种苗子都出到2/3时，揭去地膜，撤去拱膜，适当通风炼苗，使苗子健壮。待两种苗子的子叶接近平展(呈"V"形)、真叶未露时是嫁接的最好时间。如果错过这个时机，西葫芦苗茎空，嫁接成活率降低。在培育苗子的过程中，如果气温较高，苗床水分蒸发快，会发生"干皮"现象，可在清晨用喷雾器或喷壶洒水，保持苗床土壤湿润。临到嫁接，要提前准备好需用的工具，如刮脸刀、竹签、嫁接夹、水、铁铲、盖嫁接苗的薄膜等。嫁接时，无论苗子多少，都要求一天嫁接完，若等到第2天，西葫芦苗茎可能会空，嫁接不易成活。

(7)靠接的技术要点：靠接方法，操作简单，容易掌握，成活率高，具体操作规程是：用竹签将两种苗子取出，以南瓜作砧木，先将南瓜苗的顶心剔除，从子叶下方1厘米处，自上而下割一半深，刀口要适当长一点，割完后轻轻握于左手。再取西葫芦苗从子叶下方1.5～2厘米处，自下而上割一半深，刀口也要适当长一点。然后把两棵苗子的切茬对好，夹上嫁接夹，立即栽植到第3个苗床(图12-2)。嫁接速度要快，切茬要对得准，夹子要夹西葫芦的一面，接好的苗立即进行栽植，边栽边盖拱棚膜。

栽植方法：用小铁铲在育苗床按东西向、以15厘米的株行距，开5厘米深的沟，浇足水。水渗到2/3时，把嫁接苗的根轻轻按入泥土中，注意把两条根分开，然后把沟填平(不要埋住嫁接夹，刀口绝对不能溅上水或沾上泥)，边栽边盖拱棚膜，大棚顶放草苫遮光。嫁接苗床内温度掌握在25～30℃。

(8)嫁接苗栽植后的管理：西葫芦嫁接后宜采用适当的遮阳保湿、保温方法进行管理。

①控温。嫁接后的温度白天保持在25～30℃，夜温17～20℃。

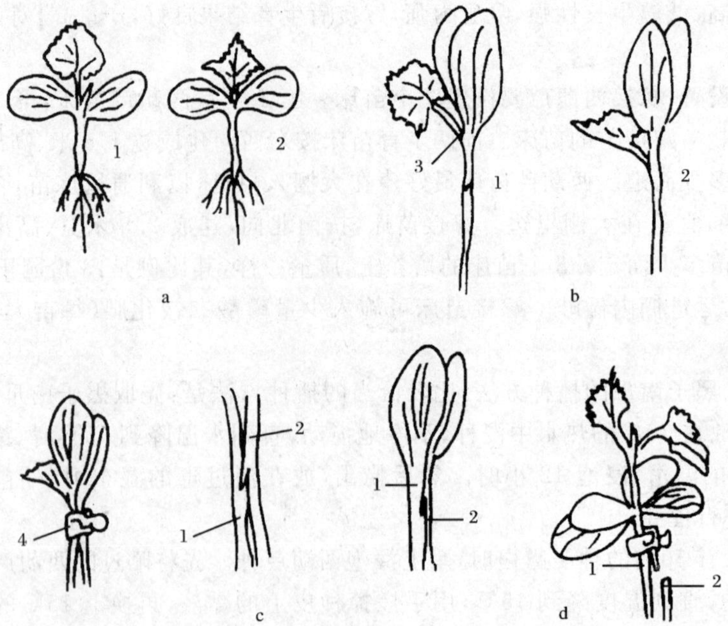

图 12-2　西葫芦嫁接操作过程

a. 砧木与接穗　b. 砧木与接穗处理　c. 嫁接　d. 断根

1. 南瓜苗　2. 西葫芦苗　3. 摘除生长点　4. 嫁接夹

②遮光。嫁接后依天气和苗子的情况决定遮阳的方法。一般采用旧薄膜加麦(稻)草遮光,嫁接后头3天不见光,不通风。3天后在日出和日落前适当揭开草苫透光,使苗子见一些弱光,以后逐渐加大透光量。待6～7天接口愈合后白天可不再覆盖。在见光的同时还要注意保湿。

③保湿。嫁接后苗床随即用旧塑料覆盖,封闭四周,保持空气相对湿度85%～90%。5～6天后可以开始小通风,并逐渐降低湿度。10天后开始大通风,通风时应注意加大通风量,防止在通风时出现萎蔫。一旦出现萎蔫,应及时遮光喷水,停止通风。

④断根。依据伤口愈合情况,于嫁接后5～7天可进行试探性断根处理。即把接口下西葫芦茎用手捏劈。如果在晴天中午西葫芦的苗子不萎蔫,说明上下已接通,完全愈合,水分能上下进行正常运输,可去掉夹子,沿接口下方用剪刀或刀片把接穗(西葫芦)茎切断进行断根,即形成一棵完全独立生活的嫁接苗子。若用手捏劈后开始打蔫,说明还没有完全愈合,可再停1～2天。仔细观察接口处,并轻轻地摇动,若离开说明没有接活,没接活的苗子不能定植。

嫁接断根后的管理与西葫芦自根苗相同,嫁接后10～15天进行幼苗锻炼,当嫁接苗具有3叶1心时可移栽定植。

移栽前这段时间要注意的问题是:①嫁接时棚内绝对不能进风,嫁接后立即栽植到苗床,马上盖拱棚膜。②嫁接苗栽植时,嫁接夹子的方向要一致,这样便于断根。③栽植时土不要埋住嫁接夹,否则,西葫芦很快生出次生根,达不到嫁接目的。

嫁接苗在管理中,如果出现"干皮"现象,需要浇水,要采用溜水的方法,切忌喷洒,以防水入伤口造成感染。

栽植后3天之内,最好不要浇水,以后注意通风炼苗。

3. 巧用爱多收培育壮苗

大棚西葫芦生产的第一关是培育壮苗。健壮的幼苗，在同样的肥水和管理条件下可以提高 1/3 的产量。

在进行种子消毒时，可用爱多收3 000倍液浸种。爱多收能有效地促进种子发芽并提高发芽率，使发芽整齐，培育出健壮幼苗。

发芽期的管理目标是苗全、苗齐、不徒长，要每 7 天喷施爱多收6 000倍液一次，使幼苗根系发达，保证幼苗健壮生长。同时控制好冬暖大棚内白天与夜间的温度，保持一定的温差。定植前注意炼苗。

移苗时期宜早不宜晚。移苗时应采取护根措施，要浇透底水，舒展根系。移苗后应提高冬暖大棚内温度，并喷施爱多收6 000倍液 1～2 次，加快缓苗速度，降低死苗率。

西葫芦幼苗缓苗后，进入迅速生长阶段。此时西葫芦幼苗应以促进花芽分化为目标，控制好温度。在此阶段要每 30 天喷施爱多收6 000倍液 2～3 次，以促进营养生长和花芽分化，防止幼苗徒长和老化。

在西葫芦幼苗阶段，还要防冻害，遇有寒流时，应提前喷施爱多收5 000倍液一次，以预防冻害，并做好防寒保温。如遇严重冻害，迅速喷施爱多收4 000倍液 2～3 次，可解除或缓解冻害所带来的伤害。

4. 让西葫芦多开雌花

(1)乙烯利处理：当瓜苗长到 3～4 片真叶时，用 150 毫克/千克乙烯利喷洒植株，每隔 10～15 天喷一次，共喷 3 次，可增加雌花，减少雄花，提早成熟 7～10 天，增加产量 20%左右。

应用乙烯利控制西葫芦雌雄花需注意的几个问题：

①必须与栽培措施相结合。应用乙烯利处理西葫芦固然能多开雌花、多结果，但在肥水条件不能满足时，其瓜小，结瓜率低，并不能获得高产。因此，应用乙烯利后要加强肥水管理，促进植株生长良好，方能达到增产的目的。

②把握好使用时期。乙烯利应用时期至关重要，其使用最适时期取决于西葫芦的发育阶段和应用目的。乙烯利用于瓜类诱导雌花形成，必须在幼苗期喷施，西葫芦为 3～4 叶期，过迟用药，则早期花的雌雄已定，达不到诱导雌花的目的。

③注意用药浓度和使用部位。乙烯利使用的浓度不能过高或过低，一定要按照使用说明书操作，否则不但不能增产，还会造成其他不良后果。使用部位一般为幼苗期叶面喷施，喷洒过程中不要重复喷。在西葫芦上应用乙烯利处理时，喷施过的植株雄花减少，故一定要留少量植株不喷施，以利授粉结瓜。

(2)遮阳处理：西葫芦是短日照作物，缩短光照能使雌花增多。具体做法是：在西葫芦花形成前，利用黑纸、草苫等物搭在棚架上遮阳，把每天的日照控制在 8～9 小时之内。

(3)增加水分和氮肥：西葫芦种在相对湿度为 80%的土壤中，要比种在相对湿度为 40%的土壤中产量高 1 倍多。在西葫芦早期发育中提供充足的氮肥，也可以增加雌花的数量。

(4)二氧化碳气体调节：空气中二氧化碳含量高，不仅可抑制瓜苗呼吸作用，而且可提高光合效率，对雌花形成十分有利。当空气中二氧化碳含量达 0.1%时，雌花的比例就显著提高；当二氧化碳含量达 1%时，雌花分化率可达 100%。苗期在棚内熏烟，并保持密闭 2～3 个昼夜，增加空气中二氧化碳的浓度，也有较好的效果。

三、主要栽培模式

西葫芦四季生产周年供应，必须考虑市场需求、不同季节的茬口安排和西葫芦对环境条件的要求，结合当地的生产条件、市场形势，选择适宜的栽培茬口，以达到高产高效的目的。在寿光主要有冬春茬、早春茬和秋冬茬3种栽培模式。

1. 大棚西葫芦冬春茬栽培技术

(1)品种选择：一般选择植株低矮、株型紧凑，侧枝少，耐低温、弱光的早熟矮生西葫芦类型品种。如早青1号、阿太1号、灰采尼、潍早1号、超早青等。

(2)育苗：

①确定适宜的播种时间。利用大棚进行西葫芦的嫁接栽培，目的是让西葫芦在元旦前几天上市，春节前后大量投入市场，提高产量和经济效益。根据实践观察，从育苗到收摘第1茬瓜需要35～40天时间，这样，最适宜的播种期是10月10～15日。播种偏早，气温高导致棚温难以控制，瓜苗容易出现徒长，花芽分化不良，雌花出现晚，植株细弱而不健壮，影响产量。播种偏晚，寒流不断侵袭，所需温度、光照达不到植株发育要求，瓜苗生长缓慢，结瓜期延后，推迟上市时间，春节前收获量少，影响经济收入。因此，要因气候而宜，不可强求一律，在山东寿光，一般在10月上旬左右播种为宜。

②育苗应掌握的要点。冬春茬西葫芦应采用云南黑子南瓜作砧木进行嫁接育苗。

(3)定植：大棚西葫芦冬春茬栽培时，一定要考虑到其整个生育期间的环境条件。该茬栽培温度低、光照少，易感病，故从播种到采收都应该考虑到这些特殊性。定植方式也是减轻病害、提高产量的重要措施之一，定植前可按80厘米的宽行、60厘米的窄行做成宽80厘米、高20厘米的小高垄，在垄上开双沟，沟距60厘米，然后将去掉容器的苗子摆入垄上小沟中，每个苗子周围浇水1.5～2千克，然后用土将苗子所处的小沟培成小垄，这样原来的一个大垄就变成了两个小垄，垄上小垄之间一般50厘米，小垄高15厘米，垄培完后用幅宽1.1米的地膜压严盖好，最好是先铺膜后定植。这样就形成了一个膜下留小沟的定植模式，小沟为以后膜下暗灌提供了保证，也为减少病害的发生提供了可能。

(4)定植后的管理：西葫芦移栽定植以后，很快进入正常的生长，也相继进入前期和中后期管理。这段时间管理得当，西葫芦植株健壮，发育正常，可以获得较高产量，取得较高经济效益。如果看到苗子已经成活，在管理上掉以轻心，麻痹大意，轻者使植株发育不良，重者前功尽弃，造成经济损失。在整个大棚的管理中，可按其生长过程划分为前期管理(春节前)和中后期管理(春节后)。冬春两季气候差异很大，西葫芦在各个生育阶段的需求条件也不一样，所以在管理措施上也不一样。

①前期管理。西葫芦移栽定植以后的几天，有一个缓苗期。西葫芦苗从苗床栽到大棚中，所处的环境发生了较大变化，它的根在移栽过程中，也可能断掉和受伤。因此，在缓苗期内，要创造一个适宜的条件使其尽快生根。这段时间，大棚内气温白天应保持在25～30℃，夜间保持在18～20℃。并选晴天的上午，浇一次缓苗水以利保持湿度。缓苗期过后，要适当降低温度，白天气温应保持在20～25℃，夜间保持在11～14℃，防止秧苗发生徒长，以利雌花的分化，早现雌花，早坐瓜。植株坐瓜以后，棚内气温可适当提高，白天气温控制在25～28℃，夜间15～18℃，以加速植株生长，提高产量。

嫁接后的西葫芦最为理想的上市时间是元旦前后的几天，从单瓜的重量来看，应到300～400克采摘最为适宜。如果采摘过晚，瓜条消耗营养过多，妨碍了植株发育。元旦到春节这段时间，既是北方地区的蔬菜淡季，又临近春节，精细菜的消费量很大，并且鲜菜也能较长时间的存放和远销，行情好、价格高，这时大棚西葫芦正进入盛果前期。大棚内栽植的延秋直播西葫芦已到了拔秧阶段，嫁接的西葫芦进入了高产量、高效益的时期，茬口衔接紧密。能在这一个阶段内，采取强有力的科学措施，把产量促上去，收入可观。但春节前雨雪、强冷风不断出现，给大棚西葫芦的管理带来很大难度。

这段时间的管理要求是：延长光照，搞好保温，适量浇水，力夺稳产。即要注意早揭晚放草苫（兼顾温度），尽量延长光照时间，如遇特殊气候变化，也可以在棚内安装灯泡，给西葫芦补充光照。为提高西葫芦叶片的光合效率，可以喷施光合促进剂。连续雨雪、阴天应该考虑利用电、炉火等为大棚加温。在深冬季节除了在晴朗天气坚持早揭晚放草苫以外，棚内温度达不到28℃不要开放风口（多云天气温度达不到27～28℃时，要在中午12时以后放风，缩短放风时间）。温度降到23℃即迅速关闭风口，使棚内尽可能多地积蓄热量，以抵御晚上的严寒。无滴膜很容易沾上许多草屑、尘土，要坚持每2～3天擦拭一遍，保持无滴膜的透光率。如果遇到过多的雨加雪严寒天气，有条件的要在草苫表面加盖一层塑料膜，防寒、防雨、防雪、保温。明火升温，要注意防止烟害。

春节前后西葫芦的浇水既要讲究方法，注意天气，也要讲究浇水量。方法是：连续出现晴朗天气，西葫芦植株健壮不徒长，土壤相对湿度低于85%，看天气预报往后几天也是晴朗天气，这时可以浇一次足水，大沟小沟一块浇。如果气候出现大的变化，西葫芦又很需要浇水，可以只浇小沟，不浇大沟。西葫芦棚内的湿度掌握在：土壤相对湿度85%～90%，空气相对湿度白天75%～85%，夜间90%。棚内土壤湿度过大，地温又偏低，很容易出现沤根和病害。棚内空气湿度过大，叶片表面挂上一层水膜，这层水膜能干扰气体交换，阻碍光合作用，并能使叶片蒸腾作用出现障碍，进而影响到整个植株养分和水分的吸收，出现长势减弱、生育不良，病害也随之加重。因此，在浇水时，要在晴天的上午浇，下午或者阴天不能浇。浇完水，要把温度升到28℃才能排风，有利于提高地温，降低湿度。浇水后如果遇到阴天和雨雪天气，可施放烟雾剂杀菌农药防病。

整蔓是大棚正常的田间管理措施。西葫芦嫁接技术所采用的是吊绳法整蔓，这样能最大限度地利用棚内空间、光照，加速生长，提高产量。西葫芦之间长势不尽一致，有高有矮，需要通过整蔓，把较高的植株落到和整个群体一致，做到互不遮光。主蔓爬到高度1.6米落蔓一次。要注意：落一次蔓一定把底部的老叶打去，带到棚外。打老叶时或采收瓜条要把伤口离主蔓稍远一点，否则极易造成感染，烂断主蔓。

此外，在每天上午8～9时，采下刚刚开放的雄花，去掉花瓣，把雄蕊的花粉轻轻涂在雌花的柱头上授粉。还可用40～80毫克/千克的2,4-D液涂抹雌花柱头，也能起到保花保果的作用。若在人工授粉后的第2天再用2,4-D处理瓜把和柱头，效果更佳。

②中后期的管理。大棚西葫芦进入阴历二月，随着天气转暖而进入盛产期，这时西葫芦对水肥的需求量加大，同时，随着浇水次数的增多，受光照、温度、湿度的变化影响，病虫害有所加重。这一阶段，宜肥水齐攻，防除病虫害，夺取高产。科学地、充足地施入西葫芦生长所需要的各种肥料，是夺得高产的关键。进入盛果期的施肥方法是：每次浇水前，先把所需追的肥料放在容器中溶化，浇水时随水浇入。注意不要浇清水，每次浇水都带肥。根据长势的需要，适时

追施叶面肥，以满足其生长的需要。

利用大棚进行西葫芦生产，如果有机肥施得足，夜晚分解的二氧化碳会不断增加。据测定，大棚内在晚上10～12时，二氧化碳含量能增加到800～1 000毫克/千克，这个含量能维持至天亮。草苫拉开以后，阳光照射到棚内，使里边的温度升高，二氧化碳的含量急剧下降，到上午10时以前，棚内二氧化碳含量已降到大气的自然含量(300毫克/千克)以下。大棚开始放风以后，棚内棚外的气体互相流通，二氧化碳含量与大气平衡。

西葫芦属比较特殊的品种，需要的二氧化碳浓度为1 000～1 600毫克/千克。二氧化碳气肥施用时间在拉开草苫后半小时到1小时，到11时结束，共施2～3小时。

用硫酸铵分解法追施二氧化碳气肥。备好瓷缸、塑料桶、小塑料袋、浓硫酸、碳酸氢铵。以上物料准备好以后，先配制稀硫酸，取水3份(体积)放入瓷缸内，将1份浓硫酸缓倒入缸中，并不断搅动，直到冷却到常温备用。杜绝将水倒入浓硫酸中。具体用法：大棚东西方向每6～7米挂一只塑料桶，桶内2/3容积的稀硫酸溶液，称取一定数量的碳酸氢铵装入小塑料袋中，扎紧封口，并在袋上扎三四个小孔，放入桶内用重物压入底部，硫酸与碳酸氢铵化学反应即放出二氧化碳气体。追施二氧化碳应掌握的原则和注意事项：一是等西葫芦坐果后施用，随着叶面积系数的扩大逐步增加。二是深冬地温不高于13℃时不宜施用。春节前每7米一只桶，每桶可放碳酸氢铵150～250克，使棚内二氧化碳浓度这到800～1 200毫克/千克。春节后地温增高，正值西葫芦高产期，可适当多施，每桶可放碳酸氢铵250～350克，使棚内二氧化碳浓度达到1 300～1 600毫克/千克。三是挂果多时可适当多施，营养生产过旺、结果较少时要少施或不施。四是要在晴暖天气施用，阴雨天不宜施。年前年后可连续施用50～70天。以后则不需要再施用。要认真操作，桶内稀硫酸不宜过满，防止溅出烧伤蔬菜或人身体。碳酸氢铵极易挥发，不要把大袋的碳酸氢铵带入棚内，小袋要在棚外分装。因硫酸腐蚀性很强，要忌用金属器具。

(5)采收：采收往往被看做是单纯的收获，实际上它也是对植株调整的一个主要手段。据试验，及早摘取幼瓜，可以比采收成熟的瓜产量提高15%以上。因此，西葫芦特别强调适时早摘，一般第1个瓜在200克时采收，以后的瓜在开花10天后，达到250克左右时，即可采收上市。适时采收不仅可以及早上市，提高经济效益，还可以节约植株养分，有利于植株上部的开花、坐果及果实发育，促进茎叶生长，加速植株上层幼瓜的发育，减少落花落果现象的发生。在采收时应根据植株的长势进行，长势旺盛的植株，适当晚采收，疏果时可多留几条瓜。

(6)冬季保护地增加光照的措施：在光照时间短、强度低的冬春季节，使保护地内多接受阳光照射，对提高西葫芦的产量和品质具有重要作用。具体措施有以下几种：

①合理布局。定植西葫芦时力求苗子大小一致，使植株生长整齐，减少植株间的相互遮光。同时要南北向做畦定植，使之尽量多接受阳光照射。

②保持棚膜洁净。棚膜上的水滴、碎草、尘土等杂物，会使透光率下降30%左右。新薄膜在使用过程中，随着使用时间的延长，棚内光照会逐渐减弱。因此，要经常清扫，以增加棚膜的透明度。下雪天还应及时扫除积雪。

③选用无滴薄膜。无滴薄膜在生产的配方中加入了几种表面活性剂，使水分子随薄膜面流入地面而无水滴产生。选用无滴薄膜扣棚，可增加棚内的光照强度，提高棚温。

④合理揭盖草苫。在保证西葫芦生长所需要的适宜温度的前提下，适当早揭和晚盖草苫，可延长光照时间，增加光量。一般太阳出来后0.5～1小时揭草苫、太阳落前半小时盖草苫比

较适宜。特别是在时阴时晴的阴雨天里，也要适当揭草苫，以充分利用太阳的散射光。有条件的地方，安装电动卷帘机揭盖草苫，缩短揭盖时间，相对增加棚室内光照。

⑤张挂反光幕。用宽 2 米、长 3 米的镀铝膜反光幕，挂在棚室内北侧使之垂直地面，可使地面增光 40%左右，棚温提高 3～4℃。此外，在地面铺设银灰色地膜也能增加植株间的光照强度。

⑥搞好植株调整。及时进行整枝、打杈、绑蔓吊蔓、打老叶等田间管理，改善棚内通风透光条件。

(7)越冬西葫芦如何应对阴雨雪天气：冬季阴雨雪天气，会造成保护地低温、高湿、寡照等不利于西葫芦生长发育的环境条件，尤其是连续几天的低温阴雨雪天气会给越冬西葫芦造成很大的危害。发生低温冷害的棚室西葫芦轻者植株生长停止，化瓜，形成花打顶；重者植株萎蔫死棵，提前拉秧。要尽可能地创造适宜西葫芦生长发育的条件，把损失降到最低。

①防寒保温，增加光照。冬季要注意收看天气预报，当寒流和阴雨雪天气到来之前，要严闭棚室，夜间加盖整体浮膜(既盖草苫，再覆盖一整体薄膜)，棚室后墙和山墙达不到应有厚度的，可在墙外加护草及薄膜等加强保温。必要时向阳面的棚室底角夜间增盖一层草苫，以提高棚室内夜间的温度，甚至在严寒季节可以在棚前脸加盖麦草或其他覆盖物以加强保温。

只要不下雨、不下雪，都要坚持拉开草苫，利用微弱的散射光增加棚内温度，补充光照，使西葫芦植株进行正常光合作用，避免长时间处于黑暗状态，造成根、茎、叶生长严重失衡。此外，还要经常清扫大棚棚膜表面，增加棚膜透光率，增强西葫芦植株的光合作用。

为了保温，阴雨雪天气时一般情况下不放风，但当棚内空气相对湿度超过 85%时，可在中午前后短时间开天窗，小放风排湿。每天拉开草苫时间的长短可根据棚温的变化而定，揭开草苫后，若温度下降，应随揭随盖；若温度稍有回升，可以在下午 2～3 时以前把覆盖物重新盖好。在阴天时要尽量减少出入棚室的次数，尽可能保持棚温。

持续阴天时间过长，就应在棚内设置灯泡提温增光。可在棚室中间，每间设置灯泡 1 个，若遇上雨雪天气，上午不能拉开草苫，应打开灯泡。若夜温过低，可在下午 5 时左右将灯泡打开，到夜间 10 时左右关闭，可有效提高棚温 2～3℃。

②预防病害发生流行。很多种病害都是在低温、高湿的条件下发生流行的，所以阴雨雪天气时降低棚内湿度成为预防病害发生流行的最主要手段。在棚内温度低、不宜进行通风降湿时，可通过田间撒施草木灰的方法吸湿，降低棚内湿度，减轻病害的发生。病害发生后不宜采用喷雾的方法防治，应采用熏烟或喷粉尘剂的办法进行防治。使用滴灌对西葫芦进行浇水、施肥，能大大降低棚内湿度，减少病害的发生。

(8)冬季连阴天过后如何管理西葫芦：当连阴天过后，天气转晴时，不要急于一下子将草苫全部拉开，要避免植株在阳光下直射而造成西葫芦植株萎蔫。要采取“揭花苫”的方法逐步增温增光，对受强光照而出现萎蔫现象的植株及时放草苫遮阳，并随即喷洒 10～15℃的温水，同时注意逐渐通风，防止闪秧闪苗。若保护地使用了卷帘机，可以通过分次拉帘的方法拉帘见光，即第 1 次先拉开 1/3，不出现萎蔫时再拉起 1/3，第 3 次才将棚全部拉开，让西葫芦有一段适应过程，防止急性萎蔫发生。

另外，若出现了受冻植株，可先通过喷温水(温度不能太高，可以掌握在 8～15℃，受冻严重时，水的温度要稍低)的方法进行缓解，再用爱多收6 000倍或纳米磁能液(黑龙江农王磁能新型生物肥料有限公司)2 500倍液进行叶面喷洒，以促进植株生长。

不良天气时坐下的瓜纽即使没有焦化，也会因营养不良出现大批畸形瓜，可适当摘除一部分，同时对出现的弯瓜可以用吊小砖瓦的方式使其变直，提高瓜的品质。

当西葫芦出现了花打顶时，可以适当疏掉一些幼瓜，以利枝蔓伸长。喷施植物生长调节剂丰收1号（主要成分：有机质≥20克/毫升，甲壳胺≥5%），也有利于增强西葫芦植株机体恢复。

连阴天后，西葫芦的根系受到不同程度的伤害，降低其对水分、养分的吸收能力。天气转晴后，可以喷施海天力、施必可、爱多收、增万金等叶面肥，增加营养元素，也可以用甲壳素等灌根，补充营养，促进新根生成。

（9）减轻大雾对西葫芦的影响：我国北方冬季经常出现大雾天气。只要有雾，大棚中的西葫芦生长发育就受影响，特别是连续的大雾天气，严重影响大棚西葫芦的产量和品质。

①提高大棚的保温性能。如加厚墙体，挖防寒沟。提高大棚的高度，加大日光入射角，增加日光入射率，提高日光利用率。利用增温塑料薄膜等，利用保温性能较好的草苫子，大棚内利用无纺布进行双层覆盖，大棚北侧张挂反光幕，都能提高大棚内的温度。

②改善光照条件。在有可能的情况下，用人工补光。由于大雾天气仍有散射光可供西葫芦利用，所以只要温度条件许可，应及时揭盖草苫，让西葫芦见光。即使温度较低的时候，也不能连续几天不揭草苫，应在中午短时间揭草苫让西葫芦见光，防止长时间在黑暗环境中捂黄叶片。

③及时喷药防治病害。在喷药时，加入0.2%磷酸二氢钾液和有机钙、锌、铁等叶面肥，补充植株的钾、钙素等供应，解决根系吸收障碍，防止植株缺乏上述肥料元素导致的症状发生。同时，可增加细胞液的浓度，增强植株的抗寒能力。

④寒冬每20天喷施硕丰481（四川成都新朝阳生物化学有限公司）10 000倍液一次，促进光合作用进行，增强植株抗寒力，促进根系的生长发育。

⑤连续大雾天突然变晴后，应在中午光照过强时，“隔一盖一”盖上草苫，下午再揭开，防止光照过强导致叶片萎蔫以及泡泡病的发生。

2. 大棚西葫芦早春茬栽培技术

（1）选用良种：早春茬西葫芦应选择株型小、节间粗短、瓜码密、早熟丰产、抗病毒病和耐高温的品种。

（2）育苗：

①确定适宜的播种时间。早春茬西葫芦一般苗龄30天左右，定植后约30天开始采收，从播种到采收历时60天左右。早春茬西葫芦一般要求在4月前后开始采收，以便到“五一节”前后进入产量的高峰期。由此推算，正常的播期应在1月中下旬。

②育苗要点。早春西葫芦进行护根育苗。出土前昼夜保持温度25～30℃，出土后保持白天20～23℃，夜间10～15℃，不能低于6℃。

（3）定植：

①整地施肥。定植前整地做垄。西葫芦根系较发达，喜欢肥沃土壤，冬前深翻，早春施肥整地，每亩施优质农家肥5 000千克、过磷酸钙40～50千克、尿素30～40千克。采用地面撒施和开沟集中施用相结合的方法进行。沟施时应结合该茬的种植形式进行。撒施以后应深翻40厘米，打碎土块，使土壤和粪肥充分混匀，整平地面。

按照80厘米的大行距和55～60厘米的小行距开约10厘米深的定植沟。在开沟后施肥、浇水然后再起垄。垄高大约为25厘米，沟底宽约30厘米，在80厘米的大行间掘起一条可供人行走的垄。把两个相距55～60厘米的垄间用地膜覆盖，地膜分别搭在两垄外侧各10厘米左右。

②定植时期、密度。早春茬冬暖大棚西葫芦的定植时期，应该根据不同纬度地区、冬暖大棚中的温度条件、光照条件、本地区的市场销售情况以及该地区的天气变化规律来决定。在华北地区，一般应在2～3月份进行。西葫芦的栽培密度应根据品种的株型以及栽培方式来决定。小型品种每亩1 800株左右，大型品种1 600株左右。近年来多采用吊蔓栽培的方式，小型品种如早青1号，一般每亩栽苗2 000株。因为大棚栽培条件下，早春茬栽培西葫芦的行距已经固定，大、小行距分别为80厘米、55～60厘米，所以栽培密度主要由株距的变化来决定。一般情况下，定植垄上按45厘米的株距开穴定植。定植时尽量采用前边密、后边稀的定植方式，大苗定植在前、小苗在后，前边株距可为40厘米，后边株距可适当加大为50厘米，平均株距为45厘米。

③定植方法。定植前两天把育苗床浇透水，定植时边割坨边栽苗。定植苗要选择植株大小一致、生长势旺、无病虫害的苗，按规定的株行距，在垄上破膜开穴，把苗坨植入穴中并使苗坨稍露出地面，分株浇稳苗水，待水渗下后覆土使苗坨面与膜面持平，可用土将膜的开口封压住。由于早春茬定植时，地温和气温都比较低，所以定植应该选择晴天的上午进行，定植全部结束以后若地温比较高，可以小水浇缓苗水，切不可顺沟浇大水，否则降低地温，植株缓苗慢，缓苗期长。等缓苗以后再顺沟浇一次透水，把垄湿透。

(4)定植后的管理：

①环境调控。西葫芦是既喜强光又耐弱光的作物，但是以11～12小时的强光最适宜，尤其幼苗期光照充足，可使第1雌花提早开放，并能增加雌花的数量。进入盛果期更要求强光。晴天多，光照强，能使收获期提前和提高产量，否则相反。

短日照也可促进雌花的发生，花芽的分化及雌花的生长与温度有关。温度与日照相比，温度是主要因素。日照在8～10小时的情况下，昼夜温度在15～20℃的范围内，第1雌花出现的节位和节成性是：温度愈低，日照时数愈短，雌花出现越早、节成性越高，否则相反。

在白天20～25℃、夜温10～15℃、日照长度8小时的条件下，不但雌花多，而且子房和雌花都比较肥大。对未受精的花朵来说，日照短于7小时反比长于11小时的坐果少，超过18小时的长日照则不会坐果。受精花朵的坐果则不受日照长短的影响。

②肥水管理。整地时每亩施有机肥8米^3、过磷酸钙80千克、磷酸二铵30千克、硫酸钾30千克。定植时浇足水，缓苗期间一般不浇水。定植后到根瓜采收前，这一段正是促根控秧时期，一般不浇水。当第1根瓜坐住并开始膨大时，开始浇水，每亩随浇水施尿素20千克，浇水量为垄高的1/3，因这时外界气温很低，室内放风量小，浇水不宜过勤。浇水后及时密封垄头边的薄膜，以降低室内的湿度。一般每半月浇一次水。进入结果盛期，外温已升高，放风量逐步加大，植株和瓜条的生长变快，所以浇水次数变勤，一般每7天浇一次，浇水量为垄高的2/3，每隔一水施一次肥，每次每亩的施用量为尿素20～30千克。此外，还可进行根外追肥，可喷浓度为0.1%的尿素液，也可喷0.2%的磷酸二氢钾溶液。正常生长的植株其节间长度不应超过3厘米，否则被认为肥水过大，应控制。

③吊蔓。定植后10～15天，具有7～10片叶时，将塑料编织绳等绳状物拴在茎蔓基部，上端拴在专为吊蔓扯拉的铁丝或大棚的棚架上。生长中不断地将吊绳与茎蔓缠绕起来，也可以

用绳状物将吊绳与茎蔓分段绑在一起。随着植株的生长，一般在瓜下部留功能叶6～7片，对失去功能的老化叶片用刀割掉，留2～3厘米叶柄。茎基部发生侧枝及时摘掉。

④防止落花落果。西葫芦为异花同株作物，雄花的花粉粒到达雌花柱头上，靠昆虫传粉。花粉的生活力时间较短，在花开前1天已具备授精能力。雄蕊花药在早晨5时左右散出，花粉粒萌发力逐渐减退。因此，采用人工授粉的方法是大棚栽培西葫芦的关键技术措施，人工授粉应在开花当天上午6～7时进行，8时后受精明显下降，导致落花落果。授粉的方法是，摘下雄花，去掉花瓣，把雄蕊放在雌蕊柱头上轻轻地抹一抹，使花粉粒粘着在柱头上。1朵雄花花粉可授粉3～4朵雌花。用药剂处理，防止落花落果，效果较好。冬季可用2,4-D 35～40毫克/千克，春秋用20～30毫克/千克。为了防止重复处理，配好的溶液中加入红颜色，用毛笔蘸溶液涂抹在刚开花的雌花花柄上。或用防落素30～40毫克/千克蘸花。处理的时间均为上午8～9时。实践证明，既采用人工授粉，又用激素处理，防止落花落果的效果最好。

(5)易出现问题及防止方法：

①西葫芦前期雄花很少，大棚西葫芦栽培前期一般没有昆虫传粉，需要及时进行人工授粉或激素处理，否则西葫芦难坐住瓜、难膨大，出现前端尖顶化瓜的现象。

②对于坐果性非常好的早熟西葫芦品种，春季栽培时需要进行疏花疏果。因早春温度偏低，营养生长相对较弱，如留瓜多，就可能坠秧，导致植株不能充分发育，使所有瓜都不能长大，如果在秋季种植则不需要去雌花、疏果。

③棚内生长前期容易出现细菌性病害，宜用农用链霉素与代森锰锌混合液进行防治，中后期应注意防治白粉病。

3. 大棚西葫芦秋冬茬栽培技术

(1)选用优良品种：秋冬茬西葫芦栽培宜选用早熟、抗病、耐湿、耐弱光及耐低温性较强的丰产品种。

(2)育苗：

①确定适宜的播种时间。培育西葫芦壮苗是丰产的关键，而秋冬茬西葫芦育苗时正是高温季节，若保护措施跟不上就有可能培育一批病苗、弱苗。避免苗子发病的主要措施是降温、防雨。以寿光市为例，若不采用降温、防雨措施，秋冬茬大棚西葫芦的播期应在8月20日以后；若采用遮阳网，其播期可提早到8月5日；如遮阳网和旧塑料薄膜同时使用，其播期可提早到7月25日左右。

②育苗要点。采用遮阳网和旧薄膜进行遮阳防雨育苗。具体育苗时应选地势高燥、土质肥沃、能排能灌的地块，做成宽1.5米、高15厘米的苗床，苗床上支拱架，上盖旧膜防雨。盖膜时苗床拱架两侧留30厘米左右的通风口通风。旧塑料膜一般四周不密封，主要是用于防雨。为了进一步降低温度，小拱棚上面再设一层遮阳网，这一层遮阳网既能降温，也兼防雨淋苗，是夏季多雨季节育苗覆盖的理想材料(图12-3)。要加强对蚜虫、白粉虱的防治。第1片真叶展开要连喷两次83增抗剂100倍液预防病毒病。若天气干旱，可于中午前后和下午向遮阳网喷水，增加苗床湿度，降低夜间温度，利于减轻发病。

(3)定植：秋冬茬西葫芦定植的苗龄以25天为宜。9月中旬气温十分适合定植及缓苗，缓苗后至10月中旬自然气候尤其适于西葫芦的生长发育。秋冬茬西葫芦定植时施肥要以有机肥、基肥为主，基肥种类、数量及施肥方法与冬春茬相同。为便于冬季浇水、管理和接下茬作物，其畦式、定植方法可与越冬茬相同。为增加前期产量，提高经济效益，密度可稍大于越冬

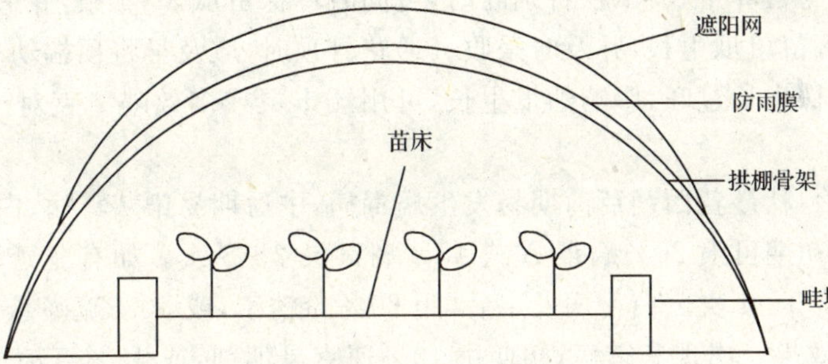

图 12-3　秋冬茬西葫芦育苗苗床

茬，每亩2 500株左右。

(4)定植后的管理：

①温度管理。定植后温度维持在 25～30℃，以利缓苗，超过 30℃时及时放风，缓苗后白天温度控制在 20～25℃，防止秧苗徒长。随着外界温度逐渐降低，气温在 12～15℃时，夜间要加盖草苫，要早揭晚盖延长光照时间，第 1 雌花开放前，白天温度 22～25℃，根瓜坐住后，保持白天气温 22～28℃，促进果实生长发育。中后期往往有寒流并伴随雨雪，要注意保温，温度不低于 8℃，不透明覆盖物要早揭早盖，并减少通风。

②水分管理。定植后浇一次缓苗水，第 1 雌花开放结果前控制浇水。如果干旱，可浇跑马水，防止秧苗疯长。第 1 瓜坐住后可浇大水。前期要及时通风排湿，中后期虽然气温低，晴天中午也要放风排湿。

③施肥。定植缓苗后，根据苗子长相施一次肥，亩施磷酸二铵 10～15 千克。采收根瓜后，如缺肥，可结合浇水施磷酸二铵 10 千克。生育中后期可选晴天中午，隔 5～7 天喷 0.2%磷酸二氢钾和 0.2%尿素混合液 2～3 次。通风量减少的时候，可揭去不透明覆盖物，进行二氧化碳施肥。

④植株调整。控制徒长：西葫芦定植后，根瓜未坐稳前，如遇天气晴好，加上肥水充足很容易出现徒长。一旦徒长，叶片肥大，节间拉长，互相遮光，化瓜严重，坐果困难，严重降低产量。如果发现徒长，可用多效唑进行控制，施用的浓度为 2 克药液对水 15 千克(配制溶液前先往喷雾器中加水 5 千克，然后再加药，混合均匀后加水至 15 千克)，全棚均匀用药，旺长部分多用，不旺长部分少用或不用。喷药 5 天后，若叶片明显变黑，表明已起作用，此时每隔 4～5 天喷一次蔬菜灵，增加坐果量，效果非常明显。不管使用哪一种激素控制徒长，一般情况下只能用一次，不可连续使用。

去老叶：如前期用了矮化激素，达到叶片变小、叶柄变粗的目的，春节以前没有必要去老叶。如前期没有用矮化激素，此时叶片已大，叶柄已长，严重影响坐瓜时，就要适当去掉一部分老叶。

吊秧：在吊秧时应注意：一是铁丝架设要高，要求离开棚膜 30 厘米。二是所用吊绳必须选择抗老化的聚乙烯高密度塑料线，保证全生育期不老化。三是通过吊绳可调节瓜秧的长势，当出现徒长、坐瓜困难时，应将生长点向下弯曲；当瓜秧偏弱时，可将生长点夹在吊绳缝中让其直立生长。四是在吊绳的下端用一活扣固定在植株上或用死扣系在叶柄上，上端用活扣系在铁丝上并应多余一部分，以便后期落秧时随秧一起下落。五是通过铁丝及吊绳的摆动，调节植株的空间，做到合理布局，充分见光，争取最高产量。

调节生殖生长与营养生长：瓜秧特别旺时，可同时单株留瓜3～4条，并适当推迟采收。如瓜秧生长偏弱时，可留单瓜生长，并及时采收。遇花打顶时，应及早将顶端幼瓜去掉，以利于恢复植株长势。如植株生长过旺，影响幼瓜生长，可用矮丰灵或多效唑2克对15千克水喷生长点。

(5)病虫害防治：秋冬茬西葫芦前期易发生病毒病，中后期易染灰霉病、白粉病、绵腐病、菌核病。病毒病发病初期可喷20%病毒A或15%病毒灵2～3次。如有蔓延趋势，用抗毒剂1号250～300倍液喷3～4次。白粉病发生后，用20%粉锈宁，或50%硫磺悬浮剂，或2%农抗120喷雾均有较好效果。出现灰霉病，初期用10%速克灵烟剂，或45%百菌清烟剂夜间熏棚，晴天也可用50%扑海因，或50%速克灵喷雾防治。加强药剂防治同时，还要注意控制浇水，晴天要加大通风量排除湿气。

(6)收获：当第1瓜达到300克时，及时收获，防止坠秧，造成秧蔓早衰和其他雌花脱落。若少数壮株提前成熟而又没到批量销售时间，可用手轻轻转拧瓜，使80%瓜把断裂，有20%瓜把仍与主茎相连，这样既不影响主茎上部幼瓜的膨大，也能使商品瓜延长生长时间，保质、保量、保鲜。此法在寿光称作“保鲜采摘法”。采用本法应注意：折瓜柄宜在中午进行，掌握好分寸利于伤口愈合，减少烂果。先处理健康无病株，后处理病株，防止病毒等病害传染。

四、大棚西葫芦栽培新技术

1. 益果灵防止西葫芦化瓜技术

(1)施用方法：西葫芦定植缓苗后，为使幼苗健壮生长，应及时摘除第1、2个根瓜，弱苗应连同第3个根瓜一并摘除，后面的瓜胎出来时开始喷施益果灵(0.1% 噻苯隆制剂)，浓度为1毫克/千克(30毫升益果灵对水30千克)，下午5时后进行喷雾，每隔7～10天喷施一次，生长期内连续施用。

(2)使用效果：

①提高坐瓜率。据田间调查，早春保护地西葫芦喷施益果灵后，保花保瓜率达到90% 以上，与2,4-D的保花保果效果相同。

②提高果实发育速度。据调查，西葫芦施用益果灵10天后平均单瓜重比同等条件下用2,4-D点花的西葫芦增加20%以上。

③提高商品率。喷施益果灵后西葫芦长得匀称，瓜条顺直，果实外观质量明显提高。据调查，用2,4-D点花后，大头、细腰等畸形瓜发生率约为20.5%，而益果灵处理后的畸形瓜率则不超过3%。

④提高产量。据调查，喷施益果灵的西葫芦，每亩比用2,4-D点花增产30%以上。

⑤降低劳动强度及生产成本。用2,4-D点花，必须在花开后两小时内进行，否则达不到保花保果的目的，劳动强度大、费工费时。使用益果灵只需每隔7～10天在下午5时后喷施一次即可，简单易行、省工省时，降低了生产成本。

⑥提高抗病性。据观察，喷施益果灵后，西葫芦常见病害很少发生，从而减少了农药的使用，节约了成本。

(3)注意事项：使用益果灵时应注意以下几点：一是要严格掌握使用浓度，浓度不能随意增加或减少。二是配药时一定要用中性水，必要时用纯净水。三是在喷施时雾化要好，要均匀，不要重复喷施。四是不能与其他农药、化肥及调节剂混用。五是要和水肥等其他管理措施结合起来，否则将影响药效的发挥。

2. 大棚西葫芦夏秋覆盖遮阳网防雨防虫栽培技术

近年来，寿光不少菜农在夏秋季节大棚闲置期进行遮阳网覆盖栽培生产西葫芦，取得了良好的经济效益。

(1)品种选择：夏秋季节，由于气温高、光照强，特别适合蚜虫的繁殖和迁飞，因此，应选择耐高温、抗病毒病、外形美观、生长发育快的短蔓型品种。

(2)播前准备：

①整地起垄。前茬收获后，及时清除枯枝落叶及杂草，然后用小型旋耕机深翻两遍，翻后最好晾晒1周左右，耙平土地。起垄前每亩施优质腐熟有机肥4 000～5 000千克、磷酸二铵20～30千克，其中2/3撒施，撒完后再浅翻一遍，其余1/3做垄时条施。垄间距1.2～1.5米，垄高20～30厘米，耙成龟背形，然后覆盖90厘米宽的地膜，将膜贴紧垄背压紧铺平，既保墒又不利杂草生长。有滴灌条件的提前将滴灌带铺于膜下。

②覆盖遮阳网。不撤除棚膜，撤除大棚前窗一幅棚膜，打开顶部通风口。在棚膜上覆盖一层黑色遮阳网，并在室前窗处和通风口处用25～40目的白色或银灰色纱网封严。这样既能遮光又能防雨，还能阻止蚜虫、白粉虱等害虫迁入。

③种子催芽。将西葫芦种子装入纱网袋中，放入3倍于种子体积的55～60℃的温水中不停搅拌，直至水温降到30℃，再浸泡6～8小时。捞出后放入1%高锰酸钾液浸泡30分钟，而后将种子洗净。将处理过的种子用透气的湿毛巾包裹放入30℃左右催芽箱中催芽，每天淘洗一遍，一般2～3天约70%种子露白即可播种。

(3)播种：播种前先浇透水，待墒情合适时即可点种，一般多在4月下旬到5月初。每垄点双行，将露白的种子按三角形点种，隔埯点双粒。待第1片真叶展平时定苗，亩保苗2 300株左右。

(4)采收前后田间管理：

①温度。幼苗出土后，生长迅速，苗期管理重点是以控为主，降低气温和地温，减弱光强，不浇水或少浇水。雌花现蕾后个别品种需及时打杈，保持主蔓结瓜。主要以降温管理为主，除按时覆盖遮阳网外，在异常高热的条件下，适时浇水，可使地面降温1～3℃，用清水喷叶面，可降温1℃左右。同时喷施植物生长调节剂，可提高植株抗热性。到8月中旬，要及时撤去遮阳网，以防徒长，只留防虫网。

②水肥。通常以追肥结合叶面喷施效果较好。幼瓜坐稳后，随水追施尿素3～4次，每次每亩5千克左右，同时叶面喷施0.3%磷酸二氢钾液，喷2～3次。浇水时随水冲施腐熟人粪尿，效果更好，膨瓜快，瓜秧壮。

③人工授粉及吊蔓。当雌花开放时，由于没有昆虫传粉，于开花当日清晨采摘刚开放的雄花去掉花瓣，将花粉轻轻涂抹于雌花柱头上，或用毛笔蘸取30毫克/千克2,4-D液涂抹于瓜柄。授粉后7～10天即可采摘嫩果。西葫芦叶面积及株幅都较大，栽培密度高，叶片相互遮光，采用吊蔓栽培的方式，既能提高光合效率，果实色泽好，果皮光亮，商品性又高。在生长中后期，应打去下部老叶、病叶，保持主蔓结瓜。

④采收。当果实长至150克左右时即可采收嫩果，根瓜宜早收。此茬次宜在10月5日前后拉秧，赶种越冬或冬春茬蔬菜。

(5)病虫害防治:夏秋季西葫芦重点防治蚜虫、病毒病、白粉病等病虫害。

3. 大棚西葫芦槽式无土栽培技术

(1)西葫芦无土栽培设施:

①栽培槽。用砖垒成南北向栽培槽,槽内径 48 厘米,槽高 24 厘米,槽距 72 厘米。也可以直接挖半地下式栽培槽,槽宽 48 厘米,深 12 厘米,两边再用砖垒 2 层。槽内铺一层厚 0.1 毫米的塑料薄膜,膜两边用最上层的砖压住。膜上铺 3 厘米厚的洁净河沙,沙上铺一层编织袋,袋上填栽培基质。

②栽培基质。有机基质的原料可用玉米秸、菇渣、锯末等,使用前基质先喷湿盖膜堆闷 10～15 天以灭菌消毒,并加入一定量的沙、炉渣等无机物,每立方米基质中再加入有机无土栽培专用肥 2 千克、消毒鸡粪 10 千克,混匀后即可填槽。基质一般 3～5 年更新一次。

③供水设备。用自来水或水位差 1.5 米以上的蓄水池,供水外管道用金属管,大棚内主管道及栽培槽内的滴灌带均用塑料管。槽内铺滴灌带 1～2 根,并在滴灌带上覆一层厚 0.1 毫米的窄塑料薄膜,以防止滴灌水外喷。

(2)无土嫁接育苗:

①催芽播种。寿光市在 10 月上旬将西葫芦与黑子南瓜同时浸种催芽,种子露白后播种。用穴盘无土育苗,按草炭∶蛭石为 2∶1 配好育苗基质,每立方米基质中加入 5 千克消毒鸡粪和 0.5 千克蛭石复合肥,混匀后填入 50 孔吸塑盘。苗盘浇足水后每孔点入 1 粒种子,上覆蛭石 1.5 厘米。出苗前温度保持 28～30℃,出苗后降温,白天保持 20～25℃,夜间 12～15℃。

②嫁接育苗。砧木与接穗苗叶展平后即可进行靠接法嫁接,嫁接苗栽入 10 厘米×10 厘米的营养钵(基质配制同穴盘),钵内浇足水,插拱盖膜,遮光保湿,保持空气相对湿度 90%左右,温度白天 25～28℃,夜间 18℃。3 天后逐渐见光,5 天后撤去覆盖物,10 天左右嫁接苗愈合好后接穗断根。保持昼温 20～25℃,夜温 12～15℃,基质湿润。约 30 天,苗 3 叶 1 心时即可定植。

(3)定植:定植前先将基质翻匀整平,栽培槽进行大水漫灌,使基质充分吸水。水渗后,西葫芦按每槽两行调角扒坑定植,基质略高于苗坨。株距 45 厘米,亩定植2 500株。栽后轻浇,令基质与西葫芦的根系密接。

(4)栽培管理:

①肥水。定植后 7～10 天浇一次水,以保持基质湿润。坐果后需水量增加,晴天每天上午浇一次水,每次 20 分钟。阴雨雪天可视具体情况少浇或不浇。棚内经常通风,进行气体交换和降低空气湿度,以减轻病害的发生。定植 20 天进行追肥,此后每隔 10 天追肥一次,每次每株追专用肥 10 克,坐果后每次每株追 25 克。肥料均匀撒在离根 10 厘米处,或距根茎部 10 厘米将肥料埋入基质,随后浇水。冬春季棚内进行二氧化碳气体追肥,可提高植株抗逆性和产量。

②温、光管理。定植后,棚内温度保持白天 20～25℃,夜间 12℃,防苗徒长。坐果后提温,白天 25～28℃,夜间 12～15℃。若昼温常高于 30℃,易形成西葫芦生理障碍,影响花芽分化,造成高温失水型花叶和病毒病的发生。西葫芦喜光性强,栽培期间只要保证正常室温,不过分降低温度,应早揭晚放草苫,尽量让植株多见光。阴雨雪天加强管理,只要揭苫后棚温不下降过低,应早揭苫增光。阴雨天长期不揭苫,易导致叶黄苗弱,影响产量,且天气骤晴后植株易出现生理萎蔫。

③植株调整与授粉。苗8～9片叶时吊蔓，令主蔓直立生长。及时摘除侧芽、卷须及病残老叶，以免消耗养分，保持主蔓的正常生长和结果。雌花开后，于早晨6～9时摘取雄花进行人工授粉，或用20～30毫克/千克防落素液涂抹雌花柱头，以提高坐果率。

(5)采收：西葫芦播种至根瓜采收需60余天。瓜长至25厘米左右，瓜茎粗3～4厘米时即可采收上市。以后要及时采瓜，避免采收过晚导致瓜坠秧，影响产量。

4.大棚西葫芦袋式无土栽培技术

(1)袋式无土栽培的优点：①便于肥水的控制，节约肥水。②每棵植株的根系都有自己的活动空间，根系舒展。③一旦发生病害，整个植株比较容易清理掉。④所用的基质全部经过消毒灭菌，生产的产品清洁卫生、无污染。⑤与非袋式无土栽培相比，空气相对湿度较低，有利于减轻霜霉病、灰霉病等病害的发生，特别在冬季。

(2)基质的准备：

①基质选择：根据当地的实际情况，可分别选用稻壳、草炭土、珍珠岩、蛭石、水洗沙、煤渣、粉碎的秸秆等。

②基质消毒：一般采用蒸汽消毒法，这种方法无毒、无残留，卫生安全，完全达到无公害、绿色食品蔬菜生产的要求。具体的做法是：将所选的基质放在一起，成锥形，或用编制袋装，垒放在一起，上面用耐高温篷布覆盖，然后用蒸汽加温消毒灭菌。一般持续7～8小时。水洗沙、煤渣用太阳晒的办法消毒。

③基质装袋：选用直径30厘米、长55厘米白色不透光、无公害蔬菜生产专用膜制成的包装袋，将经过灭菌处理的基质装入袋中，按照栽培密度标准放入大棚，栽培袋呈南北方向放置。

(3)大棚消毒灭菌：将棚内的地面平整，北高南稍低，然后盖上一层薄膜，以防止病菌的传播和杂草的生长。大棚提前扣膜，闭棚提高温度进行消毒灭菌，棚内的温度可达50～60℃，一般在晴天的情况下，7天左右即可达到消毒灭菌的效果。对大棚内的四角、死角、铁丝、竹竿等容易忽视的地方用石灰水泼洒，用百菌清烟雾剂等进行消毒灭菌。在南北放置的栽培袋的中间留10厘米的空隙作为排水沟，这个排水沟每米倾斜5～10毫米，以便过量的水从排水沟流走。

(4)播种育苗：适宜播种期为8月中下旬至9月上旬。

①品种的选择。金蜡烛、金元帅、金榜登黄皮西葫芦品种。

②种子处理。将西葫芦的种子在阳光下暴晒几个小时，以加快种子在浸种时的吸水过程，然后将种子放入50～60℃的水中，不断搅拌，直到水温降至25℃左右，用手搓掉种子表面的黏液，将水倒掉，再换上25℃的温水浸泡4～6小时。捞出种子放在干净、用水烫过的湿纱布中，置于25℃左右的条件下催芽1～2天，待到有80%的种子露白时即可播种。为了预防西葫芦的猝倒病、立枯病、疫病等苗期病害的发生，也可浸泡种子4～6小时后，再用72%普力克浸种30分钟后催芽。

③育苗。采用穴盘育苗(3厘米×3厘米)有利于避免土壤传病，基质选用草炭土。将处理过露白的西葫芦种子进行播种育苗，每穴1粒种子，然后用草炭土覆盖。

(5)定植：适时定植有利于西葫芦的高产，提早结瓜时间。待西葫芦幼苗第2片真叶完全展开时，是定植的最佳时机。一般在晴天的下午进行。

先用清水把栽培袋灌满，浸泡1～2小时，把里面的基质浸泡透，在距地面10厘米、距栽培袋两端10厘米内侧割一长3厘米的孔，多余的水从孔中流出，下面保持10厘米的水层。

在栽培袋的顶部中间割长 8 厘米的“十”字，取出少量的基质，将幼苗与草炭土一起栽入“十”字切口的栽培袋中。为提高成活率，减少缓苗时间，注意草炭土略高于栽培袋 2 厘米，周围用稻壳围好，使苗坨充分与基质接触，防止水分的过度散发，上面再用不透光膜盖好。

定植后立即滴灌浇水，防止幼苗失水萎蔫。

(6)定植后的管理：

①温度管理。定植后 1～2 天内，注意观察幼苗是否出现萎蔫现象，如果出现，需要进行适当的遮光，可采取间隔覆盖物的办法，以减弱光照。定植后 1 周内，温度白天要保持在 25～30℃，促进新根的生成，高于 30℃时要进行放风，夜间保持 15～18℃。植株开始生长后，加强通风，防止徒长，白天温度一般在 25℃左右。进入结瓜期要保持高温，一般白天在 28～30℃。

②肥水管理。前期 pH 在 6 左右，滴灌的时间由最初的每小时 8～12 分钟提高到 20～25 分钟。每隔几次要浇一次清水，防止造成盐害现象。

③光照管理。与土壤栽培、其他无土栽培相同。

④空气湿度管理。4 月下旬后，随着气温回升，注意通过喷洒水的办法增加空气湿度。

⑤整蔓。随着植株的生长加快，茎蔓逐渐加长，要及时调整植株的茎蔓，一般拉绳吊蔓。当茎蔓长到 30 厘米的时候开始吊蔓，并及时摘除病叶、黄叶。

⑥营养液的配制。营养液按表 1 配制，采用滴灌系统进行水循环式供液。另外，根据实际情况添加微量元素，如铁、锰、铜、锌、硼等。注意营养液随配随用。

表 12-1　　营养液的配制

名称	每立方米水用量	水温	pH
硝酸	370 毫升	25℃	6.5
尿素	60 克	25℃	6.5
硝酸钙	408 克	25℃	6.5
硝酸铵	81 克	25℃	6.5
硝酸钾	324 克	25℃	6.5
硫酸镁	279 克	25℃	6.5
硫酸钾	87 克	25℃	6.5
磷酸	147 毫升	25℃	6.5

5. 西葫芦应用秸秆生物反应堆和植物疫苗技术

秸秆生物反应堆和植物疫苗技术应用于西葫芦栽培，平均增产 50%以上，增效 60%以上，20 厘米地温平均提高 4～6℃，气温提高 1～2℃，二氧化碳浓度增加 4～6 倍，光合效率提高 50%以上。不施用鸡粪，化肥量减少 60%，农药减少 80%，综合投资成本下降 75%。生长表现：主茎变粗、节间缩短、叶片增大变厚、叶色浓绿发亮、“银叶病”显著减少、坐瓜多、瓜条直、化瓜和畸形瓜少，元旦、春节期间结瓜量大。西葫芦栽培秸秆生物反应堆具体做法：

①操作时间。应在播种或定植前 15～20 天建造完毕。

②秸秆和其他物料用量。每亩秸秆3 000～4 000千克，玉米秸、麦秸、棉柴、花生壳、稻草、杂草、树叶等均可。牛、马、羊、兔等食草动物粪便 4～5 米^3，饼肥 100～150 千克，严禁施用鸡粪、猪粪、人粪尿等非草食动物粪便。

③菌种、疫苗用量。每亩菌种 6～8 千克，疫苗 3～4 千克。菌种和疫苗由山东省秸秆生物

工程技术研究中心研制。

④菌种和疫苗使用前的处理。使用当天按1千克菌种掺20千克麦麸、18千克水，三者拌均匀，摊薄10厘米放24小时后使用。如当天使用不完，摊放于阴暗处，厚度10厘米，第2天继续使用。疫苗1千克掺20千克麦麸、18千克水，处理方法同上。

⑤秸秆生物反应堆的做法。在播种或定植前15～20天建造。整地后，按大行110厘米、小行80厘米的布局，于小行位置开挖一条与小行长宽相等的沟，沟深15～20厘米，土壤分放沟两边，开完沟后，填铺秸秆，并在沟的两头使整秸秆露出地面5～8厘米，以便沟内通气，沟下部可填放整秸秆（如玉米秸、棉柴等），上部填放软质碎秸秆，填铺秸秆厚度30厘米。铺完秸秆后，将拌好的菌种按每沟用量均匀撒施秸秆上，然后用锨拍一遍，将沟两边的土往秸秆上回填15～20厘米，造垄，逐沟进行大水漫灌，充分湿透秸秆，晾晒1～2天后，起垄找平，按30厘米1行，20厘米1个打孔，孔径2～3厘米（14号钢筋），孔深以穿透秸秆为准（图12-4）。

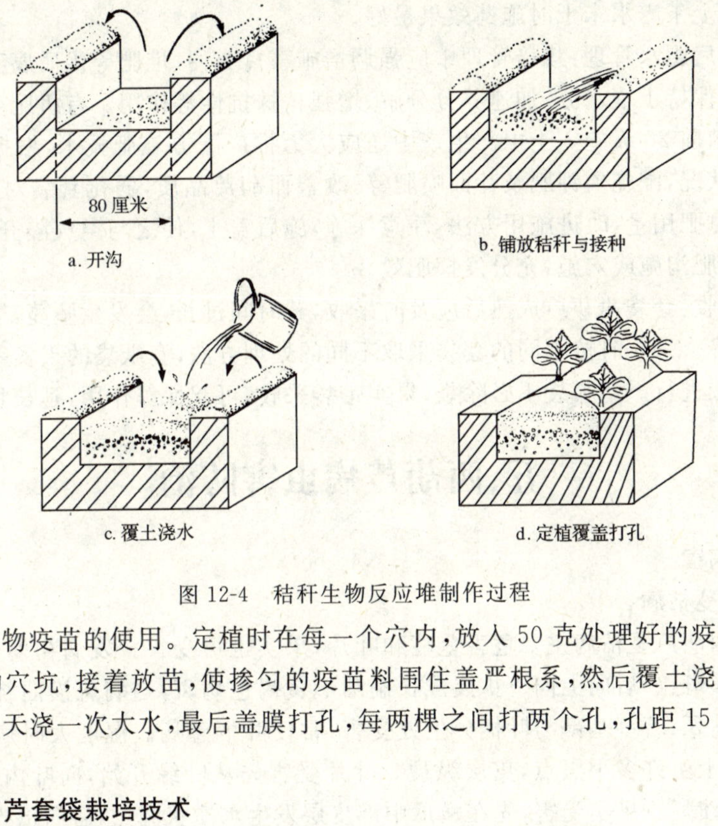

图12-4　秸秆生物反应堆制作过程

⑥定植与植物疫苗的使用。定植时在每一个穴内，放入50克处理好的疫苗料，并与土壤掺匀形成栽植的穴坑，接着放苗，使掺匀的疫苗料围住盖严根系，然后覆土浇水，每穴200毫升，定植后2～3天浇一次大水，最后盖膜打孔，每两棵之间打两个孔，孔距15厘米，孔深以穿透秸秆层为宜。

6. 大棚西葫芦套袋栽培技术

(1)袋型选择：膜袋可选用0.001～0.005毫米厚的聚乙烯无滴透气微膜制作的专用袋，膜口预留约10毫米宽绑扎带。纸袋选用柔韧性好、透气性强的食品包装纸或果品套袋专用纸，袋的一端为套入口，另一端有渗水孔。西葫芦袋体长20～25厘米，直径15～16厘米。一般要求冬季、早春弱光下选用膜袋，春季强光高温下选用纸袋。

(2)套袋时间：因西葫芦生产是连续坐果连续采摘，所以套袋也是连续操作的过程。西葫芦授粉后1～2天为最佳套袋期。套袋应选在早晨露水干后到傍晚前进行。

(3)套袋方法：选择果型端正、长势良好的幼果进行套袋，去除病虫果、畸形果。套纸袋时，先将袋体和通气孔撑开，手执袋口下2～3厘米处，然后将果袋套在果实上，折袋口，于丝口上方从连接处撕开，将捆扎丝沿袋口旋转一周，扎紧袋口，捆扎时应注意把幼果放在袋子的中央，使袋体保持宽松状态，以利于果实生长发育。套微膜袋时，先把袋子吹鼓，将果放入袋中央，套口紧贴果柄，左手捏住袋口的一边和果柄，右手把袋口折皱起来，用膜袋预留的绑扎带扎紧袋口。注意套袋时不能捏伤幼果或果柄。

(4)套袋期间用药：尽可能在害虫的低龄阶段和病害的发生初期进行防治，使用低毒、低残留农药和生物农药(如农用链霉素、苏云金杆菌、阿维菌素等)，尤其是要减少内吸性农药的使用次数。严格农药的使用浓度、使用次数、使用方法，特别注意农药安全间隔期。棚室里由于相对密闭，气流交换缓慢，空气相对湿度多接近或处于饱和状态，施药方法及时间与防治效果的关系甚为密切。越冬茬从9～10月定植至翌年3月前施药时以熏蒸法和喷粉法为主，3月以后随着温度的升高，棚室通风量不断加大，空气相对湿度不断降低，施药应以喷雾为主。定植后至翌年4月以前一般在中午12时以前施药，4月以后在下午施药效果较好。防治白粉虱、斑潜蝇时在上午露水未干时施药效果最好。

(5)套袋前后肥水管理：栽培管理中应强调增施畜禽粪便、堆肥等优质腐熟有机肥，可起到改善土壤结构、保持土壤水分、加速养分分解、增强植株抗性等作用。有机肥分解较慢，一般要求在播种或定植前20天施入土中。生产中还应大力推广配方施肥技术，根据土壤肥力、西葫芦产量及吸肥状况，配施磷钾肥及叶面喷肥等，改善西葫芦品质，弱化套袋对果实品质的某些负效应。控制氮肥用量，改进施用方法，注意深施，施后盖土，使之与空气隔开，减少挥发流失。基肥宜深施，追肥沟施或穴施，充分发挥肥效。

(6)果实采收：套袋西葫芦成熟后应及时采收，若时间过长，会发生坠蔓，影响生长，同时果实品质也会下降。采收时按不同的套袋采取不同的处理方法，套纸袋的果实一次性将袋除去，可在采摘前1天进行。塑膜袋不必除袋，果实带袋采收，可起保鲜作用，延长货架寿命。

五、西葫芦病虫害防治

1. 侵染性病害

(1)西葫芦蔓枯病：

①症状。西葫芦蔓枯病主要危害茎蔓和叶片，果实也可受害。发病初期在茎基部附近产生水渍状长圆形斑点，后向上向下扩展成长椭圆形黄褐色病斑，当病斑横向绕茎一周，病斑以上部分植株即枯死；若茎基部与叶柄分生处受害，常使叶柄感病。湿度大时病斑腐烂，干燥时病斑呈灰褐色，上生许多小黑点，皮层纵裂。叶片受害先从叶缘开始，向叶内形成"V"字形黑褐色病斑，后期溃烂。果实受害，先在嫩瓜中部皮层发生水渍状圆点，后向瓜内部发展，引起瓜内软腐，瓜皮呈黄褐色水渍状。

②发病规律。病菌主要以分生孢子器或子囊壳随病残体存活于土壤中或架材上，种子也可带菌。条件适宜时通过浇水、露水传播，从伤口、自然孔口侵入，引起发病。温度在18～25℃、空气相对湿度在80%以上发病严重。特别是开始采瓜、摘老叶造成大伤口后，冬暖大棚内通风不良时更易发病。

③防治方法。室内加强通风透光，降低湿度。

用50%多菌灵可湿性粉剂1 000倍液浸种35分钟进行种子消毒，或用种子重量的0.15%进行拌种。每平方米用50%多菌灵可湿性粉剂8克进行床土消毒。

加强肥水管理，底肥中增加过磷酸钙和钾肥。结瓜前浇水，浇水后及时中耕，盛瓜期浇一次水，施一次肥，防止早衰，增强抗寒力。发现病株及时拔除，收获后清洁田间，清除病残体。大棚在定植前要进行消毒，可用福尔马林对等量水，加热熏蒸。

防治西葫芦蔓枯病的理想药剂为60%琥·乙膦铝，或70%甲基托布津，或75%百菌清。从定植到根瓜坐住至根瓜采收后15天，各灌药液一次，是预防西葫芦蔓枯病发生危害的主要方法，可直接杀死土壤中的病原菌，降低病原基数，明显优于药液喷洒。通过药液3次灌根，可有效控制植株发病。即使发病，病情发展缓慢，对产量、品质影响较小。另外，对于药液喷洒的植株发病后，一旦遇到适温、高湿条件，病情蔓延迅速，要在病斑处涂抹两次高浓度药液，能有效降低原病斑的复发率。

(2)西葫芦白粉病：

①症状。发病初期在叶面或叶背及幼茎上产生白色近圆形小粉斑，叶正面多，其后向四周扩展成边缘不明晰的连片白粉，严重时整个叶片布满白粉。发病后期，白色的霉斑因菌丝老熟变为灰色，在病斑上生出成堆的黄褐色小粒点，后小粒点变黑。

②发病条件。白粉病在10～25℃均可发生，雨后干燥，或少雨或田间湿度大，白粉病流行速度加快。高温干旱与高湿条件交替出现是白粉病流行的条件。

③防治方法。选用抗病品种，如早青1号。加强肥水管理，尤其是应加强湿度的管理，切忌空气湿度干湿交替出现。发病初期喷洒20%三唑酮（粉锈宁）乳油2 000倍液，或农抗120水剂200倍液，或50%硫磺悬乳剂250倍液，或27%高脂膜乳剂80～100倍液。

(3)西葫芦绵腐病：

①症状。主要危害果实，有时也危害叶、茎及其他部位。果实发病呈椭圆形、水浸状的暗绿色病斑。干燥的条件下，病斑稍凹陷，扩展不快，仅皮下果肉变褐腐烂，表面生白霉。湿度大、气温高时，病斑迅速扩展，整个果实变褐软腐，表面布满白色霉层，致使瓜烂在田间。叶上初生暗绿色、圆形水浸状病斑，湿度大时病斑似开水煮过状。

②发病条件。病菌主要分布在表土层中，借雨水或灌溉水传播。雨后或湿度大时，病菌迅速增加，土温低、高湿利于发病。

③防治方法。采用高垄栽培，提倡膜下浇水，避免大水漫灌。阴雨天也应注意排湿。种西葫芦的土壤可以喷施激抗菌863菌剂600倍液，使土壤中抗生菌大量生成，占优势后可抑制病原菌的生长，从而达到防病目的。发病初期可以喷洒14%络氨铜水剂300倍液，隔10天喷一次，连续2～3次。

(4)西葫芦灰霉病：

①症状。主要危害西葫芦的花、幼果、叶、茎或较大的果实。花和幼果的顶部发病初为水浸状，逐渐软化，表面密生绿色霉，致使果实萎缩、腐烂，有时长出黑色菌核。

②发病条件。此病在低温、高湿（相对湿度高于94%时）以及植株衰弱的情况下易发生。

③防治方法。采用生态防治，推广膜下暗灌技术。生长前期及发病后适当控制浇水，适时晚放风，提高棚温到33℃抑制孢子的生长。同时，降低湿度，减少棚顶及叶面结露和叶缘吐水。苗期、果实膨大期及时摘除病叶、病花及黄叶，保持棚室干净，通风透光。发病初期可以采用烟雾法或粉尘法用药。烟雾法用10%的速克灵烟剂，每亩每次200～250克，或45%百菌清烟剂每亩每次250克熏3～4小时；粉尘法是于傍晚喷撒10%杀毒灵粉尘剂或5%百菌清粉尘剂，每亩1千克，隔7～10天一次，连喷3次。发病初期也可喷施50%速克灵可湿性粉剂2 000

倍液，或50%扑海因可湿性粉剂1 000～1 500倍液。上述杀菌剂的预防效果大于治疗效果，所以应以预防为主。

(5)西葫芦菌核病：

①症状。主要危害果实及茎蔓。果实得病，残花部先呈水浸状腐烂，后长出白色菌丝，菌丝上散生鼠粪状黑色菌核。茎蔓染病，初呈水浸状，病部变褐，后也长出白色菌丝和黑色菌核。病部以上叶、蔓枯死。

②发病条件。本病在空气相对湿度85%以上、温度在15～20℃的条件下易发病，即低温、湿度大有利于该病的发生。

③防治方法。上茬作物收获后及时深翻，深度要求达20厘米，将菌核埋入深层。播种前可用10%的食盐水漂种2～3次，铲除菌核。也可采用高垄覆膜栽培抑制病菌出土，减少病源。播种前用55℃的温水烫种10分钟即可将种子中混入的菌核杀死。也可对土壤进行处理，用50%多菌灵配成药土，每亩用药2千克加上细土20千克拌匀。棚室内上午以闷棚提温为主，下午及时排湿，相对湿度应控制在65%以下。防止浇水过量。发病后，可采用10%速克灵烟剂或45%百菌清烟剂熏一夜，每亩每次用药250克，隔10天喷一次，连熏3次。也可采用50%速克灵可湿性粉剂1 500倍液，或50%扑海因1 000倍液在花期喷施，7天左右喷一次，连喷3次，效果很好。另外，上述药剂对成50倍液涂抹在瓜蔓病部，也有很好的治疗作用。

(6)西葫芦黑星病：

①症状。主要危害叶、茎及果实。发病初期，幼叶初现水浸状污点，后扩大为褐色或黑色斑点，易穿孔。茎上现椭圆形或纵长凹陷黑斑，中部易龟裂。幼果初生暗绿色凹陷斑，后发育受阻成畸形果。果实病斑多疮痂状，有的烂成孔洞，病部分泌出半透明胶质物，后变成琥珀色块状。湿度大时，上述各部表现出煤色霉层。

②发病条件。气温20℃左右、空气相对湿度在90%以上利于该病的发生。

③防治方法。选用无病种子，最好能做到从无黑星病的植株上收获种子。也可以对种子用55℃温水烫种15分钟，或用0.3%的50%多菌灵可湿性粉剂拌种。应大力推广地膜覆盖和膜下灌水技术，在定植前对棚室进行熏蒸消毒，每55米^{3}的空间用硫磺粉0.13千克、锯末0.25千克混合后分放到数处，点烧后密闭棚室1天。可以在发病的初期用粉尘剂或烟雾法喷施10%多百粉尘剂，每亩每次1千克，或用45%百菌清烟剂，每亩每次200～250克，连续防治3～4次。在发病初期用50%多菌灵可湿性粉剂800倍加70%代森锰锌可湿性粉剂300倍液喷洒。也可用75%百菌清可湿性粉剂600倍液，或50%苯菌灵可湿性粉剂1 500倍液进行喷施，效果都比较理想。此病属检疫对象，一经发现，应立刻防治，以防蔓延。

(7)西葫芦褐斑病：

①症状。主要发生在叶片上，自下而上发病，病斑圆形，中间黄白色，边缘黄褐色。叶面病斑稍隆起，表面粗糙，叶背面水渍状，有褪绿晕圈。

②发病条件。病菌在种子上或病残体上存活，随气流和浇水传播。高温、高湿造成病害流行。

③防治方法。用55℃温水浸种15分钟，加强通风散湿。

75%百菌清600倍液，或50%扑海因1 000倍液，或50%倍得利500倍液喷雾，每7天喷一次，连喷2～3次。阴雨天可用40%百菌清烟剂或5%百菌清粉尘剂喷雾。

西葫芦褐斑病与霜霉病容易混合发生，而且二者又往往难以区分辨别，进行药剂防治时最好混入一定量的防治霜霉病的药剂。

(8)西葫芦霜霉病：

①症状。苗期、成株期均可发生，主要危害叶片。发病初期叶背面出现水浸状绿色斑点。病斑扩展迅速，由于受叶脉限制，而呈多角形，一二天后病斑颜色变黄褐色至褐色，此时湿度大时，病斑背面出现灰黑色霉层。病重时病斑布满叶片，故使叶缘卷缩干枯，最后叶片枯黄而死。

②防治方法。棚室西葫芦生产常发生以西葫芦霜霉病为主，混生细菌性角斑病。由于药剂防治都在发病初期，而此时两病害的初生小病斑很难辨认，往往会造成混淆和误判。因此，应适时采用药防兼治方式，在防治霜霉病时也防治了细菌性角斑病。

可用50%代森铵水剂1 000倍液、53.8%可杀得（氢氧化铜）干悬浮剂900～1 100倍液、80%乙膦铝可湿性粉剂500倍液、30%琥胶肥酸铜(DT)胶悬剂500倍液、12%绿乳铜乳油600～1 000倍液、57.6%冠菌清干粒剂1 000～1 200倍液、20%松脂酸铜乳油1 000倍液、30%碱式硫酸铜悬浮剂350～500倍液进行防治。或用60%百菌通（琥・乙膦铝）可湿性粉剂500倍液、50%甲霜铜(甲霜灵＋琥胶肥酸铜)可湿性粉剂600倍液、60%疫甲铜(乙膦铝＋甲霜灵＋琥铜)可湿性粉剂600倍液、47%加瑞农(氧氯化铜＋春雷霉素)可湿性粉剂800倍液、78%科博(波尔多液＋代森锰锌)可湿性粉剂500倍液进行防治。也可用40%乙膦铝可湿性粉剂250倍＋50%琥胶肥酸铜可湿性粉剂500倍的混配药液、40%乙膦铝可湿性粉剂250倍＋100万单位硫酸链霉素6 500倍的混配药液、25%甲霜灵可湿性粉剂1 000倍＋50%琥胶肥酸铜可湿性粉剂500倍的混配药液、25%甲霜灵可湿性粉剂1 000倍＋86.2%氧化亚铜(铜大师)1 000倍的混配药液进行防治。

③快速鉴定霜霉病。由于西葫芦品种的抗病性不同以及所处的环境条件不同，霜霉病的症状往往出现多样性。如有时整个叶片布满许多黄色的角斑，而没有黑霉；有时叶片出现一些多角形的圆斑而在叶片的背面看不到黑色的霉层等。霜霉病症状的复杂性增加了识别病害的难度，只有快速识别才能抓住战机，对症下药。具体方法如下：将病叶采下，放在一个杯子中，放一点水增加湿度，将杯子口封严，在20℃左右的条件下保湿，大约经过一晚上，如果叶片的背面有黑色的霉层出现，即可证明是霜霉病；如果出现了一些黏稠的液体，则证明是角斑病；如果病斑上隐隐约约出现一些小的黄色黏稠物，则是由炭疽病引起。

(9)西葫芦细菌性角斑病：

①症状。主要危害叶片、叶柄、果实，有时也可侵染茎。受害叶片初近圆形、暗绿色，水渍状斑，渐变成淡褐至黄褐色，病斑扩大受叶脉限制呈多角形，湿度大时叶背产生乳白色黏液即菌脓，后为一层白色膜，气候干燥时病斑干裂易穿孔。茎、叶柄、卷须的侵染点出现水渍状小点，湿度大时有菌脓。果实受害后腐烂，早落。

②防治方法。种子处理：播前用40%福尔马林150倍液浸种1.5小时，或100万单位硫酸链霉素500倍液浸种两小时，洗净后播种。

农业防治：加强栽培管理，与非瓜类作物轮作倒茬，及时清除病株、病叶。

药剂防治：用72%农用链霉素可溶性粉剂4 000倍液，或60%百菌通可湿性粉剂500倍液，或77%可杀得可湿性粉剂400～500倍液等喷雾，间隔7～10天，喷药2～3次。

(10)西葫芦细菌性叶枯病：

①症状。西葫芦细菌性叶枯病有两种类型，一种是叶缘失绿干枯型，另一种是叶脉网状干

枯型。第1种症状在发病初期表现为水浸状小褪绿斑，1～2天后迅速扩大成片，最后干枯。第2种症状在发病初期表现为网状叶脉发白，然后扩大至侧脉变白，最后引发叶片干枯。叶背不易见到菌脓出现，这是区别于细菌性角斑病和细菌性缘枯病的主要特征。

②发病条件。西葫芦细菌性叶枯病病原菌主要靠种子带菌远距离传播。田间发病后，通过浇水灌溉和人工操作传染蔓延。空气湿度大时该病蔓延快、发病重。冬暖大棚比露地发病重。

③防治方法。选用无病菌种子：应采用通过植物检疫的无病原菌的种子，这是防止细菌性叶枯病传入无病区的关键一环。

选用抗耐病品种：叶色淡的品种抗病性强，叶色绿的品种抗性较差。

培育壮苗：采用营养土护根育苗法培育壮苗，增强其对细菌性叶枯病的抗性。

平衡配方施肥：定植前，应根据产量水平施足农家肥，平衡施入速效化肥，使大、中、微量元素达到平衡供给。这样既可使西葫芦生长健壮，又可避免因施肥不均引发缺素症，而导致细菌性叶枯病的发生。

生态防治：采取四段管理法，控制棚室内空气湿度，使空气相对湿度不超过80%。

药剂防治：发病初期用50%琥胶肥酸铜(DT)可湿性粉剂500倍液＋硫酸链霉素或70%农用链霉素4 000倍液喷雾，连用2～3次，每5天一次。还可用14%的络氨铜水剂300倍液、77%的可杀得可湿性粉剂400倍液，要注意避免发生药害。用40万单位的青霉素钾5 000倍液效果也不错。

(11)西葫芦病毒病：

①症状。侵染西葫芦的病毒有10多种，由于病原种类不同，所致症状也有差异。主要有花叶型、皱缩型、黄化型和坏死型、复合侵染混合型等。花叶型植株生长发育弱，植株顶端叶片产生深浅绿色相间的花叶斑驳，叶片变小卷缩、畸形，对产量有一定影响。而皱缩型叶片皱缩，呈泡斑，严重时伴随有蕨叶、小叶和鸡爪叶等畸形。叶脉坏死型和混合型，叶片上沿叶脉产生淡褐色的坏死，叶柄和瓜蔓上则产生铁锈色坏死斑驳，常使叶片焦枯，蔓扭曲，蔓节间缩短，植株矮化。果实受害变小、畸形，引起田间植株早衰死亡，甚至绝收。

②发病条件。一般为种子带毒，遇到高温干旱、日照强或缺水、管理粗放即可发病。蚜虫等传播。

③防治方法。选用无病种子，进行种子消毒，育苗前用10%磷酸三钠溶液浸种15分钟，再用清水洗净，而后催芽。加强苗床管理，保证适温育苗，防止幼苗徒长。采取避蚜育苗，可用30目尼龙纱网覆盖育苗，防止蚜虫苗期传毒。及时拔除病苗，并做到适时早栽。

加强肥水管理，增施磷钾肥，防止高温干热。病健株分开操作，避免传染。及时清除杂草，喷药防治蚜虫。保护地栽培，可用银灰色反光膜驱避蚜虫，防其传毒。夏季露地栽培，可利用银灰色遮阳网，降温避蚜，驱虫防病。

发病初期，选用1∶100生豆浆或1.5%植病灵乳剂1 000倍液、20%病毒A可湿性粉剂500倍液、NS-83增抗剂100倍液，每5～7天喷一次，连喷3～4次，可有效控制病情发展，减轻危害。或每30千克水中加医用病毒唑5支(每支5毫升)和5克硕丰481(需先用55～60℃温水溶解稀释)，混匀后喷洒全株，并对病株灌根，每株200克药液。

④西葫芦病毒病与2,4-D药害症状的区别。两者相似，均表现植株畸形，叶片皱缩，叶色不正常，叶脉失色呈明脉状，病株不能结瓜或结畸形瓜。在生产上应区别诊治，以防误诊造成

不必要的损失。

症状差别。病毒病植株矮化，节间及叶柄缩短；叶片缩小畸形，有时呈鸡爪状。叶面极不平展，多向背面卷曲，或半边正常、半边皱缩。新叶先呈浓绿、淡绿相间的斑驳，随后整个叶片变成花叶型。叶脉凸起不明显，叶片缺刻不规则，中脉两侧叶肉失去对称。病株不能结瓜或结瓜小，表面布满颜色较深、大小不等的瘤状突起。

2,4-D药害，植株茎蔓变细，节间不缩短，叶柄变长，较正常叶柄加长30%左右，严重者，茎节变成白色，其上着生大量不定根。叶片不平展，向正面卷曲，叶面横向变窄，叶肉缺损，严重者呈蕨叶状。新叶先呈绿色，随后渐渐加深变成浓绿色，整个叶片油亮，无花斑。叶脉明显增粗凸起，叶肉缺刻加深，中脉两侧的叶肉仍呈对称状。植株受害后，幼瓜发黄脱落，15天内不能结瓜。20天后，药害缓解，新叶转为正常时，才能结瓜，瓜条变得细而长。

发生规律不同。第一，西葫芦病毒病是一种侵染性病害，主要由黄瓜花叶病毒（CMV）或甜瓜花叶病毒（MMV）侵染所致。苗期蚜虫危害或种子带毒是该病发生的侵染源，田间病害的流行主要是通过蚜虫传毒和病健植株汁液摩擦而传播的。2,4-D药害是人为因素引起的非侵染性病害，是因2,4-D使用不当或人为误用而造成的。该病在田间不传染、不流行，轻度发生时，病株能逐渐自行缓解。

第二，发病条件不一样。高温低湿环境既有利于病毒的繁殖，又有利于蚜虫的繁殖、迁飞和传毒，因此，高温干旱天气，病毒病一般发生较重。生产上，育苗时间长，浇水不及时，管理粗放，杂草丛生，都会加重病害的发生。而在阴雨天气、低温高湿环境下，植株生长不良，抵抗能力弱，更易发生2,4-D药害。

第三，发生季节有区别。西葫芦病毒病一般在夏季和秋季发生重，冬季和早春发生较轻。露地病情一般重于保护地栽培。生产上，在苗期和栽培后期发病较重。2,4-D药害一般在冬、春两季较易发生。露地栽培很少发生，而保护地却时常发生。生产上，苗期很少发生药害，多在盛花期过后，第1～3批瓜下瓜期大发生。

第四，田间分布规律不相同。病症出现后，病毒病在田间分布不均匀，一般先出现发病中心，尔后再蔓延扩展，病株多呈片状分布。2,4-D药害在田间分布较均匀，有时全田或全棚植株，棵棵发生。

(12)西葫芦银叶病：西葫芦银叶病造成叶片叶绿素含量降低，严重阻碍光合作用，影响果实正常成熟，导致大幅度减产。

①发病症状。被害植株生长势弱，株型偏矮，叶片下垂，生长点叶片皱缩，呈半停滞状态，茎部上端节间短缩。茎及幼叶和功能叶叶柄褪绿，叶片叶绿素含量降低，严重阻碍光合作用。叶片初期表现为沿叶脉变为银色或亮白色，以后全叶变为银色，在阳光照耀下闪闪发光。叶背面叶色正常，常见有烟粉虱成虫或若虫。3～4片叶为敏感期。幼瓜及花器柄部、花萼变白，半成品瓜、商品瓜也白化，呈乳白色或白绿相间，丧失商品价值。

②发病原因。银叶症状是B型烟粉虱危害引起的，其唾液分泌物对植物有毒害，且具内吸传导性，即有虫叶不一定有症状表现，而在以后的新叶上表现银叶。据观察，银叶粉虱虫口密度、虫龄、西葫芦品种及光照均影响银叶症状的表现，光照越强，银叶症状的表现越重；虫口密度越高，若虫比例越大，银叶症状的表现越重；大部分西葫芦品种均对银叶粉虱的危害产生生理混乱，只有少部分品种症状轻微或不表现症状，我国目前主栽品种早青1号和以色列金皮均对银叶病十分敏感。

③防治方法。农业防治:培养无虫苗,定植无虫健苗。有虫棚不栽苗,大棚定植前铲除杂草,清洁田园,定植前1～2天熏杀烟粉虱。

物理防治:田间设置橙黄色硬纸板涂油漆诱杀烟粉虱成虫,大棚放风口安置防虫网,阻隔烟粉虱飞入棚内。

生物防治:保护瓢虫、草蛉、花蝽等天敌,有条件的可在棚内人工释放丽蚜小蜂。

药剂防治:夜间用烟熏剂熏杀,常用药剂有敌敌畏烟剂、螨虱净烟剂、蚜虱净烟剂等,傍晚点燃,闷棚1夜,次日放风。用25%扑虱灵1 000倍液、10%吡虫啉2 000倍液、20%灭扫利2 000倍液等交替喷洒,间隔10天左右喷一次,连喷2～3次。也可叶面喷洒1.8%爱多收6 000倍液与螯合态多元素复合微肥700倍液的混合液,7～10天喷一次,连续2～3次。

(13)西葫芦根结线虫病:

①症状。发病时主要危害侧根或须根,产生大小不等的瘤状根结,解剖根结,可发现病部组织里有很多细小的乳白色线虫。重病植株生长不良,叶片中午萎蔫或逐渐枯黄,株型矮小,有时导致全田植株死亡。

② 防治方法。水淹法:有条件的可对地表灌大水,连灌几个月。

无病土育苗或苗床消毒:育苗时用未种过蔬菜的新土作床土育苗,或每平方米苗床用3升1.8%的阿维菌素2 000倍液喷洒,拌匀后装营养钵育苗。

定植前土壤处理:每亩用1.8%的阿维菌素1 000毫升、乐斯本500毫升,对水混用,喷洒地表后,立即翻土定植。也可用0.5%的阿维菌素颗粒剂3～4千克,定植前穴施。

灌根:若在生长期间发现线虫危害,可以用50%辛硫磷1 000倍液或1.8%阿维菌素2 500倍液灌根。

2. 生理病害

(1)西葫芦蔓拔节过高:

①症状。西葫芦植株长势过旺,茎秆拔节过长,叶片过大、颜色较绿,坐瓜很少,甚至有的根本坐不住瓜。即使坐住瓜,出现的焦化纽子、化瓜的现象也较多,或出现大头、弯瓜、细腰、尖嘴等畸形瓜。

②症状分析。这是一种生理性病害,是由于植株营养生长与生殖生长不协调造成的。植株长势过旺,造成养分分配不均匀,西葫芦坐瓜吸收的养分不足。

③防止办法。喷生长调节剂:叶面喷洒助壮素、矮壮素、多效唑等生长抑制剂。最好选在晴天的下午3时后进行喷洒。

冲施壮秧剂:可适当冲施壮秧剂,有助于控制西葫芦的长势,可促进西葫芦的营养生长与生殖生长协调发展,使西葫芦多坐瓜。

控制温度:要适当控制大棚内的温度,尤其是避免夜温不能过高,西葫芦生长的适宜夜温是12～18℃,上半夜温度控制在12～15℃,下半夜温度控制在15～18℃。在早拉草苫时看一下大棚内的温度,一般温度在12℃左右基本符合西葫芦的生长要求,注意温度不可超过16℃。可通过改变揭草苫的时间或关闭通风口的时间来调节大棚内的夜温。如果植株长势过旺,可适当降低一下棚内的温度,即在拉草苫时大棚内的温度在10℃左右。

控制肥水:西葫芦旺长,要注意控制肥水。不要施用含氮过高的化学肥料,可冲施部分钾肥,也可冲施生物肥或汇通黄腐酸或美奇海藻肥等,调节西葫芦的养分供应,在一定程度上可控制西葫芦的长势。

(2)西葫芦只开花不结果：

①发病原因。一是基肥中偏施了氮肥，促使西葫芦生长过旺，叶片面积增大，荫蔽严重。二是棚室内温度过低或过高。三是棚室内水分不足或者湿度过大，使花粉和花柱的生命活力受到较大抑制。

②防止方法。合理浇水：开始结瓜时，如遇到连续 10 天左右的干旱，进行沟灌，要防止大水漫灌。

增施磷钾肥：一般每隔 5～7 天喷施一次 0.2%～0.3%的磷酸二氢钾溶液。

控制夜温：一般西葫芦正常生长合适的夜温为上半夜 12～15℃，下半夜 16～18℃。要注意早上棚内的温度不要超过 15℃，同时也不要低于 10℃，这样可避免出现西葫芦旺了棵子只开花不结瓜的现象。

喷洒营养液：可叶面喷洒海力等以调节西葫芦的长势，使西葫芦的养分达到合理供应，使养分由主要供应植株生长适当转为供应果实的生长，可促进西葫芦多坐瓜。也可在西葫芦长到 3～9 片真叶时叶面喷洒助壮素、矮壮素、增瓜灵等，避免西葫芦出现过旺生长。喷洒生长调节剂时要注意做好试验，避免因用药量过大而造成药害，可于晴天的下午进行喷洒。

实施人工授粉：每天上午 9～10 时正值雄花开放高峰期，摘取雄花，去其花冠，将花药轻轻涂在雌蕊的柱头上，1 朵雄花可授 3 朵雌花。

激素处理：一是可用 20～30 毫克/千克的 2,4-D 在开花的当天上午，用毛笔蘸液涂于花梗部或柱头、子房上，要防止药液溅在茎叶上。二是可用 40～50 毫克/千克的番茄灵喷洒在雌花柱头上。三是摘除老叶，疏除残花。疏理过多的雌花和多余的雄花。

(3)西葫芦花打顶：西葫芦花打顶指的是茎尖部生长点受阻，“龙头”节间越来越短，不舒展，不再有新的幼叶产生，同时，雌花抱顶，有自封顶的生长趋势。西葫芦发生花打顶现象后会严重影响产量，特别是早期产量，一般可减产 30%～40%。

①花打顶的原因。蹲苗过头：蹲苗虽可控上促下，有利培育壮苗，但如蹲苗时间过长，或土壤过于干旱就会造成“龙头”营养不良，生长衰弱，导致花打顶。

低温：西葫芦生长发育适宜温度为 18～25℃，15℃以下发育不良，11℃以下停止生长。如 12 月下旬至翌年 3 月初遭寒流袭击，棚内夜间温度在 11～15℃，甚至 11℃以下的低温，就会使“龙头”停止继续生长，导致生长发育失调，引发雌花抱顶，产生花打顶现象。

伤根：因育苗移栽机械损伤根系过多和土壤水分过大(沤根)，以及施肥过多造成的烧根都可使“龙头”生长受挫，形成花打顶。

激素使用不当：常使用类似于植物内源激素的乙烯利、增瓜灵等，西葫芦体内源激素高，使营养物质主要运向雌蕊，形成雌花，甚至连续出现多个雌花，雄花则退化，成为有老叶而无新叶的自封顶植株。

肥害或药害：一次施肥过多(尤其是过磷酸钙)或喷洒农药对西葫芦产生较重的药害，引起花打顶。

②防止花打顶的措施。据调查，导致西葫芦花打顶往往是综合因素造成的，所以只有采取综合防治措施，才能收到较好的效果。

蹲苗要适度，不可过头蹲苗，土壤不能太干。花打顶初期，适时适量浇水，使土壤含水量经常保持在 20%上下，并随水追施一些速效氮肥，可促进植株的营养生长(对因肥害造成的花打顶不可追肥)，或喷施 500～1 000毫克/千克赤霉素，可促进茎叶生长。

严格控制温度，低温对花打顶影响极大，尤其是夜间低温。因此，在苗期和定植初期，应确保棚内夜间温度在15℃以上。如温度低可采用在大棚四周加盖一层草苫，棚内设两层膜或搭建小拱棚等措施，有条件的地方可采用铺设地热线或安装电炉子、生炭火等增温措施。

注意保护根系，育苗移栽时注意不要伤根过多并浇水适量，特别是寒冷季节要浇小水，以防沤根。施肥要做到配方合理，施用不可过多，以防烧根。此外，对西葫芦上部的小瓜胎（雌花）要全部掰掉，以减轻负荷，有利茎叶健壮生长。

疏花疏果：对已出现打顶的植株，及时采收熟瓜，对雌花多或瓜多的进行疏花疏果，一般健壮植株每株留1～2个果实。

（4）西葫芦落花落果：

①落花落果的原因。冬暖大棚栽培西葫芦落花落果的原因很多，综合起来，主要是营养不良、不利的气候条件和病虫危害造成的。营养不良由于栽培管理措施不当，如栽培密度过大或氮肥施用过多，造成植株徒长，营养生长和生殖生长失去平衡，使西葫芦花、果营养不足而脱落。冬春季冬暖大棚中光照不足，温度偏低，影响授粉，即使授粉，果实也发育不良，易脱落，阴雨雪天气表现更突出。棚室内通风不良，湿度过大时，造成西葫芦雄花不能正常散粉，使授粉受精难以完成而造成落花落果。缺硼也导致落花落果。

②防止措施。在西葫芦开花结果期，白天棚室内温度控制在26℃左右，夜间不低于15℃。及时揭去冬暖大棚草苫，尽可能延长光照时间，增加光照强度。

加强肥水管理。如果植株叶片浓绿肥厚，开花却不结果，须严格控制肥水，并用较大土块压住蔓头，抑制植株疯长。如果植株瘦弱，叶片黄且薄，须增加肥水，摘除第1雌花，促进营养生长。及时防治病虫，加强通风，降低棚内湿度，定期施用农药，清除败落花瓣及病叶老叶，在西葫芦果实顶端花瓣着生处涂抹多菌灵粉剂，可以防止病菌从此处侵入果实而造成脱落。

在西葫芦初现花蕾时，每隔10天左右叶面喷施一次喷施宝等含硼叶面肥，防止因硼等微量元素不足，花果发育不良而落花落果。在上午10时左右，选择将要开放的雌花，用20毫克/千克2,4-D液蘸花，促进果实膨大，防止受精不良。

（5）西葫芦化瓜：西葫芦化瓜是生产上较常见的现象。化瓜即指西葫芦雌花开放后3～4天内，幼果前面部分褪绿变黄，变细变软，果实不膨大或膨大很少，表面失去光泽，先端萎缩，不能形成商品瓜，最终烂掉或脱落。目前西葫芦化瓜已成为生产障碍因子之一。

①化瓜原因。西葫芦化瓜的原因主要是环境条件不适或养分供应失调造成的。具体原因如下：

温度：温度过高，白天超过35℃，夜间高于20℃，造成光合作用降低，呼吸作用增强，碳水化合物大量向茎叶输送，蔓秧徒长，营养不良而化瓜。温度过低，白天低于20℃，晚上低于10℃，根系吸收能力减弱，光合作用降低，造成营养饥饿而引起化瓜。

光照：西葫芦进入开花阶段，这时候如果遇到连续阴天，昼夜温差小，加之光合作用受到影响，有机养分的消耗多于制造，就会造成营养不良而化瓜。

栽植密度：密度的大小也是影响化瓜的因素之一，密度大，根系间竞争土壤中的养分，而地上部的茎叶则竞争空间，当叶面积指数达到4以上时，透光透气性降低，光合效率不高，消耗增加，化瓜率提高。

授粉：由于授粉不良或根本就没授粉，子房内不能生成植物生长素，导致胚和胚乳不能正常生长，加之营养生长与其竞争养分，当养分向雌花供应不足的时候，子房的植物生长素含量减少，不能结实而化瓜。

氨气：保护地里，氨气主要来源于有机肥料的分解和高温下铵态氮肥的气化等。在一般情况下，氨气可以被土壤水分所吸收，并被作物吸收利用，但高温使氨气逸散到空气中，当含量达到 8 毫克/千克时，可使西葫芦受到一定的危害；当含量达 50 毫克/千克时，西葫芦就会化瓜，甚至死亡。

②预防措施。调节温度：白天保持在 25～30℃，超过 30℃，应适当放风。夜间保持在 15～20℃，温度过低，可通过安装电炉子、生炭火等无烟增温措施加温。

补充光照：在保持棚内温度的情况下要早拉晚放草苫，遇到连续阴天，可用照明灯、张挂反光膜的方法加强光照。

确定适宜密度：亩控制在2 000～2 500株，采用大小行距种植时，大行距 80 厘米，小行距 60 厘米，株距 40 厘米。

合理施肥：科学施肥对控制化瓜的发生很重要。在生产上要增施充分腐熟的有机肥，防止氮肥施用过量或磷、钾肥不足，通常氮肥施用过量很容易造成植株徒长，坐果不齐，增加化瓜。随着植株的不断生长，应逐渐增加氮肥施用量，到开花结果盛期应平衡施肥。施用氮肥时要注意深施。

及时通风换气：适当的放风，不但可保持大棚内适宜的温、湿度，而且能调节二氧化碳、二氧化硫和氨气的浓度，控制西葫芦的徒长，防止病虫害的发生，减少化瓜。

减少氨气来源：施用充分腐熟的圈肥、有机肥，施用氮肥时要深施，少撒施，尤其是碳酸氢铵一定要埋施。

激素处理：在西葫芦开花后 2～3 天，用 20 毫克/千克赤霉素或 40 毫克/千克的防落素喷洒，均能使小瓜长得快，不易化瓜。

(6)西葫芦畸形瓜：在棚室西葫芦的栽培中，因天气影响、管理措施、肥水失调以及授粉不良等不利因素的影响，常常出现尖嘴、大肚、蜂腰、棱角等畸形瓜，不仅影响产量，而且严重降低西葫芦商品质量。应根据畸形瓜形成原因，采取相应措施。

①尖嘴瓜。主要症状：瓜条未长成商品瓜，瓜的顶端膨大受到限制，形成后部粗而顶部较细的尖嘴瓜。

产生原因：瓜条膨大时肥水供应不足，或根系受伤，不能正常吸收养分、水分。土壤盐分过高，湿度过大，抑制了根系的吸收能力。茎叶密度过大，通风透光不良。植株生长后期衰弱，或感染病害，造成西葫芦花不能正常受精，易形成尖嘴瓜。

预防措施：加强水肥管理，多施有机肥料，提高土壤的供水、供肥能力，防止植株早衰。做好病虫害防治，防止植株遭受病虫危害。改大水漫灌为小水勤浇。加强温度管理，避免温度过高或过低。

②大肚瓜。主要症状：果实基部生长正常，中部或顶部异常膨大。

产生原因：西葫芦雌花未能充分受精，只在瓜的先端形成种子，从而吸收较多的营养物质到先端，导致先端果肉组织特别肥大，最终形成大肚瓜。供水不均，生长前期缺水，后期大量供水，极易产生大肚瓜。植株缺钾而氮肥又供应过量，也易产生大肚瓜。

预防措施：人工辅助授粉时，操作要精细周到，使西葫芦雌花充分受精。保证均衡供水，保持土壤湿润。增施硝酸钾、草木灰等速效钾肥，或叶面喷施 0.3%的磷酸二氢钾溶液，提高植株的含钾水平。

③蜂腰瓜。主要症状:果实的一处或多处出现如蜂腰似的形状,将蜂腰瓜剖开,常会发现变细部分果肉已龟裂而成空洞。

产生原因:西葫芦雌花授粉不完全,或授粉后,营养物质供应不足,干物质积累少,易形成蜂腰瓜。高温干燥,低温多湿,植株长势弱会助长蜂腰瓜的产生。硼素的吸收不足,引起细胞分裂异常,子房发育过程中产生蜂腰现象。也有研究认为缺钾也易出现蜂腰瓜。

预防措施:加强植株营养管理,特别是坐果期要做好温度、湿度、光照、水肥等管理,保证植株有充足的养分积累。增施腐熟农家肥和硼、钾肥,保持各种元素营养平衡。及时采收商品瓜,保持植株生长旺盛。

④棱角瓜。主要症状:从外表上看,果面有纵向棱沟不圆滑,除有棱部分外,其他部分凹陷。剖开后可见果实中空,果肉龟裂。

产生原因:浇水量过大,遇到灾害性天气时根系受损,吸收水分、养分的能力降低,造成棱角瓜的发生。结果期和生长后期肥水供给不足,碳水化合物积累少,植株供给果实发育的养分不足。

预防措施:结果盛期,及时追肥、浇水,满足西葫芦生长的需要,防止植株早衰。低温季节浇水量不宜过大,浇水应在晴天上午进行。

(7)连续阴雪天骤晴揭开草苫后苗子死亡:在冬暖大棚冬春茬西葫芦栽培中,常常会遇到连阴、雨雪天骤晴,突然揭开草苫会出现植株急剧萎蔫凋枯死亡现象,生产上称“闪苗”。

①主要原因。连阴和雨雪天数日,地温降至适宜西葫芦根系生长的温度以下,使根系受到伤害。如果这时的土壤湿度过大,则会出现沤根。天气转晴天,受伤的根短时间难以恢复功能,无法保证地上对水分和养分的需求而闪苗。阴雪天过后骤晴,揭苫后棚内温度急升,植株的蒸腾作用急剧加快,而低温高湿下叶片上长期开放的气孔来不及关闭加大了植株的失水,加上低温下根系的功能恢复慢,无法及时地补充地上叶片蒸腾失去的水分,引起植株体内的水分失去平衡而萎蔫,抢救不及时而造成永久性萎蔫。低温下植株体的代谢机能被打破,来不及及时调整而使植株失去正常活力。连续多天的低温寡照使西葫芦植株长时间处于饥饿状态,植株体内养分消耗过度,无法适应外部所提供的生命活动的环境而导致死亡。

②预防措施。遇到连续雨雪天后骤晴,应采取以下方法:连续的阴雪(雨)天,尽管外界的气温低、光照弱,但外界的散射光的光强比大棚内强得多,只要外界不是下着大雪(雨),外界气温不会造成揭苫后棚内温度急剧下降,每天就应该揭草苫见光。如果利用反光膜效果更快。连续的雨雪天过后,早晨应比正常揭苫时间提早,使西葫芦植株在较低的温度下多见一些光,便于植株进行强光条件下的适应性调整。可立即在植株上喷15℃左右的温水,也可于连阴天期间向植株喷1%的葡萄糖水。当太阳出来后,叶片如出现轻度萎蔫,此时就应放下一部分草苫遮光,可隔一放一,待萎蔫恢复后,再度卷起草苫,等萎蔫再度出现,可再将草苫放下,必要时可再度喷18℃左右的温水。这样反复几次,一般的萎蔫即可恢复。当下午阳光弱,揭苫不再萎蔫时,停止进行局部遮光。天黑时可及早放下草苫保温,并加强夜间保温。天气预报有连续晴天时,可采取膜下暗浇补一次水,可减轻萎蔫。

(8)西葫芦低温冷害:低温冷害是冬春茬西葫芦生产的主要威胁。主要发生在以下几种情况。

①扣棚前。冬春茬扣棚的时期应该在外界气温低于15℃时就及时扣膜。各地区扣膜的时间不相同,寿光地区一般在10月上旬。如此时遇偶尔的气温低于8℃就易造成西葫芦植株

的冷害。受害植株表现为叶脉间叶肉隆起、叶肉变黑绿色等。

②扣草苫不及时。扣膜之后外界气温仍是逐渐变低，按操作日程当外界气温降到5℃以前就应及时上草苫，如这时草苫准备不及时突然降温，就会造成冷害。

③连阴天。大棚冬春茬西葫芦的冷害多发生在深冬季节，遇到5～7天的连阴雨天，由于缺少太阳直射光的补给，而使大棚中的贮存热量散失后，使室温和地温降至适宜西葫芦生长的温度之下而造成冷害。这时的冷害不仅危及叶片，而且伤及根系。

④初春冷害。多发生在3月上中旬。进入3月份后，温度回升快，但这时往往伴随有倒春寒。由于温度回升快，往往过早地撤除覆盖物，倒春寒来后又措手不及，致使西葫芦受到冷害。若寒流伴有连阴天则易造成沤根、死秧。

预防措施：应本着季节到了不看天的原则及时地扣棚膜。预防初冬时节的冷害，除了扣膜及时之外，上草苫也必须及时。以寿光市为例，一般要求10月25日草苫到位，11月初正式上棚顶，棚外最低气温低于5℃，一定及时盖草苫。预防深冬冷害，有条件的可在大棚张挂反光幕，加扣二道幕。如启用临时加温设施，切记夜温应保持在10～15℃，以防呼吸消耗过大。发生在3月份的冷害往往是过早地拆除草苫所致，应严格掌握外界最低气温不稳定通过10℃以上，绝不能过早地拆除草苫。

(9)西葫芦2,4-D中毒：

①主要症状。蘸花后2～3天，嫩叶叶缘上卷，叶片扭曲畸形，失去光泽。叶肉退化，叶脉突出，僵硬，严重的呈鸡爪状。生长点僵硬、萎缩，造成生长点的消失。幼果黑绿而短粗，雌花不能正常开放，多呈半开放状态。瓜柄明显增粗，有的超过幼果基部。受害瓜多为后部粗而先端细的尖嘴瓜，失去商品价值。受害株茎节短缩，着生叶柄处常呈乳白色，受害严重的出现乳白色瘤状物，纵裂。受害株中下部叶片为深绿色，严重的则失去光泽，呈老化状态。2,4-D中毒对大棚西葫芦生产的影响取决于单株受害的程度及受害株的多少。

②发生原因。配制的2,4-D溶液浓度偏高或蘸花时用药液量大。把药液滴在叶片或生长点上。用大口容器盛药液，用后不加盖，水分蒸发导致浓度偏高。使用了某种以2,4-D为主要成分配成的不合格的促坐果类药品。

③防治措施。2,4-D是人工合成的生长调节剂，为生产无公害蔬菜、防止药害的发生，在西葫芦等瓜果蔬菜上，最好不用2,4-D蘸花。可剥取西葫芦雄花采集花粉进行人工授粉。冬季保护地栽培，也可选用对环境、人畜高度安全的植物内源激素(如芸薹素内酯等)进行蘸花，并结合人工授粉，以提高坐瓜率。

使用2,4-D药液时，蘸花浓度不超过30毫克/千克，喷花浓度不超过25毫克/千克。为防止重复蘸花或喷花，需在药液中加入少量红色广告色作为标记。忌将药液洒落或沾到嫩叶或生长点上，并防止人为误喷误用2,4-D药液。

中毒症状出现后，可用400倍的白糖水加500倍尿素混合液，每隔4～5天喷一次，连喷2～3次，能缓解中毒症状。也可喷施稀土微肥2 000倍加赤霉素3 000倍液。

大棚西葫芦的2,4-D中毒缓解的快慢与温度和水分有关，冬季在正常管理条件下40多天才可缓解，在春季高温条件下，20～30天症状可缓解，如能适当提高温度，并增加水分供应，可缩短缓解的时间，减少损失。对发生药害的植株要及时摘除畸形瓜。对2,4-D中毒严重的大棚，要拔秧换茬。

(10)西葫芦药害：大棚西葫芦一旦发生药害，必然造成叶片老化、硬化，光合作用受阻，光合效率大幅度降低，引起减产，甚至是严重减产。西葫芦叶片出现叶色发暗、无光泽，叶面粗糙、硬化是轻度药害发生；叶片变厚、变脆，叶缘坏死、黄化是较严重药害发生，个别严重者叶片干枯、坏死。

病害发生的主要原因：①药贩子为了赚菜农的钱，误导菜农多打药、高浓度用药，并让菜农几种农药混用，从而造成药液浓度过高，引发药害。②多数菜农不懂技术，不清楚药品性质，一旦发生病害、虫害，急于求成，多种药混配、高浓度用药，却造成了严重药害。③重复打药。重复打药提高了药液的浓度，而诱发药害。有不少菜农打完药后，发现喷雾器内还剩有药液，怕造成浪费，舍不得扔掉，又回过头来把剩药重复喷洒到西葫芦上，结果造成了局部药害。④大棚周围的农田喷洒除草剂，正遇上菜农开风口通风，含有除草剂气雾的空气进入大棚，从而使棚内西葫芦发生了除草剂药害。

为了避免药害的发生，用药必须慎重：①用药前要认真阅读药品说明书，仔细检查药品的批号、合格证、使用范围、使用浓度等，了解药品性质、使用方法及注意事项等，避免用错药和高浓度用药。②要对症用药，严禁在不了解药品性质、不知病虫种类的情况下盲目用药。③要认真向农业技术人员咨询，听取他们的意见，不可盲目听信药贩子的吹牛和许诺，胡乱打药。④不可随意使用所谓的新产品，对新产品要先试验再应用，或在农业技术人员指导下应用。⑤通风时，注意周围农田是否在喷洒除草剂，如有喷洒者，立即停止通风或只开顶风口通风，以免除草剂气雾进入大棚内，危害西葫芦，诱发药害。

一旦发生药害，受害较轻时应立即喷洒600倍“天达2116”壮苗专用型＋200倍红糖水＋500倍尿素药液（或2 500倍纳米磁能液＋200倍红糖水＋500倍尿素药液），每5天左右一次，连续喷洒2～3次，可在很大程度上缓解药害。

(11)西葫芦缺素症：

①缺氮症。症状：植株生长缓慢并矮化，叶片薄而小，黄化均匀，不表现斑点状，黄化先从下部老叶开始，逐渐向上发展，幼叶生长缓慢。花小，化瓜严重。

发生条件：土壤本身含氮量低。种植前施大量未腐熟的作物秸秆或有机肥，碳素多，其分解时夺取土壤中氮。产量高，收获量大，从土壤中吸收氮多而追肥不及时。

诊断要点：观察从上部叶还是从下部叶开始黄化，从下部叶开始黄化则是缺氮。注意茎的粗细，一般缺氮植株茎细。定植前施用未腐熟的作物秸秆或有机肥短时间内会引起缺氮。下部叶叶缘急剧黄化（缺钾），叶缘部分残留有绿色（缺镁）。叶螨危害呈斑点状失绿。

防治：施用新鲜的有机物作基肥要增施氮肥。施用完全腐熟的堆肥。叶面喷施0.2%～0.5%的尿素液。

②缺磷症。症状：植株矮化，叶片小，颜色浓绿，叶片平展并微向上挺。老叶有明显的暗红色斑块，有时斑点变褐色，下部叶易脱落。

发生条件：堆肥施用量少，磷肥用量少，易发生缺磷症。地温常常影响对磷的吸收，温度低，对磷的吸收就少。大棚等保护地冬春或早春易发生缺磷。

诊断：由于温度低，即使土壤中磷素充足，也难以吸收充足的磷素，易出现缺磷症。在生育初期，叶色为浓绿色，后期出现褐斑。

防治：土壤缺磷时，施用磷肥，培肥土壤。苗期特别需要磷，注意增施磷肥。施用足够的堆肥等有机质肥料。可叶面喷施0.2%的磷酸二氢钾或0.5%的过磷酸钙水溶液。

③缺钾症。症状：生长缓慢，节间短，叶片小，呈青铜色逐渐成黄绿色，叶片卷曲，严重时叶

片成烧焦状干枯。主脉下陷,叶缘干枯。果实的中部和顶部膨大受阻。

发生条件:土壤中含钾量低,施用堆肥等有机质肥料和钾肥少,易出现缺钾症。地温低,日照不足,过湿,施氮肥过多等阻碍植株对钾的吸收。

诊断:注意叶片发生症状的位置,如果是下部叶和中部叶出现症状可能缺钾。生育初期,当温度低,覆盖栽培时,气体障碍有类似的症状,要注意区别,同样的症状,如出现在上部叶,则可能是缺钙。

防治:施用足够的钾肥,特别是在生育的中后期不能缺钾。施用充足的堆肥等有机质肥料。如果钾不足,可用硫酸钾每亩 3～4.5 千克追施。叶面喷施 0.3%的磷酸二氢钾与 1%的草木灰浸出液。

④缺钙症。症状:上部叶形状稍小,向内侧或向外侧卷曲。生长点附近的叶片叶缘卷曲枯死,呈降落伞状。上部叶的叶脉间黄化,叶上出现斑点病,严重时叶脉间组织除主脉外全部失绿。顶芽坏死。

发生条件:氮多、钾多、土壤干燥都会阻碍植株对钙的吸收。空气湿度小,蒸发快,补水不足时易产生缺钙。土壤本身缺钙。

诊断:仔细观察生长点附近的叶片黄化状况,如果叶脉不黄化,呈花叶状则可能是病毒病。生长点附近萎缩,可能是缺硼,缺硼突然出现萎缩症状的情况少,缺硼叶片扭曲,由此可以区分是缺钙还是缺硼。

防治:土壤钙不足,可施用含钙物料。避免一次用大量钾肥和氮肥。要适时浇水,保证水分充足。用 0.3%的氯化钙水溶液喷洒叶面。

⑤缺镁症。症状:下部叶叶脉间的绿色渐渐变黄,进一步发展,除了叶脉、叶缘残留点绿色外,叶脉间全部黄白化。老叶先发生,逐渐向幼叶发展,最后全株黄化。有时叶脉间出现大的凹陷斑,最后斑点坏死,叶子萎缩。

发生条件:土壤本身含镁量低。钾、氮肥用量过多,阻碍了植株对镁的吸收,尤其是大棚栽培反应更明显。收获量大,而没有施用足够量的镁肥。

诊断:生育初期至结瓜前,若发生缺绿症,缺镁的可能性不大,可能与受到气体障碍有关。缺镁症状与缺钾症状相似,区别在于缺镁是从叶内侧失绿,缺钾是从叶缘开始失绿,缺镁的叶片不卷缩。如果硬化、卷缩应考虑其他原因。

防治:土壤诊断若缺镁,在栽培前要施用足够的含镁肥料。避免一次施用过量的、阻碍对镁吸收的钾、氮等肥料。用 1%～2%的硫酸镁水溶液喷洒叶面。

⑥缺锌症。症状:从中部叶开始褪色,与健康叶比较,叶脉清晰可见。随着叶脉间逐渐褪色,叶缘由黄化转变为褐色,叶缘枯死,叶片向外侧稍微卷曲。嫩叶生长不正常,芽呈丛生状。

发生条件:光照过强易发生缺锌。若吸收磷过多,植株即使吸收了锌,也表现缺锌症状。土壤 pH 高,即使土壤中有足够的锌,但不溶解,也不能被作物所吸收利用。

诊断:缺锌症与缺钾症类似,叶片黄化。缺钾是叶缘先呈黄化,渐渐向内发展,而缺锌全叶黄化,并由叶的中部渐渐向叶缘发展。二者的区别是黄化的先后顺序不同。缺锌症状严重时,生长点附近节间短缩。

防治:不要过量施用磷肥。缺锌时可以施用硫酸锌,每亩用 1.5 千克。用 0.1%～0.2%硫酸锌水溶液喷洒叶面。

⑦缺硼症。症状:生长点附近的节间显著地缩短,有时出现木质化。上部叶向外侧卷曲,

叶缘部分变褐色。上部叶叶脉有萎缩现象，叶脉间不黄化。

发生条件：在酸性的砂壤土上，一次施用过量的碱性肥料，易发生缺硼症状。土壤干燥影响对硼的吸收，易发生缺硼。土壤有机肥施用量少，在土壤 pH 高的田块也易发生缺硼。施用过多的钾肥，影响了对硼的吸收，易发生缺硼。

诊断：从发生症状的叶片的部位来确定，缺硼症状多发生在上部叶，叶脉间不出现黄化，植株生长点附近的叶片萎缩、枯死。其症状与缺钙相类似，但缺钙叶脉间黄化，而缺硼叶脉间不黄化。

防治：土壤缺硼，可预先增施硼肥。要适时浇水，防止土壤干旱。多施腐熟的有机肥，提高土壤肥力。用0.12%～0.25%的硼砂或硼酸水溶液喷洒叶面。

⑧缺铁症。症状：上部叶的新叶全部黄化，严重时黄白化，芽生长停止，叶缘坏死，完全失绿。

发生条件：磷肥施用过量，碱性土壤，土壤中铜、锰过量，土壤过干、过湿，温度低，易发生缺铁。

诊断：缺铁的症状是出现黄化，叶缘正常，不停止生长发育。调查土壤 pH，出现上述症状的植株根际土壤呈碱性，有可能是缺铁。在干燥或多湿等条件下，根的功能下降，吸收铁的能力下降，就会出现缺铁症状。植株叶片是出现斑点状黄化，还是全叶黄化，如是全叶黄化则为缺铁症。

防治：尽量少用碱性肥料，防止土壤呈碱性，土壤 pH 应在 6～6.5。注意土壤水分管理，防止土壤过干、过湿。用 0.1%～0.5%的硫酸亚铁水溶液或柠檬酸铁 100 毫克/千克喷洒叶面。

⑨缺钼症。症状：植株矮小，生长缓慢，叶脉间呈淡黄绿色至黄色，主脉周围有不规则的绿色斑块。

发病原因：西葫芦黄绿杂斑叶是由于植株缺钼所致，土壤中一般含钼量能满足需要，但在酸性条件下，土壤有效钼下降，易表现出缺钼。另外，缺磷、缺硫或有效铁、锰量大，均能加重缺钼症状。

防治：酸性土壤容易缺钼，应施用石灰改良土壤。增施有机肥。施基肥时混入适量钼酸钠。叶面喷施0.05%～0.10%钼酸铵水溶液，或 0.1%～0.2%钼酸钠水溶液。

(12)西葫芦乙烯利药害：乙烯利能刺激雌花形成。西葫芦等在苗期(2～6 片真叶)喷施乙烯利虽然可以提高产量，但施用不当会产生药害，造成减产甚至绝产。

①药害症状。西葫芦不能形成主茎，在两片子叶中间长出 3～5 个细弱的小芽，生长迟缓。

②解救方法。每株西葫芦只保留 1 个较壮的芽，其余全部去掉，用 0.01%天丰素(油菜素内酯，江门农药厂生产)15 000倍液，植健宝1 500倍混合液喷雾，7 天一次，连喷 3 次。经过处理的西葫芦苗生长明显加快，叶片逐渐变绿，叶片大而厚，主茎粗壮，20 天左右开始开花、结果，幼瓜生长快，瓜条直，产量较高。

天丰素能调节植物内源激素平衡，提高植物抗逆性，起到增产作用，可减轻作物因除草剂、杀虫剂、杀菌剂、调节剂等使用不当造成的药害。

乙烯利在西葫芦上施用不宜过早，浓度不能过大，应在 3～6 片真叶时施用，浓度以 400～600 毫克/千克为宜。

3. 虫害

(1)烟粉虱:

①危害特点。烟粉虱可直接刺吸植物汁液,造成寄主营养缺乏,影响正常的生理活动。若虫和成虫还可分泌蜜露,诱发煤污病,虫口密度高时,叶片呈现黑色,严重影响光合作用和外观品质。成虫还可作为植物病毒的传播媒介,引发病毒病。西葫芦被害表现为银叶。

②生物学特性。烟粉虱的生活史由卵期、4 龄若虫期和成虫期组成,通常人们将第 4 龄若虫称作伪蛹。在我国北方露地不能越冬,保护地可常年发生,呈现明显的世代重叠现象。烟粉虱在不同寄主植物上的发育时间各不相同,在 25℃条件下,从卵发育到成虫需要 18～30 天不等。卵产在叶背面,长椭圆形,附着在叶面上,初产时淡黄绿色,以后颜色逐步加深,孵化前变为黑褐色,卵期约 5 天。若虫淡绿色,1 龄若虫具相对长的触角和足,较活跃,2～4 龄若虫足和触角退化,固定在叶上不动,若虫期约 15 天。成虫通过第 4 龄若虫背面的"T"形线羽化出来,体黄色,翅白色、无斑点,体长比白粉虱小,绝大多数在光期羽化,夏天成虫羽化后 1～8 小时内交配,秋天、春天羽化后 3 天内交配。成虫可在植株内或植株间作短距离扩散,寿命一般 2 周,长则可达 1～2 个月。

成虫喜在作物幼嫩部位产卵,但随着作物的生长,若虫在下部叶片发生较多。成虫对黄色敏感,有强烈趋性,还可在氮肥用量高、水分少的敏感作物上排泄蜜露,造成煤污病,当受害植株萎蔫时,成虫大量迁出。每头雌虫平均可产卵 160 粒左右,最高可达 500 粒。

③发生原因。气候条件适宜:烟粉虱在干热的气候条件下易暴发,特别是 8～9 月气温居高不下,极有利于烟粉虱大发生。

越冬场所充足:近年来寿光市迅速发展的冬暖大棚为烟粉虱提供了充足的越冬场所,特别是种植西葫芦、番茄、辣椒等烟粉虱喜食蔬菜偏多,有利于其取食繁殖,为翌年暴发危害提供了充足虫源。

寄主范围广:由于烟粉虱几乎可以危害所有的农作物,寄主范围广,食性杂,繁殖快,生活周期短,产卵量多,迁移性强,流动性大,极不易防治。如果只进行单户单块地用药防治,而不进行联防联治,很难提高总体防治效果。

抗药性增强:烟粉虱对常规农药已表现出较强的抗性,如对有机磷类、氨基甲酸酯类、菊酯类农药的抗性都比较高,再使用这些药剂已起不到很好的防治效果。同时由于长期以来的不合理用药,对烟粉虱的天敌造成了大量伤害,打破了生态平衡,使天敌起不到有效的控制作用。

④防治。农业防治:培育无虫苗。保护地蔬菜育苗前熏蒸大棚,可减少虫口基数。清除残株杂草,在大棚通风口加一层尼龙纱,可避免外来虫源。尽量避免混栽,特别是西葫芦、黄瓜、番茄、芸豆不能混栽。注意调节播种期、调整生产茬口,即头茬安排芹菜、甜椒等烟粉虱危害轻的蔬菜,二茬再种西葫芦。大棚附近避免栽植黄瓜、番茄、茄子等烟粉虱喜食蔬菜,以减少虫源。老龄若虫多分布在下部叶片,整枝时,适当摘除部分老叶,深埋或烧毁以减少种群数量。

物理防治:黄色对烟粉虱成虫有强烈的诱集作用,可在大棚内设置黄板诱杀成虫。方法是:用 1 米×0.2 米纤维板或硬纸板,涂成橙黄色,再涂一层黏油(可使用 10 号机油加少许黄油调匀),每亩设置 32～34 块,置于行间,与植株高度一致,黄板需 7～10 天重涂一次,注意防止油滴在作物上。

生物防治:烟粉虱的天敌资源丰富,其寄生性天敌有浆角蚜小蜂、丽蚜小蜂等,捕食性天敌有瓢虫、草蛉、花蝽及捕食螨类等,寄生真菌有玫烟色拟青霉、蜡蚧轮枝菌、白僵菌等。它们对烟粉虱具有相当的抑制能力，应加以保护利用。

化学防治：当烟粉虱种群密度较低时，早期防治至关重要，同时注意交替用药和合理混配，以减少抗性的产生。可用的药剂有1.8%爱福丁2 000～3 000倍液、40%绿菜宝1 000倍液、25%扑虱灵1 000～1 500倍液、10%吡虫啉2 000倍液、5%锐劲特1 500倍液等，这些药剂高效、低毒，对天敌比较安全，对烟粉虱有很好的防治效果。

(2)白粉虱：白粉虱俗称小白蛾，简称粉虱，是蔬菜、花卉等多种作物的重要害虫。随着蔬菜保护地栽培的发展，白粉虱的发生和危害逐年加重，造成蔬菜减产。该虫具有寄主范围广、防治难的特点。

①危害。白粉虱以成虫、若虫群集叶背吸食植物。它把口器插在叶片里吸汁液，被害叶片褪绿、变黄、萎蔫，甚至全株枯死。成虫能分泌大量蜜露，滋长黑色的煤污病菌，引起煤污病的发生。成虫有趋嫩性，在寄主植物打顶以前，成虫总是随着植株的生长不断追逐顶部嫩叶产卵，在作物上自上而下的分布为：新产的绿卵、变黑的卵、初龄若虫、老龄若虫、伪蛹、新羽化成虫。因此，不同的叶位可以看到不同的虫态。各虫态常常同时发生，给生物防治带来了困难。

②防治方法。人工释放丽蚜小蜂防治白粉虱：丽蚜小蜂属膜翅目蚜小蜂科。1978年我国从英国引进丽蚜小蜂，进行了大量防治白粉虱的试验，取得了良好的防治效果。丽蚜小蜂寄生白粉虱的蛹和若虫，通常在大棚中可以存活10～15天。产卵的雌蜂以触角探查白粉虱若虫，然后将产卵器刺入，试探白粉虱体内是否有丽蚜小蜂的卵。成蜂喜好选择3龄若虫期和4龄蛹前期的粉虱寄生。成蜂还可探刺白粉虱若虫，取食白粉虱的体液，白粉虱被刺探后死亡。每头雌蜂可产卵50～100粒，高的可达350粒。寄生后，白粉虱的若虫和蛹变成黑色。除了白粉虱的龄期会影响寄生效果外，大棚的温度、湿度和光照强度等也会影响到寄生的效果。在18℃的低温条件下，白粉虱的繁殖率比寄生蜂大9倍，在防治上要求寄生蜂的量较大才能取得较好的效果。在26℃的高温下，寄生蜂比白粉虱发育快1倍，寄生蜂的释放量可以适当减少。一般说来，当每株植物有白粉虱0.5～1头时，每株放蜂3～5头，隔10天左右放一次，连续放蜂3～4次，可基本控制其危害。

用中华草蛉防治大棚白粉虱：中华草蛉一年可以发生多个世代，世代重叠。中华草蛉在大棚中除了可以取食白粉虱外，还可以取食菜蚜。目前没有商品昆虫出售，一般需要自行采集扩增。

用0.3%印楝素乳油1 000倍液防治白粉虱：印楝素是从印楝树中提取的一种植物源杀虫剂，对人、畜、鸟类和蜜蜂均十分安全，并在环境中十分容易降解，是目前重要的植物源生物农药。其作用机理为对昆虫具有强烈的拒食、忌避及抑制生长繁殖等作用。鳞翅目害虫对其敏感。2004年，在寿光市农业高科技示范园区的大棚西葫芦上进行了印楝素防治白粉虱的试验，结合农业防治和物理防治措施，综合防效90%左右。

药剂辅助防治：注意准确用药，及早防治。可以结合黄板监测决定用药时期。在白粉虱零星发生时开始喷洒10%吡虫啉可湿性粉剂1 500倍液效果较理想。喷药时力求均匀，使药剂充分渗透叶片，特别是叶背。以药剂防治为主，应注意轮换、交替用药，严格掌握用药量，以免害虫产生抗药性。此外，由于白粉虱繁殖迅速、易于传播，在一个地区范围内的生产单位应注意联防联治，以提高总体防治效果。

(3)美洲斑潜蝇：美洲斑潜蝇属双翅目潜蝇科，俗称小白龙，是近年传入我国的检疫性害虫。

①危害特点。食性较杂，已知寄主涉及 13 个科的 60 余种植物。其中以葫芦科、茄科、豆科作物受害最重，也可危害菊花、旱莲、大丽花等花卉。在蔬菜中尤以瓜类作物受害最重。幼虫以蛀食叶片上下表皮间的叶肉细胞为主，常在叶片上形成曲曲弯弯的蛇形隧道。隧道前端较细，随幼虫长大，后端隧道较粗。成虫的取食和产卵孔也造成一定危害，影响光合作用和营养物质的输导，同时传播病毒病。

②防治方法。清洁田园：在早春杂草萌发之际，喷洒除草剂灭除田间地边的杂草。西葫芦收获后，应及时清除田间的残枝败叶及杂草，深埋或烧掉。在大棚内和发生世代较少的地方，定期清除有虫叶、有虫株并集中处理，有一定效果。

生物防治：美洲斑潜蝇天敌有潜蝇茧蜂、绿姬小蜂等。利用天敌可减轻危害。

化学防治：美洲斑潜蝇繁殖力强，世代重叠。幼虫孵化后即潜入叶片表皮内取食叶肉，给防治带来一定困难。防治应在化蛹高峰期后 9～10 天喷药，隔 7 天左右喷一次，能有效地控制幼虫高蜂期的危害。农药应注意交替轮换施用，以延缓害虫对各种农药产生抗性。喷药时注意雾点要细，上下结合，力求均匀。常用药剂有 10%除尽悬浮剂2 000倍液，或 5%抑太保乳油2 000倍液，或 5%卡死克乳油2 000倍液，或 48%乐斯本 1 000 倍液等，交替使用，在发生高峰期 5～7 天喷一次，连续 2～3 次。

当西葫芦叶片出现两条虫道时要及时喷药，以后视虫情每隔 7～10 天连续施药，喷药时应从瓜秧自上而下喷。适当在药液中添加助剂，如一些商品农药助剂，或添加0.05%的植物油，以便药剂有效深入虫道，提高药效。另外，美洲斑潜蝇抗药性发展快，应注意轮换用药。

(4)斜纹夜蛾：

①危害特点。以幼虫咬食叶、花、果实，大发生时能将全棚植株吃成光秆，以致无收。

②生活习性。在我国北方一年发生 4～6 代。各地均以 7～10 月危害最重。通常每头雌蛾可产卵 400 粒左右，最多2 000～3 000粒。幼龄幼虫群集在卵块附近危害成筛网状，3 龄以后分散危害。有假死性，并对阳光敏感，晴天躲在阴暗处或土缝里，夜晚、早晨出来危害。老熟幼虫入土化蛹。

③防治方法。在各代盛卵期，发现卵块和新筛网状被害叶，随手摘下并集中喷药围歼。掌握幼虫低龄时期，每亩用 90%敌百虫 50 克，或 80%敌敌畏 40 克，或 20%杀灭菊酯乳油 15 克，加水 60 千克喷雾，在黄昏或清晨用药，效果更好。可利用蜘蛛、赤眼蜂等自然天敌，控制此虫危害。

（范立国　胡永军　张　璇）

第十三章　大棚苦瓜栽培

一、选用良种

1. 寿光长绿

(1)品种来源:寿光菜农筛选的适宜冬暖大棚栽培的长果型优质苦瓜品种。

(2)特征特性:植株攀缘生长,生长势和分枝性强,叶掌状5裂。第1雌花着生于第5～10叶节,此后连续2～3叶节或每隔3～4叶节出现一雌花。瓜长筒形,长70～80厘米,横径5.4～6.5厘米,外皮绿色,密布瘤状突起。肉厚0.8～1厘米,质脆嫩,味微苦,品质好。单瓜重450～750克。早中熟。耐热、耐肥,抗病性强。较稳产、高产。结瓜期枝蔓繁茂而不衰。利用冬暖大棚反季节栽培,供瓜期长达6～7个月,亩产高达1万余千克。

(3)适作茬口:越冬、早春和秋延迟栽培。

2. 寿光中长绿

(1)品种来源:寿光菜农筛选的适宜冬暖大棚栽培的中果型优质苦瓜品种。

(2)特征特性:植株长势壮旺,分枝力强,侧蔓结果为主。果实硕大,近圆柱状,果色浅绿,有光泽,条瘤粗直,瓜条整齐匀称,商品性极好。果长30～35厘米,横径7～8厘米,瓜重300～500克,果肉丰厚致密,品质优。早熟品种。耐贮运。

(3)适作茬口:越冬、越夏、早春和秋延迟栽培。

3. 夏雷

(1)品种来源:由华南农业大学园艺系育成。

(2)特征特性:山东省寿光市菜农多称其为“短绿”苦瓜。该品种植株攀缘生长性强,主、侧蔓均能结瓜,分枝性强,侧蔓多,单株结瓜数多。瓜长筒形,长16～20厘米,横径4.2～5.4厘米,单瓜重150～250克,最大的可达250克以上。果面翠绿,有光泽,具有密而大的瘤状条纹。果肉厚,品质中等,苦味适中。较耐贮运。中熟。耐热、耐涝。对枯萎病有较强的抗性。持续结瓜期长,不早衰。

(3)适作茬口:适于越夏、夏秋季、冬暖大棚反季秋冬茬和越冬茬栽培。

4. 绿人

(1)品种来源:引自台湾农友种苗公司。

(2)特征特性:根系发达,喜温,不耐渍,茎较壮,分枝力强。叶为掌状浅裂叶,绿色,光滑无毛。花单生,侧蔓1～2节就生雌花,以后每隔3～7节再生雌花。果实纺锤形,果皮有许多瘤状突起,绿色,果皮光滑,有光泽。属早熟品种。

(3)适作茬口：适于越夏、夏秋季、大棚反季秋冬茬和越冬茬栽培。

5. 大顶

(1)品种来源：广东省广州市地方品种。

(2)特征特性：植株攀缘生长，分枝力强。叶掌状，5～7 裂。主蔓第 8～14 叶节着生第 1 雌花，以后每隔 3～6 叶节着生一雌花。瓜短圆锥形，长约 20 厘米，肩宽 11 厘米左右，外皮青绿色，具不规则的瘤状突起，较少苦味，品质优良，单瓜重 250～600 克。耐热，耐肥，适应性强，不耐涝。

(3)适作茬口：适于大棚秋冬茬栽培，春、夏、秋三季均可种植。

6. 长身

(1)品种来源：广东省广州市地方品种。

(2)特征特性：植株攀缘生长，分枝力强。叶近圆形，掌状 5～7 裂。单性花，雌雄同株。主蔓第 16～22 叶节着生第 1 雌花，此后每叶节隔一叶着生一雌花。瓜长筒形，有纵沟纹与瘤状突起，长约 30 厘米，横径 5 厘米左右，外皮绿色，肉厚约 0.8 厘米，肉质较硬，味甘苦，品质好，单瓜重 250～600 克。较耐寒，耐瘠薄，耐贮运。

(3)适作茬口：适于大棚越冬茬或冬春茬栽培。

7. 精选槟城

(1)品种来源：广东省从新加坡引进的优良品种。

(2)特征特性：中早熟。植株蔓生，生长势强，分枝多。主蔓 10 节左右着生第 1 雌花，以后每隔 3～5 节着生雌花。果实长 30 厘米，横径 8 厘米，果面有明显棱及瘤状突起，瓜皮绿色有油亮光泽，老熟时为黄色。瓜质地细实，微苦。植株抗逆性强，耐热。适应性也较强。冬暖大棚栽培其产量与云南大白苦瓜不相上下。延长持续结瓜期，增加肥水供应，亩产可达 1 万千克以上。

(3)适作茬口：适于越夏、夏秋季、大棚反季秋冬茬和越冬茬栽培。

8. 广西大肉 1 号

(1)品种来源：广西农业科学院蔬菜研究中心育成的优良苦瓜新品种。

(2)特征特性：早中熟，耐湿、耐热，抗病性强。长势旺盛，分枝力强，主侧蔓均结果。果实长纺锤形，顶端较钝，果皮浅绿色，条纹粗直，果肉厚实，苦味适中，长 28～35 厘米，横径 10～12 厘米，单瓜重 500～1 000 克。利用冬暖大棚保护栽培，可延长持续结瓜期。若早春采用阳畦育苗，小拱棚内于 3 月份定植，5 月份撤去小拱棚转入露地栽培，6 月上旬至 10 月中旬供果。

(3)适作茬口：适于越夏、夏秋季、大棚反季秋冬茬和越冬茬栽培。

9. 广西大肉 2 号

(1)品种来源：从广西大肉苦瓜中选择变异植株，经系统育种法选育而成的早熟品种。

(2)特征特性：生育期长势强盛，抗病性强，耐湿，耐热，结瓜位低，主侧蔓均结果。果实纺锤形，果皮淡绿色，条纹粗直，肉色好，果肉厚，肉质嫩滑，苦味中等，瓜长 25～30 厘米，横径 9～13 厘米，单瓜重 450～800 克。露地栽培和冬暖大棚保护地栽培的产量水平均与广西大肉 1 号苦瓜相近。该品种熟性早，品质好于广西大肉 1 号。

(3)适作茬口：适于越夏、夏秋季、大棚反季秋冬茬和越冬茬栽培。

10. 扬子洲

(1)品种来源：南昌市扬子洲地方品种。

(2)特征特性:植株蔓生,生长势强,分枝力强,每叶腋均能发生侧枝,侧枝腋芽又发生侧蔓。叶片掌状,5~7裂,较薄,叶面光洁无毛,黄绿色。花黄色,花柄较细,中部有盾状绿色苞片,主蔓11~18节开始着生第1雌花。果实棒槌形,先端渐大略扁,长40~57厘米,果面瘤状突起大而稀,有几道纵突纹。瓜皮淡绿色,肉厚,微苦,色泽光亮。老熟瓜橙红色,单瓜重750克左右,最大可达1 500克。植株抗逆性强,耐热,耐湿润。中熟,生育期200天左右。延长持续结瓜期,增加肥水供应,亩产6 000~7 000千克。

(3)适作茬口:适于越夏、夏秋季、大棚反季秋冬茬栽培。

11. 玛雅018

(1)品种来源:东方正大种子公司针对山东地区育成的杂交品种。

(2)特征特性:果皮嫩绿色,刺瘤多密、圆润无尖,油亮有光泽,果形棒状、顺直,尾部钝圆,果长35~40厘米,果径5~6厘米,果肉厚,果腔小,单瓜重500克以上,硬度大,耐贮运。高抗病,耐花叶病毒病、白粉病。定植后45天左右即可采收,不早衰,可持续采果6个月以上,产量极高。

(3)适作茬口:适于大棚反季秋冬茬和越冬茬栽培。

12. 滑身

(1)品种来源:广东省广州市地方品种。

(2)特征特性:植株攀缘生长,分枝力强。叶近圆形,掌状5~7裂。花单性。主蔓第6~12叶节着生第1雌花,此后每隔3~6叶节着生一雌花。瓜长圆锥形,有整齐的纵沟条纹和相间的瘤状突起,长约24厘米,肩宽7厘米左右。外皮青绿色,有光泽,肉厚1.2厘米左右,味微苦,品质好,单瓜重250~300克。较耐热,适应性强。果实较硬、耐贮运。

(3)适作茬口:春、夏、秋三季均可栽培。

13. 早绿

(1)品种来源:广东省农业科学院蔬菜研究所育成。

(2)特征特性:植株生长势旺盛,分枝力强,单株结果多。果实长圆锥形,长28厘米左右,横径约6.5厘米,单瓜重380克,果肉厚。色泽油绿亮丽,果端正美观,商品性好。前期产量高且集中,早熟性突出。中抗枯萎病和白粉病,田间表现轻感霜霉病、炭疽病和疫病。耐热性、耐寒性、耐涝性均较强,丰产性好。耐贮运。

(3)适作茬口:适于越夏、夏秋季、大棚反季秋冬茬和越冬茬栽培。

14. 夏丰

(1)品种来源:广东省农业科学院蔬菜研究所选育成的苦瓜杂交一代种。

(2)特征特性:植株生长强健,分枝力中等,主蔓第1雌花着生节位低。果实长圆棒形,长20~30厘米,横径3~7厘米,单瓜重200~400克。瓜肉较肥厚,浅绿色,果实表面的瘤状突起与条状圆瘤相间。适应性强,生育期较短,露地全生育期春播160~170天,夏播140~150天,亩产2 000~3 000千克。在山东省寿光市,菜农采用该杂交种于大棚保护地反季套种,一般在10月中旬套种在秋冬茬黄瓜或越冬茬西葫芦株行间,亩套种230棵左右,翌年2月下旬至3月上旬黄瓜或西葫芦拉秧后,夏丰苦瓜此时进入开花坐瓜和植株生长发育旺盛期,此时对其追肥、浇水、理蔓平架,使持续结瓜期延至10月中下旬,一般亩产嫩瓜1万千克以上。

(3)适作茬口:适于越夏、夏秋季、大棚反季秋冬茬和越冬茬栽培。

15. 月华

(1)品种来源:又名白玉苦瓜,是台湾农友种苗公司育成的杂交一代白皮苦瓜良种。

(2)特征特性:植株强健,结果力强。熟性早。果实长约 26 厘米,果径粗约 8.5 厘米,果腰较丰满,单果重 600～700 克,属大果型品种。果肉厚,品质优,果色洁白,遮光后皮色更为洁白娇艳,故有白玉苦瓜之称。结果多,产量高,商品性好,为市场上压倒性流行品种。该杂交一代良种适应范围广,全国各地均可栽培。耐肥,不耐瘠薄,耐湿,不耐干旱,故应选择肥水供应条件好的土地栽培。

(3)适作茬口:适于北方地区大棚反季栽培。

16. 吉安白

(1)品种来源:江西省吉安县农家优良品种。

(2)特征特性:根系发达,分枝力强,每叶腋都有侧蔓发生,主蔓和侧蔓均能结瓜。叶片掌状深裂,淡绿色。单性花,花黄色,雌雄同株,花柄较细长,中部有盾状绿色苞叶。一般主蔓第 11～15 节或侧蔓第 3～4 节开始发生雌花。瓜长 45～60 厘米,横径 7～8 厘米,属大果品种。瓜面瘤状突起大而稀,果实中部有几条明显突起的纵棱。商品嫩瓜乳白色微带淡绿,老熟的瓜橙红色并自行开裂。瓜肉肥厚多汁,单瓜重 1 000～1 500 克。抗病性强,结瓜期枝蔓繁茂而不衰。利用大棚反季节栽培,供瓜期长达 6～7 个月,亩产高达 1 万余千克。

(3)适作茬口:适于越夏、夏秋季、大棚反季秋冬茬栽培。

17. 蓝山大白

(1)品种来源:由湖南省蓝山市育成。

(2)特征特性:植株攀缘生长,分枝性强,叶掌状 5 裂,主蔓第 10～12 叶节着生第 1 雌花,此后可连续或隔一叶节着生一雌花。瓜长圆筒形,长 50～70 厘米,横径 7～8 厘米,外皮乳白色,有光泽,具大而密的瘤状突起,品质优良,单瓜重 0.75～1.75 千克,最大 2.5 千克以上。抗病力极强,适应性很广,丰产。

(3)适作茬口:适于春、夏季露地栽培。

18. 北京白

(1)品种来源:北京地方品种。

(2)特征特性:植株生长势旺盛,茎粗叶大,分枝力强,侧枝多,株高 2～3 米。叶为掌状,7 裂,裂刻深,叶色深绿。果实为长纺锤形,长 30～40 厘米,单瓜重为 250～300 克,表皮有棱及不规则的瘤状突起,外皮白绿色,有光泽,老熟时皮转为红黄色。果肉较厚,呈白色或白绿色,肉质脆嫩,苦味适中,清香爽口,品质优良。中熟,耐热,耐寒,适应性强。

(3)适作茬口:适于越夏、夏秋季、大棚反季秋冬茬栽培。

19. 春帅

(1)品种来源:由湖南省蔬菜研究所培育。

(2)特征特性:早熟品种,播种至开始采收 75 天左右。植株蔓生,生长势中等,分枝力强,节间较短,蔓长 3.5 米左右,主、侧蔓均可结瓜,第 1 雌花节位为第 10～12 节。果实长圆筒形,果皮白色,半突瘤,果长 28～30 厘米,横径 50 米,肉厚 0.85 厘米,味苦,单果重 400 克左右。对白粉病和疫病有较强抗性。

(3)适作茬口:保护地早春栽培。

20. 云南大白

(1)品种来源:云南省地方苦瓜品种。

(2)特征特性:茎蔓生,五棱。叶色浓绿,被茸毛。果实长形,表面有瘤状突起,表皮白色,洁白似玉。果长约40厘米,横径4～5厘米,单瓜重300～400克。成熟期中等,果实质地脆嫩,味清甜略苦,品质佳。抗病力较强,抗热、耐湿性强。在华北及山东地区,多用于棚室保护地栽培,很少露地栽培。其产量表现与北京白苦瓜相当,但较北京白苦瓜晚熟。

(3)适作茬口:适于越夏、夏秋季、大棚反季秋冬茬栽培。

二、育苗技术

与黄瓜、西葫芦相比,苦瓜生长发育所要求的光照强度比较大,温度比较高,耐低温、弱光性较差。苦瓜苗期若光照不足会降低抗寒力,结果期光照不足不利于光合作用,易造成落花落果和果实膨大速度减慢。苦瓜在13℃以下发芽困难,苗期在12℃以下停止生长,低于10℃的时间超过2小时会遭受寒害,低于8℃的时间超过4小时会遭受冻害。

1. 自根育苗技术

(1)壮苗标准:电加温线育苗,日历苗龄50天左右,生理苗龄为12～13片真叶,刚现小瓜,茎粗节短,叶厚色浓,根系发达。

(2)苗床营养土的选择与配制:营养土是供给苦瓜幼苗生长发育所需要的水分、营养和空气的基础,幼苗生长发育的好坏与床土的质量有着很密切的关系。优良的床土应当是营养齐全,质地疏松,保水保肥能力强,透气性好,土壤酸碱度适中,不含土传病害的病原物及虫卵,对苗子有良好的固定能力。一般要求有机质含量为1.5%～2.0%,全氮含量大于0.5%,速效氮含量大于60毫克/千克,速效磷含量大于100毫克/千克,速效钾含量大于100毫克/千克,pH为6.5左右。通常情况下取2/3园土加1/3腐熟的猪牛鸡粪即可达上述要求。或者肥沃的田土6份、腐熟的圈肥4份,混匀后过筛,每立方米中再加过磷酸钙3千克、草木灰10千克、复合肥5千克,不宜使用氮素化肥或粪稀。

(3)床土消毒:床土消毒是减少苦瓜幼苗病虫害,保证幼苗健壮生长的主要环节。可采用以下方法进行:一般每立方米土可加50%多菌灵100克、50%敌敌畏50克进行消毒。或150～300倍福尔马林浇在营养土上,混拌均匀,然后用塑料薄膜覆盖5～7天,揭膜后即可装营养钵待用。该消毒法主要用于防治猝倒病及菌核病(图13-1)。

(4)浸种、催芽:苦瓜种子有较厚的种壳,不易吸水。采用温水烫种及浸种催芽,能促进种子吸水萌发,满足种子发芽的温度条件,提高种子发芽率,还能杀死种子表面的病菌、虫卵,达到种子消毒的目的。

①浸种。浸种催芽应在播种前5～6天进行,常见方法有5种:

清水浸种:不同浸种时间对苦瓜种子发芽有一定影响,一般随着浸种时间的延长,种子发芽力(发芽势及发芽率)逐渐增加,12小时达最大值,超过12小时,发芽力呈下降趋势。

温水浸种:准备好55℃左右的温水,盛于开水瓶或其他可以保温的容器中。将苦瓜种子盛于纱布袋中,用清水洗净,洗时轻擦种子,除去其表面难透水的物质。将洗净的种子浸泡在准备好的温水中,保温10分钟,并不断搅拌,然后加入凉水,使水温降至25～30℃,浸泡12小时以上,捞出种子,用湿布包好,装入盒内,上用湿布覆盖,置于能够保持30℃左右温度及有足够湿度的地方催芽。

赤霉素浸种：赤霉素浸种可显著提高苦瓜种子的发芽势和发芽率，以40毫克/千克浓度处理效果较好。

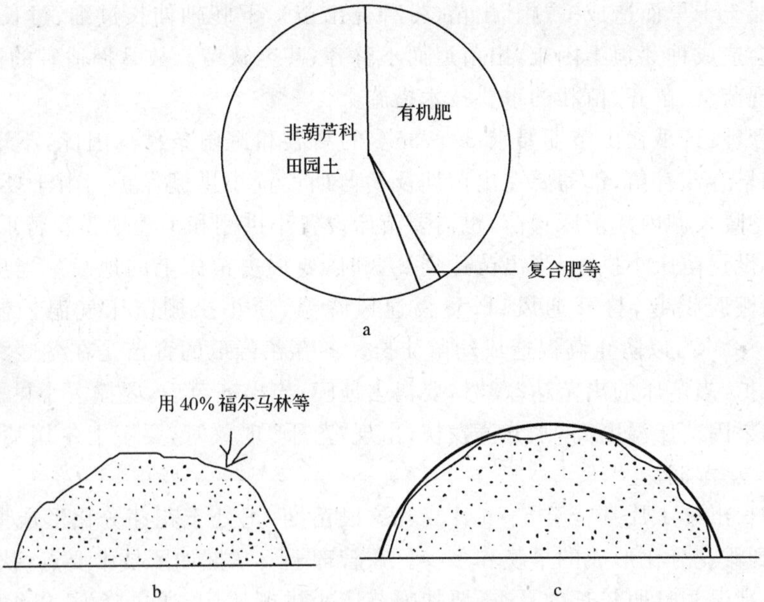

图13-1　苗床土组成与配制过程

a. 床土组成　b. 床土加入消毒　c. 覆盖塑膜堆制

油菜素内酯(BR)浸种：BR是一种新型的植物生长调节剂，能促进细胞伸长和分裂。试验表明，1∶1 500倍BR浸种处理的发芽势和发芽率均显著高于对照，对苦瓜种子发芽有显著的促进作用。

双氧水(过氧化氢)浸种：50%双氧水浸种3小时，然后用清水冲洗干净，对种子发芽有明显的促进作用，其发芽势和发芽率均比对照提高24.0%和28.1%。双氧水对于大面积生产用种更具实用意义。

②变温催芽。苦瓜种子壳厚而硬，采用常规恒温催芽，表现出芽缓慢、发芽率低。改用袋装变温催芽，可使种子出芽加快，发芽率提高。具体做法是：先将处理好的种子晾干，用钳子嗑开种子尖，装入小纱布袋，然后放入备好的塑料袋中，把袋口扎好密封。再将塑料袋放置在相应的热源处，在33～35℃下处理10～12小时，28～30℃下处理12～14小时。而后结合调温，松开袋口换气一次。在此过程中要注意：保证塑料袋的容积是种子体积的20～30倍，以便袋内有充足的空气(氧气)。保持塑料袋密封，维持袋内壁凝聚小露珠。若种子表面黏液较多，要及时冲洗擦干，以利透气。一般3天内发芽率可达80.9%，4天内几乎全部出芽，较常规法出芽快3～4天，发芽势高42%。

(5)播种：苦瓜苗床播种采用营养土方块或营养土塑料钵苗床育苗，在苗床浇水之前，苗床营养土的厚度要达到12厘米(塑料钵中的营养土要达到满钵)，经浇水沉实后，苗床营养土的厚度为10厘米(钵内的营养土上面比钵口平面低1～2厘米)。营养土方块苗床育苗的，趁水渗后营养土湿润状态时，用劈刀将其割为12厘米×12厘米见方的方块，并在划割的缝隙里撒填上细沙或细炉灰。为预防苦瓜发生猝倒病、立枯病、白绢病、斑点病等病害，在苗床灌水之后播种之前，于苗床面喷洒 97%恶霉灵(土菌消)或绿亨 1 号 3 000 倍稀释液，每平方米喷洒药水 0.5 千克左右。全苗床喷药后即可点播种子，要于营养钵或营养方块的中央处点播上 1 粒种子。全苗床点播完毕，往种子上面覆盖营养土 1.5～2 厘米。要特别注意覆土厚度，若覆土过薄，往往因表层土干旱而造成“戴帽”出苗(带种壳出苗)，下胚轴伸长过细、过长，苗子不健壮；若覆土过厚，会造成种芽顶土困难，出苗迟而不整齐，甚至缺苗。故掌握适宜的播种深度(即覆土厚度)是实现苗全、苗齐、苗壮的重要技术措施。

(6)苗期管理：苦瓜在出苗期要求 30～35℃的高温和避雨条件。因此，不论秋冬茬育苗，还是冬春茬和早春茬育苗，都需要在出苗期及幼苗期设置小拱棚保护。由于要求避雨和较高温度，即使在冬暖大棚内建苗床育苗，也需要苗床设置小拱棚和覆盖地膜。苦瓜秋冬茬育苗是在冬暖大棚外设置苗床小拱棚，当出苗达到 2/3 时，要揭去苗床上的地膜。当出齐苗后，要将小拱棚两头的棚膜揭起，打开通风口，昼夜通风降温，使小拱棚苗床气温控制在白天 20～28℃，夜间 15～20℃，以防止高温造成幼苗徒长。冬春茬苦瓜的育苗是在冬暖大棚内建苗床，需设小拱棚保护，当苗床的出苗达2/3时，要揭去地膜；当出齐苗后，要撤去小拱棚。

播种后如果因苗床温度高，水分蒸发快，出现“落干”现象时，要于上午用喷雾器喷洒一遍水，保持苗床土壤湿润。

苦瓜苗自长出第 1 片真叶至 5～6 片真叶这段苗期，正处于花芽分化形成期，管理措施是否适宜，关系到雌花分化形成的早晚和多少。在管理上要掌握如下技术要点：秋冬茬苦瓜的苗期，正处强光、高温和日照较长的夏季，要加强苗床小拱棚遮阳、通风降温，以缩短日照时间和加大昼夜温差，促进花芽分化，多形成雌花。冬春茬苦瓜的苗期，正处日照短、光照弱、天气寒冷的深冬，在苗床管理上要适当早揭晚盖冬暖大棚的草苫，尽可能延长光照时间，采光增温，同时要加强小拱棚夜间覆盖保温，使小拱棚内苗床气温控制在白天 20～28℃，夜间 13～20℃。因苦瓜不耐低温，要使凌晨短时最低气温不低于 10℃。苦瓜秋冬茬和越冬茬育苗期，要于小拱棚上盖避虫网，防止蚜虫、白粉虱等害虫迁入苗床危害，传播病毒病。

苗床水分以阴天上午棚内秧苗叶片无水珠凝结、晴天中午叶片萎蔫，于下午 2 时左右恢复正常为好，钵内营养土相对湿度保持在 70%～80%。一般正常天气每隔 2～3 天喷一次水，遇低温阴雨时，则应宁干勿湿。当苗床湿度过大时，可用通风、撒干灰或加温降湿。当秧苗出现茎细、叶小色淡等缺肥现象，除结合浇水施腐熟人尿外，还可用 0.1%尿素和 0.1%磷酸二氢钾混合液喷施，或用 2 000 倍特多收液，每隔 7～10 天喷一次，共 2～3 次。当秧苗出现徒长时，可用 100 毫克/千克乙烯利液喷洒叶面。

按“控温不控水”原则进行炼苗，一般在定植前 10 天左右，逐渐加大通风，白天膜全揭，夜晚灵活掌握；定植前 5 天左右，大棚内小拱棚日夜全揭，维持大棚内气温在 15～20℃。

2. 嫁接育苗技术

(1)苦瓜嫁接育苗的好处：

①防病。主要预防土传病害。大棚栽培苦瓜土传病害日益严重，苦瓜的枯萎病更是普遍发生，常给苦瓜生产带来毁灭性损失。苦瓜枯萎病一般发病率为 10%～50%，严重影响产量和收益，农民种植积极性受挫。用抗病的砧木根系替换栽培苦瓜的根系，使栽培苦瓜不接触土壤，从而达到防病的目的。

②提高土壤肥水利用率。嫁接苦瓜能够利用苦瓜砧木根系发达、吸收能力强的特点，提高土壤肥水的利用率，提高肥效，降低施肥量。

③增强苦瓜的耐弱光照、低温能力。苦瓜棚室反季节栽培主要矛盾有两个：一是光照弱，不利于苦瓜的生长；另一个是土壤温度低，不能适应苦瓜对土壤温度的要求。根据黄瓜越冬茬和冬春茬栽培嫁接换根可提高抗寒能力的启发，寿光市蔬菜办公室进行苦瓜嫁接换根栽培试验，获得理想的效果。砧木采用黑子南瓜，嫁接后根系明显提高了抗低温能力。自根苗12℃地温条件下根系停止生长，有沤根现象。嫁接后，根系在地温8℃时仍能缓慢生长，降到6℃地温时，根系停止生长，降到1℃地温时，才有沤根现象。植株的抗寒能力也明显增加，冬春季结果多，瓜的生长速度快，经济效益提高30%以上。

④提高产量。嫁接苦瓜的结果期比较长，产量高，增产比较明显，特别是低温季节增产效果更显著。

(2)嫁接育苗对砧木的要求：苦瓜嫁接栽培技术主要应用于大棚苦瓜防病栽培中，要求所用嫁接砧木不仅抗病性能好，而且还不能降低苦瓜果实的品质。具体要求如下：

①高抗苦瓜土传病害。要求所用砧木对苦瓜枯萎病等高抗，并且抗病性稳定，不因栽培时期以及环境条件变化而发生改变。

②极耐低温弱光。苦瓜与其嫁接，就是利用它的根系，满足苦瓜能在10℃左右低温条件下正常生长，达到提早上市、提高产量和增加效益的目的。

③与苦瓜的嫁接亲和力和共生力强而稳定。要求与苦瓜嫁接后，嫁接苗成活率不低于80%，并且嫁接苗定植后生长稳定，不出现中途夭折现象。

④不改变瓜的形状和品质。要求所用砧木品种与苦瓜嫁接后不改变瓜的形状和颜色，不出现畸形瓜。

(3)常用的砧木品种：

①黑子南瓜。根系强大，茎圆形，分枝性强。苦瓜嫁接通常选用黑子南瓜作砧木，其原因有三：一是南瓜根系发达，入土深，吸收范围广，耐肥水，耐旱能力强，可延长采收期增加产量。二是南瓜对枯萎病有免疫作用。三是南瓜根抵抗低温能力强。苦瓜根系在温度10℃时停止生长，而南瓜根系在8℃时还可以生长根毛。由于南瓜嫁接苗比自根苗素质高，生长旺盛，抗逆性强，前期产量和总产量均比自根苗显著增产。

②双依丝瓜。台湾农友种苗公司培育。双依丝瓜不但亲和性良好，而且抗根结线虫能力强，苦瓜嫁接后生育强盛，结果早而多。双依丝瓜专作嫁接根砧之用，不可食用。

(4)嫁接：

①砧木的培育。由于黑子南瓜的种壳较厚不易浸泡，所以常采用温汤浸种，然后置于28～30℃催芽。也可从种子的胚根外壳一侧用指甲掐掉，使裸仁尖露出为宜。经过去壳的种子不需浸泡，可直接干播。黑子南瓜当年采种发芽率低，为了提高发芽率，种子需经过半年至1年的后熟，或用10～50毫克/千克的赤霉素浸种12小时，可以提高发芽率。播种的方法根据嫁接方式确定，如采用插接法，则把南瓜、丝瓜直接播于营养钵中，一钵一粒。如采用靠接法，则把南瓜、丝瓜播于育苗盘内，方便以后起苗嫁接，嫁接的砧木要求下胚轴长一点，以5厘米为宜，以防止定植时因接合处离地太近或接近土壤，易感染病菌，丧失嫁接的意义。

②接穗苗的培育。采用靠接法嫁接，苦瓜应比南瓜、丝瓜砧木早播3～5天。如采用插接法，则要求接穗小一些，一般苦瓜比南瓜、丝瓜砧木晚播2～3天，苦瓜按正常种子处理后，播于育苗盘中备用。

③嫁接条件。嫁接场地器材要求清洁卫生，气温在26～30℃，相对湿度90%左右，避风操

作。

④嫁接方法。苦瓜嫁接的方法有靠接、插接、劈接。生产上常采用靠接和插接。

靠接：当南瓜、丝瓜砧木子叶展平，第 1 片真叶露心，苦瓜子叶平展，第 1 片真叶显露，此时为最佳嫁接时期。嫁接时将南瓜、丝瓜砧木和苦瓜苗小心挖出，用刀片除去南瓜、丝瓜砧木的真叶和生长点，在子叶的茎基部距生长点 1 厘米处，由上而下斜切 0.5～0.6 厘米切口，然后将苦瓜苗的下胚轴距生长点 1.0 厘米处，由下向上切一个 30°～40°的切口，再将苦瓜苗插入砧木的切口中，把两株幼苗按切口嵌合在一起，使苦瓜的子叶压在南瓜砧木叶上，用塑料夹子固定，立即栽入营养钵中，注意将两株根分开，以便断根，浇足水，放入育苗棚内保温保湿培育(图 13-2)。

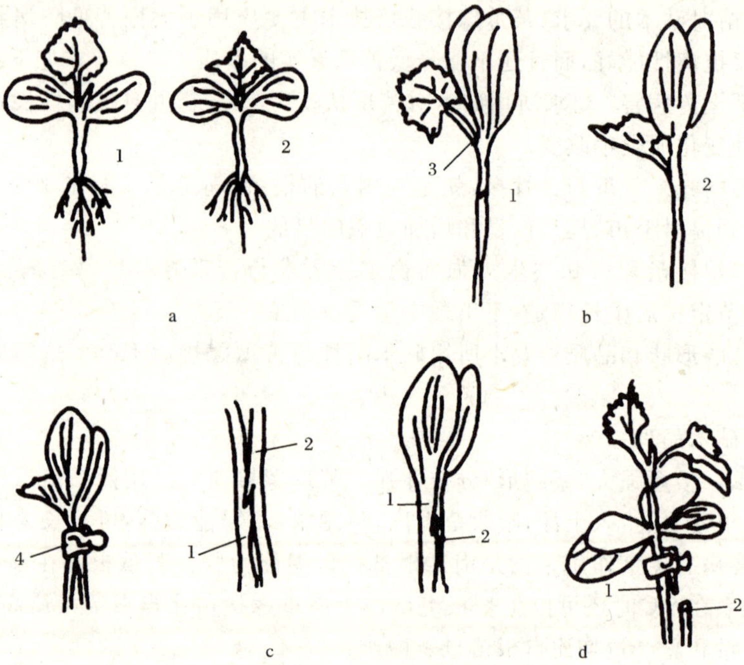

图 13-2　苦瓜靠接过程

a. 砧木与接穗　b. 砧木与接穗处理　c. 嫁接　d. 断根

1. 南瓜苗　2. 苦瓜苗　3. 摘除生长点　4. 嫁接夹

插接：当南瓜、丝瓜砧木第 1 片真叶有铜钱大，苦瓜两片子叶刚刚展开，此时为插接的最佳时期。首先取出南瓜、丝瓜砧木苗钵，用竹签去掉生长点及真叶，用与接穗茎粗相近的竹签在砧木顶端自一侧斜向刺透胚茎，以不插破茎的表面为宜，将苦瓜苗在子叶下 0.8～1 厘米处用刀片削成楔形，立即拔出竹签，将苦瓜苗插入孔中，使南瓜、丝瓜砧木和接穗迅速吻合，两片子叶呈“十”字形。插接不需固定接穗，可直接在砧木上生长，速度快，效率高(图 13-3)。

(5)嫁接苗的管理：首先把嫁接的幼苗摆入事先准备好的苗床内，棚内地面洒水，把小棚用塑料薄膜盖严。从嫁接到切口愈合，一般需 7～10 天，这一时期对温度、湿度要求极严，同时为了减少呼吸强度，嫁接后前 3 天要用覆盖物遮光。头 1～3 天需全天遮阳，3 天后需要半遮阳，即上午 10 时至下午 3 时遮阳，其余时间见光，温度白天 32℃，夜间 20℃，相对湿度 90%左右，提高成活率。7 天后不再遮光，8～10 天，用剃须刀片将苦瓜幼根切断，断根后温度白天保持 25℃，夜间 15℃。嫁接 7～10 天后，嫁接苗伤口基本愈合，进入正常生长状态，将嫁接成活后的苦瓜苗置于清洁的大棚内，早春保温增湿，夏、秋遮阳降温。定植前5～7天，早春适当降温通风，夏、秋逐渐撤去遮阳网，适当控制水分。定植前7天要对幼苗进行低温锻炼，适当降低苗床温度，白天20～23℃，夜间10～12℃，此时可以加大通风量，逐渐锻炼幼苗适应外面环境，靠接苗切断接穗苦瓜的根部，砧木的根吸收的养分可以源源不断地往接穗输送，完成换根。

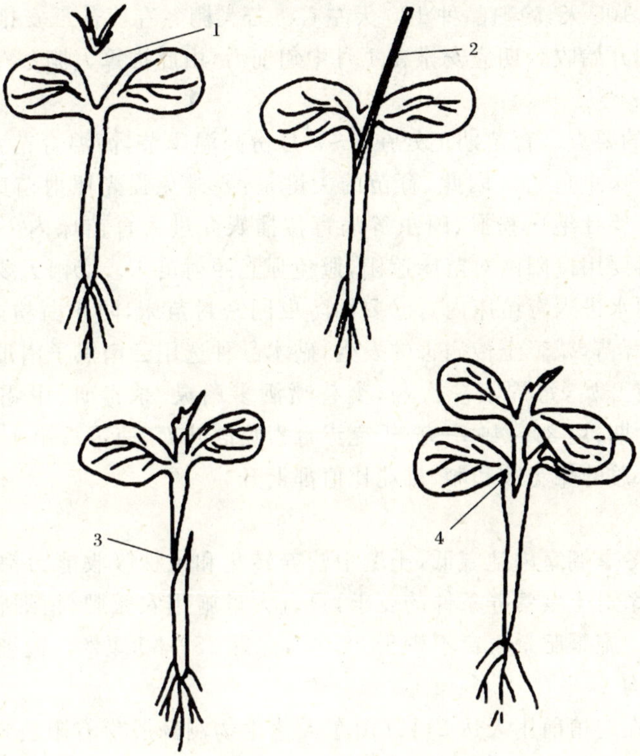

图13-3　苦瓜插接过程

1.去掉南瓜顶芽　2.斜向插入竹签　3.削切苦瓜接穗　4.插上接穗

三、主要栽培模式

根据播种和定植时间，冬暖大棚苦瓜栽培模式可分为冬春茬、早春茬和秋冬茬。

1.大棚苦瓜冬春茬栽培技术

大棚苦瓜冬春茬栽培是指9月上旬至10月上旬播种育苗，10月下旬至11月中下旬定植，春节前后上市，翌年6～7月拉秧，整个生育期7～8个月。这一茬生育时间长，上市季节市场缺口大，价格高，每亩地经济效益在2万元以上。该茬口对大棚的采光和保温性能、栽培技术的要求较高，所承担的风险较大，但经济效益最好。在山东省寿光市进行冬春茬栽培多采用保温性极好的半地下式大棚（寿光Ⅵ型）。若选用其他类型的大棚，最好有临时保温设施。

（1）选择适宜的品种：冬春茬苦瓜的播种至坐瓜初期处在低温和严寒的冬春季节，而持续结瓜盛期却处在温暖和高温的晚春至早秋季节。在持续结瓜盛期的温度管理上，易达到苦瓜所要求的温度；而在播种至坐瓜初期的温度管理上，要达到苦瓜所需求的适宜温度，难度就比较大。为了尽可能减轻低温对苦瓜播种至坐瓜初期这一生育阶段的不良影响，除尽可能采用升温快和保温性能好的大棚栽培冬春茬苦瓜外，还应特别注意选用播种至坐瓜初期耐低温性较强的早熟和较早熟品种。

(2)育苗：

①播期选择。在适宜的条件下，苦瓜自播种至始收商品瓜所需天数一般为：早熟品种 90～100 天，中熟品种 105 天，晚熟品种 120 天左右。若大棚冬春茬苦瓜安排在进入 2 月份后开始大量上市供应，则开始收获期应安排在 1 月中旬前后，由此推算大棚冬春茬苦瓜的适宜育苗时间为 8 月中下旬。

②育苗应掌握的要点。育苗期正处在 8～9 月份高温季节，高温育苗常遭受病毒病、白粉虱、伏蚜和茶黄螨等病虫危害。因此，育苗的关键是：要避免强光照射苗床，避免雨水冲刷苗床，防止苗床积水。要杜绝白粉虱、蚜虫等病毒传播媒介进入育苗床内。具体应掌握以下几点：①晴天中午前后要用遮阳网对苗床遮阳，避免强光照射苗床。②雨天要用塑料薄膜对苗床进行遮雨，不要让雨水进入育苗床内。③要用防虫网密封苗床，防止白粉虱、蚜虫等进入育苗床内。④采取嫁接育苗，减轻土传病害的发生，砧木品种选用云南黑子南瓜。⑤要定期喷药预防病害，一般从出苗开始，每周喷一次药，交替喷洒多菌灵、杀毒矾、甲霜灵以及病毒 A 等。⑥苦瓜 1～3 片真叶期，用 20～40 毫克/千克赤霉素喷洒叶面，使苦瓜第 1 雄花节位上升，第 1 雌花节位下降，植株总的雌花数和雌、雄花比值都上升。

(3)定植：

①施肥整地。冬季棚室内地温低，土壤中营养转化和植株吸收能力都比较缓慢。为满足特殊条件下苦瓜根系对土壤营养条件的要求，只有大量施用农家肥、精细整地，给苦瓜生长提供良好的土壤条件。施厩肥量每亩不少于 25 $米^3$，深翻 25～30 厘米。锄细搂平，按宽行 80 厘米、窄行 50 厘米开沟。

②定植要点。在定植前用天达 2116(山东天达生物制药股份有限公司)抗旱壮苗专用型 600 倍稀释液进行一次苗床喷施，每亩用原液 50 克。按 33～35 厘米一株把苗摆在沟内，顺沟浇足定植水，水渗后趁湿封垄，垄高 35 厘米左右，宽 25 厘米为宜。垄封好后，在窄行两垄上盖一块地膜，以保地温和冬季在膜下灌水，可有效防止棚室内湿度过大，引发病害。

③提高温度。定植后，开始提高棚室温度，促进缓苗生根。白天温度最高可达 35℃左右不放风，夜间保持 17～20℃为宜。时间 3～4 天，缓苗结束后，进行正常温度管理。

④注意事项。定植时选择晴天中午，阴雨天气不利于定植后的缓苗。定植时要把苦瓜幼苗的大小、高低分级定植，不宜大小苗混栽，以防大小互相遮光影响生长一致。定植苗龄不宜过大，小苗定植为好，大苗定植后结果早、易坠秧，造成植株老化，不利于越冬。定植适宜苗龄为 3～4 片真叶。定植宜浅不宜深。据观察，冬季低温期棚室地温主要受空气温度变化的影响，地表以下 10 厘米以上的平均温度高于 10 厘米以下的温度。透气性好，根系生长表现活力强，因此浅定植比深定植的苦瓜产量高。

(4)定植后的管理：

①环境调控。定植以后要封闭大棚，提高温度，促进缓苗。一般晴天白天的温度 30～35℃，夜间不低于 12℃。缓苗以后逐渐把温度降到常规温度，即晴天的白天 20～25℃，夜间 15℃左右。每年的 11 月上中旬，气温较低，时有冷空气，甚至霜冻等造成苦瓜生长不良或被冻死。为确保苦瓜正常生长发育，棚内气温维持在白天 18～28℃，夜间 12～18℃。棚内气温日变化为：由凌晨的 12℃上升到中午的 28℃，当午后棚内气温超过 30℃时立即开天窗放风降

温，当降至25℃时关闭天窗停止放风。日落前盖草苫时为21～22℃，上半夜不低于16℃，下半夜不低于12℃。若遇连阴雪天气，棚内气温应保持在白天不低于18℃，夜间不低于10℃，凌晨短时最低温度不低于8℃。

因苦瓜喜温热气候，棚中适宜温度为22～30℃，空气相对湿度为70%～80%，如棚室中温度高于30℃，应及时打开棚口通风，避免叶片灼伤，减少白粉病发生。到3月中下旬，棚内温度高于30℃时，田间应打开棚顶放风口通风，到4月中下旬气温趋于稳定且日平均气温超过20℃时即可将棚顶风口和前裙膜完全打开，注意打开棚前裙膜应有一个渐进过程。

遇到连续阴雪天气时白天及时扫除棚膜上面的积雪，争取散光照和刹那间半晴或晴光照。也可于棚内挂电灯或其他灯补光。若遇到连续4～5天的阴雪天气又骤然转晴后，切勿早揭和全揭草苫，应采取"揭花苫，喷温水，防闪秧"的管埋方式科学管理。

苦瓜是喜光作物，尤其是进入结瓜期，只有好的光照条件，才可能有高的产量。冬季日照时数少，光照强度弱，加之大棚内空气相对湿度高，薄膜透光率以及阴雨等因素的影响，往往光照严重不足。因此，要千方百计争取多采光。一是选用无滴膜，提高透光率。二是经常擦拭薄膜上的灰尘，以降低其对透光的影响。三是地膜覆盖减少地表水分蒸发。四是浇水过后及时排湿，降低大棚内湿度。五是张挂反光幕，提高中下部的光强度。六是有条件的可增设人工光源。

②肥水管理。冬春茬苦瓜定植后进行1～2次分株浇水。不论哪一茬，在缓苗以后都要顺沟浇一次透水，尔后转入中耕，提高地温，促进根系发展。结果以前要控制肥水，促苗稳长快长。一般是在雄花开放时追第1次肥，结果后第2次追肥，以后要逐渐加大肥水用量。盛瓜期3～4天浇一次水，7～8天追一次肥。追肥每平方米每次用硝酸铵15～20克，同时中间要追施1～2次磷钾肥，或用复合肥每平方米每次20～30克。冬春茬在春季天气转暖，能大放风时，可以随水冲人粪稀2～3次，每平方米每次1 000～1 500千克。

③植株调整。为减少遮光，可用尼龙绳吊蔓法代替支架绑蔓法。做法是在拱杆下边的4根铁丝上，每条垄的上方顺垄向各拉一根铁丝，在这根铁丝上为每棵苦瓜拴一条吊绳，吊绳下端直接系在苦瓜根部，然后转动苦瓜的茎蔓，使尼龙绳缠绕在苦瓜茎蔓上。吊蔓时要使所有的顶端均处在同一个北高南低的平面上，以保证各植株受光均匀。这个平面各处的高度不应高于大棚内相应处高度的2/3。苦瓜以主蔓结瓜为主，距地面50厘米以下的侧蔓结瓜很少，所以，要在引蔓时及时摘除。地面以上的部分如果侧枝生长过旺、过密，也应适当摘除。总之，要保证主蔓的生长，以发挥其结果优势。主蔓达到架顶以后要摘心，同时在其下部留出3～5个侧蔓，每侧蔓再结1～2个瓜。也有的在主蔓长1米左右时，将主蔓摘心，留两条强壮的侧蔓结果。绑蔓时要掐去卷须和雄花，此间要注意调整蔓的位置和走向，及时剪除细弱或过密的衰老枝蔓，尽量减少互相遮光。

在低温寡照时期，植株虽然生长慢，由于时间长，植株下部叶片老化和侧蔓多，争夺养分。及时去掉下部发黄、发脆、发病的老叶，侧蔓留1～2叶打顶，以保持行间的通透性，减少发病机会。剪叶、打顶时应选择晴天的中午进行。阴天伤口愈合慢，伤流多，伤口还会在高湿条件下侵染病害。

④保花保果。冬暖大棚苦瓜保花保果主要有3种方式。

人工授粉：苦瓜的单性结实率较低，必须授粉才可以提高坐果率并能促进果实发育。由于冬暖大棚内风小，昆虫活动少，因此要进行人工授粉，可于上午7～8时，采下盛开的雄花除去花冠，将花药抹在雌花的柱头上，以提高坐果率。这是目前冬暖大棚苦瓜保花保果的主要方法。

蜜蜂授粉：4 月至 11 月期间均可采用此方法。应注意授粉蜂群数量。一般以冬暖大棚面积 333 $米^2$ 配一标准授粉群，两足框工蜂（约 500 只）。每群蜂应储备 3～4 千克饲料（若饲料不足，应及时补喂 50％糖浆）。蜜蜂在盛花期前 5～6 天放入棚室，最好是傍晚入棚，若白天运到后立即入棚，会造成蜜蜂大量涌出，趋光撞膜碰死。最好将蜂箱放在棚室中间偏后的位置，通常巢门与棚室走向一致，朝东或朝南，并用木架等使箱体离地面 50～80 厘米。巢内应有充足的水分参与代谢和调节巢内温湿度，所以要让蜜蜂采到干净的水。在靠近蜂箱处置一容器盛满水，放点麦（稻）草等漂浮物，便于蜂群采水，隔 2～3 天换水一次。授粉期间喷洒农药、化肥，使用熏烟剂等，应先搬走蜂群，1～2 天后再搬回，以免蜜蜂中毒死亡。20～25℃的温度对蜂群繁殖有利，而棚内白天和晚上的温差大，用泡沫蜂箱对稳定蜂群内温度十分有利。

防落素涂抹：上午 10 时前用 20～30 毫克/千克的防落素涂抹瓜柄和柱头。用防落素坐果率不及人工授粉和蜜蜂授粉高，只有在缺乏雄花花粉的前提下才采用该方法。若进行绿色食品苦瓜生产，尽量不要采用此方法。

（5）适时采收：苦瓜的采收标准是：一般花后两周左右，果实的条状或瘤状突起较饱满，具有光泽，果顶颜色变淡时即为适采期。过早和过晚采收都会降低苦瓜的品质和产量。

（6）冬季保护地中增加光照的措施：在光照时间短、强度低的冬春季节，使保护地内多接受阳光照射，对提高苦瓜的产量和品质具有重要作用。

①合理布局。定植苦瓜时力求苗子大小一致，使植株生长整齐，减少植株间的相互遮光。同时要南北向做畦定植，使之尽量多接受阳光照射。

②保持棚膜洁净。棚膜上的水滴、碎草、尘土等杂物，会使透光率下降 30％左右。新薄膜随着使用时间的延长棚内光照会逐渐减弱。因此，要经常清扫，以增加棚膜的透明度。下雪天还应及时扫除积雪。

③选用无滴薄膜。无滴薄膜在生产的配方中加入了几种表面活性剂，使水分子随薄膜面流入地面而无水滴产生。选用无滴薄膜扣棚，可增加棚内的光照强度，提高棚温。

④合理揭盖草苫。在保证苦瓜生长所需要的适宜温度的前提下，适当早揭和晚盖草苫，可延长光照时间，增加光量。一般太阳出来后 0.5～1 小时揭草苫、太阳落前半小时盖草苫比较适宜。在时阴时晴的阴雨天里，也要适当揭草苫，以充分利用太阳的散射光。有条件的地方，安装电动卷帘机揭盖草苫，缩短揭盖时间，相对增加棚室内光照。

⑤张挂反光幕。用宽 2 米、长 3 米的镀铝膜反光幕，挂在棚室内北侧使之垂直地面，可使地面增光 40％左右，棚温提高 3～4℃。此外，在地面铺设银灰色地膜也能增加植株间的光照强度。

⑥植株调整。及时进行整枝、打杈、绑蔓吊蔓、打老叶等田间管理，改善棚内通风透光条件。

（7）越冬苦瓜如何应对阴雨雪天气：冬季阴雨雪天气，会造成保护地低温、高湿、寡照等不利于苦瓜生长发育的环境条件，尤其是连续几天的低温阴雨天气会给越冬苦瓜造成很大的危害。发生低温冷害的棚室苦瓜轻者植株生长停止，化瓜；重者植株萎蔫死棵，提前拉秧。对于这种情况，要尽可能地创造适宜苦瓜生长发育的条件，把损失降到最低。

①防寒保温，增加光照。冬季要注意收看天气预报，当寒流和阴雨雪天气到来之前，要严

闭棚室，夜间加盖整体浮膜(即盖草苫后，再覆盖一整体薄膜)，棚室后墙和山墙达不到应有厚度的，可在墙外加护草及薄膜等加强保温。必要时向阳面的棚室底脚夜间增盖一层草苫，以提高棚室内夜间的温度，甚至在严寒季节可以在棚前脸加盖麦草或其他覆盖物加强保温。

只要不下雨、不下雪，都要坚持拉开草苫，利用微弱的散射光增加棚内温度，补充光照，使苦瓜植株进行正常光合作用，避免长时间处于黑暗状态，造成根、茎、叶生长严重失衡。此外，还要经常清扫大棚棚膜表面，增加棚膜透光率，增强苦瓜植株的光合作用。

为了保温，阴雨雪天气时一般情况下不放风，但当棚内空气相对湿度超过85%时，可在中午前后短时间开天窗，小放风排湿。每天拉开草苫时间的长短可根据棚温的变化而定，揭开草苫后，若温度下降，应随揭随盖；若温度稍有回升，可以在下午2～3时以前把覆盖物重新盖好。在阴天时要尽量减少出入棚室的次数，尽可能保持棚温。

持续阴天时间过长，就应在棚内设置灯泡提温增光。可在棚室中间，每间设置灯泡1个，若遇上雨雪天气，上午不能拉开草苫，应打开灯泡。若夜温过低，可在下午5时左右将灯泡打开，到夜间10时左右关闭，可有效提高棚温2～3℃。

②预防病害。很多种病害都是在低温、高湿的条件下发生流行的，所以阴雨雪天气时降低棚内湿度成为预防病害发生流行的最主要手段。在棚内温度低、不宜进行通风降湿时，可通过田间撒施草木灰的方法吸湿，降低棚内湿度，减轻病害的发生。病害发生后不宜采用喷雾的方法防治，应采用熏烟或喷粉尘剂的办法防治。用滴灌对苦瓜进行浇水、施肥，能大大降低棚内湿度，减少病害的发生。

(8)冬季连阴天过后苦瓜的管理：当连阴天过后，天气转晴时，不要急于一下子将草苫全部拉开，要避免植株在阳光下直射而造成苦瓜植株萎蔫，要采取“揭花苫”的方法逐步增温增光，对受强光照而出现萎蔫现象的植株及时放草苫遮阳，并随即喷洒10～15℃的温水，同时注意逐渐通风，防止闪秧闪苗。若保护地安装了卷帘机，可以通过分次拉草苫的方法见光，即第1次先拉开1/3，不出现萎蔫时再拉起1/3，第3次才将棚全部拉开，让苦瓜有一段适应过程，防止急性萎蔫发生。

另外，若出现了受冻植株，可先通过喷8～15℃温水的方法进行缓解，再用爱多收6 000倍液或纳米磁能液(黑龙江农王磁能新型生物肥料有限公司)2 500倍液喷洒叶面，以促进植株生长加快。

不良天气时坐下的瓜纽即使没有焦化，也会因营养不良出现大批畸形瓜，可适当摘除一部分，同时对出现的弯瓜可以用吊小砖瓦的方式使其变直，提高瓜的品质。

当苦瓜出现了生长停止、化瓜时，可以适当疏掉一些幼瓜，以利枝蔓伸长。另外，喷施植物生长调理剂丰收1号(主要成分：有机质≥20克/毫升，甲壳胺≥5%)，有利于增强苦瓜植株机体恢复。

连阴天后，苦瓜的根系会受到不同程度的伤害，降低其对水分、养分的吸收能力，天气转晴后，可以喷施爱多收、丰产素等叶面肥，增加营养元素，也可以用甲壳素等灌根，补充营养，促进新根生成。

(9)减轻大雾对苦瓜的影响：我国北方冬季经常出现大雾天气。只要有雾，大棚中的苦瓜生长发育就受影响，特别是连续的大雾天气，严重影响大棚苦瓜的产量和品质。

①提高大棚的保温性能。加厚墙体，挖防寒沟，提高大棚的高度，加大日光入射角，增加日光入射率，提高日光利用率。利用增温塑料薄膜，利用保温性能较好的草苫，大棚内利用无纺

布进行双层覆盖，大棚北侧张挂反光幕，都可有效地增温保温。

②改善光照条件。在可能的情况下，用人工补光。由于大雾天气仍有散射光可供苦瓜利用，所以只要温度条件许可，仍应及时揭盖草苫，让苦瓜见光。即使温度较低的时候，也不能连续几天不揭草苫，应在中午短时间揭草苫让苦瓜见光，防止长时间在黑暗环境中捂黄叶片。

③及时喷施叶面肥。在喷药时，加入0.2%磷酸二氢钾液和有机钙、锌、铁等叶面肥，补充植株的钾、钙素等供应，解决根系吸收障碍，防止植株缺乏上述肥料元素导致的症状发生。同时，可增加细胞液的浓度，增强植株的抗寒能力。

④寒冬每20天喷施硕丰481（四川成都新朝阳生物化学有限公司）10 000倍液一次，促进光合作用进行，增强植株抗寒力，促进根系的生长发育。

⑤连续大雾天突然变晴后，应在中午光照过强时，“隔一盖一”盖上草苫，下午再揭开，防止光照过强导致叶片萎蔫以及泡泡病的发生。

2. 大棚苦瓜早春茬栽培技术

利用大棚在寒冬季节育苗，初春定植于大棚，将开花结果期安排在温光较好的季节里，这种方式是目前较为普遍的一种栽培方式。此茬一般从3月份开始上市，产量高峰期集中在4～5月份，若不急于赶茬，可延续到8～9月份结束。

早春茬从定植后，气候条件逐渐适应苦瓜生长，虽然生育期不如冬春茬长，但是在各种条件比较优越的情况下，产量高峰来得早，4～5月份为大量上市时期，市场缺口大，价格高，经济效益也比较好。品种选用原则同冬春茬。

（1）育苗：

①播期选择。早春茬苦瓜育苗时间在低温弱光期，苗龄时间长，一般要有55～60天苗龄。大棚早春茬苦瓜4～5月份开始大量上市供应，由此推算大棚早春茬苦瓜的适宜育苗时间为上年12月上中旬。

②育苗要点。育苗期正处在12月至翌年1月全年最低温季节，育苗的关键应是避免冷冻害发生。在大棚中加扣小拱棚育苗，有条件的地方可采用电热温床育苗。

（2）定植：早春棚室的环境条件是向有利于苦瓜植株的营养生长的方向发展。在实际生产中，苦瓜早春棚室定植后，植株的营养生长量最大，影响向生殖生长的转化，往往出现高产不早熟的现象。为争取早熟高产，经过试验，利用大苗移栽，在苦瓜定植后的缓苗期，开始转向生殖生长，可早开花、早坐瓜，植株的营养生长和生殖生长达到平衡，达到早熟、高产的目的。

早春苦瓜定植时，苗龄应在60～65天，有7～9片真叶，株高30～35厘米，叶色绿，有光泽，无病斑，根系发达完整。定植前5～7天，进行炼苗，加大昼夜温差，白天30～35℃，增加植株的蒸腾作用，晚上7～10℃。白天加大通风量，使苦瓜苗营养生长受阻。通过炼苗和定植后缓苗过程，促进生殖生长，达到早熟之效果。

①开大窝，施饼肥。按计划定植行距起垄并覆盖地膜，定植时将地膜向两边折叠后，于行间的一侧或两侧按计划定植株距开大窝，窝深13～15厘米，长、宽各25～30厘米，每窝内施入充分发酵腐熟的饼肥（豆饼、菜子饼、棉子饼，花生饼和麻饼更好）100克左右，并将其与窝土掺混均匀。

②带土坨取苗，浇水定植。用营养方块苗床育苗的，宜用专门制造的“L”形直角铲取苗；用塑料营养钵苗床育苗的，取出苗后要轻轻脱去塑料钵，力求做到秧苗带土坨完整，减轻伤根。将取来的苗坨于窝内放正，稍埋栽并做好盛水掩穴，然后浇水，水渗后封掩，使苗坨的顶面与地

表面相平。在取苗、定植过程中，注意淘汰病、弱、残苗，选壮苗、好苗定植。

③覆盖地膜。当同一行间的苦瓜定植完毕，即将折叠于一边的地膜放开，并照苦瓜苗处打上孔，放苦瓜苗，覆盖上地膜。如果定植的嫁接苗，务必使秧苗的嫁接夹（或嫁接口处）放出地膜之上，以防止接穗苦瓜的茎节接触土壤而产生不定根染病，而失去嫁接意义。

(3)定植后的管理：

①环境调控。3月底前要保温防冻，白天适当通风。4月底前，夜间注意保温，白天要注意通风降湿。5月份以后则以通风降温排湿为主，当午间气温达到30℃时开始通风，下午棚内气温降至25℃时停止通风。6月份撤除大棚底围裙膜，保留棚顶膜防雨。

②肥水管理。早春茬苦瓜生长速度快，营养消耗多，中后期温度高，叶面积越来越大，蒸腾作用很强，为满足植株生长发育对水肥的要求，必须抓好水肥管理。

苦瓜定植时浇足定植水，在甩蔓期内一般控水10～15天，防止营养生长速度过快。大约15天后进入开花结果期时，为促进果实生长，要及时浇水。苦瓜浇水时，掌握"浇果不浇花"和小水勤浇，防止大水漫灌。也就是开花盛期不干旱时不浇水，坐果时要浇小水，禁止大水漫灌造成土壤板结，透气性差，影响根系的吸收能力。

每次浇水应结合追肥。苦瓜结果前期外界气温较低，为养蔓壮根，应随水冲施含腐殖酸较高的低含量复合肥；结果盛期外界气温转暖，应以追施氮素化肥为主。结果前期产量低，消耗营养少，每亩每次冲施腐殖酸类肥15千克。进入盛果期后，植株对营养需求量大时，可增加施肥数量，一般每亩每次冲施30千克（硝酸铵类氮肥）。连续冲2～3次后，改换化肥品种，一般用三元复合肥每亩35千克，或人粪尿3 000千克。进入结果后期，根系老化，吸收能力差，植株结瓜量开始下降时，要减少浇水次数，降低施肥量。一般每次冲施肥料每亩10～15千克为宜。

③植株调整。棚室早春茬苦瓜甩蔓期的生长特点是侧蔓萌发早，萌发的数量多，侧蔓生长速度较主蔓快，直接影响主蔓生长，要尽早去掉植株下部的侧芽。一般植株从15节以下不留任何侧枝，全部抹掉，以促进主蔓生长。15节以上的侧蔓上留1～2条苦瓜，留3～4片真叶，掐去生长点。及时吊架和引蔓上架。植株生长到盛瓜期后，下部的叶片开始老化、发黄、发病、发脆时，要及时剪掉，减少营养消耗。主蔓生长接近棚顶时，要及时落蔓。植株生长到中后期，下部侧蔓结的瓜已经采收完毕时，侧蔓已经处于老化阶段，叶子发硬，要及时剪除无瓜的侧蔓，加强植株行间通风透光。植株剪老叶、落蔓和剪除侧蔓等项工作，要选择晴好天气，阴雨、低温时不利于伤口愈合，易造成病原菌侵染。

④人工辅助授粉。由于苦瓜早熟栽培气温低，棚门开启少，棚内空气流动小，而且少有昆虫传粉，自然授粉困难，要人工授粉，可用20～40毫克/升2,4-D涂抹雌花花梗或幼瓜，以提高苦瓜坐果率，克服化瓜，促进瓜膨大，提高产量。

(4)适时采收：苦瓜以嫩瓜供食用，花后12～15天，一般果实充分长大，花冠开始干枯时是采收适期。

3. 大棚苦瓜秋冬茬栽培技术

大棚苦瓜秋冬茬栽培是指7月中下旬至8月上旬播种育苗，8月上中旬至9月上旬定植，供应初冬、元旦、春节市场。该茬口若采用采光和保温性能良好的大棚，再加上科学的栽培管理技术，可延至第2年的7月拉秧，进行全年一大茬栽培。若大棚保温、采光不合理，多在春节前后拉秧，进行下茬生产。

(1)品种选择:秋冬茬苦瓜,播种至坐瓜初期正处于仲夏至仲秋高温季节,而持续结瓜盛期处在秋末至冬春的低温和寒冷期,所以,此茬苦瓜应选用苗期至坐瓜初期耐热性较强、耐低温性较差的晚中熟和晚熟品种。同时考虑生育期的长短,选择在10叶节前后发生雌花的品种。

(2)育苗:

①选择适宜播期。秋冬茬苦瓜植株生长的原则是在“霜降”前完成营养生长量的90%,气温降低时进入结果期,一直收获到元旦前后。播种早了,在前期高温阶段植株生长快、结瓜早,进入低温期后植株容易衰老,抗逆能力差,影响结瓜,产量低,效益也不好;播种晚了,前期温度适宜时,植株生长量小,进入低温期时,植株营养面积小,前期结瓜迟,总产量低,经济效益低。根据几年来棚室秋冬茬苦瓜生产播期来看,山东寿光以8月上旬播种为宜。

②遮阳防雨育苗。育苗期间正值高温多雨季节,苗床应设置拱棚,其上覆盖遮阳网,以防雨、降温。用遮阳率60%的遮阳网覆盖。采用营养钵育苗。苦瓜1～3片真叶期,用20～40毫克/千克赤霉素喷洒叶面,使苦瓜第1雄花节位上升,第1雌花节位下降,植株总的雌花数和雌、雄花比值都上升。

(3)定植:定植时间在8月底或9月上旬。在气温高、光照强时,要选择晴天下午或阴天,定植后浇足定植水,过一天后,再补浇一次压根水。浇水时避开高温时间,选择傍晚或早上。待土壤能中耕时抓紧时间中耕封垄。封垄应在早上进行,根据实际栽培时的土温测量,早上封垄时土埂中温度20～22℃;下午封垄时,土埂中温度可达25～28℃,不适宜苦瓜的根系迅速生长。封垄后,地面再覆盖2～3厘米的麦草,可降低地温、保墒,防止杂草生长和土壤板结。

(4)定植后的管理:

①定植后到结瓜前的管理。此期管理的主要目标是促根壮苗,为高产奠定基础。主要管理措施:一是松土除草,疏松土壤,提高土地的通气性,促根下扎。松土时可将地膜掀起。二是控制植株徒长。秋冬茬苦瓜前期温度比较适宜。苦瓜在高温强光的条件下,多数品种在秋冬茬栽培时,很少发侧蔓,若不采取有效的控制措施,容易出现主蔓徒长,推迟结瓜时间。管理上以控为主,少浇水追肥,甩蔓期用助壮素1支(10毫升)对水12千克喷洒植株,15天后根据情况可再喷一次效果更好。三是肥水管理。结瓜之前只要墒情好,苗子长势壮,一般不要浇水。但是有的土壤保水能力差,苗子长势弱,或有的品种结瓜晚,致使结瓜前墒情已不能满足植株生长的需要。此时应适当浇水追肥,浇水时水量不宜过大,结合浇水每亩可冲施10～15千克的三元复合肥,或腐熟的人粪尿、鸡粪等,每亩250～300千克。四是整枝吊蔓。当苦瓜主蔓伸长到30～40厘米时,要及时用塑料绳将主蔓吊起,拴在用铁丝搭的棚架上。同时要将主蔓下部抽发的侧枝、卷须及时去掉,以减少营养消耗,促进主蔓壮长,方便管理。

②结瓜后的管理。肥水管理:结瓜之后一般10～15天浇一次水,每隔一次水冲一次肥,追肥种类可用三元复合肥或尿素加钾肥,也可以是腐熟的有机肥,化肥一般每亩用量20～25千克,有机肥每亩用量500～800千克。越冬期低温阴雨天浇水周期可适当加长。此时冲肥,要以有机肥为主,适当配合无机肥。根据土壤养分状况,可增施钙、锌、硼、镁等元素肥,以满足苦瓜高产的需要。进入4月,气温、地温迅速回升,浇水周期缩短,水量要加大,每8～10天浇一次,水量要足,但不能积水。

温度管理:结瓜期,白天大棚内温度一般控制在25～30℃,高于32℃可适当放风;夜间一般保持在15～18℃,最低不宜低于12℃。如温度达不到上述要求,要及早采取措施加以解决,如加厚墙体、将内墙加保温板、加厚覆盖物，有条件的可考虑采取人工加温等。

加强整枝：保持主蔓生长。当主蔓出现第1朵雌花后，在其下相邻部位选留2～3个侧枝，与主蔓一起吊蔓上架，其他下部侧枝都要及时去掉，其后再发生的侧枝（包括多级多枝），有瓜即留枝，瓜后留1片叶打顶。无瓜则将整个分枝从基部剪掉。这样做能控制过旺的营养生长，改善通风透光，增加前期产量。各级分枝上如出现两朵雌花时，可去掉第1朵雌花，留第2朵雌花结瓜。一般第2朵雌花结的瓜大，品质好。

人工授粉：苦瓜大棚栽培，在没有昆虫传粉的情况下须人工授粉，授粉一般在9～10时进行，摘取新开放的雄花，去掉花冠，与正在开放的雌花进行对花授粉。也可用毛笔蘸取雄花的花粉，给正开放的雌花柱头轻轻涂抹，进行授粉，以保证其正常结瓜。

（5）采收：秋冬茬苦瓜生产期内的气候特点是，气温逐渐降低，植株生长速度逐渐缓慢，市场苦瓜的价格逐渐上涨。根据这个规律，秋冬茬苦瓜采收时，把适期向后拖延，特别在气温较低时，推迟采收，让苦瓜植株上每棵留有2～3个商品瓜，利用植株活性挂棵贮存，可集中在元旦或春节时集中采收，明显提高经济效益。

4. 大棚苦瓜套作栽培技术

（1）套作方式：因苦瓜自幼苗期至开花坐果初期生长发育缓慢，所以苦瓜的苗龄期过长，尤其在生育温度偏低的条件下，从播种至采收第1个商品嫩瓜需130～150天。如果苦瓜于冬暖大棚纯作，因其自幼苗至始收商品嫩瓜这4～5个月的期间内，植株生长发育缓慢，株体增长量小，植株细、矮（主蔓仅150厘米上下），对冬暖大棚的面积、地力、空间、光照、生育温度、生育时间等是较大的浪费。因此，在山东省寿光市利用大棚反季栽培苦瓜，很少纯作，绝大部分是套作，使苦瓜在生育前半期的4～5个月里与其他相适应的作物共生。近年来大棚套作苦瓜的模式主要有如下两种：

①苦瓜与先植矮秆作物套作。宽行距平架栽培冬暖大棚套作苦瓜，选配的先植共生作物相适当，能合理利用地力、空间，减轻苦瓜与共生作物之间不良影响，实现立体种植高产高效。实践证明，甜椒、茄子、番茄等茄果作物，矮生或半蔓性西葫芦等矮秆早熟品种，因具有株体矮、生育期短、果实成熟早、收获期相对集中、倒茬较早等特点，所以都适于套作苦瓜。

寿光大棚东西向宽3.6米为一间（即同排东西相邻中立柱的距离为3.6米），在矮秆蔬菜栽培上，一般每间大棚上按1.2米宽做3个南北向垄，并按大小行种植6行矮秆蔬菜。套作苦瓜时，一般每隔6行先植矮秆蔬菜套栽上1行苦瓜，并将苦瓜套植于有中立柱的每个大行间。当先植共生矮秆作物收获完毕拉秧倒茬后，苦瓜由与其他作物间作共生转变为纯作单生。

②苦瓜与先植攀蔓作物套作。大棚内吊架栽培的黄瓜、丝瓜、西瓜等瓜类作物，豇豆、芸豆、荷兰豆等豆科作物，都是喜温而不耐低温寒冷的作物，而苦瓜也是喜温而不耐低温寒冷的作物。因此，凡是先植上述瓜类和豆科作物的大棚，都可以套作苦瓜。套植苦瓜的行株距规格，是依据先植吊架作物的行株距来调整确定的。一般于先植作物大行间两侧套植，把先植作物的大行变为苦瓜的小行，先植作物的小行则成为苦瓜的大行。套植行、株距及密度有两种：一是行距0.9米，株距0.37米，每亩2 000棵。二是行距0.6米，株距0.37米，每亩3 000棵。当先植共生攀蔓作物拉秧倒茬后，苦瓜的主蔓已伸长到1米多长，进入开花坐瓜期。从此宜将原来先植攀蔓作物的吊架，作为套作苦瓜的吊架，并对苦瓜实行留主蔓去侧枝，单蔓整枝吊架，不定期地进行降蔓、落蔓、盘蔓、吊蔓、调蔓。

（2）品种选择：苦瓜的早熟和较早熟品种一般耐热性较差、耐低温性较强，晚中熟和晚熟品种一般耐热性较强、耐低温性较差。同一品种，苗期至坐瓜初期要求的温度较高，而持续结瓜期要求的温度比苗期至坐瓜初期低。受不同季节外界自然气候的影响，设施园艺的光照、温度等生态条件在不同农时季节里也有些差异。因此，利用大棚反季套作苦瓜，需要因套作的茬次而异，选用不同熟性的苦瓜优良品种。

①秋冬茬苦瓜宜采用的优良品种。大棚套作的秋冬茬苦瓜，播种至坐瓜初期正处于仲夏至仲秋高温季节，而持续结瓜盛期处在秋末至冬春的低温和寒冷期，所以，此茬苦瓜应选用苗期至坐瓜初期耐热性较强、耐低温性较差的晚中熟和晚熟品种。

②冬春茬苦瓜宜选用的优良品种。大棚冬春茬苦瓜的播种至坐瓜初期处在低温和严寒的冬春季节，持续结瓜盛期却处在温暖和高温的晚春至早秋季节。在持续结瓜盛期的温度管理上，易达到苦瓜所要求的温度；而在播种至坐瓜初期的温度管理上，要达到苦瓜所需求的适宜温度，难度就比较大。为了尽可能减轻低温对苦瓜播种至坐瓜初期这一生育阶段的不良影响，除尽可能采用升温快和保温性能好的冬暖大棚栽培冬春茬苦瓜外，还应特别注意选用播种至坐瓜初期耐低温性较强的早熟和较早熟品种。

(3)苦瓜播种期和套植期的安排：我国北方棚室蔬菜集中产区，苦瓜多于大棚与其他先植作物套作，并且播种期和套植期必须安排恰当。所谓苦瓜与大棚内的套植期恰当是使套植的苦瓜，从苗期至始收商品嫩瓜这一生育阶段，正处于棚内先植共生作物的持续结果期。当苦瓜进入主侧蔓旺盛快长、枝叶繁茂、持续结瓜盛期时，与其相配共生的先植作物已结束供果，拉秧倒茬，苦瓜能在持续结瓜期处于纯作的良好生态条件下架蔓栽培，实现高产优质。要使苦瓜的套植期恰当，就必须首先将播种期安排恰当。苦瓜自播种至始收商品嫩瓜所历经的天数一般是：早熟品种120天左右，中熟品种130天左右，晚熟品种140天左右。由套作苦瓜的先植共生作物持续供果末期(即拉秧倒茬时)，往回推算上述不同熟性苦瓜品种在始收商品嫩瓜之前所历经的生育天数，便是套作苦瓜的恰当播种日期。例如，冬暖大棚秋冬茬番茄的供果末期为2月上旬，如果在此茬番茄行间套植苦瓜，则从2月上旬往回推算120天，上一年的10月上旬便是与秋冬茬番茄行间套植越冬茬苦瓜早熟品种的播种期。

(4)苦瓜套植：当苦瓜播种后35～40天，秧苗生长到15～20厘米高，单株有4～5片真叶时，即可取苗于大棚内先植作物的行间套植。

①开大窝，施饼肥。按计划套植行距将先植作物大行间的地膜向两边折叠后，于大行间的一侧或两侧按计划套植株距开大窝，窝深13～15厘米，长、宽各25～30厘米，每窝内施入充分发酵腐熟的饼肥(豆饼、菜子饼、棉子饼，花生饼和麻饼更好)100克左右，并将其与窝土掺混均匀。

②带土坨取苗，浇水定植。用营养方块苗床育苗的，宜用专门制造的“L”形直角铲取苗；用塑料营养钵苗床育苗的，取出苗后要轻轻脱去塑料钵，力求做到秧苗带土坨完整，减轻伤根。将取来的苗坨于窝内放正，稍埋栽并做好盛水堰穴，然后浇水，水渗后封堰，使苗坨的顶面与地表面相平。在取苗、套植过程中，注意淘汰病、弱、残苗，选壮苗、好苗套植。

③覆盖地膜。当同一行间(指先植作物行间)的苦瓜套植完毕，即将折叠于一边的地膜放开，并照苦瓜苗处打上孔，放苦瓜苗，覆盖上地膜。如果套植的嫁接苗，务必使秧苗的嫁接夹(或嫁接口处)放出地膜之上，以防止接穗苦瓜的茎节接触土壤而产生不定根染病，而失去嫁接意义。

(5)苦瓜套植后至坐瓜初期的管理：苦瓜于大棚套植后，再经80～90天，主蔓才伸长到1

～1.5 米，开始坐住第 1 个瓜。这段时期是结合对棚内先植共生作物的栽培管理，对苦瓜适当兼管的。

①缓苗期的管理。苦瓜苗期生长发育快慢，主要取决于光照、温度、湿度。在一定范围内，光照强、温度高、湿度大，有利于苦瓜生长发育，所以缓苗快，生长发育快；反之缓苗慢，生长发育也缓慢。在带完整土坨套植、浇足水又盖地膜保墒保温的基础上，一般在缓苗期不浇水、不遮阳，中午前后大棚要短时通风换气控温，使棚内气温控制在白天 25～30℃，夜间 22～15℃；空气相对湿度保持在白天 70%～80%，夜间 85%～95%，土壤相对湿度保持在 85%上下。

②伸蔓期的管理。苦瓜苗套植后 10 天左右，长出 1 片新叶至开始坐住根瓜，这段时间叫伸蔓期。进入此期即转入大棚栽培常规管理，使棚内的生态环境条件，既适于先植共生作物的生长发育，又适于苦瓜伸蔓期生长发育。一般棚内环境条件控制在：白天气温 20～28℃，中午前后最高温度不高于 30℃，下午覆盖草苫时 20～22℃，上半夜 20～16℃，下半夜 16～13℃，凌晨短时最低不低于 10℃。土壤相对湿度 80%～85%，空气相对湿度白天 70%左右，夜间 85%～90%。并尽可能增加光照强度和调节为适宜的光照时间，使每天日照达 8～10 小时。此期苦瓜生长发育仍缓慢，株体小，需肥需水少，在施足基肥（先植作物定植前施的基肥）和套植时施饼肥的基础上，一般不缺肥，所以不需要对苦瓜追肥。

秋冬茬苦瓜伸蔓期，正处高温、高湿条件，有利于苦瓜白绢病菌的发生、传播、侵染，往往给苦瓜生产带来毁灭性灾害。因此，对苦瓜白绢病要防重于治，及早喷淋 5%井冈霉素水剂 1 000倍液，每株喷淋药水 0.5 千克。

(6)苦瓜持续结瓜期的管理：苦瓜在持续结瓜期有分枝多、枝叶繁茂、结瓜多、瓜果膨大快，可实现高产的特点。冬暖大棚套作苦瓜，亩产量一般 7 000～8 000 千克，高产者达 1 万千克以上，是露地栽培苦瓜亩产量的 2～3 倍。之所以高产，是由于设施栽培为苦瓜提供了光照、温度、水分、空气、肥料等良好的生态环境条件，并延长了苦瓜的生育期，使其持续结瓜期长达 7～8 个月，是露地栽培苦瓜持续结瓜时间的 3 倍。苦瓜的持续结瓜期也是植株茎叶生长的旺盛期，此期株体生长量占全部生长量的 95%以上。在此期内，随着季节及外界气候条件的变换和植株的生长发育进程，植株生态状况也产生较大变化。因此，此期栽培管理，必须因外界气候条件的变换和植株生态状况制宜，创造和改善冬暖大棚内有利于苦瓜旺盛生长茎叶和持续开花结瓜的条件，才能实现高产优质。

①持续结瓜前半期的栽培管理。整枝架蔓：大棚套植的苦瓜，当进入始收商品嫩瓜期时，主蔓已长至 2 米多长，对棚内的先植共生作物应适当提前拉秧倒茬，使苦瓜由与先植作物间作共生，转为纯作单生。苦瓜的绝大多数品种易发生分枝，且主、侧蔓生长旺盛，到始收商品瓜时若不及时整枝架蔓，就会影响光照条件和造成植株营养无效消耗，妨碍主、侧蔓正常旺盛生长和开花坐瓜。因此，需要在先植共生作物拉秧倒茬后，及时对苦瓜整枝架蔓。

对于与先植作物隔行套植、高密度（亩套植 2 000～3 000棵）栽培的苦瓜，宜采取单蔓整枝，留主蔓吊架。即对于主蔓上的侧蔓，视其 1～3 节未有雌花的，要及时抹掉；1～3 节中有雌花的，要在雌花后留 1 叶打去枝尖，保留侧枝上近主蔓的雌花结瓜，当此瓜摘收后，再彻底剪去这一打去顶心的短枝（短蔓）。利用原来吊架先植共生作物的吊绳，呈“S”形吊架苦瓜的主蔓（单蔓）。当主蔓攀缘生长达吊绳上端时，结合降蔓进行整枝，并将降下的老蔓部分盘落于植株根基地表处的地膜之上，植株的上部仍呈“S”形吊架于吊绳上。在整个持续结瓜期，如此整枝降蔓、盘蔓、吊蔓，可使苦瓜的茎、叶在吊架上均匀分布，有条不紊，不仅便于栽培管理，而且可改善透光通风条件。

对于 3～3.6 米宽的行距、亩套植 300～450 棵、宜平架栽培的苦瓜，在主蔓未上平架之前，一般不留侧蔓，当主蔓攀上平架后，对主蔓发生的侧枝和侧枝发生的次侧枝都保留，使其形成侧蔓和次侧蔓，在平架上匍匐生长。但应注意在上架后及早进行顺蔓调蔓，使蔓、叶在平架上面分布均匀，改善受光条件。

光照、温度调节：强光和较长的日照、较高温度，有利于促进苦瓜结瓜期茎叶旺盛生长和幼瓜加快膨大。但秋冬茬和越冬茬苦瓜持续结瓜的前半期，正处于日照时间较短、光照强度弱的寒冷冬春季节。因此，争取延长光照时间，增加光照强度、增温和保温，是冬暖大棚秋冬茬和越冬茬苦瓜持续结瓜前半期管理的首要技术问题。要达到日照时间不少于 8 小时，晴天上午 10 时至下午 2 时植株上半部叶面的光照为中光照以上强度，即达 4 万勒克斯以上。棚内气温维持在白天 18～28℃，夜间 12～18℃。棚内气温日变化为：由凌晨的 12℃上升到中午的 28℃，当午后棚内气温超过 30℃时立即开天窗放风降温，当降至 25℃时关闭天窗停止放风。日落前盖草苫时为 21～22℃，上半夜不低于 16℃，下半夜不低于 12℃。若遇连阴雪天气，棚内气温应保持在白天不低于 18℃，夜间不低于 10℃，凌晨短时最低温度不低于 8℃。

坚持早揭晚盖草苫，争取延长光照时间。勤清除棚膜上的尘土、草屑，保持膜面清洁和良好透光性。在棚内后墙上张挂镀铝聚酯反光幕，利用反射光照增加棚内的光照强度。

利用顺行吊架铁丝的两头能东西向移动的特点，扩大植株小行空间。同时又可利用吊蔓绳在吊架顺行铁丝上南北向移动的特点，调整株距间吊蔓的分布距离，从而改善植株行距和株距间上下空间的光照条件。

依据苦瓜耐低温性能差、耐湿性能强的特点，在冬季管理上要减少通风排湿的时间和放风量，以加强防寒保温。在严寒冬季的夜间，覆盖草苫后，再于棚面增盖一层整体塑膜，以加强防寒保温。遇到连续阴雪天气时，白天及时扫除棚膜上面的积雪，争取散光照和刹那间半晴或晴光照。也可于棚内挂电灯或其他灯补光。遇到连续 4～5 天的阴雪天气骤然转晴后，切勿早揭和全揭草苫。要揭“花苫”，喷温水，防止闪秧死棵。即掌握适当推迟揭草苫受光照的时间，并且要隔 1 个或隔 2 个草苫揭开 1 个草苫，使棚内栽培床面积上隔片段受光和遮光。当受到阳光照射的苦瓜植株出现萎蔫现象时，立即喷洒 15～20℃温水，并将揭开的草苫再覆盖，而将仍盖着的草苫揭开。如此操作管理一白天，第 2 天可按常规管理拉揭草苫，就不会出现萎蔫闪秧了。

水肥供应：从始收商品嫩瓜开始，浇水结合追肥。随着植株生长量逐渐加大，浇水间隔时间由 12～15 天逐渐缩短为 8～10 天，追肥间隔时间由隔一次浇水冲施一次磷氮化肥，过渡到每次浇水都随水冲施钾氮化肥。每次亩冲施化肥量：尿素 7～10 千克，磷酸二氢钾 7～8 千克。冲施化肥的方法是先将肥料用水溶化后，浇水时在水沟头逐渐加入冲施，此期浇水的间隔天数并非固定不变，而是要选择晴朗天气的上午浇水。如遇阴天或特别寒冷的天气，不可浇水。若因干旱必须在阴冷天浇水时，要浇 15～20℃的温水，并于膜下沟里轻浇。此期，为了保温，大棚通风换气量要少，需要定时进行二氧化碳追肥。为促使苦瓜植株消毒灭菌、强根壮蔓、优质高产，应追施含有钙、镁、硅、硫及微量元素和稀土元素的活性钙肥。追施的方法是在浇水前撩起大垄间的地膜边，把活性钙肥穴施入沟旁，然后盖好膜边，膜下浇水。追施量一般为：pH 大于 7 的土壤每平方米0.15～0.2 千克，pH 小于 7 的土壤每平方米 0.2～0.25 千克。生产实践证明，苦瓜等瓜类蔬菜作物施用活性钙肥，一般增产 25%～30%，且可溶性固形物含量提高

2%～3.5%。

人工授粉、激素处理瓜胎和及时采收：商品瓜造成苦瓜出现间歇性结瓜症状的主要因素是落花和化瓜。落花的原因主要是未授粉或授粉不良，尤其在冬春寒冷时期，棚内无蜂类等昆虫传粉，雌花因未授粉受精而脱落。因此，应坚持于开花结瓜期每天上午揭开大棚的草苫后，及时进行人工授粉。还可用强力坐瓜灵(0.1%吡效隆)稀释液蘸瓜胎。苦瓜化瓜的原因主要是正在生长膨大的嫩瓜与同蔓上后坐住的幼瓜争夺营养，后坐的幼瓜因缺少营养而化瓜。因此，及时采收商品瓜可减少化瓜。

秋冬茬和越冬茬苦瓜的持续结瓜前半期，正处冬春外界气候寒冷时期，并因棚内温度较低，为保温而通风排湿量小，棚内湿度大，为避免进一步加大棚内湿度，在病虫害防治上不宜喷雾剂，而宜喷施粉尘药剂和烟剂熏烟。

②持续结瓜后半期的栽培管理。大棚秋冬茬、冬春茬苦瓜的持续结瓜后半期，处在春、夏、秋季。此期日照时间较长，光照强度较大，有利于大棚的光照和温度管理、植株生长和结瓜。尽管此期是苦瓜逐渐趋于衰老的时期，但只要加强常规管理，及时满足肥水供应和防治病虫害，注意预防晚春寒流、晚霜冻和早秋寒流、初霜冻侵害，就可使苦瓜后期生育壮旺，延长产瓜盛期，达到此期的产瓜量占总产瓜量的60%左右，获得高产。

肥水供应：因此期植株生长量进一步增大，瓜条膨大速度加快，蒸腾作用增强，所以耗肥耗水量增大。要加强肥水供应，一般7～8天浇一次水，随水冲施钾肥和氮素化肥，每次每亩冲施硫酸钾和尿素各7～8千克。为引发新根，促进壮秧，可在大行间垄沟两侧撩折起地膜边，先亩撒施活性钙肥100～130千克和地面喷洒强力壮根剂200毫升，对水150～200倍，然后划锄松土、重盖上地膜，膜下大行间浇水。为保护叶片，提高光合速率，还可叶面喷洒光合微肥等叶面肥料。

预防晚春和晚秋寒流霜冻：大棚撤去草苫等不透明覆盖保温物的最早时间是在当地终霜期后20天，上草苫的最晚时间是在当地初霜期前20天。在晚春和晚秋，若遇寒流或霜冻天气，做到夜间覆盖草苫和封闭通风窗口。若遇连续7天以上的阴雨低温天气，阴雨时白天棚面不盖草苫，但在天气转晴朗的第1天的白天，应于棚面上覆盖“花苫”，即在大棚透光的前坡面上隔段盖草苫，以防因光照强度大，使棚内气温骤然升高，造成叶面蒸腾量过大，萎蔫闪秧。

棚温调节：苦瓜结瓜期所需要的适宜温度随着光照强度增大和日照时间延长有所提高。此期外界自然气温已适宜苦瓜正常开花结瓜需要，所以棚温的管理不是以增温保温为主，而是以通风降温为主。在正常天气情况下，昼夜大开天窗，并从前窗底脚撩起前窗棚膜，使大棚昼夜通风。把棚内温度调节地基本与外界自然温度相同，一般白天18～28℃，夜间14～18℃，即适于苦瓜结瓜期的要求。

其他管理措施：苦瓜生育后半期易发生苦瓜斑点病，若不及时防治，会使绿色功能叶片发生褐色、灰褐、灰白色病斑，严重时使叶片干枯，影响后期产瓜量。可适当增施钾肥和叶面喷施含有蔗糖的氨基酸高效肥，避免过多施用氮肥，定期叶面喷施植宝素、喷施宝、旱地龙等植物生长剂。并注意及早防治瓜蚜、白粉虱、瓜实蝇、茶黄螨等害虫。

四、大棚苦瓜栽培新技术

1. 大棚苦瓜土壤消毒技术

由于大棚等保护地设施的相对固定和保护地生产的多年连茬种植，常造成土壤和棚室中的病原菌、虫卵积累，尤其是一些土传病虫害连年发生，病情越来越重，这类病虫害如果不及时加以控制，会造成严重减产或降低产品质量，甚至造成绝产。土壤消毒是控制土传病虫害的重要措施之一，已逐渐为广大菜农所接受。而消费者对无公害产品的追求，也对药剂防治提出了更高的要求。因此，必须更多地依靠农业综合防治措施，以达到对保护地内病虫害控制的目的。

保护地土壤消毒主要是利用夏季的自然高温来杀灭土壤病原菌和害虫虫卵。一般利用保护地冬春茬和秋茬之间的空闲时间来进行，应当在棚室育苗或定植前1个月操作。

(1)太阳能消毒：在大棚苦瓜采收拉秧后，清洁田园，多施充分腐熟的有机肥料，然后把地深翻平整好，在7～8月份，气温达35℃以上时，用薄膜覆盖密闭好棚室，土壤温度可升至50～60℃，甚至更高，这样高温处理约1个月，就可大量杀灭土壤中的病原菌和虫卵，减轻下茬苦瓜土传病虫害的发生。

(2)蒸汽热消毒：用蒸汽锅炉加热，通过导管把蒸汽热能送到土壤中，使土壤温度升高，杀死病原菌，以达到防治土传病虫害的目的。这种消毒方法要求设备比较复杂，只适合经济价值较高的茬口，并在苗床上小面积试用。

(3)药剂消毒：在播种前后将药剂施入土壤中，目的是防止种子带病和土传病虫害的蔓延。目前常用的消毒药剂有6种：

①甲醛消毒。每平方米用50毫升甲醛，加水6～12千克，播前10～15天用喷雾器在棚内土壤上进行喷洒，用薄膜密闭盖严，播前一周揭膜，使药液充分挥发。

②多菌灵消毒。多菌灵杀菌谱广，能防治多种真菌病害，对子囊菌和半知菌引起的病害防治效果很好。用50%多菌灵可湿性粉剂，每平方米用药1.5克，能有效防治苦瓜苗期的多种病害。

③百菌清消毒。每平方米用45%百菌清烟剂1克熏棚5小时，能有效杀灭苦瓜保护地内的多种真菌病害。

④波尔多液消毒。每平方米用波尔多液(配比为硫酸铜：石灰：水为1：1：100)2.5千克，喷洒土壤，对苦瓜的灰霉病、褐斑病、锈病、炭疽病等效果明显。

⑤垄鑫消毒。垄鑫是一种广谱性熏蒸杀线虫剂，兼治土壤真菌、细菌、地下害虫及杂草，作用全面而持久，防治效果达95%以上。一般亩用98%垄鑫15～20千克，撒施或沟施，深度20厘米，施药后立即覆土，并盖地膜密封，熏蒸10～15天，放风10天左右。

⑥线克(威百亩)消毒。深翻整地，做成畦，随水冲施，亩用12～15千克，后盖膜熏闷，连续闷杀15天，放气两天。既能杀灭线虫，又能杀灭土壤中病菌。

(4)石灰氮消毒：石灰氮(氰氨化钙)是一种高效土壤消毒剂，产品主要有菌线克、庄伯伯、宁夏荣宝等，具有消毒、灭虫、防病的作用。

选择夏季高温、棚室休闲期使用，每亩用麦草(或稻草)1 000～2 000千克，撒于地面，再在麦草上撒施石灰氮50～100千克，深翻20～30厘米，尽量将麦草翻压地下层。做高30厘米、宽60～70厘米的畦，地面用薄膜密封，四周盖严。畦间灌水，且要浇足浇透。棚室用新棚膜完全密封。在夏日高温强光下闷棚20～30天。闷棚结束后将棚膜、地膜揭掉，耕翻、晾晒，即可种植。

石灰氮在土壤中分解产生单氰胺和双氰胺，这两种物质对线虫和土传病害有很强的杀灭作用。同时石灰氮中的氧化钙遇水放热，促使麦草腐烂，有很好的肥效。夏季高温，棚膜保温，地热升温，白天地表温度可高达65～70℃，10厘米地温高达50℃以上，这样可以有效杀灭土壤中各种病虫害和杂草。

2. 大棚苦瓜光照调节技术

苦瓜属于短日照作物，喜光不耐荫。但经过长期的人工栽培，对日照的长短已要求不太严格，这也是它适应性广的一种表现。在大棚栽培条件下，温度适宜时，一年四季均可开花结果。特别是引进的纬度偏高地区品种，有更强的适应性。

苦瓜在大棚栽培条件下，育苗期一般处于低温短日照时段，苦瓜的表现是雌花节位明显降低，如中熟品种，露地生产时，雌花节位在14～15节，而利用短日照低温条件育苗后雌花节位明显降至10节以下，这就给中晚熟品种的大型果实苦瓜，在大棚内冬春季节生产奠定基础。大棚冬春季中能生产出果实大、品质优良的苦瓜。

苦瓜在连续阴雨天气表现差别大，叶色变浅，植株茎蔓细弱，落花落果严重。适当补充光照，可有效地增强植株长势，减少落花落果，对增产有一定的辅助作用。

夏季强光照，对苦瓜生长也有一定影响，冬暖大棚越夏苦瓜，在外界光照强度达14万勒克斯左右时，用40%遮阳率的遮阳网覆盖，有明显的增产作用，可延缓植株的衰老、增强叶片的抗病性。也可在夏季加大通风量，不揭棚膜连续生产，效果也很好。

冬春季节大棚苦瓜栽培时，要尽量延长见光时间和棚膜进光强度，在温度条件许可的情况下早上早揭开草苫见光，下午晚放草苫延长见光时间。晴天中午要经常清扫、擦洗棚膜，让光线尽量多进入棚室，以满足苦瓜对光照的需求。阴雨、雪天要短时间揭苫，苦瓜见到一些散射弱光，防止连续几天不揭苫，使苦瓜形成光饥饿而造成天气转晴时死苗现象。冬春季节补充光照主要措施如下：

(1)改善栽培措施：按照“北高南低”的原则布局搭配。严格栽培规格，株行距协调一致，使植株生长整齐，以减少株间遮光。及时整枝，打掉病叶、虫咬叶和老叶，改善植株透光条件。

(2)坚持清扫棚膜：棚膜上附着的灰尘、水滴等对棚内光照状况影响较大。棚膜上附着一层水滴，可使透光率下降30%～40%。新棚膜使用5天、10天、15天后，因粘附灰尘会使棚内光照依次减弱16%、25%、28%。因此，可于每天早晨棚室揭完盖帘后，用软布条捆在木杆上，将塑料薄膜棚面的灰尘和杂物等清扫干净，这样可增加光照30%以上。减少棚膜上的水滴，可选用无滴膜架棚，无滴膜面水滴粘附少，透光率高。

(3)用反光幕增光：利用镀铝聚酯膜拼接成2米宽、3米长的反光幕，挂在棚室后立柱上端，下边垂至地面，可使地面增光35%～42%，棚温提高3～4℃，地温提高1.8～2.9℃。

(4)适时揭盖草苫：盖草苫是常用的保温手段，但盖草苫后影响大棚采光。为此，可根据天气状况，适当提早揭草苫，延迟盖草苫，以延长大棚光照时间。一般在太阳出来后0.5～1小时揭草苫，太阳落前0.5小时盖草苫为好。阴天也应适时揭草苫，增加散射光照射。有条件的地方安装电动卷帘机，缩短揭盖草苫的时间，相对增加棚室内光照时间。

3.大棚苦瓜控温技术

(1)苦瓜对温度的要求:据试验,苦瓜种子发芽的适温为30~35℃。苦瓜种皮较厚,在40~50℃温水中浸4~6小时,经过48小时后才能萌芽,60小时有70%以上萌芽。20℃以下发芽缓慢,13℃以下不能萌发。幼苗期以25℃最为适宜,13℃以下不能生长;开花结果期,最适温15~27℃,最低不宜低于8℃,在此范围内,温度越高生长发育越好,越有利于苦瓜结果,产量高,品质好。

在大棚栽培苦瓜时,环境温度的调控,要依据各个时期苦瓜对环境条件最适宜的温度指标去管理,尽可能地减少不利温度条件的出现,减少棚室温度管理的盲目性和随意性,才能高产高效。

(2)冬春季加强棚室保温:

①增加棚膜的通透性。采用高透光无滴膜,及时清扫棚膜上的灰尘、积雪等,可增强光照,提高棚温。

②提高草苫的保温性。为提高保温性能,在深冬季节为防止雨雪弄湿草苫,可在草苫上加盖一层普通农膜或旧薄膜(在寿光菜农称之为"浮膜")。

③增加后墙的保温性。后墙附上一层厚土或覆盖一层作物秸秆。在棚室外挖深40~60厘米、宽40~50厘米的防寒沟,填入锯末、杂草、马粪、秸秆等保温材料,填实后盖土封沟,以达到保温效果。

④安置暖风机。为及时缓解寒流、霜冻等灾害及阴天无光照的不良天气,可在棚内临时设置1 600~2 500瓦的暖风机。为防止棚内湿度过大,引发漏电现象,应采用浴室暖风机,暖风机出口方向不要直接对着作物。

⑤悬挂反光幕。反光幕不仅增加了棚内光照,还可提高棚内温度。方法是在大棚后墙上悬挂涂有金属层的塑料膜或锡纸,减少墙体对热能的吸收,可将棚内温度提高2~3℃,同时又增加了棚内光照,促进棚内果实的成熟。

4.苦瓜有机生态型无土栽培新技术

寿光市农业高科技示范园利用大棚进行苦瓜有机生态型无土栽培获得成功,亩产8 000千克以上,取得较好经济效益。

(1)栽培设施:主要利用现有的大棚进行苦瓜有机生态型无土栽培。大棚内还需安装有机生态型无土栽培系统,主要包括:

①栽培槽。用砖在大棚内垒成内径30厘米、深30厘米的南北向栽培槽,槽间距100厘米作走道,槽坡度为2%左右,槽基部铺一层0.1毫米厚的薄膜,膜上铺5~10厘米厚的洁净的粗炉渣,炉渣上填充已消毒的栽培基质(炉渣∶泥渣=6∶4),每立方米基质中再加入3千克蔬菜专用肥、10千克消毒干鸡粪,混匀后即可填槽。

②灌水设施。浇水采用贮水池自然压力滴灌,每个棚室建立独立的贮水池,池长4米、宽1.5米、高2米,池底面应高出地平面0.5米。为防止遮阳和占用过多的种植面积,水池应沿大棚的山墙建造。棚室内主管道及栽培槽内的滴灌带均可用塑料管,每槽铺设两条滴管,并在滴管带上覆一层0.1毫米厚的窄塑料薄膜,以防止滴灌水外喷及蒸发。

(2)培育壮苗:品种选用寿光中绿苦瓜,于6月中下旬温汤浸种催芽,70%种子露白后即可播种。采用长、宽各8厘米营养钵无土育苗,按草炭∶蛭石∶珍珠岩为1∶1∶1配好基质,每立方米基质再加入5~8千克消毒干鸡粪和2千克三元复合肥,混匀后填入营养钵,浇足水后每孔播入1粒种子，上覆润湿的细基质2厘米厚，出苗前温度保持28～30℃，出苗后昼温25℃左右，夜温15℃左右，保持基质湿润。

秋冬茬育苗，正处于炎热的夏季，气温较高，出苗后宜采用遮阳网遮光降温，以培育壮苗。同时为防止幼苗生长，采用300毫克/千克的矮壮素喷施，一般经15～20天，幼苗1～2片真叶时即可定植。

(3)定植：将槽内细基质翻匀整平，浇足水待水渗后扒坑定植，一般株距20厘米，亩定植2 200株，栽后轻浇定根水。

(4)田间管理：

①肥水管理：定植后7天浇一次缓苗水，保持基质湿润。坐果后晴天上、下午各浇一次水，阴雨天可少浇或不浇水。追肥在定植后20天开始，以后每隔15天追一次肥，每次亩施200千克消毒鸡粪加20千克三元复合肥。施用时将肥料距植株基部10厘米处埋入5厘米深的基质中，随后灌水。同时针对大棚内二氧化碳气体亏缺的实际情况补充二氧化碳气肥。

②温度和光照管理。定植后棚内温度应保持白天20～25℃，夜间12℃左右，坐瓜后保持昼温25～28℃，夜温15℃。夏秋季节(6～8月)温度管理重点是注意用遮阳网遮光降温排湿；冬春季节(10月至翌年3月)以保温为主，尽量延长采收上市期。

③植株调整。蔓长30～40厘米时开始吊蔓，将苗引向距离地面160厘米高、80厘米间距的两根钢丝上。摘除第1雌花节位以下侧枝，以后侧枝留1～2叶摘心，及时剪除卷须，以节约养分。随着苦瓜茎蔓的生长，要及时落蔓，蔓的高度一般不应超过160厘米。同时要及时对2/3的雄花、植株中下部病残茎叶予以摘除，以免消耗养分和传播病害。

④人工授粉与激素处理。早晨6～9时摘取已开放的雄花，将其轻轻涂在雌花柱头上，也可在上午10时前用20～30毫克/千克的防落素涂抹瓜柄和柱头。

(5)病害防治：主要病害是霜霉病。以预防为主，适当通风排湿，及时去除病叶，发病时可用25%瑞毒锰锌可湿性粉剂800倍液，或75%百菌清500倍液喷雾，每隔7～10天一次，连续喷2～3次。

(6)采收：定植后的55天即可陆续采收上市，一般当苦瓜瘤状物长满发亮时及时采收，否则会引起茎蔓早衰，产量降低。

5. 苦瓜再生栽培新技术

采用修枝整枝、控制水肥等栽培措施，促进苦瓜再生生长，实现一次种植、两次收获，增加收入的目的。

(1)选用良种：选择瓜型较长、瓜粗大的长身苦瓜品种，如寿光长绿、寿光中绿等。

(2)适时播种：播种时间的选择可根据采收盛期与市场销售旺季错开的原则进行，一般在1～5月均可播种。苦瓜再生栽培时间长，根系发达，要求土壤持续供肥能力强。因此，应选择土层深厚、土质肥沃、排灌方便、保水保肥能力强的壤土。

(3)定植：

①整地施肥。整地应采用全棚深翻耕。翻耕前亩施腐熟鸡粪等有机肥3 500千克、过磷酸钙40千克，耙细耙匀。

②起畦种植。畦面以1.7～1.8米(包括沟)为宜，畦面宽1.2米、沟宽40～50厘米、沟深40厘米。定植前每亩于畦面中央开沟施入过磷酸钙20千克、复合肥20千克。采用双行栽培，行距0.9米，株距0.35米，亩定植2 000株左右。

(4)搭架引蔓：

①吊架。一般采用吊绳吊架。

②引蔓。当苦瓜长约 40 厘米时，应及时引蔓、绑蔓。引蔓上架时不要让主蔓直线向上，以斜向横定为好，同时应注意让叶片均匀分布，充分利用生长空间。

③整枝。苦瓜的分枝能力较强，茎蔓较多，为使养分集中于主茎蔓和几条主要的侧蔓上，在初花期前摘除侧蔓，主蔓 1 米以下只留两条粗壮的侧蔓开花结果，应把 1 米以下多余的分枝除去，可减少养分消耗，改善通风透光环境，防止结瓜难、早衰等现象的发生。

(5)整枝施肥促再生：

①整枝理瓜。当苦瓜第 1 次采收盛期过后，植株上部叶片开始转黄，瓜形变短变细，应进行一次全面的修枝剪枝。将大部分离地 0.5 米以上老茎(带部分瓜果)剪去，仅剩少部分嫩茎。

②喷药防病。修枝后第 1 天，应及时喷一次杀菌剂防病。可用 75%百菌清 800 倍液，或 70%甲基托布津 800 倍液喷洒。

③及时施肥。修枝后，应及时施肥，促进新生枝叶生长。修枝后 2～3 天，每亩于畦面中央沟内施入腐熟猪牛粪等有机肥 1 000 千克、硫酸钾复合肥 25 千克、尿素 10 千克。

(6)加强肥水管理：

①及时追肥。苦瓜再生的追肥应掌握前期轻、中期重、后期补的原则。修枝后 7～10 天，每亩追施 10%的腐熟人粪水 1 000 千克作促苗肥，促进新根及新叶生长。进入采果期后每亩追施三元复合肥 20 千克、硫酸钾 10 千克。以后每收获一段时间(8～10 天)每亩施硫酸钾复合肥 10 千克、尿素 5 千克，延长采收期。同时也可采用根外追肥的方法，如喷施磷酸二氢钾、硫酸镁、硼砂等，或 1%尿素溶液作叶面追肥。

②水分管理。苦瓜再生多在夏季，降雨多，空气湿度和土壤湿度都较大，可少浇水。遇高温烈日，为降低气温，补充因蒸腾作用而损失的水分，应及时酌情浇水。

五、苦瓜病虫害防治

1. 常见病害

(1)苦瓜猝倒病：该病又叫卡脖子、绵腐病。病原为真菌中藻状菌的腐霉和疫霉菌。以卵孢子在土壤中越冬，由卵孢子和孢子囊从苗基部侵染发病。病菌在土壤中能存活 1 年以上。

①危害症状。种子在出土前被侵染发病时，造成烂种。幼苗发病，茎基部产出水渍状暗色病斑，绕茎扩展后，收缩成线状而倒伏，在子叶以下出现卡脖子现象。倒伏的幼苗在短期内仍保持绿色，地面潮湿时，病部密生白色绵状霉，严重时幼苗成片死亡。

②发病条件。腐霉菌侵染发病的最适温度为 15～16℃，疫霉菌为 16～20℃，一般在苗床低温、高湿时最易发病，育苗期遇阴雨或下雪，幼苗常发病。通常是苗床管理不善、漏雨或灌水过多，保温不良，造成床内低温潮湿条件时，病害发展快。

③防治方法。加强管理：选择地势高燥、水源方便、前茬未种过瓜类蔬菜的地块作育苗床，床土要及早翻晒，施用的肥料要腐熟、均匀，床面要平，无大土块，播种前早覆盖，提高床温到 20℃以上。

培育壮苗：幼苗出土后进行中耕松土，特别在阴雨低温天气时，要重视中耕，以减轻床内湿度，提高土温，促进根系生长。连续阴雨后转晴时，应加强放风，中午可用草帘遮阳，以防烤苗或苗子萎蔫。发现有病株，要立即拔除烧毁，并在病穴撒石灰或草木灰消毒。

实行苗床轮作：用前茬为叶菜类的阳畦或苗床培育苦瓜苗。旧苗床或常发病的地，要换床土或改建新苗床，否则要进行床土消毒育苗。方法是，按每平方米甲基托布津或苯并咪唑5克，与50倍干细土拌匀，撒在床面上。也可用多菌灵与福美双（或代森锌）各25克，掺在半潮细土50千克中拌成药土，在播种时下垫上盖，有一定保苗效果。

喷药防治：当幼苗发病后，为控制蔓延，可用铜铵合剂防治，即用硫酸铜1份、碳酸氢铵2份，磨成粉末混合，放在密闭容器内封存24小时，每次取出铜铵合剂50克对清水12.5升，喷洒床面。也可用硫酸铜粉2份、硫酸铵15份、石灰3份，混合后放在容器内密闭24小时，使用时每50克对水20升，喷洒畦面，每7～10天喷一次。

（2）苦瓜立枯病：

①危害症状。病苗茎基部产生椭圆形暗褐色斑，后渐凹陷，病斑绕茎一周后缢缩。潮湿时，病部有不显著淡褐色蛛丝状霉。病苗初呈萎蔫状，后直立枯死。

②发病规律。该病为真菌病害，土壤中或病株残体上越冬。通过雨水、灌溉水、农具、带菌堆肥等传播。高温（17～28℃）高湿条件有利于发病。此外，秧苗过密，通风不良，光照不足，秧苗纤弱时易发病。

③防治方法。苗床建立、土壤消毒、种子处理、苗床管理同猝倒病。药剂防治除用猝倒病防治的药剂外，还可用64%杀毒矾500倍液、70%代森锰锌500倍液、50%甲基托布津500倍液、15%恶霉灵450倍液喷施，或交替施用，每7～10天一次，连喷2～3次。

（3）苦瓜疫病：病原属真菌中的藻状菌，主要在土壤中或病株残体上越冬，苦瓜种子也能带菌，第2年育苗时直接侵染幼苗。

①危害症状。主要危害果实，一般先在接触地面或靠近地面部分发生黄褐色水浸状病斑，病斑迅速扩大，稍凹陷，潮湿时表面密生白色绵状霉，病瓜腐烂发臭。叶上病斑黄褐色，受潮后长出白霉并腐烂。蔓上病菌开始为暗绿色，后扩大、湿润变软，其上部枯萎。

②发病条件。病原菌致病适温为27～31℃。通常在7～9月间发生。果实进入成长期浇大水，土壤含水量突然增高，容易引起发病。

③防治措施。实行轮作：对种苦瓜的地要求实行3～4年的瓜菜轮作。加强田间管理。多施有机肥，促进植株生长健壮，根深叶茂，提高抗性。

实行高垄（畦）栽培：遇干旱及时浇水，浇水时严禁大水漫灌，选择在晴天上午浇水。

消灭中心病株：发现病株，立即拔除，病穴用石灰消毒。

喷药防治：发病前喷洒1∶1∶250倍的波尔多液，发病期间可喷洒75%百菌清500倍液，或80%代森锌700倍液，要求喷药周到、细致，所有叶片、果实及附近地面都要喷到，每隔7～10天喷一次，共喷3～4次。

（4）苦瓜枯萎病：苦瓜枯萎病又叫蔓割病、萎蔫病等，主要危害苦瓜的根和根颈部。病原属真菌中的镰刀菌，以菌丝体、菌核、厚垣孢子在土壤中的病株残体上过冬。病菌的生活力很强，种子、粪肥也可带菌。一般病菌从幼根及根部、茎基部的伤口侵入，在维管束内繁殖蔓延。

①危害症状。自幼苗到生长后期都能发病，尤以结瓜期发病最重。幼苗发病时，先在幼茎基部变黄褐色并收缩，然后子叶萎垂。成株发病时，茎基部水浸状腐烂缢缩，后发生纵裂，常流出胶质物，潮湿时病部长出粉红色霉状物（分生孢子），干缩后成麻状。感病初期，表现为白天植株萎蔫，夜间又恢复正常，反复数天后全株萎蔫枯死。也有的在节茎部及节间出现黄褐色条

斑，叶片从下向上变黄干枯，切开病茎，可见到维管束变褐色或腐烂。这是菌丝体侵入维管束组织分泌毒素所致，常导致水分输送受阻，引起茎叶萎蔫，最后枯死。

②发病条件。病菌在4～38℃之间都能生长发育，最适温度为28～32℃，土温达到24～32℃时发病很快。凡重茬、施氮肥过多或有机肥料不腐熟，土壤酸性的棚室，病害重。病菌在土壤中能够存活10年以上。

③防治措施。严格实行3～4年的轮作。选用抗病品种，采种时必须从无病植株上留种瓜。播种前严格种子消毒，一般可用40％福尔马林100倍液浸种30分钟，或用50％多菌灵1 500倍液浸种1小时，然后取出用清水冲洗干净后催芽播种。高垄栽培，多施磷、钾肥，少施氮肥。以充分腐熟的有机肥作底肥。发病期间适当减少浇水次数，严禁大水漫灌。发现病株则连根带土铲除销毁，并撒石灰于病穴，防止扩散蔓延。

在苦瓜生长期或发病初期可用70％甲基托布津1 500倍液，或多菌灵1 000倍液浇灌根际土壤，灌药量为每株300毫升左右。

(5)苦瓜炭疽病：苦瓜炭疽病主要发生在植株开始衰老的中后期，被害部位主要是叶、茎、果实。如果环境条件适宜，苦瓜苗也能发病。病原属真菌中的半知菌，以菌丝体、拟菌核在土中病株残体或附着在种皮上越冬。种子带菌能直接侵入子叶，分生孢子通过田间操作、昆虫传播，可直接侵入表皮细胞而发病。

①危害症状。当叶片感病时，最初出现水浸状纺锤形或圆形斑点，叶片干枯成黑色，外围有一紫黑色圈，似同心轮纹状。干燥时，病斑中央破裂，叶提前脱落。果实发病初期，表皮出现暗绿色油状斑点，病斑扩大后呈圆形或椭圆形凹陷，暗褐色或黑褐色。当空气潮湿时，中部产生粉红色的分生孢子，严重时全果收缩腐烂。

②发病条件。病菌在6～32℃均能生长发育，最适温度为22～27℃，平均气温达18℃以上便开始发病。气温在23℃、相对湿度在85％～95％时，病害流行严重。所以，此病在高温多雨季节，重茬、植株过密、生长弱的棚室，发病均重。

③防治措施。在无病健壮的植株上留种瓜。播种前进行种子消毒，可用40％福尔马林100倍液浸种30分钟，冲洗净后播种。用有机肥作底肥并增施磷、钾肥，生长中期及时追肥，严防脱肥，苗期发现病株应及早拔除。定植后注意摘除病叶、病果。拉秧后及时清洁田园，重病地块要实行3～4年轮作。收瓜时要防止损伤果皮，以减少病菌侵染机会。

发病初期，随时摘除病叶，并用80％代森锌800倍液，或50％甲基托布津1 000倍液喷洒叶片，7～10天喷一次，共喷3～4次。

(6)苦瓜霜霉病：苦瓜霜霉病又叫跑马干、黑毛，主要危害苦瓜的叶片，特别在结瓜期发病严重。病原属真菌中的藻状菌。主要来自两个途径：一是以孢子囊形态传播发病，二是以卵孢子形态在土中病残叶上越冬，第2年通过风、雨传播侵染植株下部老叶片，以后向上蔓延。

①危害症状。一般病菌从叶片的气孔侵入，最初在叶上产生水浸状淡黄色小斑点，扩大后受叶脉限制呈多角形斑，黄褐色，潮湿时病斑背面长出灰色至紫黑色霉(孢子囊)，遇连续阴雨则病叶腐烂，如遇晴天则干枯易碎，一般从下往上发展，病重时则全株枯死。

②发病条件。发病与棚室内空气湿度、温度有密切关系。春季当气温回升达到15℃、棚室内空气相对湿度达85％以上时，便开始发病。一般产生孢子囊的适温为15～19℃，萌发适温为22℃。气温20℃时，潜育期只有4～5天。多雨潮湿，或忽晴忽雨，昼夜温差大的天气，最利于病害蔓延。平均气温高于30℃，或低于10℃，病害很少发生。

③防治措施。选用抗病品种:选用寿光中绿苦瓜、绿人苦瓜等,并培育壮苗,提高抗病能力。

加强栽培管理:施足有机肥,生长前期适当控制浇水,结瓜期适当多浇水,但要严禁大水漫灌。植株适当稀植,增强通风透光。

药剂防治:幼苗在定植前喷一次药,可用50%福美双500倍液。发病后可用75%百菌清1 000倍液,重点喷洒叶的背面,连续喷2次,以控制蔓延。冬暖大棚苦瓜可用百菌清烟雾剂熏蒸,亩用量150~200克,分成7~8个点燃烧熏烟。

(7)苦瓜白粉病:白粉病在苦瓜植株上发生普遍,主要发生于叶片上,其次为叶柄和蔓。该病为真菌单丝壳属侵染。本菌为专性寄生菌,只能在活体上进行寄生生活。

①危害症状。先在植株下部叶片的正面或背面长出小圆形的粉状霉斑,逐渐扩大、厚密,不久连成一片。发病后期使整片叶布满白粉,后变灰白色,最后整个叶片变成黄褐色干枯。病害多从中下部叶片开始发生,以后逐渐向上部叶片蔓延。

②发病条件。该病在田间流行的温度为16~24℃。对湿度的适应范围广,当空气相对湿度在45%~75%时发病快,超过95%时显著抑制病情发展。一般在雨量偏少的年份发病轻重。遇到连阴天、闷热天气时病害发展迅速。在植株长势弱或者徒长的情况下,也容易发生白粉病。

③防治方法。选用抗病品种:不同品种对白粉病的抗性不同,一般早熟品种抗性弱,中晚熟品种抗性较强。

加强栽培管理:要重视培育壮苗,合理密植,及时整枝打叶,改善通风透光条件,使植株生长健壮,提高抗病能力。底肥需增施磷、钾肥,生长期间避免氮肥过量。

药剂防治:常用的药剂有15%粉锈宁可湿性粉剂,或20%粉锈宁乳油2 000~3 000倍液,或50%多菌灵可湿性粉剂500倍液,或可湿性硫磺粉300倍液,或75%百菌清可湿性粉剂600~800倍液。在大棚中用百菌清烟剂熏烟,兼治霜霉病和白粉病。喷药时要注意中下部老叶和叶背处喷洒均匀。在发病初期,每隔7~10天喷一次,连续2~3次,可达到较好的防治效果。

(8)苦瓜斑点病:

①危害症状。斑点病主要危害苦瓜叶片,叶片初现近圆形褐色小斑,后扩大为椭圆形至不定形,色亦转呈灰褐色至灰白色,严重时叶片局部干枯。潮湿时斑面现小黑点即病原菌分生孢子器,斑面常易破裂或穿孔。

②发病条件。以菌丝体和分生孢子器随病残体遗落土中越冬,在大棚周年都有苦瓜种植,病菌越冬期不明显。分生孢子借浇水传播,进行初侵染和再侵染,高温多湿的天气有利本病发生,连作或偏施过量氮肥的棚室发病重。

③防治方法。在发病重的大棚内避免连作,注意田间卫生。避免偏施过量氮肥,适当增施磷钾肥,在生长期定期喷施植宝素或喷施宝等,促植株早生快发,减轻危害。

发病可喷洒70%甲基托布津可湿性粉剂800倍液加75%百菌清可湿性粉剂800倍液,或40%多硫悬浮剂500倍液防治。

(9)苦瓜白绢病:

①危害症状。全株枯萎,茎基缠绕白色菌索或菜子状茶褐色小菌核,患部变褐腐烂。土表可见大量白色菌索和茶褐色菌核。

②发病条件。病菌以菌核或菌索随病残体遗落土中越冬，翌年条件适宜时，菌核或菌索产生菌丝进行初侵染，病株产生的绢丝状菌丝延伸接触邻近植株，或菌核借浇水传播进行再侵染，使病害传播蔓延。连作或土质黏重或高温季节发病重。

③防治方法。重病地避免连作。发现病株及时拔除、烧毁，病穴及其邻近植株淋灌5%井冈霉素水剂1 000～1 600倍液，或50%田安水剂500～600倍液，或90%敌克松可湿性粉剂500倍液，每株(穴)淋灌0.4～0.5千克。或用90%敌克松可湿性粉剂加细沙配成1∶200倍药土混入病穴，每穴100～150克，隔10～15天一次。也可用培养好的哈茨木霉0.4～0.45千克，加50千克细土，混匀后撒覆在病株基部，能有效地控制该病扩展。

(10)苦瓜蔓枯病：

①症状。主要危害叶片、茎蔓和果实，以茎蔓受害最重。叶片受害，初现褐色圆形病斑，中间多为灰褐色。茎蔓发病，病斑初为椭圆形或梭形，扩展后为不规则形、灰褐色，湿度大时常溢出胶质物，引起蔓枯、病茎折断或全株枯死。果实发病初生水渍状小圆点，逐渐变为黄褐色凹陷斑，后期病瓜组织易破碎。以上病斑后期产生黑色小粒点。

②发病规律。该病由半知菌亚门壳二孢菌侵染所致。病菌以子囊孢子随病残体在土壤中或种子上越冬，翌年病菌通过气流、浇水传播，从气孔、水孔或伤口侵入，引起苦瓜发病。田间发病后，病部产生分生孢子进行再侵染。棚室气温18～20℃，空气相对湿度大于85%，土壤湿度大易发病。连作地、种植过密、通风不良，病害发生较重。

③防治方法。选用抗病品种：滑身苦瓜、英引苦瓜等对蔓枯病抗性较强。

种子处理：选用无病种子，播种前种子可用50%双氧水浸种3小时，然后用清水洗净后播种，或用55～60℃温水浸种5～10分钟。

农业防治：与非瓜类作物轮作2～3年。收获后彻底清除瓜类作物病残体。施用充分腐熟的有机肥，适时追肥，生长期加强管理，避免田间水，科学放风降湿。

药剂防治：发病初期，可选用70%甲基托布津可湿性粉剂600倍液，或75%百菌清可湿性粉剂600倍液，或60%防霉宝超微可湿性粉剂800倍液，或80%大生可湿性粉剂800倍液喷雾。也可用5%百菌清粉尘剂，或5%加瑞农粉尘剂，每亩用药1千克喷粉，隔7～10天一次，连续2～3次。

(11)苦瓜灰霉病：灰霉病是棚室苦瓜的主要病害，多在冬春季发生，一般病瓜率达15%～25%，重的可达40%以上。

①症状。主要危害幼瓜，也可危害叶、茎和较大瓜。幼瓜多由残花侵入，致使花瓣腐烂，并长出淡灰褐色霉层，进而向幼瓜发展，幼瓜迅速变软、萎缩、腐烂，表面密生灰色霉。较大瓜发病，病部变黄褐色并生有灰色霉层，以至腐烂或脱落。病叶一般由脱落的病花附着在叶面引起发病，形成圆形或不规则形大病斑，病斑边缘明显，灰褐色，表面有少量浅灰色霉。烂花、烂瓜附着在茎上也能引起茎部发病，病茎腐烂。

②发病规律。该病由半知菌亚门灰葡萄孢菌侵染所致。病菌主要以菌丝或分生孢子及菌核在土壤中越冬，次年适宜条件下侵染苦瓜。在冬春季可在棚室多种蔬菜上发病。病菌靠气流、水溅及农事操作传播蔓延。发病最适宜温度为23℃，最适宜相对湿度为90%以上。棚室保温性能差，棚内湿度大，放风大，植株生长弱，均发病重。

③防治方法。高畦栽培，最好覆地膜。施足有机肥，适时追肥，避免偏施氮肥，增施磷、钾肥。均匀灌水，切忌大水漫灌。密度不要过大。生长中后期适时适量摘除植株中下部老叶，改

善株间通风透光条件，抑制发病和病情发展。及时摘除病花、病瓜、病叶。为减少病菌侵染，可摘去幼瓜上的残花。收获后彻底清除田间病残体，并深翻土壤。

发病初期及时用药剂防治，药剂可选用50%多菌灵可湿性粉剂500倍液，或50%甲基托布津可湿性粉剂500倍液，或50%苯菌灵可湿性粉剂1 000倍液，或50%扑海因可湿性粉剂1 500倍液，或50%速克灵可湿性粉剂2 000倍液，或50%农利灵可湿性粉剂1 000倍液，或65%甲霉灵可湿性粉剂1 000倍液，或50%多霉灵可湿性粉剂800倍液，或30%克霉灵可湿性粉剂700倍液。

(12)细菌性角斑病：

①症状。主要危害叶片，也可危害茎和果实，全生育期都可发生。叶片发病，初生针尖大小的水渍状斑点，扩大时受叶脉限制呈多角形灰褐斑，易穿孔或破裂。茎部发病，呈水渍状浅黄褐色条斑，后期易纵裂，湿度大时分泌出乳白色菌脓。果实发病，初呈水渍状小圆点，迅速扩展，小病斑融合成大斑，果实软化腐烂，湿度大时瓜皮破损，全瓜腐败脱落。有时病瓜表面产生灰白色菌液，干燥条件下，病部坏死下陷，病瓜畸形、干腐。

②发病规律。该病由丁香假单胞杆菌黄瓜角斑病致病变种侵染所致。病菌随病残体在土壤中或在种子上越冬。若播种带菌种子，种子萌发侵染子叶引起幼苗发病。病残体上的病原菌可借灌溉水传播，侵染瓜秧下部叶片或瓜条引起发病。发病后，病部溢出菌脓，借风雨、浇水、叶面结露和叶缘吐水飞溅传播，昆虫、农事操作也可传播。病菌经气孔、水孔或伤口侵入，引起再侵染。棚室内空气相对湿度90%以上，温度24～28℃时会引发病。重茬田，种植过密，通风不良，管理粗放会加重发病。

③防治方法。种子处理：从无病田选取无病的种子。对可能带菌种子，用40%福尔马林150倍液浸种1.5小时，或用农用硫酸链霉素或氯霉素500倍液浸种两小时，用清水洗净后催芽播种。也可用种子重量0.4%的47%加瑞农可湿性粉剂拌种。

农业防治：与非瓜类作物轮作2～3年，采用高畦地膜覆盖栽培，适时放风排湿，避免大水漫灌，收获后清洁田园。

药剂防治：一是喷粉：发病初期，棚室可选用5%加瑞农粉尘剂或5%脂铜粉尘剂喷粉，每亩用药1千克，隔7～10天一次，连续或与其他方法交替使用2～3次。二是喷雾：发病初期，喷洒47%加瑞农可湿性粉剂800倍液，或72%农用硫酸链霉素4 000倍液，或77%可杀得可湿性粉剂500倍液，或50%琥胶肥酸铜可湿性粉剂500倍液，或新植霉素可湿性粉剂4 000倍液，隔7～10天一次，连续3次。

(13)苦瓜细菌性叶斑病：

①症状。此病全生育期都发生，叶片、瓜条和茎蔓均受害。叶片受害初期在叶背产生许多油浸状小点，逐渐扩大成不规则油浸状灰绿色至暗绿色斑，边缘不明显，进一步发展成半透明灰褐至暗褐色坏死斑，最后使叶片坏死。茎蔓和叶柄染病，呈暗绿色油浸状，湿度大时流胶或腐烂。瓜条染病，在瓜条表面出现许多大小不等油浸状暗绿色不规则形病斑，以后随病害发展病瓜软化腐烂。有时病瓜表面产生灰白色菌液，病部坏死下陷，致病瓜畸形、干腐。

②发病规律。病菌可随病残体在土壤中越冬。种子也可带菌。播种带菌种子在种子萌发时侵染子叶引起幼苗发病。土壤中病残体所带病菌，可借雨水或浇水传播到瓜秧下部叶片或瓜条上引起发病，发病后病部溢出菌脓，借风雨及浇水或叶面结露和叶缘吐水滴落、飞溅传播，昆虫及农事操作也能传播。病菌由气孔、水孔、皮孔等自然孔口侵入，也可由瓜条伤口侵入，反

复侵染。病菌进入种子皮层，使种子内带菌。病菌生长温度4～38℃，25～27℃繁殖速度最快。病菌扩散、传播和侵入均需相对湿度90%～100%和有水膜存在。种植过密、通风不良，或重茬病情较重。

③防治方法。重病田实行与非瓜类作物两年轮作，用无病土育苗。进行种子灭菌，可用40%福尔马林150倍液浸种1.5小时，或用1%稀酸溶液浸种两小时后，用清水洗净再催芽播种。也可用种子重量0.4%的47%加瑞农可湿性粉剂拌种。加强田间水肥管理，尽量在露水干后进地操作。避免田间积水和漫灌。

发病初期及时用药防治。可选用47%加瑞农可湿性粉剂800倍液，或77%可杀得可湿性粉剂500倍液，或25%噻枯唑3 000倍液，或新植霉素5 000倍液喷雾。保护地选用5%加瑞农粉尘剂或5%脂铜粉尘剂1千克/亩喷粉，防治效果更好。

(14)苦瓜病毒病：

①危害症状。苦瓜病毒病分为花叶型、皱缩型和混合型。花叶型最为常见，染病初期幼叶呈浓淡不匀的镶嵌花斑，严重时叶片皱缩、变形，果实畸形或不结瓜。发病早的能引起全株萎蔫。

②发病条件。病原为黄瓜花叶病毒和甜瓜花叶病毒。病毒由蚜虫、蜜蜂、蝴蝶等昆虫以及人工摘花、摘瓜、整枝、绑蔓等田间作业传播，种子也能传染。高温、强日光、干旱有利于病害发生。

③防治方法。实行轮作、深翻改土，结合深翻，土壤喷施"免深耕"调理剂，增施有机肥料、磷钾肥和微肥，适量施用氮肥，改善土壤结构，提高保肥保水性能，促进根系发达，植株健壮。

选用抗病品种，培育无菌壮苗，减少病害发生。种子用10%磷酸三钠或500倍高锰酸钾药液消毒。搞好肥水管理，调控好植株营养生长与生殖生长的关系，促进植株长势健壮，提高营养水平，增强抗病能力。发现少量病株立即拔除，铲除病源。

在及时消灭蚜虫的同时，可喷天达裕丰(1 000～1 500倍)＋天达2116(600～1 000倍)药液，每10～15天一次，连喷3～5次。或用83增抗剂100倍液在定植前后各喷一次，后继续喷洒天达裕丰＋天达2116，每10～15天一次，连喷3～4次，即可有效控制苦瓜病毒病的发生与蔓延。

(15)苦瓜根结线虫病：

①危害。苦瓜根结线虫危害性较大，轻者植株生长缓慢，重者植株明显矮小，叶片发黄，结瓜不良，植株萎蔫，最后枯死。危害根部时，多发生在侧根及须根上，形成许多小瘤状虫瘿，表面粗糙，浅黄色或深褐色，最后植株枯死。

②防治方法。培育壮苗：宜选择地势高，排灌良好，未种过瓜类、茄科作物(最好是种过大葱)的地块作苗床。捡净残枝、烂叶和草根，深翻后烤晒7天，然后按每平方米施腐熟农家肥20千克、10%福气多颗粒剂10克，深翻10厘米，药、肥、土混匀，耙平畦面。将种子浸泡10小时，再用菌线威2 000～2 500倍液浸种15分钟，然后洗净沥干，用湿布包好置于室内催芽。

整地：前茬收完后及时将土地深翻并烤晒至白，然后整地，每亩撒施鸡粪6 000千克、三元复合肥50千克、10%福气多6～7千克，深翻25～30厘米，整平待用。

③定植。定植时用1.8%阿维菌素2 000～2 500倍液，或菌线威3 500～4 000倍液，或5%淡紫拟青霉3 000～4 000倍液灌定植穴，每穴灌药液100克左右，防治苗坨中残存的根结线虫侵入土壤。

④田间管理。开花坐瓜前应及早用杀线剂灌根2～4次，可基本保证整个生育期不受根结线虫侵染。灌根时可任选以下一种方法：1.8%阿维菌素1 000～1 200倍液，每株灌液250克左右，隔10～15天一次，连灌3次；菌线威3 000～3 500倍液，每株灌液250克左右，隔10～15天一次，连灌3次；50%辛硫磷乳油600～800倍液，每株灌液250克左右，隔7～10天一次，连灌4次。

2. 生理病害

(1)苦瓜旺棵不坐瓜：

①症状。植株长势过旺，叶片厚而大，茎秆粗壮，节间长，开花少，坐瓜少，影响苦瓜的产量。

②症状分析。苦瓜旺了棵子坐不住瓜是由于苦瓜的养分主要用于苦瓜植株的生长，即营养生长过盛，生殖生长不足。苦瓜营养生长过旺还导致苦瓜商品性差，出现弯瓜、尖嘴瓜、化瓜等。苦瓜旺了棵子的原因主要有夜温过高，施用化学肥料过多等。

③解决办法。控制夜温：夜温过高，苦瓜容易出现旺了棵子不坐瓜的情况，下午要晚关通风口，早上要及时通风调整苦瓜棚内的温度，一般苦瓜正常生长合适的夜温为上半夜16～18℃，下半夜12～15℃。要注意早上棚内的温度不要超过15℃，同时也不要低于10℃，这样可避免出现苦瓜旺了棵子的情况。

调控植株长势：可叶面喷洒甲壳丰等以调节苦瓜的长势，使苦瓜的养分达到合理供应，使养分由主要供应植株生长适当转为供应果实的生长，可促进苦瓜多坐瓜。也可在苦瓜长到3～9片真叶时叶面喷洒助壮素、矮壮素或增瓜灵等，避免苦瓜出现过旺生长的情况，但在喷洒生长调节剂时要注意做好试验，避免因用药量过大而造成药害。可于晴天的下午进行喷洒。

少施氮肥：在施用肥料时不可过量施用氮肥，如磷酸二铵或高氮复合肥等，可多施生物肥，并适当增施钾肥，利于调整苦瓜的长势，促进苦瓜多坐瓜。

(2)苦瓜裂果：

①症状。苦瓜开花后两周至苦瓜收获前，经常可见苦瓜裂开，种子暴露或脱落。

②发生原因。一是苦瓜成熟后易开裂。二是夏季突然遇有风雨袭击。三是染有蔓枯病的果实遇有上述情况易开裂。

③防治方法。夏季要掌握在风雨来临前及时采收，减少裂果。生产上要及时防治蔓枯病，具体方法参见苦瓜蔓枯病。

(3)苦瓜果实表面无疙瘩：

①症状。瓜条刺瘤变小、变少，表面有的有“蚂蚱纹”或裂纹，严重时瓜条变得光滑无棱。

②发生原因。花芽分化期用药不当，如杀菌剂浓度过大。有些菜农乱用蘸花药，将强力坐果灵与其他几种农药混用，导致原本有棱瘤的苦瓜变得棱少、棱小甚至无棱，裂瓜现象也增多。萘乙酸浓度过大，也出现棱少棱小现象。苗期受高温影响，再加上昼夜温差小，导致花芽分化不良，植株生长过旺，营养向瓜条输送少，也会造成棱稀少、无棱的现象。肥料中激素含量过高。冬春季节，为了养根护根，多采用水冲肥作追肥，多数水冲肥中含有增根的激素，施用过多，也会导致苦瓜无棱瘤。苦瓜同黄瓜一样，都喜高温，在30℃以上、35℃以下时能正常开花结瓜。如果秋冬茬苦瓜定植早，温度高，有些菜农为了控制水分防止徒长，苦瓜毛细根受到了伤害。进入冬季以后，温度降低，原本生长不好的毛细根又受低温影响，生根难，根系不下扎，春节过后气温开始回升，受伤的根系生长在土壤表面，根系少，生长不良，吸收营养的能力自然

减弱，地下营养供应不上，根系干瘪直接影响了苦瓜顶部叶片的生长，使顶叶发黄，也影响到了苦瓜瓜条的生长，使苦瓜变得光滑无棱。

③防止措施。苦瓜花芽分化期应合理调控温度，保证一定的昼夜温差，要求气温白天25℃左右，夜晚15～20℃。正确施用强力坐果灵等保果类激素。如果植株根系生长不良，可灌甲壳素类产品如甲壳丰2～3次，不能再灌激素类生根剂。严重时，选留离根部较近的侧蔓结瓜作为主蔓，将原来的主蔓剪掉，培养新的主蔓。同时加强肥水管理，合理施用杀菌剂防治白粉病、灰霉病等病害，注意喷药浓度不可过高。

(4)化瓜：

①症状。苦瓜幼瓜有时会自行萎蔫，这种现象称为化瓜。

②发生原因。一是气候不良，如花期遇连续阴雨天气，授粉受精不良，或温度过低、过高，阻碍果实发育，大棚内阳光不足。二是浇水施肥不当。如果水肥供应不足，光合产物减少，可能引起化瓜。若不进行科学施肥，氮过多，就会造成营养生长过旺，消耗大量养分，也引起化瓜。在结果初期，棚内高温干旱，尤其是土壤干旱时，由于肥料过多及水分不足而伤根，或浇水过多，土壤湿度大，地温和气温偏低而发生沤根，或根吸收能力减弱，都会出现化瓜。三是二氧化碳不足。棚室内夜间二氧化碳的浓度可高达500毫克/千克，而日出两小时后，植株吸收二氧化碳，使棚室内二氧化碳浓度降到100毫克/千克，这样就影响苦瓜植株制造养分，会因营养不足而引起化瓜。四是病害或机械损伤。

③防止措施。培育壮苗。加强土、肥、水管理，促进发根。进行人工辅助授粉，提高坐果率。冬春季节注意增施二氧化碳气肥。加强棚内通风换气，以减少病害发生。

(5)苦瓜低温危害：

①症状。不发根或花芽不分化，叶片呈黄白色，较重的导致外叶枯死或部分真叶枯死，重病株呈水渍状后干枯死亡。

②防治。农业防治：选用耐低温品种。育苗期定植前一周开始把育苗棚膜逐渐掀开以适应外界低温。选择晴天定植，霜冻前浇小水。整个冬季尽量少浇水，大寒期间严禁浇水，必须浇水时也要保证浇水后的几天都是晴暖天，还要做到“下午不浇上午浇、阴天不浇晴天浇、清水不浇肥水浇”。采用地膜覆盖。熏烟或临时补温。受冻后注意缓慢升温。

药剂防治：喷洒链霉素500毫克/千克，或喷洒27%高脂膜乳剂800～100倍液，或巴姆兰丰收液200倍液。

(6)苦瓜气害：

①氨气危害。危害症状：造成叶片叶缘变黄，逐渐变成褐色，直至整个叶片干枯死亡。

气体来源：未腐熟的有机肥和施用过量氮肥以及化工厂排放的废气。

预防方法：远离化工厂建棚室。施入充分腐熟的有机肥，尽量少施用化肥。及时摘除受害叶片，加强肥水、温度管理，注意通风换气。也可在叶背面喷1%食醋液，减轻危害症状。

②亚硝酸气危害。危害症状：受害叶片的叶缘和叶脉间出现水浸状斑纹，慢慢变成白色斑点或斑块，2～3天后叶片干枯。

气体来源：过量施用速效氮肥，造成土壤过度酸化和盐渍化。

预防方法：施用充分腐熟的有机肥，避免过量施用速效氮肥。可叶面喷施纳米磁能液2 500倍液解除。

③一氧化碳和二氧化硫。危害症状：叶缘与叶脉间出现白化，形成斑枯，甚至整个叶片漂

白。

气体来源:大工厂排放的废气、棚室炉火加温、施入末腐熟的有机肥。

预防方法:不在大工厂附近建造棚室,尽量不用明火加温,施用充分腐熟的有机肥,注意通风换气,喷 0.5%石灰水可缓解危害。

④乙烯和氯气。危害症状:叶片叶缘或叶脉间发黄枯死。

气体来源:劣质棚膜。

预防方法:使用新棚膜的前几天要通风换气。

⑤氟化氢。危害症状:叶缘或叶尖呈水浸状,逐渐变为黄褐色或黑褐色,以后枯死脱落。

气体来源:化工厂排放的废气。

预防方法:不在大工厂附近建造棚室。

3. 虫害

(1)瓜实蝇:

①危害特点。成虫以产卵器刺入瓜表皮内产卵,幼虫孵化后即转入瓜内取食。受害瓜先局部变黄,而后全瓜腐烂变臭,大量落瓜,即使不腐烂,刺伤处也凝结流胶,畸形下陷,果实硬实,瓜味苦涩。

②发生规律。成虫白天活动,夏天白天中午高温烈日时,静附于瓜棚或叶背。对糖、酒、醋及芳香物质有趋性。雌虫产卵于嫩瓜内,每次产几粒至 10 余粒。幼虫孵化后即在瓜内取食,将瓜蛀食成蜂窝状,以致瓜条腐烂、脱落。老熟幼虫在瓜落地前或落地后弹跳落地,钻入表土层化蛹。卵期 5~8 天,幼虫期 4~15 天,蛹期 7~10 天,成虫寿命 25 天。

③防治方法。用香蕉皮 80 份、90%敌百虫晶体 1 份、香精 2 份,加水调制成糊状毒饵,直接涂于瓜架上或装入容器挂于瓜架上,每亩放置 20 个点,每点放置 25 克。将黄色纸板或胶板涂上凡士林置于大棚中,每亩约放 20 块,对成虫有较好的诱杀效果。及时摘除被害瓜,喷药处理烂瓜,并要深埋。

在成虫盛发期,选择中午或傍晚喷洒 35%驱蛆磷乳油 2 000 倍液,或 50%敌敌畏 1 000 倍液,或 2.5%溴氰菊酯3 000倍液,3~5 天喷一次,连续喷 2~3 次。

(2)瓜蚜:瓜蚜就是棉蚜,俗称蜜虫、油虫等,属同翅目蚜科。瓜蚜是世界性的害虫,在我国也遍布各地。

①危害症状。瓜蚜的成虫及若虫栖息在瓜类叶片背面和嫩梢嫩茎上吸食汁液。瓜前嫩叶及生长点被害后,植株提前枯死,大大缩短了结瓜期,减少瓜的产量。此外,瓜蚜能传播病毒病。

②发生规律。瓜蚜无滞育现象,因此,只要具有瓜蚜生长繁殖的条件,可周年发生。北方冬季可在大棚的瓜类作物上继续繁殖。春季当气温稳定到 6℃以上,越冬卵开始孵化。越冬卵孵化一般多与越冬寄主叶芽的萌芽相吻合。当气温达 12℃时,在冬寄主上进行孤雌胎生繁殖 2~3 代。在 4~5 月初,产生有翅胎生雌蚜,从冬寄主迁飞到瓜田和棚室内繁殖危害。秋末冬初气温下降,不适于瓜蚜生活时,瓜蚜就产生有翅蚜,有规律地向冬寄主转移。瓜蚜活动繁殖的温度范围为 6~27℃,16~22℃最适于繁殖。瓜蚜繁殖速度与气温关系密切,夏季 4~5 天一代,春秋季 10 余天一代,冬季棚室内蔬菜上 6~7 天一代。每头雌蚜可产若蚜 60~70 头,且世代重叠严重。瓜蚜具有较强的迁飞和扩散能力。瓜蚜的扩散主要靠有翅蚜的迁飞、无翅蚜的爬行及借助于风力或人的携带。干旱气候有利于瓜蚜发生,夏季在温度和湿度适宜时,也

能大量发生。一般离瓜蚜越冬场所和越冬寄主植物近的大棚受害重。有翅蚜对黄色有趋性，对银灰色有负趋性，有翅蚜迁飞还能传播病毒。瓜蚜的天敌很多。在捕食性天敌中，蜘蛛占有绝对优势，占天敌总数的75%以上。此外，还有瓢虫、草蛉、食蚜蝇、蚜茧蜂等多种天敌。

③防治方法。生物防治：选用高效低毒的农药，避免杀伤天敌。有条件的地方可人工助迁或释放瓢虫（以七星瓢虫为好）和草蛉来消灭蚜虫。

物理防治：育苗时小拱棚上覆盖银灰色薄膜，定植后大棚内挂银灰膜条，棚室的放风口设置纱网，减少蚜虫迁入。用宽30厘米、长60厘米的木板或纸板，漆成黄色，外涂机油，均匀插于棚室内，可诱杀有翅蚜，减少危害。

药剂防治：用22%敌敌畏烟剂每亩0.5千克，或灭蚜宁每亩0.4千克，分放4～5堆，用暗火点燃，闭棚熏烟3～4小时。用10%吡虫啉可湿性粉剂1 000倍液，或2.5%功夫乳油3 000倍液，或20%速灭杀丁乳油3 000倍液，或2.5%天王星乳油3 000倍液，或5%鱼藤精乳油500倍液喷雾。喷洒时应注意使喷嘴对准叶背，将药液尽可能喷到瓜蚜体上。为避免瓜蚜产生抗药性，应轮换用不同类型的农药。

(3)蓟马：蓟马属缨翅目蓟马科，是一种杂食性害虫。

①危害特点。成虫和若虫均危害心叶、嫩芽。被害叶形成许多细密而长形的灰白色斑纹，使叶子失去膨压而下垂，严重时扭曲、变黄枯萎。蓟马还可传播植物病毒病。

②生活习性。以成虫、若虫在未收获的寄主叶鞘内、杂草、残株间或附近的土里越冬。翌年春成虫、若虫开始活动危害。成虫活泼善飞，可借风力传播。成虫怕光，白天多在叶背或叶腋处，阴天和夜里到叶面上活动取食。5～6月份是危害盛期。能孤雌生殖，整个夏季几乎全是雌虫。初孵若虫群集危害，稍大后分散。蓟马喜欢温暖和较干旱的环境条件，冬季可在冬暖大棚中继续危害。

③防治方法。农业防治：早春清除田间杂草和残株落叶，集中处理，压低越冬虫口密度。平时勤浇水、除草，可减轻危害。

药剂防治：防治蓟马可喷洒下列药剂：0.3%苦参碱水剂1 000倍液，或80%敌敌畏乳油1 500倍液，或50%辛硫磷乳油1 500倍液，或21%灭杀毙乳油1 500倍液，或20%复方浏阳霉素乳油1 000倍液。喷药时注意喷心叶及叶背等处。

(4)白粉虱：

①危害特点。成虫、若虫群集叶背吸食汁液，被害叶片褪绿变黄、萎蔫，甚至全株枯死，分泌蜜露诱发煤污病，还可传播病毒病。

②生活习性。一年发生多代，世代重叠，以各种虫态在冬暖大棚蔬菜上越冬或继续危害。成虫具有趋黄、趋嫩、趋光性。可孤雌生殖。喜食植物幼嫩部分，若虫孵化后3天内在叶背可短距离移走，然后营固定生活。

③防治方法。农业防治：冬季育苗要清除残株杂草，熏杀残余成虫，培育无虫苗。结合整枝打杈，摘除带虫老叶，带出田外处理。

物理防治：在白粉虱发生初期，将黄板涂机油等黏性剂置于保护地内与植株高度齐平，诱杀成虫。

生物防治：可利用丽蚜小蜂、草蛉等控制白粉虱危害。丽蚜小蜂的利用方法：首先将寄生卵制成放蜂卡，放蜂卡的制作应做到防雨、防晒及防止捕食性天敌的破坏，以保证释放到田间的丽蚜小蜂能够有效羽化、存活。白粉虱发生初期单株虫量0.5～1头开始释放，每亩5 000～

10 000 头，隔 7～10 天释放一次，连续释放 3～4 次。放蜂时，将卵卡挂在每个放蜂点植株中部的主茎上。小蜂与白粉虱在低数量水平上保持数量平衡后，可以停止放蜂。注意棚室保温，夜间温度最好保持在 15℃以上。

④药剂防治。每亩用 22%敌敌畏烟剂 0.5 千克，于傍晚密闭熏杀成虫。或每亩用 80%敌敌畏乳油 0.3～0.4 千克，加锯末适量，点燃(无明火)熏杀。虫害发生初期及早喷洒下列药剂防治：25%扑虱灵可湿性粉剂 1 500 倍液，或2.5%天王星乳油 3 000 倍液，或 20%灭扫利乳油 2 000 倍液，或 0.3%苦参碱水剂 1 500 倍液。喷药时注意先喷叶片正面，然后再喷叶背面。

(5)美洲斑潜蝇：美洲斑潜蝇属双翅目潜蝇科，俗称"小白龙"。

①危害特点。幼虫以蛀食叶片上下表皮间的叶肉细胞为主，常在叶片上形成曲曲弯弯的蛇形隧道。隧道前端较细，随幼虫长大，后端隧道较粗。成虫的取食和产卵孔也造成一定危害，影响光合作用和营养物质的输导，同时传播病毒病。

②防治方法。农业防治：害虫发生初期，定期清除虫叶，杀灭幼虫。

生物防治：美洲斑潜蝇的天敌有潜蝇茧蜂、绿姬小蜂、双雕小蜂等，利用天敌可减轻虫害。

药剂防治：在化蛹高峰期后 8～10 天喷洒下列药剂防治：48%乐斯本乳油 1 000 倍液，或 1.8%爱福丁乳油1 000倍液，或 10%烟碱乳油 1 000 倍液。

(6)茶黄螨：茶黄螨属蛛形纲蜱螨目跗线螨。

①危害症状。成螨和幼螨聚集在植株幼嫩部位，特别是生长点周围，以刺吸式口器吮吸植物汁液，轻度危害时叶片张开较慢，叶缘增厚，浓绿皱缩。严重危害时，瓜蔓顶部叶片变小变硬，叶片背面黄褐色至灰褐色，有油质光泽，叶缘向下翻卷，最后生长点呈暗褐色枯死，不发新叶，植株停止生长。幼茎受害变为黄褐色，植株扭曲变形。由于此虫个体小，肉眼难以观察识别，作物上发生此虫后，常误认为生理病害或病毒病。

②发生规律。以雌成螨在避风的寄主植物的卷叶中、芽心及芽鳞内和叶柄的缝隙中越冬。在北方地区，冬暖大棚内 5 月下旬开始发生，6 月下旬至 9 月中旬为盛发期。冬季主要在大棚的越冬瓜苗上继续繁殖和越冬。危害盛期为 7～9 月，10 月以后气温逐渐下降，虫口数量逐渐减少。以两性生殖为主，也进行孤雌生殖。卵多散产于叶背、幼果凹处或幼芽上。产卵 4～9 粒，产卵历期 3～5 天，平均每头雌螨产卵 17 粒，多的可达 56 粒。该螨在夏季发育较快，卵经 2～3 天孵化，幼螨期只有 1～2 天，若螨期只有半天到 1 天，完成一个世代通常只需 5～7 天。传播蔓延除靠本身爬行外，还可借助于风力及人为的携带作远距离传播。发育的适宜温度为 25～30℃，温度超过 35℃对其有抑制作用。湿度影响卵的孵化，卵孵化要求相对湿度在 80%以上。同时，高湿对幼螨和若螨的生存皆有利。

③防治方法。及时铲除田间、地头杂草，在前茬瓜类和茄果类收获后及时清除枯枝落叶，集中烧毁或深埋，以减少越冬虫源。培育无虫苗。

药剂防治的关键是及早发现及早防治。可用 20%敌敌畏塑料块缓释剂，每立方米 7～10 克熏蒸。也可用 73%克螨特乳油 1 200 倍液，或 5%尼索朗乳油 2 000 倍液喷雾，重点是植株上部嫩叶背面、嫩茎和幼果。

(7)苦瓜朱砂叶螨：

①危害症状。朱砂叶螨以成、若螨在苦瓜的叶背吸取汁液，使叶面水分蒸腾增强，叶绿素变色，光合作用受到抑制，从而使叶面变红、干枯、脱落，甚至枯死，降低产量和影响品质。

②发生规律。早春温度上升到 10℃时，朱砂叶螨开始大量繁殖。成、若螨靠爬行、风雨及

农事作业进行迁移扩散。朱砂叶螨以两性生殖为主,也可行孤雌生殖。卵散产,多产于叶背,一头雌螨可产卵50～100粒。不同温度下,各螨态的发育历期差异较大。在最适温度下,完成一代一般只要7～9天。高温低湿有利于繁殖,温度在25～28℃,相对湿度在30%～40%,产卵量、存活率最高。温度在20℃以下,相对湿度在80%以上,不利其繁殖。温度超过34℃,停止繁殖。早春温度回升快,朱砂叶螨活动早,繁殖快,苦瓜受害也较重。冬暖大棚栽培苦瓜由于温度高,发生早,危害重。

③防治方法。农业防治:清除棚室四周杂草,前茬收获后,及时清除残株败叶,用以沤肥或销毁。避免过于干旱,适时适量灌水,注意氮、磷、钾肥的配合施用。

生物防治:朱砂叶螨天敌很多,有应用价值的有瓢虫、草蛉、蜘蛛、食螨瘿蚊等,有条件的地方可以引进释放或田间保护利用。

药剂防治:在瓜田点片发生阶段及时进行防治,以免暴发危害。近几年由于连年使用有机磷农药,叶螨已产生了抗性,要经常轮换化学农药,或使用复配增效药剂和一些新型的特效药剂。可用40%菊马乳油2 000～3 000倍液,或20%复方浏阳霉素乳油1 000～1 200倍液,或73%克螨特1 000倍液,或5%的尼索朗乳油3 000倍液,或25%灭螨猛可湿性粉剂1 000～1 500倍液,或螨虫素可湿性粉剂1 000倍液,喷雾防治。

(胡永军　丁加刚　王石磊)

第十四章　大棚丝瓜栽培

一、选 用 良 种

1. 寿光长绿丝瓜

(1)品种来源:寿光菜农筛选的适宜大棚栽培的长果型优质丝瓜品种。

(2)特征特性:植株蔓生,蔓长4米以上。叶片为掌状5裂单叶,长、宽均25厘米左右。花黄色。商品嫩瓜长棒形,果皮绿色,皮薄,瓜长70～90厘米,横径3～5厘米,上下粗细均匀,单瓜重一般250～550克。瓜肉白色,无筋,味甜质嫩,品质上乘。结瓜早,主蔓第5～8节出现第1雌花,第10节左右结第1瓜。结瓜性特别强,一般每隔3～5节结1瓜,肥水条件好时,能连续2～4节每节结瓜。雌花授粉后12～15天,瓜粗(横径)达到3～5厘米时,可采摘上市。

(3)适作茬口:适宜大棚冬春茬和早春茬栽培。

2. 寿光中绿丝瓜

(1)品种来源:寿光菜农筛选的适宜大棚栽培的中果型优质丝瓜品种。

(2)特征特性:植株蔓生,生长健壮,分枝力强。保护地栽培节节显雌花。瓜长圆柱形,长50～60厘米,横径4～5厘米,单瓜重300～500克。果皮淡绿色,果肉厚、乳白色,品质上等。耐热、耐涝、耐老,耐旱力较差。

(3)适作茬口:适于大棚冬春茬和特早春茬栽培。

3. 黄皮线丝瓜

(1)品种来源:寿光菜农筛选的适宜大棚栽培的中长果型优质丝瓜品种。

(2)特征特性:植株蔓生,蔓长4米以上。叶片为掌状5裂单叶,长、宽约25厘米。花黄色。果实长棒形,果皮黄绿色,皮薄,果肉绿白色。瓜长60～80厘米,横径3～5厘米,上下粗细均匀,单瓜重250～500克。瓜肉白色,无筋,味甜质嫩,品质上乘。结瓜早,主蔓第6～9节出现第1雌花,第11节左右结第1瓜。结瓜性特别强,一般每隔3～5节结1瓜,肥水条件好时,能连续2～4节每节结瓜。雌花授粉后12～15天,瓜粗(横径)3～5厘米时,可采摘上市。

(3)适作茬口:适宜大棚冬春茬和特早春茬栽培。

4. 黑筋线丝瓜

(1)品种来源:寿光菜农筛选的适宜大棚栽培的中长果型优质丝瓜品种。

(2)特征特性:植株蔓生,蔓长4米以上。叶片为掌状5裂单叶,长、宽均25厘米左右。花黄色。果实长棒形,果皮绿色,有8条黑筋,皮薄,果肉绿白色。瓜长60～80厘米,横径3～5厘米,上下粗细均匀,单瓜重一般250～500克。瓜肉白色,味甜质嫩,品质上乘。结瓜早,主蔓

第 6～8 节出现第 1 雌花，第 10 节左右结第 1 瓜。结瓜性特别强，一般每隔 3～5 节结 1 瓜，肥水条件好时，能连续 2～4 节每节结瓜。雌花授粉后 12～15 天，瓜粗(横径)3～5 厘米时，可采摘上市。

(3)适作茬口：适宜大棚冬春茬和特早春茬栽培。

5. 五叶香丝瓜

(1)品种来源：江苏地方品种。

(2)特征特性：极早熟，坐瓜节位低，一般从第 5 节开始结瓜，以上每节都能结瓜。瓜长 26～30 厘米、粗 6.5 厘米左右，圆柱形，肉厚，单瓜重 500 克左右。瓜绿色，有弹性，香味浓，商品性好。耐低温，耐弱光，早期易坐果。适宜密植，抗病虫能力强，丰产性好。适宜保护地早熟栽培和露地栽培。五叶香丝瓜因结瓜节位低、适合密植、坐瓜率高，所以丰产性好，每亩产量可高达 7 000 千克，效益高。

(3)适作茬口：适宜全国各地露地或保护地栽培。

6. 济南棱丝瓜

(1)品种来源：济南郊区地方品种。

(2)特征特性：植株生长势较强，分枝力强。叶片心脏状五角形，色绿较浓。瓜棍棒形，皮绿色，无茸毛，果实一般有 10 条棱。瓜长 30～50 厘米，横径 4～6 厘米，单瓜重 300～800 克。瓜肉白色，品质好。该品种耐热，不耐寒，较耐湿，病虫害少。从播种至第 1 果生理成熟约需 180 天。山东地区农家庭院多有栽培。因主、侧蔓繁茂，攀缘性强，单株平架面积需 40～50 米^2。近年来利用冬暖塑料大棚翻秋播种，反季栽培，从越冬期供果，持续供果期可延续到第 2 年秋后，采收供果期长达 270 天，亩棚室可产 8 000 千克以上。若以双依丝瓜或黑子南瓜为砧木，培育嫁接苗于棚室栽培，能有效防止枯萎病发生，产量更高，每亩棚室可产商品瓜 1 万～1.2万千克。

(3)适作茬口：适宜大棚冬春茬、特早春茬和越夏延秋茬栽培。

7. 夏棠 1 号丝瓜

(1)品种来源：华南农业大学园艺系育成。

(2)特征特性：植株攀缘生长势强，分枝较少，结瓜节位低，第 1 雌花出现后，节节着生雌花。瓜长棒形，有棱 10 条，瓜长 45～60 厘米，横径 4～5.5 厘米，头尾匀称，外皮青绿色，单瓜重 400～600 克。食味好，爽脆，品质佳。早熟，耐热，耐涝，耐肥，适应性强。适于华南地区露地栽培，也适用于北方地区棚室保护地反季节栽培。在山东寿光，该品种于冬暖大棚保护地越冬茬栽培，其产量表现不亚于济南棱丝瓜。

(3)适作茬口：适宜全国各地露地或保护地秋冬茬、冬春茬栽培。

8. 广东青皮丝瓜

(1)品种来源：引自广东省。

(2)特征特性：别名皱纹皮、绿豆青、软皮丝瓜等。植株分枝力和生长势都强，植株繁茂。叶片掌状 5～7 裂，色绿。第 1 雌花一般着生于主蔓第 9～16 节。瓜长棒形，有 10 条棱，有皱纹，长 40～50 厘米，横径 4.5～5.5 厘米，单瓜重 200～600 克。果皮色绿或黄绿，皮薄，肉厚，品质优良。该品种在山东寿光露地栽培表现晚熟，很少露地栽培。利用大棚保护地栽培，因延长生育期，尤其延长持续结瓜期，故能获高产，亩棚室产瓜 8 000 千克以上。该品种耐热、耐湿，抗病性较强，不耐寒。主、侧蔓都较长，支架栽培时密度不宜过大。

(3)适作茬口：适宜全国各地露地或保护地秋冬茬、冬春茬栽培。

9. 广东八棱丝瓜

(1)品种来源：广东地方丝瓜品种。

(2)特征特性：植株蔓性强，枝叶繁茂，叶片掌状七角形，绿色。主蔓第 6～7 节着生第 1 雌花。瓜棍棒形，基部细，后端粗，长 35～40 厘米，横径 4～5 厘米，单瓜重 150～200 克。瓜皮绿色，质地较硬，无茸毛，有明显棱线 8～10 条。瓜肉白色，质较脆嫩，水分多，品质佳。生育期 180～200 天。耐热、耐湿，不耐寒，较抗病。露地栽培，或利用冬暖大棚反季节栽培，其产量不亚于青皮丝瓜，成熟期较青皮丝瓜早。

(3)适作茬口：适宜全国各地露地或保护地秋冬茬、冬春茬栽培。

10. 雅绿丝瓜

(1)品种来源：广东省农业科学院蔬菜研究所推出的优良丝瓜品种。

(2)特征特性：单瓜重约 300 克，瓜长 55 厘米，横径 4 厘米，头尾匀称，皮色绿，棱色乌，品质佳。坐瓜性好，单株结瓜数多。在山东寿光，利用冬暖大棚保护地越冬茬栽培，一般亩产瓜超过 8 000 千克。该品种突出特点是早熟、丰产、优质。

(3)适作茬口：适宜全国各地露地或保护地秋冬茬、冬春茬栽培。

11. 乌皮丝瓜

(1)品种来源：广州郊区地方品种。

(2)特征特性：叶浓绿色。主蔓 8～12 节着生第 1 朵雌花。瓜长棒形，长 40 厘米，横径4.2 厘米。瓜皮浓绿色，皮稍薄，皱纹较少，具 10 棱，棱边深绿色。肉白色，品质好，较耐贮运。单瓜重 500 克左右。适宜华南地区春、秋两季露地栽培，适于北方地区棚室保护地栽培。其产量表现与夏棠 1 号丝瓜大体相同。

(3)适作茬口：适宜全国各地露地或保护地秋冬茬、冬春茬栽培。

12. 三喜丝瓜

(1)品种来源：台湾农友种苗公司育成的杂交一代早熟种。

(2)特征特性：茎蔓较细，在长日照期间仍能结瓜，常连续数节结瓜。瓜形细长，果肩较粗，瓜长 30～40 厘米，横径 4.4～5.0 厘米，单瓜重 250～350 克。皮青绿色，肉白绿色，不变黑，品质细嫩，商品性好，适于外销。

(3)适作茬口：适宜全国各地露地或保护地秋冬茬、冬春茬和特早春栽培。

13. 景美

(1)品种来源：台湾力禾种苗公司。

(2)特征特性：中熟，叶大小中等，果皮绿，略带白雾，结实集生，可连续结 4～5 果，后期果实结成多，果长 45～50 厘米，横径 5 厘米。开花后 8～10 天开始采收。商品性好。果短粗，适于装箱运输。

(3)适作茬口：适宜大棚早春茬栽培。

14. 玉女

(1)品种来源：河南中亚农业科技发展有限公司育成。

(2)特征特性：植株蔓生，生长健壮，分枝力强。保护地栽培节节显雌花。瓜长圆柱形，长 60 厘米，横径 4～5 厘米，单瓜重 300～500 克。瓜皮淡绿色，瓜肉厚，乳白色，品质上等。耐热，耐涝，耐老，耐旱性较差。

(3)适作茬口:适于大棚冬春茬栽培。

15. 乳白早丝瓜

(1)品种来源:亚华种业蔬菜种子事业部育成。

(2)特征特性:植株蔓生,生长势强,节间较长。叶片掌状,茎棱形,以主蔓结瓜为主。第1雌花节位7~8节,以后每节着生雌花,早期每藤挂瓜6~8条,节成性好。在肥水供应均衡、充足的条件下,一般每节可着生1条瓜。瓜条中长、较粗、匀称、顺直,畸形瓜少,味微甜。瓜表皮乳白色,外被茸毛。商品瓜长30~32厘米,粗6~7厘米,单瓜重500~600克。采收期长,总产量高,裂果少。对霜霉病、白粉病的抗性较强。较耐低温、弱光。

(3)适作茬口:适宜早春和秋冬茬保护地栽培。

16. 江蔬1号

(1)品种来源:江苏省农业科学院蔬菜研究所育成的杂交1代早熟丝瓜。

(2)特征特性:主蔓结瓜为主,第1雌花着生于4~6节,连续结瓜能力强,肥水充足可同时坐瓜3~4条。瓜长棒形,长45厘米左右,粗5.0厘米,单瓜重450克左右。皮薄色绿,瓜肉绿白色,清香味甜,从开花至采收仅需7天。耐低温,早熟,抗病,商品性佳,耐老化,前期产量高。对霜霉病、病毒病、根结线虫病有较强的抗性。耐低温、耐弱光性能好。

(3)适作茬口:适宜大棚早春茬栽培。

二、育苗技术

丝瓜原产印度亚热带地区,喜温暖,怕寒冷,棚室反季节栽培时,一定要满足丝瓜生长所需的温度条件。在我国北方大部分地区,冬春季节多寒冷,极端低温在-10℃以下。在这种外界条件下,如果棚室建造的结构不合理、质量差,不能很好地采光、升温、保温,不能满足丝瓜生长的最低温度条件,植株将受到冷害或冻害,产量受到影响甚至绝收,影响经济效益。

1. 常规育苗技术

(1)浸种消毒催芽:首先确定用种量:普通丝瓜每亩用种子0.5~0.75千克,棱丝瓜每亩用种子0.75~1.0千克。因丝瓜种子的种壳较厚,播种前宜先浸种和催芽。将种子放入60℃的热水中搅动浸泡20~30分钟后,将种壳表面的黏液搓洗掉,然后换上30℃的温水泡种3~4小时,捞出放入10%磷酸三钠溶液中浸15~20分钟消毒,再取出用清水淘洗两遍,即可置于28~32℃的高温条件下催芽。

浸种催芽时要注意:浸泡种子的时间不宜过长,若泡种时间过长,空气不易进入种子内部,反而因缺氧使种子发芽延缓。催芽宜短不宜长,掌握当2/3的种子开口稍露白芽尖,呈现“芝麻白”时即可播种。

(2)育苗营养土配制:育苗床土的好坏与丝瓜幼苗生长和发育有很大关系。苗床土必须肥沃,富含有机物质,有良好的物理性状,保水力强,空气通透性好。用多年种植蔬菜的菜园土做苗床土,虽然土壤肥沃、物理结构好,但病原菌较多,往往导致苗期病害大量发生,如猝倒病、立枯病等。因此,不提倡用菜园土配制营养土,最好采用未种过菜的大田土壤,这些土壤中病菌少。床土以砂壤土为佳,加入适量充分腐熟的农家肥。农家肥不仅能迅速和持久地供给丝瓜幼苗生长发育需要的养分,还能改善床土的物理性状。常用的营养土配方有两种:一种是腐熟草炭50%,腐熟鸡粪15%,大粪干10%,田土25%;另一种是腐熟鸡粪40%,大粪干10%,田土50%。在500千克营养土中加过磷酸钙0.5～1千克。有机肥应占50%以上，否则土块板结，影响根系发育。黏重的土壤，营养土中可加入10%～20%粗沙或蛭石，以降低营养土的黏度，提高土壤的通透性。

营养土一定要消毒，否则苗期病害多，造成的损失将无法挽回。消毒方法：一是用50%福美双或代森锰锌每平方米8～9克，与半干细土15千克拌匀，播种时1/3作垫子土，2/3作盖子土。二是用50%多菌灵或甲基托布津1份、干细土1 000份，配成药土，每平方米撒10千克，方法同上。

配制营养土时，一定要将土打碎、过筛，并混合均匀。配好的营养土可铺于耙平的育苗畦或温床内，平整后待播种。也可将营养土装入塑料钵、塑料筒或育苗盘中。

(3)建造营养钵(方块)苗床：培育自根丝瓜苗，一般用营养方块(钵)进行，方法如下：

①选择建苗床的地块。丝瓜虽然喜湿、耐涝，但苗期是它一生中耐涝力最弱的阶段。因此，苗床应建在距大棚近的较高燥的地方，或建在大棚内。

②筑造畦池。先将建苗床的地面整平，然后在地面之上筑造宽1.5～2.0米、长根据育苗面积需要、四周土埂高13～15厘米的畦池。畦池以南北向为宜。

③畦池内铺苗床营养土。先在整平的畦池底面撒上0.3～0.5厘米厚的细炉渣灰(过筛的)，然后于畦池内撒铺12厘米厚的苗床营养土(待浇水沉实后约10厘米厚)，将其搂平。苗床营养土的配制方法是：3～4份腐熟的厩肥等有机肥，配上7～6份园田土，要求过筛除去砖石等物，按每立方米营养土中加入草木灰4～6千克或硫酸钾1千克、尿素1千克、过磷酸钙2千克、50%多菌灵可湿性粉剂60～80克，将土、有机肥、化肥、农药混合均匀，即为苗床营养土。

④灌足苗床水，划割营养土方块。在播种前一天，将苗床灌足水，使营养土的湿度达到饱和状态，使床土沉实。水渗后约1小时，趁土湿度大时用小直刀将苗床营养土层划割为10厘米见方的营养土方块。划割的缝隙里要填上细炉灰或细干沙，使营养土方块互不连接，将来取苗时易带土块和减轻伤根。

若采用塑料钵育苗，可将高、宽均为10～12厘米的塑料钵排摆于苗床内，往钵内装满营养土，灌足苗床水，使钵内营养土吸足水分而沉实，待播种。

⑤灭菌防病与播种。播种前先将每个营养方块(钵)的中央处用小铲刀铲暄，接着于苗床面喷洒97%恶霉灵(土菌消)可湿性粉剂2 500～3 000倍液，或喷洒72.2%普力克水剂1 000倍液，预防丝瓜猝倒病、立枯病、炭疽病等苗期病害。然后于每个营养土方块(钵)的中央铲暄处点播1粒已催芽的种子。部分床面点完种后，即可于床面撒盖配好的营养土，种子上面撒盖覆土厚度2～2.5厘米。覆土不能太薄，太薄易发生落干现象或幼苗戴帽(带种壳出苗)；也不可覆土过厚，过厚出苗迟而不齐。全苗床播种完毕，再往畦面喷洒一遍杀菌药水，预防丝瓜猝倒病、立枯病等苗期病害。采用药剂有72.2%普力克(霜霉威)水剂800～1 000倍液，或97%恶霉灵(土菌消)可湿性粉剂2 500～3 000倍液，每平方米畦面喷洒1 000～1 500毫升。

(4)苗床管理：在播种前苗床灌足水的情况下，播种后不必洒水，靠底墒即可把覆土润湿。苗床需要设小拱棚保护。小拱棚保护的主要好处是：便于人为地调节控制苗床的光照、温度、土壤和空气湿度，使苗床环境适于幼苗健壮生长，促进花芽提早分化和多形成雌花；可避免因风雨侵袭苗床而感染细菌和真菌性病害；还可于小拱棚的两头通风口处设置纱网(20～24目的避虫网)，防止白粉虱、有翅蚜等害虫迁入苗床危害，避免传染病毒病。播种后一般6～8天出苗，在出苗期，小拱棚内的温度控制在白天25～32℃，夜间16～20℃。为保持苗床湿润和温度，一般通风时间变短，通风次数要少。

从出苗到2叶1心时定植，需25～30天。此期虽然植株地上部分生长缓慢，但地下部分生育较快，至2片真叶期，主根长达61厘米、侧根长12～15厘米，单株侧根数达29条左右。为促进花芽分化和多形成雌花，要特别注意光照时间和昼夜温度的调节。通过小拱棚遮光，使光照时间保持每天8～9小时，最长不超过10小时；苗床温度控制在昼温23～28℃，夜温13～18℃，昼夜温差10℃左右，并保持土壤湿润，有利于加速花芽分化和雌花形成。同时及时通风降温，防止因日照时间长和床温过高而形成徒长苗。

定植前3～4天要浇足苗床水，以便于定植取苗时带土坨完整和减轻伤根。

2. 丝瓜穴盘育苗技术

(1)丝瓜穴盘育苗的优点：丝瓜采用穴盘育苗有以下5方面的优点：

①有效地预防丝瓜苗期病害。丝瓜苗期病害大多为土传病害，而穴盘育苗是以珍珠岩、炉渣和砻糠灰为培养基质，这些基质本身不带病原菌，并且每次育苗都要更换新的，故能有效地防止苗期土传病害的发生。

②缩短瓜苗定植后的缓苗期。土制营养钵育成的苗移栽后一般需5～7天才能活棵，而穴盘育成的丝瓜苗由于苗体小，根须短，移栽时受损小，定植后只需2～3天便可转入正常生长。

③防止残留薄膜污染。土制营养钵是用塑料薄膜筒套装土制成，瓜苗移植后丢弃在田间的破旧薄膜不易被土壤微生物所降解，年复一年，残留薄膜不但会破坏土壤结构，而且影响了耕翻土地等农事操作。而穴盘育苗用的基质是不结成团块的分散体，具有较高的孔隙度，定植时随瓜苗根系带到田间能起到疏松土壤的作用。

④节省用工。土钵育苗每亩定植田需取土约1 000千克，还要与砻糠灰、肥料等拌和装钵，用工量和劳动强度都很大，在土钵育苗过程中如果丝瓜苗体长势过旺，还要拉钵疏苗。育苗过程中需经常用药防病。而用穴盘育苗，同样的苗数只需育苗基质15千克左右，大大减少了用工量，降低了劳动强度。

⑤提高了棚室利用率。一个40米长、8米跨度的棚室可育土钵苗约2万株；用穴盘育苗，采用63孔穴盘可育苗约7万株，将育苗棚室的利用率提高了3.5倍。另外，土钵育苗从播种至移栽约需占用棚室45天，而穴盘育苗只需25～30天，缩短了15天左右。

(2)育苗技术：

①播前准备。苗床面积的确定。一般63孔穴盘每平方米可育370株苗左右，因此，育苗床面积＝实际需苗数/370。

苗床制作：育苗床的净宽度一般为2米，长度按育苗多少决定。在贴地面铺一层不漏水的棚室膜，然后在上面布设电热线，布好后在电热线上横放直径2厘米左右、长度略短于苗床宽度的竹竿，竹竿之上再排放6列育苗穴盘。

穴盘准备：穴盘是聚苯乙烯发泡塑料制成的带孔穴的育苗板，现生产上常用的有两种规格，一种是40孔板，另一种是63孔板。初次使用无需消毒处理，重复利用时最好用72.2%的普力克，或杀毒矾、甲霜灵、多菌灵等溶液浸洗消毒。

育苗基质的配制：育苗基质常用珍珠岩、砻糠灰、过筛炉渣按1∶1∶1的比例混合，或只用珍珠岩与砻糠灰两种等比例混合。基质混好后用水浇透后再测试一下pH，以5.5～7为宜，接着将基质填满穴盘孔备用。

②播种。穴盘育苗的播期可由定植时间向前推 30 天左右。播期确定后，按常规方法先将种子进行消毒，温汤浸种或药剂消毒均可，然后放入恒温箱中催芽，催芽温度保持在 30℃左右。没有恒温箱的，可将种子装入容器中再放于电热温床上催芽，待种子破壳露芽后即可播种。播种与基质装盘也可同时进行，一面用混好的基质将穴盘孔填满，一面进行播种，每穴 1 粒种子，埋入基质不外露。将播完的穴盘顺序排放在电热线上的竹竿上面，全部播种结束后在排放好的穴盘上盖一层地膜保湿，苗床上加盖小拱棚保温，待 50%种子出苗后即揭去保湿薄膜。

③播后管理。及时补苗：丝瓜播种出苗后，如果缺苗多，应及时用催过芽的种子补种，对一些畸形苗和弱小苗也应拔去重新补种。

温度管理：出苗前白天温度保持在 25～30℃，夜晚 20℃左右。当温度低于此标准时应通电加温。出苗后白天温度保持在 25℃左右，夜晚 18～20℃，当白天低于 20℃、夜晚低于 15℃时要注意加温。如果出现温度过高的情况，则应通过揭去小棚膜、交替打开棚室门等措施降温。

水分管理：育苗穴盘对水分的吸储量不大，需要经常补充。供水方法是用喷壶喷洒，早晚进行，最好用井水。晴天应及时适量供水，阴雨天气适当控制水分供应，避免形成高脚瘦弱苗。

养分供给：丝瓜苗在第 1 片真叶出现后开始从外部吸收养料，此时应及时供给养分。养分供应可结合供水同时进行，即用喷壶喷施营养液。第 1 真叶期每两天喷一次，第 2 真叶出现至定植每天喷施一次，宜在早晚进行。如遇阴雨连绵的低温天气，养分供应可暂停。丝瓜穴盘育苗营养液的总体浓度应控制在 0.3%左右，有条件的可用电导仪测定溶液的电导率即 EC 值，适宜的 EC 值为 2 毫西门子/厘米左右。现在，育苗用营养液可从生产厂家购得母液，再按要求稀释后即可使用，十分方便。

光照管理：因穴盘育苗需经常喷施营养液，育苗床湿度较大，为防止瓜苗形成瘦弱苗，充足的光照是十分重要的。丝瓜苗在苗床期间，只要温度条件许可，应尽可能多地让幼苗见光，遇低温连阴雨天气，白天应将小拱棚上的草苫等遮光保温覆盖物揭去，并控制好苗床湿度，以利于育成健壮苗。

在正常情况下，丝瓜穴盘育苗从播种至定植历时 25～30 天，当瓜苗叶龄达 2 叶 1 心时便可移栽定植。

3. 嫁接育苗技术

(1)丝瓜嫁接育苗的意义：

①嫁接丝瓜抗病性显著增强。由于砧木根系对危害丝瓜的枯萎病、疫病有很强的抗性，因而发病率大大降低。

②嫁接丝瓜抗逆性增强。南瓜在土温 8℃左右能生长新根，而丝瓜对地温较敏感，丝瓜根系发育最适温度为 25～30℃，低于 12℃就不能正常生长，所以嫁接丝瓜耐低温能力显著增强，冬春季可比自根丝瓜早定植。嫁接丝瓜的耐酸性、耐盐性、耐旱性和耐寒性均强于自根苗丝瓜。

③嫁接丝瓜根系发达。嫁接丝瓜根系吸收能力强，植株生长健壮，同化能力强。

④嫁接丝瓜产量高、效益好。由于嫁接丝瓜具有抗病、抗逆性强的特点，故可以早定植、早收获，而且可以延长采收期，产量和效益明显高于自根丝瓜，在冬春茬丝瓜上广泛应用。

(2)嫁接育苗对砧木的要求：丝瓜嫁接要求所用嫁接砧木不仅抗病性能好，而且还不能降低丝瓜果实的品质。具体要求如下：高抗丝瓜土传病害。所用砧木对丝瓜枯萎病、疫病等高抗，抗病性稳定，不因栽培时期以及环境条件变化而发生改变。要求砧木根系发达，入土深，吸收范围广，耐肥水、耐旱能力强，抵抗低温能力强。与丝瓜的嫁接亲和力和共生力强而稳定，嫁接苗成活率不低于90%，嫁接苗定植后生长稳定，不出现中途夭折现象。要求所用砧木品种与丝瓜嫁接后不改变瓜的形状和颜色，不出现畸形瓜。不减小植株的生长势，也不造成植株徒长。

(3)常用的砧木品种：目前丝瓜嫁接栽培所用砧木主要有：

①黑子南瓜。根系强大，茎圆形，分枝性强。

②特选新土佐砧木。日本引进的杂交1代南瓜(笋瓜与中国南瓜的种间杂交种)，生长势强，吸肥力强，与丝瓜亲和力强，耐热、耐湿、耐旱、耐低温生长性强，抗枯萎病等土传病害。苗期生长快，育苗期短，胚轴特别粗壮。很少发生因嫁接而引起的急性凋萎，能提早成熟和增加产量，比自根苗减少氮肥30%。

③双依丝瓜。台湾农友种苗公司培育。亲和性良好，抗根结线虫能力强，丝瓜嫁接后生长发育强盛，结果早而多。双依丝瓜专作嫁接根砧之用，不可食用。

(4)嫁接技术要点：

①选用优良的砧木和接穗品种。目前丝瓜嫁接的砧木以黑子南瓜为主，另外，日本的新土佐南瓜、陕西的墩子南瓜等都表现出亲和力强、抗病性强、丰产性好的特点。接穗要求丝瓜品种对叶部病害有较强的抗性，瓜条形状要好，符合当地消费习惯。

②砧木苗和接穗苗培育。确定播期：嫁接苗龄主要依接穗而异，接穗是杂交种的，一般在定植前35天左右播种，常规种在定植前45～55天播种。以黑子南瓜作砧木，采用靠接法嫁接，接穗比砧木早播3～4天；采用顶接法的，接穗比砧木晚播3～5天。

砧木的催芽和播种：黑子南瓜先用55～60℃的热水搅拌烫种8～10分钟，然后使水温降到30～40℃，继续浸种6～12小时，揉搓种子，并清除损伤种子和杂质，用清水冲洗几次后，晾干种皮，用干净的湿毛巾或几层纱布包好，置于30℃处催芽，一般12～18小时即可出芽。为防止出芽不整齐，每隔4～6小时分拣出已出芽的种子进行播种，或用湿布包好，放在10℃阴凉处，待出齐后统一播种。

黑子南瓜播种：如果采用靠接法嫁接，采用点播法，把种子播到育苗盘内；如果采用插接法，则把南瓜播于营养钵或营养土方内，播种前浇透营养土，每钵(方)播1粒种子。播后覆盖细湿土1.5～2厘米。播种后尽量提高温度，促进出苗，保持白天温度28～30℃，夜间18～20℃。砧木下胚轴应培育得长一些，以便于嫁接操作，防止定植时因接合处离地面太近或埋入土中而感染病菌，插接要求5厘米，靠接要求6～7厘米。

培育接穗苗：丝瓜播于育苗盘中，可按常规育苗管理。

③嫁接方法。靠接法：又称“舌接”、“舌靠接”、“舌插接”，先播种丝瓜3～5天，再播种南瓜，选用生长高度相近的砧木和接穗进行嫁接。丝瓜播种后10～12天，幼苗的第1真叶已半展开，即“1叶1心”为嫁接适期。

嫁接操作时，从育苗盘中挖出南瓜和丝瓜幼苗，切勿伤其根系，并尽量使根系多带些土，先用竹签去掉南瓜的生长点，然后用刀在生长点下方0.5～1厘米处的胚茎上自上而下斜切一刀，切口角度为30°～40°，切口长度为0.5～0.7厘米，深度约为胚茎粗的一半。接穗切口方向与砧木相反，切口长度与砧木相近，接穗切口离生长点1～1.5厘米处向上斜切一刀，深度为胚茎粗的 3/5～2/3，然后将削好的接穗切口嵌插入砧木胚茎的切口内，使两者的切口吻合在一起，用夹子固定好嫁接处，或用塑料条缠好后再用曲别针固定好，使接口紧密结合。接好的苗，丝瓜子叶位于南瓜子叶之上，呈“十”字形。将嫁接后的两株苗栽在一个营养钵中，把两个根离开 1～2 厘米，靠接 10～15 天后伤口即可愈合，此时丝瓜的第 1 片真叶已舒展开，在接口下方 1 厘米处将接穗切断，即“断根”。在断根的前一天，最好把丝瓜接口下的胚茎捏一下，破坏其维管束，其好处是，断根后基本不用缓苗。断根后 2～3 天除去固定物(图 14-1)。

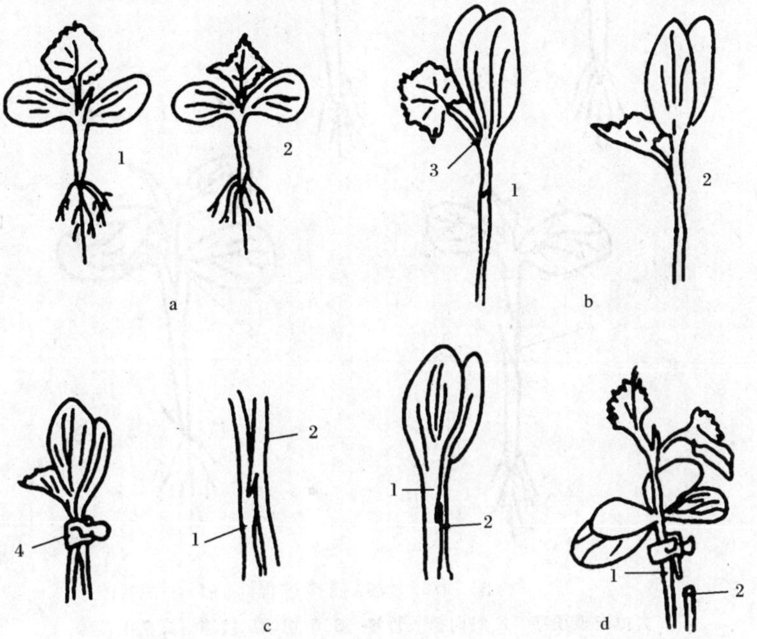

图 14-1 丝瓜靠接过程

a. 砧木与接穗 b. 砧木与接穗处理 c. 嫁接 d. 断根

1. 南瓜苗 2. 丝瓜苗 3. 摘除生长点 4. 嫁接夹

插接法：嫁接适期在丝瓜播种后 7～8 天，此时砧木第 1 片真叶有手指肚大，丝瓜两片真叶刚刚展开。嫁接时先将砧木生长点及真叶去掉，再用与接穗茎粗相同的竹签子从一侧子叶的基部向对侧朝下斜插 0.3～0.5 厘米，竹签子尖端不要插破表皮，也不要插入髓部。接穗在子叶下0.8～1 厘米处下刀，斜切两刀，切口长 0.6 厘米，切削好后，立即拔出竹签，将接穗插入孔内，并使接穗同砧木的子叶呈“十”字形。插接法操作简单，效果好，但是对温度要求严格(图 14-2)。

(5)嫁接苗管理：嫁接好的幼苗摆入事先搭好的小拱棚内，棚内地面洒些水，把棚盖严，前 3 天用报纸遮光，白天温度保持在 25℃，夜间 15℃，空气相对湿度 95％。第 4 天给予散射光，以后逐渐增加光量及光照时间，并逐渐通风，降低温度，白天温度保持 22～24℃，夜间 13～15℃，空气相对湿度 70％～80％，第 7～8 天除去拱棚进行正常管理。

在育苗期间保持土壤潮湿，随时清除砧木的萌蘖。

嫁接苗在接后 25～35 天即可定植，定植不可过深，以防嫁接部位接潮土，丝瓜胚茎产生不定根而染病，失去嫁接的意义。

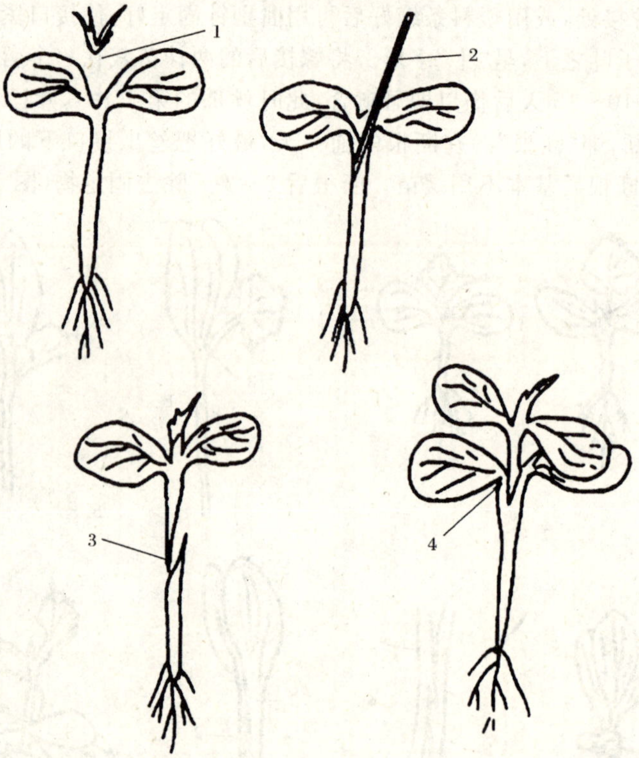

图 14-2　丝瓜插接过程

1. 去掉南瓜顶芽　2. 斜向插入竹签　3. 削切丝瓜接穗　4. 插上接穗

4. 丝瓜泥炭营养块育苗技术

在大棚等保护地丝瓜生产中，如何育好丝瓜秧苗是丝瓜生产成功的基础。近年来各地采用营养钵育苗虽然达到了提前播种、提早上市的目的，但营养钵育苗要经过筛选床土、混配肥料和农药、装填容器、播种、盖土等许多工序，不仅费工费事，而且移栽后还有一个缓苗过程，成苗时间长，苗期易得猝倒病、立枯病和炭疽病。泥炭营养块育苗是以泥炭为原料，加入丝瓜生长所需的多种营养元素制成的育苗营养基质块。利用泥炭营养块培育丝瓜苗，无菌无害，养分供应时间长，利于幼苗健壮成长，还可以提高土壤肥力，改善土壤理化性状。

(1)泥炭育苗营养块的突出优点：

①无菌无害、无病虫卵。泥炭是沼泽草本植物遗体在高湿厌氧的环境中经万年堆积不完全分解而成的富含水分、有机质、腐殖酸、多元缓释养分的松软质体，无菌无害，不含病虫卵，克服了传统育苗老园土携带病菌、虫卵等引起土传病虫害的缺点，还可减少草害的发生，极大地减少苗期管理中防病治虫的劳动强度和人力、物力的投入。

②利于幼苗健壮生长。泥炭本身富含营养，制作育苗块时又加入了多种营养成分，可满足丝瓜幼苗对养分的需求，保证了幼苗健壮生长。据试验，用泥炭营养块育出的丝瓜苗茎粗增加10%～15%，根数增加12%～20%，根干重增加20%～25%，叶面积增加5%～10%，提高了幼苗的抗逆性，利于培育壮苗。

③养分供应时间长，管理幼苗省工省时。营养块中含大量的有机质、腐殖酸和多种缓释营

养元素，养分供应可达70～80天，对幼苗管理极为简便，只需要按时补水即可，无需施肥。

④定植不缓苗，增产增收。幼苗营养块直接定植于大田，不伤根，不缓苗，定植后直接进入旺盛生长阶段。研究表明，产品可提早7～15天成熟，增产26%～28%，产值提高35%～40%。

⑤改良土壤，培肥地力。泥炭中含有丰富的有机质、腐殖酸、纤维素和氮、磷、钾及多种微量元素，有较强吸附性，能平衡土壤中盐分含量，调节pH，有很好的离子交换能力。营养块定植可提高土壤中有益菌群数量，增加土壤有机质，提高土壤肥力，改善土壤理化性状。

(2)育苗方法：泥炭营养块育苗是一种新型的育苗方式，有别于传统的育苗方式，只有正确掌握育苗方法，才能达到预期目的。操作过程和方法如下：

①种子处理。播前将种子晾晒两天，提前1～2天浸种催芽，种子露白待播。

②做畦铺膜。播前1天在育苗地做畦，畦高5～7厘米，畦宽1.2米，长度据播种数量而定。将畦面整平压实，上铺农用薄膜，防止水分渗漏外流和根系下扎。

③摆营养块，浇透水。在畦面的农膜上，按播种的数量整齐摆放育苗营养块(选用圆形大孔40克营养块)，按每100个育苗营养块吸水15千克浇水，分2～3次浇，以便充分吸收，吸水后营养块迅速膨胀疏松。用竹签扎刺营养块，如有硬心需继续加水，直至全部吸水膨胀为止。

④播种覆盖。营养块吸水膨胀的第2天，在每个营养块的播种穴里播1粒露白的种子，上覆1～2厘米厚的专用覆种土，无须按压，育苗块间隙不必填土，以保持通气透水，防止根系外扩。

⑤苗期管理。播种后对营养块不要移动、按压，否则易破碎。待两天后即会固结一体、恢复强度，方可移动。管理上视营养块的干湿和幼苗的生长情况及时补水，防止缺水烧苗。定植前3～4天停水炼苗，定植时将营养块一起定植，在营养块上面覆土2～3厘米，栽后浇透水。

(3)注意事项：定植时应把营养块全部埋在土中，上面至少盖土2～3厘米，定植后应浇透水。老棚地等病害较多的土壤应在定植穴内适当加入杀菌剂，以防止病菌侵染。达到苗龄应及时定植，若不能按期定植应采取措施防止出现根系老化和脱肥现象。

5. 丝瓜扦插繁殖技术

选取植株下部萌发的健壮、无病虫危害的侧蔓作为插条。从生长点以下剪取3节茎蔓，从节下1厘米剪口处保留约50厘米长，保留生长点，去掉最下边一片叶。用1 000倍的生根剂浸泡5分钟，有利于促发新根。

丝瓜蔓在扦插前，在大棚内选一块地作为苗床，并用500倍的多菌灵，或甲基托布津进行消毒处理。将枝条栽入土壤中5～10厘米。扦插后及时浇一次水，并浇透浇足，然后设置小拱棚并覆盖棚膜保温。棚内温度保持30～35℃，不能过高或过低。7～8天后插条开始生长，15天后即可移栽。

丝瓜扦插繁殖比种子育苗可提前15～20天上市。

三、主要栽培模式

1. 大棚冬春茬丝瓜栽培技术

利用大棚在秋季育苗，初冬定植于大棚，将开花结果期安排在春节前后的季节里，这种方式是难度最大、效益最好的一种栽培方式。此茬结果时间一般从当年的11月底到翌年的5月份，结瓜时间长，上市期正值冬春缺菜时期，价格高，经济效益可观。

(1)生育期间的环境特点及主攻方向：在秋末气温开始下降时开始育苗(一般8月中旬至9月下旬)，育苗期温度和光照比较适宜，容易成功。定植后气温开始下降，光照逐渐减弱，对植株生长十分不利。因此，棚室结构必须合理，保温效果好，还要按严格科学的技术管理，才能在不良的环境下，维持丝瓜的缓慢生长。

冬春茬丝瓜生产必须采用合理的大棚设施。根据冬春季节的气候特点，大棚必须有最好的采光屋面角度和最好的保温性能。在山东省寿光市多采用保温性极好的半地下式大棚，这种设施的采光屋面角度25°～32°，后墙和山墙的厚度2米以上，覆盖无滴性好、透光率高、耐低温性能强的优质薄膜，具有良好的保温、贮热功能。

(2)育苗：

①品种选择。冬春茬丝瓜目前都是采用的嫁接苗，对接穗品种要求严格，要在低温和弱光下能正常结瓜，在高温和高湿条件下结瓜能力强，抗病性好，对大棚环境的适应能力强，对管理条件要求不严，意外伤害后恢复能力要好。

②确定适宜播种期。丝瓜从播种到始收商品嫩瓜所用天数多少因品种熟性而异，一般早熟和早中熟品种为80～90天，中晚熟和晚熟品种为100～110天。要使冬暖大棚冬春茬丝瓜于12月中旬始收商品嫩瓜，元旦至春节期间能大量供应市场，其适宜的播种期为：早熟和早中熟品种，如济南棱丝瓜、夏棠1号丝瓜、三喜丝瓜、夏优丝瓜、丰抗丝瓜等，应于9月上旬播种；晚熟品种和晚中熟品种，如武汉白玉霜丝瓜、四川线丝瓜、广东青皮丝瓜、广东八棱丝瓜、乌皮丝瓜、粤农双青丝瓜等应于8月中旬播种。10月下旬播种，即使采用早熟品种，到春节时刚进入采收嫩瓜期，因产量少，商品嫩瓜不能大量应市，经济效益比早播种的显著降低。

③育苗要点。根据需要培育相应苗龄的自根苗或嫁接苗。

(3)定植：

①定植前施底肥、整地。丝瓜主根入土较深，侧根多分布于0～30厘米土层，又喜有机肥料，所以定植前冬暖大棚内要深翻地晒垡，熟化土壤，重施底肥。一般深翻地30～35厘米，亩施充分发酵腐熟的鸡粪3 000～4 000千克、猪马圈肥6 000～7 000千克、过磷酸钙80～100千克、草木灰100千克左右、尿素20～30千克，结合深翻地把肥料施入整个耕作层，使耕作层肥力充足而疏松。对于5年以上的老龄冬暖大棚，应增施100～150千克微生物肥。如果温室中根结线虫等土传病害严重发生，定植前20～30天可用药剂处理土壤，一般用石灰氮法处理土壤，进行消毒。

②喷药和高温闷棚、灭菌消毒。在定植日期之前12～15天施肥、深翻后，随即对棚室内中间的所有面喷药灭菌，一般喷洒5%菌毒清100～150倍液，亩大棚的内面喷药液100～150千克。然后密封大棚，高温闷棚消毒3～5天，晴天中午前后棚室内温度可达60～70℃。

③起垄、开穴定植。大棚反季节栽培丝瓜，宜采取整枝留单蔓吊架，高度密植。多采取180厘米宽的南北向起垄，每垄定植两行，小行距在垄背，60～70厘米；大行距跨垄沟，110～120厘米(垄沟宽40～50厘米)；平均行距90厘米，株距37厘米，亩密度2 000株左右。垄面呈弓形，垄沟至垄面的垂直高度20厘米。取苗时力求带土坨，以减轻伤根。定植时开大窝，施饼肥，即每埯施充分发酵腐熟的豆饼100克左右，使其与埯内土壤充分混合均匀，然后栽苗，留埯窝，浇水后再全封埯，使土埋苗垛而不埋子叶节。全棚定植完毕，覆盖幅宽1.8～2.0米的地膜，然后于膜下沟内浇足定植水。

④小苗定植。冬春茬丝瓜一般育苗时间安排在9月下旬，小苗苗龄需30天左右，到10月下旬时定植。定植后棚室温度、光照等环境有40天左右的适宜期。进入12月中旬，外界气温比较低，光照相对很弱，植株生长受到抑制，营养生长速度减慢。在生产中大苗移栽后40天时间，秧子能长出十几片叶，就开花结瓜，到环境不适应时，植株生长量太小，制造营养也少，很难维持连续结瓜，会造成营养不良化瓜。小苗定植后，营养生长势强，在环境条件较适宜的时间内，植株生长量较大，到外界进入低温寡照时期，生长受抑制后，生殖生长自然开始，这时植株叶面积较大，制造营养相应要多一些，结瓜后能使果实缓慢生长。光照、温度开始回升时，就能进入产量高峰期，总产量和效益都比较可观。

小苗移栽以4片叶，总叶面积120米^2，株高13～15厘米，叶色深绿，根系发达，幼苗下胚轴0.3厘米，无病虫害，日历苗龄30天左右为宜。定植时，先平整土地，按80厘米行距开沟，施肥后顺沟浇小水，把沟封成垄，垄高15厘米、宽25厘米。由于越冬期间光照弱，为使植株能多见光，定植的密度比早春小，按45～50厘米1株定植，一般每亩定植1 700～1 800株。定植后，两垄覆盖一块地膜，隔一人行走道再盖两垄。冬季浇水时，只浇地膜下，人行道不浇水，可减少空间湿度，保持较高地温，菜农称为膜下“暗浇水”。定植后，棚膜密闭升温，不超过35℃不放风，促进地温上升，加速生根、缓苗。3天后缓苗结束，开始进入正常温度管理，白天温度28～30℃、夜间15～17℃。

(4)定植后的管理：

①环境调控。丝瓜喜强光、耐热、耐湿、怕寒冷，为防止低温寒流侵袭，对反季栽培的冬春茬丝瓜，必须及时做好光照、温度调节。在当地初霜期之前半个月，把大棚的棚膜、草苫上好。遇寒流霜冻，要提前关闭大棚的通风门和覆盖草苫保温，使温室内夜间最低气温不低于12℃，白天气温不低于20℃。

冬春茬大棚丝瓜伸蔓前期，正处日照短、光照强度较弱、外界气候已寒冷的冬季。就短日照而言，有利于促进植株加快发育，花芽早分化形成，降低雌花着生节位，增加雌花数量。但从伸蔓到开花坐果这一生育阶段来说，则需要较长的日照、较高温度、强光照，才能促进植株营养生长和开花结果。因此，在此期管理上要适当早揭晚盖草苫，相对增加采光时间。张挂聚酯镀铝反光幕，往栽培床上增加反射光照。在连续阴雪雨天气要采用日光灯增加温室内光照强度。白天缩短通风时间，减少通风量，夜间增加覆盖保温。通过增光、增温、保温措施，使室内光照、温度控制在：光照时间最短不少于每日8小时；昼温20～28℃，夜温12～18℃；凌晨短时最低气温不低于10℃。昼温不可过高，过高易造成植株徒长，延迟开花结果。

冬春茬丝瓜进入持续开花结瓜盛期，植株也进入营养生长和生殖生长同时并进的阶段。此阶段植株生长发育需要强光、长日照、高温、8～10℃的昼夜温差。所处季节从12月下旬，经过冬、春、夏三季，可到秋季的9月份，持续结瓜盛期长达270余天。在光、温管理上，应加强冬、春季的增光、增温和保温，尤其加强1～2月份的光照和温度管理，使室内气温控制在：白天24～30℃，最高不超过32℃；夜间12～18℃，凌晨短时最低气温不低于10℃；遇到强寒流天气时，室内最低气温不能低于8℃。因丝瓜耐湿性强，为了保温，可减少通风排湿次数和通风量。

进入三四月份，随着日照时间延长和光照强度增大，上午揭草苫后，棚温上升快，到11时可达30℃以上，要注意及时通风降温，晴天可既开天窗，又开前窗(揭开前檐下的底脚膜)，长时间通风，使棚温不高于32℃。

进入5月之后，冬暖大棚通风要撩起檐下前窗膜和大开天窗，昼夜通风，使棚室内气温与外界的昼夜气温基本相同，只是中午前后的最高气温略高于外界。为了防止有翅蚜虫和白粉虱借冬暖大棚通风之机从通风窗口迁入棚内，可于天窗和前窗等所有通风门设置避虫网(25～40 目的尼龙纱网)。

②肥水管理。从定植到开花始期，丝瓜株体较小，需水需肥量少。在定植前施足底肥、定植时又施饼肥的情况下，一般不需追肥。在灌足定植水，又采用地膜覆盖保墒的情况下，一般浇 1～2 次水即可。

进入持续开花结瓜期后，植株营养生长和生殖生长均进入旺盛期，株体量逐渐增大，产瓜量增加，耗水、耗肥量也逐渐增大。为满足丝瓜高产栽培对水、肥的需求，浇水和追肥间隔时间逐渐缩短，浇水量和追肥量亦应相应地增加。在持续开花结瓜盛期的前期(12 月中下旬至翌年一二月份)，每采收两茬嫩瓜(即间隔 20～25 天)浇一次水，并随浇水冲施腐熟的鸡粪和人粪稀，每亩棚室冲施 500～600 千克，或冲施腐殖酸复混肥，或嘉吉复混蔬菜专用肥，或硫酸钾有机瓜菜肥 10～12 千克。每天上午 9～11 时于棚室内释放二氧化碳气肥。在 3～5 月冬春茬丝瓜持续结瓜盛期的中期，要冲施速效肥和叶面喷施速效肥交替进行，即每 10 天左右浇一次水，随水冲施速效氮钾钙复合肥，或有机速效复合肥，如高钾钙宝、氢基酸钾氮钙复合肥，一般每次亩棚室冲施 10～12 千克。同时每 10 天左右叶面喷施一次速效叶面肥，如金大地、金田宝、台湾产永富牌氨基酸复合高效液肥等速效有机肥。为预防病毒病发生，还宜叶面喷施绿芬威 1 号、绿芬威 3 号、高钾钙宝等复合肥，或活力素、多得 2 000 稀土纯营养剂等。在 6～8 月份丝瓜持续结瓜盛期的后期，在继续覆盖棚膜遮雨的情况下，一般 7～10 天浇一次水。为防止植株早衰，除每次膜下浇水冲施速效氮钾肥外，还要中耕大行，破除土壤板结后追肥。中耕追肥方法是：在浇水前折起垄沟处的地膜边，用镢头将大行间刨深 5～8 厘米，于大行内均匀撒施氮、磷、钾三元复合肥，每亩棚室撒施 12～15 千克，或磷酸二氢钾和尿素各 6～8 千克。亩用强力壮根剂 200 毫升、对水 50～60 千克，于大行内喷洒于地面，然后，将折在两边的地膜伸开，放回重新覆盖好大行间，于膜下沟内浇水。中耕追肥措施宜于 6 月上中旬和 7 月中下旬隔 40 天实施一次，能促进植株重发大量新根，生育健壮，不早衰。

③植株调整。吊架：丝瓜主蔓伸长到 20～30 厘米时，应设架人工引蔓、辅助其上架。因寿光大棚内设有专供吊架用的东西向拉紧钢丝(24 号或 26 号钢丝)3 道，在东西向拉紧吊架钢丝上，按棚室上南北向丝瓜行的行距，设置上顺行吊架铁丝(一般用 14 号铁丝)。在顺行吊架铁丝上，按本行中的株距挂上垂至近地面的尼龙绳作吊绳。吊绳的下端拴固在植株基部。人工引蔓上吊架时，将丝瓜蔓轻轻松绑于吊蔓绳上即可。吊架的主要好处是：可通过移动套拴于东西向拉紧吊架钢丝上的吊架铁丝相邻之间的距离，来调节吊架茎蔓的行距大小，也可通过移动吊架铁丝上的吊绳相邻之间距离，来调节吊蔓株距大小，可使茎叶分布均匀，充分利用空间和改善行、株间透光条件，便于“之”字形吊架和降蔓落蔓。因此，很适于棚室保护地丝瓜高度密植、单蔓整枝、架蔓立体高产栽培。

整枝调蔓：丝瓜的主蔓和侧蔓都能结瓜。大棚保护地栽培冬春茬丝瓜，在高度密植条件下，宜采取留单蔓整枝。在结瓜前和持续开花坐瓜初期，要及时抹掉主蔓叶腋间的腋芽，不留侧枝(蔓)，每株留 1 根主蔓上吊架。

在持续开花结瓜盛期的中期，除利用主蔓结瓜外，还可留 2～3 节的短侧蔓结瓜。即在侧枝上留 1 瓜，瓜后保留 1 叶打去顶心，使全株所有的侧枝都各留 1 个瓜。

在持续开花结瓜盛期的后期，只将瘦弱的侧枝及早抹去，保护主蔓和保留生长良好的侧蔓生长，让其结嫩瓜 2～3 条后再摘心，使同一植株上几条侧蔓与主蔓同时结瓜。

大棚丝瓜在人工引蔓上吊架时，要使瓜蔓在吊绳上呈“S”形，以降低生长高度，推迟满架到顶和降蔓落蔓的间隔时间。当瓜蔓爬满吊绳，蔓顶达顺行吊绳铁丝时，应解绑降蔓，降蔓时还应剪断缠绕在绳上或缠绕在其他蔓上的卷须，摘除下部老蔓上的老、黄、残叶后（带出棚外）把蔓降落，使老蔓部分盘置于小行间本株附近的地膜之上。同时对植株上部具有绿色功能的茎蔓、叶片、花果精心保护，再以“S”形绑引在吊绳上，使植株持续生长、开花结瓜。大棚冬春茬丝瓜的持续结果期长达 8～9 个月，一般需降蔓落蔓 3～4 次。最后一个月（即拔秧前一个月），让主蔓、侧蔓放任攀缘生长，不再“S”形绑架，也不再对侧蔓打顶心。在整个丝瓜的生育期中，要结合丝瓜理蔓、采收，将老叶、病叶、弱叶以及过密叶片剪去。

疏除雄花：丝瓜雌雄同株，为异花授粉作物，雌花 1 花 1 果，从现蕾到果实正常采收约需 15 天。雄花为无限生长的总状花序，每个花序开放 20～35 朵花，每个植株雄花总数多于雌花数倍到数十倍，授粉能力大大超过了需要。由于雄花序花期较长，一般 30～40 天，相当于雌花结果期的 3～4 倍时间，在此期间要消耗大量的养分。因此，尽早疏除多余的雄花序，可节省养分，供给雌花结果的需要。疏雄方法：从雌花现蕾开始，将每株丝瓜植株上的雄花序摘除 80%，保留 20%授粉即可。

摘除卷须：卷须在蔓生作物中起着攀附和固定枝蔓的作用。丝瓜卷须从发生到枯萎死亡的时间较长，数量多，消耗养分较多，不利于多结瓜、结好瓜。采用人工绑缚功能，卷须已失去利用价值，摘除卷须，有利于管理，减少营养的消耗。除须方法：在丝瓜植株生长初期，就可采取边除须边绑缚的办法吊蔓；枝蔓在吊绳上分布均匀和固定后，整蔓管理随时将卷须摘除即可。

落蔓：落蔓是丝瓜生产改善光照，延长生长周期，实现优质高产的重要技术措施之一，在保护地栽培中尤为重要。落蔓可以使丝瓜长势强、结果周期长，吊架栽培的中晚熟丝瓜品种获得良好的采光条件，改善采光位置，提高光合效率，实现优质高产，同时方便了耕作。

待植株生长点接近棚顶时，除去下部黄、老、病叶，无叶茎蔓距地面 30 厘米以上时可落蔓。一般选晴暖天气午后进行。不要在早晨、上午或傍晚及浇水后落蔓，避免和减少落蔓导致伤茎。

落蔓前 10 天以上不要浇水，降低茎蔓含水量，增强其韧性；应把茎蔓下部的老黄叶和病叶去掉，带到棚室外面深埋或焚烧。该部位果实也要全部摘除，避免落蔓后叶片和果实在潮湿地面上发病，形成新病源。

落蔓时松绑绕蔓。将缠绕茎蔓的吊绳松下，顺势把空蔓落于地面，不能生拉硬拽。盘蔓时要朝同一方向逐步盘绕于栽培垄两侧。注意要自然打弯，不要强行或反向打弯，以免扭断或折断茎蔓。茎细时，落蔓间隔时间短，绕圈小；茎粗后，间隔可稍长，绕圈大一些。落蔓时注意保留一定的叶数和株高。有叶茎蔓距垄面 15 厘米左右，每株保持功能叶 20 片以上，株高距棚面 0.8 米（棚南）至 1.5 米（棚北），叶片分布均匀、采光良好（图 14-3）。

落蔓后的几天里，应适当提高大棚内温度，以利茎蔓伤口愈合。落蔓后根据品种类型及常见病害，及时选择相应药剂进行喷洒预防。落蔓只是降低了植株的结果部位，没有缩短结果位置与根系的实际距离，加之茎蔓粗壮，如肥水供应不足，便会导致结果质量变差，因此，应加强肥水供应，满足植株的生育需求。落蔓后，茎蔓下部长出的侧枝要及时抹掉，以保证主蔓的营养供应。

④保花保果。丝瓜属异花授粉作物，大棚保护地反季栽培必须进行人工授粉或使用激素，弥补传粉不足，保证正常结实。常用的保花保果措施有以下3种。

人工授粉：在冬春寒冷期，外界无蜂类等通过通风口进入大棚内，大棚内媒介昆虫极少，即使在夏秋季节，因为要防止丝瓜白粉虱迁入大棚内危害，大棚的通风口都设置避虫网（25～40目的尼龙纱网），外界的蜂类等媒介昆虫也不能迁入大棚内。所以，必须进行人工授粉。丝瓜人工授粉的关键技术是掌握好授粉时间和采摘的雄花质量。棱丝瓜开花的时间在傍晚至第2天上午10时，人工授粉的良好时机是傍晚至第2天上午9时之前。普通丝瓜开花的时间在3～12时，授粉的良好时机是在上午6～11时。授粉时要选择花瓣大、花色嫩艳、雄蕊发达、花药散出的花粉粒多、刚开放的雄花，与雌花对花，使花粉粒粘着于已分泌出黏液的柱头上。授粉时间过早或过晚，或授的花粉不充分，都会降低坐瓜率。

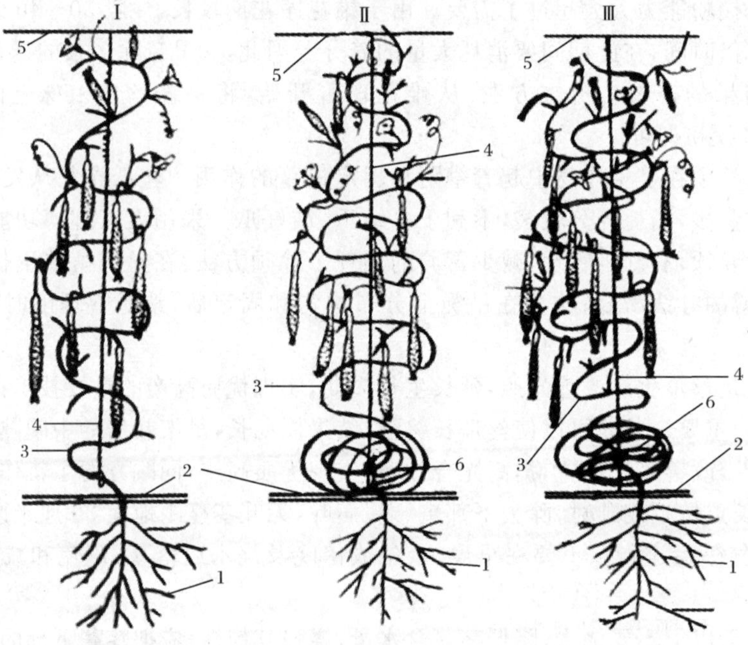

图14-3　丝瓜吊蔓落蔓示意图

1.根系　2.栽培垄面　3.丝瓜蔓　4.吊绳　5.铁丝　6.盘绕于栽培垄两侧的蔓

坐瓜灵蘸花：冬春寒冷期，大棚内夜温低，夜间空气相对湿度大，丝瓜开花后，因受低温高湿的影响，雌花柱头不能分泌黏液，雄花的花药不能散出花粉粒，这不仅给丝瓜人工授粉带来一定难度，也降低人工授粉后的坐瓜率。为了防止低温、阴雨、阴雪、无昆虫授粉和人工授粉质量差引起的难坐瓜和严重化瓜，近年来寿光菜农使用果旺牌强力坐瓜灵稀释蘸瓜胎，获得了良好效果。用药后不需人工授粉也能坐瓜，若配合人工授粉效果更佳。坐瓜后幼瓜生长快速，3～5天可见明显效果，瓜粗长、优质，提早上市。使用方法：用坐瓜灵10毫克，对水750～1 000毫升，在丝瓜雌花开放的当天或前后1天浸花和子房一次即可。

2,4-D涂花：如果雄花少，可用50～100毫克/千克的2,4-D，加入20毫克/千克的赤霉素涂抹花托和柱头。但2,4-D处理的坐果率不及人工授粉的坐果率高。

⑤增加丝瓜果实美观的措施。吊瓜：为了增加丝瓜的美观度，在丝瓜稳果后，用棉线捆住

一颗小石子悬吊于丝瓜果尾上，让其在生长过程中始终保持笔直的果形，成熟后，美观大方，商品性极强。

果实套袋：为防止瓜实蝇在果实上产卵和病害危害，可于授粉后，即花瓣开始萎缩时，套以长50厘米、宽20厘米白色果袋，可减少灰霉病、瓜实蝇等病虫危害和农药污染，确保产量和提高品质。雌花授粉后，子房逐渐肥大，这段时间，如遇土壤过于干燥或潮湿，或授粉不完全、缺乏肥料、瓜实蝇危害等，都会造成畸形果、裂果、黄化果和流胶果等，应及早摘掉，以免浪费植株养分和影响到其他果实的正常发育。塑膜袋不必除袋，果实带袋采收，可起保鲜作用，延长货架寿命。

(5)深冬期间特殊管理措施：

①草苫的揭盖管理。草苫的揭盖直接关系到棚室内的温度和光照。在揭盖管理上，应掌握上午揭草苫的适宜时间，以有直射光照射到前坡面，揭开草苫后棚内气温不下降为宜。盖草苫的时间，原则上日落前棚内气温下降到15～18℃时覆盖。正常天气掌握上午8时左右揭，下午4时左右盖。一般雨雪天，棚内气温不下降就要揭开草苫。大风雪天，揭草苫后棚温明显下降，可不揭开草苫，但中午要短时揭开或随揭随盖。连续阴天时，尽管揭苫后棚内气温下降，仍要揭开草苫，下午要比晴天提前盖草苫。连续阴天后的转晴天气，切不可骤然全部揭开草苫，应陆续间隔揭开，中午阳光强时可将草苫暂时放下，至阳光稍弱时再揭开。雪天及时清扫草苫上的积雪，以免化雪后将草苫弄湿。在最寒冷天气，夜间棚内出现10℃以下低温时，应在草苫上再加盖一层旧膜或一层草苫，前窗加围苫。

②增施二氧化碳气肥。丝瓜初花期开始增施二氧化碳气肥。采用碳酸氢铵与过量的稀硫酸反应产生二氧化碳，按大棚的有效面积计算，每平方米碳酸氢铵日用量不少于12克，晴天上午9～10时，大棚内温度达到18℃时施用，施后1～1.5小时进行通风。施用天数最好不少于30天。

(6)冬季保护地中增加光照的措施：在光照时间短、强度低的冬春季节，使保护地内多接受阳光照射，对提高丝瓜的产量和品质具有重要作用。具体措施有以下几种：

①合理布局。定植丝瓜时力求苗子大小一致，使植株生长整齐，减少植株间的相互遮光。采取南北向做畦定植，使之尽量多接受阳光照射。

②保持棚膜洁净。棚膜上的水滴、碎草、尘土等杂物，会使透光率下降30%左右。新薄膜在使用过程中，随着使用时间的延长棚内光照会逐渐减弱。因此，要经常清扫，以增加棚膜的透明度。下雪天还应及时扫除积雪。

③选用无滴薄膜。无滴薄膜在薄膜生产的配方中加入了几种表面活性剂，使水分子随薄膜面流入地面而无水滴产生。选用无滴薄膜扣棚，可增加棚内的光照强度，提高棚温。

④合理揭盖草苫。在保证丝瓜生长所需要的适宜温度的前提下，适当早揭和晚盖草苫，延长光照时间，增加光量。一般太阳出来后0.5～1小时揭草苫，太阳落前半小时盖草苫比较适宜。在时阴时晴的阴雨天里，也要适当揭草苫，以充分利用太阳的散射光。有条件的地方，安装使用电动卷帘机揭盖草苫，缩短揭盖时间，相对增加棚室内光照。

⑤应用反光幕。深冬丝瓜日照时数少，光照弱，再加上草苫晚揭早盖，每天的受光时数更少，限制了丝瓜的生长发育。根据棚室温度和光照分布的特点，白天前部光照强、温度高，夜间前部温度低，昼夜温差大；后部白天光照比较弱、温度较低，夜间温度比前部高，昼夜温差小，导致丝瓜生长不均匀，前部长势好、产量高，后部长势弱、产量低。采用反光幕后，改善了棚内光照

状况，提高了气温、地温。据测定，距后立柱 0 米、1 米、2 米、3 米处的光照强度，晴天分别比对照增加 18 000 勒克斯、14 900 勒克斯、14 000 勒克斯、6 000 勒克斯；阴天比对照分别增加 8 000 勒克斯、7 500 勒克斯、2 500勒克斯、1 000 勒克斯。日平均气温，晴天提高 1.43℃，阴天提高 0.88℃；10 厘米地温，晴天提高 1.12℃，阴天提高0.36℃。生长发育加快，叶片增多，株高、茎粗增加，雌花节位降低，因而产量提高。据试验，3 月底前亩产量提高28.6%，全生育期产量提高13%以上。

反光幕的使用方法：丝瓜定植后，将反光幕截成 2 米高，垂直张挂在棚室后立柱的南侧或后墙上，上端用细铁丝拉线，用透明胶布将反光幕固定在细铁丝上，下端卷上一根细竹竿拉直。3 月上中旬将其撤下。

⑥搞好植株调整。及时进行整枝、打杈、绑蔓吊蔓、打老叶等田间管理，改善棚内通风透光条件。

(7)越冬丝瓜如何应对阴雨雪天气：冬季阴雨雪天气，会造成保护地低温、高湿、寡照等不利于丝瓜生长发育的环境条件，尤其是连续几天的低温阴雾天气会给越冬丝瓜造成很大的危害。发生低温冷害的棚室丝瓜轻者植株生长停止，化瓜，形成花打顶，重者植株萎蔫死棵，提前拉秧。对于这种情况，要尽可能地创造适宜丝瓜生长发育的条件，把损失降到最低。

①防寒保温，增加光照。冬季要注意收看天气预报，当寒流和阴雨雪天气到来之前，要严闭棚室，夜间加盖整体浮膜(即盖草苫后，再覆盖一整体薄膜)，棚室后墙和山墙达不到应有厚度的，可在墙外加护草及薄膜等加强保温。必要时向阳面的棚室底角夜间增盖一层草苫，以提高棚室内夜间的温度。在严寒季节可以在棚前脸加盖麦草或其他覆盖物，以加强保温。

只要不下雨、不下雪，都要坚持拉开草苫，利用微弱的散射光增加棚内温度，补充光照，避免丝瓜植株长时间处于黑暗状态，造成根、茎、叶生长严重失衡。此外，还要经常清扫大棚棚膜表面，增加棚膜透光率，增强丝瓜植株的光合作用。

为了保温，阴雨雪天气一般不放风，但当棚内空气相对湿度超过 85%时，可在中午前后短时间开天窗，小放风排湿。每天拉开草苫时间的长短可根据棚温的变化而定，揭开草苫后，若温度下降，应随揭随盖；若温度稍有回升，可以在下午 2～3 时以前把覆盖物重新盖好。在阴天时要尽量减少出入棚室的次数，尽可能保持棚温。

持续阴天时间过长，应在棚内设置灯泡提温增光。可在棚室中间，每间设置灯泡 1 个，若遇上雨雪天气，上午不能拉开草苫，应打开灯泡，若夜温过低，可在下午 5 时左右将灯泡打开，到夜间 10 时左右关闭，可有效提高棚温 2～3℃。

②预防病害发生流行。很多种病害都是在低温、高湿的条件下发生流行的，所以阴雨雪天气时降低棚内湿度成为预防病害发生流行的最主要手段。在棚内温度低、不宜进行通风降湿时，可通过田间撒施草木灰的方法吸湿，降低棚内湿度，减轻病害的发生。病害发生后不宜采用喷雾的方法防治，应采用熏烟或喷粉尘剂的办法防治。使用滴灌对丝瓜浇水、施肥，能大大降低棚内湿度，减少病害的发生。

(8)冬季连阴天过后如何管理丝瓜：当连阴天过后，天气转晴时，不要急于一下子将草苫全部拉开，要避免植株在阳光下直射而造成丝瓜植株萎蔫，要采取"揭花苫"的方法逐步增温增光，对受强光照而出现萎蔫现象的植株及时放草苫遮阳，并随即喷洒 10～15℃的温水，逐渐通风，防止闪秧闪苗。若保护地使用了卷帘机，可以通过分次拉帘的方法拉草苫见光，即第 1 次先拉开 1/3，不出现萎蔫时再拉起 1/3，第 3 次才将棚全部拉开，让丝瓜有一段适应过程，防止急性萎蔫发生。

另外，若出现了受冻植株，可先通过喷温水(温度不能太高，可以掌握在8～15℃。根据当时的具体情况而定，受冻严重时，水的温度要稍低)的方法进行缓解，再用爱多收6 000倍或纳米磁能液(黑龙江农王磁能新型生物肥料有限公司)2 500倍液进行叶面喷洒，以促进植株生长加快。

不良天气时坐下的瓜纽即使没有焦化，也会因营养不良出现大批畸形瓜，可适当摘除一部分。同时对出现的弯瓜可以用吊小砖瓦的方式使其变直，提高瓜的品质。

当丝瓜出现了花打顶时，可以适当疏掉一些幼瓜，以利枝蔓伸长。另外，喷施植物生长调节剂丰收1号，也有利于增强丝瓜植株机体恢复。

连阴天后，丝瓜的根系会受到不同程度的伤害，降低对水分、养分的吸收能力。天气转晴后，可以喷施海天力、施必可、爱多收、增万金等叶面肥，增加营养元素。也可以用甲壳素等灌根，补充营养，促进新根生成。

(9)减轻大雾对丝瓜的影响：我国北方冬季经常出现大雾天气。只要有雾，大棚中的丝瓜生长发育就受影响，特别是连续的大雾天气，严重影响大棚丝瓜的产量和品质。

①提高大棚的保温性能。如加厚墙体，挖防寒沟，提高大棚的高度，加大日光入射角，增加日光入射率，提高日光利用率。利用增温塑料薄膜等。利用保温性能较好的草苫，大棚内利用无纺布进行双层覆盖。大棚北侧张挂反光幕，都可提高冬暖大棚内的温度。

②改善光照条件。在可能的情况下，用人工补光。由于大雾天气仍有散射光可供丝瓜利用，所以只要温度条件许可，仍应及时揭盖草苫，让丝瓜见光。即使温度较低的时候，也不能连续几天不揭草苫，应在中午短时间揭草苫让丝瓜见光，防止长时间在黑暗环境中捂黄叶片。

③及时喷药防治病害。在喷药时，加入0.2%磷酸二氢钾液和有机钙、锌、铁等叶面肥，补充植株的钾、钙素等供应，解决根系吸收障碍，防止植株缺乏上述营养元素导致的症状发生。同时，可增加细胞液的浓度，增强植株的抗寒能力。

④及时喷施调节剂。寒冬每20天喷施硕丰481(四川成都新朝阳生物化学有限公司)10 000倍液一次，促进光合作用进行，增强植株抗寒力，促进根系的生长发育。

⑤及时揭盖草苫。连续大雾天突然变晴后，应在中午光照过强时，“隔一盖一”盖上草苫，下午再揭开，防止光照过强导致叶片萎蔫以及泡泡病的发生。

(10)适时采收嫩瓜：适时采收嫩瓜不仅能保持商品嫩瓜的品质，而且还能防止化瓜，增加结瓜数，提高产量。这是因为：丝瓜主要食用嫩瓜，如过期不采收，果实容易纤维化，种子变硬，瓜肉苦，不堪食用。大瓜在继续生长成熟过程中与同株上新坐住的幼瓜争夺养分，造成幼瓜因缺少营养而化瓜，加重间歇结瓜现象，降低商品嫩瓜产量。适时采收嫩瓜，即可避免化瓜。因此，要适时采收商品嫩瓜。丝瓜从雌花开放授粉，到采收嫩瓜，一般需10～12天。气温、水分不足时常易失嫩或变老，则宜早收；气温适宜，水肥充足，可适当推迟采收。采收的标准可依据果实大小、果梗处的色泽、茸毛及果皮等变化情况决定。果梗光滑稍变色、茸毛减少及果皮手触有柔软感而无光滑感，为采收适期。供长途外运的商品瓜，应适当提前偏嫩采收。丝瓜连续结果性强，盛果期果实生长发育快，可每隔1～2天采收一次。采收丝瓜的具体时间宜在早晨，用剪刀齐果柄处剪断。丝瓜果皮幼嫩，肉质松软，极易碰伤、压伤、折断，采收时必须轻放，装箱装筐时切忌挤压，以确保产品品质。

2. 大棚特早春茬丝瓜栽培技术

利用大棚在寒冬季节育苗，初春定植于大棚，将开花结果期安排在温、光较好的季节里，这种方式是目前较为普遍的一种栽培方式。此茬一般从 3 月份开始上市，产量高峰期集中在 4～5 月份，若不急于赶茬，可延续到 8～9 月份结束。

(1)生育期间的环境特点及主攻方向：大棚特早春茬栽培丝瓜的播种育苗时间是由棚室的性能来决定的。棚室条件好的，可在 12 月上中旬开始育苗，1 月中下旬开始定植；棚室温度条件差的，可在 12 月下旬至 1 月中下旬播种育苗，2 月下旬至 3 月上旬定植于棚室中。

一年中，12 月至翌年 1 月是全年中低温、寡照环境条件最差的时期，在此时培育出适龄壮苗是生产成功的关键所在。加强苗期的管理，培育优质壮苗，是生产上的主攻方向。棚室中多采用电热温床育苗。

(2)育苗：

①品种选择。早春茬丝瓜同冬春茬一样，要求所选品种在低温和弱光下能正常结瓜；要耐高温和耐高湿，在高温和高湿条件下结瓜能力强。另外，还要抗病性好，对大棚环境的适应能力强，对管理条件要求不严，意外伤害后恢复能力要好。

②播种期的确定。早春茬丝瓜一般苗龄为 35～45 天，定植后 80 天左右开始采收，从播种到采收历时 110～140 天。早春茬丝瓜一般要求在 4 月前后开始采收，以便到 6 月份进入产量的高峰期。由此推算，正常的播期应在上年 12 月中上旬。

③育苗要点。在大棚内采取电热温床法育苗，采用一次播种育成苗的方式，即将出芽的种子播入营养钵或营养穴盘中，不再分苗。苗床要选择大棚采光条件较好的部位，一般育 1 亩地的苗需 20 米^2 左右苗床。

(3)定植：经过大量的试验研究，采用大苗移栽，能有效地防止丝瓜秧子的前期徒长，促进生殖生长，达到早熟高产的目的。

丝瓜早春保护地栽培的大苗，一般要求 7～8 片真叶，株高达到 35 厘米左右，开始甩蔓，为最佳时期，一般苗龄 65～70 天。定植时按 80 厘米行距开沟，施肥后锄匀，浇水造墒，趁湿封沟起垄，丝瓜苗定植在垄上，株距 35～40 厘米，定植后点浇压根水，定植深度以埋住土坨为准。定植后升温，白天温度保持 33℃、夜间 17℃左右，保持 2～3 天，促使丝瓜快速生根、缓苗。缓苗后，再进入正常管理，白天温度保持 28～30℃、15～16℃。

一般每亩保苗 1 600～2 000 株。

(4)定植后的管理：

①环境调控。丝瓜生长适温是 20～30℃，前期适当蹲苗，白天温度保持 20～25℃，晚上 15℃，地温 13～19℃。坐瓜后适当提温，白天保持 25～30℃，夜间 15～20℃。

丝瓜甩蔓期、开花结果期要防止空气湿度过大，造成茎蔓徒长和开花结果受阻。上午气温升到 28℃时开始放风排湿，下午气温降至 20℃左右时关闭风口。因土壤中施入大量有机肥，肥料在土壤中逐渐分解熟化会释放出一些有害气体，如甲烷气、氨气、亚硝酸气等，要放风换气，排放空间的一些有害气体，防止叶片、植株受害。

大棚要早揭苫、晚盖苫，尽量延长透光时间。另外及时擦拭棚膜，清扫其上的灰尘，增加透光性。只有多见光、见强光，植株才能多同化有机物质，才能长得好、长得壮。

②植株调整。丝瓜在生长发育期间，要及时进行植株调整，减少营养的消耗，防止枝叶过于繁茂，影响植株、行间通风透光。植株调整一般包括打老叶、打侧蔓、及时放蔓和化控等措

施。打老叶是待下部叶片进入老化阶段及时打掉。一般叶片的功能期60天左右，超龄叶及时打掉，可以减少营养的消耗，增加下部的通风量。由于棚室栽培密度大，空间有限，在生长期间必须限制侧蔓的数量和长度，达到少消耗、不郁闭的效果。茎基部侧蔓一般要求全部摘除。10片叶以上生成的侧蔓可留1～2片叶后摘心。一般侧蔓第1～2片叶都带有雌花，能结一条瓜，若不摘心，侧蔓基部瓜不易坐果。丝瓜蔓在生长到近棚顶时应及时落蔓，高度视情况而定。落蔓后要把蔓的生长点排列平齐，以利采光。可采用化学药剂控制茎蔓生长速度，一般采用15%的多效唑，喷洒浓度为10毫克/千克，或矮壮素200毫克/千克，可缩短丝瓜茎节，减少瓜蔓长度，增加瓜蔓茎粗。

特早春茬丝瓜育苗期温度低、光照短，有利于花芽分化，节位低，雌花多，为防止坠秧，应摘除12节位以前的雌花。这是丝瓜特早春栽培能否成功的关键环节，不能忽视。

③人工授粉。丝瓜为虫媒花，在早春茬栽培时，因昆虫少，需进行人工授粉。授粉的办法是：摘取当天盛开的雄花，去掉花冠，或将花冠反捋，露出花药，轻轻地将花粉涂抹在雌花的柱头上。授粉时间为每天上午8～10时。如果雄花少，可用50～100毫克/千克的2,4-D加入20毫克/千克的赤霉素涂抹花托和柱头。药剂处理的坐果率不及人工授粉的坐果率高。

④水肥管理。水肥管理是提高早春茬丝瓜产量的关键。浇水追肥及时、合理，可以促进瓜果生长，提高产量。错误的浇水追肥会导致秧蔓疯长、化瓜、落花、病害严重。早春保护地丝瓜一定要浇足定植水，也就是要求底墒足。在底墒足、透气性又好时，有利于提高地温，加快缓苗。定植时若底墒不足，点浇小水，过3～5天土壤湿度小，出现干旱现象，若不浇水，易造成老化苗；若浇水时，根系已经展开，吸水能力很强，大量吸水后，导致营养生长过旺，造成徒长，结瓜晚，降低前期产量。棚室丝瓜，浇水的原则应为浇瓜不浇花。也就是说开花期不宜浇水，坐稳一批果时浇一次水。菜农总结出“丝瓜开花靠旱，结瓜以后靠灌”的控水、浇水农谚。一般是，丝瓜前期结瓜是一阵结瓜一阵开花，采瓜后开花前控水2～3天，开花结瓜后，瓜的后把处出现深绿色，是丝瓜果实需水量最大的临界期，要马上灌水，待深绿色消褪时采收，控制浇水。丝瓜根系发达，吸收能力强，对土壤中氧气需求量高，必须保持土壤一定的透气性，所以浇小水最好。大水漫灌后，土壤透气性差，减少结瓜。另外，棚室空间小，浇大水极易导致空气湿度过大，诱发病害，造成减产。一般丝瓜浇水水位达到栽培垄的2/3即可。早春气候变化异常，浇水时要三看：一看天，天气晴好、近期无阴雨可以浇水；二看地，地面干旱可以浇水；三看瓜，花已开过，坐住幼瓜可以浇水。追肥时要注意品种和数量。丝瓜开花结果期对氮和钾元素需求比例较大，对磷的需求量较小，追肥品种应以氮、钾肥为主。每次追肥量要准确，生育前期一般每亩每次随水冲施尿素15千克、硫酸钾10千克。由于棚室密闭较严，不易挥发有害气体，若每次追肥量大，在高温条件下易挥发氨气，对丝瓜植株有一定的危害。生育中后期昼夜大放风时，每亩每次可增加施肥数量，一般每亩每次追尿素30～40千克、硫酸钾20千克。

(5)采收：早春茬丝瓜采收过程中，往往由于采收不及时、采收不合理、采收不得法造成商品瓜质量下降，影响出售。丝瓜采收的原则是弱株采小瓜，壮株采大瓜，以采瓜促进丝瓜的营养生长一致。生育前期苗小、温度又低，丝瓜生长速度慢，宜相应采瓜小一点，一般50～100克就可以采收。生育中后期随着气温、光照条件的好转，植株生长势旺，相应采瓜要大一点，一般150～200克采收。丝瓜早春茬栽培，由于环境条件相应比较优越，瓜的生长速度快，丝瓜表皮有一层麻皮，瓜的生长时间越长，长得越大，表层麻皮越厚、越硬，商品性状越差，为此，应及时采收。生育前期可隔3～5天采收一次，生育中期需2～3天采收一次，生育后期气温高，植株大，生长更快，需每天采收，以防老瓜。每次采收要仔细，不能漏采。

3. 大棚越夏延秋茬丝瓜栽培技术

(1)生育期间的环境特点及主攻方向：此茬口多是为充分利用5～10月大棚闲置期而进行生产的，这一时期温度高、光照强，烟粉虱、白粉虱、美洲斑潜蝇等害虫危害非常严重，不适宜丝瓜正常生长，必须配合使用遮阳网、防虫网等辅助设施进行越夏延秋茬丝瓜生产。

(2)育苗：

①选用优良品种。选择丰产性好、品质优良、对短日照不敏感的品种，如雅绿1号、华绿丝瓜、夏绿1号、绿旺丝瓜等品种。

②播种期的确定。越夏延秋茬丝瓜是为充分利用5～10月大棚闲置期而进行生产的，一般要求在7月前后开始采收，持续采收至9月中下旬。正常的播期应在4月上旬。

③直播或冷床育苗。大棚越夏延秋茬丝瓜可于4月中旬进行直播，也可育苗移栽，可在冬暖大棚内采用冷床法育苗。越夏延秋茬丝瓜育苗时采用一次播种育成苗的方式，即将出芽的种子播入营养钵或营养穴盘中，不再分苗。苗床要选择大棚采光条件较好的部位，一般育1亩地的苗需25米^{2}左右的苗床。

(3)整地施肥。应选择土质肥沃、湿润、有机质含量高、保水保肥能力强的壤土或黏壤土栽培。播种前结合耕翻，亩施优质厩肥5 000千克以上，整平耙匀后，沿种植行开沟，每亩再施过磷酸钙50千克、硫酸钾25千克，或腐熟饼肥100千克，然后封沟起垄，准备种植。

(4)棚间管理：

①环境调控。5月上旬揭除温室前裙膜，同时除去天窗通风膜，换上防虫网，保持大棚昼夜通风，使丝瓜结果多、品质好。

6～8月期间大棚膜上覆盖遮阳网，最好选用遮阳率60%的遮阳网。在晴天的上午9时至下午4时的高温时段，将温室用遮阳网遮盖，防止强光直射。在阴雨天，或晴天上午9时以前和下午4时以后光线弱时，将遮阳网卷起来，这样既可防止强光高温，又可让丝瓜见到充足的阳光。

②肥水管理。丝瓜根系发达，喜潮湿，需水量大，特别在盛果期高温伏旱时期，土壤相对湿度控制在90%左右为宜。此时若出现旱情，及时灌水。水分供应必须均匀一致，否则瓜条粗细不匀。遇干旱，虽然不至于植株死亡，但是植株结瓜少、化瓜多、畸形瓜多，在炎热干旱的季节尤其如此。炎夏浇水应在早上或晚上，忌中午进行。尤忌忽干忽湿，以致果实畸形，纤维增加，品质老化。因此，栽培丝瓜需要及时供应水分，土壤不能干旱。

越夏延秋茬丝瓜容易徒长，生长前期应避免偏施氮肥，开花结果期应加强追肥。第1次施肥在丝瓜的第1雌花出现后进行，一般每亩约施20千克复合肥，或400～500千克腐熟农家肥。到丝瓜开花结果后再重施肥一次，一般每亩用复合肥30千克。追肥在采收期后进行，一般每采收2～3次追肥一次，每次每亩用25～40千克的复合肥。

③植株调整。大棚栽培中丝瓜藤蔓发达，需要及时吊蔓。当植株甩蔓时，用塑料绳吊蔓，使瓜蔓爬到棚顶时，向下放绳子，将基部的瓜蔓圈好放齐，同时摘除老叶。落蔓后要把蔓的生长点均匀地分布在一个南高北低的倾斜面上，以利采光。

丝瓜分枝性强，主蔓、侧蔓结瓜，以主蔓结的瓜大，畸形瓜少；侧蔓结的瓜小，畸形瓜多。作为冬暖大棚等保护地早熟栽培，应将侧蔓全部摘除，只留主蔓结瓜。

丝瓜植株基部的节位着生雄花序，雌花节位也着生雄花序，雄花序消耗大量的养分，应将基部节位的雄花序保留以供给花粉，其他雄花序摘除。同时摘除卷须，集中养分供给雌花蕾，促进结瓜。

大棚栽培的丝瓜需要人工辅助授粉，特别是阴雨、低温天气时，蜜蜂活动少，更需要人工辅助授粉。每天上午8～10时，摘下1朵雄花，剥下花冠，露出花柱，将花药涂在雌花的柱头上。此外，还可运用植物生长调节剂涂瓜，防止化瓜，促进瓜条膨大。促进丝瓜坐瓜的生长调节剂主要是细胞分裂素，目前应用效果较好的是早瓜灵，将早瓜灵原液稀释100倍，涂于幼瓜上，对防止化瓜、促进瓜条膨大，效果十分显著。

(5)加强高温期管理：不结瓜、畸形瓜多、调节剂药害是高温季节生产丝瓜的三个突出问题，必须解决好。

①遮光防丝瓜歇茬、不结瓜。在光周期反应类型中，丝瓜属于短日照植物。所谓短日照植物，即该植物属于在24小时昼夜周期中，日照长度要短于一定的时数才能成花的植物。当前，寿光的棚室日照长度在13小时左右，黑夜时数在11小时左右，已经不能满足一些丝瓜品种的成花条件。黑夜时数达不到要求，会造成花芽分化不良，成花数降低，出现夏季"歇茬"现象。为了尽量避免此情况的发生，一方面可以选择早熟性好的、对短日照不敏感的丝瓜品种；另一方面在有条件的棚室遮盖黑色棚膜或草苫，缩短日照时数，也可在丝瓜出现夏季"歇茬"前喷洒植株生长调节剂乙烯利来促进雌花分化，提高成花率。

②控秧防丝瓜旺长和畸形瓜。丝瓜虽然喜温耐热，但是当前的棚室温度环境还是不能很好地满足其正常生长，白天温度维持在35℃左右，光合作用高速进行，制造大量光合产物，可整晚维持在26℃左右的高夜温下，使得叶片光合有机物多用于自身的呼吸消耗之中。在丝瓜氮肥过量、磷钾肥不足、硼肥缺乏的情况下，将加重畸形瓜的发生，如大肚瓜、蜂腰瓜、弯瓜等。针对以上情况，可在控制氮肥的基础上，一方面喷用5%矮壮素2 000～3 000倍液，或25%助壮素750～1 500倍液控制旺长；另一方面进行人工摘心，即在丝瓜生长点以下30厘米左右处掐茎打头，等到侧蔓长出30厘米左右的时候，再按照同样的方法掐茎打头，可以控制植株生长点部位升高，促生侧蔓，能很好地控制"旺了棵子不结果"的情况发生。通过补充矿质营养元素减少畸形瓜的发生，一般喷洒0.5%磷酸二氢钾500倍液补充结果期的磷、钾不足。蜂腰瓜多是由于缺硼造成的，可叶面喷施速乐硼1 500倍液，或硼砂600倍液。

③保花防药害。很多菜农在丝瓜蘸花时没有注意浓度的变化，夏天照样保持冷凉时的配比浓度，结果出现了药害。原因是，蘸花药浓度过大，再加上超过30℃的高温条件，易出现植株心叶皱缩、卷曲、变硬等类似于病毒病的症状。故在高温条件下要降低蘸花药液的浓度。寿光菜农蘸花药的参考配方如下：每500克水中用0.5%2,4-D 2毫升+0.1%氯吡脲(吡效隆)4毫升+2%NAA(萘乙酸)水剂5毫升。若在蘸花的同时也防治虫害，可加入1 000倍液5%甲维盐。为提高盛夏时期的丝瓜产量和品质，需谨防高温危害，应用遮阳网能起到很好的作用，简便省事。遮阳网的遮阳率在40%～65%之间，可降低棚内温度4～10℃。一般在晴天上午9时半左右就要覆盖遮阳网，到下午4时左右揭掉。同时，也可通过去掉大棚前裙膜放底风，加大通风量，降低温、湿度，但要注意前裙膜处需应用40目的防虫网，可防止大部分害虫进入棚室危害丝瓜。

4. 大棚秋冬茬丝瓜栽培技术

(1)生育期间的环境特点及主攻方向：由于受栽培季节的限制，大棚秋冬茬丝瓜育苗期间的环境比较特殊。育苗期间正值高温、多雨季节，结果期气温又急剧下降，整个生育期多数时间处于不适宜的环境条件下栽培。因此，该茬丝瓜的主攻方向是培育丝瓜壮苗，为丰产打下基础，在结果期做好保温防寒工作，以便取得更高的产量及效益。

(2)育苗：

①品种的选择。秋冬茬丝瓜所选品种必须较耐低温和弱光照，在低温和弱光照条件下，能保持较强的植株生长势和坐果能力。

②播种期的确定。大棚秋冬茬丝瓜多在7月下旬至8月中下旬播种，8～9月份定植。

③育苗技术。育苗期正处在7～8月份高温季节，高温育苗是生产上的一大难题，常遭受病毒病、白粉虱、伏蚜和茶黄螨等病虫害的严重危害。育苗的关键是：要避免强光照射苗床；避免雨水冲刷苗床，苗床积水；要杜绝白粉虱、蚜虫等病毒传播媒介进入育苗床内。具体应掌握以下几点：晴天中午前后要用遮阳网对苗床遮阳，避免强光照射苗床；雨天要用塑料薄膜对苗床遮雨，不要让雨水进入育苗床内；要用防虫网密封苗床，防止白粉虱、蚜虫等进入育苗床内；采用穴盘育苗技术进行护根育苗，充分保护根系；要定期喷药预防病害，一般从出苗开始，每周喷一次药，交替喷洒多菌灵、杀毒矾、甲霜灵以及病毒A等。秋冬茬丝瓜育苗期间温度高，很容易徒长，可采用化学药剂控制茎蔓的生长速度，采用15%多效唑，喷洒浓度为10毫升/升，或矮壮素200毫升/升，可缩短丝瓜茎节，减少瓜蔓长度，增加瓜蔓粗度。

(3)定植：8月下旬至9月上旬，当瓜苗长至3叶1心，苗龄30天左右时定植。定植前20天整地施肥，每亩施腐熟鸡粪3 500千克、过磷酸钙25千克、硫酸钾40千克。深翻30厘米，耙平后按70厘米行距起垄，宽30厘米，高15厘米。定植前两天，苗床先浇水，以尽量减少移栽时伤根。定植株距30～35厘米，每亩栽3 000株左右。定植后随即覆盖地膜，并破孔引苗出膜。按“隔沟盖沟”法盖膜，以便从膜下沟浇水，减少棚室内湿度。

(4)定植后的管理：

①环境调控。丝瓜喜强光、耐热、耐湿、怕寒冷，秋冬茬大棚丝瓜栽培要通过及时扣棚膜、早揭晚盖草苫及张挂镀铝聚酯反光幕、补光灯、增加覆盖层等增光、增温、保温措施，使温棚内光照、温度控制在：光照时间最短不短于每日8小时，昼温20～28℃，夜温12～18℃，凌晨短时棚内最低气温也不要低于10℃。生育期内，丝瓜抽蔓前可利用草苫适当控制日照时间，以促进茎叶生长和雌花分化。开花结果期要适时敞开草苫，充分利用阳光提高温度。

②肥水管理。大棚秋冬茬丝瓜结瓜前的灌水应以控为主，少灌水或灌小水，并减少氮肥用量，适当增施磷、钾肥和采用0.2%的磷酸二氢钾溶液根外追肥。前期温度高，丝瓜生长快，从播种至摘根瓜只有40～45天。吊架前可进行一次追肥，追施人粪尿500千克，或腐熟粪干300千克，灌水后吊架。进入盛瓜期后，水肥要足，每4～5天浇一水。自吊架前追肥后至10月中旬，一般再追肥2～3次。大棚丝瓜延迟栽培时间较长，可于10月下旬或11月初再进行一次追肥。追肥应掌握前期温度高时，追凉性的速效化肥，每次每亩不超过20千克硫酸铵，既补充肥料，又降低地温。中后期温度低时，每7～8天浇水一次；追肥宜施用腐熟的人粪稀等有机肥料，有利于提高地温，而且肥效维持时间长，一次用量每亩500～750千克，随水冲施。在生育前期可结合喷药，喷施0.3%的尿素和0.2%的磷酸二氢钾溶液，进行叶面追肥。连续阴雨、光照弱及后期温度低易化瓜，可用0.1%的硼酸溶液喷洒一次。

丝瓜对水分需求量大，在旺盛结瓜期，要始终保持土壤较高湿度。浇水时选晴天上午，顺膜下沟“暗浇”，浇后及时放风排湿。

③植株调整。幼苗甩蔓后用吊绳引蔓吊架，主蔓伸长到一定高度后进行人工落蔓，落蔓后要把蔓的生长点均匀地分布在一个南高北低的倾斜面上，以利采光。结合引蔓、绑蔓进行整枝，丝瓜整枝有单蔓整枝、先单蔓后多蔓整枝及多蔓整枝等。

单蔓整枝。整个生育期只保留主蔓生长和开花结果，其余侧蔓全部摘除。此整枝方法适于主蔓结瓜品种，或仅在早熟密植情况下进行。

先单蔓后多蔓整枝。第1瓜坐住前只留主蔓，侧蔓全部摘除。第1瓜坐住后，或主蔓上棚顶后，保留3～4条强壮、有雌花的侧蔓，任其生长，摘除部分瘦弱、重叠或染病侧蔓。

多蔓整枝。留主蔓和2～3条强壮侧蔓，任其生长和开花结果，把卷须、大部分雄花(85%)、黄叶、老叶、病叶及过于密挤的叶片摘除，以利养分集中，促进瓜条肥大。

冬暖大棚栽培的丝瓜需要人工辅助授粉。每天上午8～10时，摘下1朵雄花，剥去花冠，露出花柱，将花药涂抹在雌花的柱头上。生产上也可采用吡效隆浸花授粉，用吡效隆10毫克、对水750～1 000毫升，在丝瓜雌花开放的当天或前后1天浸花和子房一次。

丝瓜坐果后进行果实套袋，选用厚0.08毫米的无色透明聚乙烯袋。袋的大小视品种而定，有棱丝瓜用长400毫米、宽60毫米薄膜袋，普通丝瓜用长550毫米、宽60毫米薄膜袋。将薄膜袋套于果上，然后将薄膜袋口在果柄部用线绳扎在一起，不能过紧，防止影响果柄横向生长，同时可保持一定的通气性。果实套袋可以防止农药直接喷到果实上被果体表皮吸附。

(5)采收：丝瓜主要食用嫩瓜，一般在丝瓜果梗光滑，茸毛减少，果皮有柔软感、无光滑感时采收。时间大致为开花后10～12天，采摘宜在上午进行。丝瓜连续结果性强，盛果期宜勤摘，每1～2天采收一次。

四、大棚丝瓜栽培新技术

1. 丝瓜保护地栽培土壤消毒技术

由于保护地设施的相对固定和保护地生产的多年重茬种植，常造成土壤和棚室中的病原菌、虫卵积累，尤其是一些土传病虫害连年发生，病情越来越重，这类病虫害如果不及时加以控制，会造成严重减产或降低产品质量，甚至造成绝产绝收。土壤消毒是控制土传病虫害的重要措施之一，已逐渐为广大菜农所接受。而消费者对无公害产品的追求，也对药剂防治提出了更高的要求。因此，必须更多地依靠农业综合防治措施，以达到对保护地内病虫害控制的目的。

保护地土壤消毒主要是利用夏季的自然高温来杀灭土壤病原菌和害虫虫卵。一般利用保护地冬春茬和秋茬之间的空闲时间进行，应当在棚室育苗或定植前1个月操作。

(1)太阳能消毒：在保护地丝瓜采收拉秧后，清洁田园，多施充分腐熟的有机肥料，然后把地深翻平整好，在7～8月份，气温达35℃以上时，用薄膜覆盖密闭好棚室，土壤温度可升至50～60℃，甚至更高，高温处理约1个月，就可大量杀灭土壤中的病原菌和虫卵，减轻下茬丝瓜土传病虫害的发生。

(2)蒸汽热消毒：采用蒸汽锅炉加热，通过导管把蒸汽热能送到土壤中，使土壤温度升高，杀死病原菌，以达到防治土传病虫害的目的。这种消毒方法设备比较复杂，只适合经济价值较高的作物，并在苗床上小面积试用。

(3)药剂消毒：在播种前后将药剂施入土壤中，目的是防止种子带病和土传病虫害的蔓延。目前常用的药剂消毒有6种：

①甲醛消毒。每平方米用50毫升甲醛，加水6～12千克，播前10～15天用喷雾器在棚内土壤上喷洒，用薄膜密闭盖严，播前1周揭膜，使药液充分挥发。

②多菌灵消毒。多菌灵杀菌谱广，能防治多种真菌病害，对子囊菌和半知菌引起的病害防治效果很好。用50%多菌灵可湿性粉剂，每平方米用药1.5克。

③百菌清消毒。每平方米用45%百菌清烟剂1克熏棚5小时，能有效杀灭丝瓜保护地内的多种真菌，防止真菌病害发生。

④波尔多液消毒：每平方米用波尔多液（配比为硫酸铜：石灰：水为1：1：100）2.5千克，喷洒土壤，对防治丝瓜的灰霉病、褐斑病、锈病、炭疽病等效果明显。

⑤垄鑫消毒。垄鑫是一种广谱性熏蒸杀线虫剂，兼治土壤真菌、细菌、地下害虫及杂草，作用全面而持久，防治效果达95%以上。一般亩用98%垄鑫15～20千克，撒施或沟施，深度20厘米，施药后立即覆土，并盖地膜密封，熏蒸10～15天，放风10天左右。

⑥线克（威百亩）消毒。把地深翻，做成畦，随水冲施，亩用12～15千克，后盖膜熏闷，连续闷杀15天，放气两天。既能杀灭线虫，又能杀灭土壤中病菌。

（4）石灰氮消毒：石灰氮（氰氨化钙）是一种高效土壤消毒剂，产品主要有菌线克、庄伯伯、宁夏荣宝等，具有消毒、灭虫、防病的作用。

选择夏季高温、棚室休闲期使用，每亩用麦草（或稻草）1 000～2 000千克，撒于地面。再在麦草上撒施石灰氮50～100千克。深翻地20～30厘米，尽量将麦草翻压地下层。做高30厘米、宽60～70厘米的畦，地面用薄膜密封，四周盖严。畦间灌水，要浇足浇透。棚室用新棚膜完全密封，在夏日高温强光下闷棚20～30天。闷棚结束后将棚膜、地膜揭掉，耕翻、晾晒，即可种植。

石灰氮在土壤中分解产生单氰胺和双氰胺，这两种物质对线虫和土传病害有很强的杀灭作用。同时石灰氮中的氧化钙遇水放热，促使麦草腐烂，有很好的肥效。夏季高温，棚膜保温，地热升温，白天地表温度可高达65～70℃，10厘米地温高达50℃以上，这样可有效杀灭土壤中各种病虫害和杂草。

2. 大棚丝瓜促根养蔓技术

（1）促根：保护地条件下栽培，由于冬春季节地温的升高主要受空气温度的影响，地面以下较浅的部位平均地温相应较高。因此，在保护地内生长的丝瓜根群一般分布较浅。在根群分布浅、地温相对较低的情况下，根系对吸收水分和营养物质的功能较差。在保护地条件下栽培要根据实际情况，采取深翻土壤、多施有机肥、浅定植、地面覆盖保温等措施，尽量满足丝瓜根系在棚室栽培的基本条件要求。

低温是导致根系生长缓慢的根本原因，因此，在管理上应充分利用晴好天气揭开草苫，缩短放风时间，保持较高的棚温，以利提高地温。同时也要及时浇水施肥，防止土壤过于干旱，影响根系的生长发育。浇水采用膜下浇小水，冲施腐殖酸肥或微生物肥，以起到生根和促进长蔓的双重作用。

（2）养蔓：低温冷害对枝蔓的影响是最明显的，正常情况下，丝瓜主蔓应像筷子粗，节长18～20厘米。低温季节，主蔓细弱，节间过短，6～7厘米，完全不利于高产。为此，应根据植株生长状况及时养护茎蔓。对于生长过弱的植株，应及时将幼果、杈子、卷须摘除。对于已恢复正常的植株隔3～4片叶留1个瓜，其余摘除，并进行打头，促进瓜条发育。

3. 丝瓜再生高产栽培技术

采用立架式丝瓜再生栽培，能明显延长结果期，提高产量，改善品质，避开上市高峰，提高种植效益，是一项丝瓜高产高效栽培新技术。

(1)育苗与定植：

①提早育苗。选择在1月下旬至2月上旬播种(一般在“立春”前后)。先用0.1%～0.2%的高锰酸钾溶液浸种30分钟，消毒后清水冲洗几遍，然后进行浸种催芽。用温床营养钵育苗，地膜覆盖。苗龄一般为40天。待幼苗2叶1心时定植。

②合理密植。先按沟宽50厘米、畦宽2.5米整好地，施好基肥。一般每亩施腐熟人粪尿1 000千克、48%的高浓度复合肥50千克、过磷酸钙100千克，在定植前10天完成。3月中下旬，抢晴天定植，株距45～50厘米，行距1～1.2米，亩栽1 000～1 200株，定植后浇缓苗水，用土杂肥严封定植孔，并覆盖地膜。

(2)肥水管理：定植后至坐瓜前的肥水管理，以家畜粪为主，每6～10天一次，少施、薄施，不能施化学氮肥，以免秧苗疯长，影响坐果。坐果之后，一般每10天结合浇水随水冲施肥一次，每亩用氮磷钾含量48%的三元复合肥25千克左右，并根据叶色适当补充纯氮素化肥(如尿素)。

(3)田间管理：控制棚室温度白天不超过30℃，夜间不低于15℃。进入4月上中旬后，气温上升到丝瓜生长的适温时，光照成了影响丝瓜生长的主要因素，同时植株开始抽蔓，应适当增加光照。此时开始吊蔓上架。到5月上中旬，去除平铺地膜，实行中耕除草。

(4)科学修剪：

①控制侧蔓，强壮主蔓。摘除所有侧蔓，只保留主蔓。

②每隔3～4节留1朵雄花，其余的雄花和卷须全部及时摘除，雄花最好摘花蕾，卷须露出就摘除。

③人工授粉。丝瓜生长前期因雄花较少或低温影响，往往坐果很少，果小而质劣。可用浓度为30毫克/千克的2,4-D蘸花，或50倍高效坐果灵涂抹果柄，能显著提高坐果率。待雄花有一定数量后改用人工授粉，方法是：于每天清晨6时半至9时，摘下刚开放的雄花，剥去花瓣，轻轻将花粉涂在开放的雌花上，每朵雄花可授3～4朵雌花，可提高产量30%以上。

④去除老叶。7月中下旬，摘除丧失功能的2个月以上叶龄的全部老叶、病叶，以利通风透光和先端茎蔓的生长。

(5)割蔓再生：采摘丝瓜5～6批后，株势开始衰退，市场价格下降，在这个时期割蔓更新。一般在6月下旬至7月上旬进行。寿光市经验，最佳时间为6月25日至7月5日。方法是：按照瓜蔓长势强弱，在瓜蔓的10～18节位上割除主蔓，培养一个侧蔓成主蔓；割蔓配合剪除老叶、施肥灌水和中耕除草。20天后丝瓜藤蔓恢复生长，开始结瓜，显示出强壮的生长势，再生后的丝瓜果大、肉质细嫩、味甜，深受市场欢迎，价格坚挺，效益显著。据统计，更新后的丝瓜相对结果期延长1个月以上，每亩提高产量1 500～2 000千克，增加产值1 500～3 000元。

五、丝瓜病虫害防治

1. 侵染性病害

(1)丝瓜霜霉病:

①症状:主要危害叶片,先在叶正面出现不规则褪绿斑,后扩大为多角形黄褐色斑,湿度大时病斑背面长出紫黑色霉层,后期病斑连片,致整叶枯死。

②防治方法:发现中心病株后用25%凯润乳油800～1 500倍液,或50%安克可湿性粉剂1 000～1 500倍液喷雾,隔7～10天一次,连喷2～3次。

(2)丝瓜疫病:

①症状。主要危害果实,茎蔓或叶片也受害。近地面的果实先发病,出现水浸状暗绿色圆形斑,扩展后呈暗褐色,病部凹陷,由此向果面四周作水渍状浸润,上面生出灰白色霉状物。湿度大时,病瓜迅速软化腐烂。茎蔓染病,病部初呈水渍状,扩展后整段软化湿腐,病部以上的茎叶萎蔫枯死。叶片染病,病斑呈黄褐色,湿度大时生出白色霉层腐烂。苗期染病,幼苗根茎部呈水浸状湿腐。

②防治方法。发病初期喷洒50%安克可湿性粉剂1 000～1 500倍液,或75%百菌清500倍液,或80%大生600倍液,或72%杜邦克露800倍液等,隔7天一次,防治2～3次。

(3)丝瓜炭疽病:

①症状。主要危害叶片、叶柄、茎蔓及果实,苗期至成株期均可受害。叶片病斑近圆形,边缘分界不明晰,黑褐色,具轮纹。后期病斑常扩展成不规则形。叶柄、茎蔓病斑黄褐色,椭圆形或近圆形,稍凹陷。果实病斑初呈水渍状,圆形或不定形,凹陷。湿度大时,各病部可溢出近粉红色黏液。

②防治方法。发病初期,可用60%百泰可分散粒剂800倍液,或50%甲基托布津可湿性粉剂500～700倍液,或50%多菌灵可湿性粉剂500～700倍液,或65%代森锌可湿性粉剂500倍液,或50%代森铵1 000倍液,或50%炭疽福美400倍液,或农抗120的200倍液喷雾,每6～7天一次,连续4～5次。

(4)丝瓜褐斑病:

①症状。主要危害叶片。病斑褐色至灰褐色,圆形或长形至不规则形,病斑边缘明显或不明显,有时出现褪绿至黄色晕圈,霉少见。早晨日出或晚上日落时,病斑上可见银灰色光泽。

②防治方法。发病初期喷洒40%甲霜灵可湿性粉剂600～700倍液,或60%琥·乙膦铝(DTM)可湿性粉剂500倍液,或64%杀毒矾可湿性粉剂500倍液,或36%甲基硫菌灵悬浮剂400～500倍液,或1∶1∶240波尔多液,隔10天左右一次,防治2～3次。

(5)丝瓜轮纹斑病:

①症状。主要危害叶片。叶片上病斑近圆形至不规则形,深褐色,边缘呈波纹状,病斑周围有褪绿或黄色区,病斑中间有波纹状同心轮纹。湿度大时,病斑表面现污灰色菌丝,后变为橄榄色,有时病斑上可见黑色小粒点。致病菌为蒂腐壳色单隔孢菌。分生孢子器洋梨形或扁球形、黑色、光滑,内生分生孢子。分生孢子长椭圆形,双胞,褐色,表面有纵行条纹。

②发病规律。病菌以菌丝体和分生孢子器在病残体上越冬。翌年,条件适宜时分生孢子器内释放出分生孢子,经风雨传播,分生孢子萌发后由伤口侵入,也可由衰弱部位直接侵入。

27～28℃适宜发病，湿度大或干湿与冷热变化大时易发病。肥料不足，管理粗放，长势衰弱，病情加重。

③防治方法。加强肥水管理，喷施叶面营养剂，有助于减轻发病。注意防治虫害，以减少植株伤口，亦有助于减轻发病。

发病前或发病初期结合喷施叶面营养剂加入杀菌剂：75%百菌清＋70%甲基托布津(1：1)1 000 倍液，喷药预防 2～3 次，隔 10 天左右喷施一次，注意喷匀喷足。

(6)丝瓜绵腐病：

①症状。主要危害果实，一般多是植株下部，尤其是接触地面的果实发病。果实发病，多从脐部或伤口附近出现水浸状斑点，迅速扩展成大型水浸状褐色病斑，有时扩展至半个果实至整个果实，果实发病部位表面湿度大时长有一层白霉，最后病部腐烂。

②传播途径和发病条件。病菌以卵孢子在土壤表层越冬，也可以菌丝体在土壤中营腐生生活。翌年温、湿度条件合适，卵孢子萌发或土中菌丝产生孢子囊，孢子囊萌发释放出游动孢子，借雨水反溅或灌溉水流传播，与植株下部或触地果实接触，侵入后引起发病。

病菌在 10～30℃范围内均能很好发育，适温 27～28℃，相对湿度 95%以上，孢子囊萌发释放出游动孢子需有水滴存在。因此，高湿度成为发病的决定性因素。地势低洼，地下水位高、雨后积水地块发病严重。

③防治方法。平整土地，做到雨后或灌水后地面无积水。高畦栽培。地面覆地膜，或雨季来临前地面覆草，阻隔土中孢子释放，从而减轻发病。及时绑架、整蔓，适度打掉植株下部老叶，增强通风透光，降低株间湿度。及时摘收植株下部果实。留种果实要脱离地面，减少发病。

发病初期及时用药防治，药剂可选用 25%甲霜灵可湿性粉剂 800 倍液，或 40%乙膦铝可湿性粉剂 250 倍液，或 64%杀毒矾可湿性粉剂 500 倍液，或 72.2%普力克水剂 400 倍液，或 15%恶霉灵水剂 450 倍液，或 77%可杀得可湿性微粒粉剂 500 倍液，或 72%克露可湿性粉剂 500 倍液，或 80%高铜可湿性粉剂 800 倍液，或 80%大生可湿性粉剂 800 倍液，要着重喷布植株下部和地面。

(7)丝瓜细菌性角斑病：

①症状。主要危害叶片和果实，偶然也在茎上发生。幼苗发病，子叶上发生圆形或卵圆形水浸状凹陷病斑，后变褐色，干枯。成株期叶片受害，初为水渍状浅绿色斑点，扩大后变淡褐色，因受叶脉限制呈多角形病斑，后期病斑呈灰白色，易穿孔。湿度大时，病斑上产生乳白色黏液即菌脓。茎、叶柄、瓜上的病斑，初呈水浸状，近圆形，后呈淡灰色，病斑中部常产生裂纹，潮湿时病部产生菌脓。果实上的病斑常向内部扩展，果实后期腐烂，有臭味。幼果受害，易腐烂早落。

②发病条件。细菌性角斑病由假单孢杆菌属的细菌侵染致病。病菌在种子内或随病株残体在土壤中越冬，在种子上可存活 2 年。种子萌发时，附着的病菌侵染子叶。土壤中的病菌越冬后，由雨水或灌溉水溅到茎、叶或果实上侵染发病。病斑上的菌脓通过雨水、昆虫、农事操作等途径传播，病菌从气孔、水孔及伤口侵入。发生的适宜温度为 18～25℃，空气相对湿度在 75%以上。在降雨多，湿度大，地势低洼，管理不当，多年重茬的地块病害严重。保护地通风不良，湿度高，结露时间长的情况下病害发生多。

③防治方法。催芽播种前，应行种子消毒处理。常用的方法有：一是温汤浸种，用 50℃的温水浸种 20 分钟。二是药剂浸种，用新植霉素 200 毫克/千克液浸种 1 小时，后捞出洗净催芽；或用 50%代森铵 500 倍液浸种 1 小时，后捞出洗净催芽；或用福尔马林 150 倍液浸种 1.5

小时,后洗净催芽。与非瓜类作物实行两年以上的轮作。利用无病的田土育苗,有条件时可用无土育苗技术,防止幼苗染病。加强栽培管理。保护地内应加强通风,降低湿度,防止发病。栽培中尽量利用高垄或半高垄栽培,铺设地膜,减少浇水次数,降低田间湿度。雨季及时排涝,做到地里没有积水。收获结束,及时清洁田园,把病株残体深埋或烧毁。

发病初期可用农用链霉素200毫克/千克液,或新植霉素150～200毫克/千克液,或30%琥胶肥酸铜500倍液,或70%甲霜铝铜250倍液。如果细菌性角斑病与霜霉病同时发生,可用35%瑞毒唑铜每5～6天喷一次,连喷3～4次。

(8)丝瓜病毒病:丝瓜病毒病各地均有发生,危害呈加重趋势。

①症状。全株发病,植株顶部叶片症状最为明显,表现浅绿与深绿相间斑驳,有时深绿部分稍呈疱斑,病叶小。叶缘缺刻加深,边缘上卷,叶硬而脆。病株生长衰弱,结瓜少,瓜小而扭曲畸形。

②病原。可由多种病毒侵染而引起,主要毒原是黄瓜花叶病毒。黄瓜花叶病毒病毒粒体球状,直径28～30纳米,病毒汁液稀释限点1 000～10 000倍,失毒温度60～70℃,体外存活期3～4天。寄主范围39科117种植物。

③传播途径和发病条件。病毒主要在田间多年生宿根寄主植物根部越冬。翌春宿根杂草萌发,病毒随之由根部上升到地上茎叶部。由桃蚜、棉蚜等媒介传播。只要有蚜虫在田间活动,病毒传播很快,尤其苗期和栽植不久瓜株被传上病毒,发病激烈,损失很大。高温、干旱有利于发病,25℃发病最甚,超过30℃多表现隐症。旱情与发病轻重密切相关,干旱有利于蚜虫繁殖和迁飞活动,故传毒频繁,病情迅速发展。

④防治方法。选用抗病品种,棒槌丝瓜较蛇形丝瓜抗病毒病及霜霉病。播种前用60～62℃温水浸种10分钟后,移入冷水中冷却,晾干后播种;或用10%磷酸三钠溶液浸种20分钟后,用清水冲洗干净,催芽播种。

适当早播或晚播。根据各地当年的气候情况调整播种期,或采用保护地大棚栽培,将丝瓜苗期避开蚜虫迁飞高峰期。

合理施肥,增施磷、钾肥,使植株生长健壮,增强耐病性。及时清除杂草,农事操作中注意病健株分开,在病株上操作后,用肥皂水洗手后,再在健株上操作。

及时灭蚜,亩用10%吡虫啉20克,对水50千克喷雾。蚜虫多集中于叶背及嫩梢上,喷雾时务必做到细致周到。

发病前或发病初期,用生豆浆1份加10～20份的水混匀后喷洒,每隔7～10天喷一次,连续喷5次。另外,还可用病毒K 30克+医用病毒灵15片+病毒A 15克(或丰收1号)+天然芸薹素5克,对水15千克喷洒叶面,每7天喷一次,连喷2～3次。也可用病毒K 3 000倍液灌根。

(9)丝瓜根结线虫病:

①发生状况。在大棚中,由于一年四季轮换种植丝瓜,给病原线虫提供了必要的营养和生存条件,随着种植年限的增加,土壤中根结线虫数量逐年增多,给丝瓜生产造成巨大损失。根结线虫主要危害丝瓜的地下根部,尤其侧根及须根更容易受害。根结线虫寄主范围十分广泛,瓜类蔬菜中丝瓜受害较重,严重时植株萎蔫死亡。

②病原与侵染循环。危害丝瓜的根结线虫种类较多,其中南方根结线虫占发生总量的77%以上。根结线虫主要以卵或2龄幼虫遗留在土壤里,或直接在土壤里越冬,一般可存活1

～3年。越冬后的2龄幼虫在土壤温度适宜时开始活动，直接侵入根部。线虫在寄主根结或根瘤内生长发育至4龄，雄虫与雌虫交尾，交尾后雌虫在根结内产卵，雄虫钻出寄主组织进入土中自然死亡。根结内的卵孵化成2龄幼虫，离开寄主进入土中，生活一段时间重新侵入寄主或留在土壤中越冬。土壤、病苗和灌溉水是传播的主要途径。

③防治方法。与禾本科作物轮作2～3年，床土消毒，施用充分腐熟的有机肥。前茬作物收获后进行20厘米以上的深翻，彻底清除田间、地头杂草。发病地淹水4个月。保护地可在拉秧以后，在盛夏季节挖沟起垄，沟内灌满水，覆盖地膜，密闭15～20天，杀灭土壤中的线虫效果很好。

可在播种或定植前15天，每亩用33%威百亩水剂3～4千克，加水50～75千克，开沟浇施，然后覆土。或在定植时穴施10%福气多颗粒每亩5千克。田间发病可对发病的部位用50%辛硫磷乳油1 500倍液，或80%敌敌畏乳油1 000倍液，或90%敌百虫晶体800倍液灌根，每株灌药液0.25～0.5千克。

2. 生理病害

(1)丝瓜缺素症：

①缺氮症。症状：植株生长受阻，果实发育不良。新叶小，呈浅黄绿色。老叶黄化，果实短小，呈淡绿色。

发病原因：土壤本身含氮量低，种植前施大量未腐熟的作物秸秆或有机肥，碳素多，其分解时夺取土壤中氮。产量高，收获量大，从土壤中吸收氮多而追肥不及时。

防治对策：施用新鲜的有机物作基肥要增施氮肥或施用完全腐熟的堆肥。叶面喷施0.2%～0.5%的尿素液。

②缺磷症。症状：植株矮化，叶小而硬，叶暗绿色，叶片的叶脉间出现褐色区。尤其是底部老叶表现更明显，叶脉间初期缺磷出现大块黄色水渍状斑，并变为褐色干枯。

发病原因：堆肥施用量小，磷肥用量少易发生缺磷症。地温常常影响对磷的吸收。温度低，对磷的吸收少，大棚等保护地冬春或早春季节易发生缺磷。

防治对策：丝瓜是对磷敏感的作物。土壤缺磷时，除了施用磷肥外，预先要培肥土壤。苗期特别需要磷，注意增施磷肥；施用足够的堆肥等有机质肥料。可喷0.2%的磷酸二氢钾或0.5%的过磷酸钙水溶液。

③缺钾症。症状：老叶叶缘黄化，后转为棕色干枯，植株矮化，节间变短，叶小，后期叶脉间和叶缘失绿，逐渐扩展到叶的中心，并发展到整个植株。

发病原因：土壤中含钾量低，施用堆肥等有机质肥料和钾肥少，易出现缺钾症。地温低，日照不足，过湿，施氮肥过多等条件阻碍植株对钾的吸收。

防治对策：施用足够的钾肥，特别是在生育的中后期不能缺钾。施用充足的堆肥等有机质肥料。可用硫酸钾，平均每亩3～4.5千克，一次性追施。或叶面喷洒0.3%的磷酸二氢钾或1%的草木灰浸出液。

④缺钙症。症状：上部幼叶边缘失绿，镶金边，最小的叶停止生长，叶边有深的缺刻，向上卷，生长点死亡，植株矮小，节短，植株从上向下死亡。

发病原因：氮多、钾多、土壤干燥都会阻碍植株对钙的吸收。空气湿度小，蒸发快，补水不足时易产生缺钙。土壤本身缺钙。

防治对策：土壤钙不足，可施用含钙肥料。避免一次用大量钾肥和氮肥。要适时浇水，保证水分充足。可用0.3%的氯化钙水溶液喷洒叶面。

⑤缺镁症。症状：叶片出现叶脉间黄化，并逐渐遍及整个叶片，主茎叶片、叶脉间可能变成淡褐色或白色，侧蔓叶片、叶脉间变黄，并可能迅速变成淡褐色。

发病原因：土壤本身含镁量低。钾、氮肥用量过多，阻碍了植株对镁的吸收，尤其是大棚栽培更明显。收获量大，而没有施用足够量的镁肥。

防治对策：土壤诊断若缺镁，在栽培前要施用足够的含镁肥料。避免一次施用过量的、阻碍对镁吸收的钾、氮等肥料。可用1%～2%的硫酸镁水溶液喷洒叶面。

⑥缺锌症。症状：叶片小，老叶片除主脉外变为黄绿色或黄色，主脉仍呈深绿色，叶缘最后呈淡褐色，嫩叶生长不正常，芽呈丛生状。

发病原因：光照过强易发生缺锌。若吸收磷过多，植株即使吸收了锌，也表现缺锌症状；土壤pH高，即使土壤中有足够的锌，但不溶解，也不能被作物吸收利用。

防治对策：不要过量施用磷肥。缺锌时可以施用硫酸锌，每亩用1.5千克。可用0.1%～0.2%的硫酸锌的水溶液喷洒叶面。

⑦缺硼症。症状：缺硼叶片变得非常脆弱，生长点和未展开的幼叶卷曲坏死。上部叶向外侧卷曲，叶缘部分变褐色。当仔细观察上部叶叶脉时，有萎缩现象，果实出现纵向木栓化条纹。

发病原因：在酸性的砂壤土上，一次施用过量的碱性肥料，易发生缺硼症状。土壤干燥影响对硼的吸收，易发生缺硼。土壤有机肥施用量少，在土壤pH高的田块也易发生缺硼。施用过多的钾肥，影响了植株对硼的吸收，易发生缺硼。

防治对策：土壤缺硼，可预先增施硼肥。要适时浇水，防止土壤干燥。多施腐熟的有机肥，提高土壤肥力。用0.12%～0.25%的硼砂或硼酸水溶液喷洒叶面。

⑧缺铁症。症状：幼叶呈浅黄色，变小，严重时白化，芽生长停止，叶缘坏死、完全失绿。

发病原因：磷肥施用过量，碱性土壤，土壤中铜、锰过量，土壤过干、过湿，温度低，易发生缺铁。

防治对策：尽量少用碱性肥料，防止土壤呈碱性，土壤pH应在6～6.5。注意土壤水分管理，防止土壤过干、过湿。可用0.1%～0.5%的硫酸亚铁水溶液，或柠檬酸铁100毫克/千克水溶液喷洒叶面。

⑨缺锰症。症状：叶片变为黄绿色，生长受阻，小叶叶缘和叶脉间变为浅绿色后逐渐发展为黄绿色或黄色斑驳，而叶脉仍保持绿色。

发病原因：碱性土壤容易缺锰，出现症状的植株根际土壤呈碱性，有可能缺锰。土壤有机质含量低，土壤盐类浓度过高。肥料如一次施用过量，土壤盐类浓度过高时，将影响植株对锰的吸收。

防治对策：增施有机肥，科学施用化肥，宜注意全面混合或分施，勿使肥料在土壤中成高浓度。可用0.2%的硫酸锰水溶液喷施。

⑩缺铜症。症状：生长缓慢，叶片很小，幼叶易萎蔫，老叶出现白色花斑状失绿，逐渐变黄。果实发育不正常，黄绿色的果皮上散有小的凹陷色斑。

发病原因：碱性土壤易缺铜。

防治对策：增施酸性肥料。可用0.3%的硫酸铜水溶液进行叶面喷雾。

(2)丝瓜氮过剩症：

①症状。植株呈暗绿色，叶片特别丰满、茂盛，根系发育不良，开花晚。

②发病原因。施用铵态氮肥过多，特别是遇到低温或把铵态氮肥施入到消毒的土壤中，由于硝化细菌或亚硝化细菌的活动受抑制，氨在土壤中积累的时间过长，引起铵态氮过剩。易分解的有机肥施用量过大，也容易引起氮过剩。

③防治对策。避免氮素过剩，首先应实行测土施肥，根据土壤养分含量和作物需要，对氮磷钾和其他微量元素实行合理搭配，科学施用，尤其不可盲目施用氮肥。在土壤有机质含量达到2.5%以上的土壤中，应避免一次性每亩施用超过5 000千克的腐熟鸡粪。第二，在土壤养分含量较高时，提倡以施用腐熟的农家肥为主，配合施用氮素化肥。第三，如发现作物缺钾、缺镁症状，应分析原因，若因氮素过剩引起缺素症，应以解决氮过剩为主，配合施用所缺肥料。第四，如发现氮素过剩，在地温高时可加大灌水缓解，喷施适量助壮素，延长光照时间，同时注意防治蚜虫、霜霉病等病虫害。

(3)丝瓜锰过剩症：

①症状。先从下部叶开始，叶的网状脉先变褐，然后主脉变褐，沿叶脉的两侧出现褐色斑点。叶柄和叶反面有小紫色斑。

②发病原因。土壤酸化或施锰肥过多。

③防治对策。土壤中锰的溶解度随着pH的降低而增高，所以施用石灰质肥料，可以提高土壤pH，从而降低锰的溶解度。在土壤消毒过程中，由于高温蒸汽、药剂作用等，使锰的溶解度加大，为防止锰过剩，消毒前要施用石灰质肥料。注意田间排水，防止土壤过湿，避免土壤溶液处于还原状态。

(4)丝瓜有花无瓜：

①主要症状。植株长势过旺，叶片厚而大，茎秆粗壮，节间长，基本上不开雌花、不坐瓜，降低丝瓜的坐瓜率，影响丝瓜的产量。

②发病原因。丝瓜植株体内细胞分裂失调所致。当丝瓜植株体枝叶发育粗壮，就能增强其分枝发杈能力，雌雄花也才能在同株体上均匀地开放，若丝瓜植株在生长过程中藤蔓失调疯长，就会破坏丝瓜植株体的分枝能力，从而导致丝瓜植株只开雄花不开雌花。

③防治措施。控制夜温：夜温过高，丝瓜容易出现旺棵子的情况，可通过下午晚关通风口、早上及时通风的方式来调整丝瓜棚内适宜的温度。一般丝瓜正常生长适宜的夜温为上半夜18～20℃，下半夜13～18℃。要注意早上棚内的温度不要超过15℃，同时也不要低于10℃，这样可避免出现丝瓜旺棵子的情况。

喷洒营养液调控植株长势：可叶面喷洒海力肥等以调节丝瓜的长势，使丝瓜的养分达到合理供应，使养分由主要供应植株生长适当转为供应果实的生长，可促进丝瓜多坐瓜。也可在丝瓜长到3～9片真叶时叶面喷洒助壮素、矮壮素、增瓜灵等，避免丝瓜出现过旺生长的情况。在喷洒生长调节剂时要注意做好试验，避免因用药量过大而造成药害，可于晴天的下午进行喷洒。

少施氮肥：在施用肥料时不可过量施用氮肥，如磷酸二铵或高氮复合肥等，可多施用生物肥，并适当增施钾肥，利于调整丝瓜的长势，促进丝瓜多坐瓜。

(5)丝瓜果实生理病害：

①丝瓜尖头果。症状：丝瓜上半部正常，近花部细小，此为“尖嘴瓜”的症状。

发生原因：丝瓜单性结实弱且开花期雌花没有受精。因为单性结实弱的品种，一般较难发育成果实。雌花没有受精，果实中不能形成种子，缺少了促使营养物质向果实运输的原动力，因而造成果实尖端营养不良，形成尖嘴瓜。植株生长早期，氮肥供应不足，使得植株茎秆细而坚韧，果实也会产生尖嘴瓜。植株生长势弱，特别是果实膨大后期，肥水不足，使得果实中不能得到正常的养分供应，从而产生尖嘴瓜。使用防落素，或 2，4-D 浓度过大或使用不均匀，也会发生尖嘴瓜。

防治对策：如果雄花量足够，应采用人工授粉，花对花授粉，1 朵雄花对 2～3 朵雌花。也可用 2，4-D 代替，但要注意使用方法，要用一定浓度（浓度的大小应先做试验）的 2，4-D 浸整朵雌花，包括花柄。无公害丝瓜生产中不提倡使用 2，4-D，尽量采用花对花授粉。在丝瓜果实膨大后期，加强肥水管理，保证有充足的矿质营养运输到果实。

②丝瓜裂果。症状：幼瓜、成瓜都会发生裂瓜现象，在瓜面上产生纵向、横向或斜向裂口，裂口深浅、宽窄不一。严重裂口者裂口可深达瓜瓤，露出种子，裂口侧面木栓化。轻微开裂者仅为一条小裂缝。如幼瓜开裂后果实继续生长，裂口会逐渐加深、加大。

发生原因。长期干旱或过度控水，突浇大水时，因果肉细胞吸水膨大，而果皮细胞已老化，不能与果肉细胞同步膨大，造成果皮膨裂。有过遭受某些机械伤害出现裂口，果实膨大过程中则以伤口为中心而开裂。开花时钙不足，花期缺钙，也会导致幼果开裂。

防治对策：避免土壤干旱或过湿，特别要注意防止在土壤长期干旱后突然浇大水。棚室栽培避免温度过高或过低，生长期适温以保持在 18～25℃为宜。农事操作时防止对幼瓜造成机械损伤。开花期用 0.3％的氯化钙水溶液喷洒叶面，预防植株缺钙。

③化瓜。症状：丝瓜瓜条不伸长或伸长一段后停止生长。

发生原因：定植缓苗后，未经过促根控秧，过早追肥浇水，温度偏高，特别是夜温高，昼夜温差小，日照不足，导致营养生长与生殖生长失调，营养生长占优势，幼瓜得不到充足的营养，故不膨大。定植密度过大，群体间通风透光不良。有机肥施用量少，氮肥又不足，植株长势弱。棚膜污染严重，透光性差，大棚内光照不足。下部的瓜采收不及时，营养不能合理分配。低温季节昆虫少，雄花少，因授粉率低而引起化瓜。

防治对策：合理施肥，根据前茬种植的作物种类、土壤状况等，合理安排施肥种类以及施肥量，还要针对性地补充铁、硼、锌等微量元素。在结瓜前期，瓜条商品成熟时，应当及时采收。人工授粉。经常清扫棚膜，保持棚膜清洁。草苫采取早揭晚盖，延长丝瓜受光时间。

④瓜打顶。症状：生长点附近的节间缩短，形成雌雄杂合的多花簇。龙头不生成心叶而呈现花抱头。

发生原因：大棚内高温干旱，尤其是土壤干旱。肥料过多，水分不足。土壤潮湿，气温、地温偏低，造成沤根。根吸收能力弱。蚜虫危害，钾肥过多，施用生长抑制剂时期不当或浓度过大。

防治对策：中耕松土，提高地温，轻浇水追肥后再松土提温。喷洒喷施宝，每毫升加水 12 升。

⑤弯曲瓜。发生原因：丝瓜受精不完全，仅子房一边的卵细胞受精，导致整个果实发育不平衡而形成弯曲瓜。丝瓜生长势弱，干物质产生少，果实间相互争夺养分造成部分瓜条营养不良，形成弯曲瓜。或在生长期间环境条件发生剧烈变化，如遇连阴天突然放晴，高温强光引起水分、养分供应不足而产生弯曲瓜。丝瓜在生长过程中，瓜条受到外物的阻挡不能伸直，以致产生畸形弯曲。

防治对策：适期追肥灌水，适当降低种植密度，使叶片和果实光照充足，提高叶片的同化机能,可减少弯曲瓜的产生。及时去掉影响丝瓜生长发育的外物。保证开花授粉时期的良好环境条件可减少弯曲瓜的发生。对于弯曲瓜,可用激素处理,常用激素有2,4-D,浓度为50~100毫克/千克,在丝瓜开花前3天内涂抹或喷雾,以开花当天处理最好,使丝瓜瓜条长直。

3. 虫害

(1)白粉虱:白粉虱又名温室白飞虱,属同翅目粉虱科。20世纪70年代后期,随着大棚等保护地蔬菜面积的扩大,此虫的发生与分布呈扩大蔓延趋势,目前我国大部分地区都有发生与危害,已成为棚室栽培蔬菜的重要害虫。

①危害症状。白粉虱主要以成虫和若虫群集在叶片背面吸食植物汁液,使叶片褪绿变黄,萎蔫甚至枯死,影响丝瓜正常的生长发育。同时,成虫所分泌的大量蜜露堆积于叶面及果实上,引起煤污病,严重影响光合作用和呼吸作用,降低丝瓜的产量和品质。此外,该虫还能传播某些病毒病。

②发生规律。白粉虱在大棚条件下一年可发生10余代,能以各种虫态在大棚蔬菜上越冬,或继续进行危害。5~6月虫口密度增长比较慢,7~8月间虫口密度增长较快,8~9月份危害最严重,10月下旬以后,气温下降,虫口数量逐渐减少,并开始向大棚内迁移,进行危害或越冬。白粉虱成虫对黄色有强烈趋性,但忌白色、银白色,不善于飞翔。在田间先一点一点发生,然后逐渐扩散蔓延。田间虫口密度分布不均匀,成虫喜群集于植株上部嫩叶背面并在嫩叶上产卵,随着植株生长,成虫不断向上部叶片转移,因而植株上各虫态的分布就形成了一定规律:最上部嫩叶,以成虫和初产的淡黄色卵为最多,稍下部的叶片多为深褐色的卵,再下部依次为初龄若虫、老龄若虫、蛹。成虫羽化时间集中于清晨。雌成虫交配后经1~3天产卵。卵多产于叶背面,以卵柄从气孔插入叶片组织内,与寄主保持水分平衡,极不易脱落。每头雌虫产卵120~130粒,最多可产卵534粒。白粉虱成虫活动最适温度为25~30℃,卵、高龄若虫和蛹对温度和农药抗性强,一旦作物上各虫态混合发生,防治就十分困难。

③防治方法。农业防治:一是培育无虫苗,定植前对大棚进行消毒,每亩大棚用80%敌敌畏0.4~0.6千克熏杀,或10%吡虫啉可湿性粉剂1 000倍液喷雾。二是合理布局在棚室附近的作物,避免栽植瓜类、茄果类、菜豆类等白粉虱易寄生、发生严重的蔬菜,提倡种植白粉虱不喜食的十字花科蔬菜。棚室内避免丝瓜、番茄、菜豆等混栽,防止白粉虱相互传播,加重危害和增加防治难度。三是在棚室通风口密封尼龙纱,控制外来虫源。虫害发生时,结合整枝打杈,摘除带虫老叶,携出棚外埋灭或烧毁。

物理防治:利用白粉虱趋黄习性,在白粉虱发生初期,将涂有机油的黄色板置于棚室内,高出蔬菜植株,诱杀白粉虱成虫。

生物防治:棚室内蔬菜的白粉虱发生量在0.5~1头/株时,可释放丽蚜小蜂黑蛹,每株3~5头,每隔10天左右放一次,共释放3~4次,寄生率可达75%以上,控制白粉虱的效果较好。

药剂防治。一是烟雾法:每亩大棚用22%敌敌畏烟剂0.5千克,于傍晚闭棚熏烟;或每亩用80%敌敌畏乳油0.4~0.5千克,浇洒在锯木屑等载体上,再加几块烧红的煤球熏烟。二是喷雾法:可用10%扑虱灵乳油1 000倍液,或10%吡虫啉可湿性粉剂1 000倍液,或2.5%天王星乳油2 000倍液,或2.5%功夫乳油3 000倍液,或20%灭扫利乳油2 000倍液,或80%敌敌畏乳油1 000倍液,隔5~7天喷洒一次,连续用药3~4次。由于白粉虱世代重叠,在同一时间同一作物上存在各种虫态,而当前采用的药剂没有对所有虫态均适用的种类,所以在药剂防治上,必须连续几次用药,才能取得良好防效。

(2)瓜蚜:瓜蚜就是棉蚜,俗称蜜虫、油虫等,属同翅目蚜科。瓜蚜是世界性害虫,在我国也遍布各地。

①危害症状。瓜蚜的成虫及若虫栖息在瓜类叶片背面和嫩梢嫩茎上吸食汁液。瓜前嫩叶及生长点被害后,植株提前枯死,大大缩短了结瓜期,减少瓜的产量。此外,瓜蚜能传播病毒病。

②发生规律。瓜蚜无滞育现象,只要具有瓜蚜生长繁殖的条件,可周年发生。北方冬季可在大棚的瓜类上继续繁殖。春季当气温稳定到6℃以上,越冬卵开始孵化。越冬卵孵化一般多与越冬寄主叶芽的萌芽相吻合。当气温达12℃时,在冬寄主上进行孤雌胎生繁殖2～3代。在4～5月初,产生有翅胎生雌蚜,从冬寄主迁飞到瓜田和棚室内繁殖危害。秋末冬初气温下降,不适于瓜蚜生活时,瓜蚜就产生有翅蚜,有规律地向冬寄主转移。瓜蚜活动繁殖的温度范围为6～27℃,16～22℃最适于繁殖。瓜蚜繁殖速度与气温关系密切,夏季4～5天一代,春秋季10余天一代,冬季棚室内蔬菜上6～7天一代。每头雌蚜可产若蚜60～70头,世代重叠严重,所以瓜蚜发展迅速。瓜蚜具有较强的迁飞和扩散能力,瓜蚜的扩散主要靠有翅蚜的迁飞、无翅蚜的爬行及借助于风力或人力的携带。干旱气候有利于瓜蚜发生,夏季在温度和湿度适宜时,也能大量发生。一般离瓜蚜越冬场所和越冬寄主植物近的大棚受害重。有翅蚜对黄色有趋性,对银灰色有负趋性,有翅蚜迁飞还能传播病毒。瓜蚜的天敌很多,在捕食性天敌中,蜘蛛占有绝对优势,占天敌总数的75%以上。此外,还有瓢虫、草蛉、食蚜蝇、蚜茧蜂等多种天敌。

③防治方法。生物防治:选用高效低毒的农药,避免杀伤天敌。有条件的地方可人工助迁或释放瓢虫(以七星瓢虫为好)和草蛉来消灭蚜虫。

物理防治:育苗时小拱棚上覆盖银灰色薄膜,定植后,大棚四周挂银灰膜条,棚室的放风口设置纱网,减少蚜虫迁入。用30厘米×60厘米的木板或纸板,漆成黄色,外涂机油,均匀插于棚室内,可诱杀有翅蚜,减少危害。

药剂防治:一是烟雾法:用22%敌敌畏烟剂每亩0.5千克,或灭蚜宁每亩0.4千克,分放4～5堆,用暗火点燃,闭棚熏烟3～4小时。二是喷雾法:用10%吡虫啉可湿性粉剂1 000倍液,或50%灭蚜松乳油1 000倍液,或2.5%功夫乳油3 000倍液,或20%速灭杀丁乳油3 000倍液,或2.5%天王星乳油3 000倍液,或5%鱼藤精乳油500倍液喷雾。喷洒时应注意使喷嘴对准叶背,将药液尽可能喷到瓜蚜体上。为避免瓜蚜产生抗药性,应轮换使用不同类型的农药。

(3)美洲斑潜蝇:美洲斑潜蝇又名蔬菜斑潜蝇、甘蓝斑潜蝇,属双翅目潜蝇科。

①危害症状。美洲斑潜蝇以幼虫蛀食叶片上下表皮间的叶肉为主,形成黄白色蛇形斑,坑道长达30～50毫米、宽3毫米。成虫产卵取食也造成伤斑。虫体的活动能传播病毒。

②发生规律。在大棚,全年都能繁殖。美洲斑潜蝇成虫大部分在上午羽化,成虫羽化后24小时即可交尾产卵。雌虫刺伤植物寄主叶片,形成刺孔,成刻点状,雌虫通过刻点取食和产卵。幼虫取食导致大量叶片死亡。美洲斑潜蝇造成的叶片伤口中,约有15%的活卵。雄虫不能形成刻点,但可在雌虫造成的伤口上取食。雌虫产卵于叶片表皮下或裂缝内,有时也产于叶柄。产卵的数量随温度和寄主植物而异,在25℃下雌虫一生平均可产164.5粒卵。根据温度的高低,卵在2～5天内孵化。幼虫发育历期一般为3～8天,蛹历期一般为6～10天,完成一

代约15天。影响美洲斑潜蝇发生的主要因素是温度、湿度和食料。环境温度对斑潜蝇的发育速度有明显的影响，在12～35℃条件下，美洲斑潜蝇能完成生活史，20℃以下发育很慢，30℃以上种群增长急剧下降。北方大棚中2～3月能见到该虫的虫道。在自然界中，该虫的世代重叠明显，种群发生高峰期与衰退期极为突出。

③防治方法。农业防治：棚室栽培要培育无虫苗，收获后清洁田园，把被潜叶蝇危害的植株残体集中深埋、沤肥或烧毁。合理布局，瓜类、茄果类、豆类蔬菜与其不危害的作物进行套种或轮作。适当稀植，增加田间通透性。棚室内用30厘米×60厘米的木板涂上黄色油漆制成黄板，黄板上加粘蝇纸或不干胶和凡士林等黏性物质诱杀成虫。

药剂防治：可选用48%乐斯本乳油1 000倍液，或10%吡虫啉可湿性粉剂1 000倍液，或50%蝇蛆净水溶粉剂2 000倍液，或1.0%灭虫素乳油2 500倍液，或10%氯氰菊酯乳油2 000倍液，或10%二氯苯醚菊酯乳油2 000倍液喷雾。用药适期掌握在成虫产卵高峰期至初孵幼虫期。

(4)瓜亮蓟马：瓜亮蓟马又名橙黄蓟马、瓜蓟马，属缨翅目蓟马科。

①危害症状。成虫和若虫吸食植物生长顶心、心叶、嫩梢、嫩芽及花蕾和幼果的汁液，被害株的生长点嫩梢变硬而萎缩，植株生长缓慢，节间缩短，茸毛呈褐色或黑褐色。受害叶片向正面卷缩，受害的心叶不能展开，幼瓜幼果受害后出现畸形，毛茸变黑，有的脱落。对产量和品质都影响极大。

②发生规律。瓜亮蓟马多以成虫潜伏在土块、土缝下或枯枝落叶间越冬，少数以若虫越冬。越冬成虫在次年气温回升至12℃时开始活动，瓜苗出土后，即转至瓜苗上危害。由于棚室保护地蔬菜生产和露地蔬菜生产衔接或交替，给瓜亮蓟马创造了能终年繁殖的条件，在冬暖大棚蔬菜越冬茬栽培中，可发生瓜亮蓟马危害，但危害程度一般比秋茬和春茬轻。全年危害最严重时期为5月中下旬至6月中下旬。初羽化的成虫具有向上、喜嫩绿的习性，特别活跃，能飞善跳，爬动敏捷。白天阳光充足时，成虫多数隐藏于瓜苗的生长点及幼瓜的毛茸内。雌成虫具有孤雌生殖能力，每头雌虫产卵30～70粒。瓜亮蓟马发育最适温度为25～30℃。土壤湿度与瓜亮蓟马的化蛹和羽化有密切的关系，土壤含水量在8%～18%的范围内，化蛹和羽化率均较高。

③防治方法。农业防治：清除大棚中的残茬落叶，减少虫源。加强水肥管理，使植株生长健壮，提高抗虫力。在成虫迁入高峰时用纱网阻隔棚室门窗，以减少侵入虫量。育苗时，清除苗床杂草，密封四壁，集中喷药，消灭残存虫源，培育无虫苗。

药剂防治：关键是早发现早防治。一是烟雾法：在棚室中可用21%敌敌畏塑料块缓释剂，每立方米7～10克熏蒸。二是喷雾法：可用73%克螨特1 200倍液，或20%复方浏阳霉素1 000倍液，每10～14天一次，连喷2～3次。喷药的重点是植株的上部，尤其是嫩叶背面和嫩茎。

(5)黄守瓜：在瓜类蔬菜上常见的黄守瓜类害虫有4种，即黄足黄守瓜、黄足黑守瓜和黑足黄守瓜和黑足黑守瓜，均属鞘翅目叶甲科。其中棚室栽培中最主要的黄守瓜类害虫是黄足黄守瓜，又名黄虫、瓜守、黄守瓜等。

①危害症状。成虫取食瓜苗的叶和嫩茎，把叶片食成环或半环形缺刻，咬食嫩茎造成死苗，还危害花及幼瓜。虫在土中咬食根茎和瓜根，常使瓜秧萎蔫死亡。也可蛀食贴地面生长的瓜果。防治不及时，往往造成大幅度减产和降低瓜果品质。

②发生规律。在北方棚室保护地瓜菜与露地瓜菜栽培茬相衔接或交替、全年栽培瓜类蔬菜的地区，黄守瓜于棚室保护地转移露地，或从露地转入棚室保护地，可一年发生 2 代，甚至于冬暖大棚内出现 3 代幼虫。在露地一年一代区越冬成虫 5～8 月产卵，6～8 月为幼虫危害期，以 7 月危害最甚，8 月成虫羽化后咬食危害秋季瓜菜，10～11 月逐渐进入越冬场所。在冬暖大棚内，成虫多于 2～6 月产卵，3～6 月为幼虫危害期，以 5 月冬春茬瓜类作物结瓜盛期危害最甚，6 月下旬至 7 月上旬羽化为成虫，第 2 代幼虫危害期在 7～11 月，主要危害秋冬茬和越冬茬瓜类蔬菜秧苗和伏茬的瓜果，11 月后又以成虫进入棚室内，冬季咬食瓜叶。黄足黄守瓜成虫喜在温暖的晴天活动，早晨露水干后取食。成虫的飞翔力较强，具有假死性，稍受惊扰即坠落，一段时间后再展翅飞翔。越冬成虫寿命很长，在北方可达 1 年左右。成虫对黄色有趋性且喜欢取食瓜类的嫩叶，常常咬断瓜苗的嫩茎，瓜苗在 5～6 片真叶以前受害最严重。在开花前主要取食瓜叶，成虫常以自己的身体为半径旋转咬食一圈，使叶片成干枯的环形，或半圆形食痕及其圆形孔洞，成为黄守瓜危害的典型特征。开花后，可食害花和幼瓜。雌虫一生可产卵 150～2 000 粒。卵多产在寄主根部附近土表的凹陷处，成堆或散产。幼虫蛀食主根后，叶子瘪缩，蛀入茎基导致瓜藤枯萎，甚至全株死亡。幼虫可转株危害。高龄幼虫还可蛀食地面的瓜果。

③防治方法。阻隔成虫产卵：采用全田地膜覆盖栽培，在瓜苗茎基周围地面撒布草木灰、麦芒、麦秆、木屑等，以阻止成虫在瓜苗根部产卵。

间作套种：瓜类蔬菜与十字花科蔬菜、莴苣、芹菜等蔬菜套种间作，瓜苗期适当种植一些高秆作物。

药剂防治：瓜类蔬菜对不少药剂比较敏感，易产生药害，尤其苗期抗药力弱，要注意选用适当的药剂，严格掌握施药浓度。防治成虫可用 90％晶体敌百虫 1 000 倍液，或 80％ 敌敌畏乳油 1 000 倍液，或 50％辛硫磷乳油1 000倍液，或 2.5％溴氰菊酯乳油 3 000 倍液，或 10％氯氰菊酯乳油 3 000 倍液喷雾。防治幼虫可用 50％辛硫磷乳油1 000倍液，或 90％ 晶体敌百虫 1 000倍液，或 5％鱼藤精乳油 500 倍液，或烟草浸出液 30～40 倍液灌根，可杀死土中幼虫。

(6)茶黄螨：

①危害症状。食性极杂。成、幼螨集中在寄主幼嫩部位刺吸汁液，尤其是尚未展开的芽、叶和花器。被害叶片增厚僵直、变小或变窄，叶背呈黄褐色、油渍状，叶缘向下卷曲。幼茎变褐，丛生或秃尖。花蕾畸形，果实变褐色、粗糙、无光泽，出现裂果，植株矮缩。

由于虫体较小，肉眼一般难以发现，危害症状又和病毒病或生理病害症状有些相似，生产上应注意识别。

病毒病发生在嫩叶，表现为小叶，叶皱缩；生理性病害引起落花、落果。病毒病在干旱条件下发生，除了小叶外，多数病毒病在叶上会表现黄绿相间的斑驳；生理性病害一般与高温干旱有关，如缺素症、日灼。而在高温高湿的季节中就一定要注意茶黄螨。茶黄螨危害丝瓜的显著特点：叶子叶背有油质光泽，发红发亮。

②生活习性。一年发生 20 多代，世代重叠。冬季可在冬暖大棚等保护地中越冬或繁殖危害。靠爬行、风力、农具、种苗等传播蔓延，始发时有明显的点片阶段，是防治的关键时期。一年中以 7～9 月份危害最盛。10 月份后，随着气温下降螨量减少。幼螨喜温暖潮湿的环境条件。成螨较活跃，且有向植株上部幼嫩部位转移的习性。卵多产在嫩叶背面、果实凹陷处及嫩芽上，经 2～3 天孵化，幼(若)螨期各 2～3 天。雌螨以两性生殖为主，也可营孤雌生殖。

③防治方法。农业防治：压低越冬虫口基数，铲除田头地边杂草，清除枯枝落叶并集中烧毁。

药剂防治：在茶黄螨点片发生时及时喷洒1%阿维菌素乳油1 000倍液或5%卡死克乳油1 200倍液。重点喷洒植株上部嫩叶背面、嫩茎、花器、生长点及幼果等部位，并注意交替轮换用药。叶背着药是关键，因茶黄螨主要集中于幼嫩叶的背面，所以喷施杀螨剂时要注重喷幼嫩部位、喷叶背面。

(7)红蜘蛛：

①危害症状。以成螨、幼螨和若螨群集叶背吸食汁液，出现褪绿斑点，逐渐变灰白斑和红斑，严重时叶片枯焦脱落。

②生活习性。一年发生10～20代，雌成虫潜伏于菜叶、草根或土缝附近处越冬。春季开始繁殖并危害。初为点片发生，后吐丝下垂或靠爬行借风雨扩散传播等，先危害老叶，再向上扩散。当食料不足时，有迁移习性。以两性生殖为主，有孤雌生殖现象。高温干旱年份发生重。

③防治方法。农业防治：清除杂草及枯枝落叶，减少虫源。

药剂防治：加强虫情检查，控制在点片发生阶段，用药剂喷雾防治：1.8%阿维菌素乳油1 000倍液，或73%克螨特乳油1 200倍液，或净叶宝3号1 500倍液。

（胡永军　王来芳　许美荣）

第十五章 大棚芸豆栽培

一、选用良种

1. 碧丰

(1)品种来源:中国农业科学院蔬菜花卉研究所和北京市农林科学院蔬菜研究中心由荷兰引进。

(2)特性特征:植株蔓生,生长势强,侧枝多。花白色,始花节位 5～6 节,每花序结荚 3～5 个,单株结荚 20 个左右。荚绿色,宽扁条形,长 21～23 厘米,宽 1.6～1.8 厘米,厚 0.7～0.9 厘米。含种粒部分荚面稍突出,单荚重 14～16 克,纤维少,质脆、嫩、甜,尤适宜切丝炒食。较早熟,山东地区春播 65 天左右采收。较抗锈病,抗逆性强。

(3)适作茬口:适宜早春、越冬茬栽培。

2. 老来少

(1)品种来源:山东省潍坊市农家品种,又称白胖子芸豆,主要分布在寿光、诸城一带。

(2)特性特征:植株长势中等,蔓长 2.2 米左右。花白色稍带紫红。荚扁条形,中部稍弯曲。嫩荚近采收时由绿色变白色,外观似老而质嫩,纤维少,品质好。较抗病,播后 60 天左右收获。种子肾形,棕色。

(3)适作茬口:适宜早春、越夏、秋冬茬栽培。

3. 将军一点红

(1)品种来源:哈尔滨市农业科学院蔬菜花卉分院选育。

(2)特性特征:蔓生,中早熟,从播种到采收 70 天左右。生长势强,叶片绿色,花紫色,嫩荚绿色,着色部位荚尖部有紫条纹,故被称为“一点红”。荚扁条形,平均荚长 20 厘米,宽 2.1 厘米,单荚重 24 克,外观极佳,无纤维,肉质面,是典型的东北优质油豆角。种皮灰白底带红色纹,种子椭圆形,千粒重 400 克。该品种抗逆性强,不早衰,春秋皆可种植,露地、保护地兼用,尤其保护地栽培表现更佳。

(3)适作茬口:适宜早春、越冬茬栽培。

4. 架豆王

(1)品种来源:由泰国引进。

(2)特性特征:中熟,蔓生,生长旺盛,叶深绿,叶片肥大。自然株高 3.5 米,有 5 条侧枝,侧枝继续分枝。花白色,第 1 花序着生在 3～4 节上,每序花 4～8 朵,结荚 3～6 个。荚绿色、长圆形,长 30 厘米,横径 1.1～1.3 厘米,单荚重 30 克,单株结荚 70 个左右,最高 120 个。从播种到采收75天，亩产3 000～4 000千克。本品种表现稳定，产量高，抗病、抗热。最大特点是从结荚到完熟无筋、无纤维、荚肉厚、商品性好，品质鲜嫩，是一个高产、抗病的优良品种。

(3)适作茬口：适宜早春、越夏、秋冬、越冬茬栽培。

5. 丰收1号

(1)品种来源：由中国农业科学院蔬菜花卉研究所试种、筛选出的优良品种。

(2)特性特征：植株蔓生，生长势中等，分枝性强，每个花序结荚5～6个。嫩荚扁条形，弯曲似镰刀状，荚长约20厘米，宽1～1.4厘米，单荚重16～17克。嫩荚绿色，荚面略有凹凸不平，肉较厚，纤维少，不易老，品质好。每荚有种子6～7粒，种皮乳白色，种子肾形，千粒重364克。该品种早熟，从播种到采收嫩荚约60天。较耐热，抗病性强，适应性广。亩产1 500～2 500千克。

(3)适作茬口：适宜早春、越夏、秋冬、越冬茬栽培。

6. 秋抗6号

(1)品种来源：系天津市农业科学院蔬菜研究所选育的优良品种。

(2)特性特征：植株蔓生，株高2.5米，生长势强，有3～4个侧枝，叶片淡绿色。第1花序着生在5～6节，每个花序8～12朵花，花白色，有2～5个荚。嫩荚绿色，近圆棍形，稍弯曲，荚长17～20厘米，宽1～1.2厘米，单荚重12～14克。嫩荚肉厚，水分和纤维少，蛋白质含量高。每荚有种子6～9粒，种皮黄色，无斑纹，肾形，子粒较小。中熟，从播种到收获嫩荚55～60天，采收期30天左右。耐盐碱，耐热，对疫病、枯萎病、病毒病抗性较强。亩产2 000～2 500千克。

(3)适作茬口：适于保护地栽培，以秋延后栽培为主。

7. 秋抗19

(1)品种来源：系天津市农业科学院蔬菜研究所选育的优良品种。

(2)特性特征：植株蔓生，株高约2.8米，生长势强，有2～3个侧枝。茎绿色，20节左右封顶。花白色，第1花序着生在3～4节，每个花序有4～6朵花，坐荚2～3个。嫩荚近圆棍形，荚长约20厘米，宽1.2～1.3厘米，单荚重15克。嫩荚深绿色，肉厚，纤维少，品质好。每荚有种子7～10粒，种皮灰褐色，肾形，无斑纹。中熟，从播种到收获嫩荚55～60天，采收期30天左右。对疫病、枯萎病抗性较强，耐盐碱。亩产2 000千克左右。

(3)适作茬口：适于保护地栽培，以秋冬茬栽培为主。

8. 翠龙

(1)品种来源：辽宁省水土保持研究所育成。

(2)特性特征：蔓生型，主侧蔓结荚，分枝力强，一般分枝数为5～6条。荚浅绿色，横切面扁圆形，荚长25～33厘米，顺直，平均单荚重27克，色泽均匀，商品性好。花期和结荚期较为集中，结荚率高，落花落果少。种子为白色，每荚8～9粒种子，嫩荚种子凸起小，千粒重425克。该品种属中熟品种，全生育期，春播95~100天，保护地栽培125天，从播种到嫩荚开始采收时间为70天左右。荚果整齐，条直，商品性极佳。荚果含纤维少，肉厚，无革质膜，筋较短，保鲜期长。食味鲜嫩，口感好，风味佳，特别是采收后期，荚果依然能保持良好的食用品质。对芸豆炭疽病、锈病均表现出很强的抗性。

(3)适作茬口：适宜早春、越冬茬栽培。

9. 沂蒙九粒白

(1)品种来源：山东省临沂市蔬菜研究所利用地方传统品种资源育成的芸豆新品种。

(2)特性特征:生育期90天左右,属早熟品种。植株属无限生长型,秧蔓生长繁茂,具有无限结荚习性,秧蔓高达2米以上,单株结荚多,丰产性能好,从出苗至开始采收嫩荚60天。该品种叶片中等、色淡、蔓生,第4片真叶叶腋着生第1花序,花白色,整株结荚约48个。荚长,白绿色,呈扁圆棍形,荚长20～25厘米,单荚重20克左右,肉质松软鲜嫩,粗纤维少,耐老熟、有筋无革质膜,豆荚鼓起变白时,风味佳,抗病能力强,产量高。

(3)适作茬口:适于保护地栽培,以秋冬、早春茬栽培为主。

10. 架豆王1号

(1)品种来源:安阳市蔬菜研究所育成。

(2)特性特征:植株蔓生,生长势较强,蔓长2.8米左右,分枝节位在4～5节,有2～3个分枝。叶片中等大小,深绿色,坐荚率高且集中,第1花序着生在2～3节,每花序着花6～10朵。嫩荚浅绿泛白。荚长25～28厘米,宽1.3～1.5厘米,单荚重25～30克,每荚有种子8～10粒。耐老化,口感好,商品性佳。种子椭圆形或肾形,浅灰色带条纹。从出苗至初收50天左右。早熟性强,耐低温、抗病、高产。

(3)适作茬口:适宜早春茬栽培。

二、育苗技术

芸豆起源于中南美洲草原,生育期内要求比较温暖的气候和较充足的阳光。种子发芽适温为20～25℃,幼苗期适温为10～25℃,开花结荚期适温为18～25℃。气温高于32℃发育不正常,低于10℃生育缓慢,5℃以下发生冷害,0℃冻死。对光照的要求仅次于茄果类蔬菜,光饱和点为3.5万勒克斯,光补偿点1 500勒克斯。光照不足易引起落花落果。

1. 常规育苗技术

(1)育苗移栽的意义:芸豆以往在露地生产多采用直播。近年来随着大棚的发展,为提早上市,多采用育苗移栽。特别是采用塑料营养钵育苗,可充分保护根系不受损伤。把苗期安排在大棚生长,不但可以早播种、早收获、提早供应市场,还能保证苗全苗旺,促进早开花结荚,增加产量。试验证明,育苗比直播可提早30～35天,提高产量15%～20%,效益提高120%。从直播的生长势观察,营养生长旺,开花晚、结荚少。而育苗移栽的结荚早,结荚多。说明育苗移栽可抑制营养生长,促进生殖生长。另外,提早育苗,时间处于短日低温期,幼苗的花芽分化早,结荚节位低。早春芸豆直播,遇到低温阴雨天气时间长时,发芽慢,种子容易腐烂,成苗率低,幼苗易受冻害。大棚春茬芸豆栽培,往往是在冬茬作物收获后才能种植,为提早上市,必须育苗移栽。

大棚早春芸豆栽培,需要采用棚内育苗,根据大棚适宜定植期或前茬作物结束收获前30～35天育苗。需配制透气性好、营养全面的营养土,采用塑料营养钵或营养土块护根育苗。

(2)营养土配制:

①培育壮苗的营养土应具有的条件。蔬菜保护地育苗,是在密集条件下生长,必须选用富有营养、透气性好的营养土,特别是豆类蔬菜,根系须很少,对营养土要求更严格。

无侵染病菌和虫害。选择没有种过同科蔬菜的田土或粮食作物田土,用不是豆科类残体沤制的厩肥、堆肥配制床土,以免引发病虫害。

富含秧苗生长所需的矿物质营养。芸豆幼苗根系弱、分布浅,生长密集,生长量相对较大,床土矿物质营养必须完全、充足。床土中的全氮含量应在0.8%～1.2%，速效磷含量100毫克/千克。所以，要求芸豆育苗营养土配制时要用优质的腐熟厩肥。幼苗根系弱，化肥极易烧根，尽量不用或少用。

高度的持水性和良好的透气性。床土有机质丰富，才能改善营养土的吸水、吸肥和通气性。

②床土的配制。播种床土的配制比例是，肥沃田土6份，腐熟有机粪肥4份。为了增加床土中磷、钾肥含量，可以适当加入些化肥。一般每立方米床土中加入过磷酸钙5～6千克、尿素0.5～1千克，或加入磷酸二铵1～2千克、草木灰4～5千克。配制比例确定后，按比例将土和肥料混合均匀，并过筛。为增加床土的透气性，可以适当掺入些过筛的细炉渣。配制营养土应注意：肥料要充分腐熟、过筛，不用生粪，特别是未经腐熟的鸡粪、鸭粪。按上述指标添加化肥用量，不能加入过量的化肥，否则极易烧苗，损伤根系，造成大面积死苗、僵苗。要考虑土壤质地，若床土为砂壤土要增黏，粪肥、炉灰等不宜用量过多。若黏重土壤可适当增用沙土及粪肥、炉灰，以增加土壤通气性。床土不能用豆科蔬菜的田土，防止土壤带菌，传染病害。

③床土消毒。用40%的甲醛300～500倍液喷洒床土，翻一层土喷一层药。然后用塑料薄膜覆盖，密封5～7天，然后晾2～3天。此外，还可用多菌灵、敌克松等药剂拌土消毒。

注意：幼苗在营养土过于肥沃时极易烧根。为防止烧根，营养土配成后，可用几粒白菜类种子试种，2～3天后观察根系，如有根尖发黄现象，须再加田土调整，然后装入塑料营养钵内，准备播种。

(3)培育壮苗：培育壮苗是冬暖大棚芸豆高产的关键。壮苗抗低温能力强，抗病性好，花芽分化充分，定植后缓苗快，生长势旺，结荚早，结荚多。培育壮苗要抓好以下技术措施：

①精选种子。精选种子是保证发芽率高，发芽整齐，培育壮苗的关键。要选子粒饱满、种皮有光泽、生命力强的种子，挑出已发过芽、带有病斑、虫蛀和机械损伤的子粒。两年以上的陈种子发芽率和发芽势均弱，培育壮苗不宜采用。每亩用种量4～5千克。

②种子处理。育苗前先晒种1～2天，可促进种子吸水发芽整齐。然后，用0.1%硫酸铜水溶液浸种15分钟，以杀死种子表面的病原菌。捞出后用清水冲洗种子表面的药液。每亩种子用50克根瘤菌粉剂拌种，以促进根瘤的早日形成。

芸豆不论育苗或直播都不宜浸种时间过长，其原因是种皮太薄，组织不致密，浸种时间长时，使种子内蛋白质、淀粉等物质外渗，损失种子的营养，同时外渗物质附着在种皮上，引起霉菌感染。催芽时，用5倍于种子的细沙，喷湿后和种子拌匀，堆在大棚内，保持25～28℃的温度条件，3天后露芽即可播种。

③播种。用塑料营养钵或营养土块育苗，先把营养土制块或装营养钵，装钵八成满，先浇足水，把处理好的种子或催过芽的种子按每钵2～3粒，再盖上3～4厘米的细土。播完后，在苗床上盖一层农膜，以保温保湿。空气温度白天25～28℃、夜间15～18℃，有利于出苗。出苗前一般不通风，5天左右出苗85%时揭开苗床农膜，棚室少量通风，防止幼苗下胚轴过长。

④苗期管理。待了叶展开时，白天温度以22～25℃、晚上以12～15℃为宜，以防徒长。注意通风换气。芸豆育苗时间短，播种前浇足底水，苗期一般不浇水。若出现叶色深绿，中午萎蔫时，要及时补充水分。营养钵浇水后，若出现旺长时，拉开营养钵之间距离，即可控制旺长。

育苗期间要经常清扫棚室的棚膜，尽量多进光线，早上及时揭苫，下午在温度适宜的情况下放苫要晚一些。阴雨雪天，也要隔一块拉开一块草苫，进入一些散光。连续阴雨、低温天气骤晴时，苗出现萎蔫现象应及时回苫，防止闪苗。

⑤炼苗。早春芸豆栽培，由于外界环境变化大，时常发生寒流。在外界环境不利的情况下，直接影响棚内植株。芸豆苗要具备一定的抗逆能力，定植前必须炼苗。白天保持大量通风，白天温度要适当高 2～3℃，晚上降低温度，保持 5～6℃。5 天左右，在芸豆苗叶色浓绿、茎秆坚硬时，即可定植。

⑥蹲苗。芸豆在开花结荚前的生长阶段中，地上部茎叶与地下根系之间、营养生长与生殖生长之间的矛盾突出，要用温度和水分来调节，促根控秧。白天通过通风控制气温不超过 25℃，夜间不超过 15℃，保证 10℃左右的昼夜温差，适当控制水分。蔓性芸豆结合松土追肥培垄吊架(或插架)浇 1 次水，然后蹲苗。第 1 花序开花期一般不浇水，防止枝叶徒长而落花。如土壤干旱可于花蕾将开放时浇一次小水，在第 1 花序结荚时开始浇水。矮生芸豆花序抽生早，植株长势弱，生长期短，蹲苗时间宜短。蹲苗要适度，蹲苗不足，引起徒长而落花严重，过度蹲苗也能引起落花。

(4)芸豆育苗中常出现的问题：

①播后长期不出苗。原因是种子发芽率低，或者是催芽时种子大部分已发芽但感染了病原菌，播种床土温长期过低而水分又过多，阻止幼芽伸长甚至引起种子腐烂，床土过干也会使发芽受到影响。

要选用发芽率高的种子，消毒。如因管理不善而不出苗，可扒开床土检查，剥开种皮胚仍是白色新鲜的，说明种子并没有死亡，只要采取相应措施都能出苗。如床土过湿，应控制浇水，短期水分排不掉，可用吸水力强的草炭、炉灰渣、炭化稻壳或蛭石等撒在床土表面，厚度 0.5 厘米，并加强光照，既可提温又能减少床土水分。

②出苗不整齐。一种是出苗的时间不一致，这是由于种子成熟度不一致，新老种子混杂及催芽过程中翻动不均使发芽有差异造成的。另一种情况是同一苗床内出苗不均，这与播种技术和苗床管理有关。苗床内各部位的温度、湿度不一致会导致出苗不整齐。播种后覆土不均也可造成出苗不整齐，盖土过厚的地方水分多，但土温低，透气性差，幼苗出土过程中穿过土层所需的时间长。盖土过薄，土温高，床土易干，这都不利于出苗。播种床高低不平，或蝼蛄、蚯蚓致使发芽的幼苗受害而死亡。

③戴帽出土。育苗时常发生幼苗出土后，种皮不脱落，夹住子叶，俗称“戴帽”。为防止“戴帽”出土，播种前要充分浇透底水，出苗前保持土壤湿润，播种后覆土适中。也可在畦上覆盖薄膜，以便保持种皮柔软容易脱落。刚出土时若表土过干，应适当喷水，或撒一层薄薄潮湿的细土。

④沤根。发生沤根时根部发锈，严重时根部表皮腐烂，不长新根，幼苗变黄萎蔫。沤根主要是因床土温度过低、湿度过大造成的。床土配制不当、黏土过多、透气性差容易发生沤根。底水浇得过多又遇上连阴雨天，或连阴天前浇大水，也容易引起沤根。

⑤烧根。烧根时根尖发黄，不发新根，但不烂根，地上部生长缓慢，矮小发硬，形成小老苗。烧根主要是由于施肥过多，土壤干燥造成的。如床土中施入未充分腐熟的有机肥，当粪肥发酵时更容易烧根。苗床土混施化肥时，一定要拌匀。已经发生烧根时要多浇水，降低土壤溶液浓度。

⑥徒长苗。幼苗徒长是育苗期间经常发生的现象，徒长苗茎细、节间长、叶薄、色淡绿、组织柔嫩、须根少，秧苗轻。定植后容易萎蔫，成活率低，不能早熟高产。

徒长苗产生的原因主要是由于光照不足、夜间温度过高以及氮肥和水分过多造成的。播种密度过大，秧苗拥挤，苗间光照弱也易徒长。除出苗后易形成高脚苗外，易发生徒长的另一个时期是在定植前的15～20天。这时外界气温转暖、秧苗生长速度快，此时秧苗已长大，叶片互相遮光，若温湿度控制不好，很容易徒长。

防止秧苗徒长除扩大营养面积、加强光照、降低床温、不偏施氮肥和适当控制苗床温度外，还可用生长抑制剂控制秧苗生长速度。如50%矮壮素稀释2 000～3 000倍，喷洒在秧苗上或浇在床土上，每平方米苗床喷洒1千克药液，10天后就能见效。

⑦老化苗。秧苗老化时，生长缓慢，苗体小，根系老化，节间缩短，叶片小而厚，深暗绿色，秧苗脆硬。

秧苗老化的原因，主要是床土过干和床温过低。育苗期间怕徒长，长期控制水分过严，容易造成秧苗老化。用育苗钵育苗因与地下水隔断，浇水如果不及时，很容易造成土壤过干而育成老化苗。所以育苗时应合理控制育苗环境，苗龄不可过长，定植前炼苗时不能缺水，严重缺水时必须喷小水。发现秧苗老化，除注意温度、水分的正常管理外，可喷920(有效成分是赤霉素)10～30毫克/千克，1周后恢复正常。

2. 芸豆断根扦插育苗

在大棚内播种育苗。用蛭石、腐烂锯末、稻壳、草炭等作基质，在育苗盘里，浇足底水，水渗下后播种。每粒种子占据2厘米×5厘米，覆土2～3厘米，然后铺一层薄膜，防止出苗前缺水。播后7～10天出苗，出苗后绿化1～2天，幼苗2片对生叶展平时，是断根扦插播种的最佳苗龄。营养土的配制：园田土加腐熟马粪1∶1，搅拌均匀。塑料营养钵上口径8～10厘米，高9厘米。先将营养土装入塑料钵中，装土高度达到钵的2/3处，空出上部1/3。浇足底水，水渗下后，从育苗盘中连根拔出幼苗，挑选健壮苗，用刮脸刀片在下胚轴尖端1厘米处垂直切去发根部分，把断根后的幼苗扦插于塑料钵中1厘米，随后填加湿度较大的营养土，填满为止。断根扦插后摆放在大棚内，利用小拱棚盖塑膜外加遮阳物，保温遮光。5天左右发生新根，7天左右可以去掉塑料布及遮阳物。扦插两周内保持地温20℃左右，气温25℃左右，注意保持湿度，每天淋一次小水。定植前6～7天，要通风降温，应适当控制浇水，扦插后20天左右可以定植。

此法可提高芸豆总产量12%以上，其增产的主要原因是断根后侧根发生数量显著增多。扦插时淘汰病苗、劣苗。

三、主要栽培模式

芸豆不耐低温和霜冻，在夏季高温多雨条件下生长不良。露地生产的栽培季节为月平均气温10～25℃比较适宜。为获得保护设施条件的棚室芸豆丰产，棚室采光性能必须良好，茬次可根据设备性能，安排冬春茬、早春茬、秋冬茬栽培。

1. 大棚芸豆冬春茬栽培技术

(1)品种选择：选择适于大棚栽培的蔓生、耐低温、耐弱光、高产优质的品种，如绿龙、绿丰等。

(2)培育壮苗：芸豆冬春茬栽培，整个生育周期经历了秋、冬和春3个季节。整个过程的气候特点是由高温到低温，又到高温。冬春茬芸豆高产的关键在于掌握植株生长在低温期之前完成营养生长，在低温期缓慢进行开花、结荚的生殖生长，早春外界气温回升时产品可大量上市，获得较高的产量和经济效益。播种期的早晚关系到总产量的高低。据观察，播种期早，前期营养生长速度快，及早进入结荚盛期，正值低温寡照，由于营养供求矛盾较大，很容易造成植株老化，降低产量。播种期晚，低温到来之际，营养生长还没有完成，虽然减少了植株的营养生长量，早开花结荚，但很容易形成小老苗，早春光照、气温适宜时，也无法达到预期的结荚盛期。各地冬春茬芸豆栽培播期，根据发苗期、幼苗期和初花期的生长时间需 50～60 天，我国大部分地区一般最低气温在 1 月份出现，因此，在 10 月中旬播种比较适宜。

(3)定植：大棚冬春茬芸豆生产，应提早到 9 月中下旬整地。在冬季低温寡照时期，芸豆的生长发育环境比较低劣，为增加土壤冬春季节的通透性，应多施有机肥。每亩撒施腐熟有机肥 5 000～10 000 千克，然后深翻 30 厘米，提早将有机肥施入土中。整地时，再将粪土掺匀。10 月下旬至 11 月上中旬，芸豆定植时，在每两个定植垄间，开一道 15～20 厘米深的沟，亩施三元复合肥 40 千克，同时顺沟灌底水，待水渗后顺沟起垄。栽苗时，每两株苗间再点施一小撮磷酸二铵，每亩约 30 千克。

蔓生芸豆一般采用高垄畦栽培，垄宽 25 厘米，垄高 15 厘米，垄距 65 厘米。

芸豆苗龄达到 25 天时即可带坨定植。选晴天定植，每垄种两行，每穴栽 2 株，穴距 28～30 厘米，每穴灌 50%多菌灵 500 倍液 150～200 毫升。栽完覆盖地膜，开孔把苗子引出膜外。

(4)定植后的管理：

①温度管理。花期棚温过高或遇连阴天气是造成冬春茬芸豆落花落荚的主要原因，应根据芸豆的生物学特性，合理调控棚内温度。芸豆定植后的温度管理可分三段进行，即开花前可控制棚温白天在 25～30℃，促进茎蔓发育；开花期可控制棚温白天在 24～28℃，不能超过 30℃，若超过 30℃就会因花芽分化不良而落花；结荚期可提高棚温，白天控制棚温在 25～30℃，以利于果实和茎蔓的发育。

连续阴雨雪天是造成冬春茬芸豆落花落荚的最关键因素。连续阴雨超过 4 天，花荚不保，应尽可能地提高棚温，确保植株不受冻害；若连续阴雨天气低于 4 天，合理管理可保花保荚。生产中若遇连续阴雨天气，应通过设“棚中棚”、拉草苫等措施提高棚温，达到保花保荚保棵的目的。“棚中棚”的设置详见第二部分中的“大棚保温覆盖形式”。

②肥水管理。浇水：播种底墒充足时，从播种出苗到第 1 花序嫩荚坐住，要进行多次中耕松土，促进根系、叶片健壮生长，防止幼苗徒长。如遇干旱，可在抽蔓前浇水一次，浇水后及时中耕松土。第 1 花序嫩荚坐住后开始浇水，以后应保证有较充足的水分供应。浇水应注意避开盛花期，防止造成大量落花落荚，引起减产。扣膜前外界气温高时，应在早晚浇水。扣膜前外界气温较低，应选择晴天中午前浇水，浇水后及时通风，排出湿气，防止夜间室内结露，引起病害发生。寒冬为了防止浇水降低地温，应尽量少浇水，只要土壤湿润就不要浇水，浇水也要浇温水。一般在 2 月份后气温开始升高时，可逐渐增加浇水次数。

获取温水的方法：一是利用深层地下水。深层地下水的温度较地面水的温度高，适合冬季大棚内浇水，可利用水泵提取深层地下水进行浇水。二是在大棚内预热水。在大棚内建一贮水池，上用透光性能好的塑料薄膜覆盖，利用大棚内的光照以及大棚内多余的热量给水加温，使水升温，待池水温度升高后浇水。三是太阳能预热水。在大棚顶部安装 1～3 部太阳能热水器，将加热后温度适宜的水储存于大棚内的水池内，浇水时从池内提水。

追肥：每一花序嫩荚坐住后，结合浇水每亩追施硫酸铵 15～20 千克或尿素 5 千克，配施磷酸二氢钾1千克，或施入稀人粪尿1 000千克。以后根据植株生长情况结合病虫用药时进行追肥。叶面肥可选用0.2%尿素、0.3%磷酸二氢钾、0.08%钼酸铵、光合微肥、高效利植素等，均可起到提高坐荚率、增加产量、改善品质的作用。

要做到芸豆高产，在肥水管理上还要注意以下3点：一是花前补硼，以此来提高芸豆的开花坐荚率。可在芸豆上架后每亩每次冲施硼砂1～2千克，也可用1 500倍液的速乐硼叶面喷洒。二是花期控水。控水应有度，切莫控过了头。因为控水过度，致使土壤过分干旱，也能导致芸豆落花落荚。为使芸豆花期土壤不至于太干，可在芸豆临开花前浇一次水，如开花期土壤过于干旱，也可适当浇一次小水。总之，芸豆花期土壤要保持干而不旱的状态，才最适合芸豆开花坐荚。三是花后要补钾。芸豆开花坐荚后，需钾量逐渐加大，可每亩每次冲施高钾复合肥25千克或钾肥8千克，以供膨荚所需。

③植株调整。控制徒长：幼苗3～4片真叶期，叶面喷施15毫克/千克多效唑可湿性粉剂，可有效地防止或控制植株徒长，提高单株结荚率20%左右。扣棚后如有徒长现象，可再喷一次同样浓度的多效唑。开花期叶面喷施10～25毫克/千克萘乙酸及0.08%硼酸液，可防止落花落荚。

吊蔓：植株开始抽蔓时，要用尼龙绳吊蔓（图15-1），植株长到近棚顶时，可进行落蔓、盘蔓，延长采收期，提高产量。落蔓前应将下部老叶摘除并带出棚外，然后将摘除老叶的茎蔓部分连同吊蔓绳一起盘于根部周围，使整个棚内的植株生长点均匀地分布在一个南低北高的倾斜面上。

（5）采收：芸豆越冬茬栽培中，以元旦前和春节前的价格最高。因此，应尽量集中在这两个时间采收。也应注意适时采收，切忌收获过晚，豆荚老化，降低产品质量。

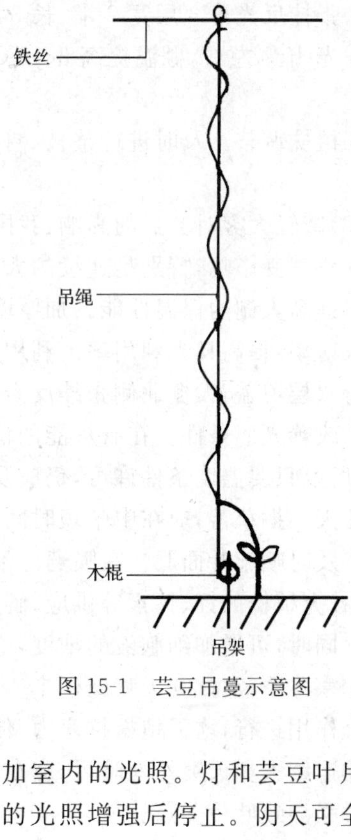

图15-1　芸豆吊蔓示意图

（6）越冬期间遇连阴天管理：

①连阴天前预防。增施有机肥，可以增加土壤的热容量，缓冲连阴天热量散失带来的棚内降温，还可以促使根系提高耐寒能力。冬前适度控水，降低室内空气相对湿度，同时要制造一个底墒足、表土干的环境条件。

②连阴天时重管理。连阴天揭盖草苫。连阴天不下大雪时揭盖草苫，争取宝贵的散射光，要比晴天晚揭早盖1小时。连阴天时，芸豆的光合作用很弱，合成的光合产物很少，为减少呼吸消耗，必须降低温度，夜间一般比晴天要降低1～2℃。

在连阴天呼吸消耗大于光合作用，大棚内会积累大量的二氧化碳等有害气体，因此，连阴3天以上时，中午要放顶风1～2小时，排除有害气体。

人工补光。每50平方米设置一个100瓦的灯泡，增加室内的光照。灯和芸豆叶片保持50～60厘米的距离。早晨开灯，每天2～3小时，待室内的光照增强后停止。阴天可全天补光。

③晴天后巧管护。在持续阴天多日，一旦骤晴，切勿早揭和全揭草苫，防止气温突然升高和光照突然加强，导致"闪苗"死棵。要揭"花苫"，喷温水。适当推迟揭草苫受光照的时间，要隔1个或隔2个草苫揭开1个草苫，以降低受光面积。当受到阳光照射的芸豆植株出现萎蔫现象时，立即喷洒10～25℃温水，并将揭开的草苫再覆盖，将仍盖着的草苫揭开。经过白天，第2天可按常规管理拉揭草苫，不会出现萎蔫闪秧。

(7)冬季保护地增加光照的措施：在光照时间短、强度低的冬春季节，使保护地内多接受阳光照射，对提高芸豆的产量和品质具有重要作用。

①合理布局。定植芸豆时力求苗子大小一致，使植株生长整齐，减少植株间的相互遮光。同时要南北向定植，使之尽量多接受阳光照射。

②保持棚膜洁净。棚膜上的水滴、碎草、尘土等杂物，会使透光率下降30%左右。新薄膜在使用过程中，随着使用时间的延长，棚内光照会逐渐减弱。因此，要经常清扫，以增加棚膜的透明度。下雪天还应及时扫除积雪。

③选用无滴薄膜。无滴薄膜在生产的配方中加入了几种表面活性剂，使水分子随薄膜面流入地面而无水滴产生。选用无滴薄膜扣棚，可增加棚内的光照强度，提高棚温。

④合理揭盖草苫。在保证芸豆生长所需要的适宜温度的前提下，适当早揭和晚盖草苫，可延长光照时间，增加光量。一般太阳出来后0.5～1小时揭草苫、太阳落前半小时盖草苫比较适宜。特别是在时阴时晴的阴雨天里，也要适当揭草苫，以充分利用太阳的散射光。有条件的地方，安装电动卷帘机揭盖草苫，缩短揭盖时间，相对增加棚室内光照。

⑤张挂反光幕。用宽2米、长3米的镀铝膜反光幕，挂在棚室内北侧使之垂直地面，可使地面增光40%左右，棚温提高3～4℃。此外，在地面铺设银灰色地膜也能增加植株间的光照强度。

⑥植株调整。及时进行整枝、打杈、绑蔓吊蔓、打老叶等田间管理，改善棚内通风透光条件。

(8)减轻大雾对芸豆的影响：我国北方冬季经常出现大雾天气。只要有雾，大棚中的芸豆生长发育就受影响，特别是连续的大雾天气，严重影响大棚芸豆的产量和品质。

①提高大棚的保温性能。加厚墙体，挖防寒沟。提高大棚的高度，加大日光入射角，增加日光入射率，提高日光利用率。利用增温塑料薄膜，保温性能较好的草苫子，大棚内利用无纺布进行双层覆盖，大棚北侧张挂反光幕。

②改善光照条件。在有可能的情况下，用人工补光。由于大雾天气仍有散射光可供芸豆利用，所以只要温度条件许可，仍应及时揭盖草苫，让芸豆见光。即使温度较低的时候，也不能连续几天不揭草苫，应在中午短时间揭草苫让芸豆见光，防止长时间在黑暗环境中捂黄叶片。

③及时喷施叶面肥。在喷药防治病虫害时，加入0.2%磷酸二氢钾液和有机钙、锌、铁等叶面肥，补充植株的钾、钙素等供应，解决根系吸收障碍，防止植株缺乏上述肥料元素导致的症状发生。同时，可增加细胞液的浓度，增强植株的抗寒能力。

④寒冬季节每20天喷施硕丰481(四川成都新朝阳生物化学有限公司)1万倍液一次，促进光合作用进行，增强植株抗寒力，促进根系的生长发育。

⑤连续大雾天突然变晴后，应在中午光照过强时，"隔一盖一"盖上草苫，下午再揭开，防止光照过强导致叶片萎蔫。

2. 大棚芸豆早春茬栽培技术

(1)品种选择：宜选择早熟、丰产、抗病、商品性及耐寒性较好的蔓生型品种。

(2)培育壮苗：大棚内加扣小拱棚育苗(图 15-2)。以 12 月中下旬至 1 月上中旬育苗为宜。

①营养土配制。可选肥沃生茬园土加充分腐熟的鸡粪或羊粪，土粪比为 6∶4，将其配制成营养土，过筛后每立方米营养土中加入过磷酸钙 2.5 千克、硫酸钾 1.5 千克或草木灰 10 千克、磷酸二铵 2 千克、菌虫净 100 克，充分调匀备用。

②种子处理。播前选晴天晒种 2～3 天，可使种子含水量一致，利于出苗整齐。然后用 55℃温水浸种 15 分钟，并不断搅拌，待水温降至 30℃时浸种 4～6 小时，之后再用0.1%高锰酸钾或 10%磷酸三钠浸种 15 分钟，用清水冲洗干净，捞出沥干后用湿纱布包好置于 28～30℃条件下催芽，种子露白后即可选晴天上午播种。

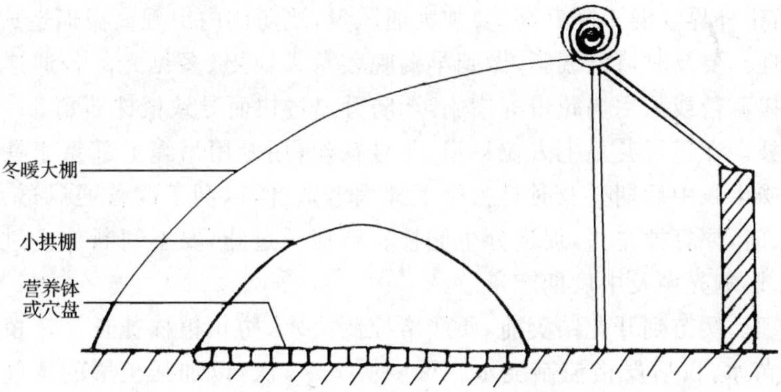

图 15-2　芸豆早春育苗示意图

③播种育苗。可选用径高 10 厘米×10 厘米营养钵。播前床内灌足底水，待水完全下渗后再播种，每钵点播种子 3～4 粒，每亩用种量 3～4 千克，播后覆土 1.5～2 厘米，再覆盖小拱棚。播种后拱棚内白天温度保持 25～30℃，夜间 18～20℃，床内地温 15℃以上。若地温不足，床内地表可再覆盖地膜，拱棚上可于夜间加盖草苫或保温被。出苗时要及时揭去地膜以防幼苗徒长，或由于白天温度过高而导致子叶被灼伤。当幼苗子叶展平后，白天温度保持在 18～20℃，夜间以 10～15℃为宜。当对生叶充分展开，第 1 真叶出现后，为促进根、茎、叶生长和花芽分花，应适当提高温度，白天 20～25℃，夜间 15～20℃。定植前 1 周进行幼苗锻炼，白天温度 15～20℃，夜间 10～15℃。

(3)定植：

①定植前的准备。可于定植前 15 天维修好棚室，并清除棚内的残枝败叶，浇足底水，每亩施优质腐熟农家肥5 000千克、复合肥 50 千克、过磷酸钙 50 千克、硫酸钾 40 千克，菌虫净 1.5 千克，农家肥与化肥充分混合撒入棚室，深翻两遍。南北向起垄，垄宽 70 厘米，垄高 20 厘米，垄间沟宽 50 厘米，每垄中间开深 10～15 厘米浅沟作为浇水沟。

②施用菌肥防红根。红根是菜农对芸豆根部病害的一种统称，红根发生后常造成植株萎蔫死亡。红根的主要原因有生理性伤根、炭疽病和疫霉根腐病危害。菌肥施入土壤后大量繁殖形成有益菌群，从而改善了根际环境，抑制了土传病害的侵染，菌肥还能促进芸豆生新根，增强了根系的抗病抗逆能力，是预防红根死棵的理想方法。定植前每亩可穴施或沟施优质菌肥(如激抗菌 968 肥)60～80 千克，利用以菌抑菌的方法预防根部病害。

③定植。定植时间为2月中旬至3月中下旬，当幼苗6～8片真叶，苗龄35～40天，棚内地温稳定在10℃以上时，选“冷尾暖头”，晴天上午定植。定植时穴距25～30厘米，每亩保苗3 300～4 000穴，每穴保留壮苗两株，先栽苗后浇水，水下渗后培土，覆盖地膜，并把苗引出膜外。定植后于当日傍晚用香油炒熟谷子或小米，再拌上敌百虫或辛硫磷，撒于棚内大小行间，以诱杀蝼蛄，防止咬苗。

(4)定植后的管理：

①温度管理。定植后的5～7天为缓苗期，由于当时外界气温较低，管理上应以增温保温为主，以促进缓苗，白天温度25～30℃，夜间15～20℃。缓苗后适当降温，白天温度15～25℃，夜间12～15℃，严防幼苗徒长。抽蔓期白天温度22～28℃，夜间15～20℃。当芸豆进入开花结荚期，应适当降低温度，以促进结荚，白天温度以22～26℃，夜间15～20℃为宜。进入结荚盛期，由于外界气温不断升高，要加大通风量，严防棚内出现高温而造成落花。

②光照管理。要及时清洁棚膜，做到早揭晚盖草苫，尽量多见光。若遇连阴雨雪天，天一放晴后要缓慢揭草苫或采用揭花帘等措施，严防升温过快而导致植株萎蔫。

③吊蔓整枝。在每行芸豆上方拉一道14号铁丝，用专用吊绳上部系于铁丝，下部系于芸豆基部。在植株生长中后期要及时打去中下部病老黄叶，以利于改善通风透光条件。当芸豆长到1.8～2米时，要打掉主头，促进分生侧枝。若棵子过旺，要不间断抹去过多的分杈，防止形成“伞形帽”，影响光照及中后期产量。

④水肥管理。缓苗到开花结荚前，要严格控制浇水，防止植株徒长。定植水浇过后，隔几天再浇一次缓苗水，以后严格控制浇水。可中耕2～3次，以加强土壤的透气性，起到保墒作用。中耕时防止伤根，中耕结合培土。当植株抽蔓时结合吊架浇一次小水，开花期不宜浇水，等荚坐住大部分时再浇一次大水。

为了提高产量，结合浇水追施一定量的化肥。芸豆的根瘤不十分发达，固氮能力弱，应追施少量氮素化肥。一般第1次追肥宜在花前，浇水时冲施人粪尿2 000千克或尿素每亩10～15千克。结荚期追施一次重肥，每亩追施三元素复合肥40～50千克，以满足植株对营养的大量需求。每采收一次，结合浇水追施一次肥料，每亩施用尿素10～15千克。若根据情况补充一些叶肥，效果更明显，如用0.01%的钼酸铵加1%葡萄糖或1毫克/千克的维生素B_1溶液进行喷洒，可提高芸豆的产量。当蔓生长达到顶住棚膜时，及时打顶，转移营养促进结荚。

(5)适时采收：要根据品种特征、特性，做到适期采收，一般为花后15～20天。当芸豆由细变粗，豆粒略显，荚大且嫩，达到本品种应有的长度时即可采收，过晚品质下降且影响以后产量。采收时要避免伤花、伤蔓。

3.大棚芸豆越夏茬栽培技术

(1)品种选择：应选择既耐高温又抗锈病的品种，一般选用潍坊地方品种老来少，也可用泰国架豆王。

(2)播种方式：一般在6月上旬上茬拉秧结束后直接播种。此时期应采用宽行密植，便于通风透光。按行距25厘米、株距65厘米穴播，每穴2～3粒种子，播种最好在浇水后第3天，种子一定要拌药(用激抗菌863菌剂1 000倍液，防治根腐病)。播后培小土包，以保湿防干，待一周后出苗率达80%时，浇小水以保苗全苗齐。

(3)田间管理：

①结荚前期的管理。调节温湿度：棚前裙膜和顶风口应尽量打开，以利于通风降温。棚膜

有遮阳的作用，棚内相对湿度低些。要固定好棚膜，防止大风把膜吹坏，造成不必要的经济损失。此期一定要蹲苗，浇水后马上中耕除草，要深锄以利断根，防徒长。此后一般不浇水，如果午后2时芸豆叶萎蔫，应浇小水，防止控制过度，影响正常生长。

适时掐尖：芸豆生长期遇高温极易徒长，节间拉长，易使秧苗细弱，要适时掐尖。当第3组叶片形成时，将上方生长点掐掉，即秧苗长到80厘米左右时掐尖。掐尖后由于营养生长回缩，使枝蔓粗壮，很快在下部节间长出杈子，生出结果枝组，能早开花、多结荚。可用矮丰灵600倍液浇根，使芸豆秧苗粗壮，促进侧枝萌生，控制徒长。

②结荚期的管理。防止落花落荚：夏季芸豆生产就怕开花遇高温多雨，落花落荚，光长秧子不结荚，造成歉收。此期遇到高温时，空气相对湿度低于75%易造成落花落荚，应在控制土壤湿度的同时，上午9时向植株喷水以降温和增加空气湿度。另外，可用防落素10毫升加水2千克，用小喷雾器喷花。当过于干燥时，可以浇小水，利于开花坐荚。

加强肥水管理：当第1茬豆荚大部分长到2～3厘米时，豆荚基本已坐住，可以浇一次透水，亩随水追施磷酸二氢钾10千克。每摘一次商品荚后，要浇一次水。隔水追肥，可用磷酸二氢钾与人粪尿交替使用。

封住生长点：当芸豆秧接近棚顶时，要控制住上部疯秧现象，距棚面20厘米时，把生长点去掉，否则会使上部呈郁闭状态，致使植株生长不良。

③防治病虫害。钻心虫：一般芸豆前期虫害轻，基本不用喷药。只在花期喷两遍防虫药，防治豆荚螟，结合叶面肥一起喷。

锈病：温差大、湿度大易诱发锈病，但棚内较露地要轻得多。发现此病后，在孢子未破裂之前，及时喷施乙膦铝500倍液加代森锰锌500倍液，也可用粉锈宁1 000倍液交替使用，连续使用2～3次。

炭疽病：结荚后期由于高温高湿，芸豆易得炭疽病。可用炭疽福美500倍液或保克800倍液喷雾防治。

④越夏芸豆高产技术：越夏芸豆要想夺高产，最关键的是要做好花期管理，主要应做到以下四点：

花前补硼：芸豆想要开花坐荚好，硼肥离不了。很多菜农都采取在花期补硼的办法，以此来提高芸豆的开花坐荚率。实际上花期补硼时间有些晚，不能发挥出应有的效果。应把硼肥补在芸豆花前，效果会更好。可在芸豆上架后每亩每次冲施硼砂1～2千克，也可用1 500倍液的速乐硼叶面喷洒。

花期控水：菜农都知道"干花湿荚"的道理，花期控水，但控水应有度，切莫控过了头。因为控水过度，土壤过分干旱，也能导致芸豆落花落荚。为使芸豆花期土壤不至于太干旱，可在芸豆临开花前浇一次水。如开花期土壤过于干旱，也可适当浇一次小水。总之，芸豆花期土壤要保持干而不旱的状态，才最适合芸豆开花坐荚。

花谢拾花：冬春季节芸豆残花易感染灰霉病。因此，每当花谢后都要摇一遍芸豆架，把残花摇落。然后，把摇不落的残花，逐个摘下来。这种摘除残花的过程，寿光菜农称之为"拾花"。实践证明，拾花是防治芸豆灰霉病的一项重要措施。

花后补钾：芸豆开花坐荚后，需肥量逐渐加大，尤其需要大量的钾元素。可在芸豆开花坐荚后，每亩每次冲施高钾复合肥25千克或钾肥8千克，以供膨荚所需。

4. 大棚芸豆秋冬茬栽培技术

9 月上旬播种，10 月下旬至翌年 1 月下旬收获。这茬芸豆在生育前期温度光照还比较适宜时，完成开花坐荚过程，在低温来临期，荚果缓慢生长，维持到春节前上市。

(1)品种选择：选用抗病性好、抗逆性强、分枝少、以主蔓结荚为主、结荚集中、单荚重、产量高、纤维少、品质好的品种。同时也要考虑消费者的喜食习惯。

(2)直播：秋季延后芸豆栽培，芸豆幼苗在气温、地温较高的情况下生长很快，根、茎、叶同时发展，幼苗期很短，育苗移栽相应增加了劳动用工，同时时间紧迫。在气温、地温高的情况下幼苗缓苗迟缓。另外，育苗栽培的营养生长势弱，很难达到壮株争取高产。因此，以直播为好。

芸豆的根瘤菌不太发达，为提高芸豆根系固氮能力，每亩 4～5 千克的种子量，用 50 克的根瘤菌粉拌种。把种子先用 55℃的热水烫 15 分钟，捞出后放在冷凉水中淘洗，把根瘤菌粉剂均匀拌在种子上，拌后不要再经太阳暴晒，稍晾后即可播种。由于秋季芸豆分枝少，每亩种植密度应在4 000穴以上，每穴不少于 3 株。播种时，应平整地面。若干旱，先按宽行 60 厘米、窄行 50 厘米开沟浇水，把种子播在沟沿半坡处，穴距 30 厘米左右。播种后趁墒封沟，种子上面盖土 4～5 厘米，搂平。墒情好的，可挖穴播种。

芸豆不论是沟播或穴播，在播种时苗距基本确定，如果出现缺苗，必然影响产量，在子叶展开时，尚未出土的种子，即使后来出土，也失去价值，就要及时补苗。为了后补的芸豆与先播的幼苗生长势接近，重补种新种子为时已晚，要在播种时，另设一小块苗床，用营养钵育苗。补苗时在空穴上挖开深 10 厘米的坑，浇水栽苗，或栽苗后浇水，等水渗下时封坑。补苗越早，苗的整齐度越高。另外，要注意地下害虫的危害。

(3)田间管理：

①轻控重促。秋冬茬栽培的气候特点是前期光照条件好，温度比较适宜，随着时间推迟，光照条件和温度条件越来越差。所以，前期要充分利用有利的光照、温度条件，轻控重促，待营养生长基本完成后，气温随着下降，植株的营养生长自然受到抑制，很难出现旺长现象，促进产量形成，才能达到高产。

②适时打顶。秋冬茬栽培期间，植株生长到一定高度时，要适时打顶，让植株的营养输送向生殖生长方面转移。大棚栽培，应根据情况，尽早打顶，防止营养生长时间延长，后期结荚时遇到寒流而遭受冻害。一般情况，在大降温季节前 40 天打顶为好，即植株生长高度 1.5～1.8 米，大棚植株高度在 2 米左右为宜。

③水肥管理。秋冬茬栽培，芸豆的营养生长和生殖生长都比较集中，肥水跟上才能夺得高产。一般在抽蔓时浇一次小水，追少量化肥，每亩尿素用量 10～15 千克。打顶前浇水时冲施一次重肥，每亩尿素用量 25～30 千克。

④扣膜。大棚芸豆秋冬茬栽培，扣棚膜的时间早晚应根据两方面来衡量。其一，根据植株大小确定扣膜早晚。播期适宜，生长速度快，植株强壮可到温度下降时再扣膜；播种晚，植株矮小，为了充分利用当时的光照条件，需提高温度，让植株快速生长，可提早扣膜，加速芸豆的生长。其二，根据外界气温下降情况，一般最低温度达到 4～5℃时，已不适应芸豆生长，要及时扣棚膜，利用晴天的早上或下午无风的情况下扣膜。

⑤扣棚后的管理。扣棚初期，要让芸豆有一个适应过程，温度不宜升得太快、太高。一般白天大量放风，适当提高夜间的温度，天黑后盖好放风口。经过 5～7 天后，植株基本能够适应棚室条件，温度白天 25～28℃，夜间 15～17℃。浇水追肥后，要加大放风量，减少棚内的湿度，

防止引发病害。

⑥合理化控。在秋冬芸豆上喷施助壮素，能有效地促进花芽分化，使其早开花，多结荚。其方法是：当苗高 30 厘米时，用 100 毫克/千克的助壮素与 0.2%磷酸二氢钾溶液混合均匀后喷雾；当苗高 50 厘米时，用 200 毫克/千克的助壮素和 0.2%尿素溶液混合均匀后喷雾；当苗高 70 厘米时，用 200 毫克/千克的助壮素和 0.2%磷酸二氮钾混合溶液，连续喷施 2～3 次。注意每次喷施时间最好在晴天上午进行。

⑦看市场采收。秋冬茬芸豆上市时，市场价格一天比一天高，特别是节假日，市场销量倍增，但芸豆生长的速度随着时间推移一天比一天慢。为了取得较好的产量，秋冬茬采收多以大荚为主，尽量拖延采收时间，在节假日时采收上市，经济效益会更好。

⑧科学贮藏。芸豆短时间贮存，也可明显增加效益。方法是：用一个大水缸，里边加 20 千克水，上面架木篦帘，把豆荚排放在缸里，放平后盖一块农膜，保持 5℃左右的温度，可贮存 10～15 天，增加效益 50%以上。还可用塑料保鲜袋，每袋贮存 20～25 千克，效果很好。

四、大棚芸豆栽培新技术

1. 大棚芸豆土壤消毒技术

由于保护地设施的相对固定和保护地生产的多年连茬种植，常造成土壤和棚室中的病原菌、虫卵积累，尤其是一些土传病虫害连年发生，病情越来越重，如果不及时加以控制，会造成严重减产或降低产品质量，甚至造成绝产绝收。土壤消毒是控制土传病虫害的重要措施之一，已逐渐为广大菜农所接受。而消费者对无公害产品的追求，也对药剂防治提出了更高的要求。因此，更多地依靠农业综合防治措施，以达到对保护地内病虫害控制的目的。

保护地土壤消毒主要是利用夏季的自然高温来杀灭土壤病原菌和害虫虫卵。一般利用保护地冬春茬和秋茬之间的空闲时间来进行，应当在棚室育苗或定植前 1 个月操作。

(1)太阳能消毒：在保护地芸豆采收拉秧后，清洁田园，多施充分腐熟的有机肥料，然后把地深翻平整好，在 7～8 月份，气温达 35℃以上时，用薄膜覆盖密闭好棚室，土壤温度可升至 50～60℃，甚至更高，这样高温处理约 1 个月，就可大量杀灭土壤中的病原菌和虫卵，减轻下茬芸豆土传病虫害的发生。

(2)蒸汽热消毒：用蒸汽锅炉加热，通过导管把蒸汽热能送到土壤中，使土壤温度升高，杀死病原菌和虫卵，以达到防治土传病虫害的目的。这种消毒方法要求设备比较复杂，只适合经济价值较高的作物，并在苗床上小面积试用。

(3)药剂消毒：在播种前后将药剂施入土壤中，目的是防止种子带病和土传病虫害的蔓延。目前常用的药剂消毒有 6 种：

①甲醛消毒。每平方米用 50 毫升甲醛，加水 6～12 千克，播前 10～15 天用喷雾器喷洒，用薄膜密闭盖严，播前 1 周揭膜，使药液充分挥发。

②多菌灵消毒。多菌灵杀菌谱广，能防治多种真菌病害，对子囊菌和半知菌引起的病害防治效果很好。用 50%多菌灵可湿性粉剂，每平方米用药 1.5 克，能有效防治芸豆苗期的多种病害。

③百菌清消毒。每平方米用 45%百菌清烟剂 1 克熏棚 5 小时，能有效杀灭芸豆保护地内的多种真菌病害。

④波尔多液消毒。每平方米用波尔多液(配比为硫酸铜∶石灰∶水为1∶1∶100)2.5千克,喷洒土壤,对芸豆的灰霉病、褐斑病、锈病、炭疽病等效果明显。

⑤垄鑫消毒。垄鑫是一种广谱性熏蒸杀线虫剂,兼治土壤真菌、细菌、地下害虫及杂草,作用全面而持久,防治效果达95%以上。一般亩用98%垄鑫15～20千克,撒施或沟施,深度20厘米,施药后立即覆土,并盖地膜密封,熏蒸10～15天,放风10天左右。

⑥线克(威百亩)消毒。深翻地,做成畦,随水冲施,亩用12～15千克,后盖膜熏闷,连续闷杀15天,放气两天。既能杀灭线虫,又能杀灭土壤中病菌。

(4)石灰氮消毒:石灰氮(氰氨化钙)是一种高效土壤消毒剂,产品主要有菌线克、庄伯伯、宁夏荣宝等,具有消毒、灭虫、防病的作用。

选择夏季高温、棚室休闲期使用,每亩用麦草(或稻草)1 000～2 000千克,撒于地面,在麦草上撒施石灰氮50～100千克,深翻20～30厘米,尽量将麦草翻压地下层。做高30厘米、宽60～70厘米的畦,地面用薄膜密封,四周盖严。畦间灌水,且要浇足浇透。棚室用新棚膜完全密封,在夏日高温强光下闷棚20～30天。闷棚结束后将棚膜、地膜揭掉,耕翻、晾晒,即可种植。

石灰氮在土壤中分解产生单氰胺和双氰胺,这两种物质对线虫和土传病害有很强的杀灭作用。同时石灰氮中的氧化钙遇水放热,促使麦草腐烂,有很好的肥效。

2. 大棚芸豆根系培育技术

俗话说,根深才能叶茂。培育发达且具有旺盛生命力的根群,是保证芸豆获得高产优质的重要措施之一。近年来,由于化肥的大量不合理使用,使得很多棚室的土壤都出现板结、盐碱化以及土传病害增多的现象,抑制了芸豆根系的正常生长发育,降低了芸豆的产量和品质。培育大棚芸豆发达的根系,可以采取下面几项措施:

(1)深翻土壤,增施充分腐熟的有机肥:对土壤进行深翻是消除土壤板结、增加活土层的基础。在深翻的同时,大量施入充分腐熟的有机肥,不仅可以给芸豆提供长效多元素的营养,同时还可以改良土壤结构,提高土壤理化性能,为芸豆的生长提供具有良好通透性和缓冲能力的土壤条件。

(2)培育多根苗和护好幼苗根系:芸豆的基本根系是在育苗期形成的。育苗期间,培育根系发达的秧苗,并在育苗过程和移栽时,保护好这些根群,不仅可提高成活率,缩短缓苗期,也为早熟高产奠定良好的基础。从护根的角度来看,因为芸豆根系木质化程度高,发生木质化时间早,伤根后难以再生,所以采用穴盘、营养钵、塑料筒或纸袋等容器育苗是非常必要的。同时,芸豆茎基部有生不定根的能力,尤其是幼苗,生不定根的能力强,不定根有助于吸收肥水,因此,栽培上常有"点水诱根"之说,在栽培过程中,茎基部经常形成一些根原基,采取有效措施,创造适宜诱根环境,促其根原基发育成不定根,有助于植株生长发育。育苗期间的"炼苗"、定植后的"蹲苗"都可以诱发新根的产生和深扎。

(3)采用科学配方施肥技术:不同的肥料对根系的发生与发展作用是不一样的。如钙直接影响根尖分生组织的成长,锌决定根尖的生长速度,磷能促进根系细胞的分裂、增殖和伸展。因此,在苗床、栽培地施肥时都要注意施用过磷酸钙和硫酸锌。如果在使用过磷酸钙肥料时添加一定数量的食用醋,则可形成具有一定溶解度的醋酸钙,能提高芸豆对钙的吸收利用率。

(4)注意保护好根系:根系在其生命过程中会因低温、高温、积盐、肥烧和机械损伤等而受到伤害。低地温时根系会发生寒根和沤根;高地温会使根系过快地衰老;土壤的高溶液浓度会使根尖和根毛受到损伤和抑制，使根系的吸收能力大大降低；施肥不当或不适宜的中耕松土可能会直接使根系受到损伤。因此，棚室芸豆的生产中，在深翻土壤、增施腐熟的有机肥的基础上，适时播种、适期嫁接、定植、适时覆盖和揭除地膜、采用科学配方施肥技术和中耕松土等，都是保护根系的重要措施。

(5)及时促进受害根系的恢复：在棚室芸豆的栽培中，芸豆的根系一旦受到伤害，要尽快采取措施促使其恢复。要针对发生的病害种类选用适宜的药剂进行灌根处理，同时加入生根壮苗剂促发新根。另外，在日常管理过程中可以使用生物菌肥或甲壳素等预防病害的发生。

3. 大棚芸豆二氧化碳气体施肥技术

(1)二氧化碳施肥对大棚芸豆的影响：绿色植物在进行光合作用时，都要吸收二氧化碳放出氧气。二氧化碳是植物光合作用的重要原料之一，在一定范围内，植物的光合产物随二氧化碳浓度的增加而提高，二氧化碳气肥在保护地蔬菜生产中的作用尤其明显，可以大大提高光合作用效率，使之产生更多的碳水化合物。在保护地芸豆栽培中，二氧化碳亏缺是限制芸豆高产高效的重要因素之一。

大气中二氧化碳的含量一般为 300 毫克/千克，这个浓度虽然能使芸豆正常生长，但不是进行光合作用的最佳浓度，芸豆在保护地栽培时，密度大且以密闭管理为主，放风量小，尽管棚内芸豆呼吸、有机肥发酵、土壤微生物活动等均能放出一部分二氧化碳，但只要芸豆进行短时间的光合作用后，棚内的二氧化碳含量就会急剧下降。测试得知，4 月份保护地内二氧化碳浓度最高值是早晨拉草苫前，达1 380毫克/千克，等到日出拉开草苫后，随着光照强度的增加和温度的升高，光合速率加快，棚内二氧化碳的浓度迅速下降，到 11 时，棚内二氧化碳的浓度降至 135 毫克/千克，由此可见棚内二氧化碳亏缺的程度。棚内二氧化碳浓度低于自然大气水平的持续时间一般是从 9 时到 17 时，从 17 时以后随着光照强度减弱和停止放风盖草苫，棚内二氧化碳浓度才逐渐回升到大气水平以上。当棚内温度达到 30℃开始放风后，棚内的二氧化碳得到外界的补充，但远低于大气水平而不能满足芸豆的正常生长发育。

试验证明，合理施用二氧化碳气肥，芸豆光合速率提高，植株体内糖分积累增加，从而在一定程度上提高了芸豆的抗病能力。增施二氧化碳还能使叶和荚果的光泽变好，外观品质提高，同时维生素 C 的含量大幅度提高，品质改善，可使芸豆增产 30%～70%。

(2)二氧化碳气肥施用技术：

①液态二氧化碳释放法。钢瓶二氧化碳气的供应可根据流量表和保护地体积准确控制用量。但由于钢瓶中二氧化碳温度很低(可达－78℃)，在向保护地中输入前必须使其升温，故在使用时需通过加热器将气体加热到相对比较恒定的温度再输出。输出时选用直径 1 厘米粗的塑料管，通入保护地中，因为二氧化碳的比重大于空气，所以必须把塑料管架离地面，最好在棚内较高位置。每隔 2 米左右，在塑料管上扎上一个小孔，把塑料管接到钢瓶出口，出口压力保持在 1～1.2 千克/厘米^2，每天根据情况放气 8～10 分钟即可。

②硫酸与碳酸氢铵反应法。此方法是用二氧化碳发生器来进行的，选用的原料是碳酸氢铵和硫酸，塑料管架设方法同上。原理是碳酸氢铵和硫酸反应放出二氧化碳，供给芸豆进行光合作用，生成的副产品硫酸铵可用作追肥用。

$$2NH_4HCO_3 + H_2SO_4 = (NH_4)_2SO_4 + 2CO_2\uparrow + 2H_2O$$

③碳酸氢铵加热分解法：用专用容器装入碳酸氢铵，加热使其分解出二氧化碳、氨气和水。

$$NH_4HCO_3 \rightarrow CO_2\uparrow + H_2O + NH_3\uparrow$$

分解出的气体通过一个容器过滤，把氨气溶解到水中，只放出二氧化碳，然后通过架设的塑料管释放到保护地中供芸豆进行光合作用。

④燃烧气肥棒二氧化碳释放法。直接燃烧成品的气肥棒即可产生二氧化碳供芸豆吸收利用，此法简便易行，安全、成本低、效果好、易推广。

⑤固体二氧化碳气肥直接施用法。通常将固体二氧化碳气肥按每平方米2穴，每穴10克施入土壤表层，并与土壤混合均匀，保持土层疏松。施用时勿靠近芸豆的根部，施用后不要用大水漫灌，以免影响二氧化碳气体的释放。

(3)二氧化碳气体施肥时应注意的问题：

①施用二氧化碳气肥时，棚内温度要在15℃以上，且要在拉草苫后1小时开始施用，放风前1小时结束。

②施用适期一般在芸豆坐荚后，二氧化碳相当亏缺时，要在晴天上午光照充足时施用，浓度可掌握在1 200～1 600毫克/千克，少云天气可少施或不施，阴雨雪天气不能施用。

③用碳酸氢铵反应法施气肥的，对于反应所产生的副产品——硫酸铵在施用前，应先用pH试纸测酸碱度。若pH小于6，则须再加入足量的碳酸氢铵中和多余的硫酸，使其完全反应后，方可对水作大棚追肥用。并在整个反应过程中作好气体输出的水过滤工序，减少与避免有害气体的释放。

各项操作要小心，以防硫酸溅出或溢出，而且在浓硫酸稀释时，一定要把浓硫酸倒入水中，千万不能把水倒入浓硫酸中，因为水的比重比浓硫酸的比重小，把水倒入浓硫酸中时，水容易溅出伤人。碳酸氢铵易挥发，不能将大袋碳酸氢铵放入棚内，防止芸豆遭受氨气的毒害，应分装后带入棚内施用。

④芸豆施用二氧化碳气肥后，光合作用增强，要相应改善水肥供应并加强各项管理措施，以便达到高产稳产的目的。

4. 芸豆单蔓整枝高产栽培技术

芸豆单蔓整枝技术是一项芸豆高产栽培技术，与习惯的不整枝栽培法相比，增产30%以上。

(1)方法：芸豆单蔓整枝就是在芸豆抽蔓后，除茎基部的休眠芽外，连续摘除芸豆主蔓叶腋的营养芽，避免生成侧枝。芸豆爬满架后，及时打顶，并摘除所有萌发的侧芽，经人工控制，使其转入生殖生长。

(2)芸豆单蔓整枝的作用：

①高产。芸豆经单蔓整枝后，避免了侧枝对营养物质的消耗，促进了光合产物的合理分配，改善了花果的营养状况，减少了落花落果，增产效果显著。

②改善了光照条件。芸豆单蔓整枝后，植株不能形成庞大的营养体，不造成田间郁闭，捂烂下部叶。田间通风透光条件良好，植株下部叶片衰老的慢，叶功能期大为延长，光合效率高。

③提高抗逆性。单蔓整枝的芸豆，茎粗叶壮，叶色深绿，抗寒性、抗病性显著增强，生产实践中仅发现有根腐病。抗风性好，无倒架现象。

④产品上市早。单蔓整枝的芸豆，打顶后，芸豆由营养生长很快转入生殖生长，开花早，结果早，可提前上市5～10天。

(3)栽培技术要点(以早春茬芸豆为例)：

①品种选择。应选用早熟、耐老、蔓生品种。

②播种技术。3月上旬直播。地膜覆盖。宽窄行种植，宽行80厘米、窄行40厘米，穴距30厘米，每穴种2～3粒种子，双株留苗。每亩3 700穴，7 400株。

③大田管理。苗全后及时定苗，每穴只留苗2株，去弱留强，去小留大，去病留健。苗期进行浅中耕，保持土壤的透气性。若干旱，及时浇水。抽蔓前用塑料绳吊架。当芸豆抽蔓后，要及时进行人工引蔓，引蔓过迟引起"绞蔓"。引蔓应在晴天午后进行，防止折断茎苗。茎蔓爬架后，及时摘除芸豆主蔓叶腋的营养芽，避免生成侧枝。以后每隔7～10天摘除一次。芸豆爬满架后，及时打顶，并摘除所有萌发的侧芽。

水肥管理原则是"干花湿荚，前控后促"。即花前少施，花后多施，结荚期重施，肥料品种应氮、磷、钾配合施用，重视增施钾肥。及时施好上架肥，芸豆结荚以后，应重点浇水、追肥，一般亩用45%复合肥25～30千克。结荚期如遇久旱不雨，一般5～7天浇水一次，保持土壤相对湿度60%～70%。

④嫩荚采收。芸豆一般在开花后10～15天进入采收期。采收的标准是：豆荚颜色由绿转为白绿，表面有光泽，种子子粒尚未显露，一般1～2天采收一次，做到勤摘勤售。

5. 大棚芸豆去病枝再生技术

灰霉病是大棚芸豆常见的一种病害。近年来，随着大棚芸豆栽培面积的不断扩大，危害呈加重趋势。经调查，田间病株率在20%～30%之间，一般减产40%左右，严重者绝收。为改变这种现状，2002～2003年，寿光市农业高科技示范园进行了芸豆去病枝再生新技术试验，取得了成功。

(1)去除病枝：对剪枝用的剪刀用1 500倍速克灵药液浸泡消毒，然后将感染上灰霉病的病枝、病茎从侵染部位向下5～10厘米处剪掉，同时摘除病叶、病荚，带出田外及时销毁，减少病源。

(2)剪后管理：病枝、茎剪掉后，要严格加强大棚内的温湿度管理，保温降湿。为彻底消除病菌，用75%的百菌清600倍液加50%速克灵1 500倍液在大棚内均匀喷雾，同时可加入纳米磁能液（黑龙江农王磁能新型生物肥料有限公司生产）2 500倍液或爱农植物生长调节剂3 000倍液，促进新枝生长，隔7～10天重喷一次。

采用此项技术后，一般影响采收约20天，但后期植株发达，长势健壮，并不影响总产量。

6. 大棚芸豆防根结线虫栽培技术

(1)土壤处理：土壤接种线虫生防疫苗（山东省秸秆生物工程技术研究中心研制），每亩用生防疫苗菌种4～5千克，拌中间料400～500千克。在前茬作物收获后，结合施肥，普遍均匀撒施一遍，再进行耕翻耙匀。中间料一般为30%的麦麸、70%豆秸或花生秧、壳，或玉米芯粉。疫苗、中间料、水三者比例为1∶50∶67，充分混合拌匀，摊放于阴凉处，厚度10厘米，堆放5天，即可使用。

(2)播种：播种前亩施农家肥3 000～4 000千克、过磷酸钙40～50千克。将这些基肥一半全面撒施，另一半按55～60厘米行距开沟施入，同时每亩施入10%福气多1.5～2千克，沟深30厘米，肥、药、土充分混匀后顺沟浇足底水，填土起垄，垄高15～18厘米，上宽10～15厘米。然后在垄上单行点播，平均穴距25厘米，掌握前密后稀。开穴后稍浇些水，撒上细土，播种子3～4粒，覆土3～4厘米，每亩播种量3.5～4千克。干子直播，可用菌线威拌种，方法是：先将3.5～4克菌线威拌入500克过筛的细土或腐熟有机肥，将种子喷湿后，充分拌匀，使药剂均匀附着在芸豆种子表面，即可播种。冬季播种为了增温保墒，促进出苗和降低空气湿度，最好盖上地膜，出苗后再开口。

(3)播后管理：抽蔓后及早采用灌根法防治根结线虫，灌根时可任选下列一种方法：1.8%阿维菌素2 000～3 000倍液，每穴(3株)灌液300克左右，隔10～15天一次，连灌2次；菌线威3 000～3 500倍液，每穴(3株)灌液300克左右，隔10～15天一次，连灌2次；5%淡紫拟青霉菌2 000～2 500倍液，每穴(3株)灌液300克左右，灌1次；50%辛硫磷乳油1 000～1 200倍液，每穴(3株)灌液300克左右，隔7～10天一次，连灌3次。

7. 大棚芸豆抗重茬栽培技术

为解决老菜区保护地重茬种植所带来的诸多问题，寿光市进行了大棚芸豆抗重茬栽培试验，获得了良好的效果。芸豆抗重茬栽培集农业方法、生物方法于一体，包括从备肥、种子处理、整地做畦一直到地膜施用方法、科学浇水、合理施肥等一系列技术。试验证明，芸豆抗重茬栽培，防死秧比对照降低15%，抗病虫害比对照发病率低20%，增产20%～35%，改善品质，提早上市7～10天。

(1)播种前的准备及苗期管理：

①农家肥的准备及处理方法。一般在夏季准备好当年秋季、冬季和次年早春用肥，要做好发酵及灭虫灭菌工作。即将准备好的农家肥进行堆闷，堆闷前可拌入适当的辛硫磷和多菌灵。堆闷时将肥堆放整齐，再用塑料薄膜或草泥将肥堆封严，进行高温发酵，其间倒堆1～2次。如果时间仓促，可拌入碳酸氢铵，提高发酵速度。在施用基肥时配合用磷、钾肥，以防氮素过多。腐熟的标准是没有臭味，一般亩用农家肥量5米^3。

②种子的处理方法。提倡晒种、生物肥拌种、浸种等无公害方法。选择晴天晒种4～6小时。用55℃温水浸种。用美国亚联叶面肥拌种，用1份肥、30份水将种子湿透、阴干4～6小时。用美国亚联微生物叶面肥浸种，1份肥，50份水，用液量为种子的3～4倍，浸种6～12小时。

③营养钵的处理及苗期管理。用4份腐熟的农家肥、6份大田土装营养钵，最好用微生物肥处理一下。可用100克红糖＋50克尿素＋7.5千克清水充分溶解，水温达到20℃时倒入亚联冲施肥10毫升，培养48～72小时，将激活后的肥液均匀地喷在营养钵内，随后浇足水，适时播种。出苗后及时间掉病苗、弱苗。如患立枯病或猝倒病，可用金雷多米尔防治。

(2)定植前的准备：

①耕地施肥。亩撒施5米^{3}腐熟农家肥、25～50千克优质复合肥，深翻35厘米，可以提高土壤的透水透气性，使土壤温度、养分状况得到改善，调节土壤结构，提高土壤肥力。施用250～500毫升激活的美国亚联冲施肥，随后浇一次透水，使生物活菌借水进入土壤，起到疏松土壤、持续提供营养的作用。

②起小高畦。畦与畦之间踩成埂，在埂的两侧开10厘米深、10厘米宽的沟，成为相对小高畦，以利在灌溉过程中多余的水、肥可以顺沟流走，蔬菜根系附近土壤温度变化幅度小，避免土壤盐化，抗重茬。

(3)定植后的管理：

①合理使用地膜。在定植后的20天扣地膜，用剪刀把地膜剪成豁，有利根系下扎，在翌年的4～5月撤掉地膜，浇足水，有利于根系恢复生长，防止白粉病的发生。

②科学浇水。大棚早春栽培，在整好地、施足肥的基础上，于定植前4～5天在预做高畦的基部开沟浇水，水渗后立即做高畦，过4～5天，选晴天在高畦上点水栽植秧苗，这样墒情好、地

温高、缓苗快。夏季栽培的中心目标是降低温度，防治病毒病，浇水时间非常重要，不能在烈日的中午浇水，最好是高畦定植，傍晚浇水，以降低夜温，增加昼夜温差，减少呼吸消耗，防止徒长。如果是平畦定植的，应在早晨浇水，以避免冰凉的井水对茎基部的刺激，引起茎基部腐烂。越冬栽培冬季大棚内地温低，常常处于12～14℃之间，而果菜类蔬菜根系生长的适宜温度为25℃左右，此时水分管理很关键，浇水不仅使地温降低，而且降低土壤中氧气的含量，浇水后遇上连阴天，会导致寒根，所以，应在12月上旬前后（快速降温前）选择晴天浇透水。进入低温季节，主要靠地膜全覆盖保墒，掌握不旱不浇，浇水前要听天气预报，做到浇水后有3～5天晴朗天气，浇地用的水最好是棚内贮存的水。

③科学施肥。最好是测土配方施肥，缺什么补什么，如果没条件测土，现提供一种合理施用有机肥、生物肥和节约使用化肥的一套方法，不仅节约投资，而且高产优质。从定植到拉秧每亩施用农家肥5米^3、优质复合化肥25～50千克，以后每40天冲施美国亚联微生物肥1瓶（250毫升），每20天喷施亚联叶面肥1瓶。

8.芸豆应用生物反应堆和植物疫苗技术

芸豆是一种高温型、需求二氧化碳较多的作物，保护地栽培有四大难题：地温偏低、二氧化碳亏缺、病虫害严重、土壤板结。应用秸秆生物反应堆和植物疫苗技术，冬天20厘米地温增加4～6℃，二氧化碳浓度提高4～6倍，减少化肥用量60%，减少农药用量80%，连用3年可不施化肥农药，成本降低60%以上，平均增产50%以上，成熟期提前15天，收获期延长30天。具体用法如下：

(1)秸秆和其他物料用量：亩用秸秆3 000～4 000千克，饼肥100千克，牛、马等草食动物的粪便3～4米^3，严禁用传播线虫和病害的鸡、猪、人等非草食动物的粪便。

(2)菌种、疫苗用量：亩用菌种6～8千克，疫苗2～3千克。菌种和疫苗由山东省秸秆生物工程技术研究中心研制。

(3)菌种和疫苗施用前的处理：按菌种1千克掺20千克麦麸、18千克水，三者拌均匀，堆积4～5小时。如当天用不完，摊放于阴暗处，厚度5～8厘米，第2天继续用。疫苗1千克掺20千克麦麸、18千克水，处理方法同上。

(4)操作时间：行下内置式，定植前15天进行；行间内置式，定植后进行。

(5)行下内置式秸秆生物反应堆的操作（图15-3）：种植前在小行开沟，沟宽与小行相等，沟深15～20厘米，沟长与行长相等，所挖土壤分放两边，开完沟后填加秸秆，填平踏实的秸秆厚度30厘米，沟两头秸秆露出10厘米，以便进氧气。填完秸秆按每沟菌种用量，均匀撒在秸秆上，用锨拍一遍后，将起土回填于秸秆上，接着浇大水湿透秸秆，时隔3～4天，起垄找平，覆土厚度15厘米左右。然后挖穴或开小沟，将疫苗撒施于定植穴内并与土壤掺匀，放苗浇水。最后盖膜、打孔，在每行的两株之间用14号钢筋打孔，孔距15厘米，孔深以穿透秸秆层为准。

(6)行间内置式秸秆生物反应堆的操作：此法在定植后的大行间起土15～20厘米，放秸秆踏实填平，厚度30厘米，沟的两头各露出10厘米的秸秆，再按每沟所需菌种均匀撒在秸秆上，用锨拍一遍，将所起上回填于秸秆上，然后浇小水湿润秸秆，行间内置式反应堆只浇这一次水，以后浇水在小行间进行。待6～7天后，盖地膜打孔，打孔按3厘米1行、20厘米1个进行，孔深以穿透秸秆层为准。

(7)内置式操作注意事项：应做到三足、一露和三不宜。三足：秸秆用量要足，菌种用量要足，第1次浇水要足。一露：内置沟两头秸秆要露出10厘米。三不宜：开沟不宜过深，15～20

厘米为宜；覆土不宜过厚，15 厘米左右为宜；打孔不宜过晚，定植后及时打孔。

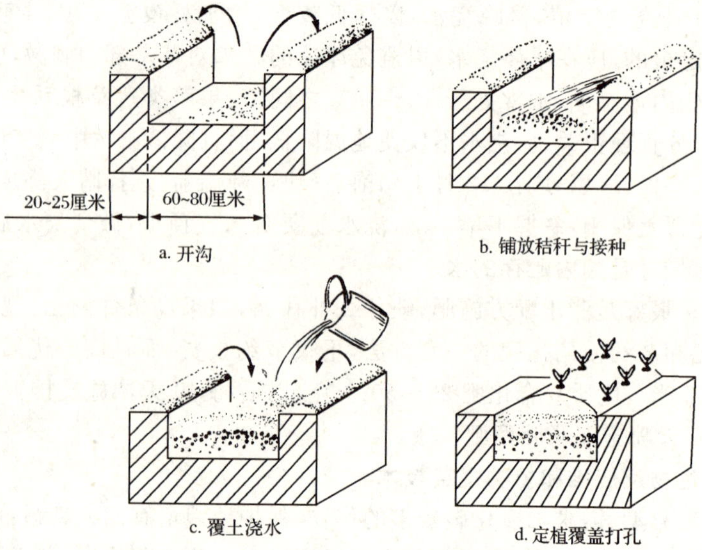

图 15-3　内置式秸秆生物反应堆制作过程

五、芸豆病虫害防治

1. 侵染性病害

(1)芸豆枯萎病：

①症状。芸豆枯萎病是芸豆的主要病害之一。发病初期症状不明显，仅表现植株矮小，生长势弱，到开花结荚才显出症状。开始植株下部叶片变黄、叶缘枯萎，但不脱落。若拔出植株解剖后可见茎下部及主根上部有黑褐色伤口、稍凹陷，维管束变为暗褐色，中间脊髓枯竭并发白。当维管束全部变褐时，植株死亡。

②侵染。病原菌菌丝白色，棉絮状。小型分生孢子无色，卵形。大型分生孢子无色，镰刀形。厚垣孢子无色或黄褐色，球形，单胞生或串生。

病菌主要以菌丝、厚垣孢子和菌核在病残株、土壤和带病的肥料中越冬，成为翌年的初侵染源。病原菌主要通过根部伤口或根毛顶端细胞侵入，先在薄壁组织内生长，后进入维管束，在导管内发育，随水分输送，迅速扩展到植株顶端。由于病原菌繁殖堵塞了导管，引起植株萎蔫。病株的病部表面及内部均有大量孢子，多靠水流进行短距离传播，扩大危害。

③发生条件。该病发生与温湿度有密切关系，发病的最适宜温度为 24～28℃，相对湿度 80％。低洼地势，平畦种植，大水漫灌，肥力不足，管理粗放是诱发此病的主要因素。特别是在棚室栽培，因减少了病原菌越冬的困难，发病更为突出。

④防治措施。选择抗病优良品种。实行轮作倒茬，避免连作。采用营养钵护根育苗，减少侵染机会。土壤消毒：每亩可用 50％的多菌灵悬浮液 2.5 千克，对水 250 千克，浇灌，待土壤水渗后播种或定植。

(2)芸豆灰霉病：

①症状。灰霉病在大棚等保护地栽培芸豆时危害严重。首先从根茎向上 15 厘米左右处

开始出现云纹斑，周围深褐色，斑中部淡棕色至浅黄色，干燥时病斑表皮破裂、纤维状，潮湿时病斑上生一层灰毛霉层。分枝处发病，形成小渍斑、凹陷，继而萎蔫。苗期子叶受害时，水渍状变软下垂，最后子叶边缘出现清晰的白灰霉层，即病原菌的分生孢子梗及分生孢子。结荚期，在芸豆谢花时，湿度大，侵染萎蔫的花冠，使芸豆造成落荚。侵染叶片时，出现水渍状1～2厘米不规则形暗褐色大斑块。

②侵染。病原菌与番茄、黄瓜相同，分生孢子聚生，无色单胞，两端差异大，状如水滴。孢子梗浅棕色，多隔膜。

在适宜温湿度条件下，病原菌产生大量菌核。菌核有较强的抗逆能力，在田间存活很长时间，一旦再遇到合适的温湿度条件，即长出菌丝或孢子梗，直接侵染植株，传播危害。此菌随病株残体、水流、气流以及农具、衣物传播，腐烂的病果、病叶、病卷须，败落的病花落在健康部位即可引起发病。

③发生条件。菌丝在4～32℃下均可生长，最适温度13～21℃，病菌产生孢子的温度较广，1～28℃均可产生孢子，最适宜温度是21～23℃。空气相对湿度90%以上，孢子飞散，传播病害。孢子发芽温度5～30℃，最适宜温度13～29℃。孢子萌发需较高的空气湿度，空气相对湿度低于90%时，孢子不萌发。病菌侵染一般先削弱寄主病部抵抗力，随后引起腐烂发霉。在冬暖大棚生产，只要空气湿度高和20℃左右的气温，灰霉病极易流行。

④防治。由于灰霉病侵染速度快，潜育期较长，病菌又易产生抗药性，较难防治，最好采用农业防治与化学防治结合的综合防治措施。

加强棚室条件下环境调控，水肥要适时施用，加强通风排湿，温度要适宜，有利于控制病害的发生和扩展。及时人工摘除病叶、病荚，带出棚外彻底销毁、深埋。当出现零星病叶时，应开始喷药防治。常用药剂有50%速可灵可湿性粉剂1 000～1 500倍液，或50%扑海因可湿性粉剂1 000～1 200倍液，隔5～7天一次，连喷2～3次。据试验，喷粉效果比喷雾好，投资小，时效长，用5%的万霉灵，每亩喷粉1.5千克，可控制发病。

(3)芸豆菌核病：

①症状。该病主要发生在冬暖大棚栽培的芸豆上。发病时，多从近地面茎基部或第1分枝处开始受害。初为水浸状，逐渐呈灰白色，皮层组织干裂，呈纤维状。空气相对湿度大时，在茎的病组织中腔部分有黑色菌核。蔓生架芸豆从地表茎基部发病，可以使整株萎蔫死亡。

②侵染。菌核球形或豆瓣形，直径1～10毫米不等，可生子囊盘1～20个。病菌在病残体上、堆肥中、在种子上以菌核越冬，不产生分生孢子。子囊成熟后，遇到空气湿度变化，即将囊中孢子射出，随气流传播。菌核有时会直接产生菌丝。病株上生长的菌丝有较强的侵染力，成为再侵染源而扩大传播。菌丝的发展使被害部位腐烂。芸豆菌核病在棚室内没有越冬过程，传播、侵染机会更多，是多发病之一。

③发生条件。芸豆菌核病在比较冷凉潮湿的条件下发生，适温5～20℃，最适温度15℃。子囊萌发的温度范围更广，0～30℃均可萌发，而以5～10℃最适宜。菌丝生长温度0～30℃，以20℃最快。菌核生长要求温度和菌丝一致，但菌核在50℃条件下，5分钟即死亡。

芸豆菌核病菌对湿度要求比较严格，在潮湿的土壤中，能存活3年以上，但菌核不萌发，萌发时要求一定的水分、冷凉的气候条件。在芸豆植株上发病时，要求空气相对湿度100%，持续时间16～24小时，否则不能侵染。芸豆在棚室栽培，低温、阴雨、通风量小、植株柔嫩的情况下，极易发生菌核病。

④防治措施。选留无病种株。种子消毒，用55℃温水烫种15分钟，杀死种皮的菌核。轮作、深耕与土壤处理。收获后深翻，把残留田间的菌核翻在10厘米以下。用敌克松作土壤处理，每亩用量1.5千克。及时清除田间杂草、烂叶、老叶、病株。盖地膜，合理施肥，利用地膜阻挡土壤中子囊盘出土。避免偏施氮肥，增施磷钾肥。

药物防治：用40%菌核净可湿性粉剂1 500～2 000倍液，或50%甲基托布津可湿性粉剂500倍液，或25%多菌灵可湿性粉剂400～500倍液。一般在发病初期结合清除病残体喷洒农药，每10～12天一次，连喷3～4次。

(4)芸豆根腐病：

①症状。主要危害根部和地下茎基部。开始产生水渍状红褐色斑，后来变为暗褐色或黑褐色，稍凹陷，后期病部有时开裂，或呈糟朽状，主根被害腐烂或坏死，侧根稀少，植株矮化，容易拔出，剖视根茎部维管束变褐色或黑褐色，但不向地上部发展（典型症状，区别于枯萎病）。严重时，主根全部腐烂，茎叶枯死。潮湿时，茎基部常生粉红色霉状物。

②发生规律。由半知菌亚门、镰孢菌属的腐皮镰孢菌侵染。以菌丝体和厚垣孢子在病残体、厩肥和土壤中越冬。靠病土、带菌肥料、农具、雨水和灌溉水等传播。从根部或地下茎基部伤口侵入。发病适温24℃，相对湿度80%以上。高温多雨，菜田积水，湿度大时发病重。如果地下害虫多，密度大，伤口多，利于病菌侵入。施带病残体的有机肥，早播，病地连作，低洼地浇水多发病重。

③防治措施。苗床处理：用新苗床或用大田土或炭土育苗。也可用50%多菌灵可湿性粉剂，或50%苯菌灵可湿性粉剂，或75%敌克松可湿性粉剂，每平方米8克消毒苗床。

大田消毒：播种（直播）前或定植前，可用50%多菌灵可湿性粉剂、75%敌克松可湿性粉剂、60%防毒宝可湿性粉剂每亩22千克，或50%苯菌灵可湿性粉剂，每亩21.5千克，加细土50千克，拌匀后把药土施入播种沟或定植穴内，再撒一层薄薄的细土，然后播种或定植。

栽培管理：与十字花科、百合科蔬菜轮作3～5年，高畦或半高畦栽培，疏沟培土。浇水不宜过多，防止大水漫灌。施腐熟有机肥，增施磷钾肥，加强松土除草。及时把病秧带出田外深埋或烧毁，并在病株栽植穴及其四周撒生石灰消毒。

药剂防治：病害刚发生时，选用70%甲基托布津可湿性粉剂1 000倍液，或75%百菌清可湿性粉剂600倍液喷雾，7～10天一次，喷2～3次，重点喷茎基部。也可用上述药剂，或12.5%治萎灵水剂200～300倍液，或60%防霉宝可湿性粉剂500～600倍液，或50%多菌灵可湿性粉剂500倍液，或70%敌克松可湿性粉剂800～1 000倍液，或根腐灵300倍液灌根，每株（穴）灌250毫升，10天后再灌一次。

(5)芸豆炭疽病：

①症状。叶片上病斑多在叶脉与叶柄发展，初生暗褐色多角形小斑，叶脉由褐色变黑色。茎上病斑稍凹陷、龟裂。豆荚上生褐色凹陷斑，潮湿时病斑上产生粉红色黏质物。

②发病规律。病原为子囊菌亚门真菌，无性态为芸豆炭疽菌。分生孢子盘黑色，埋于表皮下，后突破表皮外露，圆形或近圆形。盘上散生黑色刺状刚毛。分色孢子梗短小，单胞，无色，密集在分生孢子盘上。分生孢子圆形或卵圆形，单胞，无色，两端较圆，或一端稍狭，孢子内含1～2个近透明的油滴。病菌生长发育适温21～23℃，最高30℃，最低6℃，分生孢子45℃经10分钟致死。主要以菌丝在受病种子上越冬，也能随病残体在土表越冬。

③防治措施：选用无病种子。发病初期喷施等量式波尔多液，或50%甲基托布津500倍

液。

(6)芸豆细菌叶斑病：

①症状。主要危害叶片和豆荚。叶片染病，初在叶面上生红棕色不规则或环形小病斑，叶斑边缘明显，叶背面的叶脉颜色变暗，叶斑扩展后病斑中心变成灰色且容易脱落呈穿孔状。豆荚染病，症状与叶片相似，但荚上的斑较叶斑小些。

②传播途径和发病条件。病菌可在种子及病残体上越冬，借风雨、灌溉水传播蔓延。病菌发育适温25～27℃，48～49℃经10分钟致死。苗期至结荚期阴雨或降雨天气多，雨后发生和蔓延严重。

③防治措施。选用抗病品种：种子播前消毒处理。目前推广使用的抗病品种有秋抗19号、春丰4号、老来少等。种子播前的处理可用72%的农用链霉素600倍液，或1%的新植霉素1 000倍液浸种12小时。实行轮作制：芸豆细菌性疫病的病原菌在土壤中只能存活1～2年，实行隔年轮作防病效果比较显著。

改变种植模式：一是改用普通农膜为无滴膜。二是改平畦种植为双高垄地膜覆盖的方式。双高垄宽90厘米、高10厘米，用幅宽1.2米的地膜覆盖。三是改种子直播为育苗移栽，剔除病株、徒长株、老化苗。育苗时要采用纸钵作为护根措施，苗龄25～30天。四是增施基肥，基肥要施用充分腐熟的优质有机肥，每亩用量为5 000～6 000千克，其中2/3撒施，1/3集中施。使用酵素菌或根瘤菌肥作种肥，亩用量1千克。追肥时要注意增施钾肥和磷肥，避免偏施氮肥。一般在第2次追肥时亩用复合肥20千克，以后氮肥和复合肥交替使用。

加强棚内管理：一是温度。由于芸豆细菌性疫病在24～32℃、高湿的条件下容易发生，而温度过高或过低时发病受到抑制，因此在此病流行季节，温度管理上要求适当低，以22～25℃为宜。早晨揭盖草苫时不宜过早，一般在见到直射光后才可揭去草苫，这种方法可以迅速提升棚内温度，降低棚内湿度，达到防病的目的。二是湿度。保护地芸豆浇水措施上，早春季节宜少浇水、浇浅水，有利于壮秧。浇水时宜浇在地膜下。棚室内的气体、湿度管理上，还要注意及时换气排湿，换气时可以点燃湿草制造烟雾作为换气标志。在烟雾充满芸豆冠层以上的大棚空间时，打开通风口进行排烟，排烟完毕即为1个换气量，一般用2～3个换气量。三是二氧化碳施肥。在保护地内增施二氧化碳不但可以明显地减轻病害的发生，而且具有防止落花落荚的作用。寿光市常用的二氧化碳施肥方法是：将1∶3的稀硫酸装入塑料容器中，然后向内投放碳酸氢铵。二氧化碳施肥浓度为1 000毫升/千克，每次投放的碳酸氢铵的量可以根据棚室的大小进行计算，一般每亩每次用3～4千克。

药剂防治：在发病季节或植株发病初期，用72%的硫酸链霉素可湿性粉剂3 000～4 000倍液进行喷雾，或用60%的新植霉素4 000倍液喷洒，也可用41%的特效杀菌王2 000～2 500倍液或农用氯霉素3 000倍液进行喷雾防治。

(7)芸豆细菌性疫病：

①症状。芸豆疫病属细菌性病害，主要危害叶片、茎蔓、豆荚和种子。叶片染病从叶尖或叶缘开始，又称缘枯病。初呈暗绿色、油渍状小斑点，扩大后呈不规则形，病变部位变褐而干枯、薄而半透明，周围出现黄色晕圈，并溢出淡黄色菌脓，干燥后呈白色或黄色菌膜。病重时叶上病斑相连，皱缩脱落。茎部发病时，病斑呈红褐色溃疡状条斑，中央凹陷，当病斑围茎1周时，便萎蔫死亡。病斑在豆荚上表现是圆形或不规则形，红褐色，最后变为褐色，中央稍凹陷，有淡黄色菌脓，严重时全荚皱缩。种子受害时种皮也出现皱缩。

②病原与发病条件。病原细菌的菌体均系短杆状。病原细菌随病残体遗落在田间，或潜藏在种子内部越冬，成为侵染源。在棚室栽培条件下，越冬更为有利。种子发芽时，病原细菌侵入子叶或茎部，产生或不产生菌脓，病菌可沿输导管向全株扩展，致使寄主矮缩或枯萎。菌脓借风雨或昆虫传播。经气孔、水孔或伤口侵入，引起茎、叶发病。气温在24～32℃，叶面有水滴是该病发生的重要温湿条件。露地一般在多雨、多雾、露珠重的条件下发病重。在棚室条件下，栽培管理不当，大水漫灌，或肥水不足，偏施氮肥，植株徒长，或密度过大，都易诱发此病。

③防治措施。参阅芸豆细菌叶斑病。

(8)芸豆细菌性晕疫病：

①症状。主要侵害叶片，初在上部叶片或新生叶上现不规则水浸状斑点，后在斑周围出现直径0.5～1厘米的晕圈，斑上常有菌脓溢出。叶脉染病致叶脉坏死，易穿孔或皱缩畸形。荚染病初现水浸状斑点，后变干缩下陷，斑面渗出菌脓，或病斑中央枯死点小，但周围晕圈宽，有别于细菌性疫病。

②传播途径和发病条件。本病主要通过种子传播。种子带菌率0.02%，就可造成该病流行。生长期内该病主要通过气孔或机械伤口侵入，有时能造成系统侵染。除芸豆外，还可侵染大豆等豆科植物。冷凉、潮湿地区易发病。在16～20℃较低温度下，潜育期2～3天，且症状典型。在28～32℃高温条件下，潜育期长达6～10天，病状轻微，晕圈消失，但寄主内病原菌数量较多。

③防治措施。参阅芸豆细菌叶斑病。

(9)芸豆花叶病毒病：

①症状。感病的芸豆上形成明显的花叶或产生褪绿带和斑驳，形成矮化或叶扭曲。引起芸豆花叶病毒病的种类很多，有时发生混合侵染，产生不同症状。

②病原。属黄瓜花叶病毒，病毒粒体球状，直径27～30纳米，稀释限点100～100 000倍，致死温度50～60℃，体外存活期3～6天。能侵染芸豆、豇豆、大豆、番茄、菊花、芹菜等，各自表现不同症状。还可局部侵染番茄、黄瓜。

③传播途径和发病条件。棉蚜和桃蚜进行非持久性传毒或口针带毒，蚜虫在感染植株上取食不足1分钟，即可传染到健株，没有潜伏期。在田间花叶病毒可以经健株中存在的病株而自然传播，在田间和草地杂草上越冬，再通过蚜虫传到寄主上。

④防治方法。选用抗病品种。杀灭传毒蚜虫，喷洒50%甲基马拉硫磷乳油1 000倍液、50%抗蚜威可湿性粉剂2 000～3 000倍液。棉蚜对抗蚜威有抗性，可选用黄皿或银灰膜等物理避蚜法。加强田间管理，及时除草，以减少毒源。

发病初期喷洒7.5%菌毒·吗啉胍(克毒灵)水剂700倍液，或3.95%三氮唑核苷·铜锌(病毒必克)可湿性粉剂700倍液，或0.5%菇类蛋白多糖水剂300倍液，或20%吗啉胍·乙铜(毒克星)可湿性粉剂500倍液，或20%病毒宁水溶性粉剂500倍液，视病情喷洒1～2次。

2.生理病害

(1)芸豆落花落荚：芸豆分化的花芽数很多，开花数也较多。蔓生品种比矮生品种芸豆分化的花芽数多。据观察，蔓生芸豆每株能发生花序10～20个，每个花序有花4～10朵，但其结荚率仅占开花数的20%～35%。由此可见，只要能减少落花、落荚数，提高芸豆的结荚率，芸豆的增产潜力是相当大的。

①芸豆落花落荚的原因。植株营养分配不当：落花落荚从根本上说是植株对环境的一种

适应性反应，品种之间有一定差异，即使是同一个品种，个体之间也会有差异。在稀植条件下，芸豆植株基部的花序开花、结荚比中部的花序多，而中部的花序开花、结荚又比上部的花序多；密植条件下，情况正好相反，上部花序开花、结荚数多于中下部的花序。花序之间也有相互制约的倾向，如前一花序结荚多，则后一花序结荚往往减少；就每个花序来说，基部1～4朵花的结荚率较高，其余花多数脱落，即使结荚，最后也会脱落。蔓生芸豆的落花落荚在不同生育期的原因有所不同。一般说，初期落花多是由于随着植株发育而引起的养分供应不均衡所致，中期落花多是由于花与花之间争夺养分而引起，而后期落花则常是由于营养不良与环境条件不良造成的。

温度：芸豆在花芽分化期和开花期遇到10℃以下低温和30℃以上高温，花芽发育不全，增加不孕花，降低或丧失花粉生活力，影响花粉发芽和花粉管在雌蕊上的伸长速度，使雌蕊不能受精而落花落荚。

空气湿度和土壤水分：芸豆开花期对空气湿度较为敏感，湿度过低、过高均不利于授粉受精。芸豆花粉萌发和花粉管伸长的最适宜的综合条件为：温度20～25℃，相对湿度94%～100%，蔗糖浓度14%。土壤湿度低时，植株开花、结荚数减少。而土壤湿度大时，植株的开花数多，但由于花朵之间对养分的竞争而使结荚率降低。土壤干旱和空气过度干燥，也会使花粉畸形和失去生活力。此外，土壤水分过多能引起芸豆根部缺氧，使地上茎基部的叶片黄化脱落而引起落花落荚。

光照：芸豆的光饱和点是2万～5万勒克斯，当光照时数减少、日照强度减弱时，植株的光合强度降低，植株发育受阻，致使落花落荚增加。保护地栽培条件下，光照较露地弱，为此应选用透光率高的塑料薄膜，并经常清洁棚膜。

土壤营养：一般来说，芸豆花芽分化以后，增加氮素供应能促进植株的生长，增加花数和结荚数；但是如果氮素供应过多，同时水分也供应充足时，便容易导致茎、叶徒长，最后导致落花、落荚；如果供应的营养物质不能满足茎叶生长和开花、结荚的需要，也会造成植株各部分争夺养分的现象，从而引起落花落荚。另外，土壤缺磷，常会使芸豆发育不良，使开花数和结荚数减少。

其他不良环境因素：如选地不当，种植过密，吊架、施肥、灌水及防治病虫害等措施不当，都会引起芸豆落花落荚。

②防止落花落荚的措施。选用良种：选用适应性广、抗逆性强、坐荚率高的丰产优质芸豆品种。

适期播种，培育壮苗：无论是保护地春提前或秋延后栽培，只有掌握好适期播种才能充分利用最有利于芸豆开花结荚的生长季节，使植株生长健壮并增强适应性，从而减少落花落荚。

加强田间管理：适当合理密植，应用排架、吊绳或人字架等架型，为芸豆生长创造一个良好的通风透光环境，促使植株生长健壮而正常开花结荚。定植缓苗后和开花期以中耕保墒为主，促进根系健壮生长。植株坐荚前要少施肥，结荚期要重施肥，施肥应掌握不偏施氮肥，注意增施磷、钾肥。浇水，应掌握使畦土不过湿或过干。及时防治病虫害，使植株生长健壮，能正常地开花结荚。除此以外，还应及时采收嫩荚，以提高营养物质的利用率和坐荚率。

应用植物生长调节剂：为防止芸豆发生落花落荚，可对正在开花的花序喷施5～25毫克/千克萘乙酸或2毫克/千克防落素。

综上所述，芸豆出现一定的落花数是正常的，只要通过运用各种栽培技术措施，达到一定的坐荚率，就可以增产增收。

(2)芸豆高秧低产：

①影响芸豆产量的具体原因。温度不适：芸豆性喜温暖，栽培适温为20～25℃，10℃以下生长受阻。15℃以下的低温易产生不完全花，30℃以上的高温、干旱易产生落花落荚现象。昼夜高温，植株徒长，几乎不能开花结果。

光照不足：光照不足不仅植株有徒长的趋势，同时分枝数、叶片数、主侧枝节数都会减少。芸豆要求较高的光照强度，生长期内光照充足，能增加花芽分化数。

水分过大：芸豆喜湿润，但不耐涝，植株生长适宜的土壤相对湿度为60％～70％，空气相对湿度以55％～65％为宜。空气湿度大，作物光照不足，易徒长、感病，引起落花落荚。

施肥不及时，缺乏磷钾肥：芸豆对土壤营养要求不严，但在根瘤菌还未发挥固氮作用以前的幼苗期，应适当施用氮肥，此时若施肥不及时，会影响植株生长。结荚后应适当补充磷钾肥，否则，会影响植株发育，降低产量和品质。

气体的影响：一是土壤板结，透气性差，缺少氧气，影响根系的发育和根瘤的形成。二是大棚密闭环境往往二氧化碳不足，影响光合产物的形成。

②解决芸豆高秧低产的措施。通过栽培措施满足芸豆不同生育期对温度的要求。采用高畦地膜覆盖，畦高15厘米，畦面呈龟背状，同时铺设地膜，利于提高地温，利于根瘤菌的良好生长和根系发育。幼苗期采取多层覆盖，使棚温保持18～20℃，开花结荚期保持18～25℃，以后随着外界温度提高，应加强通风降温，使室内温度不能高于30℃。

保证足够的光照条件。合理稀植，行距80厘米，株距20厘米，交错点播在高垄上，改善光照条件。用新的聚氯乙烯无滴膜，并及时清扫膜上灰尘，增加透光率。每天尽量早揭晚盖草苫，延长光照时间。及时摘除老、黄叶片，改善通风透光条件。

降低棚内湿度。覆盖地膜，膜下浇水，将空气相对湿度控制在55％～65％，可有效地防止病害的发生，且秧苗生长健壮。芸豆在开花结荚前的营养生长期对水分的反应很敏感，第1花序开花期一般不浇水，防止枝叶徒长，造成落花。尤其蔓生品种过早灌水，会造成根系浅，茎叶生长旺盛，花序发育不良，易形成大量落花，故开花结荚前不浇水。豆荚开始膨大伸长时，应结束蹲苗期，需要供给充足的肥水，但土壤不可积水，否则均会造成落花落荚。具体应把握以下几点：苗期保持土壤湿润，见干见湿。初花期适当控水。结荚期在不积水的情况下勤浇水，每次采摘后都要重浇水(膜下浇水)。

适时追肥。芸豆在播种后12～15天应及早追施氮肥。坐荚后第2次追肥，每亩追施尿素20千克、钾肥10千克，或50％人畜粪尿2 500～5 000千克。一般蔓生种较矮生种需肥量大。每采收1～2次追肥一次，最好化肥与人粪尿交替施用。

调节大棚内气体条件。注意排涝，改善土壤中氧气状况。在保证适宜的温度、水分等条件下，通风换气，增加棚内二氧化碳含量或进行二氧化碳施肥。

通过对大棚越冬茬芸豆高秧低产的原因分析，可以采取有效的农业措施，以满足芸豆对温度、光照、水分、肥料等环境条件的要求，使营养生长和生殖生长平衡进行，提高冬季芸豆的产量。

(3)芸豆缺素症：

①缺氮症。主要症状：植株生长弱，叶片薄，瘦小，叶色淡，下部叶黄化，容易脱落，豆荚不饱满、弯曲。

发生原因：在大棚条件下芸豆很少出现缺氮症，有时在沙质土壤上新建大棚时土壤供氮不足或施肥量少时可能出现缺氮症。种植前施大量没有腐熟的作物秸秆或有机肥，碳素多，其分解时夺取土壤中的氮。

防治措施：施用新鲜的有机物（作物秸秆或有机肥）作基肥，要增施氮素或施用完全腐熟的堆肥。应及时追施氮肥，每亩可施尿素 5 千克左右，或用 1%～2% 的尿素水溶液进行叶面喷肥，每隔 7 天左右喷一次，共喷 2～3 次。

②缺磷症。主要症状：植株早期叶色深绿，以后从下部叶变黄，整株生长差。

发生原因：堆肥施用量少或磷肥用量少易发生缺磷症。早春或越冬栽培芸豆发生缺磷多为地温低所致。土壤水分过多时，导致地温低，磷的吸收受阻。土壤呈酸性时容易缺磷。

防治措施：土壤缺磷时，增施磷肥。施用足够的堆肥等有机质肥料。应及时追施磷肥，每亩可施过磷酸钙 12～20 千克，或用 2%～4% 的过磷酸钙水溶液进行叶面喷肥，每隔 7 天左右喷一次，共喷 2～3 次。

③缺钾症。主要症状：下部叶易向外卷，叶脉间变黄。上部叶表现为淡绿色。

发生原因：土壤中含钾量低，施用堆肥等有机质肥料和钾肥少，易出现缺钾症。地温低，日照不足，过湿，施铵态氮肥过多等阻碍对钾的吸收。

防治措施：施用足够的钾肥，每亩可施硫酸钾 10～15 千克，或用 0.1%～0.2% 的磷酸二氢钾水溶液进行叶面喷肥，每隔 7 天左右喷一次，共喷 2～3 次。

④缺钙症。主要症状：上部叶的叶脉间淡绿色或黄色，中下部叶下垂，呈降落伞状，幼荚生长受阻。植株顶端发黑至死亡。

发生原因：土壤盐基含量低，酸化，土壤钙不足，尤其是沙性较大的土壤易发生。虽然土壤中钙多但土壤盐类浓度高时也会发生缺钙的生理障害。施用铵态氮肥过多时也容易缺钙。土壤干燥，空气湿度低，连续高温时易出现缺钙症状。施用钾肥过多时会出现缺钙。

防治措施：多施有机肥，使钙处于容易被吸收的状态。土壤缺钙，要供应钙肥，如施用普通过磷酸钙、重过磷酸钙、钙镁磷肥和钢渣磷肥，既是磷肥，又是含钙的肥料。实行深耕，多灌水。应及时对叶面喷洒 0.1%～0.3% 氯化钙水溶液，每 5～7 天喷一次，共喷 2～3 次。

⑤缺镁症。主要症状：叶脉间先出现斑点状黄化，继而扩展到全叶，叶脉仍保持绿色。严重时叶片过早脱落。

发生原因：芸豆缺镁易发生的条件是低温，地温低影响根系对镁的吸收，在地温低于 15℃ 时就会影响根系对镁的吸收。土壤中镁含量虽然多，但由于施钾多影响了芸豆对镁的吸收。一次性大量施用铵态氮肥也容易造成芸豆缺镁。当芸豆植株对镁的需要量大而根不能满足吸收量时发生缺镁。

防治措施：增高地温，在结荚盛期保持地温 15℃ 以上，多施用有机肥。土壤中镁不足时要补充镁肥，镁肥最好与钾肥、磷肥混合施用。可喷洒 0.5%～1% 的硫酸镁水溶液，每 5～7 天喷一次，共喷 2～3 次。

⑥缺铁症。主要症状：上部叶的叶脉残留绿色，叶脉呈网状，严重时全部新叶变鲜黄色。

发生原因：碱性土壤、磷肥施用过量或铜、锰在土壤中过量易缺铁。土壤过干、过湿、温度低，影响根的活力，易发生缺铁。土壤通气不良或盐渍化，根系受损时影响根系的吸收能力，也会使芸豆缺铁。

防治措施：增施铁肥，将硫酸亚铁与有机肥混合施用，可条施，也可穴施。有机肥与硫酸亚铁混合比例以 10∶1～20∶1 为宜，混合发酵一周即可施用。尽量少用碱性肥料，防止土壤呈碱性。注意土壤水分管理，防止土壤过干、过湿。将易溶于水的无机铁肥或有机络合态铁肥配制成0.5%～1.0%的溶液与1%尿素混合喷施。

⑦缺锰症。主要症状:上部叶的叶脉残留绿色,叶脉间淡绿到黄色。

发生原因:碱性土壤容易缺锰。检测土壤酸碱性,出现症状的植株根际土壤呈碱性,有可能缺锰。土壤有机质含量低容易引起缺锰。土壤盐类浓度过高,将影响植株对锰的吸收。

防治措施:增施锰肥,每亩用硫酸锰或氧化锰1～2千克,混在有机肥或酸性肥料中施用,可以减少土壤对锰的固定,提高锰肥效果。也可采用其他难溶性锰肥作底肥,增施有机肥,科学施用化肥,勿使肥料在土壤中成高浓度。可用0.01%～0.02%的硫酸锰水溶液叶面喷肥。

⑧缺锌症。主要症状:幼叶逐渐发生褪绿,褪绿开始发生在叶脉间,逐步蔓延到整个叶片,而看不见明显的绿色叶脉。

发生原因:碱性土壤,降低了锌的有效性,是缺锌的主要土壤类型。土壤有机质含量很高,因为有机质的吸附也使锌的有效性降低。过量施用磷肥的土壤易发生缺锌。冬暖大棚芸豆产量高,连续几年又未施用锌肥,易缺锌。

防治措施:缺锌时可以施用硫酸锌,撒施时要结合耕耙。播种或移栽前是土壤施锌的最佳时间,一般每亩施用1～1.5千克硫酸锌。不要过量施用磷肥。可用0.1%～0.2%的硫酸锌水溶液喷洒叶面。

⑨缺硼症。主要症状:生育变慢,幼叶变为淡绿色,叶畸形,发硬,易折断,节间缩短。茎尖分生组织死亡,不能开花。有时茎裂开。豆荚种子少,严重时无粒。侧根生长不良。

发生原因:缺硼一般发生在沙土和酸性或碱性土壤上。土壤干旱和低温影响芸豆对硼素的吸收。土壤中营养元素不平衡时常诱发芸豆缺硼。

防治措施:土壤施用硼肥。为了防止施硼过多或施硼不均匀,可施用溶解度低的硼镁肥等,以减缓硼释放速度。一般硼在土壤中残效较小,需年年施。要适时浇水,防止土壤干旱。多施腐熟的有机肥,提高土壤肥力。注意平衡施肥。亩用硼砂0.3千克或硼酸0.2千克与氮磷钾肥混合追施,或亩用硼砂150～200克或硼酸50～100克,对水50～60千克叶面喷施,一般在芸豆苗期、始果期各喷施一次。

⑩缺钼症。主要症状:叶色淡黄,生长不良,表现出类似的缺氮症状,严重时中脉坏死。叶片变形。

发生原因:土壤有效钼的含量低。酸性土壤有效态钼含量低,土壤pH 8时钼有效性最高。含硫肥料的过量施用也会导致缺钼。土壤中的活性铁、锰含量高,也会与钼产生拮抗,导致土壤缺钼。

防治措施:改良土壤,防止土壤酸化,在酸性土壤上施用钼肥时,要结合施用石灰才能获得最好的效果。每亩喷施0.05%～0.1%的钼酸铵水溶液50千克,分别在苗期与开花期各喷1～2次。叶面喷肥的具体时间应在无雨无风天的下午4时以后,把植株功能叶片喷洒均匀。常用钼肥为钼酸铵与钼酸钠。钼酸铵含钼50%～54%,白色或浅黄色菱形结晶。钼酸钠含钼35%～39%,白色菱状结晶,也易溶于水,主要用于叶面喷肥。施用时先将钼肥用少量热水溶解,再用冷水稀释到所需要的浓度。

(4)芸豆氨气和亚硝酸气危害:

①氨气危害。主要症状:受害叶片初期呈水浸状,以后逐渐褪为淡褐色。幼芽或生长点萎蔫,严重时叶缘焦枯,全株生理失水干缩而死。

发生原因:一是施用了过量的尿素、碳酸氢铵、硫酸铵等氮素肥料。二是施用了没有充分腐熟的人粪尿、厩肥等有机肥料。三是在棚内发酵饼肥或者鸡粪等肥料。四是追肥时撒施肥料于地面。据测定，棚内氨气浓度达5毫克/升时，就出现危害症状。

防治措施：一是要施用充分腐熟的堆肥、厩肥和人粪尿，杜绝新鲜粪肥入棚。二是不能过量施用氮肥，并要配施磷钾肥。三是当出现危害时，可喷施800倍惠满丰活性液肥或纳米磁能液2 500倍液，能较快地解除毒害，恢复正常生长。

②亚硝酸气危害。主要症状：多数从叶缘开始表现症状，在大叶脉间形成病斑，病斑黄白色，边缘颜色略深，病健部界限明显。发病速度较快时，叶片呈绿色枯焦状。因施肥过多引起的亚硝酸气危害，多与肥害相伴发生。

发生原因：大量施用化肥或粪肥，在土壤由碱性变酸性情况下，硝酸化细菌活动受抑制，致使亚硝态氮不能正常、及时转换成硝酸态氮而产生危害。

防治措施：施用充分腐熟的农家肥。施化肥特别是施尿素时，要少施勤施，施后及时浇水，加强通风。产生危害后应及时喷施叶面宝等叶面肥加以缓解。

(5)土壤酸化：

①土壤酸化的原因。保护地芸豆等蔬菜作物产量高，从土壤中移走了过多的碱基元素，如钙、镁、钾等，导致土壤中的钾和中、微量元素消耗过度，使土壤酸化。大量生理酸性肥料的施用，棚内温湿度高，雨水淋溶作用少，随着栽培年限的增加，耕层土壤酸根积累严重，导致土壤的酸化。由于大棚等保护地复种指数高，肥料用量大，导致土壤有机质含量下降，缓冲能力降低，土壤酸化问题加重。高浓度氮、磷、钾三元复合肥的投入比例过大，而钙、镁等中量元素投入相对不足，造成土壤养分失调，使土壤胶粒中的钙、镁等碱基元素很容易被氢离子置换。

②土壤酸化的危害。酸性土壤滋生真菌，根际病害增加，且控制困难，尤其是芸豆的根腐病和炭疽病增多。土壤结构被破坏，土壤板结，物理性变差，抗逆能力下降，芸豆抵御旱、涝自然灾害的能力减弱。在酸性条件下，铝、锰的溶解度增大，有效性提高，对芸豆产生毒害作用。酸性条件下，土壤中的氢离子增多，对芸豆吸收其他阳离子产生拮抗作用。

③综合防治措施。增施有机肥：增施有机肥，不仅可增加大棚土壤有机质的含量，提高土壤对酸化的缓冲能力，使土壤pH升高，而且在保护地中有机物料分解利用率高，增加了土壤有效养分，改善土壤结构，并能促进土壤有益微生物的增加，抑制芸豆病害的发生。

配方施肥：提倡使用氮、磷、钾复合肥，特别注重钾以及中微量元素的投入，大力推广有机无机复合肥，使养分协调，抑制土壤的酸化倾向。

施入生石灰改良土壤：生石灰施入土壤，可中和酸性，提高土壤pH，直接改变土壤的酸化状况，并且能为芸豆补充大量的钙。施用方法为：将生石灰粉碎，通过100目筛，于播种前，将生石灰和有机肥分别撒施于田间，然后通过耕耙，使生石灰和有机肥与土壤尽可能混匀。施用量：pH 5.0～5.4时亩用生石灰130千克；pH 5.5～5.9时用生石灰65千克；pH 6.0～6.4时用生石灰30千克(以调节15厘米酸性耕层土壤计)。

(6)芸豆高温障碍：

①芸豆的生长发育与高温障碍。芸豆营养生长与温度：芸豆的发芽适温为20～30℃，最高35℃，40℃和10℃基本不发芽；根的生长最低温度8℃，最适28℃，最高温度为38℃。在37 000～29 100勒克斯的光强范围内，30～35℃高温下，同化率降低不明显，因而在高温下营养生长并不太受抑制。

高温对花芽分化的影响：芸豆开始花芽分化所需的积温在227～241℃间，在相同的积温下，显示出近似的花芽分化数。因此，夏季较高的温度能够在较短的时间内满足花芽分化的积温要求，花芽发育的天数缩短，但花芽质量差；在30℃高温下，芸豆花芽发育初期较快，花芽数也多，但随着高温时间延长，发育速度减慢，到柱头形成期前后停止发育，此后即使发育，花粉母细胞形成也不完全或花芽整体的发育减弱，多脱落或消失。夜间高温有着同样的趋势，平均气温达25℃以上，花芽分化开始减少。花芽分化期遇高温荚长缩短，每株荚数减少，导致减产，推断其有害的温度界限是27～28℃。

高温与开花结实：发育良好的花芽，开花期温度高，结实也不良。15～25℃结荚率较好，30～40℃结荚率很差，10℃和45℃不结荚。另外，开花当天10时的气温与结荚率之间呈负相关，说明在夏季高温期栽培芸豆，主要是高温（包括夜间高温）引起落花而严重影响产量。

综上所述，高温主要是影响芸豆的生殖生长，以柱头形成期前后到开花结荚期受影响最大，超过30℃，开花结荚显著不良。

②克服高温障碍，提高结荚率的措施。应用生长调节剂：高温少雨时，在开花期喷1毫克/千克浓度的防落素液，或15毫克/千克浓度的萘乙酸液，或15毫克/千克浓度的吲哚乙酸液，具有减少落荚、提高坐果率的作用。

宽行栽培：畦宽（连沟）加大至1.4～1.5米，蔓生芸豆栽两行，畦向与当地风向基本相同，有利于通风散热，降低田间温度。

加强肥水管理：全生育期或生育前期喷浓度1毫克/千克的维生素 B_1 液，能提高着蕾数、开花数、结荚率、单荚重量，生育期有提早趋势。畦面进行覆草（尤其是6月至7月上旬播种的芸豆），既能降低温度又可保湿。开花结荚期遇高温干旱要及时灌溉，保持土壤湿润（相对湿度60%左右），避免和减轻高温、干旱对结荚的双重影响，提高坐果率。

3. 虫害

（1）豆荚螟：

①分布危害。普遍分布，寄主有60余种植物。危害芸豆、豇豆、扁豆等较重。以幼虫食花、荚和豆粒，严重时整个豆粒被吃空。

②生活习性。一年发生4～6代，均以老熟幼虫在芸豆棚室中越冬。一般以第2代危害春芸豆最重。成虫昼伏夜出，趋光性弱，飞翔力不强。每头雌蛾可产卵80～90粒，卵主要产在豆荚上，2～3龄幼虫有转荚危害习性，幼虫老熟后离荚入土，结茧化蛹。

③防治方法。消灭越冬虫源，及时翻耕整地或除草松土，可大量杀死越冬幼虫和蛹。有条件地区，还可采用冬、春灌水，效果亦很好。选栽早熟丰产、结荚期短的品种，实行轮作。

药剂防治可用90%敌百虫800～1 000倍液，在成虫盛发期和卵孵化盛期喷药1～2次。

在成虫产卵盛期释放赤眼蜂灭卵，效果也很好。

（2）白粉虱：白粉虱又名白飞虱，属同翅目粉虱科。20世纪70年代后期，随着大棚等保护地蔬菜面积的扩大，此虫的发生与分布呈扩大蔓延趋势，目前我国大部分地区都有发生与危害，已成为棚室栽培蔬菜的重要害虫。

①危害症状。白粉虱主要以成虫和若虫群集在叶片背面吸食植物汁液，使叶片褪绿变黄、萎蔫甚至枯死，影响作物正常的生长发育。同时，成虫所分泌的大量蜜露堆积于叶面及荚果上，引起煤污病的发生，严重影响光合作用和呼吸作用，降低作物的产量和品质。此外，该虫还能传播某些病毒病。

②发生规律。白粉虱在大棚条件下一年可发生10余代，能以各种虫态在大棚蔬菜上越

冬，或继续进行危害。5～6 月虫口密度增长比较慢，7～8 月间虫口密度增长较快，8～9 月份危害最严重，10 月下旬以后，气温下降，虫口数量逐渐减少，并开始向大棚内迁移，进行危害或越冬。白粉虱成虫对黄色有强烈趋性，但忌白色、银白色，不善于飞翔。在田间先一点一点发生，然后逐渐扩散蔓延。田间虫口密度分布不均匀，成虫喜群集于植株上部嫩叶背面并在嫩叶上产卵，随着植株生长，成虫不断向上部叶片转移，因而植株上各虫态的分布就形成了一定规律：最上部嫩叶，以成虫和初产的淡黄色卵为最多；稍下部的叶片多为深褐色的卵；再下部依次为初龄若虫、老龄若虫、蛹。成虫羽化时间集中于清晨。雌成虫交配后经 1～3 天产卵。卵多产于叶背面，以卵柄从气孔插入叶片组织内，与寄主保持水分平衡，极不易脱落。每头雌虫产卵 120～130 粒，最多可产卵 534 粒。白粉虱成虫活动最适温度为 25～30℃，卵、高龄若虫和“蛹”对温度和农药抗逆性强，一旦作物上各虫态混合发生，防治就十分困难。

③防治方法。农业防治：一是培育无虫苗，定植前对大棚进行消毒，每亩大棚用 80%敌敌畏 0.4～0.6 千克熏杀，或 10%吡虫啉可湿性粉剂 1 000 倍液喷雾。二是合理布局，在棚室附近的露地避免栽植瓜类、茄果类、菜豆类等白粉虱易寄生、发生严重的蔬菜，提倡种植白粉虱不喜食的十字花科蔬菜。棚室内避免与苦瓜、番茄等混栽，防止白粉虱相互传播，加重危害和增加防治难度。三是在棚室通风口密封尼龙纱，控制外来虫源。虫害发生时，结合整枝打杈，摘除带虫老叶，携出棚外烧毁。

物理防治：利用白粉虱趋黄习性，在白粉虱发生初期，将涂有机油的黄色板置于棚室内，高出蔬菜植株，诱杀白粉虱成虫。

生物防治：棚室内蔬菜的白粉虱发生量在 0.5～1 头/株时，可释放丽蚜小蜂“黑蛹”，每株 3～5 头，每隔 10 天左右放一次，共释放 3～4 次，寄生率可达 75%以上，控制白粉虱的效果较好。

药剂防治：一是烟雾法：每亩大棚用 22%敌敌畏烟剂0.5千克，于傍晚闭棚熏烟，或每亩用 80%敌敌畏乳油0.4～0.5 千克，浇洒在锯木屑等载体上，再加几块烧红的煤球熏烟。二是喷雾法：可用 10%扑虱灵乳油 1 000 倍液，或 10%吡虫啉可湿性粉剂 1 000 倍液，或 2.5%天王星乳油 2 000 倍液，或 2.5%功夫乳油 3 000 倍液，或 20%灭扫利乳油 2 000 倍液，或 80%敌敌畏乳油 1 000 倍液，隔 5～7 天喷洒一次，连续用药 3～4 次。由于白粉虱世代重叠，在同一时间、同一作物上存在各种虫态，而当前采用的药剂没有对所有虫态均适用的种类，所以在药剂防治上，必须连续几次用药，才能取得良好防效。

(3)蚜虫：蚜虫俗称蜜虫、油虫等，属同翅目蚜科。蚜虫是世界性的害虫，在我国也遍布各地。

①危害症状。蚜虫的成虫及若虫栖息在叶片背面和嫩梢嫩茎上吸食汁液。嫩叶及生长点被害后，植株提前枯死，大大缩短了结荚期，减少芸豆的产量。此外，蚜虫能传播病毒病。

②发生规律。蚜虫无滞育现象，只要具有蚜虫生长繁殖的条件，可周年发生。北方冬季可在大棚蔬菜上继续繁殖。春季气温稳定到 6℃以上，越冬卵开始孵化。越冬卵孵化一般多与越冬寄主叶芽的萌芽相吻合。当气温达 12℃时，在冬寄主上行孤雌胎生繁殖 2～3 代。在 4～5 月初，产生有翅胎生雌蚜，从冬寄主迁飞到棚室内繁殖危害。秋末冬初气温下降，不适于蚜虫生活时，蚜虫就产生有翅蚜，有规律地向冬寄主转移。蚜虫活动繁殖的温度范围为 6～27℃，16～22℃最适于繁殖。蚜虫繁殖速度与气温关系密切，夏季 4～5 天一代，春秋季 10 余天一代，冬季棚室内蔬菜上 6～7 天一代。每头雌蚜可产若蚜 60～70 头，且世代重叠严重。蚜虫具有较强的迁飞和扩散能力，蚜虫的扩散主要靠有翅蚜的迁飞、无翅蚜的爬行及借助于风力或人的携带。干旱气候有利于蚜虫发生，夏季在温度和湿度适宜时，也能大量发生。一般离蚜

虫越冬场所和越冬寄主植物近的大棚受害重。有翅蚜对黄色有趋性，对银灰色有负趋性，有翅蚜迁飞还能传播病毒。蚜虫的天敌很多。在捕食性天敌中，蜘蛛占有绝对优势，占天敌总数的75%以上。此外，还有瓢虫、草蛉、食蚜蝇、蚜茧蜂等多种天敌。

③防治方法。生物防治：选用高效低毒的农药，避免杀伤天敌。有条件的地方可人工助迁或释放瓢虫（以七星瓢虫为好）和草蛉来消灭蚜虫。

物理防治：育苗时小拱棚上覆盖银灰色薄膜，定植后，大棚四周挂银灰膜条，棚室的放风口设置纱网，减少蚜虫迁入。用30厘米×60厘米的木板或纸板，漆成黄色，外涂机油，均匀插于棚室内，可诱杀有翅蚜，减轻危害。

药剂防治：一是烟雾法：用22%敌敌畏烟剂每亩0.5千克，或灭蚜宁每亩0.4千克，分放4～5堆，用暗火点燃，闭棚熏烟3～4小时。二是喷雾法：用10%吡虫啉可湿性粉剂1 000倍液，或50%灭蚜松乳油1 000倍液，或2.5%功夫乳油3 000倍液，或20%速灭杀丁乳油3 000倍液，或2.5%天王星乳油3 000倍液，或5%鱼藤精乳油500倍液喷雾。喷洒时应注意使喷嘴对准叶背，将药液尽可能喷到蚜虫体上。为避免蚜虫产生抗药性，应轮换使用不同类型的农药。

（4）美洲斑潜蝇：美洲斑潜蝇又名蔬菜斑潜蝇、甘蓝斑潜蝇，属双翅目潜蝇科。

①危害症状。美洲斑潜蝇以幼虫蛀食叶片上下表皮间的叶肉为主，形成黄白色蛇形斑，坑道长30～50毫米、宽3毫米。成虫产卵取食也造成伤斑。虫体的活动还能传播病毒。

②发生规律。在大棚内，全年都能繁殖。美洲斑潜蝇成虫大部分在上午羽化，成虫羽化后24小时即可交尾产卵。雌虫刺伤植物寄主叶片，形成刺孔，成刻点状，雌虫通过刻点取食和产卵。幼虫取食导致大量叶片死亡。美洲斑潜蝇造成的叶片伤口中，约有15%的活卵。雄虫不能形成刻点，但可在雌虫造成的伤口上取食。雌虫产卵于叶片表皮下或裂缝内，有时也产于叶柄。产卵的数量随温度和寄主植物而异，在25℃下雌虫一生平均可产164.5粒卵。根据温度的高低，卵在2～5天内孵化。幼虫发育历期一般为3～8天，蛹历期一般为6～10天，完成一代约15天。影响美洲斑潜蝇发生的主要因素是温度、湿度和食料。温度对斑潜蝇的发育速度有明显的影响。在12～35℃条件下，美洲斑潜蝇能完成生活史。20℃以下发育很慢，30℃以上种群增长急剧下降。北方大棚中2～3月能见到该虫的虫道。在自然界中，该虫的世代重叠明显，种群发生高峰期与衰退期极为突出。

③防治方法。农业防治：棚室栽培要培育无虫苗，收获后清洁田园，把被潜叶蝇危害的植株残体集中深埋、沤肥或烧毁。合理布局，瓜类、茄果类、豆类蔬菜与其不危害的作物进行套种或轮作。适当稀植，增加田间通风透光。

黄板诱杀：棚室内用30厘米×60厘米的木板涂上黄色油漆制成黄板，黄板上加粘蝇纸或不干胶和凡士林等黏性物质诱杀成虫。

药剂防治：可选用48%乐斯本乳油1 000倍液，或30%毒死蜱乳油1 000倍液，或10%吡虫啉可湿性粉剂1 000倍液，或50%蝇蛆净水溶粉剂2 000倍液，或1.0%灭虫素乳油2 500倍液，或10%氯氰菊酯乳油2 000倍液，或10%二氯苯醚菊酯乳油2 000倍液喷雾。用药适期掌握在成虫产卵高峰期至初孵化幼虫期。

（5）点蜂缘蝽：

①危害特点。成虫和若虫刺吸汁液，在芸豆开始结实时，往往群集危害，致使蕾、花凋落，果荚不实或形成瘪粒，严重时全株枯死。

②发生规律。每年发生3代，以成虫在枯枝落叶和杂草丛中越冬。翌年3月下旬开始活

动,4 月下旬至 6 月上旬产卵。第 1 代若虫于 5 月上旬至 6 月中旬孵化,6 月上旬至 7 月上旬羽化为成虫,6 月中旬至 8 月中旬产卵。第 2 代于 7 月中旬至 9 月中旬羽化为成虫。第 3 代 9 月上旬至 11 月上旬羽化为成虫,10 月下旬以后陆续越冬。卵多散产于叶背、叶柄和嫩茎上。成虫和若虫极活跃,早、晚温度低时稍迟钝。

③防治方法。在成虫、若虫危害盛期,选用 20%杀灭菊酯 2 000 倍液,或 21%增效氰马乳油 4 000倍液,或 2.5%溴氰菊酯 3 000 倍液等药剂喷雾 1~2 次。

(6)茶黄螨:茶黄螨又名茶跗线螨,属蜱螨目跗线螨科。国内分布较普遍。

①危害症状。成螨和幼螨集中在作物幼嫩部分刺吸危害,受害叶片背面呈灰褐色或黄褐色,具油质光泽或油浸状,叶片边缘向下卷曲。受害嫩茎、嫩枝变黄褐色,扭曲畸形,严重者植株顶部干枯。受害的蕾和花,重者不能开花、坐荚。荚果受害,荚柄及果皮变为黄褐色,丧失光泽,木栓化。芸豆受害严重者落叶、落花、落荚,大幅度减产。由于螨体极小,肉眼难以观察识别,上述特征常被误认为生理病害或病毒病害。

②发生规律。在大棚条件下,全年都可发生,冬季繁殖能力较低。茶黄螨以两性生殖为主,也能孤雌生殖,未受精卵孵化率低。卵散产于嫩叶背面、幼果凹处或幼芽上,经 2~3 天孵化,幼螨期 2~3 天,若螨期 2~3 天。茶黄螨发育繁殖的最适温度为 16~23℃,相对湿度为 80%~90%。成螨活泼,尤其雄螨,当取食部位变老时,立即向新的幼嫩部位转移并携带雌若螨,后者在雄螨体上蜕皮变为成螨后,即与雄螨交配,并在幼嫩叶上定居下来。由于这种强烈的趋嫩性,所以有“嫩叶螨”之称。卵和幼螨对湿度要求高,只有在相对湿度 80%以上才能发育。因此,温暖多湿的环境有利于茶黄螨的发生。

③防治方法。消灭虫源:铲除、消灭大棚周边和大棚里的杂草。蔬菜收获后及时清除枯枝落叶,进行高温堆肥。

加强越冬防治:冬季生产的大棚发现茶黄螨后立即喷药,就地消灭,杜绝虫源。

药剂防治:茶黄螨生活周期较短,繁殖力极强,应特别注意早期防治,在芸豆初花期开始喷药,10~14 天一次,连续 3 次。可选用 73%克螨特乳油 2 000 倍液,或 25%灭螨猛可湿性粉剂 2 000 倍液,或 10%除尽悬浮剂 2 000 倍液,或 2.5%天王星乳油 3 000 倍液,或 5%卡死克乳油2 000 倍液等药剂交替喷雾。

(7)红蜘蛛:

①危害特点。以成螨、幼螨和若螨群集叶背吸食汁液,出现褪绿斑点,逐渐变灰白斑和红斑,严重时叶片枯焦脱落。

②生活习性。一年发生 10~20 代,雌成虫潜伏于菜叶、草根或土缝附近处越冬。春季开始繁殖并危害。初为点片发生,后吐丝下垂或靠爬行借风雨扩散传播,先危害老叶,再向上扩散。当食料不足时,有迁移习性。以两性生殖为主,有孤雌生殖现象。高温干旱年份发生重。

③防治方法。农业防治:清除杂草及枯枝落叶,减少虫源。

药剂防治:加强虫情检查,控制在点片发生阶段,用药剂喷雾防治,可用 1.8%阿维菌素乳油 1 000 倍液,或 73%克螨特乳油 1 200 倍液。

(8)黄守瓜:

①危害特点。成虫和幼虫都能危害,幼虫在土里专危害作物根部,成虫吃食叶、嫩茎和花器,严重时可使全株死亡。

②生活习性。每年发生 2~3 代。以成虫在向阳杂草、落叶及土缝间潜伏过冬。翌年春暖

后，越冬成虫先在菜地、豌豆或杂草上取食，再迁移芸豆地危害。此虫喜温好湿，成虫耐热性强，稍有假死性。卵多产在作物根部附近的表土或干燥龟裂的土隙中。老熟幼虫在被害根附近作土室化蛹。

③防治方法。在成虫产卵盛期，可单用或混用草木灰、石灰粉、秕糠、锯末等撒在芸豆根附近土面和芸豆叶片上，防止成虫产卵和危害。

在芸豆幼苗移栽前后，掌握成虫盛发期，喷90%敌百虫1 000倍液2～3次。幼虫危害时，用90%敌百虫1 500倍液或烟草水30倍液灌根。

(9)蛴螬：蛴螬属鞘翅目金龟甲科金龟子幼虫，一般以铜绿金龟子发生为主。

①危害特点。成虫、幼虫均可危害。成虫取食叶片，有时花及荚果也能受害。幼虫食性杂，主要危害地下根系及根茎部，造成缺苗断垄，伤口有利病菌侵入诱发病害。

②生活习性。一年发生一代，以幼虫在土中越冬，成虫于5月中下旬至9月上旬发生，6～7月是其发生盛期。蛴螬具有昼伏夜出性、假死性和趋光性，并对未腐熟的厩肥有强烈趋性。幼虫具有喜湿性。成虫有多次交配、分批产卵的习性，每雌虫可产卵近百粒，初孵幼虫先取食土壤中有机质，后取食幼根。3龄后进入暴食期，往往把根茎咬断吃光后再转移危害，春秋季危害重，且多发生在土壤疏松、厩肥多的地块。

③防治方法。农业防治：施用充分腐熟的有机肥料。适时秋耕，可将部分幼虫翻至地表，人工拣拾或使其风干、冻死或被天敌捕食。灯光诱杀成虫。

药剂防治：可用50%辛硫磷乳油或90%敌百虫晶体1 000倍液灌根。亩用100～150克晶体敌百虫，对少量水稀释后拌细土15～20千克，均匀撒在播种沟(穴)内，再覆一层细土后播种。或亩用50%辛硫磷乳油1千克，开沟施入蔬菜根际附近，并及时培土。50%辛硫磷乳剂、水、种子的比例为1∶50∶600拌种，拌后闷种3～4小时，其间翻动1～2次，种子干后即播种。在成虫盛发期，喷洒90%晶体敌百虫1 000倍液或2.5%敌杀死乳油3 000倍液等。

(10)地老虎：地老虎是蔬菜苗期经常发生的地下害虫，包括小地老虎、大地老虎和黄地老虎三种，均属鳞翅目夜蛾科。一般以小地老虎发生为主，其幼虫俗称“土蚕”。

①危害特点。幼虫危害芸豆幼苗根茎部。3龄前幼虫在幼苗叶片和顶心嫩叶处昼夜取食，形成孔洞或缺刻。3龄后幼虫咬断幼苗近地面嫩茎，并可转株危害，形成缺苗断垄。

②生活习性。成虫早春开始发生，3月中下旬为发蛾高峰。第1代幼虫危害盛期一般在4月中下旬。一年发生4～5代，常形成春秋两次危害高峰。成虫昼伏夜出，对糖醋液及黑光灯趋性强。卵多产在近地面植物叶背嫩茎、土块及杂草上，卵期4～11天。幼虫共6龄，3龄前昼夜危害，3龄后昼伏夜出，幼虫有假死性和互残性，老熟后入土化蛹。

③防治方法。农业防治：早春铲除菜田及其周围杂草，深耕细耙，杀死部分卵及幼虫。用糖醋液诱杀越冬代成虫，减轻幼虫危害。用新鲜泡桐叶或莴苣叶等堆草诱杀，每亩放50～60片，次日清晨捕捉叶下幼虫。清晨扒开断苗附近的表土，可捉到潜伏的高龄幼虫，连续数日，收效较好。

药剂防治：毒饵诱杀：90%晶体敌百虫0.5千克，加水2.5～5千克，喷拌切碎的鲜草或豆饼粉30千克，于傍晚撒在行间苗根附近，隔一段距离撒一堆，亩用鲜草毒饵15千克左右。喷雾：对低龄幼虫可喷洒48%毒死蜱乳油1 000倍液，或50%辛硫磷乳剂800倍液，或其他菊酯类农药。灌根：对高龄幼虫可用48%毒死蜱乳油1 500倍液，或50%辛硫磷乳油1 000～1 500倍液灌根。

（胡永军　方来护　赵允忠）

第十六章　大棚芹菜栽培

寿光市芹菜大棚种植面积1万亩，总产量0.45亿千克。大棚芹菜一般分三茬进行生产，即秋冬茬、早春茬、越夏茬。大棚芹菜栽培茬口因栽培季节和栽培条件不同等原因，栽培效果相差很大，就目前的栽培情况来看，以芹菜秋冬茬口的综合栽培效果比较好，此类型茬口约占大棚芹菜面积的80%。

一、选用良种

1. 寿光绿实秆

寿光地方品种，已有百年栽培历史。植株健壮直立、高大，高者达1.5米，叶柄充实，抗倒伏，水分多，质脆嫩，味较淡，不易抽薹，一年四季均可栽培。亩产7 000千克以上。可在春、秋两季进行露地栽培，秋冬和早春可进行保护地栽培。

2. 白秆芹菜

云南地方品种。植株直立，株高70厘米左右。生长势强，且较抗寒耐热。叶绿色，叶柄白色，纤维少，组织柔嫩，香味浓郁，品质极佳。亩产7 500千克左右。可一年四季生产。不论越冬茬还是秋冬茬栽培，一般都须在当地初霜期前70～80天开始播种育苗，苗龄50～60天开始定植，枯霜到来之后，在当地日平均气温10℃左右开始扣膜转入大棚生产。

3. 津南实芹1号

由天津市南郊区双港乡农技站从当地白庙芹菜中选育而成。植株生长势强，株高80～100厘米，生长速度快。叶柄长而宽厚，实心，呈黄绿色，基部白绿色，粗纤维少，质地脆嫩，味香，口感好，葡萄糖、维生素C含量较高，品质优良。食用部分占全株重量的80%以上。适合全国各地春、夏、秋三季栽培，保护地、露地栽培均可。

4. 玻璃脆芹

由开封实秆青芹和西洋芹菜杂交后经多代选育而成的优良品种，因粗纤维少、脆嫩，色如碧玉，透明发亮，故得名“玻璃脆芹”。生长势强，根群较大，植株茂盛，生长迅速，在水肥充足的条件下生长潜力很大。每株叶片约12片。叶柄宽长，最大叶柄可长达60厘米以上，叶柄基部平均宽3.3厘米，呈四方形，黄绿色，粗壮，实心，纤维少，肉质脆嫩，品质佳。平均株高1米左右，单株重0.5千克，一般每亩产量为5 000～7 500千克。耐热、耐寒、耐贮运，适应性强，一年四季均可种植，定植后100天左右可收获。因其耐寒性强，于秋冬季保护地栽培更为适宜。

5. 天津黄苗芹菜

天津黄苗芹菜为天津市郊区的地方品种。生长势旺，叶柄长而肥厚，叶色黄绿或绿，实秸或半实秸。采收株高 50～70 厘米，开展度 40 厘米。最大叶柄长 45～50 厘米，宽 2～2.5 厘米，厚 1 厘米左右，叶柄占全株重量的 72%。冬性强，抽薹晚，耐热、耐寒、耐贮藏，可忍耐短期 －6～－5℃的低温，也耐阴湿，在阴雨连绵的气候条件下仍能正常生长。品质优良，纤维少，质地鲜嫩。单株重 500～600 克。生长期 90～100 天，适合四季栽培。一般每亩产量在5 000千克以上。适合秋冬茬、早春茬、越夏茬栽培。

6. 铁秆青

北京市的地方品种。植株生长势较弱，生长较慢，生育期 110 天左右，株高 50～60 厘米，全株有叶 7～12 片。叶直立，抱合似棒形，浓绿色。叶柄粗糙，腹沟深而窄，棱线较明显，实心，基部宽约 5.5 厘米，组织充实，质脆，纤维稍多，品质中等。耐热、耐涝、耐贮藏，春季栽培抽薹晚，适合春、秋季栽培，最适合秋季栽培。单株重 0.5 千克左右。一般每亩产量为3 000～4 000千克。适合秋冬茬、早春茬、越夏茬栽培。

7. 春丰芹菜

北京市农业科学院蔬菜花卉研究所选育的新品种。植株直立，生长势强，株高 70～80 厘米，叶片绿色。叶柄长，实心，浅绿色，较粗，含纤维少，质地嫩脆，品质好。耐寒性强，适应性也强。生长速度快，生育期短，从定植到收获 70～75 天。最大的特点是栽培不易抽薹。每亩产量为3 500～4 000千克，最高可达5 000千克以上。最适合春季露地栽培，也适合保护地栽培。

8. 潍坊青苗实心芹菜

山东省潍坊市的地方品种。植株高 80～100 厘米。叶片深绿色，有光泽。叶柄细长，最大叶柄长 70 厘米，宽 1 厘米，实秸或半实秸，纤维少，品质好。生长期 90～100 天。冬性强，不易抽薹。一般每亩产量在5 000千克以上。耐低温，适合阳畦和大棚等保护地栽培。

9. 新泰芹菜

山东省新泰市的地方品种。生长势中等，株高 90～100 厘米。叶柄淡绿色，空心，纤维少，品质好，最大叶柄长 60 厘米。叶片绿色。单株重约 500 克，生长期 90～100 天。抗寒性、耐热性均强。一般每亩产量5 000千克左右。一年四季均可栽培。

10. 嫩脆

从美国引进。植株高大，株高 80 厘米以上；生长紧凑，叶片绿色，较小，叶柄宽厚、呈黄绿色，基部宽 3 厘米以上，叶柄第一节长度 30 厘米以上，叶柄表面光滑，有光泽，纤维少，品质脆嫩，抗病性中等；延迟收获不易空心，采收期长；从定植至收获 90 天；单株重 2 千克以上，亩产7 500千克以上，高的可达10 000千克。大棚秋冬芹菜生产，夏季在露地育苗，晚秋定植于大棚，霜冻前覆盖大棚，一般 7 月下旬播种，9 月下旬定植。

11. 加州王

从美国引进。生长旺盛，植株高大达 85 厘米；叶片较大，叶色绿，叶柄黄绿色，有光泽，基部宽 4 厘米左右；叶柄第一节 30 厘米以上，叶柄抱合紧凑，纤维少，品质脆嫩；对枯萎病、缺硼症抗性较强，一般生长期 105～110 天，从定植至收获需 80 天，单株重 2 千克以上，亩产7 500千克以上。大棚秋冬茬栽培，即 8 月下旬～9 月初育苗，10 月下旬定植，春节前收获上市。

12. 佛罗里达 683 芹菜

由美国引进。株高 70～80 厘米，开展度 30～35 厘米，平均单株叶数 10.4 片。叶深绿色。叶柄绿色，长 33 厘米左右，宽 2.83 厘米，厚 1.8 厘米。叶鞘基部宽达 4.05 厘米。叶柄表面光滑，实心，脆嫩，纤维极少，品质极佳，药香味淡。单株毛重 1.11～1.23 千克，净重 770～910

克,净菜率达70%左右。适于生食或熟食。晚熟,从定植至收获120天以上。前期生长缓慢,后期生长快。抗逆性强,适于我国南北方栽培。对芹菜黑心病抵抗力较弱,如果植株生长后期遇高温干旱,黑心病发病率达56.7%,病情指数26.7,心叶容易变黑。亩产6 300～7 400千克。适于春、秋露地及冬季保护地栽培。

13. 美国西芹文图拉

从美国引进。经多代提纯选育而成,株高70厘米,8片叶左右,叶柄宽厚翠绿,有光泽,腹沟较浅,组织充实。第一节长30厘米以上,质地脆嫩,纤维少,品质佳。株型紧凑,冬性较强,抗病性好,产量高。定植到收获80天,一般亩产8 000千克左右。适合保护地及春、秋露地栽培。

二、育苗技术

芹菜原产欧洲地中海沿岸地区,喜冷凉,较耐寒。种子在4℃时开始发芽,但发芽慢,发芽适温为15～20℃,温度过高则发芽困难。芹菜营养生长适宜温度白天为20～22℃,夜间为13～18℃。但幼苗可耐－4～－5℃低温,成株可耐短期－7～－8℃的低温。一般夜间温度应保持在5℃以上,才能保证芹菜的正常生长。芹菜对日照强度要求不严,较耐阴。短日照有利于改善品质,低温长日照促进花芽分化和抽薹开花。栽培上常采用遮阳或培土,使芹菜质地鲜嫩,达到软化之目的。芹菜喜湿润、忌干燥,对土壤和空气湿度均要求较高。若水分不足,则生长受阻,品质也受影响。

由于芹菜对温度的要求较低,加之种植芹菜效益相对较低,寿光多选用寿光Ⅰ型、寿光Ⅱ型、寿光Ⅲ型大棚进行反季节栽培。

寿光Ⅰ型、寿光Ⅱ型、寿光Ⅲ型大棚主要参数和建造、大棚保温覆盖形式、棚膜的选择、对草苫的要求及其覆盖形式、顶风口的设置等内容参阅黄瓜部分。

1. 常规育苗技术

(1)芹菜秧苗的壮苗标准:苗龄一般45～70天,株高7～10厘米,有3～5片真叶,叶色浓绿,根系较多,无病虫害,无机械损伤。

(2)配制苗床土:苗床选择在地势高、易排水的地块,苗床土的配制方法是肥沃园土60%,马粪30%,鸡粪或大粪干10%,每平方米苗床加入500克尿素,搅匀过筛,铺在苗床上,厚度为10厘米左右,整平备播。

(3)催芽:播种前7天开始催芽。每亩大棚芹菜用种量0.25～0.3千克。催芽时选用10%盐水选种,除去菌核后再用清水冲洗干净。再用48℃热水浸种30分钟,注意要不断搅拌和保持水温。后放入冷水中冷却5～10分钟,再用常温清水浸泡24小时。用新种子时最好要用800～1 600毫克/千克的赤霉素(九二〇)浸种,促进发芽。出水后投洗几遍,边洗边用手轻轻揉搓,搓开表皮,直到手感种子散落时为止,摊开晾种子。待种子表面半干时拌上种子体积5倍的细潮沙,拌入清洁的盆中,盖上塑料薄膜。放在凉爽的地方,可放在室内水缸旁边,也可吊在水井中,距水面40厘米高处。即在18～20℃条件下催芽,发芽最快、发芽率最高。15℃以下发芽延迟,30℃以上几乎不发芽。大棚冬秋茬芹菜育苗正值高温,为了加速种子发芽,还可应用变温催芽,即每天20℃保持16～18小时,30℃保持6～8小时。每天要翻动2～3次,用手搓种子,让种子见光和透气。种子偏干要补水。7～8天才能出芽。

(4)播种:每亩大棚需育苗床面积50米^2,可以在露地或大棚内育苗。畦宽1米,畦长不超10米。每平方米施充分腐熟的农家肥10千克,后深翻一锹深,细耙搂平畦面,灌足底水。待水渗下后,发现有低洼处用细土填平,高处用耙搂平,把催芽种子连细沙均匀地撒在畦面上。盖1厘米厚的过筛的农家肥与园土各半的粪土。再盖上地膜,在膜上再用秸秆或稻草遮盖,以减弱光照,避免高温影响出苗。不盖地膜的,在畦面上直接盖遮阴物,播后两天浇第一次水,其后见土皮发白浇水,始终保持畦面湿润。浇水要在早晚进行。有条件的育苗畦上要搭棚遮阴,用遮阳网覆盖,使土温控制在20℃以下。通常5～7天即可出齐苗。在大部分幼芽出土时应撤掉薄膜。之后仍继续遮阴,直到二叶期才撤掉遮阴物。

(5)苗期管理:芹菜生长的适温为15～20℃,应千方百计创造适温条件。出苗后,早晨或傍晚喷浇一次水,水量以刚浇溢满畦面为准,以后3～4天一次水。保持土壤干干湿湿,中午光强时再遮上。以后逐渐减少中午前后的遮阴时间,使小苗逐渐适应强的光照。直到2片叶时,将遮阴物全部揭去,并进行一次间苗,苗距3厘米,以扩大营养面积,保证秧苗健壮生长。遇到连雨天,及时排出积水,否则苗易涝死。芹菜怕高温,雨后暴晴必须喷浇井水降温。到8月中下旬之后天气逐渐凉爽,畦面保持 见干见湿。浇水不宜过勤。芹菜苗期一般不追肥。如长势弱,缺肥时,在4～5片叶时追肥一次。因苗期根系弱,不能追施人粪尿,以免烧苗,只能追施少量化肥,随水追施尿素每平方米8克。9月上中旬,幼苗已长到5～6片叶时,根系已经较发达,就应控制水分防止徒长。尽量控制地上部徒长,促进地下部根系发达。健壮的芹菜苗应该是叶柄短粗、开张度大,叶片比较小,主根深,须根多。苗期就要防治蚜虫,并喷病毒A等预防病毒病的发生。

2. 芹菜工厂化基质育苗技术

(1)育苗方式:芹菜育苗方式与其品种特性和茬口安排有关,芹菜秋延后栽培品种一般选用文图拉、嫩脆等,播种期选择6月中下旬,育苗方式采用穴盘基质播种+遮阳网覆盖降温+农膜覆盖避雨的方式育苗。

(2)育苗技术:

①穴盘和基质的选用。穴盘选用288孔或128孔穴盘,基质可选用草碳、蛭石、珍珠岩,配比为3∶1∶1,基质配比按照体积比配制,每立方米基质加25千克膨化鸡粪,搅拌均匀,再加入100克多菌灵或200克百菌清,用于基质消毒。装料时,剔除结块基质和鸡粪,育苗基质装至穴钵3/4为宜并振实。

②种子处理。芹菜秋延后栽培播种期在6月中下旬,此时正值高温季节,播种前种子应进行低温催芽处理。具体方法是:播种前将种子在阳光下晒0.5～1小时,然后在水中浸12～16小时,冲净后放在10～15℃的冰箱或冷藏室内进行催芽,至少50%种子露白时即可播种。

③播种。采用人工播种的方法,播种前1天润湿基质,将种子平放于穴内,1穴1粒,发芽较长的种子直插于穴内,上面再覆盖一层蛭石,用6 000倍的爱多收溶液润湿穴面,起到促进发芽,使发芽齐整、壮根壮苗的作用。

(3)苗期管理:

①出苗期。催芽的种子吸足水分在适宜的温度和供氧条件下,经过一定的时间可以出苗,芹菜从播种至齐苗大约需7天,时间虽短,但管理要求高,要求从苗期环境条件的总体出发,调节温度和水分这两个主要因子。整个出苗期要经常观察种子的萌动、穴盘中培养基质内水分的干湿和日照的强烈程度情况。此期间用遮阳网全天候覆盖育苗棚,等出苗后2片子叶展开

转绿时及时揭掉遮阳网。

②幼苗生长期。芹菜幼苗从2叶1心至5～6叶为幼苗生长期，此期的管理是培育壮苗的关键。管理上主要抓好以下几方面的工作：一是及时掌握遮阳网的覆盖时间。晴天上午8时至下午4时盖遮阳网降温，其余时间揭去遮阳网。阴天及小雨天不盖网，间歇盖网2～3周。二是加强肥水管理。遇到阴雨天气，采取一网一膜法，确保基质不受雨水淋湿。6～7月的晴好天气，温度较高，光照较强，若发现穴盘中培养基质内水分较少，应及时酌情喷水。当幼苗长到3～4张叶片时，及时补充叶面肥料，用2 000倍的植物动力2003叶面喷施1～2次，提高幼苗素质。三是严格控制苗期温度，通过遮阳网揭盖，严格控制苗期温度，温度一般控制在22℃左右，最高不超过25℃。四是加强病虫害防治。芹菜苗期病害主要为立枯病和猝倒病，幼苗2叶1心期用75%百菌清1 000倍液加3%井冈霉素500倍液预防，以后每隔1周喷洒一次杀菌剂，连续用3～4次。虫害主要有蚜虫，用10%吡虫啉3 000倍液防治，其他虫害可根据发生情况选择相应的药剂进行防治。

(4)起苗：穴盘基质育苗一般时间比较短，秋延后秧苗正常为6叶1心，苗龄40～45天，即可移栽大田。起苗前1天用清水浇透营养块，起苗时，用专用起苗器或竹片轻轻起苗，不可拔苗，以防损伤根系或散坨。起苗后及时按规格装箱，搬运时应小心轻放。

三、主要栽培模式

1. 大棚秋冬茬芹菜栽培技术

所谓大棚秋冬茬芹菜，即早秋（8月下旬～9月初）育苗，深秋（10月下旬）定植，春节前收获上市的芹菜。

(1)选用良种：芹菜分实心芹和空心芹两种。实心芹植株高大，叶柄粗实，叶柄、叶片深绿，品质脆，耐低温，抗病性强，产量高，适于大棚栽培。生产上常用开封玻璃脆、实秆青、天津实心青等。

(2)播种育苗：

①选建苗床。应选排灌方便、土质疏松、土地肥沃的壤土或砂壤土建苗床。一般每67米^{2}苗床施腐熟有机肥300～500千克、尿素或其他细肥2～4千克，精细整地做畦待播。

②种子处理。种子用凉水浸泡12～24小时，捞起后用手反复搓揉，搓破蜡质外皮，置于15～20℃的地方，每天洒水保湿并翻动2次，待50%种子露白即可播种。

③播种与管理。选阴天早上或下午5时以后播种。播种前畦内浇足水，待水渗下后均匀撒播。播种后覆细沙土0.5～1.0厘米，并搭上拱棚，保持土壤湿润。6天左右幼苗出土，逐渐撤去拱棚，以后小水勤浇灌，要注意防高温雨涝。出苗后要进行间苗。育苗期间，根据苗情追肥1～2次，每次每67米^{2}苗床可追施尿素1.0～1.5千克。

(3)定植：

①施肥整地。大棚内按每亩施腐熟农家肥5 000千克、磷肥50～60千克、碳铵30～50千克作基肥，精细整地做畦。

②及时定植。苗龄50～60天，长有5～6片真叶时可定植。起苗前苗床要浇透水，以利起苗。每穴植双株或单株均可。一般行距15厘米，穴距10厘米。栽植深度以“浅不露根，深不淤心”为标准。

(4)定植后的管理:

①温度管理。在霜冻前覆盖好棚室棚膜。之后要加强放风防止温度过高,前底脚揭开 60 厘米以上,后墙每间开一个放风口,放对流风。当外温下降或出现寒潮时,将后墙放风口封闭堵严,前底脚继续放风。随着天气转冷,放风时间逐渐缩短,放风量逐渐缩小。放风的依据是大棚的气温,芹菜生长适宜温度为 15～20℃,故超过 20℃放风,低于 15℃闭风。外温降到 10℃以下时放下底脚围裙。降至 6～8℃时,夜间要加盖草苫和纸被。严寒冬季要千方百计增加光照,加强保温,早晨揭开覆盖物,室内温度不下降时,为揭草苫最佳时间,下午棚膜开始结冻就应盖苫。夜间温度要在 2℃以上,力争不受冻。

②肥水管理。第一次追肥在芹菜株高 15 厘米。每亩追施豆饼 150 克、尿素 25 克,或随水追施人粪尿。施化肥时要在中午露水散尽时撒施,用新笤帚扫叶片,边追边灌水,水在畦面淹没叶心,以防落入的化肥烧坏心叶和生长点。浇水后要经常放风。之后要保持畦面湿润。芹菜株高 15～20 厘米时,要喷施 30～50 毫克/千克赤霉素,加 200～300 倍尿素,半个月后再喷一次。第一次追肥的一个月后进行第二次追肥,把尿素用水溶化随水浇入畦中或撒施,数量与第一次相同。严冬季节室内湿室过大,植株水分蒸腾量小,应尽量减少灌水次数和灌水量,以防发生病害。

(5)适时收获:芹菜的采收要适宜,过早不能丰产,过晚影响品质。最好集中在新年、春节两大节日上市,不但丰富节日市场,而且价格高,效益好。若芹菜提早进入收获期,应降低棚温,维持到 0～5℃的假植温度,根据市场需求一次性才收获上市。

2. 大棚早春茬芹菜栽培技术

(1)品种选择:早春茬芹菜的生长期正处于低温短日照向高温长日照转变的气候条件下,容易出现未熟抽薹的情况,要选择抗寒性强、不易抽薹的品种,如津南实芹 1 号等。

(2)育苗:

①浸种催芽。芹菜种子中含有挥发油,果皮呈黑褐色,外皮革质透水性差,发芽慢而不齐。首先要除掉外壳和秕子再浸种。先用温水浸种 24 小时,再用清水洗几遍,边洗边用手轻轻揉搓,搓开表皮到种子已散落为宜。摊开晾种,待种子半干时,装入泥瓦盆或碗中盖上湿布,或用湿布包好埋入盛土的瓦盆里,或掺入体积为种子体积 5 倍的细沙,再装入盆内或木箱中,置于温度为 18～20℃的阴凉处催芽,每天要翻动 2～3 次,如发现表皮干了,要适当补充水分,以保持种子潮湿,5～7 天即可出芽。

②播种。在大棚靠东西山墙和前底脚部温度较低处做畦,浇底水播种,每平方米播种量为 15 克左右。芹菜苗期易患猝倒病,为控制病害发生,播种时要施药土,药土用 65%代森锌 10 克与 15 千克半干半湿细上混合配制。播种时先整平床土,浇足底水,随后铺 2/3 药土再播种,播种后再盖 1/3 药土。使用药量要准,以免出现药害。一旦出现药害,要及时浇水缓解。播后畦面上覆地膜以增温保湿,夜间温度低时可扣小拱棚保温。

③苗期管理。幼苗出土期间,床温保持在 20～25℃,50%幼芽出土时撤下地膜。芹菜幼苗期喜冷凉湿润条件,高温干旱条件下生长缓慢,低温多湿则生长脆嫩。白天温度控制在 15～20℃,夜间 5～10℃,白天超过 20℃时要放风,畦面保持湿润,做到见干见湿。定植前 10～15 天开始练苗,加大放风量,降低夜温,停止灌水,增强幼苗抗寒能力。

(3)定植:

①整地施基肥。早春芹菜定植以土壤化冻 15 厘米时为宜,亩施优质农家肥5 000千克,做

成的畦宽为1～1.5米，长为6～10米。

②栽苗。播种后50～60天，当秧苗长到5～6片真叶时，土壤化冻15厘米时即可定植。这茬芹菜从播种到收获只需100～120天，但其产品不是肥大的中层叶片，而是徒长的外叶和刚抽出的嫩叶，单株产量不高，因此要密植，靠群体增产。一般行距10厘米，穴距8～10厘米，每穴3～4株，亩保苗20万株左右。栽苗时保持苗期植株入土深度，栽后灌足水。

(4)定植后的管理：

①温度调节。定植初期要密闭保温。中午棚内温度较高，但因棚内湿度大，水分足，可促进缓苗。如心叶变绿，表示芹菜已缓苗，此时温度应控制在15～20℃，如白天超过20℃时要及时放风。定植后1个月，外界气温已经适合芹菜生长，要选无风的晴天，全部揭开棚前裙膜放风，夜间无寒潮时开口放风。

②肥水管理。定植时浇一次透水，定植后浇一次缓苗水，以促进缓苗，经常保持畦面湿润，缓苗后选无风天进行中耕除草，促进发根。芹菜开始迅速生长时，已近封垄，生长速度加快。叶柄迅速肥大，此时要肥水齐攻，以促进芹菜的营养生长。追肥要将薄膜揭开加大放风，叶片上露水散去后，撒施硫酸铵，每亩施25千克左右，随即浇一次水。以后每隔3～4天浇一次水，保持畦面潮湿，自叶柄迅速膨大到收获前大水勤浇，促进其迅速生长。

(5)收获：根据芹菜的生长情况和市场需求，定植后50～60天，当叶柄长达40厘米，新抽嫩薹长10厘米即可陆续收获。由于春季温度低，日照长，芹菜易抽薹，收获过晚，薹高老化，品质下降。收获时不能劈收，要贴根一次割下。如果选用的品种不易抽茎，也可以劈收，一般从春到秋可劈收4次。第一次劈收后，将抽茎株拔掉、松土，间去弱苗。当新发出3～4片叶，株高已超过10厘米时，结合浇水追一次稀粪，当株高达30厘米时，追一次硫酸铵，每亩25千克。以后每隔2～3天浇一次水，直到再次劈收。

3. 大棚越夏茬芹菜栽培技术

利用大棚夏闲季节进行越夏芹菜栽培，播种时间一般从4月上旬至5月下旬，6月上中旬至7月下旬定植，8月上旬至9月下旬收获上市。因生长期间要经历炎热的夏季，如果不进行遮阳覆盖，往往会造成芹菜品质较差，如纤维过多、叶柄老化等。利用大棚旧棚膜外加遮阳网，高温季节棚内温度可较棚外低5～10℃，光照强度降低50%～70%，起到降温和避免强光直射作用，基本满足芹菜生长需要。

(1)品种选择：夏季栽培芹菜宜选用耐高温的抗病品种，多选用美国百利芹菜、文图拉芹菜等品种进行夏季栽培。

(2)适时播种：

①播种期。采用冷床育苗，4月下旬至5月下旬播种。

②播种量。芹菜种子发芽率较高，一般亩用种量为50～100克即可。

③播前处理。播种前将种子用15～20℃清水浸泡24小时，搓去种子表面黏液，淘洗干净后将种子沥干，用湿纱布包裹后在15～20℃温度下催芽，催芽过程中每8小时左右翻动一次种子，用水冲去种子表面黏液，大约7天，当有70%左右种子露白时即可播种。

播种前7～15天在大棚内选3年以上未种过芹菜等伞形科植物，湿润而不积水的畦面作播种苗床，苗床按每亩施5 000千克腐熟有机肥，施足底肥，深翻细耙，并用多菌灵进行苗床消毒。播种时苗床要浇足底水，由于芹菜种子小，将种子与细沙按1∶20的比例混合均匀后撒播在苗床上，盖土宜浅，以不见种子为度。

(3)培育壮苗：采用冷床育苗，播种后如气温过低，可加盖小拱棚。出苗前保持棚内温度20℃左右，出苗后适当降低温度，白天不超过20℃，以15～20℃为宜，夜间不低于8℃，以后随着气温升高，苗床在白天应注意通风降温，保持15～20℃。当幼苗长到2片真叶时开始施薄肥，亩施尿素5～10千克，苗密时应进行间苗，苗距2～3厘米见方，以后根据情况再追施2～3次稀薄肥料，每次每亩施尿素10千克。整个苗期应经常保持床面湿润。注意防治蚜虫、猝倒病。蚜虫可用辟蚜雾、吡虫啉防治；猝倒病可用普力克、拌种双、敌克松防治，效果均较好。6月上中旬至7月下旬，幼苗4～5片真叶时定植。

(4)合理密植：芹菜定植于大棚内，定植前棚内床土要深翻细耙，亩施粪肥5 000～7 000千克或三元复合肥100千克、硼肥500克，然后做成1.5米宽的高畦，6米宽的大棚可做成4畦。定植时浇足底水。定植时株行距不能过大，应合理密植，以株行距15厘米×12厘米、亩栽30 000株左右为宜。定植不宜过深，以土壤不埋到生长点(心叶)为度。定植后要小水勤浇，保持湿润。

(5)田间管理：

①温度管理。6月上中旬定植时，外界气温较适宜芹菜生长。缓苗前可使棚温保持在20℃左右，超过25℃则通风，缓苗后可将大棚前裙膜拆去，改成防雨棚，既有利于通风降温，又避免了下雨时病害的流行。6月下旬温度较高，阳光较强时在大棚外覆盖遮阳网，直到采收完毕。

②肥水管理。夏季栽培芹菜要肥水猛攻，不能蹲苗，否则易干旱缺肥，影响产量，降低品质。浇水一般3～5天一次，使棚内土壤始终保持湿润状态，以促进芹菜旺盛生长并降低地温；追肥应掌握少量多次的原则，一般每10～15天一次，每次每亩施尿素或复合肥10～15千克。忌用人粪尿，以免引起烂心或烂根。

③激素处理。6～7月气温高，采用遮阳网覆盖后温度可降低3～5℃，但有时气温仍偏高，可在收获前20天左右，用50毫克/千克赤霉素喷雾2次，可促进芹菜生长，防止植株老化，改善芹菜品质。

④病虫防治。夏季芹菜蚜虫、病毒病、斑枯病发生较严重，应注意及时防治，病毒病可用病毒A、植病灵防治，斑枯病可用杀毒矾、甲霜灵锰锌防治。

(6)采收：8月下旬开始可分2～3次间拔大株上市，留下小株继续生长，于9月中旬芹菜上市前采收完毕，亩产量3 000千克左右。

四、大棚芹菜栽培新技术

1.地槽无土栽培技术

(1)地槽设置形式：芹菜无土栽培用地槽宽100厘米、深20厘米、长7～8米，南北走向，槽距40厘米。首先将地面整平，接规格挖槽，槽底和槽帮需要打实，铺一层塑料薄膜。

(2)基质选择：基质以岩棉和蛭石(或泥炭)的复合基质较好。基质总厚10厘米，下铺8厘米岩棉，上覆2厘米蛭石或泥炭。也可只用蛭石或泥炭单一基质，但应把大粒蛭石放在下层，上层覆较细基质，以利根系通气。

(3)营养液配方及配制：适合地槽栽培一次性供液的低成本营养液配方为：氮磷钾复合肥(15∶15∶15)1 000毫克/千克、硫酸镁120毫克/千克、硫酸铁20毫克/千克、硫酸锰2毫克/

千克、硼酸3毫克/千克、硫酸锌0.28毫克/千克、硫酸铜0.08毫克/千克，pH 6.0～6.5，EC值1.75 mS/cm。配液前首先用硫酸（或盐酸、硝酸、磷酸）调pH至6.0～6.5，将硫酸镁和磨细的复合肥逐一加入水中搅拌均匀，再重新检查pH。然后将微量元素加入，最后搅拌均匀、静置，取上清液使用。配好的营养液如果4天内用不完，剩余部分应重新调pH至6.0～6.5，否则pH会上升到中性，甚至微碱性，引起养分沉淀，影响肥效。

(4)播种和育苗：芹菜无土栽培育苗所用基质，以选用便于提苗的细蛭石、泥炭为好。播种基质厚10厘米。株间距0.2～0.3厘米，株高3～5厘米时分苗，分苗株间距5厘米，株高12～15厘米时定植。芹菜播种前先浸种催芽，种子出芽后用种子10～15倍体积的细蛭石与种子混匀撒播；播完用0.5厘米厚蛭石覆盖，喷透水。种子出苗期间，5厘米基质温度应保持在20～22℃。出齐苗后基质温度降至18～20℃，并保持基质湿润，避免干燥死苗。

(5)定植：定植前基质要用自来水冲洗2～3遍，冲掉基质中的水溶性物质和杂质，保持基质湿润。定植时大小苗应分别定植，株、行距保持10厘米，单株定植。定植深度以露出心叶为宜，过浅易倒苗，缓苗期长。定植时间，冬季以中午、夏季以下午为好。

(6)温度及营养液管理：基质温度要求白天保持18～20℃，夜间12～15℃；空气温度白天18～22℃，夜间10～16℃，最高、最低温度不超出10～30℃范围；空气相对湿度保持75%～80%，贮液池内营养液温度保持15℃以上，过低时应考虑加温。芹菜无土栽培只需白天供液。定植到封垄前每天供液1～2次，封垄后每天供液2～3次。供液量以槽底出现少量渗水为宜。夏季营养液应避免太阳直晒；冬季营养液应放在温度较高的地方。

(7)病虫害防治：芹菜无土栽培条件下极少发生病害。害虫主要是蚜虫和白粉虱，可用5%吡虫啉乳油3 000倍液或2.5%速灭杀丁3 000倍液防治，7～10天喷药一次。

2. 芹菜软化栽培技术

常规法栽培的芹菜，纤维含量高，往往因管理不精细或收割不及时而易失去食用价值。芹菜软化栽培方法，不但降低了茎秆纤维素的含量，而且增加了产量，延长了收获期，市场售价提高30%以上，实现了优质高产高效。主要措施和方法如下：

堆土软化：芹菜行距33～40厘米，在10月到11月间，苗高35～50厘米时，根据情况施足追肥，浇足水。5～7天后，用稻草或尼龙绳将每蔸芹菜植株的基部捆扎起来，再松土，使土壤稍干燥，然后在植株的两旁培土约3.3厘米厚，并稍拍紧培土，使土面光滑。隔2～3天再培土一次，如此连续培土5～6次，直到培土总高度达20～25厘米。在培土中注意让植株的心叶露出来，不要损伤嫩芽。培土的时间最好是在晴天或土壤不潮湿的午后进行。约经30天就可收获。

围板软化：行距、苗高同上，先把植株扶起来，使它直立向上，露出行间土壤，然后用长约2～3米、宽15～17厘米、厚2～3毫米的木板，顺垄向放在芹菜植株的两边，板的两端用木桩固定。在两板中间培土15～17厘米厚，注意不要让土落进菜心，以免植株腐烂。经30天左右可收获。

夹竹软化：行距、苗高同上，用细长的竹竿或竹块，把植株茎秆顺栽植行向夹起来，现出行间，竹竿两端和中间用草绳或尼龙绳扎缚，然后按堆土法分次培土。30天后可收获。

3. 芹菜叶柄分批采收关键技术

劈摘芹菜是一次种植，连续劈摘外叶，分次采收的生产方法，具有生产周期长、产量高、效益好的特点。

(1)品种选择:劈摘芹菜生产周期长,从第一年6月份育苗到次年5月清田,将近一年的时间,要求品种实心、耐贮运、品质好、长势强、产量高、耐热、耐寒、抗病、抗抽薹。主栽品种为寿光绿实秆、天津黄苗等。劈摘芹菜一般在6月份播种育苗,"立秋"后定植。新种子有休眠的特性,一般使用前一年的种子播种。播种前要用48℃的温水浸泡种子30分钟,浸种后用清水淘洗,晾干后播种。

(2)大田定植:

①整地施肥。定植大田应该选用2～3年没种过芹菜,地势高易排灌,土壤肥沃的地块。每亩施用腐熟有机肥5 000千克、酵素菌肥50千克、过磷酸钙80千克、尿素30千克、硫酸钾40千克、硼砂4千克、硫酸锌8千克作基肥,深耕20～30厘米。为了冬季大棚内管理方便,整地时应做好规划,一般大棚宽8～10米,大棚内两侧应各有一个1米宽的小畦,中间地块分畦以2～3米宽为主,畦长30～40米。这样布局便于管理和劈摘芹菜。

②定植。定植时间一般在"立秋"后,株距16厘米,行距18厘米。先在苗床浇水,待苗床土壤湿润将苗拔出。定植时芹菜苗主根只留2～3厘米,其余切断,可以促进不定根的生长,缓苗迅速。定植有两种方法:一是采用边定植边浇定植水的方法,全部定植完后,再浇一次定植水;二是先浇一次水,待水渗下,用按行距做的钉耙划行,人脚下垫木板定植,定植后再浇一次水。芹菜定植后一般用7～10天缓苗。缓苗后在15天内要控制浇水,促发新根。注意做好病虫草害防治。

(3)芹菜的生产管理:

①扣棚前的管理。为了在冬季取得较高的产量,芹菜扣棚前要利用秋季晴天多、光照好的有利生长条件,及时浇水施肥,保持土壤见干见湿,促进芹菜茎盘生长,提高芹菜的单株产量。当芹菜长到株高70厘米以上时,可以劈摘叶柄捆绑出售。

②扣棚后的管理。芹菜一般在立冬前后、寒流来之前扣棚。扣棚前,芹菜要求摘去烂叶。并喷施5%吡虫啉乳油3 000倍液防治蚜虫,冲施40%乐斯本500毫升预防地蛆,多菌灵750毫升预防菌核病。扣棚后,芹菜处于一个较为封闭的环境,要及时通风排湿降温,调节温度、湿度和二氧化碳浓度。白天温度控制在15～20℃,高于20℃时要及时放风,夜间气温控制在10℃左右,缩小昼夜温差,防止结露。同时要经常清洁棚膜,增强透光。如果是新棚膜,雾滴较多,可以在棚内往棚膜上喷1∶10的豆浆水,消除雾滴。忌大水漫灌,可以防止病害发生。小雪节前后大棚要加盖草苫,大棚北侧设置风障。冬至节后草苫外要加盖防寒膜,可以提高棚温2～3℃。雨水节前后大棚撤防寒膜,清明节后撤草苫,并开始通底风。

③肥水管理。芹菜每次劈摘外叶后或每隔20～30天,要及时浇水施肥。浇水要适量,宜选在晴天上午进行。浇水后结合降温进行放风排湿,防止湿度过大。阴天或低温天气要避免浇水。小水勤浇,保持土壤湿润,忌大水漫灌。浇水时要选择每次寒流来之前5天或寒流来之后2天,在晴天上午10时后。一般氮、钾肥比例为2∶3,每次冲施氮钾复合肥20千克/亩,或稀土、腐殖酸、氨基酸液态冲施肥20千克/亩。经常使用酵素菌肥有促进芹菜生长抑制病虫害发生的作用。芹菜对硼、钙两种元素较敏感,缺乏这两种元素会出现空心、叶柄掰裂、黑心、小枝丛生、心叶不长等症状。一般每隔2～3次冲肥时,要冲施硼砂1千克、活性钙肥4千克。为强化营养,每次冲肥要施2千克硫酸锌,可提高芹菜中的有效锌含量,增加芹菜的营养价值。

④采收。芹菜采收主要靠逐次劈摘外叶。劈摘叶柄时,留2～3个心叶即可。一般芹菜春

节前可以劈摘外叶3次，春节后劈摘外叶4～5次。如果芹菜只有1～2个外叶可以劈摘，这时可以通过加大通风口抑制外叶生长，使心叶生长赶上，这样可以一次劈摘多个外叶。

⑤芹菜长相判断。识别芹菜长相对促进生产管理和防治病虫害非常重要。当芹菜生长旺盛时，叶片上举，叶缘尖处呈黄白色，早上有吐水现象，地表遍布芹菜的白色须根。芹菜生长状况差时，叶片下披或心叶颜色暗绿生长缓慢，易发生病害。

五、芹菜病虫害防治

1.侵染性病害

(1)芹菜晚疫病：又称斑枯病、叶斑病，是芹菜中普遍发生的病害。大棚种植的芹菜晚疫病重于露地芹菜，对芹菜的产量和质量有很大的影响。

芹菜晚疫病是一种真菌性的病害，病菌可在种子及病残体上越冬。播种带病种子，出苗后即致病，产生分生孢子，在育苗床内传播蔓延。病残体上越冬菌源，遇适宜条件，产生分生孢子借风雨传播，侵染芹菜，再产生分生孢子重复侵染。病菌在冷湿条件下生长发育好，发病的最适温度为18～25℃，相对湿度在95%以上，大棚芹菜一般发病较重。如遇连续阴雨天气，气温波动频繁，或多雾结露，植株长势衰弱，则有利病害迅速扩大蔓延。此病在藏期可继续发展，损失常重于田间。

防治芹菜晚疫病首先要加强健身栽培，除选播无病种子，搞好种子消毒处理外，在肥水管理上还应做到施用充分腐熟的土杂肥，防止偏施化学氮肥，实行小水勤浇，切勿大水漫灌，保持菜地疏松通气，适当喷施植物生长激素和叶面肥，以增加植株抗病力，同进做好大棚的通风排湿和夜间的保温管理，缩小日夜温差，减少植株结露，控制病菌侵染，并要消除病株残叶，减少田间菌源。当田间初见病害时，要抓抓紧喷药防治。当前防治芹菜晚疫病的较好药剂有：75%百菌消可湿性粉剂600倍液，或64%杀毒矾可湿性粉剂500倍液，或40%多硫悬浮剂500倍液，一般每亩喷液量50～75千克，上述药剂任选一种，每隔7～10喷一次，连喷2～3次。

(2)芹菜叶斑病：又叫早疫病，为真菌性病害。

①症状。主要危害芹菜的叶片，也危害叶柄或茎部。叶片上病斑初期为水渍状黄绿色斑点，扩大后为圆形或不规则形，病斑直径4～10毫米，褐色或暗褐色，略隆起，边缘黄色，严重时病斑扩大汇合成斑块，在潮湿条件下，病斑上有灰色霉层，但无黑色斑点(这是与斑枯病的主要区别)，叶片内部组织多呈薄纸状，最终导致叶片枯死。叶柄及茎上的病斑初为水浸状圆斑或条斑，直径3～7毫米，后变成暗褐色，凹陷，发病严重时叶柄折倒，遇高温、高湿时病斑上长出白色霉状物(病菌分生孢子梗和分生孢子)，如遇强光，白色霉状物很快消失。

②传播方式和发病条件。病菌主要以菌丝块随同病残体在地上越冬，或在保护地栽培的病株上越冬。病菌也可以菌丝体在种子上越冬，两年内不丧失生活力。如果播种带菌的种子，只要条件适宜，种子上的病菌可以侵染幼苗，使之发病，成为病苗。病残体或病植株上的病菌侵染芹菜使植株发病后，在病斑上产生分生孢子，通过雨水飞溅、风、农具或农事操作传播，从气孔或表皮直接侵入。此病病菌发育适合温度为25～30℃。分生孢子形成的适宜温度为15～20℃。萌发的适宜温度为28℃。高温多雨或高温干旱的天气条件下，夜间温度在15℃左右，多露，且持续时间长，最适宜芹菜叶斑病的发生和蔓延。在缺水、缺肥、灌水过多或植株生长不良的情况下发病重。

③防治措施。从无病株上采种，带菌种子可用48℃温水浸泡30分钟，再置于冷水中浸泡5～10分钟后再催芽播种。实行两年以上轮作，深耕土地，增施有机肥，防旱、防涝，合理密植，科学灌水，高温季节避免在高温时间灌水，及时清除病残体，将其烧毁或深埋，以减少病源培育壮苗，增强植株抗病能力。高温季节育苗时进行遮阴，以防止日晒或暴雨冲刷。

药剂防治：发病初期将病叶摘除后，立即喷药，每7～10天喷药一次，连喷2～3次。适合的药剂有：50%多菌灵可湿性粉剂800倍稀释液、75%百菌清可湿性粉剂600倍稀释液、65%代森锌可湿性粉剂600倍稀释液、70%代森锌锰可湿性粉剂500倍稀释液、80%福美双400倍稀释液、77%可杀得可湿性粉剂500倍稀释液、50%甲基硫菌灵可湿性粉剂500倍稀释液、40%乙膦铝可湿性粉剂200～300倍稀释液、1∶0.5∶200的波尔多液加0.1%硫磺粉等。在保护地可施用50%百菌清烟雾剂，每亩每次施350克，熏烟4～6小时，可预防该病发生。

(3)芹菜灰霉病：为半知菌亚门真菌病害，可在芹菜生长的各个时期发生，是近年棚室保护地新发生的病害。

①症状。一般局部发病，开始多从植株有结露的心叶、下部有伤口的叶片及叶柄或枯黄衰弱的外叶先发病。苗期从根颈部开始发病，茎基出现水浸状斑，湿度大时，从水渍出长出白色霉层。成株期新老叶均可染病，病部初为水浸状，后软化、腐烂或萎蔫，叶柄折倒或折断，湿度大时，断处长满灰白色霉层，即病菌分生孢子梗和分生孢子。长期高湿，则导致芹菜整株腐烂。

②传播方式和发病条件。主要以菌核在土壤中或以菌丝及分生孢子在病残体上越冬或越夏。温度、湿度是影响发病的关键因素，翌春条件适宜时，菌核萌发，产生菌丝体和分生孢子梗及分生孢子。分生孢子成熟后脱落，借气流、雨水、露珠或农事操作进行传播，萌发时生出芽管，从寄主伤口、衰老的器官或枯死的组织上侵入，发病后在病部又产生分生孢子，借气流传播，进行再侵染。本病菌为弱寄生菌，可在有机物上腐生，发育适温为20～23℃，临界高温为31℃，临界低温为2℃。在管理粗放、光照不足、高湿(相对湿度90%以上)、温度偏低(20℃)、植株生长衰弱、抗病性差时易感病。当阴雨连绵、气温低、通风不及时、湿度大时，易造成该病流行。

③防治措施。从培育壮苗开始，加强管理，尤其是湿度管理，应通风排湿，防止湿度过大。浇水宜在上午进行，发病初期适当节制浇水，严防过量，每次浇水后，加强管理，防止结露。保护地栽培可施用45%百菌清烟剂熏蒸，每亩用量为250克，熏一夜，每7～8天熏一次。也可于傍晚喷洒5%百菌清粉尘剂，每亩用量为1千克，每9～10天喷一次，并注意与其他杀菌剂交替使用。

于发病初期喷洒50%腐霉利可湿性粉剂1 000～1 500倍稀释液、5%灭霉灵粉尘(每亩用1千克)、50%得益可湿性粉剂600倍稀释液、45%特克多悬浮剂3 000～4 000倍稀释液、50%扑海因可湿性粉剂1 500倍稀释液、2%武夷菌素水剂150倍稀释液、50%速克灵1 000倍稀释液、50%福美双600倍稀释液、50%农利灵1 000倍稀释液、40%多硫悬剂600倍稀释液、50%混杀硫500倍稀释液、50%多霉灵1 500倍稀释液或65%甲霉灵1 500倍稀释液。由于灰霉病已产生抗药性，应尽量较少用药量和施药次数，注意轮换、交替或混合施用，每7～10天施一次，连续施3～4次。

(4)芹菜黑腐病：又叫茎腐病，为半知菌亚门真菌病害。

①症状。主要危害根部、茎部和叶柄基部，多在近地面处染病，染病后受害部位先变成灰褐色，扩展后变为暗绿色至黑褐色，除病部表皮完好无损，后破裂露出皮下染病组织变黑腐烂，

尤易根冠部易腐烂。腐烂处很少向上或向下扩展，病部生出许多小黑点，即病菌的分生孢子器。叶下垂，呈枯萎状。植株因病往往长不大，严重时外面1～2层叶片常因基部腐烂而脱落。

②传播方式和发病条件。主要以菌丝附在病残体或种子上越冬。翌年播种带菌的种子，长出幼苗即猝倒枯死，病部产生的分生孢子借风、雨或灌溉水传播，孢子萌发后产生芽管并从寄主表皮侵入，进行再侵染，病菌生长发育和分生孢子萌发温度为5～30℃，最适温度为16～18℃。生产上移栽病苗，易引起该病流行。

③防治措施：选用津南实芹1号、玻璃脆芹、文图拉等品种，实行2～3年轮作。采用高畦栽培，开好排水沟，避免畦沟积水。

发病初期喷洒36％甲基硫菌灵悬浮剂500倍稀释液、50％多菌灵可湿性粉剂600倍稀释液、30％氧氯化铜悬浮剂800倍稀释液、70％代森锰锌可湿性粉剂500倍稀释液、75％百菌清可湿性粉剂600倍稀释液、80％福美双400倍稀释液或77％可杀得可湿性粉剂500倍稀释液，每7～10天喷一次，连续喷2～3次。

(5)芹菜菌核病：为半知菌亚门真菌病害。

①症状。主要危害芹菜茎、叶。受害部位初呈水浸状褐色凹陷，以后植株表皮干枯总裂，湿度大时形成软腐，表面生长出白色菌丝，但不发臭，最后茎秆组织腐烂呈纤维状，茎中内空，菌丝上散生出鼠粪状黑色菌核，严重时全株腐烂。

②传播方式和发病条件。该病病菌主要以菌核在土壤中或混杂在种子中越夏、越冬、在秋、冬季条件适宜时也产生子囊盘，并释放出孢子，进行传播，成为初侵染源，子囊孢子借风、雨、雾滴或灌溉水传播，主要侵染老叶或花瓣，侵染芹菜发病后，通过菌丝在田间进行侵染。菌丝的侵染和蔓延有两条途径：一是脱落的带病组织与叶片、茎秆接触，使菌丝蔓延其上；二是病叶与健叶、茎秆直接接触，病叶上的菌丝直接蔓延使健叶发病。发病后期在病部形成菌核越冬。温度和湿度是影响病菌发育的主要原因。该病在低温高湿的环境下易发生，适宜温度为5～20℃，最适温度为15℃，最适相对湿度为85％。温度超过35℃或低于0℃，则孢子萌发困难。菌核在水中淹30天以后则失去活性，50℃的温度下5分钟就死亡。此外，在芹菜与十字花科、豆科、茄科蔬菜连作或重茬时，或排水不良、偏施氮肥、田间通风不良、大风天气多时病害发生严重。

③防治措施。从无病株上采种，或播种前用10％盐水选种，除去菌核后用清水洗净、晾干再播种。实行3～5年轮作。收获或及时深翻土壤，灌水浸种，或闭棚7～10天进行升温处理，可杀死表层菌核。采用地膜覆盖，阻挡子囊盘出土，减少传播，减轻发病。芹菜生育期适当控制灌水，降低田间湿度，可减轻病害的发生。

发病初期开始喷洒50％速克灵、50％扑海因或50％农利灵可湿性粉剂1 000～1 500倍稀释液，或70％甲基硫菌灵可湿性粉剂600倍稀释液，或50％多菌灵可湿性粉剂500倍稀释液或40％菌核净1 000倍稀释液，每7～10天喷一次，连续喷2～3次。

(6)芹菜腐烂病：

①发病症状。主要发生在叶柄基部、茎上。发病初期呈浅褐色、水渍状、稍凹陷，呈纺锤形或不规则形的病斑，后逐渐扩展，组织变黑，腐烂发臭，仅剩表皮，干燥后呈黑褐色。

②病原及诱因。芹菜腐烂病是细菌病害，由欧氏杆菌属的细菌侵染引起，病菌承受病残体在土壤越冬，借风、降雨、溅水、灌溉水、昆虫、混有病残体的肥料等传播，病菌从芹菜虫伤口、机械伤口、生理裂口侵入，引起植物得病，并再侵染。一般在5～6月间和9～10月间阴天多雨的

天气易发病。重茬地、低洼地、浇水多、降雨多、伤口多、湿度大的地块得病重。芹菜在贮藏过程中遇高温高湿会迅速腐烂。

③防治方法。采用无公害防治为主、化学防治为辅的方法。

农业防治:芹菜地与其他蔬菜地进行2～3年的轮作换茬。科学浇水,合理施肥,加强栽培管理。实行开沟浇水,保持土壤湿润,防止大水漫灌,田间及时排水;施足充分腐熟的有机肥,适当追施磷、钾肥,追肥时不要靠近根茎部,减少机械伤口,减少病菌的侵染,创造有利于芹菜生长的环境,增强抵抗能力。加强田间管理,不要培土过高,以免把叶柄基部埋入土中。采收时避免叶柄损破,采收后应贮放在通风低温的环境中。发现病株立即拔除,并将病株带出田外深埋或烧毁,病穴中可施用石灰消毒,减少病菌在田间传播。

生物防治:发病初期,可用72%农用链霉素或新植霉素3 000倍液,隔6天喷一次,连续喷2～3次,着重喷在叶柄基部、茎上。

化学防治:发病初期,可喷50%琥胶肥酸铜(DT)可湿性粉剂500～600倍液,或95%CD杀菌剂水剂(醋酸铜)600倍液,或14%络氨铜水剂400倍液,或77%可杀得可湿性粉剂600倍。先灌根,后喷叶柄、茎部,7～10天再喷灌一次。

(7)芹菜病毒病:又叫花叶病、皱叶病、抽筋病等,为病毒引起的病害,在全国均有不同程度的发生。

①症状。主要危害叶片,发病时叶片出现黄绿相间的斑驳,后成褐色枯死斑,也可出现边缘明显的黄色或淡绿色环形放射状病斑,并在全叶散生许多小点。严重时病叶缩短,向上卷曲,心叶停止生长,甚至扭曲,全株缩小,叶片变细,呈丛生状。

②传播方式和发病条件。病毒主要在土壤中的病残体上及多年生植物、田间杂草、种子上越冬,翌年依靠蚜虫传播,也可在农事操作时接触汁液传毒。该病毒寄主范围广,可侵染200多种植物。在高温、干旱、缺肥、缺水或有翅蚜发生多时发病较重。植株生长不良也会加重病情。在前茬作物、邻近作物发生严重时,该病传播、流行严重。该病毒潜育期为7天左右。

③防治措施。现有芹菜品种中,暂时没有对该病免疫或高抗的品种,可选择较丰产又耐病的品种。在无病地块或无病株上留种,防止种子带病毒。加强栽培管理,适时播种,培育壮苗,并适当浇水,保持一定田间湿度,防止干旱;定植后,加强肥水管理,促进根系发育和植株旺盛生长,以提高植株的抗病力;若在高温季节育苗,应遮阳降温。发现蚜虫,及时杀灭,以减少传播媒介,灭蚜药剂可用杀灭菊酯、避蚜雾等,详细方法请参照蚜虫防治。

可选用下列药剂进行喷雾防治:20%病毒灵1 000倍稀释液,0.1%硫酸锌或高锰酸钾1 000倍稀释液,抗毒素700倍稀释液,5406细胞分裂素300倍稀释液+双效灵400倍稀释液+2%磷酸二氢钾溶液混合喷施,1.5%植病灵1 000倍稀释液,20%病毒A500倍稀释液,20%病毒净400～600倍稀释液。最好在苗期或发病前期防治,每10～15天喷药一次,连喷3～5次。

(8)根结线虫病:

①症状。芹菜根结线虫病只发生在根部,侧根和支根最易受害。发病初期,侧根和支根上产生许多大小不等的瘤状根结。剖开根结,可见有乳白色细小的洋梨形雌虫埋在病组织中。发病的严重程度取决于土壤中线虫的数量、植株生长的环境及其发育阶段。根结以上部分可生长细小新根,以后再感染又形成根结状肿瘤。发病轻的植株地上部分没有明显症状,发病重的地上部分生长不良,植株较矮小,叶色暗淡,但病株很少提早死亡。在天气干旱或水分不足时,常表现缺水萎蔫状。

②传播方式和发病条件。病原线虫雌雄成虫异形，幼虫均为细长的蠕虫状。雌成虫梨形，大小为(0.44～1.59)毫米×(0.03～0.04)毫米，主要在土壤中生存。幼虫均为线性，无色透明，较雄虫小，初期无雌雄分化。线虫以2龄幼虫在土壤中，或以卵随病株残体在土壤内越冬，可存活1～3年，第二年春条件适宜时，越冬卵孵化成幼虫，越冬幼虫继续发育。遇到寄主植物，幼虫则从幼嫩的根部侵入，刺激根部的细胞增生，形成根结或瘤，成为虫瘿。幼虫在虫瘿内发育至3龄时开始分化，4龄时交尾产卵。交尾后雄虫就离开寄主进入土壤中，不久即死亡。卵在根结内孵化，2龄后脱离寄主进入土中进行再次侵染或越冬。主要通过灌溉水、病土、病苗或带虫的块根或块茎等侵染。线虫在地温25～30℃、土壤持水量40%左右时生长发育最快，在10℃以下则停止活动。在55℃温度下，5～10分钟即可死亡。根结线虫是好气性微生物，凡较干燥、结构疏松、含盐量低、呈中性的沙质土壤，均适于线虫的活动，因而发病严重。相反，低洼潮湿、结构板结的黏重土壤则不利于线虫活动，故发病较轻。4个月以上的长期浸水，或长期干燥，线虫即会死亡。线虫多分布在土壤表层20厘米以内，以3～10厘米的土层内最多。进行深翻，可把线虫翻倒底层，由于土壤底层透气较差，线虫活动性不强，可杀灭一部分越冬幼虫。此外，由于线虫的种类较多，不同种类的线虫只能寄生少数的寄主，而不能广泛寄生，因此，连作发病重，而轮作发病轻。

③防治措施。实行3～4年的轮作，最好与禾本科作物轮作。选用无菌土壤育苗。秋季或冬季深翻土地，可消灭部分越冬幼虫。保护地前茬收获后及时清除病残体，集中烧毁，深翻50厘米，起高垄30厘米，沟内灌水，覆盖薄膜，密封棚室15～20天，经夏季高温和水淹，可有效杀灭线虫。

每亩用2.5～3.0千克10%福气多颗粒剂，于定植前撒施在开好的沟里，再覆土、压实，定植前2～3天开沟透气，防止产生病害。

2. 生理病害

(1)叶柄空心：

①发生原因。栽培管理不当：芹菜生长期缺水缺肥，肥水供应不均匀，特别是施肥不足或生长中后期脱肥，更易引起空心。不良环境条件的影响：生长期遇高气温、高地温，影响正常生长，秋延后及冬季栽培中气温过低或遭受寒害，冬季大棚生产中气温过高，生长过快，均易形成叶柄空心。收获过晚：植株衰老后，根系吸收水肥能力减弱，叶柄厚角组织加厚，薄壁细胞破裂而形成空心。喷洒赤霉素浓度过大、次数过多，喷后高温干旱或低温天气，喷后水肥供应不及时等，均能引起空心。品种退化，实心品种多年种植退化会出现空心现象，繁种不科学，制种间隔距离不够，与空心品种杂交。假劣种子：种子经营商贩为牟取暴利，用低价空心品种冒充实心芹菜种子销售。

②防止措施。加强栽培管理，除定植后适当蹲苗，以及收获前5～6天停止浇水外，在施足基肥的基础上，其余时间要及时追肥浇水，防止植株老化，尤其要避免高温季节干旱缺水，高温季节可用遮阳网遮阴栽培。要及时防治病虫草害，防止人为损伤根系，冬季栽培棚内气温应保持在5℃以上。适时采收，定植后80～90天为最佳采收期，采收过迟，空心数量明显增加。严格控制赤霉素的施用浓度，次数和时期，并注意与追肥浇水相结合，赤霉素的施用方法：收获前30天、20天各喷一次，浓度为20毫克/千克，或收获前25天，15天连喷2次，浓度为35毫克/千克，喷施赤霉素时，可在溶液中分别加入2%的尿素和磷酸二氢钾。

选用优质种子，要从正规种子经营部门购买质量合格的种子，防止使用假劣种子。

(2)提早抽薹:

①发生原因。芹菜春季播种太早,育苗温度偏低,在苗期或生长过程中遇 2~5℃的低温环境下 10~20 天,植株即可通过春化而发生抽薹。栽培管理不当:育苗期太长,苗龄过大,水肥供应不足,定植后蹲苗过度,病虫草害严重。均易造成植株生长势差而先期抽薹。春芹菜收获过晚,抽薹明显增加。种子质量差,使用多年的陈旧种子或秕粒种子,发芽率和发芽势明显降低,植株生长势差,营养生长不良,易发生提早抽薹现象。

②防止措施。选用冬性较强、适宜低温条件下种植的品种。防止使用陈旧秕粒种子。春芹菜适时育苗,保护地育苗要加厚保温层。防止幼苗在低温下时间过长。避免过度蹲苗,生长中后期要及时均匀供应水肥,及时防治病虫草害,促进植株健壮生长。生长期过 80 天后及时收获,防止生育期过长而抽薹。

(3)纤维过多:

①发生原因。品种差异、叶柄颜色较浅的黄绿色,绿白色叶柄的品种纤维较少,而叶柄绿色较深的品种含纤维素多。芹菜生长期遇高温干旱,植株体内水分供应不足,叶柄厚角组织增厚,纤维增多。栽培密度过小,植株间距离过大,叶柄受阳光照射较多,植株老化,纤维增多。

②防止措施。选择叶柄纤维较少的芹菜品种。合理密植,加强栽培合理,促进植株健壮生长。高温季节栽培应注意遮阴降温,保证水肥供应。生长盛期,喷洒 1~2 次 25~50 毫克/千克的赤霉素,可减少纤维含量,提高品质。适时收获,防止因植株老化而纤维增加。

(4)芹菜烂心病:

①发生原因。芹菜烂心病是由于缺钙或缺硼而引起的。其主要原因有:高温干旱、施肥不当或保护地栽培种植温度过高,严重缺水,影响根系对土壤中钙素的有效吸收。土壤中氮、钾、镁过多,由于拮抗作用而阻碍植株对土壤中钙的吸收和运转,以致部分心叶腐烂。土壤盐分浓度过高,影响钙的吸收。土壤硼含量低,或由于拮抗作用而影响植株对硼的吸收。土壤中钙含量过高或不足时,芹菜对硼的吸收减少,引起幼叶变褐,心叶坏死。

②防止措施。选用优他 52-70、文图拉等高抗缺钙病芹菜品种。加强栽培管理,合理浇水追肥,防止田间干旱和湿害。发病初期叶面喷施 0.5%的氯化钙或硝酸钙液,连续 2~3 次,缺硼时叶面喷洒 0.2%~0.3%的硼砂液。保护地栽培时,要注意调节室内温湿度,合理均衡供水追肥。

(5)芹菜沤根:

①发生原因。沤根多发生在幼苗期,幼苗出土后生长缓慢,幼根外皮呈锈褐色,逐渐腐烂,严重时病株白天萎蔫,夜晚恢复,最后枯死。苗床湿度过高,长期低温,光照不足是引导沤根的主要原因。苗期遇连续阴雨、下雪等天气,畦面长时间低温高湿,最易导致沤根。

②防止措施。苗床应选择地势较高、排水良好的地块。畦内施足充分腐熟的有机肥,改善床土壤的结构和通透性,畦面要平整,防止积水。苗期温度要保持在 15℃以上,防止低温和冷风侵袭。及时除草间苗,加强通风透光,提高幼苗抗性。发病初期及时松土,提高地温,促进根系生长。

(6)芹菜缺氮症:

①症状。自下部叶变白色到黄色,生长不良。

②发生条件。土壤本身含氮量低;种植前施大量没有腐熟的作物秸秆或有机肥,碳素多,其分解时夺取土壤中氮。

③防治对策。施用新鲜的有机物(作物秸秆或有机肥)作基肥,要增施氮素或施用完全腐熟的堆肥;应急措施:可叶面喷施0.2%～0.5%的尿素液。

(7)芹菜缺磷症:

①症状。下部叶开始变黄,但嫩叶的叶色与缺氮症相比,显得更浓些。

②发生条件。堆肥施量小,磷肥用量少易发生缺磷症;地温常常影响对磷的吸收。温度低,对磷的吸收就少,早春易发生缺磷。

③诊断要点。注意症状出现的时期,由于温度低,即使土壤中磷素充足,也难以吸收充足的磷素,易出现缺磷症。在生育初期,叶色为浓绿色,后期下部叶变黄。

④防治对策。土壤缺磷时,增施磷肥;施用足够的堆肥等有机质肥料。

(8)芹菜缺钾症:

①症状。下部叶缘开始变黄的同时,叶脉间产生褐小斑点,这样的症状逐渐往上部叶扩展,生长变差。

②发生条件。土壤中含钾量低,而施用堆肥等有机质肥料和钾肥少,易出现缺钾症;地温低,日照不足,土壤过湿、施氮肥过多等阻碍对钾的吸收。

③诊断要点。注意叶片发生症状的位置,如果是下部叶和中部叶出现症状可能缺钾;同样的症状如出现在心叶,则可能是缺钙。

④防治对策。施用足够的钾肥;出现缺钾症状时,应立即追施硫酸钾等速效肥。亦可叶面喷施1%～2%的磷酸二氢钾水溶液2～3次。

(9)芹菜缺钙症:

①症状。生长点的生长发育受阻,中心幼叶枯死,同时附近心叶的顶叶叶脉间发生白色到褐色斑点,斑点相连叶缘部枯死。易发生烧心和心腐病。

②发生条件。土壤本身缺钙;氮多、钾多或土壤干燥,阻碍对钙的吸收;空气湿度小,蒸发快,补水不足时易产生缺钙;土壤酸化容易引起缺钙,特别是在老龄大棚会经常发生缺钙。

③诊断要点。仔细观察心叶黄化状况,如果叶脉不黄化,呈花叶状则可能是病毒病;心叶萎缩,可能是缺硼。缺硼时叶片扭曲。这一点可以区分是缺钙还是缺硼。

④防治对策。土壤钙不足,增施含钙肥料;避免一次用大量钾肥和氮肥;要适时浇水,保证水分充足;应急措施:用0.3%的氯化钙水溶液喷洒叶面。

(10)芹菜缺镁症:

①症状。芹菜在生长发育过程中,下部叶沿着叶脉的两侧出现黄化,渐渐地变白,进一步发展,除了叶脉、叶缘残留点绿色外,叶脉间均黄白化。嫩叶色淡绿。

②发生条件。土壤本身含镁量低;钾、氮肥用量过多,阻碍对镁的吸收。

③诊断要点。缺镁的叶片不卷缩。如果硬化、卷缩应考虑其他原因;缺镁症状与缺钾症状相似,区别在于缺镁是沿叶脉两侧失绿;缺钾是从叶缘开始失绿。

④防治对策。土壤诊断若缺镁,在栽培前要施用足够的含镁肥料;避免一次施用过量的、阻碍对镁吸收的钾、氮等肥料;应急对策:用1%～2%的硫酸镁水溶液喷洒叶面。

(11)芹菜缺锌症:

①症状。叶易上外侧卷,茎秆上可发现色素。

②发生条件。光照过强易发生缺锌;若吸收磷过多,植株即使吸收了锌,也表现缺锌症状;土壤pH高,即使土壤中有足够的锌,但其不溶解,也不能被作物所吸收利用。

③诊断要点。缺锌症状严重时，生长点附近叶片簇生变小。

④防治对策。不要过量施用磷肥；缺锌时可以施用硫酸锌，每亩用 1～1.5 千克；应急对策：用 0.1%～0.2%的硫酸锌水溶液喷洒叶面。

(12)芹菜缺硼症：

①症状。茎叶部有许多裂纹(叶柄开裂)，心叶的生长发育受阻，畸形，生长差。

②发生条件。土壤干燥影响对硼的吸收，易发生缺硼；土壤有机肥施用量少，在土壤 pH 高的田块也易发生缺硼；施用过多的钾肥，影响了对硼的吸收，易发生缺硼。

③诊断要点。从发生症状的叶片的部位来确定，缺硼是症状多发生在心叶；心叶萎缩、枯死，其症状与缺钙相类似。但缺钙叶脉间黄化，而缺硼叶脉间不黄化。

④防治对策。土壤缺硼，预先施用硼肥；要适时浇水，防止土壤干燥；多施腐熟的有机肥，提高土壤肥力；应急对策：用 0.12%～0.25%的硼砂或硼酸水溶液喷洒叶面。

(13)芹菜缺铁症：

①症状。嫩叶的叶脉间变黄白色，接着叶色变白色。

②发生条件。碱性土壤、磷肥施用过量或铜、锰在土壤中过量易缺铁；土壤过干、过湿、温度低，影响根的活力，易发生缺铁。

③诊断要点。缺铁的症状是出现黄化，叶缘正常，不停止生长发育；检测土壤 pH。出现症状的植株根际土壤呈碱性，有可能是缺铁；植株叶片是出现斑点状黄化，还是全叶黄白化，如是全叶黄白化则缺铁。

④防治对策。尽量少用碱性肥料，防止土壤呈碱性；注意土壤水分管理，防止土壤过干、过湿；应急对策：用 0.1%～0.5%的硫酸亚铁水溶液或柠檬酸铁 100 毫克/千克水溶液喷洒叶面。

3. 虫害

(1)蚜虫：成虫和若虫均用口针吸取汁液危害。当嫩叶和生长点被害后，由于叶背被刺伤，生长缓慢，叶片卷缩，严重时卷曲成团，生长停止，甚至萎缩死亡。瓜蚜还排泄蜜露，既阻碍正常生长，又招致病菌寄生，在叶子上造成一层煤污斑。

对蚜虫的防治要求消灭在点片发生阶段，才能达到治虫防病的目的。用黄板诱杀或用银灰色反光塑料薄膜避蚜。保护和利用天敌，常见的有瓢虫、草蛉、食蚜蝇、蚜小蜂、蚜茧蜂等。

用灭蚜烟熏剂或蚜虱毙烟熏剂 0.3～0.4 千克于收工或傍晚时点燃，吹灭明火，密闭棚室烟熏，防治效果比较好，省工省力。用 3.15%的爱诺蚜虱净乳油1 500倍液或 4.5%的高效氯氰菊酯乳油1 000倍液喷雾。此外，还可用灭蚜松、除虫精、速灭菊酯等。

(2)潜叶蝇：成虫、幼虫均可危害，雌成虫飞翔过程中将植物叶片刺伤，取食并产卵，叶片上布满约 0.5 毫米的半透明的斑点，成虫产卵有选择高处的习性，以新生叶片为多；幼虫潜入叶片和叶柄为害，产生不规则蛇形白色虫道，幼虫排泄的黑色虫粪交替地排在虫道两侧，虫道的长度和宽度随幼虫生长而增大，终端明显变宽。

防治方法：黄板诱杀或用尼龙，纱布三角补虫网在棚内成虫高峰期使用，效果较好。

利用成虫性喜甜食的习性，在越冬蛹羽化为成虫的盛期点喷诱杀剂(诱杀剂的制作：用甘薯或胡萝卜煮液为诱饵，加 0.05%的敌百虫为毒剂即可)，每 3～5 天点喷一次，共 5～6 次。初见幼虫潜蛀的隧道时开始用药，每 7～10 天一次，共 2～3 次。药剂可用 10%阿维虫清1 500倍液、20%灭扫利乳油2 000倍液、90%的敌百虫原粉 800～1 000倍液等喷雾。

(胡永军)

第十七章　大棚韭菜栽培

山东省寿光市菜农对韭菜夏秋露地培育壮苗，冬春利用阳畦、小拱棚或冬暖大棚覆盖栽培，生产韭黄或韭青。寿光市盖韭种植面积3万亩，总产量1.1亿千克（包括韭薹）。

一、选用良种

1. 寿光独根红

为寿光农家品种黄马蔺韭菜中的一个优良品系。植株高大，叶色浓绿，叶片宽厚，芳香性物质含量高。在山东地区10月1日前后的单株叶片数5～13枚，叶尖稍尖，无白头，叶宽1～1.4厘米，伸直长度40～69厘米，自然株高50～60厘米，鳞茎以上部分长60～98厘米。假茎高20～25厘米，假茎粗（直径）0.4～1.2厘米。不包括鳞茎、花薹及根系在内，最大株重50克。6月下旬至7月下旬抽薹，薹高而粗，商品薹高80～90厘米，深绿色，中间无空腔，汁多而脆嫩，香味浓，营养丰富，品质极优，花苞小、呈绿色；分蘖能力弱，长势强，抗寒性强，适于冬春保护地栽培和露地栽培。独根红韭菜既可生产韭黄，也可生产韭青、韭薹，一般亩产韭青3 000～4 000千克，韭黄2 500～3 500千克，韭薹1 000千克。随着寿光蔬菜生产的发展，独根红韭菜传遍国内外，受到各地人们的喜爱。适于冬春茬生产韭黄或韭青。

2. 9-1

寿光独根红经提纯复壮的耐寒、高产、回芽早的“独根红”品系。丰产性强。一般亩产2 500～4 000千克，高产地块5 000千克以上。10月1日前后测定，自然株高50～60厘米，鳞茎以上部分伸长度60～98厘米，假茎高20～25厘米，假茎粗（直径）0.4～1.2厘米，单株叶片数5枚～13枚，叶宽1.0～1.4厘米，叶片伸直长度40～69厘米，最大株重50克（不包括鳞茎及根系），叶色淡绿、较软。受不同程度的低温和弱光照的影响，假茎基部呈紫红色。在冬季和早春，幼芽则呈现紫红色、淡红色、鹅毛黄色。夏季抽薹早（一般从6月上旬开始）薹粗而质嫩，花薹最高达1.26米。分蘖力弱，长势强，抗寒性较强。适于冬春保护地栽培和露地栽培。

3. 汉中冬韭

陕西省汉中地区农家品种。株高40～50厘米，叶丛半直立，单株能保持叶片5～7片，扁平，叶肉肥厚，叶长32～42厘米，宽0.8～1.1厘米，最宽达1.9厘米；浅绿色，叶尖钝圆，假茎横径粗0.5～0.7厘米，黄白色，横断面近圆形，且生长健壮，分蘖性强，抗寒性强，耐霜冻。冬季枯萎迟，早春返青早，当气温下降到－5℃时，嫩叶仍可缓慢生长。整个冬季假茎挺直，软化栽培时不烂韭，每亩第1茬产量可达1 000千克，纤维少，味较淡，品质好，每亩年产5 000千克以上。缺点是抗灰霉病力差。适于露地、保护地及软化栽培。

4. 河南 791

系河南省平顶山市农业科学研究所育成的品种。叶丛直立,生长势强,生长迅速,株高 50 厘米。假茎粗壮。叶片宽大,宽 1 厘米左右,叶片绿色,叶面平展,叶尖倾斜,纤维少,品质鲜嫩,产量高。791 抗寒能力极强,入冬时养分向根茎回流晚,可不经低温阶段而直接进入冬季生长。可用于韭菜秋冬茬生产。

5. 杭州雪韭

杭州、绍兴、嘉兴一带的农家品种,经辽宁省营口市引种筛选后定名为嘉定白根。该品种株高 50 厘米,叶宽 0.8～1.0 厘米,最大可达 1.2 厘米,叶短而宽,上举,直立性好,长势旺。假茎粗 0.5～0.6 厘米,长 7 厘米。植株分株性强,生长速度快,播后 60 天即可开始分蘖。90 天成株可达收获标准,尤其在覆膜生产中生长速度比河南 791 还快。另外,割后再长出的叶为尖头,不像其他品种有一部分叶尖平齐、留有割过的痕迹,因而商品性外观好。休眠期不明显,适合北方温室不回秧秋冬茬连续生产。

6. 铜山早薹韭

江苏省铜山县从当地品种变异株中选育出来的韭菜新品种。抽薹早,收薹期长。在徐州地区拱棚覆盖栽培,3 月上旬开始抽薹,陆续采收上市到 10 月中下旬,年可采薹 3～4 次。在日光温室栽培春节前可割两茬青韭,以后以采薹销售为主。薹粗 0.4 厘米,长 45 厘米,平均单薹重 5 克,每亩产青韭1 000千克,韭薹1 500千克。分蘖能力强,一年生单株分蘖 10 个左右,最多可达 17 个。韭薹翠绿鲜嫩、清香,辛辣味甜,是适合保护地栽培的一个薹用品种。

二、直播和育苗技术

1. 直播

韭菜的直播就是按合适的株行距、适宜的用种量播种,出苗后不进行移栽的一种播种方式。直播多采用薄膜覆盖条播法和开沟覆土成垄法两种方式。

(1)薄膜覆盖条播法:韭菜的薄膜覆盖条播法是在浇透水的畦面上,按合适的行距呈条带状撒播韭种,覆土后用薄膜盖畦面。此法较开沟覆土成垄法能提前播种 30 天左右,并且当年韭黄产量能增产 20%以上。按此法播种,亩用种 2～2.5 千克。要选用土质肥沃、浇水方便的地块播种。整畦时,一般亩施细土杂肥或猪栏粪5 000～15 000千克,要使土肥尽量混合均匀,并做到畦平、土实,使畦面低于地平面 5～10 厘米。播种前浇透水,按南北方向间隔 30 厘米划线,选顺线亩撒施 5%辛硫磷颗粒剂 2.5 千克,或喷洒 70%的辛硫磷1 000倍液。然后沿线撒播用 25%多菌灵干湿性粉剂拌过的干种,每 50 克韭种播 20～25 行(行长即畦宽 2.2 米),播后覆土 1～1.5 厘米。次日荡平畦面,喷施除草通,随即设拱棚覆盖或在畦面平铺地膜。当棚内温度超过 30℃时,要放风降温,严防高温烧苗。若采用地膜平铺覆盖,韭苗露头时随即撤地膜。拱棚或膜撤除后,随即喷洒农药防治病虫。每 5～10 天轻浇一水,浇后划锄,保持畦面湿润。幼苗缺肥时要及时追肥,每次每亩随水追施尿素 7.5～10 千克。

(2)开沟覆土成垄法:韭菜的开沟覆土成垄法是在整好的畦面上,按合适的行距开沟,顺沟撒播韭种,将沟覆土成垄。具体做法是:当土壤解冻后,选将畦内表土起出,放在畦两侧,挖出适量生土运走,将表土重新填入畦内。每亩施土杂肥5 000～15 000千克,使土肥尽量混合均匀。然后浇足水,沉实畦土,使畦面低于地面 5～10 厘米。当畦土干湿合适时锄松土壤,整细荡平。一般东西畦按南北向开沟，沟深 1.5～2.5 厘米，宽 4～5 厘米，行距 30 厘米。顺沟浇小水，水渗后顺沟亩撒施 25%多菌灵可湿性粉剂和 5%的辛硫磷颗粒剂各 2.5 千克，随后顺沟均匀撒种。播种几垄后，从沟两侧取土，将沟覆土成垄。播种后覆土成垄，能减少沟内土壤水分的散失，使种子发芽时处于透气和湿润的适宜状态后，有利于出苗。"春分"至"谷雨"期间播种，每亩用种 2.5～3 千克。20 天左右当韭苗接近畦面时，要及时荡平畦面放风。

2. 育苗

韭菜的育苗可选用肥沃土地，但尽量不用重茬地，不接葱蒜茬。育苗畦宽 1～1.4 米，整畦时可起出覆土，不施或少施基肥。畦面荡平后浇透水，水渗后喷洒上述农药，每亩均匀撒播干种 5～6 千克，覆土 1 厘米。次日挡平覆土，喷施除草通，设拱棚或地膜覆盖，20 天左右即可出苗。若采用地膜覆盖，在韭苗出头时撤去地膜，严防高温烧苗。韭苗二叶期前，应轻浇、不施肥，保持畦面潮湿。韭苗 5 片叶前后一般 5～7 天浇一次水，分两次每亩随水追施尿素 7.5～12.5 千克，促使韭苗快速生长、提早分蘖。移栽前 5～7 天停止浇水，追肥蹲苗。利用干旱减少生长量，增加光合产物的积累，迫使韭苗不再生长新根，增强韭苗的抗逆性。蹲苗后移栽，能大大缩短缓苗期。若苗期管理得当，1 亩苗可移栽 3～5 亩。

三、夏秋露地管理技术

1. 移栽

韭菜移栽，要重点把握畦土湿度适中，泼浇稍停取苗，施足底肥，按合理密度移栽，定植深浅得当，浇水适时，用药恰当。

（1）畦土湿度适中：土壤含水量大于 80%时整畦，畦土易板结、透气不良，新根难以生长。实践证明，湿畦整地、定植韭菜栽后几年不旺。要干地整畦，干畦开沟浇水定植。

（2）施足底肥：韭菜基肥的施用，理论上氮、磷、钾的比例为 1∶2.2∶1 为好。生产实践中常于畦内 20 厘米土层中，亩施土杂肥 1.5 万千克，或优质圈肥5 000千克、过磷酸钙 150 千克、尿素 20 千克、硫酸钾 35 千克、硫酸锌 2.5 千克，使肥土充分混合均匀，畦土松紧适中，畦面平整。

（3）及时移栽：韭苗 4～5 片叶、高 20 厘米时即可移栽。"惊蛰"至"清明"搭棚培育的苗一般麦收前移栽。麦收后韭苗移栽的早晚，对冬春韭菜的产量有极明显的影响，要尽量提前移栽。

（4）泼浇稍停取苗："蹲"好的苗新根待发，绝对不要在浇苗后 2～3 天取苗移栽，否则，一茬新根全部长出，长 1～2 厘米，又鲜又嫩，移栽过程中难以保全；栽后长期不另发新根，缓苗期加长，难以返旺。一定要根据移栽进度，泼浇稍停几小时后取苗，既要尽量保持完整的根系，又不让幼根长出。

（5）合理密植：春播的韭苗，秋季一株一般可生长 2 株，翌年春季就分为 4 株，个别的能分为 8 株。韭畦宽以 2.2 米较合适，移栽时行距 30 厘米，株距 5 厘米较为适宜。行距小于 28 厘米，韭白难以培高。生产实践证明，按行距 30 厘米、株距 5 厘米移栽，韭黄既高产又优质，且 4～6 年不用倒畦，仍能高产、稳产。

（6）定植深浅得当：韭苗栽的过深，分蘖晚且少，以后生长不旺。栽的过浅则易散撮，冬季不便在垄间培土。要视韭苗大小，决定栽植的深浅，一般沟深 3～5 厘米，沟的一边上下垂直，定植后，在鳞茎以上覆土2～3厘米为宜，不能埋住叶心。要将韭苗按大小分级移栽，大苗定植在韭垄中部，小苗居两头。

(7)恰当用药：韭苗定植时，选顺沟浇小水，趁水未渗之机快速将苗移入沟中。然后顺垄在韭根上撒施5%辛硫磷颗粒剂和25%多菌灵可湿粉剂，每亩用药各2.5千克；或沿垄在韭根上喷75%辛硫磷1 000倍与40%乙膦铝可湿粉400倍的混合液，然后覆土。栽后5～7天喷药一次，预防病虫害发生。

(8)适时浇水：韭苗移栽后，要立即浇透水、划锄、保墒，使畦面见干见湿。新根大量长出生后，视畦面干湿情况，再浇第2次水，韭苗才能提前通过缓苗期而健壮生长。

2. 韭菜搭架

夏季高温多雨，韭菜株高叶茂，极易倒伏、腐烂，影响通风透光，进而诱发多种病虫害，致使产量大幅度降低。将韭菜及时架离地面，可通气、降温，增大韭叶的受光面积，增加光合积累，减少韭菜呼吸消耗，预防病虫害发生等，增产极明显。

(1)适时搭架：在韭叶封垄后，伏雨来临前，架韭菜比较合适。当年直播的韭菜一般在“立秋”前后搭架，老根畦韭一般在“芒种”以后设架。

(2)搭架方法：若用棉花柴或玉米秸搭架，应在浇水以后，靠近韭根趁湿插入。若用铁丝杆搭架，要顺畦扯紧6根铁丝，铁丝间隔0.4米左右。将铁丝架高离地面30～40厘米，把竹竿南北向顺垄放在铁丝上。

3. 肥水管理

韭菜常年生长，需肥量大，尤喜土杂肥和有机肥料。要根据不同栽培目的和不同时期的生长特点及对水肥的需求，合理施肥浇水，有促有控，灵活运用。主要做到春季重施土杂肥、控制浇水，夏季排水防涝、不施肥，秋季前期水肥齐促，中期控制肥水，后期停水控长，冬季浇一次透水。

(1)春季重施土杂肥，控制浇水：在韭菜停割后1～2天，趁畦内土壤潮湿，疏松畦土，亩施土杂肥1.5万千克、过磷酸钙150千克。荡平畦面，不要浇水。当弱韭菜苗钻出畦面后浇透水。麦收前视干旱程度酌情再浇一次。无肥时畦面覆土2～3厘米。整个春季既要保证韭菜向地表顺利跳根，又要保证韭菜对营养和水分的需求，切忌施速效氮肥和大水多次漫灌。

(2)夏季排水防涝一般不再施肥：韭畦内积存伏雨，易诱发多种病害，造成烂根、烂叶。故在伏雨来临前，要及时填死韭畦进水口，控制开启韭畦下头排水口。

(3)秋季施肥浇水要前促、中控、后停：

①“立秋”肥水齐促。“立秋”以后气候逐渐凉爽，韭菜进入旺盛生长阶段，要肥水齐攻，促其旺盛而又健壮生长，增大净光合强度，促进光合产物的转化、回流和贮存，为冬季韭黄高产打好基础。具体做法是：“立秋”前后，一次亩施豆饼500～550千克、过磷酸钙100千克、硫酸锌1.5～2.5千克，或优质粪干1 000～1 500千克，每5天左右浇一水，连浇2～3次。“处暑”至“秋分”分3次随水每亩追施尿素60千克。

②“白露”控制肥水。“秋分”至“寒露”逐渐减少浇水量，不再施肥，尤其不施速效氮肥。在充分利用已有叶片制造营养，继续促使营养向鳞茎和根系回流的同时，要确保鳞茎根系积存的营养物质，不因韭苗贪青徒长而“外流”。

③“寒露”停水控长。“寒露”以后停止浇水，强行控制韭菜贪青生长，迫使营养加速向鳞茎和根系回流。

④冬季覆盖时浇透水一次，控制施肥。在保证满足韭黄对水分需求的前提下，冬季要尽量少浇水，防止因湿度过大，病菌乘势侵入蔓延。早春覆盖的韭菜“立冬”以后浇冻水，随水亩施尿素 20 千克。

四、冬春韭黄培育技术

寿光的冬春韭黄生产主要分为阳畦覆盖、小拱棚覆盖和畦面覆盖 3 种方式。常设风障挡风，苇毛苫、草帘、麦穰覆盖保温，生产中主要抓好夹风障、阳畦的建造，小拱棚的建造，覆盖保温、通风降湿，培土软化，适时收割，割后管理等环节。

1. 保护设施的设立

(1)夹风障:“立冬”前至“小雪”前夹风障。采用小拱棚覆盖和畦面平铺盖时，风障沟离韭菜垄北端 25～30 厘米；采用阳畦覆盖时，风障沟离韭垄北端 30～40 厘米。夹风障时，先埋一层高粱秸或玉米秸，高粱秸或玉米秸背部附设一层旧薄膜或地膜，以增强挡风和反光，再在薄膜背面加一层麦秸苫子或玉米秸。风障背面下端培土防冻，一般在 30～40 厘米。在保证不倒伏的前提下加大风障前倾角，能显著增强保温性能。一般风障与地面呈 70°角。

(2)阳畦的建造:选建阳畦后夹风障，在韭垄北端东西向设立木板，用畦北边潮湿土壤拍打成墙。墙高 25～40 厘米，上宽 20～25 厘米。东西两端墙与北墙密切相接，形成北高南低的斜坡。在畦内沿东西向每隔 70 厘米左右按南北方向架一根竹竿，竹竿细时，在其下部用细小木杆顶牢，以加大承受力。

(3)小拱棚的建造:要先夹风障后建拱棚。在畦内沿东西向每隔 70 厘米左右。用宽 4 厘米左右、长 3 米的竹皮设拱。竹皮下可设木条小立柱，以加大承受力。拱棚北端与风障之间的空间，用麦穰、干草之类填实防寒。

2. 田间管理

(1)覆盖保温:阳畦、拱棚做好后，将薄膜覆盖其上，北边用泥土压实封严，东西两头和南边用土压住，以便随时敞开。先将畦面肥沃土壤就地整平，扫净韭菜干杆茎叶，浇水施肥后覆以薄膜和苇毛苫、草帘子或麦穰。畦面平铺薄膜的要先在薄膜下面每垄放一根细竹竿或玉米秸等物，借以增大薄膜以下的空间和防止泥土粘到薄膜上。韭黄生长的适宜湿度白天 18～28℃，夜间 8～12℃，冬季生产韭黄，全部利用阳光提供热量。深冬时，畦内温度一般维持 9～20℃，地温 5～12℃时韭黄只能缓慢生长。要想方设法提高畦内温度，常用的方法有以下几种。

①增加薄膜的透度率。选用无滴防尘膜或韭菜专用有色膜，使用旧薄膜要清洗干净、保持清洁，使用新薄膜要注意护理，防止扎破。及时震落薄膜上的水滴，尽量使薄膜不接触或少接触泥土。

②尽量降低畦内湿度，减少水分蒸发。畦内水分蒸发所消耗的热量，占畦内贮存热量的 50%～60%。要选用干暖土培育韭黄，以减少水分的蒸发，减少热量的损失。

③及时敞盖，增加光照时间。深冬期间，一般上午 8～9 时见霜雪开始溶化时敞开，下午 2 时 30 分至 3 时盖好。

④巧盖毛苫。在将好毛苫盖在畦的南部的前提下，采用“倒盖法”覆盖毛苫，即由里往外(由北往南)逐苫盖好。这种盖法能防止冷风由南向北沿毛苫间缝隙侵入畦内。

⑤采用双层薄膜覆盖。即在盖好毛苫、草帘、麦穰后，再盖上一层旧薄膜。

⑥采用宽幅薄膜覆盖。最好采用宽3.5米的薄膜将畦南埂包起来，可防止因土沟加深导致南埂大量透漏畦内热量。

(2)通风降湿：要根据天气情况，选适当时机进行。一般在中午结合培土、松土、拢土等项操作通气和降湿，以增加畦内二氧化碳的含量，降低湿度，减少病菌侵染的机会。

(3)培土软化：韭黄生长时期，借培土避光使韭菜假茎变白、增高，提高品质，这一过程叫韭黄的培土软化。培土同时有增温、保温、降温、防病等多种作用，要尽量使用干、暖、细土。培土要适时适量，灵活掌握。韭黄的培育过程基本是前期培白，后期放叶。具体做法是：覆盖后韭苗1～5厘米时，选晴暖天气进行第一次培土，以后间隔几天培土一次，至收割共培土3～4次。前期培土，拢土不压住或稍为压住韭黄叶尖，总培土量以能将地上部叶埋住10～20厘米为准，一般土深10～15厘米。最后一次拢土时，要双手分别放在韭垄两侧，同时将两侧的覆土向韭株中上部拢去，尽量培高一点。以后放叶，增加产量，不再培土。

(4)适时收割：在韭黄产量最高、价格最好时收割，可取得高产、高效益。韭黄的较高价格一般是在"元旦"前后、春节前后、越冬韭菜上市以前。韭黄的日生长量高峰，是在其伸直长度达50厘米以后。若"立冬"前后采用薄膜苇毛苫覆盖，"元旦"前能割二刀，正月十五前割三刀。"小雪"前后覆盖，春节前能收割二刀，正月十五前割三刀。冬季韭黄高度一般40～50厘米收割头刀。"立春"后韭黄一般40～50厘米收割头刀。每次割后均留茬1～2厘米。老根畦一般收割二至三刀韭黄，再收割一刀青韭，当年新韭一般收割1～2刀，一般不再收割。

(5)割后管理："惊蛰"前，尤其是春节前收割完最后一刀的韭菜，为了防止冻死韭根，不要浇水。可采取保留培土保湿，或采用扒出培土盖碎草、玉米秸、薄膜等办法保温。"惊蛰"后将培土等防寒物料清除畦外，趁湿划锄畦面，每亩施1.5万千克土杂肥，暂不浇水，顺韭垄灌药，预防韭蛆危害，使韭菜安全缓慢生长养根。

五、有机韭菜种植技术要点

在一个种植季节的最后一刀韭菜割收完毕后，对地里的韭菜进行常规管理，任其自然生长。在入冬前将地里的韭菜连根挖出，清理掉韭菜的根部所带的泥土后，再将韭菜植株分层竖立放置到坑中。在每层韭菜植株之间撒放一层湿润的细土，每层细土的厚度为12～18毫米。然后在坑的顶部覆盖一层防冻土层，将韭菜植株储存到第二年的韭菜种植季节。

在韭菜植株被全部挖出后，深翻韭菜田的土壤26～49厘米，并将土壤中杂草、韭菜根系及植株残体全部清除，使土壤深层的越冬虫蛹被暴露出来，使其无法正常越冬。

第二年在移栽韭菜植株之前的6～8天深翻移栽田的土壤26～49厘米，并在施入有机肥后悬翻均匀。

将放置到坑中韭菜植株取出，对韭菜植株进行整理，去除掉残株、烂叶。然后采用生物农药或天然植物生长调节剂对韭菜植株进行浸泡或喷洒处理，并自然晾干。采用的生物农药为5%的天然除虫菊850～900倍液，或者是1%的印楝素水剂600～700倍液，或者是1%的苦参素水剂600～700倍液。采用的天然植物生长调节剂为0.05%核苷酸水剂450～550倍液，或者是0.11%的爱密挺水剂2 200～2 800倍液。

将上述韭菜植株按照每穴5～8株、行距16～39厘米、株距6～25厘米向深翻过的田地中移栽韭菜植株，进行常规管理和割收，需要时追施有机肥。每次割收后人工彻底清除土壤中掉落韭菜叶和杂草，必要时还可以在移栽田中架设网室、诱杀黄板，或设诱杀灯，或喷施生物药剂。

按照上述方法种植的韭菜环保安全、无污染，可实现韭菜在同一地块持续多年有机化生产。

六、韭菜病虫害防治

1. 侵染性病害

(1)韭菜疫病：

①症状。韭菜疫病俗称烂韭菜，发生普遍，是韭菜的重要病害。疫病主要危害韭菜的假茎和鳞芽，叶片、花薹、根也可被害。叶和花薹受害病斑多从下部开始发生，产生暗绿色、水渍状病斑。病斑扩大，病部缢缩，引起叶、薹下垂、软腐。假茎受害，呈水渍状浅褐色软腐，叶鞘易脱落。鳞茎受害，呈褐色腐烂，纵切可见到内部组织呈浅褐色，新生叶瘦弱，根部受害呈褐色腐烂，影响吸收，长势减弱。

②发生规律和传播途径。病菌随病残体在土壤中越冬，借风、雨、流水传播，温度高(25～30℃)、湿度大(相对湿度在95%以上)是该病发生的重要条件。夏季养根阶段处于高温多雨季节，尤其是老韭菜田密度大、通风差、湿度大，疫病易发。

③防治方法。降温降湿，排水防洪。用40%乙膦铝300倍液，25%瑞毒霉600倍液，冬春韭黄被害时可叶面喷洒。移栽韭菜，可用上述药液浸根，预防该病发生。

(2)韭菜灰霉病：

①症状。灰霉病又称白点病，是韭菜保护地生产中最易发生的一种病害。初发生是在叶尖部产生白色小点，一般正面多于背面。后逐渐向下蔓延，扩大呈梭形或椭圆形。潮湿时病斑表面密生灰褐色霉层。严重时病斑连结成片，造成叶片下垂枯死，还可从收割刀口处向下呈水渍状、淡褐色腐烂，严重时引起整丛溃烂死亡。

②发生规律和传播途径。灰霉病菌随病残体在土壤中及病株上越冬。随气流、雨水、灌水传播。温度高时产生菌核越夏，低温高湿发病重。秋末初冬扣膜，韭菜出叶后空气湿度在85%以上，特别是夜间叶面结露，有水膜时更利发病。保护地覆盖下生长的韭菜，光照弱、组织柔嫩，更利于病菌侵入。

③防治方法。病菌多在病残叶上，因此，收割完毕后要清除地面的残株烂叶携出室外，深埋或烧掉，并在地面普遍喷洒药剂。控制湿度是预防灰霉病发生蔓延的有效方法。扣膜后尽量减少浇水次数，注意中耕保墒。白天通风排湿，尽量缩短夜间叶面结露时间。

预防灰霉病的关键是采用药剂防治，如50%速克灵可湿性粉剂1 000倍液，50%扑海因可湿性粉剂1 000倍液，64%杀毒矾600倍液。近年来开始使用的特立克杀菌剂是一种无污染、无残留，对作物无任何不良影响的菌制剂，主要作用机理是以绿色木霉菌通过寄生和营养竞争杀死病原菌。使用特立克杀菌剂后，木霉菌可迅速消耗侵染位点附近的营养物质，立即使致病菌停止生长和侵染。若以该菌600～800倍液喷洒保护地韭菜，对灰霉病有较好的预防效果。

为了彻底预防灰霉病的发生，要根据韭菜的生长情况来用药。头刀收割后彻底清除残株烂叶，待3～4天刀口愈合后地面普遍喷药，当韭叶长至6～7厘米时喷药保护，当长至15～16

厘米时再喷一次，叶长达20厘米以上时进行最后一次用药，冬春季长至30厘米即可收割。

(3)韭菜锈病：

①症状。主要侵染叶片和花梗。初在表皮上产生纺锤形或椭圆形、隆起的橙黄色小疱斑，即夏孢子堆。病斑周围具黄色晕环，后扩展为较大疱斑。其表皮破裂后，散出橙黄色夏孢子。叶两面均可染病，后期叶及花茎上出现黑色小疱斑，为病菌冬孢子堆。病情严重时，病斑布满整个叶片，失去食用价值。

②发病条件。由担子菌门葱柄锈菌侵染所引起。南方以菌丝体或夏孢子在寄主上越冬或越夏，夏孢子借气流传播蔓延，遇有适宜条件重复侵染。一般春秋两季发病重，冬季温暖利于夏孢子越冬，夏季低温多雨利其越夏，夏孢子是主要侵染源。天气温度高、露水多、雾大，或种植过密、氮肥过多、钾肥不足时发病重。

③防治方法。选用适应不同时期的优良品种，可减少发病。轮作可减少病源累积。合理密植，做到通风透光良好。雨后及时排水，防止田间湿度过高。采用测土配方施肥技术，多施钾钙肥，提高抗病力。收获时注意清洁畦面。发病初期及时喷洒15%三唑酮可湿性粉剂1 500倍液。使用三唑酮的安全间隔期，采收前7～10天停止用药。

(4)韭菜软腐病：

①症状。危害叶片及茎部。叶片、叶鞘初生灰白色半透明病斑，扩大后病部从茎基部软化腐烂，并渗出黏液，散发恶臭，严重时成片倒伏死亡。

②发病条件。由胡萝卜软腐欧氏菌侵染所致，属细菌病害。病菌发育适温2～40℃，最适温度25～30℃，50℃经10分钟致死，适宜pH 5.3～9.3，最适pH 7.3。病原菌主要在病残物遗落土中或未腐熟堆肥中越冬，经伤口或自然裂口侵入及自然孔口侵入，借灌溉水溅射及小昆虫活动等接触性传播蔓延。温暖多湿、植物连作或低佳积水或土壤黏重的田块易发病。

③防治方法。种植耐热、耐风雨的品种；用0.5%净土灵(氨基寡糖素)水剂600倍液喷雾或灌根，或3.3%抗病丰产1号水剂2 000倍液灌根，用重茬1号水剂300倍液喷雾或灌病株根，效果很好。

(5)韭菜病毒病：

①症状。韭菜病毒属系统侵染病害。染病后生长缓慢，植株叶片变窄或披散，叶色褪绿，沿中脉形成变色黄带呈条状，是本病重要特征。后叶尖黄枯，发病重的植株矮小或萎缩，最后枯死。

②发病条件。由韭菜萎缩病毒侵染所致，属病毒性病害，寄主仅限于韭菜、葱、洋葱等。韭菜萎缩病毒主要在韭菜根部越冬，翌年春季韭菜发芽或生长时，病毒扩展到地面的叶片中，开始显症。该病毒可在割韭菜时，通过割刀进行汁液接触传播蔓延、迅速扩展。此外，病毒还可通过昆虫、螨类等(如蚜虫)媒介进行远距离传播。一般葱蚜桃蚜吸食带毒的寄主5～20分钟就能获毒进行有效传播，传毒是非持久性，种子不带毒、土壤也不传毒。韭菜生长季节遇有高温和干旱易发病，蚜虫量大时发病重。

③防治方法。种植抗病品种。发现病毒株后，要及时把整墩发病韭菜挖出，集中深埋或烧毁，控制病毒源，防止扩大。收割韭菜时，先割健株，后割病株，防止割刀接触病株扩大传染。发现蚜虫为害韭菜，要及时喷药灭蚜。发病初期及时喷洒0.5%菌毒宁水剂(菇类蛋白多糖)600倍液(病害严重时用300倍液)，或3%甲壳丰300倍液，或抗毒剂1号500倍液，连续使用2～3次，采收前3天停止用药。

2. 生理病害

(1)干梢:

①发生原因。土壤酸化:韭菜生长发育适于中性土壤,若韭菜田长期施用大量酸性肥料(如过磷酸钙、硫酸铵等),会使土壤酸化而引起酸性危害。韭菜受害后,叶片生长缓慢、细弱、外叶枯黄。

有毒气体危害:扣棚前施入大量碳酸氢铵,或扣棚后地面撒施尿素,或对石灰多的土壤撒施硫酸铵,使保护地内积累过多的氨气。当棚内氨气浓度达5毫克/千克,韭菜即可受害。其症状首先叶片呈水渍状,无光泽,叶尖枯黄逐渐变褐色。若土壤中施用大量硝酸铵等肥料,则阻碍了土壤中的硝化作用,使土壤酸化,易形成亚硝酸气体。当棚内亚硝酸气体浓度达到2～3毫克/千克,韭菜即可表现出中毒症状。

高温或冻害:保护地内出现高温界限以上温度,或天气连阴骤晴或高温后冷空气突然侵入,也能使叶尖枯黄,表现为外叶尖开始变成茶褐色,逐渐枯死,中间叶片变白。

②防治方法。防止施肥量过大,追肥选用适宜的化肥,用硫酸铵和尿素较好,忌用碳酸氢铵,追肥勿撒施,最好用水溶化后冲施。施入足量的有机肥作基肥,也可用石灰来调节土壤酸碱度,但保护地内不能施用石灰,以防引起氨气危害。在不影响保温的前提下,适当进行通风排除有害气体,调节大棚内空气,尤其在追肥后数天之内更要注意通风换气。

(2)死株:

①发生原因。根腐病是造成根株死亡的主要原因。窒息性根腐,多因在韭菜田里堆放畜禽粪和杂物,引起局部高温,使韭根处于无氧条件下呼吸,造成乳酸和乙醇积累而中毒;积水结冰引起的根腐,浇冻水时间偏晚,水量过大,造成地内积水结冰,冻融交替拉断根系,或低温下水浸引起根死亡;水污染引起根腐,用含用污染的河水、坑塘水浇灌,也会使土壤遭到破坏或使韭菜直接中毒死亡。

②防治方法。选用井水、干净河水及时浇灌冻水,韭菜田禁止堆放畜禽粪和杂物。

(3)黄撮和黄条:叶片黄化为黄撮,半绿半黄为黄条。

①发生原因。主要是营养物质供应不足,同化作用难以正常进行;叶绿素逐渐消失,相对叶黄素显现较多。造成这种现象的原因很多:

贪刀,即收割间隔时间过短,大量消耗营养物质,难以完成必要的营养积累,从而影响根系的发育。据调查,黄撮或黄条的韭菜不但鳞茎细短、植株矮小,而且鳞茎贮藏根中的养分已消耗殆尽。所有这些根系已停止伸长,变为根冠粗硬的木栓化根,基本丧失了吸收营养物质的机能。地上部的同化作用难以正常进行,叶绿素消失,叶黄素相对显现,即形成黄撮或黄条。

狠刀,即在收割时所留叶鞘过短,将贮藏养分的叶鞘基部割得太多,损耗的养分增多,造成营养失调,从而抑制了根系的发育,使根系吸收功能减弱。根系的矿物营养供应不足,就会使光合作用降低甚至停止,必然使叶绿素减少、叶黄素显现,呈现出黄撮或黄条。

水分供应失宜,冻水浇得过早,冬春雨雪少,天气干旱,或在收割期间浇水不适当,都会使耕作层的土壤水分失调。水分少,土壤中可溶性矿物质营养也少,根系营养补充不足。当鳞茎和贮藏根养分消耗殆尽时,易发生黄撮或黄条现象。

②防治方法。收割时注意留茬高度,第一茬韭菜收割时应留茬6～7厘米,以后根据植株长势情况,一般留茬高度3～5厘米;收割期间应根据土壤湿度情况,适时浇水。

(4)缺素症:

①发生原因。因韭菜属多年生蔬菜，土壤中某些微量元素常出现缺乏，一般在老韭菜田发生普遍，主要有缺铁症、缺硼症和缺铜症 3 种。缺铁时叶片失绿，呈鲜黄色或淡白色，失绿部分的叶片上无霉状物，叶片外形无变化，一般出苗后 10 天左右开始出现症状；缺硼时整株失绿，发病重时叶片上出现明显的黄白两色相间的长条斑，最后叶片扭曲，组织坏死，发病也出现在出苗后 10 天；缺铜时发病前期生长正常，当韭菜长到最大高度时，顶端叶片 1 厘米以下部位出现 2 厘米长失绿片段，酷似干尖，一般在出苗后的 20～25 天开始出现症状。

②防治方法。选择排灌方便、土壤肥沃的地块作菜地；增加优质农家肥施用量；实行倒茬轮作制度；进行药物防治，缺铁症可用硫酸亚铁 500 倍液喷雾，缺硼症可用硼砂 200 倍液喷雾，缺铜症可用硫酸铜 700 倍液喷雾。如果是并发症，则根据其发病规律，在出苗后 10 天左右喷一次 500 倍的硫酸亚铁和 200 倍的硼砂混合液，再在出苗后 20 天左右喷一次 200 倍的硼砂和 700 倍的硫酸铜混合液，或 700 倍的硫酸铜溶液。

3. 虫害

(1)韭蛆：韭蛆学名为迟眼蕈蚊，是韭菜的毁灭性害虫，若防治不及时、不得法，常造成全田毁灭。

①危害特点。主要危害韭菜、大蒜。幼虫聚集在韭菜地下部的鳞茎和柔嫩的茎部危害。初孵化幼虫先危害韭菜叶鞘基部和鳞茎的上端。春秋两季主要危害韭菜的幼茎引起腐烂，使韭叶枯黄而死。夏季幼虫向下活动蛀入鳞茎，重者鳞茎腐烂，整墩韭菜死亡。

②生活习性。成虫喜在阴湿弱光环境下活动，以上午 9～11 时最为活跃，为交尾盛时；下午 4 时后至夜间栖息于韭田土缝中，不活动。成虫善飞翔，间歇扩散距离可达百米左右。成虫有多次交尾习性，交尾后 1～2 天将卵产在韭菜周围土缝内或土块下，大多成堆产，每雌抱卵量为 100～300 粒。幼虫孵化后便分散，先危害韭株叶鞘、幼茎及芽，而后把茎咬断蛀入其内，并转向根茎下危害。土壤湿度是韭蛆孵化和成虫羽化的重要因素，3～4 厘米土层的含水量以 15%～24%最为适宜，土壤过湿或过干均不利于其孵化和羽化。

③防治方法。选用药物：经试验和生产实践证明，韭蛆极不耐药，但需接触虫体。多种药物对其均有防治效果，尤以辛硫磷。防治适期：韭菜停割后，薄膜撤除时，也是韭蛆成虫有机会进入畦内沿韭垄产卵的时候；三月末四月初韭蛆第一代成虫的盛发期。“秋分”至“寒露”韭蛆秋季危害高峰期；“立冬”前后，将枯韭菜每二垄对折在一起，露出韭菜根部，沿根际干裂土缝灌药；韭菜覆盖后，出芽前要细心沿韭垄挑沟灌药。施药方法：根据韭蛆幼虫群聚于鳞茎上下、成虫散居于韭丛地表的特点，在防治中必须选准药物，适时、适量、得法。要杀灭韭蛆成虫宜选用 80%敌敌畏1 000倍液或辛硫磷1 000倍液喷雾；春季停割，秋季韭薹停收后，预防韭蛆则宜选用 50%辛硫磷1 000倍液，沿韭丛灌根，间隔 10～20 天一次，每亩每次用药 0.75～1 千克；夏季收获韭薹和冬春季生产韭黄时期，要选用地上光解异常迅速，地下杀虫效果好、药效长的 50%辛硫磷1 000倍液喷雾或灌根。

(2)葱须鳞蛾：葱须鳞蛾属鳞翅目菜蛾科，别名韭菜蛾、葱小蛾。

①危害特点。幼虫蛀食韭叶，严重时心叶变黄，降低产量和质量，以老韭菜和种株危害最重。

②生活习性。一年发生 4～5 代，以成虫或蛹在背风向阳处的越冬韭菜干枯叶丛中或杂草叶下越冬。成虫羽化后需补充营养。卵散产于韭叶上，幼虫孵化后向叶基部转移危害，将韭叶咬成纵沟，有时残留表皮。幼虫在叶中向茎部蛀食，但不侵入根部，常把绿色的虫粪留在叶基

部分叉处，因而受害植株易辨认。幼虫老熟后从茎内爬至叶中部吐丝做薄茧化蛹。25℃时成虫羽化，经3～5天开始产卵，卵期5～7天，幼虫期7～11天，蛹期8～10天，成虫期10～20天，5月下旬出现第一代幼虫。6月份以后虫口逐渐增加，由于发育不整齐、世代重叠，从春到秋均有发生，8月以后危害严重，此时各虫态均可见。成虫白天隐蔽，晚间活动，有趋光性。10月份田间的蛹大部分羽化成虫，但因气温低而不在产卵，尚未羽化的蛹也不再羽化。

③防治方法。用50%辛硫磷1 000倍液重喷韭菜心叶即可防治。

(3)葱地种蝇：葱地种蝇属双翅目花蝇科，别名葱蝇、葱蛆、蒜蛆。

①危害特点。幼虫蛀入葱蒜等鳞茎，引起腐烂，叶片枯黄、萎蔫，甚至成片死亡。韭菜受害后，常造成缺苗断垄、全田毁种。

②生活习性。一年发生2～3代，以蛹在土中或粪堆中越冬。5月上旬成虫盛发，卵成堆产在韭叶、鳞茎和周围1厘米深的表土中。卵期3～5天，孵化的幼虫很快钻入鳞茎内危害。幼虫期17～18天。老熟幼虫在被害株周围的土中化蛹，蛹期14天左右。应根据卵、幼虫、蛹的生长周期防治用药。

③防治方法。使用充分腐熟的有机肥，以减少葱地种蝇发生；成虫发生盛期后10天内进入防治卵和幼虫适期，成虫防治可用1.8%阿维菌素1 500倍液喷洒，幼虫防治喷洒1%苦参碱800倍液。

（胡永军）

后记

《跟王乐义学种大棚菜》的编撰出版是在寿光市委、市政府的关心和社会各界的大力支持下完成的。此书凝结着各位编委和编者同志的辛勤劳动，包含着众多农业科技工作者多年的研究成果和众多蔬菜种植能手的种植经验。同时，书中也参考了不少农业科技方面的书籍与资料，有些资料结合寿光蔬菜大棚技术进行改进，有些资料是来自于寿光农民的自我创新，还有的是多年积累下来的“土办法”。编写过程中，广大编者深入农业生产一线，了解掌握到第一手资料，拍摄了大量宝贵的图片资料，力求全面准确地把相关技术介绍全面、透彻。在此，谨向为本书编撰出版付出辛勤劳动、给予热情支持的各位领导和各界人士表示诚挚的谢意。

本书是各级领导和广大编委通力合作的结果，也是博采众长、全面总结大棚蔬菜种植技术的过程。农业科技发展永无止境，全国各地都有其所长。本书重点是对发明冬暖式蔬菜大棚技术20年来的发展历程和种植技术进行总结，仅仅是生产技术的推广和应用，并不能代表今后农业科技的发展方向。在编写过程中，广大编者力求实用性、可操作性，尽量少讲理论，多讲操作，难免用到当地的方言土语，有些语言出现也不完整或阐述不到位现象，请广大读者谅解。由于入书资料繁多，时间所限，水平所限，错讹之处在所难免，恳请社会各界批评指正。

本书编委会

2009年3月

图书在版编目(CIP)数据

跟王乐义学种大棚菜/刘永辉主编. —济南:山东科学技术出版社,2009
ISBN 978-7-5331-5260-4

Ⅰ.跟… Ⅱ.刘… Ⅲ.蔬菜—温室栽培 Ⅳ.S626.5

中国版本图书馆 CIP 数据核字(2009)第 026917 号

跟王乐义学种大棚菜

主审　王乐义

主编　刘永辉

出版者:山东科学技术出版社
地址:济南市玉函路 16 号
邮编:250002　电话:(0531)82098088
网址:www.lkj.com.cn
电子邮件:sdkj@sdpress.com.cn

发行者:山东科学技术出版社
地址:济南市玉函路 16 号
邮编:250002　电话:(0531)82098071

印刷者:山东新华印刷厂潍坊厂
地址:潍坊市潍州路 753 号
邮编:261008　电话:(0536)2116908

开本: 787mm×1092mm　1/16
印张: 36
版次: 2009 年 5 月第 1 版第 1 次印刷

ISBN 978-7-5331-5260-4
定价:120 元

寿光市三元朱村党支部书记王乐义

SHOUGUANGSHISANYUANZHUCUNDANGWEISHUJIWANGLEYI

配制好的育苗基质

工厂化育苗顶壳出土

黄瓜插接技术中削接穗

黄瓜插接技术中接穗插入砧木中

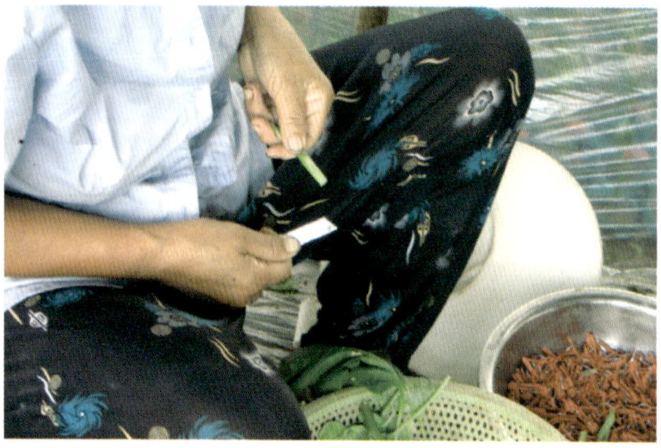
茄子嫁接时削接穗

茄子嫁接时接穗插入砧木中

工厂化育苗播种

茄子嫁接棚内用草苫遮阳

■ 优良品种

MK160

油瓜6075

山农5号

津优5号

中农13号

雷优3号

津春3号

欧宝

拉迪特

洛瓦

萨瑞格

■ 育苗

黄瓜自生苗

黄瓜嫁接苗

黄瓜常用砧木南瓜苗

黄瓜穴盘苗

双根嫁接

在黄瓜棚内自繁白子南瓜

泥炭营养块育苗

■ 栽培管理

持续阴天后骤晴要拉放“花帘”

用透明的塑料绳引蔓吊架

用小砖块坠瓜防止黄瓜弯曲

大棚后墙悬挂反光幕

黄瓜袋装无土栽培

黄瓜全地膜覆盖

黄瓜与白子南瓜和黑子南瓜嫁接果实比较

黄瓜落蔓栽培

秋黄瓜折叠式落蔓——诳蔓

大棚前裙膜卷起后覆盖防虫网

通过天窗通风滑轮开关通风口

用拖布擦净薄膜，改善大棚内的光照

人工揭盖草苫

大骨架结构棚

后卷轴式卷帘机

前屈伸臂式卷帘机

寿光Ⅵ型大棚走道设在棚内最南端

越夏栽培覆盖遮阳网

病虫害

黄瓜病毒病（叶）

黄瓜病毒病（瓜）

黄瓜霜霉病叶（正面）

黄瓜霜霉病叶（背面）

黄瓜细菌性角斑病（正面）

黄瓜细菌性角斑病（背面）

黄瓜灰霉病

黄瓜白粉病

黄瓜疫病

黄瓜枯萎病地上部症状

白粉虱

黄瓜感染根结线虫植株

悬挂黄色杀虫板诱杀白粉虱等害虫

生理病害

保瓜激素滴在叶面上后的危害症状

黄瓜缺铁时上部叶片黄白化

药害导致的黄瓜花打顶现象

缺锌时中上部叶褪色变浅

黄瓜缺钾叶片小，叶片青铜色而叶缘出现轻微的黄化

熏蒸烟雾剂造成的药害

大肚瓜

弯瓜

激素中毒（正面）

激素中毒（背面）

大头果

锰过剩造成的褐脉叶

喷洒杀虫剂造成的药害症状

缺钙时生长点附近的叶片叶缘卷曲枯死

低温造成的黄瓜花打顶现象

植株雄花多，雌花少

■ 优良品种

佩坦赞

粉安娜

阳光

金千禧

百利

千禧

罗曼娜

耐莫尼塔

齐粉

■ 育苗

冬春季节育苗，苗床补光

番茄穴盘育苗

冬春季在大棚内利用小拱棚育苗

栽培管理

连续摘心整枝

番茄嫁接植株

大棚番茄全景

番茄落蔓

番茄槽式有机型无土栽培模式

番茄滴灌栽培

番茄剪枝再生

番茄嫁接

嫁接番茄的长势状况

番茄全地膜覆盖

有机型无土栽培

大棚番茄随水施肥

用2，4—D点花保果

番茄抹枝

■ 病虫害

番茄灰霉病（叶）

番茄灰霉病（果）

番茄病毒病（条斑型）

番茄根结线虫感染植株

番茄细菌性斑点病

番茄病毒病（坏死型 ）

番茄病毒病（蕨叶型）

番茄炭疽病

番茄绵腐病

番茄斑枯病

根结线虫病根（左）与正常根系（右）

番茄早疫病（1）

番茄早疫病（2）

番茄晚疫病（叶柄）

番茄晚疫病（果）

番茄晚疫病（茎）

番茄晚疫病（叶）

棉铃虫钻蛀番茄果实

美洲斑潜蝇危害症状

二十八星瓢虫的成虫

二十八星瓢虫的幼虫及危害症状

悬挂黄色杀虫板诱杀白粉虱等害虫

生理病害

番茄环状裂果

番茄细纹裂果

番茄缺锌新叶变小

番茄高温障碍危害的叶片症状

番茄缺铁新叶褪绿黄化

番茄缺硫中上部叶变淡黄色

番茄氨气危害的叶片症状

番茄缺镁发生黄化花斑叶

番茄2，4—D中毒症

番茄生理性卷叶的田间表现

番茄亚硝酸气危害的叶片症状

番茄缺钾引起的黄化斑叶

氮素过剩症状

番茄缺磷引起的紫斑叶

番茄放射状裂果

番茄缺钙幼叶周围变褐色、枯死

番茄畸形果

番茄落花落果

番茄脐腐病

番茄绿肩病

番茄筋腐果

番茄畸形花——雌蕊“带花”

番茄空洞果

■ 优良品种

西安绿茄

农友长茄

爱丽舍

大黑龙

快圆茄

■ 育苗

茄子营养钵育苗

茄子穴盘育苗

茄子育苗苗床

嫁接茄子苗

栽培管理

茄子全地膜覆盖

茄子覆盖地膜，膜下浇水

茄子熊蜂授粉

茄子吊蔓前田间长势

茄子落蔓栽培

整枝抹杈

茄子嫁接栽培

茄子吊蔓

茄子的花

茄子点花部位

茄子双蔓整枝

大棚茄子随水冲肥

无滴防老化膜覆盖大棚

病虫害

茄子叶霉病

茄子褐纹病（果）

茄子褐纹病（茎）

茄子褐纹病（叶）

茄子发生根结线虫后地上部表现

茄子青枯病

茄子病毒病（1）

茄子病毒病（2）

茄子根结线虫病

茄子绵疫病初期

茄子绵疫病

茄子灰霉病（叶）

茄子灰霉病（果）

茄子菌核病

茄子枯萎病

黄板涂机油等黏性剂诱杀白粉虱

二十八星瓢虫危害（叶）

二十八星瓢虫危害（果）

白粉虱

茶黄螨危害(叶)

利用丽蚜小蜂控制白粉虱

茶黄螨危害（果）

红蜘蛛危害

蓟马危害

美洲斑潜蝇危害

■ 生理病害

茄子氨气危害

茄子亚硝酸气危害

茄子裂果

茄子落花落果

茄子缺锌

茄子缺钾，叶脉间失绿症状

茄子僵果

茄子畸形果（长茄变圆茄）

茄子缺氮中下部叶变黄

2,4－D浓度过大，处理花朵后发生皱叶

冬季温度低时茄子点花后不膨大

茄子二氧化硫中毒(布满小黑点)

茄子二氧化硫中毒（病株）

茄子着色不良

茄子缺钙

茄子缺铁

茄子畸形花——短花柱

■ 优良品种

紫贵人

红英达

白公主五彩椒

瓦尔特彩椒

格雷

日本长剑

塔兰多

红罗丹

育苗

辣椒嫁接育苗

辣椒穴盘育苗

泥炭营养块育苗（左）与穴盘育苗（右）

辣椒营养钵育苗

■ 栽培管理

彩椒四干整枝

辣椒三干整枝

彩椒吊蔓栽培

膜下浇水，降低棚内湿度

辣椒双干整枝

用丝绳吊蔓

地膜覆盖

辣椒剪枝再生（1）

辣椒剪枝再生（2）

■ 病虫害

辣椒顶枯病毒病

辣椒花叶病毒病

辣椒条斑病毒病（果）

辣椒疮痂病（叶）

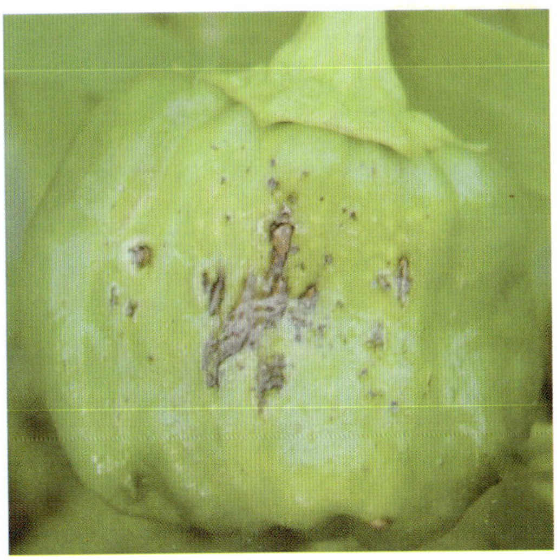

辣椒疮痂病（果）

辣椒细菌性叶斑病初期

辣椒疫病（茎）

辣椒疫病（果）

辣椒疫病（花蕾、幼果）

辣椒细菌性叶斑病

辣椒灰霉病（叶）

辣椒灰霉病（果）

辣椒灰霉病（茎）

辣椒枯萎病

甜椒炭疽病（果）

嫁接辣椒植株（右）与对照植株（左）

辣椒条斑病毒病（茎）

辣椒炭疽病（叶）

辣椒根腐病

辣椒叶霉病

白粉病

茶黄螨危害

白粉虱危害造成的煤污病

利用黄色粘虫板诱杀害虫

生理病害

辣椒落花落果

辣椒苗期氨害

辣椒缺锌新叶变小

辣椒药害

辣椒缺镁造成的黄化斑叶

辣椒缺氮中下部叶片黄化

辣椒缺硼植株上部叶片扭曲

辣椒激素中毒

辣椒氨气危害的叶片症状

辣椒日灼病

甜椒日灼果

甜椒缺磷引起的紫斑果

辣椒缺钾中下部叶叶缘失绿

疏果不当造成畸形果

甜椒缺钙引起的脐腐果

使用激素不当造成的畸形果

低温造成的甜椒畸形果

底部留果太多，导致坠秧

底部留果太多，导致上部果营养不良落果

辣椒缺钙幼叶边缘变褐色、枯死

■ 优良品种

东葫1号

黑美丽

中葫1号

金榜

金珊瑚

金蜡烛

金元帅

早青1号

吉美

长青1号

斯卡万

玉秀

星光1号

■ 育苗

西葫芦常用砧木南瓜苗

穴盘育苗经常喷水，保持基质湿润

西葫芦穴盘苗

砧木——共荣

砧木——黑子南瓜

■ 栽培管理

西葫芦覆膜栽培

西葫芦吊蔓栽培

西葫芦三角形栽植

瓜苗3～4片真叶时，用150毫克/千克乙烯利喷洒植株，节节有瓜

激素保瓜在涂瓜胎的同时，轻点一下雌蕊柱头

病虫害防治

西葫芦霜霉病（正面）

西葫芦霜霉病（背面）

西葫芦黑星病

西葫芦花叶病毒病

西葫芦灰霉病

西葫芦病毒病（果）

西葫芦细菌性叶斑病

西葫芦绵腐病

西葫芦银叶病

西葫芦潜叶蝇危害

西葫芦细菌性角斑病

西葫芦蔓枯病

西葫芦蕨叶病毒病

金皮西葫芦病毒病

西葫芦菌核病

西葫芦菌核病（果）

西葫芦灰霉病（果）

西葫芦灰霉病（花）

白粉虱

西葫芦白粉病

■ 生理病害

2，4—D药害

西葫芦瓜打顶

西葫芦尖嘴瓜

西葫芦缺镁症

西葫芦缺锌症

西葫芦缺铁症

西葫芦缺钾症

西葫芦缺氮症

优良品种

寿光中长绿

寿光长绿

绿人

夏雷

玛雅018

■ 栽培管理

利用小拱棚型覆盖地膜，膜离地面6～8厘米，比普通覆盖方式可提高地温3～4℃

苦瓜地膜覆盖

苦瓜12～15叶以下的侧蔓全部去掉

苦瓜侧蔓摘心

摘除苦瓜卷须

合理引蔓，使苦瓜蔓均匀分布

苦瓜人工授粉

苦瓜落蔓

苦瓜密植栽培

苦瓜吊蔓栽培

苦瓜嫁接栽培

辣椒套作苦瓜

黄瓜套作苦瓜（结果期）

黄瓜套作苦瓜（甩蔓期）

蜜蜂授粉蜂箱

采摘雄花以备人工授粉

■ 病虫害

苦瓜病毒病症状（1）

苦瓜病毒病症状（2）

苦瓜灰霉病（叶）

苦瓜灰霉病（叶柄）

苦瓜枯萎病

苦瓜霜霉病

苦瓜蔓枯病（1）

苦瓜蔓枯病（2）

苦瓜炭疽病

苦瓜细菌性叶斑病

苦瓜疫病

苦瓜白粉病

苦瓜根结线虫病

朱砂叶螨危害症状

■ 生理病害

苦瓜氨气危害

苦瓜果实表面没有疙瘩

苦瓜化瓜

苦瓜亚硝酸气危害

■ 优良品种

五叶香丝瓜

黄皮线丝瓜

寿光中绿丝瓜

三喜丝瓜

夏棠1号丝瓜

济南棱丝瓜

■ 育苗

丝瓜穴盘育苗

嫁接后丝瓜苗

泥炭营养块育苗

■ 栽培管理

丝瓜定植方式

膜下暗浇水

丝瓜人工落蔓

丝瓜“S”形吊蔓

丝瓜单蔓整枝

丝瓜吊蔓栽培

丝瓜吊蔓密植栽培

丝瓜落蔓后的田间状态

丝瓜摘心

丝瓜侧蔓留1～2叶后摘心

摘除丝瓜卷须

疏除丝瓜雄花

丝瓜花对花授粉

丝瓜雄花

棱丝瓜吊瓜坠直

坐瓜灵蘸丝瓜花

普通丝瓜吊瓜坠直

病虫害

丝瓜疫病（幼瓜）

丝瓜疫病（叶）

丝瓜干烂花

丝瓜轮纹斑病

丝瓜病毒病

丝瓜细菌性角斑病

丝瓜白粉病

受美洲斑潜蝇危害的丝瓜叶

丝瓜霜霉病（正面）

丝瓜霜霉病（背面）

黄皿板诱蚜

白粉虱

■ 生理病害

丝瓜弯曲瓜

丝瓜尖头果

丝瓜花打顶

丝瓜裂瓜

■ 优良品种

老来少

碧丰

架豆王

将军一点红

■ 栽培管理

芸豆穴盘育苗

持续阴天后骤晴要拉放“花帘”

芸豆全地膜覆盖栽培

膜下滴灌

芸豆地膜覆盖

芸豆去病枝再生后的田间状况

芸豆吊蔓栽培

芸豆主蔓长2米左右时及时打顶

芸豆侧蔓留2～3叶打顶，以促进花序抽生

摘除芸豆病叶

芸豆结荚盛期田间状况

■ 病虫害

芸豆炭疽病（根）

芸豆炭疽病（叶）

芸豆炭疽病（茎）

芸豆炭疽病（荚）

芸豆花叶病毒病症状（1）

芸豆花叶病毒病症状（2）

芸豆灰霉病（荚）

芸豆灰霉病（茎）

芸豆灰霉病（叶）

芸豆细菌性叶斑病

芸豆细菌性疫病（1）

芸豆细菌性疫病（2）

芸豆菌核病

美洲斑潜蝇危害症状

红蜘蛛危害症状

芸豆根腐病

芸豆根结线虫病

点蜂缘蝽

芸豆枯萎病

■ 生理病害

芸豆缺铁新叶变鲜黄色

芸豆落花落荚

芸豆缺氮下部叶黄化

芸豆氨气危害

芸豆缺磷早期叶色深绿，以后从下部叶变黄

芸豆缺氮造成弯荚

芸豆缺钾下部叶易向外卷，叶脉间变黄

芸豆缺镁叶脉间出现斑点状黄化

芸豆缺锌上部叶逐渐褪绿

芸豆缺硼豆荚种子粒少，严重时无粒

芸豆亚硝酸气危害

芸豆缺钼叶片黄化，叶脉坏死

汉中冬韭

河南791

独根红

韭菜搭架

韭菜网室内观

韭菜网室外观

韭菜风障

韭菜病毒病

韭菜灰霉病

大棚芹菜

白梗芹菜

加州王

寿光绿实杆

嫩脆

芹菜烂心病

蔬菜检测

生物组培

蔬菜加工